谨将此书献给先父邓水成先生

邓文宽 著

猬庐文丛

彭东旭 题

天文与历法

山西出版传媒集团
山西人民出版社

图书在版编目 （ＣＩＰ）数据

天文与历法 / 邓文宽著. -- 太原：山西人民出版社，
2024.4
（猗庐文丛）
ISBN 978-7-203-13317-9

Ⅰ.①天… Ⅱ.①邓… Ⅲ.①古历法 – 中国 – 文集
Ⅳ.①P194.3–53

中国国家版本馆CIP数据核字（2024）第061388号

天文与历法

著　　者：邓文宽
责任编辑：魏美荣
复　　审：崔人杰
终　　审：梁晋华
装帧设计：陈　婷

出 版 者：山西出版传媒集团·山西人民出版社
地　　址：太原市建设南路21号
邮　　编：030012
发行营销：0351-4922220　4955996　4956039　4922127（传真）
天猫官网：https://sxrmcbs.tmall.com　电话：0351-4922159
E – mail：sxskcb@163.com　发行部
　　　　　sxskcb@126.com　总编室
网　　址：www.sxskcb.com

经 销 者：山西出版传媒集团·山西人民出版社
承 印 厂：山西新浪印业有限公司

开　　本：787mm×1092mm　1/16
印　　张：87.75
字　　数：1190千字
版　　次：2024 年 4 月　第 1 版
印　　次：2024 年 4 月　第 1 次印刷
书　　号：ISBN 978-7-203-13317-9
定　　价：430.00元（全三册）

如有印装质量问题请与本社联系调换

邓文宽先生

著者在工作

凡　例

为方便阅读，对本书编辑体例特作如下说明：

一、错字后用（　）注出正确的字；

二、脱字补在〔　〕内；

三、释文不能确定者，其后加（？）；

四、因内容表达所需，或无相应的简化字，仍用繁体字；

五、缺字用□表示，缺几字用几□；

六、字外加□者，表示笔画有残缺；

七、缺字数量无法确定者，用▱表示行首缺字，▭表示行中缺字，▭表示行末缺字；

八、简牍释文所用符号▨表示残断，放在句首表示上断，放在句末表示下断；

九、封面照片均选自本书研究过的敦煌文献。

目　录

我与“敦煌学”四十年（代前言）

不敢想象，转眼间，我在“敦煌学”这块学术园地已经耕耘了44年的时间。

按照中国官方对本国国民的寿命预期，80岁是目前的标准。那么，40岁就是一个个体生命的一半。更何况，人在25岁之前要受教育，多数人在70岁之后也基本停止了工作，40年就只能是用于工作的时间了。也就是说，在我迄今74岁的生命旅程中，我的全部工作都是围绕着“敦煌学”这个属于我的“一亩三分地”进行的。

但我进入“敦煌学”这个学术园地并非是自觉的。1975年，我第一次从北京大学历史系毕业后，去向完全由组织安排，去中国科学院北京天文台报到。报到后，我才知道，让我到这里来是从事天文学史研究的。我不但没有任何心理准备，而且与我的中国史专业也完全不对口，曾经十分苦恼，也曾暗中落泪。但我是一个不会屈服的人。既然命运把我放在了这里，我就要做出个样子来！由于得到南京大学天文系原主任卢央老师的帮助，1976年上半年我到南京大学天文系进修；同时自己进行“恶补”，很快就进入了这个学术领域。

我在北京天文台古天文组工作了4年时间，主要是从事边疆少数民族天文历法的调查。先后去过鄂伦春族、鄂温克族、赫哲族、凉山彝族和海南岛黎族地区，与几位同事合作撰写了这几个民族旧时天文历

法状况的调查报告，也尝试着撰写学术论文。自认为有学术价值的是与西南民族大学陈宗祥先生合写的《凉山彝族二十八宿初探》一文（收在本文丛"天文与历法"分册）。但随着研究工作的深入，我发现自己是文科出身，数理知识不够，怀疑长此下去，做不出像样的成就来，心里便没底了。

经过一番痛苦的思想震荡和听取老学者的建言，我决定考回北京大学历史系，学习隋唐五代史，回归史学领域。那时正是"文化大革命"结束后恢复高考的初期。做出决定后，我像疯子般地发奋备考。好在我在科研院所工作，不需要坐班。62天的艰苦奋斗后，我考入北大历史系读研究生了。

1979年，北大历史系隋唐史研究生是由张广达和王永兴两位老师联合招收的，共录取了三个学生：刘俊文、赵和平和我。三人中，我岁数最小，所以刘、赵二位都是我的师兄。但是，虽说我最小，可入学时我已30周岁又有半了。换言之，我进入"敦煌学"领域已经很晚，年龄偏大了，说得更直白一些，此前应有的知识储备是不够的。这实在是一个悲剧，可它却是一个具有时代性的问题，个人能有什么办法？

我们隋唐史的课程主要是王永兴老师开设的，他是国学大师陈寅恪先生的弟子。原本是想跟老师学习隋唐历史，但没想到，王先生的课却是以敦煌文献为主轴，我们也只能跟着老师走。第二年，也即1980年夏天，王先生便命题让我和赵和平学兄做敦煌写本王梵志诗歌的校注工作。学术根底尚浅的我们，花了一个夏天的时间写出了初稿，也不懂得应该沉一沉，就在当年年末发表了。发表后，受到研究王梵志诗歌行家里手的批评。我们自己吃了一次苦头，导师心里肯定也不好受。事后细想，我们两个是学习历史的学生，或许起始就不应该接受这项属于文学研究的选题。但是，可以肯定地说，我走进"敦煌学"这块学术园地的引路人是王永兴先生，我得终生感谢他。

我的另一位导师张广达先生家学渊源，学养丰沛。他始终以严谨坚韧的治学态度，率身垂范，润泽后学，赢得了学林的爱戴与敬重。虽然在校时我听张先生的课比较少，但私交却很密切。我受张师的影响主要是私下交谈。先生将他的人生感悟、治学心得随时告诉我，使我受益良多。从1989年先生去国在国际上游学迄今，我们一直联系密切，亦师亦友，感情真挚，这不能不是我人生之大幸。

1982年研究生毕业后，我到国家文物局古文献研究室工作，在这个单位（曾改名中国文物研究所，今名中国文化遗产研究院）工作了27年，直到60岁退休。虽然说名义上我退休了，但直到2023年，我都一直在工作中度日，否则，我怎敢说自己在"敦煌学"这块学术园地里已经耕耘了44年？

那么，在这接近半个世纪的岁月里，我都做了哪些工作呢？大体说来，有如下五个方面：

（一）研究敦煌和吐鲁番以及秦汉简牍里的天文历法文献。

1979年回北大历史系读研究生的原因，是由于打算放弃搞天文学史，回归史学队伍。然而，三年下来，老师把我领入一个此前完全陌生的领域——"敦煌学"，自然我的工作也就必然与敦煌文献相关联。可是，敦煌文献门类众多，内容广泛，涉及许多学科，我必须找一块适合自己的学术园地。进入敦煌文献后，才知道这里有一批天文历法资料，国内外研究成果很少；而且，我在天文台工作过四年，对于天文学史方面的知识有一些基础；我的性格又不喜扎堆。综合这些因素，权衡再三，又决定以天文历法为主攻方向。原本不想再搞天文学史，转了一圈，又回到天文历法研究领域，这或许就是命运之神给我的安排吧。我没法抗命，只有咬牙前行！自1982年至2023年，41年来，天文历法始终是我的主要工作领域。从天文书到星图，再到历日和具注历日；从敦煌文献到吐鲁番文书，再从秦汉简牍到黑城元代历日，我

都曾涉猎。这些成果都收在本文丛"天文与历法"分册中。自我感觉，比较突出的学术成果有五项：1.揭出《北魏太平真君十二年（451）历日》有两次准确月食预报，它是我国迄今见诸文字的最早月食预报记录。2.从俄藏敦煌文献里考出印本《唐大和八年甲寅岁（834）具注历日》残片，从而将在我国发现的雕版印刷实物提前了34年。3.探明S.3326号星图的年代和作者。英人李约瑟博士认为此星图作成于公元940年，马世长学兄认为作成于705—710年间。我经过严密考证，认为此星图原为唐代天文星占家李淳风所作，成于唐初贞观年间。这个认识已被越来越多的天文史学者所认可。4.明确指出罗振玉和王国维将汉简中的实用历本定名为"历谱"是错误的，应该称为"历日"。这个问题学术界有不同意见，大家还在继续讨论。但我认为，有不同意见是好事，至少大家都不同意再用"历谱"这个概念了，至于称作什么更准确，尽管讨论，而且新材料还在不断问世，最终要由出土资料来做结论。5.路易·巴赞是欧洲突厥学的泰斗，其名作《古突厥社会的历史纪年》是法国国家级博士论文。我发现作者与黄伯禄一起误读了《六十甲子纳音表》，从而其所使用的考订年代方法难于成立，必须重新研究古突厥文献纪年的年代。

（二）《六祖坛经》的整理和研究。在佛教文献中，由中国人撰写的文本、被称作"经"的文字，只有《六祖坛经》一种，足见其在中国文化史上的特殊地位。在我进行敦煌本《六祖坛经》的整理研究时，能见到的写本有三种：英藏S.5475、北图冈字四十八以及敦煌市博物馆藏077；后来才有旅顺市博物馆藏本和北图另一小残片（仅5行）的面世。然而，英藏本与另外两种写本文字差异却很大，很多句子无法读通，以致被有的学者称为"恶本"。单就"起""去"二字论，英藏本与另两种写本间就有八九处不同。这是为什么呢？我想起我家乡（山西稷山县）说"你去不去哪里"时，说成："你气不气？""起"与

"气""去"音近，很可能"起"和"去"因为方音而混用了。这实在是一个不小的启发。沿着这个思路，我广泛阅读前辈学者的音韵学成果，最终确认，英藏本《六祖坛经》有100多个唐五代西北方音通假字在"搅扰"。有了这个认识基础，我就可以有根有据地解决这些"文字障"。我虽然是个不肯张扬的人，但我也可以毫不含糊地说，我是最早读出英藏敦煌本《六祖坛经》方音替代字的人。现在我的这本小书的校注本有三种大陆版、一种台湾版，也是北京大学的通识教材之一。我的努力是有效果的。此外，关于《六祖坛经》里口语词、书写符号、内容结构等，我都有自己的见解，这些论说都见诸本文丛"禅籍与语言"分册。

（三）敦煌文献中的方言俚语研究。65岁后，在校勘敦煌文献时，我发现一些文献所使用的语词，其读音也好，释义也罢，如果用其一般的读音和意义去处理，是没有办法通文的。比如"卧酒"这个词，"卧"字何义？"卧酒"该作何解？有的著名"敦煌学"家都弄错了。但对于我来说，却很简单。由于幼年时母亲每年都要用柿子做醋，民间说成是"卧醋"，"卧"即"酿造"义。同理，"卧酒"也就是酿酒。又由于此前在唐五代西北方音上下过功夫，于是我把着眼点转移到方言俚语的研究上。敦煌小说、变文、王梵志诗歌、契约文书等等文献，我都努力去搜索，解决那些一向认为困难的问题。最终，我把着眼点放在了敦煌写本《字宝》上。这是一部方言俚语小词典。前辈学者仅指出它是"晋陕方言"，未再进行更深入的探索。由于我是晋南人，熟悉那里的方言俚语，而且许多语词就是我少年时代天天使用的语言。于是，在《字宝》研究上拼命发力，连续发表4篇文章，给语言学家们以助力。这方面的成果也都收在本文丛"禅籍与语言"分册里。自己觉得，俚语和音韵有很大不同：音韵有理论，俚语无道理可讲，懂就是懂，不懂就是不懂，因为民间就是那么说的，不需要任何理由。我

虽然在这方面有所收获，但我清楚，对于"语言学"来说，我这辈子只能是一个门外汉，不敢也没有理由妄自尊大。

（四）历史学方面的研究。我原本就是学习中国历史出身的，研究历史本是我生命史上的应有之义。遗憾的是，我将此生的主要精力都用在了敦煌文献的整理和研究上了。但这并不等于说，我就没做任何历史研究。在历史研究方面，我曾做过三个侧面的工作：1.北朝和隋唐历史。1997年，我在参加"隋唐历史高级研讨班"时，提交了《关于唐代为胡汉混合型社会的思考》，由于种种原因，此文一直未正式发表。但后来我从网上看到，不少学者都引这篇文章，有的甚至文句都是我原来的话。我也曾撰写过有关唐前期官修谱牒的文章。关于那个广受中外学者关注的"均田制"研究，我也有两篇文章发表。其中《北魏末年修改地、赋、户令内容的复原与研究》，是我花费巨大心力撰成的。我的老师吴宗国教授曾说，这些认识也只有你这个山西人能想到。但令人悲哀的是，我的研究成果被剽窃了。1986年，西南某大学一位隋唐史学者，要到天津参加学术会议，往返经过北京，吃住都在我家。聊天中，我谈了我的见解，几年后，他竟以我的观点为核心出了一本书，这让我欲哭无泪！一个人如果靠这种手段"做学问"，欺世盗名，实在让人鄙视。

史学研究的另一块是有关归义军史的研究。这也是"敦煌学"研究的热点之一，我有几篇文章发表，这里不再细述。

第三块是关于我家乡山西稷山县和运城地区历史的。稷山是华夏民族农耕历史和上古天文学史的发祥地，历史地位极其特殊，备受学界关注，自然也会引起我的关注。"稷王"是华夏民族的农神，但他最初教民稼穑的农作物"稷"是什么？为什么上古天文官"羲和"二氏只能出在稷山？我都有论列。"后土"是否就是"女娲"？讨论虽多，但无人注意过汉代的重要资料，而我的论证可以一锤定音。"宁翟"这

个村名所蕴涵的民族融合历史内容，也是第一次被揭出。如此等等，这些地方我也用去了不少心血。

历史学方面的论文均见诸本文丛"历史与文献"分册。

（五）其他敦煌文献的研究。我在以天文历法为主攻方向的同时，也很关心其他敦煌文献的研究，涉及的领域也较多。大体说来，有这样几个方面：1.童蒙读物《百行章》的整理和研究；2.根据"邈真赞"文献和官文书对敦煌僧政史的研究；3.对敦煌数术文献的研究，如《敦煌数术文献中的"建除"》一文，概括出的内容在传世文献里均是见所未见，闻所未闻。至于我从敦煌吐鲁番文献中归纳出的中古时代手写文字重文符号的使用"义例"，也已被一些学者用作解读王羲之法帖里未读通文句的锁钥。另有几篇文章虽与"敦煌学"无直接关系，但所提出的认识都是新知新见：以天文学为依据，考证史道德民族归属为西域胡人；传世书法名作《伯远帖》从来无人对其内容进行解读，我抓住《伯远帖》和正史传文中共同出现的"出"字，考究帖文内容和年代，首次提出了对该法帖的解读意见；元人周达观《真腊风土记》所涉及的天文学内容，不仅伯希和和他的弟子完全读错，而且考古学家夏鼐教授也受其误导而不能释读。我运用自己掌握的天文历法知识，考出《真腊风土记》里天文学内容来自古代中国，从而对古代中国与柬埔寨的文化交流增添了新内容。至于像《鼠居生肖之首与"启源祭"》这样带有普及性的小文章，是在无人能回答为何将老鼠排在十二生肖首位这个国民普遍关切的问题时，我利用敦煌天文历法资料给出的回答，自然，这个见解也是独一无二的。

这些文章也都收在本文丛"历史与文献"分册中。

上面这些内容便是我这44年来在"敦煌学"这块园圃地里所做的主要工作。

在学术圈子里混了这么多年，有经验，也有教训。无论正面和反

面，对后来者都会有一些借鉴意义。所以，我不惮其烦，把它们写在下面。

1.要进入文本，才能把研究工作搞深入。我看到，有些"敦煌学"界之外的学者，写文章时，引用几条敦煌资料，以便使文章增色，这是可以理解的。因为他（她）本身就不是"敦煌学"者。但作为"敦煌学"者，以整理研究出土文献为职责，就必须进入文本：研究艺术者要走进石窟，看壁画，看雕塑；研究文献者要钻进文本，一个字一个字地去认读，否则，写下的东西用不了几年就被人们遗忘了。

2.研究敦煌文献要具备三项基本功：（1）认得俗体字。敦煌文献以写本为主，书写者文化水平和书写习惯差别很大，而且那个时代有许多不规范但又约定俗成的文字，必须在深入文本的过程中，积累认字能力。（2）懂得一些古人常用的书写符号。书写者用的一些符号，其含义他本人是清楚的，我们只有弄懂这些符号，才能了解其准确意义，不至于误读。（3）掌握一些唐五代河西方音知识。敦煌文献中的一些文字材料带有地域特征，甚至一些外来文献也被西北人读成了方音并被书写了下来，如英藏本《六祖坛经》。这些内容带有普遍性。只有具备了相关知识，才有资格做更具体的课题研究。

3.读书和研究问题时记住三句话：（1）"Read between the lines."(西谚"读书得间"）。读书要仔细，善于捕捉重要信息。（2）"尽信书则不如无书"，这是孟子的一句话。对前人的成果要尊重，但不能迷信，要敢于突破旧认识，提出新见解。（3）"大胆假设，小心求证"，这是胡适之先生的话，人们耳熟能详。解决问题时思路要开阔，但又必须做到能够自洽。

4.对学术事业要怀敬畏之心，留出空间，不能"独守高地"。要坚持真理，但更要敢于纠正错误。这就要留下空间：随时准备自我纠正错失，也允许他人提出不同意见乃至批评。不知从何时起，我们这个

社会产生了一种不良习性：只许赞扬，不许批评。这显得太没气度，十分小家子气，而且完全属于小农意识。我们应该学得大气一些，海纳百川，才能成为真正的学者和现代文明人。

　　44个岁月年轮如白驹过隙，匆匆往矣，唯有笔墨留痕，用遗后来。我虽然对自己不太满意，但确已尽力，无愧于心，亦无悔既往。

2023年5月15日于京东半亩园居

敦煌天文气象占写本概述

所谓"天文气象占"，就是通常所说的"星占学"，是一种通过观测天象和气象①变化以占测人事吉凶的数术。自有文献记载以来，中国古人就认为"天"是有人格的，可以赏善或罚恶；而天象的变化，系由人的行为善恶引起。《周易·系辞》"天垂象，见吉凶，圣人象之"②，说的就是这个意思。因此，中国古代有关天文气象的占测活动一直十分盛行，并形成了一种专门学问即"天文气象占"。

古人认为，天文气象占测可以沟通天和人，故历来颇受统治者的重视。历代王朝多设有专门机构和专职官员，以司其职。例如，汉代设有太史，隶属于奉常（也作"太常"），③著名史学家司马迁就担任过这一机构的长官"太史令"。唐代设有太史局，隶属于秘书监，并具有很高的机密性质。④这些名目不同的机构，其主要职责都是观测天象和编制历书，亦即为皇帝和朝廷探寻"天意"并及时给出相应的建议。

---

① 应该指出的是，现代科学分类中的天文现象和气象现象，在中国古代并无严格区别。中国古籍所谓"天文"，系与"地理"或"人文"相对，是将气象现象也包括在内的。因此，古代的"天文"基本上等同于今天我们所说的"天文气象"。

② 影印本《十三经注疏》，北京：中华书局，1980年版，第82页。

③ 标点本《汉书》，北京：中华书局，1962年版，第726页。

④ 《大唐六典》卷十"秘书省·太史局"，[日]广池千九郎训典、内田智雄补订，柏：广池学园事业部，1973年版，第223页。

因此，天文气象占常常是决断国家政事的一个重要依据。汉宣帝在催促老将赵充国立即用兵匈奴时，曾教训说："今（前61）五星出东方，中国大利，蛮夷大败。太白出高，用兵深入敢战者吉，弗敢战者凶。"[①]显然，在汉宣帝看来，"五星出东方"和"太白出高"两种天象乃是汉军必胜匈奴的征兆，故严辞责令赵充国火速用兵。不仅如此，天文气象占甚至还在发动宫廷政变时起过重要作用。公元626年，李世民发动"玄武门事变"时，就曾利用当时太史令傅奕"太白见秦分，秦王当有天下"的密奏大造舆论。[②]当然，由于和政治运作关系过于密切，天文气象占在得到历代统治者重视的同时，也受到了严密的控制。历代统治者大都视天文气象占术为皇家禁脔，禁止民间私习。[③]因此，天文气象占可以说是中国古代数术中影响最大和地位最为特殊的一类。

正因为古代由官方主持的星占活动十分发达，所以有关星占学的著作也就非常丰富。这些著作在古代图书目录中的著录情况比较稳定，从《汉书·艺文志》开始，到后来的《隋书·经籍志》《旧唐书·经籍志》《新唐书·艺文志》，此类书籍都是以"天文"的名义著录于阴阳数术类文献的开头部分。宋代郑樵的《通志·艺文略》亦沿袭此法，但将"天文"细分为"天象""天文总占""竺国天文""五星占""杂星占""日月占""风云气候占""宝气"等八小类。另外，著录于兵书中的某些军事数术书籍也应属于天文气象占文献。如《隋书·经籍志》兵书类著录的《对敌占风》《用兵秘法云气占》《气经上部占》《天大芒雾气占》等，就应是专门占测作战吉凶的天文气象占书籍。

---

① 标点本《汉书》，北京：中华书局，1962年版，第2981页。按，1995年新疆尼雅东汉遗址出土的"五星出东方利中国"锦质护膊，与《汉书》所记可以互证。见《中国文物精华》图版，北京：文物出版社，1997年版，第117页。

② 《资治通鉴》，北京：中华书局，1956年版，第6009—6010页。

③ 参看江晓原：《天学真原》，沈阳：辽宁教育出版社，1991年版，第62—68页。

  不幸的是，早期书目所著录的这些天文气象占书籍大部分都已亡佚，只有极少的几种保存下来。尽管如此，与其他数术门类相比，天文气象占类可供研究的传世文献应该说仍然是最多的。例如，我们拥有唐代编纂的《乙巳占》《开元占经》等大部头天文气象占书籍的全本，还拥有唐代编纂的《天文要录》①《天地瑞祥志》②的残本，以及北周时编纂并经宋代重编的《灵台秘苑》全本。这些书籍，是研究唐及唐以前天文气象占的基本史料。与此同样重要的，是正史的《天文志》《律历志》《五行志》，即天文学史专家所说的"天学三志"。三志虽然各有侧重，但总体上都与天文星占有关。就研究早期天文气象占而言，当然以其中的《史记·天官书》《汉书·天文志》《续汉书·天文志》《宋书·天文志》《晋书·天文志》《隋书·天文志》等最具史料价值。除上述两类专门书籍外，还在不少传世文献中保存了一些重要的早期天文气象占史料，可供参考。这主要是：（1）正史以外的其他史书中的材料，如《越绝书·记军气》《通典·兵典·风云气候杂占》等；（2）诸子书中的记载，如《墨子·迎敌祠》《淮南子·天文训》等；（3）宋以来出现的天文气象占文献中，保存有部分唐以前的史料，如明代编成的《天元玉历祥异赋》③就对研究早期天文气象占具有参考价值。另外，在纬书（如《河图帝览嬉》）和兵书（如《太白阴经》《武经总要》）中，也有一些这方面的记载可供参考。甚至在日本阴阳道保存的古代文献中，也能找到一些中国早期天文气象占方面的材料，如其中的"三家星官簿赞"所载内容就与P.2512的《三家星经》大体

---

①李凤:《天文要录》,任继愈总主编,薄树人主编:《中国科学技术典籍通汇·天文卷》影印本第4册,郑州:河南教育出版社,1997年版。

②萨守真:《天地瑞祥志》,《中国科学技术典籍通汇·天文卷》影印本第4册,郑州:河南教育出版社,1997年版。

③《天元玉历祥异赋》,《中国科学技术典籍通汇·天文卷》影印本第4册,郑州:河南教育出版社,1997年版。

一致，说明二者至少有共同的来源。①考古发掘所获出土文献中也有一些天文气象占文献，其中最为重要的，是发现于长沙马王堆三号汉墓的《五星占》和《天文气象杂占》。②随着佛教的传入，印度星占书通过佛经翻译也大批流入中土，迄今尚存者以《宿曜经》《摩登伽经》《宿曜仪轨》等最为有名。这些书籍，对研究唐代前后的天文气象占测，也有参考价值。

如上所述，古代著录的天文气象占著作虽多，但完整保存至今的却很少。因此，从敦煌藏经洞发现的同类著作就显得格外珍贵。迄今为止，我们从英、法两国所藏敦煌文献中拣选出19个编号归入"天文气象占"。这些写本以卷轴装为主，偶有册页装（即 P.2811、S.5614 两件），几乎全系残本而少有完整者。一般说来，同一写本所抄内容多属同一性质。但也有少数例外，即同一写本上抄有几种内容互不相干的文献。如 P.2811 号，前抄天文气象占著作，后抄侯昌业《直谏表》。《直谏表》作成于黄巢起义的庚子年，即公元880年。经仔细比对，发现《直谏表》与天文气象占书写的笔迹不同，故《直谏表》的抄写年代不能作为天文气象占书抄写年代的参照系数。又如 S.5614，前部抄《玄象西秦五州占》，后部抄《摩醯首罗卜法》。这两部分性质不同，应分别归入"天文气象占"和"数卜"两类。个别写本系数术文献汇抄，故分类时颇费斟酌。如 P.3288、S.2729 两写本在《玄象西秦五州占》的后面，都抄有以《太史杂占历》为主要内容的其他占文。类似的占文，

---

① 参看冯锦荣：《敦煌本〈二十八宿次位经〉〈三家星经〉(P.2512) 与日本平安时期阴阳寮所藏〈三家星官簿赞〉》，"纪念敦煌藏经洞发现一百周年敦煌学国际研讨会"论文，香港，2000 年 7 月 25—26 日。

② 马王堆帛书整理小组：《马王堆汉墓帛书〈五星占〉释文》，《中国天文学史文集》第一集，北京：科学出版社，1978 年版，第 1—13 页；国家文物局古文献研究室：《西汉帛书〈天文气象杂占〉释文》，《中国文物》第 1 期，北京：文物出版社，1979 年版，第 26—29 页。参看刘乐贤：《马王堆天文书考释》，广州：中山大学出版社，2004 年版。

又多见于 P.2610。这些占文中，有属于天文气象占的内容，也有属于《逆刺占》、式法及其他杂术类的内容，而多数则与时日选择有关。为便于介绍，现将它们与经常合抄于一起的《玄象西秦五州占》归为一类。

上述 19 件敦煌天文气象占写本，从内容上又可再分为三小类，即"天文云气书""《玄象西秦五州占》"和"佛教天文书"。"天文云气书"是古天文星占书的常见类型，同样性质的文献多见于传世文献。"《玄象西秦五州占》"主要关注和占测西秦五州的吉凶，是一种新发现的天文气象占书籍类型，在传世文献中殊为少见。佛教天文书则是指佛经译本中的天文著作，大致相当于《通志·艺文略》天文类中的"竺国天文"。下面，是具体的分类表：

1.天文云气书，七件：

P.2512，P.2536V，P.2811，P.3589R，P.3794；S.2669V，S.3326；

［敦博076V］。

2.《玄象西秦五州占》，六件：

P.2610R+V，P.2632R，P.2941R，P.3288R；S.2729V，S.5614；

［Dh1366V］。

3.佛教天文书，六件：

P.3055V，P.3571V，P.4058CV；S.1648，S.3374，S.6024；

［Dh519］。

除英、法两国所藏外，其他地方收藏的敦煌写本中也有少量的天文气象占文献。如中国甘肃敦煌市博物馆藏敦煌写本 076 号背面，绘有星图及云气图，从内容、形式、性质看，都与 S.3326 相近。又如，俄藏 1336 号背面（Dh1366V），残存占城气、占日晕、占日斗等部分的占文 31 行，其内容亦见于 P.2632R、P.3288R 的《玄象西秦五州占》，文字则与 P.3288 更为接近，可以确定为《玄象西秦五州占》的另一残抄本。①俄藏 519 号，为《舍头谏经》的残片，笔迹与 S.1648、S.6024 两残件所抄《舍头谏经》相同，三者应为同一写卷的残片。此外，德藏 3316 号（Ch3316）残存占风文字及占八方风图，也属于天文气象占文献。

19 件天文气象占写本中提到不少历史人物，引用了不少古代数术专家的说法，对研究古代历史具有参考价值。其中出现较多或较为著名的人物有：巫咸（P.2512、P.2610、P.3288R、S.2729），墨子（S.3326），子胥（P.2610、P.3288R、S.2729V），师公（P.3288R、S.2729V），范蠡，吕不韦（S.3326），范曾（增）（S.3326），陈平（S.3326），高后（P.3589R），汉惠帝（P.3589R），光武帝（P.3589R），汉和帝（P.3589R），后汉顺帝（P.3589R），京房（P.2632R），王乔（P.2632R），李合（P.3589R），陈卓（P.3589R），晋穆帝（P.2536V），晋安帝（P.2536V），宋高祖（P.2536V），桓温（P.2536V），檀道鸾（P.2536V），李靖（P.2632R、P.3288R、S.2729V），李淳风（P.2632R、S.3326）等。写本中提到了不少古代典籍，如《三家星经》（P.2512）、《二十八宿次位经》（P.2512）、《日月五星经纬出入瞻吉凶要决》（P.3589R）、《许七曜利害吉凶征应瞻》（P.3589R）、《玄象西秦五州占》（P.3288R）、《风书》（P.2632R）、《地镜》（P.2610）、《太史杂占历》（P.3288R、S.2729V）、《解梦及电经》（S.3326）、《玄象诗》（P.2512）、

①但是，《俄藏敦煌文献》将该写本定名为"立像西秦五州占第廿二"（按，"立像"应释为"玄像"），完全等同于 P.3288 的前部，却不一定可靠。

《五行传》（P.3589R）、《（续）晋阳秋》（P.2536V）、《宋志》（《宋书·天文志》）（P.2536V）、《晋天文志》（《晋书·天文志》）（P.2632R）等，是研究古籍流传的珍贵资料。写本中提到的古代地名甚多，较为集中的如P.2512列有各种分野名单，P.3589R记有对各州郡的吉凶占测，《玄象西秦五州占》诸写本载有对敦煌、酒泉、晋昌、张掖、武威五郡的吉凶占测。此外，还提到了未央宫（P.3589R）、鬼山（P.2632R、S.5614）、金山（P.2632R、S.5614）、天台山（P.2610、S.2729V）等地名。写本中还提到匈奴（P.2811）、鲜卑（P.2536V、P.2610、P.3288R、S.2729V）、南蕃（P.2610、P.3288R、S.2729V）等，也具有社会史的研究价值。19件写本中只有三件存有题记，一件为S.2729V，表明该写本抄于"大蕃国庚辰年"即公元800年，其时正值吐蕃占领敦煌之时，抄写地点是"沙州"即敦煌。另一件为P.2632R，表明该写本抄于"咸通十三年"即公元872年，其时敦煌一带由归义军统管，抄写地点是"晋昌郡"即瓜州。第三件为P.2536V，表明该写本抄于"同光贰年甲申岁"即公元924年，抄写地点不详。

一、天文云气书

a.佚名天文云气书：P.2512，P.3589R，S.3326，P.2811，P.3794，[敦博076V]。

b.与《乙巳占》有共同来源的天文云气书：P.2536V，S.2669 V。

此类共七个写本，其中P.2512、P.3589R、S.3326、P.2811、P.3794五件篇幅较大，具有天文气象占文汇抄性质；P.2536V、S.2669V两件篇幅较短，与李淳风《乙巳占》的有关内容接近，应为两种与《乙巳占》具有共同来源的天文云气书。

P.2512。是一件长达301行的长卷，首尾皆残，所存内容大致由五部分构成。（1）星占。存中官占，外官占，占五星色变动，占列宿变、五星逆顺、犯者、守国分野等内容。卷中记有与二十八宿相配的地域名称79个，全系汉代郡名和侯国名，所述古今分野之变亦止于汉武帝时代，故有人认为这是吴末晋初太史令陈卓所定。[①]（2）《二十八宿次位经》和《石氏、甘氏、巫咸氏三家星经》。这是本卷最有价值和最为今人重视的部分。写本依次记述二十八宿的距度、距星、去极度和分野。所记赤道距度与《淮南子·天文训》《汉书·律历志》《续汉书·律历志》相同，并以南斗附尾数为二十六度四分度之一。写本与《开元占经》所列距度、距星、去极度略异，但与同书卷一百六所列"古度"同，说明是较早的材料。《三家星经》总计283座，1464星，与陈卓"定纪"数目完全相同。其占辞与《隋书·天文志》一致，某些地方甚至完全相同，可知是李淳风编撰《晋书》《隋书》"天文志"的依据之一。因此，本卷《二十八宿次位经》和《三家星经》，是现存陈卓"定纪"后年代最早的星表。（3）《玄象诗》。五言为句，存264句，加上脱漏文句，估计在270句左右。它是为便于记诵前面的《二十八宿次位经》《三家星经》的星官而作，是现存比《步天歌》更古老的通俗识星作品。[②]诗中提到"三垣"，是迄今所见记载"三垣"名称的最早文献。（4）五行及二十八舍。内含"四时更王所主分〔野〕"和"五行守廿八舍以其色定其福败"，从内容看，此部分似未抄完。（5）日月旁气占。存日月旁气占13条，每条都有图像和说明文字，其中三条图像已佚。据写本第163行有"自天皇已来至武德四年，二百七十六万一千

---

① 潘鼐：《敦煌卷子中的天文材料》，《中国古代天文文物论集》，北京：文物出版社，1989年版，第223—242页。

② 邓文宽：《比〈步天歌〉更古老的通俗识星作品——〈玄象诗〉》，载《文物》1990年第3期，第61—65页。

一百八岁"之句，可推定其抄写年代不能早于唐初武德四年（621）。①

P.3589R。首尾皆残，所存内容可分为三部分。（1）《玄象诗》残文。存诗161句，因前部已残，故无题名。但据其内容与P.2512《玄象诗》比较，可知亦为《玄象诗》写本。其编排方法与P.2512不同。P.2512依"三家"排列，即先从角宿起叙石氏，再从角宿起叙甘氏，复从角宿起叙巫咸，最后总叙紫微垣。要记住全天星名，需在天区转三匝，颇不方便。本卷《玄象诗》试图克服这一困难，实现在天区转一匝即可识星的目的。但仍未脱"三家"窠臼，故在摘引的各段诗句上标明"赤""黑""黄""紫"以示区别。这说明，本卷《玄象诗》比P.2512《玄象诗》产生要晚。从这两件《玄象诗》写本，可以看出中国古代传统的星官记忆方法正由"三家"体系向《步天歌》的"三垣二十八宿"体系过渡。（2）《许七曜利害吉凶征应瞻》。标题之后只抄有出自《后汉书·李合传》的一则故事，似未抄完。（3）《日月五星经纬出入瞻吉凶要决》，为"太史令陈卓撰"。历代书目所著录的陈卓著作均无此篇，盖为陈卓佚作。所存内容只有日占，月占和五星占已佚。

S.3326。首尾皆残，现存内容由三部分组成。（1）气象占。原有48条，今存25条，每条上图下文，今图文完整者17条，仅当原卷三分之一强。据题记，这是李淳风从古书中抄撮的。（2）全天星图。名称系据内容暂拟，未必准确，或许它就是《隋书·经籍志》著录的"《二十八宿分野图》一卷"或"《天文十二次图》一卷"，②亦未可

---

① 按，此句所记应属某种历法的上元纪年。对此，潘鼐曾有解释，见《中国科学技术典籍通汇·天文卷》第4册，郑州：河南教育出版社，1997年版，第602页。张培瑜在回复笔者的信中也就此谈了如下意见："此历元只与东汉四分历相近，与战国、汉初古六历也相近，与其他历法皆不合。但估计2761108中之8或武德四年两者内必有一小误（差几年）。"

② 标点本《隋书》，北京：中华书局，1973年版，第1019页。参看邓文宽：《隋唐历史典籍校正三则——兼论S.3326星图的定名问题》，载氏著《敦煌吐鲁番天文历法研究》，兰州：甘肃教育出版社，2002年版，第25—37页。

知。由十三个小图组成：第1—12图为按十二次划分的横图，次序为子、亥、戌、酉、申、未、午、巳、辰、卯、寅、丑；第13图为北极和紫微垣图。每幅图下皆注各月日会星宿及昏、旦中星，所用乃郑玄注《礼记·月令》中的文字。全图用彩色绘成，用黑色代表甘德星，用橙黄色、圆圈、外圆圈内橙黄点代表石申和巫咸星，石、巫二家星区分不甚严格。紫微宫图的方位是左东右西上北下南，与仰视星空相一致。图上的星数，虽各家计算略有出入，但都在陈卓"定纪"的1464星范围之内。（3）电神像及题记。绘有一弯弓射箭的"电神"像，后面有"其解梦及电经一卷"题记，似尚未抄完即搁笔，确切含义尚待研究。据马世长研究，该写本可能抄于公元705—710年之间。[①]与该写本性质相同的内容，亦见于敦煌市博物馆藏076号背面。敦博076号背面亦抄有《占云气书》一卷，今存"观云章"和"占气章"。写本用彩色绘出云气图形，并于其下写有占辞。"观云章"有图26幅，有占辞29条；"占气章"有图22幅，有占辞24条。此后尚有占气图27幅，却未抄写占辞。[②]在云气占的前面，还残存一紫微宫图。图前面残去部分估计亦为横图，至于如何划分，则不得而知。紫微宫图的方位是左西右东上南下北，虽与S.3326全天星图方位恰好相反，但仰视星空的效果却是一样的。这两幅图，正好体现了中国古代处置星图方位的两种基本方法。紫微宫图用黑红二色绘制，存黑星87，红星51，共计138颗。黑色仍代表甘德星，红色则代表石、巫二家星。

　　P.2811。所存内容可分为四个部分。（1）五星占。存镇星占的一部分及太白占、辰星占的全部，岁星占和荧惑占已佚。（2）流星占。（3）气占。（4）风占。卷中有个别文句与《乙巳占》同，知此本亦是李淳

---

① 马世长：《"敦煌星图"的年代》，《中国古代天文文物论集》，北京：文物出版社，1989年版，第195—198页。

② 何炳郁、何冠彪：《敦煌残卷占云气书研究》，台北：艺文印书馆，1985年版。

风编写《乙巳占》的材料来源之一。气占部分有"匈奴入界"语，疑原著可能是汉代作品。据写本讳"民"推测，应是抄写于唐代。写本于正背两面书写，背面在此书之后隔一行抄有侯昌业《直谏表》。从书写风格看，侯昌业《直谏表》应系另一人手笔。

P.3794。所存内容可分为三部分。（1）刑德、式占等占文。标题已佚，残存文字据刑德、六煞及其他与式占有关的方法占测用兵吉凶。（2）风云气候占。有标题"风云气候第四"，据风角、云气占测用兵吉凶。（3）灾祥变异占。有标题"灾祥变异第五"，据军中出现的各种怪异现象占测用兵吉凶。同样性质的占文，亦见于《乙巳占》卷十、《开元占经》卷九十一、《太白阴经》卷八。

P.2536V。所存内容有三部分。（1）月食二十八宿占残文。占测月食二十八宿的吉凶，与《乙巳占》"月食五星及列宿中外官占第十四"的月食二十八宿占文基本一致。（2）月食中外官占。有"月食在中外官占第十八"标题，占测月食中外官诸星的吉凶。（3）题记。作"同光贰年甲申岁"，知写本抄于公元924年。其文字与今本《乙巳占》卷二"月食五星及列宿中外官占第十四"基本一致，但篇目及序号不同。因此，该写本应与《乙巳占》至少有共同来源。①

S.2669V。所存内容可分为三部分。（1）帝王气象占残文。只存一行，其余皆佚。（2）将军气象占。描述将军之气的形状及吉凶，标题残存"象占第二"四字，据内容可补为"将军气象占第二"。（3）军胜气象占。描述军队能获胜时的云气形状及吉凶，标题为"军胜气象占第三"。其文字与《乙巳占》卷九"帝王气象占第五十三""将军气象占第五十四""军胜气象占第五十五"三篇基本一致，但篇目排序不

---

① 黄正建认为写本应属《乙巳占》，见《敦煌占卜文书与唐五代占卜研究》，北京：学苑出版社，2001年版，第49页。

同。因此，该写本应与《乙巳占》至少有共同来源。①

　　上述七件天文云气书，虽然书名、作者及成书年代多不可详考，但在中国古代文化史研究中的地位却非常重要。尤其是P.2512《三家星经》和S.3326"全天星图"的发现，对科学史研究具有重大意义。大家知道，以往学术界对《开元占经》所记"三家星经"的来历一直不甚清楚，对卷六十六和卷六十七之间的缺漏也疑惑不解。敦煌本《三家星经》的面世，为解决这些问题提供了可靠的依据。原来，《开元占经》是以石氏为主而把三家拆散排列，观测资料则只取了石氏一家。而敦煌本《三家星经》，是陈卓"定纪"后未经拆散的"三家星经"，显然就是《开元占经》据以改编的原始材料。②同样，《开元占经》卷六十六和卷六十七之间的缺文，亦可据P.2512补出。S.3326所载"全天星图"，是现存中国古代最早的全天星图。大家知道，中国古代的星图绘制在当时的世界天文学史上是处于领先地位的。著名科学史家李约瑟先生曾指出，"了解到世界各地绘制天图的情况，我们就会明白，决不可轻视中国星图从汉到元、明这一完整的传统……蒂勒（Thiele）、布朗（B.Brown）和《科学史导论》（*Introduction to the History of Science*）的作者萨顿（G.Sarton）都认为，从中世纪直到14世纪末，除中国的星图以外，再也举不出别的星图了。在这时期之前，只有粗糙的埃及示意图和主要具有美术性质的希腊天图，后者所表现的只是星座的形象示意图，而不是星辰本身"。③因此，这幅敦煌星图实际上也是世界上现知最早的全天星图，其科学史价值可想而知。其

①黄正建认为写本应属《乙巳占》，见《敦煌占卜文书与唐五代占卜研究》，北京：学苑出版社，2001年版，第50页。

②席泽宗：《敦煌卷子中的星经和玄象诗》，《中国传统科技文化探胜》，北京：科学出版社，1992年版，第45—66页。

③〔英〕李约瑟著，《中国科学技术史》翻译小组译：《中国科学技术史》第4卷，香港：中华书局香港分局，1978年版，第252—253页。

他几件写本，对研究古代天文星占也具有重要的参考价值。例如，P.2536V 和 S.2669V 两件写本，所存内容与《乙巳占》有关部分基本一致，说明它们至少与《乙巳占》具有共同的来源，是研究《乙巳占》的重要参考资料。

二、《玄象西秦五州占》

a. 明确载有《玄象西秦五州占》的写本：P.2632R，P.2941R，P.3288R，S.2729V，S.5614，［Dh1366V］。

b. 与《玄象西秦五州占》有关的写本：P.2610R+V。

此类共有六个写本，其中五个都有部分内容显然是占测西秦五州（即敦煌、酒泉、晋昌、张掖、武威五郡）的吉凶。另外一个即 P.2610R+V，亦有大部分内容见于上述记有西秦五州占的诸写本，为研究方便，也一并归入。

所谓"玄象西秦五州占"，是一种以占测西秦五州的吉凶情况为主要目的的天文气象占文献。玄象，写本或作"玄像""悬象"（二者都与"玄象"为同音通假关系），现依古书的通常写法统一为"玄象"，意思是指天象。古代的"西秦"，本指春秋战国时代位于列国西部的秦国。后来，也将秦国故地即今陕西、甘肃一带称为"西秦"。敦煌天文气象占写本中的"西秦五州"，从有关占文分析，则明显是指当时的敦煌、酒泉、晋昌、张掖、武威五郡。例如，P.3288 所载"玄象西秦五州占第廿二"说：岁星主西秦张掖郡，荧惑主西秦酒泉，镇星主西秦晋昌，太白主武威，辰星主敦煌。又如，上述五件载有占测西秦五州吉凶内容的写本中，有三件记载了五星符，这五星符就是武威郡用荧惑符、张掖郡用太白符、酒泉郡用镇星符、晋昌郡用辰星符、敦煌郡用岁星符。

五个写本所抄《玄象西秦五州占》都不完整，其中 P.3288R、P.2632R、S.2729V 三件所存文字较多一些。据现存内容分析，原本《西秦五州占》应是一种篇幅不小的著作。现在所见到的这几件残文抄本，都可能只是《玄象西秦五州占》一书的后面部分。至于其开头部分还有哪些内容，现在已无法推测。诸写本所抄内容多有重复，可互相比勘，兹列表于下（原无标题，现据内容暂拟的加方括号表示）：

P.2632R	P.2941R	P.3288R	S.2729V	S.5614
		玄像西秦五州占第廿二天镜		
[正月占城气法]		正月占城气法		
占十二日暝法		日暝西秦	[占日暝]	日暝占第卅六
占日斗十二月十二日同占法	[占日斗]	占月①斗法	[占日斗]	占西秦日斗法第卅七
西秦日食占	西秦日食	占日食法	[占日食]	占日蚀吉凶法第卅八
悬象西秦日晕②日耳法第廿七		悬象占日耳法	悬象占西秦日耳法第廿七	
日晕占		西秦占日晕法	西秦日晕占第廿九	占西秦日晕第卅九
[占色气法]		占色气法	[占色气法]	
占月光不明廿三		占月光不明法	占月光不明第廿三	
[五星符]		[五星符]	[五星符]	

由上表可以看出，相同的内容在诸抄本中的标题和序号并不总是

---

①据文义和其他写本，此处"月"字应为"日"之误。
②据文义和其他写本，此处"日晕"二字应为衍文。

一样。造成这种差异的原因，是各写本所用底本不同，还是抄录时调整了编目次序，尚有待进一步研究。各抄本所用的书名也有差异，如有的称"西秦占"，有的称"玄象占"。我们认为，原名很可能应如P.3288作"玄象西秦五州占"，"西秦占"或"玄象占"皆为其省称。

从残存的内容看，《玄象西秦五州占》是一种十分特别的天文气象占著作。首先，它的目的只是为了占测敦煌、酒泉、晋昌、张掖、武威等西秦五郡的吉凶情况，对别的地方却不甚关心，这似乎表明在编撰《玄象西秦五州占》的时候，此五郡可能是一个相对独立而封闭的地区。其次，它的占测方法也与一般的天文气象占文献有别。所谓天文气象占，核心是根据天象占测人事吉凶，故天象是占测的主体。但是，在《玄象西秦五州占》的残文中，时间似乎成了占测的主体，至少是与天象同等重要。它多是占测十二支日或十二个月分别发生某种天象时，在西秦五州的吉凶情况。以时间为线索占测吉凶，在传世天文星占文献中也能见到一些，但这并非天文气象占的主体。像《玄象西秦五州占》这样几乎全以十二支日或十二月占测吉凶的文献，在我们见到的天文气象占文献中似乎再无第二种。联系到《玄象西秦五州占》后面所抄《太史杂占历》等内容的选择学性质，《玄象西秦五州占》与选择学的关系是值得注意的。不过，书名中的"玄象"二字，颇能说明该书在当时人看来这是一种占测天象的文献。所以，将《玄象西秦五州占》归入"天文气象占"是有理由的。

《玄象西秦五州占》诸抄本中，有两件写有题记。一件为S.2729V，存"大蕃国庚辰年五月廿三日沙州"等字。另一件为P.2632R，作"咸通十三年八月廿五日于晋昌郡写记"。大蕃，是唐代吐蕃政权的汉文译名。吐蕃统治敦煌时期（786—848）亦自称大蕃，多见于敦煌写本及石窟题记，以干支纪年或仅用地支纪年。S.2729V"大蕃国庚辰年"，即公元800年。P.2632R"咸通十三年"，是唐懿宗咸通十三年，即公元

872年。从这两个题记可知，自吐蕃占领时的公元800年至归义军统治时的公元872年，《玄象西秦五州占》已在敦煌或晋昌一带流传。这说明，《玄象西秦五州占》至少应写成于公元800年之前。以前有学者据书中的个别词语，推断这一类文献出现于唐末五代即公元10世纪初，[①]现在看来，是不正确的。至于《玄象西秦五州占》的上限，在写本中没有交待，不易确定。黄正建先生据唐玄宗天宝元年改州为郡，而写本中有敦煌、酒泉、晋昌、张掖、武威五郡之名，因而推定写本应编写于唐玄宗天宝年间。[②]按，诸写本虽然载有上述五郡之名，但同时又记有 "西秦五州"（P.2632R、P.3288R、S.2729V）、"西秦四州"（P.2632R、P.2941R、P.3288R、S.2729V、S.5614）、"西秦二州"（P.2632R、P.3288R、S.2729V、S.5614）、"武威、张掖二州"（P.2632R、S.2729V）之类的叫法。这说明，写本对 "州" "郡" 的用法并无严格区分。因此，单凭写本中用 "郡" 一点来确定时代，恐怕是不够的。仔细分析《玄象西秦五州占》的占文，可以看出这似乎是在西秦五州面临异族入侵的情况下编写的。例如，占文中常提到有 "外国兵" 来攻城或侵扰（P.2632R、P.2941R、P.3288R、S.2729V、S.5614），有 "南蕃"（P.2632R、P.3288R、S.2729V、S.5614）或 "外蕃"（P.2941R、S.2729V、S.5614）入侵。众所周知，"安史之乱" 爆发（公元755年）以前，唐朝在敦煌一带的统治是较为稳固的。像《玄象西秦五州占》所反映的情况，似乎不大可能发生在 "安史之乱" 以前的河西地区。因此，我们怀疑《玄象西秦五州占》可能是在 "安史之乱" 后吐蕃侵占河西地区的前后编写成的。也就是说，《玄象西秦五州占》的编成大致不出公元755年至800年之间。当然，这只是根据《玄象西秦五州

---

①高国藩：《敦煌民俗学》，上海：上海文艺出版社，1989年版，第332—333页。

②黄正建：《敦煌占卜文书与唐五代占卜研究》，北京：学苑出版社，2001年版，第42页。

占》占文提出的一个推测，其确切成书年代仍有待进一步考证。

以上五个写本中，P.2941R 是一个首尾皆残的卷子，所存内容只限于《玄象西秦五州占》。S.5614 为册页，《玄象西秦五州占》抄于前部，接抄于其后的《摩醯首罗卜法》属于"数卜"类，与"天文气象占"无关。P.2632R 在《玄象西秦五州占》的后面，还抄有"占日旁气"和"占风法"两部分，这两部分都是"天文气象占"的常见内容。写本的末尾所写题记称为"《手决》一卷"，说明该写本是一件天文气象占的实用性手册。在这种实用性手册中，将专用于西秦地区的《玄象西秦五州占》和其他天文气象占文献合抄在一起，是容易理解的。另外两件即 P.3288R 与 S.2729V，在《玄象西秦五州占》的后面都抄有以《太史杂占历》等选择文献为主的其他数术类占文。而这些占文，又多见于 P.2610。因此，为研究方便，我们将 P.2610 也放在一起介绍。从内容看，上述三件写本中以《太史杂占历》等选择文献为主的占文，其使用范围应不限于西秦五州。那么，它们为什么总是与《玄象西秦五州占》合抄在一起呢？对于这一问题，写本中也透露了一点线索。三件写本都有关于"四宫占候"法的记载，而 P.2610 在"四宫占候"法的后面多抄了如下句子："管内五州杂占天镜并风云气候，但依此图，善恶必应，万无不克。"我们怀疑，这里的"管内五州"，很可能就是指"西秦五州"。由此看来，三件写本中与《玄象西秦五州占》合抄的上述占文，可能仍主要是为西秦五州使用。

《玄象西秦五州占》诸写本的发现，对研究古代数术史和社会史具有重要价值。在古代天文气象占文献中，专门占测某一地区天象吉凶的书籍殊为少见。《隋书·经籍志》《旧唐书·经籍志》《新唐书·艺文志》都著录有《荆州占》，①书名与《玄象西秦五州占》相类。但从《开元占经》《乙巳占》所保存的《荆州占》佚文看，该书并非专门占测荆州地区的吉凶。之所以以"荆州占"为名，是因为倡议纂辑此书的刘表当时正担任荆州牧。②因此，《荆州占》和《玄象西秦五州占》并不是同一性质的文献。据目前所知，专门占测某一地区吉凶的天文气象占文献，似乎还只有《玄象西秦五州占》一种。这一新类型天文气象占文献的发现，填补了古代数术史研究的一项史料空白，加深了我们对古代天文气象占的认识。这一文献编成和流行于敦煌地区与外族斗争的过程当中，虽不能当作研究当时社会状况的直接史料使用，但内中确实也反映出当时敦煌、酒泉等五郡人民生存状况和心理状态的某些侧面，对社会史研究也具有参考价值。合抄于这些写本中以《太史杂占历》为主要内容的其他占文，同样也具有十分重要的学术价值。例如，据古书记载，唐代流行太一、雷公、六壬等三式。但是，专门的式法著作在敦煌写本中殊为少见。③而P.2610即有式法方面的记载，值得引起注意。又如，P.2610背面所载《地镜》，多与《开元占经》所载《地镜》《天镜》佚文相合，对研究《地镜》《天镜》及《开元占经》，都具有参考价值。

三、佛教天文书

a.《摩登伽经》：S.3374。

---

① 诸书对《荆州占》的著录情况，参看姚振宗《隋书经籍志考证》的有关概述，见《二十五史补编》，北京：中华书局，1955年版，第5570—5571页。

② 《晋书·天文志》说："及汉末刘表为荆州牧，命武陵太守刘叡集天文众占，名《荆州占》。"见标点本《晋书》，北京：中华书局，1974年版，第322页。

③ 关于敦煌写本有关式法的零散资料，可参看黄正建：《敦煌占卜文书和唐五代占卜研究》，北京：学苑出版社，2001年版，第32—41页。

b.《舍头谏太子二十八宿经》：S.1648、S.6024、[Dh519]。

c.《大方等大集经》：P.4058CV。

d.疑伪经：P.3055V。

e.不知名天文书：P.3571V。

此类共六个写本，其中S.3374为《摩登伽经》，S.1648、S.6024两件为《舍头谏太子二十八宿经》（简称《舍头谏经》），P.4058CV为《大方等大集经》，P.3055V为疑伪经，P.3571V为不知名天文书。

S.3374。首尾皆残。原系印度佛经，汉译本今见《大正藏经》卷21第399—410页。所存系该书的中间部分，约当全书的28%。此经由支谦和竺律炎（一名竺持炎）共译于三国东吴黄龙二年（230），属于中国早期从印度翻译过来的佛经。写本与传本文字小异，可用于校勘。内容是通过婚姻故事讲述印度天文星占学的知识，包括16项内容：（1）二十八宿的名称、星数、形状及相应的祭品；（2）月离位置（月亮运行在二十八宿间的具体位置）与此时出生人的命运；（3）月离位置与所修城邑的吉凶善恶关系；（4）月离位置与下雨的关系；（5）月离位置与日月食所主的吉凶；（6）月离位置与所应举作之事；（7）各月地动所主灾异；（8）各月昼夜长短时节；（9）里数由旬之法，即长短等计量单位；（10）月离位置所主疾病及禳祭之法；（11）月离位置与系囚解脱迟速；（12）人体黑子（黑痣）所主吉凶；（13）月会诸宿及其昼夜时分；（14）历日置闰法，十九年七闰，五年再闰；（15）七曜周期；（16）二十八宿所主各种人等。除"人体黑子所主吉凶"，在中国人看来应归入相术外，其余均与天文星占相关。《隋书·经籍志》天文类著录"《摩登伽经说星图》一卷"，有人认为应即此《摩登伽经》的说星图品。[1]但该"品"内容十分有限，是否当时就以"一卷"行世，

---

[1]江晓原:《天学真原》,沈阳:辽宁教育出版社,1991年版,第360页。

仍需研究。

S.1648、S.6024。两件均系断片，但笔迹相同，应是同一写卷破败散落者。此外，Dh519号也属同一写卷的残片。《舍头谏经》是《摩登伽经》的不同译本，比《摩登伽经》译本后出约半个世纪。译者竺法护，是西晋时的译经名僧。译本今存于《大正藏经》第21卷第410—419页，译文忠实原典，但读起来佶屈聱牙。写本所存文字，约当全书30%。

P.4058CV。前端已残，后有另一人抄写的"推十二相属法"。所存内容属《大方等大集经》。译本今存于《大正藏经》第13卷第137—143页，译者是昙无谶。写本所存内容，是该经的"宝幢分第九三昧神足品第四"。写卷字体颇具隶意，个别文字的写法具有明显的北朝特征，如"弊"字即作典型的北朝俗字形状。①因此，其抄写年代可定于北朝。该写本尚未抄完，隔两行接书一日至三十日所配二十八宿名称，其中一日与二十九日配"室"，二日与三十日配"壁"。在写经正文各宿右侧，又批注了相应的日期。其内容，是讲属于各宿的人的性情禀赋。写本文字与传世本略异，可用于校勘。

P.3055V。从内容看，是据《妙法莲华经马鸣菩萨品第三十》改写的疑伪经。《妙法莲华经马鸣菩萨品第三十》译文今存《大正藏经》第85卷第1426—1431页，译者是鸠摩罗什。写本首尾皆残，存34行，字迹极为潦草。第23行有"《论语》之中'为政以德，譬如北辰，居其所如（而）众星拱之'"，显系编造者加入，故方广锠博士认为应属疑伪经。又，写本以"如"代"而"，这是唐五代西北方音特征之一。据此，不排除此本是敦煌或西北人编写的可能。

P.3571V。首尾皆残，存26行。由于各行上部均残去三分之一，故

---

① 参看秦公：《碑别字新编》，北京：文物出版社，1985年版，第317页。

无法连读，其性质难以判定。现存部分开端正中有"镇宿"二大字，其意义以及与后面正文的关系，亦不清楚。残存占文，似主要讲日月食所伴随的气象状态及其吉凶。文中有"白月""黑月""帝释天""摩醯首罗天王"等说法，可知与印度天文星占学关系密切。写本正面所抄亦与佛教有关，黄永武《敦煌宝藏》曾拟题为"佛家破妖伪说"，法国《敦煌汉文写本目录》则定名为"真言要诀"。其准确性质，尚有待进一步研究。值得指出的是，写本正面有避讳"民"字的痕迹（但并不十分严格），似可佐证此本正面抄写时代早不过唐太宗时代的旧说。写本背面的星占文献，亦当抄写于唐代或稍后。

以上六件佛教天文书写本，虽多数有传本存世，但其文字与传本偶有差异，在校勘学上很有用处。同时，它们对研究佛学和印度天文星占学在中国的传播，也具有参考价值。

以上，我们对敦煌天文气象占写本的内容和研究价值做了简要的讨论。从中可以看出，敦煌天文气象占写本内容丰富，价值重大，值得学术界深入探讨。可惜写本多数已不完整，有的还残缺严重，给研究造成很大不便。又由于其抄本性质，多数未曾著录于古代书目，故许多内容难与传世文献互证，理解起来也很困难。我们的工作，旨在尽量为读者多介绍一些现有研究成果和解决问题的线索。但是，由于学养和研究能力所限，我们不一定能圆满完成预定任务。衷心希望今后有更多的学者来关心和研究这批资料，共同发展和壮大敦煌数术文献研究这一新的学术领域。

（与刘乐贤先生合撰。法文版原载 Marc Kalinowski ed. *Divination et société dans la Chine médiévale*, *Étude des manuscrits de Dunhuang de la Bibliothéque nationale de France et de la British Library*, pp. 34−79；中文版原载《敦煌吐鲁番研究》第九卷，北京：中华书局，2006年版，第409−423页。）

敦煌文献中的天文历法

在数万号敦煌文献中，天文历法虽然只有60余件，却以其独特的形制、丰富的内涵为人瞩目。

一、敦煌历日产生的背景

历书行用区域，自古以来就是封建王朝权力所及的重要标志。唐德宗贞元二年（786）以前，敦煌地区使用的就一直是唐王朝的历书。

唐德宗贞元二年（786），吐蕃军队最后攻占了敦煌，敦煌同中原王朝的联系被割断，象征王权的中原历日也无法颁行到那里了。吐蕃使用地支和十二生肖（另有汉族六十甲子改编版）纪年，这既不符合汉人行之已久的用干支纪年、纪月、纪日的习惯，也无法满足敦煌汉人日常生活的需要。于是，敦煌地区开始出现当地自编的历日。60余年后，尽管张议潮举义成功，使敦煌重新回到了唐王朝的怀抱，但敦煌地区自编历日已成习惯，民间仍继续使用自编历日。其时，不独敦煌一地，剑南西川（今四川）也在自编历日。敦煌历日中有一件唐中和二年（882）《剑南西川成都府樊赏家历日》，就是由成都流落到敦煌的私家修撰历日。相对于封建王朝颁行的历日来说，这些地方历日常常被称作"小历"。从现存敦煌历日来看，敦煌地区自编历日一直延续到宋初，前后达两个世纪之久。

二、敦煌历日的丰富内容

敦煌历日，广义上是指从敦煌石室发现的古代历日，既包括当地的，也包括来自中原王朝和外地的；狭义上则指敦煌地方自编的历日。在现存敦煌历日文献中，来自中原的历日为数寥寥，绝大部分是敦煌当地自编历日。

敦煌历日中，现在可以明确肯定只有四件不属于敦煌地方自编。一件即前面提到的"樊赏家"私印历日，虽属印本，却只残存三行文字。一件是《北魏太平真君十一年（450）和十二年（451）历日》。其内容至为简单，如太平真君十一年历正月全部内容是："正月大，一日壬戌收，九日立春正月节，廿五日，雨水。"其余各月间有社日、腊日、始耕（即籍田）的注记，仅此而已。其朔日干支同陈垣《廿史朔闰表》则完全一致。这件历日的特点之一是改天干"癸"字为"水"，如太平真君十二年（451）七月一月干支为"水未"，八月一日为"水丑"，大概是为避讳北魏道武帝拓跋珪的"珪"字而改的。尽管内容极为简略，这件历日却是现存敦煌历日中年代最早的一件，而且，也是现知唯一的北魏历日实物。第三件是《唐乾符四年丁酉岁（877）印本历日》，此历存二月廿日至年末（中有残缺），是来自唐王朝的历日。可以说，这是现存敦煌历日中内容最丰富的一件。据严敦杰先生研究，此历用唐长庆宣明历术。历口内容分两部分，上部为历日，下部为各种迷信历注的推算方法。据原件末尾题识，此件历日估计是五代敦煌历法专家翟奉达的个人收藏品。第四件是《唐大和八年甲寅岁（834）具注历日》，虽仅存一小片，却是我国现存最早的印本历日。

敦煌当地自编的历日，现知最早者为《唐元和三年（808）戊子岁具注历日》，是一个只存四月十二日至六月一日的断片，最晚者为《宋淳化四年（993）癸巳岁历日》，总计有四十余件。这四十余件历日中，原有明确纪年的共有九件，最早的是唐大和八年（834）历日（P.2765），最迟的是宋淳化四年（993）历日。其余多是断简残编。经过中外学者的艰苦努力，这些残历的年代已基本被考订了出来。

从形制上看，敦煌历日大体有两种类型，一种是繁本，一种是简本。书写格式也有两种，一为通栏，一为双栏。双栏书写的历日一般上为单月，下为双月。这里我们仅以 P.3403《雍熙三年丙戌岁（986）具注历日并序》为例，介绍一下敦煌历日的内容，以便窥一斑而见全豹。

此历为安彦存撰，首尾完整，通栏书写，共 354 日。历日题名之后有一个长达 31 行的"序"。其中介绍了编制历日的重要意义，多是套话，然后介绍了本年几十种年神的方位；再次为"太岁将军同游日"，年、月九宫亦即"九宫飞位"；"三白诗"，"推七曜直日吉凶法"，各种宜吉日的选择和凶日的避忌，最末一行是全年各月的大小。除最末一行内容，几乎全带迷信说教。在历日序的中间顶端，画出了当年的年神方位图，与序言中的文字相辅相成。每月开头有当月的月九宫图、月大小、月建干支，其下为八种月神方位和太阳出入方位。历日部分由上而下分成八栏。最上一栏注"蜜"（星期日）；其次为日期、干支、六甲纳音和建除十二客，如正月一日是"一日庚午土定，岁首"，其中"土"为该日"庚午"的纳音，"定"是建除十二客。第三栏是弦、望、人日、祭风伯、祭雨师等注记。第四栏是二十四节气和七十二物候。第五栏是极为繁杂的吉凶注，如正月一日注："岁位、地囊、复，祭祀、加官、拜谒、裁衣吉。"地囊等迷信注记均有严格的排列规律，敦煌历日所以称作"具注历"也主要是因为有这些吉凶注。第六栏为昼夜时刻，使用的是中国古代的百刻纪时制度，随着节气变化昼夜时刻互有增减，春秋二分日昼夜各五十刻。第七栏是"人神"，第八栏是"日游"，这两栏内容均是不变的套数。总括看来，迷信和科学内容参半。

敦煌历日的朔日与同一时期的中原历不尽一致，常有一到二日的差别；闰月也很少一致，比中原历或早或晚一、二月。这种差别何以产生，目前尚无法说明，因为迄今仍未获知敦煌地方历日编制的依据。尽管如此，纪日干支同中原历却十分一致，表明中国古来干支纪日法的连续性并未因地方自编历日而中断。

需要特别指出的是，现知来自基督教的星期制度最早引入我国历法是从敦煌历日开始的。一星期的各日在敦煌历日中依次称作蜜（星期日）、莫（星期一）、云汉（星期二）、嘀（星期三）、温没斯（星期四）、那颉（星期五）、鸡缓（星期六）。一般来说，敦煌历日要在正月一日注上星期几，如 P.3403 正月一日顶端注"那颉日受岁"，意即这天是星期五，以后只在星期日那天注一"蜜"字。个别历日只在当年正月初一注上星期几，以下不注，自然人们可以由此去推算，只是麻烦一些罢了。至于这些奇怪的名称究竟来自哪里，目前说法不一，但所注的星期日除偶有抄错外，也基本正确无误。

敦煌历日在我国历法史上地位十分重要。古代历日如何演进发展，以前因实物太少而难寻觅其发展轨迹，敦煌历日的问世，大大开阔了人们的眼界。从出土秦汉简牍看，那时的历日内容都很简单，到北魏时仍极简略。吐鲁番出土的《唐显庆三年（658）具注历日》和《唐仪凤四年（679）具注历日》内容就比较丰富了，但大体也只是同敦煌发现的简本历日相仿佛。唐末五代宋初敦煌繁本历日的内容大大丰富了起来，基本上奠定了宋至清代历日的格局。敦煌历日所存的繁、简两种形制，恰好反映了古历由简到繁的演进过程。

三、精美的古代星图

在敦煌文献中，有两幅精美的古代星图，一幅是 S.3326《全天星图》，现藏英国图书馆；一幅是《紫微垣星图》，现藏甘肃省敦煌县博物馆，画在《唐人写地志》（076）残卷的背面。其中《全天星图》是世界上现存星数最多（1348 颗），也是最古老的一幅星图。

《全天星图》从十二月开始画起，根据每月太阳位置的所在，把赤道带附近的星分成十二段，利用类似麦卡托（1512—1594）圆筒投影的方法画出来，最后再把紫微垣画在以北极为中心的圆形平面投影图上，这比麦卡托发明此法早了七八百年。每月星图下面均有说明文字，其中太阳每月的位置所在，沿用的是《礼记·月令》中的说法，例如："二月日会奎，昏于星中，旦牛中"，并非绘图时的实际观测。这幅星图的画法在天文学史上是一个进步。此前星图的画法，一种是以北极为中心，把全天的星投影在一个圆形平面上，汉代的"盖图"大概都是如此，现存苏州的宋代石刻天文图仍无改变。这样的画法缺点很大：越到南天的星，彼此在图上相距越远，而实际上是相距越近。另一种办法是用直角坐标投影，把全天的星绘在所谓"横图"上，此法出现于隋代。采取这种办法，赤道附近的星与实际情况较为符合，但北极附近的星就差得太远，根本无法会合。为了克服这两种画法的缺点，只得把天球一分为二：把北极附近的星画在圆图上，把赤道附近的星画在横图上。《全天星图》就是我们现在所知按照这种办法画得最早的一幅。这种办法一直应用到现代，所不同的只是现在把南极附近的星再画在一张圆图上。

《全天星图》彩绘而成，其中甘德星用黑点，连以墨线，石申和巫咸星画成圆圈，连以橙红线。恒星的这种画法是继承了三国陈卓和南朝宋钱乐之的办法。图中十二次的起讫度数和《晋书·天文志》中所录陈卓的完全一样，说明文字则与唐《开元占经》卷64的《分野略例》大体相同。

我们称这幅星图为《全天星图》，是因为它囊括了当时北半球肉眼所能见到的大部分恒星，当时看不到的南极及其附近恒星自然不在其中，这是它同现代《全天星图》的不同之处。

《全天星图》早就吸引了中外科技史家的注意力。英国研究中国科技史的专家李约瑟教授在对比了我国古代各种星图包括这件《全天星图》同欧洲各种星图之后说："欧洲在文艺复兴以前可以和中国天图制图传统相提并论的东西，可以说很少，甚至简直就没有。"[①]至于星图的绘成年代，李约瑟定在公元940年前后，马世长则根据同卷《气象杂占》中的"臣淳风言""民"字避讳缺末笔而不讳"旦"字，以及卷末电神的服饰特征等，认为应当抄绘于公元705—710年。

《紫微垣星图》也是彩图，画在两个同心圆上。在紫微垣靠近间阖门处，标注"紫微宫"三字；垣的东西两侧分别标注"东番"和"西番"，意即"番卫"；内圆（即紫微垣）画成一个封闭的圆圈，垣的前后面都没有缺口作为垣门。图中的星点也用红、黑两种不同颜色。此外，凡是不属于"紫微宫"的，虽离北极较近，例如造父和钩星，都略去不绘；反之，像传舍、八谷、玄戈、太阳守等，虽离北极较远，因属紫宫，仍予绘出。外圆直径26厘米，用以表示上规，即天极上北极出地的恒显圈。根据其中传舍、八谷和文昌等星推测，这幅星图观测地点的地理纬度约为北纬35°左右，相当于西安、洛阳等地。

---

① [英]李约瑟著，《中国科学技术史》翻译小组译：《中国科学技术史》第4卷，香港：中华书局香港分局，1978年版，第253页。

四、遨游苍穹的《玄象诗》

P.2512是一卷重要的天文星占著作，残存内容包括四部分：（一）星占的残余部分；（二）《二十八宿次位经》和甘德、石申、巫咸三家星经；（三）《玄象诗》；（四）日月旁气占，内容格外丰富。在《二十八宿次位经》之后有"自天皇以来至武德四年（621）二百七十六万一千一百八岁"的记载，表明这一卷书是唐以前或唐初的著作。它的前两部分在辑佚和校勘方面十分重要。传世的《开元占经》由印度来华僧人瞿昙悉达编纂而成，该书卷66的最末一项内容为"太微星占四十六"，卷67的开端却是"三台占五十三"，两不衔接，中间缺了六个星官。所缺星官在 P.2512的"石氏中官"里则完整无缺地保存着。

紧接三家星经之后的就是《玄象诗》。自古以来，人们就对夏夜星宿的妩媚、冬夜繁星的冷峻怀有浓厚的兴趣。可是要想记住天穹上各星官的位置和次序却非易事。于是古人创作了许多韵文和诗歌，借以介绍全天星官。唐以前的韵文作品中，大约以北魏张渊的《观象赋》为最早，时间约在公元438年；后来隋朝李播还作过《周天大象赋》。唐开元时王希明所作的《步天歌》，是后世流传最久的识星作品，这以前的恐怕也只有 P.2512保存下来的《玄象诗》了。

《玄象诗》是配合它前面的三家星经作的，全篇五言为句，共264句。其特点是先从角宿起叙石氏星经，再从角宿起叙甘氏星经，再从角宿起叙巫咸星经，最后将三家合在一起总叙紫微垣。这样，人们只要以这篇诗作为指南，便可迅速将全天主要星官铭记在心。如其开端：

角、亢、氐三宿，行位东西直。库楼在角南，平星库楼北。南门楼下安，骑官氐南植。摄、角、梗、招摇，以次当杓直。

这浅显易懂的诗句，十分便于记诵。把这264句诗背熟，再去对照满天星斗，人们就可以在无限苍穹遨游了。

不过《玄象诗》也有缺点，它是按照三家星经编次而成的，故每回都要从角宿开始。要记住星官再去认星，便需顺次在天空转三圈，不甚方便。为了克服这个缺点，有人便把《玄象诗》重新排列，尽量按照星官的次序一次对照，P.3589《玄象诗》残卷就是这样排列的。虽方便了许多，但仍不彻底，于是至唐代有《步天歌》出（见郑樵《通志·天文略》）。《步天歌》不再顾及三家星经的区分，而是按照三垣二十八宿的次序去编排，七言为句，配以星图，就更能满足人们记忆星官的需要了。这或许正是《步天歌》得以长久流传，而《玄象诗》未能传世的原因之所在。尽管如此，《玄象诗》毕竟反映了古人记忆星官的一个重要阶段，它使我们得以明白古代这类作品的演进和发展过程。

［原载《文史知识》1988年第8期（敦煌学专号），第48—53页］

跋敦煌文献中的两次日食记录

　　十三年前，我曾揭出敦煌文献中有两次准确的月食预报，[①]但我却未注意到敦煌文献中也有准确的日食记录。2006年4月，浙江大学许建平博士来电话询问P.2663尾部题写的有关问题，并告知那里有日食记事。我当即翻开施萍婷教授的《敦煌遗书总目索引新编》，[②]发现施先生已有释文。这引起了我的关注与兴趣，并着手进行研究。现将个人一得之见披露如后，还望雅士通人有以教之。

一、原件释文与疏证

　　P.2663为《论语卷第五》（尾题）残卷，存末尾十六行，内容为《论语·乡党篇》。[③]有关日食的记录写在尾题左侧的空白处。现将有关文字释录如后并进行必要的疏证：

[①]《敦煌本北魏历日与中国古代月食预报》，收入邓文宽著：《敦煌吐鲁番天文历法研究》，兰州：甘肃教育出版社，2002年版，第189—200页。

[②]《敦煌遗书总目索引新编》，北京：中华书局，2000年版，第249页左栏。

[③]参见李方：《敦煌〈论语集解〉校证》，南京：江苏古籍出版社，1998年版，第385页。

1.（半行藏文题写）郎将。

2.□①后有丑年三月月②生六日学吴良弟③。

3.甲寅年二月月④生二日日食⑤，未时日食。

4.丙寅十二月二日己（巳）时日食。

5.丙寅年十二月二日己（巳）时日食。

我们知道，第1行的"郎将"是一个职官名称，但书写于此处，究何所指，尚无法说明。第二行的"丑年"是只用十二地支纪年的一种形式。我们从敦煌文献中看到，虽然吐蕃统治敦煌时也有用类似汉族六十甲子那样的纪年方式，⑥但更多的是单独用十二地支或十二生肖纪年。再加上第1行有半行古藏文题写，与单用地支"丑"纪年可相印证。"学吴良弟"中的"学"当是"学士郎"或"学郎"之省。由此可知，此件《论语卷第五》很可能是学郎吴良弟的课本。因《论语》正文与吴良弟题写的字迹迥异，所以，这个课本并非吴学郎手抄之物，有可能来自别处。

虽然吴良弟的题写并非我们要讨论的核心问题，但它仍提供了一个大的时代背景，我们在后面的研究中会参照它。

与我们的论题直接相关的是第3—5行的内容。经过对笔迹细致比对，我们发现，这3行文字笔迹与第2行吴良弟所写不同，而且这3行文字笔迹也不同，而是出自3人之手。概而言之，本件题写，至少是由4人题写而成。现将理由说明如下：

① □：此字草书未识出。
② 月：此字原形为重文符号。
③ 弟：许建平在其博士论文《敦煌经籍叙录》(打印稿168页)释作"义"，此从施萍婷所释。
④ 月：此字原形为重文符号。
⑤ "日食"二字右侧有一勾检符号。
⑥ 参见《敦煌学大辞典》"吐蕃纪年法"条，上海：上海辞书出版社，1998年版，第464页。

第一，2—5行中全有"月"字。2、3两行中的"月"字比较规范，但用笔不同；4、5两行的"月"字近于行书，但用笔也相异。

第二，第3行有"甲寅"，4、5两行有"丙寅"。但第3行之"寅"字为敦煌文献中习见的俗写，即上部宝盖写成"穴"字；而4、5两行的"寅"字与现行"寅"字一致，但二"寅"字也不同，第4行该字中部为"田"，第5行该字中部为"曰"。三个"寅"字三种写法，并非出自一人手笔。

第三，第2、3、5行各有"年"字，均近于正体书写，但用笔有别。

第四，第3、4、5行均有"食"字，但三个"食"字亦是三种写法，无法认作一人写成。

这样，我们就有理由认为，该卷尾部的题写是由四个人在不同年代分别写成的。

我们特别关注的是，第2行有"月生六日"，第3行有"月生二日"两个纪日日期。它们指几日呢？该如何理解？

过去，我们在敦煌文献中不时遇到"蓂生×叶"或"蓂凋×叶"的纪日方式，那是以理想中的蓂草日生一叶或日落一叶为依托进行设计的，事实上根本不存在。而"月生×日"是我在敦煌文献中首次遇到。实际上，它也是一种非常古老的纪日方式。

《黄帝内经·素问·缪刺论篇第六十三》："邪客于臂掌之间，不可得屈，刺其踝后，先以指按之痛，乃刺之。以月死生为数，月生一日一痏（音wěi），二日二痏，十五日十五痏，十六日十四痏。"唐代宗宝应元年（762）王冰为该书写成的注文说："随日数也，月半已前谓之生，月半已后谓之死，亏满而异也。"[1]成书于汉代的《黄帝虾蟆

---

[1]郭霭春主编：《黄帝内经素问校注》下册，北京：人民卫生出版社，1992年版，第772页。

经》，①首篇记载了一整月中的虾蟆随月生毁图，初一至十五各日分别称作"月生一日，月生二日……月生十五日"，下半月则称作"月毁十六日、月毁十七日……月毁三十日"。②

如果我们再往前追索，还可看到，形成于战国末期的湖北云梦出土《睡虎地秦简·日书》（甲种）中也有相同的纪日方法："作女子：月生一日、十一日、二十一日，女果以死，以作女子事，必死。"③

由以上例证可知，作为一种古老的纪日方法，所谓"月生一日"即初一日，"月生二日"即初二日，等等。④同理，P.2663尾部题写中的"月生六日"自然就是初六了，"月生二日"就是初二了。

第5行"十二月二日"中的第二个"二"字，原件笔画不清晰，故施萍婷先生空一字格，未释。笔者反复审览，难以释作"一"字。今从许建平博士所释作"二日"。

二、公元834年3月14日的日食记录

原卷第3行题写的日食是在"甲寅年"。如前所述，第1行有半行藏文题写，第2行又有"丑年"的纪年，表明此件年代很可能在吐蕃占领敦煌时期（786—848）。而这一时期中的"甲寅年"只有一个，即唐文宗大和八年甲寅岁（834），因此，它应该成为我们的首选年代。但是，为求稳妥，我们将可能的年代范围放宽一些进行检索。在刘次沅

---

①此书成书年代学界认识歧异较多,此从马继兴教授之说。

②《黄帝虾蟆经》,北京:中医古籍出版社,1984年版,第1—32页。

③睡虎地秦墓竹简整理小组编:《睡虎地秦墓竹简》,北京:文物出版社,1990年版,释文第207页。

④在对"月生×日"的阐释中,我们较多地参考了刘乐贤博士的《马王堆帛书〈出行占〉补释（修订）》一文,载简帛网·简帛文库·帛书专栏。谨致谢忱。

教授和马莉萍博士合编的《中国历史日食典》①上逐一寻检，结果如下：公元894年6月7日日食（农历甲寅年五月初一壬戌）；公元954年（甲寅年）无日食；公元1014年1月4日日食［农历上年（癸丑年）十二月初一戊午］；公元1074年（甲寅年）无日食；公元774年（甲寅年）无日食；公元714年8月15日日食（农历甲寅年七月一日丙戌）；公元654年（甲寅年）无日食。而公元834年3月14日的日食，合中原历甲寅年二月初一壬午日。

由上可知，公元654年、774年、954年、1074年均无日食发生，可以不予考虑；而894年日食在农历五月一日，714年在农历七月一日，1014年在上年十二月初一日，与此处的"二月月生二日日食"，即二月初二日日食均相去较远，唯一靠近的是834年二月初一日那次。

很显然，敦煌文献中的本次日食记录与中原历有"二日"与"一日"之别。从理论上说，日食只能发生在朔日即初一。但由于所制历日不准确，也有记在晦日（月末一日，即二十九日或三十日）或初二日的。根据我们多年对敦煌历日的研究，知道敦煌当地自编历日与中原历日常常有一到三日的差异。但是，公元834年，敦煌人自编的历日，即P.2765号《甲寅年历日》却是留传下来的。不过，该年二月初一日中原历与敦煌历干支均为壬午②，没有差别。我们只能遗憾地说，记录者将"月生一日"之"一"误书为"二"了。

不过，让我们十分欣慰的是，本次日食有时辰记录，即第3行的"未时日食"。我们知道，中古时代，用十二地支纪时是当时人的生活

---

① 刘次沅、马莉萍：《中国历史日食典》，北京：世界图书出版公司，2006年版。以下简称《日食典》。

② 同年中原历干支参见张培瑜：《三千五百年历日天象》，郑州：河南教育出版社，1990年版，第234页；敦煌历二月一日干支壬午见邓文宽：《敦煌天文历法文献辑校》，南京：江苏古籍出版社，1996年版，第145页。

习惯。以夜半为"子"时，相当于今之23时至凌晨1时，"未时"即相当于今之中午13时至15时。为了对这两次日食获得更为准确的科学认识，我求教于国家授时中心、天文学家刘次沅教授①，2006年7月30日刘教授答复如下：公元834年3月14日的日环食，在敦煌一地，初亏为12点47分，食甚为14点21分，复圆为15点47分，食分为0.77。"食甚"即看到日食的最大面积，发生于14点21分，正在"未时"（13点—15点），可以说完全吻合。

那么，这次日食在历史典籍中是否有相关记载呢？回答是肯定的。《旧唐书》卷十七下《文宗下》为："二月壬午朔，日有蚀之。"②《旧唐书》卷三十六《天文下》为："大和八年二月壬午朔，开成二年十二月庚寅朔，当蚀，阴云不见。"③《新唐书》卷八《文宗纪》："［大和］八年二月壬午朔，日有食之。"④《新唐书》卷三十二《天文二》为："大和八年二月壬午朔，日有食之，在奎一度。"⑤《唐会要》卷四十二"日食"条记作："文宗朝三：太和八年二月壬午朔，开成元年正月丙辰朔，二年十二月庚寅朔，司天奏：'是日，太阳亏，至时阴雪不见。'"⑥《资治通鉴》卷二四五唐纪六十一太和八年："二月壬午朔，日有食之。"⑦

比较以上史书所记，可以看出，这些记载颇有歧异。其中新、旧《唐书·文宗纪》和《通鉴》所记最为简略，仅云"日有食之"。这当是史家编书时过于省略的结果。而《旧唐书·天文志》和《唐会要》

①在此，我谨对刘次沅教授的热情帮助表示诚挚的谢意。
②标点本《旧唐书》，北京：中华书局，1975年版，第553页。
③标点本《旧唐书》，北京：中华书局，1975年版，第1319页。
④标点本《新唐书》，北京：中华书局，1975年版，第235页。
⑤标点本《新唐书》，北京：中华书局，1975年版，第831页。
⑥武英殿聚珍版《唐会要》，京都：中文出版社影印，1978年版，第761页。
⑦标点本《资治通鉴》，北京：中华书局，1956年版，第7895页。

的记载接近未经过分剪裁的原始记录，它们告知：据预测，该日当有日食，但届时因天阴而未看见。至于《新唐书·天文二》说是"日有食之，在奎一度"，也当是预推的结果，因为司天台的观测结果是"阴云不见"。换言之，这次日环食，无论是在当时的都城长安，还是在皇家天文台（河南登封）都未实际观测到。

但是，生活在河西走廊西端沙州敦煌郡的唐人是看到了这次日食的，而且记载了其发生的时间是"未时（13点—15点）日食"，为其他史料所不及，这正是其珍贵之处。唯一的瑕疵是"月生一日"误书成"月生二日"，让人稍觉遗憾。

三、公元846年12月22日的日食记录

在本文第一节我已指出，P.2663尾部题写的第4、5行并非一人写成。但这两条日食记录的内容却完全相同，仅第4行漏一"年"字（当作"丙寅年"）。显然，这是在有人写过本次日食之后（第4行），另一人又重写了一遍。好在内容完全相同，我们放在一起，当作一次日食记录来研究。

本题写第1行的半行藏文和第2行的"丑年"纪年，很自然地使我们考虑它们书写于吐蕃统治敦煌时期（786—848）。而这期间，据《日食典》，786年无日食发生，首选年代便成了公元846年，即唐武宗会昌六年丙寅岁。

根据刘次沅教授提供的数据，公元846年12月22日发生的是日全食，在敦煌一地，初亏时间是上午9点13分，食甚是10点32分，复圆是11点57分，食分0.82。而P.2663尾部题写有"巳时（9点—11点）日食"，与日食实际发生的时间完全一致。

不过，公元846年12月22日在农历为甲寅年十二月一日戊辰，而

非二日己巳，题记写作"二日"，也有一日误差。如前所言，此时敦煌行用的是自编历日，与同期中原历的朔日常有一到三日的差别。但敦煌文献中没有留下该年的当地历日，也未见到这一年的纪年资料。因此，我们还不能对"二日"与"一日"的差别做出完全准确的说明。

为求稳妥，我们将公元846年（丙寅年）前后几个丙寅年的日食情况，也在《日食典》上进行寻检，结果如下：906年4月26日日环食，合农历丙寅年四月一日癸未；966年无日食；1026年11月12日日环食，合农历丙寅年十月一日癸酉；786年无日食；726年1月8日日环食，合农历上年（乙丑年）十二月初一庚戌；666年无日食。情况表明，上述各年中，有日食的年月仅公元726年（上年农历十二月一日庚戌）的月日较靠近。但纪年干支当作"乙丑"而非"丙寅"，故不存在可能性。唯一的可能年代仍为公元846年。

这里，我们也要检查一下历史文献的记载情况，以便比较。对于这次日全食，《旧唐书·武宗纪》和《旧唐书·宣宗纪》会昌六年（846）十二月均无日食记录；①《旧唐书》卷三十六《天文下》记曰："会昌三年二月庚申朔，四年二月甲寅朔，五年七月丙午朔，六年十二月戊辰朔，皆食。"②《新唐书》卷八《武宗纪》：会昌六年（846）"十二月戊辰朔，日有食之"③。《新唐书》卷三十二《天文二》："［会昌］六年十二月戊辰朔，日有食之，在南斗十四度。"④《资治通鉴》卷二四八唐纪六十四：会昌六年（846）"十二月，戊辰朔，日有食之"⑤。《唐会要》卷四十二"日食"条则曰："武宗朝四：……六年十二月戊

①唐武宗死于会昌六年三月，当月宣宗继位。该年另九个月的史实记在"宣宗本纪"，故一并寻检。

②标点本《旧唐书》，北京：中华书局，1975年版，第1319页。

③标点本《新唐书》，北京：中华书局，1975年版，第246页

④标点本《新唐书》，北京：中华书局，1975年版，第831页。

⑤标点本《资治通鉴》，北京：中华书局，1956年版，第8028页。

辰朔。"①

对于此次日食，历史文献记载不像公元834年3月14日那次日食有"阴云不见"之类的话，说明公元846年12月22日天气较好，生活在长安的人们和河南登封的观象人员是看到了这次日食的，并做了记录。其中《新唐书·天文二》记有"在南斗十四度"，指出了此次日食发生所在天区的位置。但所有资料均未记录发生日食的具体时间，只有敦煌文献有"巳时日食"的记载，价值已在历史文献之上了。

我国古代文献中的日食记录，每每失之过于简略。像《新唐书·天文志》，应是记载得最详细的，一般也只是告知日食发生的天区位置，而多数都不记日食发生的时刻。笔者详检有唐289年和五代53年的全部日食资料，②342年中仅有三次记载了日食发生的时间：《旧唐书》卷三十六《天文下》载：唐肃宗上元二年七月癸未朔（761年8月5日），"日有蚀之，大星皆见。司天秋官正瞿昙撰奏曰：'癸未太阳亏，辰正后六刻起亏，巳正后一刻既，午前一刻复满。亏于张四度，周之分野'"③。《旧唐书·天文下》又记：唐代宗大历三年三月乙巳朔（768年3月23日），"日有食之，自午亏，至（按，'至'后当脱一字）后一刻，凡食十分之六分半"④。《通鉴目录》记载：后唐明庄天成元年八月乙酉朔（926年9月10日）日食，"食二分，甚在辰初"⑤。除了这三次日食有时刻记录，就再也没有了。敦煌文献可补834年3月14日日环食和846年12月22日日全食的发生时刻，本身就已弥足珍贵。

---

① 影印武英殿聚珍版《唐会要》，京都：中文出版社，1978年版，第761页。
② 依据北京天文台主编：《中国古代天象记录总集》，南京：江苏科学技术出版社，1988年版。
③ 标点本《旧唐书》，北京：中华书局，1975年版，第1324页。
④ 标点本《旧唐书》，北京：中华书局，1975年版，第1326页。
⑤ 《通鉴目录》卷二十七，第22页。转引自《中国古代天象记录总集》，南京：江苏科学技术出版社，1988年版，第179页左栏。

最后，我想对 P.2663 正文《论语卷第五》的年代谈一点认识。此篇正文文字规整，尾部日食题写与正文不可同日而语。我们已知发生日食的甲寅年是公元834年，其前一行（2行）的"丑年"就很可能是833年（癸丑年）。但这个"丑年"也可以再往前推几个，从而不具有唯一性。不过，我们可将公元834年作为此件正文形成的年代下限：晚于此年，该年日食尚未发生，日食记录就不会写在它的尾部空白处了。由此也可进一步推断，吴良弟其人当生活于公元834年前后，约当9世纪中叶。

（原载刘进宝、〔日〕高田时雄主编《转型期的敦煌学》，上海：上海古籍出版社，2007年版，第531—537页）

敦煌本北魏历日与中国古代月食预报

　　在五十余件敦煌历日文献中，《北魏太平真君十一年（450）历日和十二年（451）历日》是年代最早的一份，也是现知唯一的北朝历书实物，但原件下落至今不明。1950年，台湾学者苏莹辉先生在《敦煌所出北魏写本历日》①一文中公布了一个录文；1992年，中国大陆学者刘操南先生在《敦煌本北魏太平真君十一年、十二年残历读记》②一文中公布了另一个录文。由于近十年来我一直致力于敦煌吐鲁番天文历法文献的研究，所以对这方面的新材料十分重视和敏感。两个录文的公布，尤其是刘操南先生新公布的录文，给我的工作提供了诸多方便。同时也发现两种录文均存在错误和未达一间之处。于是，在1992年9月中国敦煌吐鲁番学会举办的国际学术讨论会上，我提交了《敦煌所出北魏太平真君十一年、十二年历日抄本合校》的论文，并呼吁："望天下公私有知其下落者赐告笔者或馈赠照片，以便对这份珍贵的古写本历日进行更深入的研究。"我的报告甫一结束，日本著名"敦煌学"家池田温教授当即表示，他藏有此件历日的复印件，愿意送我研究。

---

①原载台湾《大陆杂志》一卷九期，后收入氏著《敦煌论集》，台北：台湾学生书局，1983年版，第305—308页。

②载《敦煌研究》1992年第1期，第43—44页。

本文使用的原始资料就是由池田温先生提供的。在此，我谨向池田温先生表示诚挚的谢意。需要说明的是，据前述苏、刘二先生的录文，此两年历日共有27行文字，但现在只能看到前面24行，缺尾部3行。我曾就此请教过池田温先生。因他的复印件也是别人赠送的，所以原因尚未查明。

此两年历日抄于《国语》卷三《周语下》韦昭解的背面，纸幅大小未详。正面《国语》文字隶意浓重，带有明显的北朝特征。背面历日近于行书，字迹也带有北朝特征。现据复印件重新释文并校补，对于前述两种录文的错失一并指出，出校记说明。原卷竖写，今改为横书；俗体字一律改为现行标准汉字；为便于省览，每行前加上了行号。

【释文】

1.太平真君十一年（1）历〔日〕（2）　〔太〕（3）岁在庚寅　大阴（4）大将军〔在子〕（5）

2.正月大一日壬戌收　九日立春正月节　廿五日雨水

3.二月小一日壬辰满　十日惊蛰（6）二月节　廿五日春分廿七日社

4.三月大一日辛酉破　十一日清明三月节　廿六日谷雨

5.四月小一日辛卯闭（7）　十二日立夏四月节　廿七日小满

6.五月大一日庚申平　十三日望种（8）五月节　廿八日夏至

7.六月小一日庚寅成　十四日小暑（9）六月节　廿九日大暑

8.七〔月〕（10）大一日己未建　十五日立秋七月节　卅日处暑

9.〔闰〕（11）月小（12）一日己丑执　十五日白露八月节

10.八月大一日戊午收社　二日秋分　十七日寒露九月节

11.九月小一日戊子满　二日霜降　十七日立冬十月节

12.十月大一日丁巳破　四日（13）小雪　十九日大雪十一月节

13.十一月小一日丁亥闭（14）　四日冬至　十九日小寒十二月节

14.十二月大一日丙辰平　五日大寒　十（15）三日腊　廿一日立春正月节

15.太平真君十二年历日　其年改为正平元年（16）　太岁在辛卯　大将军在卯（17）　大阴在丑

16.正月小一日丙戌成　二日始耕（18）　六日雨水　廿一日惊蛰（19）二月节（20）

17.二月大一日乙卯建（21）　四日社　七日春分　十六日月食（22）　廿二日清明三月节

18.〔三〕（23）月大一日乙酉执　八日谷雨　廿三日立夏四月节

19.四月小一日乙卯开　八日小满　廿三日望种五月节

20.五月大一日甲申满　十日夏至　廿五日小暑六月节

21.六月小一日甲寅危　十日大暑　廿五日立秋七月节

22.七月大一日水未（24）闭（25）　十一日处暑　廿七日白露八月节

23.八月小一日水丑（26）定　十二日秋分　十六日社月食（27）　廿七日寒露九月节

24.九月大一日壬午成　十三日霜降　廿九日立冬十月节

（以下三行据两种录文校补）

25.十月小一日壬子除　十四日小雪　廿九日大雪十一月节

26.十一月大一日辛巳执　十五日冬至（28）　卅日小寒十二月节

27.十二月小一日辛亥开　十六日大寒（29）　十八日腊

【校记】

（1）年：原有，苏抄本脱。

（2）日：原卷及两种抄本均无，据下文第15行"太平真君十二年历日"例补。

（3）太：原卷及两种抄本均无，据下文第15行太平真君十二年历日之"太岁在辛卯"例补。

（4）大阴：古历年神多作"太阴"。大、太古语多不分，"大阴"即"太阴"。下不出校。

（5）在子：两种抄本均无。原卷二字残，但仔细辨认，仍可看出字痕。又，"寅"年太阴、大将军二年神均在"子"位，参拙作《敦煌古历丛识》之"年神方位表"，载《敦煌学辑刊》1989年第1期。"在子"二字可确认。

（6）蛰：刘抄本作"蜇"，误。

（7）闭：苏抄本释作"用"，刘抄本释作"开"，且眉批："开或作刃"，均误。参拙作《天水放马滩秦简〈月建〉应名〈建除〉》，载《文物》1990年第9期，第83—84页。

（8）望种：刘抄本眉批："芒字作望。"按，西北方音中"望"与"芒"音近，故得通借。此点蒙杭州大学黄征、张涌泉二先生见告，谨至谢忱。下不出校。

（9）暑：原字作"煮"，即"暑"之俗体，乃北朝写法。参秦公《碑别字新编》引《魏镇北大将军元思墓志》，北京：文物出版社，1985年版，第242页。下不出校。

（10）月：刘抄本眉批："月字原缺。"苏抄本有"月"字。按，原无，今据此两年历例补。

（11）闰：刘抄本眉批"闰字已蚀"，是。但将补字符号［］误放在下文"月"字上。苏抄本有"闰"字，今从复印件看已蚀。

（12）小：刘抄本作"大"，误。此闰七月朔日己丑，下月（八月）朔日为戊午，由两月朔日日期关系亦可知当作"闰月小"，原本不误。

（13）日：刘抄本作"月"，误。

（14）闭：刘抄本作"开"，苏抄本作"用"，均误。见校记（7）。

（15）十：刘抄本脱。

（16）其年改为正平元年：刘抄本眉批："其年八字，原为旁行，疑为增入。"苏抄本无。今从复印件可知，此八字确系增入，且笔迹与原抄本为同一人，刘抄本是。我在《关于敦煌历日研究的几点意见》（载《敦煌研究》1993年第1期）中说："苏抄本无此八字，可证确为后人增入。"因未见照片判断失当，今改正。

（17）卯：两种抄本同。按，原卷误。"卯"年大将军在"子"位，参前揭拙作《敦煌古历丛识》之"年神方位表"。此"卯"字系涉上文"太岁在辛卯"句致讹。

（18）始耕：刘抄本作"始祈"，苏抄本作"始秖"，释文均误。参前揭拙作《敦煌古历丛识》之"始耕即籍田"一节。

（19）蛰：刘抄本作"蜇"，误。

（20）二月节：原有，刘抄本脱。

（21）建：刘抄本同，苏抄本作"黑"。我在《关于敦煌历日研究的几点意见》一文中，认为"苏抄本为是"，并解释为北魏避昭成皇帝什翼犍名讳而改，系判断失当，今改正。

（22）月食：两种抄本均作"月会"，误。"食"字识读，得到祁德贵、苏士澍诸先生的帮助，谨致谢忱。

（23）三：两种抄本均有，复印件上已蚀。

（24）水未：即癸未。"水"系避讳改字。参前揭拙作《敦煌古历丛识》之"北魏避讳改干支"一节。

（25）闭：刘抄本作"开"，苏抄本作"用"，均误。见校记（7）。

（26）水丑：即癸丑。"水"亦避讳改字。见校记（24）。

（27）十六日社月食：刘抄本作"十六日社会乙"，且眉批："会下乙……书在旁，原为补字。"苏抄本作"十六日社念月"。均误。细审原卷，"十六日社"以下字先写作"食月"，又在右侧加一倒钩符号"乙"，故当读作"月食"。"食"字左下有一污点，或系抄写时不慎点入，造成识读困难。

（28）至：苏抄本有，刘抄本无。按，"冬至"为十一月中气，故苏抄本是。原卷如何，今未得知。

（29）大寒：苏抄本作"大腊"，误。按，"大寒"为十二月中气。原卷如何，今未得知。

【跋】

以下研究与本太平真君历日相关的四个问题。

（一）此北魏历日的出土地点

据苏莹辉先生在《敦煌所出北魏写本历日》一文中介绍，原写本于1944年冬由董作宾先生得于敦煌市廛；1948年，董先生将一份抄本寄示苏先生，并嘱其考证发表，从而推测说："其出处可能与敦煌艺术研究所新发现之写经六十余种同一来源。"而刘操南先生则云："1943年西安李俨乐知先生悉余之好历算也，书以递示，余移录之，而奉赵焉。"说明至晚在1943年李俨先生就已有这件历日的抄本。所谓"敦煌艺术研究所新发现之写经六十余种"，就是通常所说的土地庙遗书。而土地庙遗书却是 1944 年 8 月 30 日和 31 日才被发现的。[①]如果它属于土地庙遗书，断然不可能在 1943 年时就已经有了抄本。由此可以肯定，此北魏太平真君写本历日同出于敦煌莫高窟今编 17 号窟，即通常所说的"敦煌石室"。后来原件又流入社会，辗转流传，今已不知下落。

（二）历注中的"社"和"腊"

太平真君十一年历日在二月二十七日和八月一日，十二年历日在二月四日和八月十六日均注"社"。"社"即社日祭，为祭祀土地神的典礼。十一年二月壬辰朔，二十七日干支为戊午；八月一日干支亦戊午。十二年二月乙卯朔，四日干支戊午；八月水（癸）丑朔，十六日干支为戊辰。可知，此两年历日中四次"社"祭均在"戊"日。我国自汉以后，以立春后第五戊日为春社，以立秋后第五戊日为秋社。[②]此两年历中的"社"祭日与此相合不悖。但此前的汉简历日，尚未见以"社"日注历者。以"社"日注历，此北魏历日是现知最早的一份。

太平真君十一年历日在十二月十三日，十二年历日在十二月十八日均注"腊"，即腊祭百神日。两日干支均为戊辰。《初学记》卷四《腊第十三》："汉以戊日为腊，魏以辰，晋以丑。"[③]即腊祭汉在戊日，魏在辰日，晋在丑日。此"魏"为三国曹魏而非北魏。但北魏即以"魏"为国名，其"腊"祭亦应在"辰"日。《旧唐书·礼仪四》："季冬（十二月）……辰日腊享于太庙。"[④]唐朝于"辰"日腊祭，沿用的亦是曹魏制度。

---

①参见李正宇：《土地庙遗书的发现、特点和入藏年代》，载《敦煌研究》1985 年第 3 期，第 92—97 页。

②参见陈久金、卢莲蓉：《中国节庆及其起源》，上海：上海科技教育出版社，1989 年版，第 66 页。

③影印本《初学记》，北京：中华书局，1962 年版，第 84 页。

④标点本《旧唐书》，北京：中华书局，1975 年版，第 911 页。

（三）北魏太平真君历日的历法依据

《魏书·律历志》载："太祖天兴初（398）命太史令晁崇修浑仪以观星象，仍用《景初历》。岁年积久，颇以为疏。世祖平凉土（440），得赵歐所修《玄始历》，后谓为密，以代《景初》。""高宗践祚（452），乃用敦煌赵歐《甲寅》之历。"[1]《魏书》这段记载可能有误。实际上，直到太平真君十二年（451），北魏仍在使用《景初历》。现据张培瑜教授据《景初历》术推算此北魏历日的月朔、节气、中气结果如下表：

纪年	月大小	朔日	节气	中气
太平真君十一年	正月大	壬戌	立春庚午	雨水丙戌
	二月小	壬辰	惊蛰辛丑	春分丙辰
	三月大	辛酉	清明辛未	谷雨丙戌
	四月小	辛卯	立夏壬寅	小满丁巳
	五月大	庚申	芒种壬申	夏至丁亥
	六月小	庚寅	小暑癸卯	大暑戊午
	七月大	己未	立秋癸酉	处暑戊子
	闰月小	己丑	白露癸卯	
	八月大	戊午	秋分己未	寒露甲戌
	九月小	戊子	霜降己丑	立冬甲辰
	十月大	丁巳	小雪庚申	大雪乙亥
	十一月小	丁亥	冬至庚寅	小寒乙巳
	十二月大	丙辰	大寒庚申	立春丙子

[1] 标点本《魏书》，北京：中华书局，1974年版，第2659、2660页。

续表

纪年	月大小	朔日	节气	中气
太平真君十二年	正月小	丙戌	雨水辛卯	惊蛰丙午
	二月大	乙卯	春分辛酉	清明丙子
	三月大	乙酉	谷雨壬辰	立夏丁丑
	四月小	乙卯	小满壬戌	芒种丁丑
	五月大	甲申	夏至癸巳	小暑戊申
	六月小	甲寅	大暑癸亥	立秋戊寅
	七月大	癸未	处暑癸巳	白露己酉
	八月小	癸丑	秋分甲子	寒露己卯
	九月大	壬午	霜降甲午	立冬庚戌
	十月小	壬子	小雪乙丑	大雪庚辰
	十一月大	辛巳	冬至乙未	小寒庚戌
	十二月小	辛亥	大寒丙寅	立春辛巳

此表中的节气、中气栏，因太平真君十一年（450）闰七月，故自该年八月以下，"节气"栏为"中气"，"中气"栏为"节气"。

太平真君十二年（451）十二月小，辛亥朔，二十九日干支为己卯；"立春辛巳"实在次年正月二日。原历中仅有十二月中气大寒，无立春正月节。

以此表与北魏太平真君十一年、十二年历日对照，其月序、月大小、朔日干支、闰月位置、中节日序干支等历日事项无一不合。[1]由此

---

[1]见张培瑜：《试论新发现的四种古历残卷》，载《中国天文学史文集》第五集，北京：科学出版社，1989年版，第104—125页。

可以确定，此北魏太平真君历日的历法依据是《景初历》。

（四）太平真君十二年（451）历日中的两次月食预报

太平真君十二年（451）历日共提到两次月食。一次在二月十六日庚午，即公元451年4月2日；另一次在八月十六日戊辰，即公元451年9月27日。当我初步认为这是两次月食后，为慎重起见，曾就该年的月食次数、见食范围等天文学问题，请教中国科学院紫金山天文台张培瑜教授。张先生在1993年3月10日的回信中答复说：

> 这年月食简况如下：公元451年总共只有二次月食发生，并且的确都是历书上记载的这两天。（1）451年4月2日，月偏食，发生在中午，北京时12：45望，食分0.653，初亏11：24，食甚12：53，复圆14：21。这次月偏食中国全境皆不得见。（2）451年9月27日，月偏食，发生在凌晨。北京时2：35望，食分0.814，初亏1：10，食甚2：41，复圆4：13，中国全境皆可见。我认为此历书所注的应是月食预报，不是观测记录。原因有二：第一，4月2日月食，中国绝不可见（因为月亮在地下），故定非月食记录。第二，9月27日月食，中国全境可见。但月食观测记录应记作"9月26日晚四更、五更食"，或"八月十五日晚日加丑月加未食"，不会记作十六日（9月27日）。但预报以历书计算为准，历书是以子夜（夜半）作为日的分界的。这确是一项重要的发现。即使月食预报，丝毫也不比月食记录逊色。这反映了我国是时对日月食的认识以及推算的精确程度。您的这一发现，值得庆贺。

张培瑜教授是我国著名历法专家和天文史学家，享誉国际天文史学界，他的意见值得重视。上文所引两次月食数据也是他的计算结果。张先生认为这是两次月食预报而非月食记录也完全正确。经查对，我国历史文献中，公元451年只有一次月食记录，见于《宋书·律历下》："［元嘉］二十八年（451）八月十五日丁夜月食。"①这个"八月十五日丁夜"即公历9月26日夜间2时左右。由于记录时间是从天亮到天亮为一天，而预报则以夜半为日的分界，故比预报发生的月食早一天。这正与前述张培瑜先生的解释相符合。此外，北魏历日上的"月食"若是月食记录，则该年4月2日的月食也不应在传世文献中无任何记载。现将这两次月食的有关资料绘表如下（望和月食有关数据均为北京时）：

历史纪年	太平真君十二年 二月十六日	太平真君十二年 八月十六日
公元纪年	451年4月2日	451年9月27日
月食	月偏食	月偏食
望	12：45'	2：35'
初亏	11：24'	1：10'
食甚	12：53'	2：41'
复圆	14：21'	4：13'
食分	0.653	0.814
文献记载	无	《宋书·律历下》："［元嘉］二十八年八月十五日丁夜月食。"

如前所述，此北魏太平真君历日的历法依据是《景初历》。同样，这两次月食预报的推算依据也是《景初历》的有关数据。

①标点本《宋书》，北京：中华书局，1974年版，第310页。

《景初历》是三国曹魏尚书郎杨伟在东汉末年刘洪《乾象历》基础上创造的，开始行用于曹魏景初元年（237），故名。《景初历》改进了朔望月的数据，以365日为岁实，以29日为朔策，仍用汉以来的19年7闰法。它的另一特点是，年月日数的分数，虽各以纪法、日法的不同数值，而其他法数，均以日法为分母。南朝宋时何承天称《景初历》比《乾象历》优点更多，当是事实。因此，这部历法虽然在曹魏仅行用了28年，但西晋泰始元年（265）改用的《泰始历》，南朝宋永初元年（420）改用的《永初历》，实际都是《景初历》术，北魏使用它直到太平真君十二年（451）。这部历法前后实际行用了215年之久。[①]

《景初历》更主要的优点是对日月食的预推。推食分多少、日食亏起方位等是其特创。[②]它以朔望位置在黄白道交点十五度（在赤道上计算）以内为发生交食的必要条件，这同现代日食内限值十分密近。清代阮元在《畴人传》中曾评论说："至其推交会月蚀，以去交度十五为法，论亏之多少，以先会后交、先交后会，论亏起角之东西南北，皆密于前术，足以为后世法者也。"[③]北魏太平真君十二年（451）是《景初历》行用的最后一年，对月食的预报仍然如此准确，确令今人叹服！

敦煌本北魏太平真君十二年（451）历日上的两次月食预报，为迄今出土的汉简历日和敦煌吐鲁番历日所仅见，也是现知中国最早的月食预报材料，且极为准确，应当引起足够重视。

（原载《敦煌吐鲁番学研究论集》，北京：书目文献出版社，1996年版，第360 -372页）

---

① 参见陈遵妫：《中国天文学史》第3册，上海：上海人民出版社，1984年版，第1444—1445页。

② 参见中国天文学史整理研究小组编著（薄树人主编）：《中国天文学史》，北京：科学出版社，1981年版，第79页。

③《畴人传》卷五《杨伟传》，上海：上海商务印书馆，1955年重印本，第61页。

附：

北魏历日曾有准确月食预报
——"敦煌学"研究新成果

　　我国古代对日食、月食的发生曾有过多次准确记录。但对日食、月食的预报，此前出土的汉简历日和敦煌吐鲁番历日上从未发现。最近，从敦煌本北魏太平真君十二年（451）历日上发现了两次准确的月食预报。这是中国文物研究所副研究员邓文宽的一项最新研究成果。

　　《北魏太平真君十一年（450）、十二年（451）历日》抄本，1900年发现于敦煌莫高窟，原件下落至今不明。苏莹辉先生在1951年，刘操南先生在1992年各自公布过一个抄本，但都因文字识读有误，未能发现这两次月食预报。不久前，日本著名"敦煌学"家池田温教授将这份历日拷贝件赠送给了邓文宽，邓文宽依据照片重新释文，悉心研究，终于将这两次月食预报揭示出来。

　　两次月食预报分别记录在《太平真君十二年（451）历日》的二月和八月。原文是："二月大　一日乙卯建　四日社　七日春分　十六日月食　廿二日清明三月节"；"八月小　一日水（癸）丑定　十二日秋分　十六日社　月食　廿七日寒露九月节"。记载月食的这两天分别是公元451年的4月2日和9月27日。根据中国科学院紫金山天文台张培瑜研究员提供的数据，这一年只有两次月食发生，而且的确就是历日上记载的这两天。4月2日的月食情况是：望（北京时，下同）12点45

分，初亏11点24分，食甚12点53分，复圆14点21分，食分0.653；9月27日的月食情况是：望2点35分，初亏1点10分，食甚2点41分，复圆4点13分，食分0.814。两次都是月偏食。

这两次月偏食中，4月2日的一次因发生在北京时白天的中午，中国境内无法看到，所以也无文献记载。9月27日的一次，中国全境都可看到，文献也有著录，见于《宋书·律历下》："〔元嘉〕二十八年八月十五日丁夜月食。"（中华书局标点本《宋书》，第310页）这个"八月十五日"相当于公元451年的9月26日，由于月食记录是从天亮到天亮为一天，而月食预报以历法为依据，以"子夜"（夜半）作为日的分界，所以记录比预报早了一天，"丁夜"即夜间2点左右，与现代计算值完全一致。从文献著录情况可知，如果这只是两次月食记录，那么，4月2日的一次不应没有文献记载；事实上，这次月食中国境内也见不到。因此，它们只能是月食预报，而不可能是月食记录。

太平真君十二年（451），北魏使用《景初历》。《景初历》是三国曹魏尚书郎杨伟依据东汉末年刘洪《乾象历》加以创造的，曹魏景初元年（237）开始行用。这部历法具有许多优点。它在曹魏虽仅行用了28年，但西晋泰始元年（265）改用的《泰始历》，刘宋永初元年（420）改用的《永初历》，实际都是《景初历》术。北魏使用《景初历》一直到太平真君十二年（451）。这部历法前后实际行用了215年之久。《景初历》更主要的优点是对日食、月食的预报。推食分多少、日月食亏起方位等计算是其特创。它以朔望月的位置在黄白道交点十五度（在赤道上计算）以内为发生交食的必要条件，这同现代日食内限值十分密近，清代阮元在《畴人传》中对此评论道："至其推交会月食，以去交度十五为法，论亏之多少，以先会后交、先交后会，论亏起角之东西南北，皆密于前术，足以为后世法者也。"北魏太平真君十二年（451）是《景初历》行用的最后一年，对月食的预报仍然如此准确，确令今人为之叹服！

张培瑜研究员在评价这项成果时说："这确是一项重要的发现。……反映了我国是时对日月食的认识以及推算的精确程度。您的这一发现，值得庆贺。"

（原载《光明日报》1993年7月18日第6版，署名"苏雅"）

敦煌本S.3326号星图新探
——文本和历史学的研究

现藏于英国图书馆的敦煌本S.3326号星图，自从20世纪50年代末英国科学史家李约瑟教授在其大著《中国科学技术史》第四卷"天学"中加以披露①以来，已有多位中外学者倾心研究。②这些工作，虽然曾经极大地推进了对这份古代星图认识的不断深入，但也还有不少认识未谛之处。本文即在前贤研究的基础上，再做一番工作，对于本件星图由谁绘成，作于何时，用途和名称是什么，由何人摹写或保存过等问题，表明自己的认识，以就教于海内外有识之士。

---

① 见《中国科学技术史》翻译小组译：《中国科学技术史》第4卷"天学"，北京：科学出版社，1975年版，第211—213页。

② 参见席泽宗：《敦煌星图》，载《文物》1966年第3期，第27—38转52页；马世长：《敦煌星图的年代》，载《中国古代天文文物论集》，北京：文物出版社，1989年版，第195—198页；潘鼐：《中国恒星观测史》，北京：学林出版社，1989年版；邓文宽：《敦煌天文历法文献辑校》，南京：江苏古籍出版社，1996年版；邓文宽：《隋唐历史典籍校正三则——兼论S.3326星图的定名问题》，载《敦煌吐鲁番天文历法研究》，兰州：甘肃教育出版社，2002年版，第25—37页；让－马克·博奈－比多（Jean-Marc Bonnet-Bidaud）、弗朗索瓦丝·普热得瑞（Francoise Praderie）、魏泓（Susan Whitfield）：《敦煌中国星空：综合研究迄今发现最古老的星图》，黄丽萍译，邓文宽审校，载《敦煌研究》2010年第2期，第43—50页、第3期，第46—59页。

一、星图的原作者是唐初著名天文星占家李淳风

我将该星图每图之后的说明文字与《乙巳占》《晋书·天文志》《汉书·地理志》等典籍对比，认为星图的原作者是唐初著名天文星占家李淳风（602—670）。理据如下：

（一）本件星图每图之后的说明文字和李淳风《乙巳占·分野》文字基本一致。星图原为十三幅，最末一幅为"紫微宫图"，原本就无说明文字。其余由十二月至正月共十二幅图，均有说明文字。我们现摘录其中两幅图的说明文字，并与《乙巳占·分野》①加以比较：

S.3326星图正月："自危十六度至奎四度，于辰在亥，为娵訾，娵訾者，叹貌，卫之分也（野）。"②

《乙巳占·分野》："危、室、壁，卫之分野。自危十六度至奎四度，于辰在亥，为娵訾。娵訾者，言叹貌也。"

S.3326星图四月："自毕十二度至井十五度，于辰在申，为实沉。言七月之时，万物雄胜，阴气沉重，降实万物，故曰实沉。魏之分也（野）。"

《乙巳占·分野》"毕、觜、参，晋魏之分野。自毕十二度至井十五度，于辰在申，为实沉。言七月之时，万物极盛，阴气沉重，降实万物，故曰实沉。"

---

① 影印本《乙巳占》，见任继愈总主编，薄树人主编：《中国科学技术典籍通汇·天文卷》第4册，郑州：河南教育出版社，1997年版，第489—493页。以下引《乙巳占》均见该书，不另作注。

② 邓文宽：《敦煌天文历法文献辑校》，南京：江苏古籍出版社，1996年版，第58—70页。以下引S.3326号星图文字，均见该书，不另作注。

以上我们摘录了星图和《乙巳占》各自的两段文字，以便比较。
应该说，基本内容是相同的。差别在于，《乙巳占》突出了二十八宿各
宿的分野范围，星图则通过各次所占天区度数来表达，但内容却是一
样的；再者，《乙巳占》将分野内容放在句首，而星图则移到了句末。

其他各月内容基本相似，故从略。

（二）星图分野所用古国名与《乙巳占》全同。《乙巳占·分野》
开头便说："谨按：在天二十八宿，分为十二次；在地十二辰，配属十
二国。至于九州分野，各有攸系，上下相应，故可得占而识焉。州郡
国邑之号，并刘向所分，载于《汉书·地理志》。其疆境交错，地势宽
窄，或有未同，多因春秋以后，战国所据，取其地名国号而分配焉。"
依据李淳风的交待，试比较如后：

　　　　S.3326 星图古国名依次是：齐、卫、鲁、赵、魏、秦、周、
楚、郑、宋、燕、吴越；

　　　　《乙巳占·分野》古国名依次是：郑、宋、燕、吴越、齐、卫、
鲁、赵、魏、秦、周、楚；

　　　　《汉书·地理志》分野古国名依次是：秦、周、郑（与韩同
分）、齐、赵、燕、鲁、宋、卫、楚、吴、粤。[1]

由上可知，星图与两种古代典籍《乙巳占》《汉书·地理志》分野
所用古国名近于一致，仅有很小的差别。而《史记·天官书》的分野
用古代大九州地名，可知这是两套系统。

（三）星图说明文字的缩写本载于《晋书·天文志》。众所周知，

---

[1]标点本《汉书》，北京：中华书局，1962 年版，第 1641—1671 页。

成书于贞观二十二年（648）的《晋书》，其"天文志"虽后出，但却出于李淳风之手。该志有"十二次度数"一节。为便于比较，我们抄录其中两条于下：

> 自危十六度至奎四度为娵訾，于辰在亥，卫之分野，属并州（原附文今略）。
>
> 自毕十二度至东井十五度为实沉，于辰在申，魏之分野，属益州（原附文今略）。①

我们将这些文字同本节之第（一）小节所引 S.3326 星图的说明文字对比，就会看到，它们是星图说明文字、《乙巳占·分野》对应文字的缩写。其不同仅仅在于，增加了各古国在大九州中的归属，仅此而已。

更为有趣的是，李淳风在上引《晋书·天文志》"十二次度数"一节的开头便说："十二次。班固取《三统历》十二次配十二野，其言最详。又有费直说《周易》、蔡邕《月令章句》，所言颇有先后。魏太史令陈卓更言郡国所入宿度，今附而次之。"②由此可见，《晋书·天文志》"十二次度数"中的古国名原出于刘向、刘歆父子所编的《三统历》（《太初历》的修订版），班固将其移入《汉书·地理志》。而前引《乙巳占·分野》则说："州郡国邑之号，并刘向所分，载于《汉书·地理志》。"一处说刘向（《三统历》编者之一），另一处说《三统历》；一处说班固（《汉书》作者），一处又说《汉书·地理志》，这难道不都是一回事吗？同时，由前引《晋书·天文志》李淳风的话又知，他所用的十二次度数取自晋太史令陈卓"定纪"之数。也即是说，本件

①标点本《晋书》，北京：中华书局，1974 年版，第 308 页。
②标点本《晋书》，北京：中华书局，1974 年版，第 307 页。

星图、《乙巳占》《晋书·天文志》这些大致相同的文字，其十二次所对应的古国名，取自《三统历》（载于《汉书·地理志》）；其十二次在二十八宿的起讫度数，则取自陈卓"定纪"之数。将它们放在一起，则是李淳风改编的结果。

（四）李淳风改编而成的说明文字，是配合星图占验使用的。由于《乙巳占》仅见文字而无星图，所以，人们极易忽略文字与星图间的配合关系。在前引《乙巳占·分野》开头的那段文字后，李淳风接着又说：

> 星次度数，亦有进退，众氏经文，莫审厥由。按，列国地名，三代同目，地势不改，人遂迁移，古往今来，封爵递袭，上系星野，沿而未殊。自秦燔简册，书史缺残，时有片言，理无全据，虽欲考定，敢不厥疑？惟有二十八宿，山经载其宿山所在，各于其国分星宿有变，则应乎其山；所处国分有异，其山亦上感星象。又，其宿星辰常居其山，而上伺察焉。上下递相感应，以成谴告之理。或人疑之，以为不尔……今辄列古十二次、国号、星度以为纪纲焉。其诸家星次度数不同者，乃别考论，著于历象志云。

可知，李淳风十分相信"天人感应"的理论，认为天上星宿之变，必与地上人事相应，"以成谴告之理"，警醒地上当政者。这些文字和理念，只有配合星图才能使用。但配合文字的星图未能传世，却由这份出自敦煌的星图所揭示。既然李淳风改编后的说明文字抄在与其配合使用的星图上，并用于占验吉凶，那么这件星图若不属于李淳风，又能属于何人？

（五）大家知道，S.3326 号共有三部分内容：气象占、星图、"其解梦及电经一卷"（未抄完）。我们注意到，"气象占"第 38 条说明文字有"臣淳风言"云云；其末尾又说："古（右）以上合气象有册八条，臣曾考有验，故录之也。未曾占考，不敢辄备入此卷。臣不揆庸寡，见敢绢（捐）愚情，掇而录之，具如前件。滥陈阶庭，弥加战越。死罪死罪，谨言。"可见，如果说S.3326号前部48条"气象占"是李淳风从古籍中摘录（"掇而录之"）而成的"气象占"，那么，将本件星图及其说明文字看作是由他改绘、改编（"编而次之"）而成的"星占"，恐不为过。因为他在《乙巳占序》中就说过"余不揆末学，集某所记，以类相聚，编而次之，采撷英华，删除繁伪，小大之间，折衷而已。"这简直就是李淳风改编星图及其说明文字的夫子自道。

综合以上各端，我认为S.3326号星图系李淳风改编而成。

二、星图的用途和名称

本件星图的用途和名称，也是长期困扰学者们的问题。天文学史专家席泽宗教授曾名之为"敦煌星图"[①]。我在编著《敦煌天文历法文献辑校》一书时，感觉这个名称仅能体现它出自敦煌，于是据其内容改名为"全天星图"[②]。可是，随着时间的推移，我日感不安。于是在2001年时又提出拟更名为"二十八宿分野图一卷"[③]。但当时仅作为一个设想提出，未敢遽定。自那时以后，又过去了10年，我自感这个定名是稳妥的，是有充分理据的。

在既往的研究史中，学者们（包括我本人）都是将S.3326前两部分分别对待的。这实在是误读。当我将前两部分当作一个整体看待并进行研读时，此件的名称、用途，以及两部分内容之间的内在关系，

---

① 参见席泽宗：《敦煌星图》，载《文物》1966年第3期，第27—38转52页。
② 邓文宽：《敦煌天文历法文献辑校》，南京：江苏古籍出版社，1996年版，第58、71—72页。
③ 邓文宽：《隋唐历史典籍校正三则——兼论S.3326星图的定名问题》，载氏著《敦煌吐鲁番天文历法研究》，兰州：甘肃教育出版社，2002年版，第25—37页。

便逐渐明朗起来。

从本件的外观来看，第一部分末尾给皇帝的上言（"死罪死罪谨言"证明是进呈给皇帝的）共 2 行半内容，是与第二部分（即星图）的十二月图抄绘在一个图幅上的，星图也无单独的题名。这本身就已昭示，原件一、二部分是一个整体，不能分开看待。又从给皇帝的上言得知，前面是从古籍中选录的"气象"占文，共 48 条，自然最末一条就是第 48 条。由此倒数回去，发现第 48—32 条图文并茂，内容完整；第 31、32 条原本有图无文；第 29—24 条图存而说明文字多半残失，残文已不能连读；再往前，第 23—1 条全残。这便是其现存面貌。

那个给皇帝的上言，说作者从古籍中摘录的 48 条"气象"占图文，"曾考有验，故录之也；未曾占考，不敢辄备入此卷"。由"此卷"二字可知，原本这是一卷书，而且与"气象"占有关。

古人所说的"气象"，是指天上的云、气等自然现象，并以之占验吉凶休咎。本件从第 32 至第 48 条图文完整，共 17 条内容。其中第 32 条占"云"，第 33 至 48 条占"气"，第 32 条图下说明文字为：

> 凡戊己之日夜半，候四方有此云者，其分野大水，百川决溢。巫咸云：此海精之气也。海若行其气，随之，其云见处，必有大洪水，百川决溢，人民（"民"字原缺末笔）流亡，死者太半，白骨满沟壑也。

"夜半"时刻观测"云"的形状，自然是以星空为背景的。如果不以星空为背景，怎么知道这一形状的云所在天区位置，并进而确定其对应的"分野"（写卷有"其分野"云云）？这就是说，占"云"必须以星空为背景，而那个"星空"与地上的分野是一一对应的。这里我们注意到，李淳风的《乙巳占》中，第 51 条占"气"，第 52 条占

"云"。但"云"与"气"本难区分，于是在"占云"条中也混入了"占气"的内容。①

就本件星图来说，现存部分使我们看到，占云离不开星图，那么占气又如何呢？尽管李淳风在他的书中将云、气分开，但占气也必须以星空（星图）为背景，则是毫无疑义的。试举《乙巳占》"候气占第五十一"中的两则内容："赤气出紫微宫中勾陈星上，兵起。"②紫微宫是北极所在区域，勾陈为星名；"黄气润泽入郎位中，郎位受赐。"③郎位也是一个星名。这些星所在的天区，均有与之对应的地面"分野"，由是才能占验该地由"气"主导的祸福。

也许有读者会说，写本现存16条"占气"说明文字中，没有一条是同天上星官有联系的。的确如此。现存这一部分占气内容没有需要直接看星图进而确定其分野范围的。但是，本件云气占部分共48条，残去了29条说明文字，另有两条漏抄，也就是说，在总共48条占辞中，现有31条无法见到其原来的内容，怎么可以认为占"气"内容完全与星图无关呢？况且《乙巳占》中占气与天图及分野相联系，这使我们推测，本件前端残失部分，亦应有占"气"使用星图及其分野的内容。

由上可知，S.3326星图是一个"分野图"，它是为前面的"气象"（分为"云"和"气"）占验服务的。使用时，先看"云"或"气"的形状及颜色，再看它在天区出现的位置，并由此找出该天区对应的地面"分野"（按古国名划分），确定出现吉凶休咎的地区，从而完成占

---

①参《中国科学技术典籍通汇·天文卷》第4册《乙巳占》，郑州：河南教育出版社，1997年版，第555页上栏。

②见《中国科学技术典籍通汇·天文卷》第4册《乙巳占》，郑州：河南教育出版社，1997年版，第553页下栏。

③见《中国科学技术典籍通汇·天文卷》第4册《乙巳占》，郑州：河南教育出版社，1997年版，第554页下栏。

验活动。在这里，气象（云或气）、星图和分野（古国名）是三位一体的关系，密不可分，人为割裂是没有道理的。这个分野图的使用方法，我相信原作者李淳风在本卷开头曾有详细说明，可惜今已残失。

由于本件星图是为云气占服务的，处于从属位置，所以在这里不必单独题名。就整个写卷内容来说，其原始名称当以占云、占气为主题。前已言及，作者在给皇帝的上言中有"备入此卷"云云，可知原本这是一卷书。那么书名又是什么呢？我们注意到成书于唐显庆元年（656）的《隋书·经籍志》"五行类"有"《云气占》一卷"，[①]这或许就是其原始名称，亦未可知。

不过，虽然星图在该卷处于从属位置，在本卷中没有也不必具有题名，却不等于它原本就没有名称。我们已知，该图与"分野"关系密切；而事实上，其内容也正是二十八宿在各古国的分野。我们在本文第一节已经明确，无论是本件星图每幅之后的说明文字，还是《乙巳占·分野》中的同类文字，以及《晋书·天文志》"十二次度数"的文字，都是李淳风依据古籍改编的结果，只是在不同场合，由于篇幅大小不一，以及直接的用途有别，文字有繁有简、有前有后而已。但是，就其总体用途而论，都属于星占范畴。李淳风在《乙巳占·分野》里说："在天二十八宿，分为十二次；在地十二辰，配属十二国""惟有二十八宿，山经载其宿山所在，各于其国分星宿有变，则应乎其山。"二十八宿各次在天区所占的范围，与十二次对应的十二个古国名，这些内容在本件星图中不是完全相应，一概存在吗？此刻，我们注意到《隋书·经籍志》"天文类"有"二十八宿分野图一卷"。[②]这一名称与本件星图的内容、用途完全一致。而且我们要特别强调的是，

①标点本《隋书》，北京：中华书局，1973 年版，第 1038 页。
②标点本《隋书》，北京：中华书局，1973 年版，第 1021 页。

《隋书·天文志》也是出于李淳风之手。作为当时编纂"五代史志"工作班子的成员之一，又是《隋书·天文志》的作者，"经籍志"虽不知出自何人之手，但李淳风参加过则是大致可以肯定的，尤其是天文和五行类书籍。因此，我认为将本件星图定名为"二十八宿分野图一卷"是恰当的。

三、星图的绘成年代

既然我们已经认识到本件星图由李淳风绘成，而且其内容同李氏的作品《乙巳占》属于同一血脉，那么，关于星图的绘成年代，我们就应当从李淳风的生平与《乙巳占》成书年代中寻找线索。

《乙巳占》成书于公元645年。该书纂成之后，李淳风曾有一篇"自序"，内云："余不揆末学，集某所记，以类相聚，编而次之，采摭英华，删除繁伪，小大之间，折衷而已。始自天象，终于风气，凡为十卷，赐名乙巳。"可知，此书"乙巳"之名，由皇帝恩赐而来。清《四库全书总目》说："淳风有乙巳占十卷。盖以贞观十九年（645）乙巳，在上元甲子中，书作于是时，故以为名。"[1]"三元甲子"为隋代术士袁充所创，以隋仁寿四年甲子岁（604）为上元元年，664年入中元甲子，724年入下元，784年又入上元，往复不已。贞观十九年（645）正在上元甲子之中。李淳风关于本件星图的说明文字见载于《乙巳占·分野第十五》，且原本用于配合星图进行占验，这套文字又载于S.3326星图上，则本件星图最初绘成也不得迟于贞观十九年（645）。又，李淳风生于隋朝仁寿二年（602），唐太宗李世民登极时（贞观元年，627），他才25岁，年龄与学识尚难担负这项改编重任。我

---

[1]影印本《四库全书总目》，北京：中华书局，1965年版，第936页下栏。

们又注意到，同卷"气象占"部分"民"字因避讳缺末笔，这当然只能是在李世民登极后才有的事情，所以"气象占"与本件星图均是在贞观元年后由李淳风改编而成的。概而言之，本件星图的初稿形成时间当在贞观元年（627）至十九年（645）的 19 年间。就整件《〈云气占〉一卷》来说，它是这 19 年间李淳风给唐太宗李世民的一个进呈本。

四、星图的抄绘人或收藏者

在既往的研究史中，此件一个极为重要的细节被忽略了，这或许是由于大家很难看到完整清晰的图版所致，但无论如何都是一个遗憾。据《英藏敦煌文献（汉文佛经以外部分）》第五册第 43 页图版，[①]该星图及其后之"电神"等，原件上下均有横画的细乌丝栏线。就在"其解梦（？）及电经一卷"下方偏左半行宽度栏线之外，有一清晰的"氾"字，无疑是一位氾姓人物所写。为了不再有遗漏，2011 年秋季谢静博士去伦敦探亲时，我托她到英国国家图书馆进行核实。据谢静告之，她看到了原件，仅有此一"氾"字，而无其他内容。

我们知道，氾姓自汉代以来就是敦煌大族之一，敦煌文献中有氾国中、氾府君、氾通子、氾瑗、氾辑、氾腾、氾瑭彦、氾愿长等人名或官员，S.1889 更是《敦煌氾氏人物传》。据此，我推测该星图及其前面的"气象占"等，均是由敦煌某位氾姓人物摹写、抄绘的。退一步说，即使这位氾氏不是摹写、抄绘者，他也是本件星图和云气占曾经的收藏者。无论如何，这份星图都同敦煌氾氏脱不了干系。另外，就本件星图的现存面貌而言，我更倾向于它是后人的摹本，而非李淳风的原本。因为十三幅图中竟有三幅"昏旦中星"漏书，进呈皇帝的写

---

① 《英藏敦煌文献（汉文佛经以外部分）》第五册，成都：四川人民出版社，1992 年版。

本不应该是这个样子的。

　　以上便是我这篇文章的基本观点，也是10余年来思索的结果。其基本理路是：将S.3326的"云气占"部分与星图部分当作一个整体看待，避免既往各取所需的研究方法；其次，将星图说明文字、《乙巳占》和《晋书·天文志》这些完全出自李淳风改编的文字，打通进行研究，找出它们之间的内在联系，从而对S.3326星图的相关问题作出判断。

　　（原载《敦煌吐鲁番研究》第十五卷，上海：上海古籍出版社，2015年版，第497—504页）

敦煌文献 S.2620 号《唐年神方位图》试释

敦煌文献 S.2620 号，《敦煌遗书总目索引》曾拟题为"大唐麟德历"；北京图书馆善本部所藏此件放大照片、台湾出版黄永武博士主编的《敦煌宝藏》，拟题均同。英人翟林奈所编《英国博物馆所藏敦煌汉文写本注记目录》7037 号，题为"大唐麟随历"，"随"系"德"之误释。众口铄金，似乎确为历日无疑。笔者在整理敦煌历日文献时反复审览，无论如何它都不是历日，更不存在所谓"大唐麟德历"的可能。然对其确切内涵，仍觉茫然。后求教于天文学史专家席泽宗教授，方知它是一件"年神方位图"。由此出发，笔者对其性质、内容、修成年代进行探讨，披露管见于此，敬请海内外方家是正。

此件前缺，存有残图二幅，整图六幅。在第三幅整图之外，倒写"大唐麟德历"五字，正是各家拟题所据。此外有尾题二行，内容如下：

> 右从下元天宝九载（至）庚寅，覆前勘算至乙未。天宝十五载改为至德，自后计算于今，却入/上元甲子旬中巳来，一十八年至辛巳年。

由是可见，确定此件性质和年代时，除去应注意"大唐麟德历"五字，尾题和六幅图更为重要。先考释尾题如下：

由尾题得知，原件分为两部分：第一部分从天宝九载庚寅（750）至乙未即天宝十四载（755）共六年，为"覆前勘算"部分。"勘算"内容如何，因前缺而难详。第二部分自天宝十五载（756）改元至德起，逐年计算，直至再入"上元甲子"。古代术家有上元、中元、下元亦即"三元"之说。所谓上元甲子，系由隋仁寿四年（604）甲子岁起算，此六十甲子为上元；至唐麟德元年（664）甲子岁转入中元，开元十二年（724）转入下元，至兴元元年（784）又回到上元甲子，如此往复不穷。显然，天宝九载（750）正在下元年中，故尾题谓"下元天宝九载"云云。所谓"计算于今，却入上元甲子"，当即计算至此一下元之最后一年即唐建中四年癸亥岁（783），然后再转入兴元元年（784）之上元甲子。这与残存六幅整图的纪年干支颇为一致。

原件各图均注有纪年干支，残存六幅整图顺次为戊午、己未、庚申、辛酉、壬戌、癸亥，纪年连续。癸亥为六十甲子之末，结合尾题，可知它是原件下元年之最后一年，即建中四年（783）。进而可知，残存的六幅整图是由大历十三年戊午岁（778）至建中四年癸亥岁（783）共六年，每年一图。尾题既云"计算于今"，此"今"就是这件文献的写成年代，即唐建中四年（783）。

原件从天宝十五载（756）计算，至建中四年（783）共二十八年，年各一图，当有图二十八幅。存留部分仅当原图的四分之一，而四分之三的图业已残失。

此外，尾题末又云"却入上元甲子旬中已来，一十八年至辛巳年"。兴元元年（784）甲子岁后的十八年是贞元十七年辛巳岁（801）。原件尾题至此，语意欠明，颇疑尚未写完。

次考存图内容。为方便起见，我们以大历十三年（778）图和建中二年（781）图为例，分项考释如下：

（一）方位。每图四周以十二地支和乾、艮、巽、坤表示方位，各图全同，无一例外。其所示方位是，子居下为北，午居上为南，卯居左为东，酉居右为西，其余各地支分别表示一定方位。用八卦表示的方位，乾为西北，艮为东北，巽为东南，坤为西南。古代这类图形完整的方位共有二十四个。除十二地支和八卦中的乾、艮、巽、坤，还有十干中的八个，即甲、乙、丙、丁、庚、辛、壬、癸。因此，本件图中的方位是不完整的。但就其所要表现的年神方位来讲也已够用。

（二）年神。方位之外的害气、岁破、岁煞、黄幡、太阴、豹尾等均是本年神将，与一定的方位相对应。依堪舆家和阴阳家说，凡年神所在之地，均应避忌。这在敦煌具注历日中颇为习见。如 P.3403《宋雍熙三年丙戌岁（986）具注历日》序云："凡人年内造作，举动百事，先须看太岁及已下诸神将并魁、罡，犯之凶，避之吉。"接着详列雍熙三年各神将所在方位。这部分内容本采自阴阳家和堪舆家的陋说，俗不可耐，但每年年神所在方位同该年地支却有固定对应关系，从而可以利用年神方位准确地找出对应的年地支，成为敦煌残历定年的方法之一。其对应关系如附表。①

年神 ＼ 方位 ＼ 年地支	子	丑	寅	卯	辰	巳	午	未	申	酉	戌	亥
岁德	巳	午	未	申	酉	戌	亥	子	丑	寅	卯	辰
太岁	子	丑	寅	卯	辰	巳	午	未	申	酉	戌	亥
岁破	午	未	申	酉	戌	亥	子	丑	寅	卯	辰	巳
大将军	酉	酉	子	子	子	卯	卯	卯	午	午	午	酉

①此表采自陈遵妫:《中国天文学史》第 3 册,上海:上海人民出版社,1984 年版,第 1644—1645 页,并作了少许补充、修正。

续表

方位　年地支　年神	子	丑	寅	卯	辰	巳	午	未	申	酉	戌	亥
奏书	乾	乾	艮	艮	艮	巽	巽	巽	坤	坤	坤	乾
博士	巽	巽	坤	坤	坤	乾	乾	乾	艮	艮	艮	巽
力士	艮	艮	巽	巽	巽	坤	坤	坤	乾	乾	乾	艮
害气	巳	寅	亥	申	巳	寅	亥	申	巳	寅	亥	申
蚕室	坤	坤	乾	乾	乾	艮	艮	艮	巽	巽	巽	坤
蚕官	未	未	戌	戌	戌	丑	丑	丑	辰	辰	辰	未
蚕命	申	申	亥	亥	亥	寅	寅	寅	巳	巳	巳	申
丧门	寅	卯	辰	巳	午	未	申	酉	戌	亥	子	丑
太阴	戌	亥	子	丑	寅	卯	辰	巳	午	未	申	酉
官符	辰	巳	午	未	申	酉	戌	亥	子	丑	寅	卯
白虎	申	酉	戌	亥	子	丑	寅	卯	辰	巳	午	未
黄幡	辰	丑	戌	未	辰	丑	戌	未	辰	丑	戌	未
豹尾	戌	未	辰	丑	戌	未	辰	丑	戌	未	辰	丑
病符	亥	子	丑	寅	卯	辰	巳	午	未	申	酉	戌
死符	巳	午	未	申	酉	戌	亥	子	丑	寅	卯	辰
劫煞	巳	寅	亥	申	巳	寅	亥	申	巳	寅	亥	申
灾煞	午	卯	子	酉	午	卯	子	酉	午	卯	子	酉
岁煞	未	辰	丑	戌	未	辰	丑	戌	未	辰	丑	戌
伏兵	丙	甲	壬	庚	丙	甲	壬	庚	丙	甲	壬	庚
岁刑	卯	戌	巳	子	辰	申	午	丑	寅	酉	未	亥
大煞	子	酉	午	卯	子	酉	午	卯	子	酉	午	卯
飞鹿	申	酉	戌	巳	午	未	寅	卯	辰	亥	子	丑

以此表检查大历十三年（778）图，岁破在子，岁煞在丑，〔大〕将军在卯，太阴、豹尾在辰，太岁、岁刑在午，黄幡在戌，其对应年地支均是"午"。图中框内第一行所示"戊午"即大历十三年（778）纪年干支，完全对应。依照此表检查其他五幅整图，也无不相合。

（三）纪年干支。各图框内第一行第一项即本年干支，如大历十三年（778）图"戊午"，建中二年图"辛酉"，意义明确，兹不赘述。

（四）年九宫，即"九星术"或称"九宫飞位"。大历十三年（778）图"戊午七"之"七"，即该年七宫居中；建中二年（781）图"辛酉四"之"四"，即该年四宫居中。九宫飞位亦是星命家的说教，以隋仁寿四年上元甲子（604）为一宫，此后以九、八、七、六、五、四、三、二、一配入各年，依次倒转。星命家又以七种颜色配入各宫成为：一白，二黑，三碧，四绿，五黄，六白，七赤，八白，九紫。故时而以数字表示九宫，时而又标以颜色。大历十三年（778）图框内前为"戊午七"，三、四行间有一"赤"字，"七"与"赤"对应。建中二年（781）图框内前为"辛酉四"，与四宫对应的颜色应为"绿"，可是二、三行之间先注一"紫"字，圈掉后改为"碧"。原作者发现"碧"仍不对，故在框外乾、亥之下注明"碧错黄是"。然而这仍是错误。此年是四宫居中，其对应颜色作"绿"方是。同样，我们发现建中元年（780）图作"庚申五"，对应颜色应为"黄"，可是却错注为"白"；建中三年（782）图为"壬戌三"，对应颜色应为"碧"，却错注为"绿"。残存六幅整图中有三幅中宫颜色注错，足见原作者对九方色是何等生疏！可以相信，如果全部二十八幅图都保存下来，那么九宫颜色注错的则更多。

黑	赤	紫
白	碧	黄
白	白	绿

（建中三年）

绿	紫	黑
碧	黄	赤
白	白	白

（建中元年）

白	黑	绿
黄	赤	紫
白	碧	白

（大历十三年）

白	白	白
紫	黑	绿
黄	赤	碧

（建中四年）

碧	白	白
黑	绿	白
赤	紫	黄

（建中二年）

黄	白	碧
绿	白	白
紫	黑	赤

（大历十四年）

图一　九宫颜色图复原

这件文献中同年九宫相关的还有两项内容：一是夹杂在方位之间表示颜色的字，如大历十三年（778）图子、丑间的"碧"字，未、坤间的"绿"字；大历十四年（779）图丑、艮间的"紫"字，寅、卯间的"碧"字等。这些字是表示该年中宫以外其他有关各宫颜色的。为便于比较，我们将这六幅图正确的九宫颜色图复原如图一（依原图次序，由右至左，先上后下）。很清楚，大历十三年（778）图子、丑间的"碧"字，正当该年九宫图下行正中"碧"字，"绿"字在右上角，处于未、坤之间，完全对应。同样，其他五图各方位之间表示颜色的字也是表示中宫以外有关各宫颜色的。但由于原作者对九宫颜色不熟悉，注错的也不在少数。如大历十四年图寅、卯间当作"绿"，却错注为"碧"。其他只要认真核查即可自明，恕不一一指出。

另一项内容即各图的方框。原件每图方框有两个特点：一是不闭合，各图不闭合部位各异；二是方框中的一些小段颜色很浅，如建中二年（781）图的左下角。起初我感到十分费解，但当我同九宫图联系起来分析时，问题便迎刃而解。

　　用前面复原的各年九宫图与原图对照，凡是方框不闭合的部位均是白色的位置。如大历十三年（778）图右下、左下、左上全是白色，这正是原图不闭合的三个部位。建中二年（781）九宫图上行中间，右上角、右行中间全是白色，原图相应的部位均不闭合。诚然，由于原作者对九方色生疏，也有涂错的，如建中元年（780）图的下行。

　　原图方框中的浅色部分也同九宫颜色有关。大历十四年（779）图右下角、建中二年（781）图左下角颜色都很浅，而对应部位九宫颜色是"赤"。由此明确，在黑白照片上反映出的浅色部位，原件都是红色。尽管限于条件，我们无法看到藏在英国图书馆的原件，也未得到原件的彩照，只能使用黑白照片，且是黑底白字的正片，仍然可以确信这个推断正确无误。只是由于原作者对九宫颜色的生疏，也将一些部位的颜色涂错，如建中四年（783）图"赤"在下行正中，原图却在右上角"白"的部位涂上红色，这是很有趣的。

　　由以上分析可得如下结论：原图方框不闭合的部位是白色，闭合部位是其他各色。由于年代遥远，这些用不同颜色涂成的方框，在黑白照片上似乎都成了黑色（亦即正片上的白色）。可以确认，原图方框部分是彩绘而成的。它们同前述方位之间表示颜色的字，以及图中中宫颜色字，共同组成该年的年九宫图。类似的组图方法，亦见于斯坦因编号 P.6《唐乾符四年丁酉岁印本历日》之各月九宫图。①

　　九宫颜色也用于表现吉凶。P.3403《宋雍熙三年丙戌岁（986）具注历日》序有一首《三白诗》云："上利兴功紫白方，碧绿之地患痈疮。黄赤之方遭疾病，黑方动土主凶丧。五姓但能依此用，一年之内乐堂堂。"足见紫、白二色主吉，其余五色主凶。这些无疑都是迷信，属于无稽之谈。

---

① 图版见《中国古代天文文物图集》，北京：文物出版社，1980 年版，第 66—67 页。

（五）建除十二客，又称建除十二直。大历十三年（778）图"戊午七危"之"危"，建中二年（781）图"辛酉四开"之"开"均属此。《史记·日者列传》褚少孙曰："臣为郎时，与太卜待诏为郎者同署，言曰：'孝武帝时，聚会占家问之，某日可取妇乎？五行家曰可，堪舆家曰不可，建除家曰不吉，丛辰家曰大凶，历家曰小凶，天人家曰小吉，太一家曰大吉。'"[1]可知远在西汉，建除即为一家，与其他各方术之家并称。建除十二客是以建、除、满、平、定、执、破、危、成、收、开、闭十二个字各主一定吉凶。此件残存六图的建除十二客顺次为危、成、收、开、闭、建，次第相连，估计是与本年相配的。我们在敦煌石室和吐鲁番出土的北魏、初唐、晚唐至宋初的历日中看到，每日之下都配有建除十二客，而未见到同年相配，此件是一个特例。但无论如何都是表示吉凶的。至于它同年份的配置关系及配年规律，仍有待深究。

（六）六壬十二神。大历十三年（778）图"玄武中宫"之"玄武"，建中二年（781）图"功曹中宫"之"功曹"，以及其他四图中的天后、贵人、六合和勾陈均属此。清儒钱大昕《十驾斋养新录》卷十七《六壬十二神》条云："六壬家又有贵人、腾蛇、朱雀、六合、勾陈、青龙、天空、白虎、太常、元（玄）武、太阴、天后十二神，分布十二方位。"所谓"玄武中宫"，于此件当指玄武居九宫之中宫，而非分布于十二方位，其余依此。这些六壬神将配入九宫之中宫后，所主吉凶如何？通观六图，仅大历十四年（779）图为"天后中宫，宜修，吉"。清《协纪辨方书》卷六义例四引《总要历》曰："天后者，月中福神也。其日宜求医、疗病、祈福、礼神。"[2]故将二者配在一起。

---

①标点本《史记》，北京：中华书局，1959年版，第3222页。
②李零主编：《中国方术概观·选择卷》（上），北京：人民中国出版社，1993年版，第226页。

其他五图，仅建中元年（780）图云"贵人中宫，不宜修"，另四图全注明"不宜修，大凶"。所以如此，除了这四年的中宫颜色主凶外，配入的神将也是主凶的。如大历十三年（778）图中宫七赤所配之"玄武"，建中四年（783）中宫二黑所配之勾陈，《协纪辨方书》引《神枢经》云："玄武、勾陈者，月中黑道也。所理之方，所值之日，皆不可兴土功、营屋舍、移徙、远行、嫁娶、出军。"黄道主吉，黑道主凶，无怪乎它们所配入的年九宫均是"不宜修，大凶"了！

（七）魁月、罡月。大历十三年（778）图"年中又忌二月、八月，修之凶"；建中二年（781）图"又忌五月、十一月，修者凶"，这里的月份全是魁、罡之月。魁月、罡月之间相距六个月，以正、七，二、八，三、九，四、十，五、十一，六、十二月分成六组，依次配入各年，是年中的忌月。P.3403《宋雍熙三年丙戌岁（986）具注历日》序又云："今年六月天罡、十二月河魁。魁、罡之月，切不得修造动土，大凶。"恰可作为此件各年应避忌月份的注脚。

以上就笔者学识所及，对 S.2620 的性质、内容和作成年代作了考释。从以上考释可知，这件文献的性质是"年神方位图"，作成于唐建中四年（783）；残存六图包括了大历十三年（778）至建中四年（783）的内容，因此应题名为"唐年神方位图"。同类图形不仅见于一些较为完整的敦煌具注历日，如 P.3403，而且一直沿用到清代。清乾隆六十年（1795）《时宪书》第二页的《年神方位之图》，[①]与此件各图大致相同，可作为此件定性、定名的参考。

那么，为什么前贤均拟题为"大唐麟德历"呢？如前所述，这是源自第三幅图上部的倒写"大唐麟德历"五字。然而细审原件胶卷，

---

① 参见陈遵妫：《中国天文学史》第 3 册，上海：上海人民出版社，1984 年版，第 1618—1619 页。

此五字同这件文献的关系却十分暧昧。原件各图和尾题在同一张纸上，纸的上部边沿到图为止，磨破的纸沿尚十分清晰；而"大唐麟德历"五字却在纸的边沿之外，显然是写在另一张纸上的。写此五字的那张纸是否用来裱托这件《年神方位图》的呢？因未睹原件而难下断语。但可以确定的是，"大唐麟德历"五字同此件《年神方位图》无关，故不能以它作为定名、定性的依据。

年神方位图纯属迷信，无科学意义可言，属于古代文化中的糟粕部分，但它们又多包含在古代历日中，成为研究敦煌历日不可回避的问题。从文化史角度看，研究它不仅必要，而且也有一定意义。

（原载《文物》1988 年第 2 期，第 63—68 页）

比《步天歌》更古老的通俗识星作品

——《玄象诗》

我国传世文献所收的古代通俗识星作品，素以唐开元年间王希明作的《步天歌》（见郑樵《通志·天文略》）为最古，[①]并为人称道。此前的同类作品，如北魏张渊的《观象赋》、隋朝李播的《周天大象赋》，都属于文人骚客的赋兴之作，严格说来还算不上识星作品。令人欣慰的是，敦煌文献中保存下两份比《步天歌》更古老的通俗识星作品——《玄象诗》，编号为 P.2512 和 P.3589。其中 P.2512 一件，罗振玉曾录文刊布于《鸣沙石室佚书》。但罗氏只对原卷文字照描，识错的文字不在少数，不便使用。笔者试对这两篇识星诗作进行释文、断句，互为校勘，并略述个人的认识。校勘时，以 P.2512 为底本，称甲卷，以 P.3589 与甲卷互校，称乙卷，择善而从。原卷中的俗体字，直截录为现行文字；别字和形近而误的错字，在字后圆括号内写出正字、互通字；脱漏文字用方框表示；增补文字放入方括号内；尚未确释的字，其后标出（?）；原卷的错误径录不改，在校记中作说明；为便于排版，

[①] 关于《步天歌》的作成年代，学术界尚有争议。本文采用的是夏鼐先生的意见。见夏鼐：《另一件敦煌星图写本——〈敦煌星图乙本〉》，载《中国古代天文文物论集》，北京：文物出版社，1989年版，第211-222页。

一律用简体字。

玄象诗

角、亢、氐三宿，行位东西直。库娄（楼）在角南，平星库娄（楼）北。南门娄（楼）下安，骑官氐南植。摄、角、梗、招摇，以次当杓直。两咸俱近房，积卒在心旁。龟、鱼、傅尾侧，天江尾上张。箕安尾北畔，鳖在斗南厢。建星与天弁，南北正相当。建星在斗背（北），天弁河中央。市垣虽两扇，二十二星光。其中有帝坐，候、官（宦）东、西厢。前者宗正立，官（宦）侧斗平量。宗人宗在（1）左，宗在候东厢。七公与天纪，市北东西行。公南贯［索］（2）位，纪女北正林（3）。房（4）。唯余有天棓，独在紫墙［东］（5）。九坎至牵牛，织女、旗、河鼓。牛东须女位，女位（6）。女上离珠府。败臼天南际，瓠［瓜］（7）河畔错（？）。瓜左有天津，津下虚、危所。室、壁两星间，上有腾蛇舞。王良虽五星，并在河心许。臼东北落门，门东羽林府。土空、仓、困、苑，例（列）位俱辽远。奎、娄、胃、昴、毕，并在中天出。阁道河中央，傅路在其旁。将军在娄北，阁道几相当。天船河北岸，大陵河南畔。卷舌在（8）其东，虽繁有条贯。天仓天囷北（9），头东向昴侧。天关东（车）、柱南，正是参西北。参弧（10）有十星，头上戴一觜。右脚玉井中，左角（11）参旗［意］（12）。厕当左足下，厕南有天矢（屎）。矢（屎）（13）南有屏星，厕东有军市。市中有野鸡，东有狼、狐（弧）矢。老人以渐（14）远，出见称祥美。东井与五车，俱［在］（15）河心里。水位南北列，五侯东西齿。北河五侯北，南河河东溪。东南有积薪，西北有积水。欲知二星处，并在三台始。轩出柳星［东］（16），轮囷垂（17）鬼北。柳左号为星，河末（18）称为稷。三台自文昌，斜连太微侧。下台下有星，少微与张、翼。轸在翼［星］（19）东，太微当（20）轸北。太微垣十星，二曲八星直。其中五帝坐，各各依本色；屏在帝前安，常阵（陈）坐后植。郎位常阵（陈）东，星繁遥似织女（21）。郎将独易分，不与诸星逼。天门在角南，天田在角北。平道有二星，角半东西直。进贤平道西，乳星居氐北。车骑骑南隐，将军骑东匿。阵骑车北安（22），折威东西直。亢池摄提近，帝座（23）梗河侧。周鼎东垣端，依行（24）在垣北。日落房、心分，气廪（25）飘箕舌。□前库娄（楼）居，市内（26）。农、苟（狗）鳖旁边。天鸡［与］（27）苟（狗）国，南北正相当。天鸡近北畔，苟（狗）国在南方。罗堰牛东列，天田坎北张。败在瓠瓜侧，旗居河鼓旁。渐台将辇道，俱邻织女房。津东有造父，津北有扶匡（筐）。策在王良侧，车父（府）腾蛇旁。人在危星上，杵、白人东厢。命、禄、危、非卦（？），重重虚上行。盖屋危星下，哭、泣在南方。八魁在壁外（28），土吏危星背（北）。土公东壁藏，雷星营［室盖］（29）。壁西霹雳惊，羽林云雨霈。屏、溷居奎下，锁、库（30）在仓前。园、刍天苑接（31），天节、九州连。二更夹娄侧，军门当奎北。天谗与尸、水（32），处置依常式。咸池及五潢（33），并在车中匿。厉石在河内，船、车两边逼。天高毕御（？）（34）东，诸王天高北。河月及天街，咸依毕、昴侧。军井屏星南（35），九游玉井侧。司怪与坐旗，车东正南直。司怪井、钺近，坐旗车、柱逼。井北天樽位，井南水府域。市（屎）南丈、子、孙，井东（36）疏四渎。社出老人东，丘在狼、弧（37）北。外厨居柳下，天苟（狗）在厨边。内平列轩侧（38），爟星鬼上悬。酒旗轩足（39）置，天纪在厨前。天庙东瓯接，青丘、器府连。明堂列宫外，灵台两相对。门东谒者旁，公、卿、五侯辈。太子当（常）阵

（陈）（40）前，从、幸西、东边。阳门库娄（楼）左，顿顽骑官侧。房下有从官，房西有天福。罚在东咸西，键闭钩铃北。屠肆与白（帛）度，次次宗旁息。列肆斗西维，车肆东南得。［天］（41）龠杓前置，天关次居北。奚仲天津北，钩星奚仲旁。天桴牛北累（42），诸国次（43）东行。璃（离）瑜白西隐，天苟（44）白中藏。天钱北落北，天厩王良侧。铁锁（45）羽林藏，天纲羽门塞。虚梁危下安（46），天阴毕头息。长垣少微下，贵位在魁前（47）。天（太）尊中台北（48），天相七星边。司空器府北，军门辖下悬。紫微垣十五，南北两门通。七在宫门右，八在宫门东。钩陈与北极，俱在紫微宫。辰居四辅内，帝坐钩陈中。斗杓（49）将帝极，向背悉皆同。华盖宫门北，传舍东西直。五帝、六甲坐（50），相（51）旁近门阈。天厨及内皆（阶），宫外东西域。天柱、女御宫（52），并在钩陈侧。柱史及女史（53），尚书位攒逼。门内近极旁，大理与阴德。门外斗杓横，门近天床塞（54）。欲知门大小，衡端例同则。天一、太一神，衡北门西息。内厨以次设，后与夫人食。臣、相（55）及枪、戈，攒聚杓旁得（56）。执（57）、守衡南隐，天理魁中匿。三公魁上安，天牢魁下植；以次至文昌，昌则（58）开八谷。北斗不［入咏］（59），为是人皆识。正背（60）有（61）奎、娄，正南当轸、翼。以此（62）记推步（63），众（64）星安可匿？

【校记】

（1）宗在：误。当作"宗正"。

（2）索：原脱，径补。贯索一座在七公座南。

（3）纪女北正林：全句误。当作"纪北正女床"。女床一座在天纪座北。

（4）房：上下不相属，疑衍。

（5）东：原脱，径补。天棓一座在紫微垣墙之东。

（6）女位：承上文衍。

（7）瓜：原脱，径补。

（8）在：乙卷作"附"。

（9）天仓天囷北：乙卷作"天廪囷东北"是，甲卷误。

（10）参孤：乙卷作"参体"。

（11）左角：乙卷作"右角"，是，甲卷误。

（12）意：原脱，据乙卷补。

（13）矢：乙卷作"井"，是，甲卷误。

（14）以渐：乙卷作"已次"。

（15）在：原脱，据乙卷补。

（16）东：原脱，据乙卷补。

（17）垂：乙卷作"临"。

（18）河末：意义未详；乙卷作"星下"，意义明了。

（19）星：原脱，据乙卷补。

（20）当：乙卷作"居"。

（21）女：乙卷无，合本诗五言句式，但意义不及甲卷明了。

（22）阵骑车北安：当作"阵车骑北安"。阵车一座在骑官北。

（23）帝座：误。当作"帝席"。帝席一座在梗河西侧。

（24）依行：意义俟详。

（25）气廪：意义俟详。

（26）市内：上下有脱文。

（27）与：原脱，依上下文义径补。

（28）八魁在壁外：乙卷作"八魁壁垒外"。

（29）室盖：原脱，据乙卷补。

（30）库：乙卷作"庚"，是，甲卷误。

（31）园、刍天苑接：乙卷作"刍蒿（藁）天苑侧"。

（32）天谗与尸、水：乙卷作"尸、水与天谗"。

（33）五潢：乙卷作"天潢"，是，甲卷误。

（34）毕御（？）：乙卷作"毕口"，是，疑甲卷误。

（35）南：乙卷同，疑当作"北"。

（36）东：乙卷作"南"，是，甲卷误。

（37）狼、弧：乙卷作"狐（弧）、狼"。

（38）侧：乙卷作"腹"，胜甲卷。

（39）轩足：乙卷作"星上"。

（40）当阵（陈）：乙卷作"常阵（陈）"。写本"常""当"二字多混用；古代汉语"阵""陈"互通。

（41）天：原脱，径补。

（42）累：乙卷作"置"，胜甲卷。

（43）次：乙卷作"坎"，是，甲卷误。

（44）天苟：乙卷作"［天］垒"，是，甲卷误。

（45）钬锁：乙卷同，若作"钬钺"更确切。

（46）安：乙卷作"置"。

（47）贲位在魁前：乙卷作"贲位下台前"，胜甲卷。

（48）北：乙卷作"侧"。

（49）斗杓：乙卷作"斗衡"。

（50）五帝、六甲坐：乙卷作"六甲、五帝坐"。

（51）相：乙卷作"杠"，是，甲卷误。

（52）女御宫：乙卷作"御女宫"。

（53）柱史及女史：乙卷作"女史及柱史"。

（54）门外斗杓衡，门近天床塞：乙卷作"衡北至门南，中有天床塞"。

（55）臣、相：乙卷作"公、相"；是，甲卷误。

（56）攒聚杓旁得：乙卷作"以聚构头息"。

（57）执：乙卷作"势"，是。"执"通"势"。

（58）则：乙卷作"前"，是，甲卷误。

（59）入咏：胶卷上今为空洞，据乙卷补。罗振玉《鸣沙石室佚书》作"是气"二字，意义费解，亦不知其所据。

（60）背：乙卷作"北"。"北"为"背"之古字。

（61）有：乙卷作"是"。

（62）以此：乙卷作"以次"。

（63）推步：乙卷作"推排"，文义不及甲卷。

（64）众：乙卷作"诸"。

【跋】

《玄象诗》是一篇完整的古代通俗识星诗作。除个别文句脱漏，整理后存完整的诗句264句，1300余字。全诗五言为句，通俗易懂。古人凭借这样一篇诗歌，便可迅速认出全天常见的主要星座，在无限苍穹遨游。从俗文学史角度看，它也不失为一篇琅琅上口的好作品。敦煌文献问世后，文学史家对其中的诗赋作品已做了大量的整理研究工作。但因多数从事敦煌文学研究的学者对古天文知识不太熟悉，以至对此诗少有问津。笔者认为，《玄象诗》在敦煌文学史乃至中国俗文学史上也应该占据一席之地。

现存两份《玄象诗》，甲卷（P.2512）属于某种天文星占书的一部分。此卷共存四项内容：（1）星占的残余部分；（2）《廿八宿次位经》和《石氏、甘氏、巫咸氏三家星经》；（3）《玄象诗》；（4）日月旁气占。《玄象诗》是配合它前面的《廿八宿次位经》和《三家星经》作的，因此，它是按照二十八宿和《三家星经》体系排列的：先从角宿起，叙石氏星经；再从角宿起，叙甘氏星经；再从角宿起，叙巫咸氏星经；最后将三家合在一起总叙紫微垣。因此，要凭借此一诗作识星，便需在周天转三匝，不甚方便，这是其主要缺陷。

乙卷（P.3589）正、背两面均有文字。正面起于《玄象诗》残文，之后有《许七曜利害吉凶征应瞻》、太史令陈卓的《日月五星经纬出入瞻吉凶要决（诀）》；背面为《相书一卷》。因此，乙卷也属于某种天文星占书的一部分。其排列则与甲卷不同。它是将完整的《玄象诗》分段拆开，按照在周天转一匝，一次达到识星目的的要求排列的。同时为区别《三家星经》和紫微垣，在各段诗句上面注明"赤""黑""黄""紫"，分别代表石氏、甘氏、巫咸氏和紫微垣。换言之，它已能达到在周天转一匝就可识星的目的，克服了甲卷的主要缺陷，这是乙卷的方便之处，也是它比甲卷进步之所在。但它仍未完全摆脱《三家星经》的羁绊。整理后，乙卷残存161句，其中石氏（赤星）52句，甘氏（黑星）51句，巫咸氏（黄星）16句，紫微垣（紫星）42句，约当《玄象诗》全文的五分之三。

尽管乙卷的排列方法比甲卷进步，但甲、乙二卷有着共同的缺陷，那就是不能摆脱《三家星经》的束缚；再者，大多未能表明各星座的具体星数，而只停留于对星座相对位置和形状的描述。于是，到唐开元时，有《步天歌》出。《步天歌》置《三家星经》于不顾，完全按照三垣二十八宿的次序叙述；不仅有各星官的相对位置，而且兼及星数，且有星图配合，文字也优于《玄象诗》，最终形成了更为成熟的通俗识星作品。因此，《步天歌》得以长久流传，而《玄象诗》却湮没不闻了。①然而，《玄象诗》比《步天歌》早得多，它秘藏千年之久，使我们今天得以了解古代这类作品的演变发展过程，其珍贵价值是不言而喻的。

前已指出，甲卷《玄象诗》是配合它前面的《廿八宿次位经》和《三家星经》作的。就在同卷《廿八宿次位经》之后，注明了"自天皇已来至武德四年（621）二百七十六万一千一百八岁"，表明这一天文星占书是唐以前或唐初的著作，《玄象诗》自应与之相当。因此它至少比开元时形成的《步天歌》早了二百年。至于乙卷，因为它是将完整的《玄象诗》拆开重排的，形成时间当在完整的《玄象诗》作成之后。现存甲、乙二卷抄于何时，则有待进一步考察。

（原载《文物》1990年第3期，第61—65页）

---

① 参阅席泽宗：《敦煌卷子中的星经和玄象诗》，载薄树人主编：《中国传统科技文化探胜》，北京：科学出版社，1992年版，第45—66页。

敦煌吐鲁番历日略论

　　汉简历日、敦煌吐鲁番历日和明清历书，被称为中国古代历法史研究的三大资料渊薮。其中敦煌吐鲁番历日，以数量多、时间跨度长、内容丰富为世所瞩目。这批文献或出自敦煌石室，或出自新疆吐鲁番古墓群，均是研究中古时代历法史、文化史和民俗学的珍贵资料。中外学人为研究这些中华瑰宝已付出很多精力，并取得了可喜成绩。随着研究工作的日趋深入，其价值将被进一步揭示出来。

一

　　从敦煌莫高窟今编17号窟发现的历日和具注历日，现知有50余件；另有三件（编号孟01542、孟01543、孟01544）仍藏原苏联亚洲民族研究所列宁格勒分所（今俄罗斯科学院东方学研究所圣彼得堡分所），迄未公布（后刊布于《俄藏敦煌文献》）。从新疆吐鲁番阿斯塔那和哈拉和卓古墓群发现的历日共4件。二者总量估计在60件左右。

　　这批文献中最早的一件是《北魏太平真君十一年（450）、十二年

（451）历日》，①最晚的一件是《北宋淳化四年（993）历日》（P.3507），前后跨度达544年，历6个世纪之久。在汉简历日和敦煌吐鲁番历日面世之前，我国传世历本以《南宋宝祐四年（1256）会天万年具注历日》②为最早，而汉简历日最晚者为东汉桓帝元嘉三年（153）历（见陈梦家《汉简年历表叙》）；中古时代的历日唯赖敦煌吐鲁番历日方能明其究竟。这一时代正史为数虽多，但其《律历志》所载多是各种历法的编撰经过和推步数据，敦煌吐鲁番历日却展示了实用历本的真面目，可补正史之缺。

敦煌吐鲁番历日源自三个方面：（1）中原王朝颁布的历书，现知有北魏太平真君（450、451）历，唐显庆三年（658）（载《吐鲁番出土文书》第六册）、仪凤四年（679）（载同上书第五册）、开元八年（720）（载同上书第八册）、乾符四年（877）③各历；（2）由唐代剑南西川成都府流入敦煌的私家历日，如"樊赏家历"④；（3）吐蕃占领敦煌时期（786—848）和敦煌归义军时期（848—1036），敦煌本地编撰的历日，这是敦煌历日的主体部分。除中原王朝颁布的历日，各地自编历日均属"小历"性质。

以"天命攸归"自居的历代皇帝，一向视"颁正朔"为中央王朝的特权，历日行用区域自然也就成了王权所及的重要象征。北魏王朝颁历自不待言，就是唐王朝，它于贞观十四年（640）平高昌，设立西州，开始对高昌地区实行有效的行政管理，唐显庆三年（658）历、仪

---

① 此历日原件下落不明。前人曾公布过两种录文，一见苏莹辉：《敦煌所出北魏写本历日》，载台湾《大陆杂志》一卷九期；一见刘操南：《北魏太平真君十一年、十二年残历读记》，载《敦煌研究》1992年第1期。（今存敦煌研究院）

② 见任继愈总主编，薄树人主编：《中国科学技术典籍通汇》（天文卷）第1册，郑州：河南教育出版社，1997年版。

③ 原件图版见《中国古代天文文物图集》，北京：文物出版社，1980年版，第66—67页。

④ 斯坦因编号P.10，现藏英国图书馆。

凤四年（679）历、开元八年（720）历从吐鲁番阿斯塔那墓地被发现，是其证明。诚然，历日在高昌地区的颁行也非孤立事件。唐在高昌设立西州后，随之推行郡县制、均田制、户籍计账手实制以及各种法律行政军事制度，颁行历日仅是其行使权力的一个方面。

尽管历代封建国家操有颁历的垄断权力，每有禁绝天文图谶之举，①但民间总有少数爱好天文历算的人士，甘冒危险而自编历日。《新五代史·司天考》载，唐建中（780—783）时，有术士曹士芫制《符天历》，只行民间；后周广顺（951—953）中，"民间又有《万分历》"。及至王朝末日将临，皇权式微，民间制历者为数更多。宋人王谠《唐语林》云："僖宗入蜀，太史历本不及江东，而市有印货者，每差互朔晦。货者各征节候，因争执。里人拘而送公，执政曰：'尔非争月之大小尽乎？同行经纪，一日半日，殊是小事！'遂叱去。"②唐僖宗初次入蜀在中和元年（881）（《旧唐书·僖宗纪》），现存敦煌所出《唐中和二年（882）剑南西川成都府樊赏家历［日］》，正是其时成都地区售卖的私印历日之一种。至于它是如何流入敦煌的，还有待探讨。

敦煌本地自编历日，更有其特殊的历史原因。唐玄宗天宝末年，安史乱起，中原板荡，慌乱中调西北边军勤王，西北边防出现空隙，吐蕃便乘虚而入。此后吐蕃由东而西，逐步蚕食并侵占了河西走廊。唐德宗贞元二年（786），敦煌最终陷落于吐蕃手中。吐蕃统治敦煌直到唐宣宗大中二年（848），象征王权的中原历日自然无法颁行到那里。吐蕃统治者使用地支和十二生肖纪年，既不符合汉人行之已久的干支纪年、纪月、纪日习惯，也无法满足汉人日常生活的需要。于是敦煌

---

①如《全唐文》卷410常衮《禁藏天文图谶制》。其中"元象器物""天文图书""谶书"、《七曜历》《太一雷公式》等，均在禁绝之列。

②《唐语林》卷七，上海：上海古籍出版社，1978年版，第256页。

地区开始自编历日。60余年后，虽然张议潮举义成功，使敦煌重归唐有，但当地编历已成习惯，且归义军政权处于半独立状态，故敦煌地区仍在使用自编历日。从现存敦煌历日看，敦煌地区行用自编历日一直延续到宋初，前后达两个世纪之久。

敦煌本地历日多为私家撰修，现知撰人有翟奉达、翟文进和安彦存，所撰历日主要在五代至宋初阶段。吐蕃统治时期和归义军前期的撰历人则未详。从敦煌文献和石窟题记可知，翟氏是敦煌地区的望族之一。翟奉达自幼即爱好数术历算，成年后又在归义军节度使衙担任州学博士、随军参谋等幕职，担负撰历重任是责有攸归。翟文进名前常冠"子弟"二字，亦知他是翟奉达之后翟氏大家族的成员之一。略而言之，五代时期的敦煌历日基本出于翟氏家族所撰；只是到了宋初，撰历重任才转入安氏家族如安彦存之手。

敦煌私撰历日多题曰"撰上"。所谓"撰"，是说属何人所撰，即编者是谁；所谓"上"，即上呈给归义军节度使衙。张、曹二氏归义军政权，虽然受命于中原王朝，但唐末五代战乱频仍，中原王朝对远在西北边陲的敦煌鞭长莫及，使这一政权具有相对的独立性，以至在唐末五代初年，张氏归义军政权的第三代传人张承奉一度建立了"西汉金山国"。翟奉达等将所编历日上呈给归义军节度使衙，节度使衙将历日颁发民间行用，其地方政权的权力由此也得到了体现，这与中央王朝以历书行用区域作为权力所及的象征相仿佛。

二

敦煌吐鲁番历日研究大体经过了三个阶段。

第一阶段，自敦煌文献面世至1964年。最早关注并研究敦煌历日者当推罗振玉氏。20世纪20年代，罗振玉就他所能见到的几件历日录文排印，并写了跋语。①但因未能解决定年方法，故时有错误。其后王重民于1937年发表《敦煌本历日之研究》②一文，虽也未能解决定年方法，但确有不少发明。如提出"论敦煌历日与五代北宋历日不同""论据五代北宋历不能推敦煌历""论敦煌历日与唐不同始于陷蕃以后"等，都是真知灼见。1943年董作宾发表《敦煌写本唐大顺元年残历考》，③则是对罗振玉将一件残历错定年代的更正。1950年，苏莹辉在台湾公布了《北魏太平真君历》的录文，同时也做了简单的研究。

　　第二阶段，自1964年至1983年。此前学人们的研究工作一直处在摸索阶段，始终未能解决残历的定年方法。因敦煌历日约四分之三是断简残编，无明确纪年，只有解决定年方法，才能确定其准确年代，进而开展更深入的研究。1964年，日本天文学史专家薮内清教授发表了《斯坦因敦煌文献中的历书》④一文，首次将敦煌历日的定年方法建立在科学的基础上（具体方法详下文）。可以说，这篇论文在敦煌历日研究史上具有划时代的意义。此后学人们虽也补充了若干方法，但基本方法却是薮内清教授确立的。1973年，日本"敦煌学"家藤枝晃教授发表《敦煌历日谱》⑤长文一篇，就是利用薮内清的方法对敦煌残历逐件定年。十年后，我国学者施萍婷又发表《敦煌历日研究》⑥一文，

---

① 见罗振玉：《敦煌石室碎金》，东方学会印，1925年；《松翁近稿》，1922年。罗跋三种后收入王重民编：《敦煌古籍叙录》，北京：中华书局，1979年版，第160—163页。

② 原载《东方杂志》34卷第9期，1937年，第13—20页。后收入王重民：《敦煌遗书论文集》，北京：中华书局，1984年版，第116—133页。

③ 见《图书月刊》三卷一期，1943年11月，第7—10页。

④ 《东方学报》（京都版）第35期，1964年，第543—549页。我国有朴宽哲译文，题为"研讨推定斯坦因收集的敦煌遗书中的历书年代的方法"，载《西北史地》1985年第2期，第115—118页。

⑤ 《东方学报》（京都版）第45期，1973年，第377—441页。

⑥ 见《1983年全国敦煌学术讨论会文集·文史·遗书编》（上），兰州：甘肃人民出版社，1987年版，第305—366页。

在藤枝氏基础上又有新进展，并纠正了前人的某些错失。此后，席泽宗、邓文宽补充了利用年神方位确定年地支的方法；[①]严敦杰补充了利用二十四节气和七十二物候判定残历年代的方法；[②]邓文宽提出了利用纪日地支和建除十二客对应关系判定残历星命月份的方法。[③]迄今为止，敦煌历日的定年方法已趋完备。

以上学者们研究出的定年方法，可概括为如下各项：

（1）利用正月纪月干支确定年天干。其对应关系是：

正月纪月干支	对应年天干	口诀（见敦煌文献S.0612背）
丙寅	甲、己	甲、己之年丙作首
戊寅	乙、庚	乙、庚之岁戊为头
庚寅	丙、辛	丙、辛之年庚次第
壬寅	丁、壬	丁、壬还作顺行流
甲寅	戊、癸	戊、癸既从运位起，正月直须向甲寅求

（2）利用年九宫或正月九宫确定年地支。其对应关系是：

年九宫（中宫）	正月九宫（中宫）	对应年地支
一、四、七	八	子、卯、午、酉（仲年）
二、五、八	二	巳、亥、寅、申（孟年）
三、六、九	五	丑、未、辰、戌（季年）

---

①席泽宗、邓文宽：《敦煌残历定年》，载《中国历史博物馆馆刊》总第12期，1989年，第12—22页。

②严敦杰：《跋敦煌唐乾符四年历书》，载《中国古代天文文物论集》，北京：文物出版社，1989年版，第243—251页。

③见邓文宽：《跋吐鲁番文书中的两件唐历》，载《文物》1986年第12期，第58—62页；《敦煌古历丛识》，载《敦煌学辑刊》1989年第1期，第107—118页；《天水放马滩秦简〈月建〉应名〈建除〉》，载《文物》1990年第9期，第82—84页。

（3）将上述所得两个年天干和四个年地支配成四组干支，即残历可能的四个年份。

（4）利用残历提供的条件，及其他可参考的资料，最大限度地排出残历各月的月朔。

（5）以前面排出的四个干支年份为对象，利用排出的月朔，同陈垣《廿史朔闰表》或其他类似年表对照，找出朔日相近的年份。

（6）如果历日原有"蜜"日（星期日）注记，则对照《朔闰表》一书后面所附的《日曜表》进行最后核定。

（7）如果原历有年神方位，仅是题年已残，利用《年神方位表》可以直接找出该年的纪年地支，而不再用第（2）项方法。

（8）在残历断缺严重的情况下，可利用残存节气和物候注记推算年代。但此项方法使用时要慎重，不宜轻易按断。

（9）即使是只存一行的残历片，只要有该日的纪日地支和建除十二客，利用二者对应关系，便可定出其星命月份，时间跨度只在两个临近的节气（非中气）之间。

上述各种方法全是结论，具体推导过程从略，可参前述有关学者的论著。正是利用这一套方法，中外学人已将敦煌吐鲁番历日的百分之九十五以上定出了准确年代。其余小残片，只要具备必需的条件，也可考知其所在节气范围。

第三阶段，自1983年至今。学者们除了补充、完善敦煌吐鲁番历日的定年方法外，全面系统地整理研究这批文献的工作已在进行。笔者在席泽宗教授指导下，1989年即完成《敦煌天文历法文献辑校》一书，但因学术著作出版困难，至今未能同学人见面（后由江苏古籍出版社于1996年出版）。

中外学人已经和正在究明我国历法史上的一些疑难问题。比如，唐仪凤三年（678）的闰月问题。《旧唐书·高宗纪》为闰十月，《新唐书·高宗纪》为闰十一月，陈垣《廿史朔闰表》两说并存，遂成难解之谜。利用吐鲁番出土《唐仪凤四年历》的节气记载，推得仪凤三年（678）十月后的一个月是无中气之月，故仪凤三年（678）当闰十月而非十一月。①敦煌文献 P.2005《沙州都督府图经残卷》有"唐仪凤三年闰十月"②的记事，与上述推算结果如合符契，此谜于是得以解开。

古代历日内容如何演进发展，以往由于实物太少而无从寻觅其轨迹。跨度达六个世纪的敦煌吐鲁番历日，使我们有了粗略地勾画历日内容演进轨迹的可能。

银雀山二号汉墓出土的汉武帝《元光元年（前 134）历谱》，复原后正月的全部内容是："正月大戊午〔己未〕庚申反辛酉壬戌〔癸〕亥甲子〔乙丑〕丙寅反丁卯戊辰己巳庚午辛〔未〕□壬申反立春〔癸酉〕甲戌乙亥丙子丁丑戊寅反己卯庚辰辛巳壬午癸未甲申反乙酉丙戌丁亥。"③

二百余年后的东汉和帝《永元六年（94）历》，十二月的内容是："十二月大一日癸丑建大□（寒）二日甲寅除八魁……十六日戊辰平□十七日己巳平□八魁十八日庚午定反支□十九日辛未执……"（按，十六日为立春。）④三国两晋南朝的历书迄今未发现。

敦煌所出北魏太平真君历，历日首端有帝王纪年和年神方位注记，其十一年（450）历首为："太平真君十一年历〔日〕〔太〕岁在庚寅大

① 见邓文宽：《跋吐鲁番文书中的两件唐历》，载《文物》1986 年第 12 期，第 58—62 页。

② 见唐耕耦、陆宏基编：《敦煌社会经济文献真迹释录》第一辑，北京：书目文献出版社，1986 年版，第 10 页。

③ 见吴九龙：《银雀山汉简释文》，北京：文物出版社，1985 年版，插页《元光元年历谱》（复原表）。

④ 转引自张培瑜：《出土汉简帛书上的历注》，载国家文物局古文献研究室编：《出土文献研究续集》，北京：文物出版社，1989 年版，第 135—147 页，引文见第 136 页。

（太）阴大将军在子。"同年二月的全部内容是："二月小一日壬辰满十日惊蛰二月节廿五日春分廿七日社。"①

迄今为止，虽然我们仍旧受到出土资料的严格限制，但从上述三种历日仍可看出，自西汉中叶至北魏，在长达585年的时间里，我国古代历日内容变化不大。三种历日均有月大小、纪日干支和节气。《元光元年历》的丛辰项目仅有"反"，亦即《永元六年历》的"反支"。此外，《元光元年历》有三伏和腊日注记，《永元六年历》因不全而未见，但比前者增加了"八魁"和"血忌"等丛辰项目以及建除内容。《北魏太平真君历》在年首增加了三个年神，此外有"社""腊""始耕"（即籍田）等注记。总体上说，这个时期的历注内容十分简单，历日内容演进得也十分缓慢。

进入唐代，情况迥然有别。《唐显庆三年历》虽然残破过甚，但从残存序言部分可知它有"天恩""天赦""母仓"等丛辰说明，并一次性给出全年各月的大小。各日内容亦增多起来。如正月四日的全部内容是："四日丁亥土收，岁对小岁后，嫁娶、母仓、移徙、修宅吉。""收"字为建除内容，已见于东汉《永元六年历》和《北魏太平真君历》。但"土"字所代表的六十甲子纳音却是此前历注中所不曾有的。至于各日铺注的选择事项，更是前所未见。此外，此历还有"上弦""下弦""［望］"注记，也属新增。同一时代的《仪凤四年历》《开元八年历》内容大致相同。《唐六典》卷14太卜署记："凡历注之用六：一曰大会，二曰小会，三曰杂会，四曰岁会，五曰建除，六曰人神。"②出土历日与唐代行政法典的规定基本一致。由上可知，唐前期比汉至南北朝历日内容已有增多，具有这一历史时代的特征——它可

①见邓文宽:《敦煌天文历法文献辑校》,南京:江苏古籍出版社,1996年版,第101页。
②〔唐〕李林甫等撰,陈仲夫点校:《唐六典》,北京:中华书局,1992年版,第413页。

以看作古历内容由简到繁的过渡时期。

古历历注内容由简转繁，大概始于唐初。这一变化，也就是由"历日"变为"具注历日"。如 P.3403《宋雍熙三年丙戌岁（986）具注历日》。它有很长的序文：先介绍了该年的年神方位，计31项，配之以年神方位图；次有男女命宫，魁罡之月；再次有"推七曜直日吉凶法"，即将由西方传入的星期制度七日各配以吉凶宜忌；再次对历日注中丛辰项目如九焦、九坎、血忌、归忌等进行概述；再次为五姓（宫、商、角、徵、羽）宜忌；序末最后说明年中各月之大小，然后才转入历日正文。进入正文后，每月又有月序，包括月大小、月建干支、月九宫、得节日期、天道行向、月神日期方位（共8项）宜忌、四大吉时、日出入方位。每日又包括八项内容：（1）"蜜"日（星期日）注；（2）日期、干支、纳音、建除；（3）弦、望、没、往亡、籍田、社日、释典等注记；（4）节气和物候；（5）吉凶注；（6）昼夜时刻；（7）人神；（8）日游。敦煌历日所以称作"具注历日"，也是由于它注入了上述内容。诚然，并非每日都含八项内容，但在 P.3403 中（2）、（5）、（7）、（8）四项则是每日必备的。其余有则注之，无则不注。这些繁杂的内容，不只敦煌本地的"小历"多具备，以"宣明历术"为依据的敦煌出《唐乾符四年（877）历》内容更为复杂。它分作上、下两部分，上部为历注，下部为各种吉凶宜忌的推算方法和说明。如"六十甲子宫宿法"，依次表列了从唐兴元元年（784）上元甲子开始，至唐乾符四年（877）共94年间每年的男女命宫。其余如"洗头日"告知何日洗头为吉；"五姓种莳日"告知种禾、豆、荞、麦、穈（mí，穈子。编者注）、稻的吉日，如此等等。敦煌历日的繁杂内容，奠定了宋以后历日内容的基本格局。

至此，我们可将我国古代历日内容的演进做如下勾画：自西汉至南北朝，为历日的早期阶段，内容极为简略；唐代前期，历日内容开始增多，为由简到繁的过渡时期；唐中叶起，历日内容突飞猛进地增多，且奠定了宋以后历日的基本格局。虽然仍嫌疏阔，但若没有敦煌吐鲁番历日，我们连这样的勾画也做不出。

敦煌历日中还有一些问题尚未研究清楚。事实表明，敦煌历日的朔日与同年中原历往往有一二日甚或三日之差，遇有闰月之年差别更大；与中原历闰在同月者极少，往往有一个月之差。由于尚未发现敦煌本土历日编撰时的岁实、朔策等依据，至今仍不能给予科学的说明。这些，仍有待学者们进行更深入的研究。

三

敦煌吐鲁番历日具有丰富的文化和民俗内涵。中古时代历日的功能比现今民用历日大得多。现行民用历日主要是公历月日、星期和各种节日；在我国又有农历月日、二十四节气、三伏、数九等，但总体上说极为简略。它表明，在经过漫长的历史发展后，历日又有了返璞归真的倾向。但从上节介绍可知，敦煌吐鲁番历日完全是另一番面貌，一定意义上可以称之为"民用小百科全书"。

敦煌吐鲁番历日的文化内容，科学和迷信搀杂。其科学内容主要表现在历法本身——它所具有的历学和数学价值。这一方面，可以通过阅读有关天文学史和历法史的著作加以透视，[①]本文不赘。此处着重说明一下它那些迷信、半迷信的成分。因为即使不科学，也是我们祖先苦苦思索的产物，曾经广泛而深入地影响过我们祖先的思想和生活，

---

①可参：中国天文学史整理研究小组编著（薄树人主编）：《中国天文学史》，北京：科学出版社，1981年版；陈遵妫：《中国天文学史》第3册，上海：上海人民出版社，1984年版；［英］李约瑟：《中国科学技术史》第四卷（天学），北京：科学出版社，1975年中译本；前揭施萍婷文。

今日人们也还不能完全摆脱它们的影子。

被称作"数字魔方"的九宫，马王堆帛书中已见一件，传说起源于《洛书》。汉·徐岳《数术记遗》云："九宫算，五行参数，犹如循环。"甄鸾注："九宫者，即二四为肩，六八为足，左三右七，戴九履一，五居中央。"画成图形如图一；换成八卦如图二；至唐代，又有用颜色代数字者（一白，二黑，三碧，四绿，五黄，六白，七赤，八白，九紫）如图三：

四	九	二
三	五	七
八	一	六

图一

巽	离	坤
震	中	兑
艮	坎	乾

图二

绿	紫	黑
碧	黄	赤
白	白	白

图三

在基本图形（图一）的基础上，各种数字递减一（九退后为一，一退后为九），很快就可产生九幅不同的九宫图。[①]现存敦煌历日的年九宫、月九宫也就是以这些图形配入的。将敦煌历日中的各种九宫图综合研究，可知它共有三种表示方法：一是数字，二是表示颜色的字，三是直接用各种颜色涂成彩图。[②]无论采用哪种方法，其内涵则完全一致。

敦煌历日的九宫图形是用以推算吉凶祸福的，特别是同"男女命宫"相联系后，成为星命家必须掌握的方法之一。但剔除其中的迷信成分，是否也有科学因素呢？恐怕也可以研究。起源于《周易》的"纳甲"（又称"六十甲子纳音"），由于文献记载不足，宋时沈括还在苦苦考索（见《梦溪笔谈》卷七）；至清，钱大昕《潜研堂文集》卷三《纳音说》曾给予精确的文字表述。我们将钱氏的论说绘成表格，与敦

①详见陈遵妫：《中国天文学史》第3册，上海：上海人民出版社，1984年版，第1659页。
②参见邓文宽：《敦煌古历丛识》，载《敦煌学辑刊》1989年第1期，第107—118页；《敦煌文献 S.2620 号〈唐年神方位图〉试释》，载《文物》1988年第2期，第63—68页。

煌历日的"六十甲子纳音"相对照,结果无一不合。同时也得以究明,纳音术本是以六十甲子与五音(宫、商、角、徵、羽)相配合,五音又与五行(土、金、木、火、水)相配,于是便用五行代五音,从而绘制出完整的六十甲子纳音表及干支与五行对应关系表[1],进而有可能对古历的纳音内容进行正确校读。显然,这对理解《周易》的相关内容也不无裨益。

　　渗入古历的另一重要内容是建除十二客(又称"建除十二辰")。至晚从东汉《永元六年历》开始,建除已入历书。后经北魏、唐,直至宋代以降,历日一直沿用不衰。建除十二客是以建、除、满、平、定、执、破、危、成、收、开、闭共十二字各主一定吉凶,[2]配入历日。通过对敦煌历日研究,得知它有三个特征:(1)从立春正月节之后的第一个"寅"日注"建"字,顺序循环下排;(2)凡遇节气(非中气)所在之日,重复其前日的十二客一次,再接续下排;(3)由于十二地支和建除十二客均以十二为周期,又使用了节气之日重复其前日一次的方法,导致了各星命月(临近的两个节气间为一星命月,不同于历法月)中建除十二客与上一星命月纪日地支相差一日,从而形成了二者间的固定对应关系。又经与天水放马滩战国秦简对照,表明其固定对应关系早在战国时即已形成,[3]也可知"建除家"在秦汉时代作为术士中的一派,曾经十分活跃。[4]

　　除上述论及的三项之外,属于阴阳数术文化的还有年神方位、月

---

①见邓文宽:《敦煌古历丛识》,载《敦煌学辑刊》1989年第1期,第107—118页。

②见陈遵妫:《中国天文学史》第3册,上海:上海人民出版社,1984年版,第1666—1667页。

③见邓文宽:《天水放马滩秦简〈月建〉应名〈建除〉》,载《文物》1990年第9期,第82—84页。

④《史记·日者列传》:褚少孙曰:"臣为郎时,与太卜待诏为郎者同署,言曰:'孝武帝时,聚合占家问之,某日可取妇乎?五行家曰可,堪舆家曰不可,建除家曰不吉,丛辰家曰大凶,历家曰小凶,天人家曰小吉,太一家曰大吉。'"可证。见标点本《史记》,北京:中华书局,1959年版,第3222页。

神日期方位、星命月份、魁罡之月、六壬十二神、选择事项，以及源自道家的人神流注等，内容庞杂，这里从略。

敦煌历日中的民俗文化同样丰富多彩。注入历日的"籍田"（北魏称"始耕"）是古代三公九卿的重要礼仪制度，其用意在倡导天下崇本，勤于农作。"社"日祭后土神，每年两次，反映了农业大国对土地的倚重。"腊"日祭百神，正是汉民族多神教具有的特征。"释典"礼是对儒家鼻祖孔丘及其高足颜回的祭奠，反映了学徒对祖师的崇敬。"洗头日"注入历中，虽然本无吉凶之分，但也表现了讲卫生的良好习惯。"不煞生"注入历中，则说明佛教文化在敦煌的发达及其对民众生活的影响。总之，敦煌历日的民俗学内容是很值得重视的。

敦煌历日的另一价值是它所透露出的与外来文化交融现象。在《宋太平兴国六年辛巳岁（981）具注历日》（S.6886背）的六月二十六日下，注有"马平水身亡"，七日后的七月三日注"开七了"，以后每隔七日注"二七""三七"直至"七七"。至十月七日下注"百日"。这是时人为马平水举行"亡七斋"和"百日祭"的记录。为活人作"生七斋"和为死者作"亡七斋"，都不是中国的传统民俗，而是来自佛教。[1]佛教文化艺术传入中国后，为在中国扎根，吸收了中国的儒、道思想，从而具有了中国特色。这种吸收，不仅表现在一些石窟壁画艺术中，同时也渗透到中国民众的日常生活里，"亡七斋"被注入历日是其表现形式之一，寄托了中国民众对父母生前的孝养和死后的追念，在文化和心理习惯上找到了结合点。这一习俗至今仍被广泛地保存在中国民间以及东亚汉文化圈中。

另一现象是历日中的"蜜"日（星期日）注。星期制度来自西方，

---

[1] 参高国藩：《敦煌古俗与民俗流变》，南京：河海大学出版社，1989 年版，第 311 页。

它被注入敦煌历日仅具占卜吉凶的意义，①还未能同中国民众的日常生活相结合。所以如此，是由于古代中国民众是多神教（如"腊"祭），而基督教（唐称"景教"）却是一神教，二者相去甚远。就其实用性而言，当时中国官方施行旬假制，十日一沐浴假，②星期制度却是七日一礼拜，二者也难于找到结合点。这一制度只有在辛亥革命我国开始行用公历后，才被广泛地应用起来，而它那套占卜吉凶的内容却被无情地抛弃了。

一代史学宗师陈寅恪先生曾论道："释迦之教义，无父无君，与吾国传统之学说，存在之制度，无一不相冲突。输入之后，若久不变易，则决难保持。是以佛教学说，能于吾国思想史上，发生重大久远之影响者，皆经国人吸收改造之过程。其忠实输入不改本来面目者，若玄奘唯识之学，虽震动一时之人心，而卒归于消沉歇绝。近虽有人焉，欲然其死灰，疑终不能复振。其故匪他，以性质与环境互相方圆凿枘，势不得不然也。"③陈寅恪先生这段论述，其意义不限于佛教，对一切外来文化都适用。由敦煌历日反映出的"亡七斋"和"星期制度"这两种外来文化在中国的不同遭遇和命运，也应给我们有益的启迪。

（原载《传统文化与现代化》1993年第3期，第40—48页）

---

① 参王重民：《敦煌本历日之研究》第七节，见氏著《敦煌遗书论文集》，北京：中华书局，1984年版，第116—133页。

② 《唐六典》卷二吏部郎中员外郎条、《唐会要》卷82"休假"条。

③ 陈寅恪：《冯友兰中国哲学史下册审查报告》，载《金明馆丛稿二编》，上海：上海古籍出版社，1980年版，第250—252页，引文见251页。

俄藏敦煌和黑城汉文历日对
印刷技术史研究的意义

　　20世纪的最后30年间，人类在印刷技术方面经历了一场翻天覆地的革命——电脑打字、激光照排等新技术的应用，极大地提高了排字速度和印刷的精美程度。就汉字的命运来说，这场革命也宣告了"汉字必须走拼音化道路"的失败。这不仅仅是技术手段的改进，而且已经和将要产生巨大的经济效益。作为这场革命的亲历者，应该说我们是十分幸运的。

　　电脑打字、激光照排等先进事物革命的对象，便是那个行用了近千年的"活字印刷术"。原因非常简单，因为活字印刷术已然成了落后的事物，它的"命"被"革"掉自在情理之中。且莫说活字排版不仅速度慢，就是反复化铅铸字造成的污染也已经成为公害。20世纪70年代末至80年代初，我住的居民大院与文物印刷厂仅一墙之隔，印刷厂经常在自己的墙角下化铅铸字，空气污染使隔墙的住户十分不满，以至于多次发生纠葛。那年月我们要去参加学术会议，总要去誊印社找人打字印成论文，真是十分麻烦。现在用电脑打好字，电传到办公室，有的就在家中，自己就可以印出来，便捷之极。

　　今天，"活字印刷术"被革了命，退出了历史舞台，是因为它落后。但这并不等于说它一直落后。现在的它是落后了，但在其产生的初始阶段和存在期间，却也曾经十分先进，并且为人类文明进步做出过巨大贡献。诚如17世纪英国启蒙思想家弗朗西斯·培根说过的那样："我们应该注意到这些发明的力量、功效和结果，但它们远不如三大发明那么惹人注目。这三大发明古人并不知道，它们是印刷术、火药和指南针。因为这三大发明改变了整个世界的面貌和状态。"①后来人们又认识到造纸技术也是一项重大发明，从而合称为"四大发明"，作为中华民族对人类文明的贡献而载入史册。简言之，"活字印刷术"在今日的落后丝毫也不减弱它在历史上的辉煌，恰如人类社会史上的奴隶制和封建制，都曾经被新制度所取代，但它们也曾经作为新制度取代过别的已经落后的制度。如同太阳，傍晚时夕阳西下，奄奄一息，但它在早晨却曾经气势磅礴，光芒万丈呢。

众所周知，历史上的印刷技术曾经经历过雕版印刷和活字印刷两个阶段。雕版印刷产生的具体年代，由何人首先使用，迄今都未能给予明确的解说。一般来说，科技史界认为雕版印刷术产生于隋到唐初的一段时间之内。由于文献记载不足，人们只好仰赖于地下出土实物的证明。1999年之前，我们能看到有绝对纪年的雕版印刷实物，便是出自敦煌藏经洞、现存英国国家图书馆的《唐咸通九年（868）〈金刚般若波罗蜜经〉》。②该经末尾有题记曰："咸通九年四月十五日，王玠为二亲敬造普施。"比这个时间更早的，是1966年从韩国庆州释迦塔出土的《无垢净光大陀罗尼经》，因使用了武周新字，故学者们认为最大

---

①[英]弗郎西斯·培根《新工具》格言129条。转引自[美]斯塔夫里阿诺斯著,吴象英、梁赤民译：《全球通史——1500年以前的世界》,上海：上海社会科学院出版社,1988年版,第454页。

②编号 S.P.2。

的可能是公元702年雕印于唐代东都洛阳。①毫无疑义，这件印刷品的年代是很早的，但却无法确定其绝对年代。1999年10月，我从当时新公布的俄藏敦煌文献中，考出Дx02880号为《唐大和八年甲寅岁（834）具注历日》印本残片。②应该说，这是迄今我们所能见到的绝对年代最早的雕版印刷品实物。毋庸赘言，这个俄藏汉文历日残片在印刷技术史研究上的意义是不言而喻的。

　　至于活字印刷技术，文献记载为北宋布衣毕昇所发明，③但早期的活字印刷品实物却几无留存。长久以来，学者们一直在努力寻找早期活字印刷品实物，却收获甚微。十二年前，西夏文和西夏史专家史金波教授发表了《现存世界上最早的活字印刷品——西夏活字印本考》④一文，研究了一批俄藏西夏文文献，以及近年在中国新出土的西夏文文献，证明它们大概是十二至十三世纪的活字印刷品。遗憾的是，这批活字印刷品没有一件能够确定其绝对年代。进入新世纪后，史教授又于2001年发表《黑水城出土活字版汉文历书考》⑤一文，所依据的也是俄藏黑水城出土文献。除TK297为公元1182年雕版印刷的汉文历日⑥外，其余TK269、5285、5229、5469和ИНФ.8117（1，2）、5306等6件，全是公元1211年的活字印本汉文历日，史教授题名为"西夏光定元年辛未岁（1211）具注历日"⑦。就现存黑水城出土的西夏历日来看，大约有西夏文印本历日、西夏文–汉文合璧写本历日、汉文写本历

①卢嘉锡总主编，潘吉星著：《中国科学技术史·造纸与印刷术卷》，北京：科学出版社，1998年版，第296页。

②邓文宽：《敦煌吐鲁番天文历法研究》，兰州：甘肃教育出版社，2002年版，第205—209页。

③〔宋〕沈括：《梦溪笔谈》卷十八"技艺·活版印刷"。此书版本极多，此据李文泽、吴洪泽译：《文白对照梦溪笔谈》，成都：巴蜀书社，1996年版，第238—239页。

④载《北京图书馆馆刊》1997年第1期，第67—80页。

⑤载《文物》2001年第10期，第87—96页。

⑥邓文宽：《敦煌吐鲁番天文历法研究》，兰州：甘肃教育出版社，2002年版，第262—270页。

⑦参见史金波：《西夏的历法和历书》，载《民族语文》2006年第4期，第41—47页。

日和汉文印本历日等四种形态。①可见当时西夏所用历日非常丰富。如果说1997年史教授研究的那批西夏文活字印刷品尚难给出准确年代的话，那么这件《西夏光定元年辛未岁（1211）具注历日》的年代则是确定无疑的，它也是迄今所见年代最早的活字印刷品实物，从而弥足珍贵。

由上可知，无论是敦煌石室所出雕版印刷的《唐大和八年甲寅岁（834）具注历日》，还是黑水城出土的活字印刷《西夏光定元年辛未岁（1211）具注历日》，在印刷技术史的研究方面，如今都具有标志性意义，而这两份汉文历日如今都收藏在俄罗斯科学院圣彼得堡古文献研究所。

由这两份历日出发，站在研究印刷技术史的角度，我认为需要思考三个问题：

一、为什么迄今为止，我们找到的绝对年代最早的印刷品实物，都是历日，而不是其他类型的印本文献？

大家知道，印刷技术是以能够成批量地复制同一内容与形式的文字材料为特征的。什么文字材料需求量大，它就要更多地依赖印刷技术。今天在中国，一本书如果只印几百本，出版社当然不乐意接受；如果印几十万乃至上百万本，出版社自然会有巨大的积极性。中古时代，什么东西需求量大从而需要大批量地加以复制呢？恐怕一是佛经，二是历日。但佛经毕竟是外来文化，中土有人信，也有人不信。而历日却不同。当代人使用的历日内容较为简单，可是在唐宋时代，历日

---

① 参见史金波：《西夏的历法和历书》，载《民族语文》2006年第4期，第41—47页。

却是指导家居生活的民用小百科全书，大凡取土盖房，莳菜下种，婚丧嫁娶，上官出行，一切行动都要参考历日来决定宜与不宜，进行选择，从而成了居家必备的手册。由于需求量大，自然就要靠印刷技术来满足。唐文宗大和九年（835）十二月丁丑，剑南东川节度使冯宿在奏文中说："准敕禁断印历日版，剑南两川及淮南道皆以版印历日鬻于市。每岁司天台未奏颁下新历，其印历已满天下……"①私印历日"满天下"就是当时历日需求旺盛的形象写照。此其一。其二，历日的年代具有唯一性，而佛经等其他内容的印刷文献，除了有特别的纪年，如唐咸通九年（868）《金刚经》的尾题，或者有某种特别的符号，如韩国庆州市释迦塔出土的《无垢净光大陀罗尼经》有武周新字，一般小残片数量再多，也很难确定其准确年代。历日却不同，它不仅本身年代具有唯一性，也由于我们掌握了一套科学定年的方法，即使它非常残破，哪怕只有几行字，只要所需的信息具备，我们就有能力定出其准确年代来。这也是迄今为止绝对年代最早的印刷品都是历日的重要原因。

二、为什么迄今为止，具有标志性意义的汉文历日都庋藏在俄罗斯，而不在别的国家？

我们知道，俄藏印本《唐大和八年甲寅岁（834）具注历日》，是1914—1915年间，奥登堡（S.Oldenburg）率领的考察队从敦煌取走的；而活字版《西夏光定元年辛未岁（1211）具注历日》，是另一俄国人科兹洛夫于1909年率领蒙古—四川探险队，从中国黑水城（今内蒙古额

---

①影印本《册府元龟》卷一六〇《帝王部·革弊二》，北京：中华书局，1960年版，第1932页上栏。

济纳旗）取走的。他们取走这两份汉文历日的地方，自己都不是最早涉足者，在他们之前的捷足先登者大有人在。用今天北京人的话说，他们都是"拣漏"的。同时，他们也不懂汉文，不可能像伯希和那样以他的三原则（1.有纪年；2.藏外佛经；3.域外文字）来进行挑拣。但他们却"拣"着了"宝贝"，这不能不归于他们的"好运气"。不能否认，考古与探险能否成功，与当事人的运气关系密切。辽宁金牛山猿人头盖骨出土前，已经有好几拨人在那里发掘过，表层的泥土都被别人清理了，北京大学吕遵谔教授和他的女弟子黄蕴平只是再向下挖了一米多，猿人头盖骨便出土了，这不是他们的好运气又是什么？同样，奥登堡和科兹洛夫的收获也只能归于他们的"好运气"了。

三、我们距找到最早的活字印刷品实物还有多远？

我在本文前面曾经说过，关于雕版印刷术的历史缺少文献记载。但与此不同，关于汉文活字印刷技术，历史却是有明确记载的。沈括在《梦溪笔谈》卷十八《技艺·活板印刷》一目下说：

> 板印书籍，唐人尚未盛为之。自冯瀛王始印五经，已后典籍，皆为板本。庆历中（1041—1048），有布衣毕昇，又为活板。其法用胶泥刻字，薄如钱唇，每字为一印，火烧令坚。先设一铁板，其上以松脂腊和纸灰之类冒之，欲印则以一铁范置铁板上，乃密布字印。满铁范为一板，持就火炀之，药稍熔，则以一平板按其面，则字平如砥。若止印三二本，未为简易，若印数十百千本，则极为神速。常作二铁板，一板印刷，一板已自布字，此印者才毕，则第二板已具，更互用之，瞬息可就。每一字皆有数印，如"之""也"等字，每字有二十余印，以备一板内有重复者。不用则以纸贴之，

每韵为一贴，木格贮之。有奇字素无备者，旋刻之，以草火烧，瞬息可就……

这是记载活字印刷术的产生最为完整可信的文献资料。"庆历"乃北宋仁宗赵祯的年号，凡八年。根据这段文字，学者们一般将活字印刷术产生的年代定在公元1040年稍后。[①]显然，我们从俄藏黑水城发现的《西夏光定元年辛未岁（1211）具注历日》，距活字印刷术产生的最初时间，已经过去了170年左右。这段时间之内，活字印书规模日盛，蔚为壮观，[②]不必细述。但遗憾的是，大批活字印刷品实物却未能留存下来。就研究的角度言，我们当然希望能够将活字印刷实物的年代加以提前。不过，这不能凭空想象，还必须依靠出土实物来说话。个人认为，如果将来再有这类实物出土的话，不排除会是有纪年的佛经和四部书，但历日恐怕仍排在首选位置。为什么呢？因为出土的佛经和四部书完整的可能性极小，有准确纪年的可能性就更小。历日则不同，它本来印刷的数量就大，重新出现的概率自然也就高一些；再者，即使它是残片，经过考证，定出准确年代的可能性也大得多。究竟如何，仍需我们拭目以待。

（原载［俄］波波娃、刘屹主编：《敦煌学：第二个百年的研究视觉与问题》，圣彼得堡：Slavia出版社，2012年版，第33—35页）

---

① 参见柳诒徵:《中国文化史》,上海:上海科学技术文献出版社,2008年版,第594页。
② 柳诒徵:《中国文化史》,上海:上海科学技术文献出版社,2008年版,第595—598页。

敦煌发现的五代历日及其承载的文化交流信息

这是一份从敦煌藏经洞发现的五代历日，年代是后晋天福四年（939），现藏中国国家图书馆，编号是"新1492"（=BD15292），是敦煌发现的六十余份古代历日之一种。

此件历日首尾均残。从内容完整的历日可知，它已失去很长的序言，历日部分也仅存正月廿七日至二月廿三日，全年大部分内容都已失去。每日内容从上到下大致可分为四部分：（1）"蜜"日注；（2）日期干支等；（3）廿四节气和七十二物候；（4）吉凶宜忌的选择。从这些内容可知，中古时代的历日，除了用于确定时间，安排农活，而且也用于指导百姓的日常生活和行事，具有生活小百科全书的性质。

如果说上述历日内容的后三部分是植根于中华大地的本土文明，那么顶端所注的那个"蜜"字，就完全是由西方传进来的域外文明了。它给人最直观的感觉是，每间隔六天标注一次，连同"蜜"字所在的那天共是七日一周期。与完本敦煌具注历日比较可知，这个"蜜"日就是星期日，一周里的其余六天名称分别是：莫（星期一）、云汉（星期二）、嘀（星期三）、温没斯（星期四）、那颉（星期五）和鸡缓（星期六）。据研究，一星期七天的这种读音，属于粟特语的音译。中亚粟特人以善于经商而活跃于丝绸之路上并名声大噪，长达数百年之久。这就是说，源自西亚的星期制度，沿着丝绸之路一路东传，经过粟特人的中转，最终以粟特语读音直译的形式，落在了唐五代中国人的民用历日上。

"星期"一词源自古代犹太人和《圣经》关于创世的记载。《圣经》说，上帝为创造世界工作了六天，第七天休息。至公元321年，康斯坦丁大帝在罗马历中引进了七天一周的星期制度，并将太阳日（星期日）作为一周的首日。后来，另一位君士坦丁大帝改信基督教，规定星期日是休息和做礼拜的日子，[①]延续至今，几乎全球都在遵行。

不过，星期制度最初传到中国时，并不是用来安排休息和做礼拜的。如同中古历日里大量的阴阳数术文化项目，多用作趋吉避凶的选择内容，星期制度最初也被中国人在"选择"范畴里加以利用，如说："第一蜜，太阳直日，宜出行，捉走失。吉事重吉，凶事重凶"；"第三云汉，火直日，宜买六畜、合火（伙）下书契、合市吉，忌针灸，凶。"[②]这说明，一种外来文明，要被别的文明消化理解并吸收，是相当困难的。就像佛教刚从印度传到我国时那样，国人无法理解，也曾用道教术语加以解读，真正理解则需要漫长的时间。星期制度以中亚粟特语的方式在我国中古历日上出现了几百年，宋代以后便又不见身影了。我国现今实行的星期制度，是20世纪初年，随着西方人在天津办学才出现的。辛亥革命后，民国元年（1912）推行公历（同时保留了传统农历），星期制度随之再在全国实行开来，这时距离它最初传入中国，已有千余年之久了。

现今所能看到，最早标有"蜜"日注的敦煌历日，是《唐大和八年甲寅岁（834）具注历日》，[③]这也是迄今为止从我国发现的最早雕版

---

① 《简明不列颠百科全书》第8册，北京：中国大百科全书出版社，1986年版，第664页。

② 敦煌本P.3403《宋雍熙三年丙戌岁（986）具注历日并序》。释文见邓文宽：《敦煌天文历法文献辑校》，南京：江苏古籍出版社东方学，1996年版，第591页。

③ 现藏俄罗斯科学院东方学研究所圣彼得堡分所，编号Дх02880。

印刷品实物。可知，星期这种域外文明，最晚在9世纪初叶已经传入我国，并被吸纳进历日，成为其内容之一。需要注意的是，这件唐大和八年（834）历日，不是手抄本，而是雕印本。众所周知，印刷技术是中华民族对人类的巨大贡献，被后世称作"四大发明"之一。敦煌所出的六十余份历日和具注历日，多数是手抄本，但也有少量是雕版印本，说明此时印刷技术尚未普及，处于印刷术的早期阶段。

　　印刷技术是应社会需求产生的，其作用是对同一内容文字的文本进行多次复制，比手抄效率高成百上千倍。那么，当时社会上需求量最大的文本是什么呢？一是佛经，一是历日。唐代由于佛教发达，善男信女人数众多，需要印经施入寺庙，以做功德；历日更是民众日常生活的指导，几乎家家需要。于是，从敦煌藏经洞看到，现存最早的印本佛经是《唐咸通九年（868）金刚经》，[①]最早的印本历日便是前面提到的《唐大和八年甲寅岁（834）具注历日》。此外，我们从藏经洞还发现了《唐中和二年（882）剑南西川成都府樊赏家历日》[②]、《上都东市大刁家大印》历日[③]等。四川成都樊赏和长安东市刁姓私印的历日，沿着丝绸之路一路西行，传到了西域东部的咽喉之地敦煌，这不能不说是中古印刷技术西传的重要信息。

　　宋人王谠在《唐语林》中说："僖宗入蜀（唐中和元年，881），太史历本不及江东，而市有印货者，每差互朔晦。货者各征节候，因争执。"[④]岁末朝廷太史局尚未将来年的历日颁发下去，市面上已有私家印制的历本在出售，这正是成都人樊赏印卖历日的大背景。虽然不一定是在同一年，但长安东市有刁姓私印历本提前出售自然也就不在话

---

①现藏英国图书馆,编号 S.P.002。
②现藏英国图书馆,编号 S.P.10。
③现藏英国图书馆,翟理斯编号 G.8101。
④《唐语林》,上海:上海古籍出版社,1978年版,第256页。

下。那些西传到敦煌的印刷品，作为新事物，深深地吸引了敦煌官民，刺激了当地的印刷事业。就在国图所藏这件《后晋天福四年（939）具注历日》之后约十年，敦煌当地已有刻本《金刚般若波罗蜜经》流传，上面不仅有归义军节度使曹元忠的发愿题记，而且有官府担任雕版印经负责官员"雕版押衙雷延美"的刻字署名——东风西渐，来自中原大地的雕印之风已然刮到了敦煌！①可以想见，这股春风自然会不断向西吹拂而去。后来德国人古腾堡（约1398—1468）在欧洲发明印刷技术，已到明代前期，比中国人晚了许多世纪。虽说我们迄今尚未发现古腾堡受到中国印刷技术直接影响的证据，但由于他的生平资料寥寥无几，谁能保证他就没有受到过来自中国的印刷实物的认识启迪呢？

我们也看到，从敦煌藏经洞发现的古代历日，其所承载的东西方文化交流信息，最初并不全是以准确的认识和理解来进行传播的；更由于资料的一鳞半爪，我们也无法看到其交汇的全豹。但东西方文化在互相输送着、渗透着、吸纳着、借鉴着，却是千古不易的历史事实。

光阴荏苒，虽然已经过去了一千多个四季轮回，可直至今日，在这条东西方物质和文化交流的大道上，我们仍旧能够依稀听到负载货物的驼铃叮当，也能听到文化流淌的溪水潺潺，更能真切地看到承载了这些重要历史信息、魅力四射的敦煌历日。

（此文系首次发表）

---

① 参见舒学（白化文）：《敦煌汉文遗书中雕版印刷资料综述》，载中国敦煌吐鲁番学会语言文学分会编纂：《敦煌语言文学研究》，北京：北京大学出版社，1988年版，第280—299页。

敦煌残历定年

　　现存中国古代所用的历书，以1973年在山东临沂发现的汉元光元年（前134）的历谱为最早，[①]它是写在竹简上的。写在竹简上的历谱还有此前在西北地区先后发现的十五份历谱，它们分属于公元前72年、70年、63年、61年、59年、57年、39年、17年、13年、5年和公元6年、8年、94年、105年、153年。[②]在此以后，从公元3世纪到7世纪的历本至今几未发现。接着就是写在卷子上保存在敦煌石窟中的从晚唐到宋初的历本。这些历本的绝大部分于20世纪初被斯坦因（M.A. Stein，1862—1943）和伯希和（P.Pelliot，1878—1945）分别运到了伦敦的英国博物馆（1972年后改藏英国图书馆）和巴黎的法国国家图书馆，保存在国内的已极少。对于这些历本，法国沙畹（E.Chavannes，1865—1918）、[③]中国王重民（1903—1975）、[④]日本薮内清[⑤]和藤枝晃[⑥]

[①]陈久金、陈美东：《临沂出土汉初古历初探》，载《文物》1974年第3期，第59—68页。

[②]陈梦家：《汉简年历表叙》，载《考古学报》1965年第2期，第103—149页。

[③]E.Chavannes: *Les documents chinois découverts par Aurel Stein dans les sables du Turkestan oriental*, Oxford: Imprimerie de l'Université，1913.

[④]王重民：《敦煌本历日之研究》，《东方杂志》34卷第9期，1937年，第13—20页。

[⑤][日]薮内清：《斯坦因敦煌文献中的历书》，《东方学报》（京都版）第35期，1964年，第543—549页。又见《中国的天文历法》，东京：平凡社，1969年版，第192—201页。

[⑥][日]藤枝晃：《敦煌历日谱》，《东方学报》（京都版）第45期，1973年，第377—441页。

都做过一些研究。尤其是藤枝晃，他不但收集了历本，而且将敦煌文献中有年、月、日的记载尽量录出，很是系统。不过，从施萍婷的最近研究①来看，藤枝晃仍有遗漏和不妥之处。本文即在藤枝晃和施萍婷研究的基础上，就历谱方面的已有成果予以列表概括，并就断定年代的方法予以详细论证。

中国古代所使用的历本，要比我们现在的月历、日历复杂得多，除给出年份、各月大小、闰月安排、日名干支、晦朔弦望、廿四节气、昼夜长短及日出入时刻等天文内容外，还有大量的关于各日吉凶、宜忌用事等供占卜、选择用的事项，这些内容称之为"历注"。历注的内容由简到繁，而唐代一行（683—727）的《大衍历》是个转折点。②敦煌发现的历本基本上在《大衍历》之后，都有历注，所以叫"具注历"。一份完整的具注历，不但有天文和星占学上的意义，而且有民俗学上的意义。可惜现在的历本大都残缺不全，有明确年份的很少。怎样由断简残篇来确定该历本的年份，这大有学问，根据前人的不断摸索，我们可以总结出以下几种方法：

一、有明确纪年，一望即知

例如，英国图书馆藏的S.1473号卷子一开头写有"太平兴国七年壬午岁具注历日并序"，不用研究，即知此为982年历本。但将其序言中所记各月大小和由残存日历推知的朔日干支，与陈垣（1880—1971）《廿史朔闰表》中所载由当时中原所用的历法推得的朔日干支相比时发现，正、二、三、五、八、十、十一和闰十二月的朔日，敦煌历比中

①施萍婷：《敦煌历日研究》，《1983年全国敦煌学术讨论会文集·文史·遗书编》（上），兰州：甘肃人民出版社，1987年版，第305—366页。
②张培瑜等：《古代历注简论》，《南京大学学报》（自然科学版），1984年第1期，第101—108页。

原历各早一日。在一年中，竟有三分之二的月份，其朔日不一致。而且不只一份如此。在有明确年代的9份卷子（A.D.450和451、922、926、956、959、981、982、986、993）中，竟没有一份是和中原历完全吻合的！这是由于安史之乱（755—763）以后，中央政权对于这一地区已是鞭长莫及，终于在786年沦入吐蕃之手。其后，848年当地汉人豪族张议潮趁吐蕃内讧之机起兵与吐蕃对峙，并于851年成为归义军节度使，受唐封位；922年张氏政权为曹议金所代，924年受后唐册封，仍为归义军节度使。但此一时期在敦煌和长安之间有一西夏存在，张、曹政权好像孤岛一样存在于西部地区，和中央联系相对较少，且其政权也有相对独立性，他们所用的历本大都是根据中原历法在本地区编的，因而朔、闰往往稍有差异。

二、由年九宫决定年干支

在敦煌卷子S.2404具注历中，年份部分不幸脱落，但在序言中有"九宫之中，年起五宫，月起四宫，日起二宫"，并绘有一图。为了研究方便，将此图重绘为图一，并加数码。

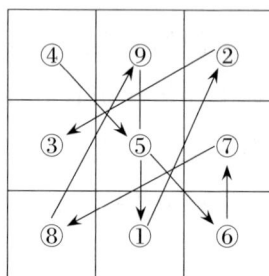

绿（4）	紫（9）	黑（2）
碧（3）	黄（5）	赤（7）
白（8）	白（1）	白（6）

图一

碧（3）	白（8）	白（1）
黑（2）	绿（4）	白（6）
赤（7）	紫（9）	黄（5）

图二

图三

此图名九宫图，在汉朝已经有了，公元133年张衡（78—139）《请禁绝图谶疏》中就有"臣闻圣人明审律历以定吉凶，重之以卜筮，杂之以九宫，经天验道，本尽于此"[1]。所谓"年起五宫"，是因为居中央的黄色，按数字编号为5，数字与颜色的对应关系为：1白，2黑，3碧，4绿，5黄，6白，7赤，8白，9紫。将每格的数字减1，并换成其对应的颜色，即得次年的九宫图（图二）；如此递减，可得九幅不同的九宫图。按图三移位办法，也可同样得到九幅不同的九宫图，这叫"太一行九宫"。

九与六十的最小公倍数为一百八十，故干支纪年与九宫纪年的关系为一百八十年一个周期。又因一百八十为六十的三倍，故又有上、中、下三元甲子之称。若上元甲子年为一宫（即1白居中），则中元甲子年为四宫（4绿居中），下元甲子年为七宫（7赤居中），因九除六十余六，1+（9-6）=4，4+（9-6）=7。上、中、下三元九宫与干支的关系见表二。要利用表二，首先得知道第一个上元的年份。按照算命先生的说法，这要由天意来决定，它被定在隋仁寿四年（604）。往下推，1864年为上元甲子，1924年为中元甲子，1984年为下元甲子。在本文所讨论的范围内，784—843年属上元，844—903年属中元，904—963年属下元。如果我们有办法知道某一残历在哪一历元范围内，就可以用表二来断定其年代。S.2404残历上正好保存有"随军参谋翟奉达撰"字样。据向达（1900—1966）研究，[2]翟奉达生于883年，902年时他仅二十岁，因此残历S.2404应属于904—963年下元范围内。在此范围内，与九宫图5黄居中对应的年干支应为下列七者之一，3（丙寅），12（乙亥），21（甲申），30（癸巳），39（壬寅），48（辛亥）或57（庚申）。

①标点本《后汉书·张衡传》，北京：中华书局，1965年版，第1911页。
②向达：《唐代长安与西域文明》，北京：三联书店，1957年版，第437—439页。

表一　干支表

	1	2	3	4	5	6	7	8	9	10
0	甲子	乙丑	丙寅	丁卯	戊辰	己巳	庚午	辛未	壬申	癸酉
10	甲戌	乙亥	丙子	丁丑	戊寅	己卯	庚辰	辛巳	壬午	癸未
20	甲申	乙酉	丙戌	丁亥	戊子	己丑	庚寅	辛卯	壬辰	癸巳
30	甲午	乙未	丙申	丁酉	戊戌	己亥	庚子	辛丑	壬寅	癸卯
40	甲辰	乙巳	丙午	丁未	戊申	己酉	庚戌	辛亥	壬子	癸丑
50	甲寅	乙卯	丙辰	丁巳	戊午	己未	庚申	辛酉	壬戌	癸亥

十天干：甲，乙，丙，丁，戊，己，庚，辛，壬，癸。

十二地支：子，丑，寅，卯，辰，巳，午，未，申，酉，戌，亥。

表二　年干支与九宫关系表

	括号内为中宫颜色数								
上元	(1)	(9)	(8)	(7)	(6)	(5)	(4)	(3)	(2)
中元	(4)	(3)	(2)	(1)	(9)	(8)	(7)	(6)	(5)
下元	(7)	(6)	(5)	(4)	(3)	(2)	(1)	(9)	(8)
干支序数	1	2	3	4	5	6	7	8	9
	10	11	12	13	14	15	16	17	18
	19	20	21	22	23	24	25	26	27
	28	29	30	31	32	33	34	35	36
	37	38	39	40	41	42	43	44	45
	46	47	48	49	50	51	52	53	54
	55	56	57	58	59	60			

　　如果不能确定属于上、中、下哪一元，也可以利用表二，不过一个九宫图所对应的年干支就有20~21个之多，更难确定具体年份了。

三、由月九宫求年地支

　　部分具注历每月的开头，也有个九宫图。因为4×9=3×12，故九宫图每九个月循环一次，三年完成一次大循环，第四年正月和第一年正月的九宫图一样。但三年只是以十二支命名的十二年的四分之一，故一个九宫图对应四个年地支。根据中国历法传统，以含有冬至的十一月建子之月为岁首，1白居中宫，十二月建丑9紫居中宫，甲子年的正月建寅8白居中宫，这样，九宫图和年地支就有表三的关系。

　　从表三得知，S.2404中的"月起四宫"是错误的，只有"月起二宫"才能与"年起五宫"相吻合，所对应的年地支为寅、巳、申或亥。

表三　月九宫与年地支的关系

正月九宫图中宫颜色序号Z1	年地支
8白	子卯午酉
5黄	丑辰未戌
2黑	寅巳申亥

　　设一年中第n月的月九宫图中宫的颜色为Zn，正月中宫的颜色为Z1，则：$Z1=Zn+(n-1)$……（1）

　　其中n=2，3，4，5……9，十月可当作1，十一月可当作2，十二月可当作3。因此，只要知道任何一个月的九宫图，就可求出相应的年地支。

四、由月天干求年天干

中国古时不仅以干支纪年，自唐代起也以干支纪月。因为一年有十二个月（闰月无干支和九宫图），故十二支与十二月的关系是固定的，如正月建寅，二月建卯……十二月建丑。因 $5 \times 12 = 6 \times 10$，故月天干五年一循环，每一月天干对应两个年天干，在 S.0612 背面有"五子元例正建法"说明这种关系，其文曰：

> 甲、己之年丙作首，乙、庚之岁戊为头；丙、辛之年庚次第，丁、壬还作顺行流；戊、癸既从运位起，正月直须向甲寅求。

1949 年以前算命先生所用的歌诀，与此大同小异，头两句完全一样，后四句是"丙、辛必定寻庚起，丁、壬壬位顺行流；更有戊、癸何方觉，甲寅之上好追求。"把这些歌诀用表格表示出来（见表四），更一目了然。

表四　正月干支与年天干关系表

正 月			年　天　干	
干支序数	干	支		
3	丙		甲	己
15	戊		乙	庚
27	庚	寅	丙	辛
39	壬		丁	壬
51	甲		戊	癸

设一年中第 n 月的干支序数为 gn，正月干支序数为 g1，则

g1=gn－（n–1）……（2）

其中 n=2，3，4，5……12。因此，只要知道任何一个月的干支，就可用公式（2）和表一、表四求出其年天干。例如，S.2404 中有"正月小，建丙寅"，由此得出其年天干为甲或己。将此结果与由（b）所得的七个干支结合来看，只有一个甲申是共同的，由此我们可以确认这份残历属后唐同光二年甲申岁，即 924 年的历日。

五、朔闰对比

如（a）所述，将敦煌具注历中的朔、闰与陈垣《廿史朔闰表》中的朔日、干支对照时经常有一、二日之差，闰月对照时有一、二月之差。但在用（b），（c），（d）法求出其可能的年干支后，仍可用这个办法寻找其最佳吻合者，确定其年代。例如，抄在 S.1439 背面的历日，残存正月初一日到五月二十四日的部分，由正月建甲寅，知年天干为戊或癸，以此与晚唐至宋初期间戊、癸年的朔闰干支对比，薮内清和藤枝晃都把它断为唐大中十二年戊寅岁（858），虽然此历闰正月比《廿史朔闰表》闰二月早一月，五月朔迟一日。

六、星期对比

中国古代不用星期制度，唯独这一段时间用，常常将星期日用红颜色的"蜜"字注出。据 S.2404 序言中的"推七曜直用日吉凶法"，当时七曜的名称为：第一"蜜"，太阳直日；第二"莫"，太阴直日；第三"云汉"，火星直日；第四"嫡"，水星值日；第五"温没斯"，木星直日；第六"那颉"，金星直日；第七"鸡缓"，土星直日。公元 759 年

在华印度僧人不空（Amoghavajra）译的《宿曜经》称这些名词为胡语。1913年沙畹和伯希和考证，[1]认为这里所说的胡人系指住在西域康居国〔今乌兹别克斯坦共和国（1989年8月31日独立）撒马尔罕一带〕说索格底语（Sogdian）的民族。这七个名词的索格底语是Mir，Map，Wipan，Tir，Wrmzt，Nagit，Kewan，发音与S.2404中的相近，不过最近也有人认为，这些名词来源于波斯语，Mi即Mithras的第一个音节。[2]

索格底、希腊、罗马、波斯的星期日制度都有一个共同起源，均以公元元年1月1日为星期日，这一天相当于汉元寿二年十一月十九日。根据这一事实，陈垣在《廿史朔闰表》中也附载了《日曜表》，可以用来查考中国历史上的某日属星期几。在可能的年份知道以后，我们也可以利用这个表来确定残历的具体年代。例如，S.1439上的历日，薮内清和藤枝晃用（d）和（e）法定为858年；我们又在二月二日上发现一"蜜"字，用陈垣的表一查，858年二月初二日果然是星期日，进一步确认了他们二人的断定是正确的。

七、利用年神方位定年干支

最近出版的陈遵妫《中国天文学史》第三册第七编第三章中有岁德方位、金神方位和年天干的关系，太岁等年神方位和年地支的关系，现将其稍作修正，转录如下（见表五、六）：

[1] E.Chavannes and P.Pelliot: *Un Traite Manicheen Retrouve en Chine*, Journal Asiatique, onzième série, tome1, 1913, p.162.

[2] Ho Peng Yoke: *Li, Qi and Shu: An Introduction to Science and Civilzation in China*, Hong Kong: Hong Kong University Press, 1985, p.163.

表五　太岁等年神方位和年地支的关系

方位　年地支 年神	子	丑	寅	卯	辰	巳	午	未	申	酉	戌	亥
1.太岁	子	丑	寅	卯	辰	巳	午	未	申	酉	戌	亥
2.太阴	戌	亥	子	丑	寅	卯	辰	巳	午	未	申	酉
3.大将军	酉	酉	子	子	子	卯	卯	卯	午	午	午	酉
4.黄幡	辰	丑	戌	未	辰	丑	戌	未	辰	丑	戌	未
5.豹尾	戌	未	辰	丑	戌	未	辰	丑	戌	未	辰	丑
6.岁煞	未	辰	丑	戌	未	辰	丑	戌	未	辰	丑	戌
7.岁刑	卯	戌	巳	子	辰	申	午	丑	寅	酉	未	亥
8.岁破	午	未	申	酉	戌	亥	子	丑	寅	卯	辰	巳
9.奏书	乾	乾	艮	艮	艮	巽	巽	巽	坤	坤	坤	乾
10.博士	巽	巽	坤	坤	坤	乾	乾	乾	艮	艮	艮	巽
11.力士	艮	艮	巽	巽	巽	坤	坤	坤	乾	乾	乾	艮
12.蚕室	坤	坤	乾	乾	乾	艮	艮	艮	巽	巽	巽	坤
13.蚕官	未	未	戌	戌	戌	丑	丑	丑	辰	辰	辰	未
14.蚕命	申	申	亥	亥	亥	寅	寅	寅	巳	巳	巳	申
15.丧门	寅	卯	辰	巳	午	未	申	酉	戌	亥	子	丑
16.白虎	申	酉	戌	亥	子	丑	寅	卯	辰	巳	午	未
17.官符	辰	巳	午	未	申	酉	戌	亥	子	丑	寅	卯
18.病符	亥	子	丑	寅	卯	辰	巳	午	未	申	酉	戌
19.死符	巳	午	未	申	酉	戌	亥	子	丑	寅	卯	辰
20.劫煞	巳	寅	亥	申	巳	寅	亥	申	巳	寅	亥	申
21.灾煞	午	卯	子	酉	午	卯	子	酉	午	卯	子	酉
22.大煞	子	酉	午	卯	子	酉	午	卯	子	酉	午	卯
23.飞鹿	申	酉	戌	巳	午	未	寅	卯	辰	亥	子	丑

表六　岁德等年神方位和年天干的关系

年天干	岁德方位	金神方位
甲，己	甲	午，未，申，酉
乙，庚	庚	辰，巳
丙，辛	丙	子，丑，寅，卯，午，未
丁，壬	壬	寅，卯，戌，亥
戊，癸	戊	子，丑，寅，酉

S.2404残历中有"今年岁德在甲""今年太岁在申，太阴在午……"等记载，由此亦可得出此年为甲申，与由（b）、（d）法所断定者一致。

最后，我们再举综合运用以上几种方法的一个例子，作为本文的结束。在罗振玉《贞松堂藏西陲秘籍丛残》中刊有正月二十八日至二月二十二日不足一月的一段日历，看看如何决定它的年份？

1.由二月九宫图1白居中，根据方法（c）得知正月为二黑居中，年地支为寅，巳，申或亥；

2.由二月建丁卯，根据方法（d）得知正月建丙寅，年天干为甲或己；

3.将（2）和（1）结合，利用表一可得年干支为甲寅、甲申、己巳或己亥；

4.将历中的"正月大，癸亥朔""二月小，癸酉朔"，以及由此推出的三月壬寅朔，与陈垣《廿史朔闰表》中晚唐至宋初一段中甲寅、甲申、己巳、己亥之年这三个月的朔日干支进行对比，发现与后晋天福四年己亥岁（939）的一致；

5.在二月初三、初十、十七这三天的顶部注有红色"蜜"字,将之与陈垣书中939年的《日曜表》进行对比,果然也是吻合的,从而我们可最后断定这份最短的残历属于939年。

就像这个例子一样,我们将至今所收集到的39项材料一一做了研究,现将结果按年代顺序汇总在表七中。

在表七"资料来源"中,S.表示斯坦因收藏,P.表示伯希和收藏,L.表示罗振玉收藏,"背"表示写在卷子的背面。"现存内容"中"4:12—6:1"表示残存4月12日至6月1日的历日。"朔闰情况"中S表示朔,R表示闰,"-1"表示敦煌历比中原历早一日或一月,"+1"表示迟一日或一月。备注中F表示藤枝晃,Ff表示藤文照片;S表示施萍婷,St表示施文中的表,Y表示薮内清,L表示罗振玉,W表示王重民。序号前加"△"者表示原件有明确的纪年。此外,第4、5、6、15、20诸件,因原历提供条件太少,所定年代可信度较小,暂作如此断定,有待进一步研究。

表七　敦煌历日年表

序号	帝王纪年	干支纪年	公元	资料来源	现存内容	编写者	朔闰情况	方法	备注
△1	北魏太平真君十一年	庚寅	450	《大陆杂志》第1卷第9期苏莹辉文	1~12月		相同	a	藤、施未著录
△2	北魏太平真君十二年	辛卯	451	同上	1~12月		同上	a	同上

续表

序号	帝王纪年	干支纪年	公元	资料来源	现存内容	编写者	朔闰情况	方法	备注
	吐蕃占领时期								
3	唐元和三年	戊子	808	S.-Tib.109（残）	4:12—6:1		朔各早一日	d+e	F
4	唐元和四年	己丑	809	P.3900背（残）	4:11—6:6		闰4S+1，6S-1	e	S
5	唐元和十四年	己亥	819	S.3824（残）	5:18—6:9		5S，7S-1	d+e	藤误为876
6	唐长庆元年	辛丑	821	P.2583（残）	2:28—4:1		相同	e	Ff1+St14
7	唐大和三年	己酉	829	P.2797背（残）	11:22—12:5		12S-1	a+e	藤、施均未著录，照片4
8	唐大和八年	甲寅	834	P.2765（残）	1:1—4:7		1S，4S-1，11S+1	a+e+f	Ff2+St15
	张氏政权时期								
9	唐大中十二年	戊寅	858	S.1439背（残）	1:1—5:24		5S+1，R-1	d+e+f	Ff+Y3+St16
10	唐咸通五年	甲申	864	P.3284背（残）	1:1—5:21		相同	d+e+f	St17

续表

序号	帝王纪年	干支纪年	公元	资料来源	现存内容	编写者	朔闰情况	方法	备注
11	唐乾符四年	丁酉	877	S−P.6（残）	2:11—12:30		相同	A+c+d+e+f	Ff4
12	唐中和二年	壬寅	882	S−P.10（残）	只剩标题				Ff5，来自成都
13	唐光启四年	戊申	888	P.3492（残）	9:7—11:29		9S，11S+1	d+e	St18
14	唐大顺元年	庚戌	890	L.3（残）	2:1—2:4		8S+1	d+e	Ff6+St19
15	唐景福元年	壬子	892	P.4983（残）	11:29—12:30	王文君书	11S+1	d+e	St20
16	唐景福二年	癸丑	893	P.4996+P.3476（残）	4:17—12:29	吕定德写	R+1；6S、闰6S、7S、9S、11S、12S+1，8S、10S+2	d+e+f	Ff7+St21
17	唐乾宁二年	乙卯	895	P.5548（残）	3:4—10:7		3S、5S、7S+1，8S−11S+2	e+d+f	St22
18	唐乾宁四年	丁巳	897	P.3248（残）	3:6—8:10		1S，2S+1	e+d+f	Ff8+St23
19	唐乾宁四年	丁巳	897	L.4（残）	1:1—4:29		1S，2S+1	d+e	F，罗误为990

续表

序号	帝王纪年	干支纪年	公元	资料来源	现存内容	编写者	朔闰情况	方法	备注
20	唐天复五年	乙丑	905	P.2506（残）	1:1—2:18		1S+2，2S+1	d+e	St24
	曹氏政权时期								
△21	后梁贞明八年★	壬午	922	P.3555（残）	1:2—5:26		2S-1	a	St5
22	后梁龙德三年★★	癸未	923	P.3555B14（残）	10:1—12:30		10S+2，11S，12S+1	d+e	藤、施未著录，照片5
23	后唐同光二年	甲申	924	S.2404（残）	1:1—1:4	翟奉达编	1-3S，11S+1；7S，9S-1	b+c+d+e+f+g	Ff9+St25
△24	后唐同光四年	丙戌	926	P.3247背+L.1（全）	全年	翟奉达编	R+1，2S，4S，6-8S，10-11S-1；9S，12S-2	a	Ff10+W+St6
25	后唐天成三年	戊子	928	向达书438页（残）	只有序言	翟奉达编		a	F
26	后唐长兴四年	癸巳	933	S.0276（残）	3:10—7:13		7S+1	c+d+e+f	Ff11+Y2+St26

续表

序号	帝王纪年	干支纪年	公元	资料来源	现存内容	编写者	朔闰情况	方法	备注
27	后晋天福四年	己亥	939	L.2（残）	1:28—2:22		3S−1	c+d+e+f	F+St27
28	后晋天福九年	甲辰	944	P.2591（残）	4:8—6:1		5−7S+1	c+d+e+f	Ff12+St28
29	后晋天福十年	乙巳	945	S.0560（残）	只留标题			a	F
30	后晋天福十年	乙巳	945	S.0681背（残）	1:1—2:12		8S+1	b+c+d+e+f	Ff13+Y1+St29
△31	后周显德三年	丙辰	956	S.0095（全）	全年	翟奉达编	1−3S，10S，12S−1；8S+1	a	Ff14+St7
△32	后周显德六年	己未	959	P.2623（残）	1:1—1:3	翟奉达编	2S+1；6S，8S−1	a	Ff15+St8
33	宋太平兴国三年	戊寅	978	S.0612（残）	只留标题和序言	王文坦编		a	Ff16
△34	宋太平兴国六年	辛巳	981	S.6886背（全）	全年		1S−1；6S，8S，9S+1	a	Sf17+St9

续表

序号	帝王纪年	干支纪年	公元	资料来源	现存内容	编写者	朔闰情况	方法	备注
△35	宋太平兴国七年	壬午	982	S.1473+S.11427 BV（残）	1:1—5:6	翟文进编	1-3S、5S、8S、10S、11S、闰12S-1	a	Sf18+St10
△36	宋雍熙三年	丙戌	986	P.3403（全）	全年	安彦存编	2S、6S、7S、12S-1	a	Ff19+St11
37	宋端拱二年	己丑	989	S.3985（残）	只留标题			a	
38	宋端拱二年	己丑	989	P.2705（残）	10:18—12:29		11S、12S+1	c+d+e+f	Ff20+St31
△39	宋淳化四年	癸巳	993	P.3507（残）	1:1—3:23		R+1、4S-1、8S、10S、11S、闰11S、12S+1	a	Ff21+St12

　　*后梁于贞明七年五月朔已改年号为龙德，所谓贞明八年即龙德二年，敦煌与中原交通不便，不知梁已改元，仍用贞明。

　　**此件为双栏书写，现仅存上半部分。

　　（与席泽宗先生合撰，原载《中国历史博物馆馆刊》总第12期，1989年，第12—22页）

敦煌古历丛识

　　敦煌文献中存北魏至宋初历日五十余件，自面世以来，中外学人就不断刻意研讨。我国最早研究敦煌历日者当推罗振玉氏，但他未能解决定年方法，故时有错误。其后王重民先生于 1937 年发表《敦煌本历日之研究》[①]，虽多有发明，但也未能解决定年方法问题。直至 1964 年，日本天文学史专家薮内清教授发表《斯坦因敦煌文献中的历书》[②]，首次将敦煌历日的定年方法建立在科学的基础之上。1973 年藤枝晃教授发表《敦煌历日谱》[③]长文一篇，就是利用薮内清的方法对敦煌历日逐件定年。近年来，我国学者施萍婷先生发表《敦煌历日研究》[④]一文，在藤枝氏基础上又有新进展，并纠正了前人的某些错失。对于敦煌古历的定年方法和依据，施先生作了比薮内清和藤枝晃更为详细的解说，笔者受益良多。1989 年，笔者与席泽宗教授合撰《敦煌

[①]《东方杂志》第 34 卷 9 期，1937 年，第 13—20 页。后收入王重民：《敦煌遗书论文集》，北京：中华书局，1984 年版，第 116—133 页。

[②]《东方学报》(京都版)第 35 期，1964 年，第 543—549 页。我国有朴宽哲先生的译文，题名"研讨推定斯坦因收集的敦煌遗书中的历书年代的方法"，载《西北史地》1985 年第 2 期，第 115—118 页。

[③]《东方学报》(京都版)，第 45 期，1973 年，第 377—441 页。

[④]《1983 年全国敦煌学术讨论会文集·文史·遗书编》(上)，兰州：甘肃人民出版社，1987 年版，第 305—366 页。

残历定年》①一文，补充了利用年神确定年地支的方法。②就定年方法论，虽可能还有新术，但利用已有的研究成果，即可对敦煌残历的多数定出准确年代，殆无疑义。如今面临的新问题是，应当深入探索敦煌历日的内容，以便进一步认识其价值。近年来，由于笔者担负着《敦煌文献分类录校丛刊·天文历法专辑》的校辑工作，迫使我必须深入历日内容本身，逐日逐字检核。饮甘茹苦之后，虽然仍有一些内容未获确解，但对其大部分内容已有了认识。在整理过程中，深感有不少问题值得研讨。这些问题如能认识清楚，不仅对校辑敦煌历日，而且对认识吐鲁番文书乃至秦汉简牍中的历日都有裨益，并可逐步摸清其渊源流变。现将部分札记汇集成篇，恳望有识及同好者指正。

一、九宫图形

九宫又称九星术、九宫算，是把《洛书》方阵的各数，加上颜色名称，分配在年、月、日、时，再考虑五行生克，用以鉴定人事凶吉的方法。敦煌历日中，一般只有年九宫和月九宫，日九宫偶尔在历日序言中提及，不具注于各日之下，与时相配的九宫则未见到。年九宫放在历日序中，与年神方位图画在一起，月九宫放在每月之首。近年法国学者矛甘（Morgan）发表了《敦煌写本中的九宫》③一文，可知西人于此也有同好者。

九宫起源甚古，马王堆帛书中就有一件，李均明先生曾向笔者见示。其基本图形是五居中央。汉代徐岳《数术记遗》云："九宫算，五

---

① 席泽宗、邓文宽：《敦煌残历定年》，载《中国历史博物馆馆刊》总第 12 期，1989 年，第 12—22 页。

② 关于此法，参本文"年神方位与月神方位、日期"一节。

③ 据耿昇：《八十年代的法国敦煌学论著简介》，载《敦煌研究》1986 年第 3 期，我未睹原文。

行参数，犹如循环。"甄鸾注："九宫者，即二四为肩，六八为足，左二右七，戴九履一，五居中央。"绘成图形就是：

四	九	二
三	五	七
八	一	六

若换以八卦，即如下图：

巽	离	坤
震	中	兑
艮	坎	乾

据天文学史专家陈遵妫先生的意见，至唐代，九宫始以颜色来代替，[①]即一白、二黑、三碧、四绿、五黄、六白、七赤、八白、九紫。因此，九宫基本图形又可换成颜色如下图：

绿	紫	黑
碧	黄	赤
白	白	白

敦煌历日中九宫图形最常见的表示方法就是用颜色，只是在历日序的文字中才说"今年年起×宫，月起×宫"，这×是用数字表示的，其对应的颜色见上图。因此，只要掌握了每宫的颜色，就可立即将数字换成颜色，反之也是一样。掌握了它同八卦的对应关系，也可立即

---

① 陈遵妫：《中国天文学史》第3册，上海：上海人民出版社，1984年版，第1655页。

将颜色和数字换成八卦。

九宫颜色所主吉凶，P.3403《宋雍熙三年丙戌岁（986）具注历日》序中有《三白诗》一首，文曰："上利兴功紫白方，碧绿之地患痈疮。黄赤之方遭疾病，黑方动土主凶丧。五姓但能依此用，一年之内乐堂堂。"其意大略如此。

年九宫的起算点是以隋仁寿四年上元甲子（604）为坎一，之后以九、八、七、六、五、四、三、二、一的次序倒转，依次下排。掌握了这个规律，我们就可在历史年表上添注该年的九宫，使用起来极为方便。需要注意的是，这样添出的仅是该年的中宫数字，其余八宫数字及颜色详见陈遵妫先生《中国天文学史》第三册第1656页，这里不再画出。

同样，正月九宫的排列也有其严格规律，其规律来源可参前揭施萍婷文。正月九宫的连续性是8、5、2、8、5、2、8、5、2……也是从隋仁寿四年（604）开始。这样，也可以在一份年表上逐年添注它的正月九宫之中宫数。结合前述所添的年九宫之中宫，我们随时即可获知该年的年九宫和月九宫。

九星术虽纯属迷信说教，但年九宫、正月九宫同该年地支却有固定对应关系。日本学者薮内清教授正是利用这一对应关系找出了确定敦煌残历地支的方法；施萍婷先生的解说更为详细，不过她是将两表分开的，我现在把二表合并起来，绘成简表如下，以便研究者检核使用：

年九宫、正月九宫与年地支对应关系表

年九宫（中宫）	正月九宫（中宫）	对应年地支
一、四、七	八	子、卯、午、酉（仲年）
二、五、八	二	巳、亥、寅、申（孟年）
三、六、九	五	丑、未、辰、戌（季年）

当然，敦煌历日多数是断简残编，除年九宫画在历日序中且多已残失外，正月九宫也很少能直接见到。但是我们知道，无论年九宫，还是月九宫，其排列都是从九至一倒转的，因此，知道残历某月九宫，便可反推出正月九宫，然后找出年地支范围。假如某历残存六月以后，六月为六宫，则其前五月七宫，四月八宫，三月九宫，二月一宫，正月为二宫，正月二宫对应的年地支是巳、亥、寅、申，这便是该历的年地支范围。再依据正月建寅找出年天干，以及月朔、蜜日注等条件，便可定出该历的准确年代来。

敦煌历日中的九宫图，除绝大多数是以表示颜色的字画出外，还有直接用颜色绘成的，斯坦因编号 P.6《唐乾符四年丁酉岁历日》，[1]每月九宫图，内部用表示颜色的字，外圈便配以对应的颜色；S.2620《唐年神方位图》，[2]现存部分是唐大历十三年（778）至建中四年（783）共六年的年神方位图，其年九宫也配以相应的颜色，两件均堪称图文并茂，只是在黑白照片上不能完全反映出来，致使研究者往往弄错。由是亦知，年九宫和月九宫图，在敦煌历日中共有三种表示方法，一是数字，二是表示颜色的字，三是直接用各种颜色涂成，其中以第二种居多。

二、干支五行与六十甲子纳音

敦煌历日有明确纪年者，常在历日题名之下注明该年干支对应的五行与甲子纳音。如 P.3403 前题："雍熙三年丙戌岁具注历日一卷并

①图版见《中国古代天文文物图集》，北京：文物出版社，1980年版，第66—67页。
②参邓文宽：《敦煌文献 S.2620 号〈唐年神方位图〉试释》，载《文物》1988年第2期，第63—68页。

序，干火支土纳音土"；S.1473前题："太平兴国七年壬午岁具注历日并
序，干水支火纳音木。"又历日每日干支之下也有纳音，如S.1473正月
一日是"一日癸巳水定"，这个"水"即是该日干支"癸巳"的纳音。

六十甲子纳音，本是以六十甲子配上五音（宫、商、角、徵、
羽），五音又可与五行相配，于是便用五行代替五音。其配合方法，清
儒钱大昕《潜研堂文集》卷三《纳音说》解释甚详，陈遵妫先生《中
国天文学史》第三册第1647页注③也有简略的说明，兹不赘述。我曾
将钱氏《纳音说》的文字改绘成表，与敦煌历日对照，除个别抄错者
外，几乎无一不合。至于干支与五行的配合关系，陈著第1652—1653
页也有列表说明。为便于使用，现将钱、陈二氏之说合为一表如下。

六十甲子纳音表（附干支与五行对应关系）

甲木子水（金）	乙木丑土（金）	丙火寅木（火）	丁火卯木（火）	戊土辰土（木）	己土巳火（木）	庚金午火（土）	辛金未土（土）	壬水申金（金）	癸水酉金（金）
甲木戌土（火）	乙木亥水（火）	丙火子水（水）	丁火丑土（水）	戊土寅木（土）	己土卯木（土）	庚金辰土（金）	辛金巳火（金）	壬水午火（木）	癸水未土（木）
甲木申金（水）	乙木酉金（水）	丙火戌土（土）	丁火亥水（土）	戊土子水（火）	己土丑土（火）	庚金寅木（木）	辛金卯木（木）	壬水辰土（水）	癸水巳火（水）
甲木午火（金）	乙木未土（金）	丙火申金（火）	丁火酉金（火）	戊土戌土（木）	己土亥水（木）	庚金子水（土）	辛金丑土（土）	壬水寅木（金）	癸水卯木（金）
甲木辰土（火）	乙木巳火（火）	丙火午火（水）	丁火未土（水）	戊土申金（土）	己土酉金（土）	庚金戌土（金）	辛金亥水（金）	壬水子水（木）	癸水丑土（木）
甲木寅木（水）	乙木卯木（水）	丙火辰土（土）	丁火巳火（土）	戊土午火（火）	己土未土（火）	庚金申金（木）	辛金酉金（木）	壬水戌土（水）	癸水亥水（水）

此表每格左边为干支，右边为干和支各自对应的五行，下面中间括号中的字为该干支的纳音。如第二行第一栏干支为"甲戌"，对应的五行是"干木支土"，纳音为"火"，合在一起就是"干木支土纳音火"。其余同此。以此检查 P.3403《宋雍熙三年丙戌岁（986）具注历日》，该年干支为"丙戌"，"下注""干火支土纳音土"，完全对应；太平兴国七年历也相合不悖。

当然，并非所有敦煌历日的干支五行和六甲纳音均正确无误。如P.2765，与上表对照，该年干支为"甲寅"，则五行和六甲纳音应是"干木支木纳音水"，可是该历第六行却记为"今年干木支火纳音水"，可知"火"字乃"木"字之误。此表还可用为识读出土历日的工具。《吐鲁番出土文书》第五册第231—235页收一件《唐历》，①第10行原编者释为"廿六日甲戌土□"，与表对照，知"土"乃"火"之误释。

利用此表还可将历日的某些残字补齐。P.3555（背）前题"贞明八年岁次壬午具注历日一卷并序，节度押衙_____干水_____"，表中"壬午"为"干水支火纳音木"，则"干水"二字下当补"支火纳音木"五字。

六十甲子纳音，敦煌文献中存四件，编号为：S.1815（2）、S.3724（3）、P.3984背和P.4711。但编目者不详其意，题作"干支配合歌诀（拟）"或"干支五行配属表"，颇涉望文生义。这四件的内容大同小异，均是"甲子乙丑金，丙寅丁卯火"等等，全是六十甲子与纳音的关系，而不是干支与五行的配合关系，故应题为"六十甲子纳音"。

---

① 实为《唐仪凤四年(679)具注历日》，详见邓文宽:《跋吐鲁番文书中的两件唐历》，载《文物》，1986年第12期，第58—62页。

三、建除十二客

建除十二客是以建、除、满、平、定、执、破、危、成、收、开、闭十二字配于历日每日之下，各主一定吉凶。P.2765《甲寅年历日》序云："除、平、定、成、收、开、闭，次吉日；……建、满、执、破、危……亦须避会（讳），吉"，即其义之一解。

不过，建除十二客与纪日干支间却无固定配属关系，而是按另外的规律排列的。其主要排列特点是，"立春正月节"后之"寅"日为"建"，由此开始下排，概因古历正月建寅也。然后每逢节气之日（非中气）即须重复前日一次；如上引 P.2765《甲寅年历日》二月廿日为"开"，廿一日为"青（清）明三月节"，则此日仍为"开"，廿二日才作"闭"。由于有此排列规律，故形成了"建"字与各"月"（指星命家的月份，详下节"迷信历注的'月份'"）纪日地支间的对应关系如下：

星命家的月份	"建"字对应的纪日地支
正月（立春——惊蛰前一日）	寅
二月（惊蛰——清明前一日）	卯
三月（清明——立夏前一日）	辰
四月（立夏——芒种前一日）	巳
五月（芒种——小暑前一日）	午
六月（小暑——立秋前一日）	未
七月（立秋——白露前一日）	申
八月（白露——寒露前一日）	酉
九月（寒露——立冬前一日）	戌

十月（立冬——大雪前一日）　　　　　　亥

十一月（大雪——小寒前一日）　　　　　子

十二月（小寒——立春前一日）　　　　　丑

　　概而言之，建除十二客的排列特点主要有二：一是节气之日重复前一日，二是"建"字与各"月"纪日地支间有固定对应关系，而与纪日天干无涉。掌握了这个规律，再去检查敦煌历日，就会发现，除个别抄错者外，基本正确无误。

　　以上建除十二客的两大特点对我们认识古历颇有帮助。下举二例以见一斑。《流沙坠简·术数类·永元六年历谱》简面载"十六日戊辰平□；十七日己巳平□八魁"。十六、十七日建除十二客均作"平"。王国维考证云："简上十六日戊辰平之平当作满，缮写之讹字也。"①按，该历前云"十二月大，一日癸丑建大□"，一日为建，则十三日仍为建，十四日为除，十五日为满，十六日焉能再作"满"？质言之，十六、十七日均当作"平"，原简无误，且十七日是节气之日（当是立春正月节），故重复前一日，而非"缮写之讹字"。

　　《吐鲁番出土文书》第五册第231—235页《唐仪凤四年具注历日》断片，"廿一日己巳木开"，以下至卅日共九日残建除十二客。第15行上部存"土危"二字，日期干支缺失。假设这是一件连续书写的历日，我们由第22行某月八日"处暑七月中"即知"立秋七月节"在此前十五日多（唐代仍用平气，每气间隔15.218425日），当在第七行"廿三日辛未土□"之下。廿一日为"开"，廿二日则当为"闭"。廿二日即是节气所在之日，则仍作"闭"。以下廿四日建，廿五日除，廿六日满，廿七日平，廿八日定，廿九日执，卅日破，下月一日当作"危"，

---

①《流沙坠简》，北京：中华书局，1993年版，第90页。

残历15行有"土危"二字，正相衔接。由建除十二客即可判断残历的连续性。再考以残存的纪日地支和六十甲子纳音，完全可以证实这段历日是连续书写的。我在《跋吐鲁番文书中的两件唐历》一文中已作过详细考述，不再赘论。

又由推得廿四日建除十二客为"建"，该日干支为"壬申"，"建"与"申"对应，由前述"建"字与各"月"纪日地支间的对应关系，即可获知这段历日是在立秋七月节和白露八月节之间，进而考知其月份，亦详前揭拙文。

建除十二客也有与年份相配的，见于S.2620《唐年神方位图》，仅存连续六年。由于资料太少，我们还难以确知它与年份配合的方法以及它在这种情况下的排列规律。

总之，建除十二客虽属古代方士的无稽之谈，但只要掌握其排列规律，在校补及判断古历月份时仍不失为一种有效手段。

四、迷信历注的"月份"

陈遵妫先生在《中国天文学史》第三册第1647页注⑤说，建除十二神的"循环排列是每逢一个月的开始就重复一次，这里所谓一个月的开始是指星命家的月，即从节气起算"。其实，不仅建除十二客，敦煌历日中大量的迷信历注都是按星命家的"月"来排列的。历日逐日吉凶注最常见的一些迷信项目如九焦、九坎、天李、地李、血忌、归忌、天门、天尸、煞阴、大败、天火、地火、复日、重日、不将日、地囊等，其排列起点均是按星命家的"月"计算的。以天李为例，正月在"子"日，这个正月即由"立春正月节"那天开始；二月在"卯"日，二月即由"惊蛰二月节"那天开始。若按通常所说的正、二、三月等去检核，势必大乱，也无法找出其对应关系并判断正误。这是我们整理古历时必须记在心里的一项知识。同时，二十四节气中，十二为节气，十二为中气，星命家的"月"由节气而不由中气起算，也是不容混淆的。十二个节气是：立春、惊蛰、清明、立夏、芒种、小暑、立秋、白露、寒露、立冬、大雪、小寒；十二个中气是：雨水、春分、谷雨、小满、夏至、大暑、处暑、秋分、霜降、小雪、冬至、大寒。

五、男女九宫

清《钦定协纪辨方书》卷三十五《男女九宫》条引《三元经》曰："九宫建宅，男命上元甲子起坎一，中元甲子起巽四，下元甲子起兑七，逆行九宫。女命上元甲子起中五，中元甲子起坤二，下元甲子起艮八，顺行九宫。"陈遵妫先生《中国天文学史》第三册第 1637 页注①曰："男宫逐年减一，一之后为九；女宫逐年加一，九之后为一。男宫循环的起点，在女宫一循环的中央，反之，也是一样。"排列结果，陈先生的推算方法与上引《钦定协纪辨方书》相同。

但是，敦煌古历所记男女九宫的推算方法与以上所说略异。

S.0612《宋太平兴国三年（978）应天具注历日》之《六十相属宫宿法》云："一岁戊寅土，太平兴国三年，男二宫，女一宫。"

S.1473《宋太平兴国七年壬午岁（982）具注历日》序云："今年生男起七宫，女起五宫。"

P.3403《宋雍熙三年丙戌岁（986）具注历日》序云："今年生男起三宫，女起九宫。"

以上三历，以太平兴国三年为最早。若以该年"男二宫"为起点，逆行九宫（即九、八、七、六、五、四、三、二、一），则太平兴国七年适得"男起七宫"，雍熙三年适得"男起三宫"；若以太平兴国三年"女一宫"为起点，顺行九宫（即一、二、三、四、五、六、七、八、九），则太平兴国七年适得"女起五宫"，雍熙三年适得"女起九宫"；因此，这三份历日男女九宫并无矛盾。

星命家所说的上元、中元、下元，概以隋仁寿四年甲子岁（604）为上元，664年起为中元，724年起为下元，784年起又为上元，以此循环，往复不绝。至宋太祖乾德二年（964）又是上元甲子。我们以太平兴国三年"男二宫，女一宫"反推回去，则乾德二年上元甲子岁为男七宫，女五宫；再往上推，可得，唐天复四年下元甲子（904）男四宫，女八宫；唐会昌四年中元甲子（844）男一宫，女二宫。继续推至隋仁寿四年（604）上元甲子，中间男女九宫与此均同。

以上推算结果，还可同斯坦因编号P.6《唐乾符四年丁酉岁（877）具注历日》中的《六十甲子宫宿法》相印证。在那里，唐兴元元年（784）为上元甲子，男起七宫，女起五宫；会昌四年（844）为中元甲子，男起一宫，女起二宫；再往下排，也能得出唐天复四年（904）下元甲子为男起四宫，女起八宫，同上述推算结果完全相合。

由此可知，男女九宫的推算方法，在现存敦煌历日中，上元甲子为男七宫，女五宫，中元甲子为男一宫，女二宫，下元甲子为男四宫，女八宫。比较《三元经》所记，女宫推算方法相同，男宫则整个提前了一个甲子。上面征引的敦煌历日文献，前后相距二百余年，既有中原王朝的历日，也有敦煌本地的历日，但男女九宫排列法却十分一致，很有条贯。《三元经》和敦煌历日的男女九宫法何者为是，仍需研究。

六、始耕即籍田

籍田是古代帝王的一项重要礼仪，以示率先于农，倡导天下崇本。其礼仪沿革，《通典》卷四十六、《初学记》卷十四均有详载。至其称谓，《初学记》云："凡称籍田为千亩，亦曰帝籍，亦曰耕籍，亦曰东耕，亦曰亲耕，亦曰王籍。"①而《通典》卷四十六"籍田"则云：
"（后汉）章帝元和中，正月北巡，耕于怀县。其《籍田仪》：正月始
耕，常以乙日；……是月，命郡国守皆劝人始耕。"②可知，远在东汉
时，始耕就是籍田的同义词，并著于仪注。敦煌所出《北魏太平真君
十二年（451）历日》云："正月小。一日丙戌成，二日始耕。"③吐鲁
番出土一件《高昌章和五年（535）取牛羊供祀帐》，内载："章和五年
乙卯岁正月日，取严天奴羊一口，供始耕"；旁添小字一行："辰英羊
一口，供始耕，合二口。"④可知北魏和麴氏高昌也将籍田称作始耕。

《魏书》卷二《太祖纪》记道武帝拓跋珪于"天兴"三年……二月
丁亥，诏有司祀日于东郊，始耕籍田。"⑤"始耕"与"籍田"并称。
《通典》卷四十六记为："后魏太（道）武帝天兴三年（400）春，始躬
耕籍田，祭先农，用羊一。"⑥由是又知，"始耕"之本意即皇帝"始躬
耕籍田"，而且北魏是用羊祭祀先农。同时看出，始耕用羊祭祀先农历
史颇久，且一直影响到麴氏高昌，为前引章和五年取牛羊供祀帐（同
"账"）所证实。

七、北魏避讳改干支

敦煌和吐鲁番所出历日，有些干支改"丙"为"景"，是为避唐先

---

①影印本《初学记》，北京：中华书局，1962年版，第339页。

②〔唐〕杜佑撰，王文锦等点校：《通典》，北京：中华书局，1988年版，第1285页。

③苏莹辉将录文刊布于所作《敦煌所出北魏写本历日》一文，载台湾《大陆杂志》第1卷第9
期，1950年。

④国家文物局古文献研究室、新疆维吾尔自治区博物馆、武汉大学历史系编：《吐鲁番出土
文书》（释文本）第2册，北京：文物出版社，1981年版，第39页。

⑤标点本《魏书》，北京：中华书局，1974年版，第36页。

⑥标点本《通典》，北京：中华书局，1988年版，第1287页。

祖"李昞"名讳而改，故断为唐代或后唐是不会有什么错误的，且为人所熟知。其实，因避讳而改干支北魏时就已有过。北魏道武帝名拓跋珪。"珪"与天干之"癸"同音，故北魏曾改"癸"为"水"，且为西魏所沿用。S.0613《西魏大统十三年计账》有如下记载：

> 刘文成户："息女黄口，水亥生，年卅，小女"；
>
> 侯老生户："户主侯老生，水酉生，年卅拾卌，白丁；
>
> 其天婆罗门户："息男归安，水丑生，年拾卌，中男"；
>
> 邓（？）延天富户："母白乙升，水亥生，年陆拾伍，死"。

以上四例干支中的"水"，本均作"癸"，皆因避讳"珪"而改之。

前引敦煌所出、《北魏太平真君十二年（451）历日》内云："七月大，一日水未""八月大，一日水丑"，显然，这两个"水"字也是改"癸"而成的。

陈垣先生《史讳举例》搜罗宏富，成为治史之必备工具。在该书北魏道武帝拓跋珪名下仅举"上邽县改上封"[①]，而未举出改干支的实例，今补记如上，以备参考。

八、年神方位、日期

完整的敦煌历日序言中，往往开列数十种年神名称及其所在方位，是与本年纪年地支相对应的（部分与天干对应），如P.3403《宋雍熙三年丙戌岁（986）具注历日》云："今年太岁在丙、戌，大将军在午，太阴在申，岁刑在未"等等。其各月月序中则详列月神名称及其所在

---

①陈垣：《史讳举例》，北京：中华书局，1962年版，第142页。

方位、日期，如同历正月云："自去（旧）年十二月十八日立春，已得正月之节，（小注略）天德在丁，月德在丙，合德在辛，（小注略）月厌在戌，月煞在丑，月破在申，月刑在巳，月空在壬"，共列出八种月神名称及其所在方位、日期。众多的年神名称，其对应年地支及所在方位是固定不变的，因此知道某个年神的方位，便可立即找到该年的纪年地支，成为判断残历年份的重要方法之一。其对应关系，清《钦定协纪辨方书》卷九《立成》列出不少，但敦煌历日中的一部分年神名称却不见于此书记载。陈遵妫先生《中国天文学史》第三册第1644—1645页列出一个年神方位表，使用起来很方便。但此表有两个缺陷，一是自1645页的"飞鹿"以上的年神方位是与年地支对应的，而以下的岁德、岁德合、岁干合、破败五鬼、金神则与年天干对应，陈书未加区分，全绘在一个表上，似乎都是与年地支对应的，这就容易引起混乱；[①]二是除去那些与年天干对应的年神外，陈表就只有二十五个年神名称了，数量不多。我在整理敦煌历日时反复排比，虽然仍有一些年神如天煞、地煞、三兵、年黑方等尚未找出其排列规律，但见于敦煌历日的绝大部分年神及其对应年地支方位均已找出，故在陈表的基础上扩而大之，列成一表，以便利用（与年天干对应的未列入）。至于月神方位、日期，只有八个，固定不变，也列成一表。需要注意的是，这月神的月份仍是阴阳家的月份（详"迷信历注的'月份'"一节），决不可同历日月份相混淆。

----

① 我在《敦煌文献 S.2620 号〈唐年神方位图〉试释》（载《文物》1988 年第 2 期，第 63—68 页）一文中所列年神方位对照表，即由陈表改编而成。改编时，已注意到陈表的失误，但在删削时未将"破败五鬼"删除，是为失检，特此更正。

年神方位表

方位／年神＼年地支	子	丑	寅	卯	辰	巳	午	未	申	酉	戌	亥
岁德	巳	午	未	申	酉	戌	亥	子	丑	寅	卯	辰
太岁	子	丑	寅	卯	辰	巳	午	未	申	酉	戌	亥
岁破	午	未	申	酉	戌	亥	子	丑	寅	卯	辰	巳
大将军	酉	酉	子	子	子	卯	卯	卯	午	午	午	酉
奏书	乾	乾	艮	艮	艮	巽	巽	巽	坤	坤	坤	乾
博士	巽	巽	坤	坤	坤	乾	乾	乾	艮	艮	艮	巽
力士	艮	艮	巽	巽	巽	坤	坤	坤	乾	乾	乾	艮
蚕室	坤	坤	乾	乾	乾	艮	艮	艮	巽	巽	巽	坤
蚕官	未	未	戌	戌	戌	丑	丑	丑	辰	辰	辰	未
蚕命	申	申	亥	亥	亥	寅	寅	寅	巳	巳	巳	申
丧门	寅	卯	辰	巳	午	未	申	酉	戌	亥	子	丑
太阴	戌	亥	子	丑	寅	卯	辰	巳	午	未	申	酉
官符	辰	巳	午	未	申	酉	戌	亥	子	丑	寅	卯
白虎	申	酉	戌	亥	子	丑	寅	卯	辰	巳	午	未
黄幡	辰	丑	戌	未	辰	丑	戌	未	辰	丑	戌	未
豹尾	戌	未	辰	丑	戌	未	辰	丑	戌	未	辰	丑
病符	亥	子	丑	寅	卯	辰	巳	午	未	申	酉	戌
死符	巳	午	未	申	酉	戌	亥	子	丑	寅	卯	辰
劫煞	巳	寅	亥	申	巳	寅	亥	申	巳	寅	亥	申
灾煞	午	卯	子	酉	午	卯	子	酉	午	卯	子	酉

续表

方位 / 年神 \ 年地支	子	丑	寅	卯	辰	巳	午	未	申	酉	戌	亥
岁煞	未	辰	丑	戌	未	辰	丑	戌	未	辰	丑	戌
伏兵	丙	甲	壬	庚	丙	甲	壬	庚	丙	甲	壬	庚
岁刑	卯	戌	巳	子	辰	申	午	丑	寅	酉	未	亥
大煞	子	酉	午	卯	子	酉	午	卯	子	酉	午	卯
飞鹿	申	酉	戌	巳	午	未	寅	卯	辰	亥	子	丑
害气	巳	寅	亥	申	巳	寅	亥	申	巳	寅	亥	申
三公	卯	辰	巳	午	未	申	酉	戌	亥	子	丑	寅
九卿	丑	寅	卯	辰	巳	午	未	申	酉	戌	亥	子
九卿食舍	寅	卯	辰	巳	午	未	申	酉	戌	亥	子	丑
畜官	辰	巳	午	未	申	酉	戌	亥	子	丑	寅	卯
发盗	未	申	酉	戌	亥	子	丑	寅	卯	辰	巳	午
天皇	午	未	申	酉	戌	亥	子	丑	寅	卯	辰	巳
地皇	酉	申	未	午	巳	辰	卯	寅	丑	子	亥	戌
人皇	子	丑	寅	卯	辰	巳	午	未	申	酉	戌	亥
上丧门	戌	丑	辰	未	戌	丑	辰	未	戌	丑	辰	未
下丧门	丑	戌	未	辰	丑	戌	未	辰	丑	戌	未	辰
生符	卯	辰	巳	午	未	申	酉	戌	亥	子	丑	寅
王符	子	丑	寅	卯	辰	巳	午	未	申	酉	戌	亥
五鬼	辰	卯	寅	丑	子	亥	戌	酉	申	未	午	巳

月神方位、日期表

方位 月份 月神	正	二	三	四	五	六	七	八	九	十	十一	十二
天德	丁	坤	壬	辛	乾	甲	癸	艮	丙	乙	巽	庚
月德	丙	甲	壬	庚	丙	甲	壬	庚	丙	甲	壬	庚
合德	辛	巳	丁	乙	辛	巳	丁	乙	辛	巳	丁	乙
月厌	戊	酉	申	未	午	巳	辰	卯	寅	丑	子	亥
月煞	丑	戊	未	辰	丑	戊	未	辰	丑	戊	未	辰
月破	申	酉	戊	亥	子	丑	寅	卯	辰	巳	午	未
月刑	巳	子	辰	申	午	丑	寅	酉	未	亥	卯	戊
月空	壬	庚	丙	甲	壬	庚	丙	甲	壬	庚	丙	甲

（原载《敦煌学辑刊》1989年第1期，第107—118页）

敦煌历日与出土战国秦汉《日书》的文化关联

　　两年前，我曾撰写过《敦煌历日与当代东亚民用"通书"的文化关联》①一文，旨在探寻敦煌具注历日与现今仍在广为流行的东亚"通书"的内在联系，亦可视作是在寻求敦煌或中古历日文化的"流变"。而眼前的这篇文章，则是在寻求敦煌历日文化的"渊源"。此姊妹篇性质的论文，可将中国古代历日文化的渊源与流变上下串通，从中可见其发展变化的大致脉络。

一、出土《日书》的基本情况

　　战国秦汉《日书》的重新面世，是距今才二十多年前的事情。1975年12月，湖北云梦县睡虎地秦墓出土了一大批竹简，内有《日书》甲、乙两种，其中甲种失题，但乙种却有清楚明确的尾题"日书"二字，②从而使此前与此后同类竹简文字定名有据。20世纪70年代后，

---

① 载北京大学中国传统文化研究中心编：《国学研究》第八卷，北京：北京大学出版社，2001年版，第335—355页。又作为法国远东学院北京中心《历史、考古与社会——中法系列学术讲座》第十号单独出版，北京：中华书局，2006年9月。
② 见睡虎地秦墓竹简整理小组编：《睡虎地秦墓竹简》，北京：文物出版社，1990年版，第255页。

同类简牍文字不断被考古工作者发现，内容大为丰富。迄今为止，出土的战国秦汉《日书》大约有如下各种：

1. 1973年河北定县八角廊汉墓一种（西汉晚期）；

2. 1975年12月湖北云梦睡虎地秦墓两种（战国晚期）；

3. 1978年安徽阜阳双古堆汉墓一种（西汉晚期）；

4. 1981年5月湖北江陵九店砖瓦厂楚墓一种（战国中晚期）；

5. 1983年底至1984年初湖北江陵张家山汉墓一种（西汉初期）；

6. 1985年秋和1988年初江陵张家山汉墓一种（西汉初期）；

7. 1986年4月甘肃天水放马滩秦墓两种（战国晚期—秦始皇三十年）；

8. 1993年湖北江陵王家台15号秦墓一种（战国晚期—秦）；①

9. 2000年3月湖北随州孔家坡汉墓一种（西汉初期）。②

在以上九批十一种战国秦汉《日书》中，尤以睡虎地秦墓和放马滩秦墓所出最具代表性。所以，李零先生主编的《中国方术概观·选择卷》③所收《日书》，也主要是这两批考古资料，同时兼及其他。

二、《日书》的性质与功能

《日书》是古人选择吉凶宜忌的数术类著作，类似于后世的"选择通书"。《史记》有《日者列传》一篇，司马迁解释说："齐、楚、秦、赵为日者，各有俗所用，欲循（一作'总'）观其大旨，作'日者列

---

① 以上八批《日书》参见胡文辉：《中国早期方术与文献丛考》，广州：中山大学出版社，2000年版，第142页。

② 湖北省文物考古研究所、随州市文物局：《随州市孔家坡墓地M8发掘简报》，《文物》2001年第9期，第22—31页。

③ 李零主编：《中国方术概观·选择卷》（上），北京：人民中国出版社，1993年版。

传'第六十七。"①司马迁正是有感于各国都有占日以定吉凶者，方有
此作。《墨子·贵义篇》记载了这么一件事：墨子要往北去齐国，遇一
"日者"，说今日"帝"杀黑龙于北方，而您面色很黑，故不可北行。
墨子不听，往北行去，结果没去成，只好返回。唐人司马贞为《史记》
作"索隐"称："名卜筮曰'日者'以《墨》，所以卜筮占候时日通名
者故也。"②可知，"占候时日"是"日者"的职业特征，显然，《日书》
正是他们占候时日的依据了。可惜早期这类书籍一份也未传世，只是
到了20世纪下半叶，地不爱宝，古人的著作在地下沉睡过两千多年后
又重光于世，这不能不说是当代研究者的幸运。

那么，古代的《日书》在当时是如何被占日者使用的呢？既是用
来占"日"，则必须配合当时的实用"历日"才能使用。而近世以来，
如同《日书》不断被发现，秦汉时代的实用历本也屡屡面世。迄止20
世纪末，人们已经能看到秦始皇三十四年（前213）的实用历本了。③
众所周知，秦汉时代的主要文字载体是竹木简牍，因此，考古发现的
实用历本都是写在竹简和木牍上的。而竹简和木牍上的文字容量是极
为有限的，不可能像后世"具注历日"用纸书写，把许多"历注"（包
括吉凶选择）直接抄于每日之下。换言之，《日书》虽然是配合历日使
用的，但其存在形式却是与历日分开的。④也正因此，我们从出土秦汉
历日上能够直接看到的历注内容非常少，如银雀山二号汉墓所出汉武
帝《建元七年（元光元年）历日》、⑤尹湾汉墓所出《元延三年五月历

①标点本《史记》，北京：中华书局，1959年版，第3318页。

②标点本《史记》，北京：中华书局，1959年版，第3215页。

③参见《关沮秦汉墓简牍》，北京：中华书局，2001年版。

④随州市孔家坡墓地M8发现《日书》简703枚，历日简8枚，共置于头箱（总器号M8：58，
　56），是《日书》与历日对照使用的有力证明。

⑤关于此历日的定名，参邓文宽：《出土秦汉简牍"历日"正名》，载《文物》2003年第4期，第
　44—47转51页。

日》①所见。另一方面，二者虽然分开存在，但《日书》的应用价值却是离不开历日的。敦煌所出"具注历日"就是将《日书》一类的选择内容，逐日抄到历日上的。也就是说，由于文字载体由竹木简牍变化为纸张，原先那些单独存在的《日书》类选择内容②被直接抄到历日上面去了。不过，这仅仅是存在形式有了变化，而功能无别。这是我们将敦煌历日与出土《日书》进行比较的认识基础，也是首先要加以说明的。

三、敦煌历日与战国秦汉《日书》的文化关联

在上述认识的基础上，我们拟就敦煌历日与战国秦汉《日书》内容相同或相近的部分逐一加以比较，以揭示其文化关联。

（一）建除十二客

建除十二客恐怕是迄今所知最古老的一项历日文化内容。《史记·日者列传》载："孝武帝时，聚会占家问之：某日可取妇乎？五行家曰可，堪舆家曰不可，建除家曰不吉，丛辰家曰大凶，历家曰小凶，天人家曰小吉，太一家曰大吉。"可知，"建除"是战国秦汉时代占候时日的"日者"队伍之一家。事实也确实如此，它是将"建除"等十二个字各主一定吉凶，按一定规则逐日排入历日中，然后进行选择的。

在出土《日书》中，人们看到了几种大同小异的"建除"内容。③

---

① 参见《尹湾汉墓简牍》，北京：中华书局，1997年版。

② 《隋书·经籍志三》著录有："《杂忌历》二卷（魏光禄勋高堂隆撰），《百忌大历要抄》一卷，《百忌历术》一卷，《百忌通历法》一卷，《历忌新书》十二卷，《太史百忌历图》一卷。"（见标点本《隋书》，北京：中华书局，1973年版，第1035页。）这些著作的性质与《日书》无异，应该是隋唐人使用的选择类著作，可惜未能传世。

③ 详参刘乐贤：《睡虎地秦简日书研究》中《日书》甲种之"除篇"和"秦除篇"；乙种之"除乙篇"和"徐（除）篇"，台北：文津出版社，1994年版。

其中睡虎地秦简《日书》中的"秦除"，与甘肃放马滩《日书》甲种的"建除"，①同敦煌历日中的建除内容最为相近。一般来说，敦煌历日是将建除等十二个字注在每日之下的，而《日书》则是给出了其排列规则。不过，将敦煌历日和《日书》的建除归纳一下，二者的排列情况即可编为表一：

表一

星命月 \ 纪日地支 \ 建除	建	除	满（盈）	平	定	执（挚）	破	危	成	收	开	闭
正	寅	卯	辰	巳	午	未	申	酉	戌	亥	子	丑
二	卯	辰	巳	午	未	申	酉	戌	亥	子	丑	寅
三	辰	巳	午	未	申	酉	戌	亥	子	丑	寅	卯
四	巳	午	未	申	酉	戌	亥	子	丑	寅	卯	辰
五	午	未	申	酉	戌	亥	子	丑	寅	卯	辰	巳
六	未	申	酉	戌	亥	子	丑	寅	卯	辰	巳	午
七	申	酉	戌	亥	子	丑	寅	卯	辰	巳	午	未
八	酉	戌	亥	子	丑	寅	卯	辰	巳	午	未	申
九	戌	亥	子	丑	寅	卯	辰	巳	午	未	申	酉
十	亥	子	丑	寅	卯	辰	巳	午	未	申	酉	戌
十一	子	丑	寅	卯	辰	巳	午	未	申	酉	戌	亥
十二	丑	寅	卯	辰	巳	午	未	申	酉	戌	亥	子

所谓"秦除"，即"秦的建除"。虽在秦统一中国之前有几种大同小异的"建除"流行，但秦朝统一中国后，肯定和张扬的是自己的文

---

① 见李零主编：《中国方术概观·选择卷》（上），北京：人民中国出版社，1993年版，第6—7页。

化，所以直到后世，秦的建除也就流传了下来，而其他几种近似的"建除"内容便湮没不闻了。

关于"秦除"与放马滩"建除"以及它们与敦煌历日建除的异同，尚需说明如下：

A. 表一所列建除十二个字以敦煌历日为基础，睡虎地《日书》"秦除"之"满"作"盈"，"破"作"披"；放马滩"建除"之"满"作"盈"，"破"作"彼"；"披""彼"二字与"破"互通。至于"盈"改为"满"，当由西汉人避惠帝刘盈名讳而改。《淮南子·天文训》所载"寅为建，卯为除，辰为满……""盈"亦避讳改为"满"，与后世建除正相一致。

B. 敦煌历日中的"建除"与《日书》"建除"都有"叠日法"，但所叠日期有别。所谓"叠日"，即重复前日所注的建除一次。东汉之前，是每月朔日叠上月晦日一次；东汉之后，却是将二十四节气中的节气（非中气）之日所注建除，叠值其前日的建除一次。而这种叠日法，单从表一是看不出来的，只有结合具体的历注才能确定①。敦煌历日所用的当然是后一种方法。

那么，建除等十二个字所主吉凶宜忌又是如何呢？

睡虎地《日书》之"秦除"又云："建日，良日也。可以为啬夫，可以祠。利枣（早）不利莫（暮）。可以入人，始寇（冠）、乘车。有为也，吉。""平日，可以取妻、入人、起事。"②其余十个建除字各自都有所主的吉凶事项，今从略，以免辞繁。

上述"建除"所主吉凶内容，清楚地表明它是供选择使用的，对

---

① 见金良年：《建除研究——以云梦秦简〈日书〉为中心》，载《中国天文学史文集》第六集，北京：科学出版社，1994年版，第261—281页。

② 睡虎地秦墓竹简整理小组编：《睡虎地秦墓竹简》，北京：文物出版社，1990年版，第183页。

我们理解建除的性质提供了直接帮助。

敦煌历日中的"建除"注于各日之下，也是供选择使用的。如S.2404《后唐同光二年甲申岁（924）具注历日一卷并序》即云："建日不开仓，除日不出财，满日不服药，平日不修沟，定日不作辞，执日不发病，破日不会客，危日不远行，成日不词讼，收日亦不远行，开日不送丧，闭日不治目。"①当然，这只是一些比较简单的用法。敦煌文献中还有一些更复杂的建除内容，如S.0612背有"推五音建除法"，当同其时历日中的建除选择有关，这里不再赘论。

可以肯定地说，敦煌历日中的建除同战国秦汉《日书》中的建除存在着直接的文化渊源关系，殆无疑义。

（二）月煞

月煞是敦煌历日中的八个月神之一，其每月所在日期、方位有别。如P.3403《宋雍熙三年丙戌岁（986）具注历日并序》的正月月序内容就有："天德在丁，月德在丙，合德在辛（小注略），月厌在戌，月煞在丑，月破在申，月刑在巳，月空在壬。"②月煞在全年十二个月（指"星命月"而非历法月）中的方位、日期依次是：正月丑，二月戌，三月未，四月辰，五月丑，六月戌，七月未，八月辰，九月丑，十月戌，十一月未，十二月辰。

睡虎地秦简《日书》的"土忌篇"和"到室篇"都有月煞内容。"土忌篇"云："正月丑，二月戌，三月未，四月辰，五月丑，六月戌，七月未，八月辰，九月丑，十月戌，十一月未，十二月辰，毋可有为，筑室，坏；树木，死。""到室篇"在校正后，除有完全相同的排列规

---

① 参见邓文宽：《敦煌天文历法文献辑校》，南京：江苏古籍出版社，1996年版，第374—382页，引文见第379—380页。

② 每个月神在各月的方位、日期，可参《敦煌天文历法文献辑校》第738页附录三"月神方位、日期表"。

则，其吉凶解说则是："凡此日不可以行，不吉。"①《居延新简》所收"破城子探方四三"第257号简内容亦是"月煞，丑、戌"②。月煞是月中凶神，古人行事，多所避忌。王充《论衡·讥日篇》批评说："假令血忌、月煞之日固凶，以杀牲设祭，必有患祸……如以杀牲见血，避血忌、月煞，则生人食六畜，亦宜避之。"③说明其时血忌与月煞避忌甚盛。

从上可知，敦煌历日中的月煞与《日书》中的月煞同样有直接的文化关联。当然，就目前看，《日书》中的月煞还只是一个单纯的忌日，尚未具备敦煌历日月中之神的地位，这或许是它们的不同之处。

（三）六甲纳音

六甲纳音也是一项十分古老的文化内容。汉初成书的《淮南子》一书之"天文训"中，有关于五音十二律配六十甲子的关系说明，被今人陈广忠先生绘为一表。④但敦煌历日中的"六甲纳音"却非直接来自这套内容。敦煌历日中的六甲纳音与《日书》中的"禹须臾"使用的"六甲纳音"恐为同一来源。

"须臾"即快捷简便之意，与后世"立成"同义。《后汉书·方术传》序云："其流又有风角、遁甲、七政、元气、六日七分、逢占、日者、挺专、须臾、孤虚之术……"唐代章怀注云："须臾，阴阳吉凶立成之法也。今书《七志》有《武王须臾》一卷。"⑤故而，刘乐贤先生认为，"称为'禹须臾'或'武王须臾'，是把这一类迷信假托于禹或

①见《睡虎地秦墓竹简》，北京：文物出版社，1990年版，第196、201页。
②《居延新简》，北京：文物出版社，1990年版，第116页。
③北京大学历史系《论衡》注释小组：《论衡注释》，北京：中华书局，1979年版，第1358—1359页。
④陈广忠：《淮南子译注》，"五音十二律旋宫以当六十甲子表"，长春：吉林文史出版社，1990年版，第144页。
⑤标点本《后汉书》，北京：中华书局，1965年版，第2703、2704页。

武王。"①

《日书》中共有两种"禹须臾"，均与占候出行吉凶有关。今移录含"六甲纳音"者，原文如下：

禹须臾：辛亥、辛巳、甲子、乙丑、乙未、壬申、壬寅、癸卯、庚戌、庚辰，莫（暮）市以行有九喜。

癸亥、癸巳、丙子、丙午、丁丑、丁未、乙酉、乙卯、甲寅、甲申、壬戌、壬辰，日中以行有五喜。

己亥、己巳、癸丑、癸未、庚申、庚寅、辛酉、辛卯、戊戌、戊辰、壬午，市日以行有七喜。

丙寅、丙申、丁酉、丁卯、甲戌、甲辰、乙亥、乙巳、戊午、己丑、己未，莫（暮）食以行有三喜。

戊申、②戊寅、己酉、己卯、丙戌、丙辰、丁亥、丁巳、庚子、庚午、辛丑、辛未，旦以行有二喜。③

法国汉学家马克·卡林诺斯基（Marc Kalinowski）教授最早发现上述五组干支是依"六甲纳音"法排列的。④为了证明敦煌历日中的"六甲纳音"与此同一性质，我们先将敦煌历日中的"六甲纳音"内容归纳为表二：⑤

---

①刘乐贤：《睡虎地秦简日书研究》，台湾文津出版社，1994年版，第63页。

②戊申：原释文作"戊甲"，查图版，原文作"申"，"甲"系排字或释文错误。

③《睡虎地秦墓竹简》，北京：文物出版社，1990年版，第222页。

④Marc Kalinowski: *Les traités de Shuihudi et l'hémérologie chinoise à la fin des Royaumes-Combattans*，载《通报》第72期，1986年。

⑤参见邓文宽：《敦煌天文历法文献辑校》，南京：江苏古籍出版社，1996年版，第747页。

表二

甲子金	乙丑金	丙寅火	丁卯火	戊辰木	己巳木	庚午土	辛未土	壬申金	癸酉金	甲戌火	乙亥火
丙子水	丁丑水	戊寅土	己卯土	庚辰金	辛巳金	壬午木	癸未木	甲申水	乙酉水	丙戌土	丁亥土
戊子火	己丑火	庚寅木	辛卯木	壬辰水	癸巳水	甲午金	乙未金	丙申火	丁酉火	戊戌木	己亥木
庚子土	辛丑土	壬寅金	癸卯金	甲辰火	乙巳火	丙午水	丁未水	戊申土	己酉土	庚戌金	辛亥金
壬子木	癸丑木	甲寅水	乙卯水	丙辰土	丁巳土	戊午火	己未火	庚申木	辛酉木	壬戌水	癸亥水

　　表二每格含一个甲子以及该甲子的纳音（以五行替代）。我们将表二内容同上引《日书》中"禹须臾"所含各干支加以比较，就会发现，第一组干支属于宫音（以土代替），第二组干支属于商音（以金代替），第三组干支属于角音（以木代替），第四组干支属于徵音（以火代替），第五组干支属于羽音（以水代替），只是第一组脱了癸酉和甲午，第三组脱了壬子，第四组脱了戊子而已。因此，合乎逻辑的结论应该是，敦煌历日与秦简《日书》"禹须臾"所含六甲纳音有共同来源。

　　至于"六甲纳音"的用途，《日书》中与占测出行有关，概因时人对出行极为看重；[1]而在敦煌历日中，很可能是用于推测人命吉凶祸福的。它说明时过数百年后，"六甲纳音"的用途已经部分地起了变化。

　　（四）日忌与选择

　　中国古代历日文化内容的核心是"选择"，亦即趋吉避凶。上文已

---

[1] 参见刘增贵：《秦简〈日书〉中的出行礼俗与信仰》，载台北《历史语言研究所集刊》第七十二本第三分册，第503—540页。

讨论过的建除、月煞和六甲纳音无不具有这样的意义。但在各类择吉术中，以日为单位的选择术又占有主导地位。无论是在敦煌具注历日中，还是在出土战国秦汉《日书》中，日忌和选择都是重头内容。这里仅就二者相关联者加以讨论与说明。

往亡。《日书》中涉及往亡的至少有四段文字，[①]今将其最具代表性者抄录如后："正月七日、二月十四日、三月廿一日、四月八日、五月十六日、六月廿四日、七月九日、八月十八日、九月廿七日、十月十日、十一月廿日、十二月卅日。是日在行不可以归，在室不可以行，是是大凶。"[②]敦煌历日中也有"往亡"的历注，其多数所注日期是：立春后七日，惊蛰后十四日、清明后二十一日；立夏后八日，芒种后十六日，小暑后二十四日；立秋后九日，白露后十八日，寒露后二十七日；立冬后十日，大雪后二十日，小寒后三十日。[③]表面上看，《日书》与敦煌历日中的往亡安排不一致，其实是相通的。因为《日书》所注日期是历日日期，敦煌历日所注为"星命月"日期，而《日书》时代，"星命月"尚未产生，故而有表面上的不同。当然，敦煌历日中也有少量仍按历日日期注往亡的，这里不赘。

至于"往亡"的立意，本在于不可以出行。《资治通鉴》卷一百一十五晋安帝义熙六年（410）二月，"丁亥，刘裕悉众攻城。或曰：'今日往亡，不利行师。'（胡注：《历书》二月以惊蛰后十四日为往亡日）裕曰：'我往彼亡，何为不利！'四面急攻之。"[④]明代流行的《居家必用事类全集·丙集》对"往亡"的解释亦言："往亡日，不可拜官上

---

① 见刘乐贤：《睡虎地秦简〈日书〉中的"往亡"与"归忌"》，载《简帛研究》第二辑，北京：法律出版社，1996年版，第116—124页。

②《睡虎地秦墓竹简》，北京：文物出版社，1990年版，第223页。

③ 邓文宽：《敦煌天文历法文献辑校》，南京：江苏古籍出版社，1996年版，第743页"气往亡表"。

④ 标点本《资治通鉴》，北京：中华书局，1956年版，第3626页。

任、远行还家，嫁娶、出入并凶。"[1]由上可见，"往亡"的含义在《日书》与敦煌历日中是相同的。

归忌。归忌与往亡一样，都是古代十分流行的日忌项目。王充曾批评说："途上之暴尸，未必出以往亡；室中之殡柩，未必还以归忌。"[2]《日书》云："正月乙丑，二月丙寅，三月甲子，四月乙丑，五月丙寅，六月甲子，七月乙丑，八月丙寅，九月甲子，十月乙丑，十一月丙寅，十二月甲子，以以[3]行，从远行归，是谓出亡归死之日也。"[4]《后汉书·郭陈列传》载："桓帝时，汝南有陈伯敬者，行必矩步……还触归忌，则寄宿乡亭。"唐代章怀注引《阴阳书·历法》曰："归忌日，四孟在丑，四仲在寅，四季在子，其日不可远行归家及徙也。"[5]而敦煌具注历日"归忌"日期恰同章怀所引。同《日书》比较，可以看出，《日书》时代的"归忌"仅限于一些干支日期，日数较少，而至唐宋，归忌日只定于地支而不计天干，日数增加了许多。但其所在日期之地支与《日书》无别，可以看出其渊源之历史痕迹。至于"归忌"之立意，前引文字中已经说明，不赘，大约自战国至唐宋是没有什么变化的。

天李。天李即天理，"李"字通"理"。《管子·法法》有"禹为司空，契为司徒，皋陶为李。"戴望注："古治狱之官，作此李官。"中古时代主管监狱的部门被称作"大理寺"，亦是其意。由是可知，天李是一个十分凶恶的神煞。其排列规则《日书》云："天李正月居子，二月居子（卯），三月居午，四月居酉，五月居子，六月居卯，七月居午，

---

①见《北京图书馆古籍珍本丛刊》第61册,北京:书目文献出版社,1988年版,第101页。

②《论衡·辨祟篇》,见《论衡注释》,北京:中华书局,1979年版,第1396页。

③刘乐贤谓"下一'以'字衍"。见《睡虎地秦简日书研究》,台北:文津出版社,1994年版,第286页。

④《睡虎地秦墓竹简》,北京:文物出版社,1990年版,第223页。

⑤标点本《后汉书》,北京:中华书局,1965年版,第1546—1547页。

八月居酉，九月居子，十月居卯，十一月居午，十二月居辰（酉）。凡此日不可入官及入室，入室必灭，入官必有罪。"①它在敦煌具注历日中也是一个常见的丛辰项目，其排列规则与《日书》全同。但宋以后，已不用天李注历，而由"天狱"代替。②如前所述，"天理"就是主管天上牢狱的神名，改称"天狱"亦顺理成章，并不为怪。

四激。《日书》云："夏三月丑激，春三月戊（戌）激，秋三月辰激，冬三月未激。……凡激日，利以渔猎、请谒、责人、执盗贼，不可祠祀，杀生（牲）。"③四激在敦煌具注历日中也写作"四击"，但使用的次数却不多；《宋宝祐四年丙辰岁（1256）会天万年具注历日》亦称作"四击"④。至于其排列规则，则与《日书》全同。其立意，《医心方》引汉代的《虾蟆经》云："四激日：春戌、夏丑、秋辰、冬卯（未）。"并加按语说："右四时忌日，今古传讳，不合药、服药也。"可知四激日同中医有关。今本《黄帝虾蟆经》亦有："春戌日，夏丑日，秋辰日，冬卯（未）日，右四时忌日，不可灸判。"⑤

四废。四废日出现于《日书》之"帝篇""室忌篇""盖屋篇"等多处。其在"帝篇"内容为："春三月……四废庚、辛；夏三月……四废壬、癸；秋三月……四废甲、乙；冬三月……四废丙、丁……四废日，不可以为室、覆屋。"⑥可以看出，《日书》中的四废日以天干为定，而与地支无涉。但敦煌历日中的四废日却是干支日期，其春三月在庚申、辛酉日，夏三月在壬子、癸亥日，秋三月在甲寅、乙卯日，

①《睡虎地秦墓竹简》，北京：文物出版社，1990年版，第226页。
②刘乐贤：《睡虎地秦简日书研究》，台北：文津出版社，1994年版，第299页。
③《睡虎地秦墓竹简》，北京：文物出版社，1990年版，第202页。
④见任继愈总主编，薄树人主编：《中国科学技术典籍通汇·天文卷》第1册，第694页三月七日历注。郑州：河南教育出版社，1997年版。
⑤《黄帝虾蟆经》，北京：中医古籍出版社，2016年版，第46页。
⑥《睡虎地秦墓竹简》，北京：文物出版社，1990年版，第195页。

冬三月在丙午、丁巳日。这些日子的天干与《日书》所定全同,亦可看出其由《日书》脱胎而来。

至于四废日的立意,刘乐贤博士做了极为明确的解说,今引录于下:"这个名目因何而设?《永乐大典》卷二〇一九七《诸家选日八十三》云:'春以庚金为废,夏以壬水为废,秋以甲木为废,冬以丙火为废。'按:春三月于五行属木,庚辛五行属金,木、金相克;夏三月五行属火,壬癸属水,火、水相克;秋三月五行属金,甲乙属木,金、木相克;冬三月五行属水,丙丁属火,水、火相克,所以,四废日者,谓四季各月的五行与其日的天干所属五行相克。"[1]因其为"废"日,故而"不可以为室,覆屋"。

十二支日避忌。古代日者除了设计过许多神煞名目外,又为天干、地支、弦、望、晦、朔、二十八宿等设计了众多宜忌内容。十二支日避忌即其一,睡虎地秦简甲种《日书·毁弃》载:

　　毋以子卜筮,害于上皇。

　　毋在丑徐(除)门户,害于骄母。

　　毋以寅祭祀凿井,廓以细□。

　　毋以卯沐浴,是谓血明,不可□井池。

　　毋[以]辰葬,必有重丧。

　　毋以巳寿(祷),反受其英(殃)。

　　毋以午出入臣妾、马[牛],是胃(谓)并亡。

　　毋以木(未)斩大木,必有大英(殃)。

　　毋以申出入臣妾、马牛、货材(财),是胃(谓)□□□。

　　毋以酉台(始)寇(冠)带剑,恐御矢兵,可以渍米为酒,酒

---

[1] 刘乐贤:《睡虎地秦简日书研究》,台北:文津出版社,1994年版,第130页。

美。①

显然，这组简原脱戌、亥二日的日忌内容。在敦煌具注历日中，我们也看到了关于十二支日日忌的说明，如S.2404《后唐同光二年甲申岁（924）具注历日一卷并序》云："子日不卜问，丑日不买牛，寅日不祭祀，卯日不穿井，辰日不哭泣，巳日不迎女，午日不盖屋，未日不服药，申日不裁衣，酉日不会客，戌日不养犬，亥日不育猪及不伐罪人。"②P.2661也有内容相近的文字。虽然说，至唐宋时代，十二支的日忌内容与秦汉时代已有变化，但其基本立意却是相通的。

弦、望、晦、朔日避忌。这也是古代历日中常见的避忌内容。《日书》云："弦、望及五辰不可以兴乐□，五丑不可以巫，啻（帝）以杀巫减（咸）"。"墨（晦）日利坏垣、彻屋、出寄者，毋歌。朔日利入室，毋哭。望，利为囷仓。"③睡虎地秦简乙种《日书》云："正月、七月朔日，以出母（女）、取妇，夫妻必有死者。以筑室，室不居。凡月望，不可取妇、家（嫁）女、入畜生。"④而在敦煌历日中，弦、望、晦、朔日的宜忌也是规定得明明白白的。如P.3403《宋雍熙三年丙戌岁（986）具注历日并序》说："朔日不会客及歌乐，晦日不裁衣及动乐……弦、望日不合酒酢及杀生。"⑤其各日的宜忌与《日书》已然有别，反映出随着时代的推移而引起的部分变化，但其基本立意也还是相通的。

---

① 《睡虎地秦墓竹简》，北京：文物出版社，1990年版，第197页。
② 邓文宽：《敦煌天文历法文献辑校》，南京：江苏古籍出版社，1996年版，第380页。
③ 《睡虎地秦墓竹简》，北京：文物出版社，1990年版，第186、227页。
④ 《睡虎地秦墓竹简》，北京：文物出版社，1990年版，第241页。
⑤ 邓文宽：《敦煌天文历法文献辑校》，南京：江苏古籍出版社，1996年版，第592页。

四、用事内容及语言

古代历日中所设神煞，是同"用事"选择吉凶相联系的。比如，敦煌本 S.0095《后周显德三年丙辰岁（956）具注历日并序》正月有："七日庚子土开，启原祭，地囊，嫁娶、移徙吉"；"廿日癸丑木开，天恩，修造、治病、符吉。"① "地囊""天恩"系神煞名，嫁娶、移徙、修造、治病等系用事。当我们将敦煌具注历日与《日书》中的"用事"语词相比较时，发现有大量雷同的内容，诸如：祭祀、入学、冠带、拜官、嫁娶、移徙、安床、解除、沐浴、剃头、除手足甲、裁衣、缮城、筑堤防、竖柱、上梁、经络、市买、纳财、开渠、穿井、安碓硙、扫舍、伐木、疗病、殡埋（葬埋）、坏垣、筑屋等。这些内容固然是古代社会日常生活的常见事项，在数千年的农业社会中变化不大，但它也是古代历日文化相承性的一种表现，恐怕也是不争的事实。从历日文化关联的角度讲，它也体现了其中的一个侧面。

以上就敦煌历日与战国秦汉《日书》文化内容相同或相近的部分做了比较，从中可见它们之间的内在联系，也再次证实了笔者的一个基本看法：战国秦汉时代，限于竹木简牍的文字容量，虽然《日书》与历日是配合着使用的，但在书写形式上却是分开的。只是到了用纸张作为基本书写质材的时代，才有可能将历日内容与《日书》选择内容合并书写在一起，完成由"历日"到"具注历日"的转变。

附带指出，我们曾注意到，秦汉时代的一些历注确实来源于《日书》，如"反支"和"天李"。这两个丛辰项目见于睡虎地甲种《日

---

① 邓文宽:《敦煌天文历法文献辑校》,南京:江苏古籍出版社,1996年版,第474、475页。

书》①，同时又见于同时代的实用历本②，说明历日中所用历注源自《日书》。但是也有一些历注项目，如"解衍""复""月省""八魁""血忌"等，迄今仅见于秦汉时代的历注，③却不见于已经出土的各种《日书》。它说明，这些丛辰项目当源自另外一些已佚的《日书》，或者与《日书》性质相同的数术文献。本文只限于将敦煌历日与已经出土的《日书》做些比较并寻找其关联，至于那些目前还不能直接归入《日书》的历注项目，虽然它们共见于秦汉实用历本和敦煌具注历日，则暂不讨论，这是要向读者特别说明的。

（原载《姜亮夫　蒋礼鸿　郭在贻先生纪念文集》，上海：上海教育出版社，2003年版，第292—301页）

---

① 参见刘乐贤：《睡虎地秦简日书研究》，台北：文津出版社，1994年版，第297、300页。

② 历日注"反（支）"，参见吴九龙：《银雀山汉简释文》插页"元光元年历谱（复原表）"，北京：文物出版社，1985年版；"天李"注历，见《居延新简》"十二日辛卯成天李"，北京：文物出版社，1990年版，第448页。

③ 参见张培瑜：《出土汉简帛书上的历注》，载《出土文献研究续集》，北京：文物出版社，1989年版，第135—147页；又参邓文宽：《尹湾汉墓出土历谱补说》，载《简帛研究二〇〇一》（下册），桂林：广西师范大学出版社，2001年版，第451—455页。

敦煌历日与当代东亚民用"通书"的文化关联

中国传统民用历日的内容，自古迄于20世纪中叶是连绵不断的，而且在东亚地区有着极为广泛的影响。不过，1949年后却发生了一些变化。那就是，传统历日在中国大陆以外的东亚地区仍旧兴盛不衰，但在中国大陆地区，其数术文化内容因受到批判而被抛弃，从而出现了中断。因此，历日中一些本来极为普通而在民众中十分普及的内容，对于大陆的多数人，尤其是对于年轻一代，就变得十分陌生了。本人也不例外。1994年末至1995年初，我受香港中华文化促进中心之邀，在著名学者饶宗颐先生指导下作为期三个月的研究工作，开始关注香港流行的"通书"。经与敦煌历日比较，我惊奇地发现，香港民用"通书"与敦煌历日主体文化内容是一致的，遵循着完全相同或基本一致的编排规则，甚至其中某些编错的地方，我也可以依据敦煌历日去加以纠正。此后数年中，我一直着力收集东亚地区现行民用"通书"的实物样本并加以研究。其间曾得到日本学者妹尾达彦先生、新加坡古正美博士、台湾宗山居士（高仰崇）、中山大学林悟殊教授、中国社会科学院历史研究所王育成教授的协助与支持。因此，本课题之所以能够顺利进行，是与上述一些朋友的支持分不开的，这里首先要向他们深致谢忱。

一、敦煌历日与"通书"文化内容之比较

我们拿来与敦煌历日进行比较的当代东亚民用"通书"主要有：（1）日本平成十年（1998）高岛易观象学会本部编纂的《平成十年观象宝运历》；（2）日本平成十一年（1999）高岛易断所本部编纂的《平成十一年神圣馆开运历》；（3）1995年台湾大义出版社出版，刘德义编著的《大义福禄寿历书》；（4）1995年台湾华淋出版社编辑出版的《我国民历》；（5）1995年台湾正海出版社出版，高铭德编著的《台湾农民历》；（6）1970年香港蔡伯励择日堪舆馆编纂的"永经堂"《日历通胜》；（7）1995年香港郑智恒易理命相玄学院出版，郑智恒编著的《猪年运程》；（8）1999年新加坡增订本《万字通胜》。以上8种通书，除《猪年运程》系笔者购自香港市廛，其余7种全部得自前述几位朋友的馈赠。也就是说，它们的来源有较大的随意性，并非为了论证之需要而挑拣的。另一方面，我所掌握的这8种通书，在整个东亚地区名目繁多的"通书"或"通胜"中恐怕微不足道，算不得丰富，但就我们这里要说明的问题来看，恐怕也还是够用的了。

下面我们将对一些主要项目进行比较。

（一）建除十二客

关于建除十二客，我已在多篇文章中有过论列。①现在只想强调以下几点：

第一，日本以及我国香港、台湾民用"通书"与敦煌历日均以建

①参见邓文宽：《跋吐鲁番文书中的两件唐历》，载《文物》1986年第12期，第58—62页；《敦煌古历丛识》，载《敦煌学辑刊》1989年第1期，第107—118页；《天水放马滩秦简〈月建〉应名〈建除〉》，载《文物》1990年第9期，第83—84页；《关于敦煌历日研究的几点意见》，载《敦煌研究》1993年第1期，第69—72页。

除十二客注历，而且遵循着共同的排列规则；

第二，在这些历书中，建除注历只与纪日地支相配，而同纪日天干无涉；

第三，根据"星命月"（详下）进行安排，而不依历法月份进行；

第四，不考虑每年"立春正月节"那天所在的历法月份，但见"立春正月节"后的第一个"寅"日即注"建"字，顺序下排；

第五，凡节气（非中气）之日，所注建除字需重复前日一次，再接续下排；

第六，每年十二个月，地支和建除都是十二个，因为使用了上一项的重复方法，故形成了各星命月里建除十二客与纪日地支间的固定对应关系。

就建除十二客所用的十二个字来说，除日本历书"收"字作"纳"，其余全同。

日本《簠簋》一书在解释完建除十二客各自所主吉凶之后，又强调说："所谓此十二运者任节，故譬虽至月，节不到，则不可成当月，运宜可准先月者也。"[1]这句话颇值得注意。其意思是说，上面建除十二客是按节气进行的。虽然进入某月，然而未至节气所在之日，仍不能算当月，节气日之前各日算作前一个月。就是强调说，建除安排是依"星命月"进行的。这与港、台通书，与敦煌具注历日完全一致。

（二）九宫图形

从现有材料看，九宫最晚产生于西汉，马王堆帛书中即出土一件九宫基本图形（五居中央），[2]构图规则是："二、四为肩，六、八为足，左三右七，戴九履一，五居中央。"画成图形如图一：

---

[1] 引自《簠簋》，见［日］中村璋八：《日本阴阳道书的研究》，东京：汲古书院，1985年版，1994年第2次发行，第262—263页。

[2] 见《马王堆汉墓文物》，长沙：湖南出版社，1992年版，第134—135页。

四	九	二
三	五	七
八	一	六

图一

巽	离	坤
震	中	兑
艮	坎	乾

图二

绿	紫	黑
碧	黄	赤
白	白	白

图三

九宫基本图形也可以换成八卦表示，即坎一、坤二、震三、巽四、五中、乾六、兑七、艮八、离九（图二）。到了唐代，又有人用颜色代替数字，即一白、二黑、三碧、四绿、五黄、六白、七赤、八白、九紫。基本图形换成颜色表示即图三。以上三种九宫图形的对应关系自古迄今不变，也是其余八宫图形形成的基础。

关于九宫图形的构图规则。这九幅图表面上花里胡哨，但却是按照同一个严格的构图原则画成的。陈遵妫先生曾在《中国天文学史》第三册里有过解说。[1]我现在根据自己的理解重新表述如下：九宫图形的画法遵循如下步骤：（1）先确定中宫数字，要画几宫图就在中宫位置填上几；（2）由左上斜到右下，三个数字要相连（以下几步均是数字相连）；（3）右下到右中；（4）右中到左下；（5）左下到上中；（6）上中到下中；（7）下中到右上；（8）右上到左中。其步骤可表示如图四。

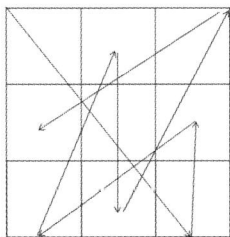

图四

求取任何一个公元年代的九宫图形。

---

[1]陈遵妫：《中国天文学史》第3册，上海：上海人民出版社，1984年版，第1663页。

　　九宫配年是从公元604年开始的，又从605年起不断以从九到一的次序倒转，故可用下列公式求得：

　　（公元年−604）÷9＝X……余数。我们要找的是余数。余几，就从九倒数几个数，所得便是该公元年应配入的九宫图形。例如：（1960−604）÷9＝152……余8，从九倒数8个数得2，则1980年应配入二宫图形。

　　（1995−604）÷9＝154……余5，从九倒数5个数得5，则1995年应配入五宫图形（基本图形）。用这个公式验算敦煌历日或东亚民用通书，以及推算未来任何年代的九宫图形都适用。

　　现在我们再根据九宫图形的这些特点对东亚民用通书与敦煌具注历日加以比较，可得如下认识：

　　1.这些历书均是以隋仁寿四年甲子岁（604）为起点，按照九宫排列规则进行的。

　　2.敦煌历日一般强调的是年九宫、月九宫。对日九宫强调得很少，但偶尔也有提及，见于S.1473《宋太平兴国七年壬午岁（982）具注历日》序："今年年起八宫，月起六（八）宫，日起一宫"。[①]

　　日本"通书"同时重视年九宫、月九宫和日九宫。

　　台湾"通书"各家着眼点不尽相同。《我国民历》和《台湾农民历》有年九宫和日九宫，而无月九宫，《福禄寿历书》则年、月、日九宫一应俱全。

　　香港"永经堂"《日历通胜》有年九宫和月九宫，而无日九宫；《猪年运程》则有年九宫和日九宫，但无月九宫。

　　由上可知，就九宫而言，各地各家虽小有区别，但总体上差别不大，是沿着一个总的套路发展下来的。对此，陈遵妫先生曾指出："日

---

①邓文宽:《敦煌天文历法文献辑校》,南京:江苏古籍出版社,1996年版,第562页。

本把九星配于年及日，不大用以配月，我国不仅配月，有时还用以配时。配于年月日的九星术，叫做三轮，始于唐代；配于年月日时的，叫做四柱，始于宋代。"①今日东亚民用"通书"各地各家在编历时体现了各自的视角，但总体上源自唐代，殆无疑义。

关于日九宫的安排规则。由于敦煌历日只有一次提到日九宫，材料过少，我们还难于对其排列规则进行最后确认。但是，既是中国传统历日的一个分支，估计它也不会脱离中国中原历日构成的基本规则。对于中国古代历日安排日九宫的规则，陈遵妫先生也曾论道："九星除配年与月外，也有用以配日的。它取靠近冬至的甲子日，以它为阳始遁而是阴始得势的日子，以一白水星定为入中宫的星；翌日入中宫的星为二黑土星，再翌日为三碧木星，随后为四绿木星、五黄土星等等。即以九星图形（5）②配给靠近冬至的甲子日，随后顺次配以（4）、（3）、（2）、（1）、（9）、（8）③等等；这样则一百八十天，干支与九星恢复原状，甲子日入中宫的星复为一白水星。靠近夏至的甲子日，入中宫的星虽然没有规定，但一定是九紫火星，其翌日乙丑入中宫之星为八白土星，接着是七赤金星、六白金星、五黄土星等等；这样可知九星配合的移动方法和冬至以后不同。"④以此与日本平成十年、十一年历对照，完全吻合。

香港《猪年运程》日九宫排列与日本历同。但是，台湾"通书"却是按另一套规则排列的。对此，《福禄寿历书》曾详做解释云："值日九星：每日均有一星掌事，该星便是日九星。换言之，每日均有一星飞入中宫，该中宫之星即为日九星。值日九星可分为顺行与逆行两

①陈遵妫：《中国天文学史》第 3 册，上海：上海人民出版社，1984 年版，第 1661 页。
②据陈先生书前所画九宫图，此(5)即指"一白中宫"图。
③顺次指"二黑中宫""三碧中宫""四绿中宫""五黄中宫""六白中宫""七赤中宫"各图。
④陈遵妫：《中国天文学史》第 3 册，上海：上海人民出版社，1984 年版，第 1661 页。

种，其推法如下：凡冬至后甲子日起一白星，乙丑日起二黑……雨水后甲子日起七赤星，乙丑日起八白……谷雨后甲子日起四绿星，乙丑日起五黄……以上均顺布九星。夏至后甲子日起九紫星，乙丑日起八白……处暑后甲子日起三碧星，乙丑日起二黑……霜降后甲子日起六白星，乙丑日起五黄……以上均逆布九星。"[1]我们虽然不能确指这套日九星安排规则的来源，但它是由传统日九星术衍化出来的，当无疑问。传统日九星只以冬至、夏至二中气附近的甲子日为始点进行安排，现在则除冬至、夏至外，又以雨水、谷雨、处暑、霜降四中气之后的甲子日为始点进行安排了。其总体设计，仍未脱离传统历书的窠臼，只是变得花样更多，更形复杂而已。

（三）星命月

"星命月"这个概念是我使用的，于书未征，仅仅是为了表述方便而已。陈遵妫先生在解释建除十二直的排列规则时说："它的循环排列是每逢一个月的开始就重复一次，这里所谓一个月的开始是指星命家的月，即以节气起算。"[2]我将陈氏所说"星命家的月"简化为"星命月"而运用之。可以说，陈先生已使用在先，并非我的首创。

但是，星命月不仅是一个客观存在，而且在历日安排上极端重要：几乎所有的神煞与选择项目都是以它为依据的。那么，星命月是如何计算的呢？简言之，它是以各月"节气"（非中气）为每月之始，至下一节气（非中气）前一日为一月。全年十二个星命月如下表（表一）所示：

---

①刘德义：《大义福禄寿历书》，台湾大义出版社，1995年版，第123页下栏。
②陈遵妫：《中国天文学史》第3册，上海：上海人民出版社，1984年版，第1647页注⑤。

表一　各星命月起止日期表

星命月份	起止日期
正月	立春日至惊蛰前一日
二月	惊蛰日至清明前一日
三月	清明日至立夏前一日
四月	立夏日至芒种前一日
五月	芒种日至小暑前一日
六月	小暑日至立秋前一日
七月	立秋日至白露前一日
八月	白露日至寒露前一日
九月	寒露日至立冬前一日
十月	立冬日至大雪前一日
十一月	大雪日至小寒前一日
十二月	小寒日至立春前一日

由上表可知，星命月是以本月节气所在之日为开始的，而不管该节气日排在历表中农历的哪一天。

关于日本通书用星命月，我们在比较各历建除时已提到过。现在再具体到通书本身。日本平成十年历公历二月栏下注有："二月四日立春开始，三月五日结束。"查此历日，公历二月四日为农历一月八日，即立春日，公历三月六日为"启蛰"即农历惊蛰，五日为惊蛰前一日。故本年公历二月四日至三月五日为星命月之正月。历日注明"二月四日立春开始，三月五日结束"，也就是说这是星命月正月的日期范围，使用历书时当以此为据。其余十一个月也有类似的说明，意义同此，不赘。

香港《猪年运程》曾分论各月运道。而在"农历二月己卯"下注明："一九九五年三月六日—四月四日"。我们查此"通书"后面历表，农历二月初一辛卯日是在公历三月一日，显然，前述所注二月范围不是指农历月。再查历表，公历三月六日为"惊蛰"二月节，四月五日为"清明"三月节，其前一日为四月四日。由此可知，《猪年运程》所说各月运道完全是按照星命月进行的，农历月份反而退居次要位置了。

台湾通书星命月情况亦相仿佛。

星命月份在敦煌所出具注历日中也是十分醒目地加以说明的。比如，P.3403《宋雍熙三年丙戌岁（986）具注历日一卷并序》云："自去年十二月十八日立春，已得正月之节……"①历日是在提示人们，自农历正月十九日已进入星命月之二月了，看历日时当以二月之神煞与选择视之。所有敦煌历日的星命月份，都是以各月节气所在之日为始，而以下一节气所在日之前一日为终，如我们在前面用表所示。

（四）六甲纳音

六甲纳音也是一项古老的文化内容，现在所见文字材料以云梦睡虎地秦简为最早。②至于其编排规则，清儒钱大昕在《潜研堂文集》卷三《纳音说》中曾给予精确的文字表述，我曾据钱说绘成表格，与敦煌历日对照，无不相合；再与东亚民用通书对照，也毫厘不爽。③

既称之为"纳音"，则必同五音（宫、商、角、徵、羽）有关。又因五音可同五行相配，故又用五行代替五音。其配合关系是：宫—土、商—金、角—木、徵—火、羽—水。敦煌历日和东亚通书都不直接用

---

① 邓文宽：《敦煌天文历法文献辑校》，南京：江苏古籍出版社，1996年版，第593页。
② 见李零主编：《中国方术概观·选择卷》（上）第49页"禹须臾"一节，北京：人民中国出版社，1993年版。并参饶宗颐：《秦简中的五行说与纳音说》，载《古文字研究》第十四辑，第261—280页；刘乐贤：《五行三合局与纳音说》，载《江汉考古》1992年第1期，第89—91页。
③ 后知〔清〕李光地等奉敕编纂的《御定星历考源》卷一"纳音五行"也有同样的表格。我的表格比之增加了各干支对应的五行，读历时更为方便而已。

五音，而是用五行代替五音。

不过，单有一个《六甲纳音表》，读历仍有不便之处。因为任何一个干支也可同五行配合，如甲子读成"干木支水"，己巳读成"干土支火"，癸亥读成"干水支水"等。

我们可在《六甲纳音表》上附加天干、地支对应的五行，形成表二：

表二　六甲纳音表（附干支与五行对应关系）

甲木 子水 （金）	乙木 丑土 （金）	丙火 寅木 （火）	丁火 卯木 （火）	戊土 辰土 （木）	己土 巳火 （木）	庚金 午火 （土）	辛金 未土 （土）	壬水 申金 （金）	癸水 酉金 （金）
甲木 戌土 （火）	乙木 亥水 （火）	丙火 子水 （水）	丁火 丑土 （水）	戊土 寅木 （土）	己土 卯木 （土）	庚金 辰土 （金）	辛金 巳火 （金）	壬水 午火 （木）	癸水 未土 （木）
甲木 申金 （水）	乙木 酉金 （水）	丙火 戌土 （土）	丁火 亥水 （土）	戊土 子水 （火）	己土 丑土 （火）	庚金 寅木 （木）	辛金 卯木 （木）	壬水 辰土 （水）	癸水 巳火 （水）
甲木 午火 （金）	乙木 未土 （金）	丙火 申金 （火）	丁火 酉金 （火）	戊土 戌土 （木）	己土 亥水 （木）	庚金 子水 （土）	辛金 丑土 （土）	壬水 寅木 （金）	癸水 卯木 （金）
甲木 辰土 （火）	乙木 巳火 （火）	丙火 午火 （水）	丁火 未土 （水）	戊土 申金 （土）	己土 酉金 （土）	庚金 戌土 （金）	辛金 亥水 （金）	壬水 子水 （木）	癸水 丑土 （木）
甲木 寅木 （水）	乙木 卯木 （水）	丙火 辰土 （土）	丁火 巳火 （土）	戊土 午火 （火）	己土 未土 （火）	庚金 申金 （木）	辛金 酉金 （木）	壬水 戌土 （水）	癸水 亥水 （水）

上表的读法是：（1）每格左边是干支，右边是其对应的五行；（2）每格下面括号中的字便是该干支的纳音（用五行表示）。如第一格甲子读作"干木支水纳音金"，第二格乙丑读作"干木支土纳音金"，其余类此。

下面我们将运用表二对敦煌历日和东亚通书进行检验。

敦煌出土《后唐同光四年丙戌岁（926）具注历日一卷并序》原题："大唐同光四年具［注］历［日］一卷（原注：干火支土纳音土）……"①查表二，干支丙戌确为干火支土纳音土，二者相合。《后周显德三年丙辰岁（956）具注历日并序》原题："显德三年丙辰岁具注历日并序（原注：干火支土纳音土）……"②查表二亦相合。

香港"永经堂"《日历通胜》云："天干属金，地支属土，纳音属金。"此历为1970年即庚戌年历书，查表二，庚戌读作"干金支土纳音金"，二者相合。《猪年运程》原在"前言"中有云："乙亥年是为木火之年。"查表二，乙亥为"干木支水纳音火"，如排除纳音不论，单说五行，则乙亥是木水而非木火，制历者失检。

台湾《大义福禄寿历书》原注："干木支水纳音属火。"因此历为乙亥年历，故完全正确，不赘。《台湾农民历》和《我国民历》因是同年历书，所注此项全同，而且正确无误。

遗憾的是，我手中保存的两份日本平成十年、十一年的通书，均未见"六甲纳音"注历的痕迹。是否由于这两本历书的编撰者不太看重纳音在历书中的用途呢？不得而知。同样，我们也不能依据这两本历书就认为当代日本通书全无纳音内容，因为毕竟我所见到的日本通书十分有限，还不能排除别的编历者也有用纳音注历的可能。

①见邓文宽：《敦煌天文历法文献辑校》，南京：江苏古籍出版社，1996年版，第387页。
②见邓文宽：《敦煌天文历法文献辑校》，南京：江苏古籍出版社，1996年版，第469页。

由上述讨论可知，敦煌历日与当代东亚民用通书的"六甲纳音"项目完全相同，即遵循着共同的规则。

（五）选择

从秦汉时代起，历日中用于选择的神煞名目不断增多，光敦煌历日即达200余项。这里我们主要就敦煌历日中的年神、月神排列规则与东亚民用通书进行比较，别的暂略。

我们从敦煌历日排出其规律的年神计39项，另有几项因资料过少而未排出规律。现将已排出规律的列为表三。在表三之右侧附上比较结果，有同项内容者画"√"，否则出缺。

表三　年神方位之比较

年神 ＼ 年地支	子	丑	寅	卯	辰	巳	午	未	申	酉	戌	亥	日本历	香港历	台湾历
岁德	巳	午	未	申	酉	戌	亥	子	丑	寅	卯	辰	√		
太岁	子	丑	寅	卯	辰	巳	午	未	申	酉	戌	亥	√	√	√
岁破	午	未	申	酉	戌	亥	子	丑	寅	卯	辰	巳	√	√	
大将军	酉	酉	子	子	子	卯	卯	卯	午	午	午	酉	√	√	
奏书	乾	乾	艮	艮	艮	巽	巽	巽	坤	坤	坤	乾		√	√
博士	巽	巽	坤	坤	坤	乾	乾	乾	艮	艮	艮	巽		√	√
力士	艮	艮	巽	巽	巽	坤	坤	坤	乾	乾	乾	艮	√	√	√
蚕室	坤	坤	乾	乾	乾	艮	艮	艮	巽	巽	巽	坤		√	√
蚕官	未	未	戌	戌	戌	丑	丑	丑	辰	辰	辰	未			
蚕命	申	申	亥	亥	亥	寅	寅	寅	巳	巳	巳	申			
丧门	寅	卯	辰	巳	午	未	申	酉	戌	亥	子	丑			
太阴	戌	亥	子	丑	寅	卯	辰	巳	午	未	申	酉	√		

续表

年神 \ 方位／年地支	子	丑	寅	卯	辰	巳	午	未	申	酉	戌	亥	日本历	香港历	台湾历
官符	辰	巳	午	未	申	酉	戌	亥	子	丑	寅	卯		√	
白虎	申	酉	戌	亥	子	丑	寅	卯	辰	巳	午	未	√		
黄幡	辰	丑	戌	未	辰	丑	戌	未	辰	丑	戌	未	√		
豹尾	戌	未	辰	丑	戌	未	辰	丑	戌	未	辰	丑	√		
病符	亥	子	丑	寅	卯	辰	巳	午	未	申	酉	戌	√		
死符	巳	午	未	申	酉	戌	亥	子	丑	寅	卯	辰	√		
劫煞	巳	寅	亥	申	巳	寅	亥	申	巳	寅	亥	申	√	√	
灾煞	午	卯	子	酉	午	卯	子	酉	午	卯	子	酉	√	√	
岁煞	未	辰	丑	戌	未	辰	丑	戌	未	辰	丑	戌	√	√	
伏兵	丙	甲	壬	庚	丙	甲	壬	庚	丙	甲	壬	庚			
岁刑	卯	戌	巳	子	辰	申	午	丑	寅	酉	未	亥	√		
大煞	子	酉	午	卯	子	酉	午	卯	子	酉	午	卯			
飞廉	申	酉	戌	巳	午	未	寅	卯	辰	亥	子	丑			
害气	巳	寅	亥	申	巳	寅	亥	申	巳	寅	亥	申			
三公	卯	辰	巳	午	未	申	酉	戌	亥	子	丑	寅			
九卿	丑	寅	卯	辰	巳	午	未	申	酉	戌	亥	子			
九卿食舍	寅	卯	辰	巳	午	未	申	酉	戌	亥	子	丑			
畜官	辰	巳	午	未	申	酉	戌	亥	子	丑	寅	卯			
发盗	未	申	酉	戌	亥	子	丑	寅	卯	辰	巳	午			
天皇	午	未	申	酉	戌	亥	子	丑	寅	卯	辰	巳			
地皇	酉	申	未	午	巳	辰	卯	寅	丑	子	亥	戌			
人皇	子	丑	寅	卯	辰	巳	午	未	申	酉	戌	亥			

续表

年神 \ 方位 \ 年地支	子	丑	寅	卯	辰	巳	午	未	申	酉	戌	亥	日本历	香港历	台湾历
上丧门	戌	丑	辰	未	戌	丑	辰	未	戌	丑	辰	未			
下丧门	丑	戌	未	辰	丑	戌	未	辰	丑	戌	未	辰			
生符	卯	辰	巳	午	未	申	酉	戌	亥	子	丑	寅			
王符	子	丑	寅	卯	辰	巳	午	未	申	酉	戌	亥			
五鬼	辰	卯	寅	丑	子	亥	戌	酉	申	未	午	巳		√	

在进行上述统计对比时，我们是将各地区数量不等的通书按地区综合计入的，而不限于某地区的某一历书。结果是，在敦煌历日里曾经使用过的39个年神中，两本日本历书尚存有15个，占38.46%；香港历书有12个，占30.77%；台湾历书有5个，占12.82%。由于敦煌历日各年神是在近200年中40余份历日的总计，而所使用的日本、台湾、香港通书数量均很少，所以这种统计的科学性不宜估计过高。它只是表示，敦煌历日和当代东亚通书中均包含一些共同的年神项目，且均按共同规则来排列（如表三）。

从唐代迄今，历史毕竟过去了1300多年。虽说中国传统历书总体上从形制到内容是被继承下来的，且在当代东亚地区影响十分广泛；但是，各地民用通书的部分内容却发生了嬗变，这是十分自然的事。一些被制历者认为已陈旧的内容减少或被完全淘汰了，又有一些新的神煞被创造出来取而代之，历日的历史就是这样一步步演变过来的。

下面我们再对"月神日期方位"加以比较。

月神在敦煌历日中最常见的有8个，如表四所示。我们也在其后侧将比较结果列出。

表四　月神日期方位之比较

方位·月份 / 月神	正月	二月	三月	四月	五月	六月	七月	八月	九月	十月	十一月	十二月	日本历	香港历	台湾历
天德	丁	申	壬	辛	乾	甲	癸	艮	丙	乙	巽	庚	√	√	√
月德	丙	甲	壬	庚	丙	甲	壬	庚	丙	甲	壬	庚	√	√	√
合德	辛	巳	丁	乙	辛	巳	丁	乙	辛	巳	丁	乙	√	√	√
月厌	戌	酉	申	未	午	巳	辰	卯	寅	丑	子	亥	√		
月煞	丑	戌	未	辰	丑	戌	未	辰	丑	戌	未	辰	√		
月破	申	酉	戌	亥	子	丑	寅	卯	辰	巳	午	未			
月刑	巳	子	辰	申	午	丑	寅	酉	未	亥	卯	戌			
月空	壬	庚	丙	甲	壬	庚	丙	甲	壬	庚	丙	甲	√		√

从上表可以看出，月神在日本当代通书中地位已退居到十分次要的位置。当代日本通书最看重的是所谓"六辉"，即先胜、友引、先负、佛灭、大安和赤口，在历表中有专门的"六辉"一栏。台湾历书已很少关注传统历书中的月神；香港历书虽然固有的八个月神名目仍存，但也已与各种日神混合使用，显然退居次要地位了。但在敦煌具注历日中，完本历日中八个月神几乎在每月的月序中都要出现，处在十分显赫的位置。这些，如同年神发生的部分嬗变一样，也是历书内容在历史长河中渐次衍变的结果。

（六）历书编排形式

在讨论敦煌历日与当代东亚民用通书的文化关联时，历日的主要文化内容无疑是其核心部分，但从其编排形式我们也可窥知其关联的一个侧面。由于敦煌历日多数集中在唐后期至宋初的近200年中，而且越是往后，其内容越是繁复，所以我们用那些最能代表敦煌历日全面物理形态的历日，如P.3403《宋雍熙三年丙戌岁（986）具注历日一卷并序》，与东亚民用通书加以比较。当然，我们选用的东亚民用通书的形制亦非完全相同，我们只取那些与敦煌历日有可比性的历日项目进行比较。

图五

1. 日出日入方位与时刻。敦煌历日的日出入是以方位表示的。因为在每份具注历日的开端，均绘有一个年神方位图，日出日入方位亦通过此图来显示，其方位图如图五，其各月出入位置如表五：

表五　各月日出日入方位

月份	日出方位	日入方位
正月	乙	庚
二月	卯	酉
三月	甲	辛
四月	寅	戌
五月	艮	乾

续表

月份	日出方位	日入方位
六月	寅	戌
七月	甲	辛
八月	卯	酉
九月	乙	庚
十月	辰	申
十一月	巽	坤
十二月	辰	申

敦煌历日告诉人们的是日出日入的大致方位，有些粗疏。东亚民用通书告诉人们的是日出日入的准确时刻，这或许对民居、出行生活具有更大的指导意义。比如，日本平成十年通书告知，在东京，二月一日、十一日和二十一日，日出日入各在几点几分。其余各月均有告白。《台湾农民历》《我国民历》和《大义福禄寿历书》均是在二十四节气当日注明当天的日出日入时刻。两份香港通书却未注明日出入时刻或方位。由此可见，当代东亚各地通书不仅关心的内容有异，而且随着时代变迁，人们在历日中标明日出日入的方式和内容也已改变。

2.年神方位图。方位图如图五所示，共用了十二个地支，戊、己之外的八个天干，另有乾、坤、巽、艮四个八卦，共组成二十四个方位。①在此基础上，因各年年神所在位置有别，便需据本文的表三在方位图上确定其位置，进而判断吉凶。图五中部九格是年九宫。我们惊奇地发现，敦煌历日与当代日本、香港、台湾通书的方位图完全一致。历书中大量数术文化内容要通过方位图去观察、去阅读，因此，共同

---

①图五上的离、坎、兑、震与干、支所示方位重合，一般不计。

的文化内涵要求必须有共同的表现形式，这就是方位图如此一致的真实原因。

3. 岁时记事。古代历日中有"岁时记事"一类内容，我们在敦煌历日中仅见到一例：S.0612《宋太平兴国三年戊寅岁（978）应天具注历日》序有云："六日得辛，七龙治水。"①由此我们得知此历当年正月六日为辛卯，七日壬辰，从而推知正月朔日为丙戌。此历不是敦煌当地自编历日，而是一份由中原地区传去的历日，因此较多地体现了当时中原历日的内容。我手中的三份台湾通书也有相似的内容，如《我国民历》云："七龙治水，大（六？）姑把蚕，十日得辛，蚕食七叶，四牛耕地。"可推知正月一日为壬戌。香港"永经堂"《日历通胜》亦有云："十二龙治水，五日得辛，九牛耕地，三姑把蚕，蚕食四叶。"可推知正月朔日为丁巳。这些岁时内容虽无科学性可言，但我们却可通过比较看出其关联。

4. 历日栏次。完本敦煌具注历日一般分八栏，自上至下依次是：（1）"蜜"日（星期日）注；（2）日期、干支、纳音、建除；（3）弦、望、灭、没、往亡、籍田、社日、释奠等注记；（4）节气和物候；（5）吉凶注；（6）昼夜时刻；（7）人神；（8）日游。日本平成十一年历书也分八栏，自上至下依次为：（1）公历日期；（2）曜日（星期几）；（3）该日干支；（4）九星（日九宫）；（5）六辉（即汉历之六曜）；（6）行事。内含节气、上弦、下弦、望、朔晦、各种节日、吉凶选择等；（7）旧历月日；（8）建除十二直。香港《猪年运程》共13栏，自上至下依次为：（1）公历月日；（2）星期；（3）日吉神将；（4）是日吉时；（5）是日忌事；（6）（旧历）日序、干支、纳音、二十八宿值星及建除；（7）紫白日星（日九宫）；（8）是日宜事；（9）冲忌；

---

① 见邓文宽：《敦煌天文历法文献辑校》，南京：江苏古籍出版社，1996年版，第516页。

（10）财神方；（11）喜神方；（12）鹤神方；（13）胎神。台湾《大义福禄寿历书》共10栏，自上至下为：（1）节日；（2）公历日期、星期；（3）神煞名；（4）吉中吉时与凶时；（5）选择忌事；（6）旧历日序、干支、纳音、二十八宿值星、建除、节气与物候、特殊日期如"土王用事"等；（7）日九宫；（8）选择宜事；（9）冲煞；（10）胎神。

从敦煌历日与当代东亚民用通书的栏次设置可知，千余年来，历日中的一些内容已发生嬗变。比如，敦煌历日所关注的日游和人神已经消失，而唐后期开始新加入的二十八宿值日却很"火爆"。但是也有一些却是经久不衰的，比如旧历日序、干支、纳音、建除、二十四节气、七十二物候，甚至"星期"这种由西方泊来的文化，在唐代历日中使用过一阵子后曾被放弃，后来又被"拾"了起来，以至成为当代生活与工作的重要时间依据，在通书中十分显赫。我们不能不承认历史是发展的，所以历日中的不少内容已经变化；我们也必须承认，历日文化是有传承联系的，否则我们就无法从敦煌历日与当代东亚民用通书中找到那么多共同的内容。

那么，敦煌历日与当代东亚民用通书的文化关联是如何产生的呢？

二、唐代《宣明历》——连接敦煌历日与东亚民用通书的纽带

当我们在寻求敦煌历日与东亚民用通书的文化关联时，我们发现，唐代的《宣明历》是这几种历日文化的交汇点。关于唐代的改历情况，《新唐书·历志一》载："唐终始二百九十余年，而历八改。初曰《戊寅元历》，曰《麟德甲子元历》，曰《开元大衍历》，曰《宝应五纪历》，曰《建中正元历》，曰《元和观象历》，曰《长庆宣明历》，曰《景福崇玄历》而止矣。"[1]而在这八种历中，麟德、大衍和宣明是三大著名历

---

① 标点本《新唐书》，北京：中华书局，1975年版，第534页。

法。至于《宣明历》在唐代的实行时间，《新唐书·历志六》又云："起长庆二年（822），用《宣明历》。自敬宗至于僖宗，皆遵用之。虽朝廷多故，不暇讨论，然《大衍历》后，法制简易，合望密近，无能出其右者。讫景福元年（892）。"[1]可知，《宣明历》在唐朝共行用了71年。至于《宣明历》的优点，则在于它改进了《麟德历》《大衍历》日月五星运动的法数和周期，精度有所提高；计算简化了僧一行的内插公式，使理论易于了解，应用更加简便；更重要的是，在日食计算中首倡时、气、刻三差，使日食计算有了很大进步。[2]

如果说《宣明历》在有唐一代仅行用了71年的话，那么，它在唐朝以外的日本、朝鲜半岛行用的时间就十分长久了；它对敦煌本地历日的编撰也产生过十分重要的影响；在中国港澳台地区，我们至今仍能看到《宣明历》的投影。以下我们将分别加以说明。

（一）关于《宣明历》对唐末五代宋初敦煌本土历日的文化影响

敦煌当地自编行用的历日，自9世纪初至10世纪末，有将近200年的时间跨度。这两个世纪中，敦煌情况也曾发生过不少变化。公元786年至848年为吐蕃占领时期，851年张氏归义军政权成立后，虽然名义上臣属于唐朝，但并不完全奉唐正朔，而是延续吐蕃统治时的习惯，继续自编自行历日，直至10世纪末，实际处于半独立状态。吐蕃统治敦煌时，中原与敦煌来往极少，不易得到822年开始行用的《宣明历》，《宣明历》对敦煌当地自编历日的影响主要发生在9世纪中叶至10世纪的后半期。这里，我们介绍两件相关的敦煌文献为证。

S.P.6《唐乾符四年丁酉岁（877）具注历日》是一件唐王朝官颁历

---

①标点本《新唐书》，北京：中华书局，1975年版，第744页。

②参张培瑜等：《宣明历定朔计算和历书研究》，载《紫金山天文台台刊》第11卷第2期，1992年6月，第121—155页。

日，而且是《宣明历》的实行历本。①此历正文之外，有收藏者书写的题记2行："四月十六日都头、守州学博士兼御史中丞翟（此下一草书字未认出）书。报麴大德永世为父子，莫忘恩也。"

同件的背面又有如下内容："翟都头赠送东行麴大德，且充此文书一本。后若再来之日，更有要者，我不惜与也。得则莫改行相，称为父子之义也。"

从上面两条题记，我们可以看出，都头翟某对高僧麴某感激涕零，以致二人之间结下"父子之义"。翟都头将某种"文书一本"赠给了麴大德，而且自己表示，只要他还要，自己将"不惜与也"。而他是将这些话写在这份《宣明历》的实行历书上的。于是，我们有理由认为，这份唐王朝官颁历日可能是由麴氏高僧送给翟氏都头的，翟氏如获至宝，才写了上面那两条题记。

那么，这位翟都头是何许人？他是在什么时间得到这份历日的呢？

在讨论敦煌具注历日时，我们自然会想到那位著名的编历专家翟奉达。翟奉达主要活动于10世纪的前半叶。而就现有材料而言，翟奉达有过"州学博士"和"兼御史中丞"的官衔，但尚未看到他有"都头"一职。第一条题记中的"翟□书"，翟下一字是关键字，但尚难准确识读，因此，还不能把得到这份《唐乾符四年丁酉岁（877）具注历日》的翟都头指认为翟奉达。不过，我们知道，翟氏家族属于敦煌望族之一，这位翟都头和翟奉达，以及翟奉达的侄子翟文进，都是敦煌当地历日的编纂者，否则，他得到唐王朝的实行历日，那么激动，对赠送者那么感激不尽，是无法解释的。

根据上面的讨论，我们有理由认为，敦煌翟氏编历者，在编历时

---

① 参前引张培瑜等：《宣明历定朔计算和历书研究》。又，严敦杰：《跋敦煌唐乾符四年历书》，载《中国古代天文文物论集》，北京：文物出版社，1989年版，第243—251页。

是参考了唐王朝《宣明历》的实行历日的。我在整理敦煌历日时，将敦煌当地历日中的数术文化、编排方法，与此《宣明历》实行历日作过比较，结果是几无区别。当然，此乾符历下面那些具体的数术内容则不见于敦煌本土的历日，但就历日部分来说差别不大，也可见它们之间存在着文化关联。

（二）关于日本通书与《宣明历》的文化关联

日本历法的情况，我们要较多地借助于中外学者的研究成果来加以说明。①下面我将直接抄录《中日文化交流史大系·科技卷》的几段文字。

根据有据可查的史料，日本从690年开始行用中国的元嘉历起，到1684年采用日本自己的贞享历为止，其间一直是直接使用中国的历法，共近千年之久。此间，除元嘉历、仪凤历之外，还陆续采用过僧一行的大衍历、郭献之的五纪历、徐昂的宣明历。……宣明历在日本的行用时间最长，它制定于822年，861年开始在日本采用，直至江户中期，行用时间达823年之久。9世纪以后，中国屡经改历，而日本却一直沿用徐昂的宣明历。②

以上是日本行用唐朝《宣明历》的基本情况。下面再看一下日本历书的编制机构与编历过程：

阴阳寮是大和朝廷掌管天文、历、漏刻和阴阳卜筮的一个机

①主要参考李廷举、［日］吉田忠主编：《中日文化交流史大系》(8)，即《科技卷》，杭州：浙江人民出版社，1996年版。《中日文化交流史大系》全十卷由著名学人周一良教授总主编。
②李廷举、［日］吉田忠主编：《中日文化交流史大系》(8)，杭州：浙江人民出版社，1996年版，第27—28页。

构，是模仿唐朝的体制设立的。不过，在《唐六典》中却见不到"阴阳寮"这样的称呼。如果把《唐六典》和日本的《养老律令》（718）加以比较就可看出，"阴阳寮"实际上就是中国的"太史局"。中国太史局的首长名之为"太史令"；日本阴阳寮的首长则名之为"阴阳头"。不过阴阳寮也并非简单地模仿太史局，而是根据日本的国情，略有变通。例如，中国除太史局之外，还另设有太卜署，专司巫、卜的职务；而日本的阴阳寮则是把太史局和太卜署的功能全纳入一个统一的体制之中。①

日本历书的历注几乎全部来自中国：

"日本的历注几乎全是模仿中国。当时最著名的历注书是《簠簋》，其全名为《三国相传阴阳輨［辖］簠簋内传金乌玉兔集》，据说是由阴阳家、天文博士安倍晴明编撰。参与贞享改历的阴阳头安倍泰福（安倍晴明的后裔）声称：'《簠簋》，真言宗僧作之，安家无之，天文吉备公入唐传来，晴明受之，祭事祓事，安家一子相传也。'不论此说的真伪程度如何，它作为一部秘传书是以唐代的历经（《宣明历经》）为原本，大概不成问题。"②

而现存《簠簋》一书每卷之末的尾题均作"三国相传宣明历经注卷第×终"。③

---

①李廷举、［日］吉田忠主编：《中日文化交流史大系》（8），杭州：浙江人民出版社，1996年版，第29—30页。

②李廷举、［日］吉田忠主编：《中日文化交流史大系》（8），杭州：浙江人民出版社，1996年版，第32—33页。

③见［日］中村璋八：《日本阴阳道书的研究》，东京：汲古书院，1985年版，第256—329页。

我们知道，日本在行用中国《宣明历》822年后，又吸收了中国元朝《授时历》之优点，产生了涩川春海编撰的日本自己的《贞享历》。[1]而此后的历书编制机构发生过变化，在江户时代设立了"天文方"代替"明阳寮"。天文方的工作情况如下：

> 幕府设立天文方之后，结束了阴阳寮垄断天文历学的局面。按过去王朝时代的传统，改历、颁历的工作全是在京都土御门、幸德井家族的世袭控制之下。贞享改历以后，在天文历学中属于观测、计算之类科学性工作的实权，几乎全部转移到关东的天文方。在颁历的时候，先是由江户的天文方计算、编制历的上段属于科学的部分（如月的大小、节气、日月食等），然后再送往京都的阴阳寮添加历的中下段，属于迷信性质的历注。[2]

很显然，日本的贞享改历，主要是将历日的科学部分，吸收《授时历》而加以改进，而属于数术文化的历注部分，基本仍旧遵循此前行用的《宣明历》内容。因此，我们可以大胆地说，日本历日文化之根即在于唐之《宣明历》。

（三）关于朝鲜半岛之通书与唐代《宣明历》的文化关联

在研究这个课题时，我一直考虑要顾及朝鲜半岛的通书情况，但至写作时止，仍未获得朝鲜与韩国的民用通书。因此，这里我们要借助前贤的研究成果加以说明。研究中朝关系史的专家杨昭全先生指出：

---

[1]李廷举、[日]吉田忠主编:《中日文化交流史大系》(8),杭州:浙江人民出版社,1996年版,第33—34页。

[2]李廷举、[日]吉田忠主编:《中日文化交流史大系》(8),杭州:浙江人民出版社,1996年版,第37—38页。

"新罗曾派人赴唐学习历法，并采用唐之历法。公元647年，新罗之德福从唐学习李淳风创造之麟德历回国。是年，新罗遂改用麟德历（《三国史记》卷7，新罗本纪7）。其后，新罗宪德王时（810—826），又改用唐穆宗时（821—824）创造之宣明历，后沿用至高丽朝：'高丽不别治历，承用唐宣明历，自长庆壬寅下距太祖开国殆逾百年。'（《高丽史》卷50，历志1）"①。

历法史专家张培瑜先生曾论道：高丽建国即用宣明历，直到中宣王（1309—1313）改用元授时历。而交会术仍循宣明归术，直至1392年为李氏朝鲜取代止，行用了也约400年。②

可知，《宣明历》在半岛曾行用400年之久。虽然也像日本一样后来改用了中国的《授时历》，但《宣明历》的影响却是根深蒂固的。

（四）关于香港、澳门、台湾通书与唐代《宣明历》的文化关联

本文使用了香港和台湾的通书，而未获得澳门使用的通书，是个缺憾。但就经验与文化来说，澳门使用的通书与香港所用不应有太大区别，这是可以预料的。中国历代统治王朝均视颁布历书为权力所及的重要象征。因此，这三地所用中国历书应该是宋元明清各朝所用官历以及由此派生出的各种私家通书，它自属于中国自古以来的文化系统，殆无疑义。自然，如果追根溯源的话，我们也可以追溯到唐代的《宣明历》，以至更早。不过，对于本课题的研究来说，我们追溯到《宣明历》也就够了，因为我们要寻找的是这些历日文化的交汇点。

通过上面的讨论，我们已可清楚地看出，唐代《宣明历》是连结敦煌历日与当代东亚、东南亚民用通书的纽带。如果不是这样，我们便无法说明它们之间为何会有那么多相同或一致的文化现象。为了将

---

① 杨昭全：《中朝关系史论文集》，北京：世界知识出版社，1988年版，第33页。
② 张培瑜等：《宣明历定朔计算和历书研究》，载《紫金山天文台台刊》第11卷第2期，1992年6月，第121页。

我们的结论表述得更为清楚，这里特别绘制了图六，以供参考。

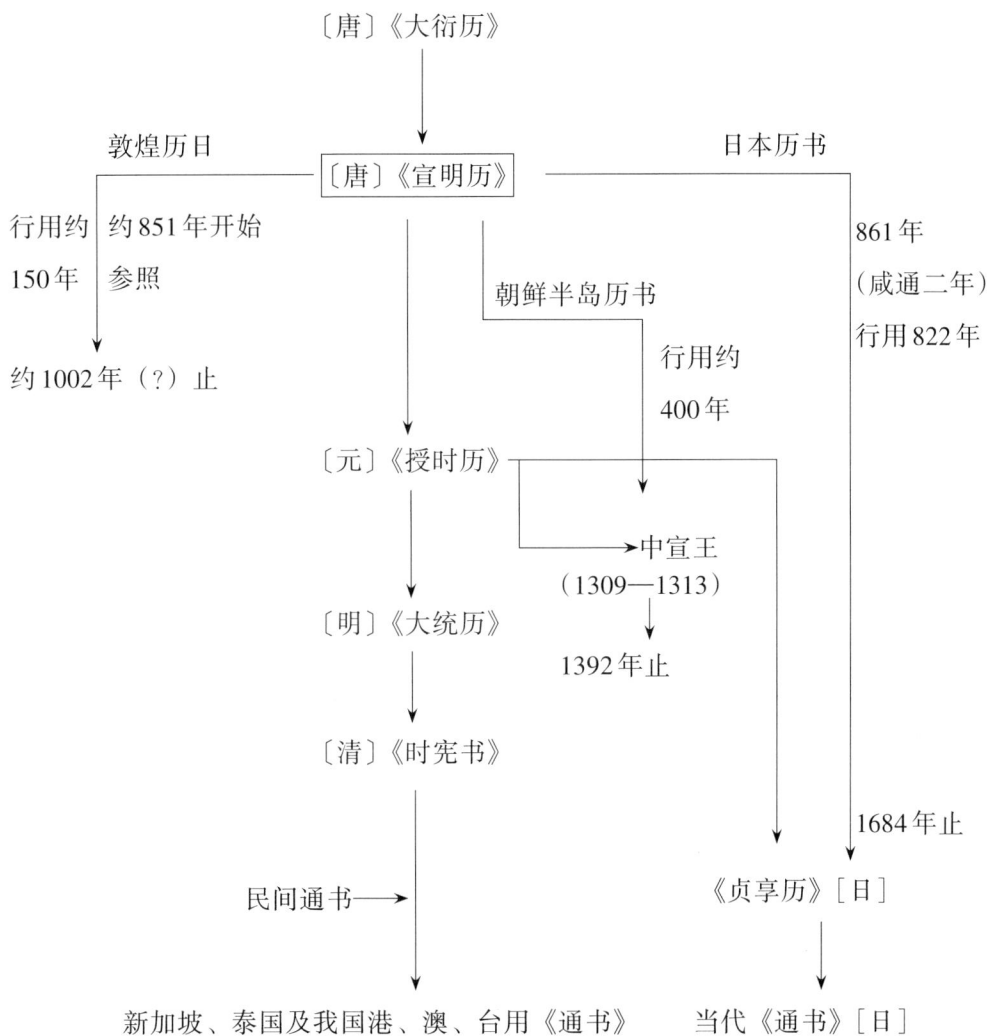

〔唐〕《大衍历》

敦煌历日 〔唐〕《宣明历》 日本历书

行用约 约851年开始 861年
150年 参照 （咸通二年）
行用822年

约1002年（？）止

朝鲜半岛历书

行用约
400年

〔元〕《授时历》

中宣王
（1309—1313）

〔明〕《大统历》

1392年止

〔清〕《时宪书》

1684年止

民间通书——→ 《贞享历》〔日〕

新加坡、泰国及我国港、澳、台用《通书》 当代《通书》〔日〕

图六　敦煌历日与东亚通书之关系

（原载北京大学中国传统文化中心编《国学研究》第八卷，北京：北京大学出版社，2001年版，第335—355页）

传统历日以二十八宿注历的连续性

二十八宿用于注历，是自唐末开始传统历日新增的一项铺注内容。其法是按一定规则，将二十八宿各宿分别注于每日之下，循环往复地进行。其间有所断续，宋以后才连绵不断。那么，自南宋以来，这项历日内容是否长期连绵不断呢？从道理上说应该如此，但以往由于资料缺乏而难以证明。近年来，由于有几件西夏和宋以后的出土历日相继刊布，再结合传世历本和现行民用"通书"，对这个问题进行论证便成为可能。本文旨在以实证方式证明，自西夏乾祐十三年（1182）至20世纪末的1998年，中国传统历日以二十八宿注历是长期连续进行的，也未发生过错误。

为什么要以西夏乾祐十三年（1182）作为检验的起点呢？这是由于，当时僻居西北的西夏王朝受宋王朝影响，也在印制汉文历日，近年出土的汉文《西夏乾祐十三年壬寅岁（1182）具注历日》，[①]是迄今为止我们所能看到用二十八宿连续注历的最早历日实物。此件出土于内蒙古额济纳旗的黑城，是一件印本历日残片。原件今藏俄罗斯科学院东方学研究所圣彼得堡分所，编号"俄TK297"，年代由我考证而

---

① 图版见《俄藏黑水城文献·汉文部分》第4册，上海：上海古籍出版社，1998年版，第385页下栏—386页上栏。

得①。从历日残存的二十八宿铺注内容，可以推知正月七日所注为"角"，而"角"宿是中国传统二十八宿的第一宿。由此确知，西夏乾祐十三年正月七日是历注中某一个二十八宿完整周期的开始。

这里还需特别说明的是，在上述这份《西夏乾祐十三年壬寅岁（1182）具注历日》之前，我们从敦煌历日里也发现过两件用二十八宿作注的残历日。一是BD16365《唐乾符四年丁酉岁（877）具注历日》，另一件是S.2404《后唐同光二年甲申岁（924）具注历日》。而在此二历之后，都有别的历日被发现，却没有用二十八宿注历。说明这两份历日用二十八宿作注仅是偶一为之，尚未连续使用。《西夏乾祐十三年壬寅岁（1182）具注历日》则不同，在它之后，又有两种汉文历日，即《西夏皇建元年庚午岁（1210）具注历日》和《西夏光定元年辛未岁（1211）具注历日》出土，均用二十八宿注历，说明至晚自1182年起，用二十八宿注历已是连续进行的了。这是我们从公元1182年开始进行检验的另一原因。

在《西夏乾祐十三年（1182）具注历日》之后，我们能看到的是传世本《宋宝祐四年丙辰岁（1256）会天万年具注历日》。此历日三月最末一天为"三十日辛酉木执轸"②。"轸"宿是二十八宿的最末一宿。这就是说，此日是历注中某一个二十八宿完整周期的结束。自西夏乾祐十三年（1182）正月七日至南宋宝祐四年（1256）三月三十日，共有27104天。③27104天÷28天＝968（周）。可知，这期间共将968个二

① 参邓文宽：《黑城出土〈宋淳熙九年壬寅岁（1182）具注历日〉考》，载《华学》第4辑，北京：紫禁城出版社，2000年版，第131—135页。此文发表时，认为该历日属于南宋王朝所颁发，认识有误，今改为《黑城出土〈西夏乾祐十三年壬寅岁（1182）具注历日〉考》。

② 任继愈总主编，薄树人主编：《中国科学技术典籍通汇·天文卷》第1册，郑州：河南教育出版社，1997年版，第695页。

③ 本文所用日期数据，全部依据张培瑜《三千五百年历日天象》一书统计而得，郑州：河南教育出版社，1990年版。

十八宿完整周期注于历日。

传世《宋宝祐四年丙辰岁（1256）会天万年具注历日》四月一日注"角"，又是一个二十八宿周期的开始。此下则是一件出自黑城的元朝历日，[①]它也是一件印本历日小残片，原件藏内蒙古文物考古研究所。经张培瑜教授考证，确定为元至正二十五年（1365）的历日。[②]此历七月五日为"七月五日辛酉木满轸"，可知是某一个二十八宿周期之末。自宋宝祐四年（1256）四月一日至元至正二十五年（1365）七月五日，共有39900天。39900天÷28天＝1425（周）。由此得知，这期间共将1425个二十八宿完整周期注于历日。

在元朝历日之后，我们找到了一件从吐鲁番出土的明永乐五年历日。此件现藏德国国家图书馆，编号为Ch.3506，照片由荣新江教授从德国购回，年代则由我考证得出。[③]此件也是一份印本历日的残片，其六月二十三日为"二十三日乙巳火开轸"，是某一个二十八宿周期之末。而前引元至正二十五年（1365）历日的七月六日注"角"，则为某个二十八宿周期之始。我们又可以据此对这两个年代之间的二十八宿周期进行计算。自元至正二十五年（1365）七月六日至明永乐五年（1407）六月二十三日，共有15344天。15344天÷28天＝548（周）。可知，这期间共将548个二十八宿完整周期注于历日。

大约从明朝中叶起，明清两朝近400年的历本被保存了下来。但是如果一天天地去对照原历，既无可能，也无必要。我们依然采取上面所用的方法进行抽样检查，并企求得出一个可信的结论。

---

① 图版见内蒙古文物考古研究所、阿拉善盟文物工作站：《内蒙古黑城考古发掘纪要》，所附"图三七历书（F19：W18）"，载《文物》1987年第7期，第1—23页；附图见第21页右上。

② 张培瑜：《黑城新出天文历法文书残页的几点附记》，载《文物》1988年第4期，第91—92页。

③ 参邓文宽：《吐鲁番出土〈明永乐五年丁亥岁（1407）大统历〉考》，载《敦煌吐鲁番研究》第5辑，北京：北京大学出版社，2001年版，第263—268页。

　　清乾隆六十年（1795）《时宪书》的一部分内容，曾被已故天文学史专家陈遵妫先生用作书影照片加以刊布。[①]此历正月二十二日注"轸"，是某个二十八宿周期之末。而前引明永乐五年（1407）历日六月二十四日为"角"，是某个二十八宿周期之始。自明永乐五年（1407）六月二十四日至清乾隆六十年（1795）正月二十二日共有141540天。141540天÷28天＝5055（周）。可知，在这390多年时间里，共将5055个二十八宿完整周期注于历日。

　　中国传统民用"通书"中的数术内容，1949年后在大陆地区被废弃。因此，二十八宿注历这项历日文化在中国大陆未能沿用下来。但在中国的香港、台湾、澳门等地，在日本、新加坡、泰国等东亚和东南亚国家，民用"通书"中依然包含着二十八宿注历的内容。我们对其连续性检验如下：

　　1970年香港出版的"永经堂"民用"通书"，其农历正月十三日为"十三己巳木轸平"，可知为某个二十八宿周期之末。而前引清乾隆六十年（1795）《时宪书》正月二十三日注"角"。自清乾隆六十年（1795）正月二十三日至1970年农历正月十三日，共有63924天。63924天÷28天＝2283（周）。其间曾将2283个二十八宿完整周期注于历日。

　　1995年，台湾正海出版社出版的高铭德先生编《台湾农民历》，其正月十六日注"轸"，又是某个二十八宿周期之末。而前引香港"永经堂"1970年民用通书正月十四日注"角"。自1970年农历正月十四日到1995年正月十六日，共有9128天。9128天÷28天＝326（周）。其间共将326个二十八宿完整周期注于历日。

　　日本"高岛易观象学会本部"编纂的《平成十年（1998）观象宝

----

① 陈遵妫：《中国天文学史》第3册，上海：上海人民出版社，1984年版，第1617—1620页。

运历》，其旧历一月十五日注"轸"，为二十八宿某周期之末。而前引 1995 年《台湾农民历》之正月十七日注"角"。自 1995 年正月十七日 至 1998 年正月十五日，共有 1092 天。1092 天÷28 天＝39（周）。可知，其间又将 39 个二十八宿完整周期注于历日。

将以上分段计算的结果综合起来便是：自西夏乾祐十三年（1182）正月七日，至公元 1998 年农历正月十五日，共有 298032 天，其间共将 10644 个二十八宿完整周期注于历日 [298032 天÷28 天＝10644（周）]。

以上我们对西夏乾祐十三年（1182）至公元 1998 年，这 816 年间传统历日使用二十八宿注历的情况进行了检验。所使用的历日实物既有传世的，也有出土的；既有中国历史上不同民族曾经行用过的，也有当今我国港、澳、台地区和日本仍在实行的。结果表明，自南宋（西夏乾祐十三年相当于南宋淳熙九年）以来，传统历日使用二十八宿注历一直连绵未断，而且正确无误。毋庸置疑，它是一项历史悠久的历日文化内容。

但是，中国古人给传统天文学中的二十八宿配以吉凶宜忌的内容，却不是从南宋才开始的。就目前已知的材料看，至晚到战国末年就已存在。1975 年，湖北云梦睡虎地出土的秦简《日书》已有此项内容的记载。[1]千余年后，至唐末，敦煌地区也已有编历者将此项内容引入历日，但还仅是偶一为之，尚未连续使用；南宋后便一直延续不断，直至当下。

（原载《历史研究》2000 年第 6 期，第 173—175 页）

---

[1] 见睡虎地秦墓竹简整理小组编：《睡虎地秦墓竹简》，北京：文物出版社，1990 年版，第 237—238 页。

对两份敦煌残历日用二十八宿作注的检验

——兼论BD16365《具注历日》的年代

　　二十多年前，我曾利用出土的、传世的和当代我国港、澳、台地区以及日本的民用通书，进行综合研究，证明自南西夏乾祐十三年（1182）至公元1998年的816年间，传统历日以二十八宿注历是连续进行的，也不曾出现错误。[①]但那时受认识和资料的局限，对早期敦煌历日使用二十八宿作注的情况未曾关注。本篇即对两份敦煌残历日用二十八宿作注的情况进行检验，看看它们是否正确，并对产生错误的原因试作分析。

　　在进行具体检验之前，有必要先确定用二十八宿注历正确与否的标准。

　　二十八宿用于注历是有规律可循的。这个规律便是它与另外两种历注间存在着固定对应关系。确认了这种对应关系，历本上用二十八宿作注正确与否便一目了然。现将这两种对应关系解释如下。

　　第一种是二十八宿与七曜日（日、月、火、水、木、金、十，即一星期七天）的对应关系。二十八宿是中国传统天文学的内容，但七曜日却是一种外来文化。就目前能看到的资料而言，在敦煌地区，至

[①] 邓文宽：《传统历日以二十八宿注历的连续性》，载《历史研究》，2000年第6期，第173—175页。

晚唐末七曜日即已被用来注历。这两项历注有一个共同特点，即用于注历时都是将其完整的周期依次配入各日之下，反复进行，自身周期内并不重复。因为28是7的整4倍，所以，二者间就形成了固定对应关系。最最重要的是，二十八宿的首宿（角宿）应该配七曜日的哪一日？这个问题解决了，其下依次配入即可。我们知道，二十八宿之"角亢氐房心尾箕"是"东方苍龙"七宿；而在中国古代方位与五行的对应关系里，又是"东方甲乙木"，"角"和"木"均属"东方"，所以"角"必须与"木"相配。而七曜日的顺序又是日（星期日）、月（星期一）、火（星期二）、水（星期三）、木（星期四）、金（星期五）、土（星期六），这样，二十八宿与七曜日间便有了下列固定对应关系：

表一　二十八宿与七曜日对应关系表

木（四）	金（五）	土（六）	日	月（一）	火（二）	水（三）
角	亢	氐	房	心	尾	箕
斗	牛	女	虚	危	室	壁
奎	娄	胃	昴	毕	觜	参
井	鬼	柳	星	张	翼	轸

有了这种对应关系，即使历本上没有用七曜日作注，但只要当日有二十八宿注历，我们就能立即获知当日是星期几，反之也是一样。尤其是"日曜日"（星期日）必在房、虚、昴、星四日，是一项重要知识，在我们研究古代历日时会十分有用。

第二种是"七元甲子"。所谓"七元甲子"，指的就是七个甲子周期（420天）里，各纪日干支与所注二十八宿间的对应关系，附带也包含了七曜日与二十八宿的对应关系。420天是六十甲子的7倍（七元），也是七曜日的60倍，还是二十八宿的15倍。从纯数学的角度讲，420

是7、28和60这三个数的最小公倍数。六十甲子、二十八宿和七曜日在历本上是循环使用的，自身周期内又不重复，于是形成了七元甲子（420天）内各纪日干支和二十八宿间的固定对应关系。

对于"七元甲子"，清朝人曾有过解说。《协纪辨方书》卷一（本原一）"二十八宿配日"条说："《考原》（按，即《星历考原》，官修于清康熙年间）云：'日有六十，宿有二十八，四百二十日而一周。四百二十者，以六十与二十八俱可以度尽也。故有七元之说。一元甲子起虚，以子象鼠而虚为日鼠也；二元甲子起奎，三元甲子起毕，四元甲子起鬼，五元甲子起翼，六元甲子起氐，七元甲子起箕。至七元尽而甲子又起虚，周而复始。但一元起于何年月日则不可得而考矣。'"[1]对于七元甲子里各元之首日即甲子日所配二十八宿，如一元甲子日配"虚"等，若仅仅停留在文字表述上，便会觉得一头雾水。于是，我将一元到七元各甲子60日中，纪日干支与二十八宿的对应关系作了表格化处理（见本文表二《七元甲子表》），上引《星历考原》的内容便十分清楚了。在这七个表格的各甲子之间，干支是连续的，二十八宿也是连续的，每个甲子日所配星宿与《星历考原》也一一相合。这就是说，从理论认识上看，所言七元甲子里纪日干支与二十八宿间的对应关系是成立的。但是，仅作理论解说仍然不够，我们还必须用古代实用历本加以印证，才能最终确定其可考性。幸运的是，作为传世最早的官颁历本《南宋宝祐四年（1256）会天万年具注历日》，[2]就含有相对完整的二十八宿注历，其各甲子日所注二十八宿情况如下：八月六日甲子注"虚"，十月七日甲子注"奎"，二月二日甲子注"翼"，四月三日甲子注"氐"，六月五日甲子注"箕"。由于一年

---

①李零主编：《中国方术概观·选择卷》（上），北京：人民中国出版社，1993年版，第98页。
②任继愈总主编，薄树人主编：《中国科学技术典籍通汇·天文卷》第1册，郑州：河南教育出版社，1997年版，第691—704页。

不会有420天，所以见不到注"毕"和"鬼"的那两个甲子周期（宝祐三年和五年历日应该能见到）。作了这样的对照之后，我们可以确认，本文表二《七元甲子表》是能够成立的，是正确的。

明确了二十八宿与七曜日的对应关系、七元甲子里各个纪日干支与二十八宿的对应关系后，我们就可以对那两份敦煌残历日用二十八宿注历是否正确进行检验了。

第一份是S.2404《后唐同光二年甲申岁（924）具注历日并序》。[1]此历日由著名敦煌历法专家翟奉达"撰上"。历本首部稍残，但不严重，所以序言部分基本完整。但正文部分却仅存正月的一到四日（四日亦有残缺），以下全失。不过，就在这四日中，却有两日注了二十八宿：一日注"虚"，二日未注，三日注"室"，四日因残而不可知。最初，我未注意到这两处历注的意义，是法国汉学家华澜教授给我指出的，这里要向他致以深切的感谢。虽然二日未注，但在二十八宿中，"斗牛女虚危室壁"是北方玄武七宿，"虚危室"是连续的，所以，将一日与三日所注的"虚"和"室"理解为二十八宿是没有错误的，关键是看它正确与否。正月一日顶端注一"莫"字，是七曜日星期一的外来名字，也称太阴日或月曜日。而初一日的纪日干支是辛丑。查本文所附《七元甲子表》，辛丑日所注二十八宿是：一元注角，二元注柳，三元注轸，四元注房，五元注斗，六元注危，七元注娄，辛丑日无注"虚"者。但"虚"后一日即是"危"，也就是说，本历正月一日当注"危"（在六元辛丑日，星期一）而非"虚"，"虚"应注在同光元年（923）的除夕日（十二月二十九日或三十日）才是。本历日正月一日辛丑又注"莫"，查陈垣《廿史朔闰表》，该日合公元924年2月9日；

---

①释文见邓文宽：《敦煌天文历法文献辑校》，南京：江苏古籍出版社，1996年版，第374—382页。

再查《日曜表》，此日恰是星期一（莫）。这就再次表明，该历正月一日应注"危"而非"虚"，注"虚"错。进而言之，此历日以下各日所注二十八宿，若按照正确的标准，均应上提一日。

第二份是国家图书馆藏BD16365号。此件为各自仅存5行和6行的两个小断片，分别属于历日的三月和四月。我曾考订该历的年代为唐乾符四年（877）。[①]后来赵贞先生对我所定年代表示怀疑。所以，必须先将该残历的准确年代加以确定，才能讨论其用二十八宿作注的正确与否。赵贞说：

> 鉴于敦煌历的朔日与中原历常有一两日的误差，我们姑且以中原历四月壬申朔（相比中原历，敦煌历晚一日）为参照，检索《二十史朔闰表》，可知归义军时期有乾符四年（877）、后唐天福四年（939）和北宋景德三年（1006），均为四月壬申朔。以《日曜表》来复核，发现只有乾符四年的四月乙未是"蜜"日（公元877年6月9日）。邓文宽据此将BD16365定为《唐乾符四年丁酉岁具注历日》，这当然是对的。但不可否认，敦煌历日中还存在朔日干支比中原历朔早一日的情况，比如敦煌历四月癸酉朔，中原历甲戌朔，那么比照《二十史朔闰表》，可知归义军时期符合条件的年份有唐景福元年（892）、后汉乾祐二年（949）和宋大中祥符九年（1016）。同样以《日曜表》来复核，只有景福元年四月乙未（即公元892年5月21日）为蜜日，亦符合星宿的标注。据此，似乎也不能排除BD16365为《唐景福元年壬子岁（892）具注历日》的可能

---

① 邓文宽：《两篇敦煌具注历日残文新考》，载《敦煌吐鲁番研究》第十三卷，上海：上海古籍出版社，2013年版，第197—201页。

性。①

可见，在赵贞先生看来，这份残历日既可能是唐乾符四年（877）的，也可能是唐景福元年（892）的，从而其年代不再具有唯一性。赵贞先生研究残历时，主要关照的是两个要素：一是敦煌历日与中原历日的朔日有一到二日乃至三日的差别，二是相关日期能否与《日曜表》相合。诚然，就方法而言，考订残历年代时，关照上述两个要素是必须的，但又是不够的。历日虽残，但残存内容可能同时提供好几个有价值的信息。这些信息既是考订残历年代的条件和依据，同时所考订出的年代也要能让这些信息获得通解。学术规范要求，整理和研究出土文献时，要依次做到识字、释义和通文。我想这个原则在考订残历年代时同样适用。如果所定年代不能让残历日中的某些重要信息获得通解，那就说明这个年代一定是错的，不足采信。

残历第二片二十日壬辰注有"芒种五月节小暑至"。首先需要说明的是，在中国古代的七十二个物候中，"小暑至"是"小满四月中"的第三候，"芒种五月节"的第一候是"螳螂生"，所以，此处将物候注为"小暑至"是错误的。根据残历现存的其他条件，我们已考出这一片为四月的历日，赵贞先生亦无异议。那么，为何"芒种五月节"却注在了四月二十日呢？中国古代的二十四节气，理论上农历每月含一个节气和一个中气，如"立春"正月节，"雨水"正月中，"芒种"五月节，"夏至"五月中，等等。但实际编在历本上时，"节气"（非中气）所在日期常常是在本月上半月和上月下半月之间游动。这是为什么呢？经验告诉我们，凡是将节气提前注在上月之下半月者，应该是

---

① 赵贞：《国家图书馆藏 BD16365〈具注历日〉研究》，载《敦煌研究》2019 年第 5 期，第 86—95 页，引文见 92 页。

在它不久前的几个月内曾置过闰月，否则就不会出现这种"错位"现象。残历"芒种五月节"注在四月二十日，就已提示我们，其前不久有过闰月。查陈垣先生《廿史朔闰表》①和张培瑜先生《三千五百年历日天象》，②中原历唐乾符四年（877）均是闰二月，癸酉朔；而景福元年（892）无闰月，再前一年即大顺元年（891）也无闰月，只是到景福二年（893）才闰五月，戊辰朔。如同敦煌历日的朔日与中原历有一到三日之差，敦煌历的闰月与中原历也常有一到二月之别。换言之，这件敦煌残历日所在的唐乾符四年（877）年初或再早一点也曾置闰，或在二月，或在二月前后的两个月内，这才是残历将"芒种五月节"注在四月二十日的真正原因。同理，乾符四年（877）中原历"芒种五月节"注在了四月十七日戊子（比敦煌历还早三日），也是因为该年有闰二月所导致。而景福元年（892）根本就不存在将"芒种五月节"注在四月二十日的前提条件（详前）。我们再查一下节气表，中原历景福元年（892）"芒种五月节"是在农历五月四日丁未，③比这份敦煌残历日所注的四月二十日晚了十四天，它们能是同一年的中原历和敦煌历吗？

综上可知，将这份敦煌残历的年代定在唐景福元年（892）无法自洽，从而是错误的。残历的年代只能是唐乾符四年丁酉岁（877）。

在将残历年代确认之后，我们再去检验它用二十八宿作注正确与否。残历第二片现存状况是：四月二十日壬辰注井，二十一日癸巳注鬼，二十二日甲午注柳，二十三日乙未注星。其中二十三日合公元877年6月9日，是星期日。前已指出，在二十八宿与七曜日的关系中，房、虚、昴、星四日是星期日，所以二十三日注"星"是正确无误的。

---

①陈垣：《廿史朔闰表》，北京：中华书局，1962年版，第109页。
②张培瑜：《三千五百年历日天象》，郑州：河南教育出版社，1990年版，第241页下栏右。
③张培瑜：《三千五百年历日天象》，郑州：河南教育出版社，1990年版，第244页上栏中。

但我们将二十三日的纪日干支乙未与《七元甲子表》对照时，却发现了问题。在《七元甲子表》里，乙未日一元注壁，二元注昴，三元注井，四元注张，五元注亢，六元注尾，七元注女，无一日注"星"者。而甲午在乙未前一日，一元注室，二元注胃，三元注参，四元注星，五元注角，六元注心，七元注牛。残历二十三日注"星"，又是星期日，并不矛盾，错误出在纪日干支上。如果本日干支是甲午，即"二十三日甲午星"（见"四元甲子"甲午日），那就没有错误了。现存历日残片上甲午不在二十三日，而在二十二日，说明残历的干支有一日之误。

残历纪日干支有一日之误，这个错误是如何产生的呢？我推测有两种可能：一是抄历人抄写时看串了行，漏抄了某日的干支，结果是将后面各日干支提前了一日；另一种可能是，编历者相关知识不够，编历时本身就出了错误。而以第二种可能性为大。从上面的论述可知，若依照正确的标准，该历四月二十三日干支应为甲午，逆推可得，四月朔日在壬申，与中原历朔在同一日。

"七元甲子"是一项非常重要的历法知识，但以往学者们包括我本人均不够重视。本文复原出《七元甲子表》后，以它为工具，检验了两份敦煌残历日用二十八宿作注的正确程度，结果是均有错误。这两份残历特别是唐乾符四年（877）历日，是目前所见用二十八宿作注的最早资料，但将二十八宿引入历本作注时却出现了错误。这说明当时的编历者对"七元甲子"认识不足。也许当时人尚未认识到"七元甲子"那种严格的对应关系，甚至还没有"七元甲子"这个概念。但"七元甲子"本身是一种客观存在，后人用得多了，对它的认识加深了，自然也就不会再出现早期使用者的那些错误，这也正是人类认识提高的一般规律。这样理解，千余年后的我们，也就无由苛责古代那些编历先行者了。

表二 《七元甲子表》

（各纪日干支与二十八宿对应关系表，星期日在房、虚、昴、星四日）

一元甲子									
甲子 虚	乙丑 危	丙寅 室	丁卯 壁	戊辰 奎	己巳 娄	庚午 胃	辛未 昴	壬申 毕	癸酉 觜
甲戌 参	乙亥 井	丙子 鬼	丁丑 柳	戊寅 星	己卯 张	庚辰 翼	辛巳 轸	壬午 角	癸未 亢
甲申 氐	乙酉 房	丙戌 心	丁亥 尾	戊子 箕	己丑 斗	庚寅 牛	辛卯 女	壬辰 虚	癸巳 危
甲午 室	乙未 壁	丙申 奎	丁酉 娄	戊戌 胃	己亥 昴	庚子 毕	辛丑 觜	壬寅 参	癸卯 井
甲辰 鬼	乙巳 柳	丙午 星	丁未 张	戊申 翼	己酉 轸	庚戌 角	辛亥 亢	壬子 氐	癸丑 房
甲寅 心	乙卯 尾	丙辰 箕	丁巳 斗	戊午 牛	己未 女	庚申 虚	辛酉 危	壬戌 室	癸亥 壁

二元甲子									
甲子 奎	乙丑 娄	丙寅 胃	丁卯 昴	戊辰 毕	己巳 觜	庚午 参	辛未 井	壬申 鬼	癸酉 柳
甲戌 星	乙亥 张	丙子 翼	丁丑 轸	戊寅 角	己卯 亢	庚辰 氐	辛巳 房	壬午 心	癸未 尾
甲申 箕	乙酉 斗	丙戌 牛	丁亥 女	戊子 虚	己丑 危	庚寅 室	辛卯 壁	壬辰 奎	癸巳 娄
甲午 胃	乙未 昴	丙申 毕	丁酉 觜	戊戌 参	己亥 井	庚子 鬼	辛丑 柳	壬寅 星	癸卯 张
甲辰 翼	乙巳 轸	丙午 角	丁未 亢	戊申 氐	己酉 房	庚戌 心	辛亥 尾	壬子 箕	癸丑 斗

续表

甲寅牛	乙卯女	丙辰虚	丁巳危	戊午室	己未壁	庚申奎	辛酉娄	壬戌胃	癸亥昴

三元甲子									
甲子毕	乙丑觜	丙寅参	丁卯井	戊辰鬼	己巳柳	庚午星	辛未张	壬申翼	癸酉轸
甲戌角	乙亥亢	丙子氐	丁丑房	戊寅心	己卯尾	庚辰箕	辛巳斗	壬午牛	癸未女
甲申虚	乙酉危	丙戌室	丁亥壁	戊子奎	己丑娄	庚寅胃	辛卯昴	壬辰毕	癸巳觜
甲午参	乙未井	丙申鬼	丁酉柳	戊戌星	己亥张	庚子翼	辛丑轸	壬寅角	癸卯亢
甲辰氐	乙巳房	丙午心	丁未尾	戊申箕	己酉斗	庚戌牛	辛亥女	壬子虚	癸丑危
甲寅室	乙卯壁	丙辰奎	丁巳娄	戊午胃	己未昴	庚申毕	辛酉觜	壬戌参	癸亥井

四元甲子									
甲子鬼	乙丑柳	丙寅星	丁卯张	戊辰翼	己巳轸	庚午角	辛未亢	壬申氐	癸酉房
甲戌心	乙亥尾	丙子箕	丁丑斗	戊寅牛	己卯女	庚辰虚	辛巳危	壬午室	癸未壁
甲申奎	乙酉娄	丙戌胃	丁亥昴	戊子毕	己丑觜	庚寅参	辛卯井	壬辰鬼	癸巳柳
甲午星	乙未张	丙申翼	丁酉轸	戊戌角	己亥亢	庚子氐	辛丑房	壬寅心	癸卯尾
甲辰箕	乙巳斗	丙午牛	丁未女	戊申虚	己酉危	庚戌室	辛亥壁	壬子奎	癸丑娄

续表

甲寅 胃	乙卯 昴	丙辰 毕	丁巳 觜	戊午 参	己未 井	庚申 鬼	辛酉 柳	壬戌 星	癸亥 张

五元甲子									
甲子 翼	乙丑 轸	丙寅 角	丁卯 亢	戊辰 氐	己巳 房	庚午 心	辛未 尾	壬申 箕	癸酉 斗
甲戌 牛	乙亥 女	丙子 虚	丁丑 危	戊寅 室	己卯 壁	庚辰 奎	辛巳 娄	壬午 胃	癸未 昴
甲申 毕	乙酉 觜	丙戌 参	丁亥 井	戊子 鬼	己丑 柳	庚寅 星	辛卯 张	壬辰 翼	癸巳 轸
甲午 角	乙未 亢	丙申 氐	丁酉 房	戊戌 心	己亥 尾	庚子 箕	辛丑 斗	壬寅 牛	癸卯 女
甲辰 虚	乙巳 危	丙午 室	丁未 壁	戊申 奎	己酉 娄	庚戌 胃	辛亥 昴	壬子 毕	癸丑 觜
甲寅 参	乙卯 井	丙辰 鬼	丁巳 柳	戊午 星	己未 张	庚申 翼	辛酉 轸	壬戌 角	癸亥 亢

六元甲子									
甲子 氐	乙丑 房	丙寅 心	丁卯 尾	戊辰 箕	己巳 斗	庚午 牛	辛未 女	壬申 虚	癸酉 危
甲戌 室	乙亥 壁	丙子 奎	丁丑 娄	戊寅 胃	己卯 昴	庚辰 毕	辛巳 觜	壬午 参	癸未 井
甲申 鬼	乙酉 柳	丙戌 星	丁亥 张	戊子 翼	己丑 轸	庚寅 角	辛卯 亢	壬辰 氐	癸巳 房
甲午 心	乙未 尾	丙申 箕	丁酉 斗	戊戌 牛	己亥 女	庚子 虚	辛丑 危	壬寅 室	癸卯 壁
甲辰 奎	乙巳 娄	丙午 胃	丁未 昴	戊申 毕	己酉 觜	庚戌 参	辛亥 井	壬子 鬼	癸丑 柳

续表

甲寅 星	乙卯 张	丙辰 翼	丁巳 轸	戊午 角	己未 亢	庚申 氐	辛酉 房	壬戌 心	癸亥 尾

七元甲子									
甲子 箕	乙丑 斗	丙寅 牛	丁卯 女	戊辰 虚	己巳 危	庚午 室	辛未 壁	壬申 奎	癸酉 娄
甲戌 胃	乙亥 昴	丙子 毕	丁丑 觜	戊寅 参	己卯 井	庚辰 鬼	辛巳 柳	壬午 星	癸未 张
甲申 翼	乙酉 轸	丙戌 角	丁亥 亢	戊子 氐	己丑 房	庚寅 心	辛卯 尾	壬辰 箕	癸巳 斗
甲午 牛	乙未 女	丙申 虚	丁酉 危	戊戌 室	己亥 壁	庚子 奎	辛丑 娄	壬寅 胃	癸卯 昴
甲辰 毕	乙巳 觜	丙午 参	丁未 井	戊申 鬼	己酉 柳	庚戌 星	辛亥 张	壬子 翼	癸丑 轸
甲寅 角	乙卯 亢	丙辰 氐	丁巳 房	戊午 心	己未 尾	庚申 箕	辛酉 斗	壬戌 牛	癸亥 女

（原载《敦煌研究》2023年第5期，第1—7页）

敦煌三篇具注历日佚文校考

　　我在已经出版的《敦煌天文历法文献辑校》①和《敦煌吐鲁番出土历书》②二书中，对敦煌吐鲁番所出具注历日做了尽可能的裒辑。但是，在编著这两本书时，国际上有些博物馆和图书馆的资料尚未公布。近年来，随着一批资料陆续公开，就发现前此二书尚不完备。迄今至少发现有七件东西我此前未曾寓目，当然更未收到书中。这七件东西，四件出自德国国家图书馆"吐鲁番收集品"③中，两件敦煌历日藏俄罗斯科学院东方学研究所圣彼德堡分所，另一件敦煌历日则藏在日本国会图书馆。本文将对前述分藏于俄国和日本的敦煌历日佚文进行释录和校考。

一、《唐大和八年甲寅岁（834）具注历日》校考

　　此件图版刊布在《俄藏敦煌文献》第10册第109页上栏，编号为

① 邓文宽：《敦煌天文历法文献辑校》，南京：江苏古籍出版社，1996年版。
② 收在任继愈总主编，薄树人主编：《中国科学技术典籍通汇·天文卷》第1册，郑州：河南教育出版社，1997年版。
③ 德藏四号的录文由荣新江先生提供。其中对 Ch.3506 号，我撰有《吐鲁番出土〈明永乐五年丁亥岁（1407）大统历〉考》，载《敦煌吐鲁番研究》第五卷。其余残破过甚，难于成文，暂置不论。

"俄Дx02880"。这是一块前、后、上、下均已残断的印本历日小残片。残存部分以原刻界栏为界，大体可分作三栏：上栏为月神方位日期残文、月大小和月九宫残文；中间一栏是"蜜"日（星期日）注；其下一栏为日序、干支、纳音和建除。给我的感觉是，其版式、内容与S.P.006号《唐乾符四年丁酉岁（877）具注历日》①大体相同。由于原件残破严重，所以编者未予定年，仅题为"具注历"。我们在考定其确年之前，需先将文字释录。释文共分两部分进行，上栏为第一部分；由于第二栏的"蜜"日注是配合第三栏的日期使用的，所以，将这两栏放在一起释录，作为第二部分。凡属推补文字，放入〔〕中，在讨论中将说明推补的理由和依据。为便于讨论，释文前加了行号；原为竖行，今改横排（本文以下相同）。

第一部分：

〔前缺〕

1.⬜⬜⬜　⬜⬜⬜⬜　⬜⬜⬜⬜⬜

2.⬜⬜⬜⬜ 寅天德乾

3.⬜⬜⬜⬜ 卯月德丙

4.⬜⬜⬜⬜ 酉月合辛

5.⬜⬜⬜⬜ 午月空壬

（说明：原件寅、卯、酉、午四字与其下面文字并不十分对齐，更无对应关系）

6.〔六〕月大

7.〔黄〕〔白〕〔碧〕

---

① 图版见《中国科学技术典籍通汇·天文卷》第1册，第359—361页；释文见邓文宽：《敦煌天文历法文献辑校》第198—231页。

8.〔绿〕〔白〕白

9.〔紫〕〔黑〕赤

〔后缺〕

第二部分：

〔前缺〕

1.〔十八〕戊辰〔木〕

2.十九己巳木

3.廿日庚午土

4.廿一辛未土

5.廿二壬〔申金〕

6.廿三癸酉〔金〕

7.廿四甲〔戌火〕

8.蜜廿五乙亥〔火〕

9.廿六丙子〔水〕

10.廿〔七〕丁丑〔水〕

11.廿〔八戊寅土〕

12.廿九〔己〕卯土

13.一日庚辰金

14.二日辛巳金

15.蜜三日壬午木

16.四日癸未木

17.五日甲申水除

18.六日乙酉水满

19. 七日丙戌土平 ☐

20. 八日丁亥土定 ☐

21. 九〔日戊子火执〕☐

〔后缺〕

下面对残历的年代进行考定并加讨论。

（一）第一部分2—5行的天德乾、月德丙、月合辛、月空壬属于具注历日中月神日期方位的内容。由这几个月神对应的日期，可知它们属于五月月序之内容。[①]但是6—9行却属于六月的内容。为什么呢？我们注意到，第二部分17—20行残文中，有注入的除、满、平、定四个建除十二客的内容。依据建除十二客在各"星命月"中同纪日地支的对应关系，[②]除与申对应、满与酉对应、辛与戌对应、定与亥对应，都属于"星命月"六月的内容。由于第一部分2—5行为五月月神，可知残历第二部分十八至二十九日（1—12行）为五月的历日，而其下一至九日（13—21行）应是六月的历日。显然，在五月廿九日和六月一日上面一栏的"月大"（第六行）二字前应是一个"六"字，"六月大"与第三栏的六月一日是对应的。

（二）残历第一部分8—9行残存"白""赤"二字。根据敦煌具注历日的编排特点和经验，我们知道这是六月的月九宫图。由此图右下角为"七赤"，即可知其中宫为"六白"，从而根据九宫图的构图规则将残失的七个九宫字全部填出来。由于六月为六宫，逆推回去，可知正月是二宫，而正月为二宫的年份则是孟年（巳、亥、寅、申）。[③]这

---

① 参邓文宽：《敦煌天文历法文献辑校》，第738页《月神方位、日期表》。

② 参邓文宽：《敦煌天文历法文献辑校》，第741页《各星命月中建除十二客与纪日地支对应关系表》。

③ 参邓文宽：《敦煌天文历法文献辑校》，第746页《年九宫、正月九宫与年地支对应关系表》。

样，我们通过残历六月九宫图查出了它的纪年地支范围，范围就被缩小了。

（三）由于残历第二部分为五月后半月和六月上旬的内容，且知五月共廿九天，是个小月；六月是大月，朔日庚辰，从而用干支表上逆下顺地去推，得出：〔五月小〕，〔辛亥朔〕；六月大，庚辰朔；〔七月?〕，〔庚戌朔〕。

（四）我们将前述五、六、七三个月的朔日，同陈垣先生《廿史朔闰表》公元800—1000年间的巳、亥、寅、申年相对照，其中同唐文宗大和八年甲寅岁（834）相一致。

（五）残历在五月廿五日和六月三日有两个"蜜"日注。其中五月廿五日合西历公元834年7月5日，六月三日合西历同年7月12日，查《日曜表》，此二日均是星期日，残历"蜜"注与《日曜表》亦相合。由以上考证，我们确认此件为《唐大和八年甲寅岁（834）具注历日》。

前已指出，本件残历是一个印本历日。正由于此，它就不仅仅限于历法史研究的范畴，而且同雕版印刷技术史的研究密切相关。以往我们一直认为敦煌所出《唐咸通九年（868）〈金刚经〉》[①]是现存从中国发现、有确切年代的最早雕版印刷品，现在看，印本《唐大和八年甲寅岁（834）具注历日》应是现存最早的雕版印刷品，它比咸通八年提前了34年。可以预期，随着出土文物的增多和研究工作的深入，这个年代还有可能提前。

唐文宗大和八年（834）时，雕版印历是一个什么局面呢？《册府元龟》卷160帝王部"革弊二"记载："〔大和〕九年（835）十二月丁丑，东川节度使冯宿奏：'准敕禁断印历日版。剑南两川及淮南道皆以版印历日鬻于市。每岁司天台未奏颁下新历，其印历已满天下，有乖

---

① 编号为 S.P.002，现藏英国图书馆。

敬授之道。'故命禁之。"私印历日"满天下"便是对当时雕版印历的描述。正由于私印历日极多，冲击了皇帝的"颁历"特权，才有冯宿上奏要求禁断，也才有皇帝发敕禁止。但实际效果恐怕不好。可以说，这件大和八年（834）印本历日就是在这样的时代背景下产生的。至于它是官印历日，还是私印历日，目前尚不能妄断；但它是由敦煌以外的其他地方流入的，则大致不会有问题。因为就敦煌本土而言，大和八年（834）还是吐蕃统治的后期，敦煌同中原唐王朝的联系尚未恢复。而在同年，敦煌当地使用的是自编历日，有 P.2765 写本《唐大和八年甲寅岁具注历日》为证。所以，此件到底是在何时、由何种途径传入敦煌的，都还需要再加研究。

二、《后晋天福十年乙巳岁（945）具注历日》残文缀合

此件图版刊布在《俄藏敦煌文献》第 8 册第 182—183 页，编号 Дx01454、Дx02418V。原件前部、后部及上部残失严重，主要保留着年历总序中的部分文字，正、二两月月序的部分文字和一些选择残文，纪年干支不存。由于条件太少，所以编者仅题为"具注历日"，而未定年代。

当我第一眼看到此件图版时，觉得是那么"面熟"，相信自己早已见到过，而且怀疑它是可以同别的具注历日缀合的。经与刊布在《敦煌吐鲁番出土历书》上的图版比对，发现它可以同 S.0681 背面的《后晋天福十年乙巳岁（945）具注历日》缀合。不仅笔迹相同，而且撕断的字画也能上下对上。换言之，S.0681 背所存为此件残历的上半截，而此两号则存其下半截。今后在收入释文和图录时应将它们加以缀合，题为"后晋天福十年乙巳岁（945）具注历日"，编号为 S.0681 背加Дx01454加Дx02418V 方妥。

此件S.0681背部的释文见于《敦煌天文历法文献辑校》第460页至465页。如果现在再在这里对其俄藏部分单独释文，似无必要，故从略。将来如有机会修订《辑校》一书，再补充进去为宜。

三、《后周显德二年乙卯岁（955）具注历日》校考

此件现藏日本国会图书馆，编号WA37–9。其图版和释文从未公布过。1997年夏天，日本东京一位研究天文历法史的学者西泽宥综先生从国会图书馆发现了此件。他也注意到敦煌研究院施萍婷先生于《敦煌研究》1995年第4期公布的日本"国会图书馆古写本"①目录未著录此件。据云，这是由于图书馆的工作人员忘了提示施先生造成的。我虽然有幸看到了此件的照片复印件，但同时获知，西泽先生已撰文考证，准备将照片一起刊布。我们应该尊重西泽先生的发现功绩和他的优先刊布权。②因此，这里只将文字释录并考证其年代。尽管这样，我也首先要向西泽先生表示诚挚的谢意和感激之情。

下面先将文字录出。依据历日规则推补出的文字不出校记，以免繁琐。

〔前缺〕

1.〔九月〕〔白〕〔绿〕〔白〕 ▢▢▢▢▢▢

2.〔小建〕 赤 〔紫〕〔黑〕在 ▢▢▢▢▢ 月厌

3.〔丙戌〕 碧 黄 〔白〕用乙、辛、丁、癸时〔吉〕。▢

---

①施萍婷：《日本公私收藏敦煌遗书叙录（三）》，《敦煌研究》1995年第4期，第51—70页。

②据有关人士讲，西泽宥综先生将把此件照片连同他撰写的文章一齐刊登于中国科学院自然科学史研究所主办的《中国科技史料》杂志上。(后见到西泽宥综先生有文《〈显德二年历断简〉考释》，载《中国科技史料》2000年第21卷第4期，第348—351页。)

4.一日丁卯火破　往亡　岁对、地囊（1）

5.二日戊辰木危　岁后、天恩

6.三日己巳木成　蛰虫坯户　岁对，加冠

7.蜜　四日庚午土收　罡。

8.五日辛未土开　岁对、不将、母〔仓〕

9.六日壬申金闭　岁对、不将、嫁〔娶〕　殡吉。

10.七日癸酉金建　岁对、天恩（2），拜官、升坛、沐浴、解吉。

11.八日甲戌火除　上弦　水始涸　岁位、血忌、母仓，修造、解除吉。

12.〔九日〕乙亥火满　岁位，祭祀、加官、拜官、修仓库吉。人〔神在尻尾〕。

13.〔十日〕丙子水平　魁　人神〔在腰背〕。

14.〔蜜十〕一日丁丑水定　岁位、母仓，起土、沐浴、解厌吉。日游在外兑宫，人神〔在鼻柱〕。

15.十二日戊寅土执　岁位、归忌，市买、伐木、符、镇解吉。人神〔在发际〕。

16.〔十三〕日己卯土执　寒露九月节鸿雁来宾　岁位、天恩、不〔将〕，嫁娶、祭祀吉。人神〔在牙齿〕。

17.〔十四日〕庚辰金破　岁位、大败（3），破屋、坏垣、治病吉。人神在〔胃管〕。

18.〔十五日辛〕巳金危　望　岁对、血忌、天恩、母仓，嫁娶吉。昼四十八刻，夜五十二刻。人神在〔遍身〕。

19.〔十六日壬午〕木成　岁对、不将、天恩、母仓，嫁娶、葬吉。日游在外乾宫，人神在〔胸〕。

20.十七日癸未木收　罡（4）人神在〔气冲〕。

21.蜜十八日甲申水开　雀入水为蛤　岁对、八魁（5），通渠、□□、出行吉。人神在股内。

22.十九日乙酉水闭　岁位，修造、□□□□□□人神在足。

23.二十日丙戌土建　岁前、母仓，□□□□□□人神在〔内踝〕。

24.二十一日丁〔亥土〕除　岁前，祭祀、治□□□□□人神在手〔小指〕。

25.二十二日戊子火满　岁位、归忌，拜官、□□□□□□人神在外踝。

26.二十三日己丑火平　下弦　菊有〔黄〕花　罡。^{昼四十九刻，夜五十一刻。}（6）人神在肝。

27.二十四日庚寅木定　行狼、九焦、九坎，起〔土〕□□□□

28.蜜二十五日辛卯木执　绝〔阳〕、母仓（7）□□□

29.二十六日壬辰水破　绝阳、八魁（8）□□□

30.二十七日癸巳水危　绝阳、血忌□□□

31.二十八日甲午金成　霜降九月中豺乃祭兽　绝阳、地李，入〔学?〕□□□

32.二十九日乙未金收　魁□□□

33〔十〕月〔赤〕碧　黄　自十月十四日立冬，已得十月之节□

34.　小　建〔白〕白　白　月厌在丑。月杀在戌。□□

35.〔丁亥〕〔黑〕绿　紫〔用甲、庚、丙〕壬时〔吉〕。□

〔后缺〕

【校记】

（1）地囊："星命月"之八月地囊在丙寅、丙申二日，可知当注在此前一日之"丙寅"下，注于此日误。

（2）天恩：癸酉日非天恩日，注于此日误。

（3）大败：九月大败在卯日，注于此日误。

（4）罡：误。九月建除十二客之"收"日为"魁"日，而非罡日。

（5）八魁：误。秋三月（七、八、九月）之八魁在己亥、丁未日，夏三月则在甲申、壬辰日，制历者误。

（6）昼四十九刻，夜五十一刻：误。按，夏至后白天日短，夜晚渐长，十五日已是昼四十八刻，夜五十二刻，则此当作"昼四十七刻，夜五十三刻"。

（7）母仓：九月母仓在辰、戌、丑、未、巳、午日，注于此日误。

（8）八魁：秋三月（七、八、九月）之八魁在己亥、丁未日，注于此日误。参见校记（5）。

下面对残历的年代进行考定。

（一）残历16行有"寒露九月节"，31行有"霜降九月中"，是九月的节气和中气。由于节气注在"十三日"，而不是下半月，因此可以不考虑因置闰而使节气与月份错开。换言之，可以直接判定：残历1—32行为九月的历日内容，而33—35行为十月月序之内容。

（二）九月为小月，朔日为丁卯；十月亦小月，朔日干支当为丙申。

（三）残历九、十两月的月九宫均有残文。根据其残存文字，可知九月为九宫，十月为八宫。逆推可得，正月为八宫。而与正月八宫对应的年份为仲年（子、卯、午、酉）。①

---

① 参邓文宽：《敦煌天文历法文献辑校》，第746页《年九宫、正月九宫与年地支对应关系表》。

（四）以九、十两月的朔日同《廿史朔闰表》中的子、卯、午、酉年对照，在公元800—1000年的范围内，同唐顺宗永贞元年（805）、唐懿宗咸通三年（862）完全相同；同后周显德二年（955）相近似。

（五）残历九月四日、十一日、十八日、二十五日均有蜜日注。若认为残历属于显德二年（955），则九月四日相当于公元955年9月23日，查《日曜表》，此日确为星期日，亦即"蜜"日。

由此可以确认，残历为《后周显德二年乙卯岁（955）具注历日》。将残历九、十两月朔日与同年中原历相比较可知，中原历九月丙寅朔，残历九月丁卯朔，晚一日；中原历闰九月丙申朔，残历十月朔日亦丙申，朔在同日。

在以往的敦煌具注历日中，后周显德二年（955）的历日未曾被发现，此历为我们增添了一份新资料。

（原载《敦煌研究》2000年第3期，第108—112页）

附：

我国发现的现存最早雕版印刷品
《唐大和八年甲寅岁（834）具注历日》
——"敦煌学"研究新成果

长久以来，在雕版印刷技术史的研究中，人们一直认为在我国发现的有确切年代的最早雕版印刷品，是出自敦煌石室，藏在英国图书馆的《唐咸通九年（868）〈金刚经〉》（S.P.002）。1998年底出版并获第四届国家图书奖的《敦煌学大辞典》也是这样著录的（见该辞典682页"金刚般若波罗蜜经"总条）。最近，中国文物研究所邓文宽教授的一项研究成果改变了这一结论，他将在我国发现的有确切年代可考的最早雕版印刷品的年代提前了34年。

邓教授的这个结论，是通过对一件敦煌石室所出具注历日进行研究得出的。这件历日残片现存俄罗斯科学院东方学研究所圣彼得堡分所，编号为"俄Дx02880"，图版刊布在上海古籍出版社最新出版的《俄藏敦煌文献》第10册第109页上栏，刊布时仅题为"具注历"，未标明确切年代。

原件是一块雕印历日的小残片，上、下、前、后均已残损，考定年代甚为不易。邓教授的考证程序大致如下：（1）凭借右上角"天德乾"等四个"月神方位日期"注记，获知其下面的十八至二十九日具注历日属于五月；（2）凭借左下角"除、满、平、定"四个"建除十二神"与纪日地支的对应关系，确认残历一至九日属于六月，从而推知上栏中间"大"字及其上面的半个残字的完整内容是"六月大"。由于知道了六月大、朔日庚辰，五月二十九天是个小月，从而推出五、六、七共三个月的月朔；（3）凭借残历左上角的"白""赤"二字，推知此历六月九宫图为"六白中宫"，进而推出本历正月九宫图为"二黑中宫"，从而找出其纪年地支为孟年（巳、亥、寅、申），缩小了残历的年限范围；（4）以五至七月的朔日同陈垣先生《廿史朔闰表》巳、亥、寅、申年对照，在从公元800—1000年的可能范围内，发现与唐文宗大和八年（834）完全一致；（5）残历在五月二十五日和六月三日有两次"蜜"日（星期日）注，此二日合公元834年的7月5日和12日，查《日曜表》，全是星期日，从而可将残历的绝对年代加以确定。

　　唐文宗大和八年（834）时，民间雕印历日数量巨大，分布很广。《册府元龟》卷160帝王部"革弊二"记载："［大和］九年十二月丁丑，东川节度使冯宿奏：'准敕禁断印历日版。剑南两川及淮南道皆以版印历日鬻于市。每岁司天台未奏颁下新历，其印历已满天下，有乖敬授之道。'故命禁之。"私印历日"满天下"就是对当时民间雕印历日的形象描绘。正由于私历太多，冲击了皇家的"颁历"特权，所以才有冯宿上奏要求禁断，也才有皇帝发诏禁止。但雕印历日具有丰厚的经济效益，禁是禁不住的，客观上却推进了雕版印刷技术的快速发展和进步。这件唐文宗大和八年（834）的印本历日就是在这一时代背景下产生的。至于它是官历还是私历，尚难确定。大和八年（834）正值吐蕃统治敦煌的后期（848年张议潮举义归唐）；敦煌文献P.2765号又是同年敦煌人自编的写本历日，因此，这件残历不大可能是在敦煌本土雕印的，似应由外地流入。其流入的途径和方式，现在也还不易说明，有待今后考查。

（原载《中国文物报》2000年2月2日第三版，署名"苏雅"）

吐蕃占领前的敦煌历法行用问题

　　我自1983年起，即将主要精力用在了敦煌历日的整理和研究上，迄今已过去30年之久。坦率地讲，由于敦煌本地自编历日多在吐蕃占领和归义军时期，我的研究重点也就放在了这一时段。至于吐蕃占领（786）之前，敦煌使用的是何种历法，我一直未加深究。但依常理来说，敦煌自唐初以来的百余年间，一直是在唐王朝的有效管控之下，奉唐正朔，实行唐王朝的历法，应该没有问题。不久前，公维章博士对这一看法提出了质疑，认为："敦煌至迟自公元8世纪初盛唐时期开始，就已使用自编历书，一直持续到宋初，前后达三个世纪之久。"①实在说，这是一个很大的结论，应予重视。以下我将对吐蕃占领前的敦煌历法行用问题进行梳理，一方面回应公博士的质疑；另一方面，也借机补上我自己对吐蕃占领前敦煌历法行用状况知之甚少这一欠缺，并就教于天下有识之士暨同好者。

一、唐前期吐鲁番地区行用的是唐王朝历法

　　一个地区究竟使用的是何种历法，最直接的证据应该是当时当地

---

① 公维章：《从〈大历碑〉看唐代敦煌的避讳与历法行用问题》，载《敦煌研究》2012年第1期，第80—85页，引文见83页。以下引该文一般简称"公文"。

使用的实用历本。可惜的是，现在从敦煌所出的实用历本，除《北魏太平真君十一年（450）十二年（451）历日》外，其余都是唐朝中后期至宋初的，而吐蕃占领前的实用历本一件也未见着。不过，在地处敦煌西面的吐鲁番地区却出土了好几种唐代的实用历本。这里要特别强调的是，吐鲁番在敦煌以西，那时唐代军队和行政官员要到达吐鲁番，基本都要经过河西走廊包括敦煌。所以，考察吐鲁番的历法行用情况，对于了解敦煌历法行用情况具有参考意义。如果吐鲁番地处敦煌之东，我们这样的考察便毫无意义。

迄今为止，在吐鲁番地区共出土了四件唐代实用历本，它们是：

1. 1973 年，从阿斯塔那 210 号墓出土了《唐显庆三年戊午岁（658）具注历日》[①]；

2. 1973 年，从阿斯塔那 507 号墓出土了《唐仪凤四年己卯岁（679）具注历日》[②]；

3. 1996 年，从台藏塔出土了《唐永淳二年（683）、三年（684）具注历日》[③]；

4. 1965 年，从阿斯塔那 341 号墓出土了《唐开元八年庚申岁（720）具注历日》。[④]

[①]释文见国家文物局古文献研究室、新疆维吾尔自治区博物馆、武汉大学历史系编：《吐鲁番出土文书》（释文本）第 6 册，北京：文物出版社，1985 年版，第 73—76 页；研究文章见邓文宽：《敦煌吐鲁番天文历法研究》，兰州：甘肃教育出版社，2002 年版，第 241—250 页。

[②]释文见《吐鲁番出土文书》（释文本）第 5 册，北京：文物出版社，1985 年版，第 231—235 页；研究文章见邓文宽：《敦煌吐鲁番天文历法研究》，兰州：甘肃教育出版社，2002 年版，第 241—250 页。

[③]见陈昊：《吐鲁番台城塔新出唐代历日研究》，载《敦煌吐鲁番研究》第十卷，上海：上海古籍出版社，2007 年版，第 207—220 页。

[④]释文见《吐鲁番出土文书》（释文本）第 8 册，北京：文物出版社，1987 年版，第 130—131 页；研究文章见邓文宽：《敦煌吐鲁番天文历法研究》，兰州：甘肃教育出版社，2002 年版，第 251—254 页。

　　以上四件具注历日均是残片。经过学者们的研究，证明它们都是唐代官颁具注历日。从历法史的角度去看，这些历日共涉及两部历法：一是唐初傅仁均的《戊寅历》，主要指显庆三年那份；而从高宗麟德三年（666），唐朝改用李淳风的《麟德历》，直至开元十六年（728）。可见，上列后三份具注历日均是《麟德历》的实用历本。

　　概而言之，出土历日实物证明，唐前期，吐鲁番地区奉唐正朔，使用的是唐朝官颁历日。

　　那么，敦煌地区又如何呢？

二、吐蕃占领前敦煌历法行用实况

　　公博士立论的依据，主要是《唐陇西李府君修功德碑》（简称《大历碑》）尾题和另外两条敦煌文献题记（具体详后）。我认为，要想对吐蕃占领前敦煌历法行用实况做出判断，仅仅依靠这三条资料是远远不够的。我们应该在更大的范围内加以收集，然后进行比较鉴别，做深入分析，方可下断语。

　　我所使用的资料主要来自两方面：一是敦煌文献，二是敦煌碑刻。敦煌文献中题记资料虽然为数甚多，但对本课题的研究来说，真正有用的却不多。因为多数题记有年号、年数以及纪年干支，但纪月、纪日却用的是序数，如"五月十七日"，既不知月朔干支，又不知当日的纪日干支，与中原历的历表无法进行比较。所以，就我们研究的问题来说，只有同时具有年干支、月朔干支和纪日干支的资料才是真正有价值的。根据这一认识，我在敦煌文献和碑刻中共拣得16条有用资料，以下将依据年次逐一抄录，并以按语的方式进行必要说明。由于这些资料多来自敦煌文献题记，而一些写经题记全文很长，与本课题关系不大，所以我只摘抄那些真正有用的部分，其余从略。①

1.公元693年。S.2278《佛说宝雨经》卷第九尾题："大周长寿二年岁次癸巳九月丁亥朔三日己丑，佛授记寺译（后略）。"

按，将陈垣先生《廿史朔闰表》②（以下简称陈表），张培瑜先生《三千五百年历日天象》③（简称张表），方诗铭、方小芬二位《中国史历日和中西历日对照表》④（简称方表），与该年纪年干支、九月朔日及三日干支进行对照，结果是与三表全合。又，这是武周时代的写经题记，内用武周新字。

2.公元695年。S.2278《佛说宝雨经》卷第九尾题："（前略）证圣元年岁次癸未四月戊寅朔八日乙酉，知功德僧道利检校写，同知法琳勘校。"

按，本年年干支、月朔干支，在陈表、张表、方表上完全相同。但证圣元年干支为"乙未"，写本误作"癸未"。内亦用武周新字。

3.公元695年。北图新0029号《妙法莲华经》卷第五题记："大周证圣元年岁次乙未四月戊寅朔二十一日戊戌，弟子薛崇徽奉为尊长敬造。"

按，同为证圣元年，此件年干支为乙未，亦证上条"癸未"之误。此外，年干支、四月朔日干支及二十一日干支，与陈、张、方三表全合。此件亦用武周新字。

4.公元698年。原立于敦煌莫高窟第332窟的《圣历碑》记有："维大周圣历元年岁次戊戌伍月庚申朔拾肆日癸酉敬造。"

---

① 在拣选资料的过程中,较多地参考了薄小莹:《敦煌遗书汉文纪年卷编年》,长春:长春出版社,1990年版。谨致谢忱。
② 陈垣:《廿史朔闰表》,北京:中华书局,1962年版。
③ 张培瑜:《三千五百年历日天象》,郑州:河南教育出版社,1990年版。
④ 方诗铭、方小芬:《中国史历日和中西历日对照表》,上海:上海辞书出版社,1987年版。

按，此件出自敦煌本地。该年纪年干支、五月朔日干支、十四日干支，与陈表、张表、方表全合。三表全年各月朔日干支也相同。

5.公元703年。S.3712《金光明最胜王经》卷第八尾题："大周长安三年岁次癸卯十月己未朔四日壬戌，三藏法师义净奉制长安西明寺新译，并缀正文字（后略）。"

按，与此条年月日干支完全相同的题记共拣出16条，为节省篇幅，仅录此一条，余从略。①又，其年干支、十月朔日及四日干支，与陈表、张表、方表全同。此件亦用武周新字。

6.公元707年。沪812404／26号《金刚般若波罗蜜经》尾题："大唐景龙元年岁次丁未十二月乙丑朔十五日乙卯，同谷县令薛崇徽为亡男英秀敬写。"

按，此年年干支、月朔干支，在陈表、张表、方表全同。十五日当为己卯，写本误作乙卯。不过，敦煌文献中天干乙、己二字误写者实例很多，兹不详举。

7.公元708年。S.2136《大般涅槃经》卷第十尾题："维大唐景龙二年岁次戊申五月壬辰朔廿六日丁巳，弟子朝议郎成州同谷县令上柱国薛崇徽敬写（后略）。"

按，与此条尾题内容全同的又见于北图新1149号，今不录。此年陈表、张表、方表月朔全同。题记干支与三表均合。

8.公元709年。甘博017号《道教盟约》卷首："大唐景龙三年岁次己酉正月己未朔四日壬戌沙州敦煌县平康乡修武里神泉观道士清信弟子索澄空（后略）。"

①除此条外，其余15条分别见S.1252、S.4268、ДИ–366／750、散0885／中村、新1172、北1751／劫119／雨39、北新0743、龙谷26／526、S.0523、S.3870、S.4989、龙谷27／527、P.2585、散0698／傅、S.6033各号，详见前引薄小莹《敦煌遗书汉文纪年卷编年》第49—51页。

按，此年陈表、张表、方表朔日全同，题记干支与三表亦相合。

9. 公元709年。P.2437a《老子德经下》尾题："大唐景龙三年岁次己酉五月丁巳朔十八日甲戌，沙州敦煌县洪润乡长沙里女官清信弟子唐真戒（下略）。"

按，与此件题记年月日全同者，又见于P.2347b《十戒经》首题，今不录。此年陈表、张表、方表五月朔日均为丙辰，而写卷作丁巳，朔晚一日。如依五月丙辰朔，则十八日当作癸酉；写本十八日作甲戌，比历表亦晚一日。但写卷五月朔与十八日干支却是一致的。另外，此件是公文立论的主要依据之一，我们将在下节详加讨论。

10. 公元711年。P.3417《王景仙受十戒牒》卷首云："大唐景云二年太岁辛亥八月生三月景（丙）午朔廿四日己巳，雍州栎阳县龙泉乡凉台里男生清信弟子王景仙（后略）。"

按，此年月朔干支在陈表、张表、方表全同。该年仅三月朔日为丙午，知"八月生"三字为衍文。三月丙午朔，二十四日恰为己巳。

11. 公元714年。P.2350b《十戒经》尾题："太岁甲寅正月庚申朔廿二日辛巳，沙州敦煌县龙勒乡常安里男官清信弟子李无上（后略）。"

按，与此件年月日干支完全相同者，还有敦煌县洪池乡神农里女官阴志清写的《十戒经》尾题（见罗振玉《贞松堂藏西陲秘籍丛残》第四册），今不录。唐前期的甲寅年，除开元二年（714）外，另有永徽五年（654）和大历九年（774）。但永徽五年正月朔日为戊申，大历九年正月朔日为庚子，均不相合；而开元二年正月朔日为庚申，是唯一相合者。该年各月朔日干支与陈表、张表、方表完全一致。

12. 公元732年。BD15003号张思寂写《金刚般若波罗蜜经》尾题："开元廿年岁次壬申正月乙巳朔廿六日庚午功毕。"

按，该年各月月朔与陈表、张表、方表全同。题记正月朔日和廿六日干支无误。

13. 公元735年。P.2457《阅紫录仪三年一说》尾题："开元廿三年太岁乙亥九月丙辰朔十七日丁巳，于河南府大弘道观敕随驾修祈禳保护功德院，奉为开元神武皇帝写一切经（后略）。"

按，该年陈表、张表、方表朔日干支全同。年干支乙亥无误。但三表九月朔日为癸丑而非丙辰；十七日丁巳亦误，癸丑朔，则十七日当为己巳。

14. 公元751年。S.6453《老子道德经》上下卷题记："大唐天宝十载岁次辛卯正月乙酉朔廿六日庚戌，敦煌郡敦煌县王（玉）关乡（以下原缺）。"

按，与此件题记年月日干支完全相同者，又见于P.2255《老子道经上德经下》首题（抄写人为神沙乡阳沙里神泉观索栖岳）、S.6454《十戒经》尾题（抄写人为玉关乡丰义里开元观张玄晉），该年干支、月朔干支与陈表、张表、方表亦相同。正月朔日乙酉，则二十六日为庚戌，亦无误。

15. 公元756年。P.2832《祭文》首题："维至德元载岁次景（丙）申十一月辛亥朔廿一日辛未，挚友交谨以清酌珍羞之奠，敬祭于□□陇西索氏之灵（后略）。"

按，陈表、张表、方表该年月朔干支全同。朔日辛亥，则二十一日为辛未，亦无误。

16. 公元757年。P.2735《老子道德经河上公注》尾题："至德二载岁次丁酉五月戊申朔十四日辛酉，敦煌郡敦煌县敦煌乡忧洽里清信弟子吴紫阳（后略）。"

按，陈表、张表、方表该年月朔干支全同。五月朔日戊申，则十四日辛酉，亦无误。与此条题纪年月日干支全同者，又见于P.3770《十戒经》尾题，今不录。

对于公维章文作为主要依据的敦煌碑刻《唐陇西李府君修功德碑》

（简称《大历碑》）的尾题，我决定不予采用。原尾题是："大历十一年龙集景（丙）辰八月有十五日辛未建。"除原碑现存外，此件又见于写本 P.3608、P.4640 和 S.6203。其中 S.6203 为："大唐［大历］十一年龙集景辰八月日建。""大历"二字原残，也不见十五日及其干支。但整体上看，此件只有年干支和十五日的干支，而无八月朔日干支。经对比，证明该年各月朔日干支在陈表、张表、方表上全同。公文据十五日干支辛未，推得八月朔日为丁巳，而陈表上八月朔日却为丙辰，比丁巳早了一日。不过，是否存在另一种可能，即八月朔日原本就是丙辰，十五日干支本也是庚午，却被误书为辛未呢？由于这里出现问题的真实原因尚未明了，所以既不能作为公文立论的坚实依据，也不能作为我们讨论吐蕃占领前敦煌历法行用的依据。

我觉得，以上这些资料恐怕还不是同类资料的全部。尤其自 20 世纪 90 年代以来，又有不少敦煌文献被陆续公布了出来。我是仅就手头能见到的资料进行裒辑的，难免会有遗漏。但是，由于我们拣选资料的标准比较苛刻，所以，估计即便未能收罗彻底，也不会遗漏很多。再者，就我们所要讨论的问题来说，这些资料也已大致够用。

这 16 条资料中，除了第 12 条来源地不明外，第 1、2、3、5、6、7、10 各条均来自唐都长安及其附近，第 13 条则来自河南府，真正出自敦煌的，只有第 4、8、9、11、14、15、16 共 7 条。纪年、纪月、纪日干支也有好几处错误，如第 2 条年干支乙未误作了癸未，第 6 条十五日之己卯误作了乙卯，第 13 条九月朔日干支和十七日干支均误。这些错误多是因抄写人不慎造成的。当然，此类错误古今均有。今人多用阿拉伯数字记写年月日，不也经常出错吗？更何况古人用干支记录，文化也远不如今日普及，出现错误也就在所难免了。

当我们对这些资料进行综合分析时，便会看到：

首先，唐朝的行政建制变化在敦煌得到了有效执行。第 8、9、11

三条云"沙州敦煌县",反映的是州县制;第14、16条云"敦煌郡敦煌县",反映的是郡县制。《旧唐书·玄宗纪》:天宝元年(742)二月丙申,"天下诸州改为郡,刺史改为太守。"①《旧唐书·地理一》同州条:"天宝元年,改同州为冯翊郡,乾元元年(758)复为同州。"②可知,乾元元年又改回到州县制。唐代实行郡县制仅17年,但毫无疑义,它在敦煌地区被有效执行过。

其次,唐代改"年"为"载"也被有效执行。第14条有"天宝十载(751)",第15条有"至德元载(756)",第16条有"至德二载(757)"云云。《旧唐书·玄宗下》:"〔天宝〕三载(744)正月丙辰朔,改年为载。"③《旧唐书·肃宗纪》:"改至德三载(759)为乾元元年。"④可知,唐朝以"载"代年,行用凡16年,在敦煌地区也是严格执行了的。

再次,第1、3、5条纪年全称"大周",其余多称"大唐"。我们知道,武则天曾改唐为周,实行周历(以建子月为年首)。而称"大周"和实行周历几乎是同时存在的。历史上称"大唐"与奉唐正朔,即执行唐代官颁历日,不也是完全顺理成章的吗?也许有人会说,为何称"大蕃"(如位字79号唐悟真抄写的氏族资料尾题)的同时,又存在汉人自编历日呢?这是因为,吐蕃人的语言和文字在它统治下的敦煌汉人地区无法全面推行,才允许汉人自编历日的。但在被统治的汉人看来,他们依然是统治民族吐蕃治下的臣民,故称"大蕃"。就这一称谓而言,"大周""大蕃"与"大唐"之称,均表示臣服之意。更何况,唐代改州为郡、改年为载(称"年"或"载"本身就是历法问题)以

---

① 标点本《旧唐书》,北京:中华书局,1975年版,第215页。
② 标点本《旧唐书》,北京:中华书局,1975年版,第1400页。
③ 标点本《旧唐书》,北京:中华书局,1975年版,第217页。
④ 标点本《旧唐书》,北京:中华书局,1975年版,第251页。

及恢复原来的建制，在敦煌地区都曾有效贯彻执行；就是公维章用力研究过的避讳问题，在敦煌地区也是严格执行了的；唐代的历法在这里反而可以不被实行吗？

至于第9条资料，其月朔及纪日干支均与陈垣先生《廿史朔闰表》有一日之差，也是公文立论的主要依据，我们将在下节详加讨论并给予回答。

三、黄一农对《麟德历》"朔差一日"的解释

唐朝建国之初，行用的是傅仁均的《戊寅元历》，因为武德元年（618）干支为戊寅，故名。但行用既久，其法与实际天象差距愈大，故唐高宗麟德三年（666）①改行著名天文星占家李淳风的《麟德历》，直至开元十六年（728）。上节我们胪列的材料中，从第1条（693）起，至第11条（714），均在《麟德历》的实行年代范围之内，当然，也包括公文作为主要依据的第9条（709）。

台湾天文学史专家黄一农教授，对李淳风的《麟德历》做过极为深入的研究，于1992年发表了《中国史历表朔闰订正举隅——以唐〈麟德历〉行用时期为例》②一文，对于本课题研究极富参考价值。以下我们将较多地引用黄一农先生的见解，以便回应公文的质疑。

我们先关注一个因闰月记载差一月而诱发的历表问题。唐高宗仪凤三年（678）是有闰之年，但闰在何月，《旧唐书·高宗纪》有仪凤

----

①关于《麟德历》的启用时间，《中国大百科全书·天文卷》（北京：中国大百科全书出版社，1980年版，第560页）认为在麟德二年（665），误。唐高宗《颁行麟德历诏》发布时间为麟德二年九月辛卯，末句为"起来年行用之"（影印本《唐大诏令集》，北京：中华书局，2008年版，第457页），可知其启用时间为麟德三年（666）。

②台湾汉学研究中心编：《汉学研究》第十卷二期（总第20号），1992年版，第279—306页。以下引黄一农观点，均见此文。

三年（678）"闰十月戊寅，荧惑犯钩钤"[1]的记事；但《新唐书·高宗纪》仪凤三年（678）有"闰十一月丙申，雨木冰"[2]的记事。检查本文前引的三种历表，张、方二表均闰十一月，而陈表在该年闰十一月的同时，又注明"旧纪闰十"，即《旧唐书·高宗纪》闰十月，遂使该年闰月成为疑案。敦煌文献 P.2005《沙州都督府图经》有"仪凤三年闰十月奉敕"云云；《唐上柱国王君（王强）墓志铭》正文先出现"仪凤三年闰十月五日"，后出现"以其年岁次戊寅闰［十月］甲申朔十九日"，最末又云"仪凤三年闰十月十九日葬"一句。[3]可知，就实行历法而论，唐仪凤三年（678）闰十月而非十一月，但在今人编制的历表上却都是闰十一月。更为有趣的是，黄一农教授说道："由于各通行历表中均将仪凤三年的闰月错置，为了解邻近各月的朔日干支是否有误，笔者（黄一农本人，下同）在表二中整理出仪凤二年（677）至四年（679）（六月改元调露）间实际行用的朔闰资料，我们可以发现在此短短三年间，竟然有七个月与各历表不合，其中除仪凤二年二月外，其余六例均集中在仪凤三年。"后人编制的历表与历史实际间有如许多的差异，不能不给研究者以警醒！

其次，黄一农教授又充分利用近代公布的碑刻资料，与据《麟德历》所推得的结果进行比较，得到如下认识：

在将这些实际行用的纪日资料与笔者以麟德历术所推的结果相比较后，发现在麟德三年至景龙元年的四十二年间（666—707），文献中共记有三〇三个月的朔日干支，若剔除前论仪凤三年以及下节即将讨论的圣历元年两特殊情形后，只余七个月与推步有差。然而从景龙二

---

①标点本《旧唐书》，北京：中华书局，1975年版，第104页。
②标点本《新唐书》，北京：中华书局，1975年版，第74页。
③见毛汉光：《唐代墓志铭汇编附考》第9册，台湾商务印书馆，1987年版，第269—270页。

年至开元十六年的二十一年间，在文献中记有月朔干支的一五一个月中，却有三十八个月与麟德术法所推不合，甚至连景龙二年、开元四年、开元十年以及开元十二年各年的置闰月份，亦均较文献所记提前一月。显然，原先行用的《麟德历》在景龙二年以后已有所变革。

"变革"了什么呢？黄一农先生认为是实行了"虚进一日"的"进朔法"，从而造成朔差一日。他说：

由于在景龙二年后，笔者所推朔日干支与实际行用有差的月份，多发生在推步的合朔时刻位于下午六时至午夜的状况下，故此应与进朔法的使用攸关。进朔法未见新、旧《唐书》中叙及，但《元史》中有云："讫麟德元年（笔者按，应为三年），始用李淳风的《甲子元历》，[①]定朔之法遂行。淳风又以晦月频见，[②]故立进朔之法，谓朔日小余在日法四分之三已上者，虚进一日。"[③]亦即当所推的合朔时刻在一日的四分之三（相当于下午六时）之后，即以次日为朔日，如此将可避免晦日仍见月亮的情形。唯《元史》中并未曾明确地指出进朔法的行用日期。

黄一农教授从《元史》中发掘出关于《麟德历》曾经行用"进朔法"的史料十分重要，对于认识《麟德历》的编制、改进，以及历术与实行历日的差别都是关键。黄教授在掌握了"进朔法"的奥秘后，继续进行深入分析。他说：

①《麟德历》又称"甲子元历"。
②月晦时不应见到月亮。
③所引《元史》文字又见于《历代天文律历等志汇编》，北京：中华书局，1976年版，第3356页。

　　经仔细研究文献中的纪日资料后，发现在景龙二年至开元四年间（其中景云二年的情形较为不同，稍后将另外论及，故此处暂未计入），共有二十六个月符合进朔的条件，其中有十四个月可在文献中查得其朔日干支，而这些实际的纪日几乎全都与"虚进一日"的结果相符，仅开元二年六月例外……经笔者以电脑回推麟德历术行用迄今的朔闰，并考校文献中尚存的大量纪日叙述后，发现《麟德历》……推步的方法亦屡有改动，如在景龙二年至开元四年间以及开元九年至十六年间，即曾加用进朔法。且因附会或避忌等因素，部分朔闰亦曾被强改，如高宗曾改嗣圣元年正月癸未朔为甲申朔，武则天为使冬至恰发生于正月甲子朔，即硬改圣历元年前后的朔闰，又，开元十三年亦因避正旦日食，而将原本所推的闰正月挪前一月。

　　我们要提醒读者注意的是，黄一农先生发现在景龙二年（708）至开元四年（716），《麟德历》"曾加用进朔法"。上节所列第9条资料年代为"景龙三年（709）"，恰在这一时段范围之内。将这条资料的"五月丁巳朔"与本文后面所附的"黄一农历表"进行比较，完全吻合！说明这条资料不仅没有问题，而且也是《麟德历》在这一时段使用过"进朔法"的有力证明；它在敦煌地区被运用，也是敦煌使用唐代官颁历日的重要证据。质言之，公维章博士的"问题"，在他的文章发表之前20年，黄一农教授就已经解答过了。

　　为了全面认识《麟德历》的实行情况，黄一农教授依据《麟德历》历术、文献资料，尤其是"进朔法"，对该历行用年间（666—728）的历表进行了修订。他说："在这六十三年间，共有五十一个月的朔日干支与现行各历表不合，其中仪凤三年（678）甚至连置闰亦相差一月，不合的比例约占6.5%，亦即平均每约十五个月中即有一个月的朔闰有差。"由于大陆学者很难见到黄一农先生的研究成果，我特将他的历表附在本文之末，供大家研究问题时参考。为表示尊重，我称之为"黄一农历表"。

四、检查历史年月日记载是否正确的标准问题

当我认真拜读过公文之后，认识到他检查记载年月日的历史资料是否正确时，共使用了两个标准：一是施萍婷先生对敦煌历日特征的概括，二是陈垣先生的《廿史朔闰表》。然而，在对这两条标准的认识和应用上，却都发生了偏差。

20世纪80年代初期，施萍婷先生曾经花了很大力气研究敦煌历日，卓有成效，笔者曾受益良多。施先生曾将敦煌自编历日的特征概括为：

第一，中原历和敦煌历的朔日干支没有一年是完全吻合的；第二，凡置闰之年，不吻合的比例就大，反之就小；第三，朔日可以不同，但干支纪日始终不错……第四，干支纪月在敦煌历中始终不错（传抄过程中抄写者的错误应当别论）①。

施先生的这些概括性意见，是从敦煌当地自编历日中总结出来的，也是完全符合实际的。但是，这个认识却不能用来研究吐蕃占领前的敦煌历法行用问题。事实证明，虽然敦煌也在实行着唐王朝的官颁历日，但也还是有这样那样的错误发生。即使如景龙三年那样，在今人

①施萍婷：《敦煌历日研究》，引文见氏著《敦煌习学集》，兰州：甘肃民族出版社，2004年版，第73页。

编制的历表上五月朔差一日（在"黄一农历表"上根本不差），也是别有原因，而不能简单地作为敦煌地区自编历日的证据。再者，敦煌历同中原历朔差一到二日、闰差一月时有发生，原因何在？迄今也未研究清楚。在这种情况下，便以它作为检查标准，就不免差之毫厘，谬以千里了。

其次，再说说陈垣先生的《廿史朔闰表》以及本文前面反复提及的张表、方表等。《廿史朔闰表》完成于1925年，它是陈垣先生的重要学术成果之一，广受瞩目。胡适之先生曾赞扬说："此书在史学上的用处，凡做过精密的考证的人皆能明了，无须我们一一指出"，"我们应该感谢陈先生这一番苦功夫，作出这种精密的工具来供治史者之用"。但是，陈先生此表可否作为检查历史资料正确与否的唯一标准呢？恐怕未必。黄一农教授在上引他的《中国史历表朔闰订正举隅》一文中又说：

> 至于以西历纪元后为主的历表，近人所著相当多，其形式虽互见异同，但内容多大同小异，今学界几将这些历表奉为圭臬，少见讨论其中内容正误者。然而文献中却屡见有纪日叙述与这些通行历表不符的情形。笔者曾在台北中央图书馆善本室发现一本未记年号的明代残历，编目为第6294号，此历存四至十二月，经研析其内容后，知其应为英宗天顺六年（1462）历日，但该历记十一月辛卯朔，而各历表中却同误为壬辰朔。

检索我手边的陈表、张表、方表，明英宗天顺六年（1462）十一月均作壬辰朔。那么，我们是应当遵从实用历本作辛卯朔呢，还是应从各家历表作壬辰朔？当然是前者而非后者。因为只有实用历本才能反映历史的本真面貌，各家历表乃据历术所推得，恐难免同历史的真实面貌间产生出入。

具体到陈表所排的《麟德历》朔闰，黄一农更进一步地指出：

陈垣似乎以刘羲叟的《长历》为其排定唐代朔闰的主要依据，然而经详细比对后，笔者却发现在《麟德历》行用的六十多年间（666—728），《二十史朔闰表》中竟然有二十七个月的朔日干支与刘羲叟的《长历》有差，反而其间仅开元四年闰十二月的朔日与汪曰桢的《历代长术辑要》不合，且此一不合，很可能是陈氏不小心误读了汪曰桢的记述所致。

除了指出陈表存在的问题之外，针对一些学者唯历表是从的盲目性，黄一农教授批评说："碑刻等文献中所留存的纪日叙述，因是时人据当时历日所记，故应最能反映实际的情形，但此等丰富的一手资料却未曾受到应有的重视。今之学界多过于依赖通行的各历表，以致常见有反以各历表作为校勘古文献中纪日叙述之绝对标准者。"这对某些唯历表是从者，不能不是一个深刻的警示。

这里，我想透露已故周绍良先生的一个学术"秘密"，借以认识内行人的工作态度。1982 年，我到国家文物局古文献研究室工作，恰逢周老领着我同事中几位年轻人在整理唐代墓志。次年我即着手整理研究敦煌历日。周老知道我要研读历日，于是将他自己编的有唐 289 年的历表借我阅览。与公开出版的历表不同，这是一本手抄书；每月除了有朔日干支，而且也将各日干支全部排出，手工装订成一册，足见周老用功之勤苦。几个月后我便将此抄本归还给了他老人家。20 年后，大约在 2003 年前后，也就是周老辞世的前几年，我同他谈起这本历表，并建议出版。周老对我说："我的历表与陈垣先生《廿史朔闰表》不完全相同。可是，当年我所依据的碑刻资料没有记下来。现在年月已久，我也记不起来了，所以不能出版。"由此可知，周绍良先生也是依据出土文献资料来修订历表的，而不是相反。

孟子说："尽信书，则不如无书。"诚哉，斯言！

附：黄一农历表（666—728年）

[说明：为了适应大陆学者的习惯，我将原表的体例稍微做了修改，但一律遵从原义：1.朔日干支为黑体字者，是作者据麟德历术（已考虑进朔法的使用）所推与文献中的月朔干支不合者；2.武周时期行用周历者，将其正月、腊月分别用"正""腊"标于该月月朔之前；3.闰月月朔干支前的数字表示该年闰几月。]

	正	二	三	四	五	六	七	八	九	十	十一	十二	闰月
乾封元年	戊辰	戊戌	丁卯	丁酉	丙寅	丙申	乙丑	甲午	甲子	癸巳	癸亥	壬辰	
二年	壬戌	壬辰	辛酉	辛卯	辛酉	庚寅	庚申	己丑	戊午	戊子	丁巳	丁亥	十二丙辰
三年	**乙酉**	乙卯	乙酉	乙卯	甲申	甲寅	癸未	癸丑	壬午	壬子	辛巳	辛亥	
总章二年	庚辰	庚戌	己卯	己酉	戊寅	戊申	戊寅	丁未	丁丑	丙午	丙子	丙午	
三年	乙亥	甲辰	甲戌	癸卯	**壬申**	壬寅	壬申	辛丑	辛未	庚午	庚子	庚午	九辛丑
咸亨二年	己亥	戊辰	戊戌	丁卯	丙申	丙寅	乙未	乙丑	乙未	甲子	甲午	甲子	
三年	甲午	癸亥	壬辰	壬戌	辛卯	庚申	庚寅	己未	己丑	戊午	戊子	戊午	
四年	戊子	丁巳	丁亥	丙辰	丙戌	甲申	甲寅	癸未	癸丑	壬午	壬子	壬午	五乙卯
五年	壬子	辛巳	辛亥	庚辰	庚戌	己卯	戊申	戊寅	丁未	丁丑	丙午	丙子	
上元二年	丙午	乙亥	乙巳	乙亥	甲辰	甲戌	癸卯	壬申	壬寅	辛未	辛丑	庚午	
三年	庚子	己巳	己亥	戊戌	戊辰	丁酉	丁卯	丙申	丙寅	乙未	乙丑	甲午	三己巳
仪凤二年	甲子	**甲午**	癸亥	壬辰	壬戌	壬辰	辛酉	辛卯	庚申	庚寅	己未	己丑	
三年	**己未**	**己丑**	**戊午**	丁亥	丙辰	**丙戌**	乙卯	乙酉	**甲寅**	**癸未**	癸未	癸丑	十癸丑
四年	壬午	壬子	辛巳	庚戌	庚辰	己酉	己卯	己酉	戊寅	戊申	戊寅	丁未	

调露二年	丁丑	丙午	丙子	乙巳	甲戌	甲辰	癸酉	癸卯	壬申	壬寅	壬申	壬寅
永隆二年	壬申	辛丑	庚午	庚子	己巳	戊戌	戊辰	丁卯	丙申	丙寅	丙申	丙寅	七丁酉
开耀二年	乙未	乙丑	甲午	甲子	癸巳	壬戌	壬辰	辛酉	辛卯	庚申	庚寅	庚申
永淳二年	己丑	己未	己丑	戊午	戊子	丁巳	丙戌	丙辰	乙酉	乙卯	甲申	甲寅
嗣圣元年	甲申	癸丑	癸未	壬子	壬午	辛巳	庚戌	庚辰	己酉	己卯	戊申	戊寅	五壬子
垂拱元年	丁未	丁丑	丙午	丙子	丙午	乙亥	乙巳	甲戌	甲辰	癸酉	癸卯	壬申
二年	壬寅	辛未	辛丑	庚午	庚子	己巳	己亥	己巳	戊戌	戊辰	戊戌	丁卯
三年	丙申	乙未	乙丑	甲午	甲子	癸巳	癸亥	壬辰	壬戌	壬辰	辛酉	辛卯	正丙寅
四年	庚申	庚寅	己未	戊子	戊午	丁亥	丁巳	丙戌	丙辰	丙戌	丙辰	乙酉
永昌元年	乙卯	甲申	甲寅	癸未	壬子	壬午	辛亥	辛巳	庚戌	庚戌	正庚辰	腊己酉	九庚辰
载初元年	己卯	戊申	戊寅	丁未	丙子	丙午	乙亥	甲辰	甲戌	甲辰	正癸酉	腊癸卯
天授二年	癸酉	癸卯	壬申	壬寅	辛未	庚子	庚午	己亥	戊辰	戊戌	正戊辰	腊丁酉
三年	丁卯	丁酉	丁卯	丙申	丙寅	甲子	甲午	癸亥	壬辰	壬戌	正壬辰	腊辛酉	五乙未
长寿二年	辛卯	辛酉	庚寅	庚申	己丑	己未	戊子	戊午	丁亥	丁巳	正丙戌	腊丙辰
三年	乙酉	乙卯	甲申	甲寅	甲申	癸丑	癸未	壬子	壬午	辛亥	正辛巳	腊庚戌
证圣元年	庚辰	己酉	戊申	戊寅	丁未	丁丑	丁未	丙子	丙午	乙亥	正乙巳	腊甲戌	二己卯
万岁												
登封元年	甲辰	癸酉	壬寅	壬申	辛丑	辛未	辛丑	庚午	庚子	庚午	正己亥	腊己巳
万岁												
通天二年	戊戌	戊辰	丁酉	丙寅	丙申	乙丑	乙未	甲子	甲午	甲子	正甲子	腊癸巳	十甲午
圣历元年	壬戌	壬辰	辛酉	庚寅	庚申	己丑	己未	戊子	戊午	丁亥	正丁巳	腊丁亥
二年	丁巳	丙戌	丙辰	乙酉	甲寅	甲申	癸丑	壬午	壬子	壬午	正辛亥	腊辛巳
三年	辛亥	辛巳	庚戌	庚辰	己酉	戊寅	戊申	丙午	丙子	乙巳	乙亥	乙巳	七丁丑
久视二年	乙亥	甲辰	甲戌	甲辰	癸酉	壬寅	壬申	辛丑	庚午	庚子	己巳	己亥
长安二年	己巳	戊戌	戊辰	戊戌	丁卯	丁酉	丁卯	丙申	乙丑	乙未	甲子	癸巳
三年	癸亥	癸巳	壬戌	壬辰	辛卯	辛酉	庚寅	庚申	己丑	己未	戊子	丁巳	四辛酉
四年	丁亥	丙辰	丙戌	丙辰	乙酉	乙卯	甲申	甲寅	甲申	癸丑	癸未	壬子

神龙元年	壬午	辛亥	庚辰	庚戌	己卯	己酉	戊寅	**戊申**	戊寅	丁未	丁丑	丁未	
二年	丙子	乙亥	甲辰	甲戌	癸卯	癸酉	壬寅	壬申	壬寅	辛未	辛丑	辛未	正丙午
三年	庚子	庚午	己亥	戊辰	戊戌	丁卯	丙申	丙寅	丙申	乙丑	乙未	乙丑	
景龙二年	乙未	甲子	甲午	癸亥	癸巳	壬戌	辛卯	庚申	庚寅	己丑	己未	己丑	九庚申
三年	己未	戊子	戊午	丁亥	丁巳	丙戌	乙卯	乙酉	甲寅	甲申	癸丑	癸未	
四年	癸丑	壬午	壬子	壬午	辛亥	辛巳	庚戌	己卯	己酉	戊寅	戊申	丁丑	
景云二年	**丙午**	丙子	丙午	丙子	**丙午**	乙亥	甲戌	癸卯	癸酉	壬寅	壬申	辛丑	六乙巳
三年	辛未	庚子	庚午	己亥	己巳	己亥	戊辰	戊戌	丁卯	丁酉	丙寅	丙申	
先天二年	乙丑	乙未	甲子	癸巳	癸亥	癸巳	壬戌	壬辰	壬戌	辛卯	辛酉	庚寅	
开元二年	庚申	己丑	戊子	丁巳	丁亥	丙辰	丙戌	丙辰	丙戌	乙卯	乙酉	甲寅	二己未
三年	甲申	癸丑	癸未	壬子	辛巳	辛亥	庚辰	庚戌	庚辰	己酉	己卯	己酉	
四年	戊寅	戊申	丁丑	丁未	丙子	乙巳	乙亥	甲辰	甲戌	癸卯	癸酉	癸酉	十二癸酉
五年	壬寅	壬申	辛丑	庚午	庚子	己巳	戊戌	戊辰	丁酉	丁卯	丁酉	丙寅	
六年	丙申	丙寅	丙申	乙丑	甲午	甲子	癸巳	癸亥	壬辰	辛酉	辛卯	辛酉	
七年	庚寅	庚申	庚寅	己未	己丑	戊午	戊子	丙戌	丙辰	乙酉	乙卯	甲申	七丁巳
八年	甲寅	甲申	癸丑	癸未	癸丑	壬午	壬子	辛巳	庚戌	庚辰	**庚戌**	己卯	
九年	己酉	戊寅	戊申	丁丑	丁未	丁丑	丙午	丙子	乙巳	乙亥	甲辰	甲戌	
十年	癸卯	癸酉	壬寅	**壬申**	辛丑	庚子	庚午	庚子	己巳	己亥	戊辰	戊戌	六辛未
十一年	丁卯	丁酉	丙寅	乙未	乙丑	甲午	甲子	甲午	癸亥	癸巳	癸亥	壬辰	
十二年	壬戌	辛卯	辛酉	庚寅	己未	己丑	戊午	戊子	丁巳	丁亥	丁巳	**丙戌**	十二丙辰
十三年	丙戌	**丙辰**	乙酉	甲寅	癸未	癸丑	壬午	辛亥	辛巳	辛亥	辛巳	庚戌	
十四年	庚辰	庚戌	己卯	己酉	**己卯**	丁未	丁丑	丙午	乙亥	乙巳	乙亥	甲辰	
十五年	甲戌	甲辰	甲戌	癸卯	癸酉	壬寅	辛未	辛丑	庚午	己巳	己亥	戊辰	九己亥
十六年	戊戌	戊辰	丁酉	丁卯	丙申	丙寅	乙未	甲子	甲午	癸亥	癸巳	壬戌	

（原载《敦煌研究》2013年第3期，第144—152页）

"吐蕃纪年法"的再认识

吐蕃民族的历史，始终是"敦煌学"研究的重要课题之一。这不仅因为从公元786年（唐贞元二年）至848年（唐大中二年）吐蕃是敦煌的统治民族，而且这段时间及其前后的历史包含着丰富的汉藏文化交流融合的内容。其中关于吐蕃民族的纪年方法，一直是学者们关注的问题之一。当年在编撰《敦煌学大辞典》时，我曾负责撰写了"吐蕃纪年法"词条，原表述是：

　　吐蕃统治敦煌时期的纪年方法。自唐初起，吐蕃王朝同中原王朝间来往密切，汉族的医药、历法等知识传入今西藏地区。吐蕃统治者积极吸收汉族传统的干支纪年法，但亦有所改变。自唐贞元二年（786）至大中二年（848），吐蕃贵族一直是敦煌的统治民族。这一时期，除当地汉人自编历日仍在使用干支纪年法外，吐蕃统治者使用一套具有民族特色的纪年方法。其具体方法是：汉族的十干变成木、火、土、铁、水并各分阴阳，仍具十数；汉族的十二地支以相应的十二生肖相替代，二者相配，仍得六十周期的纪年方法，与汉族六十甲子的对应关系如表：（今略）。本表读法是：吐蕃的"木阳鼠年"即相当于汉族的"甲子"年；"木阳狗年"即相当于汉族的"甲戌"年，其余类同。①

这里我首先要做检讨的是，表中的"木阳""木阴"等，均当改作"阳木""阴木"等。《辞典》出版不久，我就发现了这个错误，当即通知副主编严庆龙先生，要求在再印时更正（已更正）。同时，吐蕃民族的纪年方法，除了上述词条的表述外，还应加上直接用十二地支或十二生肖纪年。这也是应该体现在词条里的，我却未写进去，当是失误。

显然，对于吐蕃这种纪年方法，我认为是他们积极吸收汉族的干支纪年法并加以改造的结果，这套方法用于纪年始于吐蕃民族。

不久前，李树辉先生对上述词条的表述提出了质疑。李先生在《敦煌研究》2006年第1期发表了《"阴阳·五行·十二兽相配纪年法"非吐蕃所创》一文（以下简称"李文"）。其主题思想是："阴阳、五行和十二地支均为汉族传统文化。汉文、粟特文和回鹘文文献的记载也表明，'阴阳·五行·十二兽（地支）相配纪年法'为汉族道家所创，是汉族僧侣所习用的纪年形式。如若根据创制者和最初的使用者命名，可称之为'汉族僧侣纪年法'，而不宜称作'吐蕃纪年法'。"②

李文的发表引起我的重视。为了探求学术真理，我又查阅了大量书籍，并求教了有关专家。最终的看法是，李文的基本观点难于立论，这一套纪年方法仍当称作"吐蕃纪年法"。

李文立论的主要根据有两个方面。其一为，"该纪年法至晚自5世纪后半叶开始，便为敦煌和高昌的汉人所使用，且一直使用到唐初"。为证实这一论点，李文举证了吐鲁番文书中的9条资料，时间自公元423年至622年，涉及的干支有：423年水亥岁（癸亥岁）、443年水未

①季羡林主编：《敦煌学大辞典》，上海：上海辞书出版社，1998年版，第464页。
②《敦煌研究》2006年第1期，第72页"内容摘要"。以下凡引李文不再作注。

年（癸未年）、543年水亥年（癸亥年）、493年水酉年（癸酉年）、483年水亥年（癸亥年）、573年水巳岁（癸巳岁）、583年水卯岁（癸卯岁）、623年水未岁（癸未岁）。毫无疑义，以上各例纪年干支均由改"癸"为"水"形成。对此，李文解释道："以上纪年中的'水'字，学者们多认为系因避北魏道武帝拓跋珪名讳由'癸'字而改（'癸''珪'同音），五行说'壬癸为水'，故改用'水'字。这种纪年形式虽肇始于北魏，因避讳而为，但可视为'阴阳·五行·十二兽相配纪年法'的间接证据。"

这里，李文存在着论证方法的不足和逻辑缺失问题。

作者认为北魏因避道武帝拓跋珪名讳，据"壬癸为水"改"癸"为"水"，是可以成立的。但由此认为，这种改字"可视为'阴阳·五行·十二兽相配纪年法'的间接证据"，便走得太远了。我们知道，在中国古代阴阳家那里，方位、干支、五行、五音相配时有如下关系：东方甲乙木（角音），南方丙丁火（徵音），中央戊己土（宫音），西方庚辛金（商音），北方壬癸水（羽音）。这种配合关系，就传世文献来说，至晚在《淮南子·天文训》中已有记载；[①]就出土资料来说，约在公元前278年至前246年间形成的睡虎地秦简《日书》中也有部分反映。[②]也就是说，将天干分为五组，每组两个，与五行（木、火、土、金、水）相配，早在战国秦汉时即已存在。而我们现在要讨论的问题是，这种我称之为"吐蕃纪年法"的纪年方法里，用以代替十干者，是将五行各分阴阳而成的。这里特别重要的是将五行各分阴阳用以代替十干。但李文所举的资料至多只能证明中国古代十干与五行的简单配合关系，并在北魏避讳时曾加应用，丝毫不见五行各分阴阳用以代

---

① 陈广忠：《淮南子译注》，长春：吉林文史出版社，1990年版，第108页。
② 见李零主编：《中国方术概观·选择卷》（上），北京：人民中国出版社，1993年版，第62页。

替十干的踪影。同时，"吐蕃纪年法"又用十二生肖代替十二地支，在作者所举9条材料中，连一点蛛丝马迹也没有。可是作者却说，这是他所认为的"'阴阳·五行·十二兽相配纪年法'的间接证据"。作者所用资料不能应对他的立论命题，这不免使我感到十分遗憾。

李文立论的第二组资料依据是敦煌吐鲁番所出具注历日。李文说："敦煌吐鲁番文献中保存有大量的历书，许多当地编撰的历书都采用的是'日期、天干、地支、五行、建除十二客'相配的方法……其中有5点颇值得注意……五行名均依次使用了两次，正与回鹘和吐蕃使用的'阴阳·五行·十二兽相配纪年法'相合……"李文进一步设问并论证说："敦煌、吐鲁番汉文文献中是否有直接使用'阴阳·五行·十二兽（地支）相配纪年法'的材料呢？编号为S.2506、P.2810a、P.2810b、P.4073、P.2380的5件文书的内容，为唐代与《庄子》并重非常流行的道经《文子·下德篇》及写经题记；B面为《唐开元九年（721）至贞元四年（788）大事记》……这5件文书不仅全使用了这一纪年方法，五行名世（字？）连续使用了两次，而且连续记载了唐开元九年至贞元四年64年间的大事。"为了进一步支持自己的观点，李先生又举王国维对S.2506的论述："每年下纪甲子名及所属五行。盖占家所用历，以验祸福者，非史家编年书也……"李文接着说："称其为'占家所用历'，与笔者的观点正相吻合。5件文书A面的内容正是道教的经典《文子·下德篇》，且写经题记也明确表示，进行初校、再校、三校的人为'道士'。笔者推测，该纪年法为道家所创，并为敦煌、吐鲁番地区（亦可能为全国）的道家所沿用。自河西陷蕃，当地同中原王朝的联系被阻断后，该纪年法便与翟奉达、翟文进、王文君、安彦存等人编撰的历书同时为民间所采用。"

读完李文的上述内容，我心情不免有几分沉重。因为，不论是国学大师王国维，还是该文作者李树辉先生，都将代替天干的五行和代替五音的五行混为一谈了。

在敦煌吐鲁番所出的数十件中古具注历日中，每天纪日的那一栏中，一般由"日序加干支（不是李文所说的'天干加地支'，而是一个完整的'纪日干支'）加纳音加建除"组成，其中"纳音"原应为宫、商、角、徵、羽，但却用土、金、木、火、水分别加以替代。李文所举的S.2506号纪年干支加"五行"实际也是该干支与其对应的"五音"配在一起，而非干支与"五行"配合的结果。宋人沈括曾解释说："六十甲子有纳音，鲜原其义。盖六十律旋相为宫法也。一律含五音，十二律纳六十音也。凡气始于东方而右行，音起于西方而左行，阴阳相错，而生变化。所谓气始于东方者，四时始于木，右行传于火，火传于土，土传于金，金传于水。所谓音始于西方者，五音始于金，左旋传于火，火传于木，木传于水，水传于土。"①清儒钱大昕在《潜研堂文集》卷三"纳音说"中也有详明的解说，兹不详具。我曾将敦煌文献中的"六甲纳音"绘为一表，②亦可参看。而李文所举S.2506等五件文书中的纪年干支所配"五行"，正是"六甲纳音"。

我们所讨论的"吐蕃纪年法"，将五行配上阴阳后，其与天干的对应关系为：甲—阳木，乙—阴木，丙—阳火，丁—阴火，戊—阳土，己—阴土，庚—阳铁，辛—阴铁，壬—阳水，癸—阴水；而"六十甲子纳音"法的对应关系则为"甲子、乙丑金，丙寅、丁卯火"等。前一知识中的五行只同天干有关，而与地支无涉；后一知识中的"五行"却与一个完整的干支（包含天干与地支）相连，且用以代替五音。这两种知识是不能互代的。试举二例以见其不同。在我所编制的《六十

---

①李文泽、吴洪泽：《文白对照〈梦溪笔谈〉全译》，成都：巴蜀书社，1996年版，第69页。

②邓文宽：《敦煌天文历法文献辑校》，南京：江苏古籍出版社，1996年版，第747页附录十二《六十甲子纳音表、干支五行对照表》。

甲子纳音表（附干支与五行对照表）》①中，"丁亥"这个干支，天干"丁"为"火"，地支"亥"为"水"，而"丁亥"这一干支的纳音为"土"。纳音"土"与天干"火"怎能互代？再如，"辛酉"中的"辛"为"金"，"酉"亦为"金"，但"辛酉"这一干支的纳音为"木"。纳音"木"与天干"金"又怎能混为一谈？

正因为在对敦煌文献原始含义的理解上发生了基本的知识性错误，所以李文用以支持自己观点的材料（S.2506等），同他的论题之间已不搭界，自然无法获得支撑。进而认为"道士"所进行的初校、二校、三校，可以证明这种纪年法源自道家，就更加难以成立了。

当我初次拜读李文时，也曾推想，如果这种纪年法果真出自道家，那么在道教文献和文物中应该有所体现。于是，我去电话请教中国社会科学院宗教所的王卡教授、中国社会科学院历史所的王育成教授、首都师范大学历史系的刘屹博士。这三位道教文献与文物研究专家的共同答复是："没见过。"

顺便说明一下，李文还出现了一个常识性的错误，虽然已非本文主旨，但为避免产生误导，还是指出为好。李文云："甲子纪年早在甲骨文中便已出现。"我们知道，甲骨文中已有完整的六十干支表，但干支用于纪年却是很晚的事情。已故天文学史专家陈遵妫先生曾指出："一般认为东汉四分历，开始以六十干支纪年，谓之青龙一周。自此以后，连续至今没有间断。"②用干支纪年始于东汉，这已是学术界的共识。那么，此前古人用什么方法纪年呢？是"岁星纪年法"和"太岁纪年法"。今天，很多历表上先秦年代亦有干支，但那是后人推补上去的，万万不可上当。

---

① 邓文宽：《敦煌天文历法文献辑校》，南京：江苏古籍出版社，1996年版，第747页附录十二《六十甲子纳音表、干支五行对照表》。

② 陈遵妫：《中国天文学史》第3册，上海：上海人民出版社，1984年版，第1359页注③。

既然李文的立论困难重重，不能成立，那么这一套纪年法又是如何产生的呢？

我们先看一下当今最流行的几种工具书对这种纪年方法的解释：

《中国大百科全书·天文学》有已故科技史专家严敦杰教授所写的"藏历"条目，内云："今西藏自治区拉萨大昭寺前保存有长庆年唐蕃会盟碑，碑文为藏文，碑中有藏历与唐历的对照。碑文中说：'大蕃彝泰七年，大唐长庆元年，即阴铁牛年，孟冬月十日也。'孟冬月为冬季第一个月。藏历纪年以五行、十干、十二支配合。十干配五行，木以甲阳乙阴，火以丙阳丁阴，土以戊阳己阴，金以庚阳辛阴，水以壬阳癸阴。干支纪年以五行区别阴阳，不用十干之名。十二支则用十二兽名。故上阴铁牛年（铁为金）即为辛丑，与唐长庆元年干支相合。"①

由著名天文学家叶叔华教授主编的《简明天文学词典》亦设"藏历"辞条，内云："《藏历》亦采用干支纪年，但以'阴阳'与'木、火、土、金、水'五行相配代替十干，以十二生肖（鼠、牛、虎……）代替十二支，再以阴阳五行与十二支相配成特殊的干支：甲子为阳木鼠，乙丑为阴木牛，丙寅为阳火虎……例如，1986年的《夏历》为丙寅年，《藏历》则为阳火虎年。"②

中国历史大辞典编纂委员会所编《中国历史大辞典》同样设了《藏历》一条，中曰："《藏历》亦采用干支纪年，以'阴阳'与'木、火、土、金、水'五行相配代替十天干，以十二生肖（鼠、牛、虎……）代替十二地支，再以天干、地支相配成：阳木鼠、阴木牛、阳火虎……其对应如下两表（今略）。"③

如果我理解不误的话，上述三种辞书与我在《敦煌学大辞典》中

---

①《中国大百科全书·天文学》，北京：中国大百科全书出版社，1980年版，第558页右栏。

②《简明天文学词典》，上海：上海辞书出版社，1986年版，第595页。

③《中国历史大辞典》，上海：上海辞书出版社，2000年版，第3251页。

对"吐蕃纪年法"所作的表述属于大同小异。只不过我强调了"吐蕃统治者积极吸收汉族传统的干支纪年法，但亦有所改变"。

我这样说，根据何在？

这里，要想将相关问题解释清楚，仅仅从汉文典籍着眼是不够的，我们有必要借助藏学研究者的成果来说明问题。

《西藏研究》1982年第2期发表了藏族学者催成群觉、索朗班觉两位先生的《藏族天文历法史略》①一文，同文附有汉族学者陈宗祥与藏族学者却旺二先生所作的校释。该文虽然不长，却较为系统地论述了藏族天文历法的发展简史，其中说到：

> 公元704年，赤德祖赞时期黄历历书《暮人金算》《达那穷瓦多》《市算八十卷》《珠古地方的冬、夏至图表》《李地方的属年》《穷算六十》等典籍传至吐蕃地区。②

陈宗祥、却旺二先生为《穷算六十》作了如下的解释：

> 《穷算六十》的"穷部"byung rtsi是个姓氏。"穷算六十"与"李地方"的算法不同。其主要特点是十二生肖与五行配合算的。每两年配一"行"。例如去年（按，指1978年）土马，1979年是土羊，1980年是铁猴，1981年是铁鸡……12×5=60。③

这至少可以说明，在公元704年，即中原王朝武则天统治的末期，有一套变异了的《六十甲子表》传入藏区。这套表格的内容是，以五

---

① 载《西藏研究》1982年第2期，第22—35页。
② 《西藏研究》1982年第2期，第25页。
③ 《西藏研究》1982年第2期，第32页。

行（木、火、土、铁、水）各用两次，仍具十数，又以十二生肖代替十二地支。虽然这套方法的原始产生地，我们尚不能指证，但认为它来自汉地，大概不会有错。

不过，有了这一套变异的干支搭配，却不等于说它立即就被用来纪年。就像六十干支表远在甲骨文中已经出现，但用于纪年却始于东汉《四分历》一样，这套变异了的干支用于纪年并引入历法，约在百年之后。催成群觉和索朗班觉的文章进一步指出：

> 吐蕃赞普赤松德赞点燃了算学的明灯，曾把四名吐蕃青年派往内地，投向塔提里学习算学经典。其中朗措东亚（lang tshol dong yag）之孙定居在康区。他的后代木雅·坚参白桑（mi nyag rgyal mtshan dpav bzang）从康区来到西藏，居住在玉波札朗的山洞（今称札朗县的"握嘎山洞"）。坚参白桑对初译汉历的五行推算、黄历等是很精通的。他到西藏后反复研究当地的天文历算、气象和地理。他深入实际，吸取群众的经验，连放羊者、渔民也成为他访问的对象。他根据青藏高原的特点，结合汉历和黄历，以木鼠为年首进行推算，撰写了有关天文和历法的书。后来出现了坚参白桑的后裔，诵持密咒的伦珠白，和许多精通天文星算的学者，并推行了"山洞算法"。①

木雅·坚参白桑，就是我们要找的那个人！是他认真学习了汉地的天文算学，吸纳了汉历和黄历的知识，创造了"以木鼠为年首进行推算"的历算方式。而这一套方法已见于公元704年传入藏区的《穷算六十》，百年后成为藏人的纪年方式，并沿用至今。诚如中国天文学史

---

① 《西藏研究》1982年第2期，第27页。

整理研究小组编著（薄树人主编）的《中国天文学史》所指出的那样：
"藏族不但完全接受了十二生肖法，而且还配上也是来自汉族的金、
木、水、火、土这五行和阴阳，构成了六十循环的纪年法。这是汉族
六十干支法的一种生动具体的形式。"①

　　这里还需说明的是，赤松德赞的在位时间为公元755—797年，②相
当于唐玄宗天宝末年至唐德宗贞元中期。既然朗措东亚等四人是他在
位时派往汉地学习天文历算的，而且朗措东亚的子孙辈创造性地借用
了汉地已经变异的六十甲子以纪年，其开始使用时间当在公元8世纪下
半叶至9世纪初前后。不过，其最下限的时间不能晚于公元823年，即
唐穆宗长庆三年。因为长庆三年（823）所立，著名的《唐蕃会盟碑》
已使用我所称的"吐蕃纪年法"以纪年代。

　　与"吐蕃纪年法"相比，《穷算六十》的六十周期表，虽然每连续
二年用五行中的一"行"，但该"行"却未见分出"阴阳"。我不知道
是催成群觉等先生未表达出来，还是原本就是如此？若果原本未分阴
阳，对连续两年使用的一"行"分一下阴阳，则十分简单。因为那时
吐蕃人已经吸收了许多汉地阴阳文化的知识。

　　催成群觉等在论文中又据《西藏王统记》记载指出，早在唐初文
成公主进藏前后，松赞干布就曾派过四位青年赴汉地学习算学等学问。
此后"在西藏传播最广泛的有：以五行计算的算学，十二个生肖纪年
法，人寿六十花甲，八卦、九宫黄历推算，二十四个节气，'牛算'
等。其中十二个生肖纪年法和六十周期纪年法，在群众中有深刻影响。
……西藏的广大地区是以十二个生肖来记年，以五行配合来分别的记
岁法，群众中如今仍在应用。"③

----

① 《中国天文学史》，北京：科学出版社，1981年版，第116页。
② 藏族简史编写组：《藏族简史》，拉萨：西藏人民出版社，1985年版，第57页。
③ 《西藏研究》1982年第2期，第25页。

藏学专家王尧教授亦曾指出：1434年成书的《汉藏史系》（*rgya-bod yig-tshang*）记载，松赞干布时，四位派去汉地学习的青年，所习内容有《摄集证树之木续》《神灯光明之火续》《甘露净瓶之水续》《隐匿幻艳之土续》《黑色丹铅之铁续》以及其他十支古籍秘诀等。[①]五行学说在藏区流布之广泛由此可见一斑。换言之，在连续两次使用的同一"五行"中，区分一下阴阳应当是十分简单的事情。

根据以上所述，我在"吐蕃纪年法"词条中说"吐蕃统治者积极吸收汉族传统的干支纪年法，但亦有所改变"，"吐蕃统治者使用一套具有民族特色的纪年方法"，恐怕没有什么大错吧？

不过，吐蕃民族的这一纪年形式在藏区并不十分流行，藏历专家黄明信先生在《西藏的天文历算》一书中指出："六十干支纪年——用金、木、水、火、土各分阴阳以表示十天干，虽已见于会盟碑，但在当时未必曾经通行，现在我们所见到的确实可靠的吐蕃王朝时期的文献里，除会盟碑一例外，只有使用十二动物纪年的，而没有表示十天干的阴阳五行的。""尤有甚者，《敦煌古藏文历史文书大事编年》记公元650—763年110余年间的大事，写于金成公主进藏后50余年，纪年仍只用十二动物属肖，没有一处，一处也没有用到阴阳五行表示的天干。"[②]若然，我在"吐蕃纪年法"词条中，就更应该强调吐蕃使用十二生肖与十二地支纪年。进而我更感到自己所写词条存在不周之处。

木雅·坚参白桑依据汉族变异了的六十甲子表所创的这一套纪年方法，虽然在藏区不很流行，但在靠近藏区的其他一些少数民族中却

---

① 王尧：《河图·洛书在西藏》，载《中国文化》总第五期，1991年12月，第135—137页。
② 黄明信：《西藏的天文历算》，西宁：青海人民出版社，2002年版，第93—94页。需要补充说明的是，迄今所见，"吐蕃纪年法"除见于《唐蕃会盟碑》外，还见于敦煌莫高窟第365窟藏文题记：用"阳水鼠年"指公元832年（壬子年），"阳木虎年"指公元834年（甲寅年）。详见黄文焕：《跋敦煌365窟藏文题记》，载《文物》1980年第7期，第47—49页。

得到了传播。

20世纪70年代末，我在中国科学院北京天文台工作期间，为配合《中国天文学史》一书的编写，曾与几位同事共同进行过一些少数民族天文历法的考察工作。陈宗祥、王胜利二位先生与我一起到过大小凉山彝族地区。在甘洛县文化馆，我们见到一本"毕摩"（巫师）推算祸福的彝文《年算历》，其中所用的纪年方法与"吐蕃纪年法"完全相同。[1]只不过，我们当时未用"阴阳"，而是用"公母"去区分。由于我不懂彝文，只能听从彝文专家的意见。今天来看，所谓"公"与"母"，实质上就是"阳"与"阴"，还是用"阴阳"为好。

所谓的"吐蕃纪年法"，在云南纳西族文献中亦有记载。纳西历史专家朱宝田先生和天文史专家陈久金教授在他们合作的《纳西族东巴经中的天文知识》一文中也指出："人们也曾设法将汉区的六十干支介绍到纳西地区，但由于干支的名称没有具体的意义，记忆起来很是不便，因而便试图从其他途径来间接地传播和应用这种知识。幸好藏族人民已经对六十干支作了适合藏民使用的改革，将十二属相代替地支，以五行加阴阳代替十干，这就大大地方便了人们的记忆，因而纳西人便从藏民那里学得了以五行配十二属相组成的六十个序数作为纪年的周期。……藏民学习了五行思想以后，是以铁代金的，六十纪时序数传入纳西地区以后，也保持了以铁代金的习惯。"[2]

在另外一处，陈久金教授又指出："这种六十周期的配合方法，在古羌语系民族，例如藏族、党项族、彝族中均有发现。"[3]

---

[1]陈宗祥、邓文宽、王胜利：《凉山彝族天文历法调查报告》，载《中国天文学史文集》第二集，北京：科学出版社，1981年版，第101—148页，"彝族纪年六十周期表"见113页。

[2]朱宝田、陈久金：《纳西族东巴经中的天文知识》，载《中国天文学史文集》第二集，北京：科学出版社，1981年版，第35—45页。

[3]陈久金主编：《中国少数民族科学技术史丛书·天文历法卷》，南宁：广西科学技术出版社，1996年版，第356页。

综合上述所论，大概在唐代武则天统治末期，一种变异了的六十干支表由汉地传入藏区。约在8世纪下半叶至9世纪初前后，藏人木雅·坚参白桑据之创造了"吐蕃纪年法"。此法在吐蕃地区使用虽少，但却传入了西南地区的其他少数民族，变成各民族文化的一部分。可以说，由汉到藏，再传布到其他一些民族，使人不能不认为这是中国古代史上汉族与西南各少数民族互相学习、共同进步的极为辉煌灿烂的一页！

（原载《敦煌研究》2006年第6期，第97—102页）

莫高窟北区出土《元至正二十八年戊申岁（1368）具注历日》残页考

迄止2004年底，《敦煌莫高窟北区石窟》（以下简称《北区石窟》）全三卷出齐，提供了许多新资料，为"敦煌学"研究平添了不少内容，可喜可贺。其中第三卷刊有印本历日残页一小片。①据《北区石窟》介绍，此件残宽11.1厘米，残高11.2厘米，可知是很小的一块。然而据图版可知，此件属于版刻印本历日，且其左侧有竖条边框，知其为某一页历日靠近左侧的残存物。原件的确切年代未见有人考定，今据笔者所见，略加考证如后。

这里，我们先将原件文字加以释读。原《北区石窟》已有释文一份，我的释文若有区别，则以校记形式进行说明。原历日残失掉的日期干支等内容，今据残历自身条件进行推补。推补文字放入［］中，不出校记。

　　　［前缺］

1.［二十日丁巳土定］柳（1）　宜祭祀、临▢▢▢▢

①彭金章、王建军：《敦煌莫高窟北区石窟》第三卷，北京：文物出版社，2004年版。历日残片见图版三九，第464:5；释文见第81页。

2.［二十一日戊午火执］星　宜祭祀、上官、赴

3.［二十二日己未］火（2）破张　宜祭祀、破屋

4.［二十三日庚申］木危翼　昼三十九刻，夜六十一（3）［刻］。

5.［二十四日辛酉］木成轸　宜祭祀、解除、沐浴（4）

　造

6.［二十五日壬戌］水（5）收角　宜收敛货财、捕捉（6）、畋猎、

7.［二十六日癸］亥水开亢　宜祭祀、袭爵、受封、临政、亲民、

　沐浴、治病

8.［二十七日］甲子金闭氐　日入（7）申正三刻。宜祭祀、求嗣、

　出行、沐浴、立券

9.［二十八日］乙丑金建房　宜祭祀、解、安宅舍，忌出行

10.二（8）十九日丙寅火除心　宜袭爵（9）、受封、临政、亲民、

　解除、会宾（10）

　［后缺］

【校记】

（1）柳：原字残沥。《北区石窟》作□，未识出。

（2）火：原字残沥。《北区石窟》作残义，未识出。

（3）一：《北区石窟》漏释，作残文。

（4）沐浴："浴"字残沥。《北区石窟》二字均作残文。

（5）水：原字残沥。《北区石窟》作□，未识出。

（6）捕捉：《北区石窟》作"备□"，误。

（7）氐日入：三字《北区石窟》作□□，未识出。

（8）二：原字残存下面一画，《北区石窟》识作"一"，非是。

（9）袭爵：《北区石窟》作□□□，未识出。

（10）宾：原字残去下半，《北区石窟》作残文，未识出。

原历残存10行文字，每行内容多少不等。经补充缺文，可知其为某年某月二十至二十九日共10天的历日内容。因第二十九日左侧为竖条边框，又知该月为一小月。并由此推得残历朔日为戊戌，下月朔日为丁卯。

残历的月份。如上所述，残历是某月最后10天的内容。那么，它属于农历几月份呢？我们知道，干支纪日中的地支与建除十二客之间，在星命月份中有固定对应关系。[①]残历二十六日亥与开，二十七日子与闭，二十八日丑与建，二十九日寅与除相对应，表明此段历日在星命月十二月中，即在"小寒十二月节"之后不久。

但我们却不能简单地认为此页历日属于农历十二月。这是因为，我国传统农历自西汉《太初历》始，便以二十四节气注历。理论上每月有一个节气和一个中气，如"立春正月节"和"雨水正月中"。但节气在历日中的具体位置却在变化。原因在于，每个平气的日期为 365.2422 日 $\div 24 = 15.218425$ 日。两个节气（非中气）间就有30天还多。但在农历中，每月小月只有29天，大月至多30天，由此造成节气日期不能完全固定，需要用置闰的办法进行调节。这样，虽然我们依据建除与纪日地支间的固定对应关系确认残历是"小寒十二月节"后的一段，但仍不能认为残历就是十二月的。如果此前几个月内有过闰月，则此"小寒十二月节"就会提前注在十一月的下半月。那么，残历到

---

①邓文宽：《敦煌天文历法文献辑校》，南京：江苏古籍出版社，1996年版，第741页附录六《各星命月中建除十二客与纪日地支对应关系表》。

底是农历十二月的还是十一月的呢？我们注意到，残历第4行（即二十三日）有"昼三十九刻，夜六十一刻"的历注。中国古代用百刻纪时制，夏至白昼长，六十刻，夜晚为四十刻；冬至夜晚长，六十刻，白昼为四十刻。残历上的昼夜时刻与冬至十分靠近，则我们就有理由认为它属于农历十一月份，而非十二月份。

残历的年代。前已考知，这份十一月的历日朔日为戊戌，且该月为小月；下月即十二月朔日为丁卯。我们以此与张培瑜教授《三千五百年历日天象》①一书的朔闰表进行对照，在公元960至1910年的范围内，相合者有公元1120年、1244年、1311年、1368年、1554年、1678年共6个年份。换言之，残历年代应在此6年中加以寻求。

以往我在考定残历年代时，最后确定年代的手段便是"蜜"日（星期日）注，而本残历未见有"蜜"日注。不过，本历日却有二十八宿注历，是可以被我们间接加以利用的。我们知道，古代七曜日的次序是：日、月、火、水、木、金、土。同时又知道，二十八宿中的"角宿"是东方七宿的首宿，东方在五行中又属于"木"（"东方甲乙木"），则"角"宿注历时必须与七曜日的"木"日相对应。又由于二十八是七的整四倍，所以用于注历的二十八宿与用于注历的七曜日间便有了下列固定对应关系：

七曜日	木	金	土	日	月	火	水
二十八宿	角	亢	氐	房	心	尾	箕
	斗	牛	女	虚	危	室	壁
	奎	娄	胃	昴	毕	觜	参
	井	鬼	柳	星	张	翼	轸

---

① 张培瑜：《三千五百年历日天象》，郑州：河南教育出版社，1990年版。

显然，房、虚、昴、星四宿所在的日期属于日曜日，亦即"蜜"日或星期日。

残历二十八日历注为"房"宿，则知某年农历十一月二十八日为星期日。往上推，便知本月二十一日、十四日、七日均为蜜日。我们将这一结果与前述6个可能的年份加以对照，发现仅公元1368年，即元至正二十八年农历十一月七日是蜜日，其余5年全不相合。公元1368年农历有闰七月，十一月朔日戊戌，合西历12月11日，初七日干支甲辰，合西历12月17日。查陈垣先生《廿史朔闰表》后面所附《日曜表》，此日恰为星期日。残历年代为元至正二十八年戊申岁（1368）得以最后确定。

我们将此件定为元代残历，与学者们认为此件所出的莫高窟北区第464窟最晚时代属于元代，[1]亦相吻合。

最后，我们拟对残历所注昼夜时刻再略作说明。残历第4行（二十三日）注有"昼三十九刻，夜六十一刻"。这该如何理解呢？《元史·历志一》"昼夜刻"云：

> 春秋二分，日当赤道出入，昼夜正等，各五十刻。自春分以及夏至，日入赤道内，去极浸近，夜短而昼长。自秋分以及冬至，日出赤道外，去极浸远，昼短而夜长。以地中揆之，长不过六十刻，短不过四十刻。地中以南，夏至去日出入之所为远，其长有不及六十刻者；冬至去日出入之所为近，其短有不止四十刻者。地中以北，夏至去日出入之所为近，其长有不止六十刻者；冬至去日出入之所为远，其短有不及四十刻者。今京师冬至日出辰初二刻，日入

---

①彭金章、王建军：《敦煌莫高窟北区石窟》第三卷，北京：文物出版社，2004年版，第108页。

申正二刻，故昼刻三十八，夜刻六十二；夏至日出寅正二刻，日入戌初二刻，故昼刻六十二，夜刻三十八。盖地有南北，极有高下，日出入有早晏，所以不同耳。[①]

细读这段文字，便可知道，此历是以当时京师（元大都，今北京）昼夜时刻为准的。冬至时，白昼三十八刻，夜晚六十二刻。残历已过去冬至一些日子，故昼刻加长为三十九，夜刻减短为六十一了。

有关元代的历日，此前在黑城出有元至正二十五年（1365）印本历日残页。[②]我们从莫高窟北区看到的本件残历，比黑城所出者仅晚三年。将两份印本残历的图版加以比较，觉得版式、字痕、内容都很相近，它们同属于元朝末年的历日，而且是郭守敬所编《授时历》的实行历日，这对我们认识元历的真面目颇有帮助。

（原载《敦煌研究》2006年第2期，第83—85页）

①《元史·志第四·历一》。见标点本《元史》，北京：中华书局，1976年版，第1150页。
②张培瑜：《黑城新出天文历法文书残页的几点附记》，《文物》1988年第4期，第91—92页。

《金天会十三年乙卯岁（1135）历日》疏证

　　《文物》2003 年第 3 期刊登了《山西屯留宋村金代壁画墓》的发掘简报。①这是一份全新的金代壁画墓资料。由于研究的旨趣所在，我对文中所载一份金代简便年历尤感兴趣。现就认识所及，对它作一些简单考释，以期引起行家的重视和更进一步的研究。

　　据发掘简报，这份简便年历是以题壁形式写在墓室西壁上部右侧的。为便于讨论，现将原释文照录如下：

　　　　乙卯岁氏三百八十四日十二龙给水七日得葬。正月大一日乙巳国正月大二月小三月大四月小。五月大六月小七月大八月小九月小。十月大十一月小十二月大廿□日立春。小三命上舍天轮甲子国余年中气号。画夜百刻外宅礼宅之壬鬼□记。

　　上引释文有一些误读，下面稍加讨论。

　　（一）"乙卯岁氏三百八十四日"。此句中"氏"字误释，当释作"凡"，意即"共有"。"天会"为金太宗完颜晟年号，元年为公元 1123

---

①王进先、杨林中：《山西屯留宋村金代壁画墓》，载《文物》2003 年第 3 期，第 43—49 页。历日图版见 46 页图七。

年，十三年为1135年，干支纪年为"乙卯"。该墓墓室西壁中部题记另有"天会十三年岁次乙卯"一句，与此正相吻合不悖。它既是该墓主的下葬时间，也是这份简便年历的年代。"岁"后一字之所以是"凡"而非"氏"，是由于此句是概括全年天数的。该年有13个月（闰正月，说详下），故共有384日。此类句型我们在敦煌历日中多次遇见，如P.3403《宋雍熙三年丙戌岁（986）具注历日〔一卷〕并序》，开端亦云"凡三百五十四日"，[1]可参。

（二）"十二龙给水七日得葬"。此句"给""葬"二字均是误释。中国古代历日大概从宋代起，加入了"几龙治水""几日得辛"的内容。所谓"几龙治水"，是以正月初一后的第几日为"辰"日来计算的。比如，该天会十三年（1135）历日正月朔日为乙巳，此后第一个"辰"日是十二日丙辰"，故称"十二龙治水"。所谓"几日得辛"，也是以正月初一后的第一个"辛"日在哪一天为准的。此历正月朔日乙巳，第一个"辛"日是初七"辛亥"，因而有"七日得辛"之说。古人认为龙多则雨少，龙少则雨多；又必须在得辛日，备供品向神明祈谷，故将上述二日特别标出。其历史传统也很悠久。我见到最早有此注记的是敦煌文献S.0612《宋太平兴国三年戊寅岁（978）应天具注历日》，内有"六日得辛，七龙治水"。[2]而且，历日中的这项文化内容，迄今在东亚民用"通书"中依然十分流行，如香港"蔡伯励择日堪舆馆"所编"永经堂"1970年"通书"，亦有"十二龙治水，五日得辛"。此外，历日中还有"几姑把蚕""蚕食几叶""几牛耕地"等内容，都是一些带迷信色彩的历注，不足为训。

（三）"正月大一日乙巳国正月大……""国"字系误释，当释作

---

①参见邓文宽：《敦煌天文历法文献辑校》，南京：江苏古籍出版社，1996年版，第588页。
②邓文宽：《敦煌天文历法文献辑校》，南京：江苏古籍出版社，1996年版，第516页。

"闰"。该年所以有384日，就是因为它闰正月，共有13个月的缘故。此"闰"字，原字形为"门"中加一"王"字，且"王"字较大，故给原文作者以误导。该简便年历告知正月是大月，"一日乙巳"，然后告知其后自闰正月至十二月的各月大小，因此，我们很容易将全年各月的朔日干支推求出来（详参本文附表）。这也正是其价值之所在。

（四）"画夜百刻"。"画"字当释为"昼"，即"昼夜百刻"。这是中国古代的计时制度。古人将一昼夜划分为一百刻，一刻约合今14分24秒。但古代同时又将一昼夜平分为十二辰纪时，而100与12间却无整倍数关系，总是存在矛盾。于是南朝梁武帝萧衍在位时曾改行96刻制，每辰8刻；但行用不久，旋又改回到百刻制，至清以后，才又行用96刻制。[①]就我们讨论的这件金代年历来说，其时行用的仍是百刻制，故当释作"昼夜百刻"。

其他一些释文还有讨论的余地，但因与本文无直接关系，故从略。

如前所述，这份金代简便年历已经告知全年各月的月大小，且知正月朔日为乙巳。据此，我们将全年各月的朔日逐一推出，并与同年（宋绍兴五年）中原历日[②]编为一表，以便比较。

从表中可以看出，同年中原南宋历闰二月，金历闰正月，闰早一月；南宋历五月小，甲戌朔，金历五月大，癸酉朔；其余各月朔日相同。另外，简报释文有"十二月大廿□日立春"一句。这个"立春"是指次年（1136）的正月节气，因本年有闰月，致令次年的立春注在上年十二月的下半月，亦属习见之例。但用□代替的那个字，已有部分漫漶，似为"五"字，而非"六"字。而同年南宋历十二月下旬所

①《中国大百科全书·天文卷》，北京：中国大百科全书出版社，1980年版，第220页右。

②公元1135年的南宋历日各月大小及朔日、节气，采自张培瑜《三千五百年历日天象》，郑州：河南教育出版社，1990年版，第284页右下。

注次年"立春"是在十二月廿六日甲子。①换言之，金历次年立春日比南宋历早一日。

月　份	宋　朝	金　朝
正月	乙巳（大）	乙巳（大）
二月	乙亥（大）	（闰正月）乙亥（大）
闰二月	乙巳（小）	（二月）乙巳（小）
三月	甲戌（大）	甲戌（大）
四月	甲辰（大）	甲辰（小）
五月	甲戌（小）	癸酉（大）
六月	癸卯（小）	癸卯（小）
七月	壬申（大）	壬申（大）
八月	壬寅（小）	壬寅（小）
九月	辛未（小）	辛未（小）
十月	庚子（大）	庚子（大）
十一月	庚午（小）	庚午（小）
十二月	己亥（大）	己亥（大）

据《金史》卷二十一《历志上》记载，"金有天下百余年，历惟一易"。天会五年（1127），司天杨级始造《大明历》，"十五年（1137）春正月朔，始颁行之"。后来又有赵知微的重修《大明历》。②但是，我们眼前的这份金代年历，其年代为天会十三年（1135），其时杨级《大明历》尚未颁行（1137年颁行）。那么，金朝自1115年建国，至1136

---

① 张培瑜：《三千五百年历日天象》，郑州：河南教育出版社，1990年版，第284页右下。
② 参见《中国大百科全书·天文卷》，北京：中国大百科全书出版社，1980年版，第561页。

年共22年，所用为何种历法？对此，史书语焉不详。前引《金史·历志上》只云"历惟一易"，下面即述杨级造历与颁行的史实。"易"即"换"也，那么，是由何种历日改"换"为行用《大明历》的呢？不得其详。

虽然史文缺略为我们详细了解这份出土年历带来很大困难，但从上述与同年中原南宋历日的比较可知，早期金历是充分吸收了汉历文化成果的，以至"几龙治水""几日得辛"这样的术语也照搬汉历而来，它反映了中原汉文化对金人的浸润。另一方面，金人也并非完全照搬汉历，这由它与同年中原汉历的差异即可看出。至于更详细的情况，暂时还不易说明。

这里，我们还有必要对这份金代历日的形制稍作说明。自20世纪以来，秦汉简牍和敦煌吐鲁番文献、黑城文书中都出土了数量可观的实行历日或具注历日，其编排形式依据用途而有所不同，其中之一便是"简便年历"。这种简便年历的特征是，一般只告知月大小、朔日干支和一些节气所在日，①还有少数重要的日期如预报月食、奠日、社日等，不同时代又略有差异。迄今所见最早的简便年历，是秦二世元年（前209）年历木牍；②其后有敦煌出土的汉简永光五年（前39）、永始四年（前13）二历；③敦煌藏经洞亦出两件：一是《北魏太平真君十一年（450）、十二年（451）历日》，另一是《宋淳化四年癸巳岁（993）历日》。④上述各历形制均可与本件年历互相比照。这种简便年历的存

---

① 参见陈久金：《敦煌、居延汉简中的历谱》，载《中国古代天文文物论集》，北京：文物出版社，1989年版，第121页。

② 图版见《文物》1999年第6期彩版三，出自湖北荆州关沮秦汉墓。

③ 陈久金：《敦煌、居延汉简中的历谱》，载《中国古代天文文物论集》，北京：文物出版社，1989年版，第117—118页。

④ 释文见邓文宽：《敦煌天文历法文献辑校》，南京：江苏古籍出版社，1996年版，第101—110页、664—667页。

在说明，虽然总体上说，由于历注内容日益繁黩，古历内容存在由简到繁的基本发展趋势，但为了方便生活，简便年历的形式也并未完全消亡。

最后还要强调的是，以往出土的古代历日，要么书写在简牍上，要么书写或印制在纸上，而这件金历却是抄在墓室墙壁上的，它是迄今所见唯一的一件。

（原载《文物》2004年第10期，第72—74页）

两篇敦煌具注历日残文新考

　　我自1983年起，开始着手敦煌天文历法文献的整理与研究，迄今已经过去了29年。虽说也曾在其他分支学科有所涉足，但主要精力还是投入在天文历法方面。单从整理的角度而言，由于当年使用的照片质量欠佳，多有令人扼腕或英雄气短之处。敦煌历日文献的大部分已被伯希和携去，现藏法国国家图书馆。2000年，我到法国巴黎高等研究实验学院做访问学者，有机会从法国国家图书馆将原件调出，逐字加以核对，并做了记录。近年来，受张涌泉、许建平二教授的垂爱，为他们做《敦煌文献合集·子部·天文历法卷》的整理工作，得到机会将旧作加以修订。这期间，我除了改正自己的错误，也发现了他人的错误或不达一间之处，或者又有新的历日资料被发现。这里写出两篇考证文字，以飨读者。

一、法藏 P.3054piece.1 残历的年代

　　这是一件只存10行文字的具注历日残片，当年编撰《敦煌天文历法文献辑校》时，我是当作"年次未详历日残片"来处理的。原件模糊不清，释读极为困难，因此，此件当年的释文让我颇不满意。2000年10月9日，我从法国国家图书馆将原件调出，逐字辨识，虽然还有

七八个字认不出来，但多数基本获得了正确释读，为研究工作打下一个好的基础。

如前所述，我原来认为已知条件有限，准确年代难于考订。本次重新整理，经过努力，竟考出了其准确年代，即唐乾符三年（876）的具注历日。

原件前缺，现存10行主要为年历总序的部分文字，以及正月月序的一部分内容。其中重要的信息有：年为八宫，正月为二宫，正月初三立春，全年十二个月的月大小和太阴日受岁。我们正是要凭借这些已知的条件，结合必要的中古历法知识，将其准确年代考证出来。

我们知道，敦煌当地具注历日的最大时限范围是公元786年（吐蕃占领敦煌之始）至1002年。从陈垣先生《廿史朔闰表》上查出，在这一时限范围内，年为八宫、正月为二宫的年份共有二十四个，即：公元795年乙亥、804年甲申、813年癸巳、822年壬寅、831年辛亥、840年庚申、849年己巳、858年戊寅、867年丁亥、876年丙申、885年乙巳、894年甲寅、903年癸亥、912年壬申、921年辛巳、930年庚寅、939年己亥、948年戊申、957年丁巳、966年丙寅、975年乙亥、984年甲申、993年癸巳、1002年壬寅。

本件历日正月初三立春，而993年的敦煌历日已经存在，且立春日为正月初六，[①]故993年当先排除。中古时代，历法普遍使用平气，每气间隔15.218425日，这是一个基本的天文常数。敦煌历日与中原历日干支虽有一到二日乃至三日之差，但节气日所差不会太远。因此，我们要看哪些年立春日与本历立春日相差太远，先将其加以排除。经在

[①] P.3057，释文见邓文宽：《敦煌天文历法文献辑校》，南京：江苏古籍出版社，1996年版，第664—667页。

张培瑜教授《三千五百年历日天象》①一书上寻检，下列年份的立春日是：804年上年十二月十六日立春，813年上年十二月二十六日立春，831年上年闰十二月十五日立春，840年上年十二月二十四日立春，858年正月十四日立春，867年上年十二月二十三日立春，885年正月十二日立春，894年上年十二月二十一日立春，912年正月十一日立春，921年上年十二月二十日立春，930年上年十二月二十九日立春，939年正月初九立春，948年上年十二月十九日立春，957年上年十二月二十八日立春，975年上年十二月十七日立春，984年上年十二月二十七日立春，1002年上年闰十二月十五日立春。这17个年份立春日与残历正月三日立春均相差太远，亦在排除之列。至此，可能的年份只剩公元795、822、849、876、903、966共六个年份了。

残历告知了全年十二个月的月大小，没有闰月。一般来说，敦煌历日与中原历闰月或在同月，或相差一个月，至多两个月。而我们从《三千五百年历日天象》上看到：795年农历闰八月，822年闰十月，849年闰十一月，966年闰八月。故这四个年份亦当排除，至此，只余公元876和903两年是可选年份了。

先看公元903年癸亥岁。残历明确告知该年"正月小"。敦煌文献P.3017《金字大宝〔积〕经内略出交错及伤损字数》题记云："天复三年岁次癸亥（903）二月壬申朔二十三日……"二月朔日壬申，正月又是小月，则正月朔日必是癸卯。查《廿史朔闰表》，中原历同月朔日亦是癸卯，说明903年敦煌历与中原历正月朔在同一日，也就是同在癸卯日"受岁"。残历的表述则是"太阴日受岁"，即正月朔日是星期一。该癸卯日合公元903年2月1日。然而查《日曜表》，此日却是星期二，即七曜日的"云汉火直日"，而非"太阴日"（月曜日）。这一矛盾说

---

①张培瑜：《三千五百年历日天象》，郑州：河南教育出版社，1990年版。

明，残历日不是唐天复三年癸亥岁（903）的历日，唯一的选择只有唐乾符三年（876）了。

我们从陈垣先生《廿史朔闰表》上看到，唐乾符三年（876）中原历朔日己卯，合西历公元876年1月30日。查《日曜表》，此日恰为星期一，即七曜日的"月曜日"（太阴日）。反之，亦可获知，敦煌历该年"受岁日"（正月朔日）与中原历亦在同日，即己卯日。

至此，残历的年八宫，正月二宫，正月三日立春（同年中原历亦在正月三日立春），太阴日受岁，与唐乾符三年完全吻合。换言之，唐乾符三年是该历日残文准确年代的唯一选择。

在前述考察中，已知正月朔日是己卯，残历又告知了全年十二个月的大小，从而推知：正月小，[己卯朔]；二月大，[戊申朔]；三月小，[戊寅朔]；四月大，[丁未朔]；五月大，[丁丑朔]；六月小，[丁未朔]；七月大，[丙子朔]；八月大，[丙午朔]；九月小，[丙子朔]；十月大，[乙巳朔]；十一月小，[乙亥朔]；十二月大，[甲辰朔]。与同年中原历相比较，敦煌历二、三、四月朔日各早一日，六、八、九、十、十一月朔日各迟一日。

至此，我们不仅考出了残历的准确年代，而且又考出了全年各月的朔日。在前述考证的基础上，我们将此件定名为"唐乾符三年丙申岁（876）具注历日一卷并序"。

关于该历日残文的年代，此前曾有两位外国学者发表过意见。法国远东学院华澜博士曾怀疑该历的年代是公元876年，但他加了问号，表示尚不确定。①此外，我们也未见到他的考证程序。另一位是日本学者西泽宥综先生。西泽先生在其大作《敦煌历日综论——敦煌具注历

---

① [法]华澜：《敦煌历日探研》，载《出土文献研究》第七辑，上海：上海古籍出版社，2005年版，第196—253页。对本件残历年代的见解见第200页。

日集成》（下卷）[①]刊布了他的释文，且定为《唐天复三年癸亥岁（903）历日》。他也是先筛选出公元876年和公元903年这两个年份。在最后判断时，他注意到与该残历同卷的《开蒙要训》背面有二十几行断续的记事，内有"癸亥年十月廿九日"一条，纪年与天复三年（903）相合，从而形成了他的按断。但P.3017题记中的"天复三年岁次癸亥二月壬申朔"这一关键性的资料却被忽略了，从而误将该历日的年代定为唐天复三年（903）。

附带言及，本件历日释文相当困难。我虽然对照过原件，比西泽宥综先生的释文有所提高，但提高得也很有限。这里，我谨向西泽先生表示深深的敬意。

二、中国国家图书馆藏BD16365残历的年代

此件现藏中国国家图书馆，系首次刊布。在撰写此文之前，我尚未知晓，是由方广锠教授告知的。因此，我先要向方教授表示深切的谢意。原件现存两个断片：1至5行为第一断片，6至11行为第二断片。第一片中，纪日地支与建除即辰与建、巳与除、午与满、未与平相对应，知其属于三月的一段历日。[②]戊午日注"望"，知此日为十五日或十六日。由此可推得，三月朔日为癸卯或甲辰。第二片亦失日期，但10行乙未日之人神流注为"在肝"，则此日必是二十三日。[③]由此可将此日前后日序补出。又由建除十二客与纪日地支之对应关系，知此6天

---

① [日]西泽宥综：《敦煌历日综论——敦煌具注历日集成》，2006年，日本东京"自家版"，第11—14页。

② 参见邓文宽：《敦煌天文历法文献辑校》，南京：江苏古籍出版社，1996年版，第741页附录六《各星命月中建除十二客与纪日地支对应关系表》。

③ 邓文宽：《敦煌天文历法文献辑校》，南京：江苏古籍出版社，1996年版，第744页，附录九《逐日人神所在表》。

历日均在"星命月"之四月。又由"芒种五月节"注在四月廿日，知此前不久发生过闰月，致使节气提早进入上月之下半月，则此六天历日为四月十九日至二十四日者。由二十三日干支乙未，可推得四月朔日为癸酉。以三、四两月朔日，与《廿史朔闰表》对照，同唐乾符四年（877）相近似。残历虽不见"蜜"日注，但却有二十八宿注历。根据七曜日与二十八宿的固定对应关系，房、虚、昴、星四日必在蜜日。残历四月廿三日注"星"，则此日当为蜜日。往前推，四月十六日、九日、二日（甲戌）均为蜜日。此月二日合公元877年5月19日，查《日曜表》，恰为星期日，从而可确认此历为唐乾符四年（877）具注历日。与同年中原历日相比较，敦煌历四月朔迟一日。

残历3行所注"辟夬"、9行所注"侯大有内"，属于中国古代的"卦气"注历；各日宜忌用事下的九、八、七、六、五、四、三、二、一等数字，属于"日九宫"。这些内容除在S.2404《后唐同光二年甲申岁（924）具注历日并序》正月前三日见到外，其余各历均未曾见。尤其是倒数第三项（即日九宫下）各日所注二十八宿，更是弥足珍贵。在既往的研究史中，天文史学家们普遍认为，二十八宿注历是为了"演禽术"的需要，从南宋才开始出现的。而在敦煌历日中，不仅在同光二年（924）具注历日中看到有三天二十八宿注历（三日后全残），现在又将这个年代提前了四十八年，本历的学术价值由此可见一斑。

当年在编著《敦煌天文历法文献辑校》一书时，我尚未见到本件残历。又因S.P.6号本身错误很多，因此我曾怀疑印本《唐乾符四年丁酉岁（877）具注历日》并非来自中原，很可能是某位翟姓制历者根据中原历日改编而成的。①本篇乾符四年（877）写本历日的出现，证明

---

①邓文宽：《敦煌天文历法文献辑校》，南京：江苏古籍出版社，1996年版，第225—226页。

我早期的认识是错误的。现在可知，唐乾符四年（877）敦煌使用的仍是当地自编的写本历日；而同年那个印本中原历日，是后来翟奉达从某种途径获得并作为制历参考使用的。

（原载《敦煌吐鲁番研究》第十三辑，上海：上海古籍出版社，2013年版，第197—201页）

跋日本"杏雨书屋"藏三件敦煌历日

20世纪80年代初，当我着手进行敦煌天文历法文献整理与研究时，首先要做的事，是尽可能地从敦煌文献目录中将有关号码选出。当时就注意到《敦煌遗书总目索引》所收《敦煌遗书散录》第0229号著录为《本草（背写历日）》，第0230号著录为《戊寅年历日》。[①]由于编在《李氏鉴藏敦煌写本目录》，可知此二件历日曾经被德化（今江西九江）李盛铎收藏。但当时不知这批藏品的下落，所以《敦煌天文历法文献辑校》[②]一书未能收录，实是憾事。

2010年4月，在浙江大学召开的敦煌学国际会议上，日本学者高田时雄教授介绍了羽田亨收藏的敦煌文献（即"杏雨书屋"藏品）的出版情况，方广锠教授也做了相应的补充发言。不久前，我到中国国家图书馆敦煌吐鲁番资料中心去查资料，终于看到了已经出版的《敦煌秘笈》影片册一和二[③]及全部羽田亨藏品七百余号的目录一册。浏览所及，三件敦煌历日赫然在册，而且从其所钤"李盛铎印"获知，此即《敦煌遗书散录》第0229、0230所著录者！石室秘宝在沉睡了近百

---

①《敦煌遗书总目索引》，北京：商务印书馆，1962年版，第318页。

②邓文宽：《敦煌天文历法文献辑校》，南京：江苏古籍出版社，1996年版。

③［日］武田科学振兴财团、杏雨书屋编：《杏雨书屋藏敦煌秘笈》，大阪：武田科学振兴财团，2009年版。

年之后重见天日，我怎能不为之三呼"万岁"！现在对这三件敦煌历日进行研究，将相关认识书录于后。至于其释文，这里不再一一录出，我将刊布于浙江大学古籍所编集的《敦煌文献合集·子部·天文历法卷》。①

一、《宋乾德三年乙丑岁（965）具注历日》

本件与写在它后面的另一件共同组成《敦煌遗书散录》第0230号。《敦煌秘笈》影片册一则标号为"羽041V"，且题名为"戊寅年历日"。②严格说来，这是不准确的。这一号码共包含两项内容，前者即《宋乾德三年乙丑岁（965）具注历日》，紧随其后的才是"戊寅年历日"草稿。为加区别，我将《宋乾德三年乙丑岁（965）具注历日》标为"羽041V（一）"，将"戊寅年历日"草稿标为"羽041V（二）"。

"羽041V（一）"原钤"李盛铎印"一方。历日残存九月十九日至十月二十九日，其内容格式与P.3403《宋雍熙三年丙戌岁（986）具注历日一卷并序》相仿佛，属于"繁本历日"一类。九月虽仅存十二日，但十月却从月序到月末都是完整的。由"十月小，建丁亥"，反推回去，知正月月建为戊寅。根据S.0612背"五子元例正建法"，其对应的年天干应当是乙或庚（"乙、庚之岁戊为头"）。又由十月九宫图为五黄居中，反推回去，知正月九宫图亦是五黄居中，对应的年地支为丑、未、辰、戌。③将上述所得年天干和年地支相配，可得乙丑、乙未、庚

---

① 许建平主编：《敦煌子部文献汇辑集校》，将由中华书局出版。
② ［日］武田科学振兴财团、杏雨书屋编集：《杏雨书屋藏敦煌秘笈》影片册一，大阪：武田科学振兴财团，2009年版，第279页。
③ 参邓文宽：《敦煌天文历法文献辑校》，南京：江苏古籍出版社，1996年版，第746页附录一——《年九宫、正月九宫与年地支对应关系表》。

辰、庚戌，这四个干支年份便是残历自身可能的年代。再由残历所记并推得：该历九月大，［戊辰朔］；十月小，戊戌朔；十一月［?］，［丁卯朔］。以此三个月月朔与前述四个干支年份对照，在陈垣先生《廿史朔闰表》上786年（吐蕃占领敦煌之始）至1002年的范围内相对照，与宋乾德三年（965）相近似。以往我们在最后确定残历的年代时，要利用“蜜”日注。此件残历无蜜日注记，故尔无从利用。但残历十月五日壬寅注“立冬十月节”，却是一个有价值的信息。既往的经验告诉我们，敦煌本地历日与同年中原历日朔日多有一二日乃至三日的差别，但干支却连续无误。而中古时代，二十四节气仍用平气，每气间隔15.218425日，是一个基本的天文常数。所以敦煌历与中原历节气所在日期亦不会相差太远。查张培瑜教授《三千五百年历日天象》[①]一书，宋乾德三年（965）中原历立冬在十月六日壬寅，与敦煌历干支相同，日期则晚一日，完全合乎常理。由此，我们有理由将这件残历定名为“宋乾德三年乙丑岁（965）具注历日”。这也说明，《敦煌秘笈》影片册一定名“戊寅年历日”是无法将此件涵盖进去的。

此外，我们注意到，S.5494为“乾德三年（965）具注历日”封题，年代与本件一致。但此封题是否就属于本件历日，疑不能定，故此仍分别处理。

二、《宋太平兴国三年戊寅岁（978）历日》草稿

“羽041V（二）”紧随“羽041V（一）”书写，且两件字迹相同，知为同一人所抄写。为何前件只抄到十月底，而不抄十一、十二两月历日，却立即改抄本件历日草稿，今已无法详知。

---

① 张培瑜：《三千五百年历日天象》，郑州：河南教育出版社，1990年版，第256页。

　　此件尾残，存26行文字，前20行完整，后6行尤其是后5行上部残失较多。原件开头为"戊寅年二月十九日酉破"，此下基本遵循这一格式，只写每日的地支和建除十二客，别的内容不具。这种写法，在敦煌历日中是首次见到。为何不从岁首或二月一日开抄，而是从二月十九日写起，今亦无从知晓。从现存内容可以看出，建除十二客排列的基本规则之一——节气所在之日（即"星命月"的第一日）所注建除要重复其前日一次，并未遵循，而是将建除十二客连续分配于每日之下。这当然是错误的。但由二月十九日地支和其余各月一日纪日地支，我们可以获知：二月朔日地支为卯，三月酉，四月寅，五月申，六月丑，七月午。

　　在从公元786年至1002年的范围内，共有四个戊寅年，即唐贞元十四年（798）、唐大中十二年（858）、后梁贞明四年（918）和宋太平兴国三年（978）。根据陈垣先生《廿史朔闰表》，公元798年中原历二月壬子朔，比敦煌历早三日；该年中原历闰五月，此件历日无闰月，故此年应当先予排除。858年中原历二月甲子朔，其纪日地支亦早本件敦煌历三日，但中原历闰二月，本件历无闰月，故此年亦在排除之例。918年中原历二月甲辰朔，本件历朔在卯日，比中原历地支早一日。再往前看，中原历正月是乙亥朔。如果敦煌历正月朔日亦在乙亥，二月朔日又在卯日，则正月只有二十八天，显然是不可能的。当然，敦煌历正月朔日也可能不是乙亥，而是甲戌，若此，则正月即为二十九天。这就是说，公元918年是其年代可能者之一。我们再看978年。该年中原历二月丙辰朔，本件敦煌历朔在卯日，早一日。中原历正月朔日丙戌，距干支乙卯正好二十九天，是一个小月。当然，该年敦煌历正月朔日也可能不是丙戌。换言之，公元918年与978年这两个戊寅年均在可选之例。不过，我们注意到，同一抄手写在此件之前的残历日是公元965年的，这就增加了本件是978年的可能（比前份残历晚13年）。

而918年距残历已过去了47年，可能性偏小。据上所论，我们定此件为《宋太平兴国三年戊寅岁（978）历日草稿》。

敦煌文献S.0612为《宋太平兴国三年戊寅岁（978）应天具注历日》，是一件来自中原王朝的官历。经推算，该历正月朔日丙戌，与《廿史朔闰表》相同，其余月份未详。而本件历日草稿显非来自中原，而是敦煌当地历日编纂者使用的。如果敦煌历正月朔日亦在丙戌，则可推得：正月小，丙戌朔；二月大，[乙卯朔]；三月小，[乙酉朔]；四月大，[甲寅朔]；五月小，[甲申朔]；六月小，[癸丑朔]；七月[?]，[壬午朔]。与同年中原历相比较，敦煌历二月、四月、五月、六月朔日各早一日，七月朔日早二日。

三、年次未详具注历日抄

此件"杏雨书屋"编号为"羽040V"，亦即《敦煌遗书散录》之0229号。所存历日系由完本历日摘抄而来，而非完整的具注历日。原件前部已残，历日双栏书写。现存上栏前半部分为七月历日，后半部分为九月的前十日，下栏为八月历日。七月历日存十五日至廿九日，八月历日存十三日至卅日。那么，其月份是如何确定的呢？我们注意到上栏前半段在"廿三日乙卯水破"下注有"八月节"，下栏在"廿四日乙酉水闭"下注有"九月节"。我国自汉武帝太初元年（前104）颁行《太初历》起，开始用二十四节气注历。理论上说，每月都有一个节气和一个中气，如"立春正月节"和"雨水正月中"，"惊蛰二月节"和"春分二月中"。①但当时使用平气。一个回归年365.2422日，平均每个节气间隔15.218425日，两节间便有30日还多。可是，一个朔望月

---

① 汉代雨水和惊蛰位置互换。

仅有29.5306日，全年12个月共有354天或355天，于是必须置闰。可是节气安排仍是那个15天多一节或一气。这样，节和气在历本上的日子便不固定了。节气（非中气）在每年的历本上，既可能在其理论上应在的月份，或者一遇闰月，便被提前到上个月的下半月，如本件残历日所见八月节注在七月廿三日，九月节注在八月廿四日。之所以如此，是由于几个月前曾有过闰月的结果，过几个月才会与其本来应在的月份相对应。这正是我们将残历定为七、八、九月的根据。

还需指出的是，九月四日起，日序早写了一日，当予纠正。

根据残历现存内容，可以推得：七月小，［癸巳朔］；八月大，［壬戌朔］；九月［?］，［壬辰朔］。但因条件太少，其准确年代尚难确定。

（原载黄正建主编《中国社会科学院敦煌学回顾与前瞻学术研讨会论文集》，上海：上海古籍出版社，2012年版，第153—156页）

敦煌具注历日选择神煞释证

一般来说，敦煌所出具注历日是由两部分内容构成的：一部分是其科学内容，如回归年的长度、朔望月的大小、如何置闰、二十四节气、七十二物候、昼夜时刻的变化，等等，其特点是有客观世界的依据，大多可以用数字来计量；另一部分是其数术文化内容，或称术数，如年神、月神、日神、时神，以及其他各种各样能够与人们祸福休咎有关的"神灵"，其性质属于迷信，没有事实依据，是中国古代阴阳数术家头脑的产物，基本上是不可信的。但是，就是这部分不可依信的数术文化，无论是对古代的中国人，还是在21世纪的东亚地区，对人们的日常生活都有巨大而持久的影响。因此，研究古代历日，其数术内容是不能也不应该回避的。

历日中的数术内容极其丰富，如六甲纳音、建除十二客、五姓利月、年九宫、月九宫、二十八宿注历、七曜日宜忌、人神流注，等等。如果对它们进行全面系统的研究，恐怕要形成几本专著，不是本文所能承担得起的。职是之故，我们只对历日中的年神、月神、日神及其相关内容给予简单的解说，以便人们在阅读古历时容易理解一些。之所以选择这部分内容，是由于从选择术的角度看，这些内容与人们的衣食住行联系最为密切，是古人最关心的事项。

一、年神简释

所谓年神，是指阴阳家、堪舆家所说的本年神将，它们主宰着本年的休咎祸福。在十二年一轮次的年代中，随着纪年干支的不同，年神所在的地方也就不同。要想趋吉避凶，则需知道各年神在本年中的方位，故 P.3403《宋雍熙三年丙戌岁（986）具注历日一卷并序》云："凡人年内造作，举动百事，先须看太岁及已下诸神将并魁罡，犯之凶，避之吉。"①正是其义。

下面逐一解释。

·岁德·

岁德是岁中大吉大利之神，所谓"有宜无忌"是也。《曾门经》曰："岁德者，岁中德神也。十干之中五为阳，五为阴，阳者君道也，阴者臣道也。君德自处，臣德从君也。所理之地，万福咸集，众殃自避，应有修营，并获福祐。"②根据这一理论，其安排规则便是：甲年德在甲位，乙年德在庚位，丙年德在丙位，丁年德在壬位，戊年德在戊位，已年德在甲位，庚年德在庚位，辛年德在丙位，壬年德在壬位，癸年德在戊位。由于它是极福之神，处于阴阳感动之位，故数术家认为，凡修作、动土、移徙、嫁娶、出入百事，向之大吉大利。有序言的敦煌历日中，此神是必会出现的。如 P.3403 之公元986年历日云："今年岁德在丙，合德在辛（原注：丙、辛上取土及宜修造吉）。"③而该年干支为"丙戌"，与前述所言的安排规则亦相合不悖。S.0612《宋

①邓文宽：《敦煌天文历法文献辑校》，南京：江苏古籍出版社，1996年版，第588页。
②转引自《协纪辨方书》卷三"义例一"，见李零主编：《中国方术概观·选择卷》（上），北京：人民中国出版社，1993年版，第144页。
③邓文宽：《敦煌天文历法文献辑校》，南京：江苏古籍出版社，1996年版，第589页。

太平兴国三年戊寅岁（978）应天具注历日》"岁德中宫戊"，[①]亦符合戊年德神在戊位的规定。

·岁德合（合德）·

岁德合在历日中简称"合德"。它与岁德相似，亦是年中吉神。区别在于，岁德属阳，合德属阴，有刚、柔之别。其排列规则为：甲年在己，乙年在乙，丙年在辛，丁年在丁，戊年在癸，己年在己，庚年在乙，辛年在辛，壬年在丁，癸年在癸。由于此神属阴，所以，数术家认为凡订盟、嫁娶等内事，当选合德位，而出行、上官赴任等外事，宜用岁德位。其在历日中的实际用例，除见于上条所引1986年具注历日外，又如S.2404《后唐同光二年甲申岁（924）具注历日并序》云："今年岁德在甲，合德在己。"[②]规则亦符合前面所述。

·太岁·

太岁神是年中众神之领袖，故《协纪辨方书》引《神枢经》曰："太岁，人君之象，率领诸神，统正方位，斡运时序，总成岁功……若国家巡狩省方、出师略地、营造宫阙、开拓封疆，不可向之；黎庶修营宅舍、筑垒墙垣，并须回避。"[③]所谓"不可在太岁头上动土"是也。堪舆家认为它是地神中力量最为强大者，对人们亦吉亦凶；如"坐太岁"，即在太岁所理之地从事营造、修补、移徙等建设性工作，则吉；若"犯太岁"，即在太岁所理之地从事开池、挖洞等破坏性工作，则凶。故而历日序言中每每言曰："凡人年内造作，修营百事，先须看太岁及以下诸神将并魁、罡，犯之凶，避之吉。"

·太阴·

数术家以太阴神为太岁神的后宫。传说白圭为善于营利者，人弃

①邓文宽：《敦煌天文历法文献辑校》，南京：江苏古籍出版社，1996年版，第513页。
②邓文宽：《敦煌天文历法文献辑校》，南京：江苏古籍出版社，1996年版，第375页。
③《中国方术概观·选择卷》（上），北京：人民中国出版社，1993年版，第146页。

我取，人取我予，终致大富。司马迁在《史记·白圭列传》中有所描述。①白圭所作祈禳，依据便是太阴神所在方位。故后世以太阴神为年谷丰歉、水旱之占。《协纪辨方书》引《神枢经》言"太阴……所理之地不可兴修"，②恐为后起之义，其本义当如《史记》所言。

·大将军·

大将军，顾名思义，当同军事有关。《协纪辨方书》引《神枢经》云："大将军者，岁之大将也，统御威武，总领战伐。若国家命将出师、攻城、战阵，则宜背之，凡兴造皆不可犯。"③太岁、大将军的威猛作用，在敦煌所出的文学作品中亦可窥见。《燕子赋》（甲种）开端即载："仲春二月，双燕翱翔，欲造宅舍，夫妻平章。东西步度，南北占详，但避将军、太岁，自然得福无殃。"④也可看出大将军属于年中凶神之列。

这里我想特别指出的是，敦煌所出《北魏太平真君十一年（450）、十二年（451）历日》，⑤属于简便年历，但每年开首却列了三个年神，即太岁、太阴和大将军在本年的方位。⑥如上所述，太岁主营造，太阴主年谷水旱，大将军主命将出征，这三个年神在这份历日中并列出现，正是古谚"国之大事，在祀与戎"的一种诠释。

·奏书·

这也是敦煌历日中经常出现的一个年神，但文献记载不多。《协纪辨方书》引《广圣历》说："奏书者，岁之贵神也，掌奏记，主伺察。

---

①标点本《史记》卷一二九《货殖列传》，北京：中华书局，1959年版，第3258—3259页。

②《中国方术概观·选择卷》（上），北京：人民中国出版社，1993年版，第153页。

③《中国方术概观·选择卷》（上），北京：人民中国出版社，1993年版，第148页。

④项楚：《敦煌变文选注》，成都：巴蜀书社，1989年版，第374页。

⑤现藏敦煌研究院，编号0368V。

⑥邓文宽：《敦煌天文历法文献辑校》，南京：江苏古籍出版社，1996年版，第101—102页。

所理之地宜祭祀、求福、营建宫室、修饰垣墙。"①其排列规则是：岁在东方，奏书在东北维（艮方）；岁在南方，奏书在东南维（巽方）；岁在西方，奏书在西南维（坤方）；岁在北方，奏书在西北维（乾方）。敦煌历日中的排列规则正与此合。元人曹震圭则认为奏书属于水神。②

· 博士 ·

《协纪辨方书》引《广圣历》曰："博士者，岁之善神也。掌案牍，主拟议。所居之方利于兴修。"③其位置据说与奏书正好相对：奏书在东北，它则在西南，奏书在西北，它则在东南。④揣测古人的立意当是，由于奏书主奏记上报，而博士则起草文书，二者工作关系密切，对案办公，故而位置对冲。这似乎是将人间刀笔吏赋予神性后方有的现象。

· 力士 ·

顾名思义，力士即大力士之谓。《协纪辨方书》引《堪舆经》曰："力士者，岁之恶神也。主刑威，掌杀戮。所居之方不宜抵向，犯之令人多瘟疾。"⑤曹震圭更通俗地解释说：力士是天子的羽林军，起护卫作用，故而常居岁前之角，离君不远，所在之方可诏此方之臣以诛杀有罪者。⑥众所周知，佛教中有护法神金刚力士，所起的作用与年神力士完全一样。因而我推测，这个年神力士是从佛教借鉴而来的，这也是佛教文化对中国古代历日文化发生影响的一斑。

· 害气 ·

《协纪辨方书》未载。所幸在于，历史文献中有所提及。《后汉

---

① 《中国方术概观·选择卷》（上），北京：人民中国出版社，1993年版，第149页。
② 《中国方术概观·选择卷》（上），北京：人民中国出版社，1993年版，第149页。
③ 《中国方术概观·选择卷》（上），北京：人民中国出版社，1993年版，第149页。
④ 《中国方术概观·选择卷》（上），北京：人民中国出版社，1993年版，第149页。
⑤ 《中国方术概观·选择卷》（上），北京：人民中国出版社，1993年版，第150页。
⑥ 《中国方术概观·选择卷》（上），北京：人民中国出版社，1993年版，第150页。

书·马援传》载，朱勃在一份奏书中云："惟［马］援得事朝廷二十二年，北出塞漠，南渡江海，触冒害气，僵死军事……"①《新唐书·狄仁杰传》载，仁杰在奏书中说："上不是恤，则政不行；政不行，则害气作；害气作，则虫螟生，水旱起矣。"②而《旧唐书·狄仁杰传》则将"害气"作"邪气"，由是可知，害气是一种邪气。数术家将它以年神安排于不同方位，以示不可触犯，知害气当属凶神之列。

·蚕室、蚕官、蚕命·

这三个年神，均同养蚕及蚕丝有关，故放在一起解释。《堪舆经》说：蚕室是岁中之凶神，"主丝茧绵帛之事"。所以，其所理之方不可修营动土，若"犯之，则蚕丝不收"。③因农功在田，养蚕在室，所以蚕室也就成了神煞。又据《历例》所说，蚕官是"岁中掌丝之神"，所在之地不能营建宫室，如触犯，则"蚕母多病，丝茧不收"④。说明古人在蚕室中又设了一名专职官员即蚕官。但这仍旧不够，还需再设一位主管蚕命的神即蚕命，规定"所理之地不可举动百事，犯之者主伤蚕，丝茧不收"⑤。围绕着养蚕，古人就设了三个神煞，未免繁琐。我推测这三个神煞恐非同时产生，而是逐步增多的。敦煌历日中这三个年神所主，与上述数术书所言正相一致，如S.0612《宋太平兴国三年戊寅岁（978）应天具注历日》序言云："蚕官在戌，犯之主损田蚕，不利；蚕命在亥，犯之□□不兴，损蚕；蚕室在乾，犯之主田蚕有损。"⑥

①标点本《后汉书》卷二四《马援列传》，北京：中华书局，1965年版，第848页。

②标点本《新唐书》卷一一五《狄仁杰传》，北京：中华书局，1975年版，第4211页。

③《中国方术概观·选择卷》（上），北京：人民中国出版社，1993年版，第150页。

④《中国方术概观·选择卷》（上），北京：人民中国出版社，1993年版，第151页。

⑤《中国方术概观·选择卷》（上），北京：人民中国出版社，1993年版，第151页。

⑥邓文宽：《敦煌天文历法文献辑校》，南京：江苏古籍出版社，1996年版，第514页。

·丧门·

此神即民间骂人的"丧门神",谓其可以给人带来不幸和厄运。故《纪岁历》曰:"丧门者,岁之凶神也。主死丧、哭泣之事,常居岁前二辰。所理之地不可兴举,犯之者主盗贼、遗亡、死丧之事。"[1]因此在敦煌历日中也是"犯之不宜子孙□□□□"[2]。

·官符·

岁之凶神,主官府词讼之事:"所理之方不可兴土工,犯之者当有狱讼之事。"[3]在农业社会,人们尤其是农民是不愿意打官司的,一方面要耗费钱财和精力,二是担心名誉受损。正由于此,数术家才设立了这么一个专管词讼的神煞。敦煌太平兴国三年(978)历日(S.0612)亦云:"官符在午,不宜修书,主有官事。"[4]这同其原始立意正相一致。

·白虎·

亦是岁中凶神,与官符神对应,官符为文官,白虎为武职。《人元秘枢经》曰:"所居之地,犯之主有丧服之灾,切宜慎之。"[5]敦煌历日则云:"勿入山林,提防伤损。"[6]古代生态条件优于今日,到处有密林,虎居林中,常生虎害。方术之士设计出这么一个白虎神,恐怕亦有现实生活的考虑。

·黄幡·

这也是一个凶神,属于兵乱之神。黄幡指旌旗,出征用兵时使用,故主兵乱。《乾坤宝典》说:"所理之地不可开门、取土、嫁娶、纳财、

---

① 《中国方术概观·选择卷》(上),北京:人民中国出版社,1993年版,第152页。
② 邓文宽:《敦煌天文历法文献辑校》,南京:江苏古籍出版社,1996年版,第514页。
③ 《中国方术概观·选择卷》(上),北京:人民中国出版社,1993年版,第154页。
④ 邓文宽:《敦煌天文历法文献辑校》,南京:江苏古籍出版社,1996年版,第514页。
⑤ 《中国方术概观·选择卷》(上),北京:人民中国出版社,1993年版,第155页。
⑥ 邓文宽:《敦煌天文历法文献辑校》,南京:江苏古籍出版社,1996年版,第514页。

市买及有造作，犯之者主有损亡。"①敦煌历日亦称"切忌嫁娶及求鸡犬"②，意义有所延伸。

·豹尾·

亦属凶神。《乾坤宝典》说："豹尾者，亦旌旗之象。常居黄幡对冲。其所在之方不可嫁娶、纳奴婢、进六畜及兴造，犯之者破财物，损小口。"元人曹震圭解释得更为明确："豹尾者，虎贲之象，先锋之将也。故常与黄幡相对，是置于华盖之前也。"③大体而言，黄幡和豹尾是帝君仪仗所属，故对冲置于帝君左右二侧。敦煌历日豹尾下亦云："不宜婚娶及害（进）六畜。"④是其比。

·病符·

这是一个主管疾病的神，故《乾坤宝典》简言之曰："病符主灾病，常居岁后一辰。"⑤敦煌历日亦云："此方犯之，主有疾病。"⑥意义显豁，无须赘言。

·死符·

病符主管疾病，死符则是主管死亡之神。故《协纪辨方书》引"经"曰："死符者，岁之凶神也。所理之方不可营冢墓、置死丧及有穿凿，犯之者主有死亡。常居岁前五辰。"⑦曹震圭更认为死符"是太岁自绝之辰"。照上述引文，死符所忌包括营造坟茔和穿凿动土，但在敦煌历日中却是"主有田□，不宜问病"，⑧因"田"下一字已残，故

---

①《中国方术概观·选择卷》（上），北京：人民中国出版社，1993年版，第155页。
②邓文宽：《敦煌天文历法文献辑校》，南京：江苏古籍出版社，1996年版，第514页。
③《中国方术概观·选择卷》（上），北京：人民中国出版社，1993年版，第156页。
④邓文宽：《敦煌天文历法文献辑校》，南京：江苏古籍出版社，1996年版，第514页。
⑤《中国方术概观·选择卷》（上），北京：人民中国出版社，1993年版，第157页。
⑥邓文宽：《敦煌天文历法文献辑校》，南京：江苏古籍出版社，1996年版，第514页。
⑦《中国方术概观·选择卷》（上），北京：人民中国出版社，1993年版，第157页。
⑧邓文宽：《敦煌天文历法文献辑校》，南京：江苏古籍出版社，1996年版，第514页。

准确意义尚难完全明了，但与前述所引含义不同，则是显而易见的。敦煌历日死符所主或许来源于另一数术流派，亦未可知。

·劫煞·

"劫"谓打劫，主劫盗。故《神枢经》曰："劫煞者，岁之阴气也，主有杀害。所理之方忌有兴造，犯之主有劫盗、伤杀之事。"①此事与人们的生命财产安全有关。无论是古代，还是在当今，安全是人生的第一需要，但被盗、被杀伤仍时有发生。于是，术士们便专门设计了这样一位管"劫煞"的神明，以便人们能消灾趋吉。敦煌历日说"犯之主财物不利，大凶"，②与其立意正相一致。

·灾煞·

显然，这是一个主灾祸的凶神。《神枢经》又说："灾煞者，五行阴气之位也，常居劫煞前一辰。主灾病疾厄之事。所理之方不可抵向、营造，犯之者当有疾患。"③如果此神仅仅主管疾病，那么它与"病符"还有何区别？而疾病仅是"灾厄"的一种，因此我认为，此煞所主当为一切灾厄而非仅限于疾病。敦煌历日谓"犯之灾祸及有损折"，④是其含义的准确体现。

·岁煞·

此亦岁中之大凶神。《神枢经》说："岁煞者，阴气尤毒谓之煞也，常居四季，谓四季之阴气能游天上。"《广圣历》认为："岁煞之地不可穿凿、修营、移徙，犯之者伤子孙、六畜。"⑤敦煌历日谓"犯之妨子孙及六畜凶"，⑥如出一辙。

①《中国方术概观·选择卷》(上)，北京：人民中国出版社，1993年版，第158页。
②邓文宽：《敦煌天文历法文献辑校》，南京：江苏古籍出版社，1996年版，第514页。
③《中国方术概观·选择卷》(上)，北京：人民中国出版社，1993年版，第158—159页。
④邓文宽：《敦煌天文历法文献辑校》，南京：江苏古籍出版社，1996年版，第514页。
⑤《中国方术概观·选择卷》(上)，北京：人民中国出版社，1993年版，第159页。
⑥邓文宽：《敦煌天文历法文献辑校》，南京：江苏古籍出版社，1996年版，第514页。

劫煞、灾煞、岁煞，合称"三煞"。清代《御定星历考原》说："劫煞、灾煞、岁煞是为三煞。如曹氏（按，即曹震圭）说，则三合五行绝胎养之位也。绝胎养者，墓库以后，长生以前，《神枢经》所谓阴气是也。"[1]由此可知，三煞的设立，是以五行三合局为依据的。

·伏兵、大祸·

此二煞关系密切，故一并解说。《协纪辨方书》引"历例"曰："伏兵、大祸者，岁之五兵也。主兵革刑杀。所理之方忌出兵、行师及修造，犯之主有兵伤、刑戮之咎。"[2]曹震圭更通俗地解说道："伏兵、大祸者，以三合五行相克之阳干为伏兵，阴干为大祸。伏兵灾甚，大祸灾轻。"[3]据此，伏兵、大祸均同兵革刑杀有关。但敦煌历日与此相差甚远，伏兵下注"犯之主有阴私之事"，"阴私"即隐秘不可告人之事，同于今之"隐私"；大祸下注"多主惊疑，提妨论讼"，[4]我们就不知其本于何处了。

·岁刑·

岁刑之设立，其义与"刑德说"有关，这里不赘。至于其使用，《广圣历》曰："岁刑之地，攻城、战阵不可犯之，动土、兴工亦须回避，犯之多斗争。"[5]但敦煌历日却说"犯之主有官灾、疾病"。比较起来，后者的立意更为显豁，但我们同样不知其所本为何。

·岁破·

"破"谓"破散"，指财物损耗散坏。故《广圣历》曰："岁破者，太岁所冲之辰也。其地不可兴造、移徙、嫁娶、远行，犯者主损财物

---

①转引自《中国方术概观·选择卷》（上），北京：人民中国出版社，1993年版，第159页。

②《中国方术概观·选择卷》（上），北京：人民中国出版社，1993年版，第160页。

③《中国方术概观·选择卷》（上），北京：人民中国出版社，1993年版，第160页。

④邓文宽：《敦煌天文历法文献辑校》，南京：江苏古籍出版社，1996年版，第514页。

⑤《中国方术概观·选择卷》（上），北京：人民中国出版社，1993年版，第161页。

及害家长，惟战伐向之吉。①总之，此煞同财物有关，故敦煌历日"岁破"下注"犯之不益，散财物"②。

·大耗、小耗·

此二煞即所谓虚耗之神，主财物破散。《协纪辨方书》引"历例"曰："大耗者，岁中虚耗之神也，所理之地不可营造仓库、纳财物，犯之当有寇贼惊恐之事。"曹震圭又为之解曰："大耗者，太岁击冲破散之神也。物击则破，冲则散，破散则耗也。"③至于小耗，所主略同。其差别《御定星历考原》则说："小耗常居大耗后一辰，未至于大耗，故曰小耗。"④敦煌历日在"大耗"下注"犯之主有财物散失"，"小耗"下注"提妨奴婢、财物散失"，⑤与其最初设定的立意正相一致。

·大煞·

"大煞"又称"年大煞"⑥。《协纪辨方书》引"历例"曰："大煞者，岁中刺史也。主刑伤、斗杀之事。所理之地出军不可向之，并忌修造，犯者主有刑杀。"⑦所谓凶神恶煞，即此之谓。何以被称作"岁中刺史"呢？清人解释说："盖古刺史得生杀一方也。"⑧可备一说。敦煌历日说"犯之主有刑伤之厄"，⑨正当其义。

·五鬼、破败五鬼·

此煞古人解释歧说较多。清人以五鬼来自二十八宿之"鬼"宿，⑩

---

① 《中国方术概观·选择卷》（上），北京：人民中国出版社，1993年版，第147页。
② 邓文宽：《敦煌天文历法文献辑校》，南京：江苏古籍出版社，1996年版，第514页。
③ 《中国方术概观·选择卷》（上），北京：人民中国出版社，1993年版，第148页。
④ 转引自《中国方术概观·选择卷》（上），北京：人民中国出版社，1993年版，第157页。
⑤ 邓文宽：《敦煌天文历法文献辑校》，南京：江苏古籍出版社，1996年版，第514页。
⑥ 邓文宽：《敦煌天文历法文献辑校》，南京：江苏古籍出版社，1996年版，第514页。
⑦ 《中国方术概观·选择卷》（上），北京：人民中国出版社，1993年版，第162页。
⑧ 《中国方术概观·选择卷》（上），北京：人民中国出版社，1993年版，第162页。
⑨ 邓文宽：《敦煌天文历法文献辑校》，南京：江苏古籍出版社，1996年版，第514页。
⑩ 《中国方术概观·选择卷》（上），北京：人民中国出版社，1993年版，第164—165页。

恐非的论。《乾坤宝典》曰："五鬼者，五行之精气也。主虚耗之事。所理之方不可兴举，犯之主财物耗散。"①或近其义。之所以又有"破败五鬼"者，清人解释说："以其方冲破岁干所纳之卦位，故以破败为名；而亦系之以五鬼者，言其幽阴之象云尔。"②敦煌历日在"五鬼"下注"主有疾病，财物散失"；在"破败五鬼"下则云："破败人间煞，其位莫□工，不惟财物散，家破疾如风。"③这与《乾坤宝典》的立意完全相合。五代时前蜀杜光庭在《莫庭乂九宫天符醮词》中说："臣本宫震卦，五鬼所临，运气飞旗，仍当此月，恐为灾厄，尤切忧惶。"④可见古人对此确有深信不疑者。

· 吊客 ·

《协纪辨方书》引《纪岁历》曰："吊客者，岁之凶神也。主疾病、哀泣之事，常居岁后二辰。所理之地不可兴造及问病、寻医、吊孝、送丧。"⑤敦煌历日云"不宜问病及赴士丧"，正见其义。

· 畜官 ·

《协纪辨方书》引《广圣历》曰："畜官者，岁中牧养之神也，主养育群畜之事。所理之方忌造牛栏、马枥及放牧。犯之者损六畜、伤财。"⑥敦煌历日在"畜官"下注"主有官灾及损六畜"，⑦亦见其义。

· 金神七煞 ·

"金神"与"七煞"亦可分称，各指一位凶神。敦煌历日将二者合

---

①《中国方术概观·选择卷》（上），北京：人民中国出版社，1993年版，第165页。

②《中国方术概观·选择卷》（上），北京：人民中国出版社，1993年版，第165页。

③邓文宽：《敦煌天文历法文献辑校》，南京：江苏古籍出版社，1996年版，第514页。

④影印本《全唐文》卷九四一，北京：中华书局，1983年版，第9788页下栏。

⑤《中国方术概观·选择卷》（上），北京：人民中国出版社，1993年版，第153页。

⑥《中国方术概观·选择卷》（上），北京：人民中国出版社，1993年版，第154页。

⑦邓文宽：《敦煌天文历法文献辑校》，南京：江苏古籍出版社，1996年版，第514页。

称①，今从之。《协纪辨方书》引《洪范篇》曰："金神者，太白之精、白兽之神。主兵戈丧乱、水旱、瘟疫。所理之地忌筑城池、建宫室、竖楼阁、广园林、兴工、上梁、出军、征伐、移徙、嫁娶、远行、赴任，若犯干神者，其忌尤甚。"②"七煞"也是极凶之煞，不利求财，主有灾厄。敦煌历日中未见对此二煞含义及所主之解释。

· 五墓 ·

敦煌历日中丙戌年五墓在"未"。③《协纪辨方书》引《广圣历》曰："五墓者，四旺之墓辰也。其日忌营造、起土、嫁娶、出军。"④又引"历例"曰："五墓者，正、二月乙未，四、五月丙戌，七、八月辛丑，十月、十一月壬辰，四季月戊辰也。"⑤显然，此五墓限于本年中的几个干支日，而敦煌历日"五墓在未"之"未"，当是年神方位图的"未"位（南偏西），与干支纪日有别。因此，此五墓非彼五墓，二者不同。敦煌历日中"五墓"的确切含义，仍有待考查。

以上我们将敦煌历日中经常出现的年神及其含义，结合传世文献给予了解释。但这些尚非敦煌历日年神的全部，还有一些如年黑方、⑥九卿、九卿食居、⑦三公、⑧三兵、⑨发盗、⑩天煞、⑪地煞、⑫丧车、⑬天

---

①邓文宽：《敦煌天文历法文献辑校》，南京：江苏古籍出版社，1996年版，第561、589页。
②《中国方术概观·选择卷》（上），北京：人民中国出版社，1993年版，第163页。
③邓文宽：《敦煌天文历法文献辑校》，南京：江苏古籍出版社，1996年版，第588—589页。
④《中国方术概观·选择卷》（上），北京：人民中国出版社，1993年版，第211页。
⑤《中国方术概观·选择卷》（上），北京：人民中国出版社，1993年版，第211页。
⑥邓文宽：《敦煌天文历法文献辑校》，南京：江苏古籍出版社，1996年版，第561、589页。
⑦邓文宽：《敦煌天文历法文献辑校》，南京：江苏古籍出版社，1996年版，第589页。
⑧邓文宽：《敦煌天文历法文献辑校》，南京：江苏古籍出版社，1996年版，第561、589页。
⑨邓文宽：《敦煌天文历法文献辑校》，南京：江苏古籍出版社，1996年版，第589页。
⑩邓文宽：《敦煌天文历法文献辑校》，南京：江苏古籍出版社，1996年版，第589页。
⑪邓文宽：《敦煌天文历法文献辑校》，南京：江苏古籍出版社，1996年版，第589页。
⑫邓文宽：《敦煌天文历法文献辑校》，南京：江苏古籍出版社，1996年版，第589页。
⑬邓文宽：《敦煌天文历法文献辑校》，南京：江苏古籍出版社，1996年版，第589页。

吞、①王符、②生符、③天皇、④地皇、⑤人皇，⑥丧门又分作"上丧门"和"下丧门"，⑦由于出现的次数很少，有些经过努力，可以找出其排列规则，即在不同干支年份所处之位，有些连排列规则也找不出。下面我们将能够找出排列规则的38个年神绘为一表，以方便读者在读历或读史时利用：

年神方位表（一）

方位＼年地支＼年神	子	丑	寅	卯	辰	巳	午	未	申	酉	戌	亥
岁德	巳	午	未	申	酉	戌	亥	子	丑	寅	卯	辰
太岁	子	丑	寅	卯	辰	巳	午	未	申	酉	戌	亥
岁破	午	未	申	酉	戌	亥	子	丑	寅	卯	辰	巳
大将军	酉	酉	子	子	子	卯	卯	卯	午	午	午	酉
奏书	乾	乾	艮	艮	艮	巽	巽	巽	坤	坤	坤	乾
博士	巽	巽	坤	坤	坤	乾	乾	乾	艮	艮	艮	巽
力士	艮	艮	巽	巽	巽	坤	坤	坤	乾	乾	乾	艮
蚕室	坤	坤	乾	乾	乾	艮	艮	艮	巽	巽	巽	坤
蚕官	未	未	戌	戌	戌	丑	丑	丑	辰	辰	辰	未

---

①邓文宽：《敦煌天文历法文献辑校》，南京：江苏古籍出版社，1996年版，第470页。
②邓文宽：《敦煌天文历法文献辑校》，南京：江苏古籍出版社，1996年版，第507、561页。
③邓文宽：《敦煌天文历法文献辑校》，南京：江苏古籍出版社，1996年版，第507、561页。
④邓文宽：《敦煌天文历法文献辑校》，南京：江苏古籍出版社，1996年版，第507、561页。
⑤邓文宽：《敦煌天文历法文献辑校》，南京：江苏古籍出版社，1996年版，第507、561页。
⑥邓文宽：《敦煌天文历法文献辑校》，南京：江苏古籍出版社，1996年版，第507、561页。
⑦邓文宽：《敦煌天文历法文献辑校》，南京：江苏古籍出版社，1996年版，第507、561页。

续表

方位 年神	年地支	子	丑	寅	卯	辰	巳	午	未	申	酉	戌	亥
蚕命		申	申	亥	亥	亥	寅	寅	寅	巳	巳	巳	申
丧门		寅	卯	辰	巳	午	未	申	酉	戌	亥	子	丑
太阴		戌	亥	子	丑	寅	卯	辰	巳	午	未	申	酉
官符		辰	巳	午	未	申	酉	戌	亥	子	丑	寅	卯
白虎		申	酉	戌	亥	子	丑	寅	卯	辰	巳	午	未
黄幡		辰	丑	戌	未	辰	丑	戌	未	辰	丑	戌	未
豹尾		戌	未	辰	丑	戌	未	辰	丑	戌	未	辰	丑
病符		亥	子	丑	寅	卯	辰	巳	午	未	申	酉	戌
死符		巳	午	未	申	酉	戌	亥	子	丑	寅	卯	辰
劫杀		巳	寅	亥	申	巳	寅	亥	申	巳	寅	亥	申
灾杀		午	卯	子	酉	午	卯	子	酉	午	卯	子	酉
岁杀		未	辰	丑	戌	未	辰	丑	戌	未	辰	丑	戌
伏兵		丙	甲	壬	庚	丙	甲	壬	庚	丙	甲	壬	庚
岁刑		卯	戌	巳	子	辰	申	午	丑	寅	酉	未	亥
大杀		子	酉	午	卯	子	酉	午	卯	子	酉	午	卯
害气		巳	寅	亥	申	巳	寅	亥	申	巳	寅	亥	申
三公		卯	辰	巳	午	未	申	酉	戌	亥	子	丑	寅
九卿		丑	寅	卯	辰	巳	午	未	申	酉	戌	亥	子
九卿食舍		寅	卯	辰	巳	午	未	申	酉	戌	亥	子	丑
畜官		辰	巳	午	未	申	酉	戌	亥	子	丑	寅	卯
发盗		未	申	酉	戌	亥	子	丑	寅	卯	辰	巳	午
天皇		午	未	申	酉	戌	亥	子	丑	寅	卯	辰	巳

续表

方位＼年地支＼年神	子	丑	寅	卯	辰	巳	午	未	申	酉	戌	亥
地皇	酉	申	未	午	巳	辰	卯	寅	丑	子	亥	戌
人皇	子	丑	寅	卯	辰	巳	午	未	申	酉	戌	亥
上丧门	戌	丑	辰	未	戌	丑	辰	未	戌	丑	辰	未
下丧门	丑	戌	未	辰	丑	戌	未	辰	丑	戌	未	辰
生符	卯	辰	巳	午	未	申	酉	戌	亥	子	丑	寅
王符	子	丑	寅	卯	辰	巳	午	未	申	酉	戌	亥
五鬼	辰	卯	寅	丑	子	亥	戌	酉	申	未	午	巳

年神方位表（二）

方位＼年天干＼年神	甲	乙	丙	丁	戊	己	庚	辛	壬	癸
岁德	甲	庚	丙	壬	戊	甲	庚	丙	壬	戊
岁德合	己	乙	辛	丁	癸	己	乙	辛	丁	癸
破败五鬼	巽	艮	坤	震	离	坎	兑	乾	巽	艮
金神	午、未、申、酉	辰、巳	寅、卯、午、未、子、丑	寅、卯、戌、亥	申、酉、子、丑	午、未、申、酉	辰、巳	寅、卯、午、未、子、丑	寅、卯、戌、亥	申、酉、子、丑

二、月神简释

敦煌历日中的月神相对较少，只有8个，为便于了解它们在历日中出现的原貌，现将P.3403之986年历日正月月序内容抄录如下：

自去年十二月十八日立春，已得正月之节，即天道南行，宜向南行，宜修南方。天德在丁，月德在丙，合德在辛（原注：丙、辛上取土及宜修造吉），月厌在戌，月煞在丑，月破在申，月刑在巳，月空在壬……①

天德、月德、合德、月厌、月煞、月破、月刑、月空就是我们所说的月神。显然，它们是月中之神，主管本月休咎祸福。在完整的敦煌历日中，它们都是以上述引文那样的形式出现的，只是随着月份不同，所处方位和日期亦别。

下面予以解释。

·天德·

天德即天之德神，大吉大利。故《乾坤宝典》曰："天道者，天之元阳顺理之方也。其地宜兴举众务，向之上吉。"②《御定星历考原》则说："按，天道者，天德所在之方也。"③为什么天道与天德合二而一呢？《协纪辨方书》的编者解释说："天道即是天德，专言其方则曰天道，兼日干与方向言之，则曰天德，其实一也。"④说明这是由看问题

①邓文宽：《敦煌天文历法文献辑校》，南京：江苏古籍出版社，1996年版，第593页。
②《中国方术概观·选择卷》（上），北京：人民中国出版社，1993年版，第198页。
③转引自《中国方术概观·选择卷》（上），北京：人民中国出版社，1993年版，第198页。
④《中国方术概观·选择卷》（上），北京：人民中国出版社，1993年版，第200页。

的角度不同才产生的差别。结合前引1986年历日正月月序，我们看到"天道南行"，同时"天德在丁"，方位"丁"正在南方（"南方丙丁火"）。同时，我们还要强调，月神不仅同方位有关，而且也同日期有关，正如《乾坤宝典》中说的那样："天德者，天之福德也。所理之方，所值之日可以兴土功、营宫室。"①亦"方"亦"日"，不仅对于天德，对其余7个月神也同样适用。

・月德・

如同"岁德"一样，月德是月中德神，亦主大吉大利。《协纪辨方书》引《天宝历》曰："月德者，月之德神也。取土、修营宜向其方，宴乐、上官利用其日。"②至于其排列规则，《历例》曰："月德者，正、五、九月在丙，二、六、十月在甲，三、七、十一月在壬，四、八、十二月在庚。"③敦煌历日与此完全一致。

・月德合・

敦煌历日简称为"合德"，如见于前引1986年历日之正月月序者。它也是一位吉神，"所理之地众恶皆消，所值之日百福并集，利以出师命将、上册受封、祠祀星辰、营建宫室。"④敦煌历日十分看重月德与月德合二吉神，如在1986年历日正月月序中，言完"月德在丙，合德在辛"后，立即注明"丙、辛上取土及宜修造吉"。无论是古代，还是今日，趋吉避凶是人们的共同心愿，虽然依据神煞而定没有什么道理。

・月厌・

月厌即月压，"厌"即"压"之古字。月厌立义较为复杂，与天文

①《中国方术概观·选择卷》（上），北京：人民中国出版社，1993年版，第198页。
②《中国方术概观·选择卷》（上），北京：人民中国出版社，1993年版，第200页。
③《中国方术概观·选择卷》（上），北京：人民中国出版社，1993年版，第200页。
④《中国方术概观·选择卷》（上），北京：人民中国出版社，1993年版，第202页。

学有关，详参董仲舒《春秋繁露》。①至其所主，《天宝历》曰："月厌者，阴建之辰也。所理之方可以禳灾、祈福、避病，所值之日忌远行、归家、移徙、婚嫁。"②其排列规则，则是"正月在戌，逆行十二辰"③，敦煌历日与此亦一致。

·月煞（月虚）·

月煞为月中之凶神，"其日忌停宾客、兴穿掘、营种植、纳群畜。"④其排列规则为："正月起丑，逆行四季。"⑤为什么又称作"月虚"呢？清人解释说："又谓月虚者，盖亦以月建三合旺气之对，则必虚耗，犹破日之又名大耗也。"⑥末句所言是指年神"岁破"亦名"大耗"，故《协纪辨方书》将二者合并解释。⑦我怀疑此处可能有误。既然"岁破"与"大耗"同义，则对月神来说，与"月虚"同义的当是"月破"而非"月煞"。

·月破·

《协纪辨方书》未列此目，但在敦煌历日中却是常见项目，其立意未见解释。推测当与"岁破"含义一样，仅为月神而非年神，主虚耗与财物奴婢散失也。其排列规则详下文。

·月刑·

《协纪辨方书》仅云："月刑之义与岁刑同，详见岁刑条下。"⑧因此，请详参上节"岁刑"条。

①《中国方术概观·选择卷》（上），北京：人民中国出版社，1993年版，第186页。
②《中国方术概观·选择卷》（上），北京：人民中国出版社，1993年版，第186页。
③《中国方术概观·选择卷》（上），北京：人民中国出版社，1993年版，第186页。
④《中国方术概观·选择卷》（上），北京：人民中国出版社，1993年版，第229页。
⑤《中国方术概观·选择卷》（上），北京：人民中国出版社，1993年版，第229页。
⑥《中国方术概观·选择卷》（上），北京：人民中国出版社，1993年版，第229页。
⑦《中国方术概观·选择卷》（上），北京：人民中国出版社，1993年版，第147—148页。
⑧《中国方术概观·选择卷》（上），北京：人民中国出版社，1993年版，第229页。

·月空·

《协纪辨方书》引《天宝历》曰："月中之阳辰也。所理之日宜设筹谋、陈计策。"①又引《历神原始》曰："月德自南而东丙、甲、壬、庚，月空自北而西壬、庚、丙、甲，乃天德之冲神也。而曰宜设筹谋、陈计策者，贵人之对名曰天空，宜上书陈言，故天空即奏书也。此对月德之神亦名之以空，而曰月空，故利于上表章也。"②这个解释总给人以比较勉强的感觉。

上面我们结合传世文献，对敦煌历日中的8个月神作了简单解释。其实，这些月神在传世文献中亦有出现。如唐人韩鄂的《四时纂要》中，在每月的"月内占吉凶地"和"起土"二条中，也都列出了本月神的方位日期，在正月还解释说："凡修造宜于天德、月德、月合上取土吉；厌、杀凶。凡藏衣（按，'衣'即胞衣）、安产妇或一切掩秽事，月空上吉；修造取土，月空吉。"③这里对"月空"含义的解释，与《协纪辨方书》相距甚远，或另有所本。至于"月刑"，《四时纂要》亦放在每月的"起土"条中，似与起土动工有关，亦不知其从何而来。或许，在古代因术士派别众多，对同一神煞，各家有其不同的解释，亦未可知。

现将8个月神的排列规则绘为一表，以便读者读历或读史时使用。

---

①《中国方术概观·选择卷》（上），北京：人民中国出版社，1993年版，第202页。

②《中国方术概观·选择卷》（上），北京：人民中国出版社，1993年版，第202页。

③缪启愉：《四时纂要校释》，北京：农业出版社，1981年版，第12页。

月神方位、日期表

月神 日期 方位 月份	正	二	三	四	五	六	七	八	九	一〇	一一	一二
天德	丁	坤	壬	辛	乾	甲	癸	艮	丙	乙	巽	庚
月德	丙	甲	壬	庚	丙	甲	壬	庚	丙	甲	壬	庚
合德	辛	巳	丁	乙	辛	巳	丁	乙	辛	巳	丁	乙
月厌	戊	酉	申	未	午	巳	辰	卯	寅	丑	子	亥
月煞	丑	戌	未	辰	丑	戌	未	辰	丑	戌	未	辰
月破	申	酉	戌	亥	子	丑	寅	卯	辰	巳	午	未
月刑	巳	子	辰	申	午	丑	寅	酉	未	亥	卯	戌
月空	壬	庚	丙	甲	壬	庚	丙	甲	壬	庚	丙	甲

三、日神简释

在各种影响人们祸福休咎的神煞中，日神是为数最多的，而且存在一个逐步由少到多的历史过程。在秦汉简牍历日中，我们仅看到"反支""血忌""往亡""八魁""四激""四废"等有限的几个，[①]但到了中古时代，敦煌具注历日中已有近百个，唐宋之间又曾有过急剧增多的形势，以至于北宋时代历日中的一些神煞名目，我们在敦煌历日中闻所未闻。

由于本文是研究敦煌吐鲁番出土历日的，所以，下面的解释便以在敦煌吐鲁番历日中出现者为对象；而且，我也不可能将全部日神都给予解释，我们解释那些经常出现的，以方便人们读历和读史。

---

①参见邓文宽：《敦煌历日与战国秦汉〈日书〉的文化关联》，载《姜亮夫　蒋礼鸿　郭在贻先生纪念文集》，上海：上海教育出版社，2003年版，第292—301页。

·天恩·

顾名思义，此为皇天施恩之吉日。故《天宝历》曰："天恩者，施德宽下之辰也。天有四禁，常开一门，甲为阳德，配己成养育之功，故甲配子，己配卯、酉，各五日而为恩也。……其日可以施恩赏、布政事、恤孤茕、兴宴乐。"①《历例》则总结性地说："常以甲子至戊辰，己卯至癸未，己酉至癸丑，凡一十五日。"②这样，在连续的一个六十甲子纪日周期中，共有十五天属于天恩日，即：甲子、乙丑、丙寅、丁卯、戊辰、己卯、庚辰、辛巳、壬午、癸未、己酉、庚戌、辛亥、壬子、癸丑。敦煌历日与此相一致。

·天赦·

顾名思义，当为皇天赦宥之日。《天宝历》曰："天赦者，赦过宥罪之辰也。天之生育，甲与戊；地之成立，子、午、寅、申，故以甲、戊配成天赦。其日可以缓刑狱、雪冤枉、施恩惠，若与德神会合，尤宜兴造。"③《历例》总结为："春戊寅，夏甲午，秋戊申，冬甲子是也。"④这里的春、夏、秋、冬各含三个月，只有这三个月里的那个特定的干支日才为天赦，所以，相对来说，全年天赦较少，是择吉术士十分看重的好日子。因为这一天即使犯错，天亦不究。敦煌历日亦相一致。

·母仓·

《协纪辨方书》引《天宝历》曰："母仓者，五行当王所生者为母仓，如遇土王后则以巳、午为之。其日宜养育群畜、栽植种莳。"⑤

①《中国方术概观·选择卷》(上)，北京：人民中国出版社，1993年版，第203页。
②《中国方术概观·选择卷》(上)，北京：人民中国出版社，1993年版，第203页。
③《中国方术概观·选择卷》(上)，北京：人民中国出版社，1993年版，第204页。
④《中国方术概观·选择卷》(上)，北京：人民中国出版社，1993年版，第204页。
⑤《中国方术概观·选择卷》(上)，北京：人民中国出版社，1993年版，第206页。

《历例》总结为："春亥、子，夏寅、卯，秋辰、戌、丑、未，冬申、酉，土王后巳、午。"①可以看出，母仓日是由季节与纪日地支决定的，同时与"土王"有关。所谓"土王"，又称"土王用事"。术士们规定，从立春、立夏、立秋、立冬开始，各上推十八日，即得土王用事的日期。换言之，母仓日原则上是春在亥、子日，夏在寅、卯日，秋在辰、戌、丑、未日，冬在申、酉日，但"四立"前的十八日内改为用巳、午日。

天恩、天赦、母仓是敦煌历日中最常见的三种吉日，其排列规则与上述文献记载亦相合不悖。

· 往亡 ·

"往亡"是一个很古老的日神，用于注历至晚在《东汉永元二年（90）历日》中即已出现。②至于其立意，《堪舆经》说："往者，去也；亡者，无也。其日忌拜官上任、远行归家、出军征讨、嫁娶、寻医。"③东汉人王充批评人们相信往亡时说："涂上之暴尸，未必出以往亡；室中之殡柩，未必还以归忌。"④不过，及至唐代，也有人对往亡深信不疑。史载唐宪宗讨吴元济，李愬与战，"以其众攻吴房，残外垣。始出攻，吏曰：'往亡日，法当避。'愬曰：'彼谓吾不来，此可击也。'"⑤往亡的安排规则，目前所见，共有两套。一套以历法月为据，安排在正月七日、二月十四日，三月廿一日、四月八日、五月十六日、六月廿四日、七月九日、八月十八日，九月廿七日、十月十日、十一

---

① 《中国方术概观·选择卷》（上），北京：人民中国出版社，1993年版，第206页。
② 参见邓文宽：《居延新简〈东汉永元二年（90）历日〉考——为纪念王重民先生百年诞辰而作》，载《敦煌学国际研讨会文集》，北京：北京图书馆出版社，2005年版，第284—287页。
③ 《中国方术概观·选择卷》（上），北京：人民中国出版社，1993年版，第247页。
④ 《论衡》卷二四《辨祟篇》，上海：上海人民出版社，1974年版，第375页。
⑤ 标点本《新唐书》卷一五四《李晟传附李愬传》，北京：中华书局，1975年版，第4875页。

月廿日和十二月卅日。①另一套以星命月②为据，即安排在"立春后七日，惊蛰后十四日，清明后二十一日，立夏后八日，芒种后十六日，小暑后二十四日，立秋后九日，白露后十八日，寒露后二十七日，立冬后十日，大雪后二十日，小寒后三十日，皆自交节日数之"。③从我们现在的认识所知，早期历注都是以历法月为依据的，大约到东汉时才改为以星命月为据。④但是，据晏昌贵先生研究，以历法月和以星命月这两套规则安排往亡的情况，在敦煌历日中是同时存在的。⑤考虑到唐宋时代历日中的月神和日神基本都以星命月为据进行安排，我颇怀疑以历法月安排往亡是制历者一时失检造成的。至于《历例》所谓"往亡者，正月在寅，二月在巳……"⑥等等之一套所谓"往亡"，已由刘乐贤博士根据出土《日书》材料辨明，其正确名称为"土忌"，而非"往亡"。⑦

·归忌·

如同往亡，归忌也是一个凶神。《广圣历》曰："归忌者，月内凶神也。其日忌远行、归家、移徙、娶妇。"⑧其安排规则，《历例》则

---

①见睡虎地秦墓竹简整理小组编：《睡虎地秦墓竹简》，北京：文物出版社，1990年版，第244页。

②所谓"星命月"，即星命家的月份，它以二十四节气中的十二节气（非中气）所在日为各月之始，如正月是从"立春正月节"当日至"惊蛰二月节"前一日，其余各月以此类推。

③《中国方术概观·选择卷》（上），北京：人民中国出版社，1993年版，第248页"气往亡"条引《历例》语。

④参见刘乐贤：《简帛数术文献探论》，武汉：湖北教育出版社，2003年版，第307页。

⑤晏昌贵：《敦煌具注历日中的"往亡"》，载武汉大学中国三至九世纪研究所编：《魏晋南北朝隋唐史资料》第十九辑，2003年版，第226—231页。

⑥《中国方术概观·选择卷》（上），北京：人民中国出版社，1993年版，第247页"往亡"条引《历例》语。

⑦刘乐贤：《简帛数术文献探论》，武汉：湖北教育出版社，2003年版，第301—303页。

⑧《中国方术概观·选择卷》（上），北京：人民中国出版社，1993年版，第246页。

说：“孟月丑，仲月寅，季月子。”①古时一些人对归忌也深信不疑。《后汉书·郭镇传》载：“桓帝时，汝南有陈伯敬者，行必矩步……还触归忌，则寄宿乡亭。”②就安排规则而言，敦煌历日与前引《历例》亦相一致。

·天李（天狱）·

“天李”亦称“天理”，“李”“理”二字古互通。中古时代主管监狱的部门称“大理寺”，亦见其义。换言之，天李是一个十分凶恶的煞神。它在历日中的排列规则，《日书》规定：“天李正月居子，二月居子（卯），三月居午，四月居酉，五月居子，六月居卯，七月居午，八月居酉，九月居子，十月居卯，十一月居午，十二月居辰（酉）。凡此日不可入官及入室，入室必灭，入官必有罪。”③其在敦煌历日中的排列与此正相一致。不过，宋以后天李已由“天狱”代替。④细寻其义，“天理”本就是主管天上牢狱的神名，改称“天狱”恐也顺理成章。

·地李·

此一神煞在敦煌历日中亦是常见丛辰项目。但其立义却尚未找到文献记载，因此尚难予以说明。不过，它在敦煌历日中的出现情况，其排列规则为：正月午，二月卯，三月子，四月酉，五月午，六月卯，七月子，八月酉，九月午，十月卯，十一月子，十二月酉。

·血忌·

顾名思义，当是忌讳出血的日子，故 P.3403 之 986 年历日序言云：“血忌日不煞生、祭神及针灸出血。”⑤唐人韩鄂《四时纂要》正月亦

---

①《中国方术概观·选择卷》（上），北京：人民中国出版社，1993年版，第246页。

②标点本《后汉书》卷四六《郭陈列传》，北京：中华书局，1965年版，第1546—1547页。

③《睡虎地秦墓竹简》，北京：文物出版社，1990年版，第226页。

④见刘乐贤：《睡虎地秦简〈日书〉研究》，台北：文津出版社，1994年版，第299页。

⑤邓文宽：《敦煌天文历法文献辑校》，南京：江苏古籍出版社，1996年版，第592页。

云："丑为血忌，不可针灸出血。"①其排列规则，清《协纪辨方书》卷九《立成》是：正月丑，二月未，三月寅，四月申，五月卯，六月酉，七月辰，八月戌，九月巳，十月亥，十一月午，十二月子②。敦煌历日与此相仿佛。

·章光·

《协纪辨方书》认为"《堪舆经》以月厌前一辰为章光，后一辰为无翘"，又云："曹震圭谓：章光者，能为月厌章显其光，故凶。"③其所主吉凶文献未予说明，敦煌历日则云："章光、天门、天尸、天破日不出师"④，看来同用兵打仗有关。其排列规则，敦煌历日与上引《堪舆经》同，所谓"以月厌前一辰为章光"，即章光在正月酉日，二月申日，三月未日，四月午日，五月巳日，六月辰日，七月卯日，八月寅日，九月丑日，十月子日，十一月亥日，十二月戌日。

·九醜·

《协纪辨方书》引《金匮经》曰："乙者雷电始发之日，戊、己者北辰下位之日，辛者万物决断之日，壬者三光不照之日；子、午、卯、酉四仲之辰，日月之门，阴阳之界。五干临此四辰，其日不可出军、嫁娶、移徙、筑室。"⑤简言之，以天干中的乙、戊、己、辛、壬，与地支子、卯、午、酉相配，共得干支十个，谓之九醜日。它们是：戊子日、戊午日、壬子日、壬午日、乙卯日、己卯日、辛卯日、乙酉日、己酉日和辛酉日。为何又名"九醜"呢？元人曹震圭说："以五干、四

---

①缪启愉：《四时纂要校释》，北京：农业出版社，1981年版，第6页。

②《中国方术概观·选择卷》（上），北京：人民中国出版社，1993年版，第318页。

③《中国方术概观·选择卷》（下），北京：人民中国出版社，1993年版，第929页。

④邓文宽：《敦煌天文历法文献辑校》，南京：江苏古籍出版社，1996年版，第592页。

⑤《中国方术概观·选择卷》（上），北京：人民中国出版社，1993年版，第269页。

辰其共数九，故以名之。"①敦煌历日说"九醜日不出军"②，与其立义当属一致。

· 八魁 ·

八魁在敦煌历日中不时出现。但其完整立意尚未得到文献证实。目前只看到片言只语。《后汉书》卷三十上《苏竟杨厚列传》有："夫仲夏甲申为八魁。八魁，上帝开塞之将也，主退恶攘逆。"唐章怀太子为之注曰："历法，春三月己巳、丁丑，夏三月甲申、壬辰，秋三月己亥、丁未，冬三月甲寅、壬戌为八魁。"③敦煌历日与此一致。至于其立意，敦煌历日说"八魁日不开墓"，④与《后汉书》所云可互证。

· 重日 ·

《协纪辨方书》引《天宝历》曰："重日者，以阴阳混合于亥，阳起于甲子而顺，阴起于甲戌而逆，至巳、亥而同，故曰重日。其日忌为凶事，利为吉事。"⑤曹震圭进一步解释说："亥为阴极之位，坤辟在焉；巳为阳极之位，乾辟在焉。是阳中阳而阴中阴也，故曰重。其日忌为凶事者，恐重犯也；利为吉事者，宜再见也。"⑥简言之，重日以地支论，在巳、亥二日。

· 复日 ·

《天宝历》又曰："复日者为魁、罡所系之辰也。其日忌为凶事，利为吉事。"⑦依《历例》所定，正、七月在甲、庚二日，二、八月在乙、辛二日，四、十月在丙、壬二日，五、十一月在丁、癸二日，三、

①《中国方术概观·选择卷》(上)，北京：人民中国出版社，1993年版，第269页。

②邓文宽：《敦煌天文历法文献辑校》，南京：江苏古籍出版社，1996年版，第592页。

③标点本《后汉书》卷三十上《苏竟杨厚列传》，北京：中华书局，1965年版，第1045页。

④邓文宽：《敦煌天文历法文献辑校》，南京：江苏古籍出版社，1996年版，第592页。

⑤《中国方术概观·选择卷》(上)，北京：人民中国出版社，1993年版，第218页。

⑥《中国方术概观·选择卷》(上)，北京：人民中国出版社，1993年版，第218页。

⑦《中国方术概观·选择卷》(上)，北京：人民中国出版社，1993年版，第220页。

六、九、十二月在戊、己二日。敦煌历日说："复日不为凶事。"①看来，复日与重日的立意是相同的，只是重日依地支而定，复日据天干而论。

·九焦、九坎·

《广圣历》曰："九坎者，月中杀神也。其日忌乘船渡水、修堤防、筑垣墙、苫盖屋舍。"②曹震圭则解释说："坎者陷也，险也，不平也，义与九焦同"；"九坎、九焦者，是月中之杀神，逆天地之道者也。"③敦煌历日则云："九焦、九坎日不种苜及盖屋。"④立意与文献记载大致相同。至于其排列规则，《协纪辨方书》引《历例》曰："九坎者，正月在辰，逆行四季；五月在卯，逆行四仲；九月在寅，逆行四孟。"⑤简言之，即正月在辰，二月在丑，三月在戌，四月在未，五月在卯，六月在子，七月在酉，八月在午，九月在寅，十月在亥，十一月在申，十二月在巳。敦煌历日与此相合。

·地囊·

地囊之立意与纳甲术有关，故曹震圭解释说："《月令》云：孟春之月天气下降，地气上腾，天地和，草木萌动。盖草木者，震也。故《易》云动万物者莫疾乎雷，故正月震纳甲为地囊也……"⑥至其排列规则，《协纪辨方书》引《历例》曰："地囊者，正月庚子、庚午，二月癸未、癸丑，三月甲子、甲寅，四月己卯、己丑，五月戊辰、戊午，六月癸未、癸巳，七月丙寅、丙申，八月丁卯、丁巳，九月戊辰、戊

---

①邓文宽:《敦煌天文历法文献辑校》,南京:江苏古籍出版社,1996年版,第592页。
②《中国方术概观·选择卷》(上),北京:人民中国出版社,1993年版,第213页。
③《中国方术概观·选择卷》(上),北京:人民中国出版社,1993年版,第214页。
④邓文宽:《敦煌天文历法文献辑校》,南京:江苏古籍出版社,1996年版,第592页。
⑤《中国方术概观·选择卷》(上),北京:人民中国出版社,1993年版,第213—214页。
⑥《中国方术概观·选择卷》(上),北京:人民中国出版社,1993年版,第243页。

子，十月庚戌、庚子，十一月辛未、辛酉，十二月乙酉、乙未。"①不过，《协纪辨方书》的编者却认为这套规则有许多错误。②但经与敦煌所出P.3403之986年历日比较，我们发现，上述《历例》所说地囊的排列规则是正确的，而清人的看法却不正确，因为敦煌历日只与上引《历例》合，而与清人的看法相龃龉。至于地囊所主，《协纪辨方书》未予说明，而敦煌历日则说"地囊日不动土"③，当是其设立之本意。

· **大时** ·

《协纪辨方书》引《神枢经》曰："大时者，将军之象也。所值之日忌出军、攻战、筑室、会亲。"④曹震圭又解释说："大时者，乃月建三合五行沐浴之辰也。盖五行至此则败绝，是最凶之辰也，故曰大凶之时。"⑤其所主敦煌历日未见说明，但在吉凶注中却多次出现。其排列规则，据《协纪辨方书》卷九《立成》⑥是：正月卯，二月子，三月酉，四月午，五月卯，六月子，七月酉，八月午，九月卯，十月子，十一月酉，十二月午。敦煌历日与此相合。

· **行狠、了戾、孤辰** ·

《天宝历》曰："过为行狠，不及为了戾，不合为孤辰。"⑦曹震圭解释说："月建者，阳也；月厌者，阴也。阳主干，阴主支。若得阳建前后近干以配阴建者，大会也；若以阳建后隔位之干配阴建者，为行狠不从，乃阳气不从也；阳建前隔位之干配阴建者，为了戾不及，是

①《中国方术概观·选择卷》(上)，北京：人民中国出版社，1993年版，第243页。
②《中国方术概观·选择卷》(上)，北京：人民中国出版社，1993年版，第244页。
③邓文宽：《敦煌天文历法文献辑校》，南京：江苏古籍出版社，1996年版，第473、592页。
④《中国方术概观·选择卷》(上)，北京：人民中国出版社，1993年版，第230页。
⑤《中国方术概观·选择卷》(上)，北京：人民中国出版社，1993年版，第230页。
⑥《中国方术概观·选择卷》(上)，北京：人民中国出版社，1993年版，第315页。
⑦《中国方术概观·选择卷》(上)，北京：人民中国出版社，1993年版，第192页。

阳气不及也。"①行狠、了戾二煞只涉及一年十二个月中的四个月,《堪舆经》概括为:三月甲申行狠,丙申了戾;四月乙未行狠,丁未了戾;九月庚寅行狠,壬寅了戾;十月辛丑行狠,癸丑了戾。②敦煌历日与此一致。

至于孤辰,曹震圭在解释过行狠、了戾后接着说:"以阴建左右之干自配者为孤辰,非正应阴自配也,故曰不合。"③《堪舆经》则概括为,三月戊申、庚申、壬申为孤辰;四月己未、辛未、癸未为孤辰;九月甲寅、丙寅、戊寅为孤辰;十月乙丑、丁丑、己丑为孤辰。④敦煌历日与此亦相一致。古人以孤辰为诸事难成之日。⑤

·单阴·

《协纪辨方书》引《堪舆经》曰:"三月卦得夬,谓五阳爻对一阴爻,故戊配辰为单阴也。"⑥换言之,只有三月的戊辰日为单阴。见于敦煌历日者与此相合,如P.3403之986年历日二月"卅日戊辰木建,单阴,复,造车、立柱、符、修碓硙吉"⑦。之所以注在二月卅日,是由于本历二月廿一日是清明三月节,依星命月,此日已入三月。

·纯阴·

《协纪辨方书》引《堪舆经》曰:"十月卦得坤,谓六爻皆阴阳,气已尽,故以己配亥为纯阴也。"⑧换言之,只有十月的己亥日为纯阴。见于敦煌历日者与此亦合,如P.3403之986年历日"(十月)四日己亥

①《中国方术概观·选择卷》(上),北京:人民中国出版社,1993年版,第192页。
②《中国方术概观·选择卷》(上),北京:人民中国出版社,1993年版,第192页。
③《中国方术概观·选择卷》(上),北京:人民中国出版社,1993年版,第192页。
④《中国方术概观·选择卷》(上),北京:人民中国出版社,1993年版,第192页。
⑤陈永正主编:《中国方术大辞典》,广州:中山大学出版社,1991年版,第337页右栏。
⑥《中国方术概观·选择卷》(上),北京:人民中国出版社,1993年版,第192页。
⑦邓文宽:《敦煌天文历法文献辑校》,南京:江苏古籍出版社,1996年版,第600页。
⑧《中国方术概观·选择卷》(上),北京:人民中国出版社,1993年版,第193页。

木建，纯阴①、血忌、天门，造车、立柱、上梁、符吉"②。

·孤阳·

《协纪辨方书》引《堪舆经》曰："九月卦得剥，谓五阴爻对一阳爻，故以戊配戌为孤阳也。"③亦即九月之戊戌日为孤阳。由于敦煌历日多为断简残编，故尚未看到用孤阳注历，推测与上引文献记载当不矛盾。

·纯阳·

《协纪辨方书》引《堪舆经》曰："四月卦得乾，谓六爻皆阳，阴气已尽，故以己配巳为纯阳也。"④即四月己巳日为纯阳。敦煌历日与此相同，如见于 P.3900V《唐元和四年己丑岁（809）具注历日》之四月"廿二日己巳木建，下弦，小阳错、纯阳、小会"⑤。

·岁薄·

《协纪辨方书》引《堪舆经》曰："四月阳建于巳而左行，阴建于未而右行，阴阳相向欲合于午，故以丙午、戊午为四月岁薄也。十月阳建于亥而左行，阴建于丑而右行，阴阳相向欲合于子，故以壬子、戊子为十月岁薄也。"⑥所谓"薄"，曹震圭解释说："薄者迫也，阴阳二建交相迫之。"⑦敦煌历日与此相同，如 P.3403 之 986 年历日四月"廿日戊午火除，岁博（薄）、大时、章光，治病、符镇吉"⑧。

---

①写本误为"绝阴"，当改正。
②邓文宽：《敦煌天文历法文献辑校》，南京：江苏古籍出版社，1996 年版，第 630 页。
③《中国方术概观·选择卷》（上），北京：人民中国出版社，1993 年版，第 193 页。
④《中国方术概观·选择卷》（上），北京：人民中国出版社，1993 年版，第 193 页。
⑤邓文宽：《敦煌天文历法文献辑校》，南京：江苏古籍出版社，1996 年版，第 115 页。
⑥《中国方术概观·选择卷》（上），北京：人民中国出版社，1993 年版，第 193 页。
⑦《中国方术概观·选择卷》（上），北京：人民中国出版社，1993 年版，第 193 页。
⑧邓文宽：《敦煌天文历法文献辑校》，南京：江苏古籍出版社，1996 年版，第 607 页。

·逐阵·

《协纪辨方书》引《堪舆经》曰："六月阳建于未而左行，阴建于巳而右行，阴阳相背，分别于午，故以戊午、丙午为六月逐阵。十二月阳建于丑而左行，阴建于亥而右行，阴阳相背，分别于子，故以壬子、戊子为十二月逐阵。"①所谓"逐阵"，曹震圭解释说："阴阳二建此月相分背，各随其阵也。"②敦煌历日与此相符，如P.3403之986年历日，六月十日丙午、廿二日戊午、十二月十九日壬子均注"逐阵"。③

·阴阳交破·

《协纪辨方书》引《堪舆经》曰："四月阳建于巳、破于亥，阴建于未、破于癸，癸阳也，为阴所破也；亥阴也，为阳所破也，是谓阳破阴、阴破阳，故四月癸亥为阴阳交破。十月阳建于亥、破于巳，阴建于丑、破于丁，丁阳也，为阴所破也；巳阴也，为阳所破也，是谓阳破阴、阴破阳，故十月丁巳为阴阳交破。"④敦煌历日与此亦相一致，如S.0095《后周显德三年丙辰岁（956）具注历日并序》四月"一日癸亥水破，阴阳衡（交）破"⑤；P.3403之986年历日十月"廿二日丁巳土破，闭塞如（而）成冬，阴阳交破，坏屋、治病、解吉"⑥。

·阴阳击冲·

《协纪辨方书》引《堪舆经》曰："五月阴阳俱至午，阳建挟丙而击壬，阴建居午而冲子，故五月以壬子为阴阳击冲。十一月阴阳俱至子，阳建挟壬而击丙，阴建居子而冲午，故十一月以丙午为阴阳击

---

①《中国方术概观·选择卷》(上)，北京：人民中国出版社，1993年版，第193页。

②《中国方术概观·选择卷》(上)，北京：人民中国出版社，1993年版，第193页。

③邓文宽：《敦煌天文历法文献辑校》，南京：江苏古籍出版社，1996年版，第614、615、640页。

④《中国方术概观·选择卷》(上)，北京：人民中国出版社，1993年版，第193页。

⑤邓文宽：《敦煌天文历法文献辑校》，南京：江苏古籍出版社，1996年版，第480页。

⑥邓文宽：《敦煌天文历法文献辑校》，南京：江苏古籍出版社，1996年版，第632页。

冲。"①敦煌历日与此相合，如 P.3900V 之 809 年历日五月"七日壬子木破，阴阳冲击，凶。天李，九醜"②。

·阳破阴冲·

《协纪辨方书》引《堪舆经》曰："六月阳建于未而破丑，阴建于巳而冲癸，故六月癸丑为阳破阴冲也。十二月阳建于丑而破未，阴建于亥而冲丁，故十二月丁未为阳破阴冲也。"③敦煌历日与此相同，如 P.3403 之 986 年历日六月十七日癸丑注"阳破阴冲"④者是也。

·阴道冲阳·

《协纪辨方书》引《堪舆经》曰："二月阳建于卯而冲酉，阴建于酉而冲卯，故二月己卯月宿在卯，为阴道冲阳。八月阳建于酉而冲卯，阴建于卯而冲酉，故八月以己酉月宿在酉，为阴道冲阳。"⑤敦煌历日与此一致，如 P.2765《唐大和八年甲寅岁（834）具注历日》之正月二十八日己卯注"阴道冲阳"⑥。因此历正月廿日已入"惊蛰二月节"，依星命月，正月二十八日已在二月内，故以二月计。

·阳错·

《协纪辨方书》引《堪舆经》曰："以阳建之支配当方之干，阴阳自相配合为日，以值所冲之宿为阳错。"⑦由这一理论出发，推出以下干支日为阳错：正月甲寅，二月乙卯，三月甲辰，四月丁巳、己巳，六月丁未、己未，七月庚申，八月辛酉，九月庚戌，十月癸亥，十二

① 《中国方术概观·选择卷》（上），北京：人民中国出版社，1993 年版，第 193—194 页。
② 邓文宽：《敦煌天文历法文献辑校》，南京：江苏古籍出版社，1996 年版，第 119 页。
③ 《中国方术概观·选择卷》（上），北京：人民中国出版社，1993 年版，第 194 页。
④ 邓文宽：《敦煌天文历法文献辑校》，南京：江苏古籍出版社，1996 年版，第 615 页。
⑤ 《中国方术概观·选择卷》（上），北京：人民中国出版社，1993 年版，第 194 页。
⑥ 邓文宽：《敦煌天文历法文献辑校》，南京：江苏古籍出版社，1996 年版，第 145 页。
⑦ 《中国方术概观·选择卷》（上），北京：人民中国出版社，1993 年版，第 194 页。

月癸丑。①为何五月、十一月无阳错？盖因"五月、十一月阴阳二建会于子午，故无阴错、阳错"②。敦煌历日阳错所在日期与上述规定相一致，如P.3403之986年历日二月十七日乙卯、③四月十九日丁巳、④十二月廿日癸丑，⑤P.2591《后晋天福九年甲辰岁（944）具注历日》之四月十五日丁巳、⑥四月廿七日己巳⑦等所注皆是。

·阴错·

《协纪辨方书》引《堪舆经》曰："以阴建之支配当方之干，阴阳自相配合为日，以值所冲之宿为阴错。"⑧由此出发，推导出下列干支日为阴错：正月庚戌，二月辛酉，三月庚申，四月丁未、己未，六月丁巳、己巳，七月甲辰，八月乙卯，九月甲寅，十月癸丑，十二月癸亥。⑨至于五月与十一月无阴错的原因，同见于上条"阳错"所引文字，不赘。敦煌历日所注阴错，与上述规定亦相一致，如P.3403之986年历日四月九日丁未、⑩四月廿一日己未、⑪P.2591之944年历日四月十七日己未⑫等皆是。

·阴阳俱错·

《协纪辨方书》引《堪舆经》曰："五月、十一月阴阳二气同建一

---

① 《中国方术概观·选择卷》(上)，北京：人民中国出版社，1993年版，第321页。
② 《中国方术概观·选择卷》(上)，北京：人民中国出版社，1993年版，第195页"阴错"条。
③ 邓文宽：《敦煌天文历法文献辑校》，南京：江苏古籍出版社，1996年版，第599页。
④ 邓文宽：《敦煌天文历法文献辑校》，南京：江苏古籍出版社，1996年版，第607页。
⑤ 邓文宽：《敦煌天文历法文献辑校》，南京：江苏古籍出版社，1996年版，第640页。原卷作"阴错"，误，当校正为"阳错"。
⑥ 邓文宽：《敦煌天文历法文献辑校》，南京：江苏古籍出版社，1996年版，第451页。
⑦ 邓文宽：《敦煌天文历法文献辑校》，南京：江苏古籍出版社，1996年版，第452页。
⑧ 《中国方术概观·选择卷》(上)，北京：人民中国出版社，1993年版，第194—195页。
⑨ 《中国方术概观·选择卷》(上)，北京：人民中国出版社，1993年版，第321页。
⑩ 邓文宽：《敦煌天文历法文献辑校》，南京：江苏古籍出版社，1996年版，第606页。
⑪ 邓文宽：《敦煌天文历法文献辑校》，南京：江苏古籍出版社，1996年版，第607页。
⑫ 邓文宽：《敦煌天文历法文献辑校》，南京：江苏古籍出版社，1996年版，第451页。

辰，则以所建之支配所近之干共为一日，月宿居月建所冲之辰为阴阳俱错。如五月阴阳二建合于午，近于丙，配为丙午，月宿在子，为阴阳俱错。十一月阴阳二建合于子，近于壬，配为壬子，月宿在午，为阴阳俱错也。"①换言之，术士以五月丙午、十一月壬子二日为阴阳俱错日。

· 绝阴、绝阳 ·

《协纪辨方书》引《堪舆经》曰："绝阴者，谓三月四月阴气绝也，故三月小会所领日为四月绝阴所领日"；"绝阳者，谓九月、十月阳气绝也，故九月小会领日为十月绝阳所领日。"②《立成》以四月戊辰为绝阴日，以十月戊戌为绝阳日。③敦煌历日与此亦相一致，如见于P.3403之986年历日十月三日戊戌，④S.1473+S.11427B.V《宋太平兴国七年壬午岁（982）具注历日并序》四月七日戊辰⑤所注者皆是。但在982年历日四月三日甲子、五日丙寅、六日丁卯下也注绝阴，⑥就不能不是编历者失检了。

· 行狼等十八煞所主宜忌 ·

自行狼至绝阳共十八个日神，我们在上面作了简单解释。但它们注在历日中起什么作用呢？元人曹震圭解释说："以上诸日虽遇天德、月德、玉堂、生气、黄道吉星值日，亦不可用，集正所谓阴阳不足之辰是也。忌兴造、嫁娶、上官赴任、入宅、迁移、出行、交易、合药、问病，百事不宜。"⑦可见全是凶多吉少之日。

----

① 《中国方术概观·选择卷》（上），北京：人民中国出版社,1993年版,第195页。
② 《中国方术概观·选择卷》（上），北京：人民中国出版社,1993年版,第195页。
③ 《中国方术概观·选择卷》（上），北京：人民中国出版社,1993年版,第196页。
④ 邓文宽：《敦煌天文历法文献辑校》，南京：江苏古籍出版社,1996年版,第630页。
⑤ 邓文宽：《敦煌天文历法文献辑校》，南京：江苏古籍出版社,1996年版,第579页。
⑥ 邓文宽：《敦煌天文历法文献辑校》，南京：江苏古籍出版社,1996年版,第579页。
⑦ 《中国方术概观·选择卷》（上），北京：人民中国出版社,1993年版,第196页。

为便利人们读历日的需要，现将上述十八煞列表如下：[①]

日干支\月\日神\星命月	正	二	三	四	五	六	七	八	九	一○	一一	一二
行狼			甲申	乙未					庚寅	辛丑		
了戾			丙申	丁未					壬寅	癸丑		
孤辰			戊申 庚申 壬申	己未 辛未 癸未					甲寅 丙寅 戊寅	乙丑 丁丑 己丑		
单阴			戊辰									
纯阴										己亥		
孤阳									戊戌			
纯阳				己巳								
岁薄				丙午 戊午						壬子 戊子		
逐阵						丙午 戊午						壬子 戊子
阴阳交破				癸亥						丁巳		

---

①此表采自《协纪辨方书》，据《中国方术概观·选择卷》(上)，北京：人民中国出版社，1993年版，第195—196页。

续表

日干支\星命月\日神	正	二	三	四	五	六	七	八	九	一〇	一一	一二
阴阳去冲					壬子						丙午	
阳破阴冲						癸丑						丁未
阴道冲阳		己卯						己酉				
阳错	甲寅	乙卯	甲辰	丁巳己巳		丁未己未	庚申	辛酉	庚戌	癸亥		癸丑
阴错	庚戌	辛酉	庚申	丁未己未		丁巳己巳	甲辰	乙卯	甲寅	癸丑		癸亥
阴阳俱错					丙午						壬子	
绝阴				戊辰								
绝阳										戊戌		

·阴阳大会·

《协纪辨方书》引《堪舆经》曰:"正月大会甲戌,二月大会乙酉,五月大会丙午,六月大会丁巳,七月大会庚辰,八月大会辛卯,十一月大会壬子，十二月大会癸亥。"①何为"大会"？《堪舆经》又为之解曰："正月阳建在寅，阴建在戌，阳主干，阴主支也。阳建在寅近于甲，阳甲阴戌，支干相和会，故甲戌为正月大会也……"②全年正月、二月、五月、六月、七月、八月、十一月、十二月共8个月各有一个干支日为大会日。此外，每个大会日各领一些干支日，"其所领日从本会日起，逆数至上会止，即得所领日数也。"③但是，阴阳大会日在历中使用仍有两条制约。一是"望后用之"④。而古代历日中的"望"可以在月内十四至十七共四日之中的任何一日。但无论如何，大会使用亦需以"望"为界限。二是同春、夏、秋、冬四季有关。清《御定星历考原》卷五引《堪舆经》说："天子用岁位之日，以阳建之方为之，如春三月建寅、卯、辰，即以正、二、三月大小会日为岁位也"；"皇后、太子、诸侯用岁前之日，以王前之会为之，如春木旺在东方，则以冬月为岁前之会也"；"卿大夫用岁对之日，以建王所冲为之，如春三月建王东方寅、卯、辰，冲在西方申、酉、戌，故春三月以秋为岁对也"；"士庶用岁后之日，以王后之会为之，如春王东方，以夏为岁后之会也。大小会并同。"⑤这样，由于按上述规定，岁位在不同季节所用干支日不同，于是，与之相关联的岁前、岁后、岁对也在发生相应的变化。这也正是下表注入"春夏秋冬"及"岁位、岁前、岁后、岁对"的原因。敦煌历日中所注与上述规定大体一致。为便于使用，今将"阴阳大会"绘表如下：⑥

---

①《中国方术概观·选择卷》（上），北京：人民中国出版社，1993年版，第190页。

②《中国方术概观·选择卷》（上），北京：人民中国出版社，1993年版，第190页。

③《中国方术概观·选择卷》（上），北京：人民中国出版社，1993年版，第190—191页。

④《中国方术概观·选择卷》（上），北京：人民中国出版社，1993年版，第190页。

⑤载《四库术数类丛书》（九），上海：上海古籍出版社，1990年版，第811—819页。

⑥此表采自《协纪辨方书》，据《中国方术概观·选择卷》（上），北京：人民中国出版社，1993年版，第190页。

月会大会	大会所领日	春	夏	秋	冬
正月甲戌	癸亥、甲子、乙丑、丙寅、丁卯、戊辰、己巳、庚午、辛未、壬申、癸酉	岁位	岁后	岁对	岁前
七月庚辰	甲戌、乙亥、丙子、丁丑、戊寅、己卯	岁对	岁前	岁位	岁后
二月乙酉	庚辰、辛巳、壬午、癸未、甲申	岁位	岁后	岁对	岁前
八月辛卯	乙酉、丙戌、丁亥、戊子、己丑、庚寅	岁对	岁前	岁位	岁后
五月丙午	辛卯、壬辰、癸巳、甲午、乙未、丙申、丁酉、戊戌、己亥、庚子、辛丑、壬寅、癸卯、甲辰、乙巳	岁前	岁位	岁后	岁对
十一月壬子	丙午、丁未、戊申、己酉、庚戌、辛亥	岁后	岁对	岁前	岁位
六月丁巳	壬子、癸丑、甲寅、乙卯、丙辰	岁前	岁位	岁后	岁对
十二月癸亥	丁巳、戊午、己未、庚申、辛酉、壬戌、癸亥	岁后	岁对	岁前	岁位

· 阴阳小会 ·

有阴阳大会，亦有阴阳小会。其区别，曹震圭解释说："大会者，是月内阴阳正会之辰也；小会者，是阴阳偶会之辰也。故为上吉之日，比和之辰。"[1]其立意亦见于《堪舆经》："小会：二月己酉，三月戊辰，四月己巳，五月戊午，八月己卯，九月戊戌，十月己亥，十一月戊子，皆以中宫戊己配厌建为之。如二月阳建于卯，阴建于酉，阴阳相冲，以乙配酉，以辛配卯，大会皆已有之，故以己配阴建之酉，为阴阳小会也……"[2]小会在历日中使用，亦有两个因素限制，一曰"望前用之，其所领日亦从本会日逆数，至他大小会止。"[3]二是四季之变动。

---

[1]《中国方术概观·选择卷》(上)，北京：人民中国出版社，1993年版，第191页。
[2]《中国方术概观·选择卷》(上)，北京：人民中国出版社，1993年版，第191页。
[3]《中国方术概观·选择卷》(上)，北京：人民中国出版社，1993年版，第191页。

说明已见于"阴阳大会"，此处不赘。为便于利用，今亦绘表如下：①

月会小会	小会所领日	春	夏	秋	冬
二月己酉	丙午、丁未、戊申	岁位	岁后	岁对	岁前
三月戊辰	癸亥、甲子、乙丑、丙寅、丁卯	岁位	岁后	岁对	岁前
四月己巳	戊辰	岁前	岁位	岁后	岁对
五月戊午	丁巳	岁前	岁位	岁后	岁对
八月己卯	甲戌、乙亥、丙子、丁丑、戊寅	岁对	岁前	岁位	岁后
九月戊戌	辛卯、壬辰、癸巳、甲午、乙未、丙申、丁酉	岁对	岁前	岁位	岁后
十月己亥	戊戌	岁后	岁对	岁前	岁位
十一月戊子	乙酉、丙戌、丁亥	岁后	岁对	岁前	岁位

　　这里要特别说明的是，对阴阳大小会的立意，《协纪辨方书》的编者多有歧议。②但就其编排规则而言，敦煌历日多与文献记载相同。这套历注后世西夏人仍在使用。③

　　·阴阳不将·

　　《协纪辨方书》引《天宝历》曰："阴阳不将者，以月建为阳，谓之阳建，正月起寅，顺行十二辰；月厌为阴，谓之阴建，正月起戌，逆行十二辰。分于卯酉，会于子午，厌前支干自相配者为阳将，厌后

①此表采自《协纪辨方书》，据《中国方术概观·选择卷》（上），北京：人民中国出版社，1993年版，第191页。
②《中国方术概观·选择卷》（上），北京：人民中国出版社，1993年版，第197页。
③参见邓文宽：《敦煌吐鲁番天文历法研究》，兰州：甘肃教育出版社，2002年版，第262—289页。

支干自相配者为阴将，厌后干配厌前支者为阴阳俱将，厌前干配厌后支者为阴阳不将也。阳将伤夫，阴将伤妇，阴阳俱将夫妇俱伤，阴阳不将夫妇荣昌。"①由于此日夫妇俱荣，所以是结婚嫁娶的上吉之日。由上述理论引申，干支相配，每月有12~14个干支日为阴阳不将日。②敦煌历日有时作"阴阳不将"，有时简称作"不将"，有时直写"嫁娶吉"，表述不同，含义无别。

·七鸟、八龙、六蛇·

《协纪辨方书》引《总要历》曰："八龙、七鸟、九虎、六蛇，其日皆不可迎婚嫁娶。"③又引《历例》曰："春甲子、乙亥为八龙，夏丙子、丁亥为七鸟，秋庚子、辛亥为九虎，冬壬子、癸亥为六蛇。"④这四煞的设定，当同古代四方四象有关，清《御定星历考原》解释说："甲乙者东方木也，为青龙，其成数八；丙丁者南方火也，为朱雀，其成数七；庚辛者西方金也，为白虎，其成数九；壬癸者北方水也，为龟蛇，其成数六。故各因以为名也。"⑤敦煌历日中有七鸟、八龙、六蛇注历者，未见九虎。用七鸟者，如S.1473+S.11427B.V之982年历日四月十五日丙子、⑥廿六日丁亥，⑦P.3403之986年历日五月廿日丁亥。⑧用八龙者如986年历日之三月七日乙亥⑨等。用"六蛇"者如986

①《中国方术概观·选择卷》(上)，北京：人民中国出版社，1993年版，第189页。
②《中国方术概观·选择卷》(上)，北京：人民中国出版社，1993年版，第189页，"阴阳不将"条引《历例》。
③《中国方术概观·选择卷》(上)，北京：人民中国出版社，1993年版，第213页。
④《中国方术概观·选择卷》(上)，北京：人民中国出版社，1993年版，第213页。
⑤转引自《中国方术概观·选择卷》(上)，北京：人民中国出版社，1993年版，第213页。
⑥邓文宽：《敦煌天文历法文献辑校》，南京：江苏古籍出版社，1996年版，第580页。
⑦邓文宽：《敦煌天文历法文献辑校》，南京：江苏古籍出版社，1996年版，第581页。
⑧邓文宽：《敦煌天文历法文献辑校》，南京：江苏古籍出版社，1996年版，第611页。
⑨邓文宽：《敦煌天文历法文献辑校》，南京：江苏古籍出版社，1996年版，第601页。

年历日十月十七日壬子、①十二月十九日壬子②等。虽然制历者也常常注错，但总体上说，敦煌历日所注七鸟、八龙与文献记载是相吻合的。

·天罡、河魁·

天罡、河魁在出土历日中多简称魁、罡。《协纪辨方书》引唐人桑道茂论曰："天罡、河魁者，月内凶神也，所值之日百事宜避。"③敦煌历日也常说"凡人年内造作，举动百事，先须看太岁及以下诸神将并魁罡，犯之凶，避之吉"④，说的也是同样的意思，知它们是十分凶恶的神煞。至其排列规则，与建除十二客的平、收二日有关，故曹震圭说："魁罡者，乃月建四煞之辰，平、收之日也。"⑤简单地说，历日中单月的平日为天罡，收日为河魁，双月收日为天罡，平日为河魁。敦煌历日与此正相一致。

·解神·

《协纪辨方书》引《总要历》曰："解神者，月中善神也。所值之日宜上词章，雪冤枉。"⑥清人认为其义不止于此，沐浴、整容、剃头、整手足甲、求医疗病、扫舍宇等解除类事务均宜。⑦其排列规则，据《历例》所说："正、二月申，三、四月戌，五、六月子，七、八月寅，九、十月辰，十一月、十二月午也。"⑧

·月虚·

月虚这一神煞，《协纪辨方书》与"月煞"合在一起讲述，并引

---

①邓文宽:《敦煌天文历法文献辑校》,南京:江苏古籍出版社,1996年版,第632页。

②邓文宽:《敦煌天文历法文献辑校》,南京:江苏古籍出版社,1996年版,第640页。

③《中国方术概观·选择卷》(上),北京:人民中国出版社,1993年版,第174页。

④邓文宽:《敦煌天文历法文献辑校》,南京:江苏古籍出版社,1996年版,第588页。

⑤《中国方术概观·选择卷》(上),北京:人民中国出版社,1993年版,第174页。

⑥《中国方术概观·选择卷》(上),北京:人民中国出版社,1993年版,第219页。

⑦《中国方术概观·选择卷》(上),北京:人民中国出版社,1993年版,第334页"解神"条。

⑧《中国方术概观·选择卷》(上),北京:人民中国出版社,1993年版,第219页。

《枢要历》曰："月虚者，月内虚耗之神也。其日忌开仓库、出财物、结婚、出行。"①又引《历例》述其排列规则曰："月虚者，正月起丑，逆行四季。"②但我们在敦煌历日中看到的用月虚注历却与此大不相同。敦煌太平兴国七年（982）历日、雍熙三年（986）历日都有月虚注历，其所注为二月酉日，五月子日，八月卯日。根据这些资料，似可总结出如下的排列规则：正月子日，二月酉日，三月午日，四月卯日，五月子日，六月酉日，七月午日，八月卯日，九月子日，十月酉日，十一月午日，十二月卯日。能否成立，还希望有更多的材料给予证实。至于月虚的立意，敦煌历日也说是"不杀生、祭神"③。

　　·无翘·

　　《协纪辨方书》引《天宝历》曰："无翘者，翘犹尾也，阳乌所主，阴则无之。常居厌后，故曰无翘。其日忌嫁娶。"④曹震圭为之解曰："翘犹首翘，妇人之饰也。无翘者，是无其饰也，故忌嫁娶。"⑤虽然二者对无翘的立意解释有别，但认为此日"忌嫁娶"则是一致的。敦煌历日曾多次用无翘注历，⑥安排规则在"厌"后一日，与文献记载相同，即正月亥日，二月戌日，三月酉日，四月申日，五月未日，六月午日，七月巳日，八月辰日，九月卯日，十月寅日，十一月丑日，十二月子日。

　　·四击·

　　《协纪辨方书》引《通书》曰："四击者，春戌、夏丑、秋辰、冬

①《中国方术概观·选择卷》（上），北京：人民中国出版社，1993年版，第229页。

②《中国方术概观·选择卷》（上），北京：人民中国出版社，1993年版，第229页。

③邓文宽：《敦煌天文历法文献辑校》，南京：江苏古籍出版社，1996年版，第563页。

④《中国方术概观·选择卷》（上），北京：人民中国出版社，1993年版，第232页。

⑤《中国方术概观·选择卷》（上），北京：人民中国出版社，1993年版，第232页。

⑥邓文宽：《敦煌天文历法文献辑校》，南京：江苏古籍出版社，1996年版，第322、324、325、326页。

未。其日忌军事。"①敦煌历日中写作"四敫",但其安排规则与《通书》全同,即春三月在戌日,夏三月在丑日,秋三月在辰日,冬三月在未日。详参 P.4996+P.3476 号《唐景福二年癸丑岁(893)具注历日》。②不过,四击日"忌军事",怕是后来衍生出的意义。《医心方》引汉代的《虾蟆经》云:"四激日:春戌、夏丑、秋辰、冬卯(未)。"并加按语说:"右四时忌日,今古传讳,不合药、服药也。"今本《黄帝虾蟆经》亦有:"春戌日,夏丑日,秋辰日,冬卯日,右四时忌日,不可灸判。"③可知,四激(击)的立义早期同医药有关,与后世不同。

　· 四废 ·

《协纪辨方书》引《广圣历》曰:"四废者,四时衰谢之辰也。其日忌出军、征伐、造舍、迎亲、封建、拜官、纳财、开市。"④那么,它包含哪些日子呢?《历例》说:"春庚申、辛酉,夏壬子、癸亥,秋甲寅、乙卯,冬丙午、丁巳。"⑤至于其宜忌,《蓬瀛经》曰:"四废者,是五行无气,福德不临之辰,百事忌用。"⑥其实,对四废日的原始立意,刘乐贤博士作了更为通俗易懂的解释,他说:"春三月于五行属木,庚、辛五行属金,木、金相克;夏三月五行属火,壬、癸属水,水、火相克;秋三月五行属金,甲、乙属木,金、木相克;冬三月五行属水,丙、丁属火,水、火相克。所以,四废日者,谓四季各月的五行与其日的天干所属五行相克。"⑦这个解释应该是切中肯綮的。

---

①《中国方术概观·选择卷》(上),北京:人民中国出版社,1993 年版,第 210 页。

②邓文宽:《敦煌天文历法文献辑校》,南京:江苏古籍出版社,1996 年版,第 261、270、277 页。

③《黄帝虾蟆经》,北京:中医古籍出版社,2016 年版,第 46 页。

④《中国方术概观·选择卷》(上),北京:人民中国出版社,1993 年版,第 212 页。

⑤《中国方术概观·选择卷》(上),北京:人民中国出版社,1993 年版,第 212 页。

⑥《中国方术概观·选择卷》(上),北京:人民中国出版社,1993 年版,第 212 页。

⑦刘乐贤:《睡虎地秦简〈日书〉研究》,台北:文津出版社,1994 年版,第 130 页。

·五墓·

《协纪辨方书》引《广圣历》曰："五墓者，四旺之墓辰也。其日忌营造、起土、嫁娶、出军。"①其排列规则，《历例》说："正、二月乙未，四、五月丙戌，七、八月辛丑，十、十一月壬辰，四季月戊辰也。"②敦煌历日中用五墓注历者不多，但与文献记载相合，如P.2765《唐大和八年甲寅岁（834）具注历日》之二月十四日乙未、③S.1473+S.11427B.V《宋太平兴国七年壬午岁（982）具注历日并序》之三月四日乙未④所注五墓者皆是。

·天火、天狱·

《协纪辨方书》引《神枢经》曰："天狱者，月中禁神也。其日忌献封章、兴词讼、赴任、征讨。"⑤又引《玉帐经》曰："天火者，月中凶神也。其日忌苫盖、筑垒垣墙、振旅兴师、会亲娶妇。"⑥至于其在历日中之安排，《历例》曰："正月在子，顺行四仲。"⑦敦煌历日中用此二煞注历者甚少，但规则与文献记载相同，如P.2765《唐大和八年甲寅岁（834）具注历日》之三月廿二日癸酉、⑧四月五日乙酉⑨所注皆是。

·天门·

此神煞在敦煌历日中多次出现，但我尚未在文献中找到有关文字。

①《中国方术概观·选择卷》（上），北京：人民中国出版社，1993年版，第211页。

②《中国方术概观·选择卷》（上），北京：人民中国出版社，1993年版，第211页。

③邓文宽：《敦煌天文历法文献辑校》，南京：江苏古籍出版社，1996年版，第147页。

④邓文宽：《敦煌天文历法文献辑校》，南京：江苏古籍出版社，1996年版，第574页。又按，本历三月七日为"清明三月节"，依星命月，三月四日仍在二月，当以二月计。

⑤《中国方术概观·选择卷》（上），北京：人民中国出版社，1993年版，第227页。

⑥《中国方术概观·选择卷》（上），北京：人民中国出版社，1993年版，第227—228页。

⑦《中国方术概观·选择卷》（上），北京：人民中国出版社，1993年版，第228页。

⑧邓文宽：《敦煌天文历法文献辑校》，南京：江苏古籍出版社，1996年版，第151页。又按，本历在三月廿一日已入立夏四月节，依星命月，三月廿二日当以四月计。

⑨邓文宽：《敦煌天文历法文献辑校》，南京：江苏古籍出版社，1996年版，第152页。

依据它在 P.3403 之 986 年历日等处的注历情况，可归纳出其排列规则为：正月寅，二月亥，三月申，四月巳，五月寅，六月亥，七月申，八月巳，九月寅，十月亥，十一月申，十二月巳。其立意尚不能说明，至其所主，敦煌历日云："章光、天门、天尸、天破日不出师。"①看来同用兵打仗密切相关。

·天尸·

此神煞亦未能同文献完全互证。它在敦煌历日中的排列规则是正月亥，二月戌，三月酉，四月申，五月未，六月午，七月巳，八月辰，九月卯，十月寅，十一月丑，十二月子。其所主亦同用兵打仗有关。

·反击·

此神煞亦未能找出文献记载。根据它在敦煌历日中的出现实况，其排列规则似作：春三月在未日，夏三月在辰日，秋三月在丑日，冬三月在戌日。其所主，敦煌历日亦云："反击日不攻伐。"②同样与用兵打仗有关。

·厌对·

《协纪辨方书》引《天宝历》曰："厌对者，月厌所冲之辰也。其日忌嫁娶。又为招摇，忌乘船、渡水。"③其在历日中的安排，《历例》曰："厌对者，正月起辰，逆行十二辰。"④敦煌历日中有用厌对注历者，但用例不多。不过，其安排规则，与上述文献所载无别，如 P.4996+P.3476《唐景福二年癸丑岁（893）具注历日》就有用厌对注历的实例。⑤

①邓文宽：《敦煌天文历法文献辑校》，南京：江苏古籍出版社，1996 年版，第 592 页。

②邓文宽：《敦煌天文历法文献辑校》，南京：江苏古籍出版社，1996 年版，第 592 页。

③《中国方术概观·选择卷》（上），北京：人民中国出版社，1993 年版，第 188 页。

④《中国方术概观·选择卷》（上），北京：人民中国出版社，1993 年版，第 188 页。

⑤邓文宽：《敦煌天文历法文献辑校》，南京：江苏古籍出版社，1996 年版，第 266、267、268、271 页。

·煞阴·

此神煞在敦煌历日中用于注历，但尚未在文献中找到相关记载。依据它在敦煌历日中的运用，^①现在可知它在正月寅日，三月戌日，五月午日，七月寅日，九月戌日，十一月午日。当然，这未必就是它安排规则的全部内容，而只是限于我目前能认识到的水平。其所主宜忌，据 P.3403 之 986 年历日所说"煞阴、大败日不出兵战斗"^②，知其同用兵打仗有关。

·大败·

敦煌历日亦用于注历，但亦未与文献互证。目前仅知，敦煌历日中它三月在戌日，四月在巳日，^③而与《协纪辨方书》卷九"立成"的三月酉日、四月午日^④不同。《协纪辨方书》将大败与大时、咸池放在一起解释，但并未说明其立意。我怀疑清人这样安排是一种错误，大败应有自己的安排规则，如在敦煌历日中出现的那样。其所主，亦与用兵打仗有关，见"煞阴"条。

·天破·

天破一煞，亦未在文献中找到记载。它在敦煌历日中用得很少，目前仅知十月、十二月在午日。^⑤其所主，敦煌历日说"天破日不出师"^⑥，显然亦同用兵打仗有关。

·合对·

此神煞立意未详，亦未能与文献互证。根据它在敦煌所出 P.3403 雍熙三年（986）历日中的出现情况，可归纳出它是正月在辰日，逆行

①详参 P.3403《宋雍熙三年丙戌岁 (986) 具注历日并序》。
②邓文宽:《敦煌天文历法文献辑校》,南京:江苏古籍出版社,1996 年版,第 592 页。
③邓文宽:《敦煌天文历法文献辑校》,南京:江苏古籍出版社,1996 年版,第 601、607 页。
④《中国方术概观·选择卷》(上),北京:人民中国出版社,1993 年版,第 315 页。
⑤邓文宽:《敦煌天文历法文献辑校》,南京:江苏古籍出版社,1996 年版,第 632、641 页。
⑥邓文宽:《敦煌天文历法文献辑校》,南京:江苏古籍出版社,1996 年版,第 592 页。

十二辰。

　　以上我们结合文献记载，对出现在敦煌历日中数十例日神的立意、宜忌、安排规则进行了解释。为了便于读者利用，现将与月份相关联的日神绘为一表。其余不按月份排列的，我们在其本条中已加说明，请参本条。

星命月 日期 日神	正月	二月	三月	四月	五月	六月	七月	八月	九月	十月	一一月	一二月
天赦	戊寅	戊寅	戊寅	甲午	甲午	甲午	戊申	戊申	戊申	甲子	甲子	甲子
母仓	亥、子	亥、子	亥、子	寅、卯	寅、卯	寅、卯	辰、戌、丑、未	辰、戌、丑、未	辰、戌、丑、未	申、酉	申、酉	申、酉
归忌	丑	寅	子	丑	寅	子	丑	寅	子	丑	寅	子
天李	子	卯	午	酉	子	卯	午	酉	子	卯	午	酉
地李	午	卯	子	酉	午	卯	子	酉	午	卯	子	酉
血忌	丑	未	寅	申	卯	酉	辰	戌	巳	亥	午	子
章光	酉	申	未	午	巳	辰	卯	寅	丑	子	亥	戌
八魁	己巳 丁丑	己巳 丁丑	己巳 丁丑	甲申 壬辰	甲申 壬辰	甲申 壬辰	己亥 丁未	己亥 丁未	己亥 丁未	甲寅 壬戌	甲寅 壬戌	甲寅 壬戌
重日	巳、亥	巳、亥	巳、亥	巳、亥	巳、亥	巳、亥	巳、亥	巳、亥	巳、亥	巳、亥	巳、亥	巳、亥

续表

日神＼日期＼星命月	正月	二月	三月	四月	五月	六月	七月	八月	九月	十月	一月	二月
复日	甲、庚	乙、辛	戊、己	丙、壬	丁、癸	戊、己	甲、庚	乙、辛	戊、己	丙、壬	丁、癸	戊、己
九焦、九坎	辰	丑	戌	未	卯	子	酉	午	寅	亥	申	巳
地囊	庚子庚丑	癸未癸丑	甲子甲寅	己卯己丑	戊辰戊午	癸未癸巳	丙寅丙申	丁卯丁巳	戊辰戊子	庚戌庚子	辛未辛酉	乙酉乙未
大时	卯	子	酉	午	卯	子	酉	午	卯	子	酉	午
八龙	甲子乙亥	甲子乙亥	甲子乙亥									
七鸟				丙子丁亥	丙子丁亥	丙子丁亥						
九虎							庚子辛亥	庚子辛亥	庚子辛亥			
六蛇										壬子癸亥	壬子癸亥	壬子癸亥
天罡	平	收	平	收	平	收	平	收	平	收	平	收
河魁	收	平	收	平	收	平	收	平	收	平	收	平
解神	申	申	戌	戌	子	子	寅	寅	辰	辰	午	午
月虚	子	酉	午	卯	子	酉	午	卯	子	酉	午	卯
无翘	亥	戌	酉	申	未	午	巳	辰	卯	寅	丑	子
四激（击）	戌	戌	戌	丑	丑	丑	辰	辰	辰	未	未	未

续表

日期 / 日神 \ 星命月	正月	二月	三月	四月	五月	六月	七月	八月	九月	十月	十一月	十二月
四废	庚申辛酉	庚申辛酉	庚申辛酉	壬子癸亥	壬子癸亥	壬子癸亥	甲寅乙卯	甲寅乙卯	甲寅乙卯	丙午丁巳	丙午丁巳	丙午丁巳
五墓	乙未	乙未	戊辰	丙戌	丙戌	戊辰	辛丑	辛丑	戊辰	壬辰	壬辰	戊辰
天火	子	卯	午	酉	子	卯	午	酉	子	卯	午	酉
天狱	子	卯	午	酉	子	卯	午	酉	子	卯	午	酉
天门	寅	亥	申	巳	寅	亥	申	巳	寅	亥	申	巳
天尸	亥	戌	酉	申	未	午	巳	辰	卯	寅	丑	子
反击	未	未	未	辰	辰	辰	丑	丑	丑	戌	戌	戌
厌对	辰	卯	寅	丑	子	亥	戌	酉	申	未	午	巳
煞阴	寅		戌		午		寅		戌		午	
大败			戌	巳								
天破										午		午
合对	辰	卯	寅	丑	子	亥	戌	酉	申	未	午	巳

四、选择神煞的非科学性及其理论基础

通过前文的解释与比较，我们看到，传世文献对选择神煞的解释和记载，与它们在敦煌历日中的具体应用几乎是完全吻合的。这一方

面说明了这些文献的可信性，另一方面也为它们在古代的实际应用提供了实证。从纯学术的意义上看，它们的价值是不能低估的。

但是，从认识论的角度去看，像我们在本文开头指出过的那样，它们是不科学的，甚至几乎全是迷信，是不能信从的。即便是在今天，许多人宁可相信其真，不信其假的情况下，我也要说，这些选择神煞所主吉凶并无科学性可言。

其实，对选择神煞所主吉凶的非科学性，古人早有认识。《史记·日者列传》载褚少孙言："臣为郎时，与太卜待诏为郎者同署，言曰：'孝武帝时，聚合占家问之，某日可取妇乎？五行家曰可，堪舆家曰不可，建除家曰不吉，丛辰家曰大凶，历家曰小凶，天人家曰小吉，太一家曰大吉。辩讼不决，以状闻。'制曰：'避诸死忌，以五行为主。'人取于五行者也。"①这说明，对于选择术来说，同一天是吉还是不吉，各数术派别看法差异极大。东汉时，王充在《论衡》一书中专设《难岁篇》《調时篇》《讥日篇》《辨祟篇》等，对选择术提出许多严肃批评。根据选择术规定，血忌日忌针灸出血。王充说："如以杀牲见血，避血忌、月杀，则生人食六畜，亦宜辟之。海内屠肆，六畜死者，日数千头，不择吉凶，早死者，未必屠工也。天下死罪，各月断囚亦数千人，其刑于市，不择吉日，受祸者未必狱吏也。"②对于时人十分信奉的"往亡"和"归忌"，王充也指出："涂上之暴尸，未必出以往亡；室中之殡柩，未必还以归忌。"③

对选择术的不可信性，古代亦常有认识清醒者。北齐时，颜之推在《颜氏家训·杂艺》中说："世传术书，皆出流俗，言辞鄙浅，验少

---

①标点本《史记》卷一二七《日者列传》，北京：中华书局，1959年版，第3222页。
②《论衡》卷二四《讥日篇》，上海：上海人民出版社，1974年版，第366—367页。
③《论衡》卷二四《辨祟篇》，上海：上海人民出版社，1974年版，第375页。

妄多。至如反支①不行，竟以遇害，归忌寄宿，不免凶终。拘而多忌，亦无益也。"②

除了那些从认识上批评选择术的人士之外，古人还有利用敌方迷信选择术，从而发动进攻，克敌制胜的实例。史载南朝宋开国皇帝刘裕用兵，"丁亥，刘裕悉众攻城。或曰：'今日往亡，不利行师。'裕曰：'我往彼亡，何为不利！'四面急攻之。"③显然，刘裕破除了往亡的设立本意，从而做了对自己有利的解释。唐宪宗元和十二年（817）曾发动对淮西吴元济的战事，李愬与战。"李愬将攻吴房，诸将曰：'今日往亡。'愬曰：'吾兵少，不足战，宜出其不意。彼以往亡不吾虞，正可击也。'遂往，克其外城，斩首千余级。"④李愬不信往亡，又利用了敌方可能因信往亡而不设防的心理，从而取得胜利。这些都说明，选择术的宜吉规定是不足凭信的。

但是，选择术的理论基础和思维方法却是需要研究的。统观前述文献中对年、月、日各神煞立意的解释，我感到，其理论基础是建立在五行学说之上的。人们历来将五行学说归之于阴阳家，故有"阴阳五行"之成说。阴阳家认为物质的基本元素是五行：金、木、水、火、土，而五行之间既有相生，亦有相克，才衍化出万物来。选择术士借用五行学说，将天干、地支与五行相配，天干、地支自身又可分出阴阳，进而与天象、堪舆术、三合局、对冲等认识相结合，生变衍化，显现出无穷的认识来。如果说五行本身带有朴素的唯物主义因素，选

---

① "反支"是汉代流行的历注条目，敦煌历日未见使用。
② 〔北齐〕颜之推撰，王利器集解：《颜氏家训集解》，上海：上海古籍出版社，1980年版，第521页。
③ 标点本《资治通鉴》卷一一五《晋纪》三十七安帝义熙六年，北京：中华书局，1956年版，第3626页。
④ 标点本《资治通鉴》卷二四〇《唐纪》五十六宪宗元和十二年，北京：中华书局，1956年版，第7739页。

择术由此产生的系统认识却离开了最初的物质基础，变成了一套形而上的认识体系。这一体系，在常人看来意义不大，但从纯思维的意义上说，我认为它是一个十分有价值的系统。在中国古代的各种思想派别中，只有阴阳家①生化出了这一认识体系，带有明显的形而上色彩，因而是很值得对它进行哲学思考的。

但是，当阴阳家这一形而上的思维同吉凶宜忌的选择术相结合时，它的命运也就变得十分悲惨了。我们要严肃地指出，历日中根据年、月、日神所做的吉凶选择是没有道理的，是不可信从的。不过，即便是这种没有道理的规定，也是以五行生克为出发点的，诚如前文所引汉武帝的话："避诸死忌，以五行为主。"

可以说，迄今为止，我们对选择术的认识，尤其是对早期选择术的认识，依然不深不透。20世纪70年代以来，地不爱宝，陆续出土了十几种战国秦汉时代的《日书》及其同类文献，内含选择内容。相信随着时间的推移和新材料的增多，我们对选择术的认识会逐步加深。也许到那个时候，我们才有可能对敦煌具注历日中的选择神煞获得更加深刻的认识和理解。

（原载《敦煌吐鲁番研究》第八卷，北京：中华书局，2005年版，第167—206页）

---

①此外可能还有"名家"。

简牍时代吉日选择的文本应用

——兼论"具注历日"的成立

如同当代人一天也离不开"日历"一样，我们的祖先进入文明社会以后，一天也不能没有"历日"。古代历日的功能，除了指示时间外，同时担负着识别吉凶宜忌、选择吉日良辰、指导民生的作用。那么，在以简牍为书写质材的时代，这项"选择"工作是如何进行的？"历日"和《日书》文本又是如何应用的？进入用纸张书写的时代，相应地发生了怎样的变化？"历日"又是如何演进为"具注历日"的？这些，正是本文要回答的问题。

一、《孔雀东南飞》和孔家坡汉简昭示的历史内容

众所周知，《孔雀东南飞》（原名《古诗为焦仲卿妻作并序》），是东汉末建安年间（196—220）产生的一部长篇叙事诗。①故事的主人翁是庐江府小吏焦仲卿与其妻刘兰芝。因刘氏不见容于婆母，于是被遣，

---

① 见吴冠文、谈蓓芳、章培恒：《玉台新咏汇校》，上海：上海古籍出版社，2014 年版，第 77—86 页。

返回娘家。兰芝发誓不再嫁人，但被家人逼迫改嫁，无奈投水而死；焦仲卿得知，亦自缢于庭树。故事感天泣鬼，无名氏便用诗歌形式记录下来，迄今已经流传了1800余年。诗中讲到刘兰芝被家人所逼，开始曾答应再嫁时，有一段文字与本文的研究主旨有关，今移录如下：

> 兰芝仰头答：理实如兄言。谢家事夫婿，中道还兄门。处分适兄意，那得自任专？虽与府吏要，渠会永无缘。登即相许和，便可作婚姻。媒人下床去，诺诺复尔尔。还部白府君：下官奉使命，言谈大有缘。府君得闻之，心中大欢喜。视历复开书，便利此月内，六合正相应。良吉三十日，今已二十七，卿可去成婚。①

引文最末几句，显然是选择吉日良辰，准备举办婚礼。其中有"视历复开书，便利此月内，六合正相应"，说的正是选择吉日的事情。而最引起我关注的是"视历复开书"五字。"历"指历日，"视历"也就是"看历日"；"开书"之"书"当指《日书》。最近几十年出土了十余种《日书》，使我们对《日书》内容有了相对深入的认识，它是供择吉避凶使用的。这其中的"开"字有误。据上引《玉台新咏汇校》校注四一："'開'，活字本作'閱'。"②这里所说的"活字本"是指明代五云溪馆铜活字本。③应该说，铜活字本作"阅"是正确的。因为"阅书"就是阅览《日书》，而"开书"却意难索解。"阅"字误成"开"，当因二字繁体形近致讹。

为什么汉代人选择吉日良辰时，既要"视历"，又要"阅书"呢？

---

①吴冠文、谈蓓芳、章培恒:《玉台新咏汇校》,上海:上海古籍出版社,2014年版,第80页。
②吴冠文、谈蓓芳、章培恒:《玉台新咏汇校》,上海:上海古籍出版社,2014年版,第85页。
③吴冠文、谈蓓芳、章培恒:《玉台新咏汇校》,上海:上海古籍出版社,2014年版,"前言"第6
　页、"校勘凡例"第1页。

因为其时历日和《日书》是分开抄写的。之所以要分开，是由于这两种文本的内容有"变"与"不变"之别：变的是历日，不变的是《日书》。每年同一个月的大小会变，同一日期的纪日干支也会变；纪年干支（东汉始用）、四时八节的干支，以及元日（正月初一）的干支等都会变。而《日书》所标明的吉凶宜忌却是一个固定程序：众多年神、月神、日神甚至时神各自所主的吉与凶，只有同相应的年干支、月干支（唐代始用）、日干支或单独的干和支与"神煞"对上号后，才能显示其所主是吉还是凶。这就是说，在简牍时代，单靠"视历"或者单靠"阅书"，是不能实现择吉目的的，只有将两者结合使用，"视历复阅书"，才能实现选择吉日良辰的目的。

如果说《孔雀东南飞》的作者，在叙事时无意但很正确地告知了我们简牍时代吉日选择的文本应用，那么，出土文献也为此提供了有力的佐证。20世纪末的1998至2000年，考古工作者在湖北省随州市孔家坡征地区域内进行了考古发掘。其中M8是在西汉景帝后元二年（前142）下葬的。[①]该墓出土文物里既有竹简，也有木牍。《发掘报告》云："竹简二组，出土于M8椁室头箱位置的两侧，由于墓坑早年积水淤泥，出土时，竹简混于墓葬淤泥之中，保存状况略差，两组竹简出土时各集中为堆状，按照两组竹简的内容，可分为《日书》简和《历日》简。"[②]由《日书》简和《历日》简同时置放于椁室的头箱两侧，我推测，M8的墓主人生前很可能是一个"日者"，即他是以给别人选择吉日良辰为谋生手段的。

湖北随州市孔家坡M8的下葬年代为公元前142年，《孔雀东南飞》

[①]湖北省文物考古研究所、随州市考古队编:《随州孔家坡汉墓简牍》，北京:文物出版社，2006年版，"发掘报告"第33页。

[②]湖北省文物考古研究所、随州市考古队编:《随州孔家坡汉墓简牍》，北京:文物出版社，2006年版，"发掘报告"第29页。

产生于汉末建安年间（196—220），前后相距300余年。但历日和《日书》均是分别抄写的。至于孔家坡历日和《日书》如何使用，《孔雀东南飞》中的"视历复阅书"，已经作了十分真切的描述。这便是简牍时代吉日选择的文本应用，也可见汉代日者"工作"风貌之一般。

二、从"历日"到"具注历日"的演进

那么，"历日"又是如何演进成"具注历日"的呢？对此，我有如下四点认识。

（一）历本"自题名"不能作为区分"历日"和"具注历日"的依据。

我们注意到，一些自题名为"历日"的历本，内容却是"具注历日"。比如陈昊研究过的唐《永淳三年（684）历日》自题名是"历日"，但其内容却是"具注历日"。我们试作比较如下：永淳三年历日正月"十日癸巳水定　岁对、小岁后、母仓、往亡"；三月"廿四日景（丙）午水满　岁后、母仓，修宅葬吉。"[①]出自敦煌归义军时代由翟文进编撰，自题名为"太平兴国七年（982）壬午岁具注历日并序"的宋代历本，其正月十日的内容是："蜜十日壬寅金建，蛰虫始振，岁前、天门、煞阴、不将，嫁娶移徙吉，人神在腰背，日游在内。"[②]这两种原有自题名的历本，虽然题名有"历日"和"具注历日"的差异，"历注"内容也有多少不同，但都含有"历注"则是相同的。而敦煌所出北魏《太平真君十一年（450）历》和《太平真君十二年（451）历

---

① 陈昊：《吐鲁番台城塔新出唐代历日研究》，载《敦煌吐鲁番研究》第十辑，上海：上海古籍出版社，2007年版，第212、213页。
② 邓文宽：《敦煌天文历法文献辑校》，南京：江苏古籍出版社，1996年版，第560—587页，引文见567页。

日》，其自题名是"历"或"历日"，相应内容也就十分简单。如十一年正月的全部内容是："正月大，一日壬戌收，九日立春正月节，廿五日雨水。"[1]可见，传统的"历日"内容比"具注历日"的内容要简单得多。像《永淳三年（684）历日》那样自题名与内容不一致的出土历本，还有敦煌文献 P.2797《己酉年（829）历日》和 P.2765《甲寅年（834）历日》。[2]虽然它们自题名是"历日"，但实质内容与完本"具注历日"却毫无二致。此外还有传世由日僧圆仁抄录的《开成五年（840）历日》（详下）。

（二）"具注历日"和"历日"的区别在于有无"历注"。

在研究名物时，最基本的要求是循名责实。"历日"和"具注历日"的区别在于"具注"二字，因此，我们必须详考"具注"二字的确切含义，因为历史文献并未给我们留下现成的答案。

先说"具"字。东汉许慎《说文解字》云："具，共置也。从廾从贝省，古以贝为货（其遇切）。"今人将这几句话译作："具即准备；备办。会意字，以廾、贝省表示双手持贝，古时以贝壳为货币，可用以置办一切。"[3]清人段玉裁注曰："共、供古今字，当从人部作'供'。"[4]1979年版《辞源》释"具"字有"供置、供设""备办""具有""完备"诸义（其余义项从略）。故知，所谓"供置"即提供、备办、具有之义。

再说"注"字。《唐六典》卷十"秘书省·太史局"："司历掌国之历法，造历以颁于四方。"同书卷十四"太常寺·太卜署"："凡历注之用六：一曰大会，二曰小会，三曰杂会，四曰岁会，五曰除建（建

---

①邓文宽：《敦煌天文历法文献辑校》，南京：江苏古籍出版社，1996年版，第101页。
②邓文宽：《敦煌天文历法文献辑校》，南京：江苏古籍出版社，1996年版，第135—159页。
③李恩江、贾玉民主编：《说文解字译述全本》，郑州：中原农民出版社，2000年版，第241页。
④〔汉〕许慎撰，〔清〕段玉裁注：《说文解字注》，上海：上海古籍出版社，1988年版，第104页。

除），六曰人神。"①上举六种"历注"内容正是"具注历日"中"注"字的具体含义，当然，事实上的历注内容比这六种还要多许多。

根据上述对"具""注"二字各自含义的考释可知，"具注历日"中"具注"二字的意思是"提供或备有历注"，"具注历日"也就是"提供或备有历注的历日"。

那么，历史上是否有过不提供历注的"历日"呢？有的。本文上节已指出，简牍时代，历日和《日书》是分开抄写的，历日中虽然也有极少量的神煞名目，如反支、往亡、建除等，但却没有如《唐六典》所规定的那些历注名目，更没有相关用事（吉凶宜忌）的内容。这种情况，即使到了5—7世纪也还存在，如上文所举北魏《太平真君十一年（450）历》和《太平真君十二年（451）历日》，以及吐鲁番出土的《高昌延寿七年（630）历日》。②

以上所论说明，"历日"和"具注历日"的根本区别在于："历日"不包含历注（或只有极少数历注），而"具注历日"却含有历注，尤其是《唐六典》所规定的那六种历注内容。

（三）书写质材由简牍变为纸张，是"具注历日"成立的物质条件。

秦汉时代，书写质材基本上是竹简和木牍，这已为出土实物所证实。这种书写材料一是笨重，二是上面所能书写的文字内容十分有限。受其制约，再加上本身存在"变"与"不变"的差异，历日和《日书》就只能分开书写，再合起来使用，自然很不方便。但自东汉蔡伦改进造纸技术起，纸张便一步步代替了简牍而成为书写材料。约在公元400年左右，纸张基本上取代了简牍作为书写材料的地位。纸张的优点是

---

① 〔唐〕李林甫等撰，陈仲夫点校：《唐六典》，北京：中华书局，1992年版，第303、413页。
② 邓文宽：《邓文宽敦煌天文历法考索》，上海：上海古籍出版社，2010年版，第242—254页。

不言而喻的：首先是它能承载的书写内容比简牍扩大了许多倍；再是十分轻便，易于携带。这两项优点，非常有利于人类知识的积累和传播，后世被纳入"四大发明"之一，原因也正在此。或者说，纸张的优点，正是它克服掉了简牍的那些缺陷，向前跨越了一大步。也因此，以纸张取代简牍作为书写质材成为历史的必然。既然"纸张时代"已经到来，那么原来用简牍抄写的历日和《日书》，也就会改用纸张抄写。但此时"历日"的性质仍未改变。只要历本上面没有提供"历注"，在用它择吉时，就只能像简牍时代那样，仍然离不开另行抄写的《日书》，即只有将二者对照使用才能实现择吉的目的。换言之，纸张的使用并不意味着"历日"就一定会变为"具注历日"；但没有纸张的使用，"历日"就不可能变为"具注历日"，因为"具注历日"所承载的那些"历注"内容，简牍时代都是另外抄在《日书》上的，只有使用了纸张，才能把"历日"和"历注"合编在一起，从而使"历日"变成"具注历日"。社会在一步步往前走，人类也总是在寻找方便和快捷。当物质条件成为可能的时候，人们就会把以前的不方便改进为方便，具注历日就是这样产生的。我们看一下吐鲁番阿斯塔那201号墓残存的唐显庆三年（658）历日的七月："廿三日癸卯金危，岁后、结婚、移徙、斩草吉。"①其中"廿三日癸卯"属于"历日"内容；"金"属六甲纳音，"危"属建除，"岁后"属于神煞内容，"结婚、移徙、斩草吉"属于"用事"即选择，这四项均属于"历注"，此前它们都是被写在《日书》上的。原来分开抄写的内容，现在不仅合编在一起了，而且也直接给出了选择结果：今天干什么吉利或者不适宜，一目了然，使用者会极感方便——"历日"变成"具注历日"同样是历史的必然。

---

① 国家文物局古文献研究室、新疆维吾尔自治区博物馆、武汉大学历史系编:《吐鲁番出土文书》(释文本)第6册,北京:文物出版社,1985年版,第73—76页。

但若是没有书写质材的这种变化，这项进步则是无从实现的。

（四）具注历日产生于唐初或更早。

依据循名责实的原则，不论其自题名如何，凡提供"历注"的就是"具注历日"，否则就只是"历日"而不是"具注历日"。我们注意到，"具注历日"在唐朝初年已经出现，如上引《唐显庆三年（658）历》。这里我们更不能忽视《唐六典》的规定。它是唐代的行政法典，是"一部以唐代中央及地方各级官吏的名称、员品、职掌为正文，以其自《周官》以来之沿革为注文的《六典》。"①前文我们引过《唐六典》"凡历注之用六"云云，它是用国家行政法典的形式对"历注"内容所做的规定。出土历本证实，不论是在《唐六典》成书之后的历本上，抑或在其成书之前的历本上，"历注"都是存在的。而《唐六典》成书于开元二十六年（738）。如果我们非要给"具注历日"的产生划定一个时间界限的话，无论如何它都不可能晚于唐开元二十六年（738）。因为《唐六典》规定了哪些"历注"必须编进历日，而负责编制历日的太史局人员正是依此执行的。事实上，此前它早已存在，《唐六典》只是以国家法典的形式加以确认而已。

三、对敦煌吐鲁番"自题名"历本性质的辨识

根据上文所确定的区分"历日"和"具注历日"的标准，下面对敦煌吐鲁番出土以及传世所见有自题名历本的性质逐一进行辨识。

1.《太平真君十一年（450）历》、《太平真君十二年（451）历日》（敦研0368背）。此件自题名"历日"（十一年脱"日"字），内容不包含"历注"，所以属于"历日"。

---

① 〔唐〕李林甫等撰，陈仲夫点校：《唐六典》，北京：中华书局，1992年版，第1—2页。

2.《永淳三年（684）历日》（吐鲁番台城塔2005TSTI）。此件虽然自题名为"历日"，但其内容却是具注历日。因此，它属于"具注历日"而非"历日"。名实相悖。

3.《己酉年（唐大和三年，829）历日》（敦煌文献 P.2797）。此件自题名为"历日"，但内容却含有"历注"。因此，它属于具注历日而非"历日"。名实相悖。

4.《甲寅年（唐大和八年，834）历日》（敦煌文献 P.2765）。此件也是原有自题名"历日"，但其内容却有"历注"。因此它属于具注历日而非"历日"。名实相悖。

5.《开成五年（840）历日》（日僧圆仁抄本，出自《入唐求法巡礼行记》[①]）。此件自题名为"历日"，但是末尾又有题记曰："右件历日具注勘过。"它是历日还是具注历日呢？我们注意到其中的一些内容是纯"历日"所没有的。原件自题名为"开成五年历日"，但紧随其下便有"干金支金纳音木"，这个内容是典型的"具注历日"才有的。正月历日里有"四日得辛"，这个短语通常只出现在"具注历日"的序言里。其余相关日期所注的二十四节气、春秋二社日、三伏和腊日，是以前纯"历日"的内容；但各日之下所注六甲纳音和建除，以及注了四次"天赦"，则属于"具注历日"的内容。据此，我认为此件属于完本具注历日的节抄本，其性质仍然是"具注历日"而非"历日"。名实相悖。

6.《中和二年（882）具注历日》（敦煌文献S.P.10）。此为一印本历日，仅残存首端几行文字，历日部分的内容无从见着。但从其自题名"具注历日"，可以认为它已包含了"历注"，当属具注历日。

[①] [日]释圆仁著，白化文、李鼎霞、许德楠校注：《入唐求法巡礼行记校注》，石家庄：花山文艺出版社，1992年版，第198页。

7.《贞明八年①岁次壬午（922）具注历日一卷并序》（敦煌文献P.3555背）。原件自题名"具注历日"，内容确也包含"历注"，当属具注历日。

8.《大唐同光四年（926）具历一卷并序》（敦煌文献P.3247背加罗1）。此件是五代后唐年间的历本，后唐奉唐朝正朔，故自称"大唐"。又将"具注历日"省作"具历"。其历中含有"历注"，故属于具注历日。

9.《唐天成三年戊子岁（928）具注历日一卷并序》（敦煌文献北图新0836=BD14636）。此件之"唐"也是指五代后唐。仅存自题名和历日序言中的一部分，历日部分的内容尚不可见。但据自题名，当属具注历日。

10.《显德三年丙辰岁（956）具注历日并序》（敦煌文献S.0095）。此件为五代后周历本，自题名为"具注历日"，内容包含了"历注"，当属具注历日。

11.《显德六年己未岁（959）具注历日并序》（敦煌文献P.2623）。也是五代后周历本。自题名"具注历日"，实际内容包含了"历注"，当属具注历日。

12.《太平兴国三年（978）应天具注历日》。此件是北宋历本。自题名"具注历日"，仅存历序部分，无从见到历日内容。但入宋以后，具注历日已十分普遍，我推测它是有"历注"的，故将其归入具注历日。

13.《太平兴国六年辛巳岁（981）具注历日并序》（敦煌文献S.6886背）。此件自题名"具注历日"，含有"历注"，属于具注历日。

---

①后梁贞明实有七年，但当时敦煌与中原联系不畅，不知已改年号，故历日有八年和九年的。本书其他类似情况不另作注。

14.《太平兴国七年壬午岁（982）具注历日并序》（敦煌文献
S.1473加S.11427B.背）。此件自题名"具注历日"，含有"历注"，当属
具注历日。

15.《雍熙三年丙戌岁（986）具注历日并序》（敦煌文献P.3403）。
此件首尾完整，自题名"具注历日"，全年各日均有"历注"，属于具
注历日。

16.《端拱二年（989）具注历日》（敦煌文献S.3985加P.2705）。此
件自题名"具注历日"，历中包含了"历注"，属于具注历日。

17.《淳化四年癸巳岁（993）具注历日》（敦煌文献P.3507）。此件
只存正、二、三月的内容，年序内容全部省除未抄，月序内容也已全
省。历日部分，属于"历注"者几乎全部省掉，只留下最实用的那些
内容如二十四节气、物候、上下弦、蜜日等。但个别日期仍然包含了
"具注历日"应有的完整内容，如正月一日是："一日庚寅木除，水泽
腹坚，嫁、修、符、葬吉。"据此，它应属于具注历日，当为一节抄
本。

对于以上17件原有自题名的历本，我们根据"历日"和"具注历
日"的区别标准，即"具注历日"是含有"历注"的，"历日"则不含
"历注"，逐一进行了辨识。应该说，绝大多数还是名实相副的，名实
相悖的只有2、3、4、5共四件。

除了上述这些有自题名的历本外，由于出土时多数已经残破不全，
很多历本我们无从见到其原来的自题名。不过，有了区分的标准后，
就不难确定其性质了。目前所见，含有"历注"的历本，最早者是吐
鲁番出土的《唐显庆三年（658）具注历日》，各日内容已包含了"具
注历日"的基本要素，见前所引，这里不赘。这些内容与后世那些自
题名"具注历日"的历本毫无二致，显然其性质属于"具注历日"而
非"历日"。

那么，类似唐高宗显庆三年（658）这样实质上的具注历日，唐王朝最初以国家名义颁布时是如何为其冠名的呢？是"历日"，还是"具注历日"？也许它们就像唐《永淳三年历日》那样，由于受到历史惯性的影响，名称仍然是"历日"，但实质内容却已改变，于是出现了"名实相悖"的现象。这说明，历本的实质内容虽然已经起了变化，但人们（尤其是太史局那些编历者）的认识却没有能够及时跟进。随着时间的推移，人们的认识逐步提高了，发现必须给这些内容已经起了变化的"历日"重新冠名，即改称"历日"为"具注历日"，"具注历日"这个新名称也就逐渐为社会所接受，那时，"名实相悖"也就变为"名副其实"了。

（原载郑阿财、汪娟主编《张广达先生九十华诞祝寿论文集》，台北：新文丰出版公司，2021年版，第739—752页）

跋吐鲁番文书中的两件唐历

1973年，吐鲁番阿斯塔那墓地曾出土两件唐代写本具注历日。一件出自二一〇号墓，[①]一件出自五〇七号墓。[②]虽残破过甚，但均是唐代早期历日实物，对研究初唐历日制度和历日内容的演进，仍堪称珍贵。

一

二一〇号墓历日原释文如下（序号为行数，原为竖行，下同）：

［前缺］

1. ＿＿＿＿＿＿ 恩天赤[③]　母＿＿＿＿＿＿

2. ＿＿＿＿＿＿ 四月小＿＿＿＿＿＿

---

① 国家文物局古文献研究室、新疆维吾尔自治区博物馆、武汉大学历史系编：《吐鲁番出土文书》（释文本）第6册，北京：文物出版社，1985年版，第73—76页。

②《吐鲁番出土文书》（释文本）第5册，北京：文物出版社，1983年版，第231—235页。

③ 赤：当释为"赦"。此行残存四字，前当填"天"，成"天恩"；后当填"仓"，成"母仓"。依堪舆家说，天恩、天赦、母仓均是吉辰，于此并列而言。就每项而论，在敦煌历日中颇为习见，"天"后一字释"赤"即难通解。

3.□月大　八月小　九月□　十月大　十一月□

4.□月大

5.□□甲申水破　岁位、阳破阴冲。

6.□日乙酉水危　岁位、小岁往后（"往后"二字间原有互乙符号）亡、葬吉。

7.□日景戌土成　岁对小岁后。

8.四日丁亥土收　岁对小岁后、嫁娶、母仓、移徙、修宅吉。

9.五日戊子火开　岁对母仓、加冠、入学、起土、移徙、修井灶、种蒔、疗病吉。

10.六日己丑火闭　岁对归忌、血忌。

11.□□□□□　三阴孤辰。

［中缺］

12.□□□□□□　　　　岁前九坎、疗病、斩草吉。

13.□□□□□满岁后小岁前，母仓。

14.□九日己亥木平　岁后，祭祀、纳妇、加冠吉。

15.廿日庚子土定　岁后，加冠、拜官、移徙、坏土墙、修宫室、修碓硙吉。

16.廿一日辛丑土执　岁后，母仓、归忌、起土吉。

17.廿二日壬寅金破　岁后，疗病、葬吉。

18.廿三日癸卯金危　岁后，结婚、移徙、斩草吉。

19.廿四日甲辰火成下弦　阴错。

［中缺］

20.□□□□□□九月节岁对　天恩、母仓、祭祀、拜官、结婚、嫁娶、入学修

21.四日癸未木收　岁对天恩，纳征、嫁娶吉。

22.五日甲申水开　岁对葬、解除。

23. 六日乙酉水闭　岁位小岁前，塞穴、解除、葬吉。

24. 七日景戌土建　岁位小岁前。

25. 八日丁亥土除　岁位小岁前，修井、碓、砲，疗病，解除，扫舍吉。

26. 九日戊子火满_{上弦}　岁位归忌。

27. 十日己丑火平　岁位。

28. 十一日庚寅木定　行□。

29. □二日□□□□□□□□

　　［后缺］

（73TAM210：137/1、137/3、137/2）

残历7行、24行两"丙戌"均作"景戌"，系避唐先祖名讳而改，可知为唐代历日无疑。[1]对于其确年，原编者在释文前说明如下："本件纪年已缺。知前为正月，并推知元日为甲申。又据行二○'九月节'一句，知此段为残九月历，并推知一日为庚辰。一二至十九行虽残，未知何月，亦可推知一日为辛巳。查《二十史朔闰表》知唯高宗显庆三年元日为甲申，九月一日为庚辰，其年七月一日为辛巳。因定本件纪年为唐显庆三年。"所定年代正确无误，这里略加分析。

其一，关于第20行"九月节"。查二十四节气，九月节为寒露；四日癸未，一日当为庚辰，即其朔日，以此段为九月历日亦无误。所可注意者，古代历日所标某月节气与历日月份并不完全对应。节气是按照太阳在黄道位置确定的，而历日月份则是朔望月，以月亮圆缺为依据。因此，十二个朔望月同二十四节气一周天相差近十一天。古人为

---

①五代后唐以唐朝为正宗，历日亦改"丙"为"景"。如罗振玉：《贞松堂藏西陲秘籍丛残》所收《后晋天福四年己亥岁(939)具注历日》。此时已入后晋，但敦煌不知中原改年号，仍奉后唐正朔，历日以"丙"作"景"。故不可一概而论。

使节气所在农历月份相对稳定，以利农业生产，便需置闰。而一旦发生闰月，节气与原在月份就会错开，进入闰月之后半月，约经十多个月才能逐渐恢复到对应的月份。如此历所标"九月节"在九月三日，若此前数月内有一闰月，"九月节"就会提前，注在八月后半月某日之下，本文以下讨论的第二件历日即属此类。因此，单凭节气月份判断残历月份并不完全可靠。幸好显庆三年（658）无闰月，显庆二年（657）虽闰正月，但相去已远，故这里的"九月节"与九月正好相当，否则就需格外注意。

其二，原编者说明12至19行一段历日"未知何月，亦可推知一日为辛巳"。辛巳为此段历日月朔无疑，月份亦可考知。依据残历14行"〔十〕九日己亥木平"，并据六十甲子纳音①及建除十二客的排列次序，②逆推可得：13行是"十八日戊戌木满"，12行是"十七日丁酉火除"，再前一日是"十六日丙申火建"。建除十二客虽是古代历日中推算吉凶的迷信方法，但"建"字与所在日期地支间却有一定规律，其对应关系是：

"建"字所在日期范围	对应日期地支
立春——惊蛰前一日	寅
惊蛰——清明前一日	卯
清明——立夏前一日	辰
立夏——芒种前一日	巳
芒种——小暑前一日	午

---

① 〔清〕钱大昕撰，吕友仁点校：《潜研堂文集》，上海：上海古籍出版社，2009年版，第47—49页。

② 建除十二客的排列次序为：建、除、满、平、定、执、破、危、成、收、开、闭。凡节气（非中气）所在之日重复前一日。如残历20行当是"三日壬午木成寒露九月节"，则上一日是"二日辛巳金成"，一日注"危"字。参见陈遵妫：《中国天文学史》第3册，上海：上海人民出版社，1984年版，第1646页及1647页注⑤，1665—1666页。

小暑——立秋前一日　　　　　未

立秋——白露前一日　　　　　申

（以下依次排列，略）

立秋为七月节，白露为八月节。由残历推出的"十六日丙申火建"，"建"与该日地支"申"相应，正处于二节之间。由残历"九月节"寒露在九月三日又可推知，该年立秋、白露二节分别在七月初和八月初，可知此段历日当在七月初至八月初。残历日期又都在下半月，故知此段历日当属七月。这样，此墓出土的三段历日，分别为正月、七月和九月，朔日依次为甲申、辛巳和庚辰。以此三月朔日并结合2—3行所记各月大小，与《廿史朔闰表》相对照，同唐显庆三年完全一致，就可确知其均为显庆三年（658）历日。

显庆三年，唐用傅仁均的《戊寅历》。此历颁行于武德元年（618），至显庆时误差已多，故又于麟德三年（666）改行李淳风的《麟德历》。[①]从历法史角度看，残历是《戊寅历》行用后期的历日，也是现知《戊寅历》实行期间的唯一历日实物。此时定朔尚未引入历日，残历中的朔日都应是平朔，节气也是平气。

二

五〇七号墓历日释文如下：

［前缺］

1. ＿＿＿＿＿＿｜丑金破望｜＿＿＿＿＿＿

---

①参见中国天文学史整理研究小组编(薄树人主编)：《中国天文学史》，北京：科学出版社，1981年版，第83页。

2.　□八日景寅火危 _____

3.　十九日丁卯火成 _____

4.　廿日戊辰木收 _____

5.　廿一日己巳木开 _____

6.　廿二日庚午土□ _____

7.廿三日辛未 土 □ _____

8.廿四日壬申 金 □ _____

9.廿五日癸酉 □□ _____

10.廿六日甲戌 土① □ _____

11.廿七日乙亥□□　□□ 祭 祀 内财 _____

12.廿八日景子□□　□ 位祭祀加冠纳 _____

13.廿九日丁丑□□　□□归忌。

14.卅日戊寅 土 □　岁位解除吉。

15._____ 土危　岁位天恩往亡结婚 _____

16._____ 辰 金成后伏　岁对厌天恩母仓 _____

17._____ 金收　岁对天恩加冠 _____

18._____ 木开　岁对天恩加冠 _____

19._____ 木闭　岁对天恩母仓 _____

20._____ 水建　岁对复 _____

21._____ 除　三阴 疗 _____

22._____ 满 处暑七月中 _____

［后缺］

---

①土：原字残存上半，依六十甲子纳音法，甲戌徵音属"火"，释"土"误。

（73TAM507：013/4—1）

以下还有数段，因过分残碎，于定年无补，从略。

残历2行"景寅"、12行"景子"，仍系讳"丙"而改，知其为唐代历日。至于确年，原编者态度审慎，仅题为"唐历"，不作定论。笔者认为也可考明。

残历15行以下日期全失，但14—15行间系两纸粘连处，本身已具有纪日连续性的可能。从纪日干支看，14行卅日戊寅，15行当为下月一日己卯，16行二日当为庚辰。16行干支残存一"辰"字，正相符合。以下可逐日填齐，直至八日"景戌"。从六十甲子纳音看，14行卅日戊寅为土，下一日己卯亦为土。残历15行虽失日期干支，但仍存一"土"字，也与所推干支相符合。从建除十二客看，第5行廿一日己巳为"开"，第15行为"危"，中间残失某月廿二日至卅日的建除十二客。二十一日既作"开"，以下由二十二日至卅日依次当作：闭（廿二日）、闭（廿三日）、建（廿四日）、除（廿五日）、满（廿六日）、平（廿七日）、定（廿八日）、执（廿九日）、破（卅日），与15行的"危"正相衔接。"闭"字之所以重复一日，亦取决于建除十二客的特殊规律：节气（非中气）所在之日重复前一日一次。以此检查残历，22行注有"处暑七月中"，为八日，则此前的"立秋七月节"当在处暑前十五天多（其时用平气），即第7行廿三日之下。廿二日为闭，则廿三日应重复一次，仍作"闭"[①]。以上说明，残历的干支、六十甲子纳音、建除十二客都是连续的，应是连续书写的历日。

[①]建除十二客的排列次序为：建、除、满、平、定、执、破、危、成、收、开、闭。凡节气（非中气）所在之日重复前一日。如残历20行当是"三日壬午木成寒露九月节"，则上一日是"二日辛巳金成"，一日注"危"字。参见陈遵妫：《中国天文学史》第3册，上海：上海人民出版社，1984年版，第1646页及1647页注⑤，1665—1666页。

残历月份。由前述考察可知，第8行"廿四日壬申金□"，"金"字下当填"建"字。"建"字所对应的该日地支"申"之日期，应在立秋七月节和白露八月节之间（详前）。前又推得"立秋七月节"在第7行"廿三日辛未"，正当其前。但这并不能说明残历前14行是某年七月的历日。前已说明，只要此前数月内曾有闰月，则节气就会提前进入上月之后半月，节气月份与农历月份不再对应，本件历日即属此类。"处暑七月中"注在22行八日（推算所得），则"立秋七月节"所在的上月廿三日应属六月。换言之，残历所存是某年六月十七日至七月八日部分。而由残历日期干支又可推得，六月大，己酉朔；七月［?］，己卯朔。

残历确年。前由讳"丙"为"景"得知，此历为唐代历日。以六月己酉朔与七月己卯朔，同《廿史朔闰表》相对照，有唐一代仅唐高宗仪凤四年（679）和唐文宗大和三年（829）与此相当。同墓所出数十件文书，有确切纪年者，上限为高昌延寿六年（629），下限为唐高宗调露二年（680），仪凤四年（679）正在此一时间范围之内，而文宗大和三年在一百数十年之后，相距甚远。再检以《廿史朔闰表》，仪凤三年闰十月，致使节气和月份错开，正是残历立秋七月节注在六月下旬的原因。因此，应定此件为《唐仪凤四年（679）具注历日》。

仪凤四年，唐朝行用李淳风的《麟德历》。此历有两大创新，一用定朔排历谱，二以无中气之月置闰，但节气仍用平气。[1] 不过，使用定朔并不彻底。为了克服四个大月或三个小月相连的现象，制历者或将朔日下推一日，使第三个小月变为大月，或上退一日，使第四个大月变为小月。故残历的朔日并非一定全是定朔，节气则是平气。

---

[1] 参见中国天文学史整理研究小组著（薄树人主编）:《中国天文学史》,北京:科学出版社,1981年版,第83页。

传世文献所载仪凤三年（678）之闰月，《旧唐书·高宗纪》为闰十月，《新唐书·高宗纪》为闰十一月，故陈垣先生《廿史朔闰表》两说并存，遂成千古之谜。以此残历"处暑七月中"在仪凤四年（679）七月八日，逆推可得，仪凤三年冬至十一月中气在十一月一日，且上月为小月，则大雪十一月节气必在该小月之十五日，此月遂成无中气之月，即闰月。质言之，仪凤三年当闰十月，而不闰十一月。此谜由此而涣然冰释。反之，由闰月的确定也可证明我们所定年代正确无误。

三

历书行用区域，是封建王朝权力所及的重要象征。唐于贞观十四年（640）平高昌国，设西州，开始对高昌地区实行有效的行政管理。两件历日出土于阿斯塔那墓地，亦是明证。

两《唐书·历志》所载《戊寅历》和《麟德历》，主要是其推步方法和数据，而此前却未见到二历的实物样本。[①]显庆三年（658）和仪凤四年（679）唐历的出土，恰好弥补了这一不足。

古代历日内容如何演变发展，以往由于实物太少而无从寻觅其发展轨迹。见于敦煌文献的数十件历日，最早者为北魏太平真君十一年（450）历和十二年（451）历，[②]此外大多是晚唐至宋初的敦煌地方具注历日，间有中原王朝历日，也为数甚少。唐前期的历日则未见到。这两件历日实物的出土，使我们有了粗略地勾画历日内容演进轨迹的

---

① 《敦煌遗书总目索引》之《斯坦因劫经录》2620号著录为《大唐麟德历》，误。这件文献的确切内容是唐大历十三年(778)至建中四年(783)的"年神方位图"。台湾所出《敦煌宝藏》亦未辨明。

② 苏莹辉将录文刊布于所作《敦煌所出北魏写本历日》一文，载台湾《大陆杂志》1卷9期，1950年。

可能。

北魏太平真君历内容至为简单。如十一年（450）历正月是："正月大，一日壬戌收，九日立春正月节，廿五日雨水。"其下各月仿此，间有社日和腊日的注记。总体上看，也只有月大小、朔日干支、建除十二客和二十四节气。除建除十二客属于迷信，其余都很实用。至唐初，显庆三年（658）历和仪凤四年（679）历不仅包含了北魏历日的基本内容，而且又增入如下各项：（1）序言中注明各月大小；（2）逐日日期、干支、六十甲子纳音；（3）弦望；（4）三伏天；（5）逐日吉凶注。（1）、（3）、（4）为实用内容，（2）、（5）多为迷信。但内容仍较简单。至晚唐五代，不仅敦煌地方历日，而且中原历日，如《唐乾符四年历》，[1]内容也有了突飞猛进的发展。晚唐至宋初的敦煌历日大体可分繁简两种。简本历日与显庆三年（658）和仪凤四年（679）历大致相同，而繁本迥异。一般来说，繁本历日包括八项内容：（1）日期、干支、六十甲子纳音、建除十二客；（2）弦、望、往亡、没、籍田等注记；（3）节气、物候；（4）逐日吉凶注；（5）昼夜时刻；（6）日游；（7）人神；（8）蜜日（星期日）注，以朱书或墨书注于当日项端。每件历日都有较长的序言，内有年九宫图、年神方位、五姓吉凶月所在等。每月之首有月九宫图、月大小、月建干支及天道行向、月神所在位置、四大吉时等。科学内容和迷信几乎是在同步猛增。其中星期制度系经西域引入，当时仍用于占卜，[2]但也反映了唐代中西文化交流的繁荣。月建干支传为唐代方士所创，[3]一改此前长久的以地支纪月。繁

---

[1] 现藏英国图书馆，编号 S.P.6，图版见《中国古代天文文物图集》，北京：文物出版社，1980年版，第66—67页。

[2] 参见王重民：《敦煌本历日之研究》，见氏著《敦煌遗书论文集》，北京：中华书局，1984年版，第116—133页。

[3] 参见陈遵妫：《中国天文学史》第3册，上海：上海人民出版社，1984年版，第1366页。

杂的吉凶注，则由汉代以来阴阳家、堪舆家、建除等家著述中的陋说撮取而成。晚唐五代繁本历日的内容，奠定了宋至清代历日内容的基本格局，可知这是古代历日由简到繁的转折时期。

总之，无论从哪个角度看，阿斯塔那墓地所出两件唐历都很有价值。

（原载《文物》1986年第12期，第58—62页）

吐鲁番出土《唐开元八年（720）具注历日》释文补正

吐鲁番阿斯塔那341号墓出土一件唐代历日残片。[1]历日虽仅存5行，且文字不全，但仍然是极为难得的唐代历日实物。残历经整理已发表释文，笔者不揣谫陋，试作补正如下。

为便于讨论，兹将原释文和注释移录如下（原为竖行）：

唐开元八年（公元720年）具注历

1. 八 日 ┌─────────┐……岁 位 加 官 拜 官 修 宅 吉

2. 九日庚寅木危大暑六月中伏退饥至　岁位斩草祭祀吉

3. 十日辛卯未［注一］成　岁位

4. 十一日壬辰收　　岁位疗病修宅吉

5. 十二日癸巳水闭（闭）没　岁位

（后缺）

657AM341：27

_____

①国家文物局古文献研究室、新疆维吾尔自治区博物馆、武汉大学历史系编：《吐鲁番出土文书》（释文本）第8册，北京：文物出版社，1987年版，第130—131页。

【注释】

[一]"未"应为"水"字之误。

编者将此残历定在唐开元八年（720）是完全正确的。在说明文字中曾指出："据'大暑六月'一句，知是六月残历，并推知初一为壬午。据《廿史朔闰表》知武周永昌元年、唐开元八年、天宝五载，六月初一皆为壬午。今依《麟德历》推之，开元八年大暑干支适为六月庚寅，与此残历所记相吻合。"这里再作一点补充说明。据张培瑜先生新著《三千五百年历日天象》①一书，武周永昌元年（689）大暑在六月二十七日戊申，唐开元八年（720）大暑在六月九日庚寅，天宝五载（746）大暑在六月二十六日丁未。此墓出土文书所见纪年，最早为武周大足元年（701），其余有开元早期的纪年，只有开元八年是唯一吻合者，因此所定年代正确无误。

但在这五行残历的具体释文中有数处错误和遗漏，今分别补正如后。

一、关于九日正文下面的小注。原释文为："大暑六月中伏返氿至。""大暑六月中"一句意义完整，清楚无误，也是本残历据以确定为唐开元八年的主要依据。问题在于"伏"字到"至"字4个字如何理解。这个"伏"字应与三伏天有关。我国古代历日注三伏，即初伏、中伏、后伏，以表示一年中最热的天气，概以农历夏至后第三庚日起为初伏，第四庚日起为中伏，立秋后第一庚日起为末伏或后伏。据前引张培瑜《三千五百年历日天象》，开元八年夏至在五月八日庚申，则第二庚日在五月十八日庚午，第三庚日在五月二十八日庚辰，即为初伏日。因五月是小月，则第四庚日在六月初九日庚寅，是为中伏日。但从原释文看，"大暑六月中"自成一句（说明文字中将"大暑六月"

---

① 张培瑜：《三千五百年历日天象》，郑州：河南教育出版社，1990年版。

断为一句不当），意思是大暑是六月的中气。此类句型屡见于敦煌文献中唐至宋初历日，并不为奇。由此可知，原释文中的"伏"字不能说明开元八年（720）六月初九日是中伏，"伏"字前必脱一"中"字。"大暑六月中"与"中伏"恰好有两个"中"字相连，唐人于此种情况对第二个"中"字多用重文符号"々"来代替。此处释文脱漏一重文符号，或原脱而释文未予补足，以至使"伏"字意义不明。

"伏"字后面的3个字，最后一个"至"字清楚无误，前二字仅是对原卷的摹写，而未弄清其真实含义。依据现知唐代历例，在注明节气之后，一般要在相应的日期下注明本节气所含的3个物候。"伏"字后面的3个字也应是一个物候名称。《旧唐书·历志》载有李淳风的《麟德历》和僧一行的《大衍历》，并详细记载了两历各节气所含物候。《麟德历》大暑下的3个物候是：温风至、蟋蟀居壁、鹰乃学习；《大衍历》大暑下的3个物候则是腐草为萤、土润溽暑和大雨时行。[①]《大衍历》是开元十七年（729）才开始行用的，开元八年（720）行用的是《麟德历》。我们从残历中看到"至"字清楚无误，且此前只有两个字与"至"字相连，那么这个物候名称就只能是《麟德历》大暑下的"温风至"3字。

归纳起来，残历九月正文下面的小注应作："大暑六月中々伏温风至。"这样，六月的中气是大暑，中伏开始，物候是温风至，三层意义便完全连贯晓畅了。

二、关于"十日辛卯"之后的"未"字。编者在注释中说明："'未'应为'水'字之误"。原历如作"木"字，固属错误，但注释改为"水"字仍不正确。这份残历的内容与敦煌写本历日大致相同，日期、干支之后用金、木、水、火、土所记的字，是表示各干支同纳

[①] 标点本《旧唐书》，北京：中华书局，1975年版，第1179、1236页。

音的关系。六十甲子纳音，清儒钱大昕在《潜研堂文集》卷三《纳音说》一节述之甚详。我曾据钱氏此说绘成一表，[1]用以核对敦煌历日，证明钱说完全正确。六十甲子与纳音的对应关系，见于敦煌文献的也有4件，编号为S.1815（2）、S.3724（3）、P.3984背和P.4711，内容均是"甲子乙丑金，丙寅丁卯火……庚寅辛卯木，壬辰癸巳水"等。显然，同干支"辛卯"对应的纳音只能是"木"，既不能是"未"，也不能是"水"。

三、"十一日壬辰"与"收"字间脱一字。从残存历日可以看出，干支"壬辰"之下必然注有与之相对应的纳音关系。由于壬辰和癸巳的纳音均为"水"（详上），则"壬辰"和"收"字间当补一"水"字，历日内容方能完整，并合乎历例。

四、"十二日癸巳水"后的"闭"字误。敦煌吐鲁番所出唐至宋初历日，一般各日开头均是四项内容，即日期、干支、纳音和建除十二客。这里的"闭"字当属建除十二客的内容。建除十二客共12个字：建、除、满、平、定、执、破、危、成、收、开、闭，各主一定吉凶，在战国时的秦简中已有记载，[2]后世历日多沿用不改。其排列特点主要有二，一是自立春正月节后的第一个寅日注"建"字，顺次往下排列；二是凡节气（非中气）所在之日的建除十二客要重复前日一次，于是各星命月里纪日地支同建除十二客之间便形成了固定的对应关系。[3]依照12字的排列顺序，"收"字后只能是"开"字，而不可能是"闭"字；依照上面提到的固定对应关系，本历六月十二日的纪日地支为"巳"，从小暑六月节到立秋七月节前一日之间，亦即古代星命家的

<hr>

① 参邓文宽：《敦煌古历丛识》，载《敦煌学辑刊》1989年第1期，第107—118页。
② 何双全：《天水放马滩秦简综述》，载《文物》1989年第2期，第23—31页，同期图版伍甲1-甲12简。
③ 参邓文宽：《天水放马滩秦简〈月建〉应名〈建除〉》，载《文物》1990年第9期，第83—84页。

"六月"中，与纪日地支"巳"相对应的建除十二客也只能是"开"，而不是"闭"。由此可知，此"闭"字乃"开"字之误。

（原载《文物》1992年第6期，第92—93页）

吐鲁番新出《高昌延寿七年
（630）历日》考

1986年10月，吐鲁番阿斯塔那古墓新出土一件历日残片。两年后我得知这一消息。由于研究的旨趣所在，我极想看到原件或其照片，以便进行探讨。但迟迟未能如愿。在耐心等待7年之后，终于如愿以偿。1995年8月，中国敦煌吐鲁番学会在吐鲁番召开"敦煌吐鲁番学术著作研讨会"，我应邀赴会。承蒙东道主柳洪亮先生的厚意，得以目睹原物。感激之情，不尽言表。这里对这件残历作一整理和研究。

一

原件编号为86TAM387：38—4，①残高19.7厘米、残长11.5厘米，汉文墨书。现将文字释录如下（顶端从右到左1—10为行号，右侧从上到下［一］—［一〇］为列〈排〉号，均为笔者所加）：

---

① 吐鲁番地区文管所：《1986年新疆吐鲁番阿斯塔那古墓群发掘简报》，载《考古》1992年第2期，第143—156页。

10	9	8	7	6	5	4	3	2	1	
□	□	建	□	□	□	□	□	□	□	[一]
□	□	己酉定	戊申平	丁未满	丙午除	乙巳建	辰闭	□	□	[二]
辛巳闭	庚辰开	己卯收	戊寅成	丁丑危	丙子破	乙亥执	甲戌定	癸酉平	□	[三]
庚戌平	巳酉满	戊申除	丁未建	丙午闭	乙巳开	甲辰收	癸卯成	壬寅危	辛丑破	[四]
庚辰成	己卯危	戊寅破	丁丑执	丙子定	乙亥平	甲戌满	水酉除	壬申建	辛未闭	[五]
己酉建	戊申闭	丁未开	丙午收	乙巳成	甲辰危	癸卯破	壬寅执	辛丑定	庚子平	[六]
□	□	丑平	丙子满	乙亥除	甲戌建	癸酉闭	壬申开	辛未收	□	[七]
戊申收	丁未成	丙午危	乙巳破	甲辰执	癸卯定	壬寅平	辛丑满	小雪中	□	[八]
□	丁丑除	丙子建	乙亥闭	甲戌开	癸酉收	壬申成	辛	□	□	[九]
□	□	丙午	乙巳定	甲辰平	癸	□	□	□	□	[一〇]

据有关著录，残历是从墓内女尸右脚纸鞋中拆出的。此墓出有墓志，知女尸是领兵将领张显祐的妻子，死于麹氏高昌延寿十三年（636）三月。[①]原历被剪作鞋样使用，残存部分应是鞋样的前半部。正是因为这一特殊用途，所以残存的十列中，有的日数多，有的日数少。

二

我们首先要对残历的年代进行考定。

就残历的现存面貌看，每日有两项内容，即纪日干支和建除十二客。此外，第八列2行干支左侧残存"小雪中"三字。残历所能提供的信息仅此而已，但十分重要，它们正是我们考定其年代的依据和出发点。

"小雪中"三字所在的纪日干支和建除十二客已残。但从其左边（即下一日）为"辛丑满"，不难推知"小雪中"所在之日为"庚子除"，再前一日是"己亥建"。据此，我们可以确知此历"小雪"所在日的干支为"庚子"。

很显然，这件历日原来是注有全年二十四节气的，只是除小雪这个十月中气外，其余二十三个节气全部残失了。但我们已知"小雪中"在庚子日，则其余残失掉的二十三个节气所在之日的干支就有可能推求出来。

我们知道，我国中古时代历日所注节气是按照平气进行计算的，使用定气是很晚近的事情。因此，可以设定这份历日用的也是平气。同时又知，二十四节气是以太阳回归年长度365.2422日为依据建立的。

---

① 柳洪亮:《新出麹氏高昌历书试析》,载《西域研究·新疆文物特刊》1993年第2期,第16—23页。

二十四节气的平气值是将一个回归年长度平分为 24 等份，每份为 15.218425 日。既然已知"小雪中"的纪日干支是庚子，以此为基点，向下顺推，向上逆推，就可推出各节气所在之日的干支来。不过，平气值 15.218425 日不是一个整数值，每过四个节气多就会多占一日；再者，所取"小雪中"在庚子也非原历计算平气位置的起始点。因此，所推出的二十三个节气日期干支只能是近似的，而非绝对位置，容有一日甚至二日的误差。尽管如此，我们获得的二十四节气所在之日的干支对确定残历的年代仍极具价值（说详下）。经依前述方法推算，此残历"小雪中"之外二十三个节气所在之日近似日期之干支是：立春节（辛亥），雨水中（丙寅），惊蛰节（壬午），春分中（丁酉），清明节（壬子），谷雨中（丁卯），立夏节（壬午），小满中（丁酉），芒种节（癸丑），夏至中（戊辰），小暑节（癸未），大暑中（戊戌），立秋节（甲寅），处暑中（己巳），白露节（甲申），秋分中（己亥），寒露节（乙卯），霜降中（庚午），立冬节（乙酉），大雪节（乙卯），冬至中（庚午），小寒节（乙酉），大寒中（庚子）。

残历出自阿斯塔那古墓，其历法依据与同一时代中原王朝颁布的官历或有出入。但中古时代所用的回归年长度和平气值不会有太大的差距。换言之，我们可用上述推算出的节气干支与同一时代的中原历进行对照，找出其相近的年份，再用其他条件加以靠定。此墓所出墓志已告知女尸死于高昌延寿十三年，相当于唐贞观十年。可知，公元 636 年是这份残历的年代下限，历日的实际年代应在公元 636 年及其以前不太久的一段时间内。

历法专家张培瑜教授的大作《三千五百年历日天象》[1]一书，对中国古代自秦朝以来每年二十四节气的日期干支有十分详明的著录。我

①张培瑜：《三千五百年历日天象》，郑州：河南教育出版社，1990年版。

们将前述推出的残历各节气干支同张著对照，发现从公元600年至636年，仅公元630年的节气干支相近，其余均相距太远或全无可能。张著所列公元630年（唐贞观四年）二十四节气的干支是：立春（上年闰十二月辛亥），雨水（丁卯），惊蛰（壬午），春分（丁酉），清明（壬子），谷雨（戊辰），立夏（癸未），小满（戊戌），芒种（癸丑），夏至（戊辰），小暑（甲申），大暑（己亥），立秋（甲寅），处暑（己巳），白露（乙酉），秋分（庚子），寒露（乙卯），霜降（庚午），立冬（乙酉），小雪（辛丑），大雪（丙辰），冬至（辛未），小寒（丙戌），大寒（壬寅）。

由此可以确定，残历的年代是公元630年，即麴氏高昌延寿七年。残历的这个年代，我们在后面的讨论中将进一步提供证据并加以考定。

三

残历被剪成鞋样，残存纪日干支仅71个。其本始面貌如何，我们可否将各日干支复原出来呢？回答是肯定的。

对中国古代历法有过接触的人均不难判断，残历是以类似表格的形式编制的。其本始面貌应该是：顶端从右至左纪日期，即由一日到卅日；其右侧从上到下纪月份。在这样一份类似表格的历日中，虽然月份不同，但每日之下各月同一日期的干支应该是对齐的，残历现存面貌正是如此。困难在于，它已被剪作鞋样，月份、日期均不可见，仅存71个干支及其建除；其左、右两边各被剪去多少日子也难于知晓。以下我们将逐一解决，最终将其加以复原。

（一）现存残历的月份。由于原历右侧纪月份部分已失，我们无法直接获知残存部分的月份。但是，如前所述，残历每日包含干支和建除两项内容。其中纪日地支同建除十二客间有着固定对应关系，我在几篇文章中已反复申论。①特别是在《天水放马滩秦简〈月建〉应名〈建除〉》一文中，我曾经给出了在各"星命月"中纪日地支与建除十二客对应关系表，可以当作工具使用。简言之，建除注日有如下几个特点：（一）由立春后的第一个"寅"日注"建"，顺次下排；（二）凡逢节气（非中气）之日重复其前日的建除一次，接续下排；（三）由于建除十二客（建、除、满、平、定、执、破、危、成、收、开、闭）与纪日地支（子、丑、寅、卯、辰、巳、午、未、申、酉、戌、亥）均是十二个，又使用了上述节气之日重复一次的办法，于是形成了各"星命月"〔由一个节气（非中气）到下一个节气（非中气）前一日〕二者间的固定对应关系，如"正月""寅"日注"建"，"卯"日注"除"，"二月""卯"日注"建"，"辰"日注"除"等。尽管这种固定对应关系仅限于"星命月"，但历日中的历法月份（正月至十二月）同"星命月"相距不会太远，至多是将本月节气（非中气）提前注在上个月的后半月而已。因此，我们仍可利用这种固定对应关系判定现存残历的月份是：第一列是三月，第二列四月，第三列五月，第四列六月，第五列七月，第六列八月，第七列九月，第八列十月，第九列十一月，第十列十二月。

　　（二）残历左、右两侧残失的日数及其干支。前已考出，此历是麴氏高昌延寿七年（630）的历日，而且也知现存部分十列是由三月到十二月部分。因此，只要获知延寿七年三月到十二月间任何一个月的朔日，便可判断各列右侧残失的日数，并用逆推法将各日干支补出。幸好，高昌出土墓砖为我们提供了极有价值的资料。《高昌赵悦子妻马氏

---

① 参见邓文宽：《跋吐鲁番文书中的两件唐历》，载《文物》1986年第12期，第58—62页；《敦煌古历丛识》，载《敦煌学辑刊》1989年第1期，第107—118页；《天水放马滩秦简〈月建〉应名〈建除〉》，载《文物》1990年第9期，第83—84页；《关于敦煌历日研究的几点意见》，载《敦煌研究》1993年第1期，第69—72页。

墓表》载："延寿七年（630）庚寅岁七月□□朔，十六日己卯……"[①]
十六日己卯，则朔日为甲子。残历第五列正是该年七月的历日，现存
最右边的一日干支为辛未，其前逆推七日方得甲子日。换言之，残历
七月右侧被剪掉了七日。又由于此历日采用类似表格的形式进行编制，
各月同一日干支上下对齐，从而可知：第一列三月右侧失去十四日，
第二列四月右侧失去九日，第三列五月右侧失去八日，第四列六月右
侧失去七日，第六列八月右侧失去七日，第七列九月右侧失去八日，
第八列十日右侧失去九日，第九列十一月右侧失去九日，第十列十二
月右侧失去十一日。进而用干支表向右逆推，可得：四月朔日乙未，
五月乙丑，六月甲午，七月甲子，八月癸巳，九月癸亥，十月壬辰，
十一月壬戌，十二月壬辰。知道了四至十二月的朔日干支，即可先将
残历左、右两侧四至十一月所缺日期干支全部补出。

　　至于三月朔日和十二月的月大小，我们拟另加解决。三月一整月
仅残存"建"字的下半部。依据建除十二客同纪日地支的固定对应关
系，"星命月"三月"建"与"辰"对应，从而可知"建"字所在纪日
地支为"辰"。由"辰"日顺推地支至"午"日，与四月朔日之"未"
相接，则三月只能是小月。由于四月初一是乙未，将天干逆推加入三
月"建"字所在"辰"日，知"建"字所在干支为庚辰。再将干支逆
推十四日，便可得出三月朔日为丙寅，同时也已将全月各日干支补出。

　　十二月朔日是壬辰，顺推干支至二十九日为庚申。但本月是大月
还是小月？由于十、十一两月均是大月，十二月已不可能再是大月。
中古时代，制历者连排三个大月是一种忌讳。不过，此历日出自边地，
必须有可靠的资料加以确定。《高昌曹妻苏氏墓表》载："延寿八年

---

①黄文弼：《高昌塼集》，北京：中国科学院印行，1951年，第65页。

（631）辛卯岁，正月辛酉朔，十三［日］水（癸）酉。"①延寿七年十二月二十九日庚申与延寿八年正月朔日辛酉正好相接，则延寿七年十二月只能是小月。

《高昌曹妻苏氏墓表》对我们的研究至关重要。它不仅使我们确定了高昌延寿七年十二月是小月，更证明了我们确定残历年代为高昌延寿七年完全正确，这是不言而喻的。

至此，我们已将残历三月至十二月共十个月的日期、干支全部补出并加以确定。

（三）残历正月至二月的内容。残历上部残失严重，既不见日期（一日至卅日），也不知正月至二月的任何内容。如果简单操作，就会认为上部原来除有日期一列外，仅有正、二月两列。实际情况却非如此。在本文前面推定本历二十四节气的干支时，已知"立夏节"在三月壬午（十七日），谷雨中在三月丁卯（二日），则"清明节"在二月中旬的壬子日，"春分中"在二月初的丁酉日，"惊蛰节"壬午应在二月前一月中旬的十五日左右，本月可能无中气。这种情况提示我们，二月前的一个月很可能是无中气之月，即闰月。

我国古代使用阴阳合历。阴历一个月只考虑月亮围绕地球一周的时间，即一个朔望月，合29.5306日；阳历一年只考虑地球围绕太阳转一周的时间，即365.2422日。十二个朔望月合354天或355天，与回归年长度相差十到十一天。为使二十四节气在各农历月份的位置相对稳定，不违农时，就必须置闰，从而形成阴阳合历即农历。自西汉武帝太初元年（前104）颁行《太初历》始，我国一直采用无中气之月置闰的办法，所谓"朔不得中，是谓闰月"。这种置闰方法一直沿用到现代仍在使用。例如1995年农历闰八月，这个闰月仅有一个九月的节气寒

①黄文弼：《高昌博集》，北京：中国科学院印行，1951年版，第65页。

露，注在十五日，而无中气。因此，残历二月前的一个月无中气，应是闰月，即此延寿七年历日闰正月。从而可知，残历三月之上在日期一列下原有三列，即正月、闰正月和二月。我们可先将这三个月的列次设定下来。

在此基础上，很需要知道正月、闰正月和二月的朔日，以便将此三个月的各日干支全部补出。遗憾的是，尚未有直接的出土材料可资利用。不过，王素先生此前曾有《麴氏高昌历法初探》①一文，依据出土资料和必要的历法知识对麴氏高昌历法进行过推拟，可供参考。现在即据王素先生的推拟意见补为：正月丁酉朔，闰正月丁卯朔，二月丙申朔。进而将其余各日干支一并补出。

在前述分项讨论的过程中，事实上我们已将残历全年的各日干支全部补出，现在再总括为一表（表一，原无画线，今为省览方便画成表格状）。

表一　高昌延寿七年（630）历日复原表

	一日	二日	三日	四日	五日	六日	七日	八日	九日	十日	十一日	十二日	十三日	十四日	十五日	十六日	十七日	十八日	十九日	廿日	廿一日	廿二日	廿三日	廿四日	廿五日	廿六日	廿七日	廿八日	廿九日	卅日
正月	丁酉	戊戌	己亥	庚子	辛丑	壬寅	癸卯	甲辰	乙巳	丙午	丁未	戊申	己酉	庚戌	辛亥	壬子	癸丑	甲寅	乙卯	丙辰	丁巳	戊午	己未	庚申	辛酉	壬戌	癸亥	甲子	乙丑	丙寅
闰月	丁卯	戊辰	己巳	庚午	辛未	壬申	癸酉	甲戌	乙亥	丙子	丁丑	戊寅	己卯	庚辰	辛巳	壬午	癸未	甲申	乙酉	丙戌	丁亥	戊子	己丑	庚寅	辛卯	壬辰	癸巳	甲午	乙未	

①国家文物局古文献研究室编：《出土文献研究续集》，北京：文物出版社，1989年版，第148—180页。

续表

月份																															
二月	丙申	丁酉	戊戌	己亥	庚子	辛丑	壬寅	癸卯	甲辰		乙巳	丙午	丁未	戊申	己酉	庚戌	辛亥	壬子	癸丑	甲寅	乙卯	丙辰	丁巳	戊午	己未	庚申	辛酉	壬戌	癸亥	甲子	乙丑
三月	丙寅	丁卯	戊辰	己巳	庚午	辛未	壬申	癸酉	甲戌	乙亥	丙子	丁丑	戊寅	己卯	庚辰建	辛巳	壬午	癸未	甲申	乙酉	丙戌	丁亥	戊子	己丑	庚寅	辛卯	壬辰	癸巳	甲午		
四月	乙未	丙申	丁酉	戊戌	己亥	庚子	辛丑	壬寅	癸卯	甲辰闭	乙巳建	丙午除	丁未满	戊申平	己酉定	庚戌	辛亥	壬子	癸丑	甲寅	乙卯	丙辰	丁巳	戊午	己未	庚申	辛酉	壬戌	癸亥	甲子	
五月	乙丑	丙寅	丁卯	戊辰	己巳	庚午	辛未	壬申	癸酉平	甲戌定	乙亥执	丙子破	丁丑危	戊寅成	己卯收	庚辰开	辛巳闭	壬午	癸未	甲申	乙酉	丙戌	丁亥	戊子	己丑	庚寅	辛卯	壬辰	癸巳		
六月	甲午	乙未	丙申	丁酉	戊戌	己亥	庚子	辛丑破	壬寅危	癸卯成	甲辰收	乙巳开	丙午闭	丁未建	戊申除	己酉满	庚戌平	辛亥	壬子	癸丑	甲寅	乙卯	丙辰	丁巳	戊午	己未	庚申	辛酉	壬戌	癸亥	
七月	甲子	乙丑	丙寅	丁卯	戊辰	己巳	庚午	辛未闭	壬申建	癸酉除	甲戌满	乙亥平	丙子定	丁丑执	戊寅破	己卯危	庚辰成	辛巳	壬午	癸未	甲申	乙酉	丙戌	丁亥	戊子	己丑	庚寅	辛卯	壬辰		
八月	癸巳	甲午	乙未	丙申	丁酉	戊戌除	己亥满	庚子平	辛丑定	壬寅执	癸卯破	甲辰危	乙巳成	丙午收	丁未开	戊申闭	己酉建	庚戌	辛亥	壬子	癸丑	甲寅	乙卯	丙辰	丁巳	戊午	己未	庚申	辛酉	壬戌	
九月	癸亥	甲子	乙丑	丙寅	丁卯	戊辰	己巳	庚午	辛未收	壬申开	癸酉闭	甲戌建	乙亥除	丙子满	丁丑平	戊寅	己卯	庚辰	辛巳	壬午	癸未	甲申	乙酉	丙戌	丁亥	戊子	己丑	庚寅	辛卯		

续表

辛酉	庚申	己未	戊午	丁巳	丙辰	乙卯	甲寅	癸丑	壬子	辛亥	庚戌	己酉	戊申收	丁未成	丙午危	乙巳破	甲辰执	癸卯定	壬寅平	辛丑满	庚子除	小雪中	己亥	戊戌	丁酉	丙申	乙未	甲午	癸巳	壬辰	十月
辛卯	庚寅	己丑	戊子	丁亥	丙戌	乙酉	甲申	癸未	壬午	辛巳	庚辰	己卯	戊寅	丁丑除	丙子建	乙亥闭	甲戌开	癸酉收	壬申成	辛未	庚午		己巳	戊辰	丁卯	丙寅	乙丑	甲子	癸亥	壬戌	十一月
	庚申	己未	戊午	丁巳	丙辰	乙卯	甲寅	癸丑	壬子	辛亥	庚戌	己酉	戊申	丁未	丙午	乙巳定	甲辰平	癸卯	壬寅	辛丑	庚子		己亥	戊戌	丁酉	丙申	乙未	甲午	癸巳	壬辰	十二月

需要说明的是，三到十二月所补各日干支均有确凿依据，正月至二月共三个月所补是以推拟结论为据，实际情况如何，仍有待检验。这一年因有闰月，共是十三个月，全年384天，原历残存71天，我们补出313天。其次，原历注有全年二十四节气和各日建除十二客，我们未予补出。这是由于前述推出的节气干支位置是相对的，有一日至二日的误差，不宜强行拟补。建除十二客的重复日又正好在节气（非中气）日之下，节气日尚未定谳，则建除日也难确定。虽然中气日附近的建除也可按照规律推补出来，但意义不大，从略。

（四）对原历闰正月的历法检验。在表一中，我们根据推算出各节气所在日的干支位置，设定高昌延寿七年闰正月。这个设定是否可信，仍需接受历法和出土资料的检验。

中国古代历法的基本闰周是十九年七闰，即十九年中加入七个闰月。在一个闰周中，一般采用前八年加三闰和后十一年加四闰的闰法。虽然南北朝时代，各国也采用了一些更大的闰周，以求将闰月安排得精确一些，但均是以前述闰周和闰法为基础的。据王素先生的意见，高昌国是以延昌三十二年（592）为一闰周之始安排闰月的。①第一闰周在公元592—610年，则第二闰周在611—629年，第三闰周在630—648年（640年唐灭高昌）。高昌延寿七年（630）正是闰周之始。依照闰法，此年当闰正月。这同我们依据残历推算的结果颇为一致。

我们再以出土资料为据进行检验。

吐鲁番出土《高昌延寿四年（627）参军氾显祐遗言文书》：

延寿四年丁亥岁，闰四月八日……②

吐鲁番出土《高昌延寿四年闰四月威远将军麹仕悦奏记田亩作人文书》：

□□岁润（闰）四月五日……③

由此可知，高昌延寿四年历闰四月。

吐鲁番出土《高昌延寿九年（632）闰八月张明憙入剂刾薪条记》：

壬辰岁闰八月剂刾薪一车……④

吐鲁番出土《高昌延寿九年调薪车残文书》：

---

① 《出土文献研究续集》，北京：文物出版社，1989年版，第148—180页。
② 《吐鲁番出土文书》（释文本）第5册，北京：文物出版社，1983年版，第70页。
③ 《吐鲁番出土文书》（释文本）第3册，北京：文物出版社，1981年版，第278页。
④ 《吐鲁番出土文书》（释文本）第5册，北京：文物出版社，1983年版，第193页。

☐☐☐ 至闰八月初…… ☐☐ ①

由此又知，高昌延寿九年闰八月。

自延寿四年五月至九年八月，相距五年有奇，中间必有一个闰月，否则是说不通的。依前述所说的闰周和闰法，延寿四年在第二闰周的后十一年，安排四个闰月，故闰月设置在四月；延寿九年在第三闰周的前八年，安排三个闰月，故闰在八月。显然，因延寿七年是第三闰周之始，也属于前八年置三闰的范畴，故闰月当在正月。这三次闰月在闰周和闰法上正好是互相衔接的。

以上从闰周、闰法以及出土资料所作的检验表明，此残历原来确实闰正月。

四

高昌国有其独立的历法，最早是由已故李征先生提出的。②后来的研究者都不同程度地受到李先生的启迪。出土文书、墓志、墓砖表明，高昌历法的朔日、闰月同中原历有所不同。即以本件延寿七年历日为例，与同年唐历比较，可知：唐历闰上年（贞观三年）十二月，高昌历闰本年正月，闰迟一月。十三个月的朔日中，唐历二月丁酉朔，高昌历为丙申，早一日；唐历四月丙申朔，高昌历为乙未，早一日；唐历十二月辛卯朔，高昌历为壬辰，迟一日。其余各月朔日同。这再次

---

① 《吐鲁番出土文书》（释文本）第 3 册，北京：文物出版社，1981 年版，第 248 页。
② 穆舜英、王炳华、李征：《吐鲁番考古研究概述》，载《新疆社会科学研究》（内刊）第 23 期，1982 年。

表明，李征先生生前不仅为吐鲁番古墓的发掘和文书整理做出过重要贡献，而且对高昌历法的认识先声夺人，尤为卓见。

对于麴氏高昌历法的认识，以往因无直接材料，尚难睹其真颜。现在有了延寿七年的历日实物，使我们的认识深入了一步。但毕竟仅此一件，仍嫌太少。我们期待有更多的北朝历日实物出土，以便将研究工作推向深入。

五

我们也有必要将这件历日的形制放在中国古代历日形制的总发展中加以考察。

中国古代传世历本以《南宋宝祐四年丙辰岁（1256）会天万年具注历日》①为最早。近世以来，由于汉简历日和敦煌吐鲁番历日相继面世，使研究者对早期历日的内容和编制形式有了具体而真切的认识。就汉简历日而论，一般通用历日可分为四种形制：（一）单板横读月历，如本始二年、神爵元年；（二）单板直读月历，如五凤元年、居摄元年；（三）单板直读简便年历，如永光五年、永始四年；（四）编册横读日历，如元康三年、神爵三年等。②就敦煌吐鲁番历日而论，除

---

① 日本金泽文库藏宋刊本具注历日半页9行。照片见《北平图书馆馆刊》六卷三号插图；又见陈遵妫：《中国天文学史》第3册，上海：上海人民出版社，1984年版，第1613—1615页。

② 各历图版见《中国古代天文文物图集》，北京：文物出版社，1980年版。形制分类参见陈久金《敦煌、居延汉简中的历谱》，载《中国古代天文文物论集》，北京：文物出版社，1989年版，第111—136页。

《北魏太平真君十一年（450）、十二年（451）历日》①与汉简历日的单板直读简便年历（第三种）相类，其余虽有繁、简之分，但内容日趋增多，形制日益复杂，与汉简历日多不相同。②显然，中国古代历日形制的演变受到了书写质材的影响。写在竹简上的历日内容不可能太多，写在纸质上的历日内容逐步增多，这是必然趋势。

但是，这件《高昌延寿七年历日》虽以纸为书写质材，编制形式却与汉简历日的编册横读日历（第四种）相同，保存了汉简历日编制形式之一种。换言之，它是早期历日到后世历日间的一种过渡形态，也是迄今所见此种形制写在纸上的唯一一件。如果我们把中国古代历日形制看成一个发展链条，此件高昌历日上承汉简历日，下接后世历日，是不可或缺的一环。仅此一端，也可看出其价值不容小视。

（原载《文物》1996年第2期，第34—40页）

---

①此敦煌出北魏历日，以往不知其下落，1994年冬，我应饶宗颐教授之邀，赴香港中文大学访学。饶公面谕，他于1982年率领学生赴日实习，期间得以参观"八代聚珍展"，看到此历陈列在展品中，后向主人索得照片一份。1993年初，日本"敦煌学"家池田温教授亦赠我此历拷贝扩印件一份，与饶公所得相同。说明此历日珍品今已流落在日本（后回归敦煌研究院）。关于此历日内容，参见邓文宽：《敦煌本北魏历日与中国古代月食预报》，载《敦煌吐鲁番研究论文集》，北京：书目文献出版社，1996年版，第360—372页。

②参邓文宽：《敦煌天文历法文献辑校》，南京：江苏古籍出版社，1996年版。

吐鲁番出土《明永乐五年丁亥岁（1407）大统历》考

　　1996年江苏古籍出版社出版的由我编著的《敦煌天文历法文献辑校》一书，对敦煌所出天文历法文献作了释录和校考；1997年河南教育出版社出版的拙编《敦煌吐鲁番出土历书》，[①]又专就两地所出历书的图版加以汇集并作了释文。如今，绝大多数的敦煌吐鲁番出土历日可从这两部书中见到。不过，仍然难称完备。随着新资料的陆续公布，有些文献就需要再做工作。本文研究的《明永乐五年丁亥岁（1407）大统历》残片就是其中之一。这里需要特别说明的是，我所使用的录文资料是由荣新江教授提供的，对此，谨表诚挚的谢忱。

　　原件今藏统一后的德国国家图书馆，编号Ch3506。据荣新江抄录时所作记录，此件系一刻本，前、后和下部均残，顶端有一小截粗墨线边框，残存尺寸为8厘米×22厘米。就残存部分看，原历在边框内至少由细线隔为四栏：现存上栏有"末伏"注记；其下一栏为日序、干支和六甲纳音；再下一栏为建除和二十八宿之注历；再下一栏为吉凶宜忌等选择事项。现在录文时要作如下技术处理：原为竖行，为便

---

①见任继愈总主编,薄树人主编:《中国科学技术典籍通汇·天文卷》第1册,郑州:河南教育出版社,1997年版。

于排版而改横书；为便于讨论和省览，每行前施以行号（1—9行）；原件残失严重，据上下文推补的文字放入 ［］中，不出校记；有残字但数量不能确定者，施以 "⬜⬜⬜⬜、⬜⬜⬜、⬜⬜⬜⬜" 表示。

　　［前缺］

1.　⬜⬜⬜⬜　［二］十一日 ［癸卯金］成张宜 ⬜⬜⬜⬜

2.　⬜⬜⬜　［二十二日甲］辰 ［火］收翼，宜纳财、⬜⬜⬜

3.　⬜⬜⬜　［二十］三日乙巳火开轸，⬜⬜⬜

4.　⬜⬜⬜　［二十四日丙］午水闭角，宜祭祀、立券、交易、剃头、安葬，不宜出行、□□。

5.　二十五 ［日丁未］水闭亢，立秋七月节，宜祭祀，不宜出行、栽种、针刺。

6.　二十六日戊申土建氐，日入酉正三刻，昼五十六刻，夜四十四刻。宜祭祀、嫁娶。宜用辰时。不宜动土。

7.　［二十］七日己酉土除房，宜祭祀、沐浴，不宜出行、［移］徒、栽种。

8.　末伏　二十八日庚戌金满心，宜人口、裁衣，宜用辰时。开市、交易、纳财。

9.　［二十九日辛］亥金平尾，宜 ⬜⬜⬜⬜

　　［后缺］

下面将根据残历日提供的条件，对其准确年代进行考定。

（一）关于残历的月份。由残历第5行所注"立秋七月节"即可推知，残历是七月或七月前后的一段历日。中国古代自汉武帝《太初历》

开始使用二十四节气注历，每月一节气、一中气。但是，节气所注日期并不一定就在其对应的月份。如本历"立秋"是"七月"的"节气"，它可以注在农历七月的上半月，也可以注在农历六月的下半月。之所以会产生这样的游移，是使用闰月的结果。人们知道，二十四节气属于阳历系统，而朔望月则属阴历系统。十二个朔望月为三百五十四五天，与一回归年相差十一天左右，故需置闰，才能使节气相对稳定在一定的月份之内。尽管如此，一旦置闰，就会使下月节气提前进入上月之后半月。这种情况，我们在吐鲁番出土的《唐仪凤四年（679）具注历日》①中已经遇到过，不足为奇。本件历日残存日期为二十一日至二十九日，"立秋七月节"又注在二十五日，我们根据前面所说节气位置游移的原因即可判断，此段历日属于某年六月下旬的一段。

（二）关于"立秋七月节"。这个七月节注在二十五日丁未。由于前已考知，此段历日属于某年六月下旬，那么"立秋七月节"就是注在六月二十五日丁未这一天的。历法专家张培瑜教授在其《三千五百年历日天象》一书中，给出了自秦朝以来"历代颁行历书摘要"，内含每年的二十四节气。我们从宋朝立国的公元960年起开始检查，一直到辛亥革命，立秋在六月二十五日丁未的，只有明永乐五年（1407），此外一例相同的也没有。因此，可以初步认为，此历日为明永乐五年的历日。对于这个年代，我们还需用残历提供的其他条件加以靠定。

（三）关于二十八宿注历。迄今为止，在以往从敦煌、吐鲁番出土的北朝至北宋初年的历日中，虽然在唐末的敦煌历日中，偶尔也有用二十八宿注历者，但尚未看到用二十八宿连续注历。至于用二十八宿连续注历起于何时，清人已经说不清楚。②不过，传世本《南宋宝祐四

---

① 参邓文宽：《跋吐鲁番文书中的两件唐历》，载《文物》1986年第12期，第58—62页。
② 参〔清〕《协纪辨方书》卷一"二十八宿纪日"条。见李零主编：《历代方术概观·选择卷》（上），北京：人民中国出版社，1993年版，第98—99页。

年丙辰岁（1256）会天万年具注历日》已用二十八宿注历了。此后连绵不断，以迄今日东亚民用《通书》而不绝如缕。如果残历确实是明永乐五年的，我们就要检查一下自南宋以来二十八宿注历是否与这件明历相连。需要指出的是，1983—1984年间，内蒙古文物工作者在黑城曾发掘出土一件印本残历，[①]其中也用二十八宿注历。张培瑜先生考证此历为元至正二十五年（1365）授时具注历日。[②]此残历使我们增多了一次检验的机会，看看这三件历日二十八宿注历是否都在南宋以来二十八宿注历的序列链条上。下面进行具体检查。

《南宋宝祐四年丙辰岁（1256）会天万年具注历日》四月一日为"四月一日壬戌水破角"。"角"宿为二十八宿的开头，可知，此年四月一日为某一个二十八宿注历周期之始。

《元至正二十五年（1365）具注历日》七月五日为"七月五日辛酉木满轸"。"轸"宿为二十八宿的最末一宿，可知，此年七月五日是某一个二十八宿注历周期的终结。

自宋宝祐四年（1256）四月一日至元至正二十五年（1365）七月五日，共有39900天。

39900天÷28天=1425（周）

可知，其间用了1425个二十八宿周期注历。

《元至正二十五年具注历日》七月六日是"［六日壬］戌水平角"，又是一个二十八宿注历周期之始。

《明永乐五年丁亥岁大统历》六月二十三日为"二十三日乙巳火开轸"，是某一个二十八宿注历周期的终结。

---

① 内蒙古文物考古研究所、阿拉善盟文物工作站：《内蒙古黑城考古发掘纪要》，载《文物》1987年第7期，第1—23页，残历见此文配图37(F19：W18)。
② 张培瑜：《黑城新出天文历法文书残页的几点附记》，载《文物》1988年第4期，第91—92页。

自元至正二十五年（1365）七月六日至明永乐五年（1407）六月二十三日共15344日。

15344天÷28天=548（周）

可知，其间用了548个二十八宿周期注历。

还可知，自南宋宝祐四年（1256）四月一日至明永乐五年（1407）六月二十三日共得：

（39900天＋15344天）÷28天=1973（周）

大约在151年间共用了1973个二十八宿周期注历。

检验结果证明，无论黑城出土的《元至正二十五年具注历日》，还是吐鲁番出土的《明永乐五年大统历》，都符合二十八宿注历的规则，也都在这一连绵不断的长序列上。这也可以证明残历是明永乐五年的历日。

（四）关于"末伏"。中国古代用三伏注历，表示一年中最热的天气，自汉代即已开始。但那时注在夏至或立秋后第几"庚"日尚不规则。大约从唐代开始，三伏日期固定为：夏至后第三庚日为初伏，第四庚日为中伏，立秋后第一庚日为末伏。残历二十八日最上面一栏注有"末伏"二字，其日干支为庚戌。检张培瑜教授《三千五百年历日天象》一书，明永乐五年（1407）五月九日壬戌夏至，其后第一庚日为五月十七日庚午，第二庚日为五月二十七日庚辰；五月为小月，则第三庚日为六月八日庚寅，此日即初伏。六月十八日庚子为夏至后第四庚日，亦即中伏。六月二十五日立秋，六月二十八日庚戌为立秋后第一庚日，即"末伏"，或称"后伏"。残历所存"末伏"注记与明永乐五年（1407）夏至、立秋日期及三伏所在完全吻合。

（五）关于二十六日"日入酉正三刻，昼五十六刻，夜四十四刻"的纪时内容。"酉正三刻"这样的纪时用语最早是元朝郭守敬的《授时历》使用的。《元史·历志一》"昼夜刻"载："日出为昼，日入为夜，昼夜一周，共为百刻。……春秋二分，日当赤道出入，昼夜正等，各五十刻。自春分以及夏至，日入赤道内，去极浸近，夜短而昼长。自秋分以及冬至，日出赤道外，去极浸远，昼短而夜长。以地中揆之，长不过六十刻，短不过四十刻。……今京师冬至日出辰初二刻，日入申正二刻……夏至日出寅正二刻，日入戌初二刻……"黑城所出《元至正二十五年具注历日》残片上，七月月序内容有"一日丁巳午初初〔刻〕（下残）"的用语。明永乐五年时（1407）使用的是明代《大统历》（详下），但纪时用语一仍其旧，以至到清代《时宪书》也还在使用。[1]

至于残历所纪"昼五十六刻，夜四十四刻"，显然是"百刻"纪时制的产物。元代实行百刻纪时制已见上引《元史·历志一》，明代实行的仍是这一制度。只是到清代后才改为96刻制。[2]由此可见，残历的纪时制度也在我们推定的年代范围之内。

从以上检验可以确认，残历是《明永乐五年丁亥岁（1407）大统历》。

永乐五年时，明朝所用《大统历》，实即元朝著名《授时历》的延续。郭守敬所制《授时历》，是中国传统历法最高成就的体现。元朝末年朱元璋起兵以后，于公元1367年十一月冬至，太史院使刘基率其属下高翼上呈次年历日，即《大统历》。名虽有别，但实际却与《授时历》完全一样。无怪乎1384年漏刻博士元统上书时曾说："历以'大统'为名，而积分犹踵'授时'之数，非所以重始敬正也。"此历日后在元统任钦天监监令时作了一些修改，一直使用到明末。故薄树人教

---

①参〔清〕《协纪辨方书》卷十二"日出入昼夜时刻"条。见李零主编：《中国方术概观·选择卷》（上），北京：人民中国出版社，1993年版，第381—386页。

②参中国天文学史整理研究小组著（薄树人主编）：《中国天文学史》，北京：科学出版社，1981年版，第117—118页。

授认为："从实质上说，也就是授时历一直行用到明末。"①

如前所述，此残历属于刻本历日。而黑城所出《元至正二十五年具注历日》也是刻本。将本文使用的录文与黑城所出元历对照，发现栏次、版式基本相同，一如本文开头所述。这也从一个侧面证明，这两件残历日都属于《授时历》系统的实行历日。

那么，这件明朝官颁历日是如何到达吐鲁番地区的呢？就该地区的历史来说，大约从公元1283年至1756年，是蒙古民族统治的时代。这期间，元朝在公元1368年灭亡后，吐鲁番地区被察合台汗国所占领。后来又经过几种势力的消长变换。但总体上说，吐鲁番地方王国对明朝是表示臣属的，并且朝贡不绝，与明朝中央政府保持着密切往来。②而"颁正朔"是中国历代封建王朝权力所及的重要象征。吐鲁番地方王朝既向明朝称臣，明朝历书颁行到该地区也就是顺理成章的事了。这或许正是这件残历出现在吐鲁番地区的原因。③

还要指出的是，大约从明朝中叶起，明清两朝近400年历日基本完整地保存了下来。④但明初的历日实物仍属少见。我们这件《明永乐五年大统历》虽仅剩一小残片，但对研究《大统历》早期的内容、形制，以及与《授时历》的关系，仍有着十分重要的意义。

（原载《敦煌吐鲁番研究》第五卷，北京：北京大学出版社，2000年版，第263—268页）

---

① 参中国天文学史整理研究小组著（薄树人主编）：《中国天文学史》，北京：科学出版社，1981年版，第87页。《明史·历志一》云："惟明之《大统历》，实即元之《授时》，承用二百七十余年，未尝改宪。"
② 胡戟、李孝聪、荣新江：《吐鲁番》，西安：三秦出版社，1987年版，第82—85页。
③ 德藏吐鲁番文书多从佛寺的藏书室发现，我们不排除它也可能由别的途径到达吐鲁番。
④ 张培瑜：《三千五百年历日天象》，郑州：河南教育出版社，1990年版，"前言"第2页。

黑城出土《西夏乾祐十三年壬寅岁（1182）具注历日》考

　　由俄罗斯著名"敦煌学"家孟列夫教授主编、上海古籍出版社出版的《俄藏黑水城文献》，公布了一大批以前未曾面世的中古时代文献，尤以刻印本文献居多。这批文献的价值，各界学者正在就其研究领域之所在展开探讨，其价值将日益彰显。由于个人研究的主旨所在，笔者对其中刊布的具注历日尤为关心。本文将考察一件印本残历日。此件编号为"俄 TK297"，刊布在《俄藏黑水城文献·汉文部分》第四册第 385 页下栏至 386 页上栏。刊布时仅题"历书"，而未标明其确切年代。孟列夫教授在此前出版的《黑城出土汉文遗书叙录》中也曾对此件作过著录。他指出："两件木刻本残片，卷子装，按某本书的面幅剪下来的残片，宋体字，宋刻本（12 世纪前 30 年的）。残片 1：43×19.5 厘米，卷子的一部分，两残纸，从某月的 11 日至 23 日。……残片 2：11.5×12 厘米，卷子的下半截，第 4 和第 5 纵行，第 4 纵行的末尾有干支：'丙午'……"[①]

　　为了讨论方便，笔者根据自己对图版的观察，再作说明如下：原

① ［俄］孟列夫著，王克孝译：《黑城出土汉文遗书叙录》，银川：宁夏人民出版社，1994 年版，第 240 页。

件确为一雕版印本历日，前、后、上、下均有残失。就现存面貌看，残存内容由上到下至少有五栏：（一）日期、干支、六甲纳音和建除；（二）二十八宿注历；（三）望、蜜、沐浴、归忌等；（四）"鸿雁来"等物候内容；（五）月神、日神、时神等神煞及选择宜忌。第五栏每栏有二至五行字。这样，我们在录文时就必须作一些特殊处理：原则上以日为单位，每日一行，标为1、2、3……每日第五栏内的行次再分为①、②、③……我们在讨论时可能同时提及，比如1①行便是第1行第五栏的第①小行，如此等等。依据历日推补的内容放入〔〕中，不出校记，讨论时将予说明。

先释文如下：

残片1：

〔前缺〕

1. 〔十日辛巳金〕 ☐☐☐☐☐☐ 坎九五；公渐；葬事出兵☐ ☐☐☐☐☐☐（按，此三小句各在一栏，不能连读）

2. 〔十〕一日壬午木定　心

①吉日。岁位、天德合☐☐☐☐☐

②月空、天喜、天马☐☐☐☐

③民日、鸣吠、时阴☐☐☐☐

④宥、招集贤良、纳彩☐☐☐☐☐

⑤会亲姻、远行、移〔徙〕、☐☐☐☐

3. 〔十〕二日癸未木执　尾

①吉日。岁位、天恩、枝☐☐☐☐☐

②玉堂黄道，宜宣政☐☐☐☐

③舍宇、和会、交关、捕捉 ☐

4. 〔十〕三日甲申水破　箕

　　①大耗、天牢黑道、徙 ☐

　　②伐日。不宜临政事 ☐

　　③师旅与修造 ☐

5. 〔十〕四日乙酉水危　斗　沐浴

　　①吉日。岁对、小岁后 ☐

　　②守日、神在 ☐

　　③宜葬埋、祭祀 ☐

6. 十五日丙戌土成　牛　鸿雁来

　　①吉日。岁对、小岁后 ☐

　　②三合、天府明星、司 ☐

　　③四相。宜造宅舍 ☐

　　④药、尊师傅、会 ☐

7. 十六日丁亥土收　女　望　辟泰

　　①天魁、重日、劫杀 ☐

　　②勾陈黑道 ☐

　　③嫁娶、开仓、剃 ☐

　　④词讼、迁居、筑 ☐

8. 十七日戊子火开　虚　蜜

　　①天火、天狱、不举 ☐

　　②不宜论讼、上官 ☐

9. 十八日己丑火闭　危　归忌、除手甲

①吉日。岁对、七圣 _____

②执储明星、明堂 _____

③宜祀神祇□□ _____

10.〔十九日庚寅木建　室〕

①小时、天刑黑道 _____

〔后缺〕

残片2：

〔前缺〕

11.〔廿三日癸亥〕 _____

①四月十六日乙酉（按，当为丙辰）其夜子初三刻后，艮

时 _____

②坤乾时、寅前 _____

12.〔廿四日甲子金〕 _____ □家人

①月刑、小时、地火、土府、土符、伐日、

②兵禁、月厌。不宜兴发军师，攻

③讨城寨，撅凿动土，盖屋、经络、

④嫁娶、纳亲、牧放群畜。

13.〔廿五日乙丑金〕 _____

①吉日。岁后、月德合、六合、兵宝、大明。

②吉期、神在。宜修宫宅第，兴发

③土工，训卒练兵，祀神市估。

14.〔廿六日丙寅火〕 _____ 鵙始鸣

①吉日。岁后、月空、驿马、天后、天巫、大明，
②兵吉、福德、相日、神在、鸣吠、岁德、
③青龙黄道、七圣。宜训练军师、营葬
④坟墓，安置产室，进口、经络。

15.〔廿七日丁卯火〕

①天刚、五盗、死神、天吏、天贼、致死、五离、
②复日。不宜动土工、出远行、会宾客、
③营葬礼、兴词讼、合交关。
④开（?）导井泉□□针刺。

16.〔廿八日戊辰木〕

①岁后、小岁位、天恩、月恩、四相、生气、
②□安、夏天德、天岳明星、神在、七圣、
③时阳。宜宣覃恩宥，旌拜功勋，策试
④贤良，崇尚师傅，祭祀神祇，出行牧放。

17.〔廿九日己巳木〕

①吉日。岁后、四相、王日、玉堂、七圣。
②宜临政、上官、闭塞孔穴、修补垣墉、
③泥饰宅舍。

18.

①自四月二十七日丁卯午正三刻芒种，已得五月之节
②宜向西北行，又宜修造西北维。天德在乾，月厌
③月德在丙、月合在辛、月空在壬，丙、辛、壬上取

19. 丙午（二字较大）　用艮、巽、丑后、辰后

〔后缺〕

以上我们共录出十七天具注历日的内容（1—17行）和两行月序文字的内容（18—19行）。现在对其年代进行考定并加讨论。

（一）残历十至十九日（1—10行）的月份。残历共存两断片，第一片即1—10行，第二片为11—19行。第一片中，十五至十八日（6—9行）的日期是完整的，其前数日则可依日序和干支表补齐。残存下的八日中，每日均有建除注历。依据建除十二客同纪日地支的对应关系，定与午、执与未、破与申、危与酉、成与戌、收与亥、开与子、闭与丑相对应，全是星命月正月的内容。①残历6行又有一个物候注"鸿雁来"。而在传统历日中，它是"雨水正月中"下的一个物候。由此我们即可判断，残历1—10行属于正月历日。从十五日干支为丙戌可推知正月朔日为壬申。

（二）残历的纪年天干范围。第18行有"天德在乾""月德在丙""月合在辛""月空在壬"等月神方位日期，而这些全是五月月序的内容。②第19行又有较大的"丙午"二字，当是五月的纪月干支。五月为丙午，则正月纪月干支为壬寅，与之对应的纪年天干是丁或壬。③就是说，此历的年天干不是丁，便是壬。

（三）残历11—17行的月份与日期。前已说明，18行是五月月序内容。那么在其前面且与之相连的11—17行当是四月的历日。但我们不知四月的月大小，无法确定17行是四月二十九日还是三十日。可是18①行有"自四月二十七日丁卯午正三刻芒种"云云，即可获知四月二十七日干支为丁卯。如果四月是大月，则此丁卯日当在14行；如果

---

① 参见邓文宽：《敦煌天文历法文献辑校》，附录六《各星命月中建除十二客与纪日地支对应关系表》，南京：江苏古籍出版社，1996年版，第741页。

② 参见邓文宽：《敦煌天文历法文献辑校》，附录三《月神方位、日期表》，南京：江苏古籍出版社，1996年版，第738页。

③ 参见邓文宽：《敦煌天文历法文献辑校》，附录一〇《正月月建与年天干对应关系表》。南京：江苏古籍出版社，1996年版，第745页。

是小月，则在15行。我们看到15②行有"复日"注记。从敦煌历日中众多的复日注记，我们知道，复日仅与天干对应，而不与地支对应。在"星命月"的五月里，复日是注在"丁"日的。由于芒种五月节不在14行，就在15行，而一进入芒种就算进入"星命月"之五月，所以，由复日可知，15行天干当是"丁"，此日也必是丁卯日，不可能是14行了。既然15行是二十七日丁卯，则16行为二十八日戊辰，17行为二十九日己巳。再往下便是五月一日了，五月朔日当为庚午。四月二十七日丁卯，则四月朔日当为辛丑。现将已考出的三个月朔整理如下：正月〔？〕，〔壬申朔〕；四月〔小〕，辛丑朔；五月〔？〕，〔庚午朔〕。

（四）残历的年份。第19行注有"四月二十七日丁卯芒种"，说明某年的芒种五月节在四月二十七之丁卯日。张培瑜先生《三千五百年历日天象》①一书给出了自秦朝以来每年的节气所在日期及干支，使用起来极为方便。我们从公元1127年查起，发现西夏乾祐十三年壬寅岁（1182）的芒种是在四月二十七日丁卯，与残历日正相一致。②故可初步考虑它就是残历的年份。

（五）残历8行，即正月十七日戊子有一"蜜"日（星期日）注。如果认为此历日为公元1182年历日，则此日合西历1182年2月21日。查《日曜表》，此日恰是星期日。乾祐十三年干支为壬寅，与前此考出的此历纪年天干不是丁，便是壬也符合；正、四、五月的月朔也相一致，故可将残历的年代加以最后确定。

（六）从对残历进行定年的角度而言，我们的工作到此应该说已经结束。但是此历是用二十八宿注历的，于是就给我们提供了一次对所定年代进行检验的机会。残历2行注"心"，是十一日，反推上去，则

---

① 张培瑜：《三千五百年历日天象》，郑州：河南教育出版社，1990年版。
② 就已经发现的西夏汉文历日言，其月朔干支与同年中原宋历都相一致，故可将同年宋历月朔、节气作为西夏汉文历日月朔、节气的参照。

十日为"房"，九日为"氐"，八日为"亢"，七日为"角"。"角"宿是中国传统二十八宿的第一宿。因此，西夏乾祐十三年（1182）正月七日是某一个二十八宿注历周期的开始。

传世《南宋宝祐四年丙辰岁（1256）会天万年具注历日》也是用二十八宿注历的，其三月最末一天为"三十日辛酉木执轸"，[1]"轸"宿是二十八宿的最末一宿，可知此日是某一个二十八宿注历周期之末。

从乾祐十三年（1182）正月七日至宝祐四年（1256）三月三十日共有27104天。[2]

27104天÷28天=968（周）

可知在这74年左右的时间里，共用了968个二十八宿周期注历。乾祐十三年（1182）的二十八宿注历与宝祐四年（1256）的二十八宿注历是连贯的，与黑城出土的元至正二十五年（1365）历日、吐鲁番出土的《明永乐五年丁亥岁（1407）大统历》[3]也是连贯不断的。它证明我们所定年代完全可靠。

这里我们还要指出，敦煌历日中最晚的一件是《淳化四年癸巳岁（993）具注历日》，至此乾祐十三年（1182）共过去了189年。我们发现，此历所注入的一些神煞内容，如七圣、天魁、玉堂、民日、天喜、天马、伐日、小时、土府、土符、神在、福德、相日、驿马、天巫、天后、大明、月恩、四相、生气、时阳等，在敦煌历日中尚未见到。这就说明，自中唐至南宋，是中国传统历日中数术文化内容迅猛发展的时代。如所周知，清人辑成的《协纪辨方书》是数术文化的集大成

①见任继愈总主编，薄树人主编：《中国科学技术典籍通汇·天文卷》第1册，郑州：河南教育出版社，1997年版，第695页。
②日数依据张培瑜《三千五百年历日天象》朔闰表计算。
③邓文宽：《吐鲁番出土〈明永乐五年丁亥岁(1407)大统历〉考》，载《敦煌吐鲁番研究》第五卷，北京：北京大学出版社，2000年版，第263—268页。

之作。但是，这一由少到多的发展过程以往并不十分清楚。仰赖出土文献和文物，其发展线索才逐渐清晰起来。我们期待着再有更多的历日实物出土，以便对数术文化的发展史能获得更深层次的认识。

　　[原载《华学》第四辑，北京：紫禁城出版社，2000年版，第131—135页，题名"黑城出土《宋淳熙九年壬寅岁（1182）具注历日》考"。史金波教授认为，此历日是西夏雕印的汉文历日（见《西夏的历法与历书》，载《民族语文》2006年第4期，第41—48页），今据史教授意见更名并作了相应的改写]

黑城出土《西夏皇建元年庚午岁（1210）具注历日》残片考

　　1913—1915年间，斯坦因在进行第三次中亚探险时，曾在今内蒙古额济纳旗的黑城子进行过发掘。所发现的纸质文书中，有一件印本历日残片，编号为 K.K.11.0292（j）。此件为正、背两面印刷，背面为何内容尚需研究，但正面为历日则毫无疑问。不久前，沙知先生和英国吴芳思女士在其《斯坦因第三次中亚考古所获汉文文献（非佛经部分）》一书中，刊布了此件图版，附有释文，并题作"元印本具注历残页"。①不过，准确年代尚未究明。我今利用古代历法的专门知识对其年代进行考定，以飨读者并祈教正。

　　根据图版左下方所附比例尺，经过计算，该件为10.2厘米 × 13.5厘米的小残片，内容为印本历日，事实上只属于某月四、五两日的相关内容，今释文如次：

---

①沙知、[英]吴芳思（Frances Wood）:《斯坦因第三次中亚考古所获汉文文献（非佛经部分）》（上册），上海：上海辞书出版社，2005年版，第316页。

五日庚申木建箕	长星	四日己未火闭尾

不难看出，所存两天历日的内容，从上到下依次是：日序，纪日干支，该干支的纳音（以五行代替），该日所注的建除和二十八宿。这些在古代历日中均为习见内容，没有多少特别之处。但正是它们，为我们提供了丰富的信息，从而使揭示其绝对年代成为可能。

为方便讨论，我们今据残片四、五两日的内容往前推补三天：

[一日丙辰土成　　氐]

[二日丁巳土收　　房]

[三日戊午火开　　心]

上述推补的根据是：日序及其干支据干支表上推，各干支之纳音据《六甲纳音表》；[①]建除十二客的排序为：建、除、满、平、定、执、破、危、成、收、开、闭，虽在"星命月"之第一日需重复前日一次，但我们尚不知此段历日"星命月"之第一日所在，姑且按建除十二客之顺序补之；二十八宿东方七宿次序为"角、亢、氐、房、心、尾、箕"，其排列也不重复，故可顺次推补。

---

①参见邓文宽：《敦煌天文历法文献辑校》，附录十二《六十甲子纳音表、干支五行对照表》，南京：江苏古籍出版社，1996年版，第747页。

从推补可知，此二日残历的月朔为"丙辰"。我们进一步想知道的是，此丙辰为几月的朔日？

我过去在多篇文章中反复指出，建除十二客同纪日地支间有固定对应关系。残历四日地支为"未"，建除为"闭"，五日为"申"，建除为"建"，这都是在"星命月"七月范畴内的现象。[①]而所谓"星命月"之七月，是指"立秋七月节"到"白露八月节"前一天的那段时间。理论上，农历十二个月每月各有一个节气和一个中气。但由于农历月份是朔望月，每月仅 29.5306 日；而二十四节气是一个回归年（365.2422 日）等分为二十四份的结果，每份 15.218425 日，两份合 30 日还多，由是便需置闰。置闰的结果，就使各月节气所在之农历日期，或注在上月的下半月，或注在当月的上半月。若注在上月下半月，该"星命月"范围便延至当月之下半月；若注在当月之上半月，该"星命月"便延至下月之上半月。因此，残历四、五二日既在"星命月"七月之范围，那么它的历法月便有两种可能：要么是七月，要么是八月。也就是说，该残历七月或八月朔日为丙辰。

我们推出的该历当月一至三日的二十八宿内容十分有用。二日注"房"值得注意。中古时代，大约从唐中期开始，人们便用由西方传来的"七曜日"注历，星期日称作"蜜"。大概从唐末开始，人们又使用二十八宿注历（后来曾中断）。七曜日是七天一周期，二十八宿是二十八天一周期，且自身都不重复，于是，二十八宿注历同"七曜日"注历之间便形成了一种固定对应关系。

"七曜日"的排列次序为日（星期日）、月（星期一）、火（星期二）、水（星期三）、木（星期四）、金（星期五）、土（星期六）。二十

[①]邓文宽:《敦煌天文历法文献辑校》,附录六《各星命月中建除十二客与纪日地支对应关系表》,南京:江苏古籍出版社,1996 年版,第 741 页。

八宿从"角"宿开始，"角"为东方七宿（角、亢、氐、房、心、尾、箕）之首，而古代阴阳家又将东方与"木"相配（"东方甲乙木"），亦即是说，"角"宿必与"木曜日"相值，于是形成下列固定对应关系：

七曜日	木	金	土	日	月	火	水
二十八宿	角	亢	氐	房	心	尾	箕
	斗	牛	女	虚	危	室	壁
	奎	娄	胃	昴	毕	觜	参
	井	鬼	柳	星	张	翼	轸

由上可知，历日上凡注房、虚、昴、星四宿的日子均为"日曜日"，亦即星期日，当时称作"蜜"。残历二日注"房"，当是蜜日所在。

上述考论的结果是，该历日残片属于七月或八月，朔日丙辰，初二是星期日。

用上述内容，在陈垣先生《廿史朔闰表》上进行搜寻，结果是：从公元1001—1911年辛亥革命，共有17年七月朔日为丙辰，它们是：1019、1086、1112、1143、1205、1236、1329、1396、1422、1453、1582、1639、1706、1763、1830、1856、1887年。其中仅1639年（明崇祯十二年）七月初二为日曜日，其余16年七月初二全不是。但根据张培瑜先生《三千五百年历日天象》①一书，该年立秋在农历七月初九甲子日。而我们前已指出，残历初四"未"与"闭"对应，初五"申"与"建"对应，表明它们均在"星命月"七月之内，亦即是说，三日之前已注过"立秋七月节"，而不可能注在初九日。故而，1639年亦在排除范围。这就是说，该残片不是七月的历日，而应是八月的历日。

---

①张培瑜：《三千五百年历日天象》，郑州：河南教育出版社，1990年版，第368页。

又从《廿史朔闰表》检得，自公元1001—1911年，也有17个年份农历八月朔日为丙辰：1024、1117、1148（闰八月）、1210、1241、1267、1334、1427、1458、1520、1551、1577、1644、1675、1701、1768、1892年。但其中仅1210、1241、1701三年八月初二为日曜日，其余全不是，当予排除。

查《三千五百年历日天象》，1241年农历六月二十日丁丑立秋，白露八月节在七月二十二日戊申，则"星命月"的七月在六月二十日至七月二十一日之间。这期间初四、初五日只能属于七月。但我们前已考知，此残片非七月历日，故1241年当予排除。

又据《三千五百年历日天象》，1210年农历七月九日乙未立秋，白露八月节在八月十日乙丑；1701年农历七月初五庚寅立秋，八月六日辛酉白露，"星命月"之七月与二历均相符合。如何选择呢？

首先，根据建除十二客的排列规则，每月第一日即节气所在之日的建除，应该重复其前日一次。而残历四日为"闭"，五日为"建"，不曾重复，证明五日不是立秋七月节所在之日，即与1701年农历七月初五庚寅立秋不合。其次，我们知道，公元1701年是清康熙四十年，所用历本为《时宪书》。而清代历日几乎全有传世本，藏在故宫博物院。《时宪书》格式与敦煌历日每天一竖栏相仿，[1]而与本文研究的残片相去甚远。此残历的现存格式与我过去从俄藏黑水城文献中考出的1182年具注历日、1211年具注历日[2]几乎完全相同。这样，从建除和印本历日的格式，便可确定该历日残片为公元1210年的具注历日。

公元1210年，相当于南宋宁宗赵扩嘉定三年、西夏襄宗李安全皇

---

[1]参陈遵妫：《中国天文学史》第3册，所收清乾隆六十年《时宪书》书影，上海：上海人民出版社，1984年版，第1620页。

[2]参邓文宽：《敦煌吐鲁番天文历法研究》，兰州：甘肃教育出版社，2002年版，第262—289页。

建元年。这就必然存在一个问题：该汉文历日到底是南宋王朝所颁历日，还是由西夏王朝所颁发？近来，西夏文和西夏史著名学者史金波教授对此进行了深入研究。①他注意到，黑城出土的1182年和1211年具注历日中，"明"字因避讳而右侧"月"字缺末二笔，认为这是西夏人避太宗李德明名讳所改，从而认为该二历日应是西夏人印刷的汉文历日。西夏历日种类繁多，有刻本西夏文历日，写本西夏文—汉文合璧历日，汉文刻本历日和汉文写本历日。史先生进一步认为，我以前所定的《宋淳熙九年壬寅岁（1182）具注历日》和《宋嘉定四年辛未岁（1211）具注历日》应分别更名为《西夏乾祐十三年壬寅岁（1182）具注历日》和《西夏光定元年辛未岁（1211）具注历日》。史先生的见解是正确的认识，我在这里表示诚恳接受，并更正自己既往的定名。至于本文研究的1210年历日残片，因过分残碎，虽未见有"明"字缺笔，但残存格式与其后仅一年的西夏光定元年历日完全相同，故亦应从西夏年号定名为《西夏皇建元年庚午岁（1210）具注历日》。

附带指出，残历五日右上角有"长星"二字，此属历注内容。清《协纪辨方书》卷十"宜忌"云："长星、短星：忌进人口、裁制、经络、开市、立券、交易、纳财、纳畜。"②而同一历注，亦见于黑城出土的《西夏光定元年辛未岁（1211）具注历日》的七月八日右上角。③这同样可以作为本文研究的历日残片属于皇建元年（1210）具注历日的旁证。

（原载《文物》2007年第8期，第85—87页）

---

①史金波：《西夏的历法和历书》，载《民族语文》2006年第4期，第41—48页。

②李零主编：《中国方术概观·选择卷》（上），北京：人民中国出版社，1993年版，第357页。

③俄Инв.No.5229号。载《俄藏黑水城文献·汉文部分》第6册，上海：上海古籍出版社，2000年版，第315页。

黑城出土《西夏光定元年辛未岁（1211）具注历日》三断片考

在近年陆续出版的《俄藏黑水城文献·汉文部分》一书中，刊布了一些具注历日的断片，颇受关注。其中"俄TK297"号我已考定为《西夏乾祐十三年壬寅岁（1182）具注历日》。①今再考察另外三个残段，最终证明它们都是《西夏光定元年辛未岁（1211）具注历日》。需要特别说明的是，这三个断片中，"俄TK269"号、"俄Инв.No.5469"号已正式刊布，②而"Инв.No.5282号加8117号"则是我国著名西夏文专家史金波教授于2000年夏赴圣彼得堡东方学研究所整理该所未编目录文献时发现的。其发现之功不可泯没，著录于此，以表敬意。

一、Инв.No.5282号加8117号

此号即史金波教授新发现的一段。从照片复印件看，上下左右均

---

① 见邓文宽：《黑城出土〈西夏乾祐十三年壬寅岁（1182）具注历日〉考》，载《华学》第四辑，北京：紫禁城出版社，2000年版，第131—135页。
② "俄TK269"号，图版见《俄藏黑水城文献·汉文部分》第4册，上海：上海古籍出版社，1997年版，第355—357页；"俄Инв.No.5469"号刊于同书第6册，2000年版，第316—318页。

有残失，估计下部残失或更严重一些，但属于一印本历日则无疑问。
现存部分由两片组成，分别编为8117（一）和8117（二）；自上至下仍
存五栏，分别是：（1）日序、干支、纳音和建除；（2）二十八宿注历；
（3）往亡、除手甲、蜜日注等；（4）物候注；（5）吉凶宜忌等选择事
项。我们在释文时，原则上仍以日为单位进行；因现存第（5）栏有4
到5行文字，我们在各日之下又分别用①、②、③、④、⑤来标具此栏
内的各行，以示区别。一般不出校记，需说明时以"按"说明之。先
释文如下：

［前缺］

1. ［二］十三日乙亥火破　　女　　下弦

　①不宜嫁娶、出行、开 ⬚⬚⬚⬚⬚⬚

　②启攒、栽培、种莳

2. ［二］十四日丙子水危　　虚，沐浴、蜜、往亡（按，自沐浴
至往亡共3项占一栏）

　　①吉日。大小岁前、天德 ⬚⬚⬚⬚⬚

　　②天愿守日，岁德、不将 ⬚⬚⬚⬚⬚

　　③七圣、兵吉。宜修 ⬚⬚⬚⬚⬚

　　④理垣墙，集福、祈恩、和合 ⬚⬚⬚⬚⬚

3. ［二］十五日丁丑水成　　危　　归忌、除手甲（按，归忌与除
手甲占一栏）

　　①吉日。大小岁前、天喜、天 ⬚⬚⬚⬚⬚

　　②（模糊不清）

　　③七圣、 ⬚⬚⬚⬚ 宜尊 ⬚⬚⬚⬚⬚

　　④祷祀神祇，泥饰庐舍 ⬚⬚⬚⬚⬚

4. ［二］十六日戊寅土收　室　卿比

　　①天牢黑道、天刚、月□□□□□

　　②土符、伏罪、伐日、不□□□□□

　　③伐，兴作土工、远出征行□□□□□

　　④事营葬、祭祀、扫饰□□□□□

5. ［二］十七日己卯土开　辟（壁）　　王瓜生

　　①吉日。岁前、天恩、月□、母□□□□□

　　②生气、普护、神在、时阳□□□□□

　　③五合□□□□□宜宣覃□□□□□

　　④勋庸，立木、上梁、安置栏□□□□□

　　⑤师傅、祭祀、远行。

6. ［二］十八日庚辰金闭　奎

　　①吉日。岁后、天恩、月德□□□□□

　　②神在、复、天德、天府、明□□□□□

　　③（模糊不清）

　　④塞穴、筑墙、祷祀神［祇］□□□□□

7. ［二］十九日辛巳金建　娄

　　①小时、重日、土府、伐日，王勃黑道。日出寅正四刻

　　②伐日、王□黑星。□讨伐城□□□□□

　　③塞穴、发土、上（？）营葬、迁居筑□□□□□

　　④室、远出、□图，嫁娶□□□□□　［日入］戌初初刻

　　　　白　白　白

8. 四月大紫　黑　绿　　建癸巳

　　　　黄　赤　碧

（以下四月月序即④⑤两栏．原并作一栏，今不改）

①自三月十七日己巳□□初刻立夏，已得四月［之节］。

②即天道西行，［宜向西行］，又宜修造西方。天［德在辛］，

③月厌在未，月煞在辰，［月德］在庚，月合在乙，月［空在］甲，乙、庚上取土及宜［修造］。

④此月初七日戊子戌［正□刻］后，甲时、丙时

⑤及壬时，卯前、午前、

9. ［一］日壬午木除　胃

①吉日。岁后吉期。天□□龙黄道

②圣心，兵宝，官日、吠（？），神在

③大（？）明、宜宣赦宥，□建修饰

④垣墉、祭祀、解除

［后缺］

下面对其年代进行考定。

（一）残历的月份。第8行有醒目的"四月大"三字，可知其前的1—7行属于三月的历日，第9行属于四月一日历日。因原件上部有残失，故我们在录文时作了增补，共得三月二十四日至四月一日的历日。从录文可知，三月二十九天，是小月；二十四日丙子，则月朔为癸丑。四月大，朔日壬午。又可推得五月朔日为壬子。这样，残历三、四、五共三个月的月朔已可获知。

（二）残历的纪年地支。残历四月月九宫为二黑中宫（第8行）。因月九宫是从正月开始，以九、八、七、六、五、四、三、二、一的次序逆向排列的，今反推回去，可知正月月九宫为五黄中宫，而正月五

黄中宫，则其纪年地支为丑、未、辰、戌。①

（三）残历的纪年天干。残历第7行月九宫图下有"建癸巳"，则此历正月建庚寅；正月建庚寅，则其纪年天干当作丙或辛。②

（四）残历的纪年干支。将上述所得两个天干与四个地支相配，共得丙辰、丙戌、辛丑、辛未四个干支，此即残历日应在的四个纪年干支，必在此四个年份求得。

（五）残历的绝对年份。我们注意到，此历是以二十八宿注历的。我们以陈垣先生《廿史朔闰表》为据，③从公元1127年查起，在丙辰、丙戌、辛丑、辛未四个干支年份里，与上述所推的此历三、四、五共三个月份之月朔全合者为西夏光定元年（1211），因此可考虑此年为其应选年份。残历三月二十四日有"蜜"日注（第2行），而此日合西历公元1211年5月8日，查《日曜表》，确为星期日，由此可知，该历为公元1211年，即西夏光定元年的具注历日残片。

二、俄TK269号

俄国著名敦煌学家孟列夫教授在其以往出版的《黑城出土汉文遗书叙录》中，曾对此件著录道："历书，保存下来的是中间一条的3栏：①指出吉凶征兆；②太阳经过黄道的周相；③庇护神。""木刻本，原先大概是卷子装，54×8厘米的长条，两残纸。11天的栏目（第1和第11天的残），宋体字，宋版本，12世纪前30年的。此长条被剪开作封

---

① 参邓文宽：《敦煌天文历法文献辑校》，附录一一《年九宫、正月九宫与年地支对应关系表》，南京：江苏古籍出版社，1996年版，第746页。

② 参邓文宽：《敦煌天文历法文献辑校》，附录一〇《正月月建与年天干对应关系表》，南京：江苏古籍出版社，1996年版，第745页。

③ 就目前已经看到的西夏汉文历日，其月朔与同年中原宋历都相同，故可用同年宋历作为西夏汉文历日月朔的参照。

皮用和被叠成折面为 5×3 厘米的折子……"①

现在再根据我对原件图版的观察说明如下：原件确实被剪成了折子形状，乍一看好像是册子装的书页。现存内容共三栏，第一栏为神煞和宜忌，第二栏为日出日入时刻及昼夜时刻；第三栏为人神流注。第三栏的内容是将"人神"二字刻或排在中间，余字分布于"人神"两侧。如"人神在胸"，"在"字居于"人神"之右，"胸"字居于"人神"之左。今录文时为方便计，一律改为直行即"人神在胸"，好在并不妨害原意。释文时，我们以"折"为单位进行，每折中的栏次分为1、2、3（无内容者跳过），每栏中的行次为①、②、③……推补文字放入〔　〕中。

〔前缺〕

第一折

1. ＿＿＿＿＿＿①动土＿＿＿＿＿＿

　　②＿＿＿＿＿＿留（？）进人

3.〔人神在〕气冲。

第二折

1. ＿＿＿＿＿＿①〔鸣〕吠对，

　　②＿＿＿＿＿＿　□守日。

　　③＿＿＿＿＿＿狱缓刑，

　　④＿＿＿＿＿＿官（？）视官。

2.①昼五十三刻；

①〔俄〕孟列夫著，王克孝译：《黑城出土汉文遗书叙录》，银川：宁夏人民出版社，1994 年版，第 239 页。

②夜四十七刻。

3.人神在股内。

第三折

1.① ▭ 天德合

　　② ▭ 宝明星,

　　③ ▭ 续世,

　　④ ▭ 恩行庆。

3.人神在足。

第四折

1.　▭ ①▢▢▢（图版模糊）

　　② ▭ ▢▢▢（图版模糊）

　　③ ▭ ▢至（?）

3.人神［在］内踝。

第五折

1.① ▭ ▢九空

　　② ▭ ▢伐日

　　③ ▭ 盖（?）造舍

　　④ ▭ 征行运。

3.人神在手小指。

第六折

1. ① [_____] □复日

   ② [_____] □□食

3. 人神在外［踝］及胸。

第七折：

1. ① [_____] 七圣

   ② [_____] 胗（?）盖

   ③ [_____] 药疗病

   ④ [_____] 德（?）相日。

2. ①日入酉正二刻。

3. 人神［在］［□］阳明。

第八折：

1. ① [_____] 七圣

   ② [_____] 出使

   ③ [_____] □进人

3. 人神在胸。

第九折：

1. ① [_____] 触水龙,

   ② [_____] 不宜命

   ③ [_____] 舟船兴

   ④ [_____] 理灶

2. ①日出卯初三刻

　　②日入酉正初刻。

3. 人神在膝。

第十折：

1. ① □□□□ 合、金堂，

　　② □□□□ 宜修葺、

　　③ □□□□ 学、立契

3. 人神在阴。

第十一折：

1. ① □□□□ 道□德

　　② □□□□ 结会亲姻

　　③ □□□□ 执（？）捕寇盗

3. 人神在膝胫。

第十二折

1.① □九醮（二字左侧笔画残半）

［后缺］

现在对残历的内容进行研究并考定其年代。

（一）残历十二折的各自日期。残历第三栏的内容是人神流注。而根据我们对众多敦煌具注历日的研究，在每月三十天中，每天所注人神是固定不变的，即：一日在足大指，二日在外踝，三日在股内，四日在腰，五日在口，六日在手小指，七日在内踝，八日在长腕，九日在尻尾，十日在腰背，十一日在鼻柱，十二日在发际，十三日在牙齿，十四日在胃管，十五日在遍身，十六日在胸，十七日在气冲，十八日在股内，十九日在足，二十日在内踝，二十一日在手小指，二十二日在外踝，二十三日在肝，二十四日在手阳明，二十五日在足阳明，二十六日在胸，二十七日在膝，二十八日在阴，二十九日在膝胫，三十日在足跌。[①]以此与本件残历各折对照，可知：第一折为十七日，第二折为十八日，第三折为十九日，第四折为二十日，第五折为二十一日，第六折为二十二日，第七折为二十四日或二十五日，第八折为二十六日，第九折为二十七日，第十折为二十八日，第十一折为二十九日，第十二折暂不明了，下面再议。由是可知，这段历日基本上是连续的，只是缺了二十三日及二十四或二十五日中的一日。

（二）残历的月份。残历第九折第1①行中有"触水龙"注记，而此折属于二十七日（详前）。在一个甲子六十日中，只有三天即丙子、癸未、癸丑属于"触水龙"日。[②]第十折①行又有"金堂"一目，其排列规则依"星命月"为：正月辰日，二月戌日，三月巳日，四月亥日，五月午日，六月子日，七月未日，八月丑日，九月申日，十月寅日，十一月酉日，十二月卯日。[③]而此折属于二十八日（详前），与第九折相连贯。所以，此"金堂"所在日的日支必须与第二十七日可能的三个纪日干支（丙子、癸未、癸丑）相连。而子下为丑，未下为申，丑下为寅，对照"金堂"所在各月日支之日期，可能的月份为八月、九月、十月共三个月，其他均不在应选条件之内，换言之，此残历之时

---

① 邓文宽：《敦煌天文历法文献辑校》，附录九《逐日人神所在表》，南京：江苏古籍出版社，1996年版，第744页。

② 参〔清〕《钦定协纪辨方书》卷五"义例三"。见李零主编：《中国方术概观·选择卷》（上），北京：人民中国出版社，1993年版，第215页。

③ 参〔清〕《协纪辨方书》卷六"义例四"。见《中国方术概观·选择卷》（上），北京：人民中国出版社，1993年版，第236页。

限是"星命月"八、九、十共三个月中的某一个月。

残历第二折第2①行和2②行有昼夜时刻注记，即"昼五十三刻，夜四十七刻"。我们知道，在中国古历实行百刻纪时制时，夏至白昼六十刻，夜晚四十刻；冬至白昼四十刻，夜晚六十刻。春秋二分昼夜平分各五十刻。过了夏至，白昼减刻，夜晚增刻，过了冬至，白昼增刻，夜晚减刻，因此，历注中的"昼五十三刻，夜四十七刻"每年共有两次，一次在二月，约在清明三月节与谷雨三月中之间；一次在处暑七月中前后。①由于前面我们已将此残历的月份考定在"星命月"的八、九、十共三个月中，则此处之"昼五十三刻，夜四十七刻"当靠近"处暑七月中"这个中气，可以考虑的月份是历日的农历七、八两个月，而九、十两月应被排除。那么，此残历的农历月份到底是七月还是八月呢？读者如果细心的话，准会注意到我们几次提到"星命月"这个概念。历日中的农历月份是每月一日至二十九日或三十日，但"星命月"则是以十二个节气（非中气）各自所在之日至下一个节气的前一日为一月，编入历日时处在游动状态，以至本月节气可注在上月的下半月至本月的上半月，而中气则在本月一个月内游动。前述我们所考"触水龙"注在二十七日，"金堂"注在二十八日，而这两天虽然是农历日期，但其前必然已注了"白露八月节"，否则不会符合它们各自在"星命月"八月的安排规则。换言之，它们虽在"星命月"之"八月"，而历日的农历月份应为七月。简单说，我们可确认此段残历属于农历七月。

（三）残历各日干支。前已指出，第十折1①行"金堂"一目于"星命月"之八月在丑日，九月在申日，十月在寅日。而我们已排除此

---

① 参〔清〕《协纪辨方书》卷三十五"推测日刻"。见《中国方术概观·选择卷》（下），北京：人民中国出版社，1993年版，第865—869页。

历在九、十两月的可能，只剩一个"八月丑"日了。因此，第十折的二十八日当为"丑"日，即其纪日地支是丑。其前一日之"触水龙"的干支为丙子、癸未、癸丑三者之一，在丑日前且能够与"丑"日相连的只有丙子日，也就是说残历二十七日的日干支为丙子（第九折）。由此上推下移可知，二十八日（第十折）为丁丑日，二十九日（第十一折）为戊寅日，二十六日（第八折）为乙亥日，二十五日为甲戌日（可能第七折），二十四日为癸酉（也可能是第七折），二十三日为壬申日（佚失），二十二日（第六折）为辛未日，二十一日（第五折）为庚午日，二十日（第四折）为己巳日，十九日（第三折）为戊辰日，十八日（第二折）为丁卯日，十七日（第一折）为丙寅日。再往前推，可知此段七月历日的月朔为庚戌。

那么，七月是大月还是小月呢？我们发现第十二折1①行的"九醜"二字残文十分有用。己卯日是"九醜"之一，其余八日（戊子、戊午、壬子、壬午、乙卯、辛卯、乙酉、辛酉）全然不能同其前之二十八日戊寅（第十一折）相连。由此可以确认，三十日干支是己卯，此七月共三十日，是大月，八月朔日为庚辰。

（四）残历年份。根据前述推出的七月大、庚戌朔和八月庚辰朔，我们从宋朝立国的公元960年起，在陈垣先生《廿史朔闰表》上进行检索，直至清末，共得到以下十一个年份与残历相同：宋天禧四年（1020）、元祐二年（1087）、绍兴十四年（1144）、嘉定四年（1211）、咸淳四年（1268），明洪武三十年（1397）、景泰五年（1454）、正德十六年（1521）、万历六年（1578）、清顺治二年（1645）；清康熙四十一年（1702）。可喜的是，我们在本文上节考出的Инв.No.8117号为西夏光定元年（1211），亦在上述十一个年份之中。由于它们都是印本历日，且字迹相同，则此段七月残历当是原来西夏光定元年具注历日中的一部分残片。因被剪裁后派作他用，故残破过甚，致使我们不得不用过多的笔墨进行考辨，好在终于找到了它的原始归属！

为保险起见，我们对所定年代再检核如下：在前述讨论时，我们已指出，残历二十七日（第九折）所注"触水龙"、二十八日（第十折）所注"金堂"，是历日已进入星命月八月的表征，亦即是说，在此二日之前历注已有"白露八月节"了。查检张培瑜教授《三千五百年历日天象》①一书，此年白露八月节在七月二十一日庚午，从此日始便进入"星命月"之八月。它表明我们对此残历所定年、月均与事实相符。

三、俄 Инв.No.5469 号

先释文如下：

［前缺］

1.［十九］日戊戌木除　室　侯归妹内

　　①[_____]黑□、月害、□□[_____]

　　②不宜□官上事　刺受　□

　　③奴婢，出放资财。

2.［廿］日己亥木满　辟（壁）　沐浴

　　①吉日。岁后，□□，月德，

　　②天后、天巫、相日、七圣，

　　③宜上梁、立木、安置□枥。

　　④宜□、穿穴、取土、追纳、□

　　⑤络、裁缝。

①张培瑜:《三千五百年历日天象》,郑州:河南教育出版社,1990年版。

3. ［廿］一日庚子土平　奎
　①天魁、死神、兵禁、往亡、
　②九虎、天吏。宜训练兵□，
　③攻击城池，修盖邸第，筑垒□□□□□□□
　④嫁娶、出行、经络、赴任。

4. ［廿］二日辛丑土平　娄　寒露九月节鸿雁来宾　兑九二、
　侯归妹外。
　①月虚、天刚、月煞、死神
　②狱日、翼武、□□、阴私、黑□，
　③不宜盖屋、上梁、筑墙、取土、［嫁娶］、
　④结会亲姻、兴狱讼、葬死丧、
　⑤请医、冠带、合酱。

5. ［廿］三日壬寅金定　胃　下弦　除足甲
　①吉日。［岁］后、月空、三合时□
　②□□明星、七圣、鸣吠、四相、
　③□命黄道大明，宜盖宅□□□□□□□
　④木、筑墙、结会亲姻、营葬□□□□□□

6. ［廿］四日癸卯金执　昴　蜜
　①吉日。岁后、六合、枝德、鸣□□□□□□
　②圣心、四相、不将、五合、七圣，
　③宜结会亲姻、修饰宅舍，修□□□□□□
　④土畋□□仇。

7. ［廿］五日甲辰火破　毕　大夫无妄
　①大耗、四击、五盗、□□□□□□□
　②远出征行、挂服、举哀、开仓□□□□□□

③结亲、婚嫁、营葬墓坟。

8. ［廿］六日乙巳火危　觜　上□

①吉日。岁后、母仓、续世、执储

②阴德、七圣、明堂、黄道

③神在□□□，宜请求

④祭祀鬼神，修葺庐舍，筑垒。

9. ［廿］七日丙午水成　参　雀入大水□为蛤

①吉日。岁前、小岁对，天德、月［德］、

②母仓、天□、三合、要安、岁德

③神在、鸣吠、天仓，宜□□

④释放禁□，命将出师，发

⑤开拓疆境，选择贤能，结定

⑥安葬□□，竖立契券，合和

10. 宪皇后大忌［廿八］日丁未水收　井

①天魁、月刑、五虚、朱雀黑道

②□刑、□□

③盖屋、造宅、取土、筑墙、迁居、

④渡水乘舟、合□药饵、兴□

11. ［廿九］日戊申土开　鬼　沐浴

①吉日。岁前小岁对、天赦

②□□、生气、金堂、神在、

③天宝、明星、二仪、绝阳

④金匮黄道，宜行庆□赏

⑤立木、上梁、安栏、置栿、修砌

⑥神祇。

12. ［卅］日己酉土闭　柳　沐浴　除手足爪

　　①吉日。岁前、天恩、天对、明 ▢▢▢▢▢▢

　　②天德、黄道、七圣、鸣吠、神 ▢▢▢▢▢▢

　　③火（模糊不清）宜修 ▢▢▢▢▢▢

　　④舍庐、安置碓磑、泥墙、塞穴、祀 ▢▢▢▢▢▢

　　⑤筑堤［防］▢▢▢▢▢▢

　　　　　　黄　白　碧

13. ［九］月小绿　白　白　　建戊戌

　　　　　　紫　黑　赤

　　①（按，全残，今不见）

　　②天道南行，宜向南行，又宜［修］▢▢▢▢▢▢

　　③月厌在寅，月煞在丑，月德在［丙］▢▢▢▢▢▢

　　④丙、辛上取土及宜修造。

　　⑤　　　　　用癸、乙

　　⑥▢月十五日甲子卯正二刻后 ▢▢▢▢▢▢

　　⑦丁、辛时［吉］（与⑤连读为"用癸、乙、丁、辛时
　　　吉"）。▢▢▢▢▢▢

14. 一日庚戌金建　星　蜜　卿明夷

　　①阳错、小时、白虎黑道、牢日、兵禁 ▢▢▢▢▢▢

　　②天棒、黑星（？）、土府、▢▢不宜出

　　③师讨伐、动土、筑墙、经络、迁居、举

　　④官赴任、竖造栏▢、兴▢词讼。

15. ［二日辛］亥金除　张　沐浴　菊有［黄］花

　　①吉日。岁前，天德合、月德▢　　天［恩］▢▢▢▢▢▢

②天□□□五富、□期、敬安。

③兵宝、相日、玉堂黄道、岁德 _____

④ _____ 旌赏功勋、策试贤良。

⑤□择□□修□□□□饰屋庐。

16. ［三日壬］子木满　翼　血忌

①天火、天狱、大杀、天牢黑道。

②天狗、九醜，不宜盖造邸第、结

③□□词迎娶、归家、祭祀、决水。

④天刚、月德、死符、□□□黑

⑤□皇后大忌。阴□黑星、狱日、□日、触水。

17. ［四日］癸丑木平　轸　土王用事

①八专、章光、［月］虚、不宜盖_____

②赴任、□□请医、嫁娶、会亲、放□。

③渡水、迁移宅舍，兴发讼词_____

18. ［五日甲］寅水定　角　除足甲

①吉日。岁后，天府、□□、阳纯（？）_____

②七圣_____司命、黄道_____

③三合、□五合、□鸣吠□　时□_____

④宜破土、启攒，修德□惠。

19. ［六日乙卯］水执　亢　手足爪

①岁后、_____枝_____

②守日、七圣、神在、五合、鸣吠对。

③宜畋猎捕兽、请福祀神_____

20. ［七日丙辰］土破　氐　霜降九月中　兑六三　豺乃祭兽

□困

①大耗、四击、五□ ＿＿＿＿＿＿＿

②往亡、雷公黑道 ＿＿＿＿＿

③攻战、□□、讨击贼城、临丧 ＿＿＿＿＿＿＿

④征行、理灶。

21.［八日］丁巳土危　房　上弦　蜜

①吉日。岁前小岁后，神在 ＿＿＿＿＿＿

②执储明星，明堂黄道，兵（？）＿＿＿＿＿＿

③□□□、月德，宜训习戎师、选择 ＿＿＿＿＿

④□修葺邸舍，筑垒墙壁，贮纳 ＿＿＿＿＿

⑤库、求嗣、祭神。

22.［九日戊午火成　心］＿＿＿＿＿＿

①吉日。岁前、母仓、大会□吉。

［后缺］

　　以上我们共录出22行文字。其中第13行属于月序内容，一览便知；其前有12天历日内容，其后有9天历日内容，共21天。下面对其年代进行考定。

　　（一）残历月份。从图版看，此历日上部已残，有缺字。但第4行有"寒露九月节"，由此可知靠近九月。又因置闰原因，节气（非中气）的位置总是注在本月上半月或上月下半月。此"寒露九月节"在某月下半月，可知，13行前的12天内容属于农历八月，13行是九月月序的内容，14—22行属于九月一日至九日的内容。又据残历日可知，八月大，［庚辰朔］；九月小，庚戌朔；十月［？］，［己卯朔］。

　　（二）残历的纪年地支。由13行九月月序可知，此历九月九宫为六白中宫，则正月为五黄中宫，与之对应的纪年地支为辰、丑、戌、未。①

（三）残历的纪年天干。又由13行九月月序得知，九月"建戌戌"，则正月应建庚寅，对应的年天干为丙或辛。②

（四）残历的纪年干支。以上述所得两个天干与四个地支相配，可得丙辰、丙戌、辛丑、辛未。此即残历日应在的四个纪年干支，必是其中之一。

（五）我们从南宋开始的1127年起，在陈垣先生《廿史朔闰表》上进行检查，上述四个干支年中，与残历八、九、十共三个月月朔相合的为宋嘉定四年辛未岁（1211），亦即西夏光定元年（1211）。

（六）残历八月廿四日、九月一日和八日均有"蜜"日注。此三日合西历公元1211年10月2日、9日和16日，查《日曜表》，此三日全是星期日，由此可将残历的绝对年代加以确定。

上面经过严密的考证程序，我们证明俄Инв.No.5282+8117号、俄TK269号、Инв.No.5469号的共同年代是西夏光定元年（1211），也就是说，它们是《西夏光定元年辛未岁（1211）具注历日》的三个断片。为稳妥起见，我们再对这个年代进行一次检验。

我们已注意到此历是用二十八宿注历的。残历三月二十七日所注为"辟"（按，通"壁"），其前十四天当注"角"，即在三月十四日。我们又知传世《南宋宝祐四年丙辰岁（1256）会天万年具注历日》也是用二十八宿注历的，其中三月三十日注"轸"。③自光定元年（1211）三月十四日至宝祐四年（1256）三月三十日共16436日。

---

① 邓文宽：《敦煌天文历法文献辑校》，附录一一《年九宫、正月九宫与年地支对应关系表》，南京：江苏古籍出版社，1996年版，第746页。

② 邓文宽：《敦煌天文历法文献辑校》，附录一〇《正月月建与年天干对应关系表》，南京：江苏古籍出版社，1996年版，第745页。

③ 见任继愈总主编，薄树人主编：《中国科学技术典籍通汇·天文卷》第1册，郑州：河南教育出版社，1997年版，第695页。

16436日÷28日=587（周）

可知，其间共用了587个二十八宿周期注历。

残历三月十四日注"角"，九月四日注"轸"，这期间共有168日。

168日÷28日=6（周）

又知，这期间又用了6个二十八宿周期注历。

检验结果，证明我们所定年代正确无误。至于TK269号，因其过残，看不到二十八宿注历的痕迹，我们就不能使用同一方法进行检验了。

最后，我们还想说明，这件印本历日的底本很可能来自宋朝。西夏曾奉宋正朔，但随着双方关系时紧时松而有变化。不过，据《宋史·历志》记载，就在此历日产生的前四年，即宋开禧三年（1207），宋朝秘书监兼国史院编修官、实录院检讨官曾渐进言时曾说："今年八月，便当颁历外国。"[1]史金波教授认为："这里所谓'外国'是否包括西夏，也不明确。但从西夏残历书与中原历书完全一致来看，西夏可能从中原得到历书。"[2]这个意见值得重视。

（原载邓文宽《敦煌吐鲁番天文历法研究》，兰州：甘肃教育出版社，2002年版，第271—289页，题名"黑城出土《宋嘉定四年辛未岁（1211）具注历日》三断片考"。史金波教授认为，此历日是西夏雕印的汉文历日，今据史教授意见更名并作了必要的修改）

①标点本《宋史》，北京：中华书局，1977年版，第1946页。
②史金波：《西夏的历法与历书》，载《民族语文》2006年第4期，第41—48页。引文见41页。

出土秦汉简牍"历日"正名

　　20世纪是考古资料批量面世的一个世纪。单就实用历本而言，世纪之前，人们所能看到的最早实物，仅是传世《南宋宝祐四年丙辰岁（1256）会天万年具注历日》；[①]而至世纪之末，人们已能从出土文物中看到秦始皇三十四年（前213）的实用历本[②]了，将时间提前了1469年。其间除三国、两晋、南朝和隋代的历本尚无实物呈现于世，其余秦、两汉、北朝、高昌国、唐、五代、西夏、宋、元、明各时代历本均有出土，不仅极大地开阔了人们的眼界，而且也为古代历日研究的深入提供了基础和先决条件。

　　出土历本实物主要来自三个方面：秦汉简牍、敦煌吐鲁番文献和黑城文物。不过，这些总量近百份的历本实物多属断简残编。除了敦煌吐鲁番出土的残"历日"或"具注历日"可据完本定出其准确名称外，秦汉简牍历本少有完本（仅一份原有题名，说详下）。如何给这些残历定名，便成为一个大问题。而至20世纪末，秦汉简牍历本出土实

---

① 抄本收入任继愈总主编，薄树人主编：《中国科学技术典籍通汇·天文卷》第1册，郑州：河南教育出版社，1997年版；刻本书影见陈遵妫：《中国天文学史》第3册，上海：上海人民出版社，1984年版，第1615页。

② 见湖北省荆州市周梁玉桥遗址博物馆编：《关沮秦汉墓简牍》，北京：中华书局，2001年版。

物已近40份。如果我们不能给这批文物（亦可视作文献）定出一个准确的、符合历史实际的名称，势将妨碍对它们的认识和理解，而且也会妨碍今后同类文献出土后的定名工作。职是之故，我在这里对出土秦汉简牍历本的定名问题略陈管见，以期引起学术界同仁的关注和讨论。

经查，最早将汉简中的历本定名为"历谱"者，是罗振玉和王国维二先生。罗、王二氏在《流沙坠简》中将一些零散历简分别定名为"元康三年历谱""神爵三年历谱""五凤元年八月历谱""永光五年历谱""永元六年历谱"[①]等。这样的定名，便被后世学者沿用下来。如陈久金、陈美东二先生有《从元光历谱及马王堆帛书〈五星占〉的出土再探颛顼历问题》[②]发表。近年来，《文物》杂志发表过彭锦华先生的《周家台30号秦墓竹简"秦始皇三十四年历谱"释文与考释》。[③]中华书局出版的《尹湾汉墓简牍》一书收有《元延元年历谱》和《元延三年五月历谱》[④]的文献；《关沮秦汉墓简牍》除收有定名为"历谱"的一组秦朝历本，同时收有张培瑜、彭锦华二先生的大作《周家台三〇号秦墓历谱竹简与秦、汉初的历法》。[⑤]文物出版社最新出版的《张家山汉墓竹简［二四七号墓］》也将自汉高祖五年（前202）至吕后二年（前186）的一组实用历本定名为"历谱"。[⑥]诚然，上述所举，绝非以往给同类文献定名的全部，但已可看出，罗、王二氏给实用历本定名为"历谱"的影响十分巨大。

---

① 《流沙坠简》，北京：中华书局，1993年版，第83—87页。
② 今见《陈久金集》，哈尔滨：黑龙江教育出版社，1993年版，第133—155页。
③ 《文物》1999年第6期，第63—69页。
④ 《尹湾汉墓简牍》，北京：中华书局，1997年版，第21—22页。
⑤ 《关沮秦汉墓简牍》，北京：中华书局，2001年版，第231—244页。
⑥ 《张家山汉墓竹简［二四七号墓］》，北京：文物出版社，2001年版，第1—4页图版、第127—131页释文。

问题在于，将这些出土历本实物定名为"历谱"是否正确。

当年罗、王给《流沙坠简》中的历日简定名"历谱"时，并未说明他们之所以这样做的理由，推测本自于《汉书·艺文志》"历谱"类的名称。但仔细推敲一下，《汉志》"历谱"和出土的这些历本根本就不是一回事。为便于讨论，现将《汉志》"历谱"类著录的文献名称以及班固对"历谱"的解释引录如下：

> 《黄帝五家历》三十三卷。《颛顼历》二十一卷。《颛顼五星历》十四卷。《日月宿历》十三卷。《夏殷周鲁历》十四卷。《天历大历》十八卷。《汉元殷周谍历》十七卷。《耿昌月行帛图》二百三十二卷。《耿昌月行度》二卷。《传周五星行度》三十九卷。《律历数法》三卷。《自古五星宿纪》三十卷。《太岁谋日晷》二十九卷。《帝王诸侯世谱》二十卷。《古来帝王年谱》五卷。《日晷书》三十四卷。《许商算术》二十六卷。《杜忠算术》十六卷。
>
> 右历谱十八家，六百六卷。
>
> 历谱者，序四时之位，正分至之节，会日月五星之辰，以考寒暑杀生之实。故圣王必正历数，以定三统服色之制，又以探知五星日月之会。凶厄之患，吉隆之喜，其术皆出焉。此圣人知命之术也，非天下之至材，其孰与焉！道之乱也，患出于小人而强欲知天道者，坏大以为小，削远以为近，是以道术破碎而难知也。[1]

我之所以不惮其烦地将《汉志》这段文字全文抄录，就是为了便于了解班固所说的"历谱"究何所指。略而言之，他所开列的18种书名可以划分为两类：一类属于"历术"，也就是编制"历日"的方法和

---

[1]标点本《汉书》，北京：中华书局，1962年版，第1765—1767页。

计算数据，相当于后世的"历经"；另一类属于帝王世谱、世系之类，相当于后世所说的"谱系""家谱""族谱"。但无论其中哪一类，与出土实用历本都不相同。换言之，班固在《汉书·艺文志》中并未将实用历本单列为一个门类，也未涵盖在"历谱"之中。因此，虽然我们今天已看到几十份这类实用历本，却不能据《汉志》将其定名为"历谱"。

尤其值得关注的是，班固本人对他所讲的"历谱"已有解释。在上引文字中，共有三处阐释"历谱"二字，即"其术皆出焉""此圣人知命之术也""道术破碎而难知也"，都是说"历"属于"术"，而不同于据"术"而编的实用历本。"历"字含义虽多，但其一义为"术"，殆无疑义。《淮南子·本经训》："星月之行，可以历推得也。"高诱注："历，术也；推，求也。"①是其证。同时，班固这三处对历谱的解释同他在前面所开列的书名性质也是互相照应的，是一致而不矛盾的。问题出在后人的理解上，也就是说，后人误将出土实用历本理解为"历谱"了。

我的基本看法是：出土的这几十份秦汉历本，其原始名称就是"历日"，而不必改称为"历谱"。理据如下：

第一，汉代人就称这类文字为"历日"。主要有两个人，一是郑玄（127—200），二是王充（27—约97），都是东汉人。《周礼·春官·冯相氏》有句"辨其叙事，以会天位"，郑玄注："会天位者，合此岁日月辰星宿五者，以为时事之候，若今历日大岁在某月某日某甲朔日直某也。"②"某甲朔日"即朔日干支是××；"直"通"值"，"值某"即该日所应遇到的神煞。所言全是历日的内容，与出土历本亦相合不悖。

---

①影印本《诸子集成》，北京：中华书局，1954年版，第七册所收《淮南子》第116页。
②影印本《十三经注疏》，北京：中华书局，1980年版，第818页下栏。

由是可知，郑玄所言"今历日"也就是他所生活的东汉时代行用的"历日"，殆无疑义。

如果说郑玄所称"今历日"还较为抽象的话，那么，王充在《论衡·是应》篇中所讨论且称作"历日"者，应当指实实在在的实用历本。今将王充这段议论抄录如下：

> 儒者又言："古者蓂荚夹阶而生，月朔，日一荚生，至十五日而十五荚；于十六日，日一荚落，至月晦荚尽。来月朔，一荚复生。王者南面视荚生落，则知日数多少，不须烦扰案日历以知之也。"夫天既能生荚以为日数，何不使荚有日名，王者视荚之字则知今日名乎？徒知日数，不知日名，犹复案历然后知之，是则王者视日则更烦扰，不省蓂荚之生，安能为福？……蓂荚生于阶下，王者欲视其荚，不能从户牖之间见也，须临堂察之，乃知荚数。夫起视堂下之荚，孰与悬历日于宸坐，傍顾辄见之也？……古有史官典历主日，王者何事而自数荚？……①

"蓂荚"又称"蓂草"，是古人理想化的一种瑞草，认为它可以自动生落，于是用于计日，相当于历本。王充不同意这种理想化的设计，故加以辩难。他的这段文字，共有三处直接同历日相关：一云"日历"，二云"历日"，三云"典历主日"。"日历"与"历日"二者或有一误？我手中共有四种版本的《论衡》，情况如下：《诸子集成》本《论衡》、1974年上海人民出版社版《论衡》、1979年中华书局版《论衡注释》，都将原来的"日历"和"历日"各自保留，不加校改；而商务印书馆版黄晖《论衡校释》，则将"历日"改作"日历"。也许"日历"

---

① 《论衡》，上海：上海人民出版社，1974年版，第268—269页。

和"历日"本可并存，不必校改。但无论如何，我们都可看出，王充当年就将这种实用历本称作"历日"这样一个基本事实。

第二，东汉之后，三国人也称实用历本为"历日"。吴人杨泉曾撰《物理论》，其书虽残，但仍有一些佚文见之于后世典籍著录。唐人欧阳询所纂类书《艺文类聚》卷五《岁时下·历》载："杨泉《物理论》曰：……'昔神农始治农功，正节气，审寒温，以为早晚之期。故立历日。'"①是其证。

第三，南朝文献中亦载此类文字为"历日"。《梁书·傅昭传》载："〔傅〕昭六岁而孤，哀毁如成人者，宗党咸异之。十一，随外祖于朱雀航卖历日。"②另一梁人庚肩吾曾撰有《谢历日启》，内云："凌渠所奏，弦望既符；邓平之言，锱铢皆合……初开卷始，暂谓春留，未览篇终，便伤冬及"③云云。立春、春分等节气必在"历日"的开头，故云"初开卷始"；立冬、冬至等节气，必写于"历日"的后部，接近结尾，故云"未览篇终"。因此，庚肩吾这里所说的"历日"只能是实用历本，舍此别无他求。

以上表明，我们可从历史文献中看到这些实用历本的原名就是"历日"。

第四，北朝人也是这样称呼的。敦煌石室出有《北魏太平真君十一年（450）、十二年（451）历日》，④是石室所出年代最早的历本。二历本除记明年代外，十一年只书"历"字，十二年则书作"历日"，我曾据后者将前者补足为"历日"。⑤这份历本虽以纸张为书写质材，但

---

① 〔唐〕欧阳询：《艺文类聚》，上海：上海古籍出版社，1965年版，第97页。
② 标点本《梁书》，北京：中华书局，1973年版，第392—393页。
③ 〔唐〕欧阳询：《艺文类聚》，上海：上海古籍出版社，1965年版，第98页。
④ 原件今藏敦煌研究院，编号"敦研0368V"。
⑤ 见邓文宽：《敦煌天文历法文献辑校》，南京：江苏古籍出版社，1996年版，第101—110页。

内容是每月一条，形制相当于汉简历本中的"简便年历"，可比照者有永光五年（前39）、永始四年（前13）等历本。①它可以用作旁证，证明秦汉时代的实用历本原名应作"历日"。

第五，经整理，敦煌文献中可以确定出准确年代的历日也有近40份，其中8份原有题名，如《宋雍熙三年丙戌岁（986）具注历日一卷并序》②等。在这近40份历日中，除前引北魏太平真君时代的那两份原称"历"及"历日"外，其余多是"具注历日"。我认为，唐宋时代的"具注历日"是由秦汉时代的"历日"演化发展而来的。这里需要考察一下出土《日书》的使用和中古时代书写质材的变化。20世纪以来，各地共出土了战国秦汉时代的《日书》十数种，今知其内容主要是供选择（即择日、择吉）使用的。在具体使用时，秦汉时代以至更早，《日书》应是配合历日对照着使用的。我推测，那时官府每年要颁定历日，告知月朔置闰，供社会各阶层人民生产和生活运用；但《日书》所载多是选择项目，必须对照历日才能实现择吉的目的。也就是说，《日书》虽与历日配合使用，但是其保存形式却是分开的：历日每年重新颁布，《日书》却相对稳定，变化不大，不需要经常修改。它们之所以要分别存在，同当时的书写质材是简牍密切相关。众所周知，简牍上能够书写的文字数量是有限的，不可能将那么多的选择内容都抄到历日的每天之下。我们从秦汉时代的历本上看到，直接抄上去的选择项目仅有"反支""八魁""血忌"等有限的几个，说明当时人们不是不想将更多的选择内容抄上去，只是条件尚不允许。而到了纸张能够批量生产，且成为基本书写质材的时代，文字容量大为扩大，将众多的选择事项分抄于每日之下，并说明该日的"宜"与"不宜"（亦即

---

① 参见陈久金：《敦煌、居延汉简中的历谱》,载《中国古代天文文物论集》,北京：文物出版社,1989年版,第111—136页。

② 编号 P.3403,现藏法国国家图书馆东方珍本部。

"忌"），一览便知，使用起来更为便捷。①这里要注意"具注历日"中"具注"二字的含义。"注"字当指"历注"，即年神、月神、日忌之类的历注和选择项目②；而"具"字，东汉许慎《说文解字》释作"共置"，即放在一起的意思。也即是说，原先"历日"与《日书》分别存在，现在可以将"历日"与选择项目合写在一起了，故而，其名称也由早期的"历日"演化为"具注历日"。

如果上述分析尚且合乎逻辑的话，则唐宋时代"具注历日"的名称也应成为我们考察秦汉时代实用历本原始名称的一把钥匙。反过来说，如果秦汉时代实用历本原名是"历谱"，那么，其演变的直接结果应是"具注历谱"，而不应是"具注历日"。然而，事实却并非如此。

概而言之，我认为以上理由能够支持将出土的这几十份秦汉实用历本定名为"历日"。

这里附带讨论一下山东临沂银雀山二号汉墓出土的那份所谓"元光元年历谱"的定名问题。这份历本是现存几十份秦汉实用历本中唯一有原始题名者，所以弥足重要。其原名为"七年□日"，第三个字因尚未确释，今用"□"代替。"七年"即汉武帝建元七年（前134），同年改年号为"元光"，亦即元光元年。但我们知道，历日都是在头一年年底前编定，而供新的一年使用的。因此，此历编写的时间当在建元六年（前135），其时改元"元光"尚未发生，"七年"是按照已有的

---

① 前述北魏太平真君历日虽写在纸上，但形式仍同于汉简的"简便年历"，可以看作是一种过渡形态。同样，吐鲁番所出《高昌延寿七年(630)历日》，也是写在纸上的，但形制类同表格，相当于汉简中的"编册式横读"历日，亦属过渡形态(参邓文宽《吐鲁番新出〈高昌延寿七年(630)历日〉考》)。真正属于"具注历日"的，目前所见，最早者是出自吐鲁番古墓的《唐显庆三年(658)具注历日》(参邓文宽《跋吐鲁番文书中的两件唐历》)。

② 《唐六典》卷十四太常寺太卜署："凡历注之用六：一曰大会，二曰小会，三曰杂会，四曰岁会，五曰除建(建除)，六曰人神。"见〔唐〕李林甫等撰、陈仲夫点校：《唐六典》，北京：中华书局，1992年版，第413页。

"建元六年"预设的。整理者将此历日名称改为"元光元年"恐欠妥。我觉得，似应遵从其原始题名，且加注释，写作"建元七年（元光元年）□日"方妥。

就本文要讨论的问题来说，更关键的是我们用"□"代替的那个字。如果这个字清晰无误，那么一切问题早已迎刃而解，不在话下。然而，从图版上看，"日"字清晰无误，而此字却欠清晰，故有学者释作"覛（历）"或"覛（历）"，[1]也有学者认为是"视"字。[2]"历日"是一个名词语词，已如前述。"视日"二字也能搭配使用：一见前引王充《论衡·是应》篇"是则王者视日则更烦扰不省"；另见《史记·陈涉世家》所载："周文，陈之贤人也，尝为项燕军视日……"裴骃集解曰："如淳曰：'视日时吉凶举动之占也……'"[3]亦即周文为项燕看日时之吉凶以定是否举兵。这两处"视日"之"视"，都是"看"的意思，与前引王充文章中"视荚生落""欲视其荚""视堂下之荚"的用法无别，指一个看的动作。可以说，"视""日"二字是动宾关系，而非名词。然而，银雀山二号汉墓所出"七年□日"之"□日"，理应是一个名词，亦即"七年"的"□日"。显然，若释作"视日"，在这里恐扞格难通。退一步讲，即便从纯文字学的角度将此字隶定为"视"或别的字，亦应据历学校改为"历"。

以上这些认识是逐步形成的。以往我也未对"历日"与"历谱"严加区分，时常混用，并不比别人高明。现在将一些新认识提出来，旨在推进对这个问题的再思考。我真诚地欢迎学者们的不同意见乃至批评，以便获得真知灼见。

---

[1]陈久金、陈美东:《临沂出土汉初古历初探》,载《文物》1974年第3期,第59—68页;吴九龙:《银雀山汉简释文》,北京:文物出版社,1985年版,第233页。

[2]此属我道听途说,尚未见到正式文字发表。

[3]标点本《史记》,北京:中华书局,1959年版,第1954页。

附记："历谱"不能用来指称出土秦汉实用历本,最早是由法国巴黎高等研究实验学院马克·卡林诺斯基(Marc Kalinowski)教授提出的。2000年9、10月间,马克、刘乐贤和我在巴黎进行合作项目时曾议论,回国后我一直难于释怀,不断思考这个问题。我也曾同华澜博士(法国远东学院)、刘乐贤博士、吴九龙研究员交换过意见,文中还吸收了他们的一些看法和提供的资料。谨向上述四位学人致以诚挚的谢忱。

(原载《文物》2003年第4期,第44—47转51页)

天水放马滩秦简"月建"应名"建除"

《文物》1989年第2期发表了何双全先生《天水放马滩秦简综述》一文，概述了甘肃天水放马滩1号秦墓出土竹简的主要内容。据文章叙述，此墓出土《日书》有甲、乙两种，内容大部分相同。文章介绍了甲种《日书》的主要内容，并将其分作8章，给第1章定名"月建"。《文物》同期图版伍还刊载了此章12枚竹简的全部照片（甲1～甲12）。《综述》将此12枚竹简作为一章定名为"月建"，似有未谛，特提出商榷。

《综述》首先介绍了12枚简中的月序、建除十二客及十二地支的各自起讫顺序，并移录了甲1简的释文和甲2简的部分释文，然后分析说："三统历中，夏正建寅，农历正月为岁首；商正建丑，农历十二月为岁首；周正建子，农历十一月为岁首。据此，1至12简的内容当为夏正的《月建》。"这正是《综述》定名"月建"的依据。为便于讨论，兹将甲1简的原释文抄录于下：

> 正月建寅、除卯、盈辰、平巳、定午、挚未、彼申、危酉、成戌、收亥、开子、闭丑。

我们首先讨论上简释文的断句。将"正月建寅"断为一句，并理解为夏正"正月建寅",显然认为此"寅"字是正月的纪月地支。那么,其后的文字同"正月建寅"一句是何关系?这是无法说明的。通观该简内容,所表达的是正月里建除十二客与各纪日地支间的对应关系,而不是其他。因此,应断句如下:

> 正月:建寅、除卯、盈辰、平巳、定午、挚未、彼申、危酉、成戌、收亥、开子、闭丑。

简文含义是,正月里"建"字与"寅"日对应,"除"字与"卯"日对应,等等。这样,该简的内容便十分完整,贯为一气了。其余11枚简亦当作如是读。

其次,"正月""建寅"之"寅"字,"二月""建卯"之"卯"字等,在这些简中均代表纪日地支,而非用于纪月,说已详上,可不赘述。

再次,也是更重要的,简中的"正月""二月"至"十二月"等月序,不是我们通常所理解的历法中的月序,而是星命家的"月份"。星命家的"月份"以二十四节气中的十二个节气(非中气)作为各月的开始,如正月是从"立春正月节"那天开始,二月是从"惊蛰二月节"那天开始。古代建除家在历日中安排建除十二客,正是按照星命家的"月份"而不是按照历法月份进行的。不论"立春正月节"是在上年十二月的某日,还是在当年正月的某日,凡遇"立春正月节"后的第一个"寅"日,便开始注"建"字,由此循环下排。以后至各月第一日(即节气所在之日),则需重复其前一日的建除十二客一次,然后再接续下排。由于十二纪日地支同建除十二客均以十二为周期,又使用了上述节气所在之日重复前日一次的办法,就导致了各月建除十二客与上月纪日地支相差一日,故正月"建"与"寅"日对应,"除"与

"卯"日对应，二月"建"与"卯"日对应，"除"与"辰"日对应，如此等等。

对于以上建除十二客的排列规律，陈遵妫先生在《中国天文学史》第3册第1647页注⑤曾作过解释："建除十二神……它的循环排列是每逢一个月的开始就重复一次，这里所谓一个月的开始是指星命家的月，即以节气起算。例如某年一月六日为'闭'，七日小寒（笔者按：即十二月的节气），则七日仍为'闭'。"[1]陈先生又指出："正月节后最初的寅日的十二直为建，翌日即卯日为除，再翌日即辰日为满，余类推。"[2]陈先生的这些意见，我在整理数十件敦煌历日文献时反复对照，证明完全正确。现在再用这个结论去检验前述放马滩12枚秦简的内容，也相合不悖。笔者曾撰有《敦煌古历丛识》一文，[3]对建除十二客的特点及其安排规律，以及星命家的"月份"，亦有论列，均可参阅。

《综述》最初在概括这12枚简的内容时曾说，它们是"记述正月至十二月每月建除十二辰相配十二地支的对应循环关系"。应该说这已开始接近其内容实质。但在其后的阐述中却偏离了这个正确轨道，以至最终归结为是"夏正的《月建》"，并以此定名，这未免令人惋惜。

根据以上分析，我们认为放马滩所出这12枚简的内容，是星命家的各月份中，建除十二客同各纪日地支间的对应关系，而不是其他，故应定名为"建除"，与《日书》第二章所题"建除"属于一类。《综述》所区分的第一章和第二章，其内容差别仅仅在于，所谓"第一章"是讲建除十二客与纪日地支的对应关系，"第二章"则讲各个建除十二客所主吉凶宜忌，本质上同属"建除"一类，不宜各自分章。

在明确前述12枚简的内容及其内在联系的基础上，我们可绘表

①陈遵妫：《中国天文学史》第3册，上海：上海人民出版社，1984年版。
②陈遵妫：《中国天文学史》第3册，上海：上海人民出版社，1984年版，第1666页。
③邓文宽：《敦煌古历丛识》，载《敦煌学辑刊》1989年第1期，第107—118页。

如下：

纪日地支 星命月　　建除	建	除	盈（满）	平	定	挚（执）	彼（破）	危	成	收	开	闭
正	寅	卯	辰	巳	午	未	申	酉	戌	亥	子	丑
二	卯	辰	巳	午	未	申	酉	戌	亥	子	丑	寅
三	辰	巳	午	未	申	酉	戌	亥	子	丑	寅	卯
四	巳	午	未	申	酉	戌	亥	子	丑	寅	卯	辰
五	午	未	申	酉	戌	亥	子	丑	寅	卯	辰	巳
六	未	申	酉	戌	亥	子	丑	寅	卯	辰	巳	午
七	申	酉	戌	亥	子	丑	寅	卯	辰	巳	午	未
八	酉	戌	亥	子	丑	寅	卯	辰	巳	午	未	申
九	戌	亥	子	丑	寅	卯	辰	巳	午	未	申	酉
一〇	亥	子	丑	寅	卯	辰	巳	午	未	申	酉	戌
一一	子	丑	寅	卯	辰	巳	午	未	申	酉	戌	亥
一二	丑	寅	卯	辰	巳	午	未	申	酉	戌	亥	子

　　上表读法是："正月：建寅、除卯、盈辰、平巳、定午、挚未、彼申、危酉、成戌、收亥、开子、闭丑。""二月：建卯、除辰、盈巳……"其余各月读法同此。它不是对原简的逐字、逐句释文，而是采用表格形式对其内容进行解释。表虽简略，却囊括了12枚竹简相关部分的全部内容，也便于表现它们的内容实质和内在联系。

　　附带指出，简中建除十二客的"彼"字，在汉简和敦煌吐鲁番同类文献中均作"破"。《综述》在介绍《四时啻》时，对乙209简曾有如下释文："春子夏卯秋午冬酉是，是人彼（破）日，不可筑室、为啬夫。娶妻嫁女，凶。"如果此简中"彼"字当作"破"释读不误，那么循此例，甲1—12简中的"彼"字亦当作"破"。简中建除十二客的"盈"字，在后世文献中多作"满"。满、盈同义，可以互训。之所以改盈为满，是西汉初年因避惠帝刘盈名讳而改，[①]此后便成为定式。

附带指出，《综述》一文在《秦用寅正问题》一节中也存在问题。《综述》云："秦使用的是以夏正十月为岁首的颛顼历，但这是秦统一后颁布实施的历法。那么秦统一前使用的是什么历呢？甲、乙种《日书》中的《月建》章整理时按原出土次序排列，得出了以正月、二月、三月至十二月为次的建正表。始正月建寅，止十二月建丑。未发现以十月为岁首的任何文字。由此可见，当时秦使用的是以正月建寅为岁首的夏历。"《综述》这个看法，是从对甲1—12简的释读引伸出来的。我已指出这12枚竹简应该如何断句，以及它们的内容实质和内在联系。显然，由于释读和理解不当，由此引伸出战国时秦用"以正月建寅为岁首的夏历"看法也是难以成立的。从这12枚简中，我们只知道战国时代星命家在安排建除十二客同各月纪日地支间的对应关系时，在星命家的"月份"中"正月"是从"寅"日开始排列的，以及其后各星命月份中两者间的对应关系，尚难得出战国时秦用夏历以正月为岁首的结论。至于战国时代秦用何种历法，以何月为岁首，目前由于文献记载和出土资料的不足，学术界异说纷呈，还处在继续探索的阶段，无法从放马滩这12枚竹简得出最后结论。

（原载《文物》1990年第9期，第83—84转82页）

---

① 汉惠帝名刘盈，因避讳改"盈"为"满"，见陈垣：《史讳举例》，北京：科学出版社，1958年版，第130页。

尹湾汉墓出土历日补说

　　1993 年 2 月江苏省连云港市尹湾汉墓出土的简牍文献，早已引起学术界的关注。经过考古与文物工作者的辛勤努力，1997 年岁末，中华书局终于将《尹湾汉墓简牍》一书出版，实是学术研究的幸事。

　　笔者由于长期致力于出土历日研究，故对 M6 出土的汉代历日怀有特别的兴趣。历日共两件，编号分别为木牍 10 正面[①]和木牍 11。两件历日的年代，被整理者定在汉成帝元延元年（前 12）和元延三年（前 10）五月，这是完全正确的。就定年工作来说，此两件历日并不十分困难。因为 M6 所出简牍已有"永始"和"元延"年号出现，可知为汉成帝晚期之物。借助一些年表如陈垣先生的《廿史朔闰表》之类工具书，便可将历日年月确定下来。

　　值得注意的是，此两件历日，尤其是元延元年（前 12）历日的形制有其独到之处。诚如原编者所说："先将该年十三个月名（包含'闰月'，即闰正月）分列两端，注明月的大小及朔日干支；然后将其余干支分书于两旁，并将四立、二至、二分、三伏、腊等各为某月某日注于相应干支之下。由于排列方法巧妙，六十干支正好按顺序围成一个

---

①原书"前言"在解说该历日时，将"木牍一〇"的反面亦注作历日（3 页），恐不确。细观此件释文（127 页），其内容为借贷契约，似当单独作一项内容来处理。

长方形。此历谱把一年的历日浓缩在一块木牍的一面之上，颇具巧思。"的确如此。此年共十三个月，384天，仅用一个甲子周期便将如此丰富的内容表达了出来，映照出编历者（或是抄写者）的聪明才智，为两千年后的今人所叹服。

历日的具体内容，有些易于理解，有些不太好理解。今略加补说，裨便对原历内容加深认识。不妥之处，仍祈方家是正。

关于元延元年历日：

（一）两个"立春"。我们注意到，原历历注有两个"立春"：在历日右侧干支"壬子"下注有"正月十四日立春"，干支"丁巳"下又注有"十二月廿四日立春"。这是为什么呢？正确的理解应该是，前者为元延元年（前12）之立春日，后者为元延二年（前11）之立春日。由于节气是根据阳历（回归年，365.2422日）系统来划分的，而月份则为朔望月（29.5306日）；两个节气间的平气长度为：

（365.2422日÷24）×2＝15.218425日×2＝30.43685日。

这个天数长于朔望月的长度。因此，尽管理论上各月都有自己的节气（非中气），如"立春正月节""惊蛰二月节""清明三月节"等，但实际上，节气（非中气）的具体日期总在上个月的后半月与本月前半月之间游动，而不能固定在某一日。本历日立春在正月十四日，下月便为无中气之月，即没有正月的中气"惊蛰"，只有二月节气"雨水"，[①]"朔不得中，是谓闰月"，故该历闰正月。又由于此年闰了正月，故自二月起，节气又提前注在上月之下半月，这就是历日中"立夏"（理论上为四月节）注在三月十九（"九"当作"六"，说详下）日，立秋（七月节）注在六月廿日，立冬（十月节）注在九月廿二日的原因。顺此而下，下年（元延二年）的立春（正月节）也提前注到

---

① 此时历日中"惊蛰"为正月中气，"雨水"为二月节气，与后世不同。

元延元年的十二月廿四日了。本历日中所以出现两个"立春",根本原因即在于此。

（二）立夏日期与释文校正。历日左侧干支"癸未"下注"三月十九日立夏"。按,"三月十九日"当是"三月十六日"之误。正月为大月,十四日立春,余16日;闰正月小,29日;二月大,30日,"三月十九日立夏",立春至立夏共得94日。在实行平气的情况下,立春至立夏的时间应为:

15.218425日×6=91.31055日。

此为一回归年长度的四分之一,断不为94日,可知"十九日"为"十六日"之误。中国科学院紫金山天文台历法专家张培瑜教授的大著《三千五百年历日天象》立夏在三月十六日癸未,[1]甚是。再者,就历日本身来说,元延元年（前12）三月戊辰朔,十六日正为癸未,现于"癸未"下出现"三月十九日",已是两不相谐矣。细检原书图版"YM6D10正"（21页）,此"三月十六日"之"六"字不十分清晰,易误释为"九",当用历法知识予以校正。

（三）后伏日期。历日右侧干支"庚申"下注"六月廿五日后伏"。此历五月丁卯朔,三日夏至为己巳,四日庚午,十四日庚辰,廿四日庚寅,故历日左侧干支"庚寅"下有"五月廿四日初伏"之历注。五月为小月,六月五日庚子为夏至后第四庚日,故历日右侧"庚子"下有"六月五日中伏"之历注。历日六月廿日乙卯立秋,其后第一庚日为庚申,故历日右侧"庚申"下注"六月廿五日后伏"。简言之,此历日三伏之历注与后世全同。但我们注意到,汉成帝元延元年（前12）

---

[1]张培瑜:《三千五百年历日天象》,郑州:河南教育出版社,1990年版,第93页右下。

之前一年，即永始四年（前13）的历日已有出土。①此历出自中国西北敦煌、居延一带，初伏、中伏的安排与元延元年历日相同。但"后伏"却在立秋后第三庚日（七月九日庚戌立秋，十九日为庚申，廿九日庚午为后伏）。此历仅在元延元年（前12）的前一年，但后伏安排却两不相同。对此，张培瑜教授解释说："唐以前三伏并无统一规定，随各历家不同。而唐以后情况则全按《阴阳书》之规定。"②可供参考。

（四）分至八节日期。用前引张培瑜教授《三千五百年历日天象》与此历日对照，分至八节（四立、二分、二至）日期同，即：正月十四日壬子立春，三月十六日（历日释文误作"十九日"，详前）癸未立夏，六月廿日乙卯立秋，九月廿二日丙戌立冬；二月一日（朔）戊戌春分，八月六日庚子秋分，五月三日己巳夏至，十一月九日壬申冬至；次年立春在本年十二月廿四日丁巳。出土历日证明《三千五百年历日天象》对此年历日的推算完全正确。

以下补说元延三年（前10）五月历日。

（一）"乙亥十日"当作"乙亥廿日"。我们注意到，此五月历日由"丙辰一日"到"〔甲申九日〕"共29天，干支是连续的；但在用数字纪日时，则成为"一日"至"十日"，又一个"一日"至"十日"，再"一日"至"九日"共三旬。由于干支连续，所以在对日序的理解上不至于发生错误。但就纪日方法而言，第二个"一日"至"十日"当作"十一日"至"廿日"方妥。同墓所出有元延二年（前11）记事日记，以单月（正、三、五、七、九、十一月）和双月（二、四、六、八、

---

①图版见《中国古代天文文物图集》第37页图②，原说明文字为"永光五年历谱"，误，实为"永始四年历日"。北京：文物出版社，1980年版。释文见《中国古代天文文物论集》，北京：文物出版社，1989年版，第118页之⑨。

②见张培瑜等：《古代历注简论》，《南京大学学报》（自然科学版），1984年第1期，第101—108页。

十、十二月）各为一组简编制而成，其二十日写作"第廿"（原书140、143页）；元延元年（前12）历日中也有"五月廿四日初伏""六月廿五日后伏""九月廿二日立冬""十二月廿四日立春"的历注，均可成为此一"十日"当为"廿日"的佐证。历日中"乙亥"日为第二十日，故所书"乙亥十日"宜校正为"乙亥廿日"。

（二）丛辰项目。历日最上一栏由右至左书写"五月小""建日午"等9个项目。除最末一项仅残存一"子"字外，其余均较清楚。这9项中，除"五月小"表明本月是小月29天，其余8项应是来自《日书》类书籍的丛辰（又名"选择"）项目。从出土的简牍《日书》和历日看，两汉之际，《日书》内容绝大部分仍未直接编入历日（编入的仅反支、八魁、血忌几项），而是以单独存在为主。诚然，它的使用仍离不开历日，两者需配合使用。此五月历日先将8个丛辰项目抄在历日上部，配合下面的历日使用，为迄今所仅见。

（三）"建日午"。此项属于建除十二客（又名"建除十二直""建除十二辰"）的内容。历日仅说"建日午"，即此月地支为"午"的日子需注"建"字，顺次便是除、满、平、定、执、破、危、成、收、开、闭十一个字，但不一定写出来。这十二个字各主一定吉凶，供选择使用。此时的"建除"安排规则，看来与东汉以后的历日不同：它是依据历法月份（即一日至廿九日或卅日），而不是据"星命月"［即一个节气（非中气）至下个一节气（非中气）之前一日］，每月朔日再叠值上月晦日一次，[1]西汉地节元年（前69）历日、[2]元康三年（前63）

---

[1] 参见殷光明：《从敦煌汉简历谱看太初历的科学性和进步性》，载《敦煌学辑刊》1995年第2期，第94—105页。

[2] 图版见《敦煌学辑刊》1995年第2期封三，释文见同期第105页。

历日①均是如此用建除注历；而至东汉永元六年（94）历日，则使用"星命月"叠日，即使用在交节之日叠两值日的方法了。②故此，我意此五月历日所注建除，仍用历法月，尚未用"星命月"。若理解不误，则三日戊午、十五日庚午、二十七日壬午均当注"建"。

（四）"反支未"。"反支"是现知最早用于历注的丛辰项目，见于汉武帝元光元年（前134）历日。③《后汉书·王符传》："明帝时，公车以反支日不受章奏……"唐代章怀注引《阴阳书》曰："凡反支日，用月朔为正：戌、亥朔一日反支，申、酉朔二日反支，午、未朔三日反支，辰、巳朔四日反支，寅、卯朔五日反支，子、丑朔六日反支。"④此五月历日朔日丙辰，"己未四日"，故"反支未"，与文献所记正合。但文献所记其义未尽。事实上，以上所论仅是注各月第一个反支日的日期，此下在每个历法月份之内，凡间隔六日便注一反支，元光元年（前134）历日可为佐证。⑤具体到本五月历日，"己未四日"为第一个反支日，以下十日乙丑、十六日辛未、二十二日丁丑、二十八日癸未均是"反支"日。

（五）"解衍丑"。"衍"字与"魘"字同音，故借作"衍"，即"解

---

① 图版见《中国古代天文文物图集》第36页图一；释文见《中国古代天文文物论集》，第112页。

② 参见殷光明：《从敦煌汉简看太初历的科学性和进步性》；又，张培瑜：《出土汉简帛书上的历注》，载《出土文献研究续集》，北京：文物出版社，1989年版，第135—147页。我在《天水放马滩秦简〈月建〉应名〈建除〉》（载《文物》1990年9期）一文中曾认为，战国秦时"建除"也是依"星命月"而非历法月叠日的，看来并不准确。就现有资料看，"建除"之叠日法曾有变化：东汉以前大约是本月朔日叠值上月晦日，东汉后才是节气日叠值其前一日。随着出土资料的增多，我们的认识将更加丰富，我的这个错误认识也应予以纠正。

③ 参见吴九龙：《银雀山汉简释文》，北京：文物出版社，1985年版，插页"元光元年历谱（复原表）"。

④ 标点本《后汉书》，北京：中华书局，1965年版，第1460页。

⑤ 吴九龙：《银雀山汉简释文》，北京：文物出版社，1985年版，插页"元光元年历谱（复原表）"。

魇"在"丑"日也。"魇"为后起字，古字为"厭"，因此古书多写作"解厭"。汉代好"厭胜""厭魅"之术，用迷信方法祈祷鬼神或诅咒，陷人于祸，对付的方法便是"解厭"，行之予以禳除。据此五月历日，知其时五月于"丑"日行解禳之术。

（六）"复丁、癸"。其义为：五月的"复日"，注在天干为丁和癸的日子。历中二日、八日、十二日、十八日、二十二日、二十八日，因纪日干支或为丁，或为癸，故皆是复日。此丛辰项目在后世历日中亦多使用。笔者在整理敦煌吐鲁番出土历日时，经反复排比，其安排规则为：正月在甲、庚日，二月在乙、辛日，三月在戊、己日，四月在丙、壬日，五月在丁、癸日，六月在戊、己日，七至十二月将前面一至六月的安排重复一遍即可。[1]它与本五月历日之复日安排亦相吻合。

（七）"臽日乙"。意谓纪日天干为"乙"的日子属"臽日"。"臽日"用于历注，在汉简历日中以此为首见，敦煌吐鲁番出土历日已不使用。可喜的是，我们在睡虎地秦简《日书》（甲种）中找到了"臽日"的立意与安排规则。《日书》云：

> 四月甲臽，五月乙臽，七月丙臽，八月丁臽，九月己臽，十月庚臽，十一月辛臽，十二月己臽，正月壬臽，二月癸臽，三月戊臽，六月戊臽。……凡臽日，可以取妇、家（嫁）女，不可以行，百事凶。[2]

可知，"臽日"也是供选择使用的。"五月乙臽"与历日五月"臽

---

①参见邓文宽：《敦煌天文历法文献辑校》，南京：江苏古籍出版社，1996年版。
②睡虎地秦墓竹简整理小组：《睡虎地秦墓竹简》，北京：文物出版社，1990年版，第202页。

日乙"正相一致。

（八）"月省未"。"月省"这个丛辰项目为迄今所仅见，仅知五月注在"未"日。其原始立意和总体安排规律尚未明了，俟考。

（九）"月煞丑"。意谓历日中"丑"日注"月煞"，即注在十日乙丑和二十二日丁丑。敦煌历日中此项排列结果是：正月丑，二月戌，三月未，四月辰，五月至八月、九月至十二月各再重复前四个月的安排一遍。[①]它与本五月历日月煞安排亦相一致。

（一〇）"□□子"。这是一个五月安排于"子"日的丛辰项目，惜已残失。从敦煌历日得知，五月注于子日的丛辰项目有月破、月虚和天李。此五月历日中究竟该注哪一项，尚难遽定，怀疑注"月破"的可能性较大。

以上就笔者学识所及，对尹湾汉墓所出两件历日作了一些疏证与补说，尚未敢完全自信，欢迎读者参与讨论并赐正。

这里尚需特别说明的是，历日中这些丛辰项目的安排，与后世有一个很大的不同，即：此时历日是依据历法月份安排丛辰的；而东汉以后却是据"星命月"进行的。敦煌吐鲁番出土的北魏至宋初历日，现代东亚地区的民用通书中，丛辰均据"星命月"去划定月份。这一点，我们在读古历时应予注意，不可将历法月份同"星命月"相混淆。否则，极易产生混乱，也找不出丛辰项目的准确安排规则。

（原载中国社会科学院简帛研究中心，李学勤、谢桂华主编《简帛研究二〇〇一》（下），桂林：广西师范大学出版社，2001年版，第451—455页）

---

①参见邓文宽：《敦煌天文历法文献辑校》，南京：江苏古籍出版社，1996年版。

居延新简《东汉永元二年（90）历日》考

——为纪念王重民先生百年诞辰而作

　　2003年是著名"敦煌学"家王重民先生百年诞辰。王重民先生为"敦煌学"事业做出过重大贡献，也是我国早期在这一国际显学领域拓荒的有数几位学者之一，受到人们的普遍尊重。王先生的《敦煌本历日之研究》，更是我研究敦煌历日时的重要案头书之一。先哲已矣，大作独留；后学吸乳，高山仰止。今将笔者新近考证《东汉永元二年（90）历日》的小文献上，作为对王先生百年诞辰的纪念。

　　20世纪70年代，文物考古工作者在内蒙古额济纳旗破城子汉代遗址进行了好几次科学发掘，收获颇丰。这些以简牍为主体的汉代文献资料已陆续刊出，成为学者们研究古代文史极可宝贵的资料。目前较易见到的是《居延新简》①和《居延新简·甲渠候官》②二书，本文将要考证的这件东汉永元二年（90）实行历日也刊载在上述二书之中。③

---

① 甘肃省文物考古研究所、甘肃省博物馆、文化部古文献研究室、中国社会科学院历史研究所编：《居延新简》，北京：文物出版社，1990年版。

② 甘肃省文物考古研究所、甘肃省博物馆、中国文物研究所、中国社合科学院历史研究所编：《居延新简·甲渠候官》，北京：中华书局，1994年版。

③《居延新简》第447—448页释文；《居延新简·甲渠候官》上册第197页释文，下册第445页图版。

原件编号为"E.P.T65—425A–425B"。从图版上看，墨迹十分模糊，从而给释文工作造成了极大的困难。已经公布的两份释文错误较多，下面我们将予以讨论并加匡正，进而将其绝对年代考出。

（一）原件正面（425A）的释文。现抄录原释文如下：

四月
一日辛丑建金☐ ①
二日壬寅除复☐
☐☐三日癸卯满☐☐ ②

此件为一木牍，正面（A面）共残存4行文字，但3、4两行十分模糊。在未见到图版前，我曾怀疑"四月"二字释文有误。因为释文是"一日辛丑建金"，地支"丑"日与建除十二直之"建"对应，应发生于十二月，③而不是四月。但当我去看图版时，发现"四月"二字是大字，而且清晰无误，那么就必须重新审视其下三行的释文了。因为"四月"二字正确无误，而四月"建"字只与"巳"日对应，④因此，就不得不考虑"丑"字是否属于误读？仔细审查，发现一日干支为辛巳，而非"辛丑"。这样，它自身就与该段历日为"四月"一致而不矛盾了。由于一日干支为辛巳，故二日当为壬午，三日当为癸未。原释文这三天的纪日干支全部有误，当予改正。

---

①此☐符号《居延新简》释文无。
②此☐符号《居延新简》释文无。
③各月建除十二直与纪日地支的对应关系，参笔者《天水放马滩秦简〈月建〉应名〈建除〉》，原载《文物》1990年第9期，今收入邓文宽：《敦煌吐鲁番天文历法研究》，兰州：甘肃教育出版社，2002年版，第290—295页。
④参邓文宽：《天水放马滩秦简〈月建〉应名〈建除〉》，《文物》1990年第9期，第83—84转82页。

简而言之，该木牍 A 面为某年四月一日至三日的历日，四月朔日为辛巳。

（二）原件背面（B 面）的释文。先抄录原释文如下：

九日□☑

十日己丑破四□□□卅日☑

十一日庚寅危仲伏

十二日辛卯成天李

十三日壬辰收八块

十四日癸巳开厩　　□

十五日甲午闭亡

十六日乙未建反支

十七日丙申除

十八日丁酉满血忌往亡

（该简下部尚有其他杂书文字，此不录）

我们首先要讨论一下这段残历日的月份。前已述及，古历中的纪日地支与建除十二直的十二个字（建、除、满、平、定、执、破、危、成、收、开、闭）间有固定对应关系。因正月建"寅"，故正月"建"注于"寅"日；二月"建"在"卯"日，三月"建"在"辰"日，四月"建"在"巳"日，五月"建"在"午"日，六月"建"在"未"日……[1]

而此段历日的十六日是"十六日乙未建反支"，即"建"字与

---

[1] 参邓文宽：《天水放马滩秦简〈月建〉应名〈建除〉》，《文物》1990 年第 9 期，第 83—84 转 82 页。

"未"日对应，故它当属于六月。[1]我们还注意到，十一日有"仲伏"（即中伏）的注记，其日当为"夏至五月中"之后的第某个"庚"日，也可为我们判断此段历日属于六月提供佐证。

由残历十日干支为己丑，可推得此历六月朔日为庚辰。

下面再就该段历日中的几个释文和历注问题加以讨论：

A.第二行（十日）末尾的"卅日▢"。细审图版，"卅"字似可确认，但"日"字却难以确认。强行释为"卅日"，未免牵强。第一，从此段历日的抄写顺序来看，它是各日连续抄写的。"卅日"怎么会突然写在"十日"后面呢？不伦不类。第二，将此处释为"卅日"已误导学者将该六月当作大月，并推出了七月的所谓朔日，从而导致对历日年代的误断，[2]所以这是不可取的，建议将"日"字删除或用"□"代替。

B.十三日的"八块"二字。"块"字释文不误，读如"魁"，作"八魁"方是。"块"字通"魁"。《文选·司马长卿〈长门赋〉》："正殿块以造天兮，郁并起而穹崇。"吕向注："块，大也。"清代钱学纶《语新》卷下："培原初当营卒，躯干块伟，善饭多力。"是其比。《后汉书》卷三十上《苏竟杨厚列传》："夫仲夏甲申为八魁。八魁，上帝开塞之将也，主退恶攘逆。"唐代李贤注引《历法》云："春三月己巳、丁丑，夏三月甲申、壬辰，秋三月己亥、丁未，冬三月甲寅、壬戌为八魁。"[3]而此历"八块（魁）"注在六月的壬辰日，属于夏三月，完全正确。

---

①如果此段历日的日期为下旬，那么，虽然"建"与"未"对应，历日却属五月，应当小心按断。

②晏昌贵：《敦煌具注历日中的"往亡"》，载武汉大学中国三至九世纪研究所编：《魏晋南北朝隋唐史资料》第十九辑，第226—231页。

③标点本《后汉书》，北京：中华书局，1965年版，第1045页。

C.十五日最末一字"亡"通"望"。"亡"字通"忘",《诗·小雅·沔水》:"心之忧矣,不可弥忘。"《经义述闻》卷五:"亡,犹已也。作忘者假借字耳。"而"忘"与"望"同音,故得相借,可知此月"望"在十五日。

(三)以下我们将根据残历自身提供的条件,对其确切年代进行考定。

如前所述,我们已考知残历四月朔日是辛巳,六月朔日为庚辰。在残历可能存在的时限范围内,我们进行了搜索。经与张培瑜教授《三千五百年历日天象》①一书的汉代历表对照,在从公元前104年到公元220年的范围内,共有四年是四月辛巳朔,六月庚辰朔。它们是:西汉建昭四年(前35)、西汉建平三年(前4),东汉永元二年(90)和东汉光和六年(183)。换言之,以上四年是该残历日可能具有的实际年份。

那么,其中哪一年是唯一选择呢?

先看历日的"仲伏"。以"三伏"注历远在西汉《建元七年[元光元年(前134)]历日》即已存在。②唐代以后,我国历日概以夏至后的第三个庚日为初伏,第四个庚日为中伏,立秋后的第一个庚日为末伏;但在汉代,三伏所在庚日尚不固定,中伏可以在夏至后的第三个庚日,也可在第四庚日以至第五庚日。③而作为"仲(中)伏",此段历日对前述四个年份全部通用,因此,无法据此进行筛选。

我们注意到,该历四月一日为"辛巳建",而"建"与"巳"对应

---

① 张培瑜:《三千五百年历日天象》,郑州:河南教育出版社,1990年版。

② 参见吴九龙:《银雀山汉简释文》插页之"元光元年历谱(复原表)",北京:文物出版社,1985年版。汉代实用历本当称"历日"而非"历谱",详参邓文宽:《出土秦汉简牍"历日"正名》,载《文物》2003年第4期,第44—47页。

③ 参见张培瑜:《出土汉简帛书上的历注》,载国家文物局古文献研究室编:《出土文献研究续集》,北京:文物出版社,1989年版,第135—147页。

当在"四月"。不过，据下文对"往亡"的考述，这个"四月"只能是"星命月"而非历法月。"星命月"的"四月"，是从进入"立夏四月节"那天开始计算的。而"立夏"在古历中的位置，既可以在四月的前半个月，也可以在三月的后半个月。此历四月一日已是"建"与"巳"日对应，说明它的"立夏"是注在三月下旬的。而历日的节气（非中气）之所以提前注在上月的下半月，又是因为此前不久有过闰月的缘故。这就提示我们，此历不久前的几个月内曾有过闰月。

以此检查上述四个年份，前35年、前36年均无闰月，与此不合，故前35年当予排除。公元182、183年均无闰月，故公元183年亦当排除。前4年闰三月；90年当年无闰月，但89年闰过七月，故前4年与90年在可选范围之内。

真正能使我们将该残历绝对年代加以判定的，是残历六月十八日的历注"往亡"。

"往亡"是古代术士所认为的出行与打仗用兵的大忌日。清代官修《星历考原》卷四引《堪舆经》曰："往者去也，亡者无也，其日忌拜官、上任、远行、归家、出军征讨、嫁娶、寻医。"[1]作为一个神煞，它出现得很早，且有自己的安排规则。睡虎地秦简甲种《日书》第107背和108背简文云：

> 正月七日，二月十四日、三月廿一日、四月八日、五月十六日、六月廿四日、七月九日、八月十八日、九月廿七日、十月十日、十一月廿日、十二月卅日，是日在行不可归，在室不可以行，是是大凶。[2]

---

[1] 参见刘乐贤:《简帛数术文献探论》,武汉:湖北教育出版社,2003年版,第298页所引。
[2] 睡虎地秦墓竹简整理小组编:《睡虎地秦墓竹简》,北京:文物出版社,1990年版,第223页。

晏昌贵先生认为其各月计算的起始点在于月朔，从而有：

正月七日	二月 7×2=14 日	三月 7×3=21 日
四月八日	五月 8×2=16 日	六月 8×3=24 日
七月九日	八月 9×2=18 日	九月 9×3=27 日
十月十日	十一月 10×2=20 日	十二月 10×3=30 日[①]

依据这套排列规则，六月往亡当注在廿四日，而本残历"往亡"是注在六月"十八日"的，故不适用。

但是，古历除上引之外，也还有另外一套安排往亡的规则，即依据"星命月"而非历法月。星命月之始是每月节气所在日，故清《协纪辨方书》卷六《义例四》引《历例》曰："气往亡者，立春后七日，惊蛰后十四日，清明后二十一日，立夏后八日，芒种后十六日，小暑后二十四日，立秋后九日，白露后十八日，寒露后二十七日，立冬后十日，小雪后二十日，小寒后三十日。皆自交节日数之。"[②]

依据"气往亡"的安排规则，"往亡"当注在"小暑六月节"后的第二十四日。现以这一标准，对前面推出的四个年份核定如下：[③]

前 35 年小暑在六月初五甲申日，距六月十八日仅 14 日，不合，当予排除。

前 4 年小暑在五月十七丙寅日，且五月为大月，距六月十八已 32 日，不合，当予排除。

183 年小暑在六月初三壬午日，距六月十八仅 16 日，不合，当予

---

① 晏昌贵：《敦煌具注历日中的"往亡"》，载武汉大学中国三至九世纪研究所编：《魏晋南北朝隋唐史资料》第十九辑，第 226—231 页，引文见第 228 页。
② 见李零主编：《中国方术概观·选择卷》（上），北京：人民中国出版社，1993 年版，第 248 页。
③ 下引四年小暑日均据张培瑜：《三千五百年历日天象》，郑州：河南教育出版社，1990 年版。

排除。

90年小暑在五月廿五日甲戌，且五月为大月，距六月十八正好24日，是唯一相合者。

由此可知，此木牍残历的绝对年代为公元90年，即东汉和帝刘肇永元二年。至此，残历的绝对年代终被揭出。

在同一探方（E.P.T65）出土的竹简中，不单这一件是永元年代之物，还出过"永元十三年二月……"①的纪年简一枚；破城子房屋二二（E.P.F.22）也出有"☐永元十年三月乙未朔十四日☐"②的纪年简一枚。这些同一遗址或相近遗址所出纪年资料，均可作为本残历定年的参考。

由于已知本残历的年代为公元90年，而据张培瑜教授《三千五百年历日天象》一书，本年大暑在六月十日己丑。对比残历，发现该日释文后部有三个☐☐☐，即有字而难以识出。我意末后两个方框当是"大暑"二字。而"大暑"前的"四☐"当是"四激"，这也是一个选择神煞。睡虎地秦简甲种《日书》第143至144简背说："入月七日及冬未、春戌、夏丑、秋辰，是胃（谓）四敫，不可初穿门、为户牖、伐木、坏垣、起垣、彻屋及杀，大凶；利为啬夫。"③残历在六月十日己丑注"四激"，正与《日书》"夏丑"相合。顺便说到，"四激"在唐宋敦煌具注历日中已作"四击"，但排列规则一仍其旧。

就该历日本身来说，它也不是迄今在西北地区出土的唯一一件永元年间的历日。此前曾在敦煌出土有永元六年（94）的历日，在居延出土过永元十七年（105）的历日。④因此，本件永元二年（90）历日

---

①释文见《居延新简》，第422页，图版见《居延新简·甲渠候官》（下），第415页。

②释文见《居延新简》，第513页，图版见《居延新简·甲渠候官》（下），第548页。

③睡虎地秦墓竹简整理小组编：《睡虎地秦墓竹简》，北京：文物出版社，1990年版，第226页。

④参见任继愈总主编，薄树人主编：《中国科学技术典籍通汇·天文卷》第1册，郑州：河南教育出版社，1997年版，第229、241页。

在破城子的存在并非孤立现象，它为我们研究汉代历法史增添了一份新资料。

从历法史的角度讲，东汉从章帝刘炟元和二年（85）开始行用编䜣、李梵所编"后汉四分历"，残历上距元和二年仅六年，由此可知，它是"后汉四分历"的早期实用历本。

最后，还要特别指出，我们注意到四月一日历注中有一个"金"字。这在以往出土的秦汉实用历本上尚未见过。我们知道，在出土的唐宋历日实物中，每日日期干支之后便是"六甲纳音"一项，用金、木、水、火、土分别代替商、角、羽、徵、宫等五音。六十甲子各自的纳音有如下关系："甲子、乙丑金，丙寅、丁卯火……庚辰、辛巳金……"[①]此残历四月一日干支辛巳，纳音正是"金"。如果释文不误，这便是迄今我们在历日中见到最早的纳音用例。但目前所见仅此一例，即使释文不误，能否确认，也还有待出土材料的增多。

附记：本文初稿完成于2003年4月上旬。一周后，同研究所李均明先生即向我见示他最新收到的日本富谷至先生编集的《边疆出土木简的研究》（京都：朋友书店，2003年2月出版），内收吉村昌之先生《出土简牍资料にはみれる历谱の集成》一文，所列该残历亦为永元二年（90），堪称殊途同归。不过，也有区别。第一，我未见到吉村先生的定年方法，而我自己则有一套严密的考证程序；第二，吉村的录文采自释文本《居延新简》，原释文的失误一仍其旧。而我已将大部分校正，并补出了一些原未释出的文字。因此，本篇小文自有其学术价值在。这里之所以加以说明，是为避免有掠美之嫌。

[①] 参见邓文宽：《敦煌天文历法文献辑校》，附录十二《六十甲子纳音表、干支五行对照表》，南京：江苏古籍出版社，1996年版，第747页。

（原载国家图书馆善本特藏部敦煌吐鲁番学资料研究中心编《敦煌学国际研讨会论文集》，北京：北京图书馆出版社，2005年版，第284—288页）

中国古代历日文化及其在东亚地区的影响
——中法系列学术讲座稿

　　本讲的主要内容是围绕中国古代历法和历日文化展开的。就这一主题，下面讲三部分内容。

一、中国古代历日概况

　　历日是人们进行生活和从事生产活动的基本依据之一，因此，中华先民老早就已开始制订历法。现存最早的文字记载见于《尚书·尧典》："乃命羲、和，钦若昊天，历象日月星辰，敬授人时。"以及其他一些零星的记载。但是，秦朝以前的情况大多说不死，我们还是说说秦以后的情况。

　　1.从文献记载知道，中国自先秦至清末，先民大约共编制了93部历法，且加以行用。详细可看《中国大百科全书·天文卷》559—561页，载有中国科学院院士、著名天文史学家席泽宗先生编制的《中国历法表》。其中在历史上特别著名的历法有三部：

　　A.汉武帝太初元年（前104）颁行的《太初历》。参与编制者有邓平、落下闳等人。这部历法的特点有三个：（1）使用夏历，以正月为建寅月；（2）无中气之月置闰；（3）正式使用二十四节气。这三点，在当今农历中仍在使用。

B.唐朝开元十七年（729），颁行了由著名高僧一行（俗名张遂）制定的《大衍历》，计算精密，其方法成为后代遵行的定式。

C.元代郭守敬编制的《授时历》，1280年颁行，是中国古代历法成就的最高体现。

明末清初，西洋传教士带来了西洋历法。它的计算方法远比中国的方法先进，中国传统历法走向了衰落。中国全面实行西洋历法始自民国元年（1912）。使用公历以后，开始大家不习惯，于是有人就写了这么一副对联进行调侃，上联是："男女平等，公说公有理婆说婆有理"，下联是："阳历农历，你过你的年我过我的年。"到了今天我们不是还要过两个年嘛。也就是说，虽然我们使用了跟国际接轨的统一的国际公用纪年方法，但是我们本民族的传统历日也还在使用。我们需要注意的是，中国古代历法有史以来都是阴阳合历，我要特别说明一点，是阴阳合历。阴是指月亮，太阴嘛，阳是太阳。为什么要用阴阳合历呢？它是兼顾月亮运行和太阳运行这两个周期的，然后对其进行协调。你知道，月亮绕地球一周是29.5306日，12个周期是354日或者355日。而地球绕太阳一周，即回归年的长度是365.2422日，这样的话，12个月亮周期和一个回归年周期之间就相差10到11天，如果我们不加入闰月进行调整的话，十七八年后就会把冬至过到夏天去，对不对？每年要差十来天，所以会出问题。于是乎，我们的祖宗非常聪明地发现，在19年里面只要加入7个闰月，就是19年7闰法，正好可以克服这个矛盾。这里列一个简单的数学公式，看一下就明白：

365.2422日×19=29.5306日×（19×12+7）。

365.2422是一个回归年长度，乘以19的天数，等于19年里面，每年是12个月，再加上7个闰月，共235个月，每个月按29.53日算，得出的日数是 6939.55 日，也就是说我们只要在 19 年里面插入 7 个闰月，大致可以克服前面的矛盾。事实上，从历法的角度来讲，是 19 年里面加入 7 个闰月的方法，3 年碰到一个闰月是民间粗略的说法。

那么中国古代是不是有纯粹的阳历呢？就是只管太阳，不管月亮？有人说，《夏小正》是纯粹的阳历，但这只是学术上的一种看法，没有办法进行证实。太平天国的时候，使用的是纯阳历。因为洪秀全信奉天主教，他认为自己是天主教徒，所以在太平天国的时候曾经用过西洋历法。

在中国的少数民族里面，回族有纯阴历与纯阳历两种，有把月亮的两个周期搭配起来的习惯，但主要是使用纯阴历。为什么呢？因为回族人的开斋节跟月相有关，也就是跟月亮圆缺有关。回民主要用阴历，每年 12 个月，每个月 29.5306 日，全年只有 354 日到 355 日，每个"年"要比汉族"年"短，少过十天左右，积三十多年就比汉人要多过一个年。回历是从西历公元 622 年 7 月 16 日起，这一天也就是回历的开始。从 622 年 7 月 16 日那天到现在，回民已经比汉人多过了 45 个年，因为他们每年都要少过十天左右嘛，就是日期不固定，从我们汉历的日期上看，从公历的日期上看，都不固定，因为它每年都要少一些天。因此，农历、阳历、阴历这几个概念我们要分清楚。老人们总是说"阴历今天初几"啦、"明天十几"啦等，那是民间的说法，从学术的角度来讲，这个说法是不准确的，应该称作"农历"才对。

我们祖宗编了那么多的历法，在 20 世纪之前流传下来的却很少，因为这个东西并不是特别珍贵，大家用完了，到了明年又换新的，旧的历日就置之一边了。所以 20 世纪之前，中国古代流传下来的历日，最早的是公元 1256 年的《南宋宝祐四年丙辰岁（1256）会天万年具注历日》，南宋以前的东西都看不见了。但幸运的是，从 1901 年到 2000 年这百年中，由于考古工作收获颇大，迄今我们看到的最早实用历本，是秦始皇三十四年，也就是公元前213年的，这个就比南宋宝祐四年（1256）历日提前了1469年。

下面我们来放一些投影片，大家来共同欣赏一下我们古代的历日，这些实用历本是些什么面貌。

这个是竹简，就是秦始皇三十四年，即公元前213年的历日，旁边十月、十二月等。这份历日表明当时它是把单月和双月分开的。为什么十月在最上面？因为秦代的历法是以十月为年首。夏商周三代，夏代是以正月为年首，商代以十二月为年首，比夏朝提前一个月；周历是以十一月为年首，又比商朝提前一个月；秦则比周再提前一个月。所以秦代把自己的年首——一年开头的第一个月定在十月。

我们在这个墓里头还看到，秦二世元年的一个历日，是一片木牍。看这个木牍，十月、十一月、十二月，所以接下来这个月应该是正月吧，结果是"端月"。为什么是"端月"？秦始皇不是名嬴政嘛，避讳，不让使用正月这个"正"字，所以把"正"字改成了"端"，这是陈垣先生在《史讳举例》里面早就提到的。这个1996年出土的材料，也证明了秦朝的避讳改字。

我们再看，这个是在汉高祖刘邦到吕后期间，连续17年的历日，它每一根简写的是一年，如果把每日干支都写下来，那明显是写不下，它只是把每个月月朔，就是初一那一天的干支写上，所以它的一根简是一年的历日。

1972年在山东临沂出土的，他们把这个叫作《汉元光元年历谱》，是公元前136年的历本。这件历日使用的简挺人，每根简都是70厘米长，在山东省博物馆展出过。

这是公元前69年的编册历日，是汉宣帝地节元年的历日。它是编册式，上面三个是从一日一直到三十日，然后下面从月份角度看的。你看我们现在写的"册子"的"册"，中间画一横，为什么要画一横？

这个是编历的时候用绳子编的痕迹，书"册"的"册"正好就代表了那个麻绳，这是个象形字。

下面看得到的是在连云港汉墓里出土的公元前12年的一个历本。你看这个编法也很有特征，下面一会儿双月一会儿单月，然后它把每一个月的朔日都写在下面，丁卯朔，它告诉你初一那天的干支是丁卯；然后中间用一个甲子周期六十个干支标明冬至、立夏以及其他月份。它用了一个简短的图，就把一年的历日内容全都表达出来了，颇具巧思，这个是公元前12年的。

上面看的都是简牍类，下面我们进入纸张时代了。这个是公元450年、451年。这个历日是从敦煌莫高窟里面发现的。发现以后不是被国家图书馆或者英国、法国的图书馆收藏，曾经流失到了私人手上。它很重要的一个优点是有准确月食预报。但在我之前没有人把文字读通，"食"字不太好认。看这个，"十月"，边上加了一个小的倒钩符号，这是月食，看到吗？"十六日月食"。后来经过研究，加上现代的推算结果，证明这个月食预报很准确，那个时候的人能够达到精确到哪一天已经很不错了。这是我们从敦煌资料里得到的关于天文历法很重要的收获，也是现在我们所知写在纸张上的最早历日。

再看一个。我们看到的很多东西都是废物利用，当时人们把它扔掉了，后被剪作鞋样。这个历日一共只剩下71个日干支，复原后全年一共384天，年代是公元630年，唐太宗活着的时候。这是我们所看到的唐太宗李世民时代唯一的历日实物，当然，它不是唐朝的，而是吐鲁番地区高昌国的。

再看公元658年的历日，跟前面不一样了。前面都是画着表格，单独地只写出干支的，这个就不一样了，这个有日期，六日这一天，记着干支是乙酉，下面的内容是选择干什么吉利，干什么不吉利。

这是公元986年北宋的历日，敦煌当地人编的。我们注意到在这个历日里面，每隔7天上面写一个"蜜"字，就是我们今天所说的星期日。唐代的时候东西文化交流非常频繁，所以来自西方的星期制度在唐时已传到中国。但是，它不像我们今天作为安排生活工作的时间依据，而是用于选择吉凶的。南宋以后很长一段时间，"蜜"日注从历日里消失了。现在星期日休息是大家生活的基本准则，这是从辛亥革命以后才开始的。之前为什么外来的休息制度在中国传播不开呢？休息日我们也叫"礼拜日"，它源自宗教礼仪制度，在星期天这天要做礼拜。可是在中国唐代的时候国家实行的是"旬假"制，也就是十天休一次假，所以这个外来文化在生活中，和中国制度找不到契合点。辛亥革命以后开始实行，直到今天，谁都不能不认同这个制度了。

这片东西虽然小，但是它的学术价值是不能低估的，用严格的科学考证程序对它进行研究以后，它的准确年代是公元834年；而且要注意，它是一个印本历日，是雕版印刷的。用它可以研究，中国古代雕版印刷是在哪个年代产生的。中国雕版印刷的最早实物是哪个年代？大家引用最多的是敦煌所出的唐咸通九年，即公元868年的《金刚经》。我们通过这个历日，把雕版印刷最早实物的绝对年代提前了34年。

这片是西夏用的汉文历日。刚才那个是雕版印刷的，这个是活字印刷的。里面的"明"字，右侧"月"字里的两个横没有，这不是普遍现象。这是迄今为止发现的活字印刷最早的历日。所以，雕版印刷也好，活字印刷也好，都是从历日里面发现的。

这件则是我们刚才说过的《授时历》的历日，是德国国家博物馆的藏品，经考证是公元1407年的。中国古代传世历本里面，比较多留给后人的，是从明朝中期以后，明朝的后半叶和清朝的全部都流传下来了。清朝的历本在故宫博物院完整地保存着，明朝的东西大概有一百多件，散存在全国的一些图书馆里，其中国家图书馆收藏得最多。

以上就是中国古代的历日实物，我们通过出土文物给大家做了一个介绍，让大家看看我们祖先都做了什么样的工作，以及他们是用什么时间方式安排生活和生产的。

接下来介绍中国古代历日文化的主体内容。

历日包含的文化内容，可以分成两大块，一个大块属于历法的范畴，是科学内容，另一部分是不科学的，有大量迷信的内容。科学的内容包括历法的各种数据，比如回归年的长度，加闰月的周期，也就是十九年加七个闰月，日月的交点，24节气的确定，还有朔和望等，不要以为望日只有十五这一天，实际上，从十四到十七这四天里都可能是。科学的内容有个特征，就是大部分内容都可以用数字表达，是用数学计算的东西，这一部分不可以伪造，不可以用主观的想象去创造，是客观存在，就看你怎么认识它。但是历日里更多的是阴阳数术内容，这种内容我们最早看到的，是在《日书》里面。20世纪70年代以来，一共出土了十几批《日书》。为什么称其为《日书》呢？在湖北云梦睡虎地秦简里的两种《日书》里，乙种结尾题名"日书"两个字，于是就把它的书名定为"日书"。其他的，我们只能说从内容来说它们是属于日书一类，但是它们的原始名称是什么，我感觉有点怀疑，是不是古人把这类书籍都叫"日书"呢？恐怕有问题。《日书》这一类材料，在我们现在还不能确定它们确切名称的时候，把它们都叫作"日书"，也是一种选择，或许带有几分无奈。这些《日书》的共同特征就是"选择"，这一天这一时刻干什么吉利，干什么不吉利，《日书》最基本的内容就是进行"选择"。从刚才放的幻灯片看到，早期《日书》内容都很简略，编得很实用，选择内容直接写上去的很少。这是因为竹简这种文字载体偏小，使文字容量受到限制。所以我们推测，古人怎样使用这种《日书》进行选择，比如要结婚、要出行，都要选一个好日子。但是怎么选呢？要知道中国古代文盲很多，识文断字的人很少，尤其在民间，真正有文化能看懂《日书》的人应该不多。一些文化人手上拥有《日书》，但是不多。而历日，国家颁布的历日经常变化，大家知道颁布历日是皇权的象征，你用我的历日就是臣服于我，它是权力的表征。那么历日每年由官府颁布，而《日书》不怎么变，你可以选择在什么日子做什么事情，老百姓一旦遇到了需要选择的问题，比如说儿女要结婚，甚至是死人要哪一天安葬，或许是要出远门，于是乎就找那些识文断字的人，让他看一个好日子。那些有《日书》的人，就会把自己手里的《日书》和国家颁布的历日进行对照，选择日子，满足老百姓的心理需求。

从出土材料看，秦汉时代这种实用历本原名叫"历日"，2003年我在《文物》上发表的文章，专门考证这种历本叫什么名字。因为百年前，罗振玉、王国维二位先生称它们为"历谱"，我认为应该叫"历日"。从敦煌出土的材料看，敦煌出土的五十多个实用历本，有八份是完整的，里面称"具注历日"。"注"就是历注，里面有用于选择的各种神煞，年神、月神、日神等各种神煞，然后做什么吉，做什么不吉。再说"具"，"具"是什么含义呢?《说文解字》里面有"具"字的解释，具就是"共置"，放到一块儿，现在大家都说具备什么什么的，"具注"就是"备注"，在这里就是说把选择的内容都写出来。所以，历本名称的变化，我个人认为是书写材料产生变化引起的。东汉蔡伦综合前代的造纸技术，把它升华了一次，那时候纸张并不普及，纸张真正大规模地普及，变成人们用于书写的基本材料，是在公元400年前后，东晋的时候。我们从出土材料可以看出，早期基本上都是竹简和木牍，到了公元450年前后，敦煌的历日文本已经写在纸上了。纸张的特征，就是字的容量明显变大，因为它容易生产，人们就不需要再拿着《日书》和颁布的历日，去对照着看。这一天能干什么，不宜干什么，编历的人都写在日期下面了，就像这份公元658年的历日。从那以后，直到现在我国的港、澳、台以及日本所使用的历本，都告诉你当天可以干什么，自己看马上就能做出判断，没有必要再找别人把两样东西对照起来选择判断。书写材料的变化，让人们使用历日更加方便。还有这个清朝的历日，为什么叫"时宪书"不叫"历日"？乾隆不是叫"弘历"嘛，为了避讳"历"字，才改叫"时宪书"；就像故宫北门，原来名为"玄武门"，因为康熙名叫"玄烨"，于是改称"神武门"。

下面我们介绍一些具体的数术内容。

第一个叫作"建除十二客"，又叫"建除十二神"或"建除十二直"。这是我们迄今所知数术文化里最古老的一种，一共是12个字：建、除、满、平、定、执、破、危、成、收、开、闭。每个字都主一定吉凶，编历者在每一天下面都会加上一个字，表示每天干什么吉利或不吉利，他们自己有一套编排方法。我们把它们的规则编成表格，它就是建除十二客基本的排列规则。有了这个表，我们就会发现，中国古代每一天的纪日干支都包括在那里，它和建除十二客里面的每一个字在每个月（星命月）都有固定的对应关系。这个表格很重要，即使出土文物碎片很小，我们只要看得到它上面的纪日地支，根据建除十二客，就能判断它的星命月份。这个表格实际上变成了一个工具。

建除十二神之外，还有一个叫作"三元甲子"。一个甲子是六十年，干支纪日也好，干支纪年也好，都是六十为一个周期。为什么叫"三元"呢？它有三个六十周期，上元、中元、下元。数术家做了一个规定，从隋朝时的公元604年甲子年开始，这个甲子年是上元甲子，到了664年进入中元甲子，724年进入下元甲子；然后到了784年又回到上元甲子，上、中、下循环，于是我们排下来，到1984年又进入下元甲子。按照这个说法，大家现在正生活在下元甲子年中。这个跟算命有关系。

还有"九宫"，我们说说"命宫图"。这也是历日里面很重要的一个内容，据说九宫是起源于《洛书》的方阵，但现在还不能确认。从出土材料看，我们现在知道最早的一幅九宫图，是从马王堆汉墓出土的。这幅是九宫图的基本图形，也被人称作"数字魔方"。看它正着、斜着，只要三个数连在一起，其和就是15，实际上印度有更大的数字魔方。我们在这个魔方的基础上把每个数字减一就变成这样，以此类推，加一就变成这样，1与9相连，这样我们就可以变出九幅图，把九宫图安排进历日，于是出现年九宫、月九宫和日九宫。跟九宫有关系的就是男女命宫，安排男人、女人各自的命是在几宫。它以出生的那年为准，男的命宫是按照9到1这个顺序倒转着的，女的命宫是从5开始，顺数到9，再接1、2、3、4……这样顺时针方向走的。男人、女人都给一个命宫，这样算下来，2008年男的是1宫，女的是5宫。这就进一步成为算命先生讨论婚配是否合宜的根据。

古代星命家们还把六十甲子与五音相配，五音是宫、商、角、徵、羽，又因五音可以用五行替代，土、金、木、火、水，所以在历日上，我们看到的不是抽象的"宫商角徵羽"，而是"五行"。它表面上是用五行，但实际却代表五音，被称作"六甲纳音"。"六甲纳音"一共有三十句口诀，比如说"甲子乙丑金"，就是甲子、乙丑这两个干支所配是"金"。算命先生对这个东西非常熟悉，否则，他就不能判断两个年轻人生辰是相生还是相克。五行可以相生，也可以相克，你告诉算命先生两个青年男女的岁数，知道今年的干支，算命先生根据口诀倒溯到他们出生的那年，看那年是相生还是相克，相生就是命合，相克就是命不合，如果一个是金一个是木，"金克木"，遇到这种情况就不用结婚了。所以这个六十甲子纳音主要是算命先生在用。

历日里面还有个重要的东西就是"年神"，现在我们总共找到三十九个年神。不同的历日年份里面，它各自在什么位置，我们把它编成表，这个表在对照的时候怎么用呢？对照方位图来使用。中国古代的方位图和现在的地图不一样，恰恰相反，是上南下北左东右西。因为中国古代皇帝坐朝时是坐北面南的。这个方位特别重要，看古书的时候如果不知道中国古代的方位系统，很多时候就很难理解。中国古代的方位系统有24个方位，不像今天这么简单，只有东西南北再加四个角，总共8个方位。这是中国文化里面很重要的一个内容。

年神之外还有月神。每个月有8个神，中国古代的神有很多，年神、月神和日神，加在一起有200多个，主宰老百姓日常生活的有200多个神。我一直在想，中国人在创造和应用数术文化上花了这么大的力气，为什么没能升华到哲学的高度？花了这么大力气应该能总结出一些哲学的东西，但是在这里看不到太多的哲学内容。它能传下来，是因为跟老百姓的民生密切结合，如果脱离民生，它一定传不下来。研究文化的人有个说法，中国的思想文化大体可以分作两大块，一块是上层文化，就是以儒家文明为代表的文化，无论是道德规范，还是政治建构，这个是上层文化；另一个是下层文化，就是阴阳、数术这一部分。上层文化要知书达理，受儒家文化熏陶教育，但是老百姓不识字；怎么从思想上管理人民呢？古人认为老百姓不知道善恶选择，于是他们通过鬼神来加以约束，包括因果报应之类从佛教里面借鉴的东西，老百姓受到恐吓，也许犯罪的几率就会小一点。虽然中国古代的一些设置并不合理，也不科学，但它却很实用。

中国古代历日文化还有一个重要内容，就是二十八宿。二十八宿是在中国古代天文学赤道系统里的星宿，每个星宿也都加载了吉利与否的含意。有学者认为，它是南宋的时候才引入历法里的。但我们从敦煌历日发现，唐末就已有将二十八宿注入历日的用例，虽然没有连续用下来。宋以后就经常用了。

现在我们讲今天的第三个问题，也就是最后一个问题：中国古代历日文化在东亚地区的影响。

我们说，历日里面包含着丰富的阴阳数术文化知识。但是，中国大陆在1949年以后，把这一块内容完全切除掉了，现在大陆的挂历和台历上基本见不到这种内容，现行的历日里仅仅保存了它原有的科学内容，数术部分没有了，这是一种文化断裂，所以大陆历日不在我们这个标题的讨论范围。中国古代历日文化产生影响的范围主要是东亚和东南亚的汉文化圈，包括我国台湾、香港、澳门，日本、韩国、柬埔寨以及泰国、越南、新加坡等地区。

我们先说对日本的影响。中国古代历日文化是在公元6—9世纪传入日本的，也就是公元500多年到公元800多年。日本直接采用了中国历法，用过南朝何承天的《元嘉历》，用过唐朝李淳风的《麟德历》，还有唐朝中叶僧一行的《大衍历》。但是，日本使用最久的却是公元822年唐朝编的《宣明历》。日本从公元862年，也就是《宣明历》编成41年以后开始用《宣明历》，一下就用到了1683年。《宣明历》在日本行用821年。到了1684年，日本才开始使用自己编制的《贞享历》。但是《贞享历》的主要科学内容，采用的多是元朝郭守敬的《授时历》，而阴阳数术那一块还是用了《宣明历》的内容。大家正在传看的那本书，后面写着"三国相传《宣明历》，见卷几第几章……"三国指朝鲜三国，就是说中国古代的《宣明历》，是经过朝鲜半岛传到日本的。这里需要注意的是，过去日本的春节和我们是同一天过，1868年"明治维新"以后，日本把春节改为公历的元旦那一天，和我们节日名称仍一样，但却是在公历元旦那天。"春节"这个概念，我们知道是在每年的正月初一。但中国古人把正月初一这一天称作"元旦"，而"立春"那一天才是"春节"。辛亥革命后，立春那天不过"春节"了，而是改在每年正月初一，然后把原来的"元旦"改在公历每年的第一天。所以，春节和元旦的名字是改变了的。

再说中国古代历日文化对朝鲜半岛的影响。有位学者指出，在公元647年，新罗、百济、朝鲜三国并立时期，新罗国有个人叫德福，从唐朝李淳风那里学习了《麟德历》，回国后的当年，新罗就改用了《麟德历》。新罗的宪德王在位时间是公元810年到826年，改用了《宣明历》，而日本从862年开始用《宣明历》，可见《宣明历》先传到朝鲜半岛，然后才传到日本。历法专家说，高丽一建国就用了《宣明历》，后来才改用元朝的《授时历》，《宣明历》在朝鲜半岛总共用了400年左右，在日本用了800多年。我有一份1999年的韩国日历，里面写着中国的纪日干支、二十四节气、三伏、寒食、中秋节、春节，虽然没有见到多少数术内容，但是中国历日的科学内容，基本上都包括在现代的韩国历日中了。

我们再看中国传统历日文化在我国港、澳、台地区的影响。我们说了，1949年后大陆把历日文化作为迷信，从历日里排除掉了。但是在港、澳、台，这个文化一脉相承地传了下来，没有中断。我以前研究的主要是敦煌的材料，现在看港、澳、台这些历日，基本没有变化，也就是说历日这个中国文化的组成部分，虽然在大陆地区中断了，但是在港、澳、台没有断。

另外，有一个很重要的问题，我们以前不知道中国古代历日对柬埔寨有什么影响，这是很可惜的一件事。两年前，我自费去柬埔寨参观吴哥窟，当时我很关心柬埔寨的历日内容。我看到同事屋子墙上挂着柬埔寨历日，基本上就是国际公历以及国庆日、国王的生日之类。回来后为了写一篇游记（《文明的辉煌与断裂》），我就看了元朝周达观的《真腊风土记》。14世纪末年，就是1396、1397年，元朝一个国家使团出使真腊国，就是柬埔寨这个地方。周达观随行，记录了当时柬埔寨真实的社会和人文风貌，其中第十三卷，讲这个国家使用的历法是每年十月为岁首，出行吉利与否、十二时辰、十二生肖也都提到了。这部书是非常重要的，因为吴哥窟的发现与它有关。法国人亨利·穆奥（Herni Mouhot），就是根据《真腊风土记》，在柬埔寨的热带丛林里面，重新把吴哥窟找了出来。过去，法国的伯希和和他的弟子戈岱司、中国的考古学老前辈夏鼐先生，都研究过柬埔寨的历日，但是这些文字都没读出来。伯希和是拿这段文字和印度去对比，显然对不上，他的考古知识很丰富，但对中国古代历法却不熟悉。我一看，这不是中国的东西嘛。柬埔寨14世纪时竟然用中国秦朝的历法，这使我很吃惊。但是没有证据说明柬埔寨在14世纪以前一直使用中国的历法，因为对中国来说它已经是个废掉的东西，不存在了。我曾经做过一种怀疑：在某种偶然的情况下，柬埔寨人发现了中国古代废弃1000多年的历日并加使用，但我能肯定柬埔寨使用的是秦代历法。

最后想说，从二十八宿注历的连续性，看中国古代历日文化在东亚地区的影响。关于这些历日用二十八宿注历连续还是不连续，我这些年一直在收集材料，从日、韩，中国的港、澳、台，还有越南正在使用的历日，以及传世的、出土的东西，给我一个机会进行验证。就是把这些不同来源的材料综合起来，进行混合研究。结果证明，从1182年到1998年这800多年的时间里，中国古代的二十八宿注历是连续不断的，而且正确无误。中国古代历日文化，不但在过去影响了东亚汉文化圈，我相信这种情势还将继续下去。

问答环节

问：老师，我想知道今天是什么日子，就在街上买本日历。那么我们国家现在的历法是国家专门进行颁布，还是说一个专门的出版机构进行制定出版？

答：我在前面说过，颁历是国家的垄断权力，是不许分割出去的，不是你想颁布就能颁。你看挂历、台历，什么样的风格都有，但是里面的历日内容却是国家统一颁布的。谁来颁布呢？中国科学院紫金山天文台受权，负责颁布国家的这个制度，每年对日历测定以后，进行基本的制定。紫金山天文台有这个职责。国家天文台负责"打点"的职能。你看北京站到点的时候"当——当——"，这就是北京天文台钟房发出的声音。为了减少外界的气流和声音对这个钟的影响，这个钟被埋在一口深井里，是密封的，发出的声音通过电波传出去。陕西天文台，现在改为国家授时中心，它跟我们一般老百姓没有什么关系，但是和航空航天、航海有关，发布军舰轮船等核对时间的标准。所以日历不是随便编的，国家不允许。

问：刚才您讲了主要关于年月日的规定，有没有关于十二时辰的简单的历法规定？

答：现在我们一天是24小时，中国古人把一天的时间分段，用的是十二时辰。比如说"子"时，晚上11点到1点；然后子丑寅卯一直往下排，午时就是上午的11点到下午1点之间。比如清朝官员早上起来都要到办公室去"画个卯"，为什么要"画卯"，卯时是5点到7点。这些就是用十二时辰来计时，实际使用的结果。但是再往前，比如汉代，并不使用十二时辰，现在普遍的看法是汉代把每天分为18段，比如说"食时"就是吃饭的时间，这个时间应该是在早晨9点，天黑大家都回家的时候叫"人定"。也有人说是16段，在学术界关于16段还是18段仍有争论。还有大家容易搞混的干支，干支纪日比较早，在甲骨文里，我们就已看到了完整的干支表；但是干支纪年，尤其是干支纪月，都是在很晚的时候才开始用的。干支纪年是在东汉时开始使用的，在这以前中国人用什么纪年呢？是用年号和太岁纪年，从东汉才开始用干支纪年。看今人编的历表时，它会告诉你公元前多少年是哪个干支，这是推出来的。我国用公元纪年是从 1912 年开始的，前面都是后人根据史料往前推出的结果，但真正使用的时间比较晚。干支用来纪月更晚，是在唐代中期，在这之前中国人纪月用两个东西，一个是数字，从一到十二；再就是十二个地支。传说将天干地支配合成干支用来纪月，是唐朝中期有个叫李虚中的算命先生，从他那里开始的。

问：用来算命的数术，有没有确切的依据？

答：这恐怕是每个人都关心的问题。"选择术"告诉你可以干什么，不可以干什么，带有预测性质。而作为人，想知道自己的未来，几天也好、几年也好，甚至一生，这是人最基本的心理愿望。正因为如此，数术家们就编了一些东西，这些东西不科学，一些规律找出来后，发现它并不科学，可是它有用，能满足人的心理需求。历日里面这样说了，我照着那样做心里就很踏实。人这种高级动物，仅仅满足物质欲望是不够的，精神更需要得到安慰。数术文化确实能够使人得到心理上的安慰，如果人们不能从中得到安慰的话，这个东西怕是传不下来的。南朝刘宋政权的时候，刘裕曾经带兵打仗，有一次将要出征，有人拿着历日跟他讲，这天是"往亡"日，出去必死无疑。可是刘裕认为，敌方觉得我们不会在往亡日出兵，正好打他个出其不意，后来他果然成功了。这是史书上有记载的、兵不厌诈跟历日联系在一起的史料。港台那边的历日文化为什么那么兴盛，他们经济发达，民间依然在那样频繁地使用着，我想这个原因也是可以借鉴的。

问：《周易》八卦和历日有相同起源吗，还是有相互的影响？它们在民间的影响力是什么样的？

答：我一般情况下不敢轻谈《周易》，一个是没有在这方面花力气研究，另一个是因为《周易》学问太广博了，想怎么解释就怎么解释，《周易》和历日有很多不一样的地方，所以我不能认同历日的源头在《周易》，《周易》作为一种文化现象，它的源头应该是在阴阳家，儒、墨、道、法、阴阳、杂。中国古代文化的落脚点都可以归到阴阳这里。李学勤先生有个博士生写过一篇论文，认为数术文化应该归在阴阳这一块。

问：古代颁布的历日是怎么传播的？

答：古代不像现代有这么发达的传媒。从现有史料看，每年过古人的"元旦"前，皇帝要以礼物的名义将历日赐给大臣，很多有名的文人都写过受赐历日的感谢信或诗文。中国古代国家机构里有太史监——明清时叫"钦天监"，司马迁和他的父亲司马谈不就是太史院的嘛。太史有两个职责，一个是编写史书，另一个就是观测天文，编制历法。他们编的历本经过皇帝御批以后，首先作为皇帝赐给大臣的过年礼品，然后就以国家名义颁布出去。往往国家刚建立，都要干两件事：一个就是建立新的历法，当然也有一些朝代打下天下匆匆忙忙的，就沿用了前代的历法，比如西汉，到了公元前104年汉武帝时，才改用《太初历》，此前西汉用的是秦朝的历法，以十月为年首，将近100多年用的都是前朝历法。但一般王朝都要"改正朔，易服色"。现在我们穿衣服很随便，但古人可不行，官服的颜色都是国家规定的，比如三品以上服紫，五品以上服绯，六、七品服绿，八、九品服黑，管得非常严格。

问："二十四节气"到了现在是否还有存在的价值？

答：二十四节气和七十二物候，《礼记·月令》记载，每个节气里面包含三个物候。节气和物候文化，来源于中国黄河中下游地区，和农业有关。现在看，河南郑州和北京差几个纬度，我们是40度，他们是34度，所以我们现在的物候和古代的物候大概差半个月，因为地域偏北。中国古人设计这种文化，是以农业生产为目的，以黄河流域为中心。今天我国地域广阔得多，南边到海南岛，北边到黑龙江漠河，所以节气还是有用，但不能那么刻板地使用它。

问：节日和历日的关系如何？

答：这个涉及中国古代的节日文化。中国古代节日的起源大部分说不清楚，历史材料太少。比如说端午，现在都说端午是为了纪念屈原投汨罗江，但也还有其他解释。尤其是中秋节，韩国人不是跟我们在争这个东西吗？目前的历史文献中，中国唐时还没有这个节日，中国人有中秋节是到了宋代，月饼这种点心也是在南宋的时候才有记载。韩国人为什么说中秋节是他们的节日呢？日本有个和尚叫圆仁，写了一部书《入唐求法巡礼行记》，里面的一条记载被韩国人抓住了。里面记载八月十五是韩国人跟渤海国打仗，获得胜利的日子，是战争胜利纪念日，后来才演变成中秋节。我们传统节日的形成，包括七月七日"七夕"，或者七月十五"中元节"（或称"盂兰盆节"），其形成都有几种解释。端午、中秋，到了今天，国家都规定放一天假，今年国家对节假日做了改变，也是为了尊重传统文化。冬至曾是大节，冬至作为节日，不仅仅是在汉代，我小时候也过。不同时代的节日有着不同的含义。

问：二十四节气怎么跟现在的公历对应？十九年闰七个月，选哪七年来闰，闰月选哪个月来闰？

　　答：二十四节气既然属于我们传统历法，为什么公历里面还有？请注意，二十四节气本身就属于阳历系统。它是怎么产生的？是按照回归年的长度，365天多，分成24个部分，才有了二十四节气。西洋历法本来就是以回归年为根据的，它不管月亮，这个也和我们说过的内容吻合。我们说过中国古代历法是阴阳合历，兼顾太阳、月亮两者之间的关系。从阳历看，清明在4月5日，夏至、冬至日期也基本稳定，全是因为它们本身的公历性质。第二个问题就是闰月，历法专家有专门一套体系，怎么加，一句话解释不了，关键是加在哪一个月。公元前104年，汉武帝颁布《太初历》，其中一个重要规定，就是"无中气置闰"。二十四节气，分作十二个节气和十二个中气。为什么我们选择一个没有中气的月份作为闰月呢？把一个回归年平均成24等分，每一份是15.218425日，那么两个节气就合三十天又半还多。其中包含一个节气和一个中气。从月亮来说，每个月只能是29天半，太阳月亮周期不同，这样我们安排起来很麻烦。会出现某个月十五或十六日有节气，两头是一个中气在上个月月末，另一个在下个月月初，就会发生这种情况，于是就把它设定为闰月。这是汉朝《太初历》规定的，我们现在还是遵循这个规则。十九年里面加七个闰月，怎么放，这个太复杂，我今天说不完，大体就讲这些内容。

中国古代历日文化对柬埔寨的影响

——〔元〕周达观《真腊风土记》读记

　　元朝人周达观的《真腊风土记》，实在是一部奇书。全书记载真腊国（今柬埔寨）社会风情40则，8500字左右，实在比不得今人一篇文章的篇幅。然而，却因了它，19世纪的法国博物学家亨利·穆奥（Herni Mouhot）按图索骥，寻找出在热带丛林中沉睡了数百年之久的吴哥古迹，给人类文明增加了一份巨大的文化遗产，足见此书价值不可小觑。

　　不久前，我自费前往吴哥古迹参观访古。由于十多年来一直关心中国古代历日文化在东亚及东南亚地区的影响，所以，我曾托中国政府吴哥保护工作站雇用的柬埔寨籍华裔蔡先生寻找一份当代柬埔寨人使用的历日（或称"通书"），未果。后来发现，我借住的中国文物研究所刘江先生的房间就挂着一本柬埔寨一家华人银行印制的2006年挂历。摘下来仔细观看，大体包含三种内容：一是公历（西历）日期和星期，这在全世界是一致的，无特殊之处；二是柬埔寨节日，包括国王和王后的生日；三是中国的农历，包括农历月日和春节日期，其余内容不见。由于内容简单，所以也并未引起我的重视。

　　回来后，因为撰写游记（《文明的辉煌与断裂》），将《真腊风土记》细读一遍。这一读，才发现在周达观的笔下，早有中国古代历日文化对柬埔寨发生影响的记录，仅仅是我疏忽和未能及时拜读而已。

《真腊风土记》第十三则"正朔时序"有相关记载，今择其要者抄录如下：

> 每用中国十月以为正月。是月也，名为佳得。
>
> 国中人亦有通天文者。日月薄蚀皆能推算，但是大小尽却与中国不同。中国闰岁，则彼亦必置闰，但只闰九月，殊不可晓。一夜只分四更。每七日一轮。亦如中国所谓开、闭、建、除之类。番人既无姓名，亦不记生日。多有以所生日头为名者，有两日最吉，三日平平，四日最凶。何日可出东方，何日可出西方，虽妇女皆能算之。十二生肖亦与中国同，但所呼之名异耳。如以马为"卜赛"，呼鸡为"蛮"，呼猪为"直卢"，呼牛为"箇"之类也。①

读罢这段文字，我真是兴奋莫名。这里涉及的几乎全是中国古代历日文化的内容。现将其疏释如后，并对前人的某些解释申述我的不同见解。

（一）柬埔寨人当时行用的是中国秦朝的历法。"每用中国十月以为正月。是月也，名为佳得。""中国闰岁，则彼亦必置闰，但只闰九月，殊不可晓。"周达观"殊不可晓"的这段历日内容，实际就是中国秦朝的历日制度。依据"三正说"，夏历正月为年首，殷历十二月为年首，周历十一月为年首，秦历则以十月为年首。这一点得到近世出土秦汉历日的充分证明。1993年湖北关沮周家台30号秦墓出土的《秦始

---

① 夏鼐:《真腊风土记校注》，收入《中外交通史籍丛刊》，北京:中华书局，2000年版，"正朔时序"原文见第120—122页。

皇三十四年（前213）历日》即以十月为年首，并将闰月作为"后九月"放在年末。①同墓出土的《秦二世元年（前209）历日》虽无闰月，但也是将十月放在岁首的。②湖北云梦睡虎地出土的秦简《编年记》第三简记有："五十六年，后九月，昭死。正月，遬（速）产。"③闰月也设作"后九月"并置于岁末。山东银雀山二号汉墓出土的《元光元年（前134）历谱》也是将闰月称作"后九月"并放置在九月之后的。④出土资料和文献记载在在表明，以十月为岁首，将闰月置于年末，设为"后九月"，是秦朝历法的基本特征，沿用至汉初百余年。只是到了汉武帝太初元年（前104），改行《太初历》，才将年首放在夏历建寅月（正月），并在无中气之月置闰，行用至今。

周氏《真腊风土记》说："每用中国十月以为正月。是月也，名为佳得。"根据周氏原文记载，他是在元成宗铁穆耳元贞元年（1295）奉诏做准备，次年（1296）随使团出访真腊，逗留年余，于1297年返回元朝的。真腊人称每年岁首十月为"佳得"，当是记音，因为真腊文字与汉文迥异。此二字实际当作"嘉德"。《左传·桓公六年》："〔六年春正月〕奉酒醴以告曰：嘉栗旨酒。谓其上下皆有嘉德，而无违心也。"⑤显然，此时"嘉德"还是指美德，并作为祭祀用语来使用。至汉代，"嘉德"意义已有变化。后汉崔骃《缝铭》曰："惟岁之始，承

---

① 彭锦华：《周家台30号秦墓竹简"秦始皇三十四年历谱"释文与考释》，载《文物》1999年第6期，第63—69页，"后九月"见66页下。
② 《文物》1999年第6期，彩版三《木牍（30:22）局部》。
③ 睡虎地秦墓竹简整理小组编：《睡虎地秦墓竹简》，北京：文物出版社，1990年版，释文第6页。
④ 吴九龙：《银雀山汉简释文》插页《元光元年历谱（复原表）》，北京：文物出版社，1985年版。我称该历本为《建元七年（元光元年）历日》。
⑤ 影印本《十三经注疏》，北京：中华书局，1980年版，第1750页上栏。

天嘉德。皇灵愿国，丝缓充赟以朝迪。①此时，"嘉德"与"岁始"相连，几乎成了其代名词。由此我以为，柬人将十月，即他们当时行用中国秦历的年首称作"嘉德"，正是"岁始"之义，二者十分契合一致。"嘉德"是其本字，"佳得"乃周达观不稽之音讹也。

百余年前的1902年，法国著名汉学家伯希和（Paul Pelliot）先生曾将《真腊风土记》译为法文并加注释。②此后他又不断修订，但直至告别人世亦未完成。身后，由戴密微（P.Demieville）和戈岱司（G.Coedes）整理，作为遗著第三种于1951年出版。戈岱司本人对《真腊风土记》也情有独钟，曾作过两次补注。③但是，由于戴、戈二氏不了解中国古代历法，所以未能就周达观的这段记载给予正确解读。伯希和说："按，佳得应为Katik（今读若Kadak）即梵文之迦剌底迦（Kartika）月是已。但现在柬埔寨人之正月为cet月，即梵文之制呾罗（caitra）月是已，此月在阳历三四月间。"伯氏从梵文去找"佳得"对音，自然不甚了了。他不知当时真腊人使用的乃中国秦历，且"佳得"为"嘉德"之同音异写。

至于戈岱司，则走得更远。戈氏云："在周达观时，真腊每年开始于迦剌底迦月，但当时铭刻中所记年月，大部分仅用制呾罗年（即与今年柬埔寨同［笔者按，'年'字似当在'寨'下］，新年开始于制呾罗月）。用迦剌底迦年者，在铭刻中仅见一例。此或由于每年之开始

①〔清〕严可均校辑：《全上古三代秦汉三国六朝文·全后汉文》卷四十四，北京：中华书局，1958年影印本，第716页上栏。

②伯希和：《真腊风土记笺注》，载河内《远东法国学校校刊》第二卷；冯承钧译文，载《西域南海史地考证译丛》第二卷第七编，北京：商务印书馆，1995年版，第120—171页。与本文讨论问题直接相关的部分见150—152页。

③戈岱司：《真腊风土记补注》，载河内《远东法国学校校刊》第十八卷第九分4—9页；冯承钧译文，载《西域南海史地考证译丛》第一卷第二编，北京：商务印书馆，1995年版，第114—119页。

（至少官方新年）由国王任意决定，依时代而异。周达观所记各月之节日及月份，乃指真腊历，不指中国历。（《通报》30卷226页）"①恰恰相反，周达观所记乃真腊人行用的中国秦历，而非真腊历。

我国著名考古学家、中外关系史专家夏鼐先生在其所著《真腊风土记校注》一书中，引过伯、戈二氏的注释及补注后，发表了如下见解："许肇琳亦以为佳得乃柬语katik之对音，②但此为腊月而非正月。柬语'正月'为migasa（末伽萨），可能周氏张冠李戴（《浅释》第20页）。今按柬埔寨古今历法不同。吴哥时代可能以'佳得'月为正月，但真腊铭刻中，多以制咀罗月为正月。伯氏、戈氏以为现今柬埔寨人仍以此月为正月。许氏云云，或近年其历法又有变更欤？末伽萨月在迦剌底迦年为二月，在制咀罗年为九月，皆非正月。要之，不能谓'周氏张冠李戴'。"③夏先生认为周达观没有张冠李戴是正确的认识，但也感到矛盾重重，难获正解。而我们用中国秦历以及"佳得"乃"嘉德"的对音给予释读，便通畅无碍了。

这里有一个问题。周达观去真腊时已是13世纪之末，而中国早在公元前2世纪时已改用《太初历》，放弃秦历，不再使用了。虽然13世纪时柬埔寨人行用中国秦历，但恐怕不能说此前千余年他们已开始行用中国秦历。我怀疑，至13世纪时，真腊同中国来往已经很多。真腊的天文历算者此前从某种途径获得了在中国已废的秦代历法并加以行用，而未行用中国王朝已改进了多次的当代历法。所谓礼失求诸野，此之谓也。

---

① 戈岱司：《真腊风土记再补注》，载《通报》第30卷，1933年版，第226页。转自夏鼐：《真腊风土记校注》，第122—123页。
② 指许氏《〈真腊风土记〉中柬埔寨语浅释》，1979年中山大学油印本初稿。夏氏简称为《浅释》。
③ 夏鼐：《真腊风土记校注》，收入《中外交通史籍丛刊》，北京：中华书局，2000年版，第123页。

（二）"每七日一轮"，即星期制度。伯氏云："按，即印度之星期，每日以行星一名名之。"[①]对此，夏先生补充并纠正说："今按印度每周七日以七曜日名之。其中五日为五行星，余二日为日曜日及月曜日，并非每日皆以行星之一名之也。"[②]夏氏看法正确，不可将日、月均视作"行星"。星期制度是外来文明，9世纪末敦煌当地自编具注历日已在使用。但因与中国人的"旬假制"有别，后来又被中国人放弃不用。重新行用是辛亥革命后普遍行用公历时的事。柬人用星期制度，自然是外来文化，并非受汉历之影响。但它是直接来自印度或西方，还是伴随使用汉历而间接引入？现在无法说明。如果它是间接从中国引入的，那么认为此亦为受中国古代历日文化的影响，或不为过。

（三）建除十二客。周达观云："亦如中国所谓开、闭、建、除之类。"伯氏、戈氏、夏氏对这句话都未加注释。起初，我将此句与上句"每七日一轮，亦如……"连读，意思是，每七天一个周期，也就像中国所谓建除十二客之类。仔细玩味，发现这样读不妥。为何？因为七曜日用于注历时是按七曜周期下排，无重复之日。但建除却不然，每个"星命月"之第一日必须重复上个星命月最末一日所注建除一次，如惊蛰二月节那一天所注与其前一日所注建除相同，这是由它的排列规则所决定的。正由于此，建除与星期制度无可比性，必须单独说明。亦即是说，周达观所看到其时行用的真腊历日，其中也有用建除十二客注历的内容。建除十二客共十二个字，其排列次序为建、除、满、平、定、执、破、危、成、收、开、闭。因周氏对此排序不熟悉，故说成"开、闭、建、除之类"。虽不准确，但也无伤大雅。

---

①伯希和著,冯承钧译:《真腊风土记笺注》,载《西域南海史地考证译丛》第二卷第七编,北京:商务印书馆,1995年版,第152页。

②夏鼐:《真腊风土记校注》,收入《中外交通史籍丛刊》,北京:中华书局,2000年版,第127页。

迄今所见，建除十二客是中国古代历日文化中最古老的一项内容。它在睡虎地秦简和甘肃天水放马滩秦简《日书》中已有记载。[①]至晚从汉代开始，它已直接用于注历。[②]一直到当代日本，我国的台湾、香港、澳门，泰国等正在行用的"通书"，建除仍是一项常见的历注。[③]换言之，建除注历在东亚、东南亚地区的历注中影响广泛。周达观所见柬人行用的中国历日制度，包含有建除历注，顺理成章，自不待言。

（四）"往亡"与"归忌"。周氏又云："何日可出东方，何日可出西方，虽妇女皆能算之。"伯、戈、夏三氏于此亦未解读。实在说，这正是中国古代历注中的"往亡"与"归忌"。"往亡"与"归忌"是相对而言的，"往亡"即不宜去，"归忌"则是不宜回。秦汉时代人们对出行与回归的宜与不宜十分看重，这在战国秦汉《日书》中已有反映。[④]东汉思想家王充在《论衡·辨祟篇》中批判说："涂上之暴尸，未必出以往亡；室中之殡柩，未必还以归忌。"[⑤]虽然王充的批评十分正确，但在社会生活中，俗人仍十分看重往亡与归忌。及至后世，它们便被堂而皇之地编入"具注历日"，成为人们日常出行与回归的指导了。周达观说"虽妇女皆能算之"，说明它在柬埔寨时人中的影响十分深广。至于有关往亡原始立义及排列规则的讨论，读者可参看刘乐贤博士《简帛数术文献探论》第七章"往亡考"一节，[⑥]此处不赘，以免

①　见李零主编：《中国方术概观·选择卷》（上），北京：人民中国出版社，1993年版，第6—7、17—18、56—57页。

②　参见陈久金：《敦煌、居延汉简中的历谱》，载《中国古代天文文物论集》，北京：文物出版社，1989年版，第111—136页。

③　见邓文宽：《敦煌历日与当代东亚民用通书的文化关联》，载邓文宽：《敦煌吐鲁番天文历法研究》，兰州：甘肃教育出版社，2002年版，第79—104页。

④　李零主编：《中国方术概观·选择卷》（上），北京：人民中国出版社，1993年版，第32、66页。

⑤　北京大学历史系《论衡》注释小组：《论衡注释》，北京：中华书局，1979年版，第1396页。

⑥　刘乐贤：《简帛数术文献探论》，武汉：湖北教育出版社，2003年版。详见第297—313页。

辞费。我只想说明，中国历注中的往亡与归忌在13世纪时的柬埔寨已十分普及。

（五）十二生肖与十二生肖塔。周氏又云："十二生肖亦与中国同，但所呼之名异耳。"伯氏就"十二生肖"注云："按柬埔寨与占婆、暹罗并用十二生肖，与中国同。其合干支为一甲子，与中国制无异，似由中国输入者也。现在柬埔寨之十二生肖，为一牛（chlau）、二虎（khal）、三兔（thas）、四龙（ron）、五蛇（msan）、六马（momi）、七山羊（mome）、八猴（rok）、九鸡（roka）、十狗（ca）、十一猪（kor）、十二鼠（cut）"。①伯氏所见的十二生肖在20世纪初时，除鼠由首位变为末位外，其余次序与我国全同。此外，他还就其所见，证明越南、泰国不仅与中国十二生肖相同，而且六十甲子在那里也十分盛行，为我们论证中国古代历日文化对柬埔寨有重大影响，平添了一份证据。不过，周达观所见的十二生肖次序如何，他未交待，我们不能猜测，故尚未了然。

毋庸赘言，十二生肖是中国古代历日文化的一项重要而且极其普及的内容。因为每一个中国人出生后，一有记忆，父母便要告知你的属相。十二生肖的传世文献记载，最早见于东汉王充《论衡·物势篇》，但出土材料已将其形成体系的年代加以提前。迄今所知最早关于生肖的完整资料见于甘肃天水放马滩秦简《日书》。②

这里，我想就十二生肖在柬埔寨的影响提供一项文物佐证。在大吴哥城中心阅台（今称"斗象台"或"象群广场"）的对面（东面），有用角砾石垒砌而成的石塔，共十二座，以该都城东西门之间为中轴线，左右各六座，被人们称作"十二生肖塔"。关于这十二座小塔，周

---

① 见伯希和著，冯承钧译：《真腊风土记笺注》，载《西域南海史地考证译丛》第二卷第七编，北京：商务印书馆，1995年版，第152页。
② 李零主编：《中国方术概观·选择卷》（上），北京：人民中国出版社，1993年版，第8—9页。

达观在《真腊风土记》第十四则"争讼"中作了如下记述:"又两家争讼,莫辨曲直。国宫之对岸有小石塔十二座,令二人各坐一塔中。塔之外,两家自以亲属互相提防。或坐一二日,或坐三四日。其无理者,必获证候而出,或身上生疮疖,或咳嗽发热之类。有理者略无纤事。以此剖判曲直,谓之天狱。盖其土神之灵,有如此也。"[①]

对于"小石塔十二座",伯希和注云:"按今王宫之前,实有砖塔十二座。"[②]于此,夏鼐先生作了一条长校注:

今按:王宫之前十二座小塔,据巴曼提《吴哥指南》,乃红礞石(laterite)所建(1950年版85页);陈正祥实地观察,亦认为乃红礞石建造(《研究》[③]55页注167),则周氏不误而伯氏误也。此十二塔位于王宫之前,分列御道(即胜利大街)之两侧,即在王宫前"大广场"内,靠近王宫之一边。……此十二小塔,今名绳索舞人塔(柬埔寨语:prasat suorprat)。本地人俗传古时演杂技走绳,以皮索横架两塔之间,走绳者手持孔雀羽数束,在索上来回走动,且走且舞,故名。实则此为齐东野语,不足信也。塔建于阇耶跋摩七世(1181—1215)时,可能为大广场中举行盛会时达官贵人所住憩之所,并非庙宇或佛塔。(见巴氏《吴哥指南》85—86页)。

按:张衡《西京赋》有"走索"一名。薛综注云:"所谓舞絙者也",则此十二塔亦可依世俗传说而称之为"舞絙塔"。《真腊风土记》以为塔为争讼者所暂居以候神断之所,则为另一种传说,或

---

① 夏鼐:《真腊风土记校注》,收入《中外交通史籍丛刊》,北京:中华书局,2000年版,第129页。

② 伯希和著,冯承钧译:《真腊风土记笺注》,载《西域南海史地考证译丛》第二卷第七编,北京:商务印书馆,1995年版,第153页。

③ 指陈正祥:《真腊风土记研究》,香港:香港中文大学出版社,1975年版。夏氏简称为《研究》。

较近于事实欤！陈正祥云："有人认为是该国当时十二省用以向国王宣誓效忠的誓坛。同时被用作仓库，照《风土记》所说，似乎又兼为监狱。"（《研究》55页注167）。实则《风土记》所云，乃争讼者所暂居以候神断之所，并非关禁判罪者之监狱。其建筑形式，不似仓库；石塔东侧另有所谓"仓库"（kleang）者二座。至于誓坛之说，其建筑形式，亦不类祭坛，且当时该国属郡（省），不止十二，见第三十三则"属郡"。故十二塔之真正用途，实殊难言，姑且阙疑可也。

我在柬埔寨参观时，曾对此十二石塔拍了几张照片。从照片上看，此十二塔无论如何都不可能是誓坛、监狱、仓库，抑或官员举行盛会时的休憩之所，无须赘辩。至于像周达观所记其被用作神明判罪的"天狱"，或如民间传说其为演杂技走索之用，都不无可能。不过，我认为即使这些用途全有过，也当是后起的。然其本始用途为何？

与我同在中国文物研究所供职数十年的古建保护专家姜怀英高工告诉我，此组石塔名为"十二生肖塔"。他是1996年开始到吴哥，担负中国政府吴哥保护项目负责人的，在那里工作了10年之久。姜工的这个认识或许也是来自传说，尚未获得书证。但我认为，它比上引其他各种解释更趋合理。我不知道，当年这十二座石塔的顶部是否各供奉着一个生肖雕像？今因塌毁而难确证。不过，可以想象，当年的主广场平台以大象群雕为主题，其对面的十二座石塔上各塑一个生肖，从艺术角度看，恐怕是十分协调的。当然，艺术美感比不得科学考索，这所谓"十二生肖塔"还有待确证，但至少在认识上为我们开了一条新路。

综上所述，元人周达观在其《真腊风土记》第十三则"正朔时序"中所述13世纪末叶，柬埔寨行用的历法与岁时，除星期制度外，均是受中国古代历日文化影响的产物，殆无疑义。

（原载上海古籍出版社编《中华文史论丛》2007年第2期，第207—218页）

一种不曾存在过的历史纪年法

——《古突厥社会的历史纪年》献疑

　　路易·巴赞（Louis Bazin，1920—2011）教授是一位非常著名的法国学者，以研究突厥历史而享誉学林，被誉为法国乃至欧洲突厥学的一代宗师。巴赞教授的代表作是其法国国家级博士论文《古突厥社会的历史纪年》，由法国国立科研中心出版社和匈牙利科学院合作，于1991年正式出版。其汉文译本，由中国社会科学院历史研究所耿昇教授完成，最早由中华书局出版；①最近，中国藏学出版社再版了这个译本。②

　　由于个人术业所在，《古突厥社会的历史纪年》汉译本首次出版时，就有学界朋友希望我写一篇书评。但因该书所涉语言类知识颇多，而这一方面又是我的短项，故而未敢领命。2014年，该书由中国藏学出版社再版，我到书店淘书，因封面换了颜色，书名也有改动，就糊里糊涂地又买了一本。回家一看，确实是买重了（此类事在我是经常发生的）。一本书买了两次，说明在我的潜意识中认为它很重要，所

---

①［法］路易·巴赞著,耿昇译:《突厥历法研究》,北京:中华书局,1998年版。

②［法］路易·巴赞著,耿昇译:《古突厥社会的历史纪年》,北京:中国藏学出版社,2014年版。本文以下所引该书观点,均以此书为准。

以，必须认真去读，否则，对不起这部名气巨大的学术著作。拜读之后，觉得确实有些话想说出来，以就教于中外学坛的博学通人。

一、解读巴赞教授的六十纪年周期表

读过该书，冷静沉思之后，我发现巴赞教授在为相关突厥文、回鹘文等多种出土碑铭定年时，使用了一种历史上根本不曾存在过的"六十纪年周期"。下面，我将引证巴赞教授的有关认识，以及他对自己这种方法在定年时的运用，加以分析和讨论，指出其中存在的问题，并找出问题产生的根源，从而回归到正确的定年方法上来。如果我的认识有错，或者误解了巴赞教授的本意，欢迎中外学坛的同仁予以批评和指教，我将洗耳恭听，时刻准备检讨并改正自己的错误。

巴赞教授在第五章"晚期回鹘人的历法科学"之第12自然节中，①说明了他的定年方法。他说：

> 在甲子或干支纪年中，将"生肖+五行（12×5=60种不同的结合）之结合借鉴自汉族星相学。我发现它作为历法的复杂分类因素而出现在回鹘文献中了。从开始研究起，对它的解释就被西方学者们严重地误解了，他们曾认为可以把中国传统自然科学中的10"干"（天干分类）和"五行"（木、火、土、金和水）两两相对地结合机械地运用于其对应关系中。然而，在与我本书有关的时代，这种对应关系（BC6）仅对于哲学——巫术思辨才有效，而绝非是对历法有效。在历法中却运用了另一种更要复杂得多和更要"博学"

---

① [法] 路易·巴赞著, 耿昇译：《古突厥社会的历史纪年》, 北京：中国藏学出版社, 2014年版, 第286—287页。

得多的方法，而且直到19世纪时依然行之有效，黄伯禄神父对此作了全面描述（BC8-9）。

我自己在着手研究的最初几年，也曾陷入对该词的一种误解之中（这在原则上是很符合逻辑的），仅是在发现了自己导致了某些无法解决的矛盾时，才从这种错误中幡然醒悟。

我于下文将简单地阐述一番两种对音体系之间的差异，对于其中的汉文方块字，则要参阅前引黄神父书中的几段文字。

第1种对应方法：五气（五行）+10干（天干）分类法。天干（10）自行连续地分配在"五气"之间。其具体情况如下：1+2，木；3+4，火；5+6，土，7+8，金；9+10，水。以前引数字（以0代10）而结束的60甲子编号，就相当于上文列举的继它们之后的五行之一，如，第34为火，28为金。

为了避免一段引文过长，先引到这里。对于古代历日内容和结构不很熟悉的读者，阅读上述引文会存在一些困难。其实，这段文字内容并不复杂。这"第1种对应方法"就是巴赞教授在前面批评过的"从开始研究起，对它的解释就被西方学者们严重地误解了"的天干与五行相配的方法。天干是甲、乙、丙、丁、戊、己、庚、辛、壬、癸，五行是木、火、土、金（铁）、水。依照传统的五行理论，每一个五行可配两个天干，如甲、乙配木，丙、丁配火，戊、己配土，庚、辛配金（铁），壬、癸配水。①巴赞教授将天干排为由1到10的序号，故他的"1+2，木"，也就是"甲和乙，木"；"3+4，火"，也就是"丙和丁，火"，如此等等。这样，十个天干就可以由对应的五行替代了。他说的"第34为火"，指第34号干支丁酉，其天干"丁"配"火"；"28为金"

---

①参见陈遵妫：《中国天文学史》第3卷，上海：上海人民出版社，1984年版，第1652页注①。

指第28号干支辛卯，其天干"辛"配"金"，看本文表1会立即明白。

下面接着引述巴赞教授的原文：

第2种对应方法：五气（五行）+60甲子纪年对于五气（五行）不再是在天干的周期中，而是在60甲子的周期中划分（天干中的每一种都要相继与五气中的三种相联系）。

表一

十二属	+木=	+火=	+土=	+金=	+水=
鼠	n°49	n°25	n°37	n°1	n°13
牛	n°50	n°26	n°38	n°2	n°14
虎	n°27	n°3	n°15	n°39	n°51
兔	n°28	n°4	n°16	n°40	n°52
龙	n°5	n°41	n°53	n°17	n°29
蛇	n°6	n°42	n°54	n°18	n°30
马	n°19	n°55	n°7	n°31	n°43
羊	n°20	n°56	n°8	n°32	n°44
猴	n°57	n°33	n°45	n°9	n°21
鸡	n°58	n°34	n°46	n°10	n°22
狗	n°35	n°11	n°23	n°47	n°59
猪	n°36	n°12	n°24	n°48	n°60

（表一即路易·巴赞《古突厥社会的历史纪年》中的表格）

这第二种复杂而又"科学"的分类体系，才是中世纪回鹘人"官方"习惯中用于历法的唯一方法。另外一种方法更为简单和通俗一些，稍后随着历史传到了吐蕃、印度支那等地。这两种方法仅在60年的16年中偶然地相会，永远不会融合在一起。

可以说，这第二种方法便是巴赞教授的六十纪年周期，而且他认为是"中世纪迥鹘人'官方'习惯中用于历法的唯一方法"，所以我们必须读懂它。

第一，他认为在这种方法中，"不再是在天干的周期中，而是在60甲子的周期中划分"。

什么意思呢？我理解是，在这种方法中，不再考虑天干与五行的配合；括弧内是说，在一个完整的六十干支表中，每个天干与"五气"（五行）中的三个相遇。比如天干"甲"，仅与金、水、火这三个五行相遇。请参考下文附表（一）"汉族六十干支表（附天干地支与五行对照及各干支纳音）"的左侧上下六格，干支序号是1、11、21、31、41、51，虽然天干"甲"用了六次，但相配的"五气"（实是纳音，详下文）仅有火、金与水三个。

第二，巴赞教授所绘的这个表格，左侧由上至下为代替地支的十二生肖，上面由左至右的木、火、土、金、水不是代替天干的，因为他的表已将天干排除在外，而是代表汉地六十干支所配纳音的（各干支的纳音见附表一），这个纳音又是用五行（他称为"五气"）代替的；表中间由上述二者详加所得的数字序号，相当于汉地六十干支序号。所以，把这个表的三部分内容合起来便是：鼠加木等于汉地干支第49号，猪加水等于汉地干支第60号，等等。读者若有兴趣，可以与本文附表一《汉族六十干支表》所列各干支及其序号逐一进行对照，只是对照时，需把十二地支换成对应的生肖罢了。

第三，为了准确理解巴赞教授这个六十周期表，按照他生肖加纳音（用五行代替）的思路，我将他的六十周期表绘成本文的附表二。为了进行比较，我又将巴赞教授认为从一开始就"误读"了的天干（用五行代替）加地支（用生肖代替）的方法绘成本文的附表三。对附

表二和附表三我全部加上从1到60的序号，以便对它们之间，以及它们与汉地六十甲子之间的关系进行比较。这样，对于不熟悉历日内容的读者会方便很多，因为只看号码就能立即找到。

将附表二、附表三进行比较后，发现在一个六十周期中，仅有16个是相同的，序号是：3、4、15、16、17、18、29、30、33、34、45、46、47、48、59、60。正由于此，巴赞教授在前述引文的末尾才说："这两种方法，仅仅在60年的16年中才会偶然地相吻合，永远不会融合在一起。"

第四，巴赞教授六十周期的根本特征是"生肖加纳音（用五行代替）"，不再考虑天干的作用。

下面我将依据传世和出土文献提供的资料展开讨论，看看这个纪年方法能否成立。

二、以五行代替天干在8世纪初年已用于历日

巴赞教授在前引文字中批评第一种纪年方法，也就是他认为一开始就被一些学者误读了的"五行（代替天干）加生肖"的纪年方法（即本文附表三）时说："在与我本书有关的时代，这种对应关系（BC6）仅对于哲学—巫术思辨才有效，而绝非是对历法有效。"事实恐非如此。他所说的"与我本书有关的时代"，应该指8世纪中叶，因为由他定年的鄂尔浑1、2两号碑分别在公元732和735年，以及其他文献，时间多在8世纪中叶。然而，用五行代替天干这种方法在8世纪初就已经用在历日中，且"对历法有效"了。

1982年，藏族学者催成群觉和索朗班觉发表了《藏族天文历法史

略》①一文，内云：

> 公元704年，赤德祖赞时期黄历历书《暮人金算》《达那穷瓦
> 多》《市算八十卷》《珠古地方的冬、夏至图表》《李地方的属年》
> 《穷算六十》等典籍传至吐蕃地区。

可知，8世纪初叶传入吐蕃的"黄历历书"有多种多样，其中的
《穷算六十》值得注意。在同一篇文章中，陈宗祥（汉族）和却旺（藏
族）二位先生为《穷算六十》作了如下的解释：

> 《穷算六十》的"穷部"byung rtsi 是个姓氏。"穷算六十"与
> "李地方"的算法不同。其主要特点是十二生肖与五行配合算的。
> 每两年配一行。例如去年（按，指1978年）土马，1979年是土羊，
> 1980年是铁猴，1981年是铁鸡……等。12×5=60。②

查历表，1978年是农历戊午年，1979年是己未年，1980年是庚申
年，1981年是辛酉年。除去地支被生肖代替外，天干戊、己、庚、辛
分别被土、土、铁（金）、铁（金）所代替，完全符合天干与五行的搭
配关系（详见附表一和附表三的55、56、57、58各号）。

就目前材料而言，我们虽然不能指证这一套知识和纪年方法的最
初出处，但它们属于汉族传统的数术文化当无疑问。由上引可知，以
五行代替天干并配生肖，形成一种改编版的六十干支如附表三，在8世
纪初不仅已经产生而且业已传入吐蕃。虽然说吐蕃未能立即使用这套

---

① 催成群觉、索朗班觉：《藏族天文历法史略》，载《西藏研究》1982年第2期，第22—35页。
② 催成群觉、索朗班觉：《藏族天文历法史略》，载《西藏研究》1982年第2期，第32页。

改编版的干支进行纪年，但这套知识既已产生并传播开来，那么它在数十年后的8世纪中叶传入回鹘并用于纪年则是完全可能的。回鹘文献中的那些与《穷算六十》相同的纪年资料便是证明。再者，这段时间，生活在鄂尔浑河流域的回鹘民族与中原唐王朝之间交往甚为密切；而且，从大的视野去看，回鹘属于广义突厥民族的一部分，但汉地早在公元586年就已向突厥颁历，[①]百余年后，改编版的汉地六十干支传入回鹘并被使用，亦在情理之中。

由此可见，巴赞教授为自己设立的认识前提是难以成立的。

三、六甲纳音的出现、入历和读法

我不得不很遗憾地指出，在讨论回鹘历史纪年法时，巴赞教授始终未用"纳音"这个概念，而是在指称事实上的"纳音"时使用了"五气""五行"这些容易导致混乱的说法。但事实上，这全是汉民族数术文化中的"纳音"，与六十干支（又称六十甲子）相结合，便是"六甲纳音"或"纳甲"。只是在历注中，五音（宫、商、角、徵、羽）分别用五行（各自对应的五行依次是土、金、木、火、水）进行了代替。中外不少学者于此不明就里，反而同代替天干的五行（木、火、土、金、水）相混淆，从而生发出一些原本不该发生的错误。

迄今为止，我们仍不知六甲纳音最初是如何产生的。但至晚在出土的公元前3世纪睡虎地秦简《日书》中，就已有了按"五音"对六十干支的分组，现引录如下（为便于比较，我在每个干支后的括弧中均加了干支序号，下同）：

---

① 标点本《资治通鉴》卷一百七十六长城公至德四年(586)正月："庚午,隋颁历于突厥。"北京:中华书局,1956年版,第5485页。

禹须臾：辛亥（48）、辛巳（18）、甲子（1）、乙丑（2）、乙未（32）、壬申（9）、壬寅（39）、癸卯（40）、庚戌（47）、庚辰（17），莫（暮）市以行有九喜（九七背壹）；

癸亥（60）、癸巳（30）、丙子（13）、丙午（43）、丁丑（14）、丁未（44）、乙酉（22）、乙卯（52），甲寅（51）、甲申（21）、壬戌（59）、壬辰（29），日中以行有五喜（九八背壹）。①

（以下略）

我们将上面两组干支与本文前面引述的巴赞教授那个用干支序号编成的表加以比较，发现第一组干支全在该表属"金"（商音）的那一栏（简文不全，缺癸酉和甲午）；第二组则全在属"水"（羽音）的那一栏。其余略去的三组，分别在该表的"木"（角音）、"火"（徵音）和"土"（宫音）各栏，有兴趣的读者可以自己去比较，这里从略。

可知六甲纳音这种数术文化知识先秦时代即已存在。但是，它又是在何时作为历注之一引入历日的呢？就目前出土资料而言，最晚在《唐显庆三年（658）具注历日》中就已存在。

该历日出土于吐鲁番阿斯塔那210号古墓，其第16行云："廿一日辛丑土执，岁后，母仓、归忌、起土吉"；第17行云："廿二日壬寅金破岁后，疗病、葬吉。"②其中各干支后的"土"和"金"便是该干支的纳音。同样从吐鲁番古墓出土的《唐开元八年（720）具注历日》也

---

① 睡虎地秦墓竹简整理小组编：《睡虎地秦墓竹简》，北京：文物出版社，1990年版，第222页。

② 国家文物局古文献研究室、新疆维吾尔自治区博物馆、武汉大学历史系编：《吐鲁番出土文书》（释文本）第6册，北京：文物出版社，1985年版，第74页。

有相同的内容，如"十二日癸巳水闭没岁位"①。这说明，六甲纳音这一数术文化，至晚在7世纪中叶已作为历注内容之一纳入历日，到巴赞教授研究的那些文献所在的8世纪中叶，应该已成为一项常见知识。

更为重要的，还在于这种六甲纳音的内部关系和它的读法。就我掌握的知识，六甲纳音中的"音"（用五行代替）是配给每一个干支的，比如：甲子、乙丑这两个干支分别配"金"，丙寅、丁卯配"火"，如此等等。我们在敦煌出土的唐宋写本历日中也见到了它的读法。比如，藏在英国图书馆的S.1473加S.11427b背《宋太平兴国七年壬午岁（982）具注历日并序》，其卷首云："太平兴国七年壬午岁具注历日并序干水支火纳音木"②；藏在法国国家图书馆东方珍本部的P.3403《宋雍熙三年丙戌岁（986）具注历日并序》，开首即云："雍熙三年丙戌岁具注历日并序干火支土纳音土"③。引文中的小字就是该年的纪年干支及其对应纳音的读法。再看本文附表一第19号干支，可知壬、午对应的五行分别是水和火，故称"干水支火"；"壬午"这个干支的纳音为"木"（代替角），故云"纳音木"。第23号干支丙戌，丙、戌对应的五行分别是火和土，故称"干火支土"；"丙戌"的纳音为"土"，故称"纳音土"。这种读法，无论是出土的唐宋元实用历本，还是传世的明清历日，以及今日仍在我国港、澳、台地区广泛使用的民用通书暨日本历书中，依然未变。

我们认为，一个纳音是对一个完整的干支而言的。而巴赞教授却认为，那个代替五音的五行只是对一个干支中的地支而言的。按他的理解，在"甲子金"这一组纳音中，"金"只与地支"子"相配，而不是与"甲子"这个意义完整的干支相配。当然，这里的"子"可以用

---

①《吐鲁番出土文书》（释文本）第8册，北京：文物出版社，1987年版，第130页。
②参见邓文宽：《敦煌天文历法文献辑校》，南京：江苏古籍出版社，1996年版，第560页。
③邓文宽：《敦煌天文历法文献辑校》，南京：江苏古籍出版社，1996年版，第588页。

生肖"鼠"代替。于是，他将"鼠"加"金"，也就是将地支和纳音合在一起，产生了一个新的组合，认为在回鹘历法中就是用这个组合来纪年的。本文前面复原出的附表二就是这么产生的。

我们再看巴赞教授是如何用他的纪年周期去为相关文献定年的。在吐鲁番地区出土过三条庙柱文，一条为汉文，两条为回鹘文。回鹘文之一云："在吉祥年己火羊年，二月，新月三日，当此人获得了（后略）"①。按照我的读法，此处当读作"己羊火年"，"己"这个天干尚未用五行代替（详下节），"羊"代替"未"，还原出来便是"己未火"，表1第56号与此正同。而按照巴赞教授的方法，则读作"羊火年"（或"火羊年"），在他的表（本文表二）上正巧也是56号。不过，我想问，如果这里的纪年是"羊火"（或"火羊"）这个组合，那么天干"己"在这里是作什么用的？这能作出合理的解释吗？在下节我们将会看到，用汉族原来的天干与十二生肖进行组合，形成改编版的回鹘六十干支，既用于纪年，也用于纪日，正是回鹘历法的重要特色。

另一条回鹘文《金光明经》有："牛年，五气之火，十干分类的'己'。"②按我的读法，应该读作"己牛火年"（干支第26号）。但若按照巴赞教授的读法，便成了"牛火年"（或"火牛年"）。好在这里天干未用五行取代。若用五行代之，因"己"为"土"，就会变成"土牛火年"，不涉及纳音的话，便应读作"土牛年"（见附表三第26号）；而在巴赞教授那里，却是"火牛年"（见附表二第26号），"土牛"变成了"火牛"，再以此为据进行定年，就未免相去甚远了。

综上可知，这里根本的差别是：六甲纳音中的五音（用五行代替）

---

① [法]路易·巴赞著，耿昇译：《古突厥社会的历史纪年》，北京：中国藏学出版社，2014年版，第303页。

② [法]路易·巴赞著，耿昇译：《古突厥社会的历史纪年》，北京：中国藏学出版社，2014年版，第304页。

是与一个完整的干支相配呢，还是仅与其中的地支相配？怎样才算是正确的认识？

关于六十干支（甲子）纳音，清儒钱大昕有过精辟的论述，他在《潜研堂文集》卷三"纳音说"一目中指出：

> 纳音者，又以六十甲子配五音……五音始于宫，宫者，土音也，庚子（37号）、庚午（7）、辛丑（38）、辛未（8）、戊寅（15）、戊申（45）、己卯（16）、己酉（46）、丙辰（53）、丙戌（23）、丁巳（54）、丁亥（24），乃六子所纳之干支，古为五声之元，于行属"土"，于音属"宫"，所谓一言得之者也（后略）。①

这一组干支在六甲纳音中全属于配"土"，亦即"宫"音那一组。

此外，在中国民间算命先生那里，这种配合关系也有30句口诀，如"甲子、乙丑海中金""丙申、丁酉山下火""戊辰、己巳大林木"等等。显然，也都是将完整的干支与"五音"（用五行代替）相配的，而不曾将天干与地支分开过。

总之，无论是从出土的睡虎地秦简《日书》，还是中古时代的实用历本、清代学者的著述，以及当代东亚地区仍在行用的通书，或在民间术士那里，我们得到的认识，全是一个完整的干支配一个音，而不是只将地支（或生肖）与五音相配。更不存在用生肖配五音这样一种组合去纪年，这在文献记载和出土资料中都从未有过。

---

① [清]钱大昕撰，吕友仁校点：《潜研堂文集》，上海：上海古籍出版社，2009年版，第47—49页。

四、回鹘六十干支表复原

出土文献和碑铭资料表明，突厥和回鹘曾经广泛使用过十二生肖纪年，其名称和次序与汉地十二生肖完全相同，[1]所以，关于这一纪年形式，此处从略，不再讨论。

既然我们认为巴赞教授那个六十纪年周期难以成立，那么就应该找出回鹘人曾经使用过的纪年形式。因此，必须先从出土资料中找出那些构成纪年规律的历法要素，然后再根据它们加以复原。下面我们将每类资料引出一条，并进行分析。

1.敦煌藏经洞出土，现藏巴黎法国国家图书馆东方珍本部的 P. Ouīgour2 号回鹘文文献，其 4—5 行有："土猴年 tončor 月有（姓）朱者只身来此（后略）"[2]此件既出土于敦煌藏经洞，则其年代不能晚于 11 世纪初，因为现知有纪年的敦煌汉文文献纪年最晚为公元 1002 年。这里的"土猴"，"土"代替天干，"猴"代替地支，二者的结合就构成了下表（表4）第 45 号。因为"猴"与五行"土"（代天干）相配仅此一位，换成汉历，便是"戊申"，请与附表一、附表三、附表五的第 45 号进行对照。回鹘此种六十干支纪年形式，如果单独抽出来，事实上就是本文附表三所具有的内容。

2.前引吐鲁番出土回鹘文庙柱文之一："己火羊年，二月，新月三

---

①参见周银霞、杨富学：《敦煌吐鲁番文献所见回鹘古代历法》，载《敦煌研究》2004 年第 6 期，第 62—66 页。

②杨富学、牛汝极：《沙州回鹘及其文献》，兰州：甘肃文化出版社，1995 年版，第 88—89 页。同类资料，还有"土兔年""火羊年""土牛年"等。见 F.W.K.Müller, *Zwei Pfahlinschriften aus den Turfanfunden*, Berlin, 1915, p.24. 转自杨富学：《维吾尔族历法初探》，载《新疆大学学报》1988 年第 2 期，第 63—68 页。

日，当此人获得了（后略）"①。依照我的理解，当读作"己羊火年"。其中"己羊"是纪年干支，处在附表四的第56号。因为"羊"代替地支"未"，所以换成汉历，就是己未年。己未在附表一、附表三、附表五上都在第56号。至于"火"，它就是己未这个干支的纳音"徵"，用"火"代替了，也见于附表一第56号。这条资料与第1条的不同之处在于，第1条"土猴"中的五行"土"代替天干"戊"，但此条仍旧保留了汉族的天干原名，不用五行代替；再者，还保留了汉地原有的六甲纳音内容。顺便指出，我们在本文第三节曾引过吐鲁番阿斯塔纳210号古墓出土的《唐显庆三年（658）具注历日》，那里面的纪日方式也是干支加纳音。若与同是吐鲁番出土的这条回鹘文庙柱文作比较，就会发现，其差别仅仅是将地支换作了生肖，天干和纳音则完全相同，这是富有思考意义的。既然在公元840年回鹘占领吐鲁番之前将近200年，汉地的这种历法知识就已传播到了那里，回鹘占领后能不受其影响吗？

3.吐鲁番出土回鹘文《文殊所说最胜名义经》（编号TM14〔U4759〕）题记有："在大都白塔寺内于十干的壬虎年七月，将其全部译出。"回鹘文《玄奘传》内有"腊月戊龙日"云云。可见，汉族天干配十二生肖（代替地支）这种组合在回鹘人那里不仅曾经用于纪年，也用于纪日。与第2条资料相比，仅是少了用来代替纳音的五行，此外

---

① 同类资料还见于羽田亨的记述："从当地回鹘摩尼教徒中使用的一种历书,这种历用粟特语写成,每日同时记有粟特、中国、突厥三种名称,即每日上先记粟特语的七曜日的名称,次记相应的中国天干即甲乙丙丁等音,其次配以鼠、牛、虎、兔等突厥日记日用的十二兽名,再在其上译中国的五行名称即木、火、土、金、水为粟特语,隔二日用红字记之。"见〔日〕羽田亨著、耿世民译:《中国文化史》,乌鲁木齐:新疆人民出版社,1981年版,第88页。可知,此历日的要素也是天干和十二生肖相配合,另记有纳音(用五行替代),天头有七曜日(星期)注记。

完全相同。这条有"壬虎年七月"的资料，有关专家推断为1302年，[①]
相当于14世纪初。

　　通过上引三种形态的回鹘文纪年资料可以看到，第一，汉地原来
的地支已经完全由生肖取代了，不再有任何表现；第二，汉地的天干
则有两种表现形式：一种是用对应的五行来代替，如第1条资料；一种
是继续保留汉地原名不变，如第2、3条资料；第三，汉地的六甲纳音
被照搬进回鹘历法中去了，见于上引第2条资料。简言之，汉地的天干
（或用五行代替）、地支（全用生肖代替）、六甲纳音（一如汉地，仍用
五行代替）全都引进了回鹘历法。用巴赞教授的话说就是："8世纪时
于突厥人官方文献中沿用的历法，是对于唐朝官历的一种准确改
编。"[②]

　　根据上述回鹘历法资料，我现在将其绘成附表四《回鹘六十干支
表（附天干与五行对照及各干支纳音）》。

　　这个回鹘六十干支表将已知回鹘用干支纪年、纪日的内容几乎全
部包含了进去。不过，在不同时代，所用纪年形式有别。极为粗略地
划分，大致是：漠北回鹘汗国时期（744—840），由汉地传入的干支中
的天干已用五行代替，如1号干支读作"木鼠"（内容同附表三）；840
年西迁后，使用了天干加生肖再加纳音这种组合，如1号干支是"干甲
支鼠纳音金"；到了元代，又将纳音舍弃不用了，如1号干支只是简单
地读作"甲鼠"。但任何时候，1号干支都没有变成由生肖"鼠"与纳
音"金"去组合，读作"鼠金"或者"金鼠"。如果将天干用对应的五
行去代替，1号干支也只能读作"木鼠"，不能也不曾读作"金鼠"。其
余各个干支与此均同。

---

① G. Kara und P. Zieme, *Fragmente tantrischer Werke in uigurische Übersetzung*（*Berliner Turfantexte Vii*）, Berlin: Akademie-Verlag, 1976, S.66, z.101—108.

②［法］路易·巴赞著,耿昇译:《古突厥社会的历史纪年》"汉译本序",写于1994年12月。

为了在更大的范围内认识汉族六十干支对周边民族的影响，我现在把吐蕃（藏族前身）的六十干支绘成附表五，以便与回鹘六十干支表进行比较。将附表四、附表五加以对照，可得如下认识：

1.回鹘和吐蕃都曾将汉地的天干用五行代替。其不同处在于：回鹘也曾直接用汉地原来的天干，但在吐蕃未曾发生；吐蕃曾运用汉地的五行知识将代替天干的五行分作"阳"和"阴"，但在回鹘未曾发生。

2.回鹘只用汉地的十二生肖，完全放弃了原来的地支；吐蕃虽主要使用生肖，但也曾单用地支纪年，如敦煌文献有"辰年牌子历"，这或许是那一时段在其治下有汉人的缘故。

3.回鹘历中曾经保留了汉地的六甲纳音，但吐蕃历不曾保留。[①]

显然，回鹘和吐蕃这两个民族在接受了汉地的六十干支后，并未生硬地照搬，而是根据自己的生活习惯和对汉文化的理解，进行了适当损益和改造。但其六十干支的文化内涵，仍旧完全处于汉地六十干支及其纳音，还有五行和生肖知识的范围之内。只要将附表四、附表五与附表一比较一下就能明白，这里不再辞费。

五、《古突厥社会的历史纪年》与《中西历日合璧》

在本文第一节引述巴赞教授的论述时，我们注意到他说："在历法中却运用了另一种更要复杂得多和更要'博学'得多的方法，而且直

---

① 我注意到，敦煌藏文文献P.t.127v.包含两项内容，一是用十二生肖组成的六十周期代替六十甲子（吐蕃有单用生肖纪年的习惯），再是在每年之下用五行表示的纳音，五行也各分阴阳。一些西方学者认为这也是用于历史纪年的，其实不确。近来中国学者刘英华先生发表了《敦煌本藏文六十甲子纳音文书研究》，给予了有力的辨证，指出这件写本的用途是进行占卜，而非用于历史纪年，文载《中国藏学》2015年第1期，第160—174页。

到19世纪时依然行之有效，黄伯禄神父对此作了全面描述。"在该书的其他地方，他也一再表示自己的见解是受到了黄神父的启发，而且再三表达感激之情。故此，我们必须对黄伯禄及其相关著作加以了解。

黄伯禄（1830—1909），江苏海门人，字志山，号斐默，受洗名伯多录。他1843年入张朴桥修道院，为首批修生之一，习中文、拉丁文、哲学和神学等课程。1860年晋升为铎品，后在上海、苏州等地传教。1875年任徐汇公学校长，兼管小修院。1878年任主教秘书和神学顾问，并专务写作。其一生出版作品极多，有些收入了光启社出版的法文版《汉学丛书》，《中西历日合璧》①是其于1885年用拉丁语出版的著作——此即巴赞教授依托和参考的主要书籍。

既然黄神父该书对巴赞教授影响如此之大，我们就必须弄清黄氏的观点。该书涉及中国古历的核心内容有四个方面：1.十天干与五行及方位的对应关系，2.十二地支与生肖、五行及方位的对应关系，3.六十干支表，4.清代历史纪年表（以及一些预推的年表）。其中对巴赞教授影响最大的是六十干支表那部分。为了讨论问题的方便，我将黄伯禄书中的表格原封不动地移录过来，成为本文的附表六（黄伯禄《中西历日合璧》中的干支表）。

这个表的核心内容仍是用汉字表示的，各个项目说明则用拉丁语。其实，它仍是一个汉地的六十干支表，只是在每个干支右侧附加了两项内容：一是该干支中的地支与十二生肖的对应关系，如子鼠、丑牛、寅虎、卯兔等；二是该干支的纳音（用五行代替），如甲子、乙丑金，丙寅、丁卯火等等。这些内容在汉地传统历日中均为习见项目，毫无奇特之处（请参阅本文附表一）。黄伯禄在将这些中文名词译成拉丁语

---

① 中译本《古突厥社会的历史纪年》将"中西历日合璧"译作"中国与欧洲的历法"。颇感遗憾的是，此书中国国家图书馆也未收藏。为使本课题能够进行下去，我从孔夫子旧书网上高价购得一册，其间青年学者刘波给了我许多帮助，谨致诚谢。

时，将"纳音"直译成了"五行"（elementa），因为这里的纳音就是用五行代替的。这也说明他对"纳音"这项数术文化尚无真切清楚的了解，只是从表面去认识，未免皮相。可是，经过巴赞教授的组合，情况就发生了变化。怎么回事呢？他将该表每一号干支中的附加内容即地支对应的生肖，与纳音加以合并，便产生了本文表二那个"六十纪年周期表"。而且，本文第一节引述的他那个用干支序数形成的表，即生肖加"气"（实是纳音：木、火、土、铁、水）等于干支序号，起初我很不理解，为什么将生肖放在前面，而把五行（他叫作"气"）放在后面？现在终于看清，这是在没有弄明白黄伯禄六十干支表与其附加内容关系的情况下，简单照抄的结果，只要将本文附表二与附表六加以对照，便会一目了然。但在中国历法史上，从未存在过用生肖和纳音进行组合并用于纪年的事情。至于用"五行加生肖"以代替干支，本质上仍是对古已有之的汉族六十干支的改编（如附表三）。我只能十分遗憾地说，巴赞教授没有弄明白黄伯禄表上的"五行"是代替"纳音"的，与代替天干的五行完全不是一回事；而且，这个纳音只能相对于一个完整的干支而言，不能把它配在代替地支的生肖上进行组合。单就这一点而言，黄伯禄原表没有太大的错误，因为毕竟他没有进行这样的组合，只是巴赞教授对该表进行了过度解读而已。反过来说，如果黄伯禄神父真正懂得历日中的纳音知识，他就不应该在他的表中称纳音为"五行"，而应该直接称作"纳音"。如果他能这样做，也许就不至于对不谙中文的巴赞教授产生误导。从这个意义上说，这项学术错误的发生，黄伯禄神父也有不可推卸的责任。总之，无论是黄神父，还是巴赞教授，都不具有对中国古代数术文化"纳音"及其在历日中安排的知识，这是很可惋惜的。

仔细想来，巴赞教授之所以会出现这个错误，一是因为他对中国古代历日的丰富内容、结构及其内部关系不很熟悉，二是他过分自信地认为公元8世纪中叶还没有产生以五行代替天干、以生肖代替地支，如"甲子"变成"木鼠"，"乙丑"变成"木牛"这种改编版的六十干支（即附表三），而且已用于纪年。但藏学研究的成果表明，早在公元704年即8世纪之初，这种改变版的六十干支（《穷算六十》）就已传入吐蕃。我推测，它的实际产生年代可能还要再早一些，估计当在7世纪的中叶或下半叶。当巴赞教授看到黄伯禄的六十干支表上有附加的"生肖"和"五行"（实际是纳音）时，对照回鹘文献上出现的"五行加生肖"如"火羊""土猴"等纪年，便认为它就是黄伯禄干支表上附加的那些东西。这不能不是绝大的误会，让人深感遗憾。

（原载《敦煌研究》2016年第2期，第125—136页）

附表一 汉族六十干支表（附天干、地支与五行对照及各干支纳音）

甲	乙	丙	丁	戊	己	庚	辛	壬	癸
甲（木）子（水）金 1	乙（木）丑（土）金 2	丙（火）寅（木）火 3	丁（火）卯（木）火 4	戊（土）辰（土）木 5	己（土）巳（火）木 6	庚（金）午（土）土 7	辛（金）未（土）土 8	壬（水）申（金）金 9	癸（水）酉（金）金 10
甲（木）戌（土）火 11	乙（木）亥（水）火 12	丙（火）子（水）水 13	丁（火）丑（土）水 14	戊（土）寅（木）土 15	己（土）卯（木）土 16	庚（金）辰（土）金 17	辛（金）巳（火）金 18	壬（水）午（火）木 19	癸（水）未（土）木 20
甲（木）申（金）水 21	乙（木）酉（金）水 22	丙（火）戌（土）土 23	丁（火）亥（水）土 24	戊（土）子（水）火 25	己（土）丑（土）火 26	庚（金）寅（木）木 27	辛（金）卯（木）木 28	壬（水）辰（土）水 29	癸（水）巳（火）水 30
甲（木）午（火）金 31	乙（木）未（土）金 32	丙（火）申（金）火 33	丁（火）酉（金）火 34	戊（土）戌（土）木 35	己（土）亥（水）木 36	庚（金）子（水）土 37	辛（金）丑（土）土 38	壬（水）寅（木）金 39	癸（水）卯（木）金 40
甲（木）辰（土）火 41	乙（木）巳（火）火 42	丙（火）午（火）水 43	丁（火）未（土）水 44	戊（土）申（金）土 45	己（土）酉（金）土 46	庚（金）戌（土）金 47	辛（金）亥（水）金 48	壬（水）子（水）木 49	癸（水）丑（土）木 50
甲（木）寅（木）水 51	乙（木）卯（木）水 52	丙（火）辰（土）土 53	丁（火）巳（火）土 54	戊（土）午（火）火 55	己（土）未（土）火 56	庚（金）申（金）木 57	辛（金）酉（金）木 58	壬（水）戌（土）水 59	癸（水）亥（水）水 60

附表二 路易·巴赞的六十纪年周期表

鼠 金 1	牛 金 2	虎 火 3	兔 火 4	龙 木 5	蛇 木 6	马 土 7	羊 土 8	猴 金 9	鸡 金 10
狗 火 11	猪 火 12	鼠 水 13	牛 水 14	虎 土 15	兔 土 16	龙 金 17	蛇 金 18	马 木 19	羊 木 20
猴 水 21	鸡 水 22	狗 土 23	猪 土 24	鼠 火 25	牛 火 26	虎 木 27	兔 木 28	龙 水 29	蛇 水 30
马 金 31	羊 金 32	猴 火 33	鸡 火 34	狗 木 35	猪 木 36	鼠 土 37	牛 土 38	虎 金 39	兔 金 40
龙 火 41	蛇 火 42	马 水 43	羊 水 44	猴 土 45	鸡 土 46	狗 金 47	猪 金 48	鼠 木 49	牛 木 50
虎 水 51	兔 水 52	龙 土 53	蛇 土 54	马 火 55	羊 火 56	猴 木 57	鸡 木 58	狗 水 59	猪 水 60

说明：

1.路易·巴赞原表中的n°表示的那些数字，是汉族六十干支的序数；

2.路易·巴赞表是"生肖（代替地支）加五行（代替纳音）"的组合；

3.与附表三逐一比较（比较时将表二调为"五行加生肖"，本质意义不变），不同者有下列各号：1、2、5、6、7、8、9、10、11、12、13、14、19、20、21、22、23、24、25、26、27、28、31、32、35、36、37、38、39、40、41、42、43、44、49、50、51、52、53、54、55、56、57、58（共44个）；相同者有下列各号：3、4、15、16、17、18、29、30、33、34、45、46、47、48、59、60（共16个）。

附表三 路易·巴赞认为8世纪中叶尚不存在的改编版六十干支表

木鼠1	木牛2	火虎3	火兔4	土龙5	土蛇6	铁马7	铁羊8	水猴9	水鸡10
木狗11	木猪12	火鼠13	火牛14	土虎15	土兔16	铁龙17	铁蛇18	水马19	水羊20
木猴21	木鸡22	火狗23	火猪24	土鼠25	土牛26	铁虎27	铁兔28	水龙29	水蛇30
木马31	木羊32	火猴33	火鸡34	土狗35	土猪36	铁鼠37	铁牛38	水虎39	水兔40
木龙41	木蛇42	火马43	火羊44	土猴45	土鸡46	铁狗47	铁猪48	水鼠49	水牛50
木虎51	木兔52	火龙53	火蛇54	土马55	土羊56	铁猴57	铁鸡58	水狗59	水猪60

说明:

1.该表以五行(木、火、土、铁、水)代替天干,每"行"各用两次,与附表一相同;

2.该表以生肖代替地支;

3.该表实质是对汉地六十干支表的改编。

附表四　回鹘六十干支表（附天干与五行对照及各干支纳音）

甲(木) 鼠 金1	乙(木) 牛 金2	丙(火) 虎 火3	丁(火) 兔 火4	戊(土) 龙 木5	己(土) 蛇 木6	庚(铁) 马 土7	辛(铁) 羊 土8	壬(水) 猴 金9	癸(水) 鸡 金10
甲(木) 狗 火11	乙(木) 猪 火12	丙(火) 鼠 水13	丁(火) 牛 水14	戊(土) 虎 土15	己(土) 兔 土16	庚(铁) 龙 金17	辛(铁) 蛇 金18	壬(水) 马 木19	癸(水) 羊 木20
甲(木) 猴 水21	乙(木) 鸡 水22	丙(火) 狗 土23	丁(火) 猪 土24	戊(土) 鼠 火25	己(土) 牛 火26	庚(铁) 虎 木27	辛(铁) 兔 木28	壬(水) 龙 水29	癸(水) 蛇 水30
甲(木) 马 金31	乙(木) 羊 金32	丙(火) 猴 火33	丁(火) 鸡 火34	戊(土) 狗 木35	己(土) 猪 木36	庚(铁) 鼠 土37	辛(铁) 牛 土38	壬(水) 虎 金39	癸(水) 兔 金40
甲(木) 龙 火41	乙(木) 蛇 火42	丙(火) 马 水43	丁(火) 羊 水44	戊(土) 猴 土45	己(土) 鸡 土46	庚(铁) 狗 金47	辛(铁) 猪 金48	壬(水) 鼠 木49	癸(水) 牛 木50
甲(木) 虎 水51	乙(木) 兔 水52	丙(火) 龙 土53	丁(火) 蛇 土54	戊(土) 马 火55	己(土) 羊 火56	庚(铁) 猴 木57	辛(铁) 鸡 木58	壬(水) 狗 水59	癸(水) 猪 水60

说明：这一时期代替天干庚、辛的是"铁"而非"金"，与吐蕃相同。

附表五 吐蕃六十干支表（附分为阳阴的五行与天干对照表）

阳 木 （甲） 鼠 1	阴 木 （乙） 牛 2	阳 火 （丙） 虎 3	阴 火 （丁） 兔 4	阳 土 （戊） 龙 5	阴 土 （己） 蛇 6	阳 铁 （庚） 马 7	阴 铁 （辛） 羊 8	阳 水 （壬） 猴 9	阴 水 （癸） 鸡 10
阳 木 （甲） 狗 11	阴 木 （乙） 猪 12	阳 火 （丙） 鼠 13	阴 火 （丁） 牛 14	阳 土 （戊） 虎 15	阴 土 （己） 兔 16	阳 铁 （庚） 龙 17	阴 铁 （辛） 蛇 18	阳 水 （壬） 马 19	阴 水 （癸） 羊 20
阳 木 （甲） 猴 21	阴 木 （乙） 鸡 22	阳 火 （丙） 狗 23	阴 火 （丁） 猪 24	阳 土 （戊） 鼠 25	阴 土 （己） 牛 26	阳 铁 （庚） 虎 27	阴 铁 （辛） 兔 28	阳 水 （壬） 龙 29	阴 水 （癸） 蛇 30
阳 木 （甲） 马 31	阴 木 （乙） 羊 32	阳 火 （丙） 猴 33	阴 火 （丁） 鸡 34	阳 土 （戊） 狗 35	阴 土 （己） 猪 36	阳 铁 （庚） 鼠 37	阴 铁 （辛） 牛 38	阳 水 （壬） 虎 39	阴 水 （癸） 兔 40
阳 木 （甲） 龙 41	阴 木 （乙） 蛇 42	阳 火 （丙） 马 43	阴 火 （丁） 羊 44	阳 土 （戊） 猴 45	阴 土 （己） 鸡 46	阳 铁 （庚） 狗 47	阴 铁 （辛） 猪 48	阳 水 （壬） 鼠 49	阴 水 （癸） 牛 50
阳 木 （甲） 虎 51	阴 木 （乙） 兔 52	阳 火 （丙） 龙 53	阴 火 （丁） 蛇 54	阳 土 （戊） 马 55	阴 土 （己） 羊 56	阳 铁 （庚） 猴 57	阴 铁 （辛） 鸡 58	阳 水 （壬） 狗 59	阴 水 （癸） 猪 60

说明：此表用于纪年时读作：阳木鼠年（1号干支）、阴木牛年（2号干支）、阴水猪年（60号干支）等等。

附表六 黄伯禄《中西历日合璧》中的六十干支表

Elementa.	火	土	木	金	水
Sus.	猪	猪	猪	猪	猪
Signum cycli.	12 乙亥	24 丁亥	36 己亥	48 辛亥	60 癸亥
Elementa.	火	土	木	金	水
Canis.	犬	犬	犬	犬	犬
Signum cycli.	11 甲戌	23 丙戌	35 戊戌	47 庚戌	59 壬戌
Elementa.	金	水	火	土	木
Gallus.	鸡	鸡	鸡	鸡	鸡
Signum cycli.	10 癸酉	22 乙酉	34 丁酉	46 己酉	58 辛酉
Elementa.	金	水	火	土	木
Simius.	猴	猴	猴	猴	猴
Signum cycli.	9 壬申	21 甲申	33 丙申	45 戊申	57 庚申
Elementa.	土	木	金	水	火
Ovis.	羊	羊	羊	羊	羊
Signum cycli.	8 辛未	20 癸未	32 乙未	44 丁未	56 己未
Elementa.	土	木	金	水	火
Equus.	马	马	马	马	马
Signum cycli.	7 庚午	19 壬午	31 甲午	43 丙午	55 戊午
Elementa.	木	金	水	火	土
Serpens.	蛇	蛇	蛇	蛇	蛇
Signum cycli.	6 己巳	18 辛巳	30 癸巳	42 乙巳	54 丁巳
Elementa.	木	金	水	火	土
Draco.	龙	龙	龙	龙	龙
Signum cycli.	5 戊辰	17 庚辰	29 壬辰	41 甲辰	53 丙辰
Elementa.	火	土	木	金	水
Lepus.	兔	兔	兔	兔	兔
Signum cycli.	4 丁卯	16 己卯	28 辛卯	40 癸卯	52 乙卯
Elementa.	火	土	木	金	水
Tigris.	虎	虎	虎	虎	虎
Signum cycli.	3 丙寅	15 戊寅	27 庚寅	39 壬寅	51 甲寅
Elementa.	金	水	火	土	木
Bos.	牛	牛	牛	牛	牛
Signum cycli.	2 乙丑	14 丁丑	26 己丑	38 辛丑	50 癸丑
Elementa.	金	水	火	土	木
Mus.	鼠	鼠	鼠	鼠	鼠
Signum cycli.	1 甲子	13 丙子	25 戊子	37 庚子	49 壬子

敦煌历日中的"年神方位图"及其功能

　　大约从唐末五代时起，一种被称作"年神方位图"的图形出现在敦煌历日之中，而为此前的历日所未见。此种图形一直为宋元明清历日（历书）所使用，以至我国港、澳、台地区现行民用通书也还有其孑遗。就现有材料看，肇其端者，便是敦煌历日。因此有必要对其构成和功能进行探讨。

　　我们未从敦煌历日中直接看到此类图形的名称。现在所以名之曰"年神方位图"，是因同类图形在清代历书中仍有其名，如《大清乾隆六十年岁次乙卯（1795）时宪书》称作"年神方位之图"，[①]正可作为我们给以确切定名的依据。

　　下面以敦煌本 P.3403《宋雍熙三年丙戌岁（986）具注历日》的"年神方位图"为例给予解读。

---

①参见陈遵妫:《中国天文学史》第3册,上海:上海人民出版社,1984年版,第1616—1619页。

此图共由两部分内容构成：中间九格填以"黄""白""碧""绿""赤""紫""黑"等表示颜色的字，是表示此年的年九宫图；九宫图以外的部分是方位系统。

九宫图最初是以从一到九的数字来表示的。到了唐代，才有人将数字换成颜色，即一白、二黑、三碧、四绿、五黄、六白、七赤、八白、九紫。九宫图共有九幅，[①]按照一定的规则编入各年。而每年究竟用九幅图中的哪一幅，则由其中宫数字来确定。数术家们曾规定，以隋仁寿四年甲子岁（604）为一宫，此后以九、八、七、六、五、四、三、二、一的次序，反复将九宫图配入各年。由于有此规定，我们便可用一个简单的数学公式求得任何一个公元年代应配入的年九宫图形。如：

（986–604）÷9=42……4

也就是说，由公元605年起，至宋雍熙三年（986），九宫图已配入42个整周期，第43个周期的此年应配入由9到1的第四位数，即六宫图形。此图恰是六宫居中，与计算结果相合。

如果从数术家的角度看，我们也可用同一公式求出公元1996年的

---

① 见施萍婷：《敦煌历日研究》，载《1983年全国敦煌学术讨论会文集·文史·遗书编》（上），兰州：甘肃人民出版社，1987年版，第317页；陈遵妫：《中国天文学史》第3册，上海：上海人民出版社，1984年版，第1659页。

九宫图形：

（1996－604）÷9＝154……6

从9到1的第六位数是四，即1996年应用四宫图形，港台现行民用通书正是如此。

上述公式的核心是找到那个准确的余数，然后再从9倒数过来，便可求得年九宫图形（无余数的年份用一宫图形）。现存敦煌历日的年代虽很少连续性，但由于掌握了上述公式，任何一年该用什么图形都可迅速地推求出来，其图形本身的神秘性也就不攻自破了。

如果说九宫图形因用九幅图形循环配入各年而有周期性的变化，那么，此"年神方位图"的方位系统却是固定不变的。

我们首先看到，九宫图之外即有"东""南""西""北"的方位字，而且是上南、下北、左东、右西，与现代地图方向完全相反。其所以如此，是因中国古代皇帝坐朝时是面南而坐，自然是左东、右西、前南、后北，画在平面图上也就是左东、右西、上南、下北了。而现代地图是以北极点为中心的，画图时面北背南，平面图的方向正好反过来。这个基本方位概念十分重要，否则在阅读古书或出土文献时就易产生混乱。从传统天文学的角度看，此图南北向（上下）是子午线，东西向（左右）是卯酉线，图上用地支表示方位的字也说明了这一点。

其次，此图的四角有"西北乾""西南坤""东南巽"和"东北艮"以及各自相应的八卦符号。这是表示"四维"（四隅）方向的。有了四向（东南西北）和四维，基本方位系统（四方四维）便可确定下来。同时我们也注意到，"北"下有"坎"字，"东"下有"震"字，"南"下有"离"字，"西"下有"兑"字。八卦中的这四个字在此与子、卯、午、酉所在方位重合。严格说来，它们只表示东西南北在八卦图中的位置，而不确指方位。①因此，一般在观看和使用此类图形时，注意到表示四维的四个八卦字（乾、坤、巽、艮）也就够了。

再次，在四方四维的基本方向确定之后，更细的方位则是用天干和地支表示的。但天干中只用了甲、乙、丙、丁、庚、辛、壬、癸八个字，而未使用戊和己。其所以如此，概因戊、己居中宫（中央）位置。虽然图上未显示出戊、己二字，但"戊、己居中宫"则是确定无疑的。换言之，在涉及中央方位时，我们应该知道，那里就是戊、己的位置。

图上最外一圈字是用十二地支表示的方位，其中子、卯、午、酉正好在北、东、南、西的位置。

概括地说，"年神方位图"的方位系统共含二十四个方位，即：十二地支十二个，八卦四个和天干八个，各自的具体位置如图所示。如果再同五行相配，就会产生出一些很自然的说法，如"东方甲乙木""北方壬癸水""南方丙丁火""西方庚辛金""中央戊己土"。这些话在秦汉简牍和魏晋镇墓类文字中都是屡见不鲜的，并不陌生。

"年神方位图"的构成如上所述。它在历日中的功能又是什么呢？我们仍以P.3403之宋代敦煌历日为例，逐项予以说明。

（一）与年神的配合使用

既名之曰"年神方位图"，则此图的方位系统必须同年神相配才能使用。历日序云："凡人年内造作，举动百事，先须看太岁及已下诸神将并魁罡，犯之凶，避之吉。今年太岁在丙戌，大将军在午，太阴在申，岁刑在未……"共列出三十一个年神的名称及其各自所在方位，只有结合"年神方位图"才能读懂。这些年神在这一年中的方位，是

----

①〔清〕《协纪辨方书》卷二（本原二）"二十四方位"条，见李零主编：《中国方术概观·选择卷》（上），北京：人民中国出版社，1993年版，第120页。

由其纪年地支"戌"来决定的。纪年地支一变化，它们各自的方位即发生变化，详参拙作《敦煌古历丛识》①一文所附之"年神方位表"，这里不赘。至于这些年神的各自含义，古代数术类著作亦有解释。如对于"黄幡"的解释，《协纪辨方书》引《乾坤宝典》曰："黄幡者，旌旗也。常居三合墓辰。所理之地不可开门、取土、嫁娶、纳财、市买及有造作，犯之者主有损亡。"②"戌"年黄幡在戌位（图上西偏北），自然那里不宜兴作，否则是会有"损亡"的。数术家作如是说，信不信则是读者自己的事了（下同）。

（二）与太岁、将军同游日的配合使用

太岁和将军（又名大将军）是数术家心目中的二大煞神，威力无比，故不可触犯。《神枢经》曰："太岁，人君之象，率领诸神，统正方位，斡运时序，总成岁功……若国家巡狩省方、出师略地、营造宫阙、开拓封疆，不可向之；黎庶修营宅舍、筑垒墙垣，并须回避。"③"大将军者，岁之大将也，统御威武，总领战伐。若国家命将出师、攻城、战阵，则宜背之，凡兴造皆不可犯。"④因此，历日先作如下规定："太岁、将军同游曰：甲子日东游，癸巳日还；丙子日南游，辛巳日还；庚子日西游，乙巳日还；壬子日北游，丁巳日还；戊子日中游，癸巳日还。"即在五方各游五日，然后还位。历日接着十分吓人地说："犯太岁妨家长，犯太阴害家母，犯将军煞男女。太岁所游不在之日，修营无妨。"依照上述规定，一个甲子60天中，有25天属于太岁将军同游日，所游之方要格外小心。但若问为何是"甲子日东游"呢？原因是"甲"在东方（"东方甲乙木"），故从甲子日起游东方。同样，

---

① 邓文宽:《敦煌古历丛识》,载《敦煌学辑刊》1989年第1期,第107—118页。
② 李零主编:《中国方术概观·选择卷》(上),北京:人民中国出版社,1993年版,第155页。
③ 李零主编:《中国方术概观·选择卷》(上),北京:人民中国出版社,1993年版,第146页。
④ 李零主编:《中国方术概观·选择卷》(上),北京:人民中国出版社,1993年版,第148页。

"戊子日中游"，也是因"戊"居中央位（"中央戊己土"）也。这颇带有文字游戏的色彩。而就我们要讨论的问题来说，它也是同方位系统配合使用的。

（三）九方色与方位选择

图中表示九宫的七种颜色也有吉凶之分。历日云："九方色之中，但依紫、白二方修法造，出贵子，加官改职，横得财物，婚嫁酒食，所作通达，合家吉庆。"接着又用诗歌（名曰"三白诗"）的形式将各色吉凶加以总括："上利兴功紫白方，碧绿之地患痈疽。黄赤之方遭疾病，黑方动土主凶丧。五姓但能依此用，一年之内乐堂堂。"我们知道，九方色中白色用三次，紫色用一次，合共四次，指示四个方位，是为吉色方位，其余碧、绿、黄、赤、黑五色均为凶色方位，人们可以活动的范围岂不太狭窄了吗？又因九宫图有九幅，九年中每年不同，故要求每年注意朝紫、白二方兴作。恐怕也都是无稽之谈。

（四）与天道行向的配合使用

繁本敦煌历日在进入各月之后，都要在月序中说明"天道行向"。所谓"天道"，《乾坤宝典》曰："天道者，天之元阳顺理之方也。其地宜兴举众务，向之上吉。"[1]《考原》曰："按天道者，天德所在之方也。"[2]换言之，天道所行之方，也就是天德所在之方。数术家的意思是要求人们"顺天行事"。比如，雍熙三年（986）历日正月月序云："天道南行，宜向南行，宜修南方。"为何正月天道南行？因正月"天德在丁"；天干丁所示方位，恰在"年神方位图"的南方（"南方丙丁火"）。可见，天道所行方向是由天德所在方位决定的。下面将此历各月天德和天道行向抄撮如下：

---

①李零主编：《中国方术概观·选择卷》（上），北京：人民中国出版社，1993年版，第198页。
②李零主编：《中国方术概观·选择卷》（上），北京：人民中国出版社，1993年版，第198页。

> 正月，天德在丁，天道南行；
>
> 二月，天德在坤，天道西南行；
>
> 三月，天德在壬，天道北行；
>
> 四月，天德在辛，天道西行；
>
> 五月，天德在乾，天道西北行；
>
> 六月，天德在甲，天道东行；
>
> 七月，天德在癸，天道北行；
>
> 八月，天德在艮，天道东北行；
>
> 九月，天德在丙，天道南行；
>
> 十月，天德在乙，天道东行；
>
> 十一月，天德在巽，天道东南行；
>
> 十二月，天德在庚，天道西行。

与"年神方位图"对照，天道所行之方，全是天德所在之方，二者无不相合。因此，只要熟悉该图的方位系统，随便说出天德所在之方，就能立即说出天道行向，反过来也是一样。

（五）与月德、月德合的配合使用

历日各月月序在"天道""天德"项后，又有"月德""月德合"二项。如该历正月月序又云："月德在丙，合德在辛（小注：丙、辛上取土及宜修造吉）。"所谓"月德"，《天宝历》曰："月德者，月之德神也。取土、修营宜向其方，宴乐、上官利用其日。"①所谓"月德合"，《五行论》曰："月德合者，五行之精符会为合也。所理之地众恶皆消，所值之日百福并集，利以出师命将、上册受封、祠祀星辰、营建宫

---

① 李零主编：《中国方术概观·选择卷》（上），北京：人民中国出版社，1993年版，第200页。

室。"①可见月德、月德合所在方位均是吉地，故宜于"取土及宜修造"。现将此历各月月德、月德合及宜取土、修造方位抄撮如下：

　　　正月，月德在丙，合德在辛，丙、辛上取土及宜修造吉。

　　　二月，月德在甲，合德在己，甲、己上取土及宜修造吉。

　　　三月，月德在壬，合德在丁，丁、壬上取土及宜修造吉。

　　　四月，月德在庚，合德在乙，乙、庚上取土及宜修造吉。

　　　五月，月德在丙，合德在辛，丙、辛上取土及宜修造吉。

　　　六月，月德在甲，合德在己，甲、己上取土及宜修造吉。

　　　七月，月德在壬，合德在丁，丁、壬上取土及宜修造吉。

　　　八月，月德在庚，合德在乙，乙、庚上取土及宜修造吉。

　　　九月，月德在丙，合德在辛，丙、辛上取土及宜修造吉。

　　　十月，月德在甲，合德在己，甲、己上取土及宜修造吉。

　　　十一月，月德在壬，合德在丁，丁、壬上取土及宜修造吉。

　　　十二月，月德在庚，合德在乙，乙、庚上取土及宜修造吉。

　　我们注意到，月德、月德合只使用了天干中的8个，而不用戊、癸。对此，数术家有其解释，②这里不赘。更需注意的是，什么样的月德配什么样的月合德，有着固定搭配关系，可图示如下：

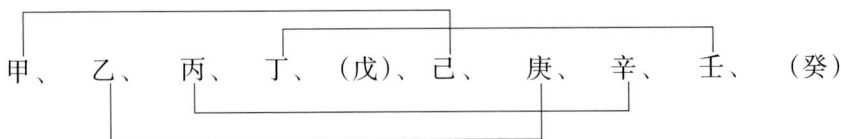

甲、　乙、　丙、　丁、　（戊）、己、　庚、　辛、　壬、　（癸）

---

①李零主编：《中国方术概观·选择卷》(上)，北京：人民中国出版社，1993年版，第202页。

②李零主编：《中国方术概观·选择卷》(上)，北京：人民中国出版社，1993年版，第202页。

可见，一个月德所配之月德合，便是其天干后的第四位（不计戊、癸），甲同己、壬同丁、庚同乙、丙同辛之间都存在这种关系，怎能不说这是一种有趣的游戏呢？自然，各月中的"月德"和"月合德"之吉地，也只有使用"年神方位图"才能迅速找到。

（六）与日出、日入方位的配合使用

如果说前述"年神方位图"的各项用途带有很浓的迷信色彩，那么它用以指示日出日入方位，则是完全科学的。历日各月月序均指出日出日入方位，具体是：

月份	日出方位	日入方位
正月	乙	庚
二月	卯	酉
三月	甲	申（辛）
四月	寅	戌
五月	艮	乾
六月	寅	戌
七月	甲	辛
八月	卯	酉
九月	乙	庚
十月	辰	申
十一月	巽	坤
十二月	辰	申

首先，各月的日出日入方位在"年神方位图"上全是东西向的，这是古人对太阳"东升西落"的直觉（即视运动）。因为那时人们尚无太阳不动，地球由西向东自转并围绕太阳公转的科学认识，仅凭直觉

看到各月太阳升落位置在循环变化。其次，这里的月份是"星命月"而非历法月。如正月是指从立春正月节到惊蛰二月节的前一日，二月指惊蛰二月节到清明三月节的前一日，如此等等。由于二十四节气完全是根据太阳运行设计的，所以使用"星命月"就更接近实际天象。

再者，太阳在二月和八月均是"出卯入酉"。因二月中气为春分，八月中气为秋分，太阳出入正当赤道，故在"年神方位图"上经过卯酉线。太阳在五月"出艮入乾"，该月中气为夏至，在"年神方位图"上是最北边。十一月太阳"出巽入坤"，该月中气是冬至，在"年神方位图"上则是最南边。十二月至五月日出入方位逐渐北移，六月至十一月逐渐南移，完全符合日常生活中人们对太阳运行的实际感觉。因此我们认为，"年神方位图"的这项用途是完全科学的。

以上我们对敦煌历日"年神方位图"的构成和功能作了解读和考察。不难看出，无论是其构成，还是具体运用，都是科学同迷信相混杂。尤其是其中的数术文化内容，如不解读，也就无法读懂历日。要之，我们的任务不是宣扬迷信，而是要澄清其本来面目从而加以破除。不加澄清的所谓"破除"，恐怕只能是一句空话。

（原载敦煌研究院编《段文杰敦煌研究五十年纪念文集》，北京：世界图书出版公司，1996年版，第254—259页）

重新面世的敦煌写本《大历序》

1944 年，向达先生在《记敦煌石室出晋天福十年写本寿昌县地境》①一文中曾提及：

> 余在敦煌见一石室卷子，一面为《毛诗诂训传》卷十六《大雅文王之什》，背面书《逆刺占》，为奉达书。末记云："于时天复贰载岁在壬戌四月丁丑朔七日，河西敦煌郡州学上足子弟翟再温记。"姓名旁注曰，"再温字奉达也"。奉达为历学世家，其所纂历今残存五种，俱题曰奉达，无作再温者，疑其后即以字行也。奉达所纂有天成三年戊子岁《具注历日》一卷，序文尚残存少许，即黏于《逆刺占》卷首，题："随军参谋翟奉达撰。"②

向先生著录的翟奉达撰《后唐天成三年戊子岁（928）具注历日一卷》之序文，在长达近半个世纪的时期内，学者们再无缘目睹。1985年，我在同席泽宗教授合写的《敦煌残历定年》③一文的《敦煌历日年

---

①原载《北平图书馆图书季刊》新第五卷第四期，1944 年 12 月，第 1—11 页。后收入向达：《唐代长安与西域文明》，北京：三联书店，1957 年版，第 429—442 页。
②见《唐代长安与西域文明》，北京：三联书店，1957 年版，第 437—438 页。
③载《中国历史博物馆馆刊》总第 12 期，1989 年，第 12—22 页。

表》第二十五项，所列《后唐天成三年历》，依据便是上引向先生的著录。20世纪80年代，我在撰写《敦煌天文历法文献辑校》一书时，因不知原件下落，也看不到照片，故无从校理。1992年9月下旬，中国敦煌吐鲁番学会在北京房山召开国际学术研讨会期间，曾组织与会学者到北京图书馆参观敦煌文献，终于看到这件与世人久未谋面的历日序，编号为"北图新〇八三六"（今又统编为"BD14636"号）。欣喜之情无从言表，反复审览，随手笔录。现将其原文校录于后，并略述管见，以飨同好及"敦煌学"界同仁。

大历序

1.唐天成三年戊子岁具注历日一卷　并序。随军参谋翟奉达撰上。

干土支水纳音火。

凡三百八十□（1）日。

2.夫（2）历日者，是阴阳之纲纪，造化之根源。元块未分，混为一气。

3.［玄］（3）黄乃判，故立二仪。然则昼见金乌，宵呈玉兔，阴阳有序，

4.［昏晓］（4）无亏。廿四气成规，七十二候方列。运移寒暑，宜辩

5.［吉］（5）凶。日往月来，须明祸福。今故注一年之善恶□□□□。

6.终篇并列于卷也。今年太岁在子 _____

（以下三行原书于"大历序"三字下的空白处）：

1. ⎡＿＿＿＿＿＿⎤先申日也。［祭］（6）川原，谷雨前后吉日也。启源（原）［祭］（7），獭祭鱼前后开。

2. 三伏：夏至后第三庚，初；大暑后一庚，中（8）；立秋后一庚，后也。

3. 腊近大寒前后辰，亦日冬至后三辰。

校记：

（1）"十"下原有一字，墨重不清，难以辨识。

（2）夫：原残，参 S.0095 翟奉达撰《后周显德三年丙辰岁具注历日并序》补。

（3）玄：原残，据文义补。

（4）昏晓：原残，参 P.2623 翟奉达撰《后周显德六年己未岁具注历日并序》"昏晓无亏"句例补。

（5）吉：原残，据文义补。

（6）祭：原无，参 S.1473 加 S.11427B.背《宋太平兴国七年壬午岁具注历日并序》，P.3403《宋雍熙三年丙戌岁具注历日并序》补。

（7）祭：原无，参注释（6）所引历日补。

（8）大暑后一庚，中：传统历日认为中伏在夏至后第四庚日，详见正文。

撰历者翟奉达，乃五代时敦煌地区一位知名文人。他所属的翟氏家族依郡望称作"浔阳翟氏"。这一望族屡见于敦煌石室所出谱学资料。①以石窟而论，莫高窟第 220 窟是初唐所开的翟家窟，翟奉达曾重修此窟甬道北壁，并画"新样"《文殊变》一铺供养。②职是之故，生

---

① 北京大学中国中古史研究中心编：《敦煌吐鲁番研究论集》第三辑，北京：北京大学出版社，1986 年版，第 8—19 页。

② 敦煌研究院编：《敦煌莫高窟供养人题记》，北京：文物出版社，1986 年版，第 220 页。

活在地方豪强家族的翟奉达，自小便受到良好的文化教育，此其一。其二，翟奉达所以能成为五代敦煌地区的历学名家，同他个人的兴趣不无关系。前引向达先生著录，翟再温（即奉达）在抄写《逆刺占一卷》时，还是州学生，时在天复二年（902），显示出他本人自幼即对数术、天文、律历之学有浓厚兴趣。正是优越的家庭条件同个人兴趣的结合，成就了这位撰历者。

在已知五十余份敦煌历日文献中，明确记载为翟奉达编纂者有五份，依次是：后唐同光二年（924）历，后唐同光四年（926）历，后唐天成三年（928）历，后周显德三年（956）历，后周显德六年（959）历。此外，P.3555背《后梁贞明八年壬午岁（922）具注历日一卷并序》，撰者题名仅存"节度押衙"四字，其余残失。但同光二年历撰者是"〔押〕衙守随军参谋翟奉达"，同光四年历题名是"随军参谋翟奉达"。因此我们有理由怀疑，贞明八年历也是翟奉达撰修的。如果推断不谬，则现存五十余份敦煌历日文献中就有六份为翟奉达所修成。诚然，他实际撰成的历日绝非这六份，至少从公元924年到959年的36年中，似乎他一直担负着修撰历日的任务。

翟奉达所修历日多题"撰上"，应予注意。众所周知，中国古代历日颁行区域是国家权力的标志之一，因此国家对修撰历日一直保持垄断，擅制历日要被斩首。尽管在唐末五代纷乱时期，地方上如成都出现了私历，像敦煌文献中的"剑南西川成都府樊赏家历〔日〕"、长安"上都东市大刁家历日"等，但翟奉达所修历日却是为归义军政权服务的。所谓"撰"，是说明他是作者；所谓"上"，即上呈给归义军节度使衙。节度使衙将翟奉达撰成的历日颁发到民间行用，其地方政权的权力亦从一个方面得以体现。这同翟奉达的身份相一致，因为他本人就是归义军权力结构中的一分子。

从该年历日序"凡三百八十□日"一语可知，敦煌历后唐天成三年有闰月。因农历平年一般仅三百五十余日。同年中原历闰八月。根据对敦煌历日闰月的考察，敦煌历同中原历闰月或在同月（极少），或有一两月之差。因此，后唐天成三年（928）敦煌历闰月亦应在八月前后。但从敦煌写本中尚未见到该年闰月的直接材料，故其准确闰月仍有待深究。

所谓"大历序"，在敦煌历日中仅此一见，此前尚未见到。仔细观察，"大历序"三字及此历日序言的笔迹，同翟奉达抄写的《逆刺占一卷》字迹差异极大，因此我怀疑现存内容并非翟奉达的手笔，而是他人所抄。抄写者并未准备将全年历日抄写一遍，仅打算抄其序言部分，故在其前题作"大历序"。当然，这仅是一种推测。

"大历序"三字下的三行字，不属于历日序内容，而是部分历注项目在历日中的安排方法，各专门名称在敦煌历日中屡次看到。这里着重讨论一下中伏的安排问题。我国传统历日中的三伏，用以标示一年中最热的天气，一般以夏至后第三庚日为初伏，第四庚日为中伏，立秋后第一庚日为后伏或末伏。但本件却记为"大暑后一庚，中"，即大暑后的第一个庚日为中伏，与传统历日不同。唐五代时我国历日仍用平气，每二节气间隔时间为15.218425日。夏至为五月中气，小暑为六月节气，大暑为六月中气。自夏至到大暑的时间间隔为：15.218425日×2=30.43685日，差不多30天半。而天干中的两个庚日间距为10天。如果夏至所在的那天是庚日，则第三庚在其后20天，第四庚日在其后30天，时在大暑前或与大暑同日，而非大暑后也。吐鲁番出土《唐开元八年（720）具注历日》即属此类。该历夏至在五月八日庚申，第二庚日在五月十八日庚午，第三庚日在五月二十八日庚辰，为初伏日。因五月是小月，第四庚日在六月初九，为中伏日，大暑亦在同日①，而不在大暑后。正因有此情况，传统历日定中伏在夏至后第四庚日，而不说在"大暑后一庚"。由此可知，此件所记"大暑后一庚，中（伏）"的表述是不准确的。这是翟奉达早期所撰历日，其对中伏的表述仍不免有些稚拙。

［原载香港《九州学刊》6卷4期（敦煌学专辑），1995年3月，第155—158页］

---

① 参邓文宽：《吐鲁番出土〈唐开元八年(720)具注历日〉释文补正》，载《文物》1992年第6期，第92—93页。

《国家图书馆藏明代大统历日汇编》前言

一

在学术文化史的研究中，有人将中国古代文化分作上层文化和下层文化两部分：所谓上层文化，是指以儒家文化为代表的礼仪文明和政治制度；所谓下层文化，则指以阴阳数术文化为代表，与下层社会民众日常生活息息相关的那部分内容。而古代用以指导民生的"历日"，则是下层文化的集中体现。

作为以农立国的古代中国，"观象授时"早在文明之初即已出现。据《尚书·尧典》记载，远在尧时，就"乃命羲、和，钦若昊天，历象日月星辰，敬授人时"。①发展到后世，颁授历日更成了国家的一项重要事务，而且也是皇权所被之域的重要标识。

但是，正由于历日在民间，尤其是在唐宋印刷品流行之后容易见到，反而不被人们所重视，能够传世的古代历本实在很少。虽然说，由于20世纪考古成果卓著，迄今我们已能看到秦始皇三十四年（前213）的实用历本，以及在秦汉简牍和敦煌吐鲁番文献、黑城文物中，

①影印本《十三经注疏》，北京：中华书局，1980年版，第119页中栏。

获得了百余件古代实用历本实物，①但就传世历本来说，迄今所见最早者，只是《大宋宝祐四年丙辰岁（1256）会天万年具注历日》。②自此以下直至明代中叶，实用历本几乎全然不复存在。换言之，明代以后的官颁历日就已是十分罕见而且极其珍贵的历史文物了。

二

我们为什么要将明代《大统历》汇编在一起呢？这是由它的文物价值和学术价值决定的。

如前所述，历日是中国古代文化的重要组成部分，但由于多重原因，古代实用历本传世者为数不多。虽然多数珍贵实用历本，如今已在国家图书馆获得妥善保管，但在它们入藏之前，不少历日的品相已经受到损害：有的被撕裂，有的被虫蛀。由于为数稀少，即使利用再先进的技术，它们的面貌也只能越变越差。于是，采用现代影印技术，再行印制，便成了保存稀有文献的重要手段。这不仅有利于它的永久或半永久性保存，而且也有益于研究者加以利用。诚然，现存明代《大统历》的原有品相本身已有较大差异，但无论面貌如何，从保存文物的视角去认识，它们都是很有意义的。因此，我们改变了最初只收品相上乘者的设想，而是不论品相如何，但求全面地收录和整理明代《大统历》。

另一方面，明代《大统历》的学术价值也是不能小觑的。我们知道，在我国古代国家颁布的近百部历法中，最著名的是汉代的《太初

---

① 邓文宽：《出土历日掠影》，载氏著《敦煌吐鲁番天文历法研究》，兰州：甘肃教育出版社，2002年版，第145—151页。

② 见任继愈总主编，薄树人主编：《中国科学技术典籍通汇·天文卷》第1册，郑州：河南教育出版社，1997年版，第691—706页。

历》、唐代的《大衍历》和元代的《授时历》。《授时历》由元朝著名科学家郭守敬编成，于公元1280年颁行，一直行用到明朝末年，[①]也是中国古代历法成就的最高体现。

明朝的历日不是称作《大统历》么？为什么又说元代《授时历》一直行用到明末呢？历史事实是，元末朱元璋起兵后，于公元1367年十一月冬至，太史院使刘基率其属下高翼上呈了次年历日，名曰"大统历"。可是，时人漏刻博士元统即在1384年指出："历以'大统'为名，而积分犹踵'授时'之数，非所以重始敬正也。"[②]当代天文学史专家陈遵妫先生也指出："大统历的一切天文数据和推步方法，都依照授时历。"[③]另一位天文学史专家薄树人教授则说："从实质上说，也就是《授时历》一直行用到明末。"[④]

前已说明，《授时历》是中国古代历法成就的最高体现。但在它被称作《授时历》本名的1280—1368年的88年间，实用历本一件也未传世。只是20世纪曾从内蒙古额济纳旗的黑城发现了元至正二十五年（1365）历日的一个小残片，[⑤]又从敦煌莫高窟北区发现了元至正二十八年（1368）历日的另一个小残片，[⑥]仅此而已。

正由于此，在既往的天文学史研究中，凡涉及《授时历》，人们所能使用的资料，往往仅限于载于《元史》天文、律历二志以及《明史》中的材料，至于实用历本如何，却难寓目。既然明代《大统历》事实

①《中国大百科全书·天文学卷》，北京：中国大百科全书出版社，1980年版，第561页。

②标点本《明史》，北京：中华书局，1974年版，第517页。

③陈遵妫：《中国天文学史》第二册，上海：上海人民出版社，1984年版，第1484页。

④中国天文学史整理研究小组著（薄树人主编）：《中国天文学史》，北京：科学出版社，1981年版，第117—118页。

⑤张培瑜：《黑城新出天文历法文书残页的几点附记》，载《文物》1988年第4期，第91—92页。

⑥邓文宽：《莫高窟北区出土〈元至正二十八年戊申岁(1368)具注历日〉残页考》，载《敦煌研究》2006年第2期，第83—85页。

上就是元代《授时历》的延续，那么《大统历》不也是研究《授时历》的重要资料么？而且过去人们只是比较重视《大统历》比《授时历》落后的地方；那么，换一个角度看，《大统历》所保存的，不也就是《授时历》的主体成就和文化内容吗？而且《授时历》的实用历本几无传世，在这个意义上说，明代的《大统历》日也是研究《授时历》的重要资料渊薮，理应受到关注与重视。

三

呈现在读者面前的这套《国家图书馆藏明代大统历日汇编》，其资料来源同两位已故当代文化名家息息相关。一位是唐史专家、佛学家周绍良先生，一位是前国务院古籍整理规划领导小组组长李一氓先生。

众所周知，周绍良先生出身名门，是近代北方著名实业家周学熙的嫡孙，其父为著名佛学家周叔迦先生。绍良先生自少年时代起就酷爱文物收藏。他一生的多项收藏，如名墨、宝卷、宋元善本之外，又特别注意明代历日的收藏。先生祖母和父辈均信奉佛教，经常参加佛事活动。但因佛事活动用时过长，长辈体力难支，于是由少年绍良先生代替参加。日久天长，他便同许多寺庙的和尚熟识起来。和尚们知道他喜好收藏，便将自己手中的历日等赠送给他。

那么，和尚们又是如何得到这些明代历日的呢？原来，20世纪30年代之前，北京地区有许多明代建造的小庙。当初小庙建成后，开光之日，人们便将历日、宝卷之类置于佛像或菩萨腹中，认为由此塑像便获得了生命。1928年，国都迁往南京后，北平出现了拆庙之风，历日和宝卷得以重新面世，自然，最先得到这些文物的便是僧侣们了。周绍良先生能够获得这些明代历日，或许是佛教所说的缘分吧。

经过大半生的辛勤收求，周绍良先生共获得五十来份明代历日。

然而出于对国家文化事业的挚爱，他除了将《大明景泰三年岁次壬申（1452）大统历》留给其子周启晋作为纪念外，其余悉数捐给了国家图书馆。

李一氓先生也酷好收藏，1949年后，他经常到北京琉璃厂购求文物，明代历日是其内容之一。"文化大革命"之初，他被抄家，藏书1729种，总4607册，被抄进北京图书馆。1974年发还时，他将这些藏品捐给国家，所捐藏品中，便有明代大统历日。①与周绍良先生所捐历日来自北平的佛寺不同，据李一氓讲，他收藏的历日主要来自山西寺庙。

据《中国古籍善本书目》著录，散藏在我国各有关单位的明代大统历日共有88种91册，②我们又从德国国家图书馆吐鲁番收集品中考出了《大明永乐五年岁次丁亥（1407）大统历》。③本书则汇集了国家图书馆所藏的明代大统历日99种105册，现存明代大统历日的主体，已可由此得见。

四

本书采编的一些明代历日中，我们除看到"至德周绍良""周绍良""绍良之印"以及"北京图书馆藏"等印章之外，崇祯十四年（1641）历日末尾空白处还有一段毛笔书写的文字，并非历日内容，原文如下：

---

① 李一氓：《李一氓回忆录》，北京：人民出版社，2001年版，第389—401页。
② 李经国：《记周绍良先生》，载白化文主编：《周绍良先生纪念文集》，北京：北京图书馆出版社，2006年版，第43—55页；"《大统历》和宝卷的收藏"见49—51页。
③ 邓文宽：《吐鲁番出土〈明永乐五年丁亥岁（1407）大统历〉考》，载《敦煌吐鲁番研究》第五卷，北京：北京大学出版社，2000年版，第263—268页。

绍良尊兄藏明《大统历》最富。惟崇祯一朝，尚付阙如。适箧中有汲古阁崇祯四年刻钟伯敬评左传后印本十册，是童时得于常州者。其书衣悉以崇祯十四年历裱糊，虽多翦裁，尚十存四五。检北京图书馆善本目崇祯历止著录三年、八年两册，则此十四年者，殆成孤帙。因损装，寄赠绍兄，识者谅不以断篇见弃也。丙寅中秋日，江阴黄永年题于西安城南。

此题跋书毕，白君化文自京来秦，出万历三十一年历一册，云是绍兄所藏复本，辍赠以报崇祯残历者。则年此举，诚所谓抛砖以引玉矣。感谢感谢。

黄永年先生是陕西师范大学历史系教授、唐史专家。周绍良先生在世时，二位老人过从甚密。而据黄先生的学生、北京大学中古史研究中心辛德勇教授所记，这本明崇祯十四年（1641）历日，是黄先生于1986年赠予周先生的。该年，周先生受邀去西安主持黄先生的研究生答辩并作学术报告。席间，黄先生问及周先生是否藏有该件历日，周先生云"没有"，黄先生便说可以相赠。次日，辛德勇便陪同周先生到黄家取走。[①]黄先生的这段文字不仅告诉我们，汇编中的这本明崇祯十四年（1641）历日最初出自常州，中经黄、周二位收藏，最终落户国家图书馆，而且它也是二位学人友谊的见证和学林中一段佳话。

五

这里，我们有必要对本书所收大统历日之外的（附编）内容作一

---

①辛德勇：《我与绍良先生的书缘》，载《周绍良先生纪念文集》，北京：北京图书馆出版社，2006年版，第84—86页。

些说明，以方便读者了解并加运用。

《大统历法启蒙》，是明末清初人王锡阐（1628—1682）研究明代《大统历》的作品。生当明末清初的王锡阐实在是一位奇人，他以明代逸民自居，特立独行，为人狷介。虽然其时外来传教士已将西方天文学传入中国，中国传统历法已呈衰颓之势，但他既不盲从，也不排斥，而是采取实事求是的态度进行研究，从而综合中西历日之长，有《晓庵新法》之作。[①]在他一生从事的天文实践中，曾对明代《大统历》精研细读，有《大统历法启蒙》五卷传世。这部书对今人研究和认识明代《大统历》颇有助益。至于该书的版本，以清光绪十四年（1888）刊印的德化李氏《木犀轩丛书》本为最佳，我们便选用该刊本加以影印。

《大统历注》一书，为明朝人的作品，作者未详。循名责实，该书内容是为《大统历》作注的，对于今人理解和研究明代历日亦具价值。根据书前收藏者所写题跋，该书系精抄本，尚未椠版行世。它曾为清道光年间的著名藏书家汪士钟收藏。汪氏乃长洲人，号阆原，书前有其"艺芸精舍""三十五峰园主人"等藏书印章。作为研究《大统历》的辅助资料，我们也将其汇编于此，方便学林。

2007年4月11日于半亩园居

（原载《国家图书馆藏明代大统历日汇编》，北京：北京图书馆出版社，2007年版，第1—10页）

[①]席泽宗：《试论王锡阐的天文工作》，载《科学史集刊》第6集，1963年版。又见陈美东、沈荣法主编：《王锡阐研究文集》，石家庄：河北科学出版社，2000年版，第1—20页。

凉山彝族二十八宿初探

　　四川省大凉山地区，地处金沙江以北，大渡河之南，西至西昌地区，东与宜宾地区毗邻，山陵峻拔，风景秀丽，是我国彝族同胞的最大聚居区之一。许多世纪以来，彝族人民为开发祖国的大西南做出了卓越的贡献，同时创造了富有本民族特色的科学文化。凉山彝族对二十八宿的认识就是这些文化宝藏的一部分。研究这个问题，不仅对发掘彝族的文化宝库，而且对提供解决世界各地二十八宿之间关系有关问题的新线索，都很有裨益。

一、星名和四陆

　　二十八宿在凉山地区流传非常广泛，大凡五十岁以上的老人均有不同程度的了解。但多数人只能顺口背诵，对其更深的内容却已遗忘。唯有少数在民主改革前担任"笔摩"（巫师）的人，对二十八宿了解较多。除民间传说外，甘洛县文化馆收藏的古彝文经典《年算书》也连续记载了二十八宿中的二十六个，只是脱写了民间传说的鸡翅鸡尾和豹尾两宿。但就在该书记载十二生肖的部分又找到了这两宿，由此可以补齐。《年算书》所载二十六个星座，只有名称和用来算命的使用方法，星数和有关二十八宿的其他内容全不记载。同时在峨边县也见到了近人的传抄本，唯独古彝文本尚未见到。这是两本不可多得的用彝文记载二十八宿的珍贵文献。

彝族二十八宿的汉译名称（见附表），目前除第二和第十二不能确定外，其他几乎全同动物有关。其中用鹦鹉命名的有四个星官，鸡五个星官，豹子七个星官，豪猪一个星官，犀牛三个星官，马一个星官。其他是：时首、时尾、明亮露水、桠枒和牛枒档。时首和时尾正好是一个恒星月的开头和结尾，明亮露水是指露水珠的，后两个是生产工具，意义都很明确。

在用鹦鹉和豹子命名的星官中，所用方法完全相同。即把这两种动物身体的各个部位分属到每一个星官中去。用鸡命名的那一组星官则是分为鸡的不同种类，如灰褐鸡、黑鸡等。而用犀牛命名的那三个星官则是分为公、母和犀牛吞吃东西的动作形状。这样就使原来彼此独立的星官连成顺序，既便于认识，也便于记诵。至于豪猪和慧马，则不言自明。可以看出，彝族给星宿起的名称十分质朴，完全不同于后来阶级社会中在星宿名称上所加入的神学迷信。这说明它的产生历史十分悠久。

彝族人民对恒星的颜色和形状也非常熟悉。附表所列的二十八宿中，三颗属于红色，两颗属于黄色，其他均为白色。红色星即参宿四、翼宿和心宿二。除翼宿颜色不确切外，参宿四和心宿二都是有名的红色亮星，作为观测的标志十分理想。心宿二是汉族古籍记载中的"大火"，彝族在形容它的颜色时常说"豹口红彤彤"，十分形象。其他颜色的星也大体相近。表中提供出恒星形状的八个星官，既形象生动，又富于生活气息。昴宿的彝语字面意义是"一群山羊"，民间传说为"一群小鸡"，总是盼望同鸡妈（月亮）相聚会。将毕宿上部七星称作犁地用的铧口也颇为逼真。觜宿则几乎呈一等边三角形，在民间也能找到相仿的东西，这就是彝族人民做饭时绝对不可离开的三块石头——锅庄。亢宿确实是"弯弯的"。壁宿的两颗星他们说是"老马走平路",当然会给人以"笔直"之感。右更五颗星即使在汉族人看来也完全像一个打谷用的"槤枷"。胃宿虽也是三颗星,但毕竟离得较远些,呈等腰三角形,因而同觜宿具有完全不同的形象称呼——"牛枷档"。也许在彝族同胞看来,把这个"枷档"套在牛脖子上耕地再合适不过了。垒壁阵东四星组成的图案确为一个棱形,用"梭子"形容它也非常恰当。总之,这些对星宿形状的形容,或是日常生活用品,或是生产工具,或是家畜,但都与奴隶们的生产和生活须臾不可离开,并且符合这些星宿的图案形状。同时,对这些星宿形状的分析,也为我们判定彝族二十八宿究竟包含哪些星官提供了一定的依据。

彝族二十八宿是否也具有四陆(即四象)的特征呢?彝语有对四象的完整称呼,苍龙还称苍龙,白虎还称白虎,朱雀称为孔雀,玄武暂译为"男女"(?)。汉族古代玄武图像作蛇缠龟形,《文选注》曰:"龟与蛇交曰玄武。"[1]彝族称玄武为"男女",显然也有相交之意。可见彝语同汉语四象名称几近一致。

其次,仔细分析彝族星名的组合,也能看到四象的痕迹,大体可将彝族二十八宿分为如下四组(按以豹角为首,详见下节):

第一组(八宿):明亮露水(亢),豹角(氐),豹眼(房),豹口(心),豹腰(尾),豹心(尾),豹尾(尾),豹过完(箕)。

第二组(六宿):豪猪(建星),牛来(狗国),公犀牛(女),母犀牛(虚),犀牛吞咬(垒壁阵东四星),慧马(壁)。

第三组(八宿):槤枷(右更);时尾(胃),时首(昴),继续前进(?)(毕),鹦鹉头(觜),鹦鹉红翅膀(参),鹦鹉腰(井),鹦鹉

---

[1]《楚辞》屈原《远游》:"时暖曃其曀莽兮,召玄武而奔属。"《文选注》云:"龟与蛇交曰玄武。"转引自《辞源》第三册,北京:商务印书馆,1981年版,第2020页左栏。

尾（南河）。

第四组（六宿）：黑鸡（鬼），灰褐鸡（柳），鸡神雄（星），鸡神雌（轩辕御女），鸡翅鸡尾（翼），降露（？）（轸）。

可以看出，第一组以豹子为主组成；第二组以犀牛为主，另加豪猪和慧马组成；第三组以鹦鹉为主组成；第四组以鸡为主组成。

这种组合方法也许是将汉族的苍龙、玄武、白虎、朱雀改变而成的，即：苍龙变成了豹子，玄武变成了犀牛，白虎变成了鹦鹉，朱雀变成了鸡。虽然改变得不再成为汉族每陆七宿，星宿和名称都作了变化，但四陆的基本面貌没有变化却是事实。这也说明，彝族和汉族的二十八宿之间存在着一定的源渊关系。

二、起首星官

彝族二十八宿有三种完全不同的起首方法，一般说来，圣乍方言区（包括甘洛、喜德、昭觉、越西、西昌一带，俗称"中裤脚"）以昂宿为首；义脑方言区（包括峨边、雷波、马边、美姑一带，俗称"大裤脚"）则以氐宿为首；所地方言区（包括普格、金阳、布拖一带，俗称"小裤脚"）偏重于以氐宿为首，个别地方也以昂宿为首。与此相应，《年算书》甘洛本从昂宿开始，峨边本从氐宿开始，同民间传说完全一致。独特的是，西昌一部分地区既不从昂宿，也不从氐宿开始，而是开始于奎壁阵东四星，但尚未得到文字证明。

二十八宿从哪一宿开头非常重要，它与二十八宿的米源关系密切。下面就这三种起首方法逐一进行分析。

1.昂为首

昂宿彝语一读［chytkufut］（吃库夫）。"吃库"为"一群山羊"；"夫"为六，指星数。另一读音为［tatbop］（塔布）。"塔"是"约定时间"，"布"为"开始"，合为"约定开始的时间"，因此译为"时首"，对恒星月来说就是其开头。

《晋书·天文志》记有："昴七星，天之耳目也，主西方，主狱事。又为旄头，胡星也。"[1]很清楚，即使在古代汉族看来，昴宿也与西方少数民族关系密切。当然，我们并不排除上述引文中古代星占学家的某些迷信谬说，但昴宿在古代与西方少数民族相关却是毋庸置疑的。

现在多数民族学工作者认为彝族先民来自我国古时甘青一带的氐、羌部落，《后汉书·西羌列传》对古羌人一支迁往凉山的过程作了较为详细的记述，时间约在秦献公时（前384—前362），[2]这可能是彝族至今如此重视昴宿并作为二十八宿开头的原因之一。

其次，冬至黄昏昴宿上中天也是彝族先民一年之首的天象标志。竺可桢先生曾对《尧典》"四仲中星"做过很仔细的研究。他指出，"日中星鸟，以正仲春；日永星火，以正仲夏；霄中星虚，以正仲秋"三句，是"殷末周初之天象"，唯"日短星昴，以正仲冬"则是公元前二千四百年的天象。[3]前已指出，古代彝族先民对昴宿十分重视，另一方面，古代周民族与彝族先民一样，同出于羌族部落。[4]周民族所用历法建正为子，以建寅之十一月为年首正月，正好是冬至前后。彝族迄今为止，除与汉人同过春节外，各部落还在冬至前后任择一日过彝族年。唐人樊绰《蛮书》记载乌蛮的《蛮夷风俗第八》曰："每年十一月一日（本文作者按，指汉历）盛会客，造酒礼，杀牛羊，亲族邻里，更相宴乐，三月（日）内作乐相庆，惟务追欢。户外必设桃菊，如岁

---

①标点本《晋书》，北京：中华书局，1974年版，第302页。

②标点本《后汉书》，北京：中华书局，1965年版，第2875—2876页。

③竺可桢：《论以岁差定尧典四仲中星之年代》，载《科学》第11卷第12期，1926年，第100—106页。

④尚钺主编：《中国历史纲要》，北京：人民出版社，1954年版，第9页。

旦然。"①说明彝族冬至过年十分古老，同时也反映了彝族先民和古代周族是有密切关系的。但是，古代羌族是否能在公元前二千四百年时就定以冬至过年呢？现在无法得到证明。可是这些材料至少能反映如下一个事实：古羌人对昴宿的认识十分古老。由于岁差的缘故，殷末周初的冬至黄昏就不再是昴宿上中天了。但岁差是晋朝人虞喜的发现，与殷末周初相差甚远，古羌人不可能认识到岁差现象。因此，这并不妨碍他们后来在确定冬至为年首时，继续将已经熟识的昴宿作为年首的天象标志。还要指出，我们说彝族先民将冬至作为年首，并不是准确地在冬至那一天，而是在冬至前后各十多天里任择一日。考虑到这一点，岁差的变化对他们来说就不是太了不起的事情了。

由此，我们认为，彝族先民在很古老的时候对昴宿就很重视，并在后来将其确定为年首的天象标志，这可能就是昴宿为首的来源。

2.氐为首

氐宿为汉族二十八宿的第三宿（角亢氐房心尾箕），为什么在彝族却成了二十八宿的一种开头呢？竺可桢先生曾引《左传》"天根见而成梁"，《国语》"中根见而水涸"，由此说："天根，氐也。在春秋战国时代春秋左右黄昏时东升故云。"②由于地球一夜之间自转180°，那么氐宿在春秋战国时代春分左右黎明时就是西落了，而在冬至左右黎明时则是上中天。这同样也是古代彝族先民一年之首的天象。因此，我们有理由认为，彝族以氐宿为二十八宿之首，是根据春秋战国时代冬至左右黎明上中天的天象而定，这或许正是它的来源之所在。

以昴和以氐为二十八宿之首都是彝族先民一年之首的天象，为什么却要使用这两种不同的开头呢？这是因为：第一，两种开头属于彝

---

① [唐]樊绰撰，向达校注：《蛮书校注》，北京：中华书局，1962年，第211页。
② 竺可桢：《二十八宿起源之时代与地点》，见《思想与时代》1944年第34期。今见《竺可桢文集》，北京：科学出版社，1979年版，第234—254页。

族先民两个不同部落的使用方法，至今分别在圣乍方言区和义脑方言区保存着；第二，圣乍方言区沿用冬至黄昏昴宿中天的天象，而义脑方言区则根据春秋战国时代的实际天象而定；第三，观察时间不同：观察昴宿是昏中，观察氐宿却是旦中。汉族古籍记载"昏旦中星"，说明观测时间或昏或晨。我国西南地区古有"未晚先投宿，鸡鸣早看天"的说法，[①]而且义脑方言区至今还有黎明观察北斗斗柄指向以定季节的做法，[②]说明早晨观星是当时一般人的常识。

　　3.垒壁阵东四星为首

　　垒壁阵东四星正当黄道，而且是在现今春分点上。可能是近代为了掌握农时节令的需要才设定的。但推测这种设定时间不会太长，从它只存在于西昌极小一部分地区也可以看出。

三、在天区的分布

　　如果全面观察彝族二十八宿在天区的实际分布，似乎会得到这样的印象：彝族二十八宿是按黄道分布的。二十八个星宿中有十六个在黄道带内，它们是：亢、氐、房、心、箕、建星、狗国、女、虚、垒壁阵东四星、右更、昴、毕、井、鬼和轩辕御女。其中亢、氐、房、建星、垒壁阵东四星、右更、井、鬼和轩辕御女等九个星官正当黄道，其他十二个星官不在黄道带内，但距黄道也不是非常遥远。所以这样分布，是由古人观察月离所致。黄白二道只有5°9′的交角，差不多是重合的，因此今天我们标在星图上就好像是按黄道分布了，这是问题

---

① 竺可桢：《二十八宿起源之时代与地点》，见《思想与时代》1944年第34期。今见《竺可桢文集》，北京：科学出版社，1979年版，第234—254页。

② 见陈宗祥、邓文宽、王胜利：《凉山彝族天文历法调查报告》，载《中国天文学史文集》第2集，北京：科学出版社，1981年版，第101—148页。

的一方面。另一方面，观察二十八宿在天区的实际分布是一回事，度量二十八宿距离时到底使用赤道度数抑或黄道度数又是另一回事。如果我们观察汉族二十八宿在天区的实际分布，也可以说是按黄道分布的，这也是观察月离所致。但汉族古代度量二十八宿的距离是以赤道度数为基准的，因此不能说汉族二十八宿是按黄道分布和计量的。同样，仅仅根据彝族二十八宿在天区的实际分布，仍然不能得出它以黄道度数度量的结论。可惜这个问题目前连一点蛛丝马迹也没摸到，仍旧有待于今后的深入调查和文献证据。

不过有一点却很值得注意。根据竺可桢的计算，战国时代汉族二十八宿正当赤道的有八宿：参、星、翼、轸、亢、氐、虚、危。这八宿除危宿在彝族没有外，其他七宿全都保留着。上节我们已指出，彝族先民与古代甘青一带的氐、羌部落有关，迁往凉山是在战国年间。这就使我们不能不做出这样的揣测：在战国年间，彝族先民认识的二十八宿可能是用赤道度量距离的，迁往凉山后根据实际观察的情况才作了一些改变，以致形成今天的面貌。

四、对恒星月周期的认识

月亮在星空背景上不停地移动，27.32天一个周期，周而复始，从不间断。汉族古代称为"月离"。彝族人民在认识二十八宿的过程中，对恒星月的周期长度也有一定的认识和掌握。

一般说来，民间对恒星月的周期有两种说法。一种认为有27天、27天、27天、28天的周期性；另一种认为有27天、27天、28天的周期性。对这两种认识，我们只要进行简单的计算，就可以看出其实质性内容。

第一种：

27×3＋28=109（天）（按彝族说法计算，下同）

27.32×4=109.28（天）（按恒星月现代测定值计算，下同）

这里，四个恒星月的实际时间长度比他们掌握的时间长度只多0.28天，即6.7小时。

第二种：

27×2＋28=82（天）

27.32×3=81.96（天）

这里，三个恒星月的实际时间长度比他们掌握的规律只少0.04天，即58分钟，不到一小时。

由此可见，这两种认识都同实际的恒星月周期相差不远，而尤以后一种认识更接近实际。按照第一种方法，只要经过几个这样的周期，误差就会加大，而第二种方法误差较小。有的使用第二种周期方法的人提供说，第三次会合的具体时间要比第一、二两次提前一小时（即第一、二次如果晚上某宿与月亮十点会合，那么第三次九点就会合了）。这与我们上述对第二种方法推算的结果颇相符合。

历史上彝族除了算命的"笔摩"以外，没有汉族那样专门进行测量的天文官员，数学也不很发达，不可能测出恒星月的准确数值来。但仅凭千百次的肉眼观测，就能认识到这样深刻的程度，怎能不使我们叹服！

彝族人民不仅认识到恒星月的周期，而且将这种认识运用到预报月亮同某宿会合的日期上。在这方面也取得了可喜的成绩。

各地起首星官不同，预报的方法也不同。以氐为首的地区一般在汉历七月初七、初八、初九这三天观察氐宿何时与月亮会合，记下这一天，以后就依上述所讲的那两种周期之一进行推算，到下年七月再校正。①以昴为首的地区有几种不同但很具体的方法，现在试推算如下：

1.观察是否准确，以正月初八、七月二十二月亮是否与昴宿会合为依据。

农历正月初八到七月二十二，朔望月的时间长度约是：

$29.53 \times 6 + 22 - 8 = 191.18$（天）。

这期间月亮在恒星背景上移动七个周期，计有：

$27.32 \times 7 = 191.24$（天）。

恒星月的总长度比朔望月的总长度长0.06天，约合86分钟。也就是说，如果正月初八月亮同昴宿会合，那么七月二十二就一定再次会合，不过比正月初八会合的具体时间晚86分钟而已。

2.如果四月初一月亮同昴宿会合，那么十月十四或十五就一定再次会合。

四月初一到十月十四朔望月的总长度约是：

$29.53 \times 6 + 14 = 191.18$（天）

这期间月亮在恒星背景上移动七个周期，计有：

$27.32 \times 7 = 191.24$（天）

恒星月的总长度比朔望月的总长度长0.06天，也就是说，如果四月初一日月亮同昴宿会合，那么十月十四日就一定再次会合，只不过具体会合的时间比四月初一那天晚86分钟，与（1）结果一致。

十月十五日再次会合是中间有连大月的情况，那时朔望月的总长度是192.18天，比七个恒星月长0.94天，不到一天，基本相符。

彝族也认识到在一个阴历年中（354.36天）月亮大约在星空转13周（355.16天）。还有一些方法，这里不再一一推算。

①徐益棠：《雷波小凉山之倮民》,1944年4月《金陵大学中国文化研究所丛刊》乙种。

上述推算中，我们只就正常情况下一段时间里朔望月同恒星月的总长度进行了比较，未将闰月考虑进去，如加考虑，出入还会略微加大。即令如此，这些成绩的取得亦属难能。

值得重视的是，彝族对恒星月周期的认识完全驱散了以往人们在二十七宿和二十八宿一宿之差以及二十八这个数字的来历上造成的迷雾。有的学者在中国天文学史研究上曾做出过巨大贡献，但在这个问题上却误入歧途。认为："二十八宿这条线是量度月球运动的刻度标尺，而它的数目二十八则是古时求得的月球基本周期的平均长度。因为月球完成它从望到望或从朔到朔的相周（朔望月）需时29.53日，而回到恒星间的同一位置（恒星月）则只需27.33日。这两个周期总是无法调和的，但28日这个平均数使用时很方便。"[1]有的论者甚至以中国只有二十八宿，没有二十七宿；印度虽有二十七宿、二十八宿两种，但始终以二十七宿为主，认为由少到多，印度二十八宿应早于中国。[2]还有人企图从土星的恒星周期与会合周期的关系来寻找二十八宿这个数字的来历。这些都属主观想象，经不起推敲和证实。

本文题为"凉山彝族二十八宿初探"，是仅就其大数而言，并非指凉山彝族只有二十八宿一种情况，事实上同一体系中还存在着二十七宿。彝族有将亢、氐二宿或者合并或者分开的做法。这是因为恒星月一个周天需时27.32天，取整数值应为27天。如果第二周再取27天，将余数全积在第三周，则是27.96天，整数值应取28天了。彝族将亢、氐二宿合并成二十七宿时，彝语称为"叠"，亦即重叠，是适应第一、二两周的需要；将亢、氐分开使成二十八宿时，是为了适应第三周的需要，完全适合恒星月在二十七天和二十八天完成的两种情况。

---

[1]［英］李约瑟著：《中国科学技术史》翻译小组译《中国科学技术史》第四卷（天学）第一分册，北京：科学出版社，1975年版，第156—157页。

[2]［日］桥本增吉：《支那古代历法史研究》，东京：东洋文库，1943年版。

其实，汉族古代也有二十七宿、二十八宿两种。《史记·天官书》就有将室、壁合为"营室"的，①《尔雅·释天》②亦是如此。当然，一个恒星月在二十八天完成时，室、壁也就分开了。

还需要指出，彝族以氐为首的二十七宿，是将开头和末尾两宿重合的。这说明一个恒星月需27天还是28天，在义脑方言区的彝族先民看来，需在一个恒星月的末尾才能确定，而那种将室壁合为营室的做法则是约定俗成的东西。

总之，我们可以肯定地说，月离二十七宿还是二十八宿，都是古人观察月亮经天的实际天象定出的，完全符合对恒星月视运动的认识。合乎逻辑的结论应当是：凡是有二十八宿的地方就应当有二十七宿，反之也是一样。

五、对二十八宿的解释和应用

我国汉族所以会产生二十八宿，是因为古人要利用满月在二十八宿中的位置，来间接地辨认太阳在恒星中的位置，以便确定春夏秋冬四季。为此，还将二十八宿分为苍龙、玄武、白虎、朱雀四陆，每陆七宿，各主一季。虽然经过漫长的阶级社会，二十八宿被星占家们披上了迷信的外衣，但用以确定季节的本始意义和作用却未变化。那么，二十八宿在彝族的用途是什么呢？

无论民间传说，还是《年算书》所载，至民主改革前，二十八宿在彝族已经完全被禁锢在迷信之中了。科学的二十八宿变成了思想统治的工具。奴隶主们在酒足饭饱之后，除了叙家谱、炫耀祖宗的威势，

---

①标点本《史记》，北京：中华书局，1959年版，第1309页。
②影印本《十三经注疏》，北京：中华书局，1980年版，第2609页上栏。

用皮鞭和棍棒驱赶奴隶从事永无休止的劳役，还要宣扬月亮同二十八宿会合时的吉凶祸福，以此来规范奴隶们的衣食住行。在这个问题上，《年算书》最具代表性。它在月亮同某宿会合的条文中，全是盖房、起灶、娶妻、嫁女"宜"与"不宜"的说教。比如，月亮同下列星宿会合时：

1.时首：不宜娶妻嫁女，此外都宜作。

2.继续前进（？）：不宜立房进房，此外都宜作。

3.鹦鹉头：宜"作帛"（祭祖）生子，娶妻嫁女，不宜缝织衣服。

6.鹦鹉尾：不宜出行、开土，此外都宜作。

27.时尾：宜念经安灵，不宜生子。

《年算书》这些"宜"与"不宜"的说教，与汉族中古时代的历注内容几乎别无二致。它从人们的生产劳动、婚丧嫁娶、外出行动以至生儿育女等方面都做了严厉的限制，甚至妇女生孩子的时间都要规定下来！

不过我们要问，难道二十八宿在彝族一开始就同人们的生产活动没有任何联系吗？

仔细将彝族二十八宿的名称同上述对二十八宿的解释和使用进行对照，人们不难发现，这里有不可克服的矛盾。名称同人们的生产和生活密切相关，使用内容却是神学迷信。当然，不能说名称同使用的内容就一定会有必然联系，但从直观来说，名称是质朴的，使用内容却大相径庭，属于两种思想体系。

其次，我们从汉语对彝族二十八宿某些星宿的直译名称上，还能找到一点与生产联系的痕迹。据彝文工作者研究，彝语"鸡翅鸡尾"（翼宿）另有"夏送夏跨"的说法，也即是"送夏跨夏"的意思。我们知道。南宫朱雀七宿（彝语是孔雀）是春天的天象。翼宿居"井鬼柳星张翼轸"为第六宿，接近末尾。在整个春天，黄昏时这七宿依次中天，而到翼宿黄昏中天时就是春末夏初了。这样"送夏跨夏"也就是说春天的天象快过完了，看到下面中天的天象就要跨入夏季了。彝语豹口（心宿二）与月亮会合也称为"秋天头"，就是秋天开始的意思。心宿二是夏季黄昏中天的天象。彝族为何称作"秋天头"呢？这是因为彝族相当一部分地区只有春、秋、冬三季，而无夏季，因此把"夏天头"说成了"秋天头"。这些都说明，二十八宿在古代彝族是用来预报农时季节的，罩上神学外衣是后来的事情。

彝族二十八宿，直到目前为止，是在我国少数民族中保存得最完整的。它在民间流传比汉族都要普遍得多，确是一份宝贵的遗产。这些知识的取得，反映了彝族人民的聪明和智慧。它的被发现，也进一步丰富了我国天文学历史的宝库。彝族传说二十八宿是一个叫沙普吉尔的人发现的。此人很注意天象，他经常带着口粮到一座高山上进行观察，发现了月亮每晚在二十八宿中超过一宿，二十八天或二十七天一轮回。诚然，不可排除某些个人在观察二十八宿时的贡献较大，但却需要更多的人长期努力。每当晴朗的夜晚，星星露出天幕后，彝族总有不少人坐在院落里观察，预报月亮同星宿会合的时间。彝族人民对二十八宿这些内容丰富的认识，正是千百万人长期实践的结果，这使我们又一次体会到实践出真知的真理。

（与陈宗祥先生合撰。原载《凉山彝族奴隶制研究》，1979年第1期，第66—75页）

附　凉山彝族二十八宿表

	彝语拼音符号	直译	起首星	星数	形状	主星	相应的汉族星名	主星颜色	备考
1	tat bop	时首	△	6	一群雏鸡		昴宿	白	原名 chyt ku fut，义为"一群山羊"。
2	hlut jjup	继续前进		8	铧口	毕宿六、七	毕宿	黄	
3	jjyp o	鹦鹉头		3	三块石锅庄		觜宿	白	
4	jjyp lot	鹦鹉红翅膀		4		参宿四	参宿一至四	红	
5	jjyp jjut	鹦鹉腰		3			井宿二、三、四	白	
6	jjyp hmy	鹦鹉尾		2			南河一、二	白	
7	va nuo	黑鸡		3			鬼宿一、二、三	白	
8	va hxo	灰褐鸡		5			柳宿一至五	白	
9	va sy dur	雄鸡神		3			星宿二、三、四	白	
10	va sy ma	雌鸡神		4			轩辕、御女十四、十五、十六	白	

续表

	彝语拼音符号	直译	起首星	星数	形状	主星	相应的汉族星名	主星颜色	备考
11	va ddur va hmy	鸡翅鸡尾		4			翼宿一至四	红	甘洛本脱写,峨边本作 nyi shyp,义为"夏送"。
12	zhet tsu	竖立的露水		6			轸宿、左辖、右辖	白	有"降露"的含意。
13	zhet nbop	明亮的露水		4	弯弯的		亢宿	白	die 义为"重叠",周期为 27 天时,此宿与"豹角"合并为一宿;周期为 28 天时,此宿单独各为一宿。
	ssyt ho die	豹角(叠)	△	4		氐宿一、二	氐宿一、二、三、四	白	
14	ssyt nyuo	豹眼		4			房宿一、二、三、四	白	
15	ssyt ke	豹口		1			心宿二	红	
16	ssyt jjut	豹腰		4		尾宿二、三	尾宿一、二、三、四	白	
17	ssyt hxie	豹心		1			尾宿五	白	

续表

	彝语拼音符号	直译	起首星	星数	形状	主星	相应的汉族星名	主星颜色	备考
18	ssyt hmy	豹尾		3			尾宿六、七、九	白	
19	ssyt ddur	豹过完		4			箕宿一、二、三、四	白	峨边本作 sat bba。
20	bbo bu	豪猪		6			建星	白	
21	le mga	牛来		4			狗国	白	
22	si bu	公犀牛		3			女宿一、二、四	白	
23	si mop	母犀牛		1			虚宿一	白	
24	si til	犀牛吞咬	△	4	四星成菱形		垒壁阵东四	白	有的方言称此星为"梭子星"。峨边本作 nyu tit，义为"牛咬"。
25	mu yi	慧马		2	两星相连如一直线		壁宿	白	有"老马走平路"的说法。
26	help kep	棒枷		5	棒枷		右更	黄	圣乍方音作 hlip ko。
27	tat hmy	时尾		3	牛枷档		胃宿一、二、三	白	

后　记

　　我忝列学林，踏足于学术界尤其是敦煌吐鲁番学界，已40余载。如今两鬓染灰，行步踉脚，自觉体力、脑力明显走衰，不必多言，垂垂老矣。我有意将数十年来的学术文字，择其自认为价值较高者，裒为一帙，供后来者镜鉴和批判。这个念头，得到了妻子孙雅荣的积极支持和女儿邓映霞的鼎力相助。谢谢她们母女二人。

　　之所以将书名题为"狷庐文丛"，是由于我生性迂执，为人狷介，"狷庐"便有了自嘲和自赏的双重意味。把文章汇编在一起，自然也就成了"文丛"。简言之，它就是我的自选文章汇编。

　　就像我在散文集《狷庐散笔》中所表达的那样，我也愿将此书献给先父邓水成先生，以表达我对他永远的怀念和深深的歉疚。这是由于，父亲虽是一个目不识丁的农民，极端平凡，但他却有意成就儿子，让儿子成为有用之人。为此，他忍受了太多痛苦乃至屈辱，但到死都未得到儿子的任何回报，这使我愧悔终生。如今，这些学术文字就要出版了，面对那个言词木讷，却又心存高远的父亲，作为儿子，夫复何言？我只能十分恭敬地将它们摆放在父亲的坟前，再叩三个响头，仅此而已！

　　由于敦煌文献以手写本为主，所以，原写本中有不少俗体字和异体字，引录时需要造字；一些稀见资料则需上网搜寻。这些都不是我

自己能力所及的。这方面的工作，是由我的年轻朋友邵明杰、赵玉平二位帮助完成的。他们的付出已经包含在这三本书里，我要向他们深深地致谢。

还要特别感谢我那位相交半个多世纪的挚友、书法家彭东旭先生。这部文集和此前出版的散文集《猬庐散笔》，都是东旭题写的书名，为两部书增色不少，同时也是我们此生友谊的见证。感谢我的好友彭东旭：此生有你为友，使我深感不负来此世间一遭！

更要感谢责任编辑魏美荣、侯雪怡女士。她们的认真态度和高度责任心让我感动，帮我减少了许多不该有的错误。我们之间交流也非常顺畅，互相尊重，以至建立了友谊。这是我终生都不会忘怀的。

秋实（邓文宽字）

2023 年 4 月 19 日晨

谨将此书献给先父邓水成先生

邓文宽 著

狷庐文丛

彭东旭题

历史与文献

山西出版传媒集团
山西人民出版社

图书在版编目（ＣＩＰ）数据

历史与文献 / 邓文宽著 . -- 太原：山西人民出版社，
2024.4
（狷庐文丛）
ISBN 978-7-203-13317-9

Ⅰ. ①历… Ⅱ. ①邓… Ⅲ. ①敦煌学 – 古历法 – 文集
Ⅳ. ①P194.3–53

中国国家版本馆CIP数据核字（2024）第061389号

历史与文献

著　　者：邓文宽
责任编辑：魏美荣
复　　审：崔人杰
终　　审：梁晋华
装帧设计：陈　婷

出 版 者：山西出版传媒集团·山西人民出版社
地　　址：太原市建设南路21号
邮　　编：030012
发行营销：0351-4922220　4955996　4956039　4922127（传真）
天猫官网：https://sxrmcbs.tmall.com　电话：0351-4922159
E - mail：sxskcb@163.com　发行部
　　　　　sxskcb@126.com　总编室
网　　址：www.sxskcb.com

经 销 者：山西出版传媒集团·山西人民出版社
承 印 厂：山西新浪印业有限公司

开　　本：787mm×1092mm　1/16
印　　张：87.75
字　　数：1190千字
版　　次：2024年4月　第1版
印　　次：2024年4月　第1次印刷
书　　号：ISBN 978-7-203-13317-9
定　　价：430.00元（全三册）

邓文宽先生

著者在工作

凡　例

为方便阅读，对本书编辑体例特作如下说明：

一、错字后用（　）注出正确的字；

二、脱字补在〔　〕内；

三、释文不能确定者，其后加（?）；

四、因内容表达所需，或无相应的简化字，仍用繁体字；

五、缺字用 □ 表示，缺几字用几 □；

六、字外加 □ 者，表示笔画有残缺；

七、缺字数量无法确定者，用 ▭ 表示行首缺字，▭ 表示行中缺字，▭ 表示行末缺字；

八、简牍释文所用符号▨表示残断，放在句首表示上断，放在句末表示下断；

九、封面照片均选自本书研究过的敦煌文献。

目　录

我与"敦煌学"四十年（代前言）

不敢想象，转眼间，我在"敦煌学"这块学术园地已经耕耘了44年的时间 。

按照中国官方对本国国民的寿命预期，80岁是目前的标准。那么，40岁就是一个个体生命的一半。更何况，人在25岁之前要受教育，多数人在70岁之后也基本停止了工作，40年就只能是用于工作的时间了。也就是说，在我迄今74岁的生命旅程中，我的全部工作都是围绕着"敦煌学"这个属于我的"一亩三分地"进行的。

但我进入"敦煌学"这个学术园地并非是自觉的。1975年，我第一次从北京大学历史系毕业后，去向完全由组织安排，去中国科学院北京天文台报到。报到后，我才知道，让我到这里来是从事天文学史研究的。我不但没有任何心理准备，而且与我的中国史专业也完全不对口，曾经十分苦恼，也曾暗中落泪。但我是一个不会屈服的人。既然命运把我放在了这里，我就要做出个样子来！由于得到南京大学天文系原主任卢央老师的帮助，1976年上半年我到南京大学天文系进修；同时自己进行"恶补"，很快就进入了这个学术领域。

我在北京天文台古天文组工作了4年时间，主要是从事边疆少数民族天文历法的调查。先后去过鄂伦春族、鄂温克族、赫哲族、凉山彝族和海南岛黎族地区，与几位同事合作撰写了这几个民族旧时天文历

法状况的调查报告，也尝试着撰写学术论文。自认为有学术价值的是与西南民族大学陈宗祥先生合写的《凉山彝族二十八宿初探》一文（收在本文丛"天文与历法"分册）。但随着研究工作的深入，我发现自己是文科出身，数理知识不够，怀疑长此下去，做不出像样的成就来，心里便没底了。

经过一番痛苦的思想震荡和听取老学者的建言，我决定考回北京大学历史系，学习隋唐五代史，回归史学领域。那时正是"文化大革命"结束后恢复高考的初期。做出决定后，我像疯子般地发奋备考。好在我在科研院所工作，不需要坐班。62天的艰苦奋斗后，我考入北大历史系读研究生了。

1979年，北大历史系隋唐史研究生是由张广达和王永兴两位老师联合招收的，共录取了三个学生：刘俊文、赵和平和我。三人中，我岁数最小，所以刘、赵二位都是我的师兄。但是，虽说我最小，可入学时我已30周岁又有半了。换言之，我进入"敦煌学"领域已经很晚，年龄偏大了，说得更直白一些，此前应有的知识储备是不够的。这实在是一个悲剧，可它却是一个具有时代性的问题，个人能有什么办法？

我们隋唐史的课程主要是王永兴老师开设的，他是国学大师陈寅恪先生的弟子。原本是想跟老师学习隋唐历史，但没想到，王先生的课却是以敦煌文献为主轴，我们也只能跟着老师走。第二年，也即1980年夏天，王先生便命题让我和赵和平学兄做敦煌写本王梵志诗歌的校注工作。学术根底尚浅的我们，花了一个夏天的时间写出了初稿，也不懂得应该沉一沉，就在当年年末发表了。发表后，受到研究王梵志诗歌行家里手的批评。我们自己吃了一次苦头，导师心里肯定也不好受。事后细想，我们两个是学习历史的学生，或许起始就不应该接受这项属于文学研究的选题。但是，可以肯定地说，我走进"敦煌学"这块学术园地的引路人是王永兴先生，我得终生感谢他。

我的另一位导师张广达先生家学渊源，学养丰沛。他始终以严谨坚韧的治学态度，率身垂范，润泽后学，赢得了学林的爱戴与敬重。虽然在校时我听张先生的课比较少，但私交却很密切。我受张师的影响主要是私下交谈。先生将他的人生感悟、治学心得随时告诉我，使我受益良多。从1989年先生去国在国际上游学迄今，我们一直联系密切，亦师亦友，感情真挚，这不能不是我人生之大幸。

1982年研究生毕业后，我到国家文物局古文献研究室工作，在这个单位（曾改名中国文物研究所，今名中国文化遗产研究院）工作了27年，直到60岁退休。虽然说名义上我退休了，但直到2023年，我都一直在工作中度日，否则，我怎敢说自己在"敦煌学"这块学术园地里已经耕耘了44年？

那么，在这接近半个世纪的岁月里，我都做了哪些工作呢？大体说来，有如下五个方面：

（一）研究敦煌和吐鲁番以及秦汉简牍里的天文历法文献。

1979年回北大历史系读研究生的原因，是由于打算放弃搞天文学史，回归史学队伍。然而，三年下来，老师把我领入一个此前完全陌生的领域——"敦煌学"，自然我的工作也就必然与敦煌文献相关联。可是，敦煌文献门类众多，内容广泛，涉及许多学科，我必须找一块适合自己的学术园地。进入敦煌文献后，才知道这里有一批天文历法资料，国内外研究成果很少；而且，我在天文台工作过四年，对于天文学史方面的知识有一些基础；我的性格又不喜扎堆。综合这些因素，权衡再三，又决定以天文历法为主攻方向。原本不想再搞天文学史，转了一圈，又回到天文历法研究领域，这或许就是命运之神给我的安排吧。我没法抗命，只有咬牙前行！自1982年至2023年，41年来，天文历法始终是我的主要工作领域。从天文书到星图，再到历日和具注历日；从敦煌文献到吐鲁番文书，再从秦汉简牍到黑城元代历日，我

都曾涉猎。这些成果都收在本文丛"天文与历法"分册中。自我感觉，比较突出的学术成果有五项：1.揭出《北魏太平真君十二年（451）历日》有两次准确月食预报，它是我国迄今见诸文字的最早月食预报记录。2.从俄藏敦煌文献里考出印本《唐大和八年甲寅岁（834）具注历日》残片，从而将在我国发现的雕版印刷实物提前了34年。3.探明S.3326号星图的年代和作者。英人李约瑟博士认为此星图作成于公元940年，马世长学兄认为作成于705—710年间。我经过严密考证，认为此星图原为唐代天文星占家李淳风所作，成于唐初贞观年间。这个认识已被越来越多的天文史学者所认可。4.明确指出罗振玉和王国维将汉简中的实用历本定名为"历谱"是错误的，应该称为"历日"。这个问题学术界有不同意见，大家还在继续讨论。但我认为，有不同意见是好事，至少大家都不同意再用"历谱"这个概念了，至于称作什么更准确，尽管讨论，而且新材料还在不断问世，最终要由出土资料来做结论。5.路易·巴赞是欧洲突厥学的泰斗，其名作《古突厥社会的历史纪年》是法国国家级博士论文。我发现作者与黄伯禄一起误读了《六十甲子纳音表》，从而其所使用的考订年代方法难于成立，必须重新研究古突厥文献纪年的年代。

（二）《六祖坛经》的整理和研究。在佛教文献中，由中国人撰写的文本、被称作"经"的文字，只有《六祖坛经》一种，足见其在中国文化史上的特殊地位。在我进行敦煌本《六祖坛经》的整理研究时，能见到的写本有三种：英藏S.5475、北图冈字四十八以及敦煌市博物馆藏077；后来才有旅顺市博物馆藏本和北图另一小残片（仅5行）的面世。然而，英藏本与另外两种写本文字差异却很大，很多句子无法读通，以致被有的学者称为"恶本"。单就"起""去"二字论，英藏本与另两种写本间就有八九处不同。这是为什么呢？我想起我家乡（山西稷山县）说"你去不去哪里"时，说成："你气不气？""起"与

"气""去"音近，很可能"起"和"去"因为方音而混用了。这实在是一个不小的启发。沿着这个思路，我广泛阅读前辈学者的音韵学成果，最终确认，英藏本《六祖坛经》有100多个唐五代西北方音通假字在"搅扰"。有了这个认识基础，我就可以有根有据地解决这些"文字障"。我虽然是个不肯张扬的人，但我也可以毫不含糊地说，我是最早读出英藏敦煌本《六祖坛经》方音替代字的人。现在我的这本小书的校注本有三种大陆版、一种台湾版，也是北京大学的通识教材之一。我的努力是有效果的。此外，关于《六祖坛经》里口语词、书写符号、内容结构等，我都有自己的见解，这些论说都见诸本文丛"禅籍与语言"分册。

（三）敦煌文献中的方言俚语研究。65岁后，在校勘敦煌文献时，我发现一些文献所使用的语词，其读音也好，释义也罢，如果用其一般的读音和意义去处理，是没有办法通文的。比如"卧酒"这个词，"卧"字何义？"卧酒"该作何解？有的著名"敦煌学"家都弄错了。但对于我来说，却很简单。由于幼年时母亲每年都要用柿子做醋，民间说成是"卧醋"，"卧"即"酿造"义。同理，"卧酒"也就是酿酒。又由于此前在唐五代西北方音上下过功夫，于是我把着眼点转移到方言俚语的研究上。敦煌小说、变文、王梵志诗歌、契约文书等等文献，我都努力去搜索，解决那些一向认为困难的问题。最终，我把着眼点放在了敦煌写本《字宝》上。这是一部方言俚语小词典。前辈学者仅指出它是"晋陕方言"，未再进行更深入的探索。由于我是晋南人，熟悉那里的方言俚语，而且许多语词就是我少年时代天天使用的语言。于是，在《字宝》研究上拼命发力，连续发表4篇文章，给语言学家们以助力。这方面的成果也都收在本文丛"禅籍与语言"分册里。自己觉得，俚语和音韵有很大不同：音韵有理论，俚语无道理可讲，懂就是懂，不懂就是不懂，因为民间就是那么说的，不需要任何理由。我

虽然在这方面有所收获，但我清楚，对于"语言学"来说，我这辈子只能是一个门外汉，不敢也没有理由妄自尊大。

（四）历史学方面的研究。我原本就是学习中国历史出身的，研究历史本是我生命史上的应有之义。遗憾的是，我将此生的主要精力都用在了敦煌文献的整理和研究上了。但这并不等于说，我就没做任何历史研究。在历史研究方面，我曾做过三个侧面的工作：1.北朝和隋唐历史。1997年，我在参加"隋唐历史高级研讨班"时，提交了《关于唐代为胡汉混合型社会的思考》，由于种种原因，此文一直未正式发表。但后来我从网上看到，不少学者都引这篇文章，有的甚至文句都是我原来的话。我也曾撰写过有关唐前期官修谱牒的文章。关于那个广受中外学者关注的"均田制"研究，我也有两篇文章发表。其中《北魏末年修改地、赋、户令内容的复原与研究》，是我花费巨大心力撰成的。我的老师吴宗国教授曾说，这些认识也只有你这个山西人能想到。但令人悲哀的是，我的研究成果被剽窃了。1986年，西南某大学一位隋唐史学者，要到天津参加学术会议，往返经过北京，吃住都在我家。聊天中，我谈了我的见解，几年后，他竟以我的观点为核心出了一本书，这让我欲哭无泪！一个人如果靠这种手段"做学问"，欺世盗名，实在让人鄙视。

史学研究的另一块是有关归义军史的研究。这也是"敦煌学"研究的热点之一，我有几篇文章发表，这里不再细述。

第三块是关于我家乡山西稷山县和运城地区历史的。稷山是华夏民族农耕历史和上古天文学史的发祥地，历史地位极其特殊，备受学界关注，自然也会引起我的关注。"稷王"是华夏民族的农神，但他最初教民稼穑的农作物"稷"是什么？为什么上古天文官"羲和"二氏只能出在稷山？我都有论列。"后土"是否就是"女娲"？讨论虽多，但无人注意过汉代的重要资料，而我的论证可以一锤定音。"宁翟"这

个村名所蕴涵的民族融合历史内容，也是第一次被揭出。如此等等，这些地方我也用去了不少心血。

历史学方面的论文均见诸本文丛"历史与文献"分册。

（五）其他敦煌文献的研究。我在以天文历法为主攻方向的同时，也很关心其他敦煌文献的研究，涉及的领域也较多。大体说来，有这样几个方面：1.童蒙读物《百行章》的整理和研究；2.根据"邈真赞"文献和官文书对敦煌僧政史的研究；3.对敦煌数术文献的研究，如《敦煌数术文献中的"建除"》一文，概括出的内容在传世文献里均是见所未见，闻所未闻。至于我从敦煌吐鲁番文献中归纳出的中古时代手写文字重文符号的使用"义例"，也已被一些学者用作解读王羲之法帖里未读通文句的锁钥。另有几篇文章虽与"敦煌学"无直接关系，但所提出的认识都是新知新见：以天文学为依据，考证史道德民族归属为西域胡人；传世书法名作《伯远帖》从来无人对其内容进行解读，我抓住《伯远帖》和正史传文中共同出现的"出"字，考究帖文内容和年代，首次提出了对该法帖的解读意见；元人周达观《真腊风土记》所涉及的天文学内容，不仅伯希和和他的弟子完全读错，而且考古学家夏鼐教授也受其误导而不能释读。我运用自己掌握的天文历法知识，考出《真腊风土记》里天文学内容来自古代中国，从而对古代中国与柬埔寨的文化交流增添了新内容。至于像《鼠居生肖之首与"启源祭"》这样带有普及性的小文章，是在无人能回答为何将老鼠排在十二生肖首位这个国民普遍关切的问题时，我利用敦煌天文历法资料给出的回答，自然，这个见解也是独一无二的。

这些文章也都收在本文丛"历史与文献"分册中。

上面这些内容便是我这44年来在"敦煌学"这块园圃地里所做的主要工作。

在学术圈子里混了这么多年，有经验，也有教训。无论正面和反

面，对后来者都会有一些借鉴意义。所以，我不惮其烦，把它们写在下面。

1.要进入文本，才能把研究工作搞深入。我看到，有些"敦煌学"界之外的学者，写文章时，引用几条敦煌资料，以便使文章增色，这是可以理解的。因为他（她）本身就不是"敦煌学"者。但作为"敦煌学"者，以整理研究出土文献为职责，就必须进入文本：研究艺术者要走进石窟，看壁画，看雕塑；研究文献者要钻进文本，一个字一个字地去认读，否则，写下的东西用不了几年就被人们遗忘了。

2.研究敦煌文献要具备三项基本功：（1）认得俗体字。敦煌文献以写本为主，书写者文化水平和书写习惯差别很大，而且那个时代有许多不规范但又约定俗成的文字，必须在深入文本的过程中，积累认字能力。（2）懂得一些古人常用的书写符号。书写者用的一些符号，其含义他本人是清楚的，我们只有弄懂这些符号，才能了解其准确意义，不至于误读。（3）掌握一些唐五代河西方音知识。敦煌文献中的一些文字材料带有地域特征，甚至一些外来文献也被西北人读成了方音并被书写了下来，如英藏本《六祖坛经》。这些内容带有普遍性。只有具备了相关知识，才有资格做更具体的课题研究。

3.读书和研究问题时记住三句话：（1）"Read between the lines."（西谚"读书得间"）。读书要仔细，善于捕捉重要信息。（2）"尽信书则不如无书"，这是孟子的一句话。对前人的成果要尊重，但不能迷信，要敢于突破旧认识，提出新见解。（3）"大胆假设，小心求证"，这是胡适之先生的话，人们耳熟能详。解决问题时思路要开阔，但又必须做到能够自洽。

4.对学术事业要怀敬畏之心，留出空间，不能"独守高地"。要坚持真理，但更要敢于纠正错误。这就要留下空间：随时准备自我纠正错失，也允许他人提出不同意见乃至批评。不知从何时起，我们这个

社会产生了一种不良习性：只许赞扬，不许批评。这显得太没气度，十分小家子气，而且完全属于小农意识。我们应该学得大气一些，海纳百川，才能成为真正的学者和现代文明人。

44个岁月年轮如白驹过隙，匆匆往矣，唯有笔墨留痕，用遗后来。我虽然对自己不太满意，但确已尽力，无愧于心，亦无悔既往。

2023年5月15日于京东半亩园居

关于唐代为胡汉混合型社会的思考

这实在是一个很大的题目，绝非一篇小文所能担当得起；而我对这个问题的认识，也还处在初始阶段，远未形成系统，故而仅仅是一个"提纲"，以便作为进一步思考的出发点和参考。

一、研究视角的转换

研究、评价一个封建王朝，可以从多种角度进行。数十年来，从经济基础到上层建筑，以及与之相伴的意识形态和阶级构成的研究，固然也使我们对唐代社会和历史取得了某些层面的认识，但总觉得如同"雾里看花"，许多事情说不清、道不明；一些所谓成系统的认识，颇给人以僵硬之感，以致对人们的思维产生了禁锢作用。近些年一些同仁从文化、社会方面寻找新认识，确实取得了不少收获。而我的思考，则偏重于唐代社会构成人员的民族成分，以及各民族文化因子在创造唐代灿烂文化中的作用和影响。

由晋室南迁起，中国进入被旧史学家称为"五胡乱华"的时代。一个"乱"字，道出了汉族历史学家的不满情绪。从纯汉人的角度出发，这种不满情绪是正常的，也是可以理解的。因为那几百年确实是血与火的时代，直接的经济破坏和生灵涂炭，让汉人痛彻骨髓，心里难以平复，无怪乎南朝史家骂北朝胡人是"索虏"（拖着辫子的胡人）。当然，北朝史家也以口还口，骂南朝汉人为"岛夷"。这颇有几分骂架的劲头，虽然可以泄愤，但无补于对历史问题的认识，只能反映出时人的情绪。千余年后的今天，也许我们能够看得稍微清楚一些：以华夏正统自居的南朝，最终被北方统一；而能够有力量统一中国的北方王朝，既不是纯粹的胡人政权，也并非纯血统的汉人政权，而是胡汉混合的人以及这种混合所产生的新优势。

我所理解的"胡汉混合"绝不是胡人和汉人杂居在一起，而是血族和习俗的融合。南北朝时期的匈奴、羯、氐、高车（丁零）、柔然（蠕蠕），至隋唐，连名字也很少出现了。他们并非自然消亡，而是融入汉族里去了。他们原有的一些文化因子，经过扬弃，也加入汉文化中了。

当历史进入唐代时，虽然民族融合的高潮已然过去，但余韵犹存。融合后的新人，也只有这些新人，较少历史的包袱，从而开创出辉煌灿烂的新局面。

以往我们总是过多地强调少数民族的落后文化被汉族的先进文化所同化，这当然是事实。但可否反过来，看看少数民族在哪些方面影响了汉族呢？若此，我们就会改变自己某些固有的认识。

二、唐代为胡汉混合型社会举要

（一）隋唐宗室大有胡气

1933年6月18日鲁迅先生在《致曹聚仁信》中说："唐室大有胡气。"①其实，不独唐室，隋室亦然。隋文帝皇后独孤氏，乃独孤信之

---

①《鲁迅全集》第12卷，北京：人民文学出版社，1981年版，第184页。

女，出自鲜卑，①则炀帝杨广就有一半鲜卑血统；唐高祖李渊之窦皇后，其母是北周武帝宇文邕的姐姐襄阳长公主，②她至少有一半胡族血统，那么唐太宗李世民亦有四分之一的鲜卑血统；李世民的皇后长孙氏，父长孙晟，来自鲜卑，③母为汉人，自有胡人血统。无须多言，高宗李治也是胡汉混合的后代。由此可见，隋唐宗室都有或多或少的北方胡族血统。

从这一基本事实出发，我们再看以下三个问题：

（1）婚姻不计行辈的遗习。周一良先生在《崔浩国史之狱》一文中指出，由鲜卑民族建立的北魏，其初婚姻不重伦辈，如昭成帝什翼犍在其子献明帝死后，乃娶其媳妇贺氏，翁媳相配，并生一子拓跋觚；道武帝拓跋珪亦曾娶其姨母贺氏为妃，"父死而妻后母，兄死而妻嫂，固为北方民族颇为普遍之风习，如匈奴、鲜卑、乌桓、夫余、羌、吐谷浑、突厥等皆如此。清朝初年满洲统治者中，尚有顺治之母下嫁顺治叔父多尔衮之事"④。那么，唐高宗李治娶其父李世民才人武则天为妻，唐玄宗李隆基娶其儿媳杨玉环为妃，如此不计伦辈，不是传承有自，如出一辙么？这也就难怪宋人朱熹要说："唐源流出于夷狄，故闺门失礼之事，不以为异。"⑤

（2）唐太宗的民族政策。论者多认为唐太宗李世民的民族政策是成功的。他曾说："夷狄亦人耳，其情与中夏不殊。人主患德泽不加，不必猜忌异类。"⑥这几句话颇有人情味，却不能说明李世民在处理民

①标点本《隋书》，北京：中华书局，1973年版，第1108页。
②标点本《旧唐书》，北京：中华书局，1975年版，第2163页。
③标点本《旧唐书》，北京：中华书局，1975年版，第2164页。
④《周一良集》第2卷，沈阳：辽宁教育出版社，1998年版，第548—549页。
⑤《朱子语类》卷一三六《历代类三》，北京：中华书局，1986年版，第3245页。
⑥标点本《资治通鉴》卷一九七"唐贞观十八年十二月"，北京：中华书局，1956年版，第6215—6216页。

族问题时觉悟有多么高。根本的原因在于他和他的家族均有胡族血统，如果贱视“夷狄”，那么，他把自己往哪里放？

（3）唐初山东旧士族与中央王朝的矛盾。作为唐初建国后的一个重要社会问题，山东旧士族（崔、卢、李、郑、王）在社会上享有崇高声望，拥有政权和威势的李唐王朝却不具备，连李世民也无可如何。虽然唐朝前期曾有过三次官修谱牒之举，以便运用行政权力将皇室、后族及当朝冠冕升入士族行列，但在旧士族看来，毕竟“凤凰还是凤凰，鸡还是鸡”。骨子里，山东旧士族对唐宗室“闺门不肃”的鲜卑遗习硬不认可，以致鄙视。

（二）骑马民族与尚武精神

魏晋南北朝时的北方少数民族，原本多在草原上游牧为生，纵横驰骋。及至入主中原，骑马民族固有的尚武精神仍有充分的体现。隋朝平陈时的行军总管贺若弼出自北方胡人，自不待言；就是在唐初统一天下的战争中，蕃将也都曾发挥过重要作用，以致陈寅恪先生敏锐地感觉到：“太宗以府兵‘不堪攻战’，而以蕃将为其武力之主要部分矣。”[①]关于唐初在军事生活中对蕃将的倚重，可参马驰先生的《唐代蕃将》[②]和章群先生的《唐代蕃将研究》[③]，这里不赘。

（三）胡人衣服、器用和食物对汉人生活的影响

宋代科学家沈括在《梦溪笔谈》卷一“故事一”中曾说：“中国衣冠，自北齐以来，乃全用胡服。窄袖、绯绿、短衣，长靿靴，有蹀躞带，皆胡服也。”[④]唐人张守节在为《史记 · 赵世家》“胡服”作注时

①陈寅恪：《论唐代之蕃将与府兵》，见《金明馆丛稿初编》，上海：上海古籍出版社，1980年版，第264—276页，引文见266页。

②马驰：《唐代蕃将》，西安：三秦出版社，1990年版。

③章群：《唐代蕃将研究》，台湾：联经出版公司，1986年版；同书“续编”，1990年版。

④〔宋〕沈括：《梦溪笔谈》卷一《故事一 · 胡服》，见李文泽、吴洪泽译：《文白对照 · 梦溪笔谈全译》，成都：巴蜀书社，1996年版，第6页。

说："今时服也，废除裘裳也。"①这说明，当时的人已经敏锐地觉察到，汉人服饰至北齐乃发生一大变化：此前汉人是"上衣下裳"；此后，因受北方胡人影响，而变为"上衣下裤"。对汉人影响最大的是左衽上衣和满裆裤。这种满裆裤，20世纪五六十年代，在陕、甘、晋农村十分流行（如见于电影《好男好女》者）。

另一对汉人影响很大的是交通工具。南北朝以前，汉民族以车为主要交通工具。南北朝时，马镫被普遍采用，骑马之风由此大盛。唐代男子在隆重场合均骑马而不乘车，坐车的多是妇女。宋人赵彦卫在《云麓漫抄》卷四中说："自唐迄本朝，却以乘马朝服为礼。如入朝及谒庙，先乘车至门外，换马入宫门。若从驾，则宰执、侍从官皆骑从。南郊祀上帝，则宰相骑导。以此言之，古以乘车为礼，骑为不恭；今人以骑为礼，乘车为不恭。古今异宜如此。"②可见，这是多么巨大的变化啊！

器用还有"胡床"。据说隋炀帝改名为"交床"，至今晋南民间仍作如是称，北京人则叫作"马扎"。北京人说的"马扎"是坐具，然其本始用途则是卧具，取其轻便，折叠后便于在马上携带而已。因此，"交床"才是名副其实的，而"马扎"只是"交床"的缩微版。

食品类中则有芝麻、黄瓜、核桃、大蒜、芫荽（香菜）、胡椒、豇豆，这些我们当今生活里司空见惯的食材，也都是在从汉到唐这数百年间由"胡"地输入的。③

（四）宗教信仰的非恒定性

有唐一代，统治者的宗教信仰一直处在摇摆不定的状态。太宗李

---

①标点本《史记》，北京：中华书局，1959年版，第1789页。
②〔宋〕赵彦卫撰，傅根清点校：《云麓漫钞》，北京：中华书局，1996年版，第65页。
③吕一飞：《胡族习俗与隋唐风韵》，北京：书目文献出版社，1994年版，第70—73页。

世民的治国思想主要取自儒家，对佛教不很赏识。①高宗李治对佛教也不那么感兴趣，而将老子追尊为"太上玄元皇帝"②。只有武则天，对佛教表现出特别的兴趣。那是因为她从《大云经疏》中，找到了女人可以称帝的理论根据——因此，究其实，她这种兴趣并非建立在对佛教教义的信仰上，仅是进行利用而已。玄宗李隆基将老子奉为"大圣祖玄元皇帝"，也是因为大家都姓"李"，"五百年前是一家"罢了。宪宗时佛教又风光过一阵子，至武宗"会昌灭佛"又遭灭顶之灾。此外，唐代还有所谓"中古三夷教"（摩尼教、景教、祆教）的存在。但无论哪种宗教（这里姑且把儒家也看作宗教之一种）都没能占据绝对独尊的地位。如果我们把这种局面理解为思想多元性，怕是也能说得过去。它给人们以比较宽广的思维空间，禁锢较少，有益于活跃思想和进行创造性劳动。

（五）胡汉混合的婚姻习俗

唐人婚姻习俗，颇含北朝胡人习俗。敦煌文献 P.3284《婚姻程式》记载了唐代民间婚礼的仪式和程序。据吕一飞先生研究，婚礼在男家举行的仅有两个项目：祭祀先灵和辞父母；在女家举行的项目较多：催妆、吉地置帐、撒帐、行礼、奠雁、女坐马鞍、同牢、合卺、女以扇遮面、去扇等。其中撒帐、行礼、奠雁、同牢、合卺、女以扇遮面、去扇等，是汉族传统的婚姻仪式；吉地置帐、女坐马鞍、催妆等，则是鲜卑遗俗。由此认为，唐代民间婚礼仪式是胡汉文化的融合物，以汉族传统仪式为主，掺杂着一些胡族仪式。③这是很有见地的认识。魏晋南北朝以来民族融合的结果在婚俗方面得到了充分展现。

---

① 参见《贞观政要》卷七《崇儒学》、《唐会要》卷47《议释教上》。
② 参见《唐会要》卷四十七《议释教上》、卷50《尊崇道教》。
③ 吕一飞：《胡族习俗与隋唐风韵》，北京：书目文献出版社，1994年版，第136—137页。

（六）胡族乐舞在唐代的流光溢彩

胡族乐舞的特点，一是刚健，用以歌颂战争英雄主义和赞美尚武精神，二是具有自娱性质，人人均能参与。开皇九年（589）灭陈，隋朝定七部乐，即"一曰《国伎》，二曰《清商伎》，三曰《高丽伎》，四曰《天竺伎》，五曰《安国伎》，六曰《龟兹伎》，七曰《文康伎》。又杂有疏勒、扶南、康国、百济、突厥、新罗、倭国等伎"。[1]炀帝大业时定九部乐，亦以胡乐为主。唐代又增《高昌乐》，并以《燕乐》换《礼毕》，共成10部。足见胡汉混血的隋唐王室对北方胡族乐舞是多么地一往情深。至于由鲜卑人传下来的《兰陵王入阵曲》（独舞）、《安乐》（既歌且舞）、兵歌《回波乐》等，在唐代仍旧盛而不衰。[2]服务于这些乐舞的胡族乐器如羌笛、横笛、琵琶、箜篌、羯鼓等，在当代歌舞团的演奏中，不也每每能见其身影么？

以上举要，不是也不可能是对唐代胡汉文化混合的全面论证。我只想说明，唐代不是一个单一文化的社会，而是一个种族、习俗和文化都呈现出混合特征的社会。由于以往人们强调的是汉文化对胡族文化的同化作用，因此，我着重列举唐文化中的胡族因子，从而不过多地说汉文化的主导作用。这只是着眼点不同，而非有意去铸造偏颇认识，敬希读者谅鉴。

三、多元文化对形成唐代文明的作用

北朝至唐代数百年间，胡汉民族融合的过程，同时也就是胡汉文化混合和渗透的过程。在这个过程中，双方文化的互相吸纳、交融并

---

[1] 标点本《隋书》,北京:中华书局,1973年版,第376—377页。
[2] 吕一飞:《胡族习俗与隋唐风韵》,北京:书目文献出版社,1994年版,第70—73页。

非完全对等和平行，层次也不一样。大体说来，胡族吸收汉族形上的内容（道统）较多，而汉族以学习胡族形下的内容（器用）为主。

北魏以来，除了北齐公开倡导鲜卑化之外，孝文帝、西魏、北周、隋朝、唐朝都在积极地推行汉化政策。这不仅表现在他们用儒家思想去组织和建设国家，就是在习俗上也向汉族靠拢。比如，北方胡人原有赤身露体的习俗，北魏孝文帝在太和十六年（492）正月甲子"诏罢袒裸"①，这显然是受汉族文明影响的结果。此类事亦见于《北齐书》的记载。据云"武帝（高欢）或时袒露，与近臣戏狎，每见〔王〕昕，即正冠而敛容焉"②。

汉人礼仪文明对汉化胡人产生的影响和作用，还可举唐太宗废太子承乾一事来进行剖析。据唐太宗贞观十七年（643）四月的《废皇太子承乾为庶人诏》："皇太子承乾，地惟长嫡，位居明两，训以诗书，教以礼乐，庶弘日新之德，以永无疆之祚。"唐太宗对他是寄予厚望的。可是后来他越走越远，以致不得不将他废黜。在太宗数落他的各项罪名中，内有"郑声淫乐，好之不离左右；兵凶战危，习之以为戏乐"。③这是何所指呢？《新唐书》卷八十《太宗诸子·常山王承乾传》曰："又使户奴数十百人习音声，学胡人椎髻，剪彩为舞衣，寻橦跳剑，鼓鞞声通，昼夜不绝……又好突厥言及所服，选貌类胡者，被以羊裘，辫发，五人建一落，张毡舍，造五狼头纛，分戟为阵，系幡旗，设穹庐自居，使诸部敛羊以烹，抽佩刀割肉相啖……又襞毡为铠，列

---

① 袒裸：中华书局标点本《魏书》卷7作"袒裸"；《北史》卷三《魏本纪第三》作"袒裸"；《资治通鉴》卷一三七《齐纪三》武帝永明十年作"租课"，均非是。《通鉴》胡注指出"李延寿《魏纪》作'袒裸'"，亦非《北史》原文。究史家失误之原因，在于《魏书》《北史》初成时均为写本，尚未刻印。而中古手写文字偏旁"示""衣"不分，"旦"极像"且"，此类字形在敦煌写本里极为习见，故易致讹。后世刻本不明于此，以致一误再误。

② 标点本《北齐书》，北京：中华书局，1972年版，第416页。

③ 影印本《唐大诏令集》卷三十一，北京：中华书局，2008年版，第122页。

丹帜，勒部阵，与汉王元昌分统，大呼击刺为乐。不用命者，披树挟之，或至死，轻者辄腐之。尝曰：'我作天子，当肆吾欲；有谏者，我杀之，杀五百人，岂不定？'"①承乾这些游戏活动，全是效法北方胡人而为之，本不足怪，因为其母长孙皇后就是鲜卑人。如果说他这么做与其太子身份不合则还可以，但却被乃父指斥为"郑声淫乐"和"兵凶战危"。说明以儒家文化为统治思想的李世民，尽管其血管里也流有北方胡人的血液，但已经有耻于原有的习俗了。胡人汉化大抵是沿着这个路子走过来的。

而封建文明很高的汉人，对胡人文化则采取"拿来主义"和"为我所用"的态度。我们前面所举汉人穿胡服，由乘车改骑马等，均是其表现。

胡汉文化融合的结果，是两种文化的互补，是对儒家文明发生刺激和激活作用。一种文明过分成熟，它对别种文明的吸收能力就不会很强，甚至会产生自大和拒斥，背上沉重包袱，儒家文明就有这种现象。胡人文化加入汉文化后，使之获得了新活力，从而创造出新局面。从这个意义上说，唐代灿烂文化的出现，当然还应该包括佛教等外来文化的加入。由于这里着重讨论胡汉文化，其他暂不置论。

总之，如果把唐代理解为一个胡汉混合型社会，不少问题相对好解释一些。当然，这绝非我的新发现，因为陈寅恪先生早就说过，"种族及文化二问题""实李唐一代史事关键之所在，治唐史者不可忽视者也。"②我只是沿着陈先生的思路力求加深理解而已。

---

① 标点本《新唐书》，北京：中华书局，1975年版，第3564—3565页。
② 陈寅恪：《唐代政治史述论稿》，上海：上海古籍出版社，1982年版，第1页。

[此文为初次发表。原写于1997年夏，距今已26年矣。当年夏天，美国人罗杰伟先生设立的"唐研究基金会"在北京怀柔举办有关唐史的国际研讨会，我有幸与会，并提交了这篇文章。会后因忙于他事，文章便搁置起来，未予发表。两年后，在编辑《二十世纪唐研究》时，北京大学历史系王小甫教授在其负责撰写的"内地与周边民族"一章中，曾评论说："邓文宽《关于唐代前期胡汉混合型社会的思考》，认为唐代社会是胡汉混合型的，在胡汉文化融合中，胡人以接受汉人形上（道统）为主，汉人以学习胡人形下（器物）为主，形成新的文明，将陈寅恪先生的有关论述阐述得更加深入。"（胡戟、张弓、李斌城、葛承雍主编：《二十世纪唐研究》，中国社会科学出版社，2002年版，第220页）小甫兄的认同给我以鼓励。今对原稿加以校对，并收入文丛。2023年5月20日晨记于半亩园居]

官吏考课与唐王朝的盛衰

　　考课作为一项政治制度，在唐代发展得相当完备和健全。关于它的具体内容和实施方法，笔者另有专文讨论，这里不赘。本文的重点，是对考课制度、政策的实施状况和客观效果，从纵的方面进行检查，力求总结出符合历史实际的经验和教训，供治唐史者参考。

　　武德至开元120余年，是唐朝奠基、持续发展的时期。在这一历史过程中，考课执行得非常有力，成效也较为显著。

　　武德基本是一个战争年代。战争之初，李渊就已用考课手段进行奖劝。武德二年二月，他"亲阅群臣考绩，以李纲、孙伏伽为上第"。原因是他刚登帝位，就"以舞人安叱奴为散骑侍郎"，李纲上疏论谏；他还奖励进献琵琶和弓箭的人，孙伏伽进谏以为不妥，并请选择正派人当太子和诸王师友。二人言词都很激切，于是"皆陟其考第，以旌宠之"①。这是用提高考课等级奖开言路的应用。

　　李世民号称"英主"，他同魏徵、房玄龄、杜如晦、马周、王珪等君臣协力，上下一体，将考课这一形式运用得卓见成效。贞观时期考课实行的特点大体有二：一是太宗本人十分重视。比如，为了掌握都督、刺史为政优劣，从贞观二年起，太宗就把他们的名字写在屏风上，

----

① 《唐会要》卷八十一《考上》。见影印武英殿聚珍版《唐会要》，京都：中文出版社，1978年版，第1500页。

"得其在官善恶之迹，皆注于名下，以备黜陟"。[1]对于身居朝廷的高官显贵，太宗也曾多次亲行考课，以示奖劝。贞观十四年（640）平定高昌后，太宗亲考三品以上高官，并让魏徵"省其当否"[2]。十七年（643），又下令于京城"为诸州朝集使造邸第三百余所"，安排生活起居，筑成后，又亲自去看。[3]二是执行过程中非常严肃，赏不私亲，罚不阿贵。史载贞观三年（629），宰相房玄龄、王珪任内外官校考使，治书侍御史权万纪"奏其不平"，王珪不服，太宗立即"付侯君集推问"[4]。其次，决不轻注较高的考课等级。根据马周上疏，直至贞观六年（632），仍是"入多者不过中上，未有得上下以上考者"。因此，马周批评说："朝廷独知贬一恶人可以惩恶，不知褒一善人足以劝善"，建议"宜每年选天下政术尤最者一二人为上上，其次为上中，其次为上下，次为中上，则中人以上可以自劝。"[5]太宗对马周的建议取何态度，史书未载。但从我们接触到的材料来看，贞观时期仍无得上上、上中考的，得上下考的也寥寥无几。这说明贞观时期是很少滥用考课去奖赏的。

史称"高宗尚吏事，武后矜权变"[6]。李治的才能，虽逊于乃祖乃父，但继承祖宗大业，重视吏治，社会局面仍很稳定。时人刘祥道说，永徽以来的八年间，"在官者以善政粗闻，论事者以一言可采，莫不光

---

①标点本《资治通鉴》，北京：中华书局，1956年版，第6061页。

②王方庆集：《魏郑公谏录》卷二《谏西行诸将不得上考》，北京：中华书局，1985年新版，第18—19页。

③影印武英殿聚珍版《唐会要》，京都：中文出版社，1978年版，第459页；标点本《资治通鉴》，北京：中华书局，1956年版，第6205页。

④影印武英殿聚珍版《唐会要》，京都：中文出版社，1978年版，第1500页。

⑤影印武英殿聚珍版《唐会要》，京都：中文出版社，1978年版，第1500页。

⑥标点本《新唐书》，北京：中华书局，1975年版，第5636页。

被纶旨，超升不次"①。高宗在诏令中强调：县令"声绩可称，先宜进考"②。上元二年，大理丞狄仁杰以断狱一万七千八百人，特由中上考"擢为上下考"③。三年，因金州刺史、滕王元婴横行不法，高宗特别"书王下下考，以愧王心"④，示以警戒。总之，高宗时期考课仍旧进行得比较正常。

武周代唐，情形为之一变。武则天督责吏治的主要手段是监察制度而非考课。她将御史台分为左、右二台，分察百司、军旅和州县，同时又不断派出各类大使进行巡按。这种情况，并非偶然。唐人陆贽论道："则天太后践祚临朝，欲收人心，尤务拔擢。弘委任之意，开汲引之门，进用不疑，求访无倦，非但人得荐士，亦许自举其才。所荐必行，所举辄试，其于选士之道，岂不伤于容易哉！而课责既严，进退皆速，不肖者旋黜，才能者骤升，是以当代谓知人之明，累朝赖多士之用。此乃近于求才贵广，考课贵精之效也。"⑤所论"进退皆速"，一语中的。能够适应需要的只有监察制度，因为它不像考课具有较为严格的时限，而是随时都可进行。依靠监察制度，武则天同样取得了黜幽陟明的效果。

开元是继贞观之后，考课办法运用得十分成功的另一阶段。唐玄宗亲行考课的实例颇多。如开元二十三年（735），玄宗给宰相张九龄的考词是："允厘大政，财成务宜。利器无前，明心皆照。临事能断，

<hr />

① 《通典》卷十七《选举典五·杂议论中》。见〔唐〕杜佑撰，王文锦等点校：《通典》，北京：中华书局，1988年版，第405页。

② 《唐会要》卷八十一《考上》，开耀元年十一月二十三日敕。见影印本《唐会要》，第1501页。

③ 《唐会要》卷八十一《考上》。见影印本《唐会要》，第1501页。

④ 《册府元龟》卷六三五《铨选部·考课一》。《唐会要》卷八十一《考上》同。《旧唐书》卷六十四、《新唐书》卷七十九《高祖诸子列传》作"上下"，误。

⑤ 标点本《旧唐书》，北京：中华书局，1975年版，第3803页。

输忠必尽。况识贯今古，思周变通。寰宇乂安，斯人是赖。考中上。"①其他实例还多，不必赘引。仅从现在留下来的大量诏令，也可反映出当时考课进行的情况。如先天二年（713）七月的《命新除牧守面辞敕》②、开元三年（715）的《处分朝集使敕》③、四年（716）的《洗涤官吏负犯制》④、六年（718）的《处分朝集使敕》⑤、十二年（724）的《处分朝集使敕》⑥、十六年（728）的《处分朝集使敕》⑦，以及另外两道由张九龄起草而年份未详的《处分县令敕》⑧，都一再强调要对各级官吏，尤其是刺史、县令进行考课。

由于开元时政局稳定，官吏多愿升做京官，而把做州县长官看成下降，风气很盛。《新唐书·倪若水传》记载，若水做汴州刺史，班景倩自扬州采访使升为大理少卿，路经汴州，"若水饯于郊"，对左右说："班公是行若登仙，吾恨不得为驺仆！"⑨为了解决这个问题，开元四年（716）规定："县令在任，户口增益，界内丰稔，清勤著称，赋役均平者，先与上考，不在当州考额之限。"⑩鼓励州县官在地方干出优秀政绩。开元十三年（725），玄宗又亲自选择诸司长官中有声望的大理卿源光裕、尚书左丞杨承令、兵部侍郎寇泚等11人为刺史，并会同宰相、

---

① 〔唐〕张九龄撰，熊飞校注：《张九龄集校注》附录二，北京：中华书局，2008年第1版，第1143页。

② 影印本《唐大诏令集》，北京：中华书局，2008年版，第506页。

③ 影印本《唐大诏令集》，北京：中华书局，2008年版，第525页。

④ 影印本《唐大诏令集》，北京：中华书局，2008年版，第507页。

⑤ 影印本《唐大诏令集》，北京：中华书局，2008年版，第525页。

⑥ 影印本《唐大诏令集》，北京：中华书局，2008年版，第529页。

⑦ 影印本《唐大诏令集》，北京：中华书局，2008年版，第529页。

⑧ 影印本《唐大诏令集》，北京：中华书局，2008年版，第509页。

⑨ 标点本《新唐书》，北京：中华书局，1975年版，第4466—4467页。

⑩ 影印武英殿聚珍版《唐会要》，第1216页。按《考课令》规定，各级长官校定僚属考第时要"准额校定"（《唐六典》卷二"考功郎中员外郎"条），即进考有一定限额。所谓"不在当州考额之限"，即不在当州法定限额之内。

诸王、诸司长官台郎、御史，"饯于洛滨，供张甚盛"①，送他们赴任。这是考课在扭转官场风气上的运用。

开元时期考课所以进行得有成效，除唐玄宗重视吏治外，他所任用的大臣也发挥了重要作用。姚崇、宋璟均以吏干闻名，"姚善应变""宋善守法"。②姚崇为相，所引用的大臣如萧嵩、严挺之等，多是吏干之士。宋璟尤能以身率先，严肃对待考课。他曾任广州都督，入相后，有人提议为他立"遗爱碑"③。宋璟上奏玄宗说，我在广州时，"课无所称"，现在当了宰相，他们便来"诏谀"，"欲革此风，望自臣始"④。张说、张九龄虽以文章著称，为政喜用文学之士，但对考课也较用心。开元十七年（729），张说为左丞相（左仆射），校京官考，注其子张均为"上下"，"当时亦不以为私"，⑤足见考课之正常。开元时担任校、监、判考使的官员大都精敏强干。如御史大夫崔隐甫，开元十四年（726）担任校外官考使，"旧例皆委参问，经春未定。隐甫召天下朝集使，一时集省中，一日校考便毕。时人伏其敏断"。⑥强明干才的任用，为正确进行考课提供了组织保证。

唐前期政治强盛，经济繁荣，文化发达，堪称我国封建社会史上最灿烂的一页。这种昌盛局面的出现，从根本上讲，是劳动人民血汗的结晶，但封建国家比较正确的政治方针和经济政策，以及为实现它而采取的考课等措施，也发挥了积极作用。

---

① 标点本《资治通鉴》，北京：中华书局，1956年版，第6763页。
② 〔宋〕王谠：《唐语林》，上海：上海古籍出版社，1978年版，第19页。
③ 〔唐〕封演：《封氏闻见记》卷五《颂德》："在官有异政，考秩已终，吏人立碑颂德者……谓之颂德碑，亦曰遗爱碑。"
④ 〔唐〕宋璟：《请停广州立遗爱碑奏》。见影印本《全唐文》，北京：中华书局，1983年版，第2092页。
⑤ 标点本《新唐书》，北京：中华书局，1975年版，第4411页。
⑥ 影印武英殿聚珍版《唐会要》，第1502页。

　　史家盛称的"贞观之治"和"开元盛世"，其突出特点之一，都是吏治较为清明。首先是官吏犯罪少，再是官吏勤于职守，行政效率较高。唐前期为提高行政效率，同时采用了法律和道德两种手段。所谓法律手段，"即办事有程，违程科罪"。所谓道德手段，主要是考课德行标准"四善"之一的"恪勤匪懈"①。同时，国家还注意用考课手段奖开言路。唐制规定："凡制敕不便，有执奏者，进其考。"②亦即用提高考课等级鼓励官吏对不正确的制敕提出批评和建议，以保证制敕的准确无误。这都是运用考课提高行政效率的重要措施。

　　唐前期州县官进降考级，决定于户口和垦田增减两项，各有一定比例数字。③只要努力劝课农桑，增加户口和垦田，就能升进考课等级。除了制度做出的规定外，封建皇帝在诏敕中也屡加申饬。如贞观元年（627）二月四日皇帝诏说："若能婚姻及时，鳏寡数少，量准户口增多，以进考第。如导劝乖方，失于配偶，准户〔口〕减少附殿。"④前引开元四年（716）玄宗的敕文也说："县令在任，户口增益，界内丰稔……先与上考。"这些，对州县官吏无疑都会产生刺激作用。

---

① 〔唐〕李林甫等撰，陈仲夫点校：《唐六典》，北京：中华书局，1992年版，第42页。

② 标点本《新唐书》，北京：中华书局，1975年版，第1192页。

③ 《通典》卷十五《选举典三》《考绩》："诸州县官人抚育有方，户口增益者，各准见户为十分论，每加一分，刺史、县令各进考一等（原注：增户口谓课丁，率一丁同一户法；增不课口者，每五口同一丁法。其有破除者得相折）。其州户口（今按，依《册府元龟》卷六三五《铨选部》考课一'口'字衍，当删）不满五千、县户不满五百者，各准五千、五百户法为分。若抚养乖方，户口减损者，各准增户法，亦每减一分降一等（原注：课及不课并准上文）。其劝农田能使丰殖者，亦准见地为十分论，每加二分，各进考一等（原注：此谓永业、口分之外，别能垦起公、私荒田者）。其有不加劝课，以致减损者（原注：谓永业、口分之内有荒废者），每损一分，降考一等。若数处有功，并应进考者，并听累加。"见标点本《通典》，北京：中华书局，1988年版，第370—371页。

④ 影印武英殿聚珍版《唐会要》，第1527页。所谓"殿"，是唐代官吏犯罪计入考课的一种方法。"十恶"外的各种犯罪，均以赎铜数计算，私罪一斤为一负（公罪二斤一负），十负为一殿。一般每有一殿，降低考课等级一级。详见《唐六典》卷二"考功郎中员外郎"条。

贞观时期，户数三百万左右，①永徽三年（652）增至三百八十万，②开元二十年（732）又增至七百八十六万，③比贞观增加四百八十来万。唐前期确切垦田数字虽不可知，但有了大幅度增加，则是可以推测的。唐人元结说："开元、天宝之中，耕者益力，四海之内，高山绝壑，耒耜亦满，人家粮储，皆及数岁，太仓委积，陈腐不可量。"④唐代户口和垦田的增加，是由多方面原因造成的，但考课所起的积极作用也不可忽视。

中唐时期的考课，比前期有很大变化。还在开元后期，唐玄宗就已"志大事奢，不爱惜赏赐爵位"⑤了。开元二十四年（736）十月，玄宗幸华州，"赐刺史、县令中上考"⑥。赏出无名，极其轻滥。其后李林甫、杨国忠掌理朝政，"天宝之季，嬖幸倾国，爵以情授，赏以宠加，纲纪始坏"⑦。

安史乱起，朝廷为收揽人心，不惜赏赐，"每年以军功官授官十万数"⑧，结果"大将军告身一通，才易一醉"⑨。局面如此混乱，考课自难照常进行。首先是行之已久的朝集使上计（考课）制度，自乾元元年（758）六月便已停废，至大历十四年（779）六月才恢复正常，中经二十余年不上计。⑩其次，朝廷虽偶尔进行考课，也是"事多失

①《通典》卷七《丁中》。见标点本《通典》，北京：中华书局，1988年版，第157页。

②标点本《旧唐书》，北京：中华书局，1975年版，第70页。

③标点本《资治通鉴》，北京：中华书局，1956年版，第6799页。

④〔唐〕元结：《问进士第三》。见影印本《全唐文》，北京：中华书局，1983年版，第3860页上栏。

⑤标点本《新唐书》，北京：中华书局，1975年版，第5856页。

⑥标点本《新唐书》，北京：中华书局，1975年版，第139页。

⑦标点本《新唐书》，北京：中华书局，1975年版，第4921页。

⑧影印武英殿聚珍版《唐会要》，第987页。

⑨标点本《资治通鉴》，北京：中华书局，1956年版，第7023—7024页。

⑩影印武英殿聚珍版《唐会要》，第457页、1213页。

实",不分善恶,"悉以中上考褒之"①。考课完全失去了赏善罚恶的作用,形同虚设。究其原因,除去战事纷扰,同皇帝的个人品质也不无关系。宋人范祖禹曾说:代宗"赏罚无章,而善恶不明,上下之情不通,谗巧得行于其间故也"②。

建中以后一段时间内,局面有所改观。大历十四年(779)五月德宗即位,六月便要求恢复上计制度。③建中元年(780)十一月,又亲到宣政殿,礼见朝集使和贡士。④三年,根据门下侍郎卢杞的建议,恢复了中书舍人、给事中任监考使制度。⑤上计和监考使制度的恢复,为复兴考课做了准备。贞元时期,赵憬、陆贽为相,精心吏治,考课重新恢复。

宪宗锐意"中兴",对吏治也颇用心。宰相李吉甫、武元衡等人均以吏干闻名。但元和时用兵频繁,官阶、章服颁授极滥。每到朝会,朱紫满庭,很少衣绿,"品服太滥,人不以为贵"⑥。到元和末年,考课又流于形式。十五年,刑部郎中冯宿判考功,上奏说:"宰相及三品以上官,故事内校(按,即由皇帝裁定),遂别封以进。翰林学士,职居内署,事莫能知,请依前书上考;谏官、御史亦请仍旧,并书中上

---

①影印武英殿聚珍版《唐会要》,第1009页、1504页。参见《新唐书·赵宗儒传》,见标点本《新唐书》,北京:中华书局,1975年版,第4826页。

②〔宋〕范祖禹:《唐鉴》卷六,上海:上海古籍出版社,1984年影印本。

③《唐会要》卷六十九《别驾》:"大历十四年六月赦文:诸州刺史、上佐,自今以后准入计。"见影印武英殿聚珍版《唐会要》,第1215页。

④《唐会要》卷二十四《受朝贺》。见影印武英殿聚珍版《唐会要》,第457页。

⑤《唐会要》卷五十五《中书舍人》。见影印武英殿聚珍版《唐会要》,第945页。参见同上书卷八十一《考上》、《册府元龟》卷六三六《铨选部》考课二。唐制规定,每年校考时,"别敕……定给事中、中书舍人各一人,其一人监京官考,一人监外官考"。《唐六典》卷二考功郎中员外郎条称其为"监考使"。

⑥《容斋五笔》卷二《官阶章服》。见〔宋〕洪迈:《容斋随笔》,上海:上海古籍出版社,1978年版,第821页。

考。"①总之，考课在德、宪二朝复兴过一阵子之后，就又回到衰退的老路上去了。

中唐考课有两点需要注意：一是州县官考课标准随着土地关系和赋税制度的演进起了变化；二是考课评级时不再像前期注重德行，②反而注重政绩了。所谓"政绩"，也是指为统治阶级收取赋税、进行各种名目的搜刮。

前已指出，唐前期州县官进降考主要决定于户口和垦田增减两项，对租庸调未作强调。当时社会稳定，实行均田、租庸调制，增加户口尤其是课丁，实际上就增加了租庸调收入。但武后、玄宗时，均田、租庸调制已渐废弛；开元前期，逃户问题已很严重。③户口尤其是丁口逃亡，严重影响了国家租庸调收入；大土地私有制的发展，也使国家无法像前期那样直接管理土地了。于是朝廷三令五申，强调以户口、租庸增减为州县官进降考标准，不再强调开荒增地了。开元二十一年（733），玄宗在敕文中说："逃者租庸，类多乾没。长吏明察，岂其然乎？每年别须申省，比类多少，以为殿最。"④天宝初年作了更加明确的规定，玄宗《改天宝三年为载制》说：

> 凡诸郡县，仍令太守、县令劝课农桑。其先处分，太守、县令在任，有增减户口成分者，由所司量为殿最。自今已后，太守、县令兼能勾当租庸，每载加数成分者，特赐以中上考。如三载之内皆

---

① 影印武英殿聚珍版《唐会要》，第1507页。
② 唐前期考课标准为"四善"（德行）、"二十七最"（政绩）。《唐六典》卷二考功郎中员外郎条规定：一最加四善为上上，一最加三善为上中，一最加二善为上下，一最加一善为中上。但在无"最"的情况下，也可单以四善、三善、二善分别获得上中、上下、中上考。足见评定等级时偏重德行。
③ 详见武英殿聚珍版《唐会要》卷八十五《逃户》，第1562—1563页。
④ 影印本《唐大诏令集》，北京：中华书局，2008年版，第530页。

有成分，所司录奏，超资与处分。①

强调的是"增减户口"和"勾当租庸"，对垦田只字未提。说明自天宝三载（744）起州县官进降考标准已由户、田增减成分，改为户、赋增减成分。建中元年（780）订立两税法时重申了这个规定："岁终，以户、赋增失进退长吏。"②伴随着土地关系和赋税制度的演进，唐代州县官的进降考标准也发生了相应的变化。这对认识大土地私有制的发展、租庸调制向两税法的过渡很有裨益。

订立两税法时，虽规定"以户、赋增失进退长吏"，但执行过程中远不止此。时人陆贽说："廉使奏课，会府考功，大约在于四科：一曰户口增加，二曰田野垦辟，三曰税钱长数，四曰征办先期。"③其中户、田两条是从唐前期延续下来的。"田野垦辟"所以在事实上仍旧保留，是由于农业经济终究离不开它。"税钱长数"和"征办先期"的出现，完全是由于藩镇控制了一部分赋税，朝廷又不断用兵，财政吃紧所致。连朝廷都无力解决的危机，却用来考课官吏，效果适得其反：要求增户，结果是藩镇强臣以小恩小惠诱惑它州人口，州县官又用苛法强迫析户，迫使人口更加流散；要求增地，结果新田增数，旧地反芜；要求长税，结果官吏对百姓"捶骨沥髓，堕家取财"；要求征办先期，结果官吏"肆毒作威，残人逞欲"，迫使百姓"蚕事方兴，已输缣税；农功未艾，遽敛谷租"④。真是火上浇油，在在都加剧了已有的社会危机。有鉴于此，陆贽大胆地提出："往贵于加者，今务于减"，"计减数

---

①影印本《唐大诏令集》，北京：中华书局，2008年版，第22页。
②标点本《新唐书》，北京：中华书局，1975年版，第4724页。
③〔唐〕陆贽：《陆宣公集》卷二十二《均节赋税恤百姓六条》其三：《论长吏以增户加税辟田为课绩》。
④《陆宣公集》卷二十二《均节赋税恤百姓六条》其三、其四（其四为《论税期限迫促》）。

多少以为考课等差"①。陆贽的意见，虽不免有矫枉过正之嫌，但其立意则是完全切中时弊的。可是谈何容易！德宗依旧专务聚敛，陆贽的意见也未引起当朝大臣的重视。这样的考课，自然不会像前期那样注重德行，那些真正有德行和政绩的州县官，常常因未做到"税钱长数""征办先期"而得不到上考。阳城任道州刺史，奏求停贡侏儒，"州人感之，以阳名子"。可是由于不能按期完纳苛税，受到观察使屡次"诮责"。道州上考簿时，阳城自署考词说："抚字心劳，追科政拙，考下下。"观察使又派判官来督赋税，阳城干脆"自囚于狱"②。这是对朝廷乱施考课的莫大讽刺。

对于这一时期考课州县官的客观效果，宪宗也曾说："自定两税以来，刺史以户口增减为其殿最"，因此"有析户以张虚数"的，也有"分产以系户名"的，还有"招引浮客，用为增益的"。"至于税额，一无所加。徒使人心易摇，土著者寡"。③这就再次表明，中唐考课不仅没有起到积极作用，反而对业已出现的社会危机产生了推波助澜的负面效果。

长庆以后，唐朝国势每况愈下，考课也不例外。

穆宗朝的基本国策是姑息、苟安。这一国策在此时确定的考课标准中也得到充分体现。史载长庆年间对诸使的考课标准是："［节度使以］销兵为上考，足食为中考，边功为下考；观察使以丰稔为上考，省刑为中考，办税为下考；团练使以安民为上考，惩奸为中考，得情为下考；防御使以无虞为上考，清苦为中考，政成为下考；经略使以

---

①《陆宣公集》卷二十二《均节赋税恤百姓六条》其三、其四(其四为《论税期限迫促》)。

②标点本《旧唐书》，北京：中华书局，1975年版，第5133—5134页；标点本《新唐书》，北京：中华书局，1975年版，第5572页。

③《唐会要》卷八十四《户口杂录》。见影印武英殿聚珍版《唐会要》，第1553页。

计度为上考，集事为中考，修造为下考。"①所谓"销兵"，是在平定河南、王承元去镇州后，朝廷根据宰相萧俛等人的建议，密令天下军镇，每年百人内限八人"逃死"②。亦即用"逃跑"和"死亡"的名义裁军，以求平安。五种使名中，节度、防御、经略都主军戎，分别以"销兵""无虞""计度"为上考；反之，则以"边功""政成""修造"为下考。观察使事实上已专方面，③故以"丰稔"为上，"办税"为下。团练使此时似以维持治安为主，故"安民为上"，"得情为下"。五种大使的考课标准，一致体现了穆宗朝姑息、苟且的国策。其结果，仅就"销兵"而论，即见一斑：只有朝廷直接控制的军队做了"销兵"，落籍士兵纷纷逃往藩镇；而藩镇却不去"销"，兵力反而得到加强。"销兵"只是朝廷统治者的一厢情愿。

外官如此，内官考课也一样。长庆元年（821），考功员外郎李渤同当朝大臣因考课发生激烈冲突。李渤列举大量事实，要求对宰相萧俛、段文昌、崔植和翰林学士杜元颖考为中下，对御史大夫李绛、左散骑常侍张惟素、右散骑常侍李益考为上下，对大理卿许季同考为中下……这些达官贵人，在元和时是"依旧例"书为上考或中上考的，现在李渤斗胆要考宰相和翰林学士为中下，他们当然不能容忍。冯宿此时仍主管考功。他以考课所据是"当年功过行能"④，李渤所列事实

---

① 标点本《新唐书》，北京：中华书局，1975年版，第1310页。
② 标点本《旧唐书》，北京：中华书局，1975年版，第486页。
③〔宋〕洪迈：《容斋三笔》卷七"唐观察使"："唐世于诸道置按察使，后改为采访处置使，治于所部之大郡。既又改为观察，其有戎旅之地，即置节度使。分天下为四十余道，大者十余州，小者二、三州，但令访察善恶，举其大纲。然兵甲、财赋、民俗之事，无所不领，谓之都府，权势不胜其重，能生杀人，或专私其所领州，而虐视支郡。"细推穆宗朝对观察使的考课，已承认了这个既成事实。见《容斋随笔》，上海：上海古籍出版社，1978年版，第497页。
④〔唐〕李林甫等撰，陈仲夫点校：《唐六典》，北京：中华书局，1992年版，第41—42页。

有不是当年的；考功司只负责四品以下考课，^①以李渤越权至三品以上为理由，使李渤的奏折"留中不下"。不久，杜元颖等人又借故打击报复，将李渤挤出朝廷，贬为虔州刺史。^②

敬、文、武、宣四朝，宦官专权，朋党角逐，藩镇跋扈，内忧外患，政治日趋黑暗。这时"人多干竞，迹罕贞修"。有的"日诣宰司，自陈功状"；有的"屡渎宸扆，曲祈恩波"^③。在"牛李党争"中，考课也成了党争工具。大和二年（828），吏部南曹令史李宾等伪出告身，卖官受贿一万六千多贯，使六十五人赴任。吏部员外郎杨虞卿首发此案，将李宾及其同伙逮捕入狱。推按结果，发现受贿者还有杨虞卿的亲吏和私奴。^④依律，杨为监临之官，当负重要责任。可是此案未结，杨的同党吏部侍郎杨嗣复、李宗闵就利用职权书杨虞卿为上下考，遭到宰相王播反对。^⑤考课成了抬高同党、排斥异己的工具，其后果也就不言而喻了。

武宗朝逃户日益增多，但朝廷却不改弦易辙。州县官考课标准除户、田、税、期四项外，又加了"捕盗多少"一项。显然，这是针对唐末农民大起义前地方出现骚乱增加的。就是说，考课不再是唐朝澄清吏治、发展经济的手段，反而变成鼓励官吏镇压农民的赏格。其结果，那些真正给老百姓做过好事的州县官反而得不到上考，得上考的倒是那些能够"税钱长数""征办先期"以及镇压农民反抗的刽子手。

①《唐六典》卷二"考功郎中员外郎"条："京官三品已上，外官五大都督并以功过状奏，听裁。"即由皇帝裁定。见陈仲夫点校：《唐六典》，北京：中华书局，1992年版，第42页。

②标点本《旧唐书》，北京：中华书局，1975年版，第4438—4440页；标点本《新唐书》，北京：中华书局，1975年版，第4284—4285页。

③《唐会要》卷五十四《中书省》文宗大和三年四月中书门下奏文。见影印武英殿聚珍版《唐会要》，第929页。

④标点本《旧唐书》，北京：中华书局，1975年版，第4563页；标点本《新唐书》，北京：中华书局，1975年版，第5248页。

⑤《册府元龟》卷六三六《铨选部》考课二。北京：中华书局，1960年影印版，第7629页下栏。

比如，何易于任益昌县令三年，很有德政，却只得中上考。①会昌五年
（845），孙樵路经益昌，当地百姓问他，天子设上下考勉励官吏，可是
何易于仅得中上，这是为何？孙樵问："何易于督赋如何？"百姓说：
"只请常期，不欲紧绳百姓，使贱出粟帛。"又问："督役如何？"百姓
说，度支费用不足，就拿出俸钱，"冀优贫民，馈给往来"。又问："权
势如何？"百姓说："传符外一无所与。"又问："擒盗如何？"百姓说：
"无盗。"于是孙樵告诉百姓说，我住长安时，听给事中校考，常说：
"某人为某县得上下考，某人由上下考得某官。"谈到他们的政绩则说：
"某人能督赋先期而毕；某人能督役省度支费，某人当道能得往来达官
为好言，某人能擒若干盗，反若干盗。县令得上下考者如此。"百姓听
后不语，大笑而去。②这一翔实的材料，不仅使我们了解到晚唐州县官
的考课内容，而且对其效果也洞若观火。

中晚唐州县官的考课，总体上说都很反动。除去"捕盗多少"属
于直接镇压人民外，其他诸条中尤以"征办先期"最为恶劣。那些所
谓"良吏"，大都是"征办先期"的能手，亦即搜刮的能手。《庐陵县
令厅壁记》说："今清河张君儇为之理，适得良二千石……故夏秋之
税，先期而集。"③《吉州刺史厅壁记》也夸耀"徭税先具"④。虽然早
在贞元时，陆贽就已提出过尖锐的反对意见，但封建皇帝却一概置若
罔闻。直至唐末，僖宗朝才在《乾符二年南郊赦》中说：

---

① 标点本《新唐书》，北京：中华书局，1975 年版，第 5634 页。
② 〔唐〕孙樵：《书何易于》。见影印本《全唐文》，北京：中华书局，1983 年版，第 8333 页下
栏—8334 页下栏。
③ 〔唐〕皇甫湜：《庐陵县令厅壁记》。见影印本《文苑英华》，北京：中华书局，1966 年版，第
4255 页下栏—4256 页上栏。
④ 〔唐〕皇甫湜：《吉州刺史厅壁记》。见影印本《全唐文》，北京：中华书局，1983 年版，第
7028 页。

征两税自有常期，苟或先自催驱，必致齐人凋弊。盖缘机织未毕，庤钱未终，便须令卖缣缯，贱粜斛斗，致使豪胥迫蹙，富户吞侵。须更申明，俾其通济。诸州府如有不依旨限，先期征税者，长吏听奏进止，县令、录事参军并停见任，书下考，不在矜恕之限。①

总算认识到"征办先期"的危害了，但也未免为时太晚了。唐末农民战争的烈火已经燃起，唐王朝再也无力回天。

考察唐朝三百年考课制度、政策的实施状况及其客观效果，使我们认识到：第一，统治阶级的政治方针和经济政策决定了它的用人政策，用人政策又决定了同一时代的考课标准，最终，考课只是统治阶级实现其政治、经济目标的一种手段。比如，唐前期实行"与民休息"的政治方针和均田租庸调经济政策，用人偏重德行，②考课评级也注重德行，州县官进降考主要以户口（尤其是课丁）和垦田增减成分为准；两税法后，实行聚敛政策，任用的多是聚敛之臣，州县官进降考变成以户、田、税、期尤其是税、期为准；晚唐除姑息藩镇和聚敛，又加了"捕盗多少"。这些说明，考课标准是随政治方针、经济政策以及相应的用人政策变化的。当然也有一些基本内容（如户口和垦田）变化不大。因为无论怎样变，它们都是统治大厦赖以存在的基础。第二，考课制度、政策的实施状况，效果好坏，同唐王朝的盛衰相始终。在社会稳定、政治比较清明时，皇帝和执政大臣一般都能用心于吏治，考课抓得就紧；反过来，考课就会对澄清吏治、繁荣经济起到积极作

①影印本《唐大诏令集》，北京：中华书局，2008年版，第403页。
②《唐六典》卷二吏部尚书侍郎条记载拟官原则是："以三类观其异：一曰德行，二曰才用，三曰劳效。德均以才，才均以劳。其优者擢而升之，否则量以退焉。"（陈仲夫点校：《唐六典》，北京：中华书局，1992年版，第27页）说明唐前期用人政策是偏重德行的。

用。当政治腐败、社会出现危机时，统治阶级大都不关心吏治，即便考课，效果也适得其反，只能加剧动荡和不安。政治状况与考课相辅相成，始终是辩证的关系。恩格斯指出，政治权力"可以朝两个方向起作用：或者按照合乎规律的经济发展的精神和方向去起作用，在这种情况下，它和经济发展之间就没有任何冲突，经济发展就加速了。或者违反经济发展而起作用，在这种情况下，除去少数例外，它照例总是在经济发展的压力下陷于崩溃"[①]。唐代考课成功的经验和失败的教训都说明，考课作为封建政治权力链条上的一环，其作用和命运也不能逃脱这个历史定律。

（原载《敦煌学辑刊》1984年第2期，第132—139页）

[①]恩格斯:《反杜林论》,见《马克思恩格斯选集》第三卷,北京:人民出版社,1972年版,第222页。

唐前期三次官修谱牒浅析

从贞观到开元初八十余年间，唐王朝曾三次官修谱牒。这是唐朝历史上的重要事件，引人注目。剖析这些事件，对认识唐朝统治阶级如何解决历史遗留下的山东旧士族问题，统治阶级各种势力集团和地主阶级内部各阶层力量消长，都有深意。这个课题，论者已多。本文拟就一些有待深入探讨和为人忽略的问题略陈管见，希望指正。

一、唐初山东旧士族的地位及其与唐王朝的矛盾

魏晋南北朝以来，在政治、经济、社会方面居于垄断地位的门阀士族，到唐初，已经起了重大变化。在南朝，侯景乱梁，"世胄子弟为景军人所掠，或自相卖鬻，漂流入国者盖以数十万口。加以饥馑死亡，所在涂地，江左遂为丘墟矣"①。继以西魏南侵，"江陵既平，衣冠士伍，并没为仆隶"②。江南士族从此一蹶不振。在北朝，经过北魏末年农民起义和随后连绵的割据战争，北方士族也在纷纷走向衰落，所谓

---

① 《魏书》卷九十八《岛夷萧衍传》。见标点本《魏书》，北京：中华书局，1974年版，第2187页。

② 《周书》卷三十二《唐瑾传》。见标点本《周书》，北京：中华书局，1971年版，第564页。

"自有魏失御，齐氏云亡，市朝既迁，风俗陵替，燕、赵右姓，多失衣冠之绪"①。尤其是经过隋末农民战争的扫荡，②更使山东士族呈现出"累叶陵迟"③的破败状态。无论在南在北，由于农民战争的打击和军阀混战的震荡，门阀士族都在急遽衰落下去。

士族的衰落，就政治而言，是失去了世袭为官的特权。在实行九品中正制的门阀制度下，主持选举的"州大中正、主簿，郡中正、功曹，皆取著姓士族为之，以定门胄，品藻人物"④，门阀士族盘踞着宦途要津。隋文帝废除九品中正制，开科取士，"选无清浊"，于是在开皇年间就已出现"齐朝资荫，不复称叙，鼎贵高门，俱从九品释褐"⑤的局面。就经济而言，门阀制度下的士族，曾经广占田园，荫庇成百上千的部曲、佃客，并享受免役特权。隋朝实行"大索貌阅"和"输籍之法"，从士族豪强手里争夺到数十万人口。均田制执行到大业年间，炀帝又"除妇人及奴婢部曲之课"⑥，使士族手中还能控制的一部分部曲、奴婢随之失去受田权利，经济力量大大损削。隋朝推行的这些政治、经济制度，基本都为唐朝继承并加以发展。因此，到了唐初，旧士族便是"名虽著于州闾，身未免于贫贱"⑦了。

---

① 《唐会要》卷八十三《嫁娶》唐太宗贞观十六年（642）六月《禁卖婚诏》。见日本中文出版社影印武英殿聚珍版《唐会要》，1978年版，第1528页。

② 《旧唐书》卷五十四《窦建德传》："初，群盗得隋官及山东士子皆杀之。"见标点本《旧唐书》，北京：中华书局，1975年版，第2236—2237页。

③ 〔唐〕吴兢：《贞观政要》卷七《论礼乐》。上海：上海古籍出版社，1978年版，第226页。

④ 《新唐书》卷一九九《儒学·柳冲传》。见标点本《新唐书》，北京：中华书局，1975年版，第5677页。

⑤ 〔清〕王昶辑：《金石萃编》卷四十三《房彦谦碑》，北京市中国书店影印版第二册，1985年版。

⑥ 《隋书·食货志》，见标点本《隋书》，北京：中华书局，1973年版，第686页。

⑦ 《唐会要》卷八十三《嫁娶》，唐太宗贞观十六年（642）六月《禁卖婚诏》。见影印武英殿聚珍版《唐会要》，第1528页。

就政治、经济而论，南北朝以来的旧士族确已衰落；但就社会而言，情况却迥异。所谓"名虽著于州闾，身未免于贫贱"，一方面说明他们既"贫"且"贱"，同时又说明他们"名"还"著于州闾"，在社会上享有很高声望。门阀制度下的士族，其非同凡响的高贵身份的主要标志是仕宦和婚媾。至唐初，尽管宦途上已是"全无冠盖"①"不复冠冕"②，失去依托，但在婚媾方面，他们还有充分表现的机会。由于南朝士族在侯景之乱和江陵之祸中已遭受毁灭性打击，而北朝士族相对受到的冲击较小，因此，这种表现主要存在于北朝旧士族，尤其是崔、卢、李、郑、王几个老牌旧士族身上。旧士族的后裔们虽已"世代衰微，全无官盖"，但"犹自云士大夫。婚姻之间，则多邀钱币"③。他们或在旧族内部互结婚媾，大索财礼，以维系其自我炫耀的"高贵血统"；或与"新官之辈、丰财之家"联姻，"依托富贵"，力图恢复并扩大已衰的政治、经济势力。"卖婚"这种有"乖德义之风"的"齐韩旧俗"④，自有其长久的历史渊源。北齐渤海高门封述为其子娶陇西李士元女，"大输财聘。及将成礼，犹竞悬违"；又为另一子娶范阳卢庄之女，卢氏大索财礼，封述遂诣官府诉苦："送骡乃嫌脚跛，评田则云咸薄，铜器又嫌古废。"⑤似乎不加挑剔、不索高价就不足以显示门户的崇高。因此清人赵翼说："争多竞少，恬不为怪……财婚由来久

①《旧唐书》卷六十五《高士廉传》。见标点本《旧唐书》，北京：中华书局，1975年版，第2443页。

②《新唐书》卷九十五《高俭传》。见标点本《新唐书》，北京：中华书局，1975年版，第3841页。

③《旧唐书》卷六十五《高士廉传》。见标点本《旧唐书》，北京：中华书局，1975年版，第2443页。

④《唐会要》卷八十三《嫁娶》，唐太宗贞观十六年(642)六月《禁卖婚诏》。见影印武英殿聚珍版《唐会要》，第1528页。

⑤《北史》卷二十四《封述传》。见标点本《北史》，北京：中华书局，1974年版，第900页。

矣。"①唐代文献虽缺少如此具体的记载,谅在"卖婚"时也相差无几。这些说明,唐初旧士族尽管宦途上已经失势,但还不等于婚媾方面同时降格。换言之,山东旧士族在唐初还享有很高的社会地位。这是一个意识形态方面的问题,它比在政治、经济上解决他们要困难得多,需要漫长的历史过程。

旧士族的崇高社会地位不仅体现于他们自己的高自标置,还在于它有着广泛的社会影响。尤其是它吸引了唐王朝的"新官之辈"。一些唐朝冠冕"慕其祖宗,竞结婚媾,多纳货贿,有如贩鬻",甚至"自贬其家门,受曲辱于姻娅"②,但遭到的却是"虽多输金帛,犹为彼所偃蹇"③。这实在有伤大唐的体统。出现这种情况,有其历史原因。新建不久的唐王朝虽在政治方面有着绝对威势,但就其社会地位而论,还不足以与山东旧士族相抗衡。诚如汪篯先生所论:"就政治地位来说,关陇集团的贵门从北周以后……自然占着上风……但是,就社会地位来说,那就有大大的不同。在门阀制度下,社会地位是以婚媾做标准的,那时看重的是'清',是'文化的传统'。关陇集团的贵门,包括李唐皇室在内,都不具备这个条件。他们的祖先都是没有文化的胡人或胡化的汉人,从周到唐,短短的百年间,他们的文化还没有达到很高,以此,他们仍是不被文化显族所重视。这种情形直到唐末也未改变过来。"④政治上久已失势的山东旧士族,却还有相当崇高的社会地

---

① 〔清〕赵翼著,王树民校证:《廿二史札记校证》卷十五《财婚》,北京:中华书局,1984年版,第317页。

② 《唐会要》卷八十三《嫁娶》,唐太宗贞观十六年(642)六月《禁卖婚诏》。见影印武英殿聚珍版《唐会要》,第1258页。

③ 《资治通鉴》卷一九五"贞观十二年正月"条。见标点本《资治通鉴》,北京:中华书局,1956年版,第6136页。

④ 汪篯:《唐太宗树立新门阀的意图》。见唐长孺、吴宗国、梁太济、宋家钰、席康元编:《汪篯隋唐史论稿》,北京:中国社会科学出版社,1981年版,第150—164页,引文见152—153页。

位；具有绝对政治威势的李唐王朝却缺少与之相表里的社会威望，对于双方来讲，都可谓"名不副实"。因此，唐王朝必须进行"舍名取实"①的"改革"②工作。

婚姻问题不单是一个社会风习问题，在封建社会必然同政治发生不可分解的关系。武德四、五年，"天下兵革方息"，长期的战争使社会各阶层余悸未消，因此没有多少人乐意到唐朝做官，"士不求禄，官不充员，吏曹乃移牒州府，课人应集，至则授官，无所退遣"。即便到贞观初年，唐朝于洛州置选，也还是"参选者七千人，而得官者六千人"，仅是"稍有沙汰"而已。③这样采取强派或几乎是无所选择得来的官吏，思想状况不免五花八门。在他们的心目中，山东旧士族是贵门，积极与之联姻，攀龙附凤也相当自然。不仅中、低级官吏如此，高级官僚即"见任三品以上"的达官贵人，也在"求与［旧士族］为婚"。④达官贵人身为唐朝冠冕，却去争着与山东旧门阀联姻，这对新建不久，正在网罗人才继续从事大一统事业的唐王朝，不正是一种政治离心力么？更何况武德四年（621）刘黑闼起兵时，山东旧士族就曾借机闹事；他们又曾为太宗政敌建成、元吉所勾结，玄武门之变发生，"河北州县素事隐、巢者不自安，往往曹伏思乱"⑤。这些都是摆在唐朝面前的现实问题。无论从哪个角度去看，唐朝统治者都必须严肃对待。

如何解决呢？用官修谱牒的方法重定氏族。

---

① 标点本《资治通鉴》，北京：中华书局，1956年版，第6136页。
② 〔唐〕吴兢：《贞观政要》卷七《礼乐》，上海：上海古籍出版社，1978年版，第226页。
③ 〔唐〕杜佑撰：《通典》卷十五《选举典三》，北京：中华书局，1988年版，第362—363页。
④ 标点本《资治通鉴》，北京：中华书局，1956年版，第6136页。
⑤ 《新唐书》卷九十七《魏徵传》。见标点本《新唐书》，北京：中华书局，1975年版，第3868页。

二、贞观《氏族志》

贞观十六年（642）六月，唐太宗在《禁卖婚诏》中说："往代蠹害，咸已惩革，惟此弊风，未能尽变。自今已后，明加告示，使识嫁娶之序，各合典礼，知朕意焉。"①说明他对山东旧士族问题关注已久，只是由于贞观初年忙于设官立制等重大朝政，无暇顾及。但是对于这个问题究竟应当如何解决，他也经历过一个认识和实践的过程。

敦煌文书位字七十九号《唐贞观八年高士廉等条举氏族奏抄》（以下简称《条举氏族奏抄》）记录了唐太宗初次采取的解决办法，今移录一段于下：

以前太史因尧置九州，今为八千（十）五郡，合三百九十八姓。今贞观八年五月十日壬（庚）辰，自今已后，明加禁约：前件郡姓出处，许其通婚媾。结婚之始，非旧委怠（悉），必须精加研究，知其曩谱，相承不虚，然可为定。其三百九十八姓之外，又二千一百杂姓，非史籍所戴（载），虽预三百九十八姓之限，而或媾官（宦）混杂，或从贱入良，营门杂户，慕容商贾之类，虽有谱，亦不通。如有犯者，别除籍。［左］光禄大夫、兼吏部尚书、许国公士廉等奉敕，令臣等定天下氏族。惹不别条举，恐无所冯。准令详事讫，［谨］件录如前。

敕旨：依奏。②

①《唐会要》卷八十三《嫁娶》。见影印武英殿聚珍版《唐会要》，第1528页。

②北图位字七十九号。关于这件文书的名称、性质、尾部记载（即上段引文）的真伪、用途，以及为何会被重抄等，参邓文宽：《敦煌文书位字七十九号——〈唐贞观八年五月十日高士廉等条举氏族奏抄〉辨证》一文，载《中国史研究》1986年第1期，第73—86页。

　　由前引可知：一、贞观八年（634）前，唐太宗已令高士廉等"定天下氏族"，吴兢记为时在贞观六年（632）；二、这次工作只限于"刊正姓氏"①，即"遍责天下谱牒，质诸史籍，考其真伪"②，将"从贱入良，营门杂户，慕容商贾"等各色假冒牌，从士族队伍剔除出去，尚未有修订《氏族志》，更无重新划分等级的明确意图；三、其主旨在于解决士族之间的婚媾问题；四、这件官文书门阀观念十分浓重，除去三百九十八姓，其他"非史籍所载，虽预三百九十八姓之限……虽有谱，亦不通。如有犯者，剔除籍"；五、由"敕旨：依奏"可知，对这件门阀观念浓厚的文件，唐太宗同意过，说明他的门阀观念也相当严重。

　　《条举氏族奏抄》为传抄本，错字很多，且有残损。它只是在全国二百余州中选择了旧史记载和唐朝新定的八十五个郡望、三百九十八姓，允许互通婚姻。至今还能看到其中的六十六郡、二百六十六姓，残去十九郡，一百三十二姓。二百六十六姓中，又有十三姓残去，实存二百五十三姓。虽非完璧，但仍能窥知大概。残存的郡姓，主要分布在河东、河北、河南、江南四道，正是河东、山东、江南旧士族和北朝"虏姓"广泛分布的地区。其他山南、淮南、剑南为数极少，岭南没有。残缺部分，应是关内和陇右两道，亦即关中士族和关陇军事贵族集聚的所在。这样，原其本意，是让关陇贵族、关中山东江南旧士族以及北朝"虏姓"互通婚媾，将各种社会力量通过联姻汇合起来，以求获得对李唐王朝的鼎力支持。但这只是李世民的一厢情愿，旧士族却采取不合作态度。他们自视高贵，互结婚媾，当朝大臣也竞相与

---

①〔唐〕吴兢：《贞观政要》，上海：上海古籍出版社，1978年版，第226页。
②标点本《资治通鉴》，北京：中华书局，1956年版，第6135页。

之联姻。相比之下，关陇贵族却门庭冷落。这种局面，不免对李世民产生刺激。可见，此乃失败之举。但由此获得教训，唐太宗决心修订《氏族志》，重新划分等级，用以提高皇室和关陇贵族的社会地位。

由于旧史记载简略，人们往往把唐朝曾"质诸史籍，考其真伪"的"刊正姓氏"，看成是划分等级、修订《氏族志》的一部分，由此认为唐太宗修《氏族志》时先考订士族真伪，并引申出唐太宗维护旧士族利益的结论，这是不符合实际的。唐太宗确曾"刊正"过氏族，但那是修《氏族志》之前的事情，而且是失败的记录。考察一下《贞观政要》《旧唐书》《新唐书》《资治通鉴》诸书，记载《氏族志》的修撰过程，文字大同小异。而这几部书，以《贞观政要》成书最早。因此，将"刊正姓氏"说成是修撰《氏族志》的一部分工作，当起源于吴兢作《贞观政要》时剪裁省略的结果。幸而《条举氏族奏抄》可作补正，否则误人不浅。不过这两件事又有联系，前者是后者的开端，后者是前一举措失败导致的结果。它也表明，唐太宗对如何解决山东旧士族问题，确有一个认识和实践过程，并非一开始就十分明确。

第一次行动的失败，导致《氏族志》的修撰。唐太宗命令高士廉等人第其甲乙，分为九等；对山东旧士族区别对待，"忠贤者褒进，悖逆者贬黜"①。结果士廉等仍"以黄门侍郎崔民干为第一"②等，致使唐太宗大怒。高士廉等人并未领会唐太宗的意图。在修谱问题上的君臣矛盾，并非他们反应迟钝，而是因思想根源。高士廉、韦挺、令狐德棻分别出自山东、关中、陇右士族之家，门阀观念极浓，③自不待

---

① 《旧唐书》卷六十五《高士廉传》。见标点本《旧唐书》，北京：中华书局，1975年版，第2443页。
② 标点本《资治通鉴》，北京：中华书局，1956年版，第6135—6136页。
③ 《旧唐书》卷六十五《高士廉传》、卷七十七《韦挺传》、卷七十三《令狐德棻传》，见标点本《旧唐书》，北京：中华书局，1975年版。

言，就是来自南方的布衣岑文本，也有浓厚的阀阅意识。后来他拜中书令，位居宰辅，有人劝他营殖产业，他叹气道："南方一布衣，徒步入关，畴昔之望，不过秘书郎、一县令耳。而无汗马之劳，徒以文墨致位中书令，斯亦极矣。荷俸禄之重，为惧已多，何得更言产业乎？"①因出身"布衣"而自卑，由此可见一斑。正由于这四位要人旧门阀观念都很浓重，所以《氏族志》草本就不免"退新门，进旧望，右膏粱，左寒畯"②了。

经过太宗一番训斥和陈论，重新确定了"不须论数世以前，止取今日官爵高下作等级"③，亦即"崇重今朝冠冕"的新修撰原则。最终，贞观十二年（638）修成《氏族志》一百卷，"皇族为首，外戚次之，降崔民干为第三。凡二百九十三姓，千六百五十一家"④，"颁于天下，藏为永式"⑤。

对于唐太宗在陈说中向山东旧士族所发的贬辞，以及他那些"主尊臣贵"的思想，论者已多，本文不赘。这里对唐太宗的门阀思想略作分析。首先，他有浓厚的门阀观念。这不仅见于他曾经批准过《条举氏族奏抄》这个门阀意识极重的文件，而且还见于他的言论。他曾说："太上有立德，其次有立功，其次有立言，其次有爵为公、卿、大夫，世世不绝，此谓之门户。"⑥在在都说明他有很强的门第思想。其

---

① 《旧唐书》卷七十《岑文本传》。见标点本《旧唐书》，北京：中华书局，1975 年版，第 2538 页。

② 《新唐书》卷九十五《高俭传》。见标点本《新唐书》，北京：中华书局，1975 年版，第 3941 页。

③ 标点本《资治通鉴》，北京：中华书局，1956 年版，第 6135—6136 页。

④ 标点本《资治通鉴》，北京：中华书局，1956 年版，第 6135—6136 页。

⑤ 《旧唐书》卷八十二《李义府传》。见标点本《旧唐书》，北京：中华书局，1975 年版，第 2769 页。

⑥ 《新唐书》卷九十五《高俭传》。见标点本《新唐书》，北京：中华书局，1975 年版，第 3841 页。

次，他的门阀观念，不同于旧士族的阀阅意识。太宗崇重今朝冠冕，而旧士族崇重旧地门望，即有"尚官"与"尚姓"的区别。在修撰《氏族志》的过程中，太宗同高士廉等人的矛盾，正是这种区别的体现。他的目的，是用"尚官"取代"尚姓"。认为唐太宗没有门阀观念，或者认为他的门阀观念与旧士族的阀阅意识无异，都与史实大相径庭，南其辕而北其辙。

还有的论者根据崔民干在定本《氏族志》中仍列居第三等，而认为唐太宗对山东旧士族未加贬抑。这也需要商榷。人们往往只注意崔民干出身山东旧士族，而忽略了他在唐初的政治地位和对唐朝的态度，以及唐朝对旧士族的具体政策。崔民干从武德元年（618）到《氏族志》修成的贞观十二年（638），一直担任黄门侍郎，[①]即门下省副长官，正四品上，职责是协助宰相处理朝政大事，自属"今朝冠冕"，而且地位荣宠，并不像有的论者只讲的"老牌旧士族"云云。因此，他由第一等降为第三等，完全是具有双重身份的结果，并且体现了唐太宗对旧士族采取"忠贤者褒进，悖逆者贬黜"的区别对待、分化瓦解政策。对于北魏太和所定"四海望族"，亦即山东的崔、卢、李、郑、王，陇西李氏和"虏姓"八族，《氏族志》也是"一切降之"[②]。怎么能说对旧士族未加贬抑呢？当然，唐太宗对旧士族也非一概排斥，而是区别对待，根据就是对唐朝的态度。

定本《氏族志》比《条举氏族奏抄》减少一百〇五姓。减去多少旧士族，因《氏族志》亡佚而无从比较。但可以肯定的是，《氏族志》

①《资治通鉴》卷一八六"武德元年十月庚辰"条："诏右翊卫大将军淮安王神通为山东道安抚大使，山东诸军并受节度，以黄门侍郎崔民干为副。"见标点本《资治通鉴》，北京：中华书局，1956年版，第5816页；同书卷一九五"贞观十二年正月"条："士廉等以黄门侍郎崔民干为第一"等。见标点本《资治通鉴》，北京：中华书局，1956年版，第6135—6136页。
②《新唐书》卷九十五《高俭传》。见标点本《新唐书》，北京：中华书局，1975年版，第3842页。

改变了《条举氏族奏抄》抬举旧士族的做法，反而贬抑旧士族，崇重李唐皇室和唐朝冠冕。这对提高关陇贵族及其附属力量的社会地位无疑会起作用。但对改变旧士族的卖婚陋习所起作用就极其有限，否则，贞观十六年（642）太宗不会再下一道《禁卖婚诏》。就是在这道诏令中还说，卖婚仍是"积习成俗，迄今未已"。说明彻底贬抑山东旧士族，消除他们的影响，不是靠修订一个《氏族志》就能解决的。不过，面对历史遗留问题和现实政治的需要，唐朝统治者态度都是积极的。唐初"王妃、主婿皆取当世勋贵名臣家，未尝尚山东旧族"[①]。通过联姻，唐宗室和公卿贵戚结成稳固的政治集团，这对稳定封建国家政权无疑会有功效。

三、显庆《姓氏录》

唐朝第二次官修谱牒发生于高宗显庆四年（659）。

由贞观到显庆之际的二三十年间，唐代地主阶级政治力量的构成再次发生重大变化。旧士族仍在继续缓慢地衰落下去，自不待言。就是代表关陇集团的唐太宗和他的股肱大臣房玄龄、魏徵、杜如晦、马周等，也都已纷纷谢世，尚存辅佐高宗的顾命大臣长孙无忌、褚遂良、于志宁、韩瑗、来济等人，也在永徽六年（655）的"废王立武"事件中，或被放逐，或受贬黜，或遭杀戮，或逼自尽，一个个就木正寝。加以后来武则天大肆杀伐，那出由关陇军事贵族集团演出的生气勃勃的活剧闭幕了，一个新的寒门地主势力集团正在崛起。它是以武则天为领袖，许敬宗、李义府等人为骨干凝合而就的。这一集团的出身、

---

① 《新唐书》卷九十五《高俭传》。见标点本《新唐书》，北京：中华书局，1975年版，第3842页。

品格和处世原则，既与关陇贵族，也与山东旧士族大异其趣。

　　直接促成修撰《氏族志》的动因是通过一系列偶然性事件表现出来的。

　　首先是"废王立武"事件。在这次事件中，褚遂良等人认为王皇后出身"名家"而不可废，武则天出身寒门，且曾做太宗才人，现在又于高宗（太宗子）为后，有涉乱伦而不可立。就是后来武则天自立为帝，骆宾王在那篇著名的《讨武曌檄》中，还说她"地实寒微，昔充太宗下陈（按，通'阵'）"云云。①这倒都是事实。如果说关陇贵族"贵"而不"清"，那么武则天就是既不"贵"又不"清"。她的出身和身世，在以贵族自居的关陇集团和以讲究礼法门风自诩的旧士族看来，都是名教所不齿的。因此，她在步入政治舞台时遇到的困难要大得多。但是一旦她经过斗争，取得皇后的身份并实际掌握朝政，就会采取果断措施提高自己的社会地位，为夺取最高政治权力继续开路。历史恰恰给她提供了这样的条件和机会。

　　其次是武则天的心腹李义府攀附旧士族遭到羞辱。李义府出身寒门，因拥立武后而升作宰相。贵则贵矣，但门第太低，颇不满足。于是假冒"本出赵郡，与诸李叙昭穆"。赵郡李氏中的投机分子也就"藉其权势"，与义府"拜伏为兄叔者甚众"。后在显庆三年（658），义府因故出为普州刺史，出身赵郡的给事中李崇德便将义府从族谱中削除。看样子，赵郡李氏的投机分子虽"拜伏"义府"为兄叔"，但骨子里仍看不起他，仅是"借其权势"而已。互相勾结，彼此利用，互为补充，正是他们关系的全部秘密。显庆四年（659），义府再度为相，便将李崇德诬陷下狱身死，勾结也就至此完结。勾结失败，李义府就要另寻

　　① 《旧唐书》卷六十七《李勣传》附《徐敬业传》。见标点本《旧唐书》，北京：中华书局，1975年版，第2490页。

办法提高门第。这就是他"耻〔其〕先世不见叙"于贞观《氏族志》，"更奏删正"①的由来。

武则天的另一心腹许敬宗出身南朝二流高门。但其父许善心是隋朝灭陈的俘虏，②所以在关陇集团统治时代也没有多少门阀可供炫耀。他本人又是隋朝秀才，才学出名，门第观念极薄，如嫁女与岭南蛮酋冯盎之子和皇家隶人钱九陇等，"才优而行薄"③，屡为旧史所讥诮。因此在"废王立武"事件中，他积极翊赞，甚至说出那句令人捧腹的话：庄稼汉多打十石麦，"尚欲更故妇，天子富有四海，立一后，谓之不可，何哉"？④他也因拥戴武后升作宰相，自然与则天气味相投，对武后的需要尤能心领神会，故而提出《氏族志》"不载武后本望"⑤，必须重修的意见。

但是，所有这些偶然性事件，背后却隐藏着大量的必然性因素。这就是南北朝以来渐趋抬头的寒门地主，到唐初已获得新发展。经济上，实行均田制时，他们获得比普通百姓多得多的永业田和职分田，又通过军功得到大量勋田、赐田，既富且足。政治上，他们开始大量跻身于各级官府，显露头角。唐人刘祥道论及显庆初年的选官状况时说："吏部比来取人，伤多且滥。每年入流数过千四百人，是伤多（杜佑注：永徽五年，一千四百三十人，六年，一千十八人，显庆元年，

---

①《旧唐书》卷八十二《李义府传》。见标点本《旧唐书》，北京：中华书局，1975年版，第2768—2769页；《新唐书》卷二二三上《李义府传》。见标点本《新唐书》，北京：中华书局，1975年版，第6341页。

②《隋书》卷五十八《许善心传》。见标点本《隋书》，北京：中华书局，1973年版，第1424页。

③《旧唐书》卷八十二《许敬宗传》。见标点本《旧唐书》，北京：中华书局，1975年版，第2762—2764页、2772页。

④《新唐书》卷二二三上《许敬宗传》。见标点本《新唐书》，北京：中华书局，1975年版，第6336页。

⑤《新唐书》卷二二三上《李义府传》。见标点本《新唐书》，北京：中华书局，1975年版，第6341页。

一千四百五十人），不简杂色人即注官，是伤滥（杜佑注：杂色：解文、三卫、内外行署、内外番官、亲事、帐内、品子任杂掌、伎术、直司、书手；兵部品子、兵部散官、勋官、记室及功曹、参军、检校官、屯副、驿长、校尉、牧长）；经学时务等比杂色，三分不足其一。"①刘祥道虽是站在反对立场发议论的，但毕竟提供了重要的数字和情况，说明其实入流的品官，杂色占三分之二还多，每年都有近千人。如同唐太宗需要与其绝对政治威势相表里的社会地位，政治、经济上获得发展的寒门地主也会要求在社会上得到体现。这正是隐藏在前述那些偶然性事件背后的必然性因素，也是促成《姓氏录》修撰的真实动力。武则天、李义府、许敬宗只不过是寒门地主的政治代表罢了。

需要说明的是，《姓氏录》完全是秉承武则天的旨意修成的。因为高宗"自显庆已后，多苦风疾，百司表奏，皆委天后详决"，时有"二圣"之称。②李治只是武曌的囊中物而已。

经武则天授意，由许敬宗"总知其事"③，"专委"吏部郎中孔志约、著作郎杨仁卿、太子洗马史玄道、太常丞吕才等重修，成书二百卷。高宗为此书裁定类例，并"亲制序"④。书中所收"凡二百四十五姓，〔二千〕二百八十七家。⑤以皇后四家、鄌公、介公、赠台司、太子三师、开府仪同三司、仆射为第一等；文武二品及知政事者三品为

---

①〔唐〕杜佑撰，王文锦等点校：《通典》，北京：中华书局，1988年版，第403页。

②《旧唐书》卷六《则天皇后本纪》。见标点本《旧唐书》，北京：中华书局，1975年版，第115页。

③《旧唐书》卷八十二《许敬宗传》。见标点本《旧唐书》，北京：中华书局，1975年版，第2764页。

④《唐会要》卷三十六《氏族》。见武英殿聚珍版《唐会要》，第664页。

⑤《姓氏录》所收家数，《唐会要》卷三十六记为"二百八十七家"；《新唐书·高俭传》记为"二千二百八十七家"。按，唐初勋官数量极大，疑《唐会要》有脱文，今据《新唐书·高俭传》补。

第二等。各以品位为等第，凡为九等。并取其身及后裔。若亲兄弟，量计相从。自余枝属，一不得同谱。"①为了巩固这一胜利，李义府上奏高宗，将《氏族志》全部收回，彻底焚毁。

参加修撰的人选颇可注意。许敬宗是总负责人，因为他是提议者之一，且是武则天的心腹，最能领会武后旨意，前已论及。修撰者孔志约、杨仁卿、史玄道、吕才诸人，出身全是微族，他们既有提高社会地位的要求，修撰的积极性自高。所以旧史用"专委"二字，表明这些人是精心选择得来的。基于此，《姓氏录》一举告成，不像《氏族志》那样曲折难产。

《姓氏录》与《氏族志》相比，有以下重要不同之处：

一、《氏族志》崇重李唐皇室和今朝冠冕，对于旧士族只是"一切降之"；而《姓氏录》则将当朝无官职的旧士族全部排除在外，在贬抑旧士族方面来得更加坚决、彻底。

二、两书虽然都贯彻"各以品位为等第"的原则，但《氏族志》限于三品以上，而《姓氏录》的标准是："皇朝得五品官者，皆升士流。"②姓数减少，家数增加：姓减48，家增636。反之，品级却由三品放宽到五品，即是说，《姓氏录》更加突出了今朝冠冕的地位。

三、《氏族志》将外戚列居第二等，而《姓氏录》则将皇后四家升为第一等，断然提高了外戚亦即武后家族的地位。

从以上比较可知，无论是压抑旧士族，还是大力扶持寒门地主，为他们步入政治舞台开辟道路，《姓氏录》比《氏族志》都显得更加进步。

由于今朝冠冕范围扩大，许多以军功致位五品的勋官也"尽入书

①《唐会要》卷三十六《氏族》。见影印武英殿聚珍版《唐会要》，第664—665页。
②《旧唐书》卷八十二《李义府传》。见标点本《旧唐书》，北京：中华书局，1975年版，第2769页。

限"。唐初勋官数量极夥。他们"每年纳课",并番上于兵部和本郡,"身应役使,有类僮仆。据令乃与公卿齐班,论实在于胥吏之下。盖以其猥多,又出自兵卒,所以然也"①。这些身份卑贱的兵卒,猛然升入《姓氏录》,真的"与公卿齐班",便有骇物议了。无怪乎缙绅士大夫不满地称《姓氏录》为"勋格"②。但这也正是武则天之妙用。她新做皇后,出身寒门,缺少党援,不采取一系列笼络人心的举措,何以会出现她称帝时,六万余人同时上书拥戴的热闹场面?③

作为《姓氏录》的补充,还出现了武后以高宗名义下诏,不许北魏以来的七姓十户互通婚媾。此后"天下衰宗落谱,昭穆所不齿者,皆称'禁昏家',益自贵。凡男女皆潜相聘娶"④,"或女老不嫁,终不与异姓为婚"⑤。固然旧士族们更加自贵,但毕竟已为"昭穆所不齿",且不敢公开聘娶,而只能暗地进行,或老死闺房了。正所谓"百足之虫,死而不僵"是也。

值得注意的是,唐太宗贞观十二年(638)修订《氏族志》,十六年(642)又下了《禁卖婚诏》;武则天显庆四年(659)修订《姓氏录》,几乎同时又下诏不许七姓十户"自为婚"。这两次事件都有共同之处:官谱主要是用来提高今朝冠冕的社会地位,并从名分上贬抑旧士族;而禁婚则是从实际上对旧士族的再压抑。一扬一抑,互为功用。但这两次表面上完全相同的活动,也不是简单的历史再现,而是后一次比前一次更深刻、更彻底。

附带论及武则天大兴科举对加速旧士族瓦解的促进作用。

---

① 《旧唐书》卷四十二《职官一》。见标点本《旧唐书》,北京:中华书局,1975年版,第1808页。
② 《旧唐书》卷八十二《李义府传》。见标点本《旧唐书》,北京:中华书局,1975年版,第2769页。"缙绅"即官宦或儒者,有的论者理解为"旧士族",实误。
③ 标点本《资治通鉴》,北京:中华书局,1956年版,第6467页。
④ 《新唐书》卷九十五《高俭传》。见标点本《新唐书》,北京:中华书局,1975年版,第3842页。
⑤ 标点本《资治通鉴》,北京:中华书局,1956年版,第6318页。

我们知道，九品中正制是门阀制度的支柱，科举制是九品中正制衰败的结果。九品中正制后期，做官靠家族、靠门望。而科举制依靠的则是个人的学识和才华。在科举制度面前，山东旧士族子弟中的才学分子，尽管可以依靠文化优势去中举做官，但不能保证其家族都能及第为宦。这样，旧族子弟中的才学分子和凡庸之辈就会发生分化：一部分走科举之路致身通显，一部分愈益破落沉沦。唐人刘秩说："隋氏罢中正，举选不本乡曲，故里闾无豪族，井邑无衣冠。"①柳芳也说：隋"罢乡举，离地著，尊执事之吏，于是乎士无乡里，里无衣冠，人无廉耻，士族乱而庶人僭矣"②。科举制对门阀士族的瓦解作用，已为唐人敏锐地觉察到了。但由隋文帝到唐太宗，科举制都还处在初兴阶段。武则天大兴科举，以文词取士，加速了旧士族的分化瓦解。此后终唐一代，山东旧士族中虽然也出过不少宰相，但多以科举出身。他们既贵之后，尽管也有人积极援引姻亲，如李敬玄，③但也有人"一登科第，则为一方之雄长，而同谱之人，至为之仆役"④。这一点在唐代虽未充分表现，但随着时间的推移，则日益显著。故清人顾炎武说："自金元以来，陵夷至今，非一日矣。"⑤因此，武则天大兴科举，表面上与修《姓氏录》无关，实质上却有内在联系，在压抑、瓦解旧士族方面作用是相同的。

---

① 《通典》卷十七《选举典五·杂议论中》。见标点本《通典》，北京：中华书局，1988年版，第417页。
② 《新唐书》卷一九九《儒学·柳冲传》。见标点本《新唐书》，北京：中华书局，1975年版，第5678—5679页。
③ 《旧唐书》卷八十一《李敬玄传》。见标点本《旧唐书》，北京：中华书局，1975年版，第2755页。
④ 〔清〕顾炎武著，〔清〕黄汝成集释：《日知录集释》卷二十三《北方门族》，上海：上海古籍出版社影印本，1985年版，第1726页。
⑤ 〔清〕顾炎武著，〔清〕黄汝成集释：《日知录集释》卷二十三《北方门族》，上海：上海古籍出版社影印本，1985年版，第1726页。

武则天和唐太宗修谱时的地位和处境略有不同。唐太宗是在已经取得最高政治权力的前提下，积极提高社会地位以巩固政权；武则天是在政治权力尚未达到顶峰，又没有社会地位的情势下，先设法提高社会地位，形成强大的势力集团，再去夺取最高权力。其相同之处，则在于都是为巩固或实现统治权力，这是颇有异曲同工之妙的。

四、开元《姓族系录》

唐代第三次官修谱牒发生于中宗景龙元年（707）至玄宗开元二年（714）。这次修撰的许多细节，史籍或付之阙如，或语焉不详，我们只能据一些零碎的材料略作分析和推测。

关于这次修撰的原因，《新唐书·柳冲传》说是贞观以后"门胄兴替不常"。《册府元龟》卷五六〇《国史部·谱牒门》全文收录了柳冲的《请修谱牒表》，今摘引一段如下：

> 自魏太和以降，作者（按：即修谱者）弥繁。或以八族品人伦，或以九等量地胄。爰洎今日，年祀以淹；冠冕之家，兴衰不一。胥原栾郤，有降夷品；许史袁杨，一时各盛。岂可以曩时之褒贬，为当今之轨模？……理当自我作古，牢笼古昔，岂可阙于著纪，无示将来？臣愿得叙大唐之隆，修氏族之谱。①

由这段文字可知：一、这次修谱的原因，是"冠冕之家，兴衰不一"，或曰"门胄兴替不常"。贞观《氏族志》"尚官"，而官是可以变的。从《氏族志》修成到中宗景龙元年（707），已历时七十年之久。

---

① 影印本《册府元龟》，北京：中华书局，1960年版，第6727页下栏。

其间经过武则天执政时期的酷吏政治和"五王政变",冠冕之家起了很大变化:有的已经没落,有的满门遭斩,而中宗朝的冠冕大多在官谱上没有地位,必须重新编排门阀序列;二、无论是北魏太和"以八族品人伦",还是太、高二宗"以九等量地胄",都不足以体现中宗朝冠冕的利益,因此要着眼现实,"以我作古,牢笼古昔"。换言之,这次修谱的原则仍是崇重今朝冠冕。

景龙元年(707)柳冲上表[①]后,中宗诏魏元忠、张锡、肖至忠、岑羲、崔湜、徐坚、刘宪、吴兢和柳冲共同修订,后因元忠等相继物故而中断。先天时,睿宗又诏柳冲与徐坚、吴兢、魏知古、陆象先、刘知几等讨论修改。至先天二年(713)三月,成书二百卷,取名"姓族系录",上奏睿宗。不久睿宗禅位。开元二年(714),玄宗再命柳冲、刘知几、薛南金"复加刊窜"[②],至该年七月定稿。前后参加修撰者达十三人之多,历经三朝,绵延七年之久。

《姓族系录》是"依据《氏族志》重加修撰"的。[③]为何不依据与之相近的《姓氏录》,却迈过它去以《氏族志》为蓝本呢?原因在于神龙元年(705)中宗复位后曾诏:"一事以上,并依贞观故事。"[④]故而对《姓氏录》一辞不置,直以贞观《氏族志》为据进行修改。

唐中宗颁示的修撰原则是:"取其高名盛德,素业门风,国籍相传,士林标准;次复勋庸克懋,荣绝当朝,中外相辉,誉兼时望者,

<hr>

① 柳冲上表时间,《唐会要》卷二十六《氏族》记为"神龙元年五月十八日";《册府元龟》卷五六〇《国史部·谱牒门》记为"神龙三年五月",即景龙元年五月。考阅《唐书·柳冲传》,柳冲任左散骑常侍(上表时官职)在景龙年间,故知《唐会要》误,今从《册府元龟》。

②《唐会要》卷三十六《氏族》、《新唐书》卷一九九《儒学·柳冲传》。刘知几参加订稿,上二书未有记载,载于《旧唐书·玄宗本纪》"开元二年七月丙午"条,见标点本《旧唐书》,北京:中华书局,1975年版,第173页。

③《旧唐书》卷一八九下《柳冲传》。见标点本《旧唐书》,北京:中华书局,1975年版,第4972页。

④ 标点本《资治通鉴》,北京:中华书局,1956年版,第6610页。

各为等列。其诸蕃酋长，晓袭冠带者，亦别为一品。"①这是现存关于《姓族系录》内容的唯一详细资料。《新唐书·柳冲传》作了概括，文字省简，意义无别。所谓"高名盛德，素业门风，国籍相传，士林标准"诸语，我认为是指盛唐以前唐朝的几代冠冕，而非旧士族。《新唐书·宰相世系表序》曰："唐为国久，传世多，而诸臣亦各修其家法，务以门族相高。"②可与"素业门风，国籍相传"相比照。就是说，《姓族系录》虽崇重今朝冠冕，但还将前朝冠冕列入第一等，这无非是尊崇之意。所谓"次复"云云，才是其时在位，建业立功，"荣绝当时"的今朝冠冕。

尤需注意的是，《姓族系录》还将"诸蕃酋长，晓袭冠带者"，用"另册"的方式列入。由此可见，发展到唐中叶，可以称为士族的不但不再是崔、卢、李、郑、王，而且开始突破"夷夏有别"的传统偏见。物稀则贵。过去旧士族总说只有他们才算门阀，高傲得不得了；现在不仅出身贫贱的兵卒，连少数民族酋长也可以列入国家颁布的官谱。门阀愈多，也就愈贱，旧的阀阅意识，愈益被冲淡。

老牌旧士族在《姓族系录》中地位如何？旧史一句未提。这并非史臣疏忽，而是由现实状况决定的。《新唐书·高俭传》赞曰：旧士族"卖婚求财，汩丧廉耻，唐初流弊仍甚，天子屡抑不为衰。至中叶，风教又薄，谱录都废，公靡常产之拘，士亡旧德之传，言李悉出陇西，言刘悉出彭城，悠悠世胙，讫无考按，冠冕皂隶，混为一区"③。准确地描述了旧士族到唐中叶的处境。尤其是"冠冕皂隶，混为一区"，更是一语破的。它表明，开元前后，旧士族的社会地位已经冷落下来，不再像唐初那样炙手可热。卖婚虽有，也不像唐初那么严重，《姓族系

---

① 影印本《册府元龟》，北京：中华书局，1960年版，第6728页上栏。
② 标点本《新唐书》，北京：中华书局，1975年版，第2179页。
③ 标点本《新唐书》，北京：中华书局，1975年版，第3843—3844页。

录》没有必要再考虑他们，更不会出现太宗、高宗下诏禁婚那样的事情。当然，这是就总体情况而言，并不排除此后仍有人炫耀自己的旧门望，也不排除唐朝冠冕中的某些人，如张说，[①]还去同他们攀附姻缘。

五、余论

唐代前期三次官修谱牒的共同原则是崇重今朝冠冕，压抑旧士族（第三次不明显），是在同一个方向上前进的。所谓"士族"，在唐代并非一成不变，而是由现实政治状况决定的。随着统治阶级内部不断地权力再分配，社会地位也就相应地发生新的排列组合。士族队伍也一次比一次扩大，最后连少数民族首领都包括了进去。士族队伍愈大，士族的社会意义就愈小，这是辩证关系，也是符合历史前进趋势的。因此，这三次活动都具有进步意义。

《氏族志》《姓氏录》《姓族系录》都是特定历史条件下的产物，都同统治阶级各种势力集团、地主阶级内部各阶层力量消长相关联。质言之，它们全是政治斗争的工具。舍此，我们就无从看清其产生经过、目的和作用。

从谱学角度看，开元之后唐代还有过多次官修谱牒，如代宗时的《皇室永泰谱》，宪宗时的《元和姓纂》，文宗时的《续皇室永泰新谱》等。但就其规模和作用而论，都远非前期三次官修谱牒可比。说明官修谱牒作为政治斗争的工具，随着地主阶级内部各阶层力量的消长和矛盾转化，日益失去其作用而走向衰落。单就前期三个官谱而论，与魏晋六朝的谱学也有重大区别。"作为政治斗争的工具，它只是承袭了

---

① 〔唐〕李肇：《唐国史补》卷上"张说婚山东"条："张燕公好求山东婚姻，当时皆恶之。及后与张氏为亲者，乃为甲门。"（上海古籍出版社，1979年版，第21页。此书与《因话录》合编为一册）按，这样的"甲门"是借张说官位的还魂，与旧门望不完全相同。

魏晋六朝谱学的外壳（形式），而它的内核（本质）已经不是为突出士族地主的政治地位服务了，而是为加强李唐王朝的皇权和新贵的政治地位服务，并为大批庶族地主的青云直上，涌入'士流'提供依据。"[1]正由于此，唐代"士族"的内涵也就与魏晋南北朝大不相同：它可以是胡汉杂糅的军事贵族，也可以是出身寒贱的兵卒，还可以是周边少数民族首领，而不再是拥有世袭做官特权，讲究经学、门风礼法的旧门阀。我们不能把唐代"士族"简单化，以致与旧士族并列齐观。

　　唐太宗、武则天都曾严诏禁止山东旧士族卖婚和互通婚媾。但禁来禁去，仍是"故望不减"[2]。因为这毕竟只是地主阶级不同集团、不同阶层之间的矛盾，他们之间有矛盾的一面，也有利益相通之处。比起隋末与唐末两次农民战争对旧士族的打击则相形见绌。隋末农民战争使山东旧士族元气大伤，一蹶不振；唐末农民战争使统治者惊呼："剽掠我征镇，覆没我京都，凌辱我衣冠，屠残我士庶"[3]，最终"衣冠荡析"[4]。再经五代割据战争，曾经"蝉联珪组，世为显著"的"崔、卢、李、郑及城南韦、杜二家"，至宋便"绝无闻人"了。[5]士族作为地主阶级一个特殊的阶层退出了历史舞台。

　　（原载中国唐史学会编《唐史学会论文集》，陕西人民出版社，1986年版，第45—67页）

---

①瞿林东：《唐代谱学简论》，载《中国史研究》1981年第1期，第95—110页。唯"庶族地主"这一概念，笔者不主张再用。

②《新唐书》卷九十五《高俭传》。见标点本《新唐书》，北京：中华书局，1975年版，第3842页。

③《旧唐书》卷一七八《郑畋传》。见标点本《旧唐书》，北京：中华书局，1975年版，第4635页。

④〔宋〕孙光宪撰，林艾园点校：《北梦琐言》，上海：上海古籍出版社，1981年版，第72页。

⑤〔宋〕王明清：《挥麈前录》卷二。见上海师范大学古籍整理研究所编：《全宋笔记第六编一》，郑州：大象出版社，2013年版，第29页。

使主·使副·使头·使君

中国古代一些官职，常常又有"别称"。无论是在书面文字，抑或在口头语中，官名"别称"都有不少用例。更为重要的是，某些官名"别称"叫法相同，但随时代不同而含义大有不同，读史者必须小心从事，方能把握其确切含义，进而有助于考辨史事。这里议论的使主、使副、使头和使君即属此类。

"使主"一称，以见于魏晋南北朝时期的典籍为多。其时国家分裂，南北否隔，东西争雄。不过，尽管兵连祸结，但相互间依旧通使不绝，使者中的正职负责人被称为"使主"，副职负责人即"使副"。《周书·陆通附陆逞传》："天和三年，齐遣侍中斛斯文略、中书侍郎刘逖来聘。初修邻好，盛选行人，诏逞为使主，尹公正为副以报之。"①《北齐书·崔悛附崔赡传》："大宁元年，除卫尉少卿，寻兼散骑常侍、聘陈使主。"②《北齐书·封隆之附封孝琰传》："皇建初……散骑常侍，聘陈使主，已发道途，遥授中书侍郎"；"后与周朝通好，赵彦深奏之，诏以为聘周使副。"③例多不备举。由上引史文亦可看出，"使主""使

---

① 标点本《周书》，北京：中华书局，1971年版，第559页。
② 标点本《北齐书》，北京：中华书局，1972年版，第336页。
③ 标点本《北齐书》，北京：中华书局，1972年版，第308页。

副"具有临时差遣的性质，与其在朝廷所任本职并不相同。

进入唐代，"使主"一称仍在使用，但意义却起了变化。唐前期节度使仅设于边地，"安史之乱"后内地则节帅林立，多不奉命，而与朝廷抗礼。节度使与其属僚关系形同主仆，被其属僚称为"使主"，于是，"使主"也就成了节度使的代称或别名。《资治通鉴》卷二四三唐文宗太和元年（827）胡注云："节度使为一道之主，故对其属吏称之为使主。"①胡三省的这条注文有些含混，使人难于看清"使主"究竟是节度使自称，还是被其僚属所称。而我们从敦煌所出归义军时代的官文书中看得十分清楚：节度使自称为"使"，"使主"是僚属对节度使的尊称。比如，S.1604有连续书写的两件帖文（通知书）：第一件为归义军节度使张承奉所发，题为"使帖都僧统等"，即节度使通知都僧统等人云云；第二件题作"都僧统帖诸僧尼寺纲管徒众等"，即都僧统在接到节度使的帖文后，向其管辖范围内的僧尼发出通知，要求执行。后件帖有云："僧尼夏中，则合勤加事业，懈怠慢烂，故令使主嗔责，僧徒尽皆受耻。"②这里的"使主"即指节度使张承奉。P.2187《河西都僧统悟真处分常住榜》亦称节度使张淮深为"使主"，且在"使"字前敬空二字，就更显示出"使主"是他人所给的尊称而非节度使自称。出土文献使我们对"使主"用指节度使时的含义有了准确理解。据此，上引《资治通鉴》胡注的文字应该表述为："节度使为一道之主，故被其属吏称之为使主。"

既然唐时"使主"已是节度使的专称，那么原本用指使者正职的"使主"一称又被什么替代了呢？从出土文献看到，至晚到唐末，使者中的正职已被称作"使头"了。敦煌文献P.4044（2）抄有一件归义军

---

①标点本《资治通鉴》，北京：中华书局，1956年版，第7855页。

②图版见《英藏敦煌文献（汉文佛经以外部分）》第三册，成都：四川人民出版社，1990年版，第101—102页。

节度使的帖文，内容如下："使帖甘州使头都头某甲/兵马使某专甲，更某人数。/右奉处分，汝甘州充使，/亦要结耗（好）和同，所过砦/堡州城，各须存其礼法，/但取使头言教，不得乱话/是非。沿路比此回还，仍须/守自本分。如有拗东捃西，/兼浪言狂语者，使头记名，/将来到州，重当刑法（罚）者。/某年月日帖。"帖中"使头"凡三见。显然，此帖是沙州（敦煌）归义军使团出使甘州（张掖）回鹘之前，"使主"（节度使）对使团全体成员的严格要求和嘱咐之辞，内中"使头"用指使团中的正职负责人是毫无疑义的。

但是，"使头"在唐末除用指使团正职外，还是官府中属吏对长官的敬称。《父母恩重经讲经文》云："阿娘几度与君婚，说着人皆不欲闻；才使安排交仕宦，等闲早被使头嗔（嗔）。"[1]这里的"使头"即长官之意。再往后，意义进一步演化，又变成仆人对主子的称呼了。五代王定保《唐摭言》"贤仆夫"条有云："李敬者，本夏侯谯公之佣也。公久厄塞名场，敬寒苦备历，或为其类所引曰：'当今北面官人，入则内贵，出则使臣，到所在打风打雨。你何不从之，而孜孜事一个穷措大，有何长进！……'敬辄然曰：'我使头及第后，还拟作西川留后官。'众官大笑。"[2]《警世通言》卷十三《三现身包龙图断冤》："打脊贱人！见我恁般苦，不去问你使头借三五百钱来做盘缠？"此二例"使头"均用指主人，与用指使团正职的"使头"迥别。

"使君"一称至晚在汉代已经使用。其义有二：一指奉命出使的专命大臣。《汉书·王䜣传》载，武帝末年，"郡国盗贼群起，绣衣御史暴胜之使持斧逐捕盗贼，以军兴从事，诛二千石以下。胜之过被阳（按，此为王䜣治所），欲斩䜣，䜣已解衣伏质，仰言曰：'使君专杀生

①王重民等：《敦煌变文集》，北京：人民文学出版社，1957年版，第686页。
②〔五代〕王定保撰，黄寿成点校：《唐摭言》，西安：三秦出版社，2011年版，第228页。

之柄，威震郡国……'"颜师古注："为使者，故谓之使君。"①"绣衣御史"暴胜之因是专命出巡，故被称作"使君"。二是用指州刺史，是汉以后使用的一种尊称。《三国志·蜀书·先主传》："曹公从容谓先主曰：'今天下英雄，唯使君与操耳……'"②因其时刘备为豫州牧，故被曹操称作"使君"。我推测，刺史被称作"使君"，大概也是由于汉武帝初设部刺史以司巡察之责，具有专命大臣的性质，故有此称；后来刺史变成实职官，"使君"一称却依然沿用下来。从这个意义上看，刺史被称作"使君"，与其第一种意义本也相通。

南北朝到隋唐，"使君"一直用指刺史。《北史》之《郎基附子郎茂传》载，元晖任魏州刺史，被郎茂称为"使君"；③《齐宗室诸王传》高欢第五子高浟出任沧州刺史，被长史韦道建称作"使君"；④《辛公义传》公义任岷州刺史，亦被称作"使君"。⑤此类用例极夥，不烦备举。至唐，"使君"仍是对刺史的尊称。著名禅宗佛典《六祖坛经》提到的韶州刺史韦据，同时又被称作"韦使君"，⑥为人习知；中唐诗人张建封《竞渡歌》有句"使君未出郡斋外，江上早闻齐和声"，⑦"郡斋"乃州刺史（天宝时一度改称郡太守）办事衙署，故"使君"为刺史别称。敦煌文献P.4660内有《康使君邈真赞并序》一篇，赞主名字未显，之所以被称作"使君"，亦因其生前曾任官"瓜州刺史"⑧也。

近世以来，"使君"也宽泛地用作对人的尊称。清末秋瑾《东某

---

① 标点本《汉书》，北京：中华书局，1962年版，第2887页。
② 标点本《三国志》，北京：中华书局，1959年版，第875页。
③ 标点本《北史》，北京：中华书局，1974年版，第2015页。
④ 标点本《北史》，北京：中华书局，1974年版，第1862页。
⑤ 标点本《北史》，北京：中华书局，1974年版，第2885页。
⑥〔唐〕惠能著，邓文宽校注：《大梵寺佛音——敦煌莫高窟〈坛经〉读本》，台北：如闻出版社，1997年版，第80—81页。
⑦《全唐诗》，北京：中华书局，1960年版，第3117页。
⑧ 郑炳林：《敦煌碑铭赞辑释》，兰州：甘肃教育出版社，1993年版，第151页。

君》曰："苍天有意磨英骨，青眼何人识使君？"这同其用于刺史别称的原义已然相去甚远了。

了解这些古代官职的别称，对考辨史事颇有帮助。敦煌文献中有一件《甲午年阴家婢子小娘子荣亲客目》（S.4700、S.4121、S.4643，北图新1450），是一份拟宴请的客人名单。然而，此甲午年迄今有934和994两说，各有所据。但此卷卷首有一行补记文字："翟使君及水官并小娘子男女等六人主人。"据前所述，此"使君"亦刺史之别称。所以，《客目》产生的年代，必须有一位翟姓刺史在任。其人虽未考得，但在研究思路上已给我们启迪：多掌握一些官名"别称"，定将有益于历史和文物的研究。

（原载《中国文物报》1998年7月22日第3版）

史道德族出西域胡人的天文学考察

《文物》1985年第11期发表《宁夏固原唐史道德墓清理简报》后，就史道德的族属问题，学术界曾展开讨论。[1]1996年，文物出版社出版了罗丰先生编著的《固原南郊隋唐墓地》一书，公布了包括史道德在内的五位史姓人物墓志及其出土文物，扩大了我们思考史道德族属问题的范围。然而，除了明确史索岩同史道德是叔侄关系外，也未能提供更直接的材料，史道德的族属问题依然作为悬案而存在。

研究史道德族属问题的关键性困难在于：墓志称"其先建康飞桥人事"[2]。建康地处甘肃酒泉，位居河西走廊。而唐代林宝在《元和姓纂》卷六"建康史氏"条云："今隶酒泉郡，史丹裔孙、后汉归义侯苞之后。至晋永嘉乱，避地河西，因居建康。"[3]据此，建康史氏是汉人从内地迁去的。这样，就很难认为史道德家族源出西域胡人。

为了对史道德先祖的民族所出获得较为明确的认识，这里我们要用古天文知识对其墓志中的相关文句加以释读。先移录墓志原文一段

---

[1] 参见赵超：《对史道德墓志及其族属的一点看法》，载《文物》1986年第12期，第87—89页；罗丰：《也谈史道德族属及相关问题——答赵超同志》，载《文物》1988年第8期，第92—94页；马驰：《史道德的族属、籍贯及后人》，载《文物》1991年第5期，第38—41页。

[2] 史道德墓志图版，见《文物》1985年第11期，第27页。

[3] 〔唐〕林宝：《元和姓纂》，北京：中华书局，1994年版，第822页。

于下：

> 公讳道德，字万安，其先建康飞桥人事。原夫金方列界，控绝地之长城；玉斗分墟，抗垂天之大昴。稜威边鄙，挺秀河湟。盟会蕃酋，西穷月窟之野；疏澜太史，东朝日域之溟。于是族茂中原，名流函夏。正辞直道，史鱼謇谔于卫朝；补阙拾遗，史丹翼亮于汉代。龙光迭袭，龟剑联华，绵庆缔基，斯之谓矣。远祖因宦来徙平高（按，即固原），其后子孙家焉，故今为县人也。①

对于这段叙述史道德家族历史的文字，如果只关注头尾，就会认为，其祖先原在甘肃酒泉一带，后来因仕宦任官而迁至宁夏固原，至史道德去世的仪凤三年（678），已成为固原人。墓志语义是完整的，而且在理解上也不存在困难。但这却是很不够的。因为墓志开头还有其他文字，特别自"原夫金方列界"至"东朝日域之溟"共50个字，并非全是溢美之词，而是隐含着一些实在的内容。现对关键词句考释如下：

（一）"原夫"。唐人撰写墓志时，有一些程式化的语言，此即其一。"原夫""若夫""其先"所引出的文字，一般都是追述墓主祖先之所从来的。例如：

《大唐张君墓志》："君讳通，字进达，清河人也。源夫大汉之初，辑宁区宇，珍槐枪干垓下，消薄蚀于鸿门。……"②

《唐故颜君墓志铭并序》："公姓颜，讳相，字仁肃，河南洛阳人也。源夫洙泗弘风，颜回著昭邻之美；海沂虚尚，颜盍驰高节之誉。

---

① 史道德墓志图版，见《文物》1985年第11期，第27页。
② 周绍良主编，赵超副主编：《唐代墓志汇编》，上海：上海古籍出版社，1992年版，第104页。

于后……"①

《唐故杨君墓志铭并序》:"君讳贵,字元宗,弘农华阴人也。原夫本系,出自有周。"②

《唐故南阳张府君墓志铭并序》:"君讳怀文,河南洛阳人也。原夫良居汉幄,是曰师臣;华处晋朝,实惟鼎辅。"③

由上所引可知,"原夫"又作"源夫",确有追根溯源之意,与史道德墓志中的"原夫"无别。换言之,墓志此下的一段文字,当是追述其先祖来历的。

(二)"金方列界"。《隋书·五行上》引《洪范五行传》曰:"金者西方,万物既成,杀气之始也。"④中古时代,方位同天干、五行相配时有以下顺口溜:东方甲乙木,南方丙丁火,中央戊己土,西方庚辛金,北方壬癸水。这是时人极为熟悉的常识,可知"金方"即西方。"列界"之"列",即"裂"之古字。"裂界"同"裂地",指分野。"金方列界"是说其分野在西方。

(三)"控绝地之长城"。"控"谓"控扼",即占有。"绝地"指极远的地方。《汉书·韩安国传》:"自三代之盛,夷狄不与正朔服色,非威不能制,强弗能服也,以为远方绝地不牧之民,不足烦中国也。"⑤《后汉书·马援传》:"人情岂乐久屯绝地,不生归哉?"⑥"长城"此处似非实指,当是泛喻边塞防御系统。"金方列界,控绝地之长城"大意是说,从分野来看,其祖先在西方绝远之地,而且曾拥有大片土地。

(四)"玉斗分墟"。"玉斗"即玉衡,指观测天文的仪器。北周庚

---

①周绍良主编,赵超副主编:《唐代墓志汇编》,上海:上海古籍出版社,1992年版,第198页。
②周绍良主编,赵超副主编:《唐代墓志汇编》,上海:上海古籍出版社,1992年版,第205页。
③周绍良主编,赵超副主编:《唐代墓志汇编》,上海:上海古籍出版社,1992年版,第320页。
④标点本《隋书》,北京:中华书局,1973年版,第619页。
⑤标点本《汉书》,北京:中华书局,1962年版,第2401页。
⑥标点本《后汉书》,北京:中华书局,1965年版,第848页。

信《燕射歌辞·宫调曲》:"玉斗调元协,金沙富国租。"①"分墟"与"列界"为对文,"列界"是指地上的分野,"分墟"则是指天区的划分。我们知道,古天文许多星官名词是由地上搬到天上的。因此,"玉斗分墟"就是用玉衡观测天空而划分之。

(五)"抗垂天之大昴"。"抗"即对也。《史记·陆贾传》:"今足下反天性,弃冠带,欲以区区之越与天子抗衡为敌国,祸且及身矣。"司马贞索隐引崔浩曰:"抗,对也。"②今有"对抗"一词,亦是同义复词。"大昴"指二十八宿中的昴宿。首先,我们知道,古人将二十八宿划分为四陆,与四方相配,东方七宿为角、亢、氐、房、心、尾、箕,北方七宿为斗、牛、女、虚、危、室、壁,西方七宿为奎、娄、胃、昴、毕、觜、参,南方七宿为井、鬼、柳、星、张、翼、轸。昴宿配位于西方,墓志上文"金方"亦指西方,二者一致。其次,昴宿在古代天文星占中是用来代表少数民族的"胡星"。《隋书·天文志》:"昴七星,天之耳目也,主西方,主狱事。又为旄头,胡星也。又主丧。昴、毕间为天街,天子出,旄头罕毕以前驱,此其义也。"③"昴……大而数尽动,若跳跃者,胡兵大起。一星独跳跃,余不动者,胡欲犯边疆也。"④引文与《晋书·天文志》略同。唐《开元占经》卷六二"昴宿占"亦有意义相同的文字记载。在中古时代的具体星占实践中,"昴"宿的天文现象也是同地面上的"胡"或"虏"的动向相联系。如《魏书·天象志三》记:

---

① 转引自罗竹风主编:《汉语大词典》第4册,上海:汉语大词典出版社,1989年版,第474页。
② 标点本《史记》,北京:中华书局,1959年版,第2697—2698页。
③ 标点本《隋书》,北京:中华书局,1973年版,第546页。
④ 标点本《隋书》,北京:中华书局,1973年版,第546页。

太祖皇始元年夏六月，有星彗于髦头（按，即昴宿，见上引《隋书·天文志》，"旄头"同"髦头"）。彗所以去秽布新也，皇天以黜无道，建有德，故或凭之以昌，或由之以亡。自五胡蹂躏生人，力正诸夏，百有余年，莫能建经始之谋而底定其命。是秋，太祖启冀方之地，实始芟夷涤除之，有德教之音，人伦之象焉。①

太宗永兴二年五月己亥，月掩昴。昴为髦头之兵，虏君忧之。②

泰常三年十月辛巳，有大流星出昴，历天津，乃分为三，须史有声。占曰："车骑满野，非丧即会。"明年四月，帝有事于东庙，蕃服之君以其职来祭者，盖数百国也。③

〔太平真君〕十年五月，彗星出于昴北。此天所以涤除天街而祸髦头之国也。时间岁讨蠕蠕。④

可知，昴宿七星代表胡人而成为"胡星"，毋庸置疑。因此，"玉斗分墟，抗垂天之大昴"，其义是说，如用玉衡指向天区加以观测，与之相对的正是那个代表胡人的"胡星"——昴宿。

（六）"稜威边鄙"。当指史道德先祖在西方绝域曾有威势；"挺秀河湟"，当是炫耀史道德的先人在河西亦有荣光，与前文的"其先建康飞桥人事"相呼应。文中均有溢美之词，但文义不难理解，不赘。

（七）"盟会蕃酋，西穷月竁之野"。"盟会"犹会盟，此处用为动词。《史记·楚世家》："宋襄公欲为盟会，召楚。"⑤《汉书·地理志

---

①标点本《魏书》，北京：中华书局，1974年版，第2389页。
②标点本《魏书》，北京：中华书局，1974年版，第2394页。
③标点本《魏书》，北京：中华书局，1974年版，第2398页。
④标点本《魏书》，北京：中华书局，1974年版，第2406页。
⑤标点本《史记》，北京：中华书局，1959年版，第1697页。

上》："至春秋时，尚有数十国，五伯迭兴，总其盟会。"①"蕃酋"当指少数民族国君或酋长，意义显明。"月窟"即月窟，指极西之地。《文选》颜延之《宋郊祀歌》之一："月窟来宾，日际奉上。"唐人李善注引服虔曰："音窟，兔窟，月所生也。"②亦作"月域"。此二句是说，史道德先祖曾在极西之地同蕃人国君结盟，且为盟主。

（八）"疏澜太史，东朝日域之溟"。"澜"本义为大波浪，引申为流派。疏澜即远枝，疏属。"太史"指汉人史姓之祖史佚。《元和姓纂》卷六"史姓"云："周太史史佚之后。"③"疏澜太史"是说史道德家族是周太史史佚的远枝。"日域"是"月窟"的对文，指极东之地。此二句大意是说，作为周太史史佚的远枝，由极西而向东方迁徙过来。

通过以上疏证，墓志"原夫"及其以下50个字的意义应该说是比较清楚了。在这段文字中，同西方或西域有关的词语有"金方""大昴""月窟"，同胡人有关的词语有"大昴""蕃酋"。将这些词语的综合含义理解为"西域胡人"，恐不为过。墓志作者自地至天，由西而东，讲了个周遍，但概括言之，地在极西，在汉人眼中自然是胡地，天又是胡天（大昴），那么，这简直就是一片胡天胡地了。它所要说明的史道德族出西域胡人也就不言自明。

这里仍有一个问题需加讨论。就多数墓志来说，用"其先"二字引出下文追述先祖也就够了，但史道德墓志在"其先建康飞桥人事"之后，又用"原夫"引出另一段追述先祖的文字。墓志同时说史道德先祖是西域胡人，又说是汉族史姓远枝，并以春秋时卫国之史鱼、汉代之史丹为其同宗而自相标榜，岂非荒谬？这确实是风马牛不相及，但放诸唐初特定的历史背景之下，并考量胡人在华化过程中表现出来

①标点本《汉书》，北京：中华书局，1962年版，第1542页。
②《文选》，上海：上海古籍出版社，1986年版，第1275页。
③〔唐〕林宝：《元和姓纂》，北京：中华书局，1994年版，第822页。

的某些特征，仍可给予合理解释。

唐承魏晋南北朝士族门阀之余韵，社会心理上仍以出身贵族名门而自高，因此，所谓的高门大族也就有不少冒牌存在于世。唐人刘知几在《史通·邑里篇》中曾论道："自世重高门，人轻寒族，竞以姓望所出，邑里相矜。……碑颂所勒，茅土定名，虚引他邦，冒为己邑。若乃称袁则饰之陈郡，言杜则系之京邑，姓卯金者咸曰彭城，氏禾女者皆云钜鹿……凡此诸失，皆由积习相传，浸以成俗，迷而不返。"①显然，史道德墓志称其先人为周太史史佚之疏属，且与史鱼、史丹攀附，也只能目为唐初这种恶劣"积习"的表现之一了。

这些攀附行为，除了全社会风气使然外，作为西域胡人的史氏家族，同时也就有了胡人华化过程中的一些特征。胡人华化后，多以汉人先哲名王为其先祖，这在唐代诸多蕃将中均有表现。如，原为契丹酋帅的李楷洛，身后碑称其为汉代李陵之后；②突厥出身的将领李怀让，也冒认李陵为其先祖。③但是透过这些假冒行为，我们也看到，很多胡人在汉地久居之后，汉化程度日趋加深，从而产生了与汉民族共同的民族意识和心理状态，这也正是民族融合的一个侧面。史道德家族概莫能外。

史道德家族也有与众不同的地方。那就是，虽也冒称汉人史佚之后，但又不愿意数典忘祖。在墓志中同时将这两层意思表达出来，实在是一个困难。不过，墓志作者却处理得极为巧妙：用清显的文字公开同汉族史姓名人攀附，用隐晦的文字说出其真实族出，可谓用心良

①〔唐〕刘知几撰，〔清〕蒲起龙释：《史通通释》，上海：上海古籍出版社，1978年版，第144—145页。

②〔唐〕杨炎：《云麾将军李府君神道碑》，见影印本《全唐文》，北京：中华书局，1983年版，第4308页下栏—4310页下栏。

③〔唐〕常衮：《华州刺史李公墓志铭》，见影印本《文苑英华》，北京：中华书局，1966年版，第5001页上栏—5002页上栏。

苦！用我们今天的眼光看，自然是，攀附内容于史无征，属于假冒；而曲折表达其族出西域胡人者，才属于历史的真实。

（原载韩金科主编《'98法门寺唐文化国际学术讨论会论文集》，陕西人民出版社，2000年版，第658—661页）

唐姚无陂墓墓主的下葬时间

《文物》2002年第12期刊发了新出土的唐姚无陂墓发掘简报，文中有云："墓主姚无陂于唐万岁通天二年（697）八月卒于雍州乾封县延寿坊里第（今西安市城南），九月改元即神功元年壬月葬于长安城南的奉西（凤栖）原上。"①这里所言"壬月"释文有误。

我国古代历法中用于纪月者，一般有三种形式：一是序数，即一月至十二月；二是十二地支纪月，即寅月、卯月……丑月等十二个月；三是干支纪月，始于唐代，据说是由著名术士李虚中测算人命开始使用的。但从未有单用天干纪月的。因此，上述"壬月"之"壬"实难成立。

墓主姚无陂葬于武周时代。《资治通鉴》卷二〇四天授元年（690）载："十一月……始用周正，改永昌元年十一月为载初元年正月，以十二月为腊月，夏正月为一月。"②因此，武则天改行周正时并未破坏夏正的月序，仅将其十一月、十二月、正月分别改名为正月、腊月和一月。《资治通鉴》此后一段时间的纪月便是使用这样的月名。而据记

---

① 西安市文物保护考古所：《唐姚无陂墓发掘简报》，载《文物》2002年第12期，第72—81页，引文见第79页，墓志图版见第80页。
② 标点本《资治通鉴》，北京：中华书局，1956年版，第6462页。

载，武则天是在万岁通天二年（697）九月壬辰改年号为"神功"的；①此年有九月、十月、闰十月、正月和腊月。但在正月甲子日又改年号为"圣历"。也就是说，"神功"年号只用于本年的九月、十月、闰十月和正月（夏正十一月）。姚无陂下葬月份当在这四个月之内。

细审原文所附墓志图版，发现此字是武则天所行新字的"正"字。唯因笔画有些许漫漶，增加了释读难度。此字字形为"舌"，可参《资治通鉴》关于武则天改字的胡注，②亦可参释文本《吐鲁番出土文书》第七册第205页和217页③的相关出土文书。

简言之，原墓志所记姚无陂下葬日期是"神功元年正月五日"，亦即夏正的十一月五日。

（原载《文物》2003年第12期，第42页）

---

① 标点本《资治通鉴》，北京：中华书局，1956年版，第6523页。
② 标点本《资治通鉴》，北京：中华书局，1956年版，第6462—6463页。
③ 国家文物局古文献研究室、新疆维吾尔自治区博物馆、武汉大学历史系编：《吐鲁番出土文书》（释文本）第七册，北京：文物出版社，1986年版。

北魏末年修改地、赋、户令内容的复原与研究

——以西魏大统十三年计账为线索①

　　在实行均田令的近300年中，自北魏太和九年（485）到唐天宝年间，均田令以及与之相应的赋役令、户令，曾有过多次修改。然而，史籍上留下的各朝田赋户令，却多是各王朝的基本规制。至于在每一王朝统治期内，曾经对田赋户令做过的修改补充，则因史文缺略，或语焉不详，或隐而不显。我们只知道唐代有武德七年（624）令、开元七年（719）令和开元二十五年（737）令，而对唐以前的北魏末年、西魏、北周、北齐、隋朝的田赋户令修改情况，却知之甚少，以至于对每一王朝的基本田赋户制也了解得很不完全。这就给研究实行均田制期间田赋户令的详细演变过程带来极大的困难。本文旨在对北魏末年修改地、赋、户令的内容进行复原与研究，以便对这方面的研究助一微力。

---

①均田令在隋唐称为"田令"，在北魏称为"地令"。《魏书》卷四一《源贺附子思礼传》："诸镇水田，请依《地令》分给佃民，先贫后富。"为行文方便，本文在总论各朝时称为田令、赋役令、户令，或合称为"田赋户令"；在言及北魏时则称地令、赋役令、户令，或合称为"地赋户令"。

一、西魏大统十三年（547）计账反映的是西魏大统制，而非北魏熙平制

我们之所以首先要提出这个问题，是由于在近年发表的研究西魏大统十三年计账（敦煌文献 S.0613 号）的论文中，武建国先生《西魏大统十三年（547）残卷与北朝均田制的有关问题》①一文，认为该残卷反映的地赋户制，就是北魏末年元澄、崔孝芬等人修改过的"地制"。如果这个观点能够成立，那么，西魏大统十三年（547）计账文书就应该成为讨论北魏末年修改地赋户令的全部基础；如果不能成立，我们就要采取别的办法对北魏末年修改地赋户令的内容进行复原。

武建国先生立论的前提，是在赞同周秀女认为西魏大统十三年（547）计账反映的不是西魏北周制的基础上作出的。②周秀女认为该计账反映的是北魏太和九年（485）令，武建国则认为它反映的是北魏熙平令，这是他们的不同之处；但认为该计账反映的不是西魏北周制，二者则是相同的。

该计账与见于《隋书·食货志》记载的北周田赋令多有不合，因此，它反映的不是北周制，是可以确定的。但它反映的是否是西魏大统制呢？就必须讨论。我们有必要弄清西魏是否颁行过新的田赋制？新制在当时是否立即实行？新制具有什么特点？新制在敦煌地区是否得到有效的贯彻？搞清这些，才能做出确切的回答。

第一，西魏大统十年（544）颁布过新制和《六条诏书》，其中包含均田令和赋役令的内容。

---

① 武建国:《西魏大统十三年残卷与北朝均田制的有关问题》,载《思想战线》1984年第2期,第44—50转94页。

② 周秀女:《从敦煌户籍残卷 S.0613 号看北朝均田制的若干问题》,载《浙江师范学院学报》1982年第4期,第81—87页。

　　史载大统元年（535）"三月，太祖（宇文泰）以戎役屡兴，民吏劳弊，乃命所司斟酌今古，参考变通。可以益国利民便时适治者，为二十四条新制，奏魏帝行之"①。这表明大统元年（535）宇文泰所创新制在当时已开始实行。其后于大统七年（541）"冬十一月，太祖奏行十二条制，恐百官不勉于职事，又下令申明之"②。可见，大统七年（541）宇文泰所创十二条新制也得到了实行。同时担心百官不勤职守，故又下令加以申明。认为新制在当时没有立即实行，显然是困难的。

　　上述西魏所颁行的二十四条、十二条新制，至大统十年（544），苏绰加以综合，修改补充，重新颁行。史载：

　　　　（大统十年）秋七月，魏帝以太祖前后所上二十四条及十二条新制，方为中兴永式，乃命尚书苏绰更损益之，总为五卷，班于天下。于是搜简贤才，以为牧守令长，皆依新制而遣焉。数年之间，百姓便之。③

　　如果说大统元年（535）和七年（541）宇文泰所上二十四条与十二条新制，是以"草案"的方式"试行"的话，那么经过实践，可以确认其大体适用，苏绰再将不适用的部分加以"损益"之后，便以"永式"的方式重新公布于世了。周秀女推测苏绰"损益"新制需要三五年以上的时间，而且以北周行周官及与之同时的田赋制，是在西魏恭帝三年（556，次年改国号为周）颁行，从而认为苏绰修改过的新制也只能在西魏恭帝三年（556）以后实施。这不仅是将官职、田赋两种不同制度的实施年限混淆起来，而且，对西魏、北周田赋制的不同也

①标点本《周书》，北京：中华书局，1971年版，第21页。
②标点本《周书》，北京：中华书局，1971年版，第27页。
③标点本《周书》，北京：中华书局，1971年版，第28页。

未加区分，显然是不妥的。

我们说，大统十年（544）颁行的新制包含田令和赋役令，是由于在大统十年颁行的《六条诏书》①中，有"尽地利""均赋役"的内容。大统新制和《六条诏书》同时颁布于大统十年（544），表明二者是密不可分的。如同北魏太和九年（485）颁布均田令，同年十月丁未孝文帝就发布《均田诏书》②一样，《六条诏书》也是为实施新制而专发的。《六条诏书》中说："租税之时，虽有大式，至于斟酌贫富，差次先后，皆事起于正长，而系之于守令。"说明租税是按照"大式"征收的。这个"大式"应该包含在新制之中。如果大统新制中没有包含田赋令，那么《六条诏书》中的"尽地利"与"均赋役"内容，以及苏绰说的"大式"，就是无的放矢，变得毫无意义。诚如池田温先生所指出的：这个"尽地利，均赋役，即振兴农业生产以使公课的担负获得公平，这一大方针的具体措施，等于均田制以及与其相适应的租调役制"③。可以说，西魏大统十年（544）颁行的新制包含着具有西魏特色的田赋制是毋庸置疑的。

第二，大统十年（544）新制中赋役令的特点之一是赋役重，与计账相一致。

史载"［苏］威父（苏绰）在西魏，以国用不足，为征税之法，颇称为重。既而叹曰：'今所为者，正如张弓，非平世法也。后之君子，谁能弛乎？'"④苏绰死于大统十二年（546）。⑤如果他在世时未曾

---

① "六条诏书"载《周书·苏绰传》。见标点本《周书》，北京：中华书局，1971年版，第382—391页。以下引"六条诏书"皆出于此，概不作注。

② 见《魏书·食货志》。载标点本《魏书》，北京：中华书局，1974年版，第2853—2855页。又见于标点本《资治通鉴》，北京：中华书局，1956年版，第4268页。

③ ［日］池田温著，龚泽铣译：《中国古代籍帐研究》，北京：中华书局，1984年版，第138页。

④ 《隋书·苏威传》。见标点本《隋书》，北京：中华书局，1973年版，第1185页。

⑤ 标点本《周书》，北京：中华书局，1971年版，第394页。

推行新制，那么何以要发出这样的慨叹？此其一。其二，见于大统计账的赋役额，调布姑且不论，单以租役来说，租，一夫一妇上户四石；中户三石五斗，下户二石；役，实行"六丁兵"制，每丁每年服役两个月，确实很重，与苏绰的话正相一致。

第三，大统十三年（547）时，西魏对敦煌地区的统治十分有效，新制在这里是能够实施的。

敦煌地区自北魏太武帝拓跋焘征服北凉，设镇之后，变为军事要地。魏末六镇叛乱，废镇，改为瓜州（正光五年，524），此后一直在北魏宗室元荣的统治之下。大统十年（544）时，该地区已在元荣的继承者、女婿邓彦（一名刘彦）的统辖之下。大统十一年（545），宇文泰派给事黄门侍郎申徽为河西大使，密图邓彦。申徽与瓜州主簿令狐整合谋，计擒邓彦。次年，瓜州刺史成庆为城民张保所杀，西魏派独孤信前去征讨。"都督令狐延等起义逐保，启请刺史。"西魏命申徽为假节、瓜州刺史。申徽在瓜州刺史任凡五年，大统十六年（550）才征调入朝，为尚书右仆射、侍中。[1]在申徽赴瓜州任的同时，西魏又"征[令狐]整赴阙，授寿昌郡守"[2]。令狐整赴朝之后，宇文护对他说："以公勋望，应得本州，但朝廷借公委任，无容远出。然公门之内，须有衣锦之荣。"于是乃以其弟"[令狐]休为敦煌郡守"，令狐休"在郡十余年，甚有政绩"[3]。大统十三年（547）计账文书中又有效谷县（属效谷郡）和受（寿）昌郡名。因此，至晚从大统十二年（546）起，西魏不仅对瓜州，而且对瓜州属下的寿昌郡、敦煌郡和效谷郡，都开始实行有效的统治，实行新制也就完全可能。

以上考察表明，将西魏大统十三年（547）计账反映的田赋户制理

①《周书·申徽传》。见标点本《周书》，北京：中华书局，1971年版，第556页。
②《周书·令狐整传》。见标点本《周书》，北京：中华书局，1971年版，第641—643页。
③《周书·令狐整附弟休传》。见标点本《周书》，北京：中华书局，1971年版，第644页。

解为西魏制比较可靠。我国学者王仲荦、韩国磐、唐耕耦诸先生，日本学者山本达郎、池田温诸先生都是这样看的，理由比较充足，远比作其他解释为妥。

综合以上分析，西魏大统十三年（547）计账反映的田赋户制，不能作为探考北魏末年修改地赋户令内容的全部基础，必须用别的方法进行研究。当然，这不等于说西魏大统计账中一点也没有包含北魏末年的地赋户令内容。因为历代田赋户令都有一个继承关系，更何况西魏是从北魏直接分裂出来的。至于计账中哪些是魏末修改过的地赋户令内容，正是我们要仔细分辨的。

二、北魏末年修改地、赋、户令内容的复原与研究

这里必须首先说明，自北魏太和九年（485）颁布均田令与次年颁布赋役令起，到北魏分裂为东魏、西魏（北魏孝武帝永熙三年，534），这49年间，北魏是否对最初颁布的地赋户令进行过修改？回答是肯定的。《魏书》卷一九中《景穆十二王列传·任城王云附子元澄传》载：肃宗继位之初，尚书令任城王元澄"又奏垦田授受之制八条，甚有纲贯，大便于时"[1]。同书卷五十七《崔挺附子孝芬传》也载："熙平中（516—517），[元]澄奏地制八条，孝芬所参订也。"[2]这是见于文献记载的关于北魏熙平改令的极为简略的记载，其"八条"内容却不得而知。其他如太和十九年（495）恢复调绵、麻，迁洛后对还授土地时间的修改等，本文将逐一讨论。总之，太和定令之后，北魏对《地令》《赋役令》《户令》都曾作过修改，殆无疑义。

---

① 见标点本《魏书》，北京：中华书局，1974年版，第477页。
② 见标点本《魏书》，北京：中华书局，1974年版，第1266页。

　　其次，需要说明复原的方法和依据。我们知道，自534年北魏分裂为东魏、西魏后，西魏、北周与东魏、北齐在数十年间始终处于敌对和战争状态。"东西否隔，二国争强，戎马生郊，干戈日用，兵连祸结，力敌势均，疆场之事，一彼一此。"①因此不存在东魏、北齐抄袭西魏、北周田赋户制而加以实行的可能，或者相反。可是我们发现，西魏大统十三年计账反映的西魏田赋户制，与北齐河清三年（564）令，以及河清三年之前北齐实行的某些制度，却有很多相同之处。这些相同的田赋户制内容又与北魏太和九年（485）均田令及太和十年（486）赋役令不同。那么，它们从何而来呢？考虑到西魏、北周与东魏、北齐都是从北魏分裂出来的，那么，这些相同的田赋户制必然来自同一渊源——北魏末年修改过的地赋户令。舍此，很难再作其他解释。以下将逐条予以复原并加以说明。

　　（一）成丁年龄由太和令的十五岁改为十八岁，入老年龄由太和令的七十岁改为六十五（六）岁。成丁年龄组由五十五年缩减为四十七（八）年。

　　大统计账反映的西魏制是十八岁"进丁"，六十五岁入老；北齐河清三年令是："男子十八已上，六十五已下为丁……二十充兵，六十免力役，六十六退田，免租调。"②为便于比较，特将西魏、北周、北齐与隋初的黄、小、中、丁、老年龄列表如下：

---

①《周书》卷六《武帝纪》"史臣曰"。见标点本《周书》，北京：中华书局，1971年版，第108页。
②《隋书·食货志》。见标点本《隋书》，北京：中华书局，1973年版，第677页。以下引河清三年令概不作注。

朝代	黄年	小年	中年	丁年	入老年龄	资料来源
西魏	三岁以下	四至九岁	十至十七岁	（男）十八至六十四岁 （女）结婚至六十四岁	六十五岁	大统十三年计账文书
北周				十八至六十四岁	六十五岁	《隋书·食货志》
北齐		十五岁以下	十六至十七岁	十八至六十五岁	六十六岁	《隋书·食货志》河清三年令
隋初	三岁以下	四至十岁	十一至十七岁	十八至五十九岁	六十岁	《隋书·食货志》开皇二年令

由上表可以看出，这四朝均以十八岁为成丁；入老年龄，西魏、北周同为六十五岁，北齐六十六岁，隋开皇二年（582）六十岁。其中西魏与北齐仅有一岁之差，表明它们有着共同的来源。至于黄、小、中年龄，因与田赋制度研究关系不大，暂且置之不论。

北魏太和九年（485）令虽未明载成丁、中、老年龄，但却有"诸男夫十五已上受露田四十亩"和"进丁受田者恒从所近"[1]，故知其成丁年龄为十五岁。同时又载："年十一已上及癃者各授以半夫田，年逾七十者不还所受。"由此又可知其以七十岁为入老年龄，中年是十一至十四岁。此乃史家之通论。对比之下，魏末的成丁年龄组已由太和九年（485）令的十五至七十岁，改为十八至六十五（六）岁，缩减了八年（或七年）。其中进丁年龄改为十八岁早为已故汪篯教授所指出，[2]

---

① 《魏书·食货志》。见标点本《魏书》，北京：中华书局，1974年版，第2853—2854页。以下引太和均田令概不作注。

② 汪篯：《对北魏均田令条文的解释》，载中国社会科学院历史研究所魏晋南北朝隋唐史研究室编：《魏晋隋唐史论集》第1辑，北京：中国社会科学出版社，1981年版，第52—57页，引文见第52页。

只是汪先生的论据我们尚未清楚。

成丁及黄、老、中、小年龄，本属户令范围，但历朝都与田赋令载在一起，如见于《隋书·食货志》的北周、北齐和隋制。这是由于它们本来就不可分割。各种年状和年龄界限的变化至关重要，因为它关乎授田与承担课役与否。魏末的成丁年龄组比太和令缩减了八年（或七年），意味着人民负担课役的相对减轻。要之，在实行均田赋役令时，是不管是否授足土地，都要按应授田数承担课役的。

（二）恢复三等户制，使课役负担趋于合理。

见于大统计账的西魏户等制是上、中、下三等。对于所承担的调额来说，均一夫一妇（一床）布一匹，麻二斤，无户等差别。可是所负担的租额却大不相同：一夫一妇上户四石，中户三石五斗，下户二石。租额中一部分折草交纳，各户等折草的比率也不相同。[①]

北齐的户等制见于河清三年令："垦租皆依贫富为三枭。其赋税常调，则少者直出上户，中者及中户，多者及下户。上枭输远处，中枭输次远，下枭输当州仓。"也是三等户制。不过，就租调数量来说，这三等户只限于交纳"垦租"，暗示着纳调无户等之分，与西魏颇相一致。

以上表明，西魏与北齐均实行三等户制，而且户等的作用只限于承担租额的多少和负担租调的先后次序，以及输送租调的远近。至于对调额，户等则不发生直接作用。户等对调额不发生作用的原因，大概是授田时一般先满足桑、麻田，而又基本上授足的缘故。至于租额，则因露田实际受田面积差别很大，故不能不作户等的区分。

论者或以为，还在北齐文宣帝时，已"始立九等之户，富者税其钱，贫者役其力"[②]，从而认为那时已在租调的负担上实行九等户制。

①唐耕耦：《西魏计账文书以及若干有关问题》，载《文史》第9辑，北京：中华书局，1980年版，第31—52页。

②《隋书·食货志》。见标点本《隋书》，北京：中华书局，1973年版，第676页。

笔者不敢苟同。从"役其力"可知，这个九等户是只管力役的，富人可以不直接服役，而交纳代役钱，"贫者"则须"役其力"。另外，从北齐河清三年令的如下内容："率以十八受田，输租调，二十充兵，六十免力役，六十六退田，免租调"，也可看出，北齐对受田输租调与服力役是分别规定的。因此，适用于服力役的户等，未必能对负担租调的户等发生作用，况且文宣帝时的九等户制到河清定令时是否仍旧保存了下来，也令人怀疑。

也有论者认为，西魏三等户制只管租额多少，而不管负担租调的先后次序；北齐户等只管负担租调的先后次序以及输送远近。这也是不正确的。西魏户等不同，负担租额多少也不同，已见于大统计账。关于负担租调的先后次序，虽不见于计账，但史书却有记载：

《六条诏书》之六《均赋役》说："租税之时，虽有大式，至于斟酌贫富，差次先后，皆事起于正长，而系之于守令。""斟酌贫富"即据贫富划分户等，"差次先后"即依户等确定负担租调的先后次序。这些都是族长、党正、郡守、县令的职责，是显而易见的。北齐河清三年令云："垦租皆依贫富分为三梟。"这句话的意义是完整而独立的，说明垦租分三等征收。紧接这句话的下文是："其赋税常调，则少者直出上户，中者及中户，多者及下户……"是指"赋税常调"的负担先后次序，意思也很清楚。因此，我们可以确定，无论西魏还是北齐，三等户制都是既管负担租额的多少，又管负担租调的先后次序。至于对调额，则不发生作用。依据我们的研究方法，这种制度也应出现于北魏末年。

准确地说，三等户制并非起于魏末，而是在太和定令之前北魏就实行过的。《魏书·食货志》云，显祖天安、皇兴年间（466—470），"山东之民咸勤于征戍转运，帝深以为念。遂因民贫富，为租赋三等九品之制：千里内纳粟，千里外纳米；上三品户入京师，中三品入他州要仓，下三品入本州。"①这时的三等九品户只管"租输"多少及输送远近，至于是否也管征发租调的先后次序，则不甚清楚。但它与后来的西魏、北齐之制都是一脉相承的。

可是到孝文帝定均田令和赋役令时，却取消了户等划分，而以三长（邻、里、党）制代之。

史载在设立三长制之初，对于是否要取消户等和实行三长制，曾发生过一场激烈争论。《魏书·李冲传》说，李冲奏行三长制，"著作郎傅思益进曰：'民俗既异，险易不同。九品差调，为日已久，一旦改法，恐成扰乱'"。[文明]太后曰："立三长，则课有常准，赋有恒分，苞荫之户可出，侥幸之人可止，何为而不可？"其他人也发了一番议论。结果是"群议虽有怪异，然惟以变法为难，更无异议。遂立三长，公私便之"②。原来行之已久的三等九品户制遂为三长制所取代。但均田赋役令实行一段时间之后，由于其不彻底性和维护私有制的本性，无从改变封建社会小农的贫富差别，这样，恢复旧有的户等之制，以便明确承担租额的多少和交纳租调的先后次序，便成为必要的了。即如我们在唐代看到的情况，武德六年（623）以三等定户，至贞观九年（635），又以"未尽其详"，再分为九等，③其立意都是相通的。

户等的划分，在封建社会里，虽然不能排除官吏及富户的诈伪作弊，但总比不分户等而一概承担同样的租额相对合理一些，如西魏大统计账反映的情况就比太和赋役令相对合理。这正是魏末恢复三等户制的意义之所在。

（三）"未娶者（单丁）输半床租调"，"奴婢各准良人之半"。

见于大统计账的西魏单丁（未婚丁）租调额，是一床的一半。计

---

①标点本《魏书》，北京：中华书局，1974年版，第2852页。
②《魏书·李冲传》。见标点本《魏书》，北京：中华书局，1974年版，第1180页。
③标点本《资治通鉴》，北京：中华书局，1956年版，第6110页。

账中一床调布一匹，麻二斤；租，上户四石，中户三百五斗，下户二石。单丁调布二丈，麻一斤；租，上户二石，中户一石七斗五升，下户一石。如均以单个丁计算，则未婚单丁与已婚丁（丁男或丁妻）租调负担额相同。计账中只有丁婢一例，属上户，调布一丈，麻八两（半斤）；租四斗五升。丁婢负担的布、麻又是单丁的一半，租额不足单丁的四分之一。

东魏、北齐的单丁和奴婢租调额，凡有两条材料。《隋书·食货志》载："旧制，未娶者输半床租调。阳翟一郡，户至数万，籍多无妻。有司劾之，帝（文宣帝高洋）以为生事。由是奸欺尤甚，户口租调，十亡六七。"①这条材料记载的是文宣帝高洋以前的"旧制"，说明它远在河清令之前。而在此之前。又未看到东魏对田赋令的修改。故此，其时间规定性已说明这是北魏末年的制度。至如河清令规定的奴婢租调负担额，则是"奴婢各准良人之半"。我理解这句话是说，单个奴或婢承担单丁（良人）的一半，亦即一床的四分之一，而非一床的一半。②如果这样理解不误，那么其基本原则与西魏也是相通的，换言之，它也应当源自魏末。

北魏末年的单丁、奴婢租调负担额与太和十年（486）令差别很

---

① 标点本《隋书》，北京：中华书局，1973年版，第676页。

② 对于河清三年（564）令的这条规定，学者们在理解上有很大差异。日本学者堀敏一先生认为："北齐以后……良口夫妇的租调额多少也发生了变化，而单丁（未婚单丁）和奴婢皆变为良口夫妇的二分之一。"（《均田制的研究》，中译本209—210页）我认为理解单丁是良口夫妇的二分之一是正确的，但所谓的"奴婢各准良人之半"，是指"准"单个良人之半，而非良口夫妇一床的一半。故单个奴或婢只负担一床的四分之一，而非二分之一。这个看法与西魏大统计账正相符合。当然，我是把它们当作共同源自魏末的赋役令来处理的。《隋书·食货志》记载的隋开皇二年（582）令，在讲过以一床为单位的租调额后说："单丁及仆隶各半之。"（标点本《隋书》，第680页）将单丁和仆隶都规定为良口一床的一半。因此我认为，奴婢与良人单丁租调负担额的相同，是至隋初才出现的，而北齐河清三年（564）令那句话则不具备这样的意义。

大。为了便于比较，兹引太和令如下：

> 其民调，一夫一妇帛一匹，粟二石。民年十五以上未娶者，四人出一夫一妇之调；奴任耕、婢任绩者，八口当未娶者四；耕牛二十头当奴婢八。其麻布之乡，一夫一妇布一匹，下至牛，以此为降。①

由此可以算出，太和令规定的单丁（年十五以上未娶者）只负担一床的四分之一；奴婢负担一床的八分之一。排除已婚、未婚及男女性别差异，单丁租调额只是已婚丁（丁男或丁妻）的一半，而单个奴或婢仅及已婚丁的四分之一，这是非常不合理的。只是因为结了婚，就要比未娶者多负担一倍租调；加之丁女只能受露田四十亩，也要比单丁（授田百亩者）多负担一倍租调，几乎是有些荒唐！因此，必须修改，否则不能促进成丁结婚，为统治阶级增殖劳动力和增加赋役。

魏末改为单丁输半床租调，奴婢各准良人之半，对这两种人来说，租调负担额比太和令增加了一倍。但单丁与已婚丁的负担相同，则是趋于合理的。当然也非绝对合理。因为丁妻只授妇田四十亩，也要与单丁负担同样的租调。所以，尽管改定了租调制，到了北齐，仍是"户至数万，籍多无妻"。这个问题的最后解决，是在隋炀帝"除妇人及奴婢部曲之课"②之后。说是最后解决，也仅是就令文而言，至于实行过程中的不合理因素，仍不在少数。

（四）调物品种恢复了桑土调绵、麻土调麻的内容。

由前引太和令可知，太和令只规定桑土地区一夫一妇调帛一匹，

---

① 标点本《魏书》，北京：中华书局，1974年版，第2855页。
② 《隋书·食货志》。见标点本《隋书》，北京：中华书局，1973年版，第686页。

麻土地区一夫一妇调布一匹，无调绵与调麻的内容。可是我们在西魏大统十三年计账中看到，西魏在调布之外，要另外调麻，一夫一妇二斤，单丁一斤，丁婢八两（半斤）。这是麻土地区。至如桑土地区也要调绵，不应例外。北齐河清三年令规定："率人一床，调绢一匹，绵八两。"至如麻土地区是否调麻，不见记载。但在授田规定上却有："土不宜桑者，给麻田，如桑田法。"由是推测，麻土地区在调布之外，还要调麻，是可以肯定的。西魏、北齐在调物品种上都有绵、麻，大致不成问题。

要想搞清西魏、北齐调绵、麻的来源，就需考察一下这两种调物在北魏的演变过程。

《魏书·食货志》在追述太和八年（484）"班百官之禄"以前的北魏租调制时说：

> 先是，天下户以九品混通，户调帛二匹，絮二斤，丝一斤，粟二十石；……其司、冀……东徐十九州，贡绵绢及丝；幽、平……东海郡之赣榆、襄贲县，皆以麻布充税。[1]

可见，还在孝文帝颁行均田令之前，北魏已有桑土调绵、丝与麻土调麻的规定。

但在太和十年（486）定赋役令时，调物中的绵、麻即被取消，已如前述。此后至太和十九年（495），又恢复了调绵、麻之制。《魏书》卷七八《张普惠传》记载，普惠在神龟元年[2]上疏说："伏闻尚书奏复

①标点本《魏书》，北京：中华书局，1974年版，第2852—2853页。

②《通典》卷五《赋税中》云："孝明帝时，张普惠上疏"云云，具体时间不太清楚。《资治通鉴》系张普惠上疏于梁武帝天监元年，即北魏神龟元年（518）；《魏书·张普惠传》上疏中有"则高祖之轨中兴于神龟"，故知普惠上疏是在神龟元年，以《资治通鉴》为是。

绵麻之调，尊先皇之轨……仰惟高祖（孝文帝）废大斗，去长尺，改重秤，所以爱万姓，从薄赋。知军国须绵麻之用，故云幅度之间，亿兆应有绵麻之利，故绢上税绵八两，布上税麻十五斤。"①由是可知，加征绵麻从孝文帝时再度开始。又据《魏书·高祖本纪》，孝文帝"改长尺大斗，依《周礼》制度，班之天下"②，是在太和十九年（495）六月戊午下诏实行的。这样就可以看出，北魏于太和十年废调绵、麻之制，中间只有八年未征，便于太和十九年（495）即行恢复。调额是每床绵八两（桑土），麻十五斤（麻土）。

但此制行至宣武帝延昌四年（515）再度停废。上引张普惠疏又说："自兹（太和十九年）以降，渐渐长阔，百姓嗟怨，闻于朝野。伏惟皇太后（胡太后）未临朝之前，陛下居谅闇之日（宣武帝元恪于延昌四年正月死，孝明帝元诩居谅闇），宰辅不寻其本，知天下之怨绵麻，不察其幅广、度长、秤重、斗大，革其所弊，存其可存，而特放绵麻之调，以悦天下之心。"由此可知，北魏"放绵麻之调"是在延昌四年（515）初。三年之后，即神龟元年（518）尚书"奏复绵麻之调"，故而才有张普惠的上疏所言，并在疏中详述了调绵麻的行废经过及其利弊。

对于神龟元年（518）尚书的奏议，张普惠并未简单地赞成或反对。他提出："今若必复绵麻者，谓宜先令四海知其所由，明立严禁，复本幅度，新绵麻之典，依太和之税。"只是要求向天下说明恢复征调绵麻的原因，并禁止扩大调绢及布的幅度，"新绵麻之典，依太和之

---

① 标点本《魏书》，北京：中华书局，1974年版，第1736页。

② 《资治通鉴》卷一四○齐明帝建武二年（北魏太和十九年，495）曰："[六月]戊午，魏改用长尺、大斗，其法依《汉志》为之。"（标点本《资治通鉴》，第4387页）将孝文帝去长尺、废大斗，说成"改用长尺、大斗"，实误。所言"依《汉志》为之"，与《魏书·高祖本纪》"依《周礼》制度"也不同。

税"。新恢复的征绵麻之制，是否"依太和之税"了呢？从北齐河清三年（564）令调绢之外，调绵八两可知，至少北齐与太和十九年（495）制相同。估计恢复后的调绵额仍是每床八两。至于征麻的数量是否仍如太和十九年（495）之制，每床十五斤，则不得而详。大统十三年（547）计账中每床调麻二斤，比太和十九年（495）令少得多，也许从神龟元年（518）后就开始减少了吧？至于其数量，恐怕不一定就是每床二斤。但可以确定的是，在太和十九年（495）恢复征绵麻之后，其间虽有延昌至熙平间的短暂中断，但至神龟元年（518）就又恢复了。

北魏于神龟元年（518）再度恢复征调绵麻，为文献所证实。《魏书·食货志》载："三门都将薛钦上言：'计京西水次汾华二州，恒农、河北、河东、正平、平阳五郡，年常绵绢及赀麻皆折公物，雇车牛送京。道险人弊，费公损私。'"因此他提出舍陆就船，以便输送。①薛钦说的这些地区"年常绵绢及赀麻皆折公物"，只是表明这部分地区将应纳的绵绢和赀麻作了折造，而不直接输送绵绢和赀麻；但反过来看，这些地区依制度应调绵绢和赀麻则是可以确定的。薛钦上书之后，同书同志又记载了尚书度支郎中朱元旭对此议的一些看法。②而据《魏书·朱元旭传》，朱元旭任尚书度支郎中是在神龟（518—519）前后。③这表明，神龟元年（518）尚书提出"复绵麻之调"的奏议很快得到了实施。此后直至北魏分裂为东魏、西魏也未见变化。

由上述比较分析可以明确，西魏大统十三年（547）计账的调麻与北齐河清三年（564）令的调绢，均非新创，而是遵循北魏制而来，所宗魏制，又非与太和均田令几乎同时颁行的太和十年（486）赋役令，

---

①标点本《魏书》，北京：中华书局，1974年版，第2858—2860页。

②标点本《魏书》，北京：中华书局，1974年版，第2858—2860页。

③《魏书》卷七十二《朱元旭传》："频使高丽，除尚书度支郎中。神龟末，以郎选不精，大加沙汰。元旭……以才用见留。"可知朱元旭任尚书度支郎中是在神龟前后。

而是孝文帝恢复旧制，到神龟元年又加以改定的制度。当然，不能排除西魏、北齐自己也做了修改，但就加征绵麻这两种调物品种来说，则全是源自太和十九年（495）后的魏制，殆无疑义。

（五）还授土地的时间，由太和令的每年正月改为十月。

从大统计账中看不出西魏还授土地的时间。但史载"北齐给授田令，仍依魏朝，每年十月，普令转授"①。由"仍依魏朝"一语可知，北齐每年十月还授土地之制是继承魏制而来，明白易晓，无须赘言。

太和令的规定却是："诸还受民田，恒以正月。"对比之下，北魏在太和定令后确实将还授土地的时间做了修改。北魏无论最初在正月，还是后来改为十月还授土地，都有其历史和自然条件的客观现实性。我们知道，太和定令时，魏都平城（今山西大同）地处雁门关以北。那里以种植谷子、莜麦、胡麻等为主，辅以少量的春小麦，不种植过冬作物。因此正月既是一年之始，也是春耕和一个农作周期之始，在正月还授土地是适宜的。而当迁都洛阳之后，以洛阳为中心的广大中原地区，气候、农作周期与平城有很大差异。黄河中下游地区以种植冬小麦为主，十月既是一个农作周期的结束，也是下一个农作周期的开始。如果仍以正月还授土地，那么当农户在种植冬小麦时，还不知道他耕种的土地到还授时能否归自己占有，他能精耕细作么？因此，必须将还授土地的时间改到十月，以适合中原地区的农作周期性。虽然在十月还授土地，于农时节令不乏紧迫之感，但对于调动农民的生产积极性却是适时的。自此以后直至唐代，都在十月还授土地，其原因也不外乎此。可以说，北魏对还授土地的时间进行修改是自觉的，其时间当在太和十七年（493）迁都洛阳之后。同时，单从这一修改也可看出，北魏均田令是实施过的，虽然带有很大的不彻底性。如果均

---

① 〔唐〕杜佑撰，王文锦等点校：《通典》，北京：中华书局，1988年版，第26页。

田令不曾实施，那么将还授土地的时间进行修改以适合农作周期，就无法解释了。

（六）增加官吏职分田，一人一顷，以供刍秣。

《通典》卷二引宋孝王《关东风俗传》云："魏令，职分公田，不问贵贱，一人一顷，以供刍秣。"①这"一人一顷，以供刍秣"的"职分公田"，无论在给予对象上，还是在数量上，以及用途上，与太和令都有明显的区别。

太和令规定："诸宰民之官，各随地给公田。刺史十五顷，太守十顷，治中、别驾各八顷，县令、郡丞六顷。更者相付，卖者坐如律。"由这条令文我们至少知道如下几点：（1）所给予的田地是"公田"，"更者相付"，亦即更换职务时即须交给继任者；（2）不许买卖，"卖者坐如律"；（3）授予的对象是地方"宰民之官"；（4）给予公田的数量因职务不同而有多寡之分；（5）这些田土作何使用，不明确。通常都理解这是职分田，应该是正确的。

对比之下，《关东风俗传》所引"魏令""一人一顷"土地的使用却是明确的。按，"刍秣"一词，《周礼·天官·大宰》"刍秣之式"疏："谓牛马禾谷也。"②意即是说，所给予的公田是用于种植牛马饲料的土地。但是，如果将太和令规定的给予刺史以下各级地方官十五至六顷不等的"公田"，也理解为用于种植牛马饲料，显然十分困难。反过来，也不能想象，北魏末期已将各级官吏的"职分公田"，"不分贵贱"地均按一顷给予，这在整个实行均田令期间是找不到先例或后例的。因此，我认为，尽管太和令和《关东风俗传》所引"魏令"所给予的这部分土地均是"公田"，或"职分公田"，但它们应是两种不同

---

① 标点本《通典》，北京：中华书局，1988年版，第27页。
② 影印本《十三经注疏》，北京：中华书局，1980年版，第648页上栏。

的"职分田"。"一人一顷"的"刍秣""公田"，是在太和令职分田基础上加给的。

北魏所以要加给官吏人各一顷职分田，以供刍秣，也有其历史与自然条件的原因。太和定令时，魏都平城，实行均田也以平城为中心。所以，它给予刺史以下各级官吏的职分田，不排除其中一些用于种植牛马饲料，但绝大部分还是应该用于种植粮食。但当迁都洛阳之后，中原地区先进的农业生产条件，自然是田土种植小麦等农作物获利更大，因此，官吏职田也当更多地用于种植小麦等粮食作物。而起家于北方的拓跋鲜卑民族却还有其放牧的习惯，这是必须考虑的。这样，在已有的职分田之外，再给一人一顷职分公田，"以供刍秣"，也就相当必要。可见，所给的刍秣公田，与其说是照顾全体官吏的需要，倒不如说主要是照顾鲜卑官僚的生活习惯。

日本学者堀敏一先生注意到太和令规定给予的职分田仅限于地方官，而没有京官。因此他认为："一人一顷的'职分公田'可以认为主要是以京官为对象的。"①这似乎难于令人信服。试想，地方官职田尚有十五顷至六顷的节级差别，而京官的职田却可以"不分贵贱"，概以一顷授给么？这是违背情理的。至于太和令为何没有京官职分田的规定，似应另作考虑，这里不赘。

从前述分析可知，北魏给官吏一人一顷刍秣公田的时间，可能是在迁都洛阳之后。不过，这一顷职分田到北魏分裂为东魏、西魏时却起了质变。《关东风俗传》在记述前引"魏令"之后又说："自宣（孝）武出猎以来（按，指西奔长安，投靠宇文泰），始以永赐，得听卖买。"原来的一顷"职分公田"至此变为私有土地了。职是之故，北魏给官

---

① [日]堀敏一著,韩国磐、林立金、李天送、韩昇译:《均田制的研究》,福州:福建人民出版社,1984年版,第195页。

吏的刍秣田制也就至此终结，对后世未产生影响。真正对隋唐职分田制产生影响的，还是太和定令时所给的那部分职分田。

以上复原出的六条魏末令文内容，（一）（二）属于户令，（三）（四）属于赋役令，（五）（六）属于地令。这只是就我们目前能够见到的出土文书和文献记载进行的，而且采取的是比较推理的方法〔其中（四）（五）（六）三条均有确凿的文献记载〕。但是，只要我们的研究方法合乎逻辑，符合北朝的历史实际，大概还是可以成立的。同时，这些复原出的地赋户令内容，也不可能是魏末修改地赋户令内容的全部。比如，仅元澄就"奏垦田授受之制八条"，而我们仅复原出六条。至于这六条中，哪些是元澄修改过的"地制"内容，限于资料，也无法按断。但基本都是不同于太和令的魏令，则可以相信。

三、关于应授田数和狭乡授田原则

作为《地令》的核心内容，当是应授田数和授田原则。太和令执行数十年后，应授田数在北魏末年修改过没有呢？其时狭乡授田遵循着怎样的原则呢？

武建国先生首次明确提出，大统十三年（547）计账中的应授田数，是按照狭乡正田减宽乡之半的原则确定的。这一点十分重要，应当视为对研究该计账的新见解。不过，也有意犹未尽之处，需要再作论证和说明。

要想说明西魏实行着狭乡正田减宽乡之半的原则，就需要搞清西魏宽乡的应授田数、田地类别和亩积。西魏宽乡应授田数，史书缺少直接记载，所以迄今为止，笔者还未见到有人论及于此。

我们已经说明，西魏新制和《六条诏书》均颁布于大统十年（544），而且诏书是为实行新制专发的。虽然新制内容史书上一条也未记载，但在《六条诏书》中我们却发现了西魏宽乡应授田数。《六条诏书》之第三条"尽地利"云："夫百亩之田，必春耕之，夏种之，秋收之，然后冬食之。"在这句话之后苏绰又说："三农之隙，及阴雨之暇，又当教民种桑、植果，艺其菜蔬，修其园圃"云云。其中"种桑、植果"等内容，本是北魏太和九年（485）定令时，对桑田作物和种植枣果的规定。在其后第六条"均赋役"中，苏绰还说过"绢乡先事织纴，麻土早修纺绩"的话，这些内容也与均田土地直接相关。把这些话综合起来看，"百亩之田"的记载出现于《六条诏书》，不应是泛泛之论，而就是西魏大统新制规定的宽乡应授田数。由大统计账又知，西魏时仍有正田与倍田之分。[1]这样，这"百亩之田"的田地种类和数量应该分解为：桑田20亩+正田40亩+倍田40亩=100亩，一如北魏太和之制，也与北周、北齐、隋、唐的宽乡应授田数相同。这就表明，自北魏太和定均田令，直至唐代，田令规定的宽乡应授田数一直是一百亩，未曾变化。只是北魏、西魏将露田区分为正田和倍田，以后合并为露田或口分田，不再作这样的区分罢了。

太和令已有"土广民稀之处"和"地狭之处"，亦即宽乡与狭乡的区别，以及相应的授田原则。其狭乡授田原则是："诸地狭之处，有进丁受田而不乐迁者，则以其家桑田为正田分，又不足不给倍田，又不足家内人别减分。无桑之乡，准此为法。""不给倍田"是处置狭乡授田的主要原则，桑土、麻土均同，已为史家所共认。西魏宽乡的应授田数已由前述考证得知，是桑田二十亩，正田四十亩，倍田四十亩，与北魏相同。在正常情况下，狭乡也应是不给倍田，只授桑田二十亩，正田四十亩。这样的狭乡授田原则不仅见于其前的太和令，而且也为

---

[1]"倍田"不见于计账。但文书中有正田，而正田是与倍田相对应的名称，故西魏有倍田是可以确定的。

其后的唐代制度所证实，西魏之制不应例外。

奇怪的是，我们在西魏大统计账中看到了这样的情况：狭乡麻土地区的露田，不仅不给倍田，而且又将正田减了一半，即正田丁男二十亩，丁女十亩，丁婢十亩（丁奴当是二十亩）。这该如何解释呢？

对于这个问题，日本学者池田温和堀敏一二位先生提出过不同的解释。堀敏一先生认为，大统计账中的"露田即正田，不给倍田，且比原来规定的男夫四十亩、妇女二十亩少一半。这就是'家内人别减分'。"①足见他是力图用太和令"又不足，不给倍田，又不足家内人别减分"这条原则进行说明的。池田温先生则不同意这种看法。他认为，太和令的这个规定是在"进丁受田时，在田地不宽裕的情况下，从该户内各人的受田份分出一部分，充当进丁分，而不是规定一般狭乡中应受田额基准减半"②。但对于大统计账中出现的上述那种情况究竟应当作何解释，池田温先生也未能提出自己的确切看法。

首先，在对于上引北魏太和令令文的理解上，我们应当看到：第一，实行"家内人别减分"的做法只限于同室之内，而不具有普遍性。第二，由于各户原有授田丁和实际授田面积有多寡不同，新进丁口也有丁男和丁女的区别，而且丁男和丁女授田额也不同，因此，"家内人"各减多少"分"以给新进丁口，也只能视具体情况而定，尚难划定一个统一的标准。这样看来，在对太和令文的理解方面，池田温先生的意见可能更加确切。

其次，我们必须承认，西魏大统计账反映出的狭乡正田一律减半确实具有普遍性，与太和令的规定不能等同视之。我们已经明确，西

① [日] 堀敏一著，韩国磐、林立金、李天送、韩昇译：《均田制的研究》，福州：福建人民出版社，1984年版，第147—148页。
② 《均田制——关于六世纪中叶的均田制》注[57]，转引自堀敏一：《均田制的研究》中译本，福州：福建人民出版社，1984年版，第148页注[1]。

魏宽乡应授田数和狭乡不给倍田的原则与北魏太和令没有区别，但并不等于到西魏时处理狭乡授田的原则仍旧一成不变。尽管封建国家在授田方面有一个基本的规制，但并不排除在国家实在拿不出土地以行还授，而狭乡丁口又不愿意迁往宽乡的情况下，采取某种临时性的变通措施，即不仅不给倍田，而且再将正田一律减半，作为狭乡应授田数。恩格斯指出："世界不是一成不变的事物的集合体，而是过程的集合体。"①事实上，历朝封建政府虽对均田令有一个基本的规定，但这个规定仍是不断处在局部修改、补充、调整之中。由于史书保存的材料太少，极易造成我们对某些历史事件的凝固性认识，这是必须注意的。假使所言不谬，那么我们就会发现，均田令的实际执行过程，不仅表现为田令规定的应授田数和实际授田数的矛盾，而且也表现为某种临时性的处置措施同田令的差别。实际授田数同田令距离很大，与临时确定的标准也有差距。大统计账中正田数人各减半，是否就是某种临时变通性的措施呢？大概只能有待于今后再有新的出土文书才能给予证实了。

对于这个问题，目前确实还不能给予最后说明。笔者也只是提出一些推测性意见，以供各位同仁研究时参考。

最后要指出，太和令规定的桑田、麻田数，至魏末均未变化，而且无宽乡和狭乡之别，一如太和令。西魏的桑田数，我们在前述分析《六条诏书》中的"百亩之田"时已指出，当是二十亩；麻田数则见于大统计账，丁男十亩，丁女五亩，丁婢五亩（丁奴当为十亩），正好与太和令的麻田数相合。北齐的桑田（永业田）数见于河清令，每丁二十亩，麻田数不见记载，估计也与西魏及北魏相同。此其一。其二，

---

① [德]恩格斯:《路德维希·费尔巴哈和德国古典哲学的终结》,见《马克思恩格斯选集》第4卷,北京:人民出版社,1972年版,第240页。

以往在解释太和令"诸麻布之土，男夫及课，别给麻田十亩，妇人五亩，奴婢依良，皆从还受之法"时，不少论者将麻田解释为露田，从而认为也在还授之例。麻田和桑田同属世业田性质，如同正田与倍田同属露田一样，在大统计账中反映得明明白白。导致误解的原因，在于对上引令文最末一句"皆从还受之法"理解不确。其实，这句话的意义要宽阔得多。在它之前的令文中，既说明了露田要还授，又说明了桑田不还授。因此，应该理解为："该还授的还授，不该还授的不还授。"麻土地区种麻不种桑，桑土地区种桑不种麻，桑田不还授，麻田自然也不还授。至于露田，不论桑土还是麻土，依令都是要还授的。

（1985年7月写于北京沙滩红楼）

（原载国家文物局古文献研究室编《出土文献研究续集》，文物出版社，1989年版，第263—276页）

敦煌吐鲁番文书与唐代均田制研究

北魏太和到唐代开元天宝年间实行近三百年之久的均田制，一直是"二战"后研究中国中古社会性质和土地制度的大课题。近几十年来，由于敦煌、吐鲁番发现的大量唐代手实、户籍文书相继面世，经中外学者悉心考释，倾力研讨，对唐代均田制的认识得以日渐明晰。

"均田制"这一概念，若望文生义，极易理解为"均分土地的制度"，其实这同其本意大相径庭。"均田"一词，并不始自唐代，也不肇端于北魏孝文帝。《汉书·王嘉传》载，王嘉上疏中云："诏书罢苑，而以赐〔董〕贤（驸马都尉）二千余顷，均田之制从此坠坏。"孟康注道："自公卿以下至于吏民名曰均田，皆有顷数，于品制中令均等……"① 《史记·商君（鞅）列传》亦有"卒定变法之令……明尊卑爵秩等级，各以差次名田宅……"②的记载。可知，"均田制"的本始含义是按等级高低不同，占田多少有差；同一等级者，占田数额相等。其思想产生可远溯战国。至唐代，作为封建国家法典的《唐律疏议》亦曾规定："王者制法，农田百亩，其官人永业准品，及老、小、寡妻受田各有等

---

① 标点本《汉书》，北京：中华书局，1962年版，第3496—3497页。
② 标点本《史记》，北京：中华书局，1959年版，第2229—2230页。

级。"①其法律含义与战国、秦汉人所言"均田"一脉相承。无论从史源学和唐代立法，还是从敦煌吐鲁番文书所载均田制执行的实际，都不能认为均田制是均分土地的制度。

作为封建中央王朝的土地管理法规，唐代均田制包括内容十分广泛：职田、公廨田、驿田、屯田、贵族品官永业田、百姓百亩之田、寺观僧尼道士占田、商人占田等都在其内。但就其主导方面，则是贵族品官永业田和百姓百亩之田两项内容。

唐令规定，贵族品官受永业田包括职、散、勋、爵四类人：职事官从正一品到从九品下阶，散官五品以上，勋官从上柱国到武骑尉，爵位从亲王到男爵，各个等级占田从100顷到60亩不等，同一等级则数额均等。同时，所"受"田土数额只是允许占田的最高限额，并非实授，不足者可以"请授"，超过者即"占田逾制"，国家要行使权力加以干预，进行"括田"。由于敦煌、吐鲁番地处唐朝边陲，从文书中还很少能看到高品官员的大数额占田，但史籍却不乏记载。人们从文书中看到的以勋官占田实例为多，但多数勋官"已授田"远不足额。它印证了唐令规定的勋官授田数实际上只是允许占田的最高限额，并非实授。尽管文书中职、散、爵占田实例尚少，但窥斑知豹，从勋官占田的实际情况可以推测，唐令所以规定贵族品官"永业田"数，是既保障各类官人在占有土地方面享受特权，同时又要加以限制，以防土地急遽兼并。另一方面，唐令还规定，官人永业田"皆传子孙，不在收授之限"，由此又知，贵族品官的永业田是其私有土地；文书所见勋官的"勋田"自不例外，只是封建国家对其最高数额加以限制而已。

相对贵族品官永业田而言，无论是史籍留存的唐令法定内容，还是从敦煌吐鲁番文书所见实例，普通民户的"百亩之田"都要丰富得

---

① 〔唐〕长孙无忌等撰，刘俊文点校：《唐律疏议》，北京：中华书局，1983年版，第244页。

多，从而人们在这个问题上也就获得了多层次、多侧面的深刻认识。敦煌文书中的《大足元年沙州敦煌县效谷乡籍》（P.3557、P.3669）①、《开元十年沙州敦煌县悬泉乡籍》（P.3898、P.3877）②、《天宝六载敦煌郡敦煌县效谷乡□□里籍》（S.4583）③、《天宝六载敦煌郡敦煌县龙勒乡都乡里籍》（P.2592、P.3354、罗振玉旧藏、S.3907）④、《大历四年沙州敦煌县悬泉乡宜禾里手实》（S.0514）⑤；吐鲁番文书中的《贞观十四年九月安苦啊延手实》⑥《武周载初元年西州高昌县宁和才等户手实》⑦，以及大谷文书中的"欠田簿""退田簿""给田簿"等，都为研究唐代均田制增添了不可多得的珍贵资料。

唐令规定，普通民户中的丁男和十八岁以上的中男可"受"永业田二十亩，口分田八十亩，是为宽乡之制；狭乡则口分减半，即永业田二十亩，口分田四十亩。其他还有关于老男、笃疾、废疾、中男、小男及寡妻妾等"受田"的定制。这一制度，由敦煌、吐鲁番文书得到了证实。唐代敦煌属宽乡，吐鲁番属狭乡，故文书中这两个地区丁男应授田额分别为一百亩和六十亩，其他人口应授田数与唐制也相符

①［日］池田温著，龚泽铣译：《中国古代籍帐研究》，北京：中华书局，2007年版，图版、释文第24—29页。

②［日］池田温著，龚泽铣译：《中国古代籍帐研究》，北京：中华书局，2007年版，图版、释文第36—43页。

③［日］池田温著，龚泽铣译：《中国古代籍帐研究》，北京：中华书局，2007年版，图版、释文第48页。

④［日］池田温著，龚泽铣译：《中国古代籍帐研究》，北京：中华书局，2007年版，图版、释文第49—71页。

⑤［日］池田温著，龚泽铣译：《中国古代籍帐研究》，北京：中华书局，2007年版，图版、释文第72—90页。

⑥［日］池田温著，龚泽铣译：《中国古代籍帐研究》，北京：中华书局，2007年版，图版、释文第91页。

⑦［日］池田温著，龚泽铣译：《中国古代籍帐研究》，北京：中华书局，2007年版，图版、释文第93—94页。

合。

唐制丁男应授田百亩，其思想渊源同样十分古朴。《孟子·梁惠王上》有"五亩之宅，树之以桑""百亩之田，勿夺其时"①的说法；《荀子·大略篇》有"家五亩宅，百亩田，务其业而勿夺其时"②的记载；《汉书·食货志》载"李悝为魏文侯作尽地利之教"，亦言"一夫挟五口，治田百亩"③；同志又载古制"民受田，上田夫百亩，中田夫二百亩，下田夫三百亩"④；西魏时，苏绰在著名的《六条诏书》中也说："夫百亩之田，必春耕之，夏种之，秋收之，然后冬食之。"⑤由上可知，五亩之宅，百亩之田，是封建时代小农经济的理想产物，其渊源可溯自春秋战国时代的儒家学说。后世由西晋占田制，中经北魏均田制，又经西魏北周、东魏北齐、隋朝直到唐代的均田制，思想体系概出一源。唐代规定丁男和十八岁以上中男"授田"百亩，正是由此衍化而来。成丁和十八岁以上中男授田百亩，老男、中男、寡妻妾"授田"各有等差，同一等级授田均等，这同样也是"均田"。

如同贵族品官永业田是法定允许占田的最高限额，丁男的百亩之田和其他人口所占田数也是法定允许的最高限额，并非实授。不足可以"请授"，超过则须"还公"。就敦煌、吐鲁番两地实际授田情况来看，绝大多数民户都未达到"应授田"额，因此户籍上关于土地通常罗列的大项目有："应授田""已授田"和"未授田"三项。"应授田"是该民户可以占有土地的最高限额，"已授田"是户籍上该民户实际占有土地的数额，"未授田"是户籍上实有土地数额同允许占有土地最高

---

① 影印本《十三经注疏》，北京：中华书局，1980年版，第2666页中栏。
② 章诗同注：《荀子简注》，上海：上海人民出版社，1974年版，第302页。
③ 标点本《汉书》，北京：中华书局，1962年版，第1124—1125页。
④ 标点本《汉书》，北京：中华书局，1962年版，第1119页。
⑤ 标点本《周书》，北京：中华书局，1971年版，第385页。

限额之间的差数。但如果超过"应授田"数，那就是"占田过限"，封建国家也要行使权力进行干预，不过，文书中这种情况比较少见。

就户籍上应授田数和已授田数的关系而论，学者们发现，应授田数相同的民户，已授田数却悬殊很大；应授田数不同的民户，已授田数却有不少相同或相近，实际情况千差万别。由此获得认识，应授田数同已授田数之间不存在相应的关系，换言之，民户的已授田不可能来自官府的平均分配。

再就户籍上已授田中的永业田和口分田的关系而言，学者们同样发现，在登录户籍时，一般都是先满足永业田，剩余部分则归入口分田，甚至还出现如下情况：将一整块田地上的一部分登为永业田，剩余部分登为口分田，如大历四年（769）宜禾里手实唐元钦户，"一段叁拾伍亩廿一亩永业一十四亩口分"[1]，显然，想在这三十五亩土地上区分出哪二十一亩是永业田，哪十四亩是口分田，是绝不可能的。其他类似的混合登记文书还有多件。它们一致表明，户籍上的所谓"永业田"和"口分田"，只是一种登记形式，不存在根本的性质差别，其实都是民户的私有土地。

此外，人们从文书中还看到，有的民户"已授田"中包括了"买田"。将买来的田地也记入"已授田"，就更证明了"已授田"属于民户的私有土地。

除以上诸端，敦煌、吐鲁番文书还表明，唐代除封建中央王朝规定有应授田额，亦即允许占田的最高限额，各地因具体情况不同，在实际调整民户占田数额的过程中，另有"乡土法"存在。"乡土法"今不见于唐代史籍，但在日本令中有所保存。唐令规定，丁男在宽乡可

---

[1]［日］池田温著，龚泽铣译：《中国古代籍帐研究》，北京：中华书局，2007年版，图版、释文第90页。

占田百亩，狭乡可占田六十亩，只是其基本规制，具体到各个地区，则须视情况要另作"乡土法"。在敦煌，一般授田标准额（乡土法）为：丁男、中男二十亩，当户主的小男及老男、寡妇等非丁男口十亩，勋官三十到五十亩；在吐鲁番，丁男、中男十亩，老男、寡妇四亩，当户主的小男、丁女、老男、寡妇五亩。这就是说，当地官府判定一个民户是否授足土地，虽然户籍上的"应授田"额是以中央制度计算的，但实际执行中并不以唐令规定的"应授田"额为基准，而是以当地平均授田标准额为准绳。民户的欠田、退田、授田都是以此为依据进行的，至少在敦煌、吐鲁番两地是如此。这显示了唐朝国家制度的原则性和实际执行中灵活性的一致。

对于均田制实行中民户土地的欠、退、授，人们从敦煌、吐鲁番文书，尤其是从大谷文书（主要出自吐鲁番）中的"欠田簿""退田簿"和"给田簿"获得了较为明确的认识。首先，这些文书证明了土地还授曾经实行过，从而不能认为唐朝均田令只是一纸具文而无实际意义；其次，民户土地的还授数额一般都很小，是在一二亩或二三亩之间，这是由于吐鲁番地区已垦土地本就很少所致；再次，民户退田"还公"主要限于以下几种情况：绝户退田、逃户退田、死亡后"户内回授"仍有剩余退田，此外还有其他几种。绝户和逃户都是土地无人继续耕种，易致荒芜，为法律所不容许；死退则是因户内人口自然减少，其地除回授户内其他人口充作永业口分外，仍超过当地的授田标准额，则需将多余部分退出"还公"，以授受田不足户；第四，还、授土地都需经过严格的程序：欠田户户主要向里正呈递辞文，请受土地，退田户户主要向里正呈报退田原因及应退亩数。这两种文案由里正造成"欠田簿"和"退田簿"，上报县衙。县令核实后，再据本县欠田和退田的实际情况，由属吏造出"给田簿"，县令据之在规定时限内"对共给授"，并立具文案，登入户籍。农民这一小额土地的所有权便由此转移，但并未改变其私有性质；第五，县令在授田时要遵循"先课役后不课役，先无后少，先贫后富"的原则，无论贫富，能否承担课役是第一位原则，其次才是有无土地，第三才是贫富等第。它表明，封建国家之所以要在民户之间进行小额土地占有的调整，其首要目的是保障国家能征收到赋役，不是要在民户中间平均分配土地，这恰同封建国家的剥削本质相表里。

概而言之，唐代均田制的实质，是封建中央集权国家的土地管理法规。其核心内容是保障贵族品官在土地占有方面享受特权，但这个特权并非无限，而是要有所限制；对于普通民户来讲，则是力图保障其能够占有小块土地，以维持正常的社会生产和生活。这也正是其立法精神之所在。如果将均田制错误地理解为平均分配土地，或者以民户"已授田"是否达到"应授田"额去衡量，自然就会得出均田制未尝施行的结论；但如果我们把握了它的本质含义，那么敦煌、吐鲁番文书就已经昭示，这一土地管理法规是毫无疑义地施行了的。根据敦煌、吐鲁番文书，并结合唐代史籍进行研究，多数学者日益认识到，从总体上看，唐代是一个以私有经济为主体的封建社会，私有土地制度是唐朝封建统治大厦赖以存在的主要经济基础。

总之，敦煌吐鲁番文书已经极大地推进了唐代均田制研究。但并不等于所有问题都已完全解决，如对户籍上的"自田""部田"等，至今仍聚讼纷纭；又如均田制是否在内地也得到推行，认识也不一致；即便是对大谷文书中的欠田、退田、给田文书，至今也还有完全不同的理解。相信随着研究的深入，学者们的认识会逐步接近并最终获得一致。

（原载《中国文化》1990年总第二期，第9—11页）

隋唐历史典籍校正三则
——兼论 S.3326 星图的定名问题

我在这里提出需要校正的隋唐历史典籍，除一则出自敦煌文献外，其余二则均出自我们经常使用的《隋书·经籍志》和《大唐六典》，内容均属于天文学方面。研读隋唐历史者或较为陌生，或措意不够，极易造成熟视无睹。故而我不惮琐屑之讥，将读书中的愚者一得披露于后，以与诸大雅切磋云尔。

一

1973年中华书局标点本《隋书·经籍志》"天文类"著录有"《石氏星簿经赞》一卷"[1]，郑樵《通志》卷六十八"艺文六"之"天文略"有完全相同的著录。但《新唐书·艺文志》则著录为"《石氏星经簿赞》一卷，石申甫撰"[2]；《旧唐书·经籍志》亦为"《石氏星经簿赞》一卷，石申甫撰"[3]。"星簿"和"星经"何者为是？我颇疑当

---

[1]标点本《隋书》，北京：中华书局，1973年版，第1018页。
[2]标点本《新唐书》，北京：中华书局，1975年版，第1544页。
[3]标点本《旧唐书》，北京：中华书局，1975年版，第2036页。

时校勘《隋书》和两《唐书》时，校者并非没有发现它们之间的差别，只是对古天文知识过于生疏，以至于使之成为"漏网之鱼"。

我们知道，这几种书名中的"石氏"即石申或石申甫，是战国时代魏国人。据南朝·梁·阮孝绪《七录》记载，他曾著有《天文》8卷。这可能是其著作的本名，约在西汉后此书被尊称为《石氏星经》。①《石氏星经》的内容今散见于《史记·天官书》《汉书·天文志》和《唐开元占经》，三国·吴·陈卓整理后的完本则见于敦煌文献P.2512之《石氏、甘氏、巫咸氏三家星经》。②因此，单从石申此一著作的原名来看，两《唐书》经籍（艺文）志的"《石氏星经簿赞》一卷"是顺理成章的，而《隋书·经籍志》的"《石氏星簿经赞》一卷"则扦格难通。

所可注意者，这部书虽在中国早已遗失，但在日本却留下了相应的记录和近似于原本的传本。日本藤原佐世所撰《日本国见在书目》（约成于890年）著录："簿赞三卷，石氏星经簿赞二卷。"卷数虽与两《唐书》有别，但书名却很一致。又据记载，日本天平二十年（唐天宝七载，748），奈良正仓院文书的《写章疏目录》中有如下记载："石氏星经簿赞一卷，石申造；簿赞一卷，陈卓撰；传赞星经一卷。"③除了上述两种日籍著录之外，1984年，日本东京市若杉家将家藏阴阳书2235种赠给了"京都府立综合资料馆"。若杉家原为江户时代阴阳道土御门家的家司，而土御门家也就是平安时代世袭职司阴阳寮天文历算

---

① 参见王健民：《石氏星经》，《中国大百科全书·天文卷》，北京：中国大百科全书出版社，1980年版，第319页右栏。

② 邓文宽：《敦煌天文历法文献辑校》，南京：江苏古籍出版社，1996年版，第3—32页。

③ 东京帝国大学文科大学史料编纂挂编纂：《大日本古文书》卷三，第90页。转引自冯锦荣《敦煌本〈二十八宿次位经〉〈三家星经〉（P.2512）与日本平安时期阴阳寮藏〈三家星官簿赞〉》，"纪念敦煌藏经洞发现一百周年敦煌学国际研讨会"论文，香港，2000年7月25—26日。

阴阳五行之学的安倍氏（安倍晴明）的后代。所赠第82号文书由"石氏簿赞"和"杂卦法"两部分相续而成。前者外题"石氏簿赞"，内题则作"石氏星官簿赞"，同时包含有"甘氏星官簿赞"和"巫咸星官簿赞"[①]。"星官"与"星经"用字不同，但意义无别。

以上从日本旧籍著录和重新浮出水面的日藏中国古籍名称可以看出，《隋书·经籍志》之"《石氏星簿经赞》一卷"中的"簿""经"二字，属于误倒，应予乙正，当以两《唐书》著录为确。

附带指出，我国研究数学、天文学史的前辈学者钱宝琮先生也早就觉察到《隋书·经籍志》的这一错误。1937年，钱先生曾撰有《甘石星经源流考》，内云："汉魏以来星占家数多至二十余，可谓盛矣。《隋书·经籍志》所载星占书标甘氏、石氏之名者有下列诸种：《石氏浑天图》一卷、《石氏星经簿赞》一卷……"[②]钱氏所引，显然是经他加以校正过的，因为这已非《隋书·经籍志》的原文了，只惜后来校勘《隋书》者未能读到钱先生的高论。校书之难，于此可见一斑，良有已也。

二

现今治隋唐史者，谁也离不开唐代行政法典《大唐六典》一书。20世纪80年代以前，此书在中国没有太理想的本子。80年代后，共有两种版本正在流行：一种是1992年中华书局出版的北大历史系已故陈

---

① ［日］村山修一:《若杉家旧藏の阴阳书について》,《史林》(京都),69卷6号,1986年,第127—146页。我已获得"三家星官簿赞"的照片,是由日本友人成家彻郎先生赠送的。谨志于此,没齿不忘。

② 钱宝琮:《甘石星经源流考》,原载《浙江大学季刊》第一期,1937年,今见《钱宝琮科学史论文选集》,北京:科学出版社,1983年版,第271—286页,引文见第278页。

仲夫先生的点校本；一种便是日本广池千九郎训点、内田智雄补订，于昭和四十八年（1973）出版的校本。1982年，我在北大读研究生时，昔日北大同室好友、加拿大留学生保罗·白瑞南（Paul Brennan）来华访问，我托他从日本给我买了一本广池本《大唐六典》。80年代中期，为应学术界急需，三秦出版社将此书加以翻印流布，所据便是我这本由朋友赠送的、被我视作珍宝的广池本《大唐六典》。当然，这些均是题外话。

我现在提出需要校正的正是广池本《大唐六典》中的一个错误。

此书卷十秘书省之太史局"灵台郎"条云："掌观天文之变而占候之。凡二十八宿，分为十二次：寅为析木，燕之分（原小注：自尾十度至斗十一度）；……巳为鹑尾，楚之分（原小注：自张十五度至轸十一度）……"[1]其余各"次"的次名，与十二支的对应关系，各"次"在二十八宿中的起讫度数，均见附表第一栏。

"十二次"是中国古代的一个天文学名词，它是由"岁星纪年"产生的。所谓"岁星"，就是五大行星中的木星，其绕太阳一周为11.86年，以整数计就是12年。岁星每年在周天走一"次"，十二年一周天，走完十二"次"。而要知道它每年所在天区的位置，则需以二十八宿为背景来观测。这样，二十八宿就被分配到十二次中去了。再者，中国古人认为太阳每天在天区运行一度，一年365 1/4天，周天也就是365 1/4度。将周天度数等分为十二份，于是便有了每"次"在二十八宿各宿间的起讫度数。一般认为，十二次产生于战国中期；至于将二十八宿分配到十二次中，现知始于班固撰《汉书·律历志》。[2]

为了核对广池本《大唐六典》十二次起讫度数的准确与否，我将

---

[1]［日］广池千久郎训点，内田智雄补订：《大唐六典》，柏：广池学园事业部，1973年版，第226页下栏—227页上栏。

[2]参见陈遵妫：《中国天文学史》第2册，上海：上海人民出版社，1982年版，第410—411页。

汉至唐代共八种记载十二次起讫度数的文献编为一表（见附表），以便省览与分析。

附：八种文献所载十二次起讫度数表

	《大唐六典》卷十	《晋书·天文上》①	《乙巳占》卷三②	《汉书·律历志下》③	《唐开元占经》卷六十四④	敦煌文献S.3326星图⑤	《旧唐书·天文志下》⑥	《新唐书·天文》⑦
析木（寅）	自尾十度，至斗十一度	同左	同左	初尾十度，终于斗十一度	同左	自尾十度，至斗十二度	起尾七度，终斗八度	同左
大火（卯）	自氐五度，至尾九度	同左	同左	初氐五度，终于尾九度	同左	同左	初氐二度，终尾六度	同左
寿星（辰）	自轸十二度，至氐四度	同左	同左	初轸十二度，终于氐四度	同左	同左	起轸十度，终氐一度	同左

---

①标点本《晋书》，北京：中华书局，1974年版，第307—309页。

②任继愈总主编，薄树人主编：《中国科学技术典籍通汇·天文卷》第四册，郑州：河南教育出版社，1997年版，第489—493页。

③标点本《汉书》，北京：中华书局，1962年版，第1005—1006页。

④《中国科学技术典籍通汇·天文卷》第五册，郑州：河南教育出版社，1997年版，第541—550页。

⑤邓文宽：《敦煌天文历法文献辑校》，南京：江苏古籍出版社，1996年版，第58—93页。

⑥标点本《旧唐书》，北京：中华书局，1975年版，第1312—1316页。

⑦标点本《新唐书》，北京：中华书局，1975年版，第820—825页。

续表

鹑尾（巳）	自张十五度，至轸十一度	自张十七度，至轸十一度	同左	初张十八度，终于轸十一度	同左	同左	自张十五度，终轸九度	同左
鹑火（午）	自柳九度，至张十六度	同左	同左	初柳九度，终于张十七度	同左	同左	初柳七度，终张十四度	同左
鹑首（未）	自井十六度，至柳八度	同左	同左	初井十六度，终于柳八度	同左	同左	起井十二度，终于柳六度	同左
实沈（申）	自毕十二度，至井十五度	同左	同左	初毕十二度，终于井十五度	同左	同左	起毕十度，终井十一度	同左
大梁（酉）	自胃七度，至毕十一度	同左	同左	初胃七度，终于毕十一度	同左	同左	起胃四度，终毕九度	同左
降娄（戌）	自奎五度，至胃六度	同左	同左	初奎五度，终于胃六度	同左	同左	起奎二度，终胃三度	同左
娵訾（亥）	自危十六度，至奎四度	同左	同左	初危十六度，终于奎四度。	同左	同左	起危十三度，终奎一度	同左

续表

玄枵（子）	自女八度，至危十五度	同左	同左	初婺女八度，终于危十五度	同左	同左	起女五度，终危十二度	同左
星纪（丑）	自斗十二度，至女七度	同左	同左	初斗十二度，终于婺女七度	同左	同左	起斗九度，终于女四度	同左

从附表可以看出，汉至唐代十二次的起讫度数共有三个系统：《大唐六典》《晋书·天文志》和《乙巳占》是一个系统。它们中间仅"鹑尾"一次有差别，这正是我们将要校正的问题，容后再述。第二个系统是《汉书·律历志》和《唐开元占经》以及敦煌文献S.3326星图，三者间仅有小别。第三个系统便是两《唐书》"天文志"的材料。显然，《汉书·律历志》《晋书·天文志》二系的材料是较早的，据说来自《三统历》。①因此，现存这二系的材料差别很小，仅仅在"鹑尾""鹑火"两次的起讫度数上小有差别，其余全同。但两《唐书》一系与前二系差别就大了。原因是前二系所用是较古的材料，而两《唐书》所记是唐代的材料。《旧唐书·天文下》序云："至开元初，沙门一行（按，即张遂）又增损其书，更为详密，既事包今古，与旧有异同，颇裨后学，故录其文著于篇。"②说明使用的是开元年间一行编制《大衍

---

① 标点本《晋书》，北京：中华书局，1974年版，第1307页。又，李淳风在《乙巳占》卷三"分野第十五"开头也说："今辄列古十二次、国号、星度，以为纪纲焉。其诸家星次、度数不同者，乃别考论，著于历象志云。"这也说明他使用的是较古的材料。

② 标点本《旧唐书》，北京：中华书局，1975年版，第1311页。

历》时所测的数据。至于今度与古度的差别，当由"岁差"所引起，这里不赘。

如前所述，十二次度数是将周天度数等分的结果。所以，仔细读一下附表，就会发现，表中下面一次的"至××度"与上面一次的"自××度"度数都是衔接的，如"大火"次的"至尾九度"与"析木"次的"自尾十度"度数是衔接的，而且上面一次的起算度数大于下面一次的截止度数。这样一看，发现广池本《大唐六典》"鹑尾"一次的"自张十五度"出了问题。因为其下面一次为"鹑火"，截止度数是"至张十六度"，其上面一次的起度则应为"起张十七度"才是。《晋书·天文志》和《乙巳占》，这两种出自唐初天文星占学家李淳风之手的材料正作"自张十七度"，也是完全正确的。出问题的是广池本《大唐六典》。

我们再看一下陈仲夫先生的点校本。陈先生点校后的正文是："已为鹑尾，楚之分（小字注：自张十七度至轸十一度）。"①在这句之下，陈先生作了一条校勘记："自张十七度至轸十一度：'七'字原本讹作'五'，正德以下诸本皆然，据《晋书·天文志》改。"②与上文所论相较，可以看出，陈先生的校改是完全正确的。《大唐六典》的这条错误存在了许久，广池本也未改正，而最终由陈仲夫先生纠正了过来，厥功难泯。顺便说一句，陈先生是邓之诚（文如）先生的学生，功底深厚，但一生坎坷，多历磨难。我在北大读书时，曾听过陈先生的古汉语课。他在黑板上写的大字极为漂亮，当年还是毛头小伙子的我十分惊叹和钦佩。30年过去了，依然记忆犹新。

按理说，这个问题到此已经清楚了。但我还有一个问题。如所周

---

① 〔唐〕李林甫等撰，陈仲夫点校：《唐六典》，北京：中华书局，1992年版，第304页。
② 〔唐〕李林甫等撰，陈仲夫点校：《唐六典》，北京：中华书局，1992年版，第319页，第〔一○一〕条校记。

知,《大唐六典》成书于开元二十七年（739）。而此时，僧一行主持编撰的《大衍历》也已修成（729年始行用），是唐代当时行用的历法。《大唐六典》卷十"太史局"亦云："大衍历：开元十四年（726），嵩山僧一行承制旨考定，最为详密，今见行焉。"①《大唐六典》的作者既认为《大衍历》"最为详密"，那么，为何在十二次的起讫度数上不用《大衍历》的数据，反而用西汉时代《三统历》的数据呢？岂非厚古而薄今？再者，由华化印度人瞿昙悉达编纂的《唐开元占经》成书于开元六年（718）至十六年（728）之间，与《大衍历》产生于同时，为何又取《汉书·律历志》一系的材料，也不肯用《大衍历》的数据呢？看来，《大衍历》最初的地位并非像后人看得那么高。这其中或许还有别的什么原因，也说不清。

三

第三则是关于敦煌文献S.3326星图的定名问题。

敦煌文献S.3326的内容由三部分构成：（1）气象占。内中有"臣淳风言"（43行），尾部有给皇帝所上短奏，说明是李淳风从古书中抄撮的48条气象占验材料，上呈皇帝（唐太宗或唐高宗）参考使用的；（2）星图，共由十三幅分图组成，前十二幅图依十二次划分，最后是紫微垣星图；（3）画一神像持弓射箭，其右书"电神"二字，左书"其解梦及电经一卷"，似未抄完。显然，此卷现存内容是由几种天文气象占书籍汇抄而成的。

第二部分的星图十分或者说极端重要。它是现存中国乃至全世界时代最早的全天星图。其图用彩色绘成，用黑色代表三家星中的甘德

①［日］广池千九郎训点，内田智雄补订：《大唐六典》，横山印刷株式会社，第225页上栏。

星，以橙黄色、圆圈或外圆圈内橙黄点代表石申和巫咸星，石、巫二家星区分不十分严格。其星数在一千三百零几十颗，在三国陈卓"定纪"的 1464 颗星数内，故而是现存陈卓"定纪"后一份最古的星图。英人李约瑟在评价这件星图时说："了解到世界其他各地绘制天图的情况，我们就会明白，决不可轻视中国星图从汉到元、明这一完整的传统。公元 940 年左右的中国星图手稿是所有现存实物中最古老的一种。蒂勒（Thiele）、布朗（B.Brown）和《科学史导论》的作者萨顿（Sar-ton）都认为，从中世纪直到 14 世纪末，除中国的星图以外，再也举不出别的星图了。在这时期之前，只有粗糙的埃及示意图和主要具有美术性质的希腊天图，后者所表现的只是星座的形象示意图，而不是星辰本身。"[①]李约瑟认为 S.3326 星图成于"公元 940 年左右"是不确切的，我们后面将会谈到。但他对这份星图的价值所作的评估却毫不过分。

这份星图绘在"气象占"的后面，内容是完整的，但却未留下一个准确的名称。这样，我们在对其性质和功用进行判断时就会产生不少困难。中国学者最早研究这份星图的，是中科院院士、著名天文学史专家席泽宗教授。1966 年席先生发表《敦煌星图》[②]一文，对这份星图的内容作了考释和解读。后来，马世长学兄又发表《"敦煌星图"的年代》[③]一文，据卷中讳"民"不讳"旦"，卷末"电神"服饰特征等，认为此图当抄绘于公元 705—710 年间，而不同意李约瑟所说的公元 940 年左右。马先生用"敦煌星图"指代此图，且加了引号，说明他只是踵继席泽宗先生的说法，而对此图的准确名称仍有保留意见。20

[①] ［英］李约瑟著,中国科学技术史翻译小组译:《中国科学技术史》第四卷"天学"第一分册,北京:科学出版社,1975 年版,第 252—253 页。

[②] 见《文物》1966 年第 3 期,第 27—38 转 52 页。

[③] 见《中国古代天文文物论集》,北京:文物出版社,1989 年版,第 195—198 页。

世纪 80 年代至 90 年代初，我在编著《敦煌天文历法文献辑校》一书时，将此图称为"全天星图"，并解释说："此件旧题'敦煌星图'，仅是突出地体现了它发现于敦煌，实际上它包容了古代北半球肉眼所能看到的主要星官，虽与现今《全天星图》相比还不完整，但在古人的认识范围内，已是'全天星图'。因此，我们不再踵用'敦煌星图'的说法，而改称为'全天星图'。"①我将此图称为"全天星图"后，已有一些学者说到或改用这个名字了。如施萍婷先生在其主编的《敦煌遗书总目索引新编》S.3326 号下说："按，中国学者席泽宗、马世长，英国学者李约瑟对此件均有研究专文，定名为'敦煌星图'，邓文宽定名为'全天星图'。"②黄正建先生则称作"全天星图"。③现在的问题是，定名为"敦煌星图"固然不确，改称为"全天星图"就是正确的吗？当年在为此星图改定名称时，自己觉得是可行的，因为其内容确实是"全天星图"。但时间过去了十几年后，渐觉不安，自己对自己屡屡提问：这样定名妥当吗？因为"全天星图"是一个很现代的名称。那么，这份星图的原始名称是什么呢？这正是我想继续探索的问题。

如前所述，马世长先生已考定此图抄绘于唐前期的公元 705—710 年间。而且此件第一部分的编者是唐初著名天文星占家李淳风（602—670），那么，此图就极可能同李淳风有关。因此，我们应当从唐初那些与李氏有关的典籍中寻找此图的原始名称。

众所周知，唐初由官方主持编修的《晋书》和《隋书》二"天文志"，均出自李淳风之手，李氏自己又有《乙巳占》一书传世。此外，李淳风也参与了"《隋书》十志"的编写工作。④当然，唐代在李氏之

---

① 邓文宽：《敦煌天文历法文献辑校》，南京：江苏古籍出版社，1996 年版，第 72 页。
② 施萍婷等：《敦煌遗书总目索引新编》，北京：中华书局，2000 年版，第 101 页右栏。
③ 黄正建：《敦煌占卜文书与唐五代占卜研究》，北京：学苑出版社，2001 年版，第 51 页。
④ 标点本《隋书》之"出版说明"，北京：中华书局，1973 年版。

后更著名的星占著作是《唐开元占经》。它们与S.3326星图都是同时代存在或形成的，其间应有联系。我们即从上述这些文献入手寻找该星图的原名。

下面，我们举例将S.3326星图的说明文字、《乙巳占》、《晋书·天文志》和《唐开元占经》的对应文句作一些比较。

关于"实沉"之次：

S.3326星图："自毕十二度至井十五度，于辰在申，为实沉。言七月之时，万物雄盛，阴气沉重，降实万物，故曰实沉。魏之分也。"

《乙巳占》卷三："毕、觜、参，晋魏之分野。自毕十二度至井十五度，于辰在申，为实沉。言七月之时，万物极盛，阴气沉重，降实万物，故曰实沉。"①

《晋书·天文志》："自毕十二度至东井十五度，为实沉，于辰在申，魏之分野，属益州。"②

《唐开元占经》卷六十四："毕、觜、参，魏之分野。自毕十二度至东井十五度，于辰在申，为实沉。言七月之时，万物极茂，阴气沉重，降实万物，故曰实沉。"③

关于"析木"之次：

S.3326星图："自尾十度至斗十二（一）度，于辰在寅，为析木。尾，东方木宿之末；斗，北方水宿之初。次在其间，隔别水、木，故曰析木。燕之分也。"

《乙巳占》卷三："尾、箕，燕之分野。自尾十度至斗十一度，于

---

① 任继愈总主编，薄树人主编：《中国科学技术典籍通汇·天文卷》第四册，郑州：河南教育出版社，1997年版，第492页上栏。

② 标点本《晋书》，北京：中华书局，1974年版，第308页。

③ 任继愈总主编，薄树人主编：《中国科学技术典籍通汇·天文卷》第五册，郑州：河南教育出版社，1997年版，第547页下栏。

辰在寅，为析木。尾，东方木宿之末；斗，北方水宿之初。次在其间，隔别水、木，故曰析木。"①

《晋书·天文志》："自尾十度至南斗十一度，为析木，于辰在寅，燕之分野，属幽州。"②

《唐开元占经》卷六十四："尾、箕，燕之分野。自尾十度至南斗十一度，于辰在寅，为析木。尾，东方木宿（按，'宿'后脱'之末'二字）；斗，北方之（按，此'之'字衍）水宿宿（按，衍一'宿'字）之初。次在其间，隔别水、木，故曰析木。"③

其余十"次"的比较从略，读者可看原文。

从以上两组对比即可看出，《乙巳占》《唐开元占经》的文字与 S.3326 星图的文字几乎完全一致，仅有少数几个字有异，如"井"又作"东井"，"斗"又作"南斗"。另有少数几个字在流传中鲁鱼亥豕，发生讹变。最明显的差别则是，《乙巳占》和《唐开元占经》是将分野置于句首，而 S.3326 星图则置于句末。不过，意义却完全相同。至于《晋书·天文志》的文字，则是将同样文句加以简化的结果。由此，我们可以大胆地说，李淳风在编《乙巳占》和《晋书·天文志》时，瞿昙悉达在编《唐开元占经》时，都曾使用过与 S.3326 星图完全相同的材料；换言之，S.3326 星图是编写《乙巳占》《晋书·天文志》和《唐开元占经》所依据的原始材料之一种，殆无疑义。

前又说过，李淳风还参加过"隋书十志"的编写工作。也就是说，《隋书·经籍志》的"天文类"著作应该出于他之手，至少他看过或审

---

① 任继愈总主编，薄树人主编：《中国科学技术典籍通汇·天文卷》第四册，郑州：河南教育出版社，1997 年版，第 490 页上栏。

② 标点本《晋书》，北京：中华书局，1974 年版，第 308 页。

③ 任继愈总主编，薄树人主编：《中国科学技术典籍通汇·天文卷》第五册，郑州：河南教育出版社，1997 年版，第 543 页上栏。

定过。无论如何，这些"天文类"著作都同他有瓜葛。我们不能想象，他在编《晋书·天文志》和《乙巳占》时所用过的一些重要书籍，如上面的星图，在《隋书·经籍志》"天文类"中不出现。那么，我们就查看一下《隋书·经籍志》"天文类"中有关星图的著录情况。计有：

天文横图一卷（原小注：高文洪撰）；

天文十二次图一卷（原小注：梁有天宫宿野图一卷，亡）；

杂星图五卷；

摩登伽经说星图一卷；

星图二卷（原小注：梁有星书图七卷）；

二十八宿二百八十三官图一卷；

二十八宿分野图一卷。①

上面七种星图中，《摩登伽经说星图一卷》源自印度佛经，姑置不论。其余六种，何者是S.3326星图的原名呢？

我们看到，S.3326星图说明文字的内容包含有十二次名及其意义，分野，在二十八宿中的起讫度数。这些说明文字，李淳风在《乙巳占》中是放在"分野第十五"一目下的；②瞿昙悉达在《唐开元占经》中也是放在"分野略例"下的。③也就是说，这两位当时使用过这份星图的天文星占家是将它放在"分野图"的范围来认识的。从实际文字看，各古国分野范围与十二次对应，十二次的各自范围又依二十八宿划分。因此，上述六种有关星图的书名中，最能与此相应的恐怕是"二十八宿分野图一卷"了，此外，沾边的还有"天文十二次图一卷"，其余均

---

① 标点本《隋书》，北京：中华书局，1973年版，第1019—1021页。

② 任继愈总主编，薄树人主编：《中国科学技术典籍通汇·天文卷》第四册，郑州：河南教育出版社，1997年版，第489页上栏。

③ 任继愈总主编，薄树人主编：《中国科学技术典籍通汇·天文卷》第五册，郑州：河南教育出版社，1997年版，第541页下栏。

相距甚远。

我最初怀疑此图的名称可能是"天文十二次图一卷"。为此我请教中国社会科学院历史研究所刘乐贤博士和法国远东学院华澜博士这两位年轻学者。他们认为，与其认为是"天文十二次图一卷"，还不如认为是"二十八宿分野图一卷"更合适。经过我们三人讨论，更经过上面的比较与论证，看来他们二人的看法是有道理的。

顺便指出，《二十八宿分野图一卷》在绘画史上也占有重要位置。唐·张彦远《历代名画记》卷三"述古之秘画珍图"下载："古之秘画珍图固多，散逸人间，不得见之。今粗举领袖，则有……二十八宿分野图一……上略举其大纲，凡九十有七，尚未尽载。"[1]因此，这份星图不仅具有科学价值，也是上乘的绘画作品，其价值不容低估。

我现在将 S.3326 星图更名为"二十八宿分野图一卷"，是耶？非耶？我相信，即便仍不能视作定论，总比用"敦煌星图"或"全天星图"都更准确一些。否则，这么珍贵的古星图，我们连一个准确名称都给不出，实在也说不过去。

（原载邓文宽《敦煌吐鲁番天文历法研究》，甘肃教育出版社，2002年版，第25—37页）

---

[1]〔唐〕张彦远：《历代名画记》，北京：京华出版社，2000年版，第41页。

唐宋地理典籍校正二则

　　唐人李吉甫所撰《元和郡县图志》和宋人乐史所撰《太平寰宇记》，均是著名的历史地理学著作。自20世纪80年代起，中华书局先后出版了二书的点校本。《元和郡县图志》由贺次君先生点校，1983年出版；《太平寰宇记》由王文楚先生等点校，2007年出版。点校者用功勤勉，成绩斐然。然而亦有千虑一失之处，今正误二则于下，以供参考。

　　《元和郡县图志》卷十二《河东道一·稷山县》载："汾水在县南五十里。"又云："羲和墓，在县东北七十里。"[1]

　　《太平寰宇记》卷四十七《绛州·稷山县》载："汾水，东自正平县界流入，在县南五十里。"又载："羲和墓，在县东北十七里。尧时，羲氏、和氏掌天地之官。"[2]

　　将上述两种文献所载汾水与羲和墓的内容加以对比，即可看出，二书均认为汾水在县城之南"五十里"；但对于羲和墓，《元和郡县图志》认为在县东北"七十里"，《太平寰宇记》则认为在县东北"十七里"，是其不同之处。

---

① 贺次君点校：《元和郡县图志》，北京：中华书局，1983年版，第335页。
② 王文楚等点校：《太平寰宇记》，北京：中华书局，2007年版，第992页。

先说汾水在县南之距离。二书均记载汾水在县南"五十里"。虽然完全相同，却也完全错误。稷山汉时属于河东郡闻喜县，北魏、北周曾有改动，真正形成县一级独立建制并称作"稷山县"，则是在隋朝。"隋开皇……十八年（598）改为稷山，以县南稷山为名"①。而所谓"县南稷山"之"山"，当地民间称作"稷王山"。此山距县城之里数，《元和郡县图志》云："稷山，在县南五十五里。"②《太平寰宇记》则云："稷山，在县南五十里。"③二书所记虽有五里之差，但差别也还不算太大，勉强说得过去。而《太平寰宇记》同时说"稷山在县南五十里"，"汾水"也是"在县南五十里"（见前引），就是说，汾水和稷王山均是在县南五十里。果真如此，汾水不就该从稷王山上流过去了吗？这可能吗？可知汾水"在县南五十里"的记载是错误的。究其自然地理形势而言，汾河从稷山县城南不远处流过，过河不远，就要上汾南二道坡即塬上了。千余年间，无论汾河怎样改道，汾水也不可能上塬。若说汾水在县南五里，也还可以成立（现今实际上连五里都不一定有），说"五十里"就差得太远了。可知汾水"在县南五十里"这一记载中，"十"字属衍文，当删。

再说羲和墓到稷山县城的距离。如前所引，《元和郡县图志》认为在县城东北七十里，《太平寰宇记》则认为在县城东北十七里。七十里和十七里相差五十三里，差别极大，可知"十七"和"七十"必有一误。《元和郡县图志》点校本在校记中，曾引清人张驹贤《考证》云："'七十'，官本作'十七'，乐史同。"④但仍取底本的"七十"之说，未免可惜。

---

① 王文楚等点校：《太平寰宇记》，北京：中华书局，2007 年版，第 991—992 页。
② 贺次君点校：《元和郡县图志》，北京：中华书局，1983 年版，第 335 页。
③ 王文楚等点校：《太平寰宇记》，北京：中华书局，2007 年版，第 992 页。
④ 贺次君点校：《元和郡县图志》，北京：中华书局，1983 年版，第 354 页。

作为原籍山西省稷山县的史学工作者，我一直十分关心家乡的历史文化。1994年出版的当代《稷山县志》第509页载，"羲和陵""位于县城东北约15里的东庄村"①，属于县级文物保护单位，其现状是"庙毁冢平，仅存遗址"。《太平寰宇记》记载羲和墓在县东北十七里，与今人所记大略相当，而与《元和郡县图志》所载"七十里"则不相侔矣。就稷山县的自然地理而言，其汾河以北部分的大致范围，是包括吕梁山前沿山脚之下往南延伸的丘陵地带，由北往南到县城，有十公里左右。县城东北七十里处，就到了吕梁山南沿的"陈家山"一带去了。而羲和墓所在西社镇东庄村，就位于县城东北的丘陵地带。今本《稷山县志》与宋代的《太平寰宇记》存在"约15里"和"十七里"之异，当是古今里制差别和记载精粗所致，并无根本不同。

概而言之，上述两种历史地理文献当作：汾水在稷山县南"五里"，而非五十里；羲和墓在稷山县东北"十七里"，而非七十里。

（此文系首次发表）

---

① 《稷山县志》，北京：新华出版社，1994年版，第509页。

《20世纪出土的第一支汉文简牍》献疑

《文物天地》2000年第5期刊发了胡平生先生《20世纪出土的第一支汉文简牍》①一文（以下简称"胡文"），读后耐人寻味。为探求真理，现就其中的三个问题提出质疑，以就教于胡先生和学术界同仁。

一、"青"字非指"青草"

依据胡文的说明，该简正背两面书写，胡文释读如下：正面为"☑囊思□纳青壹硕（石）壹斗伍升了，六年九月廿五日官检怀弥惟（？）"；背面是"青一石一斗五升，阿闭娑，青一石一斗惟（？）"。

此简是何含义？据胡文介绍，此前布舍尔（Bushell）博士、斯坦因和法国汉学家沙畹都曾作过解释。胡文转述斯坦因在《古代和田》一书中的话说："布舍尔博士对文字的释读是，它指的是青的重量，约重一石一斗（一斗是十分之一石），并且他还注释道：总的重量大约是一个男子的负重，这使我想到中间的三个汉字'阿闭娑'如果不是'青'的外国名称，就可能是一个男子的名字。'青'的意思是'蓝'

---

① 胡平生：《20世纪出土的第一支汉文简牍》，载《文物天地》，2000年第5期，第8—10页。以下凡引该文不另作注。

或'绿',是靛蓝,天青石或其他更普通的染料我无法猜测。"胡文对这个解释批评道:"这段语焉不详的描写,对于想要弄清这枚木简内容的中国学者,几乎毫无意义。"胡文接着说:"著名的法国汉学家沙畹用法文在这里加了一条注释:'在这个木片凸起的一面我们读到了这样的字:青一石一斗,我认为这些字似乎是指出青谷的数量,主要是用这些词表达的:一石一斗五升,一石为十斗,一斗为十升。……'"对沙畹的注释,胡文评论道:"沙畹似乎高出布舍尔一筹。释读了较多的汉字,介绍了较多的情况,不过错误仍较多。"显然,胡文对这三位学者的解释均不满意,于是提出了自己的见解。其中关于"青",胡文是这样解释的:"'青'到底是什么?按近代汉地口语,青就是青草,应当是用以饲养牲畜如马、驼之类的草料,与染料、青谷无关。"

这个解释,未免令人大惑不解。

首先,胡文是"按近代汉地口语"释"青"为"青草"的。不错,在近代乃至当代汉人口语中,尤其在西北地区的汉人口语中,以"青"指"青草"是存在的,但更多的是指尚未成熟的庄稼。可是,近代汉地口语哪里存在用石、斗、升表示青草数量的呢?依据生活常识,石、斗、升这样的容积量词是用以表示颗粒状、粉末状物质的;古时也用指液体,如几斗酒。自古迄今,我们何尝见过用石、斗、升来表示"青草"的数量?真有些匪夷所思。

其次,这枚木简出自西北边陲,那么试检一下,西北地区出土的其他简文是如何表示饲草数量的。《居延汉简释文合校》载:"今余茭五千六百五十束"(3.15);[1] "出茭九束,正月甲子以食□☑"(24.5);[2] "☑丙辰出茭卅束食传马八匹,出茭八束食牛"(32.15);[3]

---

[1]谢桂华、李均明、朱国炤:《居延汉简释文合校》,北京:文物出版社,1987年版,第2页。
[2]谢桂华、李均明、朱国炤:《居延汉简释文合校》,北京:文物出版社,1987年版,第35页。
[3]谢桂华、李均明、朱国炤:《居延汉简释文合校》,北京:文物出版社,1987年版,第49页。

"出钱卅买茭廿束"（140.18B）；①"定作卅人伐茭千五百束，率人五十
束，与此三千八百束"（168.21）。②《居延新简》一书又载："受六月余
茭千一百五十七束"（E.P.T52：85）；③"驷望隧茭千五百束直百八十，
平虏隧茭千五百束直百八十，惊虏隧茭千五百束直百八十。凡四千五
百束直五百卌尉卿取当还卅六□。"（E.P.T52：149A）；④以"束"表示
"茭"者其例甚多，不备举。何为"茭"？《说文》云："茭，干刍，从
草交声。"⑤南唐徐锴《说文解字系传》云："刈取以用曰刍，故曰'生
刍一束'。干之曰茭。故《尚书》曰'峙乃刍茭。'"简言之，"茭"即
饲养牲畜用的干草。至于青草，徐锴所云"生刍一束"，语出《诗·小
雅·白驹》："生刍一束，其人如玉。"⑥"生刍"即未晒干的青草。汉
简中也有关于青草的记录。《居延汉简释文合校》有云："……出二十
五毋菁十束，出十八韭六束"（175.18）；⑦"需菝十束"（213.50）。⑧而
据《说文》，"菁"乃韭花，"菝"即茅草芽，自然均是青草而非干草。
它说明，居延地区韭菜、韭菜花、茅草芽均是用"束"表其数量的。
从《诗经》到汉代，青草一直是用"束"作计量单位的，与表示干草
（茭）用"束"无别（秦汉时代表饲草重量也用"石"，详下），哪里有
用容量词石、斗、升的呢？此外，我们还注意到，居延地区芦苇也用
"束"作计量单位，如《合校》载："……定作十七人伐苇五百□/率人

①谢桂华、李均明、朱国炤：《居延汉简释文合校》，北京：文物出版社，1987年版，第233页。

②谢桂华、李均明、朱国炤：《居延汉简释文合校》，北京：文物出版社，1987年版，第270页。

③甘肃省文物考古研究所、甘肃省博物馆、文化部古文献研究室、中国社会科学院历史研
究所编：《居延新简》（甲渠候官与第四燧），北京：文物出版社，1990年版，第233页。

④甘肃省文物考古研究所、甘肃省博物馆、文化部古文献研究室、中国社会科学院历史研
究所编：《居延新简》，北京：文物出版社，1990年版，第239页。

⑤影印本《说文解字》，北京：中华书局，1963年版，第25页上栏。

⑥影印本《十三经注疏》，北京：中华书局，1980年版，第434页中栏。

⑦谢桂华、李均明、朱国炤：《居延汉简释文合校》，北京：文物出版社，1987年版，第278页。

⑧谢桂华、李均明、朱国炤：《居延汉简释文合校》，北京：文物出版社，1987年版，第333页。

伐卅/与此五千五百廿束”（133.21）；① “……四人伐苇百廿束”（317.31），②均是其例。

第三，以“束”表示饲草，在西北地区具有连续性。上举各例为汉代居延所出材料，这里再看吐鲁番地区出土的一些唐代资料。释文本《吐鲁番出土文书》第七册第465—466页，第九册第23—25页，第十册第252—254页，记载了60余笔牲口饲草账，均是用“束”作量词的。如第十册第252页文云：“蒲昌县界，长行小作囻□（另行低二字）当县界应营易田粟总两顷共收得□□圀阡贰佰肆拾壹束（原注：每粟壹束准草壹束）……”③说明不仅是“草”，而且“粟”秆也是用“束”表其数量的。

总之，胡文认为“青”指“青草”是不能成立的。

二、表重量之“石”不同于表容量之“石”

毫无疑义，该简文中的“一石一斗五升”是表示容量的，也是我们认为它不能用于表示饲草数量的主要原因，已如上述。同时我们还注意到，造成胡文误断的另一原因是混淆了表重量之“石”与表容量之“石”的区别。

胡文曾引用《睡虎地秦墓竹简》所载秦代《田律》中的一条律文以论证自己的观点。其律文云：“入顷刍稾，以其受田之数，无垦不垦，顷入刍三石、稾二石。刍自黄稵及疏束以上皆受之。”④胡文在引

---

① 谢桂华、李均明、朱国炤：《居延汉简释文合校》，北京：文物出版社，1987年版，第223页。
② 谢桂华、李均明、朱国炤：《居延汉简释文合校》，北京：文物出版社，1987年版，第515页。
③ 国家文物局古文献研究室、新疆维吾尔自治区博物馆、武汉大学历史系编：《吐鲁番出土文书》（释文本）第十册，北京：文物出版社，1991年版，第252页。
④ 睡虎地秦墓竹简整理小组编：《睡虎地秦墓竹简》，北京：文物出版社，1990年版，释文第21页。

过之后作进一步的解释说："分了田，不管种不种，都要缴纳刍藁，每顷交饲草三石，秸秆二石。"显然是只注意了这条律文中"刍三石""藁二石"的内容，却忽略了其中的"黄稌"和"茡"（均是"刍"，即饲草）同时也用"束"表示数量。而所云"三石""二石"之"石"，又是用来表示重量的，与简文中表容量的"石"风马牛不相及。睡虎地秦墓竹简整理小组在为这条律文所作的第二条注释中已指出："石，重量单位，一百二十斤。秦一斤约为今半斤。"①可惜胡文疏而不察。应该说，整理小组所作的这条注释是有文献根据的。直至汉代，以"石"表示饲草重量依旧存在。如《汉书·赵充国传》云："月用粮谷十九万九千六百三十斛，盐千六百九十三斛，茭藁二十五万二百八十六石。"唐人颜师古注曰："茭，干刍也。藁，禾秆也。石，百二十斤。"②而就在同一传中，汉宣帝于批评赵充国的信中却说："今张掖以东粟石百余，刍藁束数十。转输并起，百姓烦扰。""刍藁束数十"，师古注"皆谓直钱之数，言其贵。"③居延汉简也有用"石"作饲草重量单位的。如《居延新简》载："第四积茭四百一石廿五斤建昭二年□□"（E.P.T50：162）。④"石""斤"并用，说明"石"指重量。由上可知，秦汉时代表示饲草数量的词有"束"和"石"（表重量），而以用"束"为常见。至于用硕（石）、斗、升为量词表示的物种，从汉简中看到的有粟、麦、大麦、糜、谷、黍米、米、稗米、粗米、青粟、青黍、粱粟、米糒、矿麦、姜、胡豆、榜稈、盐等，唐代也是用以表示谷物及盐米，尚不曾见到用于表示"青草"数量。

①睡虎地秦墓竹简整理小组编：《睡虎地秦墓竹简》，北京：文物出版社，1990年版，释文第21页。

②标点本《汉书》，北京：中华书局，1962年版，第2985页。

③标点本《汉书》，北京：中华书局，1962年版，第2979—2980页。

④甘肃省文物考古研究所、甘肃省博物馆、文化部古文献研究室、中国社会科学院历史研究所编：《居延新简》，北京：文物出版社，1990年版，第163页。

总之，无论在传世文献中，还是在出土文献中，表重量之"石"与表容量之"石"迥然有别，必须严格区分。

三、"差秋"系"差科"之误释

胡文在讨论该简年代时，转引了同遗址所出一件唐代大历三年（768）纸质文书沙畹所作释文的部分文字，其中第2行有"杂差秋"，第4行有"所着差秋"，第5行有"小小差秋"。我们姑且不论胡文在引述时将第4行行次漏标，从而将原文的5至7行误作4至6行，就是依据唐史的普通知识，也可断言这三处"差秋"均是"差科"之误释。张广达、荣新江二先生的《于阗史丛考》、①陈国灿先生的《斯坦因所获吐鲁番文书研究》，均有该文书的释文，②都作"差科"而非"差秋"。所谓"差科"，在中古时代的基本含义是差点兵防，征科赋役。敦煌文献中有唐天宝年间的"差科簿"（P.2657加P.3559V加P.3018加P.2803），中外学者西村元佑、池田温、王永兴、唐耕耦等先生为之考释，成果卓著。古籍中"差科"一词也很习见。如《三国志》卷四十八《孙休传》记永安二年（259）诏书："今欲广开田业，轻其赋税，差科强羸，课其田亩，务令优均……"③唐代文献中"差科"一词更多。如唐懿宗咸通十三年（872）六月中书门下奏文有："其逃亡户口赋税及杂差科等，须有承佃户人，方可依前应役。"④"杂差科"即杂徭役。《全唐文》卷二收有唐高祖李渊的《罢差科徭役诏》和《申禁差

---

① 张广达、荣新江：《〈唐大历三年三月典成铣牒〉跋》，《于阗史丛考》，上海：上海书店，1993年版，第140—154页。此件释文见第141页。

② 陈国灿：《斯坦因所获吐鲁番文书研究》，武汉：武汉大学出版社，1995年版，第535—536页。

③ 标点本《三国志》，北京：中华书局，1959年版，第1158页。

④ 标点本《旧唐书》，北京：中华书局，1975年版，第681页。

科诏》。①故而，"差科"一词为普通语词，并非深奥。然而，胡文不仅未能纠正沙畹释文的错误，反而在此错误基础上踵事增"华"，加以发挥，愈走愈远。胡文在引过这件唐大历三年的文书后说："这份唐大历三年（768）的文书，记载当地胡人百姓为缴纳'差秋'向当局投诉之事，文书虽然加以安慰，但是又宣布今年还有'小小差秋'，不过可以宽限到秋熟以后再缴纳。这份文书使我们想到，木简上的'青'，可能就是文书里所说的'差秋'。秦汉以来也称为'刍藁'。"显然，胡文是以"青"为"秋"，"秋"同"刍藁"，于是在这三者之间找到了所谓联系。真是差之毫厘，谬以千里。

（原载《中国文物报》2001年2月7日第7版）

---

① 影印本《全唐文》，北京：中华书局，1983年版，第33页。

"20世纪出土的第一支汉文简牍"新释

《中国文物报》2001年2月7日第7版发表了我写的《〈20世纪出土的第一支汉文简牍〉献疑》，对胡平生先生发表于《文物天地》2000年第5期的这篇文章提出了质疑。近来，胡先生对我的质疑给予了答复（见《中国文物报》2001年4月11日第7版）。另一方面，《献疑》发表时，由于对这枚木简的内容尚未通解，故而我一直处在求索之中。迄今所得结论，与胡文及其答疑文章大有径庭，特略陈管见如后。

一、"青"是"青麦"（青稞）的简称

我在写作《献疑》时，仅指出该简中的"青"不是青草，但对"青"字究何所指，未敢妄断。《献疑》发表后，承蒙学术界师友赐教，从而获知，"青麦"可以简称作"青"。敦煌文献S.5822号为《杨庆界寅年地子历》，其开头是"青麦四驮半九斗，小麦四十驮二斗"，后面即用"青"代替青麦，用"小"代替小麦。用"青"代替青麦者见于第5行王光俊、第6行董元忠二人名字下。"驮"是吐蕃的一种量制单位，一蕃驮等于二十蕃斗。[①]又从其单用地支"寅"纪年可知，《地子

---

① 姜伯勤:《突地考》,载《敦煌学辑刊》,1984年第1期,第10—18页,详参第15页。

历》是吐蕃占领敦煌时期（786—848）的纳租账。如果说《地子历》
是在先用"青麦"和"小麦"作过限定后再简称作"青"和"小"的，
那么，P.2162背《吐蕃寅年左三将纳丑年突田历》就是全部直接用
"青"和"小"进行指代了。其中出现"青"34例，"小"39例，"麦"
7例，"烂麦"1例。杨际平先生《吐蕃时期沙州社会经济研究》[①]和姜
伯勤先生《突地考》一致认为这件文书中的"青"即"青麦"，"小"
即"小麦"，杨际平先生还指出"青"就是"青稞麦"。我们还注意到，
日本东京书道博物馆藏有一件出自唐代西州（今吐鲁番）的地亩文书
残片，日本著名"敦煌学"家池田温先生对之作了研究，指出："第9
行云'张君君欠青稞税六亩'，而第12行末有'已上青，七十二亩'一
句，'七十二亩'4字朱书。'已上青'的'青'即青稞……"[②]在唐代，
青麦不仅是敦煌、吐鲁番，也是和田地区的农作物之一种；[③]敦煌陷蕃
（786）后不久，于阗也落入吐蕃手中，同样经历了一个吐蕃占领时期。
因此，那里青麦自然也可简称作"青"。更由于出自丹丹乌里克的这枚
木简上的"青"已被紧随其后的容量词"壹硕壹斗伍升"所限定，所
以，"青"是"青麦"的简称，当无疑义。还要指出，由于当年英人翟
林奈编目时不慎，误将此简及另外一些和田出土文书混入敦煌文献，
此简居然也获得了一个"敦煌文献"S.5891的编号。10余年前，周绍
良、沙知、宁可、宋家钰、张弓、荣新江、郝春文诸先生在编辑《英
藏敦煌文献（汉文佛经以外部分）》时，未予剔除，且定名为"纳青

---

① 杨际平：《吐蕃时期沙州社会经济研究》，载韩国磐主编：《敦煌吐鲁番出土经济文书研
　究》，厦门：厦门大学出版社，1986年版，第357—413页，详参第383页。
② ［日］池田温：《东京书道博物馆所藏唐代西州地亩文书残片简介》，载中国文物研究所
　编：《出土文献研究》第4辑，第66—71页，引文见第69页。
③ 陈国灿：《斯坦因所获吐鲁番文书研究》，武汉：武汉大学出版社，1995年版，第507页。

麦历（木简）"①。这说明此简中的"青"指"青麦"，早在一批"敦煌学"家眼中达成共识，只是胡文不察罢了！

二、唐代青草、干草的计量与换算关系

由于胡先生的答疑不仅仍然坚持该简中的"青"是指青草，而且根据他曾用"筐"计量铡碎了的牲口饲草的亲身经历，断然"认为在简文中使用石、斗、升这样一些容积单位表示'青'的计量乃是理所当然的事情"。我们就有必要将唐代的真实情况加以说明，以正视听。

首先，唐代青草仍用"束"作计量单位。唐人称青草为"青刍"，且被后世沿用。杜甫《入奏行赠西山检察使窦侍御》诗有"为君酤酒满眼酤，与奴白饭马青刍"句；②宋范成大《华严寺》诗有"我本紫芝曲，误落青刍栈"③句；清金农《送贺十五德舆之辰州》诗有"此行悲老马，谁与秣青刍"④句。可知，用"青刍"称青草历时甚久，其意义与《诗·小雅·白驹》中的"生刍"无别。"青刍"也以"束"论多少。杜甫《秋日阮隐居致薤三十束》诗有"束比青刍色，圆齐玉箸头"句。⑤薤即薤头。上句意谓，一束束薤头像青草一样鲜嫩。五代贯休《书陈处士屋壁二首》诗有"青刍生阶除，撷之束成束"句。⑥"束成

---

①图版见《英藏敦煌文献(汉文佛经以外部分)》第九册，成都：四川人民出版社，1994年版，第194页。此册由宋家钰先生主编。

②《全唐诗》，北京：中华书局，1960年版，第2309页。

③〔宋〕范成大著，辛更儒点校：《范成大集·卷十九诗·华严寺》，北京：中华书局，2020年版，第341页。

④〔清〕金农著，侯辉点校：《冬心先生集·送贺十五德舆之辰州》，杭州：西泠印社出版社，2012年版，第23页。

⑤《全唐诗》，北京：中华书局，1960年版，第2426页。

⑥《全唐诗》，北京：中华书局，1960年版，第9318页。

束"也就是捆成捆。如果说上面这些材料均出自诗人之口，有文学化之嫌，那么再让我们看一下真实的生活记录。释文本《吐鲁番出土文书》第10册292—293页为《唐大历三年（768）僧法英佃菜园契》，内云："（前略）园内起三月□□送多少菜，至十五日已后并生菜供壹拾束。（中略）□□葱内所种芥，寺家取壹佰束（后略）。"①同书301页《唐孙玄参租菜园契》内云："（前略）5.（行号，下同）⎯⎯⎯⎯⎯⎯⎯拾束与寺家。秋菜一畦从南⎯⎯⎯⎯⎯⎯6.⎯⎯⎯⎯⎯⎯入孙，一分与寺家。收秋与介（芥）壹佰束（后略）。"②我在《献疑》中已举证，《诗经》、居延汉简均用"束"表示青草和青菜，唐代这种表达方式难道不正是其子遗吗？

其次，唐代干草有几种不同的说法。《大唐六典》卷十九"司农寺"云："其诸州藁秸应输京、都者，阅而纳之。"③可知，唐代行政法典以"藁秸"称干草。又称"厩刍"，见《新唐书》卷一二六《韩休传》："（玄宗时）出为虢州刺史。虢于东、西京为近州，乘舆所至，常税厩刍。"④亦称"禾草"，见释文本《吐鲁番出土文书》第10册第250页。也称"茭"或"秋茭"，见释文本《吐鲁番出土文书》第9册第116—117页。⑤又称"茭草"，见《太白阴经》卷五"人粮马料篇"。"刍""茭""藁"及"刍藁"这些字、词，我们不是在秦汉时代的材料，包括居延汉简和睡虎地秦墓竹简中已经多次遇到过吗？事实表明，历史并未中断，只是干草的名称发生了某些变异而已。从唐人这些对

---

① 国家文物局古文献研究室、新疆维吾尔自治区博物馆、武汉大学历史系编：《吐鲁番出土文书》（释文本）第10册，北京：文物出版社，1991年版，第292—293页。

② 《吐鲁番出土文书》（释文本）第10册，北京：文物出版社，1991年版，第301页。

③ 〔唐〕李林甫等撰，陈仲夫点校：《唐六典》，北京：中华书局，1992年版，第524页。

④ 标点本《新唐书》，北京：中华书局，1975年版，第4432页。

⑤ 国家文物局古文献研究室、新疆维吾尔自治区博物馆、武汉大学历史系编：《吐鲁番出土文书》（释文本）第九册，北京：文物出版社，1990年版。

干草的称谓中，我们能体味到的依然是秦汉乃至先秦时代的遗韵。

那么，唐代干草如何计量呢？概而言之，曰"束"曰"围"，二者又可换算成"斤"，与秦汉时代用"束"和"石"（表重量）无本质区别。用"束"表示者，我在《献疑》中已举出不少吐鲁番出土资料，这里不赘。用"围"表示者，除见于《太白阴经》卷五"人粮马料篇"外，亦有出土资料为证。敦煌文献 P.2862 背和 P.2626 背《唐天宝时期应见在帐》有："13.郡草场，14.合同前载月日见在草总四万三千四百二十七围。"至于"束""围"与"斤"三者间的换算关系，唐代文献亦有记载。唐人元稹曾上奏弹劾剑南东川节度使严砺非法苛敛百姓。其中有云："严砺又于管内诸州元和二年两税钱外，加配百姓草，共四十一万四千八百六十七束，每束重一十一斤。"①"束"与"斤"的换算关系，目前仅此一见。我怀疑法定数额应为每束 10 斤，因严砺苛敛百姓而加征 1 斤。元稹在《弹奏山南西道两税外草状》中又说："山南西道管内州府，每年两税外，配率供驿禾草共四万六千四百七十七围，每围重二十斤。"②如果我推测每束禾草应重 10 斤不误的话，则 1 围相当于 2 束。

这些便是唐代青草、干草的计量及其换算关系的真实情况。至于我们所讨论的这枚木简中的"石""斗""升"，是否像"筐"一样"理所当然"地用来计量铡碎了的饲草，以及历史与现实中是否会有这样的用例，相信读者自会鉴别，无须我再饶舌。

三、"20 世纪出土的第一支汉文简牍"新释

胡文所谓"20 世纪出土的第一支汉文简牍"，实即斯坦因于 1900

---

① 影印本《全唐文》，北京：中华书局，1983 年版，第 6612 页。
② 影印本《全唐文》，北京：中华书局，1983 年版，第 6615 页。

年12月在丹丹乌里克发现的、编为"D.V.5"号（即敦煌文献S.5891）的汉文木简。但其确切内容如何？为便于讨论，再将胡平生先生的释文移录如下，正面："☑囊思□纳青壹硕（石）壹斗伍升了，六年九月二十五日官检怀弥惟（？）"；背面："青一石一斗五升，阿闭娑，青一石一斗惟（？）。"

写作《献疑》以来，我一直在求索这枚木简内容的性质及其相关问题，但颇多困惑。近读业师张广达先生和荣新江先生合写的《八世纪下半至九世纪初的于阗》①一文，深受启迪，终于豁然开悟，对木简内容获得了较为明晰而准确的认识，现申述如后，并再次质疑于胡平生先生。

（一）关于思略其人。胡文所释的"思□"实际应为"思略"。据张、荣统计，思略又名斯略，在此前的12件汉文和于阗文文书中已出现过多次，现知其活动年代在公元777到788年间，身份曾是杰谢百姓、城主和"萨波"，②类似将军。而胡文却说："'思'下一字有点像'嗨'，不能确定。"③失矣。此字笔画稍欠清晰，但其大致轮廓仍可看出是"略"字。再者，此简编号为D.V.5号，而同遗址所出D.V.6号（即敦煌文献S.5864）就是思略于大历十六年（781）所写的牒文。只要稍加比对，就可确认其名字。胡文却未做这样的工作，令人倍觉遗憾。

（二）关于史怀珍其人。胡文所释的"怀弥"二字实际应为"怀珍"。"珍"字俗写作"琜"，胡文不辨，误释作"弥"。此人名字亦出

---

① 张广达、荣新江：《八世纪下半至九世纪初的于阗》，载《唐研究》第三卷，北京：北京大学出版社，1997年版，第339—361页。

② 张广达、荣新江：《八世纪下半至九世纪初的于阗》，载《唐研究》第三卷，北京：北京大学出版社，1997年版，第351页"思略年表"。

③《文物天地》2000年第5期，第8—10页。以下凡引该文不另作注。

现于同一地区所出 Hedin（代表斯文赫定编号）24 号汉语-于阗语双语文书上。[①] 因"珛"字残半，故张、荣十分审慎，作"史怀□"处理。细审图版，Hedin 24 号文书上的"珛"字右半虽残，但左半草书斜玉旁与 D.V.5 号之"珛"字偏旁写法相近。由此可知，木简上的怀珍便是 Hedin 24 号文书上的史怀珍。此人名字目前仅此二见。

（三）关于富惟谨其人。胡文在木简正、背两面的"惟"字后加了问号，表示不确定，且云："末一'惟'字，不明确切意义，依文书体例推测，应是核收校验之意。"又失矣。此二"惟"字均是"富惟谨"其人名字的省略，是负责官员署名，而非"核收校验之意"。富惟谨名字已出现于 Hedin 15、16、19、24 和 Dumaqu C、D 双语文书上多处。在 Hedin 15、16 和 Dumaqu C、D 四文书中，其共同署名是"判官富惟谨"；[②] 在 Hedin 24 号文书上则署为"判官、简王府长史富惟〔谨〕"。长史为上佐，是长官之副贰，判案时为"通判官"，故富氏自称"判官"。又因 8 世纪下半叶于阗王朝奉唐正朔，属于唐朝管辖范围，所以实行唐朝行判之制，也就完全正常。

（四）关于"官检"二字。释文不误，但理解却误。胡文说："'官'下的'检'字不知应从上读抑或从下读，从上读则为职官名，从下读当为人名。"今按，"检"即"检案"之省略。释文本《吐鲁番出土文书》第 7 册第 506 页是一件唐景龙年间西州高昌县处分田亩案卷，其开端存二大字"检、晏"，即由名字简称为"晏"的人进行了"检案"。[③] 而"检案"即"检覆前案"，亦即审核已成之案卷，是唐代实行勾检制的必要程序。唐代履行勾检责任的是各级官府的勾检官。

[①] 张广达、荣新江：《八世纪下半至九世纪初的于阗》，载《唐研究》第三卷，北京：北京大学出版社，1997 年版，图版一及 340 页释文。

[②] 张广达、荣新江：《于阗史丛考》，上海：上海书店出版社，1993 年版，第 84 页。

[③]《吐鲁番出土文书》（释文本）第 7 册，北京：文物出版社，1986 年版。

其职掌则《唐律疏仪》卷五名例律"同职犯公坐"条疏议曰："检者，谓发辰检稽失，诸司录事之类。勾者，署名勾讫，录事参军之类。"①前句意谓检查是否违反办事程限，后句意谓检查是否违反有关规定。史怀珍在 Hedin 24 号文书上是"典"，而在 D.V.5 号木简上担负着勾检之责。在同简上的富惟谨则是"判官"，即长史、别驾之类（详下）。考虑到此，推测史怀珍在为木简署名时的职位是录事参军或以他官摄（代理）录事参军；或者仍是胥吏，但却担负勾检之责。②

（五）关于所谓"了"字。此一拉长了的"了"形符号，不在简文正文之内，而在"升六年"三字之右侧。而"勾检符号"画在所勾内容之右侧，正是唐代财务文书勾检的重要特征之一。③因此，它并非"了"字，而是勾检官史怀珍审核无误后所画的"勾检符号"。胡文不明唐代勾检制度，误释作"了"，且拉入正文，大失矣。此种勾检符号亦见于其他文书，如麻扎塔格遗址所出《唐贞元六年（790）神山馆馆子王仵郎抄》，④详参陈国灿先生《斯坦因所获吐鲁番文书研究》507 页及 61—62 页，释文本《吐鲁番出土文书》第 2 册 121、122、124、131、136、240—266 页等多处，⑤此处不赘。

（六）关于所谓"囊"字。木简上部已残，"思"上有文字及残存字画，胡文释作"囊"，且解释说："'囊'字中部已残，'思'下一字有点像'嗨'，不能确定。这个名字（按，胡文是将'囊思□'当作一个人名看待的）使人想起西汉绥和元年立为乌珠留若鞮单于的囊知牙

①〔唐〕长孙无忌等撰，刘俊文点校：《唐律疏议》，北京：中华书局，1983 年版，第 113 页。
②参王永兴：《唐勾检制研究》，上海：上海古籍出版社，1991 年版，第 34 页。
③参王永兴：《唐勾检制研究》，上海：上海古籍出版社，1991 年版，第 208、211—212 页。
④陈国灿：《斯坦因所获吐鲁番文书研究》，武汉：武汉大学出版社，1995 年版，第 507、61—62 页。
⑤国家文物局古文献研究室、新疆维吾尔自治区博物馆、武汉大学历史系编：《吐鲁番出土文书》（释文本）第 2 册，北京：文物出版社，1981 年版。

斯。(《汉书·匈奴传》) 简文的意思也大体可以明白，简文说，囊思
□缴纳青壹石壹斗伍升，已经了结，六年九月廿五日，由官员怀弥核
收。"失之远矣。细审图版，"思"上残存二字，当为"日辰"，其上更
有另一字残痕。Hedin 24 号文书末署："贞元十四年闰四月四日辰
时……"这组文书除记明年月日外，又记时辰，是其特点。"辰"时相
当于今之上午7—9时。故而我推测，木简"思"字以上之内容应为
"×年×月×日辰"("时"字略写)，是记录思略交纳青麦时间的，时
在公元8世纪之末 (详下)。因此，它并非"囊"字，更与西汉匈奴单
于囊知牙斯相距800年，毫无关涉！

　　(七) 关于富惟谨在木简上的地位。我们注意到，木简正背两面二
"惟"字均写于木简下部右侧，且字体略小，这正是唐代通判官署名的
习惯性特征之一。[①]在 Hedin 24 号文书上，"富"字较大，"谨"字已
残，而"惟"字同样较小，所反映的依然是唐代判官署名特征。因此，
木简上二"惟"字仍是判官富惟谨署名，其身份与地位未变——还是
长史之类的副贰之职。

　　(八) 关于史怀珍和富惟谨署名不具姓氏。简中此二人只有名字
(富惟谨这里只省作"惟") 而不具姓，也是唐代判案署名特征之一。
《朝野佥载》卷四载："高阳、博野两县竞地陈牒，[权] 龙襄乃判曰：
'两县竞地，非州不裁。既是两县，于理无妨。付司，权龙襄示。'典
曰：'比来长官判事，皆不著姓。'"[②]长官判案署名不具姓在敦煌吐鲁
番文献中其例甚多，不备举。至于唐代官员署名仅写一字，例证极多，
请参《唐勾检制研究》115、170—172页，《唐代前期西北军事研究》

①张广达、荣新江：《八世纪下半至九世纪初的于阗》，载《唐研究》第三卷，北京：北京大学
　出版社，1997年版，第343页。
②〔唐〕张鷟撰，赵守俨点校：《朝野佥载》，北京：中华书局，1979年版，第96页。此书与《隋
　唐嘉话》合为一册。

344页注释①。①

（九）关于木简背面内容。根据我们所见多例敦煌吐鲁番"帐（同'账'）历"文书，如前引《地子历》和《突田历》，"阿闭娑"应是当地一个胡人名字，"阿闭娑青一石一斗"是一项内容，意即阿闭娑缴纳了青麦一石一斗，不能断开；其上面的"青一石一斗五升"是另一人所缴青麦，前面应有人名。但此人名字已失，故当在"青"上施以缺文符号。

至此，我们对这枚木简的内容有了较为明确的认识，概括如下：某年某月某日之辰时，思略缴纳青麦一硕一斗五升。勾检官史怀珍于六年九月廿五日进行勾检，审核无误，于是署名并画上了"了"形勾检符号。判官富惟谨署名认可。背面是另两笔同一性质的账目，富惟谨也署名认可。其内容属于"账历"，故应定名为"唐思略等纳青麦历（木简）"。

那么，此简年代又如何呢？如前所述，现知思略有记录的活动年代在公元777—788年；而富惟谨以"判官"身份署名的文书多在公元798、801和802等年份。②此二人名字又同时出现于D.V.5号木简上。而勾检官史怀珍既出现于这枚木简上，又与富惟谨同时出现于Hedin 24号文书上。综合这些因素，我推测木简上史怀珍所署"六年九月廿五日"，或为贞元六年（790），或者更晚；而胡文所简单比定的唐大历六年（771）可能性较小。不过，这仅是推测，能否成立，仍有待证实。

根据以上所考，现将简文重新释读并标点如下，正面："［×年×月×］日辰，思略纳青一硕一斗伍升。六年九月廿五日官检，怀珍

---

① 王永兴：《唐代前期西北军事研究》，北京：中国社会科学出版社，1994年版，第344页注释①。

② 张广达、荣新江：《八世纪下半至九世纪初的于阗》，载《唐研究》第三卷，北京：北京大学出版社，1997年版，第349页。

（勾）。惟。"背面："☑青一石一斗五升，阿闭娑青一石一斗。惟。"全简残存40个字和1个符号。

　　最后，我在对这枚木简内容进行考释的过程中，胡文所附摹本使我受益良多，这是要特别声谢的。

　　　　　　　　　　（原载《中国文物报》2001年5月30日第7版）

张淮深平定甘州迴鹘史事钩沉

张淮深平定甘州迴鹘，是唐末沙州归义军张氏政权时代的重大事件。可是历代史书、稗官野史均付之阙如，湮而不闻。敦煌文献问世以来，中外学人虽对归义军历史作过广泛的探索，但仍未揭出此事原委。本文即在前贤研究的基础上，对几种敦煌文献所含这一事件及其发生的年代进行考辨，试图再现这段沉湮已久的历史。

一、《张淮深变文》所载应是平定甘州迴鹘史事

《张淮深变文》[①]和《张议潮变文》[②]，都是敦煌文学中的名篇佳作，更因它们较为忠实地铺陈了归义军张氏政权的某些重大事件，就更招引专家学者的瞩目并悉心研讨。前辈孙楷第先生曾为之作跋，[③]刻意研究其中所载史事，功力之深，确令后学惊叹！然而也不无可商之

---

①P.3451，录文见王重民等：《敦煌变文集》，北京：人民出版社，1957年版，第121—128页。

②P.2962，录文见王重民等：《敦煌变文集》，北京：人民出版社，1957年版，第114—120页。

③孙楷第：《敦煌写本〈张义（议）潮变文〉跋》，载1936年《图书季刊》3卷3期；《敦煌写本〈张淮深变文〉跋》，载1937年中央研究院《历史语言研究所集刊》第7本第3分。两文今收入周绍良、白化文编：《敦煌变文论文录》下册，上海：上海古籍出版社，1982年版，第713—722页，第723—749页。

处。这里我们仅就《张淮深变文》所载史事，提出和孙先生不同的一得之见。

《张淮深变文》（以下简称《变文》）前缺，残存部分记载了两次反击迴鹘进军的史事。但张淮深反击的是来自哪里的迴鹘，《变文》却未明言，仅以"迴鹘"或"猃狁"或"匈奴"混称之。名称虽异，其实无殊，均指迴鹘而言。①

如所周知，唐末开成、会昌之际，漠北迴鹘为黠戛斯所破，乌介可汗所率部众南下附唐，庞特勒部南奔葛逻禄，"一支投吐蕃，一支投安西"②，亦有散处于河西陇右之域。③西奔之一部居于伊州（今新疆哈密地区），曾为张议潮所平定。④那么张淮深平定的迴鹘来自何方？

孙楷第先生认为，张淮深平定的仍是安西迴鹘。所据有二：一是"此本第十二行尚存'安西'二字"（"西"字以下全残无字——引者），二是"且记用兵在沙州以西也"。所谓"用兵在沙州以西"，即指《变文》记载张淮深第二次反击迴鹘的战场在沙州西南的西桐海。⑤

自孙先生说出，半个世纪间中外学者一致认为，张淮深平定的真是安西迴鹘，似乎再无置疑的余地。然而，细读《变文》就会发现，

---

①《旧唐书》卷一九五《迴纥传》："迴纥，其先匈奴之裔也。"（标点本《旧唐书》，北京：中华书局，1975年版，第5195页）《旧五代史》卷一三八《外国列传第二》："回鹘，其先匈奴之种也。"（标点本《旧五代史》，北京：中华书局，1976年版，第1841页）《旧唐书》卷一九四下《突厥下》："史臣曰：中原多事，外国窥边，周猃狁、汉匈奴之后，其类实繁。"（标点本《旧唐书》，北京：中华书局，1975年版，第5193页）故知唐代多用猃狁和匈奴称迴鹘，亦用于称突厥。

②标点本《旧唐书》，北京：中华书局，1975年版，第5213页。

③《新五代史》卷七十四《四夷附录三》："[迴鹘]后为黠戛斯所侵，徙天德、振武之间，又为石雄、张仲武所破，其余众西徙，役属吐蕃。是时吐蕃已陷河西、陇右，乃以回鹘散处之。"（标点本《新五代史》，北京：中华书局，1974年版，第916页）

④见《张议潮变文》。

⑤西桐：《张议潮变文》作"西同"。据该变文，其位置在敦煌西南，急行军一宿程。

张淮深两次降服的均是甘州迴鹘而非安西迴鹘。

第一，《变文》记载一平迴鹘之后，唐天子曾遣使到敦煌封赐慰问，在沙州毬场举行了隆重的庆功仪式。张淮深接读诏书，感激涕零。《变文》用韵语描述其人其时的激动心情说："尚书（张淮深）既睹丝纶诰，蹈舞怀惭感圣聪。微臣幸遇陶唐化，得复燕山献御容。"所言收复"燕山"一地应予重视。

《隋书·地理志》武威郡番和县下注云："后魏置番和郡，后周郡废，置镇。开皇中为县，又并力乾、安宁、广城、障、燕支五县之地入焉。有燕支山。"①又查《魏书·地形志》，番和郡领县二：彰和燕支。②故知北魏有燕支县，至隋并入番和县。而至晚到隋，武威郡番和县已有"燕支山"的山名。

《新唐书·地理志》凉州武威郡天宝县载："本番禾……有焉支山。"③《元和郡县图志》又将焉支山记入甘州删丹县。④直至今日，焉支山仍处在跨甘肃省张掖市山丹县和武威市永昌县之间，唐代则跨甘、凉二州之境，故被古人时而记入凉州（武威郡）属县之下，时而又记入甘州（张掖郡）属县之下。

史载汉武帝元狩二年（前121）春，"骠骑将军［霍］去病将万骑出陇西，过焉支山千余里，击匈奴"；同年夏，"复与合骑侯数万骑出陇西、北地二千里，击匈奴。过居延，攻祁连山，得胡首虏三万余人，

---

①标点本《隋书》，北京：中华书局，1973年版，第815页。

②标点本《魏书》，北京：中华书局，1974年版，第2623页。

③标点本《新唐书》，北京：中华书局，1975年版，第1044页。

④〔唐〕李吉甫撰，贺次君点校：《元和郡县图志》，北京：中华书局，1983年版，第1022页。

禆小王以下七十余人。"①匈奴由此大败西迁。张守节《正义》为"焉支山"作注，引《西河故事》云："匈奴失祁连、焉支二山，乃歌曰：'亡我祁连山，使我六畜不蕃息；失我焉支山，使我妇女无颜色。'"司马贞《索隐》为"祁连山"作注，也引了这首歌说："……失我燕支山，使我嫁妇无颜色。"②由此可知，燕支山即焉支山。

那么，唐人是否有过称"燕支山"为"燕山"的记载呢？史载唐中宗朝，突厥入侵，中宗命内外官各进破突厥之策。右补阙卢俌进策中云："臣闻……去病耀武，勒勒燕山。"③显而易见，卢俌所说的"燕山"就是焉支山，亦即《隋书·地理志》所说的"燕支山"。名称不同，但所指均是同一座山，其地理位置在唐代甘州删丹县。

可见，张淮深一平迴鹘后收复的"燕山"（燕支山、焉支山）是在甘州删丹县。如果他降伏的是安西迴鹘，安西远在敦煌以西数千里的今新疆地区，《变文》何以能说"得复燕山献御容"呢？反之，甘州迴鹘则居于"燕山"所在的甘州张掖郡。只有认为张淮深第一次平定的是甘州迴鹘，才能对《变文》此语作出确解。

第二，《变文》记述迴鹘二次前来时又有如下一段记载：

---

① 《史记》卷一一○《匈奴传》（标点本《史记》，北京：中华书局，1959 年版，第 2908—2909 页）。参《汉书》卷五十五《霍去病传》（标点本《汉书》，北京：中华书局，1962 年版，第 2479—2480 页）；《资治通鉴》卷十九汉武帝元狩二年（标点本《资治通鉴》，北京：中华书局，1956 年版，第 630 页）。

② 《史记》卷一一○《匈奴传》（标点本《史记》，北京：中华书局，1959 年版，第 2908—2909 页）。参《汉书》卷五十五《霍去病传》（标点本《汉书》，北京：中华书局，1962 年版，第 2479—2480 页）；《资治通鉴》卷十九汉武帝元狩二年（标点本《资治通鉴》，北京：中华书局，1956 年版，第 630 页）。

③ 《旧唐书》卷一九四上《突厥上》（标点本《旧唐书》第 5170 页）、《文苑英华》卷六九四《谏不破突厥疏》、《全唐文》卷二六七《论突厥疏》、《通典》卷一九八《边防典·突厥中》、《册府元龟》卷九九二《外臣部·备御第五》。后二书以"勒"为"列"，是其小异。

天使既发，分袂东西。尚书感皇帝之深恩，喜朝廷之天遇。应是生降迴鹘，尽放皈（归）迴。首领苍遑，咸称万岁。岂料蜂虿（虿）有毒，豺性难驯，天使才过酒泉，迴鹘王子，领兵西来，犯我疆场。①

由引文可知：（一）二次进军沙州的迴鹘，仍是此前被张淮深"生降"又放归的那支，而非别一支。此点还可由《变文》另文证实。《变文》载，迴鹘再次前来，张淮深得报后说"迴鹘新受诏命，今又背恩"②云云。（二）二次进军是由"迴鹘王子，领兵西来"，断非领兵"东"来。若是安西迴鹘前来，安西居于敦煌之"西"，那么《变文》作者站在沙州归义军立场上，就应说"领兵东来"。可是《变文》却明确记载是"领兵西来"，清楚无误，表明此迴鹘居于沙州之东。（三）由此反推，亦可看出，张淮深第一次将其"生降"并放归时，迴鹘的去向是由西而东。否则，甫放归回，便又前来，无论如何也不能说"领兵西来"。进而确知，它们居于沙州之东，是甘州迴鹘。

第三，P.2709是唐朝给张淮深的一道敕文，残存二十字："敕：沙州刺史张淮深有所奏，自领甲兵，再收瓜州并（后缺）"。而《变文》也记载，张淮深平迴鹘后，立即遣使往唐廷奏捷。唐天子得报，派大臣到沙州封赐慰问，二者正相一致。《变文》讲到迴鹘一次进军时曾说"早向瓜州欺牧守"云云，故张淮深将瓜州列入其"再收"范围。敕文残失部分，亦可由《变文》略微窥知。前考《变文》所载张淮深收复的"燕山"在甘州，故知甘州亦在"再收"范围。至于肃州，谅亦当在其中。以下还应有唐朝给张淮深加官晋爵的内容。无论如何，张淮

---

① 王重民等：《敦煌变文集》，北京：人民出版社，1957年版，第125页。
② 王重民等：《敦煌变文集》，北京：人民出版社，1957年版，第125页。

深"再收"的州城都在沙州以东的河西地区，而不在沙州以西的安西地区。

以上据《变文》本身和唐朝敕文得知，《张淮深变文》所载应是两次平定甘州迴鹘史事，而绝非平定安西迴鹘。

二、敦煌文学"儿郎伟"所见张淮深平定甘州迴鹘史事

张淮深平定甘州迴鹘，除见于《变文》，敦煌文学"儿郎伟"也记载颇丰。近来先辈周绍良先生发表《敦煌文学"儿郎伟"并跋》，[1]主要从文学史角度研讨，而对其中包含的史事尚未考辨。可是，当我从历史学角度去读这批作品时却发现，它们同样是研究沙州归义军政权同甘州迴鹘政权关系不可多得的珍贵资料。就研究张淮深平定甘州迴鹘来说，其价值不在《变文》之下。

现存"儿郎伟"二十余篇，多数成于除夕之夜的"驱傩"仪式上。古有"驱傩"仪式，取驱鬼除魅，去故迎新之意。[2]在作成于这个仪式上的那部分"儿郎伟"中，沙州文人对过去一年乃至上一年里主人的功德作了热情的颂扬，同时也表达了祝福祈稔的愿望。其中P.4976、P.4055和S.6181同曹议金"再收甘、肃二州"有关，由其称"我大王""大王""天公主"和"二州八郡（镇）"可得而知，暂置不论。此外

---

[1] 周绍良：《敦煌文学"儿郎伟"并跋》，载文化部文物局古文献研究室编：《出土文献研究》第一辑，1985年版，第175—183页。本文引用的"儿郎伟"录文均见此文，并重新用胶卷作了校订。此外，S.6181也是"儿郎伟"残文，周先生未收入。日本那波利贞先生也有录文（《甲南大学文学会论集》2，1955年）。法人艾丽白女士（D.Eliasberg）在其所著 L'expression eul-lang-wei dans certains manuscrits de Touen-houang 一文中也录出 P.4976，可参阅 M. Soymie ed., *Nouvelles Contributions aux études sur Touen-houang*, Genève-Paris: Librarie Droz, 1981, pp. 261-271.

[2] 参《通典》卷七十八《时傩》条、《初学记》卷四《岁除》条。

有九篇直接或间接地追述了张淮深平定甘州迴鹘，"再开河陇道衢"的功绩，编号是：P.3270（除第二篇外共四篇）、P.4011（一篇）、P.3552（前三篇）、P.3703（一篇，前残）。

如果说《变文》虽然记述了张淮深平定迴鹘，但未明言是甘州迴鹘，以至现代研究者于此发生误解的话，那么"儿郎伟"则反复提到所平定的就是甘州迴鹘，或者说一直打到了张掖，如："直至甘州城下，迴鹘藏□无□"①；"亲领精兵十万，围逐张掖狼烟"②等等。因此，就平定对象而言，毋庸多辩。

有如《变文》未能直言平定迴鹘属张淮深所领导，"儿郎伟"也未对张淮深直呼其名，而是称领导者为"尚书""敦煌太守""太守""阿郎""太保"等，其中以称"尚书"居多。

所称"尚书"一职，与《变文》同。孙楷第先生正是据此并结合《张淮深修功德文》③进行考证，确认《变文》的主人公是张淮深而非他人。④对此，笔者完全赞同，亦不赘论。

其他几种称呼，"敦煌太守"乃张淮深承其父张议谭先职；⑤"阿郎"是主人之义，⑥敦煌文献中还有将官职与"阿郎"连称的，如"太

---

①P.3270第五篇"儿郎伟"。

②P.4011"儿郎伟"。

③S.6161+S.3329+S.6973+P.2762。这篇功德文已由日本学者藤枝晃先生联缀，见藤枝晃：《敦煌千佛洞的中兴》，载《东方学报》第35册，1964年。

④关于《变文》的主人公，藤枝晃在《沙州归义军节度使始末》（二）中说："孙楷第把它叫作《张淮深变文》，这个变文的主人公究竟是不是张淮深，还是有疑问的。"从而主张用"尚书变文"名之。藤枝晃的这个观点，中国学者几乎无人同意。近读日本学者森安孝夫先生《回鹘与敦煌》一文，亦不赞成藤枝先生说。

⑤P.2762《张淮深修功德文》断片："诏令承父之任，充沙州刺史……"而有唐一代，除天宝年间一度改州为郡，改刺史为太守，其余时间均以州和刺史命名（《旧唐书》卷四十四《职官三》）。但在沙州文人笔下，将张淮深的刺史一职称为太守，亦不足怪，如同可以用敦煌（郡名）代替沙州（州称）一样。

⑥参蒋礼鸿：《敦煌变文字义通释》，上海：上海古籍出版社，1981年版，第12页。

保阿郎"①，"尚书阿郎"②，阿郎均指主人；"太保"也是时人对张淮深的称呼（归义军张氏政权时代，"太保"除指张议潮，也指张淮深，说详下节）。对于同一个张淮深，为何却称呼不同？这是因为其时张淮深身兼数职，文人们各依所见，称其某一职衔所致，亦有出于习惯的，如"阿郎"。由此也可推测，这些"儿郎伟"大概并非出自同一作者之手，而是由多人书写而成。

此外，我们还可以从内容方面提出证据，说明九篇"儿郎伟"所载也是张淮深平定甘州迴鹘史事。

（一）《变文》有云："去岁官崇骢马政，今秋宠遇拜貂蝉。""儿郎伟"也屡次提到因平甘州迴鹘之功，唐朝给"尚书"或"太守"再授"貂蝉"之官：

> 初春天使便到，加官且拜貂蝉。（P.3270第3篇）
> 今岁加官受爵，入夏便是貂蝉。（P.3552第2篇）

可见，就加授"貂蝉"而言，《变文》和"儿郎伟"完全一致，仅"入夏"与"今秋"稍有出入。

（二）《变文》记载，迴鹘第二次前来，领兵的是迴鹘王子，已如前述。"儿郎伟"在记述甘州迴鹘二次进军并被打败后说："王子再□□教，散发纳境相传。"③显然，这里二次进军沙州的迴鹘军队也是由王子率领的，至少归他负责。否则，何以失败后要由"王子"发"教"投降？

（三）《变文》记载，张淮深一平迴鹘之后，唐遣"上下九使，重

①S.5139背《凉州节院使押衙刘少晏状》。
②P.4974。
③P.4011"儿郎伟"。

赍国信，远赴流沙"，宣诏慰问。"儿郎伟"则说："内使亲降西塞，天子尉曲名师"①；"河西一道清泰，天子尉曲西边"②；"初春天使便到，加官且拜貂蝉"③。一致表明，平定迴鹘后，唐派专使前往慰问。

（四）前引 P.2709 唐朝给张淮深的敕文说，张淮深向唐朝奏报他"自领甲兵，再收瓜州"云云，"儿郎伟"也说"亲领精兵"，所述张淮深亲自带兵攻战的情形也很一致。

以上从平定对象、举行反击战的领导者和事件内容方面所作的考察，使我们有理由认为，九篇"儿郎伟"与《变文》所记乃同一历史事件，即张淮深平定甘州迴鹘史事。

再就"儿郎伟"所记这一事件的具体内容看，也有不少《变文》未言或言而未尽之处，值得注意。最重要的是 P.3270 第五篇和 P.4011，今一并移录如下：

P.3270 第五篇：

儿郎律（伟）

盖闻二仪交运，故制四序奔驰。若说迎新送故，兼及近代是祇。总交青龙步□，□过葱岭海隅。敦煌神砂福地，贤圣助于天威。灾病（？）永无侵远（扰），千门保愿安居。皆是太保位分，八方俱伏同知。河西是汉家旧地，中隘狯狁安居。数年闭塞东路，恰似小水之鱼。今遇明王利化，再开河陇道衢。太保神威发愤，遂便点缉兵衣。略点精兵十万，各各尽摆铁衣。直至甘州城下，迴鹘藏

①P.3270 第五篇"儿郎伟"。
②P.4011"儿郎伟"。
③P.3270 第三篇"儿郎伟"。

□无□。走入楼上乞命，^①逆者入火愤（焚）尸。大股披发投告，放（奉）命安□城除。已后勿愁东路，便是舜日尧时。内使亲降西塞，天子尉曲名师。向西直至于阗，纳供贡献玉琉璃。四方总皆跪伏，只是□绝汉仪。太保保（敬）信三保（宝），寿命彭祖同时。

P.4011：

儿郎伟

驱傩之法，送故迎新。且要扫除旧事，建立芳春。便获青阳之节，八方启（稽）颡来臻。自从太保□□，千门喜贺殷勤。甘州数年作贼，直拟欺负侵陵。去载阿郎发愤，点集兵钤军人。亲领精兵十万，围逐张披狼烟。未及张弓拔剑，他自放火烧然。一齐披发归伏，献纳金钱城川。遂便安邦定国，永世款伏于前。不经一岁未尽，他至逆礼无边。准拟再觅寸境，便共龙家相煎。又动太保心竟（境），跛（巨）耐欺负仁贤。缉练精兵十万，如同铁石心肝。党（傥）便充山进路，活捉猃狁狼烟。未至酒泉□□，他自魂胆不残。便献飞龙白马，兼及绫锦数般。王子再□□教，散发纳境相传。因兹太保息怒，善神护我川原。河西一道清泰，天子尉曲西边。六藩总来归伏，一似舜日尧年。大都渴仰三宝，恶贼不打归降。万姓齐唱快活，家家富乐安眠。比至三月初首，天使只（祇？）降宣传。便拜三台使相，世代共贼无缘。万姓感贺太保，直得千年万年。

由以上两篇"儿郎伟"大略可知：

---

^①《新五代史》卷七十四《四夷附录第三·回鹘传》："其可汗常楼居。"见标点本《新五代史》，北京：中华书局，1974年版，第916页。

（一）事件发生之前，沙州归义军政权同甘州迴鹘政权的关系。远在张议潮时代（848—867），甘州已在归义军掌握之中。①此后"太保（张议潮）咸通八年（867）归阙之日，河西军务，封章陈款，总委侄男淮深，令守藩垣"②。张淮深掌政初期，局面无大变化。但"儿郎伟"说"甘州数年作贼""数年闭塞东路"，《变文》也说"早向瓜州欺牧守"，一致表明，在平定迴鹘"数年"之前局势已起变化，甘州已陷入迴鹘手中。《资治通鉴》卷二五二咸通十三年（872）八月条说："是后中原多故，朝命不及，迴鹘陷甘州，自余诸州隶归义者多为羌、胡所据。"③所谓"中原多故"，《旧唐书·突厥传》"史臣曰"说是"中原多事"；P.3720《张淮深造窟记》说是"时属有故，华土不宁"，所指均是从乾符二年（875）开始，王仙芝、黄巢发动农民起义，并于广明元年（880）攻陷唐都长安以及其后发生的变乱，与《通鉴》所记相符，并可互相发明。在本文第四节我们还将考出，张淮深平定甘州迴鹘的时间是在唐僖宗中和三年到四年（883—884），此前"数年"约当广明元年前后。换言之，迴鹘陷甘州的时间在公元880年左右。进而明确，《通鉴》这段记事正确无误。④

（二）张淮深进行反击战的出兵数目。《变文》对此了无记载，"儿郎伟"却有三处提到：第一次是"略点精兵十万""亲领精兵十万"；第二次仍是"缉练精兵十万"，似乎每次都是出兵十万。这个数字可信

①参《资治通鉴》卷二四九唐宣宗大中五年十一月条。见标点本《资治通鉴》，北京：中华书局，1956年版，第8164页。

②P.2762《张淮深修功德文》断片。

③标点本《资治通鉴》，北京：中华书局，1956年版，第8164页。

④孙楷第先生在《敦煌写本〈张淮深变文〉跋》中，因将张淮深所平定的甘州迴鹘误作安西迴鹘，从而怀疑《通鉴》这段记事的准确性，是缺少理据的。再者，对于迴鹘陷甘州的年代，以往人们多据《唐宗子陇西李氏再修功德记》之李弘谦任"使持节甘州刺史"，定为乾宁元年（894）。这是由于不知张淮深平定甘州迴鹘所致。随着这一事件的揭示及年代确定，迴鹘陷甘州和甘州迴鹘政权建立的年代就必须重新认识。

吗？恐怕将当时张淮深所管民户扫地为兵，也难及此数，所以殊不可信。不过古代出兵攻战，号称多少万的兵众往往大于实际兵数，甚至多出几倍，亦为习见。所以，这个"精兵十万"也就只能目为张淮深出兵时号称的那个虚数了。至于其真实兵众数目，仍难确知。

（三）张淮深第一次反击迴鹘，军锋直至甘州城下，且用火攻，张掖一片狼烟。面对归义军部队的凌厉攻势，迴鹘自己也"放火烧然"，企图以火治火，切断归义军部队进路。这部分惊心动魄的内容，理应见于《变文》前部，惜《变文》写本首残而无从详知，赖"儿郎伟"方补其不足。

（四）二平甘州迴鹘的战场问题。《变文》记载张淮深第二次反击迴鹘的战场在西桐海。而西桐一地，据《张议潮变文》则在敦煌西南，看来不成问题。可是"儿郎伟"却说"未至酒泉□□，他自魂胆不残。便献飞龙白马，兼及绫锦数般"，即迴鹘王子是在酒泉某地宣布投降的。这同《变文》所记似相龃龉。不过，我推测迴鹘王子领兵西来时，确是迂回到西桐海畔，因为那里可"控险为势"。[1] 及至遭到反击被打败，只得东撤，以便缩回甘州老巢。归义军部队追至酒泉某地，迴鹘无招架之势，才宣布投降的。

除以上几项，上引 P.4011 "儿郎伟"还告知两次反击战发生的时间序列，我们将于第四节详加探讨。

三、P.3500《童谣》、P.3645 诗歌反映的应是张淮深一平甘州迴鹘史事

《敦煌变文集》在《张议潮变文》之后，附录了《童谣》[2] 和诗歌

---

① 《张淮深变文》。
② P.3500 有云："童谣歌出在小厮儿。"故知它是时人编的童谣。

各一件，编号分别为 P.3500V 和 P.3645。录校者在校勘记中说："在敦煌残卷中另有歌颂'太保'的唱文两篇，都是指的张义（议）潮，兹附录于后，以作参考。"实在说，这是莫大之误会！

两件作品，《童谣》三十句，诗歌三十二句，共四百余言。当我们悉心诵读这两件脍炙人口的作品，并将其内容同《张议潮变文》《张淮深变文》以及九篇"儿郎伟"比较研讨时，发现如下值得注意的问题：

（一）《张议潮变文》所载是平定伊州纳职县迥鹘，即安西迥鹘之一部。虽然变文末尾已残，不知他第二次出兵与否，但对象仍是这支迥鹘，而非甘州迥鹘。可是《童谣》却说："甘州可汗亲降使，情愿与作阿耶儿。"[1]足见《童谣》反映的是平定甘州迥鹘而非安西迥鹘，与《张淮深变文》和"儿郎伟"相合，而同《张议潮变文》相龃龉。

（二）《童谣》又说："三光昨来转精耀，六郡尽道似尧时。"张议潮时代归义军政权的辖境在名义上远不止六郡（或称六州），此为人所习知。相反，张淮深主政末期，辖境却只有六郡或称六州，至少名义上如此。《张淮深修功德文》云："秣马三危，横行六郡。"[2]《张淮深造窟记》也说"六州万里，风化大开"[3]，同样说明《童谣》歌颂的是张淮深而非张议潮。

（三）《童谣》最末两句是："优赏但知与一匹锦，令兮[4]作个出入

---

①王重民等：《敦煌变文集》，北京：人民出版社，1957年版，第117页。

②P.3720。此外我们注意到《变文》有如下记载："敦煌虽百年阻汉，没落西戎，尚敬本朝……其余四郡，悉莫能存。又见甘、凉、瓜、肃……独有沙州一郡，人物风华，一同内地。"《变文》末尾的赞文也有"［持］节河西理五州"一语。由此看来，张淮深平迥鹘后的辖境名义上有五郡和六郡的差异，但仍以称"六郡"居多。至于 P.3556《张氏（张淮深女）墓志铭》说"皇考讳淮深，前河西一十一州节度使"中的十一州就更是名义上的，不足以作为讨论问题的依据。

③P.2762《张淮深修功德文》断片。

④兮：蒋礼鸿先生《敦煌变文字义通释》（增订本）4页："是一种'寓名'，可用于自称，也可以用于他称，而且贵贱男女通用。"《童谣》这里用作自称，指作者自己。

衣。"①而《张淮深变文》说，一平迴鹘之后，唐朝给归义军赏赐"锦绣琼珍，罗列毬场"。二者所记赐物内容相同，但《张议潮变文》却不具备这个内容。

（四）《童谣》开头说："二月仲春色光辉，万户歌谣总展眉。"以下全是一平迴鹘后颁赏庆功的喜悦气氛，而无二平迴鹘的内容。而我们在本文下节将考出，一平迴鹘之后，唐使抵达沙州宣诏颁赏是在唐僖宗中和四年（884）正月，可见《童谣》歌颂的全是甫经发生的事件，时间格外吻合。

由以上四端可知，《童谣》反映的是张淮深一平甘州迴鹘并受赏赐的史事，而与张议潮时代的归义军政事风马牛不相及。

（五）P.3645诗歌开头说："红鲜紫尾不须愁，放汝随波逐浪□，须好且寻江上月，莫贪香饵更吞钩。""儿郎伟"也曾用"鱼"形容那个被张淮深击败的甘州迴鹘："河西是汉家旧地，中隟猃狁（即迴鹘）安居。数年闭塞东路，恰似小水之鱼。"②

（六）诗歌接上引四句后又说："孤（狐）猿被禁岁年深，放出成（城）南百尺林，渌水任君连臂（杯）钦（饮），青山休作断长（肠）吟。"前八句的总体意思是，得鱼"放"入水，得"猿"放归林。而《变文》也说，迴鹘第一次进军被打败后："应是生降迴鹘，尽放归回"；唐天子在诏书中也夸张淮深"生降十角于军前，对敌能施于七纵"。这些内容一脉相承，格外一致，但《张议潮变文》却不具备。

（七）诗歌又云："远涉风沙路几千，暮（沐）恩传命玉皆（阶）前"；"再遇明王恩化及，远将情恳赴丹墀"。《张淮深变文》也说，一平迴鹘后，他曾遣使往唐廷奏捷，"不逾旬月之间，使达京华。表入凤

---

① 所引二句《敦煌变文集》录作："优赏但知马一疋，锦令气作个出入衣"。录文、断句均有误，今改正。
② P.3270第五篇"儿郎伟"。

墀，帝亲披览，延暎天朝"。二者内容正相一致，却不见于《张议潮变文》。

以上三个方面，也使我们有理由认为，诗歌反映的同样是张淮深一平甘州迴鹘史事。

诚然，《敦煌变文集》的编者之所以将这两件作品附录于《张议潮变文》之后，其首要根据在于它们歌颂的是"太保"。而以往人们普遍认为，归义军张氏政权时代凡称"太保"者均指张议潮。因此，要想完全证实我们的论点，就必须搞清张淮深是否也有太保头衔，或被时人称为太保？我的研究表明，张淮深生前确曾被人们称为"太保"和"太保阿郎"。

首先，《童谣》歌颂的"太保"在平定甘州迴鹘时健在无恙，且是这两次反击战的领导者。其中说："太保应时纳福祐，夫人百庆无不宜"；"再看太保颜如佛，恰同尧王似有重眉"；"甘州可汗亲降使，情愿与作阿耶儿"。说明甘州迴鹘投降的是活着的太保，而非死后才赠太保虚衔的张议潮。①

其次，人们可能认为，《童谣》和诗歌颂扬的"太保"，是张议潮死后，敦煌文人追述他生前平定迴鹘的历史功绩时使用的称谓，这也包含着《张议潮变文》录校者的认识。若果如是，为何两件作品的内涵只能同张淮深平定甘州迴鹘史事相合，而同张议潮平定安西迴鹘相龃龉呢？

再次，P.3270 第五篇和 P.4011"儿郎伟"也都用"太保"称平定甘州迴鹘的领导人，凡六见。显然，那个"太保"其时也活着。而我们已经证明，九篇"儿郎伟"的内涵同《张议潮变文》一样，所记均是张淮深平定甘州迴鹘史事。如果"太保"仅用指张议潮，这一现象

---

① 张议潮死于咸通十三年(872)，唐赠太保虚衔，见《张淮深修功德文》。

又该如何解释?

第四,敦煌文献有《斋文》一篇,其中颂扬"太保相公""两收宫阙,皆著殊勋"①。有唐一代,仅僖宗(874—888在位)曾两次出逃,后又返回长安。而在"两收宫阙"的同一时间,沙州归义军主政之人正是张淮深(867—890主政);传世文献也证明张淮深曾两次出兵长安,帮助唐廷收拾残局。②因此,《斋文》中的"太保相公"当指张淮

---

①P.2044背。

②P.2044背《斋文》云:"伏维太保相公,天授忠贞,神资正气,积济川之重望,推辅弼以为心,蕴经国之宏谋,抱股肱之大志。自国朝多事,妖祲炽兴,选上将之英才,定中原之气秽,悬生人之性命,系社稷之安危。固命太保相公登坛场,授旄钺,荣从衣锦,便统旌幢,一镇边城,累经星岁。布惠和于紫塞,振威令于黄沙,路不拾遗,戎无警急,两收宫阙,皆著殊勋,文抚貔貅,咸歌异政。况复銮舆再幸,寇逆重生,伪踞皇都,恣为叛背。我太保挺赤心而向国,金石不移,指白刃以截凶,机谋暗设,果得狂徒自弥,朋党潜销,致万乘迴銮,中兴景运。"剔除其中的溢美之辞,所含史实及相关问题如下:(一)由"一镇边城,累经星岁"可知,这位"太保相公"是边地节帅。(二)《旧唐书·僖宗记》载:广明元年十二月,黄巢入长安,僖宗出逃;次年(中和元年,881)九月,制"杨复光、王重荣以河西、昭义、忠武、义成之师屯武功"。可知在镇压黄巢起义时曾有河西军即张淮深归义军政权派去的部队参战。又P.2913《张淮深墓志铭》云:"乾符之政,以功再建节旄。"以上当是《斋文》"自国朝多事"至"授旄钺"一段文字中所含史实。(三)又据《旧唐书·僖宗纪》,光启元年(885)三月,僖宗返回长安。同年八月又发生了以宦官田令孜、凤翔节度李昌符为一方,以河中节度王重荣、河东节度李克用为另一方,因争夺安邑、解县池盐之利而发生的军事冲突。十二月,僖宗二次出逃(即"銮舆再幸")。其时邠宁节度朱玫先追随田令孜,后倒戈站到王重荣、李克用一边,同讨田令孜。光启二年(886)五月,朱玫在长安立嗣襄王李煴为帝,年号建贞(即"伪踞皇都,恣为叛背")。其后朱玫又为其部下王行瑜所杀(即"狂徒自弥")。而在这一混战中,张淮深派去的河西军则受王行瑜节制。《资治通鉴》卷256光启二年五月条:"朱玫遣其将王行瑜将邠宁、河西兵五万追乘舆[胡注:自代宗时,河西没于吐蕃,宣宗复河、湟,张义(议)潮收凉州,河西复羁属于唐]。"以上张淮深河西军两次出兵中原,为唐廷弥乱,即《斋文》所云"两收宫阙,皆著殊勋"。敦煌文物研究所孙修身先生在《张淮深之死再议》(载《西北师院学报》1982年第2期)一文中,也认为《斋文》的"太保相公"系张淮深,可参。此外,我们注意到,曹议金时代有"收复甘肃二州"的军事活动,而他是有太保头衔的。但上引《斋文》所含史实,无论如何都不能同他对应,反之却同张淮深时代的史实——暗合。

深。此外，张淮深去世不久，还曾被时人称为"故太保阿郎"①，说明他生前曾被称为"太保阿郎"。这些均可作为"太保"也用指张淮深的佐证。

以上考察表明，领导平定甘州迴鹘的那位活着的太保只能是张淮深，而非死后才赠太保虚衔的张议潮。

那么，张淮深的"太保"称呼由何而来呢？我估计可能因为他是"故太保"张议潮之侄，且是沙州归义军节度的实际主政人，所以在敦煌文人心目中，张淮深也可袭称其叔父的太保职衔。这从敦煌文献中称张淮深为"太保"的地方较少亦可得到反证。但这只限于推测，因为迄今我们尚未发现唐授张淮深太保职衔的确切证据。

综合以上论证，可以确定，P.3500《童谣》和P.3645诗歌，均是有感于张淮深平甘州迴鹘并受封赐而作。这样，我们就找出了《张淮深变文》、九篇"儿郎伟"及《童谣》和诗歌之间的内在联系——它们所包含的均是张淮深平定甘州迴鹘史事而非其他。

三十年前，《敦煌变文集》的六位编者，以其精深高博的知识，夜阑灯下，为我们录校并刊布了这批贵比金玉的文学史资料，其功永不

---

① P.3666背包含四个内容：（一）借契一件，第十三行有并列的"通信、文信"二人名，姓氏模糊不清。（二）杂诗一首。此两件后有"大顺元年（890）十二月"的题识。（三）社司转帖一件，是将已经浅淡的转帖重抄数通，底字仍依稀可辨，与重抄后的内容相同。重抄笔迹中有"文德元年（888）十二月十八日"题识一行，当即原转帖的作成时间。（四）"莫高乡百姓袁文信"状牒（?）一件，其开端是："右文信祖父先伏事故太保阿郎（缺数字）残文信兄弟"，以下胶卷模糊不清。这个袁文信兄弟当即第一件契约中的通信、文信二人。综合以上四件，尽管书写不工，也较杂乱，但其形成或重抄时间都应在大顺元年十二月或稍后。而张淮深被杀于大顺元年二月二十二日（P.2913《张淮深墓志铭》），同年十二月或稍后，袁文信就称他为"故太保阿郎"，这是张淮深生前曾被称为"太保阿郎"的重要证据。诚然，也许有人认为这个"故太保阿郎"仍指张议潮，但我们在S.5139《凉州节院使押衙刘少晏状》中看到，"张太保"（张议潮）与"太保阿郎"并称，显非一人，故不能用指张议潮。至于《刘少晏状》本身，问题较为复杂，拟另文讨论，这里不赘。

可没，而且会永远受到后学的崇敬。但是，今天如果我们还滞留在原录校者当年的水平上，那将是对他们的失敬。现在我们应该把《童谣》和诗歌附录于《张淮深变文》之后，或者单独处理，而不必再附录于《张议潮变文》之末了。笔者相信，如果已故王重民、向达教授九泉有知，也会欣然同意的。

　　本节研究的两件作品中，还有一些值得深入探讨的问题。《童谣》云："甘州可汗亲降使，情愿与作阿耶儿。"意思是甘州迴鹘失败投降之后，派使前往敦煌，表示愿做张淮深的儿子。这极有可能。张淮深一平迴鹘，俘虏千余人，迴鹘可汗走投无路，向他称儿亦是出于形势所迫。这同数十年后，"西汉金山国"的"白衣天子"张承奉向甘州迴鹘可汗狄银称儿，[①]恰成鲜明的对照。联系这两出彼此称儿的闹剧，使我们不能不作如下推测：五代初年，甘州可汗狄银迫使张承奉向其称儿，或许正是出于其先辈在唐末曾向张承奉的先辈张淮深称儿的缘故。

　　诗歌中还有一些有待探讨的内容，这里从略。

四、张淮深平定甘州迴鹘年月考

　　P.4011"儿郎伟"的宝贵价值之一，在于它告知我们张淮深两次平定甘州迴鹘的时间序列以及形成第二次反击战的原因，从而可以由此出发，逐步考察出这两次战事的确切年月。其中说："去载阿郎发愤，点集兵钤军人"，以下是第一次反击战的细节，足见一次反击战发生于作成这篇"儿郎伟"的"去载"，即前一年。在讲到第二次反击战时又说："不经一岁未尽，他至逆礼无边。准拟再觅寸境，便共龙家相煎。"

---

① 参见王重民：《金山国坠事零拾》。原载 1935 年 12 月《北平图书馆馆刊》九卷六期，今见王重民著：《敦煌遗书论文集》，北京：中华书局，1984 年版，第 85—115 页。

又知二次反击战与第一次相距是"一岁未尽",即不满一年;此战的原因之一是迴鹘"共龙家相煎",即迴鹘欺负"龙家"。因此,在这几个相关联的事件中,只要能确定其中之一的准确年月,其他即可随之获解。

我们可取迴鹘"共龙家相煎"一事考察年月问题。

关于龙家,《新五代史》卷七十四《四夷附录第三·回鹘传》称:"又有别族号龙家,其俗与回纥小异。"敦煌写本唐光启元年(885)张大庆抄《沙州伊州地志》残卷云:"龙部落本焉耆人,今甘、肃、伊州各有首领。其人轻锐,健斗战,皆禀皇化。"[1]龙部落亦即龙家。可知在公元885年时,龙家虽还有一部分居住于甘州(张掖郡)和肃州(酒泉郡),但已"禀皇化",即归服唐朝。

敦煌文献S.2589号详载唐中和四年(884)十一月一日肃州防戍都营田康汉君、县丞张胜君等,上给沙州归义军节度衙门的一篇状文(以下称《张胜君状》),内云:

> (前略)其草贼黄巢被尚让煞却于西川进(尽)头。皇帝迴驾,取今年十月七日的入长安(中略)。其甘州共迴鹘和断未定,二百迴鹘常在甘州左右捉道劫掠。甘州自胡进达去后,更无人来往。白永吉、宋润盈、阴清儿各有状一封,并同封角内。专差官健康清奴驰状通报,一一谨具如前,谨录状上。
>
> 牒件状如前,谨牒。
>
> 中和四年十一月一日肃州防戍都营田康汉君、县承(丞)张胜君等状。

①S.0367。录文见[日]羽田亨:《唐光启元年写本沙州伊州地志残卷考》,见万斯年辑译:《唐代文献丛考》,北京:商务印书馆,1947年版,第72—94页。

据两《唐书·僖宗纪》和《通鉴》卷二五六，中和四年（884）七月，黄巢被叛徒林言杀害，起义失败。状文写于同年十一月一日，说明此时张胜君等刚刚获悉黄巢失败的消息，同时听说僖宗拟于十月七日入长安。而写状时，"甘州共迴鹘"尚"和断未定"。这个背景及"和断"应予重视。

所谓"和断"，即谈判媾和。①那么中和四年（884）十一月初占据甘州的是谁？它同迴鹘正在进行而又未定的"和断"究竟是怎样一回事呢？

S.0389号也是肃州防戍都给归义军衙门的报告，详细叙述了迴鹘和龙家之间的和断情况，所记为某年十月三十日到十一月九日间事，内云：

> 今月七日，甘州人杨略奴等五人充使到肃州，称：其甘州，吐蕃三百，细小相兼五百余众，及退浑王拨乞狸等，十一月一日并往归入本国。（中略）。先送崔大夫迴鹘九人，内七人便随后寻吐蕃踪亦（迹）往向南；二人牵拢嘉麟，报去甘州共迴鹘和断事由。其迴鹘王称："须得龙王弟及十五家只（质）便和为定。"其龙王弟不听充只（质）："若发遣我迴鹘内入只（质），奈可自死！"缘弟不听，龙王更发使一件，其弟推患风疾，不堪充只（质。）更有迤次弟一人及儿二人内堪者，发遣一人及十五家只（质）。得不得，取可汗处分。其使今即未迴。
>
> 其龙王衷私发遣僧一人，于凉州喝末首令（领）便（边）充

---

① 参见王重民:《金山国坠事零拾》引 P.3633《沙州百姓上迴鹘天可汗书》。其中谈到迴鹘可汗狄银和张承奉之间的"和断"，亦是谈判媾和，意义至明。

使。将文书称："我龙家共迴鹘和定，已后恐被迴鹘侵凌。甘州事，须发遣嗢末三百家已来，同住甘州，似将牢古（固）。如若不来，我甘州便共迴鹘为一家讨你嗢末，莫道不报。"

其吐蕃入国去后，龙家三日众衙商量，城内绝无粮用者。拣得龙家丁壮及细小壹佰玖人，退浑达票、拱榆昔达票、阿吴等细小共柒拾贰人，旧通频肆拾人，羌大小叁拾柒人，共计贰佰伍拾柒（捌）人，今月九日并入肃州，且令逐粮居。（下缺）

这第二件肃州防戍都状，因下残而不明是何人所写及写成年份。但所记史事与《张胜君状》相联系，且时间衔接，估计也是张胜君等人接前件后又打的报告。[1]综合两件状文可知，中和四年（884）十一月初，占据甘州的是龙家，但迴鹘仍"在甘州左右捉道劫掠"。同时，龙家正与迴鹘谈判，并讨价还价。与本文关系密切的另一问题则是，到同年十一月九日，龙家和退浑、羌及其他部落之一部，因缺粮而决定放弃甘州，迁入肃州逐粮。这正是次年（光启元年，885）张大庆在《沙州伊州地志》中说龙族首领分住于甘州和肃州（此外一支在伊州），并且已"禀皇化"的由来。

那么，同龙家进行"和断"的迴鹘又是迴鹘的哪一支呢？显然，此前它们曾占据着甘州，即是甘州迴鹘，否则为何仍在甘州周围"捉道劫掠"？之所以被迫放弃甘州城逃离出去，应该是出现军事活动的结果。而力量弱小的龙家是不足以同它进行军事对抗的，只有受到外来军事力量的打击，它才会暂时放弃甘州城。我们从 P.4011 "儿郎伟"看到，张淮深归义军政权曾对龙家采取保护态度，否则不能以迴鹘

---

[1] 参见唐长孺：《关于归义军节度的几种资料跋》，载《中华文史论丛》第一辑，1962年版，第275—298页。

"共龙家相煎"作为发动第二次反击战的理由之一。也正由于此，龙家在甘州支持不住时便决定迁往肃州，以便得到沙州归义军政权的庇护。换言之，甘州迴鹘应是受到张淮深归义军政权的军事打击才暂时逃开的。

以上所说主要是暂时逃跑的甘州迴鹘和龙家之间的"和断"。那么它们之间的"相煎"又在何时？

从前引两件状文记事内容看：中和四年十一月时，已是"相煎"的尾声，因为正在谈判媾和，而不再是"相煎"时期。然而，促成这两支少数民族部落"和断"的原因何在？我认为，既然张淮深第二次反击甘州迴鹘的原因之一，是因它同龙家"相煎"，那么就只有在张淮深用武力将迴鹘击败后，才能促成这一和局。亦即是说，张淮深举行的第二次反击战应当发生于中和四年（884）十一月之前不久。

前已指出，《张胜君状》还说听到黄巢起义失败的消息。这个背景可同记载张淮深平定甘州迴鹘的"儿郎伟"相印证。P.3702残存如下一段：

> ［前缺］
>
> 　　太平。十道销弋（戈）铸戟，三边罢战休征。銮驾早移东阙，圣人再坐西京。南蛮垂衣顺化，北军伏款钦明。优诏宣流紫塞，兼加恩赐西庭。皇帝对封偏奖，驲骑已出龙城。昨闻甘州告捷，平善过送邠宁。朔方安下总了，沙州善使祗迎。比至正月十五日，毬场必见喜声。尚书封加七百，锦彩恰似撒星。（下略）

必须清楚，这篇"儿郎伟"作成于某年除夕举行的"驱傩"仪式上。作为文学作品，作者既说出了某些已发生的真实事件，同时也表达了某种良好的祝愿。他在写作前不久听到归义军奏捷使（奏报二平甘州迴鹘的捷报）已过邠宁，就推测下年正月十五日"毬场必见喜声"。因为据《变文》，一平甘州迴鹘，唐使到后就是在沙州毬场宣诏庆赏的。此外，作者还祝愿"銮驾早移东阙，圣人再坐西京"。显然写成这篇作品的那年除夕，唐天子尚未返至长安。如果已至长安，作者于此应说"銮驾已移东阙"云云。而据文献记载，唐僖宗在黄巢起义失败的次年，即光启元年（885）三月丁卯才回到长安。[①] 它使我们看到，这篇"儿郎伟"和两件《肃州防戍都状》的大背景基本一致，都成于黄巢起义失败，僖宗尚未返回长安之时。从而也就确知，张淮深二平甘州迴鹘是在中和四年（884）十一月以前不久。

为证实上述论断，再引另一首"儿郎伟"中的几句话以为佐证："昨使曹光献捷，裁（载？）中细述根源。三使莲（连）镳象魏，兰山不动烽烟。人马保之平善，月初已到殿前。圣人非常欢喜，不及降节西边。"[②] 这与前引 P.3702 所说奏捷使到达殿前的时间小异。但如果其时僖宗已返抵长安，那么作者于此也应说"已到长安"，而毋须说"已到殿前"。僖宗所以"不及降节西边"，仍因尚未结束逃难，宫阙未靖，不遑宁处所致。这些一致表明，其时僖宗确未回到长安，同史书记载相一致。P.3702 和两件《肃州防戍都状》产生的背景也完全相同。

二平迴鹘的年份既定，月份则可由《变文》来解决。《变文》在记述唐使离开沙州时说："是时也，白藏之首，[③] 境媚青苍；红桃初熟，九酝如江。天使以王程有限，不可稽留，修表谢恩，当即进发。""白

---

① 标点本《旧唐书》，北京：中华书局，1975 年版，第 720 页；标点《资治通鉴》，北京：中华书局，1956 年版，第 8320 页。
② P.3552 第一篇"儿郎伟"。
③ "白"字原残存下半，《敦煌变文集》录为"日"，误。

藏之首"即秋初，①应是农历八九月份。《变文》又云："天使才过酒泉，迴鹘王子，领兵西来。"敦煌距酒泉不远，古代只是数日路程。故知迴鹘二次进军是在唐使离开沙州数日之后，即八月底或九月初。在讨论要不要反击迴鹘时，参谋张大庆说："季秋西行，兵家所忌。"张淮深未采纳他的意见，断然出兵。由此又知张淮深二次出兵是在中和四年"季秋"，即九月。这样看来，大概是八月末或九月初，唐使离开沙州，迴鹘即来进军，九月张淮深举行二次反击战，随即获胜。而到十至十一月时，迴鹘已在同龙家讨价还价，搞"和断"了。

以下再考察第一次反击战的发生时间。P.4011"儿郎伟"告知我们两次战事的时间间隔不到一年，而且第一次反击战发生于写这篇"儿郎伟"的"去载"，已见前述。既然已知第二次反击战发生于中和四年（884）九月，那么第一次反击战的时间大限就不出中和三年（883）九月至十二月之间。早于九月，两次战争的时间间隔就超过了一年，而不再是"一岁未尽"；晚于十二月，就入"今岁"而非"去载"了，这是至为明白的。

这个时间还可以用其他诸篇"儿郎伟"和 P.3500《童谣》以及《变文》进一步证实并加以肯定。"儿郎伟"说："初春天使便到，加官且拜貂蝉"②；"莫愁东路闭塞，开春天使至前"③。《初学记》卷三春第一曰："正月孟春，亦曰……初春、开春"。这些全是古人书牍轨范中的固定用语。可知一平迴鹘后唐使于中和四年（884）正月抵达敦煌，最迟不能晚于正月底。而《变文》又说，一平迴鹘后，张淮深遣

---

① 《尔雅·释天》："秋为白藏。"郭璞注："气白而收藏。"见影印本《十三经注疏》，北京：中华书局，1980 年版，第 2607 页下栏。《初学记》卷三秋第三："梁元帝《纂要》曰：'秋曰白藏。'"原注："气白而收藏万物"。见影印本《初学记》，北京：中华书局，1962 年版，第 53 页。秋天称白藏，古已有之。

② P.3270 第三篇、第四篇"儿郎伟"。

③ P.3270 第三篇、第四篇"儿郎伟"。

使去唐天子面前奏捷："不逾旬月之间，使达京华。""不逾旬月"即不到一个月。加上唐使由中原到沙州的时间（乘驲骑，①要快一些），这一来一往，至少也需一个月左右。这样，一平迥鹘的时间也就局限于中和三年（883）十一、十二两个月之内了。如此，也正与"儿郎伟"所说"不经一岁未尽"相合。

前述讨论 P.3500《童谣》时，我们曾注意到它的起句是："二月仲春色光辉"，以下全是一平迥鹘后的喜悦气氛。现在又知唐使于中和四年（884）正月到达沙州宣诏赏赐，在毬场举行了隆重的庆祝活动，二月便产生了这件《童谣》，时间多么吻合，真是一一如合符契！

以上我们对张淮深两次平定甘州迥鹘的年月作了考定。为了论述方便，没有依照事件发生的前后次序进行，甚至是按逆推法判断的。现在再按照事件发生的前后次序概括如下：唐僖宗中和三年（883）十一到十二月之内，张淮深"自领甲兵"打到张掖，击败了甘州迥鹘的进军。随即遣使到唐天子殿前奏捷。僖宗得讯，遣使臣李众甫等前往敦煌宣诏赏赐。唐使于中和四年（884）正月到达敦煌，在毬场举行了隆重的庆功仪式。二月，便有人写出一首《童谣》，用以歌颂这一重大事件。同年八月下旬或九月初，唐使离开敦煌，踏上归途。刚过酒泉，迥鹘王子就又领兵前来，潜入西桐海畔，同时欺压在它控制下的龙族。于是张淮深于九月发动了第二次反击战，一直追到酒泉某地，迥鹘王子才发布"教"令投降。到十至十一月间，暂时逃跑的甘州迥鹘已在同龙家进行"和断"，讨价还价了。及至十一月九日，龙家和退浑、羌族以及其他少数民族之一部，因甘州缺粮，决定投靠归义军，进入肃州逐粮，由此而"禀皇化"。二平迥鹘后，张淮深又派使臣去僖宗殿前奏捷。一说十二月初已到殿前，一说十二月底方过邠宁。此后的情况

---

①S.3329《张淮深修功德文》断片原注："驲骑者，即驿马传递是也。"

因已越出本文范围，容以后再作研讨。

对于我们所定张淮深平定甘州迴鹘的两次战事发生于中和三年到四年（883—884），还可再用《张淮深变文》作一次总体检查。《变文》在记述张淮深带领唐使参观沙州开元寺时，有如下记载："尚书授（受）敕已讫，即引天使入开元寺，亲拜我玄宗圣容。天使睹往年御座，俨若生前，叹念敦煌虽百年阻汉"云云。作者于此显然是说，敦煌由陷蕃至此已有"百年"时间。目前学术界对敦煌陷蕃的具体年代虽有争议，但无出公元781至787年的七年之内。①其中罗振玉氏定在唐德宗贞元元年（785）②，下距公元884年正好相距"百年"。退一步讲，即便依其他诸说，同我们考定的年代相距也在百年左右。《变文》所记同依据其他诸种敦煌文献所定年代的一致性，并非偶然巧合，而只能再次证明本文研究的一组敦煌文献互相之间有内在联系及其时间的可靠。

五、四种文学作品的写成年月

这个问题虽已超出本文范围，但概属前所未知。随着张淮深平定甘州迴鹘史事的揭出及其年月的确定，考察《张淮深变文》等四种文学作品的写成时间就不仅必要，而且可能了。

《张淮深变文》。

我们已经查明，张淮深第二次平定甘州迴鹘的战事发生于中和四年（884）九月，而《变文》是记载了这次战事的。因此，其作成时间

---

① 参见陈国灿：《唐朝吐蕃陷落沙州的时间问题》，载《敦煌学辑刊》1985年第1期，第1—7页。

② 罗振玉：《补唐书张议潮传》，原见罗氏《丙寅稿》，1927年版；今见兰州大学编印：《敦煌学文选》（上），1983年版，第42—50页。

上限不能早于这一时间。否则，此战尚未发生，《变文》无从将其包含进去。

《变文》云："去岁官崇骢马政，①今秋宠遇拜貂蝉（左散骑常侍）。"所言"今秋"当是写《变文》的那年秋天。而张淮深于一平迴鹘后，唐授"貂蝉"官，既见于《变文》，又见于诸篇"儿郎伟"（详第二节所引），时间也在中和四年。故这个"今秋"必是中和四年秋天无疑。由此明确，这篇《变文》的下限不能晚于同年十二月底，否则"今秋"二字便无从索解。又由于第二次战事发生于同年九月，故《张淮深变文》应写成于中和四年（884）九月至十二月之间的四个月里。

九篇"儿郎伟"。

本文讨论的九篇"儿郎伟"，都不同程度地记载并歌颂了张淮深两平甘州迴鹘，再开"河陇道衢"的功绩。而且依其形式来看，都成于沙州归义军除夕举行的一次"驱傩"仪式上。既然它们直接或隐略地称扬"去载"和当年发生的两平迴鹘战事，而二平迴鹘又发生于中和四年（884）九月，则其作成时间也只能在同年除夕。诚然，也有可能这些作品早在除夕前已各自写好，只是届时才加以宣读。但无论如何，都是在这次"驱傩"仪式上问世的。

P.3500《童谣》。

上节考察张淮深平定甘州迴鹘的年月时，业已查明，它成于中和四年（884）二月，兹不赘。

P.3645诗歌。

---

① 唐授张淮深"骢马政"一职，以往误解甚多。《后汉书》卷三十七《桓荣附桓典传》："辟司徒袁隗府，举高第，拜侍御史。是时宦官秉权，[桓]典执政无所迴避。常乘骢马（青白色马——引者），京师畏惮，为之语曰：'行行且止，避骢马御史。'"（见标点本《后汉书》，第1258页）后世多用为御史或执法严峻之典。唐《骆宾王集》五《幽絷书情通简知己》诗："骢马刑章峻，苍鹰狱吏猜。"（见《全唐诗》，北京：中华书局，1960年版，第862页）可知"骢马政"乃宪台官职。

这篇作品和《童谣》一样，都只包含张淮深一平甘州迴鹘并受赏赐的史事，而不包含第二次战事。而一平迴鹘后的庆功活动发生于中和四年正月，二平迴鹘又发生于同年九月，故其作成时间大限当在中和四年（884）正月到九月之间。或者就作成于正月举行的庆功活动上，亦未可知。

张淮深平定甘州迴鹘这一重大事件，既不载于传世文献，也不见于敦煌文献的传记或历史性作品，而是通过四种不同形式的文学作品曲折地显现出来的。随着这一事件的揭示和年代的确定，敦煌文献中一些相关的官文书、墓志碑刻等都有可能获得重新解读，一些以往模糊不清的认识也有可能随之逐步得到澄清。

［原载《北京大学学报》(哲学社会科学版)1986年第 5 期，第 86—98 转 76 页］

也谈张淮深之死

唐末沙州归义军主政人张淮深之死一案，向为学界所瞩目。学者们见仁见智，聚讼纷纭。近来，敦煌研究院李永宁先生发表《竖牛作孽，君主见欺——谈张淮深之死及唐末归义军执权者之更迭》[1]一文，牢牢抓住《张淮深墓志铭》[2]中"竖牛作孽，君主见欺"一语，追根溯源，掌握了问题的关键之所在。笔者受其启迪，继续探讨，以期向史实靠近。

一、关于"竖牛作孽"

竖牛作孽，典出《左传·昭公四年》，已为李先生探明。但对这一典故的细节，似乎还有深究的必要。为了获得准确认识，现将《左传》中的相关文字节录如下：

> 初，穆子去叔孙氏，及庚宗，遇妇人，使私为食而宿焉……适

---

[1] 李永宁：《竖牛作孽，君主见欺——谈张淮深之死及唐末归义军执权者之更迭》，载《敦煌研究》1986年第2期，第15—20页。

[2] P.2913。

齐，娶于国氏，生孟丙、仲壬。梦天压己，弗胜。顾而见人，黑而上偻，深目而豭喙，号之曰："牛助余"，乃胜之。旦而皆召其徒，无之。且曰："志之。"……既立，所宿庚宗之妇人，献以雉。问其姓，对曰："余子长矣，能奉雉而从我矣。"召而见之，则所梦也。未问其名，号之曰"牛"，曰："唯。"皆召其徒，使视之，遂使为竖。有宠，长使为政。……田于丘莸，遂遇疾焉。竖牛欲乱其室而有之，强与孟盟，不可。叔孙为孟钟，曰："尔未际，绘大夫以落之。"既具，使竖牛请日。入弗谒。出，命之日，及宾至，闻钟声。牛曰："孟有北妇人之客。"怒，将往，牛止之。宾出，使拘而杀诸外。牛又强与仲盟，不可。仲与公御莱书观于公，公与之环，使牛入示之。入，不示，出，命佩之。牛谓叔孙："见仲而何？"叔孙曰："何为？"曰："不见。既自见矣，公与之环而佩之矣。"遂逐之，奔齐。疾急，命召仲，牛许而不召。（笔者案，后仲壬归国，仍为竖牛杀害）

杜泄见，告之饥渴，授之戈。对曰："求之而至，又何去焉？"竖牛曰："夫子疾病，不欲见人。"使置馈于个而退。牛弗进，则置虚，命彻。十二月癸丑，叔孙不食。乙卯卒。牛立昭子而相之。①

关于竖牛的结局，《左传·昭公五年》又记载："昭子即位，朝其家众，曰：'竖牛祸叔孙氏，使乱大从，杀嫡立庶，又披其邑，将以赦罪，罪莫大焉。必速杀之。'竖牛惧，奔齐。孟、仲之子杀诸塞关之外，投其首于宁风之棘上。"②以上便是竖牛作孽的始末。

①〔晋〕杜预：《春秋左传集解》，上海：上海人民出版社，1977年版，第1250—1251页。
②〔晋〕杜预：《春秋左传集解》，上海：上海人民出版社，1977年版，第1258页。

这个典故有如下要点：（一）竖牛和孟丙、仲壬是同父异母兄弟而不和，竖牛为庶子，孟丙、仲壬为嫡子；（二）竖牛之所以搞了那么多欺骗父亲的勾当，是"欲乱其室而有之"；（三）竖牛之所以是竖牛，就是因为他杀害兄弟而逼死父亲；（四）竖牛作孽之后，自己并未继位，而是"立昭子而相之"；（五）昭子对竖牛并未宠信，必欲杀之，竖牛终被孟丙、仲壬的儿子杀死。

历史不可能依样画葫芦地重演，但《张淮深墓志铭》的作者张景球使用这个典故来暗喻张淮深之死，其死因必然同"竖牛作孽"之典相去不远，否则使用这个典故就没有意义。我们应当沿着这条线索去继续寻找张淮深的死因。

二、S.5630《张淮深造窟记》的启示

P.3720《张淮深造窟记》是张淮深开凿莫高窟第94窟的文字记录，为学术界所共认。但是以往人们只瞩目此件，而忽略了同一内容的另一种抄本，即 S.5630。此件前后上下均有残缺，保留文字不及 P.3720 为多。但尾部7行残文，为 P.3720 所无，其中有张淮深的子嗣名单。现将尾部10行移录如下（行次为笔者所加，非原行）：

1. _____胜司斯毕，功将就焉。夫人_____
2. _____德，淑行兼仁，闺门处治理_____
3. _____尊不弃于蚕桑，在贵不忘_____
4. _____受宠光，花笺出降于_____
5. _____虔诚奉托，共建莲宫，远_____

6. ⬚⬚⬚⬚⬚延晖、次延礼、次延兴①、次延嗣、次⬚⬚⬚⬚

7. ⬚⬚⬚⬚⬚称龙驹，学通九部之书，更⬚⬚⬚⬚

8. ⬚⬚⬚⬚⬚堪柱石，他年捧钺，承（？）德⬚⬚⬚⬚

9. ⬚⬚⬚⬚⬚继擒龙之族。宗人敦煌释门⬚⬚⬚⬚

10. ⬚⬚⬚⬚⬚三年之内，实效驱驰，成吾⬚⬚⬚⬚

　　第4至10行是S.5630比P.3720多出的文字。结合P.3720可知，这部分内容是在叙述完张淮深开凿第94窟的功德后，接着对其夫人颍川郡君陈氏和子嗣进行赞美。第6行提到的人名有：延晖、延礼、延兴、延嗣四人。可惜文字残失严重，否则张淮深儿子的名字还能再见到一些。

　　《张淮深墓志铭》中，与他同时殒毙的除夫人颍川郡君陈氏，还有六子，即"长曰延晖，次延礼，次延寿，次延锷，次延信，次延武等，并连坟一茔。"其中延晖、延礼同见于S.5630《张淮深造窟记》残文，但延兴、延嗣二人，《墓志铭》却未提及。延兴、延嗣同是张淮深之子，但张淮深被杀时他们并没有死。此外还有张淮深一女也没有死。②可以推测，如果S.5630保存完整的话，那么张淮深可能还有一些未被杀掉的儿子名列其中。以往认为张淮深"举室殒毙"的说法是不合事实的。

　　同是张淮深之子，为何在一场变乱中有的被杀掉，有的却仍活着？这种现象同"竖牛作孽"之典又有何关系？

　　目前尽管资料奇缺，但我们不难做出如下推测：在这场"变生肘腋"的祸乱中，张延兴、张延嗣二人同其父张淮深及张延晖等六兄弟，还有张淮深夫人陈氏并非同一势力集团。如果是同一势力集团的话，

---

①原件草书作"㳁"，本字当是"興"，即"兴"字俗体。
②见P.3556《周故南阳郡娘子张氏墓志铭》。

那么延兴、延嗣二人也同样在劫难逃。

前已指出，"竖牛作孽"的特点之一是杀害兄弟还逼死父亲。我们认为延兴、延嗣二人同其父张淮深等人不是同一势力集团，那就不能排除张淮深等人死于延兴、延嗣之手的可能。如果这个推断不误，则张延兴和张延嗣既杀了父亲，又杀了兄弟，同室操戈，与竖牛的行为正相一致。

"竖牛作孽"的另一特点，是他作乱之后自己并未继位，而是立了其父之庶子叔孙婼（即昭子）并辅佐他。目前普遍认为张淮深死后首继其位者是张淮鼎。[①]如果结合"竖牛作孽"来考虑，那么张淮鼎就应是延兴、延嗣扶立起来的。至于张淮鼎究系何人，因材料过分贫乏，还缺乏更深入的了解。但据其"淮"字行，可知是张淮深的同辈兄弟。李永宁先生认为他是张议潮之子，恐怕仍有可商之处。我认为他不一定是张议潮之子，而可能是张淮深的异母兄弟，即张议谭之"庶子"。

据 P.2762《张淮深修功德文》断片所载，张淮深之父张议谭在咸通八年（867）张议潮入京之前，已"先身入质"，后以七十四岁之龄死于长安永嘉坊之私第。夫人钜鹿郡君索氏亦死于长安，"敕祔葬于月登阁北茔"。这是随同张议谭入京的一房夫人。此外，我们发现张议谭还有另一房夫人。P.3552 有四篇《儿郎伟》，其中第二篇云：

> 驱傩圣法，自古有之，今夜扫除，荡尽不吉，万庆新年。长使（史）千秋万岁，百姓猛富足钱。长使大唐节制，无心恋慕腥膻。司马敦煌太守，能使父子团圆。今岁加官受爵，入夏便是貂蝉。太夫人表入之后，即降五色花笺。正是南杨（阳）号国，封邑并在新

[①]《唐宗子陇西李氏再修功德记》作"张淮□"，缺字李永宁先生据《伯希和笔记·敦煌洞窟题记》释为"鼎"。笔者未睹原件，姑从李说。

年……从此敦煌无事，城隍千年万年。①

对于这篇《儿郎伟》，我在《张淮深平定甘州迴鹘史事钩沉》②一文中已作过较为详细的考证，证明其中所载是唐中和三年（883）到四年（884）张淮深两次平定甘州迴鹘时的史事，其作成时间在中和四年（884）除夕。文中提到"太夫人表入之后，即降五色花笺，正是南阳号国，封邑并在新年"，说明张淮深的南阳郡开国公封爵是由于"太夫人"在中和四年（884）给皇帝上表求授而得，并非自封。这位太夫人亦应是张淮深之母，同前述与张议谭"连镳归觐"并客死于长安的索氏夫人并非一人。可知张议谭至少有两房夫人。既有两房夫人，于夫人来说就有妻、妾之分，于子嗣则有嫡、庶之别。考虑到张淮鼎与张淮深均以"淮"字行，则张淮鼎是张议谭之庶子、张淮深之庶母兄弟的可能性也就非常之大。进而也就可以推测，张延兴、张延嗣杀死父兄之后，立了其父之庶母弟，亦即他们的叔叔而继位。再比较"竖牛作孽"之典，竖牛立的是其父叔孙豹之庶子，即他的兄弟辈人，而张延兴、张延嗣立的则是其父之异母兄弟。所立者辈分虽有差别，但均属"庶"出。

那么这场公案的基本情况应该是：张淮深的儿子张延兴、张延嗣杀死了张淮深和延晖、延礼等六兄弟及张淮深夫人颖川郡君陈氏，然后扶立张淮深的异母兄弟张淮鼎主政。正是因为有这样的相似事件，《张淮深墓志铭》的作者张景球才用"竖牛作孽"之典暗示这一血案，并表示自己的愤懑。

---

① 释文见周绍良：《敦煌文学"儿郎伟"并跋》，载文化部文物局古文献研究室编：《出土文献研究》第一辑，北京：文物出版社，1985年版，第175—183页，引文见178页。

② 邓文宽：《张淮深平定甘州迴鹘史事钩沉》，载《北京大学学报》（哲学社会科学版）1986年第5期，第86—98转76页。

三、张淮深死于阋墙之争的家庭因素

　　李永宁先生认为张淮深死于阋墙之争，这是对的。不过，认为张淮深死于张淮鼎之手，却令人生疑。如果是淮鼎杀死了淮深，那么比照"竖牛作孽"之典，就只有杀死兄弟一节，既无逼死父亲的一节，也无扶立的一节。再者，若淮深死于淮鼎之手，那么，延兴、延嗣能不为其生父报仇么？张淮鼎为何又要留此祸根呢？显然这样解释颇有困难。而依据我们上面的分析，则同"竖牛作孽"之典几尽一致，而且也可大致说明为何延兴、延嗣二人未被同时杀害，以及张淮鼎继掌归义军大政而未被立即推翻之一节。

　　这里我们再对张淮深死于阋墙之争的家庭因素略作分析。将S.5630《张淮深造窟记》同 P.2913《张淮深墓志铭》综合统计，张淮深至少有八个儿子，他们是：延晖、延礼、延寿、延锷、延信、延武（以上为被杀者）、延兴、延嗣。依其排行来看，在S.5630《张淮深造窟记》中，延兴、延嗣排在延晖、延礼之后，而在《墓志铭》中延晖是长子，这样就可知延兴、延嗣是张淮深之第三、第四子。他们同大哥延晖、二哥延礼岁数相去不应太远，而长于其他四子。那么，这八个儿子会是同母所生么？看来可能性不大。除此八子之外，张淮深至少还有一个女儿，即那位"周故南阳郡娘子张氏"①。由于资料极少，我们无从得到张淮深子女的总数字，但仅据断简残编就已知张淮深有9个子女。可以推断，实际数字可能还要多。众多的子女为同一夫人所生，这是令人难以置信的。

　　妻妾制度是中国古代地主阶级婚姻家庭的一大特点，张氏家族亦

---

① 参 P.3556《周故南阳郡娘子张氏墓志铭》。

然。张议潮有几房夫人，我们不得而详，但《唐宗子陇西李氏再修功德记》就已提到，李明振之妻是"南阳郡君张氏，即河西万户侯、太保张公第十四之女"，可知张议潮至少有十四个女儿，他决不是只有一房夫人，而是几房夫人。张淮深的父亲张议谭至少有两房夫人，前已考知。那么作为张议潮继承人的张淮深也不可能只有一房夫人，因为我们现知他至少有九个子女，实际数字可能还多，不会是一母所生。

妻妾矛盾和嫡庶之争历来都是封建家庭的大难题，也是封建家长常常束手无策的问题。即使像唐高祖李渊，也无良策解决太子李建成、四子李元吉同李世民之间的纷争，最终演出了"玄武门之变"的流血事件，遑论执政于边陲的张淮深！张淮深被杀时年已五十九岁，虽不算高龄，但可以想见其子多已长成，尤其是延晖、延礼、延兴、延嗣这四个较大的儿子更当如此。其时中原多故，华土不宁，唐王朝国将不国，而张氏在沙州两代执政已有40余年之久，军政大权均在手中。那么张淮深身后谁掌大权，不能不成为诸子最关心的现实问题。正是围绕这一利益攸关的问题，张氏家族演出了一幕血案，张淮深也不幸殒毙于其子之手。考虑到竖牛是以庶子杀嫡子的，而张淮深也不止一房夫人，我认为张延兴、张延嗣是张淮深庶子的可能性同样很大。

张氏家族的阋墙之争实际上是一件丑闻。正由于此，作为张氏大家族成员的张景球，在为其"府君伯"张淮深作墓志铭时才不直书其事，而用曲笔，大概也是出于家丑不可外扬的考虑。如果张淮深死于他姓之手，那么可以相信，除了某种不得已的缘故，张景球都会直书其事，大加笔伐的，而他却不这么做。这也反证张淮深是死于阋墙之争，张景球确有难言之隐。出于愤激和无奈，他才在《墓志铭》中"铭曰"："哀哉运戏，蹶必有时。言念君子，政不遇期。竖牛作孽，君主见欺。殒不以道，天胡鉴知？南原之礼，松楸可依。千古之后，世复何之？……"愤激和悲悯之情跃然纸上。

对于张淮深的死因，持论可谓多矣。然而不论哪种观点，至今都受到资料的严格限制，只能是推测，本文也不例外。然而，这或许对最终解开此迷仍不无助益。

（原载《敦煌研究》1988年第1期，第76—80页）

敦煌文献《河西都僧统悟真处分常住榜》管窥

敦煌文献 P.2187 存有一件归义军时代的文书，很久以来，深受中外"敦煌学"者的密切关注。经过长期不懈的努力，学者们对其所包含的深刻内容，不断有所发明。不过，也并非没有再加深究的余地。这里即在前贤研究的基础上再作一些探讨。对于文书中"常住百姓"的身份和经济地位，以及它对寺院的人身依附关系，前贤论列已多，不是这里讨论的重点。这里着重对文书本身的一些问题进行讨论，以就正于中外博雅之士。

一、现存文书录校

首先需要说明的是，现存这件文书并非原始文件，而是后人的重抄件，而且未抄完即行搁笔。P.2187 总共有三项内容：《破魔变一卷》《四兽因缘》和本件文书。在《破魔变一卷》之后，原有抄写者的题记："天福九年（944）甲辰祀黄钟之月蓂生拾叶，冷凝呵笔而写记。居净土寺释门法律沙门愿荣写。"而同号三件的笔迹完全相同，可知这件不完整的文书也是由愿荣抄写的。在敦煌文献中，即便是原始文书，错讹衍倒也司空见惯，更不用说是经后人之手再抄一过或几过的文书。职是之故，现存这件文书有不少晦涩难明之处，中外学人的录文也就出现了一些差别。现据缩微胶卷，并吸收中外学者的意见重新过录。对于各家不同意见以及笔者的认识，出校记予以说明。

1.因兹管内清泰，远人来暮（慕）于戟门。善能抑强，龙家披带而生降，达讪似不呼

2.而自至，昔为狼心敌国，今作百姓驱驰。故知　　三宝四王之力，难可校量，陪（倍）（1）更遵

3.奉盈怀，晨昏（2）岂能懈怠。今既二部（3）大众，于衙恳诉，告陈　　使主，具悉根源，

4.敢不依从众意。累　　使帖牒，处分事件，一一丁宁，押印指捺，连粘留符（4），合

5.于万固。应诸管内寺宇，盖是先帝　　敕置，或是贤哲修成，内外舍

6.宅、庄田，因乃信心施入，用为僧饭资量；应是户口家人，坛（檀）越将持奉献，永

7.充寺舍居业。世人共荐共扬，不合侵陵，就加添助，资益崇修，不陷不倾

8.号曰常住。事件一依旧例，如山更不改移。除先故　　太保诸使等世上给状

9.放出外，余者人口，在寺所管资庄、水硙、油梁，便同往日执掌任持（住持执掌）（5）。自

10.今已后，凡是常住之物，上至一针，下至一草，兼及人户，老至已小，不许

11.倚形恃势之人，妄生侵夺，及知典卖。或有不依此式，仍仰所由具

12.状申官，其人重加形（刑）责；常住之物，却入寺中，所

出价直，任主自折。其

13.常住百姓亲伍礼，则便任当部落结媾为婚（6），不许共乡
司百姓

14.相合。若也有违此格，常住丈夫私情共乡司女人通流，所
生男女，

15.收入常住，永为人户驱驰，世代出（无）容出限（7）。其
余男儿丁口，各须随

16.寺料（科）役，自守旧例，不许（下空）（8）

（1）陪：原文如此。唐耕耦、陆宏基《敦煌社会经济文献真迹释
录》第四辑（全国图书馆文献缩微复制中心，1990年，第158页）从
原字，未作校改。仁井田陞《唐末五代的敦煌寺院佃户关系文书》（原
载《西域文化研究》第二册，译文载《敦煌学译文集》，甘肃人民出版
社，1985年版，第856页）已注意到"陪"字可能有问题，故特别注
明"原文如此"。藤枝晃《沙州归义军节度使始末〔四·完〕》（《东
方学报》京都版十三册之二，1942年8月）也注意到这个字可能有误。
谢和耐《中国五—十世纪的寺院经济》（耿昇译，甘肃人民出版社，
1987年版，第133页）认为"陪"乃"倍"字之别，故在原文后括出
以示校改。姜伯勤在其论文《论敦煌寺院的"常住百姓"》（载《敦煌
研究》1982年试刊第1期）改"陪"作"倍"，但在其专著《唐五代敦
煌寺户制度》（中华书局，1987年版，第150页）又从原字作"陪"，
不知何故？按，在敦煌吐鲁番文献中，倍、陪、赔三字常常互借，其
例甚多，不必赘证。今从谢和耐氏之说。以下凡引上述论著，除必要
者，概不作注。

（2）晨昏：唐耕耦等将此二字属上读，成"陪更遵奉盈怀晨昏，
岂能懈怠"，实误。二字当从诸家属下读。

（3）二部：谢和耐氏在"二部"后的括号中注为"僧和尼"，姜伯勤从其说，认为是"僧尼二部大众"，这是需要商榷的，详正文。

（4）符：唐耕耦等录作"傅"，误。当从诸家之说。

（5）执掌任持：此句颇难索解。姜伯勤、仁井田陞、藤枝晃、谢和耐均照录不改。唐耕耦、韩国磐（见堀敏一著《均田制的研究》中译本，福建人民出版社，1984年版，第303页）改"任"为"住"，当是。但"执掌住持"仍难通解。我意原文当作"便同往日住持执掌"。"住持"乃一寺之主，田宅、产业、人口均在其执掌之中。

（6）其常住百姓亲伍礼，则便任当部落结媾为婚：唐耕耦将"则"字属上读，成"亲伍礼则"，当从诸家属下读。又，"亲伍"或为俚语词，"礼"字疑是"里"字之别，详正文。

（7）永为人户驱驰，世代出（无）容出限：除唐耕耦外，诸家均断句为："永为人户，驱驰世代，出容出限。"案，"永"与"世代"为对文，均是永久之意，故唐氏断句甚是，今从之。出（无）容出限：姜伯勤、仁井田陞、藤枝晃、谢和耐均从原字不改；唐耕耦、韩国磐认为当作"不容出限"，颇有见地。然我意以作"无容出限"更妥。S.2575背六《普光寺道场司差发榜》第9—10行"如有不来者，必当重罚，的无容免"，可比证。

（8）（下空）：姜伯勤、谢和耐、唐耕耦注"以下空白"或"下空"；仁井田陞、韩国磐、藤枝晃注为"下阙"或"以下阙文"。按，原文书的确未抄完，"不许"二字后是空白，注"下空"即准确表明原未抄完。

二、文书原形成年代推测

前已说明，这件文书并非原始文件，而是五代时沙门愿荣的重抄件，且未抄完，故而未見明確紀年。對于原文書的形成年代，學者們曾有過許多推測性意見。那波利貞先生認爲，這份文書的寫成年代雖是五代初期，但以其文句的内容來説，大概在中晚唐時代就已經實行了。藤枝晃先生認爲是張議潮去世（872）之後張氏時代的，仁井田陞先生贊同藤枝氏的意見。①謝和耐先生認爲"可以確定爲9世紀末到10世紀初"。②姜伯勤先生則認爲"很可能寫于索勛篡權期間"。③應該説，這些意見都很有參考價值。但所定年代，或嫌疏闊，或理據欠足，因此仍需細究。

學者們普遍注意到，文書中有"除先故太保諸使等世上給狀放出外"一語，認爲這個"故太保"是指張議潮，因此文書成于張議潮去世（872）後的一段時間裏，這是可以認同的。

此外，文書中還有更爲重要的信息："龍家披帶而生降，達訥似不呼而自至，昔爲狼心敵國，今作百姓驅馳。"其中"達訥似"的族屬與性質，因資料有限，尚待考實，但龍家即龍部落的族屬以及他們在公元9世紀80年代中葉的活動情況，却是大致清楚的。

S.0389號是肅州防戍都給歸義軍衙門的一件報告文狀，詳細叙述了甘州回鶻同龍家之間的和斷情況，所記爲某年十月三十日到十一月九日間事，内云：

> 今月七日，甘州人楊略奴等五人充使到肅州，稱：其甘州，吐蕃三百，細小相兼五百餘衆，及退渾王撥乞狙等，十一月一日并往

---

① 那波利貞、藤枝晃、仁井田陞三人對文書年代的意見，請參姜鎮慶、那向芹：《敦煌學譯文集》，蘭州：甘肅人民出版社，1985年版，第855—856頁。

② ［法］謝和耐著，耿昇譯：《中國五—十世紀的寺院經濟》，蘭州：甘肅人民出版社，1987年版，第134頁注1。

③ 姜伯勤：《唐五代敦煌寺户制度》，北京：中華書局，1987年版，第152頁。

归入本国。（中略）先送崔大夫迴鹘九人，内七人便随后寻吐蕃踪亦（迹）往向南；二人牵拢嘉麟，报去甘州共迴鹘和断事由。其迴鹘王称："须得龙王弟及十五家只（质）便和为定。"其龙王弟不听充只（质）："若发遣我迴鹘内入只（质），奈可自死！"缘弟不听，龙王更发使一件，其弟推患风疾，不堪充只（质）。更有地次弟一人及儿二人内堪者，发遣一人及十五家只（质）。得不得，取可汗处分。其使今即未回。

其龙王衷私发遣僧一人，于凉州嗢末首令（领）便（边）充使。将文书称："我龙家共迴鹘和定，已后恐被迴鹘侵凌。甘州事，须发遣嗢末三百家已来，同住甘州，似将牢古（固）。如若不来，我甘州便共迴鹘为一家，讨你嗢末，莫道不报。"

其吐蕃入国去后，龙家三日众衔商量，城内绝无粮用者。拣得龙家丁壮及细小壹百玖人，退浑达票、拱榆昔达票、阿吴等细小共柒拾贰人，旧通颊肆拾人，羌大小叁拾柒人，共计贰佰伍拾柒（捌）人，今月九日并入肃州，且令逐粮居。（下缺）

经研究，这件状文作成于中和四年（884）十一月。[1]所叙述的是甘州迴鹘同龙家之间的和断（即谈判媾和）情况。后因缺粮，龙家无法在甘州居住下去，于是移往肃州"逐粮居"住，归降于归义军政权的统治。正因有此事件的发生，故次年即唐光启元年（885），张大庆在其所抄《沙州伊州地志》残卷中说："龙部落本焉耆人，今甘、肃、伊州各有首领。其人轻锐，健斗战，皆禀皇化。"[2]

---

①参见唐长孺：《关于归义军节度的几种资料跋》，载《中华文史论丛》第1辑，1962年版，第275—298页；邓文宽：《张淮深平定甘州迴鹘史事钩沉》，载《北京大学学报》（哲学社会科学版）1986年第5期，第86—98转76页。

②S.0367。

以上说明，龙家是在中和四年（884）冬归降于归义军政权管辖的。而本文讨论的这件文书称"龙家披带而生降"，显然也是说龙家刚刚归降的情况。如果相距时日已远，文书也就不会再用这种因欣喜而溢于言表的语气了。

姜伯勤先生同样注意到"龙家披带而生降，达讷似不呼而自至"这两句话在确定本文书年代时的重要价值。他将这两句话同《张淮深造窟记》①中相似的文句加以比较，并参照其他敦煌文献，认为"本件文书可能写于张淮深之时"。但同时又说："从文书中提到'先故太保诸使等世上'，则追溯到不止张淮深一代，至少有二代始可称'等世'，因之，本件亦很可能写于索勋篡权期间。"对此，我认为"故太保"是指张议潮，"诸使"范围却较广，既可是节度使，又可是沙州刺史等。"先"字在这里既是"故太保"的限定语，又是"诸使"的限定语。那么就不能不考虑张淮深之父张议谭曾任过沙州刺史②的问题。至于"等世"，则不能独立成词，"等"字当属上读，"世"字当属下读。"世上"即在世期间。这样，"先故太保诸使等世上给状放出"，说的就是张议谭、张议潮时代的情况。换言之，文书当成于张淮深时代，即唐中和四年（884）稍后不久的光启年间（885—887）。这同前述龙家投归归义军政权的时代背景是完全一致的。退一步讲，就是再将文书形成年代的时限放宽，也不会晚于张淮深死去的大顺元年（890）。

三、文书的整体性

我所以提出这个问题，是由于不少论者在研究这件文书时，往往

---

①P.3720及S.5630。

②《张淮深修功德文》（S.6161+S.3329+S.6973+P.2762+S.11564）云："诏令承父之任，充沙州刺史"，可证张议谭曾任沙州刺史。

只强调"常住百姓"的各种问题，而忽略了其他方面。因此，必须将文书当作一个整体看待，才能确定"常住百姓"在其中居有的位置。

细审原文书，现存内容大致可分为三部分，第一部分由开头至"合于万固"（1~5行），是讲之所以要发这个文件的原因。第二部分由"应诸管内寺宇"至"便同往日住持执掌"（5~9行），是说明寺院财产及人户的来源，凡"常住""一依旧例"，"更不改移"。第三部分由"自今已后"至末尾"不许"二字（9~16行），是强调寺产及人户不受侵犯，以及对违犯者的处置方法。我们必须将这三部分内容连贯对待，才能对文书有一个全面、清晰的认识。

首先，发出文书的缘起是由于龙家和达讷似的投诉。文书对这两个部落百姓的归服，表示了由衷的喜悦，并将这一成就归功于"三宝四王"之伟力。接着称："今既二部大众，于衙恳诉，告陈使主，具悉根源，敢不依从众意"云云。"二部"何所指？谢和耐先生在"二部"后的括弧中注为"僧和尼"，其后姜伯勤先生踵其说。我们不知将"二部"理解为"僧和尼"的根据究竟何在？也许是因为在敦煌文献中"二部"常常用指"僧"和"尼"两个部落的缘故。但在本件文书中却很难作这样的理解。我认为，文书开头已讲到龙家和达讷似的归降，龙家又称"龙部落"，见于前引张大庆抄《沙州伊州地志》残卷，显然这里的"二部"只能是龙家和达讷似两个部落，而非用指其他，更不可能是"僧和尼"。龙家和达讷似之所以要到归义军使衙向张淮深恳切投诉，显然是发生了某种事情，而他们自身又无力对付，只好求助于官府力量的保护。那么，究竟发生了什么事情才使这两个部落不得不投诉于归义军节度使衙呢？由于原文书未作交待而不甚明了，但仍可据文书下文作一些推测。文书称："自今已后，凡是常住之物，上至一针，下至一草，兼及人户，老至已小，不许倚形恃势之人，妄生侵夺，及知典卖。"如果其时没有发生过形势户即地方豪强对寺产及人户的侵夺和典卖，文书这段文字便无的放矢。反之，便可获知，正由于出现了这类情况，龙家、达讷似深受其害，又无力抗拒，才不得不向归义军节度使衙投诉，寻求保护，进而也才有本文书的产生。

其次，龙家、达讷似仅是"常住百姓"的一部分。谢和耐先生在征引文书开头关于龙家、达讷似归服的文字后注道："这卷文书意味着在沙州寺院的民户中有许多胡族人。"[1]这是完全正确的。令人惋惜的是，他却将此后的"二部"理解成了"僧和尼"，由此偏离了研究这件文件的正确轨道。我们知道，大中二年（848）张议潮起义之后，对于境内的少数民族，曾将一部分划为乡管百姓，另一部分则仍保留了原有的部落组织。[2]而张淮深时代，归义军政权还曾将一些归降的少数民族部落安置在寺院中，成为"常住百姓"，前人对此措意不多，而由本件文书得到证实。若果其时龙家、达讷似未曾安排在寺院中，成为"常住百姓"的一部分，那么文书在处理有关问题时，就不会只强调"常住"，而不过多地谈论这两个部落的问题。而发出文书的缘起却是由于这两个部落的投诉，显然他们已包含于"常住百姓"之中，否则就是牛头不对马嘴了。

再次，文书中的处理意见，既是面对所有常住百姓的，又考虑到少数民族的特性。文书称："其常住百姓亲伍礼，则便任当部落结媾为婚，不许共乡司百姓相合。"按，"亲伍"或为俚语词，而"亲伍礼"至今仍难索解。我怀疑"礼"乃"里"字音同而别。如果推断不误，文书强调的就是，在常住百姓"亲伍里"，本部落结媾为婚，而不许同乡管百姓通婚，其着眼点恰在于常住百姓中的某些少数民族特性问题。

---

[1] [法]谢和耐著，耿昇译：《中国五—十世纪的寺院经济》，兰州：甘肃人民出版社，1987年版，第133页注④。

[2] 参见荣新江：《归义军及其与周边民族的关系初探》，载《敦煌学辑刊》1986年第2期，第24—44页。

文书下文云："其余男儿丁口，各须随寺料（科）役。"如果"常住百姓亲伍礼（？）"是指所有的常住百姓，那么"其余男儿丁口"又是指什么人？显然"常住百姓亲伍礼（？）"与"其余男儿丁口"都只是常住百姓的一部分。而"当部落"也就是"本部落"。似乎可以说，文书所谈的婚姻问题，是直接针对少数民族而言的。通观文书中对于婚姻问题的处理意见，我认为有两层含意：一是常住百姓不许同乡管百姓通婚，二是在常住百姓自身范围内，少数民族自相婚配。诚然，由于"亲伍礼"三字至今不能完全通解，我这个意见仍仅是推测性的。

概而言之，本件文书的产生是由于龙家和达讷似向归义军节度使衙投诉而引起；其时归义军所管寺院中有一些少数民族民户居住，成为"常住百姓"的一部分。在婚姻问题上，规定"常住百姓"不能同乡管百姓通婚，而在其内部，各少数民族则在本部落里通婚。文书中的龙家、达讷似和"二部""当部落"之间有内在联系，不宜割裂。

四、文书的定名

迄今为止，由于学者们对文书的内容和性质在理解上存在不少差异，因而也就给出了许多不同的名称。那波利贞先生是最早研究这件文书的，他定名为"维护寺院特权宣言"，[1]而藤枝晃先生则定名为"安堵寺院常住状"。[2]据仁井田陞先生介绍，藤枝晃定名中的"安堵"一词是借助于日语而使用的，因而他不赞同藤枝氏的定名。至于仁井田陞本人，则未专门讨论本文书的定名问题，只是在一个注中称为

---

[1]［日］那波利贞:《梁户考》,载《支那佛教史学》二卷四期,1938 年 3 月。
[2]［日］藤枝晃:《沙州归义军节度使始末(四·完)》,载《东方学报》(京都版),十三册之二,1942 年 8 月。

《敦煌寺院维护常住文书》。[①]谢和耐先生虽然也研究了这件文书，但却未给出一个他认为合适的名称。唐耕耦先生称之为"保护寺院常住物常住户不受侵犯帖"。姜伯勤先生则定名为"敦煌诸寺奉使衙帖处分常住文书"，并认为："从这篇文字来看，本件内容当是一件以使衙帖文（通知书一类的下行文书）为法律根据的榜文，即公告。"[②]

以上诸家所定名称，实际上反映了对这件文书的研究不断深入的过程。而在这一过程中，学者们的认识越来越接近文书的实质了，但仍然不尽如人意，似乎也还有加以讨论的必要。

我认为，要给这件文书确定一个准确的名称，必须把握如下几个问题：（一）文书是由哪个部门或哪个人发出的；（二）文书属于什么性质；（三）文书的主体内容是什么。在此基础上才有可能将其名称确定得更加精确。

细读文书不难发现，现存部分有五处空字以示尊敬（即敬空）。它们是：（一）"故知　　三宝四王之力"；（二）"告陈　　使主"；（三）"累　　使帖牒"；（四）"盖是先帝　　敕置"；（五）"除先故　　太保诸使等世上"。其中（一）（四）两项在文书产生的时代任何人都可使用，姑置不论，其余三项则应引起重视。第（五）项在张议潮去世后，归义军节度使衙和敦煌僧俗民众也都可以使用，仍然不能用于讨论文书的定名。真正具有价值的是（二）（三）两项。我们从敦煌文献中看到，归义军节度使在其所下发的公文中可以自称为"使"，见于 S.1604 第一件张承奉的帖文，但却未见自称为"使主"的。"使主"是归义军政权的下属部门和人员对于节度使的尊称，见于 S.1604 第二件帖文。

①［日］仁井田陞：《唐末五代的敦煌寺院佃户关系文书——关于限制佃户人格自由的规定》，今载中国敦煌吐鲁番学会主编：《敦煌学译文集》，兰州：甘肃人民出版社，1985 年版，第818—870页，参第870页注③。

②姜伯勤：《论敦煌寺院的"常住百姓"》，载《敦煌研究》试刊第1期，1981年，第43—55页。

而且从使用敬空来说，只有臣下对主上才使用，这一制度为唐代公式令中的平阙式所规定，①但后来在归义军政权的上下级关系上也被广泛地使用了。从使用敬空和"使主"这一称谓看，可以断定，这件文书不是归义军节度使衙发出的，而是由它属下的某一个部门发出的。

其次，文书也告诉了我们接受文书的部门和对象。文书称："事件一依旧例，如山更不改移。……余者人口，在寺所管资庄、水硙、油梁，便同往日住持执掌。"住持是寺院的主管，即三纲（寺主、上座、都维那），时称"纲管"。文书又说："或有不依此式，仍仰所由具状申官。""所由"是唐代公文中的习惯用语，指主管部门或主办人员，如在S.1604第二件帖中就称为"所由纲管"。因此，本文书中的"所由"，仍是承接上文用指各寺住持的。可以说，文书的下达对象之一是各寺住持。此其一。其二，文书又反复提到常住百姓等寺院依附人口，时称"徒众"。因此，至少可以说文书的下发对象是各寺院的住持和徒众。

再次，文书还说"应诸管内寺宇"云云，从行文语气看，发文书者又是负责管理各寺院事务的。若不具有这样的身份和地位，他也就不会向各寺院的住持和徒众说这样的话。

由以上讨论可知，发出文书的机构应是归义军管辖下的某个部门，而这个部门又是管理寺院事务的权力机构。介于归义军节度使衙和各寺院之间，又负责僧务的机构，就只能是都僧统司，舍此别无他求。都僧统司是归义军时代的最高僧政机构，在归义军政权的保护和支持下，曾经进行过大量活动，敦煌文献中许多公文都是它们留下的档案文书，本件文书反映的活动即其一。而在张淮深时代（867—890主

---

① 《唐六典》卷四"礼部郎中员外郎"条。见陈仲夫点校：《唐六典》，北京：中华书局，1992年版，第113页。

政），主持都僧统司的是著名高僧悟真（869—895任都僧统）。①这就是说，本件文书是由河西都僧统悟真发出的。

至于文书的性质，前贤或曰"宣言"，或曰"状"，或曰"文书"，或曰"榜文"，不一而足。"宣言"是用现代术语套在古代文书上使用的，实不足取。"状"是上行文书，在敦煌文献中为数极多，与本件下行文书完全不合。"文书"则是泛称，仍旧不能反映本件的特质。真正需要讨论的是，本件究竟是"帖"还是"榜"？

在敦煌文献中，我们看到相当数量由都僧统司下发的帖和榜。一般来说，帖是通知书一类的文件，榜则属于公告一类。二者的区别在于，帖是向有关人员和机构下发的，而不向社会大众公布；榜则直接向社会公布，范围更大一些。但有时帖和榜的区分并不十分严格，如S.2575背七，前称"普光寺道场司差发榜"，落款却署为"三月四日帖"②，这就给我们确定本件的性质带来了难度。

我认为，解决这个问题的关键恐怕仍在于它的下发对象和范围。前已指出，本件文书的下发对象至少包括寺院的住持和徒众，但仅仅这样理解是不够的。诚如仁井田陞先生在引述了文书中"余者人口……任主自折"一段话之后所说的那样："文书中所说的这段话，并不是对一个寺院的一个庄园说的，而是作为所有敦煌寺院的共同规定来说的。特别是针对掠夺常住物的有权势者说的。"③这个意见基本上是正确的。我要补充的是，文书的下发范围不限于"敦煌寺院"，而是都僧统司管辖下的所有寺院以及广大社会民众。如果是帖，那么其下发对象就只

---

① 参见荣新江：《关于沙州归义军都僧统年代的几个问题》，载《敦煌研究》1989年第4期，第70—78页。

② 唐耕耦、陆宏基：《敦煌社会经济文献真迹释录》（第四辑），全国图书馆文献缩微复制中心，1990年版，第146页。

③ 中国敦煌吐鲁番学会主编：《敦煌学译文集》，兰州：甘肃人民出版社，1985年版，第858页。

限于都僧统司管辖下的各寺院。但文书同时明确针对社会上的形势户，因此，仅仅向寺院发出"帖"文是不够的，必须向广大社会民众公布，以显示其法律性。这就是说，本件文书应是一件榜而不是帖。

就这件榜文的主体内容而言，虽然其起始原因是龙家和达讷似两部落的投诉，但如前所述，他们自身又是常住百姓的一部分，因此，在奉使衙帖文处理他们的投诉时，将有关寺院的人户和寺产即"常住"一并要求加以保护，同时也申明了对违犯规定的处罚措施，这应当是其主体内容。

根据以上讨论，我认为将这件文书定名为"河西都僧统悟真处分常住榜"是恰当的。

五、原榜文的格式和钤印

由于现存榜文已非原始文件，所以从形式上看，它已不再具备榜文的格式。这也正是以往学者们难于把握其性质，从而不能给予准确定名的原因之所在。只要我们将其格式复原出来，面目也就一清二楚了。

为便于了解归义军时代都僧统司榜文的格式，兹节引两件如下：

S.2575：

1.应管内外都僧统牓

2.普光寺方等道场司。

3.右奉处分，令置方等戒坛。

4.窃闻龙沙境域，冯佛法以为

5.基，

（中略）

87.右件律令，依律戒仪，晓众知知，各令

88.遵守者，故牓。

89.天成肆年二月六日牓。

90.应管内外僧统龙辝。

91.应管内外都僧统海晏。①

S.2575背六：

1.应管内外都僧统牓

2.普光寺方等道场司纳色目等印三科。

3.右奉处分，令置受戒道场。

（中略）

9.加减。仍仰准此条疏，不在违越者。

10.己丑年五月廿六日牓。②

　　这两件榜文的格式小有差别，第一件完整、规范，第二件则不十分完整，如末尾处（第10行）只有年月日榜，而无都僧统的署名。但基本格式则大致相同：第一行是榜题，说明由谁发榜；第二行说明发榜对象；第三行则为"右奉处分"如何如何，即事由。以下便是正文内容。末尾部分先有几句套话，如S.2575的87—88行，以下便是年月日及署名。将这两件榜的格式同P.2187号现存榜文加以对照，不难发现，沙门愿荣在抄写时，只是摘取了榜文的核心部分，其余套式或被删去，或未抄完，因此也就不再是原始榜文的面貌了。

　　上引两件榜文均在五代后唐天成四年（929），上距P.2187榜文已有40余年。但作为公文格式，在短期内则是相对稳定的，一般来说变

①唐耕耦、陆宏基：《敦煌社会经济文献真迹释录》（第四辑），全国图书馆文献缩微复制中心，1990年版，第134—140页。

②唐耕耦、陆宏基：《敦煌社会经济文献真迹释录》（第四辑），全国图书馆文献缩微复制中心，第145页。

化不大，因此仍可作为我们复原P.2187榜文格式的参考。其中S.2575正面榜文完整、规范，更应成为我们进行复原工作的依据。

需要说明的是，悟真任都僧统的全称是"河西都僧统"，①而不同于海晏所称"应管内外都僧统"。

现试将P.2187榜文的格式复原如下：

1.河西都僧统牓

2.诸僧尼寺纲管徒众等。

3.右奉处分，令保护常住。

4.因兹管内清泰，远人来慕于戟门。

（中略）

自守旧例，不许（以下当补足未抄正文）

右件律令，依使衙帖，晓众知知，各令

遵守者，故牓。

年　月　日牓

都僧统悟真

上面复原出的榜文格式文字，未必都同原榜文毫厘不爽，但其基本内容应该相去不远。

原榜文是否也有钤印呢？诚然，现存敦煌文献中由都僧统司发出的榜和帖，并非每件都钤印，但像本件这样重要而又带有法律性质的榜文，没有印信则是不可想象的。我们遍检敦煌文献，从唐末至宋初，都僧统司所用印文只有一种，即"河西都僧统印"，见于S.3798、S.1604、S.2575、P.2879等。其中现知年代最早者是唐天复二年（902）

---

① 见P.3720第5件牒文。

悟真的接任者、都僧统贤照所发帖文（S.1604）。然而尽管敦煌文献中也留下一些悟真的判辞，以及由他撰写的各类文字，我们却未找到他任都僧统时使用印信的痕迹，故此只能进行推测。我们知道，悟真圆寂于乾宁二年（895），[①]其接任者贤照在七年后（902）的帖文中使用"河西都僧统印"，而悟真在任时的全称也是"河西都僧统"，所以他在任时所用印也只能是同一内容的印文。我认为，P.2187榜文如果原有印文的话，其印文也应是"河西都僧统印"。

（原载《周一良先生八十生日纪念论文集》，中国社会科学出版社，1993年版，第217—232页）

---

① 见 P.2856 背。

中国古代的“历日”和“日历”

在中国古代，“历日”（含“具注历日”）和“日历”，在不同历史时段中都长期存在：前者是指导日用民生的时间安排，后者则是官编史书的一种编年资料；而且它们分别与今天的“日历”和“日记”存在着渊源。近日读史，获此认识，愿披露于此，与同好者分享，并望有识者指正。

早期中国以农立国，“不违农时”便成了编制历法的主要目的，先秦有所谓“古六历”者是。然而迄今所见最早的历本，则是秦始皇三十四年（前213）的实用历本。[①]此下直至东汉，写在简牍上的实用历本，已经出土了六七十份。至于其名称，我主张称作“历日”，但也有一些学者认为当称作“质日”，这个问题还可以继续讨论。不过，无论怎样称呼，都不能改变其实用历本的性质。

从文献记载中我们看到，目前所见，最早将此类实用历本称作“历日”者，是东汉的郑玄（127—200）。《周礼·春官·冯相氏》有句“以会天位”，郑玄注云：“会天位者，合此岁日月辰星宿五者，以为时事之候，若今历日大岁在某月某日某甲朔日，直某也。”[②]所言“今历

---

① 湖北省荆州市周梁玉桥遗址博物馆编：《关沮秦汉墓简牍》，北京：中华书局，2001年版，第93—96页。

② 影印本《十三经注疏》，北京：中华书局，1980年版，第618页下栏。

日"，当指郑玄在世时的东汉实用历本。

不过，东汉另一位著名人物，思想家王充（27—约97），却有将实用历本称作"日历"的记载。他在《论衡·是应篇》中说：

> 儒者又言："古者蓂荚夹阶而生，月朔，日一荚生，至十五日而十五荚，于十六日，日一荚落，至月晦荚尽。来月朔，一荚复生。王者南面视荚升落，则知日数多少，不须烦扰案日历（文宽按，别本作历日）以知之也。"夫天既能生荚以为日数，何不使荚有日名，王者视荚之字则知今日名乎？徒知日数，不知日名，犹复案历然后知之，是则王者视日则更烦扰不省，蓂荚之生，安能为福？……蓂荚生于阶下，王者欲视其荚……孰与悬历日于辰坐，傍顾辄见之也？……古有史官典历主日，王者何事而自数荚？……①

上引文字中，王充两次提到"历日"，所指无疑也是实用历本。他在《论衡·讥日篇》中又说：

> 《沐书》曰："子日沐，令人爱之；卯日沐，令人白头。"……子之禽鼠，卯之兽兔也。鼠不可爱，兔毛不白。以子日沐，谁使可爱？卯日沐，谁使凝白者？夫如是，沐之日无吉凶，为沐立日历者，不可用也。②

所谓《沐书》，是古代吉凶选择类书籍之一种。它设定"子"日、

---

① 北京大学历史系《论衡》注释小组：《论衡注释》，北京：中华书局，1979年版，第998—1000页。
② 北京大学历史系《论衡》注释小组：《论衡注释》，北京：中华书局，1979年版，第1361—1362页。

"卯"日等进行沐浴从而产生的吉凶祸福。因古代历日是用干支纪日的，所以，王充所言"为沐立日历者"，即为沐浴设定吉凶祸福的日历；又因它是将"选择书"与"历日"对照使用的，故王氏所言"日历"亦当指实用历本。

由于传世秦汉文献数量有限，故而到底是郑玄将实用历本称作"历日"，抑或王充将其称作"日历"，孰更具有普遍性？抑或其时两说并存？我们现在还难下断语。但汉代以后，将实用历本称作"历日"具有普遍性，却是不争的事实。三国杨泉《物理论》已残，一些佚文见于唐人欧阳询编纂的类书《艺文类聚》。其书卷五《岁时下·历》载："杨泉《物理论》曰：……畴昔神农始治农功，正节气，审寒温，以为早晚之期，故立历日。"[①]南朝也有将实用历本称作"历日"的。《梁书·傅昭传》载："[傅]昭六岁而孤，哀毁如成人者，宗党咸异之。十一，随外祖于朱雀航卖历日。"[②]而在北朝，敦煌石室出有《北魏太平真君十一年（450）十二年（451）历日》。[③]这就是说，实用历本在南北朝均名"历日"。

在公元400年前后，我国古代的书写材料发生过一次巨大变化。此前以竹木简牍为主，此后由于纸张的大量普及，变成文字主要书写在纸上了。常识告诉我们，竹简虽可编连在一起使用，但其所能容纳的文字数量仍然是十分有限的。纸张则不同。虽然它远在西汉时即已产生，但尚未普及。而一旦变成价廉物美的普通书写质材，势必会受到欢迎。因为它不仅容量大，而且更方便携带。此前，我国的民用历日担负着两种主要功能：一是依据二十四节气等安排农业生产，不违农时，以便获得好收成；二是与选择类《日书》相结合，寻找吉日良辰，

①影印本《艺文类聚》,上海:上海古籍出版社,1983年版,第97页。
②标点本《梁书》,北京:中华书局,1973年版,第392—393页。
③原件今存敦煌研究院,编号"敦研0368v"。

趋吉避凶。近代以来，出土秦汉简牍中所见《日书》已有十几种，而它们均是结合"历日"使用才能达到选择目的的。历日干支等年年有变，而《日书》却是格式化了的内容，从而只有将二者结合起来才能实现择吉的目的。但由于简牍能够容纳的内容有限，所以出土秦汉简牍历本上虽也有少量选择内容，却十分有限。进入以纸张为主要书写质材的时代，由于其容量大，携带方便，人们便可将"历日"与《日书》类的选择内容合并书写在一起，直观每日做事的宜与不宜、吉与不吉了。这就比简牍时代方便得多。我们从敦煌吐鲁番文献中看到，除了少数历本因其格式、内容与简牍上的同类历本相同或相似，仍名"历日"，如上引北魏太平真君历日外，其余有完整题名者则多被称作"具注历日"。"注"当然是指历注，包括二十四节气、七十二物候、各种典礼以及选择内容；而"具"字，东汉许慎《说文解字》云："共置。"亦即放在一起。如前所言，简牍时代，"历日"与《日书》类选择书是分别书写并存在着的，而现在将其内容放在一起了，故名"具注"，"历日"也就顺理成章地演变成"具注历日"。

这种具注历日，除近世从敦煌、吐鲁番、黑城等地出土了为数不少的写本外，传世最早者是《南宋宝祐四年丙辰岁（1256）会天万年具注历》。[1]明代则有各年的《大统历》。[2]至清代，历日曾被称作"时宪书"。然而究其实，原本名称也是"时宪历"，仅因时人避乾隆帝名讳（弘历）才改"历"为"书"的。

从上面所述可知，在从秦至清代的2000余年间，中国古人多将实用历本称作"历日"或"具注历日"。虽然早期也可能有别的称呼，东汉王充也曾称其为"日历"（是否因文本演变过程中发生讹误？我们尚

---

① 见任继愈总主编，薄树人主编：《中国科学技术典籍通汇·天文卷》（第一册），郑州：河南教育出版社，1997年版。

② 参见《国家图书馆藏明代大统历日汇编》，北京：北京图书馆出版社，2007年版。

无从按断），但从出土材料和传世文献可知，在多数时段内，其基本情况则是，早期被称作"历日"，中古以后又被称作"具注历日"。

本文以下将要讨论的"日历"，与实用历本的"历日"则完全不同，它产生于唐代，而且仅是官修史书所据编年资料的一种。

《唐会要》卷六十三"修国史"载：

贞元元年（785）九月，监修国史宰臣韦执谊奏："伏以皇王大典，实存典册，施于千载，传述不轻。窃见自顷以来，史臣所有修撰，皆于私家记录，其本不在馆中。褒贬之间，恐伤独见；编纪之际，或虑遗文。从前以来，有此乖阙。自今以后，伏望令修撰官各撰日历，凡至月终，即于馆中都会，详定是非，使置姓名，同共封镰。除已成实录撰进宣下者，其余见修日历，并不得私家置本。仍请永为常式。"从之。①

唐德宗贞元元年（785）成为中国古代官编史书撰写"日历"的开始。其时宰相韦执谊监修国史。他之所以提出这一动议，是看到"史臣所有修撰，皆于私家记录，其本不在馆中"。我们知道，唐代之前，中国古代的史书基本都是由个人完成的，至唐为之一变。唐承隋制，原本在秘书省设有著作局，内设著作郎，负责修史。贞观三年（629），唐太宗设立史馆，从秘书省独立出来，由宰相监修史书，开始了史学史上官修史书的历史。"夫监者，盖总领之义耳。"②宰相总领史馆修史，表明对修史的重视。但是，不容忽视的是，古代史书多由个人修撰，唐代虽设立了"史馆"这一专门机构，且由宰相等重臣监修，但

①影印本武英殿聚珍版《唐会要》，京都：中文出版社，1978年版，第1097页。
②影印本武英殿聚珍版《唐会要》，京都：中文出版社，1978年版，第1107页。

仍然存在着个人修史的习惯，韦执谊所言"皆于私家记录，其本不在馆中"，当是实情。这样就难免"褒贬之间，恐伤独见；编纪之际，或虑遗文"的发生。为了克服这些已经存在的弊端，他才呈请"自今以后，令修撰官各撰日历"，至月末进行汇总，详定是非。同时他要求，已经撰进宣下的"实录"可以公布，正在修撰的"日历"个人不能抄写外传。这些均被唐德宗李适加以认可并开始实行。

遗憾的是，唐代史官撰写的"日历"，迄今一份也未留存下来。唐末经黄巢起义，"天街踏尽公卿骨，内库烧作锦绣灰"，史馆保存的"日历"大概在此时也一并焚毁了。但宋代的史料告诉我们，唐代史官确曾编撰过"日历"。《宋史·艺文志》载"《唐僖宗日历》一卷"[①]"《唐天祐二年（905）日历》一卷"[②]，均可作证。至于五代时史馆撰写"日历"，《宋史·艺文志》也有记载："《显德日历》一卷，周扈蒙、董淳、贾黄中撰。"[③]宋代此类作品更多，有"《宋高宗日历》一千卷，《孝宗日历》二千卷，《光宗日历》三百卷，《宁宗日历》五百一十卷，重修五百卷"[④]；"《理宗日历》二百九十二册，又日历一百八十册"[⑤]；"汪伯彦《建炎中兴日历》一卷"[⑥]。由上可知，由唐经五代至宋，史官修撰"日历"的传统一直延续了下来，而且被发扬光大。

我们还想知道，"日历"作为一种官修的编年资料，其在古代史书修撰中处在何等位置，起什么作用。这就又要涉及另外两种史料——"起居注"和"时政记"了。

古代左史记言，右史记事，是一项行之久远的制度。唐人李吉甫

---

① 标点本《宋史》，北京：中华书局，1977年版，第5094页。
② 标点本《宋史》，北京：中华书局，1977年版，第5088页。
③ 标点本《宋史》，北京：中华书局，1977年版，第5091页。
④ 标点本《宋史》，北京：中华书局，1977年版，第5090页。
⑤ 标点本《宋史》，北京：中华书局，1977年版，第5091页。
⑥ 标点本《宋史》，北京：中华书局，1977年版，第5093页。

曾说："古者左史记言，今起居郎是也；右史记动，今起居舍人是也。"①可知，古代左、右史跟随皇帝，分别记录其言和行，这一传统在唐代依旧保留着，只是官名有所变化而已。唐代产生的新事物则是"时政记"。武周长寿二年（693），文昌左丞姚璹以为，左右史只能在殿廷上记录皇王言动，而下朝后皇帝只与近臣如宰相等接触，所言与军国大事有关者，却因起居郎、起居舍人不在场而缺记。他奏请这一"仗下所言"当由宰相记录下来，每月封送史馆，称为"时政记"②。这样，源自古代的"起居注"，武周时新产生的"时政记"，以及德宗贞元元年（785）新兴的"日历"，三者都成了修撰实录和史书的基本史料。历史学家李宗侗先生曾解释说："著作郎合起居注及时政记编成日历；至下一朝，史官更用日历修成前朝之实录；以后修国史时，更用实录参以日历而成本纪；此国史与实录及起居注之互相关系也。"③简言之，起居注和时政记是日历的基础，日历又是实录的基础，日历和实录又共同构成编撰国史的基础。李先生的见解无疑是正确的。我要补充强调的是，起居注、时政记和日历是当时人撰写的文字，实录则是下一朝为上一朝所撰写的，本纪和其他正史则是后世人为前世人而写的。从这个过程也可看出，唐初虽设立了史馆，但制度尚未健全，姚璹提议修时政记，韦执谊提议修日历，其实都是完善并健全官修史书的措施，在中国史学史上均应占有一席之地。

---

① 影印武英殿聚珍版《唐会要》卷六十四"史馆杂录下"，京都：中文出版社，1978年版，第1109页。

② 影印武英殿聚珍版《唐会要》卷六十三"史馆杂录上"，京都：中文出版社，1978年版，第1104页。

③ 李宗侗：《中国史学史》，北京：中华书局，2010年版，第78页。《文献通考》卷一九四"经籍廿一"："《高宗实录》一千卷，国史日历所李焘等修进，自为序，略曰：日历起初潜讫内禅，用春秋四系之法，杂取左右史起居注、三省密院时政记，及百司移报，综错成章，凡关于时，靡不毕载。前后所论著，共成一千卷，卷为一册，总一千册。"（影印本《文献通考》，北京：中华书局，1986年版，第1645页中栏）足为李氏之论佐证。

前已言及，由于兵燹，唐人的日历一份也未留存下来。但我们又知道，各代实录是根据日历编撰而成的，亦即是说，可以从实录中窥见日历的内容。幸好，唐代大文豪韩愈撰写的《顺宗实录》却是保存下来的。我们不妨一试。

《全唐文》卷五六〇《顺宗实录二》载：

> 二月甲子，上御丹凤门，大赦天下。自贞元二十一年二月二十四日昧爽以前，大辟以下，罪无轻重，常赦所不原者，咸赦原之。……旧事，宫中有要市外物，令官吏主之，与人为市，随给其直。贞元末，以宦者为使，抑买人物，稍不如本估。……乙丑，停盐铁使进献。旧盐铁钱物，悉入正库……三月庚午朔，出后宫三百人。辛未，以翰林待诏王伾为翰林学士。壬申，以故相抚州别驾姜公辅为吉州刺史，前户部侍郎判度支汀州别驾苏弁为忠州刺史，追故相忠州刺史陆贽郴州别驾，郑余庆前京兆尹、杭州刺史，韩皋前谏议大夫；道州刺史阳城赴京师。德宗自贞元十年以后，不复有赦令，左降官虽有名德才望，以微过忤旨谴逐者，一去皆不复叙用。至是人情大悦。而陆贽、阳城皆未闻追诏，而卒于迁所，士君子惜之。癸酉，出后宫并教坊女妓六百人，听其亲戚迎于九仙门。百姓相聚，欢呼大喜……①

上引《顺宗实录》的时间是二月甲子至三月癸酉共十天。但实际记事者仅甲子、乙丑、庚午、辛未、壬申、癸酉共六日，其余四日未书，当由于此四日无大事可书的缘故。但这不等于说，在日历的原始形态上这四日就是空白。因为日历来源于起居注和时政记，即便这四

---

① 影印本《全唐文》，北京：中华书局，1983 年版，第 5662 页下栏—5663 页下栏。

日内没有有关军国大事的内容，属于起居注的皇帝言行却不可能没有。只是韩愈撰写实录时，认为这四日的内容琐屑，故加删除而已。另一方面，甲子日在记完当日之事后，又用"旧事"起头，叙述了唐代宫市之弊；乙丑日又用"旧盐铁钱物"起句，叙述唐代的盐铁制度；壬申日在讲完官员赦免叙官后，又讲到德宗自贞元十年后不复有赦令云云。这些均不应是原始日历的当日内容，而是实录编撰者综合一个时段内的政事，进行综合叙述的结果。虽然实录是对日历进一步加工的结果，但其中必然保留了日历的原始内容，则是大体可以肯定的。

关于唐代设日历对后世史学的影响，我们在本文前面已介绍了宋代几朝皇帝的日历，不再重复。至辽代，《辽史·圣宗记》载："[统和二十九年（1011）]五月甲戌朔，诏已奏之事送所司附《日历》。"①可知辽代有修日历的制度。至于金代，李宗侗先生曰："金代史较辽代为详，盖实录、起居注、日历大部完备。比如章宗时，修起居注官在视朝时，则侍立左右，又令及第左右官一人编次日历，皆所以重纪录也。……《金史》共一百三十五卷，纪、志、表、传皆备，因其所凭藉之史料充足，故其首尾完密，条例整齐，在宋、辽、金三史中最为完善。"②"元代不置日历及起居注官，只于中书省置时政科，以档案付史馆，下一代则据以修实录；故元代无日历及起居注，至世祖以后方有实录。"③

关于日历对我国官修史学的作用，明人徐一夔所言可谓中其肯綮。今引述如下，以见一斑：

近世论史者，莫过于日历。日历者，史之根柢也。自唐长寿

①标点本《辽史》，北京：中华书局，1974年版，第169页。
②李宗侗：《中国史学史》，北京：中华书局，2010年版，第99页。
③李宗侗：《中国史学史》，北京：中华书局，2010年版，第137页。

中，史官姚璹奏请撰时政记；元和①中，韦执谊又奏撰日历。日历者以事系日，以日系月，以月系时，以时系年，犹有《春秋》遗意。至于起居注之说，亦专以甲子起例，盖纪事之法无逾此也。

往宋极重史事，日历之修，诸司必关白：如诏诰则三省必书，兵机边务则枢司必报；百官之进退，刑赏之予夺，台谏之论列，给舍之缴驳，经筵之论答，臣僚之转对，侍从之直前启事，中外之囊封匦奏；下至钱谷、甲兵、狱讼、造作，凡有关政体者，无不随日以录。犹患其出于吏牍，或有讹失，故欧阳修奏请宰相监修者，于岁终检点修撰官日所录事，有失职者罚之。②如此则日历不至讹失，他时会要之修取于此，实录之修取于此，百年之后纪、志、列传取于此。此宋氏之史所以为精确也。③

不过，让我感觉为之吊诡的是，古代的历日和日历在经过长久的传承与嬗变后，今日虽然其孑遗犹存，但名称却发生了变化。当代人几乎家家都有一本乃至几本"日历"，用以指导生产、生活和休假，这是由古代"历日"演变下来的。今日之"日历"与古代之"历日"的主要区别，在中国大陆是删除了吉凶宜忌的选择内容，而在我国港、澳、台地区以及日本，连选择内容也保留了下来，但名称却不再是"历日"，而是"历"或"日历"了。至于唐贞元以来官家所修的"日历"，在当代已经不再是修史的基础史料了。因其在古代主要记载官方尤其是皇家之事，因此我称其为"国家日记"。到了今天，"日记"这种形式已经变成主要是个人依日系事的记录了。这里还要指出的是，

①"元和"误，当作"贞元"。
②欧阳修所论，见其奏议集卷十二《铨部·翰苑》之"论史馆日历状"，载《欧阳修全集》，北京：中国书店，1986年版，第849—851页。
③标点本《明史·文苑传》，北京：中华书局，1974年版，第7322页。

在官家"日历"存在的时代，个人日记业已出现，《宋史·艺文志》载有"朱扑《日历》一卷"①，或是。也有的干脆就叫"日记"，如"《德佑事迹日记》四十五册"②。也有称作"日录"的，如"《司马光日录》三卷"③，"录"亦"记"也。"日历""日记""日录"，其名虽异，其实一也，今则统名之为"日记"。

［原载（日本）东方学研究论集刊行会编《高田时雄教授退休纪念东方学研究论集》（中文分册），日本京都临川书店，2014年版，第41—48页］

---

①标点本《宋史》，北京：中华书局，1977年版，第5114页。
②标点本《宋史》，北京：中华书局，1977年版，第5091页。
③标点本《宋史》，北京：中华书局，1977年版，第5106页。

新发现的敦煌写本杨炯《浑天赋》残卷

　　"初唐四杰"之一的杨炯，享誉诗坛，并与其他"三杰"一起为后人称颂。杨炯传世作品本已不多，古写本更属罕见。近年，我们在敦煌文献中发现了一件杨炯的《浑天赋》残卷。

　　原卷编号S.5777，现藏英国图书馆。《敦煌遗书总目索引》曾拟题为"天象赞"。1992年夏，宋家钰先生等在编辑《英藏敦煌文献》时，对此卷的定名提出疑问。因我曾在敦煌天文历法文献方面用过一些力气，几位先生希望我能提供意见。遵先生们之命，我反复审览，觉得它有两个特点：（1）文体属于赋；（2）内容讲天象。所以我拟名之为"观象赋（？）"。我将此想法告知宋家钰先生，宋先生奋力查找，最终确认它就是杨炯的《浑天赋》残卷。

　　残卷纸幅大小未详，首尾均缺，残存文字20行，整行二十八九字。除前两行和末行下部残破外，其余17行文字完整。杨炯《浑天赋》在传世文献中见于《盈川集》卷一、《全唐文》卷一九〇、《文苑英华》卷一八。现据照片将残卷文字进行释录（行次为笔者所加，原为竖行），并与传世文献比勘，出校记予以说明。

　　[前缺]

　　1. 听抱（1）之硍硍。南斗主爵禄，东辟（2）主＿＿＿＿＿＿（3）

　　2. 林之军所以除暴乱，垒辟（4）之阵所以备非常。＿＿（5）

3. 奎为封豕，参为白虎，胃为天仓，娄为众聚。毕（6）头之北，宰割（7）其胡虏（8）；

4. 天毕之阴，蓄泄其云（9）雨。太阴（10）积尸之肃杀，参旗九游之部伍。燋（11）苏之地，

5. 出入于苑园（12）；万亿之资（13），填积于仓庾。　　南宫则黄龙赋象，朱鸟成形。

6. 五帝之坐（14），三光之庭。伤成于钺（15），诛成于质（16）。祸（17）成于井，德成于衡。执法者，

7. 廷尉之曹，大夫（18）之象；少微者，储君之位，处士之星。天弧直而狼顾，军市晓

8. 而鸡鸣。三川之交（19），鹑（20）火通其七曜（21）；七泽之国，翼轸寓其精。河南河北（22），象阙于是

9. 乎增峻；左辖右辖，边荒于是（23）乎自宁。乃有金之散气，水之精液，法清渭（24）之

10. 横桥，象昆池（25）之刻石。岁时占其水旱，沧溟应其朝夕（26）。织妇（27）之室，汉家之

11. 使（28）可寻；饮牛之津，海上之人易觌。　　日（29）者众阳之长，人君之尊。天鸡晓唱，云

12. 乌（30）昼踆。扶桑临于大海，若木照于昆仑。太平太蒙（31），所以司其出入；南至北至，

13. 所以肆（32）其寒温。龙山衡（33）烛，不能议其光景；夸父弃策，无以方其骏（34）奔。（此行下空二字）

14. 月（35）者，群阴之纪，上天之使，异姓之王，后妃之事。方诸对而明水洽（36），重晕匝而

15. 边风驶。财（37）盈蚌蛤，则虏骑先侵；适斗麒麟，则暗虚（38）潜值。　　五星者，木为

16. 重华，火为荧或（39）。镇居戊己（40），斯为土德。太白主（41）西，辰星主北。俯察人事，仰

17. 观天则，北（42）参右肩之黄，如奎火（43）星之黑。五才（44）所以致用，七政由其（45）不忒。同舍而

18. 有四方，分天而利中国。赤角犯我城，黄角地（46）之争。五星同色，天（47）偃兵。趋

19. 前舍为盈，后（48）舍为缩。盈则侯王不宁，缩则有军（49）不复。或向而或背，或

20. 迟而或速。金火犯之而甚忧，岁镇居之而有福。观众星之部署，□□（50）

［后缺］

校记：

（1）抱：《文苑英华》（中华书局，1966年影印本，以下简称《英华》）同；《杨炯集》（中华书局，1980年徐明霞点校本）、《全唐文》（中华书局，1983年影印本）作"枹"。按，作"枹"是，敦煌写本"手""木"不分，作"抱"误。《国语·齐语》："执枹鼓立于军门，使百姓皆加勇焉。""枹鼓"于此为星名，即河鼓星。又据三种文献，残卷"枹"下脱"鼓"字。

（2）辟：三种文献作"壁"，是。标点本《隋书·天文志》（中华书局，1973年版，以下简称《隋志》）："东壁二星，主文章，天下图书之秘府也。"敦煌写本多以"辟"代"壁"。

（3）据三种文献，此行残失文字是："文章，须女主布帛，牵牛主关梁。羽"。

（4）辟：三种文献作"壁"，是。敦煌写本多以"辟"代"壁"。

（5）据三种文献，此行残失文字是："西（《英华》作'四'，误）

宫则天潢咸池，五车三柱"。

（6）毟：三种文献作"旄"，是。残卷为俗体字。《晋书·天文志》（标点本，中华书局，1974年版，以下称《晋志》）："昴七星……又为旄头，胡星也。"

（7）割：三种文献作"制"，亦通。残卷为胜。

（8）胡虏：《全唐文》作"边陲"，误。

（9）云：《杨炯集》作"雷"，误。

（10）太阴：《全唐文》《英华》作"大陵"，《晋志》《隋志》作"太陵"，均是。古语"大""太"多不分。《杨炯集》作"天陵"，误。残卷"太阴"亦误。

（11）樵：三种文献作"樵"，是。残卷误。

（12）苑园：三种文献作"园苑"，俱通。

（13）资：《全唐文》作"赀"，"赀"通"资"。

（14）坐：《英华》同。《全唐文》《杨炯集》作"座"。按，敦煌写本中二字多通用。此处指"五帝座"，故以"座"为是。

（15）钱：三种文献作"钺"，是。《晋志》《隋志》："钺一星，附井之前，主伺淫奢而斩之。"残卷"钱"误。

（16）质：《英华》作"质"，又注曰"一作锧"。《全唐文》《杨炯集》作"锧"，是。"锧"即"铁锧"星。"质"通"锧"。

（17）祸：《全唐文》《英华》作"福"；《杨炯集》作"祸"。《晋志》《隋志》："东井八星，天之南门，黄道所经，天之亭候，主水衡事，法令所取平也。王者用法平，则井星明而端列。"《开元占经》（中国书店影印本，1989年版）卷六十三"东井占一"；"石氏曰：东井堕，天下涌水，井钺去，则水满。甘氏曰：用法平，王者心正，则井星明，行位直。"考上下文义，似当作"福"。

（18）大夫：《杨炯集》作"大臣"，误。《晋志》："东曰左执法，廷尉之象也。西曰右执法，御史大夫之象也。"作"大夫"是。

（19）交：《英华》作"郊"，误。

（20）鹑：三种文献作"鹑"，是。"鹑火"为南方朱鸟七宿之总称。

（21）七：三种文献无，残卷涉下"七泽"致衍。曜：三种文献作"耀"，互通。

（22）河南河北：三种文献作"南河北河"，是。《晋志》："南河曰南戍……北河曰北戍……两河戍间，日月五星之常道也。……南河南三星曰阙丘，主宫门外象魏也。"残卷误。

（23）残卷"于乎"右侧补一"是"字，墨迹较淡。三种文献有"是"字，是。

（24）清渭：《杨炯集》《全唐文》作"渭水"，《英华》作"清渭"，俱通。按，成语"泾渭分明"，一说是渭水清，泾水浊，故作"清渭"为胜。

（25）昆池：《全唐文》同。《杨炯集》作"昆明"，误。《英华》作"昆明"，"明"下注"一作池"。昆池乃"昆明池"之简称，作"昆池"是。

（26）朝夕：《英华》同。《杨炯集》《全唐文》作"潮汐"，误。

（27）织妇：三种文献作"织女"，是。残卷"织妇"亦通，但以星名当作"织女"。

（28）使：《杨炯集》《全唐文》同。《英华》作"史"，是。《晋志》："柱史北一星曰女史，妇人之微者，主传漏，故汉有侍史。"所谓"汉家之史"当即此。女史星在织女正北的紫微垣中。

（29）三种文献"日"下有"也"字。

（30）云乌：三种文献作"灵乌"，是。残卷误。

（31）太蒙：《杨炯集》作"太象"，校记云："'太象'应作'太蒙'。"按，作"太蒙"是。《尔雅·释地》："东至日所出为大平，西至日所入为大蒙。""大蒙"即"太蒙"，古语"大""太"多不分。

（32）肆：三种文献作"节"，俱通。

（33）衡：三种文献作"衔"，是。残卷"衡"误。

（34）聪：三种文献作"骏"，是。

（35）三种文献"月"下有"也"字。

（36）洽：《全唐文》同。《杨炯集》作"浃"。《英华》作"洽"，注曰"一作浃。"俱通，同义异文。

（37）财：三种文献作"裁"。《英华》又注"一作才"。按，作"才"是，"财""裁"俱通"才"。此"才"字与下文"适"为对文。

（38）暗虚：三种文献作"暗虎"，误。"暗虚"为古天文学名词，指地球被太阳所照形成的暗影，月入其中则成月食。

（39）或：三种文献作"惑"。按，"或"通"惑"。

（40）己：《杨炯集》同。《全唐文》《英华》作"巳"，形近致讹。

（41）主：《全唐文》作"土"，误。

（42）北：三种文献作"比"，是。敦煌文献二字多混用。

（43）火：《全唐文》《英华》作"大"，是。《杨炯集》作"火"，与残卷同误。

（44）五才：《全唐文》《杨炯集》作"五材"。《英华》作"五才"。"才"下又注"一作材"。按，可互通，均指金、木、水、火、土。《左传·襄公二十七年》："天生五材，民并用之。"《后汉书·马融传》："五才之用，无或可废。"

（45）由其：三种文献作"于焉"，近义异文。传世文献偏文。

（46）地：《全唐文》同。《杨炯集》《英华》作"天"。未知孰是，俟再校。

（47）三种文献"天"下有"下"字，是。残卷脱。

（48）三种文献"后"前有"退"字，是。残卷脱。

（49）有军：三种文献作"军旅"，文字更显畅。

（50）据三种文献，此二残字应是"历七"。

残卷书写不十分工整，错讹衍倒屡见，但有些地方对校勘却有大用。如第15行有"适斗麒麟，则暗虚潜值"一句。其中"暗虚"，传世文献讹作"暗虎"，盖因"虚""虎"形近而致误。残卷对于正确校理这个词起了一锤定音的作用。

传世杨炯《浑天赋》浑然一篇，不加分段。但残卷却有自然段落，用空两字的方法来表示。现存部分"西宫"（2行，已残，但"西"字仍能识见残痕）下为一段，"南宫"（5行）下为一段，"日者"（11行）下为一段，"月者"（14行）下为一段，"五星者"（15行）下为一段，共五段文字。《晋志》《隋志》的"二十八舍"次序，均为东、北、西、南。此残卷有"西宫""南宫"，则第1、2行的文字应属北宫。三种传世文献正作如是记载。残卷的分段显示杨炯《浑天赋》原有自然段落。仅此一端，亦可见残卷的价值不容小视。

杨炯在唐宋诗坛虽然名气颇大，但天不假年，大约活了43岁（650—693?），大概也属于人们所说的"鬼才"之类。他在《浑天赋》序中说："显庆五年（660），炯时年十一，待制弘文馆。上元三年（676），始以应制举，补校书郎。朝夕灵台之下，备见铜浑之象。寻返初服，卧疾丘园。二十年而一徙官，斯亦拙之效也。代之言天体者，未知浑、盖孰是；代之言天命者，以为祸福由人。故作《浑天赋》以辩之。"据此可知，《浑天赋》是他二十六岁补校书郎之后的作品。

我国古代的宇宙理论，至汉代共形成三种观点：盖天说、浑天说和宣夜说。宣夜说虽具有比较彻底的宇宙无限思想，认识论上较为进步，但在实际进行天文观测时用处不大，因此不久便失传。对人们影响最大的是浑天、盖天两种宇宙观。盖天说最初认为天圆如伞盖，地方如棋盘。这实际只是对天空和大地的一种直观认识，因此屡受批评。后来这种宇宙观又修改为：天像一把向北斜靠着的伞，只是没伞把；地则像倒扣着的盘子；天地都是中间高，四周低。这虽比最初的认识前进了一步，但仍不能正确说明日月五星的视运动。浑天说以东汉科学家张衡为代表。他把天地比作一个鸡蛋：天圆得像蛋壳，地圆得像蛋黄，居于蛋壳内；"天地各乘气而立，载水而浮"。浑天说虽也以地球为中心，但同天地结构的实际情形相接近，也能十分密合地解释日月五星的视运动。杨炯《浑天赋》中对三种宇宙理论进行了辨析，表明他的主张，这正是他这篇作品以"浑天赋"为题的原因。其后他对日月星辰的描述即本于此。但其真实用意却是借天言"命"，辨别"祸福"是否"由人"。

《浑天赋》文字瑰丽，悦人耳目。杨炯将枯燥的星官概念巧妙地糅合到文学语言之中，读来琅琅上口，意味深长。这由残卷保存下来的那部分文字已见一斑。

S.5777杨炯《浑天赋》残卷的确认，为中国文学史研究提供了一份古写本资料。至于此卷的抄写年代，目前尚难考订，估计是在唐代或唐宋之际。

（原载《文物》1993年第5期，第61—65页）

鼠居生肖之首与"启源祭"

　　2020年是农历庚子年。"子"与"鼠"相配,所以若论生肖,便是鼠年。而在十二生肖中,鼠又排在首位。渴求文化知识的国人不免要问:"为何老鼠居于生肖之首?"中央电视台春节联欢晚会节目主持人也曾试图回答这个问题,称:有专家解释,这是因为老鼠繁殖能力强,"鼠"丁兴旺。我现在告诉大家:老鼠居于生肖之首,与中国古代的一项祭祀活动——"启源祭"密切相关。

　　我是研究敦煌藏经洞出土文献的,尤其主攻其中的天文历法文献。如同今人一样,古人也离不开历法,只是今人叫"日历",古人却叫作"历日"。敦煌所出主要是唐后期至宋初的实用历本,但多已残断。完整的历本里,除了标注每日的日期、干支、星期(唐末开始)、二十四节气、七十二物候等实用内容,还有许多属于阴阳文化的项目,颇具迷信色彩。此外,还用红笔标出每年的一些祭祀活动日期,如祭风伯、祭雨师、祭先师(孔子)、腊祭日、人日祭(正月初七);等等。更为奇特的是,有一个祭日——"启源祭",为其他历史文献所未见。

　　现存敦煌历日文献里共见到六例"启源祭",它们是:P.3284背《唐咸通五年甲申岁(864)具注历日》正月十三日庚子,[①]P.3247背加

---

①邓文宽:《敦煌天文历法文献辑校》,南京:江苏古籍出版社,1996年版,第181页。

罗一《后唐同光四年丙戌岁（926）具注历日一卷并序》正月廿四日壬子，①S.0681《后晋天福十年乙巳岁（945）具注历日》正月三日庚子，②S.0095《后周显德三年丙辰岁（956）具注历日并序》正月七日庚子，③P.3403《宋雍熙三年丙戌岁（986）具注历日一卷并序》正月七日丙子，④P.3507《宋淳化四年癸巳岁（993）具注历日》正月廿三日壬子。⑤各写本文字偶有不同，有的"源"字作"原"，属于同音借字，但意义无别。

大家看到，"启源祭"这一祭祀活动，虽然并非定在正月的第一个"子"日，但在正月的某个子日则确定无疑。"子"者"鼠"也，可知这项祭祀活动就是用来祭祀老鼠的。那么，为何又将祭祀老鼠的这项活动称作"启源祭"呢？"启"字义"开"，⑥"源"即源头，⑦"启源"便是"开头"之义。由此我认为，这里包含着一个认识，即：华夏先民除了认为自己的始祖父母是伏羲和女娲外，他们也曾努力探索过大地上的动物是如何出现的。古籍记载，我们的始祖母女娲氏一日造鸡，二日造狗，三日造猪，四日造羊，五日造牛，六日造马，七日造人。⑧这是对于人与六畜如何产生的想象。之所以将六畜列入，显然是以为它们对"人"有用，古代如此，今日亦然。但人与六畜却非大地上最

---

① 邓文宽：《敦煌天文历法文献辑校》，南京：江苏古籍出版社，1996年版，第389页。
② 邓文宽：《敦煌天文历法文献辑校》，南京：江苏古籍出版社，1996年版，第462页。
③ 邓文宽：《敦煌天文历法文献辑校》，南京：江苏古籍出版社，1996年版，第474页。
④ 邓文宽：《敦煌天文历法文献辑校》，南京：江苏古籍出版社，1996年版，第593页。
⑤ 邓文宽：《敦煌天文历法文献辑校》，南京：江苏古籍出版社，1996年版，第664页。
⑥ 〔汉〕许慎：《说文解字》："启，开也。"北京：中华书局，1963年影印版，第32页下栏。
⑦ 〔汉〕许慎：《说文解字》："源，水泉本也。"知其意为"源头"。北京：中华书局，1963年影印版，第239页下栏。
⑧ 《北史·魏收传》："魏帝宴百僚，问何故名'人日'，皆莫能知。收对曰：'晋议郎董勋《答问礼俗》云：正月一日为鸡，二日为狗，三日为猪，四日为羊，五日为牛，六日为马，七日为人。'"见标点本《北史》，北京：中华书局，1974年版，第2028页。

早出现的动物，因为它们均不居于"启源"的位置。"启源"者，老鼠也——它才是大地上最早出现的动物。由老鼠开其端，后来才有了人和其他动物，以及这个花花绿绿的世界——它至少是我国古人探索大地动物起源，曾经产生过的认识之一，尽管也只是一种想象。

我们今天在努力探索外太空，以便获得更多的宇宙知识。但对于生命起源，我们的祖先也曾回溯并追问。这中间有过一些认识，由于种种原因，后世便湮没不闻，有的则融入民俗文化中去了。现实生活里，对于老鼠形象的亲切记忆，莫过于依然活跃于大江南北的春节民俗节目之一——"老鼠娶亲"。至于老鼠曾经被认为是大地上最早出现的动物，便从人们的记忆里消失了，以致成为难解之谜。令人欣慰的是，密封近800多年又石破天惊的敦煌文献，给我们留下一把解题的钥匙，使我们能够获得更加接近历史真实的认识。

（原载《北京晚报》2020年3月1日第16版）

后土即女娲新证

——从汉成帝改、复祭祀制度说起

按理说，"后土"就是传说中的"女娲"，这个命题已是多数人的共识，再进行论证似乎有些多余。但作为一个学者，总感觉问题需要不断研究并加深认识，此乃学术之必然。更何况，我从《汉书·郊祀志》中读出了被前人疏忽掉的重要内容，对进一步认识"后土即女娲"大有帮助，有覆可发，故不揣谫陋而命笔，与学界同仁切磋云尔。

上古时代，"国之大事，在祀与戎"①，祭祀是国家政治生活中的头等大事。具体到"后土"而言，如果从祭神的角度去认识，就必须首先搞清楚它是何方神圣，也就是说，在祭祀者眼中，它的职责是主管哪一方面事务的。因为自周朝始，中国人就信奉"神不歆非类，民不祀非族"②。就是说，如果你祭祀的神灵不对头，神也不会去嗅闻你所祭供品的味道；不是我的祖宗我也绝不祭祀。缘由是这并非它管的事务。由于中古时代人们常常将"后土"与"地祇"相联系，故而往往把它视作与"天"相对的"地"神。这实在是大谬不然。诚如老友杨洪杰先生所指出的："古时候有不少帝王到嵩山、泰山去搞'封禅大典'，我们不说大典的内容如何，就从'封禅'这个名字上，就已经再

---

①影印本《十三经注疏》，北京：中华书局，1980年版，第1911页中栏。

②影印本《十三经注疏》，北京：中华书局，1980年版，第1801页下栏。

清楚不过地告诉后人，他们在那里是既'祭天'又'祭地'的，因为'封'字就是祭天的意思，'禅'字就是祭地的意思。既然他们在那里，既祭了天，又祭了地，还有必要再专程到汾阴脽上祭一次地吗？"①从而认为祭祀后土乃是"祭祖"活动。闫爱武女士更认为"万荣后土祠"是"远古祖先崇拜的历史见证"②。数年前，我在一篇研究吐鲁番古墓出土"伏羲女娲画幡"的论文中，也持相同的观点，认为伏羲女娲是中华民族的始祖父和始祖母，说白了就是传说中的中华民族的祖宗。③这是我们重新阅读《汉书·郊祀志》的认识前提。如果没有这个认识前提，所得结论就会南辕而北辙。

《汉书·郊祀志》全方位地记载了西汉的祭祀制度和各代皇帝的主题祭祀活动，其中尤以汉武帝刘彻和汉成帝刘骜的活动最为突出。这是因为最主要的祭祀制度是汉武帝建立的，对之进行改变后又加以恢复的却是汉成帝，故而他们不能不成为主角人物。于是，在这样一个对祭祀制度"建""改""复"的过程中，就包含了极其丰富的认识内容，也正是需要我们去进一步挖掘的。

史载"武帝初即位，尤敬鬼神之祀"④。这说明作为一位年轻皇帝，他的精神世界里存在许多在今人看来属于迷信的内容，当然，这也是那个时代的社会大环境使然。恰是在这样的思想指导下，元光二年（前133），武帝"初至雍（今陕西凤翔），郊见五畤（祭祀五帝的场

①杨洪杰主编：《中华祭祖圣地——万荣后土祠》，香港：银河出版社，2004年版，第112—121页。

②闫爱武：《万荣后土祠——远古祖先崇拜的历史见证》，载《中华祭祖圣地——万荣后土祠》，香港：银河出版社，2004年版，第133—136页。

③邓文宽：《吐鲁番出土"伏羲女娲画幡"考析——兼论敦煌具注历日中的"人日"节和"启源祭"》，载《张广达先生八十华诞祝寿论文集》，台北：新文丰出版公司，2010年版，第881—900页。

④标点本《汉书》，北京：中华书局，1962年版，第1215页。

所，時是祭坛）。后常三岁一郊。"① "雍"是秦朝旧都（后迁咸阳）。据载，秦德公卜居雍，以雍为都后，"雍之诸祠自此兴"②。汉武帝去雍都"郊见五畤"后，接着每三年一次，说明他很虔诚。但这并非就满足了他"敬鬼神"的全部心愿。元狩二年（前121），武帝郊祀过雍地的神灵后说："今上帝朕亲郊，而后土无祀，则礼不答也。"唐人颜师古注曰："答，对也。郊天而不祀地，失对偶之义。"③此时距汉武帝即位已二十年。他认为，自己多次去"雍"郊祀"上帝"，而后土却得不到祭祀，于礼而言，便不对称，显然很不合适。于是命太史令司马谈（司马迁之父）、负责祭祀的祠官宽舒去制定祭祀后土的仪制，"遂立后土祠于汾阴（今山西万荣）脽上"。八年后，武帝东幸汾阴，"亲望拜，如上帝礼"④。由此又知，他是用祭祀"上帝"的礼仪来祭奠后土的，从而满足了他的心愿。终其一生，武帝除了祭祀"上帝"，去汾阴祭祀后土共有过五次，开后世帝王远从长安出发，风尘仆仆，过黄河祭祀后土的先河。在武帝之后，又有汉宣帝和汉元帝各去了两次。不料，到汉成帝即位后，祭祀"上帝"和"后土"的汉朝祭祀制度却出现了变化。

史载西汉竟宁元年（前33）五月，元帝驾崩，成帝即位，次年（前32）改年号为建始元年。此年"十二月，作长安南北郊，罢甘泉、汾阴祠"。⑤第"二年春正月，罢雍五畤。辛巳，上始郊祀长安南郊"；三月，"辛丑，上始祠后土于北郊"。⑥也就是说，成帝在汉长安城（今西安市西北郊）修建了南郊和北郊，南郊祭"上帝"，北郊祀"后土"，

①标点本《汉书》，北京：中华书局，1962年版，第1216页。

②标点本《汉书》，北京：中华书局，1962年版，第1196页。

③标点本《汉书》，北京：中华书局，1962年版，第1221—1222页。

④标点本《汉书》，北京：中华书局，1962年版，第1222页。

⑤标点本《汉书》，北京：中华书局，1962年版，第304页。

⑥标点本《汉书》，北京：中华书局，1962年版，第305—306页。

而武帝祭奠的"甘泉宫"和"汾阴祠"均被罢废。这不能不是对武帝所定祭祀制度的一次重大改变。

这一变化并非汉成帝的心血来潮，而是源自以"凿壁偷光"、刻苦学习而著名的匡衡。元帝在世时，匡衡就曾当过储君刘骜的老师（太子少傅），与未登极的太子早就有师生之谊。数年后，匡衡官至丞相（宰相）。所以，成帝即位时，匡衡是以宰相身份辅佐他的。而就个人学术根基来说，匡衡尤精儒家经典的《诗经》，在朝野都颇具声望。从《汉书》本传保留下来的他那些奏议可知，他经常引用儒家学说尤其是《诗经》中的文句发表议论。自然，这个崇信儒学的宰相匡衡，也要用他的观念改变汉家对祭祀的认识。史载，"成帝初即位，丞相〔匡〕衡、御史大夫（副宰相）〔张〕谭奏言"云云，对前代祭祀制度提出了修改意见。由于这篇奏文过长，我们无法全引，现仅将其主要思想介绍如下：他们认为，"圣王尽心极虑以建其制（祭祀制度），祭天于南郊，就阳之义也；瘗地于北郊，即阴之象也。"也就是说，根据古礼，当在南郊祭天，在北郊祀地。而现在如何呢？"今行常幸长安，郊见皇天反北之泰阴，祠后土反东之少阳，事与古制殊"。也就是说，现在郊天去长安北边阴盛的地方，祠后土却去东边少阳的地方，完全不合古礼。这是理由之一。理由之二则是："又至云阳，行谿谷中，陷陕且百里，汾阴则渡大川（指黄河），有风波舟楫之危（中略），吏民困苦，百官烦费。劳所保之民，行危险之地，难以奉神灵而祈福佑，殆未合于承天子民之意（下略）。"①简言之，就是去祭祀的路程既艰险且遥远，劳民伤财，太不方便。成帝同意后，又将此议下群臣讨论。除了大司马车骑将军许嘉等八人认为应维持武帝旧制不改外（占13.8%），另外五十人（占86.2%）表示支持匡衡和张谭的意见。显然，匡衡一派

①标点本《汉书》，北京：中华书局，1962年版，第1253—1254页。

的意见占了上风。于是才有前面汉成帝"作长安南北郊"，和"罢甘泉、汾阴祠"的改变。这一"作"一"罢"，不能不说是一次很大的动作。

改变祭祀制度的第三年，"匡衡坐事免官爵"①。于是，原来想说而不敢说话的人们便纷纷开了口，"众庶多言不当变动祭祀者"②。这使得成帝也犹豫起来。加之当"初罢甘泉、泰畤作南郊日，大风坏甘泉竹宫，折拔畤中树木十围以上百余，天子异之，以问刘向"。刘向其时官位类似于今之国家图书馆馆长，除了博学出名，他也是天人感应的积极信奉者。于是发了一大通议论，认为当初就不应该改变武帝定的祭祀制度。他还引了《周易·大传》的话："诬神者殃及三世。"这着实吓了成帝一大跳，"上意恨之"③。这个"恨"字，唐人颜师古注曰："恨，悔也。"④今有"悔恨"一词，当是同义复词。看来，此刻汉成帝已经追悔莫及了。

但是，真正促成汉成帝下决心恢复武帝祭祀制度的却另有原因：他没有孩子。为了准确地理解这段历史，我们将相关文字全文移录如下：

> 后上以无继嗣故，令皇太后诏有司曰："盖闻王者承事天地，交接泰一，尊莫著于祭祀。孝武皇帝大圣通明，始建上下之祀（颜师古注：上下，谓天地），营泰畤于甘泉，定后土于汾阴，而神祇安之，飨国长久，子孙蕃滋，累世遵业，福流于今。今皇帝宽仁孝顺，奉循圣绪，靡有大愆，而久无继嗣。思其咎职，殆在徙南北

---

① 标点本《汉书》，北京：中华书局，1962年版，第1258页。
② 标点本《汉书》，北京：中华书局，1962年版，第1258页。
③ 标点本《汉书》，北京：中华书局，1962年版，第1258—1259页。
④ 标点本《汉书》，北京：中华书局，1962年版，第1259页。

郊，违先帝之制，改神祇旧位，失天地之心，以妨继嗣之福。春秋六十，未见皇孙，食不甘味，寝不安席，朕甚悼焉（悼即哀伤）。《春秋》大复古，善顺祀。其复甘泉泰畤、汾阴后土如故，及雍五畤、陈宝祠在陈仓者。"天子复亲郊礼如前。①

首先，这个诏令发出的原因是成帝"无继嗣"。据《汉书·成帝纪》载，此诏发于永始三年（前14）冬十月庚辰。②成帝登极于前32年，至此已经十九年了，仍然没有孩子，无法立嗣，不能不成为他和他母亲的心病，以致皇太后说"春秋六十，未见皇孙，食不甘味，寝不安席"，足见其心情之急切。其次，诏令将"无继嗣"的原因和责任归于"徙南北郊，违先帝之制，改神祇旧位，失天地之心"。如前所述，这个动议当年是宰相匡衡提出的，"咎职"当然在他，流露出成帝母子对已被革去爵职的匡衡的不满。是啊，武帝原来去甘泉和汾阴祭祀，虽然不免辛苦，但他却"享国长久，子孙蕃滋，累世遵业，福流于今"；而我们母子却连继承人都没有！于是决定恢复武帝祭祀旧制。又据记载，"成帝末年颇好鬼神，亦以无继嗣故"③。如何生出孩子，成了汉成帝的一大心病。终其一生，他去汾阴祭祀后土神共有四次：永始四年（前13）、元延二年（前11）和四年（前9）、绥和二年（前7）各一次，也就是隔年一次。在在表明，他祭祀后土是十分真诚的，想要孩子的心情也是非常急切的，可是他到死也未能获得子嗣。天可怜见！

那么，我们就会提出一个问题：汉成帝刘骜是因为没有子嗣才恢复武帝祭祀旧制的，而且他不避路途险远，恓恓惶惶，四次去汾阴祭

---

①标点本《汉书》，北京：中华书局，1962年版，第1259页。
②标点本《汉书》，北京：中华书局，1962年版，第323页。
③标点本《汉书》，北京：中华书局，1962年版，第1260页。

祀后土，后土神能给他孩子吗？在本文开头我已指出，祭祀者总是明白自己的愿望和所求的，从而才去祈拜负责相关事务的神灵。如果祭非其神，那怎能如愿以偿呢？成帝这样真诚地敬祀后土，后土就必须是负责生育、能给祭祀者以孩子的。虽然时人常常将上帝和后土分别配以天、地之位，但也有人说出了另一些认识，比如后来篡汉复古的王莽。他曾在一道奏议中说："天子父事天，母事墜（地），今称天神曰皇天上帝，泰一兆曰泰畤，而称地祇曰后土。"①显然，在他眼里，"父"就是"上帝"，"母"就是"后土"。由于后人也常将天地、阴阳、南北、父母这些概念相配合，从而造成不少时候对后土神的误读。但正确的认识也有不少。《旧唐书·礼仪四》在记录唐玄宗李隆基祠后土一事时，曾作追记说："先是，脽上有后土祠，尝为妇人塑像（下略）。"②说明在唐代时，后土神还作女人形象。金代著名诗人元好问曾经编过一部《中州集》，内收文士党世杰《琼花木后土像》诗一首，头两句是："皇娲化万象，赋受无奇偏。"③诗题是"后土"，诗文却称"皇娲"，可知在作者看来，后土就是女娲。清光绪三年（1877），有人在迁建后的后土祠内悬挂了木刻对联一副，上联是："后配六合之天，至圣至尊，圣德自应代代传"，下联则是："土为万物之母，资生资育，世人所以称娘娘。"④虽然依旧未能摆脱与天地配合的窠臼，但称后土为"娘娘"，也是将后土视作女性的了。更令人欣慰的是，清修《荣河县志·礼俗·祀事》有这样的记载："祈嗣于后土。"这就说明，在当地民俗中，如果没有孩子，就去向后土祈求。既是民俗，则说明它应是一种普遍认识。这或许正是汉成帝到汾阴祭祀后土以求子嗣意绪的

①标点本《汉书》，北京：中华书局，1962年版，第1268页。

②标点本《旧唐书》，北京：中华书局，1975年版，第928页。

③〔金〕元好问编，张静校注：《中州集校注》，北京：中华书局，2018年版，第668页。

④杨洪杰主编：《中华祭祖圣地——万荣后土祠》，香港：银河出版社，2004年版，第155页。

千年回声。虽然时间相隔了两千余年，但汉成帝在没有子嗣的情况下，十分伤感地恢复了武帝去汾阴祠后土的祭祀制度，其目的也只有一个："祈嗣于后土！"后土是可以给人孩子的，两千年前的汉朝皇帝和两千年后的万荣民俗就此达成了共识。这样，后土神的面貌和身份便清楚了：她是女性，在人们的认识中，自然是生孩子的。曾经有过的女娲抟土做人，古代历日中的"人日"节，她和伏羲结婚，繁衍了华夏民族，等等，无论有多少传说，都可归结于一个主题，即伏羲和女娲是华夏人的始祖父母，我们这块土地上的人都是他们的儿女和后代。自然，我们崇拜和供奉他们，是对于我们远古祖先的崇拜，类同于西方基督教世界崇拜他们的始祖父母亚当和夏娃。

我注意到，陈振民先生在其《再论后土即女娲》一文中，提出了后土的人格具象问题。[1]这个提法相当具有认识意义。在既往的研究中，人们较多地关注与后土祠直接相关的材料，而往往忽略了出土的实物资料。其实，关于伏羲和女娲（亦即汉代人说的上帝和后土）的人格具象，我在《吐鲁番出土"伏羲女娲画幡"考析》一文中，共举出十多批出土资料，它们分散在山东、河南、陕西、甘肃、四川、新疆等广大地区。单就吐鲁番地区北朝到唐代的古墓而言，阿斯塔纳43号、76号、77号、301号、302号、303号等墓，均出有伏羲女娲的具象资料。其共同特点是：腰身以下作两蛇相缠状，这便是古代"交尾"一词的具象表达，说明是他们二位交配从而繁衍了子嗣。他们不是我们的始祖又能是什么？后土神担负的生育功能与女娲神不就别无二致了吗？

---

[1] 杨洪杰主编：《中华祭祖圣地——万荣后土祠》，香港：银河出版社，2004年版，第159—163页。

　　总之，汉成帝刘骜因"无继嗣"而恢复武帝"祠后土"制度，这一历史事实，再次毫无疑义地告诉我们：后土就是女娲。

　　　　　　　　　（原载《运城日报》2020年5月28日第6版）

稷山是周朝先民的发祥地

我国上古时代的历史，主要由夏、商、周三代所构成，其中周朝具有特别重要的地位。"中国"这个国名的出现，连续有历史纪年始于西周共和元年（前841），对后世影响巨大的礼乐文明，长久坚持"以农立国"的基本国策，等等，都肇始于周朝。然而，周朝先民的发祥地在哪里呢？以往学术界为此聚讼纷纭。我经过一番思索，认为它就在今天山西稷山县县南的"稷王山"及其周围。

说到"周"这个族群，就必须先要说"后稷"，因为他是周朝人的始祖。二十四史的开篇巨制、汉人司马迁的《史记·周本纪》，一开头就对后稷进行了介绍：他的母亲是有邰氏的女儿，名叫姜嫄。后稷儿时就有大志，做游戏便喜种麻和大豆，而且长势良好；成年后他更热爱农耕，"相地之宜"进行种植，老百姓都以他为榜样，学习耕作。帝尧时他被举"为农师，天下得其利，有功"；舜也赞赏他，封他于邰（地名），"号曰后稷，别姓姬氏。后稷之兴，在陶唐、虞、夏之际，皆有令德"。[①]后来又经历了许多世代，人民都深受其利。所以司马迁总结说："周道之兴自此始，故诗人歌乐思其德。"司马迁将后稷与其后人的事迹编入"周本纪"，而且认为"周道之兴自此始"，显然认为后稷就是周朝人的始祖了。后代历史学家在这一点上认识也很一致，不

---

①标点本《史记》，北京：中华书局，1959年版，第111—112页。

存在什么争议。所以，只要我们搞清楚后稷最初的活动区域，周朝先民的发祥地也就不言而喻了。

为此，我们先要考察一下"稷""稷山"和"稷祠"的出现。

《左传·宣公十五年》载："秋七月，秦桓公伐晋，次于辅氏。壬午，晋侯治兵于稷以略狄土，立黎侯而还。"春秋时期鲁宣公十五年即公元前594年。对于上面的文字，晋朝人杜预作注说："稷，晋地，河东闻喜县西有稷山。"①毫无疑义，这个"稷山"便是后世所称的"稷王山"，因为此山在今闻喜县西、稷山县南，方位十分准确。只不过晋时后来的"稷山县"还只是闻喜县的一部分〔稷山单独立县在隋开皇十八年（598）〕。而且，它又是在春秋晋国的地盘之内，否则，晋侯怎会在此地练兵呢？由这条材料也可获知，"稷"这个地名最晚在公元前600年左右早已存在。我怀疑那时已有"稷山"之名，古人写书时行文减省，"稷"仅是对"稷山"的省称而已。在杜预之后又过去几百年，北魏郦道元在《水经注》（成书于公元6世纪初）"汾水"条又作了如下记载："汾水又迳（经）稷山北，〔稷山〕在水南四十许里，（中略）山上有稷祠，山下〔有〕稷亭。《春秋》宣公十五年，秦桓公（按，此误，当作晋侯）治兵于稷，以略狄土是也。"②这段文字中的"山下〔有〕稷亭"姑且不论，但"山上有稷祠"却是比杜预多出的文字。那么，这个"稷祠"是否晋以后才出现的呢？恐怕未必。

据《汉书·郊祀志》记载，汉朝初年，有人对刘邦进言说："周兴而邑立后稷之祠，至今血食天下。"于是"高祖制诏御史（相当于副宰相）：其令天下立灵星祠，常以岁时祠以牛。"唐人颜师古对汉朝为后稷立祠一事解释说："以其有播种之功，故令天下诸邑皆祠之。"③由上

①〔晋〕杜预：《春秋左传集解》，上海：上海人民出版社，1977年版，第620页。
②〔魏〕郦道元著，王国维校：《水经注校》，上海：上海人民出版社，1984年版，第212页。
③标点本《汉书》，北京：中华书局，1962年版，第1211页。

引文字可知，周朝兴盛之后，曾在全国各地都建立过后稷祠，进行祭奠，这与《汉书·郊祀志》的另一处记载相吻合："周公相成王，（中略）郊祀后稷以配天，宗祀文王于明堂以配上帝。四海之内各以其职来助祭。"①至汉初，刘邦在位时，官府也曾要求在全国各地建立后稷祠，进行祭奠，已如上述。但周、汉二朝对后稷祭祀的初衷却有所不同：周朝是对自己的血缘祖宗进行祭祀，而汉朝却是出于对农业始祖的尊崇才设祠祭祀的。作为稷山这个地方，虽然我们不能确定其在周朝时就已建立了祠堂，但最晚在汉代就已有稷祠，大致是可以确认的。晋人杜预在为《左转》作注时只提到稷山，而未提稷祠，这仅是略书而已，并不等于那时还没有稷祠的存在。试想，左丘明还将"稷山"省作"稷"呢，我们有什么权利要求杜预在提到"稷山"时必须同时也要提到"稷祠"呢？在书写材料仍使用简牍，记录文字还不是很方便的时候，这种省简文字的写作形式，原本也是司空见惯的。

至此，问题似乎应该明确了。但事实上，无论是历史文献的记载，还是今人的认识，都比想象复杂得多，我们还要花一番笔墨进行驳议，方可做出令人信服的结论。

前引《史记·周本纪》中，司马迁除了介绍后稷本人，还对他的后人有所追述，大致是说：后稷死后，其子不窋立。不窋末年，夏朝政衰，不窋"去稷不务"，亦谓离开农官职位，不再务农，奔往戎狄即少数族群地区。他死后，其子鞠立；鞠死，公刘立。公刘虽然仍在少数族群地区，但"复修后稷之业，务耕种，行地宜，自漆、沮渡渭，取材用，行者有资，居者有蓄积，民赖其庆。""公刘卒，子庆节立，国于豳。"②在这里，司马迁共提到周朝先民中连续的五代人：后稷、

---

① 标点本《汉书》，北京：中华书局，1962年版，第1193页。
② 标点本《史记》，北京：中华书局，1959年版，第112页。

不窋、鞠、公刘和庆节。但仔细琢磨，这其中有着不可克服的困难，唐人司马贞为《史记》作"索隐"时就说："若以不窋亲弃（按，'弃'就是后稷）之子，至文王千余岁唯十四代，实亦不合事情。"①可不是嘛，后稷生活在尧舜时代，他距周文王（前1000来年）已一千多年，只有十四代人，怎么能说得通呢？显然，《史记》这里有误记和不准确的地方。我猜测，这所谓的连续五代人，其实不都是连续的，有的恐怕只是周民族不同历史时段的代表人物，他们并非父子关系。尤其要注意的是，不窋不务农耕，"以失其官而奔戎狄之间"一语，就是说，周朝先民最初是务农的，中间一段时间跑到少数族群地区，显然是从事游牧去了。至公刘时又恢复从事农耕。再后便由北而南，过了渭河，在今天陕西邠县一带正式建国。我觉得，司马迁的追述，除了人物辈分有误，将许多年、好几个时段的历史压缩成连续的历史，从而留下疑问之外，他所记周朝先民最初是在农耕地区，中间迁移到游牧区，最后又走到另一农耕地区并建国，大致是可信的。

如果说《史记》本身已有不准确的地方，那么，唐人在给其相关文字作注时就又横生出一些枝节来。"周本纪"说舜"封弃于邰，号曰后稷，别姓姬氏"。唐人张守节"正义"为之作注时引《括地志》（唐初作品）说："故斄城一名武功城，在雍州武功县西南二十二里，古邰国，后稷所封也。有后稷及姜嫄祠。"②前文我们已经讨论过，最晚在汉初时山西稷王山那里就应有稷祠，这里唐人又说陕西武功有后稷祠和姜嫄祠。这二者之间岂不矛盾？当代史学家们由此便产生了分歧：一派认为，应当以《史记》注文所引《括地志》为据，认为周朝先民发祥地在陕西武功一带；另一派认为，其发祥地在晋南汾河下游。持

①标点本《史记》，北京：中华书局，1959年版，第113页。
②标点本《史记》，北京：中华书局，1959年版，第112页。

后一种观点者，以1949年后去了香港（后定居台北）的著名历史学家钱穆教授、今日仍旧健在的美国匹兹堡大学华人历史学家许倬云教授为代表，他们都认为周朝先民的发祥地就在晋南汾河下游一带。①

我自己理解和支持钱、许二教授的见解，并愿为此增添佐证。

我认为后稷和不窋恐非父子关系，而是周朝先民两个不同时段的代表人物。后稷生活于尧时，其活动区域在汾河下游的稷山周围。许多年后，其后人不窋出走，到了今山西吕梁或陕西中北部的少数族群地区，过起了游牧生活。又过去很多年，不窋后人公刘带着这个族群向南到了渭河流域，再后便在"豳"立国。这里我再次强调，需要特别注意不窋曾从农耕地区"奔戎狄之间"这一变化。我们不能将周朝先民建国前的活动地区理解为一成不变，只能限定在一个地方。他们后来确实在陕西武功那里建了国，自然也便就地修筑了后稷和姜嫄祠，对其先人进行祭祀；但这并不妨碍他们寻根问祖，认为始祖后稷最初的活动区域在山西汾河下游一带。如果没有这个认识，后人在稷王山修建稷祠、稷亭，以致清代在稷山县城又筑稷王庙，所据为何？我们不能把一部原本活生生的、有血有肉的历史，读成一堆毫无生命力的、僵死的狗碎文字！

我要增添的佐证则是：羲和陵在今稷山县西社镇东庄村，这一历史事实本身就是对后稷活动区域在稷山的重要旁证。关于羲和二氏的天文成就，我在《华夏上古天文官——稷山"羲""和"二氏》②一文中已作介绍，但对他们同后稷之间的关系尚未说透，这里再做一些补充。史书记载，羲和与后稷均是帝尧的官员，前者负责天文历法，后者掌管农业耕作，教民稼穑，以致被后世奉为农神。可是，经过漫长

①许倬云著：《西周史》（增订本），北京：生活·读书·新知三联书店，1994年版，第34—35页。
②载《运城日报》2015年1月30日第3版。

岁月的淘洗，在历史文献和人们的记忆中，后稷的地位被突出了，而羲和二氏，除了专业天文史家，一般人几乎连他们的名字也不晓得。但若究其实，他们同后稷本来是密不可分的，因为天文历法是直接为农业生产服务的，也是应农业生产的需要才产生的。可以肯定地说，后稷在稷王山及其周围从事农耕活动，必须得到羲和所定农时节令的指导并作为他的重要参考，虽然那时天文历法水平仍然很低。再者，那时候人们对气象的认识水平也依然极低，气象是附着在天文历法身上存在的，但它与农耕活动关系也极密切。所以，农业经济离不开天文历法，这是不争的事实，即便是早期农业，也一定是这样。如此看来，后稷与羲和之间客观上便建立起了相互依存的关系；从文化现象上说，他们是共生一体的。他们的历史活动一并存在于稷王山及其周边地区，怎能仅仅是偶然与巧合？在我们华夏大地的其他地方，还能再找出第二个版本相同、内容不二的历史事实吗？

这里，我还想再考查一下后稷、羲和与帝尧活动的区域，或许也能给我们提供一些有益启示。后稷与羲和均是帝尧的官员，而且以稷山为中心进行活动，前已阐明。而尧的都城古称"临汾"，顾名思义，应当就在汾河岸上不远的地方。自20世纪50年代起，考古学者在今山西襄汾县东北塔儿山附近的陶寺村，发现并发掘了"陶寺遗址"，[①]有学者认为这便是"尧都临汾"之所在。陶寺村与稷王山相距只有几十公里，实在是近得很哩。也就是说，在古代交通极不方便的时代，后稷、羲和都是在距尧都不远的地方，受尧领导，从事其相关活动的。汾河下游这样一幅色彩斑斓的历史图卷，活生生地勾勒出那个时代我们先民曾经上演过的一幕幕活报剧。随着大幕的拉开，其中几位重要人物的面相不是已经逐渐清晰起来了吗？

①王巍总主编：《中国考古学大辞典》，上海：上海辞书出版社，2014年版，第246页。

一言以蔽之，周朝先民的发祥地就在今天的山西稷山一带。

（此文为首次发表）

宁翟

——民族融合的历史遗存

　　"宁翟"是山西省稷山县化峪镇的一个自然村名，位于化峪镇西北方向，北距吕梁山南沿约3公里。我自记事时起，便与这个村庄结下了不解之缘。因为我的"姥姥"（姨姥姥）和二姨都在这个村里劳作生活了一生。小时候，母亲带我走亲戚，宁翟村便是我每年必去之地。

　　可是，让我感觉非常奇怪的是，这个村子为什么要叫这样一个名字呢？尤其是成为一个史学工作者后，深知汉民族是一个由许多民族混合而成的民族，我就更想问个究竟了。我思考这个村名的含义已经进行了几十年，现在终于可以动笔将我的看法写出来了。

　　我们知道，古代以黄河中游的山陕一带为中心，生息繁衍着后来被称作"汉"的民族，也就是今日被认为是我们中华民族主体民族的"汉族"。汉族四周同时生活着一些少数民族，古时东边的被称作"夷"，西边的被称作"戎"，南边的被称作"蛮"，北边的被称作"狄"。在汉民族的历史文献中，有时也将周边少数民族统称为"狄"。就西部与北部来说，两汉时最活跃的是匈奴族，北朝时活跃着"五胡"，即匈奴、鲜卑、羯、氐、羌。可是到了今日，除了羌族还单列为一个民族外，其他各族在现实生活中连名称也未能保存下来。所以，民族史家马长寿先生才说："在中国漫长的历史发展过程中，氏族基本上融合到汉族之中，羌族的大部分也融合于汉族。"①那个曾经建立过北魏王朝，开凿过云冈、龙门两大佛教石窟群的鲜卑族去了哪里？据说大同市附近有一个以"元"姓为主的村庄，他们知道自己祖先是来自北方草原的鲜卑族，因为鲜卑汉化后拓跋氏曾改姓"元"，曾经活跃在洛阳周围的那些鲜卑人则恐怕全都融进汉人之中了；南京"巴"氏，自称其出自阿拉伯民族；杭州"茹"氏，自称其来自古代的柔然族，因为柔然别名"茹茹"。但在民族归属上他们今天都算汉族，尽管冠这些姓氏的今人还知道他们原本来自北方或西亚的某个民族。至于魏晋南北朝时期的另一些少数民族如丁零、高车等，今日亦不见其名。或许如同鲜卑、柔然的后人那样，虽然他们也知道自己的原始族属，但今天也都归入汉族这个大民族了。

知道了古代民族融合的大致情况，我们再仔细追索一下"宁翟"这个村名的字义。"宁"字一是姓氏，读nìng，是习见姓，并不陌生；二是安宁之"宁"，读níng。"翟"字一是姓氏，读zhái，也是习见姓；二是读dí，古书上本义用指长尾巴的野鸡。可是据我表妹告知，宁翟村既无姓宁的，也无姓翟的。因此，将"宁翟"二字理解为两个姓氏是行不通的。我们必须考虑这两个字姓氏之外的意义。

"宁"字好理解，即安宁、宁静之意。就今天中国省一级的地名来讲，有宁夏，其中"夏"指古代党项人建立的"西夏国"；有辽宁，其中"辽"是指古代契丹人建立的"辽国"。就城市名称来讲，青海有西宁，广西有南宁；浙江有宁波；地方上还有海宁、集宁、宁古塔等等地名。所取名字都是期盼一方安宁、平静之意，尤其多用于少数民族聚居地。"宁翟"之"宁"也当是"安宁"之意，此外无从给予解释。

关键是这个"翟"（dí）字。古书上虽说其基本意思是指长尾巴的

---

①马长寿：《氐与羌》，上海：上海人民出版社，1984年版，前言第4页。

野鸡，但绝不仅仅以此为限。前已说过，古人多称北方少数民族为"狄"，也可用于少数民族的统称。清人段玉裁在为东汉文字学家许慎《说文解字·羽部》作注时说："狄人，字传多假翟为之。"[①]即古书上多以"翟"代"狄"。《淮南子·缪称训》："戎翟（狄）之马，皆可以驰驱，或近或远，唯造父能尽其力。"[②]《周礼·秋官·序官》："象胥每翟（狄）上士一人。"[③]清人孙诒让为此语所作"正义"曰："翟者，蛮夷闽貉戎狄之通称。"[④]"翟"通"狄"，这在古代文献中可以找到许多例证，并非罕见。如此看来，"宁翟"二字或当读作"宁翟（dí）"了。这样，我们也就必须考虑这个村名同古代少数民族是否有关，就像宁夏和辽宁的用法那样。

宁翟村没有宁、翟二姓，却有姚姓，而且是该村的大姓之一（另一大姓为程姓）。我姥姨家姓陈，可置不论；但我二姨家却姓姚。二姨年轻时丈夫去世，但她未离开姚家。后来的姨父是从邻近的阳平村招亲而来的，改姓姚，如今我表弟、表妹都姓姚。这个村还有我的中学同班同学姚战庆先生，都是他们姚姓大家族的成员。

二十多年前，日本研究中国中古史的历史学家关尾史郎教授曾发表文章指出，今日中国汉族人中的姚姓有一部分来自古代的羌族。[⑤]2010年4月，我在浙江大学出席"敦煌学"国际学术讨论会时，曾与几位同仁私下议论过关尾史郎先生的这篇文章，至今记忆犹新。其实，羌族人姚姓在十六国时期建立过"后秦"政权，这是大家都知道的。此政权为姚苌所建，立都长安（今西安西北郊一带），他于公元386—

---

① 〔清〕段玉裁：《说文解字注》，杭州：浙江古籍出版社，1998年版，第138页下栏。

② 陈广忠注译：《淮南子译注》，长春：吉林文史出版社，1990年版，第449页。

③ 影印本《十三经注疏》，北京：中华书局，1980年版，第869页下栏。

④ 转引自罗竹风主编：《汉语大词典》，上海：汉语大词典出版社，1992年版，第657页右栏。

⑤ ［日］关尾史郎：《"白雀"臆说——〈吐鲁番出土文书〉札记补遗》，载《上智史学》第三十二卷，1987年，第66—84页。

393年在位；传子姚兴，公元394—416年在位；姚兴死，长子姚泓继位。但仅仅一年，后秦宗室就发生内乱，国力衰弱。东晋刘裕乘机北伐，于公元417年率军攻入潼关，逼至渭桥。关中郡县也多暗通晋师。姚泓无奈，只好从长安出降，被胁迫至建康（今南京），遭杀害，后秦亡国。羌族姚姓的后秦政权于公元386年建立，至公元417年灭亡，凡历三主，共32年。①

那么，宁翟村的姚姓居民是否就是后秦政权的后代呢？我没有根据，不能乱说。但根据村名"宁翟"的含义，推测这个村的姚姓来自古代的羌族，则不会有太大问题。我估计，该村的姚姓原本不住在这里，从外地（很可能是从西面）迁来后，②聚族而居。当时当地的汉人知道他们是外来的少数民族，于是给了这个外来民族聚落一个名字"宁翟"（dí），希望他们安居乐业，在这里永久住下去，就像"宁夏""辽宁"这些名字的含义那样。但后人不明其义，只知道翟字读zhái，不知道在这里应当读dí，代代相传，也就一直错了下来。虽然说今天已经都是汉人，但"宁翟"这个村名仍旧透露出它是古代民族融合的历史遗存。

汉民族血统比较混杂，③这是不必讳言的历史事实。陈琳国先生曾说："五胡是秦汉至隋唐八百年间我国北境和西北境最主要的民族。其内迁的部分，都与汉族融合，为伟大的多元一体格局的中华民族的形成作出了杰出贡献。"④科学地说，少数民族与汉族通婚后，客观上促进了人种的改良与发展。历史学界的人大都知道，就民族融合而言，

① 中国历史大辞典编纂委员会：《中国历史大辞典》，上海：上海辞书出版社，2000年版，第1098页左栏。
② 马长寿先生说："氐、羌起源于西方，很早就因各种原因不断地徙入中原，同汉族发生了密切的关系。"见《氐与羌》，前言第1页。
③ 见吕振羽著：《中国民族简史》，北京：人民出版社，2009年版，第8页。
④ 陈琳国：《中古北方民族史探》，北京：商务印书馆，2010年版，前言第1页。

山西尤为典型。1976年毛泽东去世时，由于我与一些同事在太原市出席"中国天文学史研讨会"，就便在太原参加了他的追悼会。那天数十万人聚在一起，黑压压一片。几个外地的朋友说，怎么这儿的人普遍个头都比较高呢？其实，这就是民族融合的结果。大家又知道，河南开封市有一群犹太人的后代，他们除了知道自己祖先来自西亚，从外形上去看，已与汉人无异，再也看不出区别了。从生物学上说，远缘杂交有利于物种的进化，人类也不能例外。我的英语老师苏效庆教授（女，美国籍）体形高大。可我去她家时，看到她父亲（河南人，汉族，哈佛大学毕业）个子并不高，母亲则是一位犹太人，个子也不高。我问苏老师："为何您个子那么高呢？"原本以畜牧为专业的苏老师说："杂交产生新品种，你怎么连这个也不懂！"我只得赧然一笑。

关于"宁翟"这个村名，我的看法大致如上所述。不管我们的祖先原本就是中原汉人，或是来自古代周边的少数民族，今天我们都是一个民族，是一家人。愿生活在同一个民族大家庭的人们安宁、幸福、和平。

（原载佟柱臣纪念文集编委会编《无限悠悠远古情——佟柱臣先生纪念文集》，科学出版社，2014年版，第662—664页）

吐鲁番出土"伏羲女娲画幡"考析
——兼论敦煌具注历日中的"人日"节和"启源祭"

　　光阴荏苒，不觉间本师张广达教授即将年届八旬。提笔命书，真是感慨万千！先生数十年以学术为生命，无论境况多么艰难，都是孜孜矻矻，自强不息；作为一介书生，先生"位卑未敢忘忧国"，不失知识分子的担当，尤让我为之心折。几回回梦里与本师相会，醒来后唯留清泪一把。作为及门弟子，仅以此小文为仁者颂寿：来日方长，愿师尊心情愉快，健康长寿。

　　20世纪初叶以来，考古工作者从吐鲁番古墓发掘出土了一些伏羲、女娲人首蛇身，下身互相缠绕的画作。有出自阿斯塔那43号、76号、77号、301号、302号和303号墓的，①也有出自哈拉和卓古墓的。②这些画作，有麻质的，如阿斯塔那76号墓所出，其余多是绢质。出土时，

---

① 出自阿斯塔那43、77号墓的画幡，见《文物》1972年第1期，第23页；出自阿斯塔那76号墓的画幡，见《新疆维吾尔自治区博物馆》，香港：金版文化出版社，2006年版，第173页；出自301、302、303号墓的画幡，见《文物》1960年第6期，第13—21页刊发的《新疆吐鲁番阿斯塔那北区墓葬发掘简报》，封二图四。

② 出自哈拉和卓墓的画幡，见黄文弼：《吐鲁番考古记》图版五九（图61），中国科学院考古研究所编辑，北京：中国科学院印行，1954年版。

有的盖于尸身，有的置于尸体旁侧，也有的张挂或用木钉固定于墓室顶部。就其所在的墓葬年代而言，多在高昌国至唐代前期（公元6—8世纪）。这一出土文物早就引起学术界的重视，并不断有学者进行探讨。[①]笔者也早加注意，但迟迟未敢命笔。现将一得之见披露如下，以与学界同仁切磋云尔。

一、"伏羲女娲画幡"的图像含义

就目前所能看到的此类画作来说，其内容大同小异。主要区别在于，个别画作如76号唐墓所出者，未在周边画上用以表示星空的星星，也有的如43号墓所出者，虽然画上了用圆圈表示的星星，但缺少连接星星的连线，其余则大多类似。现分项考释如下。

伏羲女娲人首蛇身像。所有画面都是伏羲居右，女娲居左；伏羲左手擎一"矩尺"，女娲右手擎一"圆规"；伏羲右手与女娲左手在身后相揽而抱；其下身腰部以下作蛇身互相缠绕。伏羲、女娲是中国古代神话传说中的人物，且被后人视作华夏民族的始祖父与始祖母。曹植《画赞》云："或云二皇，人首蛇形"[②]；晋人皇甫谧《帝王世纪》则说："庖牺（即伏羲）氏，风姓也，蛇身人首"；"女娲氏，亦风姓

①黄文弼：《吐鲁番考古记》，北京：中国科学院印行，1954年版，第55—57页；陈安利：《西安、吐鲁番唐墓葬制葬俗比较》，载《文博》1991年第1期，第60—66页；裴建平：《"人首蛇身"伏羲、女娲绢画略说》，载《文博》1991年第1期，第83—86页；成建正：《神话、传说与丝绸之路》，载《文博》1991年第1期，第53—56页；王素：《吐鲁番出土伏羲、女娲绢画新探》，载《文物天地》1991年第4期，第32—35页；赵华：《吐鲁番出土伏羲女娲绢、麻布画的艺术风格及源流》，载《西域研究》1992年第4期，第100—107页；[日]片山章雄：《吐鲁番出土伏羲女娲图的整理》，载《纪尾井史学》15，1975年版；孟嗣徽：《故宫收藏的敦煌吐鲁番遗画》，载《敦煌学国际研讨会论文集》，北京：北京图书馆出版社，2005年版，第277—283页。

②见《全上古三代秦汉三国六朝文》，北京：中华书局，1958年版，第1145页下栏。

也，承庖牺制度，亦蛇身人首。"①早期，伏羲、女娲人首蛇身像都曾单独存在，后来其下身之所以相互缠绕，是取其互相"交尾"而产生人类之义。唐人李冗《独异志》之"女娲兄妹为夫妇条"有较为详细的记载："昔宇宙初开之时，只有女娲兄妹二人在昆仑山，而天下未有人民，议以为夫妇，又自羞耻。兄即与其妹上昆仑山，咒曰：'天若遣我二人为夫妻，而烟悉合；若不使，烟散。'于是烟即合。其妹即来就兄，乃结草为扇以障其面。今时人取妇执扇，象其事也。"②这则神话虽由唐人记录下来，但其产生年代应该是很古远的。

太阳和月亮。在伏羲、女娲头部上方正中间，有一轮太阳；而在画面蛇身交尾之正下部，则画一轮月亮。太阳的图案小有区别：有的画作圆轮，由中心点向圆周散发光芒；有的中心画一只"三足乌"，也有的在日轮之外画一圈小的圆点并以线相连。《山海经·大荒东经》："一日方至，一日方出，皆载于乌。"③《淮南子·精神训》则曰："日中有踆乌"，高诱注云："踆犹蹲也，谓三足乌。"④《春秋·元命苞》又说："阳数起于一，成于二，故日中有三足乌。"⑤因此，这个图形无论作怎样的艺术变化，它都是代表太阳的，则毫无疑义。至于下部之月亮，个别的有如上部的日轮，但缺少日中之黑子（三足乌者）；而多数则在月亮中有玉兔和蟾蜍。《淮南子·精神训》又说："月中有蟾蜍"⑥；同书《说林训》则曰："月照天下，蚀于蟾诸"⑦；东汉大科学家张衡在《灵宪》中说："日者，阳精之宗，积而成鸟，象乌而有三

①〔晋〕皇甫谧撰，徐宗元辑：《帝王世纪》，北京：中华书局，1964年版，第5、9页。
②〔唐〕李冗：《独异志》，北京：中华书局，1983年版，第79页。此书与《宣室志》合为一册。
③袁珂：《山海经校注》（最终修订本），北京：北京联合出版公司，2013年版，第302页。
④影印本《诸子集成》，北京：中华书局，1954年版，第7册，《淮南子》第100页。
⑤影印本《太平御览》卷三所引，北京：中华书局，1960年版，第15页上栏。
⑥影印本《诸子集成》，北京：中华书局，1954年版，第7册，《淮南子》第100页。
⑦影印本《诸子集成》，北京：中华书局，1954年版，第7册，《淮南子》第289—290页。

趾，阳之类，其数奇；月者，阴精之宗，积而成兽，象兔，阴之类，其数耦。……姮娥遂托身于月，是为蟾蜍。"①那么，这里的太阳、月亮与伏羲、女娲是什么关系呢？我们注意到，在河南南阳出土的汉画像石中，伏、女二氏不仅均为人首蛇身，而且单独为像：伏羲捧一日，女娲捧一月。②由此可知，画幡上的日属于伏羲，月则属于女娲。而在中国古代的认识中，日、月分别与天地、阳阴、刚柔相配，这也与画幡上伏羲为男性、女娲为女性相一致。

画面四周的圆点及其连线，实际上代表着无限浩渺的星空。这一点，只要与南阳汉画像石中的相关图像加以比较即可明白。南阳市西郊麒麟岗汉墓前室顶部画一天象图。③在画成屏风式的竖格中，右侧为人首蛇身怀中抱日的伏羲，左侧则为人首蛇身怀中抱月，且与伏羲迎面相向的女娲。伏、女二像中间有三个竖格：伏氏之左为一苍龙，女氏之右为一白虎，各占一格，中间那一格，上为朱雀，下有玄武（一只龟），中有一坐着的人形。我们知道，苍龙、玄武、白虎、朱雀是古人将地球赤道附近观察到的星象划分为二十八宿，即所谓"四象"：东方七宿为苍龙（角、亢、氐、房、心、尾、箕），北方七宿为玄武（斗、牛、女、虚、危、室、壁），西方七宿为白虎（奎、娄、胃、昴、毕、觜、参），南方七宿为朱雀（井、鬼、柳、星、张、翼、轸）。画像石上这幅图，除了伏、女二像各自存在，下身尚未扭结在一起，也有日、月，更有代表天空的二十八宿。由此可知，吐鲁番古墓出土的画幡上以线相连的那些圆点，也是代表天空中星宿的，由于画面所限，

①刘昭注引《灵宪》文，见标点本《后汉书·天文志》，北京：中华书局，1965年版，第3216页。"蟾"字见罗竹风主编《汉语大词典》第八册，上海：汉语大词典出版社，1993年版，第993页左栏。释义为："音 zhū，同蛛"。

②韩玉祥主编：《南阳汉代天文画像石研究》，北京：民族出版社，1995年版，第127页。

③韩玉祥主编：《南阳汉代天文画像石研究》，北京：民族出版社，1995年版，第126页。

传统的四象不能再原样不变地给予表现，必须进行艺术处理，从而这些用圆圈连在一起的星点就具有了象征意义，但它表示星空的本始含义却未变化。

伏羲手中的"矩尺"和女娲手中的"圆规"。这是吐鲁番古墓所出画幡多有的（敦煌壁画中也有，详见下文），而在汉画像石和魏晋墓同类画作中较少见到。但是，这里的矩尺和圆规所表达的思想却仍是汉代的。我国古人的宇宙理论凡有盖天说、浑天说、宣夜说三种，[①]其中盖天说在汉代占统治地位且影响最大。所谓"天员如张盖，地方如棋局"[②]，即是盖天说的形象说法。古代北方草原民族的"天似穹庐，笼盖四野"，更是这一认识的直观表达，也是它的认识根源。但是，这一认识在画面上如何表达，对画家来说却是一个难题。于是，聪明的画家便让伏羲擎矩，女娲擎规，从而将"天圆地方"的宇宙观表达了出来，这也正是其聪明过人之处。

从上面的论述可知，吐鲁番古墓出土的伏羲、女娲画作的大致内容是：伏、女二氏结婚生子，繁衍了人类；它们分别代表着太阳神和月亮神；他们生活在众多的星辰之中，并主宰着"天圆地方"的宇宙。简言之，该画作描绘的是一幅"天国"图景，其中生活着人类的始祖神——伏羲和女娲。

那么，这种画作的用途是什么呢？如前所说，它们要么覆盖在尸体上，要么放在尸身旁侧，要么悬挂于墓室顶部，总之，与尸体密切相关。《史记·封禅书》记载，汉武帝元鼎五年（前112），"其秋，为伐南越，告祷太一，以牡荆画幡日、月、北斗登龙，以象太一三星，

---

① 参见中国天文学史整理研究小组编著（薄树人主编）：《中国天文学史》，北京：科学出版社，1981年版，第161—165页。
② 标点本《晋书》，北京：中华书局，1974年版，第279页。

为太一锋，命曰'灵旗'"。①对于这一内容，《汉书·郊祀志》亦有记载，唐人颜师古注曰："以牡荆为幡竿，而画幡为日、月、龙及星。"②吐鲁番古墓出土的伏羲、女娲画作与颜师古所描述的内容大致相同，因此，我拟名之曰"伏羲、女娲画幡"。此外，我国古人有灵魂不灭的认识，认为人死之后，肉体虽然死掉了，但灵魂依旧存在。既然此类画幡放在尸身或其附近，则其作用恐怕是为接引死者灵魂升天而设，进而将其称作"引魂幡"也未尝不可。③

二、"伏羲女娲画幡"与汉武帝"祠后土"

"伏羲女娲画幡"一类画作又是在怎样的历史背景下产生的呢？以往学者们在研究这些画作时，多就绘画本身的内容和用途展开讨论，很少追究它们出现的历史背景条件。我认为，有必要在更大的时空范围内进行思考，由此才能对"伏羲女娲画幡"获得更为深刻的认识。

就考古发现的资料而言，伏羲女娲人首蛇身且下身扭结的图像已经不少，现举其荦荦大者如下：

1.山东嘉祥武梁祠绘画。其石室一、左右室四、后石室五均有伏羲、女娲人首蛇身交尾画，且石室一有榜题云："伏戲（羲）仓精，初造王业，画卦结绳，以理海内。"考古学者认为该祠为东汉所建。④

2.山东济宁、枣庄、临沂、潍坊、济南等地汉墓。考古工作者在山东这一广大地区发掘了大量的汉墓，据我不完全统计，内中即有11份伏羲、女娲人首蛇身交尾图。有的在伏、女之间坐有东王公，有的

---

①《史记·封禅书》。见标点本《史记》，北京：中华书局，1959年版，第1395页。
②《汉书·郊祀志》。见标点本《汉书》，北京：中华书局，1962年版，第1232页。
③参孙作云：《长沙马王堆一号汉墓出土画幡考释》，载《考古》1973年第1期，第54—61页。
④参黄文弼：《吐鲁番考古记》，北京：中国科学院印行，1954年版，第55页。

坐有西王母。而这些墓葬的年代多在西汉晚期及以后。①

3.河南南阳市王庄汉画像石墓，顶部五块画像石之一为人首蛇身女娲伏羲交尾图。但伏、女二像并非直立，均作半倾身飞翔状，伏羲面向左，前有太阳；女娲面向右，前有月亮，二者下身在中间交结。②学者们认为，此墓为魏晋墓，但却大量地使用了东汉画像石。因此，有理由认为这块伏羲女娲交尾图画像石是东汉的。

4.甘肃嘉峪关魏晋壁画墓。嘉峪关新城区13号墓出有二具木棺材，"男棺盖板上前绘'东王公'，后绘'西王母'，以云气纹图案衬底，黑墨线括边。女棺盖板里绘一幅女娲、伏羲图，也以云气纹图案衬底……"③图中也是伏羲抱日，女娲抱月，伏左女右，长尾在中间交结。而据简报，此墓的时代属于魏晋。

5.陕西靖边东汉壁画墓。据报道，此墓后室门口"西侧为人首龙身，戴冠蓄须，上身穿广袖短襦，手持一羽状物，下身生两爪，以弧线画出节纹"；"东侧形象与西侧略同，但头部似女子，下身用粗笔画出斑文。"④作者对这二幅画作人物未作按断。但据"伏羲鳞身，女娲蛇躯"⑤的文献记载，也应分别为伏羲、女娲的画像。只是因其分别绘

---

① 详见《中国美术分类全集》之《中国画像石全集·山东汉画像石》(2)之图三、四一、八四、一一五、一二三、一五三、一五八和一八一；该书(3)之图六〇、八三、八九和九〇。山东美术出版社、河南美术出版社联合出版，2000年版。

② 韩玉祥主编：《南阳汉代天文画像石研究》，北京：民族出版社，1995年版，第136页图65，及2页。

③ 嘉峪关市文物管理所：《嘉峪关新城十二、十三号画像砖墓发掘简报》，载《文物》1982年第8期，第7—15页。摹本见郑岩：《魏晋南北朝壁画墓研究》，北京：文物出版社，2002年版，第173页图134.2，引文见第12页。

④ 陕西省考古研究院、榆林市文物研究所、靖边县文物管理办公室：《陕西靖边东汉壁画墓》，载《文物》2009年第2期，第32—43页，引文见第42页。与此墓所出伏羲、女娲像相似的还有陕西神木大保当汉墓所出者，见《文物》，1997年第9期，第26—35页。

⑤ 〔汉〕王延寿：《鲁灵光殿赋》。见田兆民主编：《历代名赋译释》，哈尔滨：黑龙江人民出版社，1995年版，第506页。

在墓门左右两侧，下身无法画成交结状而已。而此墓的年代亦在东汉。

6. 四川宜宾市翠屏村汉墓。考古工作者于此地发掘了10座汉墓，其中第7号墓石棺北壁雕刻着伏羲女娲人首蛇身图，伏羲擎日，女娲擎月，下身交尾，扭结在一起。而据该墓中的砖石文字，其墓葬年代当在东汉初期。①

7. 洛阳西汉晚期卜千秋墓壁画。壁画以绘于脊顶的墓主升仙图为主。"在狭长的脊顶上，绘着由伏羲、女娲以及四神、仙禽神兽构成的天上世界，男女墓主则在仙人引导下，乘仙鸟和龙舟凌云飞升。"②该墓伏羲女娲像也作人首蛇身状，伏羲正前有太阳，内有三足乌。③而该墓的年代为西汉晚期。

8. 敦煌莫高窟第285窟伏羲、女娲像。位于该窟东顶，伏羲在北侧，女娲在南侧。伏羲、女娲分别作人首鳞身状。伏羲右手持矩尺，左手持墨斗；女娲两手各持一规。二人均身着汉装，长带飞扬。伏羲胸前有圆轮，中有三足乌，象征太阳；女娲胸前亦有圆轮，内画蟾蜍，象征月亮。④而该窟的年代为西魏时期。⑤

可能还有其他古墓和石窟中的同类出土物，因笔者眼界有限，尚未寓目。但由以上所举数例即可看出，中古时代，伏羲、女娲作人首蛇身且互相交尾的图像并非仅限于吐鲁番一地。甘肃嘉峪关和敦煌、陕西靖边、山东嘉祥等地区以及河南南阳和洛阳、四川宜宾等，在广大的区域内均有此类画作出现。就其时代来说，我们前已指出，吐鲁

① 匡远滢：《四川宜宾市翠屏村汉墓清理简报》，载《考古通讯》1957年第3期，第20—25页，图版七.3。

② 俞伟超、信立祥：《洛阳西汉壁画墓》，见《中国大百科全书·考古学卷》，北京：中国大百科全书出版社，1986年版，第297页右栏。

③ 部分摹本见《洛阳西汉壁画墓》词条。

④ 摹本见季羡林主编：《敦煌学大辞典》，上海：上海辞书出版社，1998年版，第174—175页。

⑤ 见《中国石窟·敦煌莫高窟》（一），北京：文物出版社，1981年版。

番古墓中的画幡多在高昌国至唐前期（公元6—8世纪），与在它之前的东汉、魏晋相比，从时间序列上来说，已处在晚期的位置上了。也就是说，同类画作自西汉末、东汉、魏晋、高昌国至唐前期，至少存在过好几百年的时间。当然，随着岁月迁流，画作的内容和形式也会有所变化，艺术表现形式也会嬗递，但此类画作的主角仍是伏羲女娲及其人首蛇身交尾像，殆无疑义。

根据以上讨论，我们说，西汉晚期以后，在数百年乃至近千年的时间内，中国历史上曾经出现过一次"伏羲女娲崇拜热"，恐不为过。

这个热潮是如何出现的呢？追根溯源，它与汉武帝刘彻"祠后土"有关。

《汉书·郊祀志》载："武帝初即位，尤敬鬼神之祀。"[1]元光二年（前133），"上初至雍，郊见五畤。后常三岁一郊。"[2]而"雍"则是秦朝的旧都，大致在今陕西凤翔一带。据记载，秦德公卜居雍，以雍为都后，"雍之诸祠自此兴。"[3]说明"雍"都祠堂甚多。汉武帝"尤敬鬼神之祀"，去过"雍"都之后，又接连"三岁一郊"，显然他是到那里祭天去了。

但是，三年赴雍一郊祀并未满足汉武帝"敬鬼神"的心愿。史载元狩二年（前121），"天子郊雍，曰：'今上帝朕亲郊，而后土无祀，则礼不答也。'"唐人颜师古注曰："答，对也。郊天而不祀地，失对偶之义。"[4]此时距武帝即位（前140）已经20年了。这段话的意思是说，我亲自祭祀了"上帝"，但却未祭祀"后土"，祭天不祭地，于礼仪不太对称。于是他命太史令司马谈（司马迁之父）、祠官宽舒来设立

---

①标点本《汉书》，北京：中华书局，1962年版，第1215页。
②标点本《汉书》，北京：中华书局，1962年版，第1216页。
③标点本《汉书》，北京：中华书局，1962年版，第1196页。
④标点本《汉书》，北京：中华书局，1962年版，第1221—1222页。

祭祀后土的仪制。此后，武帝东幸汾阴（今山西万荣），"上遂立后土祠于汾阴脽上，如宽舒等议，上亲望拜，如上帝礼"①。据《汉书·武帝纪》记载，此事发生于元鼎四年（前113）冬。②自武帝提出应祭祀后土至此，时光过去了八年。因为要在"脽上"建后土祠，费时费力，用时八年，亦合情理。如淳为《汉书》作注曰："脽者，河之东岸特堆掘，长四五里，广二里余，高十余丈。汾阴县治脽之上。后土祠在县西。汾在脽之北，西流与河合。"③换言之，"脽上"是汾河与黄河的交汇处，位居黄河东岸的一个高埠，长四五里，宽二里多，高十余丈，汉时汾阴县治在此脽上，武帝所建"后土祠"在脽上之西侧。这是两千年前的事。随着沧海桑田的变迁，此埠早已不存，今天只留下一段古汾阴城的东墙。④现存于山西万荣县的"后土祠"，乃是清代的建筑（1870年落成）。

自汉武帝设立"后土祠"后，历代帝王亲祀后土者络绎不绝。武帝本人于元封四年（前107）和六年（前105）、太初二年（前103）、天汉元年（前100），⑤连同此前的元鼎四年（前113），武帝一生共五次祠祭后土，堪称后世帝王的表率。此后，汉宣帝两次（神爵元年、五凤三年各一次）、元帝两次（初元四年、建昭二年各一次）、成帝四次（永始四年、元延二年和四年、绥和二年各一次）、东汉光武帝刘秀一次（建武十八年），都去祠祭了后土。十六国时，前秦皇帝苻坚于永兴二年（358）祭后土一次。⑥唐代国家行政法典《唐六典》"祠部郎中员

①标点本《汉书》，北京：中华书局，1962年版，第1222页。
②标点本《汉书》，北京：中华书局，1962年版，第183页。
③标点本《汉书》，北京：中华书局，1962年版，第184页。
④李零、唐晓峰：《汾阴后土祠的调查研究》，载《九州》4，北京：商务印书馆，2007年版，第1—107页。关于后土祠残迹，见24页、94页图一四。
⑤《汉书·武帝纪》。见标点本《汉书》，北京：中华书局：1962年版，第195、198、200、202页。
⑥标点本《资治通鉴》，北京：中华书局，1956年版，第3168页。

外郎条"规定："汾阴后土祠庙，亦四时祭焉。"①有唐一代，只有唐玄宗李隆基于开元十一年（723）和开元二十年（732）两次亲赴汾阴祠祀后土。②宋代真宗于大中祥符四年（1011）祀后土一次。③此后，都城北迁，去汾阴行程很远，便没有帝王亲祀了，仅偶尔派大臣去祭祀一下而已。④历史上曾经出现过的"伏羲女娲崇拜热"，便逐渐地降温消退了。

　　这里有一个问题，汉武帝祭的是"后土"，而本文讨论的是"伏羲女娲画幡"，有什么根据说"后土"就是女娲呢？这个问题学者们作了许多努力，⑤但直接的证据却不充分。个人认为，后土即女娲是没有疑义的。1942年（也有认为是1934年）长沙子弹库出土战国《楚帛书》记载："曰故（古）大熊雹戯（戯），出自〔华〕霝（胥），居于瞿（雷）〔夏〕。毕（厥）田（佃）漁漁（漁漁），女。梦梦墨墨，亡（盲）章弻弻。每水，风雨是於（阏）。乃取（娶）虘䖒子之子曰女皇，是生子四，是襄天戋（地），是各（格）参兓（化）。"对于这段话，冯时先生解释说："在天地尚未形成的远古时代，大能氏伏羲降生，他生于华胥，居于雷夏，靠渔猎为生。当时的宇宙广大而无形，晦明难辨，草木繁茂，洪水浩渺，无风无雨，一片混沌景象。后来伏羲娶女娲为妻，生下四个孩子，他们定立天地，化育万物，于是天地形成，宇宙初开。"⑥所谓"雷夏"，有学者认为就是"脽上"。此其一。其二，在今

①〔唐〕李林甫等撰，陈仲夫点校：《唐六典》，北京：中华书局，1992年版，第121页。
②标点本《旧唐书》，北京：中华书局，1975年版，第185、198页。
③《宋史·真宗纪》。见标点本《宋史》，北京：中华书局，1977年版，第147—148页。
④参见杨洪杰主编：《中华祭祖圣地——万荣后土祠》，香港：银河出版社，2004年版，第199—201页。
⑤参《中华祭祖圣地——万荣后土祠》所载孟繁仁《后土即女娲》，第152—153页；陈振民《论后土即女娲》，第154—158页，以及《再论后土即女娲》，第159—163页。
⑥冯时：《中国天文考古学》，北京：社会科学文献出版社，2001年版，第13、30—31页。

山西省永济县南端，跨黄河至陕西潼关，有一渡口称为"风陵渡"。永济县南又有地名"风陵堆"，即"风陵渡"所在地。《史记·魏世家》载襄王十六年（前303）"秦拔我蒲反（阪）、阳晋、封陵"；"二十三年，秦复予我河外及封陵为和。"①此处"封陵"即风陵，"风"通"封"。《史记·五帝本纪》载："举风后、力牧、常先、大鸿以治民。"唐人裴骃《集解》曰："郑玄曰：'风后，黄帝三公也。'"②而"风后"在《先天纪》却作"封胡"，知"风""封"二字可互代。北魏郦道元《水经注》"河水四"则云："〔潼〕关之直北，隔河有层阜，巍然独秀，孤峙河阳，世谓之风陵，戴延之〔之〕所谓风堆也。"③本文前已指出，晋人皇甫谧在《帝王世纪》中已经说过，伏羲女娲均姓"风"，人首蛇身。综合以上资料，"风陵"也便是伏羲女娲之陵，其地与汉武帝所立的"后土祠"十分迫近。如果"后土"不是女娲，"风陵渡"这一地名在历史上便无从寻找其着落了。其三，《旧唐书·礼仪四》在记录玄宗李隆基祭后土一事时，曾追记曰："先是，脽上有后土祠，尝为妇人塑像，则天时移河西梁山神塑像，就祠中配焉。"④后土祠所供奉的神祇，"尝为妇人塑像"，除了女娲还能是谁？武则天将原在黄河西岸韩城之北的"梁山神塑像"，移来与女娲作"配"，虽说是解决了女娲神的"孤独"，但又何尝没有乱点鸳鸯之嫌！其四，东汉许慎《说文解字》云："娲，古之神圣女，化万物者也。"⑤另一著名思想家王充则

---

①标点本《史记》，北京：中华书局，1959年版，第1852页。

②标点本《史记》，北京：中华书局，1959年版，第6—8页。

③王国维：《水经注校》，上海：上海人民出版社，1984年版，第119页。又见〔宋〕乐史撰，王文楚等点校：《太平寰宇记》陕州阌乡县："阌乡津，去县三十里，即旧风凌关……女娲墓，自秦汉以来皆系祀典。"北京：中华书局，2007年版，第106—107页。

④标点本《旧唐书》，北京：中华书局，1975年版，第928页。

⑤影印本《说文解字》，北京：中华书局，1963年版，第260页上栏。

在《论衡·顺鼓篇》中说："［世］俗图画女娲之像，为妇人之形。"①
这与唐人所记后土祠"尝为妇人塑像"也非常一致，为确认后土即女
娲增加了旁证。

迄今为止，出土的伏羲女娲人首蛇身交尾图没有一例早过西汉晚
期，这是需要深思的。就文字记载来说，学者们认为东汉王延寿所写
《鲁灵光殿赋》中说"伏羲鳞身，女娲蛇躯"，是现知最早的关于伏、
女二氏的形象描述。我认为大致不误。在南阳汉画像石中，这类形象
也并非罕见。但是二者下身相缠的形象，却无一例早于武帝祠祀"后
土"者（前113）。由此，我想在这里作一个大胆的推断：伏羲女娲作
人首蛇身且交尾状，是由汉武帝设祠祭祀后土形成的"伏羲女娲热"
产生的。此前大概不会出现这一现象。即使已经出现，汉武帝也是加
热升温的推手。这个认识能否成立，仍有待出土文物的进一步检验。

三、"人日"节、"启源祭"与汉武帝"祠后土"

汉武帝刘彻掀起的"伏羲女娲崇拜热"，不仅催生了类似于"伏羲
女娲画幡"那样的画作，同时伴生的还有"人日"节和"启源祭"。

长期以来，我在整理研究敦煌具注历日时，注意到历注中有"人
日"节和"启源祭"。目前所知，有"人日"节的共四件：S.0681背
《后晋天福十年乙巳岁（945）具注历日》，S.1473加S.11427B.背《宋太
平兴国七年壬午岁（982）具注历日并序》，P.3403《宋雍熙三年丙戌岁
（986）具注历日一卷并序》，P.3507《宋淳化四年癸巳岁（993）具注历
日》。②有"启源祭"的共见六例：P.3284背《唐咸通五年甲申岁

---

① 《论衡》，上海：上海人民出版社，1974年版，第243页。
② 邓文宽：《敦煌天文历法文献辑校》，南京：江苏古籍出版社，1996年版，第462、567、593、
　664页。

（864）具注历日》正月十三日庚子；P.3247背加罗一《后唐同光四年丙戌岁（926）具注历日一卷并序》正月二十四日壬子；S.0681《后晋天福十年乙巳岁（945）具注历日》正月三日庚子；S.0095《后周显德三年丙辰岁（956）具注历日并序》正月七日庚子；P.3403《宋雍熙三年丙戌岁（986）具注历日一卷并序》正月七日丙子；P.3507《宋淳化四年癸巳岁（993）具注历日》正月二十三日壬子。①

经查，唐代《开元礼》和行政法典《唐六典》所规定的国家法定节日和祭祀日，均无"人日"节和"启源祭"。因此，对它们的形成必须进行重新探索。

对于"人日"节，历史文献不乏记载。南朝·梁·宗懔在《荆楚岁时记》中说："正月七日为人日。以七种菜为羹；剪彩为人，或镂金薄（箔）为人，以贴屏风，亦戴之头鬓；又造华胜以相遗，登高赋诗。"②人们在此日或以七种菜为羹喝汤，或将七彩或金箔做成人形，贴于屏风，或戴之头鬓，好不热闹。唐人更重视这个节日，皇帝每每于此日赐群臣彩缕人胜（一种华饰），或登高大宴群臣。唐人李适有《人日宴大明宫恩赐彩缕人胜应制》诗；③李商隐更写下了"镂金作胜传荆俗，剪彩为人起晋风"④的妙句。至宋，苏彻在《踏青诗序》中说："眉之东门有山曰蟇颐山……每正月人日，士女相与游戏饮酒于其上。"⑤可知，正月七日的人日节是十分热闹的。这个节日也包含着对伏羲女娲的怀念之义，因为古人认为，人类的创造者就是女娲和伏羲。

《北史·魏收传》载："魏帝宴百僚，问何故名'人日'，皆莫能

---

①邓文宽：《敦煌天文历法文献辑校》，南京：江苏古籍出版社，1996年版，第181、389、462、474、593、664页。

②谭麟：《荆楚岁时记译注》，武汉：湖北人民出版社，1985年版，第25页。

③见《全唐诗》卷七十，北京：中华书局，1960年版，第777页。

④《人日即事》诗。见《全唐诗》卷五四一，北京：中华书局，1960年版，第6230—6231页。

⑤转引自《中国岁时节令辞典》，北京：中国社会科学出版社，1998年版，第136页"人日"条。

知。[魏] 收对曰：'晋议郎董勋《答问礼俗》云：正月一日为鸡，二日为狗，三日为猪，四日为羊，五日为牛，六日为马，七日为人。'"①除了正月七日造人外，其余一至六日所造便是通常所说的"六畜"。此外，托名为汉代东方朔所作的《占书》，又加了一个"八日谷"②，有人，有畜，有谷，似乎更加完整。但是，上引几种资料只说某日造某，并未说由谁而造。《太平御览》卷七十八皇王部"女娲氏"引《风俗通》曰："俗说天地开辟，未有人民，女娲抟黄土作人。剧务，力不暇供，乃引绳于絚泥中，举以为人。故富贵者黄土人也，贫贱凡庸者絚人也。"③这应该是女娲造人的早期版本。至于说在正月的头八天里，造人又造畜，还造谷，当是十分成熟的说法了。但也由此可知，正月七日造人的是女娲氏，其余六畜与谷，古代文献与造人一样，仅用一个"为"字，显然这"为"之者只能是同一个人，那就非女娲莫属了。

我们还注意到，在前举敦煌具注历日的六例"启源祭"中，虽然不在正月某一个固定的日期，但所在日期的地支均为"子"日，却是十分一致的。"子"在十二地支中排位居首，且与十二生肖的"鼠"相对应。它使我们想到，这个"启源祭"应该是祭祀老鼠的，"启"义为"开"，启源即开源，它与人日节一起，都是用来纪念华夏民族和动物被创造出来而活在这个世界上的，而创造者恰恰是那位我们的始祖母女娲氏。这无异于是一部中国版的创世纪！

我们可以毫不含糊地说，敦煌历日中的"人日"节是用来祭祀人

---

① 标点本《北史》，北京：中华书局，1974年版，第2028页。
② 〔宋〕高承：《事物纪原》"人日"条："东方朔《占书》曰：岁正月一日占鸡，二日占狗，三日占羊，四日占猪，五日占牛，六日占马，七日占人，八日占谷。其日清明温和，为蕃息安泰之候；阴寒惨烈，为疾病衰耗之征。"北京：中华书局，1989年版，第10页。
③ 影印本《太平御览》，北京：中华书局，1960年版，第365页上栏。

的创造者女娲的。但是，人类凭知识和经验即可知道，单有女性是造不出人来的。也正因此，才有伏羲（男）与女娲（女）人首蛇身互相交尾的画作出现，唯其如此，才能造出人来。也就是说，伏羲和女娲作为人类的始祖父与始祖母是同时被祭祀的。不过，我们从历史文献仅能看到，中古时代举行"人日"节时很热闹，是否还有什么具体的祭祀仪式，却不得而详了。

以前有学者认为，"人日习俗在汉魏六朝的凸现，却与当时社会动荡，战火连绵，饥荒、疾疫流行，人们生命不保，人口巨量减少的历史背景深有关系"，从而将该"人日"节的出现归结为"祈求人生平安与人口增殖"[①]。看来这个认识需作修改了。因为"人日"节的出现是由汉武帝"祠后土"派生出来的，恐不存在其他缘由。

四、结语

"我们从哪里来？谁是我们的始祖？"这是任何一个心智成熟的民族都会发生的生命追问，就像幼儿问他们的父母"我是怎么来的"一样。正由于此，世界上许多民族都产生了自己的图腾崇拜和始祖崇拜。汉武帝之前，已经存在着伏羲和女娲结婚生子、造就人类的传说，但尚未形成"伏羲女娲崇拜热"。武帝元鼎四年（前113）在汾水与黄河交汇处的"脽上"建成"后土祠"，武帝多次亲自祭拜，后代帝王也祠祭不衰，于是我们的始祖父伏羲、始祖母女娲才真正进入广大民众的视野，成就了我国中古时代持续近千年的"伏羲女娲崇拜热"。

山东嘉祥武梁祠石刻、南阳汉画像石、洛阳卜千秋墓壁画、嘉峪关魏晋墓壁画、四川宜宾和陕西靖边东汉墓壁画，敦煌莫高窟西魏285

[①] 萧放：《荆楚岁时记研究》，北京：北京师范大学出版社，2000年版，第197页。

窟壁画，以及吐鲁番阿斯塔那和哈拉和卓高昌国至唐前期（公元6—8世纪）古墓中的"伏羲女娲画幡"，都是这场"伏羲女娲崇拜热"的物质遗存。但是，它们远不是当时使用过的伏羲女娲人首蛇身且下肢交尾图像的全部。事实上，这类画作在当时社会上存在的范围应该更为广泛，但其绝大多数都已随着时光的迁流而湮没不存了。墓葬、石窟和祠堂是一些十分特殊的存放环境，唯其如此，才能将当时的小部分同类画作保存下来，使我们这些后人得以窥见其冰山之一角。这不能不是我们的幸运。

由于对伏羲和女娲的崇拜成为热潮，女娲不仅能造人，还造了动物和谷物的神话也才衍生出来，这便是"人日"节和"启源祭"出现的缘由。中国人的始祖母女娲是无所不能的，就像基督教的上帝无所不能一样。他们都是至高无上的神灵，居住在天国，从而不仅创造了人类，而且在生命个体死亡后，还能将其灵魂接回天国，使得"灵魂升天"。各类古墓中出现的"伏羲女娲画幡"被置于棺材或尸身之上，其所担负的职能大概无外于此。

如前所述，"人日"节和"启源祭"带有中国版创世纪的色彩。由于当时还没有进化论的知识，人们将人类自身和动物归结为某个伟大人物如女娲氏所创造，是可以理解的。当然，这并不能脱去其神话的外衣。我只是想，这个神话对现代人——我们这些"伏羲女娲的后代"们还有多少启示意义？也许我们应该感谢始祖父母的创造，从而领悟生命的可贵，在更高层次上认识人的价值，进一步地站在人本主义的立场上去思考、去创造；也感谢始祖父母创造了与我们一起生活在大地母亲怀抱中的各类动物，从而在珍惜自身的同时，更好地保护动物；还应感谢始祖父母创造了五谷，使我们得以果腹，延续生命，从而更加珍惜粮食，热爱自然，保护环境……总之，以一颗感恩的心去领略"伏羲女娲画幡"的内涵与魅力，我们就能比仅仅从事学术探讨得到更为丰富的收获。

（原载《张广达先生八十华诞祝寿论文集》，台北：新文丰出版公司，2010年版，第881—900页）

三篇敦煌邈真赞研究
——兼论吐蕃统治末期的敦煌僧官

敦煌文献中的邈真赞，是研究归义军历史和敦煌僧政史的重要资料。尤其是近年陆续出版的唐耕耦、陆宏基编《敦煌社会经济文献真迹释录》（以下简称《释录》），[①]郑炳林著《敦煌碑铭赞辑释》（以下简称《辑释》），[②]姜伯勤、项楚、荣新江合著《敦煌邈真赞校录并研究》（以下简称《研究》），[③]均是集大成的著作，为学者们利用这批资料提供了极大方便。今在诸位先生已有成果的基础上，对三篇敦煌邈真赞作进一步的研究。拾遗补阙，聊补未周，不妥之处，还望指正。

本文研究的是 P.4660 号《邈真赞集》长卷中的三篇。依原卷编排次序，分别为第三四、第三五和第三六篇。今将文字再加释录，对前贤各家之得失以及笔者管见，以校记方式予以说明。

P.4660（三四）

    1. 故李教授和尚赞　　　　释门法将善来述

---

① 唐耕耦、陆宏基：《敦煌社会经济文献真迹释录》（第五辑），全国图书馆文献缩微复制中心，1990年版，第146—148页。

② 郑炳林：《敦煌碑铭赞辑释》，兰州：甘肃教育出版社，1992年版，第211—215页。

③ 姜伯勤、项楚、荣新江：《敦煌邈真赞校录并研究》，台北：新文丰出版公司，1994年版，第139—142页。

2. 美哉仁贤，忠孝自天。投簪弱冠，削发髫年。枢机发日，

3. 若矢在弦。所撤（1）皆中，匪凭镞穿。八藏穷妙，五部精研。

4. 那（2）除（馀）（3）剖（4）赘，翦（5）略词繁。纂（6）制章论，迅切溮溇。恒为惠剑，

5. 割断爱缠。不假蟾魄，心灯本然。名高一郡，道贯僧□（7）。

6. 倾城倾郭，奔骤问禅（8）。

校记：

（1）撤：《释录》《辑释》作"撤"；《研究》作"檄"，并云："陈（即陈祚龙先生《唐五代敦煌名人邈真赞集》，巴黎，1966 年出版。下同，不另出注）、唐、郑皆作撤。应作檄，通撤。"今按，陈、唐、郑作"撤"，是；《研究》作"檄（撤）"，恐误。撤字音"敲"，义为敲击。《庄子·至乐》："庄子之楚，见空髑髅，髐然有形，撤以马捶。"成玄英疏："撤，打击也。"虽有"击"义，但需与敲、打连义。原字撤，通"彻"，义为贯通、穿透。《墨子·备穴》："为铁钩钜长四尺者，财自足，穴彻，以钩客穴者。"《列子·汤问》："北山愚公长息曰：汝心之固，固不可彻，曾不若孀妻弱子。虽我之死，有子存焉。""彻"字均为"通"义。原卷上句"若矢在弦"，下句"匪凭镞穿"，均以射箭为喻。可知此处"撤"为"彻"之通假字，义为"通"，释作"撤"是。

（2）那：《释录》《辑释》作"那"；《研究》作"删"，并云："唐、郑作那，误。"按，原卷是"那"字俗体，释作"那"是，《研究》改误。那通挪，此处用同"挪"，义为移动。欧阳修《文忠集》一〇三《论乞赈救饥民札子》："只闻朝旨令那移近边马及于有官米处出粜。"

梅尧臣《依韵和永叔戏作》诗："不肯那钱买珠翠，任从堆插阶前菊。"均是其用例。

（3）除（餘）：原卷作"除"，各家均照录不改，失校。"餘"与下文"赘"义同，正可互文见义。"餘"作"除"，乃抄手误书，当改正。

（4）剒：《释录》《辑释》有，《研究》脱，故成三字句"删除赘"，与原卷四字句体例亦不合。按，原作"剒"是。《集韵》《韵会》《正韵》均云："历各切，音洛，剔也。"于此卷正是剔除之义。"那（挪）余剒赘"即移去衍文，剔除赘文。

（5）劕：《释录》《辑释》有，《研究》脱。按，原作"劕"是。此字音"尊"。《说文·刀部》："劕，减也。"段玉裁注："劕、撙古今字。"知亦可写作"撙"。"劕略词繁"，即删繁就简。以上二句"那（挪）余剒赘，劕略词繁"，正是对前文"八藏穷妙，五部精研"的进一步阐释。

（6）纂：《释录》作"慕"，误；陈氏、《辑释》《研究》作"纂"，是。原卷为俗体，上为草头，盖因敦煌俗字竹、草不分；中为"日"字，又因俗写日、目不分。P.3403《宋雍熙三年丙戌岁（986）具注历日一卷并序》原题"安彦存纂"，其字写法与本卷同，故可确认。

（7）此字原残。陈氏作"上"，《释录》补"首"，均失韵。今从《辑释》和《研究》暂缺，俟再校。

（8）此卷正文下原来有诗一首，又见于别卷，今不录。

P.4660（三五）

1. 故沙州缁门三学法主李和尚写真赞
2. 宰相判官兼太学博士从兄李颙撰
3. 五凉甲族，武帝宗枝。派流天外，一胤西陲。柯分叶散，留迹阶墀。
4. 稚（1）息彫弊，编入皇枝。河陇阻绝，三代于兹。敦煌沦陷，甲子云期（2）。

5.宗祊是一，史录生耀（辉）（3）。厌斯俗务，志乐无为。髫年问道，弱冠披缁。

6.事亲无怠，味法忘疲。披经讨论，无不知机。精持戒律，白月（日）（4）无亏。

7.举朝佥议，迁为道师。河湟畏记（敬）（5），相无不知。公名肃肃，道行巍巍。

8.遘以时疾，药物无施。千万（6）不遂，今也云堕。贤兄心碎，游子怀悲。

9.四部哀痛，一如荼毗。图形新障，写旧容仪。奄却青眼，谁当白眉。

10.两朝钦德，一郡含悲。遐迩瞻仰，无不归依。

校记：

（1）稚：陈氏作"子"，余从原卷。《研究》作"稚"，并云"陈作子"，未加按断。今按，原作"稚"是，陈氏改误。"息"意即"子"，"稚息"即"稚子"，义为胄子，即贵族后代。《史记·五帝本纪》："舜曰：'然，以夔为典乐，教稺（稚）子。'"裴骃集解引郑玄曰"国子也"。李颙前云自己和赞主是"五凉甲族，武帝宗枝"，自然是贵族后代，故称"稚息"。

（2）期：《辑释》作"期"，《释录》《研究》从原卷作"朞"。按，原卷乃"期"字俗休（见秦公《碑别字新编》，文物出版社，1985年版，第207页），故当从《辑释》。"期"字义"周"（说详下）。

（3）耀（辉）：《释录》《辑释》从原卷作"耀"。《研究》云："陈作辉。唐、郑照录，出韵，疑当作辉。"按，陈氏校改作"辉"，甚是，当从之。敦煌写卷辉、耀二字多不分。

（4）白月（日）：月，《释录》改作"日"；《辑释》从原卷作"月"，《研究》亦作"月"，并云："唐作日，误。"按，校作"日"是。白日犹时间、光阴也。汉·王符《潜夫论·浮侈》："此等之俦，既不助长农工女，无有益于世，而坐食嘉谷，消费白日，毁败成功。"唐·白居易《浩歌行》："既无长绳系白日，又无大药驻红颜。"均指光阴。此卷"白日无亏"即不负光阴，亦即坚持不懈之意。

（5）记（敬）：陈氏释文作"托"，余作"记"。按，释"托"误，释"记"是。然此字是"敬"之同音借字，需加校正。唐五代河西方音-ŋ尾往往脱落，弟与定、令与礼、迷与名、听与体均互代（见敦煌本《六祖坛经》），可比证。此处"敬"音"记"，故借作"记"。畏敬义为尊敬、敬重。《礼记·大学》："［人］之其所畏敬而辟焉。"《旧唐书·辅公祏传》："初，［杜］伏威与公祏少相爱狎，公祏年长，伏威每兄事之，军中咸呼为伯，畏敬与伏威等。"此卷"河湟畏敬（音记），相无不知"，即河湟地区人人敬重，人人皆知。

（6）千万：《释录》《辑释》《研究》从原卷，陈氏校作"千方"，或是。此处是说用药医病，"千方"指各种各样的药方，其意或更贴近。

P.4660（三六）

1.敦煌都教授兼摄三学法主陇西李教授阇黎写真赞

2.释门都法律兼副教授苾蒭洪誾述

3.大哉法主，间（1）世英首。位高十德，解尽九流。

4.三端体备（2），四辩难酬。蕃秦互晓，缁俗齐优。

5.五乘研激（极）（3），八藏精修。刊定耶（邪）（4）正，隔绝旁求。

6.两邦师训，一郡归投。等然惠炬，遍运慈舟。

7.逗根演教，量器传幽。谓寿逾算，将冀遐筹。

8.闫浮魄散，宝界神游。哀哀地恸，参参（惨惨）（5）天愁。

9.花台飞锡，再会无犹（由）（6）。芳名万代，播美千秋。

校记：

（1）间，《释录》作"门"，误。余作"间"，是。

（2）体备：《研究》云："原写备体，旁加乙转符号。唐、郑仍作备体。"按，《研究》说是，当作"体备"。

（3）激（极）：《释录》作"潡"，误。《辑释》《研究》释作"激"，是。然当校作"极"。研极者，钻研穷究之义。韩愈《与袁相公书》："穷经究史，章通句解，至于阴阳、军法、声律，悉皆研极原本。"宋·程大昌《〈演繁露〉自序》："以仲舒之识，精通天人性命，而《繁露》之书，事物名义，悉所研极。"可知原卷"激"乃"极"之同音借字，当作"极"。

（4）耶（邪）：《研究》作"邪"并云："唐照录，应作邪。陈、郑径作邪。"说是。敦煌写卷"邪"亦作"耶"。

（5）参参（惨惨）：《释录》《研究》从原卷作"参参"，误；陈氏、《辑释》校作"惨惨"，是。按，参参音"森森"，形容长貌。《后汉书·张衡传》："修初服之娑娑兮，长余佩之参参。"韩愈《南山》诗："参参削剑戟，焕焕衔莹瑇。"是其义。而惨惨义为忧闷、忧愁。《诗·小雅·正月》："忧心惨惨，念国之为虐。"郑玄笺："惨惨，犹戚戚也。"唐人戴叔伦《边城曲》："胡笳听彻双泪流，羁魂惨惨生边愁。"此卷"哀哀"与"惨惨"，"地恸"与"天愁"均为对文，可知校作"惨惨"是。

（6）犹（由）：《释录》从原卷作"犹"；《辑释》《研究》校作"由"，是。二字古互通，此处当作"由"。

当我们仔细诵读这三篇邈真赞时，会感到它们是极为难得的文字。尤其是第三五篇，作者李颛与赞主李教授是同宗从兄弟，对赞主的去世发自内心地悲痛与怀念，令人为之感动。然而，这三篇文字的写成年代却一向未能究明，所涉及的僧政史实也未被揭出，今作考证如下。

据日本学者竺沙雅章先生研究，三篇赞主为同一人，即都教授李惠因，[①]这是可以认同的。李惠因其名载于S.2729（1）《吐蕃辰年（788）三月沙州僧尼部落米净辔牒（算使勘牌子曆）》，[②]见此《曆》第26行，属报恩寺僧。第三四篇作者善来即索善来，其名见同《曆》第24行，属开元寺僧。此外，关于他们的材料就非常少了。

据第三六篇赞文，李惠因辞世时的结衔是“敦煌都教授兼摄三学法主”。都教授是吐蕃统治敦煌时期的最高僧官，相当于归义军时代的都僧统。然而李惠因死于何年，三篇赞文又作于何时呢？第三五篇李颛写的赞文为我们提供了准确信息。

在赞文开头，李颛先说明自己同赞主李教授之李姓，是“五凉甲族，武帝宗枝”。后来这个宗族便分散了，其中一枝落在“西陲”，亦即河西地区。尽管“柯分叶散”，但其祖宗却在皇帝宝殿留下过踪迹（“留迹阶墀”）。可知他是以贵族后代自诩。到了唐代，虽已破落（“稚息彫弊”），但仍被唐皇室“编入皇枝”。《旧唐书》卷二四《礼仪四》载：“天宝元年……七月，陇西李氏敦煌、姑藏、绛郡、武阳四房隶于宗正寺。”[③]李颛所云当即此事。然后他十分感慨地说道：“河陇阻绝，三代于兹。敦煌沦陷，甲子云期。宗祊是一，史录生辉。”其中前十六个字是我们研究有关史实和年代的重要依据。

---

①[日]竺沙雅章：《敦煌吐蕃期的僧官制度》，载《布目潮沨博士古稀纪念论集》，1990年，汲古书院刊。

②见[日]池田温著，龚泽铣译：《中国古代籍帐研究》，北京：中华书局，2007年版，第359页。

③标点本《旧唐书》，北京：中华书局，1975年版，第926页。

"河陇阻绝，三代于兹"中的"代"字，系避唐太宗李世民名讳而改，当即"三世于兹"。其义是说，从河西陷蕃到写此赞文已有"三世"之久。古人纪年，常用"纪""世"书写，一纪为十二年，一世为三十年，甲骨文和金文中的"世"字即三十之义。《论语·子路》："如有王者，必世而后仁。"宋人邢昺疏曰："正义曰'三十年曰世'。此章言如有受天命而王天下者，必三十年仁政乃成也。"①可知，赞文中的"三世"就是90年的另一种说法，而不是通常所理解的"三代人"。

"河陇阻绝"是指安史之乱后，唐朝将西北边军调往中原勤王，河西、陇右军防出现空隙，吐蕃乘虚入侵之事。《资治通鉴》卷二一九肃宗至德元年（756）记："是岁……吐蕃陷威戎、神威、定戎、宣威、制胜、金天、天成等军，石城堡、百谷城、雕窠城。"②是为吐蕃侵陷河陇之始。以此年为河陇阻绝之第一年，后推"三世"亦即90年，相当于唐武宗会昌五年（845）。

再看"敦煌沦陷，甲子云期"。期者，周也。说明从敦煌沦陷到写此卷时已经经历了一个甲子周期，即60年时间。敦煌沦陷的时间，一般认为是在唐德宗贞元二年（786）。③以此年为敦煌陷蕃之第一年，下推一个甲子，也是会昌五年，即公元845年。

根据以上李颙赞文所述史实和年代，我们可以判定，P.4660第三五篇邈真赞撰成于会昌五年（845），也就是说，都教授李惠因是此年去世的。第三四篇索善来所述赞文虽未提供直接的写成时间，但此篇正文后所写五言八句诗，又见于P.3726《杜和尚写真赞》（略有不同）。

①影印本《十三经注疏》，北京：中华书局，1980年版，第2507页中栏。
②标点本《资治通鉴》卷二一九，北京：中华书局，1956年版，第7011页。
③参宁可、郝春文：《敦煌的历史和文化》，北京：新华出版社，1993年版，第71页。

内云："苍生已度尽，寂嘿入莲城。"①说明也是在李教授刚去世时写的。第三六篇洪晋所写赞文云："阎浮魄散，宝界神游。哀哀地恸，惨惨天愁。""阎浮""宝界"均是佛教用语。阎浮即阎浮提，谓生人所居之地；宝界又称宝刹、宝国，均是净土之义。②"阎浮魄散"即已离开人世，"宝界神游"即神魂游于净土。显然，也是赞主李教授刚去世不久撰成的文字。由此我们可以得出结论，P.4660 第三四篇、三五篇、三六篇邈（写）真赞，均作成于李惠因去世的会昌五年（845）。

吐蕃治下都教授李惠因的死年及三篇邈真赞的撰成年代既已查明，与此相关的一些史实就有重新认识的必要，现分述如下。

（一）李惠因的接任者是著名高僧洪晋，其接任时间为会昌五年（845）。以往竺沙雅章先生认为李惠因的活动年代与宋正勤同时，大略在公元"八一三—八二五年顷"，洪晋又是接任另一高僧荣照的，活动年代在"八三〇年顷—八四八年"。③这个认识看来需加修正。从 P.4660 第三六篇洪晋的题衔看，李惠因去世时，洪晋的僧职是"都法律兼副教授"，可知李惠因在世时，二人是正副职关系。李惠因去世，由洪晋接任都僧统是顺理成章的。

（二）洪晋任都教授的时间是会昌五年至大中二年（845—848）。李惠因去世后，洪晋接任都教授，已如上述。但大中二年，洪晋即参加了张议潮领导的起义，将吐蕃贵族从敦煌赶走。我们知道，唐朝授予洪晋都僧统的时间是大中五年（851）。④现存敦煌莫高窟的《洪晋碑》

①姜伯勤、项楚、荣新江：《敦煌邈真赞校录并研究》，台北：新文丰出版公司，1994 年版，第 133 页。

②丁福保编纂：《佛学大辞典》，北京：文物出版社，1984 年版，第 1442 页第三栏。

③[日]竺沙雅章：《敦煌吐蕃期的僧官制度》，载《布目潮沨博士古稀纪念论集》，1990 年，汲古书院刊，第 326 页。

④见《洪晋碑》。录文见李永宁：《敦煌莫高窟碑文录及有关问题（一）》，载《敦煌研究》试刊 1981 年第 1 期，第 56—79 页。

中段刻有唐宣宗的诏书，内云 "敕洪辩……依前充河西释门都僧统……"①既云 "依前"，则说明唐宣宗的诏书只是对洪辩都僧统一职的正式承认而已。它告诉我们，随着敦煌的光复，吐蕃僧官都教授即被停废，而又恢复了敦煌陷蕃前行之已久的唐朝僧官都僧统制度。由此可知，洪辩在吐蕃治下任都教授的实际时间是公元845—848年共3年时间，848年改称都僧统，至851年唐朝正式承认，他任敦煌最高僧官已有6年之久了。

（三）关于P.4640《吴僧统碑》的撰成年代。此碑文为文人窦良骥所撰，题作 "吴僧统碑"。据日本学者藤枝晃先生研究，其原名应是S.0779背习字中的 "大蕃沙州释门教授和尚洪辩修功德［碑］"。②至于为何改名为 "吴僧统碑"，荣新江先生也曾给予了有说服力的解释。③但对此碑文的撰成年代，学者们仍是众说纷纭。其中苏莹辉先生认为："此碑作于陷蕃期间［约在开成四年（839）至大中元年（847）间］的可能性较大。"④郑炳林先生在引证各家所考之后说，此碑当作成于公元834年或稍后，并认为 "显然苏莹辉先生考证有误"⑤。现在看来，苏莹辉先生考证的可能时间839—847年较为接近事实，倒是郑炳林先生的意见失之较远。因碑文有云："使知释门都法律，兼摄副教授十数年矣……又承诏命，迁知释门都教授。"根本没有提到洪辩改任都僧统一事。而据我们上面的考证，洪辩任都教授的时间是公元845—848年

①见《洪辩碑》。录文见李永宁：《敦煌莫高窟碑文录及有关问题（一）》，载《敦煌研究》试刊1981年第1期，第74页。

②［日］藤枝晃：《敦煌千佛洞的中兴》，载《东方学报》（京都版）第35册，1964年版，第91—106页。

③荣新江：《关于沙州都僧统年代的几个问题》，载《敦煌研究》1989年第4期，第70—78页。

④《敦煌资料中的三位河西都僧统》，载苏莹辉著：《敦煌论集》，台北：学生书局，1983年修订三版，第417页。

⑤郑炳林：《敦煌碑铭赞辑释》，兰州：甘肃教育出版社，1992年版，第66页。

期间。此前此后，碑文都不能与史实相符。由此可知，《吴僧统碑》当撰成于公元845—848年之间。

（四）关于敦煌陷蕃的年代。此前学者们多已认同在唐德宗贞元二年（786）。根据前述对P.4660（三五）所述史实的年代考察，看来这是正确的认识。"河陇阻绝"始于至德元载（756）。考虑到古人将事发之当年也算作一年，此后的"三世"（90年）应是会昌五年（845）。而赞文又说"敦煌沦陷，甲子云期"，因此，从会昌五年（845）上推一个甲子即60年，正当贞元二年（786）。以往在研究敦煌陷蕃的具体年代上，学者们意见纷繁，其中陈国灿先生力主贞元二年说。[①]本项研究为陈氏此说提供了强有力的论据，并由此可得确认。

本文所做的工作，不是对吐蕃统治时期敦煌僧政史的全面考察，而是从对三篇邈真赞文字的阐释引发出的一些认识。由于其中所含史实未曾被措意，故而略述管见如上。如果它能对有关问题的研究起一些推进作用，笔者将不胜欣慰。

（原载中国文物研究所编《出土文献研究》第四辑，中华书局，1998年版，第81—87页）

---

①陈国灿:《唐朝吐蕃陷落沙州的时间问题》，载《敦煌学辑刊》1985年第1期，第1—7页。

敦煌文献《唐贞观八年高士廉等条举氏族奏抄》辨证

一

敦煌文献位字七十九号（BD08679），是一件深受学人关注的唐代官文书。数十年来，中外学者反复研究，屡有所获。最早研究者是缪荃孙先生，他定名为"唐贞观条举氏族事件"，[①]1931年，陈垣先生编《敦煌劫余录》，取名"姓氏录"。同年，向达先生撰文研究，认为不是显庆"姓氏录"，而是"贞观《氏族志》残卷"。[②]20世纪50年代初，牟润孙先生在台北著文，提出另外一种看法：残卷"固非显庆《姓氏录》，而亦决非贞观《氏族志》"，"或是唐时山东大姓之衰宗破落户为增高卖婚价格所伪托之《氏族志》，且亦可谓之为唐太宗抑压山东大姓政策反响之产品"。[③]后来范文澜先生在《中国通史简编》中又题为

---

① 缪荃孙：《唐贞观条举氏族事件卷跋》，载《辛壬稿》卷三。今见王重民编：《敦煌古籍叙录》，北京：中华书局，1979年版，第101—102页。
② 向达：《敦煌丛抄叙录》，载《北平图书馆馆刊》五卷六号。今见王重民编：《敦煌古籍叙录》，北京：中华书局，1979年版，第102—104页。
③ 牟润孙：《敦煌唐写姓氏录残卷考》，台湾大学《文史哲学报》1951年第3期，第61—73页。

"唐贞观《氏族志》（姓氏录）残页"①。近些年来，随着国内外出现"敦煌学"研究的新高潮，又有不少专家、学者撰文研究。引起重视的是王仲荦、唐耕耦二位先生的论文。王仲荦先生依缪荃孙说，名为"唐贞观八年条举氏族事件"，并当作可信资料逐一考释。②唐耕耦先生则认为："不是贞观《氏族志》或伪托之《氏族志》，而是有关天下姓望的常识性著作"③。日本学者热心研究这件文书的也不乏其人，如宇都宫清吉、仁井田陞、那波利贞、守屋美都雄、竹田龙儿、多贺秋五郎、池田温等先生，都不同程度地做过研讨。④其中最有代表性的是宇都宫清吉、仁井田陞和池田温三位先生的观点。宇都宫清吉于1934年提出，该文书是贞观《氏族志》的第一次版本，或者说是贞观《氏族志》的目录总说。⑤之后，仁井田陞接受了宇都宫清吉的观点，在一篇论文中说："本文暂时叫作《贞观氏族志》。它是较之贞观十二年第二次的《贞观氏族志》为早的版本，可以说是第一次《贞观氏族志》。初

---

① 范文澜：《中国通史简编》第三编第一册，北京：人民出版社，1965年版，第92—93页间插页。

② 王仲荦：《〈唐贞观八年条举氏族事件〉残卷考释》，北京：中华书局，《文史》第九辑，1980年，第53—73页。

③ 唐耕耦：《敦煌唐写本天下姓望氏族谱残卷的若干问题》，载中国社会科学院历史研究所魏晋南北朝隋唐史研究室编：《魏晋隋唐史论集》第二辑，北京：中国社会科学出版社，1983年版，第293—315页。本文所引唐先生的观点均见此文。唐先生另文《敦煌四件唐写本姓望氏族谱（?）残卷研究》亦论及位字七十九号，载北京大学中国中古史研究中心编：《敦煌吐鲁番文献研究论集》第二辑，北京：北京大学出版社，1983年版，第211—280页，可参阅。

④ ［日］那波利贞：《隋唐五代宋社会史》三《打破传统沉滞的社会弊风方针的唐太宗》，见《支那地理历史大系》第七篇，1941年版，第124—125页；［日］守屋美都雄：《六朝门阀的研究——太原王氏谱系考》，1951年版，第131—135页；［日］竹田龙儿：《唐代士人郡望》，载《史学》1951年卷二四第四—期；［日］多贺秋五郎：《古谱的研究》，见《东洋史学论集》四，1955年版。其他各位论文见以下引文注。

⑤ ［日］宇都宫清吉：《关于唐代贵族的考察》，载《史林》1934年卷一九第三期。

版本为高士廉等所撰，于贞观八年（634）公之于世。"①20世纪50至60年代，池田温先生连续撰文。他基本接受了牟润孙先生的观点，认为是出自伪托，并称许牟先生否定文书第二部分真实性为"卓见"。此外，池田温先生还认为，这件文书的性质具有"通俗性、普及性"②。

一件不长的敦煌文献，在半个多世纪中，吸引了中外诸多史林高手竞相撰文，呕心研究，足见其重要。经过专家们多年潜心研讨，比较一致的意见是，它不是贞观《氏族志》，更不是显庆《姓氏录》。但对其真伪、性质、用途、名称等，时至今日，仍是见仁见智，莫衷一是。

原文书前部已残，存47行。内容可分为四部分：前34行条列有关各郡郡姓的数量和姓氏，其中第1、2、7行下半部有残缺，第28行下部空白未写。第二部分由第35至45行，共11行，记载文书的缘起、修写过程和用途。第三部分仅一行，与第二部分有两行间隔，是抄写者的题记："大蕃岁次丙辰后三月庚午朔十六日乙酉鲁国唐氏芯弩悟真记。""大蕃岁次丙辰"即唐文宗开成元年（836）。可知，它抄写于吐蕃统治末期。第四部分与题记又有四行间隔，正中大字朱书"勘定"二字，笔锋甚硬，与前三部分笔迹迥异，系另一人所写。③

迄今为止，争论较多的是文书第一、二两部分，其中又以第二部分为最。这是由于它直接关系到文书的真伪、名称、性质和用途。本

---

① ［日］仁井田陞：《敦煌发现的天下姓望氏族谱》，见《石滨先生古稀纪念东洋学论丛》，1958年版；又见《中国法制史研究》第三册《奴隶农奴法·家族村落法》，1962年版，第614页。

② ［日］池田温：《唐代的郡望表》，载《东洋学报》1959—1960年卷四二第三、四号。《唐朝氏族志之一考察》，见《北海道大学文学部纪要》1965年卷十三第二期。

③ "勘定"二字，陈垣《敦煌劫余录》有明确记载，但至许国霖《敦煌杂录》已漏。此后日本学者录文时多有此二字，而中国学者却常常漏掉。笔者曾亲往北京图书馆核实，承蒙薛殿玺先生相助，证明确有此二字，且为朱笔。后细察缩微胶卷，亦依稀可辨。谨致谢忱。

文重点就是辨证这部分内容，兼及其余。现将文书第二部分移录如次（校正文字见校记）：

35.以前太史因尧置九州，今为八千（十）五郡，合三百

36.九十八姓。今贞观八年五月十日壬（庚）辰（1），自今已

37.后，明加禁约：前件郡姓出处，许其通婚媾。结

38.婚之始，非旧委怠（悉）（2），必须精加研究，知其曩谱，相承

39.不虚，然可为匹。其三百九十八姓之外，又二千一百杂

40.姓，非史籍所戴（载），虽预三百九十八姓之限，而或媾

41.官（宦）混杂，或从贱入良，营门杂户，慕容商贾之类，

42.虽有谱，亦不通。如有犯者，剔除籍。［左］（3）光禄大夫、兼

43.吏部尚书、许国公士廉等奉

44.敕，令臣等定天下氏族。若不别条举，恐无所

45.冯。准令详事讫，［谨］件录如前。　　敕旨：依奏。①

校记：

（1）壬（庚）辰，查张培瑜《三千五百年历日天象》，唐贞观八年（634）五月朔日辛未，十日干支当作"庚辰"，据改。河南教育出版社，1990年版，第201页上之中栏。

（2）委怠（悉）："委怠"不辞，"委悉"意即详细知晓。《魏书·韩麒麟传》："卿等之文，朕自委悉；中省之品，卿等所谓。"据改。

---

① 图文见唐耕耦、陆宏基编：《敦煌社会经济文献真迹释录》（第一辑），北京：书目文献出版社，1986年版，第87页。

（3）左：原无，据《金石萃编》卷四十八《高士廉碑》补。北京中国书店影印，1985年版，第二册卷四十八一叶下栏。

文书记录的是贞观八年（634）的事，而现存抄件写成于文宗开成元年（836），上距原件形成已有202年之久。由于是门下"更写件"（详下文）并经传抄，故讹脱甚多。但经过校正，上述引文仍可基本通读。

对于这段涉及文书真伪、性质、用途、名称的文字，究竟应当怎样理解？如何解释才更加合乎唐初的历史实际，合乎情理？

二

首先需要考察的是，文书第二部分的真伪和文书的性质。

前引文书第二部分，涉及一些唐代史实、官制和公式令文，今逐一考察如下：

（一）文书原形成于贞观八年（634）五月十日，高士廉的散官、职事和封爵分别是：光禄大夫、吏部尚书和许国公。据两《唐书·高士廉传》记载，高士廉于贞观元年（627）"擢拜侍中，封义兴郡公"，后因故出为安州都督，转益州大都督府长史。贞观五年（631），"入为吏部尚书，进封许国公"。至贞观十二年（638），才又拜为尚书左仆射，授申国公。①因此，贞观八年（634）时，他正是吏部尚书、许国公。至于其散官品阶，本传均未记载曾为光禄大夫。但查《全唐文》卷一五二许敬宗撰《大唐尚书右仆射司徒申文献公茔兆记》却有"□□（益）州大都督府长史，进位左光禄□□（大夫）"。②证明高士廉

---

① 标点本《旧唐书》，北京：中华书局，1975年版，第2441—2446页；标点本《新唐书》，北京：中华书局，1975年版，第3839—3841页。

② 影印本《全唐文》，北京：中华书局，1983年版，第1559页下栏。

在任益州大都督府长史时，散官已进为"左光禄大夫"①。此后，直至贞观九年（635）五月，唐高祖死，因营造山陵制度有功，又进位为特进。②文书记录高士廉贞观八年（634）时散官为"光禄大夫"，前脱"左"字，当补正。可以说，除散官有一脱字外，文书所记高士廉的职事官与封爵，同旧史记载都很一致。

（二）根据以上补正，文书中高士廉的散官和职事官连署时应是："［左］光禄大夫兼吏部尚书"（42—43行）。唐初，左光禄大夫为从二品文散官，③吏部尚书是正三品职事官。《旧唐书·职官志》："凡九品以上职事，皆带散位，谓之本品。……《武德令》：职事高者解散官，欠一阶不至为兼；职事卑者，不解散官。《贞观令》：以职事高者为守，职事卑者为行，仍各带散位。其欠一阶，依旧为兼。"④可知《贞观令》承袭了《武德令》"欠一阶不至为兼"的规定。吏部尚书比左光禄大夫正好低一阶，故高士廉具官是"［左］光禄大夫兼吏部尚

---

① 高士廉散官前脱"左"字，为池田温先生最早发现，谨志于此，不敢掠美。《金石萃编》卷四八《高士廉碑》，其散官与《莹兆记》全同。"左"字脱掉，可能有二因：一是抄脱，本卷讹脱极多，并不为怪；二是传抄中，有人依唐贞观十一年（637）后光禄大夫不再有左、右之分而臆改。

② 《旧唐书·高士廉传》。见标点本《旧唐书》，北京：中华书局，1975 年版，第 2441—2446 页。

③ 《旧唐书·职官一》："开府仪同三司，从一品；特进，正二品；左光禄大夫，从一品；右光禄大夫，正二品。"左光禄大夫品级同开府仪同三司，右光禄大夫同特进。依据《唐六典》《通典》等书记载，唐代不存在散官名称不同，却品级相同的情况。《旧唐书》记载显误。依据文散官次序和品级排列应更正为："开府仪同三司，从一品；特进，正二品；左光禄大夫，从二品；右光禄大夫，正三品。"旧书原载既有上述两例重复，更缺少了从二品与正三品。经此改正，既无重复，亦无短缺，且与以下"散骑常侍，从三品；太中大夫，正四品"相属，次第、品级十分明确而不混乱。

④ 标点本《旧唐书》，北京：中华书局，1975 年版，第 1785 页。

书"，完全符合《贞观令》。①

（三）高士廉署名"士廉"而不具姓。《唐六典》卷八门下省载，官吏上书时，"公卿、校尉、诸将不言姓，大夫以下皆言姓"②。高士廉为吏部尚书，自属"公卿"，署名不具姓，也合乎令文规定。

（四）第43—44行"许国公士廉等奉敕"一句，第43行只写到中间，便将"敕"字抬头另起一行平出；第45行"敕旨"二字与上文间空二字之位置。《唐六典》卷四礼部郎中员外郎条："凡上表、疏、笺、启及判、策、文章，如平阙之式。"原注曰："谓昊天、后土、天神、地祇、上帝、天帝、庙号、祧皇祖、妣、皇考、皇妣、先帝、先后、皇帝、天子、陛下、至尊、太皇太后、皇太后、皇后、皇太子皆平出。宗庙、社稷、太社、太稷、神主、山陵、陵号、乘舆、车，制书、敕旨、明制、圣化、天恩、慈旨、中宫、御前、阙廷、朝廷之类，并阙字。"③文书第44行的"敕"字即代表皇帝、天子等，故须平出；第45行"敕旨"二字，其前依令当有"阙"字。对照公文、文书这两种写法与公式令规定的平阙式也十分契合。

以上四个问题，除第二条已为牟润孙、唐耕耦二先生所注意，但在解释上均发生错误外，其他向未引起重视。而这四个问题经考察后，除高士廉的散官光禄大夫前脱一"左"字，应予补正，其余各条与唐代史实、官制、公式令文完全相合。牟、唐二位先生研究这件文书用功甚多，但由于忽略了上述问题或未加深究，便对文书第二部分真实性持疑，甚至认为是"无识者所为"，显然缺少根据。由上述考证可

①牟润孙先生据《唐六典》卷二"凡任官，阶卑而拟高则曰守，阶高而拟卑则曰行"，用以考察高士廉散官与职事官连署用"兼"，认为不合唐典，实误，已为唐耕耦先生指出。但唐先生又忽略了唐初光禄大夫有左、右之分，而用贞观十一年（637）后的"光禄大夫，从二品"，检查高士廉散官与职事官连署用"兼"，认为合乎唐典，亦未深究。
②〔唐〕李林甫等撰，陈仲夫点校：《唐六典》，北京：中华书局，1992年版，第242页。
③〔唐〕李林甫等撰，陈仲夫点校：《唐六典》，北京：中华书局，1992年版，第113页。

知，它应当是"有识者所为"，从而真实可信。整件文书传抄后错讹满纸，足见抄写者水平不高。可是偏在这些涉及史实和制度的地方却基本无错，这能是偶然的吗？如果说是"无识者所为"，"无识者"能够编造出这样高超的作品吗？

这件文书的性质又如何呢？

由文书"敕旨：依奏"，我们可以确定它是一件奏抄。

《唐六典》卷八门下省："凡下之通于上，其制有六：一曰奏抄，二曰奏弹，三曰露布，四曰议，五曰表，六曰状。""奏抄"下又注曰："为祭祀、支度国用、授六品以下官、断流已下罪及除免官当者，并为奏抄。"①这是关于奏抄使用范围的令文规定。但事实上，"奏抄"使用范围绝不限于这几方面。我们试举数例：

《唐会要》卷二六"皇太子见三师礼"条："太和八年十月，太常礼院奏，今月十七日，皇太子与太师相见，请前一日开崇明门内外门，所司陈设。依奏。"②这是关于礼制方面用奏抄的例子。

《唐会要》卷八〇"杂录"条："〔元和〕十四年……都省奏，伏准太常博士李虞仲奏，凡官秩合得请谥者，必先葬期请于考功，牒送太常寺礼院……更审条疏，明立节限闻奏者。今与考功郎中萧祐、太常博士李虞仲等商议，具条疏节限如前。敕旨：依奏。"③这是关于定谥方面用奏抄的例子。

《唐会要》卷八二"甲库"："贞元八年闰十二月，给事中徐岱，中书舍人奚陟、高郢等奏，比来甲敕，只下刑部，不纳门下省甲库，如有失落，无处检覆。今请准制敕，纳一本入门下甲库，以凭检勘。敕

---

①〔唐〕李林甫等撰，陈仲夫点校：《唐六典》，北京：中华书局，1992年版，第241—242页。
②影印武英殿聚珍版《唐会要》，京都：中文出版社，1978年版，第497页。
③影印武英殿聚珍版《唐会要》，京都：中文出版社，1978年版，第1488—1489页。

旨：依奏。"①这是甲库方面用奏抄的例子。

事实上，我们从《唐会要》中还可找到大量百司所上奏抄的节文。它们说明，奏抄实际使用范围绝不限于令文规定。大而言之，除奏弹、露布、议、表、状以外，其他凡有事请施行而上于皇帝者，均可列入奏抄范围。位字七十九号文书正是如此。

我们再考察一下"敕旨"的使用范围。《唐六典》卷九中书省："凡王言之制有七……五曰敕旨，谓百司承旨而为程式，奏事请施行者。"②《新唐书·百官志》："敕旨，百官奏请施行则用之。"③说明"敕旨"是限于百司或百官依照皇帝旨意，承办了某事，奏请准予施行，皇帝批答时的专门用语。就位字七十九号文书来说，"敕旨：依奏"正是唐太宗对高士廉等人所上奏抄的批答，与令文规定完全相合而不淆乱。

以上位字七十九号文书众多方面与唐代史实和有关制度都相符合。但是，现存抄件是否就是文书的原始面貌呢？对此，似应再作深入考虑。

依据唐朝官吏上奏惯例，在原奏抄左下方，当有高士廉等人具官封臣名，年月日；送到尚书省后，左、右仆射和左、右丞也当具官封臣名，年月日，然后再转到门下省审议。

《唐六典》官八门下省载："给事中掌侍奉左右，分判省事。凡百司奏抄，侍中审定，则先读而署之，以驳正违失。"④据此，到门下省后，给事中先要读过并具官封臣姓名。

---

①影印武英殿聚珍版《唐会要》，京都：中文出版社，1978年版，第1514页。
②〔唐〕李林甫等撰，陈仲夫点校：《唐六典》，北京：中华书局，1992年版，第274页。
③标点本《新唐书》，北京：中华书局，1975年版，第1210页。
④〔唐〕李林甫等撰，陈仲夫点校：《唐六典》，北京：中华书局，1992年版，第244页。

　　同书同卷又载："其奏抄、露布侍中审，自余不审。"①据此，侍中也必须审核并具官封臣名。经过门下省给事中、黄门侍郎、侍中三级长官审议之后，一件奏抄才能进呈皇帝批准。

　　同书同卷又载："覆奏画可讫，留门下省为案。更写一通，侍中注制可，印缝、署，送尚书省施行。"②据此，原始奏抄皇帝批准后即存入甲库为档，送到尚书省施行的是"更写"副本，且要求侍中注上"制可"，印缝，并具官封臣名，宣布施行。根据以上法典规定，并参照敦煌文献中的《六条公式令》（P.2819），可将文书45行以后大致复原如下：

　　　45.凭。准令详事讫，〔谨〕件录如前。
　　　左光禄大夫兼吏部尚书许国公臣士廉
　　　（散官）御史大夫（封爵）臣挺
　　　（散官）中书侍郎（封爵）臣文本
　　　（散官）礼部侍郎（封爵）臣德棻
　　　谨奏（或：谨奏以闻，伏听敕旨）
　　　贞观八年五月十日
　　　左（或右）仆射具官封臣名
　　　左（或右）丞具官封臣名
　　　贞观八年五月　日
　　　给事中具官封臣姓名读
　　　黄门侍郎具官封臣名省
　　　侍中具官封臣名审

---

①〔唐〕李林甫等撰，陈仲夫点校：《唐六典》，北京：中华书局，1992年版，第242页。
②〔唐〕李林甫等撰，陈仲夫点校：《唐六典》，北京：中华书局，1992年版，第242页。

贞观八年五月　　日

敕旨：依奏（当为侍中注，原件应是朱笔）

敕旨如右，请奉

敕付外施行

侍中具官封臣名宣

贞观八年　　月　　日

这样，作为原始奏抄的副本，在送尚书省施行前的基本面貌就相当清楚了。对照一下文书现存面貌就会发现，现存文书只保留了高士廉等人所上奏抄的核心内容和唐太宗的批答，其他属于公式令规定的套式已被删去。如果说现存文书是原始奏抄的节本，也不为过。

这种情况是如何出现的呢？我们知道，这件文书不是发到某个部门，而是向全国发布的，到尚书省后，需由书手抄写数百乃至上千份，才能满足需要，因此，很可能在交书手抄写时，已做了删繁就简的工作。简化到原奏抄的核心内容和皇帝批准施行，已是最大限度，此外不能再简。

将一件原始奏抄删繁就简以符合某种需要，在史籍中屡见不鲜。如本文前引《唐会要》三例即属此类。不过，史籍中的大量实例是史臣为编史而简化的，而位字七十九号的简化则是为了广泛传布。这两种简化，行文语气略有不同，仔细阅读，即能分辨。

尽管位字七十九号文书的现存面貌只是原文书的节本，但它依旧与唐代史实、官制、公式令文相符合，因而真实可信，性质仍为一件奏抄，殆无疑议。

三

这件文书的用途，或者说，它何以会产生，也是学者们十分关心而又争论颇多的问题。

笔者认为，这个问题应从唐初解决旧士族卖婚问题的有关措施中寻求答案。

众所周知，魏晋南北朝是门阀士族在政治、经济、社会方面居于垄断地位的时代。至唐初，由于士族自身的腐朽，加以屡次农民战争的沉重打击和军阀混战的震荡，门阀士族衰落了下来。政治上，他们不能再"平流进取，坐致公卿"，失去了世袭做官的特权；经济上，广占田园，荫占成百上千的部曲、佃客，并享受免役特权，也已成为不可能，力量受到损削。但是，在社会上，他们却还有很高的声望，所谓"名虽著于州闾，身未免于贫贱"①，说的正是这种情况。旧士族的社会地位主要表现于婚媾。他们高自标置，虽已"世代衰微，全无冠盖"，但"犹自云士大夫。婚姻之间，则多邀钱币"②。他们或于旧族内部互结婚媾，以维系其高贵血统，挽救垂危的厄运；或与唐朝冠冕联姻，"依托富贵"，恢复力量并扩大已衰的势力。唐朝一些三品以上的达官贵人，也"慕其祖宗，兢结婚媾，多纳货贿，有如贩鬻"，甚至"贬其家门，受屈辱于姻娅"。③这不仅有丧唐王朝的体统，而且对新建不久，又经历了玄武门事变的唐太宗来说，无疑是一种政治离心力。

---

① 《唐会要》卷八三"嫁娶"，唐太宗贞观十六年六月《禁卖婚诏》。见影印武英殿聚珍版《唐会要》，京都：中文出版社，1978年版，第1528页。

② 《旧唐书·高士廉传》。见标点本《旧唐书》，北京：中华书局，1975年版，第2441—2446页。

③ 《唐会要》卷八三"嫁娶"，唐太宗贞观十六年六月《禁卖婚诏》。见影印武英殿聚珍版《唐会要》，京都：中文出版社，1978年版，第1528页。

李世民不能不管，他要用行政权力进行干预。

如何干预呢？《贞观政要》卷七《礼乐》记载说：

> 贞观六年，太宗谓尚书左仆射房玄龄曰："比有山东崔、卢、李、郑四姓，虽累叶陵迟，犹恃其旧地，好自矜大，称为士大夫。每嫁女他族，必广索聘财，以多为贵，论数定约，同于市贾，甚损风俗，有紊礼经。既轻重失宜，理须改革。"乃诏吏部尚书高士廉、御史大夫韦挺、中书侍郎岑文本、礼部侍郎令狐德棻等，刊正姓氏。普责天下谱牒，兼据凭史传，剪其浮华，定其真伪，忠贤者褒进，悖逆者贬黜，撰为《氏族志》。①

由这段文字可知，"刊正姓氏"是"贞观六年"唐太宗"诏"高士廉等人去做的事情，以及如何去做。我们试将其中几句话同前引位字七十九号的有关文句对比如下：

《贞观政要》	位字七十九号文书
诏吏部尚书高士廉、御史大夫韦挺、中书侍郎岑文本、礼部侍郎令狐德棻等，刊正姓氏。	［左］光禄大夫兼吏部尚书许国公士廉等奉敕，令臣等定天下氏族。
普责天下谱牒。	结婚之始，非旧委悉，必须精加研究，知其囊谱。
据凭史传。	非旧史所载。
剪其浮华，定其真伪。	或媾官混杂，或从贱入良，营门杂户，慕容商贾之类，虽有谱，亦不通。

---

① 〔唐〕吴兢：《贞观政要》，上海：上海古籍出版社，1978年版，第226页。

不难看出，《贞观政要》关于"刊正姓氏"的概括性文字，不仅同位字七十九号文书内容相一致，而且主要文句也能部分对应。这既是位字七十九号文书真实性的又一极其有力的证据，同时还告诉我们，《贞观政要》所载"刊正姓氏"与文书记录的"定天下氏族"是一回事，非此莫属。从时间上看，"贞观六年"唐太宗诏高士廉等人"刊正姓氏"，而到"贞观八年五月十日"，高士廉等工作结束，将刊正结果奏上听裁，也十分吻合。

上述考察表明，毫无疑义，位字七十九号文书就是唐初"刊正姓氏"的真实记录。"刊正姓氏"的过程和内容，以及反映出的问题，我们不仅可以通过《贞观政要》，而且更主要的是能通过这件文书来了解。现综合概括如下：（一）贞观六年（632），唐太宗命高士廉等人"刊正姓氏"，或曰"定天下氏族"，至贞观八年（634）五月十日工作结束，高士廉等将刊正结果奏上听裁。（二）这次工作只限于"刊正姓氏"即"遍责天下谱牒，质诸史籍，考其真伪"①，将各色假冒牌从士族队伍中剔除出去，尚未有修订《氏族志》，更无重划等级的明确意图。（三）由"前件郡姓出处，许其通婚媾"可知，"刊正姓氏"的目的，在于解决士族之间的婚媾问题。（四）"刊正"后的姓氏门阀观念十分浓重，除去三百九十八姓，其他"非史籍所载，虽预三百九十八姓之限……虽有谱，亦不通。如有犯者，剔除籍"。（五）由文书"敕旨：依奏"可知，对刊正后形成的门阀观念十分浓重的文件，唐太宗同意过，说明贞观八年（634）时，他还没有压抑旧士族的打算，对如何解决旧士族的卖婚问题尚未形成清楚的认识，这与第二点相一致。

对于此次刊正姓氏的目的和客观效果，我们还可以结合文书第一

①《资治通鉴》卷一九五"贞观十二年正月"条。见标点本《资治通鉴》，北京：中华书局，1956年版，第6135页。

部分去探索。这次刊正的结果，只是在全国范围核定了旧史记载的八十五个郡望中的三百九十八姓，允许互通婚媾。文书虽残，但至今尚存六十六郡，二百五十三姓，虽非完璧，也还能窥知大部。残存的郡姓，主要分布在河东、河北、河南、江南四道，正是旧士族和北朝"虏姓"广泛分布的地区。其他山南、淮南、剑南为数极少，岭南没有。①前缺部分，应是关内道和陇右道，亦即关中士族和关陇军事贵族集聚的所在，郡姓约占总数的三分之一。我们虽然无法看到文书中关内、陇右两道郡姓的姓氏，但作为唐朝颁布的官文书，而且又是新定氏族，关陇集团的统治者绝不会将自己排除在外，情理昭然。这样，就可以推测，它是在"刊正姓氏"之后，保障关陇贵族、关中、河东、河北、河南、江南旧士族以及北朝"虏姓"互通婚媾，通过联姻，结成一种政治联盟，以便获得各种社会力量对李唐王朝的支持。但是，这只是李世民的一厢情愿。如前所述，旧士族采取不合作态度。他们自视高贵，互结婚媾；当朝大臣为了提高自己的门望，也竞相与之联姻。"唐代社会承南北朝之旧俗，通以二事评量人品之高下"，"凡婚而不娶名家女，与仕而不由清望官，俱为社会所不齿"②。而这个文件又公开允许与旧士族通婚，那么就只能使攀附旧门的风气愈演愈烈。可以说，它根本就是李世民最初解决旧士族卖婚问题的失败记录。不过，也由此获得了教训，唐太宗才决定修一个《氏族志》，划分等级，提高关陇贵族及其附属力量的社会地位，并压抑旧士族。它表明，唐太宗对如何解决旧士族的卖婚问题经历过一个认识和实践过程，并非一开始就非常明确。以上主要是根据文书本身推测出的认识。

---

① 唐耕耦：《敦煌唐写本天下姓望氏族谱残卷的若干问题》，载中国社会科学院历史研究所魏晋南北朝隋唐史研究室编：《魏晋隋唐史论集》第二辑，北京：中国社会科学出版社，1983 年版，第 293—315 页。

② 陈寅恪：《元白诗笺证稿》，上海：上海古籍出版社，1978 年版，第 112 页。

但是，如果细读前引《贞观政要》的文字："乃诏……刊正姓氏……忠贤者褒进，悖逆者贬黜，撰为《氏族志》"，则此次"刊正姓氏"就成了贞观十二年（638）修订《氏族志》的一个组成部分，或者如通常所理解，唐太宗在正式修《氏族志》之前，先让高士廉等人辨别真伪，将假冒牌剔除出去，然后再"类其等第以进"①。这是根据《贞观政要》获得的认识。

从以上分析来看，我们虽然已经证明《贞观政要》所载"刊正姓氏"和文书记录的"定天下氏族"同属一事，但对"刊正姓氏"的目的却可以有两种不同的解释。一种认为，它是修《氏族志》的必要准备，由《贞观政要》得出。这种看法与位字七十九号文书矛盾极大。因为修《氏族志》的目的是压抑旧士族，为众所周知。可是文书却载明，刊正姓氏是为了保障新定氏族互通婚媾。真是风马牛不相及！这该如何解释呢？另一种解释，即如笔者依据文书本身所作的推测，认为"刊正姓氏"是在修《氏族志》之前发生的另外一个独立事件，此事失败，才导致《氏族志》的修订。这种解释，虽然除文书本身之外，还缺少其他证明，但比前一种解释困难要小得多，为了证明我们的认识，有必要对前引《贞观政要》的文字再略作分析。

我们已经明确，"刊正姓氏"发生于贞观六年（632）至八年（634）五月之间，而《氏族志》的最后修成则是在贞观十二年（638）正月，时间接近，并且都是高士廉等四人主持的，这就会出现下述可能，吴兢在修《贞观政要》时，将两件事牵合在一起，合并叙述，并有为唐太宗隐讳"刊正姓氏"，让旧士族与关陇贵族通婚，而结果失败的意图。目前能够看到记载"刊正姓氏"和修撰《氏族志》经过的史籍，主要是《贞观政要》《旧唐书》《新唐书》《唐会要》和《资治通

---

①《旧唐书·高士廉传》，见标点本《旧唐书》，北京：中华书局，1975年版，第2443页。

鉴》五部书，全部都是合并叙述，文字也大同小异。但后四部书成书都晚于《贞观政要》，说明最初抄自《贞观政要》，而后又互相传抄。可能是吴兢过分剪裁省略，或者合并叙述，以及为唐太宗隐讳等原因，才将这两件目的各不相同的事混合在一起，遂使后人产生误解，以致影响了对《氏族志》做出正确评价，也扰乱了我们对位字七十九号文书的正确理解。

《贞观政要》牵合、省略的事例很多，这里仅举一例以为佐证。在前引卷七《礼乐》记述唐太宗命高士廉等"刊正姓氏"，以及贞观十二年（638）修成《氏族志》之后又说："又诏曰：氏族之美，实系于冠冕，婚姻之道，莫先于仁义"①云云，全文引录了唐太宗贞观十六年（642）六月下的《禁卖婚诏》。这道诏令又见于《唐会要》卷八三"嫁娶条"，颁发时间十分清楚。可是在吴兢笔下，却泯没了下诏的时间。如果没有《唐会要》互证，那就可能使我们误以为它同《氏族志》一样，都是在贞观十二年（638）颁发的。读史者可不慎欤？

附带指出，对于文书第一部分所载各郡郡姓，王仲荦先生考释得极为精详，本文不赘。唐耕耦先生对文书现存六十六个州郡名称，依据汉至唐代的地理著作逐一考察，结果是："隋唐以前共二十八，占总数的百分之四十二强；既可算隋唐以前，又可算隋唐时的为二十一，占总数的百分之三十二弱。隋唐时期的为十七，占总数的百分之二十六弱。其中，仅仅果州和临海郡台州，因果州、台州始置于武德四、五年（621、622），可说是唐朝新置的，其余六十四郡州可以说都是唐以前的。"这项考察结果极有参考价值。对于"为什么州郡沿用旧称的如此普遍"，唐先生解释说："由于摘录的材料，时代有先后，编著时又未予加工统一，因而同一卷子所列郡州的时代，有唐初的，隋代的，

---

① 〔唐〕吴兢：《贞观政要》，上海：上海古籍出版社，1978年版，第227页。

魏晋南北朝时期的，魏晋以前的。"同样很有见地。但由此得出结论，说这件文书是"有关天下姓望的常识性著作"，就值得商讨了。我们在前引《贞观政要》的文字中看到，唐初刊正姓氏的重要特点是"普责天下谱牒，兼据凭史传"，位字七十九号文书也说"非史籍所载"云云，一致表明，刊正姓氏的必要步骤，是将现存谱牒与史传记载相对照，必须寻找出历史根据，方能定其真伪。凡是有历史根据的，"相承不虚，然可为匹"；反之，如果"非史籍所载，虽预三百九十八姓之限"，则"虽有谱，亦不通"。换言之，正因为文书第一部分所载郡姓，全能在史传中找到根据，实而不伪，所以给予认可，允许通婚。而史传上的州郡，有属于大九州的，也有州辖郡的，还有自隋以后某州即某郡的，其中又有沿革，基于此，文书中州郡沿用旧称才非常普遍，并且体例不一。考察这个问题，必须把文书当成一个整体，结合文书第二部分和《贞观政要》的有关文字去研究。否则，得出的结论就可能与史实南其辕而北其辙。

四

在前述考察的基础上，再研究一下文书的定名问题。

前辈学者曾给它取过许多名称，已如前述。这些说法不一的名称，到底在多大程度上体现了文书的内容和性质？都有必要重新考虑。

比较前贤所定名称，唯有牟润孙先生《唐贞观条举氏族事件》与史实较为接近，但它仍有缺陷。因为用"事件"一词，只能说明唐贞观八年（634）条举过氏族，而不能体现文书的奏抄性质。

那么，用什么名称更能全面概括这件文书，体现其本质特征呢？

前引《贞观政要》"诏……刊正姓氏"，只能说明唐太宗下过刊正姓氏的诏令，而不能体现这件文书是对诏令要求所做工作的答复，因此，不能取名"唐贞观八年高士廉等刊正姓氏奏抄"。如果把唐太宗下过的诏令定名为"唐贞观六年　月　日刊正姓氏诏"，那则是完全正确的。

前引位字七十九号文书云"令臣等定天下氏族"，情况同上。因此，也不能取名"唐贞观八年高士廉等新定天下氏族奏抄"。

幸好，高士廉等人的奏书中有"若不别条举"云云，说明文书是将刊正过的姓氏逐一"条举"，奏上听裁的。据此，将这件文书定名为"唐贞观八年高士廉等条举氏族奏抄"较为合适。这样，就能更加准确地体现文书系有司承旨而为程式，然后奏请施行的奏抄性质。

五

文书第三、四部分前贤论列极少。实在说，如果想对悟真抄写文书的目的和整件文书获得较为全面的认识，详细探讨这两部分内容，则十分必要。

文书第三部分即题记是："大蕃岁次丙辰后三月庚午朔十六日乙酉鲁国唐氏苾刍悟真记。"

其中纪年，向达先生考证为唐文宗开成元年（836），[①]已为学术界所共认。有疑义的是："后三月庚午朔十六日乙酉。"向先生说："以长历推之，亦不相合，岂当时边陲陷于吐蕃，致历朔亦异于中土耶？"[②]缪荃孙、牟润孙二位先生则认为，这是由于当时敦煌与中原历法不同，致有该年中原闰五月，吐蕃闰三月之别，确为卓见。据陈垣先生《廿史朔闰表》，唐文宗开成元年（836），中原历四月庚午朔，十六日乙

---

① 见《北平图书馆馆刊》六卷六号向达先生对其六卷五号文的补正文字。
② 向达：《敦煌丛抄叙录》，见王重民编：《敦煌古籍叙录》，北京：中华书局，1979年版，第104页。

酉，闰五月。题记"后三月庚午朔十六日乙酉"，即敦煌历该年闰三月，朔日亦是庚午，十六日乙酉。两相比较，敦煌历比中原历闰早两月。数十年来，中外学者对敦煌历日反复研讨，证明自河西陷蕃，割断了敦煌同中原王朝的联系，敦煌地区自有其历法系统。翟奉达、翟文进、安彦存都是著名的敦煌历日编撰者。所撰历日，一般月朔与中原历不尽相合，置闰也有一到两月之差。①因此，题记中的纪月比中原历闰早两月实属正常现象。

"鲁国唐氏"何所指？查文书第17行有："鲁国郡七姓，兖州。夏、孔、车、唐②、曲、栗、齐。"说明抄写者悟真确认其先人是文书中鲁国郡的唐姓士族（悟真先人出自中原，详见下文）。敦煌文献中，认定自己先人是鲁国郡某姓士族的不只悟真，如P.2715《孝经白文》题记有："此是鲁国孔李七探讨之书"，与悟真一样，都认定自己先人是鲁国郡的士族。这种现象，唐人刘知几在《史通·邑里篇》中解释说："自世重高门，人轻寒族，竞以姓望所出，邑里相矜。若仲远之寻郑玄，先云汝南应劭；文举之对曹操，自谓鲁国孔融是也……又近世有班秩不著者，始以州壤自标，若楚国龚遂，渔阳赵壹是也。"③龚遂，西汉人；孔融，三国人。其时所谓楚国、鲁国早已亡灭，仅借此标其郡望耳。悟真也是"班秩不著"，自称"鲁国唐氏"，部分理与此同。更何况他还在这件手抄的唐代官文书中找到了自称"鲁国唐氏"的确凿根据。

"苾刍"即"比丘"之异译，或曰"佛门弟子"。"悟真"乃唐和尚

① 参见施萍婷：《敦煌历日研究》，载《一九八三年全国敦煌学术讨论会文集·文史·遗书编》（上），兰州：甘肃人民出版社，1987年版，第305—366页；席泽宗、邓文宽：《敦煌残历定年》，载《中国历史博物馆馆刊》1989年总第一二期，第12—22页。

② "唐"姓许国霖《敦煌杂录》作"庚"，实误。

③ 〔唐〕刘知几撰，〔清〕浦起龙释：《史通通释》，上海：上海古籍出版社，1978年版，第144—145页。

法号。

悟真和尚的行踪，宋人赞宁《僧史略》中曾有寥寥数语，语焉不详。但敦煌文献中，涉及悟真生平和他从事僧政活动的材料，数量相当可观，是了解悟真生平踪迹的珍贵资料。现根据研究文书题记的需要，择其要者说明如下：

第一，悟真先人出自中原，本人生于河西。P.3720有唐朝敕授悟真和洪䛒的告身一件，内云："盖闻其先出自中土，顷因及瓜之戍，隔为辫发之宗。"①可知悟真父辈或祖辈是唐朝派往河西戍守的中原军健，因陷蕃而无从返里。同件另一牒文又载，大中五年（851），悟真被派往长安进奏天子时，曾与两街千福寺大德写诗酬答。悟真在诗中说："生居狐貊地，长在碛边城"云云，又可知他本人生于河西。

第二，悟真是张议潮收复河陇的积极赞助者。这除了见于唐朝敕授洪䛒和悟真的告身，还被他自己的文字所证实。P.3720收有唐朝敕授悟真的四件告身、两件牒文，悟真将它们编在一起时作序说："特蒙前河西节度使、故太保随军驱使，长为目（孔）目，修表题书，大中五年入京奏事，面对玉阶，特赐章服。"说明他于张议潮举义后，曾入议潮节度幕府任孔目官，又于大中五年（851）被派往长安谒见天子。S.0930和P.2748《国师唐和尚百岁书》载有悟真所写的十首抒怀诗，其中第七首云："男儿发愤建功勋，万里崎岖远赴秦。对策圣明天子喜，承恩特立一生身。"更是悟真支持张议潮举义豪情壮志的写照。

第三，悟真享年约八十岁，抄写文书时年龄在二十岁左右。据P.3720唐朝敕授悟真四件告身和两件牒文可知，他在大中五年（851）进奏长安后，大中十年（856）升任沙州都僧录；咸通三年（862）升

---

①这件告身又有刻碑,现存敦煌研究院。马世长有录文,见《文物》1978年第12期,第32页。

任河西副僧统，咸通十年（869）再升为河西都僧统，直至去世。P.3100载有一件《景福二年（893）十一月某日某寺徒众供英等状》，请求让律师善才充任寺主，判辞是："寺舍广大，金举一人，还须堪任。准状补充，便命勾当。二十七日，都僧统悟真。"说明公元893年时他还在世。悟真于乾宁二年（895）谢世。P.2856《营葬僧统榜》云："僧统和尚迁化，今月十四日葬。准例排合葬仪，分配如后。"文末纪年为"乾宁二年三月十一日"。日本学者竺沙雅章曾推断悟真享年八十岁，[1]大致不误。因为在前引《国师唐和尚百岁书》序中，悟真就已自称"年逾七十"云云。由乾宁二年（895）上推至文书抄成的唐文宗开成元年（836），共是五十九载，悟真共活了八十来岁，故知他是在二十来岁时抄写这件文书的。

明确以上两点，对于认识悟真何以要在题记中强调自己是"鲁国唐氏"十分重要。它不单是一般地借远古的郡望自我标置，而是另具特殊意义。我们知道，吐蕃占领河西六十余年间，将汉人编为部落，残民以逞，致使耕稼失时，百姓如入汤火。沦没为奴婢的河西人民对中原王朝始终盼念，渴望早日收复。长庆二年（822），唐派大理卿刘元鼎与吐蕃论讷罗就盟其国，刘元鼎等汉官"至龙支城，耋老千人拜且泣，问天子安否，言：'顷从军没于此，今子孙未忍忘唐服，朝廷尚念之乎？兵何日来？'言已，皆呜咽。"[2]因从军河西而没于吐蕃统治之下的中原军健及其子孙，数十年后，都未忘记自己是唐朝臣民，恓恓惶惶，渴望收复。一旦张议潮举义，"汉人皆助之"[3]，即刻遣使归唐。悟真虽生在河西，又出家为僧，但同样是"未忍忘唐服"的中原军健子孙。他正是以这样的身份来参加张议潮节度幕府，并积极效力的。

①［日］竺沙雅章：《敦煌的僧官制度》，载《东方学报》（京都版）第三一册。
②《新唐书·吐蕃传》，见标点本《新唐书》，北京：中华书局，1975年版，第6102页。
③标点本《新唐书》，北京：中华书局，1975年版，第6108页。

悟真向往故土和中原王朝的思想，青年时代就铭刻于心，他抄写文书时，强调自己是"鲁国唐氏"，正是这种感情的流露。同时也可看出，文书重抄后错讹满纸，除了传抄之外，与悟真当时年龄较小、文化素养还不很高有关。

但是，仅此还不足以说明悟真抄写这件文书的确切意图，或者说要派什么用场。

历史记载表明，自汉以来，世间为他人撰写墓志、传记、称颂功德以及写其他一些纪念性文字时，常须述及里贯，如果出自士族，更要标明郡望。至唐，此风未消。刘知几在《史通·邑里篇》中又说："天长地久，文轨大同，州郡则废置无恒，名目则古今各异。而作者为人立传，每云某所人也，其地皆取旧号，施之于今。"①中原如此，河西也不例外；俗间乐于此道，僧界好尚颇同。如南朝梁慧皎所撰《高僧传》中记有：

> 竺道生，本姓魏，钜鹿人。寓居彭城，家世仕族。（卷七）②
> 释僧慧，姓皇甫，本安定朝那人，高士谧之苗裔，先人避难，寓居襄阳，世为冠族。（卷八）③

其他如释慧球、释宝亮、释法通等人的传记，如出一辙。这种风气世代相袭，直至9世纪的敦煌僧界，仍是盛而不衰。就悟真而论，他在升任都僧统前后，曾为别人写过许多邈真赞之类的文字，P.4660就有十二件出自悟真之手。在这些文字中，悟真也经常称颂某某人是何处士族或豪族，如：

① 〔唐〕刘知几撰，〔清〕浦起龙释：《史通通释》，上海：上海古籍出版社，1978年版，第144页。
② 〔梁〕释慧皎撰，汤用彤校注：《高僧传》，北京：中华书局，1992年版，第255页。
③ 〔梁〕释慧皎撰，汤用彤校注：《高僧传》，北京：中华书局，1992年版，第321页。

《前河西都僧统京城内外临坛大德三学教授兼毗尼藏主赐紫故翟和尚邈真赞》有云："兹绘像者，何处贤良？翟城贵族，上蔡豪强。"（无纪年）

《敦煌管内僧政兼勾当三窟曹公邈真赞》有云："武威贵族，历代英雄。"〔"于时文德二年岁次己酉（888）六月廿五日记"〕

《沙州释门故阴法律邈真赞并序》有云："敦煌令族，高门上户。"〔"大唐广明元年庚子岁（880）六月廿六日记"〕

其他如《康使君邈真赞》《阎公邈真赞》《阴文通邈真赞》《梁僧政邈真赞》等，均有类似的文句，无须赘述。这些一致表明，悟真晚年多次使用过谱学资料。诚然，这并非限于悟真一人，P.4660所载其他人如张球、李颙、法师恒安撰写的，以及一些无撰人的邈真赞，也屡次提到某人是"敦煌豪族，墨池张氏"，或"太原望族，流引敦煌"等，足见此乃风尚使然。

不过，悟真为他人写邈真赞是在晚年，抄写文书时年仅二十来岁，尚无名位，自然还不具备这样的资格。那么，他为何要抄写这件有关氏族的文书呢？这就必须注意文书第四部分的内容。

前已述及，文书第四部分与题记有四行间隔，正中大字朱书"勘定"二字，笔锋甚硬，显系另一人所为。而且在文书第一部分条列各郡郡姓的郡名之上，均有朱笔圆点，①说明悟真抄完之后，确有另一人将抄本与蓝本逐条对过，证明无误，准许作为定本使用。校勘者是谁？他为何有权确认抄本无误，准许作为定本使用呢？我们只要考虑一下悟真当时的身份是一位出家不久的青年和尚，那么，此人就很可能是

---

①这些朱笔圆点，向为研究者所忽略，至为可惜。

悟真所在寺院的高僧。寺院里不存在婚媾问题，高僧需要这类有关氏族的文书，就只能有两种解释：一是写邈真赞或传记时，需要辨别某人是何处士族，这由寺院的实际需要所决定；二是因习尚看重士族、郡望，故用以对僧徒进行谱学知识的教育。如 S.2052《新集天下姓望氏族谱一卷并序》就说："夫人立身在世，姓望为先，若不知之，岂为人子？虽即博学，姓望殊乖，晚长后生，切须披览。"足见谱学知识乃是当时一般仕子和僧众必备的常识。这两种可能虽系推测，但舍此，很难再作其他解释。令人发笑的是，正是这个被某位高僧认可过的"定"本，却错得一塌糊涂。千余年后，等到它重新面世，学者们才有机会逐步予以订正。

需要说明的是，高僧命悟真抄写这件奏抄，是在原文书形成202年之后，其目的在于应写传记之类文字的实际需要，或作为传授谱学知识的教材；而原奏抄则是在刊正姓氏之后，保证新定氏族互通婚媾。因此，不能错误地理解成文书最初产生就是为了辨别真伪，以便写传记时用以检核，或做教材使用。二者不容混为一谈。

综合以上辨证，概括如下：位字七十九号文书完全真实可信；其性质是一件奏抄，其现状只是原始奏抄的节本；它的用途同唐初解决士族的卖婚问题有关，也是贞观年间"刊正姓氏"的真实记录；"刊正姓氏"可能是同修《氏族志》既有内在联系，但又目的不同的独立事件；文书第一部分来源复杂，体例不一，是"刊正姓氏"时将现存谱牒同史传记载相核对，逐一找出历史根据的必然结果；文书的名称应该是"唐贞观八年高士廉等条举氏族奏抄"；悟真和尚年轻时受高僧之命抄写它，或是应当时寺院写邈真赞和传记等实际需要，或作为传授谱学知识的教材；抄写时，悟真确认自己先人是文书中鲁国郡的唐姓氏族，故特别标出，并借此寄托对中原故土的怀念。

（原载《中国史研究》1986年第1期，第73—86页）

敦煌吐鲁番文献重文符号释读举隅

重文符号，是古人在书写文字时，为节省时间，对相邻或相近出现的文字和句子使用的一种代号。肇端于上古，中经秦汉，又历中古，以迄近世，在手写文字中均大量存在。本文仅就敦煌吐鲁番文献中的重文符号举其大要。首先分类归并，每类举出数例，以明其义例；其次就笔者所见，对某些重文符号释读错误加以辨证；再次，对于某些残破过甚而又含有重文符号的文书和写本，运用重文义例增补文字，以求对出土文献获得更多的认识。

一、单字重文

所谓单字重文，即相邻或相近的两个字完全相同，将后一字用重文符号替代。但就其具体用法，在敦煌吐鲁番文献中又有几种不同情况，大致可分为四类。

（一）重复文字必须相属，不能断句例。

例一：吐鲁番文书《西凉建初十四年（418）韩渠妻随葬衣物

疏》："急急如律令。"①这本是巫者咒语，见敦煌文献S.0318《洞渊神咒经·斩鬼品第七》："若复不出鬼者，令病人不差，大魔王、小王等身斩百段，必不恕矣。一一如儿语，如太上口敕，不得留停，急急如律令。"这里"急急"不用重文，是其比。也有的衣物疏中作"事事从君命"②或"事事依移"③，同样用了重文符号，但重文符号同其本字间均不能断句。

例二：吐鲁番文书《唐西州高昌县崇化乡里正史玄政纳龙朔三年（663）粮抄》："十九日史史志敏、史高未、史令狐荀□。"④此例重一"史"字，但两个"史"字意义有别。前一"史"字指州县胥吏，是流外官名称，其后面两人名前均有一"史"字是其证；重复的"史"字则是史志敏的姓。类似这样字同义不同而又不能断句的重文还有吐鲁番文书《唐某人于张悦仁等边夏田残契》："夏左部部田"。⑤此二"部"字仍需连读。"左部"乃水渠名称，见《吐鲁番出土文书》第六册第250页第4行、第251页第10行、第254页第9行、第255页第3行，其位置在高昌城东五里；"部田"乃均田土地名称，与"常田"相对而言，应予注意。

依理而言，这类重文是重文符号中最简单的一种，现在仍被使用。至于用于人名昵称的重复文字，自古迄今，屡见不鲜。吐鲁番文书中有一件《高昌□子等施僧尼财物疏》，昵称人名大量出现，今节录原释

---

① 国家文物局古文献研究室、新疆维吾尔自治区博物馆、武汉大学历史系编·《吐鲁番出土文书》(释文本)第一册,北京:文物出版社,1981年版,第15页13行。以下凡引此书,只具册数、页码和行次,不具墓葬编号和文书顺序编号。

② 《吐鲁番出土文书》(释文本)第三册,北京:文物出版社,1981年版,第123页12行。

③ 《吐鲁番出土文书》(释文本)第四册,北京:文物出版社,1983年版,《补遗》第5页10行。

④ 《吐鲁番出土文书》(释文本)第七册,北京:文物出版社,1986年版,第387页3行。

⑤ 《吐鲁番出土文书》(释文本)第六册,北京:文物出版社,1985年版,第158页2行。

文如下：

　　<u>舌</u>々：四尺三寸，<u>通</u>々：一尺五寸，<u>奴</u>々：二尺五寸半，<u>橱</u>々：三尺六寸半，<u>奴</u>々：三尺一寸半，□□：一尺九寸半，<u>近</u>々：九寸半。①

　　根据该书编辑体例，凡人名均在其左侧加一专名线。可是上引诸例仅在人名第一字旁画线，而对其所重复的人名文字却未作相同的处理。这样，这些人名便不完整，每个人名后的重文符号也无所相属了。

　　（二）重复文字不能相属，必须断句例。换言之，本字是上句的末一字，重文符号则是下句的第一字，因此二者之间必须断句。

　　例一：敦煌文献 P.2005《沙州都督府图经》："其学院内东厢有先圣太师庙堂，々内有素□先圣及先师颜子之象。"

　　例二：吐鲁番文书《唐咸亨三年（672）新妇为阿公录在生功德疏》："阿公从身亡日，々画佛一躯。至卅九日，拟成卅九躯佛。"②

　　例三：敦煌文献 P.2627《史记·管蔡世家第五》："文侯十四年，楚庄王伐陈，杀夏徵舒。十五年，楚围郑，々降楚，々复释之。"

　　（三）重复文字自然停顿，无须句读例。如敦煌文献 S.5643 不知名舞谱（行次为笔者所加）：

---

①《吐鲁番出土文书》（释文本）第二册，北京：文物出版社，1981年版，第123—124页2—3行。
②《吐鲁番出土文书》（释文本）第七册，北京：文物出版社，1986年版，第73页91—92行。

1.令送　令々送　舞送　舞々送　接送　接々送　据送　据々送（中略）

4.舞々　々接々　々々　々々々　々々　据々々　送头　々々送

舞谱中的重文符号全是单字重文，只要将重文符号读成它前面的本字即可，①无须句读。虽然仅见于舞谱这一特殊形式，却也代表了单字重文的一个类型。

（四）注文接正文用重文符号例。此类多见于经史子集四部书中。但若再细分，又有两种不同情况。一种是重文符号同它所重复的字紧相衔接；另一种则不衔接，但意义清楚无误。下举数例：

例一：敦煌文献S.0085《春秋左传杜注》：文公十六年，"楚子乘马，会师于临品（注略），分为二队"。（原双行小注："々，部也。两道攻之。"）

例二：吐鲁番文书《唐景龙四年（710）卜天寿抄孔氏本郑氏注〈论语〉》："仁者安仁，智者□仁。"（原双行小注："々者安乐仁道，智者利仁为之。"）②

上举二例，是注文所用重文符号直接承接正文的例子。下面再举重文与正文不相衔接，但所代替的仍是这个字的例子。

---

①参见柴剑虹：《敦煌舞谱的整理与分析》（一）（二），分载《敦煌研究》1987年第4期，第84—95页；1988年第1期，第81—96页。
②《吐鲁番出土文书》（释文本）第七册，北京：文物出版社，1986年版，第540页83—84行。

例三：敦煌文献 P.3798《切韵残页》："梇，房々……咙，喉々；稴，黍々。"

例四：敦煌文献 P.3696《切韵残页》："枝，树々"；"鲅，鱼々"；"璃，瑠々"；"蜊，蛤々"。

二、双字重文

所谓双字重文，即原型作"ABAB"，书写者为节省时间，写成了"A々B々"型，也有一些写成"AB々々"型，但今人释读时，必须还原为"ABAB"型，并加以正确句读，否则文义便滞碍难通。

例一：敦煌文献 P.2668《唐天宝二年李荃（筌）进〈阃外春秋〉表》："臣荃（筌）诚惶诚恐，顿々首々，死々罪々，谨言。"

这一重文的原型见于吐鲁番文书《西凉建初四年（408）秀才对策文》："☐☐☐☐☐☐顿首顿☐☐☐☐☐☐☐"①；"臣谘诚惶诚□（恐），死罪死罪"②；"☐☐☐☐☐☐首顿首，死罪死罪"③。两相比较即可看出，其原型"ABAB"是如何变成"A々B々"的。

例二：敦煌文献 S.3326 星图，每月图后均有说明文字，内有几例双字重文。如正月图后说明文字为："自危十六度至奎四度，于辰在亥，为娵々訾々者叹貌，卫之分也（野）。"其中带重文的句子当读如"为娵訾。娵訾者，叹貌"云云。

---

① 《吐鲁番出土文书》（释文本）第一册,北京:文物出版社,1981年版,第114页10行。
② 《吐鲁番出土文书》（释文本）第一册,北京:文物出版社,1981年版,第114页15—16行。
③ 《吐鲁番出土文书》（释文本）第一册,北京:文物出版社,1981年版,第117页44行。

例三：敦煌文献S.0304《大方等大集经卷三十一》："佛言：善々哉々。"毫无疑义，应当读作："佛言：善哉！善哉！"

至于将原型"ABAB"写成"AB々々"的，也有一些例证。如：

例一：敦煌本《六祖坛经》，北图冈字四八号和敦博077号同有："何名般若？々々是智惠。"而S.5475号则作："何名般若？般若是智惠。"英藏本不用重文符号，正是其原型。

例二：敦煌本《六祖坛经》北图冈字四八号和敦博077号同有："何名摩诃？摩诃者是大。"而英藏本作："何名摩々诃々者是大。"恰说明双字重文的"AB々々"型和"A々B々"型含义相同。

简言之，双字重文的特征是将原型"ABAB"写作"A々B々"型或"AB々々"型，释读时必须加以还原。但这不等于说，凡是写作"A々B々"型的文句都属于双字重文，并要还原为"ABAB"型。事实上，古文献中存在一些"形双实单"或"形单实双"的重文符号，我们需要依靠必备的知识加以辨别，不可将其简单化。例如：

敦煌文献S.6203《大唐李府君修功德碑记》："爰因蒐练之暇，以申礼敬之诚，揭竿操矛，阗战以从。……隐々轸々，荡谷摇川而至于斯窟也。"①按，本段中的"隐隐轸轸"又作"殷殷轸轸"，"隐"乃"殷"之借字。《汉书》卷八十七上《扬雄传》之《校猎赋》："徽车轻武，鸿絧緁猎，殷殷轸轸，被陵缘阪……"唐颜师古注："殷轸，盛也。……殷读曰隐。"②可知殷轸本可独立成词。又见《淮南子·兵略

----

①此件《修功德碑记》，敦煌莫高窟今有碑石留存，见李永宁：《敦煌莫高窟碑文录及有关问题》（一），载《敦煌研究》1981年试刊第1期，第56—79页。
②标点本《汉书》，北京：中华书局，1962年版，第3544—3545页。

训》：“甲坚兵利，车固马良，畜积给足，士卒殷轸，此军之大资也。”①其义仍为众多繁盛。但在上引《大唐李府君修功德碑记》中，“隐隐轸轸”却不能读成“隐轸隐轸”，它是单字重文而非双字重文。

敦煌文献P.3195唐冯待徵《恶美人怨》②诗一首，内有“岁々年々征战间，③侍君帷幕损红颜”句。很显然，“岁岁年年”也是单字重文而非双字重文。

吐鲁番文书《唐□文悦与阿婆、阿裴书稿》：“□文悦千々万々再拜：阿婆、阿裴已下合家大小□平安好在不？”④从字面意义看：“千千万万”似乎也说得通，但若细加追究，本句重文只能读作“千万千万”，是双字重文而非单字重文。我们试引吐鲁番文书中的一些书信。《唐总章元年（668）海堆与阿郎阿婆家书》：“阿郎、阿婆：千万问信（讯）。”⑤《唐李贺子上阿郎、阿婆书二》：“贺子、鼠儿，并得平安，千万再拜阿郎、阿婆。”⑥可知在古代书信中，其基本格式是“千万再拜”“千万问讯”，而有些人为了强调，写成“千万千万”云云，基本含义并无不同。

在明确上述双字重文义例的基础上，即可检查一下某些出版物在释读中出现的失误和不当。

《敦煌吐鲁番唐代法制文书考释》收有P.3608、P.3252《唐垂拱职制户婚厩库律残卷》。其中户婚律释文中有：“诸嫁娶违律，祖父母、父母主婚者，独坐主婚（注文略）。若期亲尊长主婚者，主婚为首，男

---

①陈广忠注译：《淮南子译注》，长春：吉林文史出版社，1990年版，第721页。
②《全唐诗》卷七七三作“虞姬怨”，是。写本“恶”字当是“虞”字之讹。
③征战间：《全唐诗》作“事征战”。
④《吐鲁番出土文书》（释文本）第四册，北京：文物出版社，1983年版，第265页1—2行。
⑤《吐鲁番出土文书》（释文本）第五册，北京：文物出版社，1983年版，第161页1行。
⑥《吐鲁番出土文书》（释文本）第六册，北京：文物出版社，1985年版，第393页第（一）之1行。

女为从。事由男女，为首々々，主婚为从。"①其末句若依双字重文义例，则当读作"事由男女，为首为首，主婚为从。"意思不通。经检原件，原作"事由男々女々为首，主婚为从。"故此句当读作："事由男女，男女为首，主婚为从。"与传世本《唐律疏议》第195条《嫁娶违律》完全一致。可知原件不误，考释者将重文符号误植而致误。

同上书收有 P.3813《文明判集残卷》。释文中有："行盗理合计赃，定罪须知多々少，々既无定数，不可悬科。"②内有重文的句子，若依单字重文义例，当读作："定罪须知多多少，少既无定数"；若依双字重文义例，则当读作："定罪须知多少多，少既无定数。"均无法读通。其实，这是一个双字重文，原作"定罪须知多々少々既无定数"，读作："定罪须知多少，多少既无定数。"可知这是由对双字重文断句不当产生的失误。

我们还可依据双字重文义例去增补某些残破过甚的出土文献，以求对它们获得更多的认识。

吐鲁番文书《唐海隆家书》中有"□叔千々万王耶酿（爷娘）。"③关于"千万千万"这一双字重文，前已举例并加辨证。显然，本句"万"后脱一重文符号，释读时当予补足并出注说明。

吐鲁番文书《唐贞观二十年（646）赵义深自洛州致西州阿婆家书》中有如下两行残字：

14.＿＿＿＿＿＿＿深等作兄弟时，努力慈孝，看阿婆、阿兄，莫

---

① 刘俊文：《敦煌吐鲁番唐代法制文书考释》，北京：中华书局，1989年版，第53页158—160行。

② 刘俊文：《敦煌吐鲁番唐代法制文书考释》，北京：中华书局，1989年版，第438页27—28行。

③《吐鲁番出土文书》（释文本）第四册，北京：文物出版社，1983年版，第266页7行。

辞辛苦。脱为相 ⬚

　　15. ⬚ 々力々天能报人（下略）①

　　第15行上部残失，残存文字应如何理解？《唐李贺子上阿郎、阿婆书三》中有："语 ⬚ 好努々力々，看侍阿郎、阿婆。"②《唐书牍稿》有"昨日索隐儿去……努々力々，所须何物，请即日相报。当送。"③根据这两件书信中"努力努力"的用法，可将上引赵义深家书第15行增补并释读如下：

　　⬚ 努力努力，天能报人。

　　增补后文字仍有残缺，但意义却比原文明确多了。再结合这封信的上文，可知赵义深在这里是劝勉他的兄弟们要保重自爱，并"看（侍）阿婆、阿兄，莫辞辛苦"。若能如此，自然会得到上苍的善报。

　　这里需要说明一下双字重文的断句问题。一般来说，双字重文所重复的多是一个词，故潘重规先生称之为"叠词符"。有些双字重文本身并不需要句读，如前举"千々万々""顿々首々"，但许多情况下必须断句。如果我们仅将重文符号回改并加以断句，那么只需将"A々B々"型或"AB々々"型还原为"ABAB"型并加以正确断句即可。可是，如果既想保持古文献的原始风貌，又要使用现代标点符号断句，这个问题该如何解决？敦煌文献为我们解决这个问题提供了线索。P.2872《史书五行志》有如下记载：

①《吐鲁番出土文书》（释文本）第五册，北京：文物出版社，1983年版，第10页。
②《吐鲁番出土文书》（释文本）第六册，北京：文物出版社，1985年版，第395页4—5行。
③《吐鲁番出土文书》（释文本）第九册，北京：文物出版社，1990年版，第142—143页8—9行。

秦始皇即位。慧星四见。蝗虫蔽天。冬雷夏陈。石陨原郡。大人出临□兆。妖孽并见。营惑守心。星茀（拂）大々角々。以土终不改二世立。天重其恶。

原文多已圈点，唯"以土"和"终不改"后漏掉圈点符号。"大角"是星名。"星拂大角，大角以土，终不改"，原文是在"大角"重文后圈点的，虽然第二个"大角"当属下读。从这个意义上说，《敦煌吐鲁番唐代法制文书考释》除个别断句有误外，其对双字重文的处理方法是符合古例的，也是可取的。《敦煌社会经济文献真迹释录》却有可商之处。如第一辑第107页第77行，原文作"移檄郡々国々多应之"，释文为"移檄郡郡国国（郡国，郡国）多应之"①。释文者并未真正认识这一双字重文的含义，于是在括号中加以改正，未免辞费。

三、三字和三字以上重文

敦煌吐鲁番文献中，单字和双字重文用例最多，而三字和三字以上重文也不乏实例。有的则是单字、双字、三字及三字以上重文在一段文字中同时出现。这就要求我们逐一审视，具体对待。

例一：吐鲁番出土《唐写本〈论语〉郑氏注〈雍也〉〈述而〉残卷》："子见男（南）子，々路不悦（注略）。夫子矢之曰：'予所否者，天々厌々之々。'"②此段"天厌之，天厌之"用了三字重

---

① 唐耕耦、陆宏基：《敦煌社会经济文献真迹释录》（第一辑），北京：书目文献出版社，1986年版。

② 《吐鲁番出土文书》（释文本）第八册，北京：文物出版社，1987年版，第360页9—12行。

文。

例二：敦煌文献 P.2157《律戒本疏》："尼僧住止要依々聚々落々，给大々界々，内有三处。"此段前有三字重文，后有双字重文，当读作："尼僧住止要依聚落，依聚落给大界，大界内有三处。"

例三：敦煌文献 P.2627《史记·管蔡世家第五》："平侯九年卒，灵侯班①之孙东国攻平侯子而自立，是为悼々侯々，父曰隐々太々子々有々[者]，②灵侯之太子。"此段前有双字重文，后有四字重文。带重文的句子当读作："是为悼侯。悼侯父曰隐太子有。隐太子有者，灵侯之太子。"除个别文字或脱或别（"班"通"般"），与传世本《史记》完全一致。

例四：敦煌文献 P.2157《律戒本疏》："不自阤□告僧，々以自（白）佛。々言：从今听忆々念々比々尼々法々，僧中种々。"本段有三处单字重文，一处五字重文。当读作："不自阤□告僧，僧以白佛。佛言：从今忆念比尼法。忆念比尼法，僧中种种。"

上举四例，包括三字和三字以上重文，以及单字、双字重文在这些文字中的交替使用。其共同特征是，重文符号紧随它所重复的文字。至于多字重文符号不紧随它所重复的文字，我在敦煌吐鲁番文献中见到的尚太少。不过，我在《日本国见在书目录》中却见到了这样的例证。

《日本国见在书目录》又称《本朝见在书目录》（尾题）、《见在书目录》（河海抄）等，是日本藤原佐世（？—897）奉敕撰成的。全书一卷，现存者为 12 或 13 世纪的略抄孤本。下引该书中的一段（行次为笔者所加。为方便阅读，移录时将重文符号所代替的文字放在其后的

---

① 班：今本《史记》作"般"。见标点本《史记》，北京：中华书局，1959 年版，第 1568 页。
② 有：标点本《史记》(1568 页)作"友"。者：原脱，据标点本《史记》（第 1568 页）补。

括号内，［］内文字原为注文）：

    1. 十九刑法家［目录五百八十卷，私略之］

    3. 唐永徽律十二卷，々々々々（唐永徽律）疏卅卷［伏无忌等撰］

    6.（前略）唐永

    7. 徽格五卷、垂拱格二卷、々々（垂拱）后常行格十五卷、々々（垂拱）留司

    8. 格二卷、开元格十卷、々々々（开元格）私记一卷、々々（开元）新格五卷。

    9.（前略）开元皇口敕一卷

    10. 々々（开元）后格九卷（后略）。

    众所周知，唐朝时许多日本留学生和学问僧都曾在中国搜集汉文典籍并携归日本。《见在书目录》中明确标明一些书是著名学者吉备真备从唐朝带回去的。又据严绍璗先生研究，此书的分类，除有两处小改外，全本《隋书·经籍志》。[1]而《隋书》是唐初由魏徵领衔官修的，藤原佐世这部目录又撰成于唐末，因此可以推测，《见在书目录》中抄录的那些唐代法律书名，同样是这一时代重文符号使用风貌的一个侧面。

    从使用重文的角度去考察，不难发现其中保留了双字重文（垂拱、开元）、三字重文（开元格）和四字重文（唐永徽律）的不同用例。但它们用以重复的文字，均不紧随已经写出的本字，而是借用上句的文字使用重文符号以行代替。其中有些用法并不严密，如第8行"开元格

---

[1] 严绍璗：《日本手抄室生寺本〈本朝见在书目录〉考略》，载上海古籍出版社《古籍整理与研究》1986年总第1期，第146—163页。

十卷，々々々（开元格）私记一卷"，二者关系是严密的，但其后"々々（开元）新格五卷"与上文关系就不十分严密。不过，这里并不影响重文符号意义的明确性。这也说明，唐人在使用重文符号时虽有一定之规存在，但只要不影响文义的明确性，适当地灵活运用也是被认可的。

　　不过，这部书中重文符号的漏衍也不少见，这里不再详论。

　　重文符号的漏衍现象在敦煌吐鲁番文献和传世文献中同样存在。漏掉重文者，如敦煌本《六祖坛经》，北图冈字四八号和敦博077号同有："不可将福以为功德，々々在法身"云云，而S.5475号作"不可将福以为功德，在法身"云云。两相比较，可知英藏本《坛经》漏掉了"功德"二字的重文符号。又如《全唐文》卷九一四收有禅宗六祖惠（慧）能所撰《金刚般若波罗蜜经序》，有"何名般若？是梵语，唐言智惠。"[1]而敦煌本《六祖坛经》也有相似的文句："何名般若？般若是智惠。"[2]可以看出，《全唐文》中的那句话本作"何名般若？々々是梵语，唐言智惠。""般若"二字的重文符号在流传中漏掉了，当予补足。衍重文符号者，如P.2635《类林残卷》："项羽为汉兵所围，自知当败……乃歌曰：力拔山兮气盖世，时不利兮骓々不々逝々兮其那何々，虞々兮々々奈汝何！"原注"出项羽传"。同《史记·项羽本纪》及《汉书·项籍传》[3]比较，可以说其中重文用法同我们所见义例是一致的，但写本"何"字后的重文符号却是衍文。这也说明，在释读出土文献和整理传世文献时，不可拘泥于古写本或传抄本，对漏、衍的重文符

---

① 影印本《全唐文》，北京：中华书局，1983年版，第9519页上栏。

② 〔唐〕惠能著，邓文宽校注：《敦煌坛经读本》，北京：民主与建设出版社，2019年版，第48页。

③ 标点本《史记》，北京：中华书局，1959年版，第333页；标点本《汉书》，北京：中华书局，1962年版，第1817页。

号要认真分析，进而才能按断。

四、整句重文

这一类型，笔者所见不多，但同样可以举出实例以证明其存在。

例一：敦煌文献 P.2529《毛诗·齐风·东方之日》："东方之日兮，彼姝者子，在々我々室々兮々，履我发兮。"《毛诗》中的这句话需重读一遍，与传世本《诗经》完全相同。每句虽只重复四字，但却是完整的句子，同上节所举四字重文依然有别。

例二：S.1524《大方等陁罗尼经卷第一》："阿々蒐々那々多々喔々咃々，复得究追……"这里第一句必须整句重读一遍。

例三：P.3442 杜友晋《吉凶书仪》之《子侄及孙丧告答尊长书》："名言（原双行小注：告兄娣云白）：非意食（仓）卒，某子侄夭折；悲念伤悼，不自胜任。伏惟哀念伤恸，何可为怀。痛々当々奈々何々……"引文末句"痛当奈何"也需整句重读一遍。

关于重文符号的书写形式，一般是"、""〵""々"，本文为排字方便，一律改为"々"。此外还有一些其他书写形式，且容易同一些汉字相混淆，此项可参郭在贻、张涌泉、黄征三位先生的《敦煌写本书写特例发微》①一文，这里不赘。

（原载北京图书馆《文献》1994 年第 1 期，第 160—173 页）

---

① 郭在贻、张涌泉、黄征：《敦煌写本书写特例发微》，载中国敦煌吐鲁番学会编：《敦煌吐鲁番学研究论文集》，上海：汉语大词典出版社，1990 年版，第 310—346 页。

王珣《伯远帖》与"伯远"考

　　在中国古代书法作品中，毫无疑义，《伯远帖》是赫赫有名的作品之一，被称为"法帖"。我虽然对书法和书法作品毫无研究，但由于长期从事出土文献的整理和研究，且具有考据癖，《伯远帖》在无意中撞入了我的视野。出于职业习惯，我所关注的不在于其书法成就，而在于其文字内容和相关史实。经过一番艰苦考索的功夫，最终究明，《伯远帖》之伯远者，乃王珣堂兄弟王穆也。

　　《晋书》卷六十五为著名宰相王导列传，并附其子王悦、王恬、王洽、王协、王劭、王荟、王洽之子王珣、王劭之子王谧诸传。显然，《伯远帖》的作者王珣与王谧是堂兄弟，而且都是王导的孙子。①

　　《王协传》又云："协字敬祖，元帝抚军参军，袭爵武冈侯，早卒，无子，以弟劭子谧为嗣。"②说明王谧乃王劭亲生儿子，过继到其兄王协家为子。而《王谧传》又说"谧字稚远"。③

　　《王劭传》则说："三子：穆、默、恢，穆，临海太守。"④由此可知，出继给王协为嗣的王谧与王穆、王默、王恢四人全是王劭的亲生

---

①标点本《晋书》，北京：中华书局，1974年版，第1745页。
②标点本《晋书》，北京：中华书局，1974年版，第1758页。
③标点本《晋书》，北京：中华书局，1974年版，第1758页。
④标点本《晋书》，北京：中华书局，1974年版，第1759页。

儿子，也都是《伯远帖》作者王珣的堂兄弟。

在涉及上述王劭四个儿子的史传资料中，与王谧有关的较多，其余三人的材料少得可怜。然而，关于王穆，唐人李延寿在《南史》中比《晋书》提供了更多的资料。《南史》卷二十三《王球传》云："〔王〕球字蒨玉，司徒〔王〕谧之子。"① "王彧字景文，〔王〕球从子也。祖〔王〕穆，字伯远，司徒〔王〕谧之长兄，位临海太守。"② 概而言之，王穆和王谧是亲兄弟，王球是王谧之子，当然就是王穆的侄子；王彧是王穆的孙子，自然也是王谧的侄孙，王球从侄。他们都是东晋著名宰相王导的后代。

史传涉及王穆的史实委实过少，仅云"位临海太守"。虽仅寥寥五字，其价值却十分珍贵：它不仅使我们确认王穆即《伯远帖》之"伯远"，而且使通读《伯远帖》成为可能。

为便于讨论，现将《伯远帖》释文移录并阐解如下：

　　珣顿首顿首：伯远胜业（1）情期（2），群从（3）之宝。自以羸患（4），志在优游。始获此出，意不尅申。分别如昨，永为畴古（5）。远隔岭峤（6），不相瞻临（7）。

现在对该帖中的几个词语稍作疏释如下：

（1）胜业："胜"字义美，胜业即成功的事业。

（2）情期：即情谊。《南史·王昙首附孙王俭传》："赵充国犹能自举西零之任，况卿与我情期异常。"

（3）群从：堂兄弟与诸子侄。《晋书·阮咸传》："群从昆弟，莫不

①标点本《南史》，北京：中华书局，1975年版，第630页。
②标点本《南史》，北京：中华书局，1975年版，第632页。

以放达为行。"

（4）赢患：即赢弱之身躯，久治不愈之痼疾。《南史·隐逸传上·戴颙》："颙十六遭父忧，几于毁灭，因此长抱赢患。"

（5）畴古：往昔、古往。《晋书·徐广传》："自圣代有造《中兴记》者，道风帝典，焕乎史策。而太和以降，世历三朝，玄风圣迹，儵为畴古。"

（6）岭峤：江南五岭地区之泛称。北魏郦道元《水经注》卷三十八"湘水条"云："越城峤水，南出越城之峤。峤，即五岭之西岭也，秦置五岭之戍，是其一焉。""冯水又左合萌渚之水，水南出于萌渚之峤，五岭之第四岭也。"卷三十九"钟水条"："部山，即部龙之峤也，五岭之第三岭也。""耒水又西，黄水注之，水出县西黄岭山，山则骑田之峤，五岭之第二岭也。""赣水条"云："彭水所发，东入湖汉水，庾仲初谓大庾峤水北入豫章，注于江者也。""大庾峤"即著名之大庾岭。这既是"岭""峤"连称的原因，也指出了"岭峤"的大体方位，即五岭地区。

（7）瞻临："瞻"谓看视，"临"谓莅止。"不相瞻临"即不能亲自看望之义。

那么，王穆所任"太守"的"临海"位居何处呢？《晋书·地理下》扬州临海郡："吴置，统县八，户一万八千。"其所统八县即："章安、临海、始丰、永宁、宁海、松阳、安固、横阳。"[1]其临海郡郡治约在今浙江省临海市东南，相当于台州的沿海地区。

《伯远帖》说"远隔岭峤，不相瞻临"，意即我同你之间有五岭相隔，距离遥远，不能亲去看望。这说明王珣给王穆写此信时，王穆正在临海太守任上。否则，"远隔岭峤，不相瞻临"，便无从谈起。

---

①标点本《晋书》，北京：中华书局，1974年版，第461页。

我们还想知道的是，王珣是从哪里给王穆写这封信的？其时他个人境遇如何？

《伯远帖》又云："自以羸患，志在优游。始获此出，意不剋申。"意思是说，我自己身体不好，为痼疾所累，本志在于优游山水度日。但"始获此出"竟然不能遂我本愿。这里的"始获此出"所指为何？

据《晋书·王珣传》载，王珣弱冠之时，与另一门阀士族谢玄（宰相谢安之侄）同作桓温之"掾"（属吏），"俱为温所敬重"。"珣兄弟皆谢氏婿，以猜嫌致隙。太傅〔谢〕安既与〔王〕珣绝婚，又离〔王〕珉（王珣弟）妻，由是二族遂成仇衅。时希〔谢〕安旨，乃出〔王〕珣为豫章太守，不之官。"①也就是说，王、谢二族因婚姻问题发生不快，有人便秉承谢安旨意，"出"王珣为豫章太守（治所在今江西省南昌市），但"不之官"，也就是并未到任。这或许与王珣健康不佳有关。不过，他终究是受到了谢氏的排挤。《伯远帖》所言"始获此出"之"出"，即本传所言"出"为豫章太守，但未曾到任。这也透露出，王珣写此信时，身处逆境，情绪低落。东晋都城为建康，则"始获"排挤的王珣是从建康给王穆写这封信的。建康在今江苏省南京市，临海郡在今浙江省台州市，一北一南，粗略地说成"远隔岭峤"，也未尝不可。

《王珣传》在讲过上述不愉快的事情之后又说："〔谢〕安卒后，迁侍中，孝武深杖之。"②谢安死于公元385年，③则王珣受其挤兑，"出"为豫章太守，并写信将此情形告诉王穆，必然在此一时间之前。它使我们知道，《伯远帖》的产生时间下限不会晚于公元385年。

①标点本《晋书》，北京：中华书局，1974年版，第1756页。
②标点本《晋书》，北京：中华书局，1974年版，第1756页。
③《中国大百科全书·中国历史卷》，北京：中国大百科全书出版社，1992年版，第1312页左栏。

王珣的生卒年为公元 350 年至 401 年，[①]享年五十二岁。[②]《王珣传》说他"弱冠与陈郡谢玄为桓温掾，俱为温所敬重"。而王谢二族发生婚姻纠葛是此后的事。"弱冠"指二十岁，[③]则王珣写此信必在其本人 20 岁之后，即公元 370 年之后。此即《伯远帖》形成年代之上限。至此，我们可以说，王珣《伯远帖》产生于公元 370—385 年的 16 年间，殆无疑义。同时也可获知，王穆任临海太守也在这 16 年中。

在前述考证与疏释的基础上，现将《伯远帖》的大意用白话表述如下：

王珣这厢有礼了。伯远，无论是事业的成功，还是与大家的深情厚谊，在我们兄弟辈中，你都是出类拔萃，堪称瑰宝的。至于我自己，因痼疾缠身，本无意于仕宦，而志在优游山水之间。可是，近来却被"出"为豫章太守，就更不能遂我本愿了。回想我们分别时的情形，历历在目，犹如昨日。但事实上却永为过往之事了。你我之间今有五岭相隔，道路悬远，就是想前去看望你，也是不能够啊！

以上管见妥否，还望方家赐正。

（原载文物出版社《书法丛刊》2008 年第 3 期，第 30—32 页）

---

① 《中国大百科全书·文物博物馆卷》，北京：中国大百科全书出版社，1993 年版，第 575 页。
② 《晋书·王珣传》。见标点本《晋书》，北京：中华书局，1974 年版，第 1757 页。
③ 《礼记·曲礼上》："二十曰弱，冠。"孔颖达疏："二十成人，初加冠，体犹未壮，故曰弱也。"见影印本《十三经注疏》，北京：中华书局，1980 年版，第 1232 页上、中栏。

敦煌数术文献中的"建除"

"建除"是一个非常古老的选择项目。清乾隆时，庄亲王允禄领衔主编的《协纪辨方书》曾推断，"其说与诸家同起战国时而并托之黄帝云"①，这个见解为出土秦汉简牍所证实。近几十年，考古工作者曾发掘出土了十几种《日书》文献，其中一些《日书》就包含着"建除"资料。最著名的有：湖北云梦睡虎地秦简《日书》中的"秦除"和"除"；甘肃天水放马滩秦简《日书》中的"建除"；湖北随州孔家坡汉简《日书》中的"建除"；湖北荆州胡家草场西汉墓《日书》中的"建除"，等等。就其题名和编排形式而言，又有秦人用的"建除"（即"秦除"）和楚人用的"建除"之别。但就其内容而言，一般均由两部分构成：第一部分是建除十二神名〔建、除、盈（满）、平、定、执、破、危、成、收、开、闭〕在每年各月中与纪日地支的对应关系；第二部分则是这些建除神煞各自所主的吉凶宜忌。总体而言，它属于阴阳家的选择术一类，被编入《日书》也就顺理成章。

自战国时期"建除"术问世，到中古时期，经历了千余年的嬗变。作为数术文化的一种，"建除"内容也丰富了许多。只是因为传世典籍

①〔清〕《协纪辨方书》卷四义例二之"建除十二神"按语。见李零主编：《中国方术概观·选择卷》（上），北京：人民中国出版社，1993年版，第170—171页。

的缺失，我们此前知之甚少。今天，由于敦煌文献的重光，使我们大开眼界，对"建除"在中古时代的面貌，获得许多前所未知的了解。本文即对敦煌数术文献中的"建除"资料进行爬梳，以便看清"建除"在中古时期的面目，并加深对它的认识。

一、"建除"与用事宜忌

如前所述，"建除"最初的用途就是用来选择吉日和回避凶日的，这是它的基本内涵。为此，它先按照夏历排出了建除十二神在各月所对应的纪日地支，如正月"建寅"、二月"建卯"、三月"建辰"等，其下依次接排纪日地支与另十一神的对应关系。之所以会形成这样的配置，秦汉时是将每月朔日所配"建除"重叠上月晦日一次；[1]后世则是将"星命月"首日（二十四节气中十二节所在日为该月首日）重叠上月末日一次。[2]敦煌和吐鲁番所出数十件唐前期至宋初的具注历日，每日之下都有所注的建除神名，其"叠日法"便是依照"星命月"来进行的。相对于"建除"与纪日地支的最初搭配规则，这不能不算是一种变化。

至于"建除"十二神所主吉凶宜忌，虽然也有变化，但其基本旨趣未见根本改变。如天水放马滩秦简《日书》"建除"："建日：良日矣。可为啬夫，可以祝祠，可以畜大生（牲）。不可入黔首。""除日：逃亡不得，瘅疾死，可以治啬夫，可以彻言君子、除罪。""定日：可以臧（藏）、为府，可以祝。""挚（执）日：不可行，行远，必执而于

---

①金良年：《建除研究——以云梦秦简〈日书〉为中心》，载《中国天文学史文集》第六集，北京：科学出版社，1994年版，第261—281页。
②邓文宽：《天水放马滩秦简"月建"应名〈建除〉》，载《文物》1990年第9期，第83—84页。

公。"①如此等等。我们在敦煌所出具注历日里，也见到了在历日序中对建除十二神各自所主吉凶宜忌的说明，如S.2404《后唐同光二年甲申岁（924）具注历日并序》有云："建日不开仓，除日不出财，满日不服药，平日不修沟，定日不作辞，执日不发病，破日不会客，危日不远行，成日不词讼，收日亦不远行，开日不送丧，闭日不治目。"②当然，在同一主题之下，也还有内容丰约不同的设置，如S.1473+S.11427b.V《宋太平兴国七年壬午岁（982）具注历日并序》，其建除宜忌的内容就更为完备："建宜入学，不开仓；除宜针灸，不出血；满宜纳财，不服药；平宜上官，不修渠；定宜作券，不诉讼；执宜求债，不伐废；破宜治病，不求师；危宜安床，不远行；成宜纳礼，不拜官；收宜纳财，不安葬；开宜治目，不塞穴；闭宜塞穴，不治目。"③由于用来纪日的干支也有各自所主的吉凶宜忌，于是，在敦煌文献里，我们还看到了干支与建除混合在一起所主的吉凶宜忌，如："庚子满、平日作牛栏，（吉）""壬寅执、破、平日治刀铠，吉"。④

《史记·日者列传》载褚少孙言："臣为郎时，与太卜待诏为郎者同署，言曰：'孝武帝时，聚会占家问之，某日可取妇乎？五行家曰可，堪舆家曰不可，建除家曰不吉，丛辰家曰大凶，历家曰小凶，天人家曰小吉，太一家曰大吉。'"⑤可知，远在秦汉时代，建除作为一家，其所做工作就是帮人选择吉日良辰的。由于是"择日"，其学术内容便被编进《日书》；同样由于是"择日"，其职业归类，则被太史公

---

① 陈伟主编：《秦简牍合集》（肆），武汉：武汉大学出版社，2014年版，第8—9页。
② 邓文宽：《敦煌天文历法文献辑校》，南京：江苏古籍出版社，1996年版，第379—380页。
③ 邓文宽：《敦煌天文历法文献辑校》，南京：江苏古籍出版社，1996年版，第564页。
④ P.3685+P.3681、S.6182《六十甲子历》。释文见关长龙《敦煌本数术文献辑校》，北京：中华书局，2019年版，第5、9页。
⑤ 标点本《史记》，北京：中华书局，1959年版，第3222页。

划入"日者",二者均名副其实。

二、"建除"入《发病书》和医疗禁忌

在敦煌数术文献里,学者们共搜得七种《发病书》和一种《天牢鬼镜图并推得病日法》。[1]它所反映的是其时在中医药之外,人们从巫术的视角对疾病的认知,其所包含的内容十分宽泛,几乎每一方面的鬼神都可以使人生病。大体包括:"推男女年立算厄法""推年立法""推得病日法""推初得病日鬼法""推得病时法""推十二祇(直)得病法""推四方神头胁日得病法""推五子日病法""推十干病法""推十二支生人受命法""推五行日得病法""推十二月病厌鬼法""推七曜日得病法"等。其中"推十二祇(直)得病法",便是由原注于历本每日之下的建除十二神引入而形成的。就其内容而言,大体可分为两种版本:一种是P.2856中的"推十二祇(直)得病法",如:"建日病者,犯东方土公,丈人索食,祀不了,有龙蛇为怪,家亲所为,解之大吉,七日差。""执日病者,天神下有宿债不赛(塞),丈人将外鬼与人为祟,急解送,七日差。""成日病者,家中斗诤,咒诅相向,宅神不安,遣断后鬼为祟,急解送,十日差。"[2]另一种也属于《发病书》,但内容小异。如上引三条作:"建日病者,头痛,(心腹胀[满]。祟在兵死鬼,犯碓硙上,男左女右。建者,天地、男女皆□)""执日病者,手足烦疼,臂痛,祟在前夫、后妇及[北]君,客死鬼所作,犯东宅、西宅,男吉女凶,解谢之。""成日病者,头痛,心腹胀满,四支不举。

---

① 关长龙:《敦煌本数术文献辑校》,北京:中华书局,2019年版,第1186—1250页。
② 关长龙:《敦煌本数术文献辑校》,北京:中华书局,2019年版,第1204—1205页。

丈人、不葬及无后鬼所作，男吉女凶，十一日吐即差，谢之吉。"①两相对比，后者则多了病征内容，其引发起病的神鬼也不相同，自然，治疗方法也就相应会有差异。

据刘永明博士研究，《发病书》属于道教文化的一部分。②此外，由十八个俄藏敦煌文献残片拼缀而成的《天牢鬼镜图并推得病日法》，其中有以"建除"为内容的"推得病日法"。此件原题"张师天撰"，③怀疑系托名而作。此"张师天"或当校作"张天师"？若此不误，便是指道教天师道派的张道陵。这对我们理解原本属于数术文化《日书》的"建除"，被道教文化所吸收，或许能提供帮助。

此外，与"建除"相关的还有一些医疗禁忌。P.2661Ve《诸杂略得要抄子一本》有如下内容："建不治头，除不治喉，满不治腹，平不治背，定不治脚，执不治手，破不治口，危不治鼻，成不治胃，收不治眉，开不治耳，闭不治目。"④从此件原始题名可知，其内容是从多种书籍中抄撮而来的。我们从传世文献中也看到了与此相关的建除内容。日本古代历法专家贺茂在方，于公元1414年所作的《历林问答集》里，曾引用郝震（生卒年月未详）《堪余八会经》中建除与身体各部位对应关系的文字，其文曰："建者主足，除者主尻，满者主腹，平者主背，定者主胸，执者主手，破者主口，危者主鼻，成者主眉，收者主发，开者主耳，闭者主目。"⑤这应该就是建除用于医疗禁忌的认识基础，其中建、除、定、成、收五位与上引敦煌文献所主有别。这些认

---

①关长龙：《敦煌本数术文献辑校》，北京：中华书局，2019年版，第1228—1229页。
②刘永明：《敦煌道教的世俗化之路——敦煌发病书研究》，载《敦煌学辑刊》2006年第1期，第69—86页。
③陈于柱：《敦煌吐鲁番出土发病书整理研究》，北京：科学出版社，2016年版，第144—148页。
④关长龙：《敦煌本数术文献辑校》，北京：中华书局，2019年版，第1280页。
⑤[日]中村璋八：《日本阴阳道书的研究》，东京：汲古书院，1985年版，第379页。

识和设计也非空泛之言，而是供医家用于施行的。孙思邈乃唐初医疗大家，其在约成书于唐高宗永淳元年（682）的《千金翼方》卷二八"针灸宜忌第十"有如下内容："生气所在，又需看破、除、开日，人神取天医。若事急卒暴不得已者，则不拘此也。"在"治病服药针灸法诀"中又说："旧法，男避除，女避破"；"建日申时头，除日酉时膝，满日戌时腹，平日亥时腰背，定日子时心，执日丑时手，破日寅时口，危日卯时鼻，成日辰时唇，收日巳时足，开日午时耳，闭日未时目。上件，其时并不得犯其处，杀人"。[①]中古时代，医、巫并行，何况"建除"与医疗宜忌相关联，早在秦汉《日书》中就已显端倪，千余年后就更加系统化，并为医家所吸收。

三、"建除"入《梦书》

《梦书》即"占梦书"或称"解梦书"，其内容是记录梦象，加以解说，卜其吉凶。敦煌文献 P.3908 是一份首尾俱全的《梦书》，原件首题为"新集周公解梦书一卷"[②]。编者在"序"中说："今纂录《周公解梦书》廿余章，集为一卷，具件条目，以防疑惑之心，兑（免）生忧虑。淋（淑）人君子，鉴别贤良，观览视之，万不失〔一〕。"[③]所用"周公"之名，显系伪托，用以张大其势，不足为凭。据郑炳林教授研究，此件"撰集于晚唐张氏归义军时期，由敦煌当地文士剪裁纂录其他梦书而成"[④]。换言之，它是从多种梦书抄撮而来，并借"周公"之

---

① 〔唐〕孙思邈撰，朱邦贤、陈文国等校注：《千金翼方校注》，上海：上海古籍出版社，1999年版，第807—808页。

② 关长龙：《敦煌本数术文献辑校》，北京：中华书局，2019年版，第989页。

③ "一"字原脱，依文义补。

④ 郑炳林：《敦煌写本解梦书校录研究》，北京：民族出版社，2005年版，第179页。

名加以行世的。

《新集周公解梦书》共分二十三章，内容包括：天文章第一，地理章第二，山林草木章第三，水火盗贼章第四，官禄兄弟章第五，人身梳镜章第六，饭食章第七，佛道音乐章第八，庄园田宅章第九（中略），生死疾病章第十七，冢墓棺财（材）凶具章第十八。这十八章均是传统梦书里具有的天文、地理和人事内容。第廿二章为"恶梦为无禁忌等章"，第廿三章为"厌禳恶梦章"，也即如何禳除噩梦带来的不吉利。我们此处关心的是第十九至二十一章的内容。第十九章为"十二支日得梦章"，第廿章为"十二时得梦章"，第廿一章为"建除满日得梦章"。"十二支日"为子日、丑日、寅日等，"十二时"为子时、丑时、寅时等，"建除满日"则是指将建除十二神名依"星命月"和"叠日法"配入历日后其所在之日。"建除满日得梦章"内容如下："建日得梦，主大吉利。除日得梦，忧疾病起。满日得梦，逢酒肉。平日得梦，口舌事起。定日得梦，主移徙事。执日得梦，主失财。破日得梦者，有大吉事。危日得〔梦者〕，主官事起。成日得梦者，主吉事。收日得梦，大凶恶事。开日得梦，主生贵子。闭日得梦者，主惊恐。"①通观十二支日得梦、十二时得梦和建除满日得梦三章，其共同之处是以做梦时间来判定吉凶的，这已超出传统以天文、地理、人事为解梦内容的主题，当属中古时期术士们的新创。至于其所主吉凶宜忌的解说依据，因资料仅此一见，尚难清晰地予以说明，只好有俟来者。

四、"建除"入葬书

敦煌数术文献中留存了内容丰富的葬书（亦称葬经），其与"建

---

① 关长龙:《敦煌本数术文献辑校》,北京:中华书局,2019年版,第1004—1005页。

除"的关系也非常密切。综观葬书与"建除"的关系，约有如下数端：

1. "建除"与选择吉穴。P.2831+P.2550b为《五姓同用卌五家书》，其子目"十二祇（直）法第廿"有如下内容："从埏道（按，即墓道）外起步，往来向内命十二祇，一步为〔闭〕，二步为建，三步为除，四步为〔满〕，〔五步为〕平，六步为定，七步为执，八步为破，九步为危，十步为〔成〕，十一步为收，十二步为开，十三步为闭，还从建起。以此为法，恒令满祇当冢心，闭祇守冢口，定祇安墓后，开祇坐冢〔前〕。假令冢墓堂心是满，堂门令得闭，堂后辟（按，通壁）令得定，其埏道口得开，所谓闭口、定口、满腹、开目，合此大吉。"①

2. "建除"与坟茔四方吉凶。上引《五姓同用卌五家书》首缺，所存内容除了上引"十二祇法第廿"外，又有"六甲冢图第十八""〔八〕卦冢图第十九"。其第十七首残难见其名，但此条结尾处有尾题"以前四方吉凶法"②。可知此条是专述坟茔四周吉凶的。内容很多，难以全引。今摘引其中一条以窥斑知豹。"从北向南廿步，除，乙未，合天狱。南行卅步，平，丁酉，合刑戮。南行五十步，定，戊戌，合龙煞。南行六十步，执，己亥，合兽煞。南行八十步，危，辛丑，合地祸。南行一百步，收，癸卯，合死丧。南行一百廿步，闭，乙巳，合天狱。"③由此可见，这里"建除"是与甲子及多种神煞综合在一起加以使用的。

"四方吉凶法"又名"步阡陌取吉穴法"，当属一物而二名。敦煌文献S.12456b、c是一部书的目录残片，残存十个子目，内有"论步阡陌取吉穴法卅五"。这十个子目的名称，与宋人王洙等编撰、金人张谦

---

① 关长龙：《敦煌本数术文献辑校》，北京：中华书局，2019年版，第848—849页。
② 关长龙：《敦煌本数术文献辑校》，北京：中华书局，2019年版，第838页。
③ 关长龙：《敦煌本数术文献辑校》，北京：中华书局，2019年版，第835页。

重校的《重校正地理新书》的相关题名均能对应。①《重校正地理新书》卷一三有"步地取吉穴法":"凡葬有八法,步地亦有八焉。一曰阡陌,谓平原法,从丘陵、坑坎、沟涧、大道,因之起步,然后十步一呼,甲子及建除等,得甲庚丙壬,与满定成开等合者大吉。二曰金车龙影,谓东西千步,南北二百四十步,当千步之中。向东行十步起甲子,二十步乙丑,尽五百步癸丑。至东阡向南,十步起甲寅,二十步起乙卯。(中略)向东步从西起建,向西步从东起建,向南步从北起建,向北步从南起建,次满除等。此法虽有,世不多用。"②《重校正地理新书》的这段文字,对于我们理解敦煌葬书中的"四方吉凶法"大有帮助。该书又说"此法虽有,世不多用",说明在实际生活中,"四方吉凶法"是不太被看重的。

3. "建除"与坟茔高卑。S.12456b、c葬书目录残片有"论坟高卑等法五十二"③。遗憾的是,这部分内容却未能保存下来。我们借助《重校正地理新书》的相关内容,可以获知其大概。《重校正地理新书》卷一四有"封树高下法":"吕才云:在上曰阳,从甲起数,高一尺为甲,二尺为乙,(中略)一丈为癸。右终而复始用之。一尺为建,二尺为除,三尺为满,四尺为平,五尺为定,六尺为执,七尺为破,八尺为危,九尺为成,一丈为收,丈一为开,丈二为闭。右终而复始用之。但甲庚丙壬与满定成开合者吉。高三尺,合凤凰,满,吉;高九尺,合玉堂,成,吉;高一丈一尺,合麒麟,开,吉;高一丈七尺,合章光,定,吉;高二丈一尺,合麒麟,成,吉;高二丈三尺,合凤凰,

---

① 金身佳:《敦煌写本宅经葬书校注》,北京:民族出版社,2007年版,第210页。

② 《续修四库全书》第1054册,上海:上海古籍出版社,1997年版,第97页。转引自《敦煌写本宅经葬书校注》,第211—212页。

③ 关长龙:《敦煌本数术文献辑校》,北京:中华书局,2019年版,第856页。

开，吉。"①

4."建除"与坟茔入地深浅。前引《五姓同用册五家书》有"入地深浅法第廿一"，内容完整，今节录如下："凡葬，入地八十九尺得景（丙），为凤凰得定；入地九十三尺得庚，为章光得成；入地九十五尺得壬，为玉堂得闭（开）。（中略）已前入地深浅，帝王用之吉。"其下又有"公侯用之吉""伯子男九卿用之吉""将军用之吉，大夫用吉""三场（令长）以下用之吉""庶人用〔之〕吉"的相关内容，②均与"建除"有关。但入地深浅并非仅此一法。同一题目的末尾有："又〔一法〕：〔入〕地一尺为建，二尺为除，三尺为满，四尺为平，五尺为定，六尺为执，〔七〕尺为破，八尺为危，九尺为成，一丈为收，一丈一尺为开，一丈二尺为闭，周而复始。满平定收开吉，余者并凶。"③此法与坟茔高卑法中的"建除"颇为相似，仅是向上和向下之别。

5."建除"与葬忌。古人埋葬死者，又有不少禁忌，其中一些同"建除"有关。P.3647《葬经》载有："凡葬，丧车出建上，煞大孝；出除上，煞翁及妇姻大客；出满上，煞男大客；出平上，煞三公、大夫客，凶；出定上，煞主人；出执上，煞伯及客；出破上，煞孝妇女；出危上，煞师公及男女；出成上，煞从夫；出收上，煞前丞、后丞；出开上，音（？）游（？）师；出闭上，煞都户。外加酉，煞师；外加亥（戌），煞三人。（中略）凡建、破下不可坐，煞师；丧出此地，亦妨师。宜慎之，吉。"④《五姓同用册五家书》之"〔八〕卦冢图第十九"乾冢图的说明文字亦云："五姓在家出丧、上车，不得向太岁、太

①《续修四库全书》第1054册，上海：上海古籍出版社，1997年版，第109页。转引自《敦煌写本宅经葬书校注》，第236页。
②关长龙：《敦煌本数术文献辑校》，北京：中华书局，2019年版，第849—850页。
③关长龙：《敦煌本数术文献辑校》，北京：中华书局，2019年版，第850—851页。
④关长龙：《敦煌本数术文献辑校》，北京：中华书局，2019年版，第827—828页。

阴、大将军、建、破下，凶。"①P.4930《葬经》亦载："凡大葬，宜须避平、收、建日，余日皆吉。"②

综合以上可知，"建除"与殡葬仪式的各个环节都有关系，从中亦可窥见术士们的良苦用心。

五、"建除"入《宅经》

敦煌文献里有一件题名"董文元写记通览"的《诸杂推五姓阴阳等宅图经一卷》，但编排体例很不规范，学者们推测它也是从各种阴阳宅经著作里抄撮而来的。该写本有原题"凡阡陌法第三"的文字："东西为阡，南北为陌。或于（依）山水，或约陂池及水岸，及故城、大道，皆为阡陌之始。四方步起，若十步为建。假令从东阡，西入十步为建，廿步为除，卅步为满，卌步为平，五十步为定，六十步为执，七十步为破，八十步为危，九十步为成，一百步为收，百一十步为开，〔百〕廿步为闭。凡从建起，终而复始，合成、收、开、满、平、定、吉，合建、除、执、破、危、闭、凶。"③这是其时选择宅地的思想依据之一。我们将此条与前文"建除"与坟茔高卑及"入地深浅法"加以比较，就会觉得，这三种"建除"是从同一个认识基础上衍生出来的：坟茔高卑是从地面向上，宅经"阡陌法"是在平地上向四方延伸，而"入地深浅法"则是从地面向下——它们应由同一个认识基础派生出来。

①关长龙：《敦煌本数术文献辑校》，北京：中华书局，2019年版，第845页。
②关长龙：《敦煌本数术文献辑校》，北京：中华书局，2019年版，第825页。
③关长龙：《敦煌本数术文献辑校》，北京：中华书局，2019年版，第714页。

六、"建除"入《婚嫁书》

结婚是个人生命史上的重大事项，人们总希望选择一个好日子举办婚礼，以求吉祥平安，古今中外，概莫能外。作为《日书》的一部分，担负着趋吉避凶的职责，本是"建除"的题中应有之义，这在出土秦汉简牍《日书》里已经多次见到。到了中古时代，又出现了专门用于婚嫁的书籍，如《新唐书·艺文志》"五行类"就有"《婚嫁书》二卷"的著录，①敦煌文献中也有同类著作。P.2905a是一部婚嫁类著作的残卷，首部残存其"第七"之一部分，内容记何月出嫁"妨姑嫜（公婆）""妨女父母""妨女婿""妨女身"，其下为"推选择日法第八"："建日嫁娶，吉，一云自如。除日嫁娶，有子四人，吉。满日〔娶〕妇，有子五人，吉。平日嫁娶，凶。定日娶妇，大吉利。执日娶妇，煞人，凶。破日娶妇，煞五人。危日娶妇，吉利。成日娶妇，生五子。收日娶妇，大凶。开日娶妇，有七子，吉。闭日娶妇，煞三人。右件好恶，明审看之。"②将上述内容与天水放马滩秦简《日书》之"建除"、云梦睡虎地秦简《日书》之"秦除"的相关内容加以比较，发现它们已有不少变化乃至完全相反。如此件"平日嫁娶凶"，放马滩秦简作"平日可取妻"，③睡虎地秦简作"平日可以娶妻、入人"。④同一方术流派，千余年间，其变化之大，未免令人咋舌。

---

① 《新唐书·艺文三》，见标点本《新唐书》，北京：中华书局，1975年版，第1554页。
② 关长龙：《敦煌本数术文献辑校》，北京：中华书局，2019年版，第175页。
③ 陈伟主编：《秦简牍合集》（肆），武汉：武汉大学出版社，2014年版，第9页。
④ 陈伟主编：《秦简牍合集》（壹上），武汉：武汉大学出版社，2014年版，第361页。

七、"建除"与死丧妨忌

"妨"即"克"义。甲"妨"乙，或认为乙之死亡系由甲之所"妨"，是古人探究死亡原因的一种巫术，在今日中国的个别地方偶尔仍能见到。P.3028是一卷专门推找死丧妨忌的著作，因历史典籍中未见同类著作的名称，故学者们尚未确定其题名。此件首尾俱残，其残存内容依次为：十二支日死者妨何人，如"申日死者，妨长老人，亦可六畜"①。其后有建除十二日死及所妨何人（详下），六十甲子中"六旬"死及所妨何人，"推四邻妨忌"，十干日死及所妨，"诸推亡犯何罪而死及丧家凶吉法"，"推人上计及合死不合死，廿八宿伤加之"，"推六十甲子煞精形状如后及妨忌何人，俱画图如右"，如此等等。综观其内容，系统性不很明显，似乎也有从同类书籍抄撮而成的嫌疑。

此件之"建除"死日妨忌内容如下："建日辰（死），妨家长。除日死，妨妻子。满日死，妨长老。平日死，妨小口。定日死，妨六畜。执日死，妨小口。破日死，妨兄弟。危日死，妨下贱人。成日死，妨邻人。收日死，妨邻人。开日死，妨下人、小口。闭日死者，妨妇人。"②古代巫术在解释死丧时，既要说其死亡系由何人所妨（克），也要说死亡之日又妨（克）何人。一个人死在哪天，岂是自己可以选择的？恐怕这只能是一种典型的迷信思想了。

①关长龙：《敦煌本数术文献辑校》，北京：中华书局，2019年版，第153页。
②关长龙：《敦煌本数术文献辑校》，北京：中华书局，2019年版，第154页。

八、"建除"与求富贵

P.2661Vc首题"诸杂抄略得要抄子",直言不讳,说明是从多种书籍摘抄而来。其中有些是用"建除"术寻求富贵的内容:"建日,悬析车草户壁,悬(县)官口。悬虎头骨门户上,令子孙长寿,吉。悬牛骨舍四角,令人家富贵,利,吉。""满日,取三家水作酒,令人家富,吉。""满日,取三家井水祀灶,令人大富;润宿种,火(大)利。""危日取水置屋厌,大吉。"[1]目前所见,这方面的资料很少,但即便是雪泥鸿爪,也可从中获知,术士们已将"建除"与寻求富贵联系在一起了。

九、"建除"配纪年干支或纪年地支

"建除"用于选择,其最初设计是与纪日地支相配合并进行使用的,无论是在出土秦汉简牍《日书》里,还是在广泛散见于敦煌吐鲁番具注历日的实际应用中,均是如此。但在敦煌文献S.2620《唐年神方位图》中,我们又看到了"建除"与纪年相配的用例。此《年神方位图》今存残图二幅和整图六幅。其六幅整图的年代为唐大历十三年(778)至建中四年(783)。图中文字依次分别有:"戊午七危""己未六成""庚申五收""辛酉四开""壬戌三闭""癸亥二建"[2]。上引每图中的四字均含三项内容:纪年干支、年九宫中宫数和建除十二神。在敦煌所出《发病书一卷》中,我们也看到使用多次的短语:"建、破临

---

①关长龙:《敦煌本数术文献辑校》,北京:中华书局,2019年版,第1276—1277、1281页。
②关长龙:《敦煌本数术文献辑校》,北京:中华书局,2019年版,第184—185页。

其年，故知十死一生。"①综合"年神方位图"和《发病书一卷》可知，"建除"确实是用来配纪年的。但如同纪日连续使用六十个干支，纪年从东汉后也是连续使用干支的。用干支纪日时，"建除"仅与其中的地支相配合，而与天干无涉；"建除"配纪年时，是否也是这样呢？抑或是与干支相配合，而不只限于地支？目前由于资料过少，我们尚难做出按断，也未找出其排列规则。

"建除"与纪月地支或纪月干支（干支纪月始于唐代），有无配合关系？我似乎遇到过这样的资料。多年前记在一张纸上，但怎么也找不见了。本文只能阙如，十分遗憾。

十、结语

如果说"建除家"作为先秦数术文化中的一个流派，其最初设计仅仅是用于选择吉日良辰，那么，到了千余年后的中古时期，它便有了长足的发展。它已跨出仅仅用于择日和趋吉避凶的窠臼，向数术文化的各个领域延伸开去。日常生活中，求富贵、婚嫁、死丧、发病、医疗、做梦、葬埋、建宅、纪年、纪月（？）、择日，等等，到处都能见到"建除"的身影。一方面煞是热闹，一方面也不得不让我们推想：术士们在这里耗费了多少心力！尽管如此，我们从敦煌文献所见，亦非建除这个神煞在社会生活渗透的全貌。唐人李筌在《太白阴经》卷九"遁甲·推恩建黄道法"中有云："凡天罡下为建，建为青龙，黄道次神；太乙即为除，除为明堂，黄道次神；（中略）太冲为闭，闭为勾陈，黑道次神。"②《太白阴经》是一部兵书，"黄道"主吉，"黑道"

---

① 陈于柱：《敦煌吐鲁番出土发病书整理研究》，北京：科学出版社，2016年版，第121—123页。
② 〔唐〕李筌著，张文才、王陇译注：《太白阴经全解》，长沙：岳麓书社，2004年版，第511页。

主凶，可知建除十二神在这里已渗入军事领域并被用于趋吉避凶。但相较而言，我们从敦煌文献所见到的建除内容，却比传世文献丰富许多，从而就更显出其珍贵无比。

自中古时期到当下，又过去了千余年的时间，"建除"这个选择"神煞"今日还存在于何方？笔者所见，"建除"依然用在中国香港和台湾的民用通书中，日本通书也依旧在用。但是，"建除"的功用却不再像中古时期那么丰富了，它又回归到选择吉日良辰的原始用途。这样一条由简到繁，又由繁复简的演变曲线，是否也暗含着某种哲学意蕴？恐怕仍值得我们加以思考。

（原载《敦煌吐鲁番研究》第二十一卷，上海古籍出版社，2022年版，第67—77页）

敦煌文献研究的世纪回眸

20世纪是中国文物考古事业取得重大进步并获得丰硕成果的时代，也是一个令文物考古工作者感到欣慰的世纪。一系列的重大发现，不仅拓宽了研究者的视野，而且加大了研究工作的深度和力度。其中对学术研究影响之荦荦大者，除了一些出土实物外，单就文字材料而言，当推殷墟甲骨卜辞、秦汉三国简牍和敦煌吐鲁番出土文献。这里我仅就敦煌文献研究对20世纪学术事业的推进谈一些粗浅认识，若有欠妥之处，还望方家指正。

首先需要说明的是，"敦煌学"与敦煌文献研究是两个有联系但又不完全相同的概念。根据当代学者对"敦煌学"的一般理解，"敦煌学"包括敦煌莫高窟及其周围的一些石窟研究，敦煌写印本文献研究，敦煌及其周围地区的墓葬和文物古迹的研究，敦煌发现的简牍资料研究，"敦煌学"的理论研究，等等，内容非常宽泛，这是因为它是"以地名学"的缘故。而敦煌文献主要是指从敦煌莫高窟今编17号窟发现的写印本文献，1944年从莫高窟原中寺后园土地庙残塑体内发现的60余件文献，以及一些零星的发现。显然，敦煌文献研究仅是"敦煌学"的一个组成部分，虽然是重要的一部分，但远不是"敦煌学"的全部。

1900年农历五月二十六日，伴随着新世纪的到来，敦煌石室在沉睡了800余年后，石破天惊，猝然面世，数量达六万余号的大批5—11

世纪的古代文献重现于世，同时宣布着一门新的学科——"敦煌学"的诞生（陈寅恪先生最初使用"敦煌学"这个概念时，主要就是指这批文献资料）。这批文献资料作为文物，不仅吸引了中国学者的注意力，而且在国际上产生了巨大反响，以致大宗原件被骗盗而去，至今分散于世界各地。诚如陈寅恪先生所言："敦煌者，吾国学术之伤心史也。其发见之佳品，不流入于异国，即秘藏于私家。"①可是，痛定思痛，我们还要承认，敦煌文献作为学术研究所取得的巨大成就，是东西方学者共同努力的结果。学术本是天下之公器，不得而私。季羡林教授说："敦煌在中国，敦煌学在世界。"所言正是这样一种客观事实。

一

这里我们拟分宗教、历史、地理、文学、语言文字、科技、中西文化交流、儒家经典等领域，将敦煌文献研究对学术事业的促进作用加以介绍。

1.宗教

首先是佛教文献，这是敦煌文献的大宗，多数是有传世文本的，但也发现了一些重要的古佚经和佛教史料。如早期禅宗史籍方面，发现了达摩的《二入四行论》、僧稠的《大乘心行论》、神秀的《大乘北宗论》等。其中更为重要的是，发现了一批禅宗南宗文献，如六祖惠（慧）能《坛经》的早期传本，七祖神会的《定是非论》《坛语》《语录》等。由于中国佛教自唐宋以后禅宗几乎占据统治地位，所以这些

---

①陈寅恪：《陈垣敦煌劫余录序》，原载1930年《历史语言研究所集刊》第一本，今见陈寅恪：《金明馆丛稿二编》，上海：上海古籍出版社，1980年版，第236—237页。

禅宗佛教典籍的发现，对于禅宗史和思想史研究都极端重要。自20世纪20年代以来，它们就一直吸引着许多中外学者致力于整理和研究，迄今魅力犹存，势头不衰。其次是道教文献，有500号左右。北朝写本《老子想尔注》极为珍贵，被认为是三天法师张道陵注，并自系师张鲁以后流行蜀中，是研究五斗米道的宝贵资料。《太玄真一本际经》反映的是中古道教的"重玄"学说，继承了老子、淮南子的宇宙生成学说、道性自然学说。《老子化胡经》则表现了中国本土宗教对外来佛教的一种反应。这些文献对于研究道教史及佛道论衡都极为宝贵。第三，关于中古"三夷教"的文献，已发现的汉文摩尼教经典有《摩尼光佛教法仪略》，译于开元十九年（731）；另有《下部赞》等；景教有《大秦景教三威蒙度赞》，据研究，是译自叙利亚文。此外还有《序听迷诗所经》《大秦景教宣元本经》《志玄安乐经》等，对于学术史和东西方文化交流史，都提供了重要材料。这其中任何一件文献的研究，都沁透着学者们的心血和艰苦劳动。比如，关于禅宗南宗文献，自20世纪20年代胡适就致力于神会文献的研究；从日本学者矢吹庆辉开始，后有铃木大拙和公田连太郎等，则致力于《六祖坛经》的研究。一直到20世纪90年代，日本和一些中国学者仍在致力于这项工作，屡有创获。但还有不少问题尚未达成共识，研究工作也将持续下去。

2.历史学

首先是敦煌地方历史的研究。敦煌作为汉唐时代西北边陲重地，在丝绸之路和中西文化交流史上占有重要地位。但传世文献记载甚为简略，唯赖敦煌文献，人们对吐蕃统治敦煌（786—848）60余年的历史，敦煌豪族张议潮举义归唐后建立的归义军政权，以及由张、曹二氏统治敦煌近200年的历史，获得了全新的认识，也为认识和了解唐末五代藩镇的具体活动提供了一个难得的实例。学者们所看到并利用的资料，多非经过史家笔削的第二手乃至第三手资料，而是历史活动的原件或时人的重抄件，具有极大的可信性。其次就中古时代的历史研究而言，最重要的是那些社会经济文书和法制文书，诸如户籍、计账、差科簿、兵役文书、法律文书等。经过研究，学者们认识到，"均田制"作为中古时代的一项国家土地管理制度，它曾经是实行了的，虽然很不彻底，但也并非一纸具文。至于实施过程中的程序与操作细节，敦煌文献也为我们留下了不少第一手资料。法律文书中的《散颁神龙格》《水部式》《金部旨条》等都是历史文献所阙如者。通过对一系列官私文书的研究，学者们看清了唐代国家机器的运作程序以及它所具有的高效率，这不能不说是社会繁荣的重要原因之一。通过对大量的借贷、租佃契约的研究，对那个时代人们的具体经济生活、生存状态和生活质量、社会各阶层在经济生活中的地位与作用，也获得了具体生动的认识。可以说，以往给人以僵硬感的历史资料，由于敦煌文献的发现和被利用而变活了，变得富有生气了。历史不再是死水一潭，而是生气勃勃。这不能不说是敦煌文献巨大价值的重要体现。

3.地理学

这方面的资料数量并非很多，但价值却很高。涉及沙州（敦煌）、伊州（哈密）和西州（吐鲁番）等西北地理的有《沙州都督府图经》《西州图经》《沙州图经》《沙州城土境》《寿昌县地境》《沙州伊州地志》等。其中记载了敦煌的河流、渠道、堤堰、湖泊、驿站、古迹、祥瑞、道路、寺庙、山脉以及附近城池沿革等。尤其重要的是，这些地区自古即是民族杂居区，民族成分和人口时有变化。依据这些地理资料，使学者们对中古时代西北地区的民族盛衰和进退获得了许多新认识。这些材料虽然不很完整，却十分准确地记载了当时丝绸之路上的驿站、水草、道路走向等情况，对研究丝绸之路史提供了许多新资料。敦煌所出另一类地理文献则是全国性地志。贾耽《贞元十道录》虽残，仅存剑南道十余州，却是此书的早期抄本；韦澳所撰《诸道山河地名要略卷第二》，宋代已佚，今以此残卷与《元和郡县图志》比勘，知二者内容多同，前者不如后者详细，但有许多内容却超出《元和郡县图志》等书。比如，在讲到今山西雁北地区（旧为蔚、云、朔、岚等州）风俗时，韦澳认为并同代州，是汉戎杂处之地，"歉馑则剽劫，丰饱则柔从，乐报怨仇……纵有编户，亦杂戎风，比于他郡，实为难理（治）"。①这对于其时晋北地区的民族成分及其尚武精神的认识，对于了解北方胡族文化的影响，都具有重要意义。敦煌市博物馆所藏的《地志残卷》，除记一般地志均有的山川道里内容外，还记有州、县两级政府的公廨本钱，对于了解当时的官高利贷情况同样十分重要，亦为历代地志所罕见。

4.文学

这是敦煌所出世俗文献的大宗，也是令学者们感到富有魅力，研究工作从而经久不衰的一个领域。大体有四部分内容：（1）变文、因缘、讲经文等佛教讲唱文学；（2）诗歌；（3）赋；（4）曲子词。大家都知道，有一类敦煌文学材料名叫"变文"。但"变文"一词的含义是什么？何以产生？学术界争论了几十年也未达成共识。姜伯勤先生从隋代三论宗吉藏的《中观论》中读到，"变文易体，方言甚多"句，认为佛教寺院中针对不同听众，为说明佛理，在文体上作了通俗性变易，杂引譬喻，宣唱事缘，就是广义的"变文"概念，②这或许就是"变文"一词的本义。敦煌所出诗歌数量很多，仅王梵志诗就有四五百首，其他一些唐代名诗人的作品也屡有抄本发现。关于王梵志诗，传世文献曾经提到，但语焉不详。而敦煌诗的发现，不仅弥补了这方面的不足，而且也对这些诗歌的思想性、艺术性获得了全新的认识。敦煌发

---

①P.2511号。

②姜伯勤：《变文的南方源头与敦煌的唱导法匠》，载《华学》第1期，广州：中山大学出版社，1995年版，第149—163页。

现的赋体文现知有27篇，除隋唐以前已收入《文选》的一些传世赋文写本，多为隋唐人的作品，而大部分又未传世者，如不知名作者的《燕子赋》（甲乙二本）、刘长卿的《酒赋》、白居易之弟白行简的《天地阴阳交欢大乐赋》等，既是大手笔之作，也未见传世本的留存。以往我们认为汉代是赋文最兴盛的时期，唐代以诗为盛，现在可知，"赋"这种文体在唐代仍有很强的生命力。至于这些写本的价值，则是令人振奋的。比如，"初唐四杰"之一的杨炯写过《浑天赋》，《盈川集》《全唐文》《文苑英华》均有传世文本。但我们将敦煌S.5777号杨炯《浑天赋》残写本与传世本对照时，传世本有"适斗麒麟，则暗虎潜值"一句。因其前文是描写月亮的，知"暗虎"一词，应当有误。敦煌本则作"暗虚"。这是一个天文学名词，指太阳照耀地球形成的暗影，月过其中则成月食，可知"暗虎"是"暗虚"形近而误，"虎"当作"虚"。可以说，敦煌本于此起了一锤定音的作用。至于说到歌词（长短句）这种文体，人们知道宋代是其巅峰时代，但它是如何起源和发展兴盛起来的，以往人们并不十分清楚。敦煌所出千余首词作，使学者们大开眼界，也大饱眼福。原来这种文体是社会下层民众最初用来抒发感情的形式：丈夫远征后独守空房妻子的哀怨，对亲人和情人的无尽思念，表达得婉转动人、刻骨铭心。很显然，这种文体在唐诗达到高峰后是深受欢迎的一种新文体，它在宋代达到高潮是发展的必然。

5.语言文字学

包括直接材料与间接材料两类。直接材料又有汉文和西域文字之别，汉文方面如《字宝》《俗物要名林》《千字文》等文字学材料；玄应和慧琳的《一切经音义》残卷、陆法言《切韵》残本等。西域文字则有古藏文、窣利文、西夏文、于阗文、龟兹文、迴鹘文等。古藏文不仅保存了藏族的历史和语言材料，还可以用来研究汉藏对音等。迴鹘文材料不仅有益于迴鹘语言的研究，而且保存了大量有关该民族政治、经济、宗教、哲学、文学、艺术、科技方面的材料。于阗文和窣利文均属伊朗语系，今日帕米尔高原仍有说伊朗语系方言的民族。吐火罗文价值尤为突出，其发现给印欧语系比较语言学提出了新问题，大大促进了这门学问的发展。我们所说的间接材料是指，由于敦煌文献发现于中国西北这一特殊的地理环境，所以里面有许多中古时代河西地区的口语和语音资料。又由于当时印刷术尚未发展起来，故而绝大部分文献是手写本，从而带有写本时代的许多特征，是研究汉字发展史的绝佳资料。事实证明，在使用和研究敦煌文献时，不重视其语音特征，是无法将相关工作进行深入的。比如，禅宗佛典《六祖坛经》最初产生于今广东地区，可是传到西北地区后，西北人在使用过程中用了一些方音替代字，我们从S.5475《六祖坛经》中就找出二十几对，100多处，这是《坛经》流传史上一个特有的现象。又比如，敦煌文献中有大量的俗体字，一个汉字有时有几种变体。辽代和尚行均曾编有《龙龛手镜》，收录了大量俗体字，以往不知其所本，今以敦煌文献与之比证，证明行均是以手写本为据编这本字书的。这些间接语言文字材料，某种程度上比那些直接材料价值还高。

6.科学技术

敦煌文献保存了一批科技资料，十分有益于科技史的研究。在天文学方面，人们看到了现知是中国历史乃至世界历史上最早的《二十八宿分野图》（S.3326），也看到了比唐开元时产生的《丹元子步天歌》更古老的通俗识星作品《玄象诗》（P.2512，P.3589）。以这些资料为依据进行研究，可以看出中古天文学体系由三家（甘氏、石氏、巫咸氏）向三垣二十八宿的发展过渡。我们还从《北魏太平真君十二年（451）历日》中发现了两次十分准确的月食预报，而此件历日的历法数据则是三国曹魏时的《景初历》，使我们对中国古典天文学所达到的高度获得了崭新认识。就实行历日而论，传世典籍以《南宋宝祐四年（1256）会天万年具注历日》为最古，而敦煌以及吐鲁番古墓出土的历日，向我们提供了公元5世纪至10世纪500余年间的历日资料，真是大开视野。再往上结合汉简历日，往下结合宋元明清历日进行研究，基本上勾画出了中国古代历日演变的轨迹。这些资料还使我们明确，今日东亚汉文化圈中民用"通书"的文化源头就在唐代，大多可与敦煌历日相比证。敦煌文献虽然绝大多数是写本，但也有少量印本，对于研究印刷技术史价值极大，研究印刷技术史的专家学者每每要利用敦煌文献说明问题。比如，俄罗斯藏品《唐大和八年甲寅岁（834）具注历日》（Дx02880）是印本文献中年代最早的一件。一些涉及印刷技术的专有名词如"雕板""匠人""印板"等，最早均见于敦煌文献。敦煌医药文献也是一份难得的瑰宝，总数有80余种，包括医经、五脏论、诊法、伤寒杂病、医方、本草、针灸、辟谷、服石、方术、房中、佛家和道家医药史料等多方面内容。这其中不仅有一些早期医书的传本，也有成于隋唐时代又已佚失的古医书。如《灸法图》和《新集备急灸经一卷》，均不见于传世文献的著录，是现知最古老的针灸图实物，不仅医疗取穴较之同类针灸书籍有其特色，还有一些不见于传世针灸书中的孔穴名称（如手、足髓孔，两脚五舟等）。这批文献中有千余个古代药方，正在受到有关中医专家的重视并开发利用。其中有一些药方属于中国古代医药科学家的首创和领先成果。比如，用硝石雄黄散剂抢救急心痛（即心绞痛）的有效疗法，早于西药硝酸甘油千年以上，而治病的原理却是一样的。敦煌文献中还有一件介绍印度甘蔗的种类和制糖方法（P.3303V），不仅涉及中印之间的技术交流，而且诱使学界泰斗季羡林教授穷十余年之力，写出了80余万字的《糖史》专著一部，①其价值已经远远超出这份只有9行文字的断简残编本身了。

7.中外文化交流史

中国甘肃西部、新疆以及广大的中亚地区，古称"西域"，是历史上几种文明的交汇之地：印度、中国、希腊、伊斯兰四种主要文明均在西域碰撞、交流和互相吸纳，敦煌、吐鲁番正处于东西方文明交流的孔道上，因此，敦煌石窟艺术和敦煌文献对这项研究均至关重要。就文字材料而言，除了我们在前面提到的如摩尼教、景教文献，敦煌还发现了梵文本《心经》，汉文本唐代新罗（今朝鲜）僧人慧超的《往五天竺国传》。慧超由海路到印度，又从陆路返回，途经新疆一带来到中国。他的著作受到研究中西文化交流史学者的高度重视。这些资料以及一些僧人的旅行记，还有前文提到的一些民族文字材料，在研究中外文化交流史时均发挥了重要作用。

8.儒家经典

传统的儒家经典（亦即十三经）因有传世本，所以过去对敦煌本儒家经典重视不够。其实，内中有一些经学史上的重要资料。比如，汉代大古文经学家郑玄所注《论语》（即《论语》郑氏注），自宋代以后便湮没无闻，唯赖敦煌、吐鲁番文献得见早期写本面貌。三国曹魏时何晏撰《论语集解》，是为最早的集成式《论语》注本，经唐宋人迻作分别整理，编入《十三经注疏》，单行原本反而失传。李方女士的《敦煌写本〈论语集解〉校证》就是致力于复原何晏原著的作品。此外，敦煌本《尚书》《孝经》等，都十分有益于传世本的校勘工作。

上面我们就敦煌文献研究对20世纪学术事业的促进，作了一个粗略的、鸟瞰式的介绍。不难看出，这是一个庞大的学科集群，涉及范

①今收入《季羡林全集》第18、19卷，北京：外语教学与研究出版社，2010年版。

围十分广泛，而在众多领域都取得了长足的进步。国学大师陈寅恪则说："一时代之学术，必有其新材料与新问题。"①事实的确如此。20世纪学术研究所取得的长足进步，确实首先得益于中华先民的慷慨赐予。其次，正是有了这么大量的新材料，人们才提出了许多新问题并加以研究，从而促进了学术事业的进步。

二

下面我们对20世纪以来学者们在研究敦煌文献中所走过的道路略作回顾。

先说说中国学者的研究情况。1900年藏经洞被发现后，由于官方未加重视，又临时封存了起来。1903年甘肃学政叶昌炽得到敦煌县令汪宗翰寄赠藏经洞出土的《水陆道场图》绢画和唐写本《大般涅槃经》四卷。叶氏在日记中对这些敦煌写本、绢画作了记录、考订和研究，是研究藏经洞出土文献的第一位学者。这说明在敦煌文献研究方面，中国学者是首开其端的。只是由于晚清政府的腐败，研究工作不仅未加昌明兴盛起来，反而连原件也被东西方"探险家"掳掠而去，这不能不说是中华民族历史上耻辱的一页。

辛亥革命前后至20世纪30年代前，罗振玉、蒋伯斧、王仁俊、刘复（半农）等学者，往往就其所见，致力于刊布照片或录文，间或也写一些跋文，略作研究。由于当时原件和照片均难得见，刊布工作就变得十分重要了。重要成果有：罗振玉的《鸣沙石室佚书》及其续编、《鸣沙石室古籍丛残》《敦煌石室碎金》；蒋伯斧的《沙州文录》；王仁俊的《敦煌石室真迹录》；刘半农的《敦煌掇琐》等书。这些敦煌文献

---

①陈寅恪：《金明馆丛稿二编》，上海：上海古籍出版社，1980年版，第236页。

在研究史上属于早期的工作，用今人的眼光看，虽有许多不足乃至错失，但放诸特定时代条件下，仍应受到尊敬，厥功难泯。20世纪三四十年代，姜亮夫、王重民、向达等先生，利用去欧洲访学或学习的机会，得以目睹敦煌文献原物。他们或抄录，或拍照，携回数量可观的资料。回国后，一方面致力于刊布，同时也将注意力放在研究上，同样取得了不少成果。一些未能赴欧的学者也加入研究者的行列，并取得了令人瞩目的成绩。如孙楷第先生的《敦煌写本〈张议潮变文〉跋》《敦煌写本〈张淮深变文〉跋》，王重民的《敦煌本历日之研究》《金山国坠事零拾》，向达的《唐代俗讲考》等，都是有名的研究篇章，代表着那个时代中国学者敦煌文献研究的水平。50年代，重要的有周绍良的《敦煌变文汇录》，向达等六位学者的《敦煌变文集》，任二北的《敦煌曲校录》《敦煌曲初探》，姜亮夫的《瀛涯敦煌韵辑》，蒋礼鸿的《敦煌变文字义通释》等著作出版。60年代前期也还好，有王重民编的《敦煌遗书总目索引》，中国社会科学院历史研究所资料室的《敦煌资料》（第一辑）等书问世。虽然这些工作还仅限于少数学者的参与，但毕竟一直有人在做。"文化大革命"中则完全被迫停顿了下来。事实上，"文化大革命"后期中国的"敦煌学"事业已处于落后状态。因为在同一时间，日本有几代学者都在致力于敦煌文献研究，成绩辉煌；英法也一直有人致力于此，成果迭出。就是中国台湾和香港，潘重规、饶宗颐、苏莹辉等学者也是成果累累（详下）。于是国外有人讲："敦煌在中国，敦煌学在外国。"虽然这种说法严重地伤害了中国学者的自尊，但也不能否认，中国的"敦煌学"事业那时确已处在落后地位这个基本事实。

不过中国学者应该说是有志气的。"文化大革命"刚一结束，一批中老年学者就又在跃跃欲试，力图重振这一伟业。从1978年开始，北京大学、武汉大学、兰州大学以及一些科研机构陆续开始招收研究生，培养这一研究领域的专业人才，卓见成效。最近20年来，老一代"敦煌学"者仍在伏枥千里，一批后起之秀也在许多领域崭露头角，取得一系列居于领先地位的成就，让国际"敦煌学"界刮目相看。这20年，中国学者出版的个人"敦煌学"专著大概以百数计，涉及比以往更为广阔的研究领域。诸如书仪、天文历法、医药、墓志、碑文、邈真赞、儒家经典、社邑文书、佛经目录、藏文历史文献，这些以往涉足较少的领域，中国学者均有人不惜时间和精力投入研究，而且取得了出色的成绩。1983年，中国敦煌吐鲁番学会成立，更是有组织有计划地开展工作，发挥了集体力量的优势。就集体项目而言，目前比较大宗的成就有三项：（1）出版了以《英藏敦煌文献（汉文佛经以外部分）》为代表的一批图录本。50年代英国发行的拷贝，70年代法国和中国发行的拷贝，为学人利用敦煌文献提供了诸多方便。但工作仓促，不顾原件是否彩色，一律拍成黑白照片，黑白片的质量亦非上乘，可信性便打了折扣。有鉴于此，从80年代后期起，中英合作而以中方人员为主，对英藏一些重要的敦煌文献重加拍照，使用电子分色仪制版，效果极佳，这下人们可以放心地利用英藏非佛典汉文文献了。随后，中法、中俄合作，正在陆续出版法、俄两国的全部敦煌文献图录，目前仍在进行之中。同时公布了一些未曾公布的原件图版，如天津艺术博物馆，上海博物馆，北大图书馆，甘肃省各图书馆、博物馆等单位藏品。（2）敦煌文献编辑委员会组织、江苏古籍出版社出版的《敦煌文献分类录校丛刊》，至1998年底已出齐第一批10种12册。这种将录校本以丛刊形式推出亦属首见，而且辑校者均是各个领域学有专长的学者，费时达15年之久。（3）1998年底，上海辞书出版社出版了历时13年，100多位学者参加编辑的《敦煌学大辞典》。以辞典方式将"敦煌学"成果推出，方便各界人士利用，也是首次。而且在近些年辞典泛溢、炒作成风的不良文化氛围中，此书应该说是严肃之作。诚然，不能认为这些工作已经尽善尽美，它们也还是需要继续提高的。中国敦煌吐鲁番学会会长季羡林教授在《敦煌学大辞典·序》中说："一部学术发展史告诉我们：学术进步有似运动场上的接力赛。后者总是在前者已经取得的成绩的基础上继续前进的。推陈出新，踵事增华是学术发展的规律。这一条前进的道路永无尽头，什么时候也画不上句号……我们只能在学术接力赛中起我们眼前这一代老中青学者所应起、所能够起的作用；我们只能起承上启下的作用，过分吹嘘自己和过分贬低自己，都是不恰当的，不足取的。"①诚哉斯言！应该说，20世纪的中国"敦煌学"者们，虽然经受了许多苦难，但他们仍可告慰自己和后人，无愧于这个学术大发展的时代。这里特别要强调近20年的成绩。若非大家急起直追，不懈地努力，那么，当世纪之末已经来临，当敦煌石室发现百周年纪念日迫在眼前时，我们真会望洋兴叹，有负于"敦煌"这个光辉的名字标在中华民族的版图上了。

次说日本学者的研究情况。长期以来，日本学者的研究方向主要集中在社会经济、法律文书和佛教典籍几个领域。1909年，内藤湖南在《朝日新闻》上披露了敦煌文献被发现的消息，不甘落后和寂寞的日本人立即跻身于去中国西部"觅宝"和研究敦煌文献的行列。当然，如同中国学者一样，前期他们也以刊布资料为主。1915年出版的《西域考古图谱》是其早期代表性著作。截至1930年，出版的主要著作有：《慧超传笺释》（藤田丰八，1910），《佛典研究》（松本文三郎，1914），《敦煌遗书》影印本、活字本（羽田亨、伯希和合编，1926），《三阶教研究》（矢吹庆辉，1927），《人正新修大藏经·85·古逸部·疑似部》（大正一切经刊行会，1928），《沙州诸子二十六种》（小岛祐马，1929），《鸣沙余韵》（矢吹庆辉，1930）。20世纪30—40年代，处于战

---

① 季羡林：《敦煌学大辞典》序，上海：上海辞书出版社，1998年版，第2—3页。

争和战后的萧条时期，研究工作相对滞后了一些，但也有一些很有分量的作品，如那波利贞的《梁户考》（1938）、藤枝晃的《归义军节度使始末》（1—4，40年代）、《敦煌千佛洞的中兴》，都堪称扛鼎之作。20世纪五六十年代，日本的"敦煌学"研究队伍已初具规模，于是开始发挥集体力量优势这一传统。1953年，在京都组成了以内藤湖南的弟子石滨纯太郎为首的"西域文化研究会"，有组织地对大谷文书及英法所藏敦煌文献进行研究，自1958年至1963年陆续出版了6卷本的《西域文化研究》，被誉为是包括"敦煌学"在内的日本中亚研究的"金字塔"。在东京，东洋文库设立了"敦煌文献研究委员会"，在京都大学人文科学研究所原有工作的基础上，陆续编出4册《西域出土汉文文献分类目录初稿》。1959年仁井田陞出版的《中国法制史研究》、1968年西村元佑出版的《中国经济史研究》，更被认为是当时日本利用敦煌文献研究中国问题的代表作。1964年日本研究中国天文学史的专家薮内清发表的《斯坦因敦煌文献中的历书》，1973年藤枝晃的《敦煌历日谱》，都走在了时人的前面。当代著名"敦煌学"家池田温教授的《中国古代籍帐研究》（1979）、《中国古代写本识语集录》（1990）等，都是饮誉国际学林的名著。

在佛典研究方面，日本学者也名列前茅。1916年、1922—1923年，矢吹庆辉两次赴欧洲收集古佚佛典，后将所获重要写本200余件编为《鸣沙余韵》，成为《大正新修大藏经》第85卷材料的主要来源。1934年，著名禅学史家铃木大拙（铃木贞太郎）和公田连太郎出版了整理本《六祖坛经》。此后日本研究敦煌佛典者代有其人。直至70年代柳田圣山、石井修道，80年代田中良昭、上山大峻等，都是这一领域的佼佼者。总之，日本的敦煌文献研究工作基本没有中断，几代学者进行接力赛，成就也是引人注目的。

关于法国的敦煌文献研究。由于伯希和是位汉学家，因此他拣选的敦煌藏经洞文献具有"四多一少"的特征：世俗文献多、纪年文献多、儒家典籍多、道教文献多，佛经少。因此，当今各国敦煌文献藏品中，法国藏品是最有价值的一部分。法国有这样优越的藏品条件，法国学者的工作也持续不断，成果丰硕。伯希和的弟子戴密微是研究敦煌文献的大家，其成果涉及诗歌（王梵志诗）、曲子词、白描画和佛教文献学。其中《吐蕃僧净记》（1952）、《王梵志诗附太公家教》（1982）是其代表作。戴密微的弟子谢和耐，也是法国当今研究敦煌文献的代表人物，其代表作是《中国5—10世纪的寺院经济》（1956）。此外，拉露女士从1939—1961年，费时22年，完成了《国立图书馆所藏敦煌藏文写本注记目录》共3卷，为敦煌藏学文献研究做出了贡献。1973年，法国国家科研中心特设了"法国敦煌写本与相关文献研究组"（俗称438小组），汇集了一批学者，编写并出版了《敦煌汉文写本目录》（已出一、三、四卷），并编辑有《敦煌研究论文集》，出版了好几卷。总之，在中国以外的敦煌文献研究方面，东有日本，西有法国，都是走在前列的生力军。

原苏联的研究情况。原苏联也是藏品大户，编号18000余个，但有些太碎太小，价值不大。原苏联的主要成果是：孟列夫出版的《苏联科学院亚洲民族研究所藏敦煌汉文写本注记目录》（第一册1963年，第二册1967年）以及他撰写的一批论文；邱古耶夫斯基的《敦煌汉文文书》第一卷（1983）等。

港台地区。香港地区主要是饶宗颐先生的成就。他的成果主要有：《老子想尔注校证》（1991）、《敦煌曲》（1971）、《敦煌白画》（1978）、《敦煌书法丛刊》（1985）等。就像饶宗颐先生涉猎众多学术领域一样，他在敦煌文献研究方面也堪称多面手。台湾方面研究敦煌文献的，主要是潘重规先生和他的一群弟子如王三庆、郑阿财、朱凤玉等。研究方向主要集中在文学和字书方面，所得成果也是很出色的。如潘重规

的《敦煌变文集新书》（1983）、《敦煌俗字谱》（1978），朱凤玉的《王
梵志诗研究》（1986—1987）均是有影响的著作。从1974年起，他们还
创办了《敦煌学》杂志，迄今已出版20余期。台湾研究敦煌文献的学
者人数不多，但工作开展得十分活跃。

限于篇幅，其他国家和地区的研究情况从略。

从以上介绍可知，20世纪敦煌文献研究取得的成绩，既非个人，
也非一国一地区的成就，而是国际上许多学者共同努力的成果。"敦煌
学"成为国际显学是有充分根据的，绝非人为鼓噪的结果。

三

当新世纪的曙光即将照亮的时候，未来的"敦煌学"事业如何发
展？这需要有战略眼光的专家们来预测，并非我这样的小人物所能胜
任。不过，作为一个在这块学术园地上耕耘了20年的专业工作者，我
或许还有一点发言权，提出一些个人的看法，以供参考。

（1）敦煌文献研究发展到今天，对学者们的学术水准要求越来越
高。由于"敦煌学"有强烈的地域特征（涉及西北方音）、时代特征
（中古手写本为主），而且又是一个学科集群，虽然不能要求一位学者
什么都懂，但要求他精通一两个学科，又具有广泛的其他学科的知识，
应不过分。而且经过前人的努力，那些好解决的问题大多已有了结果，
至于那些困难的问题短期内则不易突破。据季羡林先生估计，有待解
决的问题比已经解决的问题还要多。这就要求专业工作者不断丰富自
己，提高自己，还要善于找到突破点，从而取得新成绩。可以说，这
门学问所需要的精力投入并不比研究理论自然科学轻松，甚至耗费的
精力还会多些。

（2）亟须建立新梯队以接替前人的事业。当世纪之末来临的时候，

我国老一代的"敦煌学"家们多数年事已高，体力和精力渐趋下降；20世纪70年代末80年代初培养的那批研究生正当盛年，是当今这个领域的骨干力量。但是，再往下看，又出现了一个断层。80年代末以来，由于商品经济大潮的冲击和利益驱动，要么是有些大学生不愿意从事这门既清苦又寂寞的学问，要么是读完研究生后又改行他就。我们这项事业，在前期是受到政治运动的扰乱，今日又受到经济利益的侵害，让人感伤！我们希望年轻一代在热爱民族文化事业和敬业精神方面向老一代学习。在个人职业选择方面站高一点，有理想有抱负一些，不要太功利化了。国家的现代化当然需要物质的丰富，但在文化沙漠上是建立不起伊甸园的，这恐怕也是不争的事实。

（3）政府要保护包括敦煌文献研究在内的学术文化事业。学术文化事业是国家精神文明建设的重要组成部分，是社会进步的重要因素。一个民族如果不在物质上发达起来，那就只能永远处于贫穷落后状态；同样，一个不注意学术文化建设的民族，它也会走入迷途，或者数典忘祖。这两种倾向的后果都是恶劣的。此外，在当代国际社会，无论是资本主义制度，还是社会主义制度，抑或是别的什么制度，都不能否认，学术文化事业多数情况下属于政府行为，需要政府从全民税收中分割一部分来支持这项事业。知识分子和工人、农民一样，都是劳动者，只是所从事的具体工作不同而已。而专业工作者在投入劳动之前，政府曾经花费巨资加以培养，学者们的个人和家庭也曾付出了大量的劳动和进行过经济投资。因此，学术事业是复杂劳动，不是随便抓一个人就可以来从事的；专家学者们专业技能往往很强，但通过简单劳动谋生的能力却常常很低。这就要求政府必须予以保护，否则，对个人和国家都是浪费和损害。

百年时间在人类文明史上只是短暂的一瞬，但对于一项学术事业却是极为金贵的时光。20世纪的敦煌文献研究事业，坎坎坷坷，既可欣慰，又堪哀伤。希望21世纪的这项事业能够发扬光大，使学者们真正感到：既对得起先民们的慷慨赐予，又无负于子孙后代。否则，若再有人指责"敦煌在中国，敦煌学在外国"，我们恐怕也只有向隅而泣的权利了。

[原载张忠培、许倬云主编《中国考古学跨世纪的回顾与前瞻》（1999年西陵国际学术研讨会文集），科学出版社，2000年版，第128—138页）]

吐鲁番出土唐写本
《褚先生百玉碑》残卷小考

  1915 年 1 月，斯坦因在进行第三次中亚探险时，曾到达吐鲁番盆地的阿斯塔那墓地。他在墓地进行了搜寻，共发掘 34 座墓葬。其中，在他所划分的第三区第 3 号中唐墓中发现了三个写本残片，编号为 ASt. Ⅲ.3.011—013，即阿斯塔那三区 3 号墓 011—013 号文书。1953 年，法国汉学家马伯乐在其出版的《斯坦因第三次中亚探险所获汉文文书》①中，刊布了该写本，并指出，它们就是唐初欧阳询编纂的《艺文类聚》卷三十七《人部二十一·隐逸下》所收"齐孔稚珪褚先生百玉碑"②的三个残片。对这三个残片的定名定性，马氏厥功巨焉。1995 年，我国学者陈国灿教授在其《斯坦因所获吐鲁番文书研究》③一书中，刊布了三残片缀合后的释文，颇便学人。十年后的 2005 年，沙知教授和英国吴芳思博士合作编著的《斯坦因第三次中亚考古所获汉文文献（非佛经部分）》，刊布了该三个残片的图版，并加以释录。④这对于不易见

---

①H.Maspéro：*Les documents chinois de la troisième expédition de Sir Aurel Stein en Asie centrale*，London: Trustees of the British Museum, 1953, p.158.

②影印本《艺文类聚》，上海：上海古籍出版社，1983 年版，第 659 页。

③陈国灿：《斯坦因所获吐鲁番文书研究》，武汉：武汉大学出版社，1995 年版，第 234—235 页。

④上海辞书出版社，2005 年版。所收《褚先生百玉碑》，见该书第 1 册，第 146 页。

到这部分文献原件或图版的中国学者，更是提供了巨大的便利。这里，我在前贤已有成果的基础上，继续做一些工作，略抒浅见，以便加深对该写本碑文的再认识，并以此作为对素所敬仰的宁可教授八十华诞的衷心祝贺。

如上所言，该写本碑文共存三个残片，即011、012和013。陈国灿先生刊布了缀合后的释文，但由于缺少图版，故而三个残片的各自面貌不得而详。沙知先生等刊布了图版，从而三残片的各自面貌便十分清楚，而且附有释文，并详细注明了三残片各行的缀合关系，也正确无误。但就所刊布的图版本身来说，我不能不遗憾地指出，它存在两个瑕疵：其一，图版的左下角有比例尺，以2厘米当3厘米，但现在图版的面貌却是，011号所残4行字体大，012、013号所残字体小，比例尺于此失却了它的正确用途。其二，012、013号各残存四行文字，但它们并非正好可以上下拼合。现在的图版是，012号的1—3行与013号的2—4行上下相对，这是错误的。正确的拼合关系是：012号的1、2行与013号的3、4行上下相对。虽然释文部分作了正确的表述，但图版拼合却有缺失（是图版现存面貌，本书未作拼合工作）。对于未仔细研究该写本的人来说，初次涉猎，极易产生错觉。我也是琢磨了好半天才明白过来的。后来与陈国灿先生的释文对照，才肯定了自己琢磨的结果。

将三个残片的拼合关系搞清楚后，发现它们共是8行文字的残文。再结合《艺文类聚》所载该碑文传世本的全文，我将它们上下所缺文字补齐，便有了如下复原结果：

8　山洪暴儌忽　乃崩舟坠墊一倒千仅飘地淪篱翻透

7　突云奔　湍急箭先生攀途跻阻柺涉圻而冲飚夜鼓

6　嘉恶／｜道｜者穷地之险也欹窦｜遇｜日｜折｜石横波飞浪

5　翥／帝宫跡留剑杖遊瑶池而不反宴玄圃以忘永

4　王乔云举控鹤于玄都亦有｜羽｜／蜕蝉化解影遁形神

3　轨测心观古可得（而）言焉／是以子晋笙歌驭风于天海

2　親盡事详于玉牒理焕于｜金｜符虽冥默难源显晦异

1　夫河洛摛宝神道之功□传□华吐秘仙灵之跡可

对这一复原工作需作一些说明：正楷字是出土三残片的释文，斜体字是据《艺文类聚》卷三十七补加的文字。正体字三残片的原始面貌是：1、2两行及3、4行斜线以下的文字属于011号；3、4行斜线以上部分和5、6行斜线以下部分为013号；5、6行斜线以上部分及7、8行的残文属于012号。

有了这个复原结果，我们便可以计算写本原文的总行数和每行的字数了。从复原结果看，每行字数在19—21字之间。据《艺文类聚》所载，《褚先生百玉碑》全文共249字，则出土写本全文当有12—13行文字。写本残存文字90个左右，已达总字数的1/3强。

由上可知，吐鲁番出土的这件碑文写本，原划有乌丝界栏，每行19—21字不等，共书写了12—13行文字。这多是我们以往尚未知晓的。

下面，再对写本与传世本文字的异同略作考辨。

写本第4行有"□蜕蝉化"句。所佚一字，据传世本当为"羽"字。而上海古籍出版社影印本《艺文类聚》此四字作"羽化蜕蝉"，清人严可均所辑《全齐文》则作"羽化蝉蜕"，并且注明所据也是"《艺文类聚》三十七"。[①]就是说，单就传世的《艺文类聚》来说，本身已有不同。那么，何者为是呢？我们知道，碑主褚百玉是一位隐士，高蹈不仕。孔稚珪则是南齐的一位文字高手。他在为褚先生写这份碑文时是深怀景仰之情的，将其死亡比作升仙。而"羽化""蝉蜕"正是中古时代人们描述道士或高人升仙的常用语词。"化"即化解，"蜕"谓形变。但是，写本中所用的"蝉化"一词古代也是存在的。唐人段成式《酉阳杂俎·玉格》有云："真人用宝剑以尸解者，蝉化之上品也。"[②]至于"羽蜕"连用，我尚未找到用例。但蝉可蜕皮，羽类动物也要换毛，故而，"羽蜕"也未必就讲不通。这样一来，写本的"羽蜕蝉化"与传世本的"羽化蝉蜕"当作同义异文视之。[③]

写本第4行下部又有"解影遁形"一语。其中"解"字两种传世本均作"触"。二字形近，当系形误。但何者为是？碑文此处接上文仍讲道士升仙之事。《淮南子·精神训》云："若此人者，抱素守精，蝉蜕蛇解，游于太清，轻举独往，忽然入冥，凤凰不能与之俪，而况斥鷃乎？"[④]《文选·夏侯湛〈东方朔画赞〉序》："蝉蜕龙变，弃俗登仙。"唐人吕延济注曰："蝉蜕，谓脱壳出其身；龙变，谓解其骨而腾形，弃

---

① 影印本《全上古三代秦汉三国六朝文》，北京：中华书局，1958年版，第2900页下栏—2901页上栏。

② 〔唐〕段成式：《酉阳杂俎·玉格》，北京：中华书局，1981年版，第17页。

③ 影印本《艺文类聚》作"羽化蜕蝉"，恐误。当据《全上古三代秦汉三国六朝文》作"羽化蝉蜕"。

④ 陈广忠注译：《淮南子译注》，长春：吉林文史出版社，1990年版，第324页。

俗登仙，有如此者。"①由此可见，此处所用"解影"与"蝉蜕""蛇解""龙变"近似，均指形象化解，而"触影"却是意思不通的。简言之，此处当以写本"解影遁形"为是，传世本"触"字误。

写本第5行有"遊瑶池而不反"。"反"字两种传世本作"返"。按，"反"乃"返"之本字，返回之义；"返"是"反"的后起字。故而，写本与传世本虽然有异，但均正确无误。陈国灿先生释作"及"，误。

写本第6行"歆窦（遏）日"下有一残字，沙知先生据《艺文类聚》释作"折"，陈国灿先生作"（祈）"，二者有别。要想对此字进行按断，则需读通上下文义。原碑文此处云："永嘉恶道者，穷地之险也：歆窦遏日，折石横波，飞浪突云，奔湍急箭。"永嘉乃西晋怀帝年号（307—313），政治腐败，内外交困，以至于闹到西晋亡国。上引碑文后16字就是描写当时社会险景的：旁门斜道的阻遏日光，横行的水流能损毁石头。故而，"折石"即"损石"之义。今有"损折"一语，乃同义复词。而"祈石"则难通。简言之，当以沙知先生补"折"字为是，补"祈"误。

写本第8行有"山洪暴儌"句。"儌"字陈国灿先生从写本未改；沙知先生据《艺文类聚》校作"激"。按，"暴儌"不辞，当有误。那么，"暴激"又该如何理解呢？"暴"义迅疾，突然。《诗·邶风·终风》："终风且暴，顾我则笑。"唐人孔颖达注曰："暴，疾也。"②今有成语"暴风骤雨"，亦见其义。"激"义急疾，猛烈。《史记·游侠列传序》："比如顺风而呼，声非加疾，其势激也。"③因而，"山洪暴激"义即山洪暴发，其势凶猛。意义通畅无碍。简言之，传世本作"激"是，

①上海人民出版社、迪志文化出版有限公司：《四库全书》电子版《六臣注文选》卷四十七。
②影印本《十三经注疏》，北京：中华书局，1980年版，第299页上栏。
③标点本《史记》，北京：中华书局，1959年版，第3183页。

写本作"傲"误。

希望以上小考能够加深对该写本碑文的认识，如有不妥，还望是正。

（原载《庆祝宁可先生八十华诞论文集》，中国社会科学出版社，2008年版，第262—265页）

东汉“刘伯平镇墓券”年代考

1931年，罗振玉在其出版的《贞松堂集古遗文》卷十五中，曾著录一件汉代镇墓券，题为“刘伯平镇墓券”，其释文如下：

（上缺）□月乙亥朔廿二日丙申，执，天帝下令：移前雒东乡东郡里刘伯平薄命蚤（下缺），/医药不能治，岁月重复，适与同时，魅鬼尸注，皆归墓丘。大山君召（下缺），/（上缺）相念，苦勿相思。生属长安，死属大山；死生异处，不得相妨。须河水清，大山（下缺），/（上缺）□六丁，有天地教，如律令。①

罗氏为此镇墓券作按语云：“此券上下两端皆有断缺，表里文字共四行，纪年已不可知，而义尚可晓（下略）。”近年，鲁西奇先生在其大作《中国古代买地券研究》一书中也有如下评述：“此券年月已脱，无以确考其年代，但贞松堂将之归于汉季，且与所藏延熹陶瓿相联系，则其年代亦当在延熹、光和间。”②

---

①罗振玉：《贞松堂集古遗文》石印本，1931年版，第33页下。罗氏原释文“丙申”下一字未释，此据鲁西奇：《中国古代买地券研究》，厦门：厦门大学出版社，2014年版，第53页补。

②鲁西奇：《中国古代买地券研究》，厦门：厦门大学出版社，2014年版，第53—54页。

然而，该镇墓券的年代却是可以考知的。

此券券文开头虽残，但依据同时代其他买地券的书写形式，它应该有如下内容：帝王纪年、月份、朔日干支、日期干支和建除。本件券文所残者只是帝王纪年和月份，其余尚全。而"月"至"执"共十个残存下来的文字，却可以作为我们考订其年代的出发点和依据。

这里，我们首先需要明确的是，镇墓券（买地券）是一种虚拟的地下冥府土地交易行为。那么，它所使用的纪年资料是否属于真实的呢？经过学者们的研究，认为虽然券中买卖内容属于虚构，但纪年资料却属真实。诚如鲁西奇教授所指出的："虽然买地券所记之墓地价格与范围多属虚夸，然其所记墓主生卒年月、生前官职身份、居地乡里与营葬时间、葬地所在地点却并非虚拟，大致可信。"①这是我们考订其年代的认识前提。

根据刘伯平镇墓券券首残存文字，我们虽不知该券所用帝王纪年的年号与年次以及月份，但却知道该月朔日干支为"乙亥"，廿二日干支为"丙申"。当然，不管哪个月份，只要朔日是乙亥，其二十二日必为丙申，这是从干支表上可以数出来的。因此，我们必须找出这个朔日为乙亥的月份，然后再确定其年代。

我们注意到，前引鲁西奇先生的论述中，有"其年代亦当在延熹、光和间"一句。这等于是为其年代划定了一个大致的范围。"延熹"是东汉桓帝刘志的年号，元年为公元158年；"光和"为东汉灵帝刘宏的年号，元年为公元178年，至七年即184年改元中平共七年。所以，我们当在公元158年到184年这二十多年里试着寻找。

经查张培瑜先生《三千五百年历日天象》，②这期间朔日为乙亥者，

①鲁西奇：《中国古代买地券研究》，厦门：厦门大学出版社，2014年版，第78页。
②张培瑜：《三千五百年历日天象》，郑州：河南教育出版社，1990年版。

共有如下年代和月份：延熹元年（158）六月，延熹六年（163）七月和九月，建宁元年（168）十月，熹平二年（173）十一月，熹平三年（174）正月，光和二年（179）二月，光和七年（184）四月。以上共获得可能的七个年份和八个月份。

在此基础上，我们注意到该乙亥朔的月份内，其二十二日丙申所注建除十二神为"执"字。在既往的研究中，我们早已注意到，纪日地支和所注建除间存在某种固定的对应关系。建除十二神共十二个字（建、除、满、平、定、执、破、危、成、收、开、闭），各主一定吉凶，依次注于历日的每日之下。其所依循的规则有如下特点：（1）依"星命月"而非历法月份排列。"星命月"也是十二个，但每月一日是十二节气（非中气）所在之日。如"立春正月节"所在历法月份之日，便是"星命月"正月的首日，其余类同，不具列。（2）从"立春正月节"后的第一个"寅"日注"建"，依次逐日注入那十二个字。（3）东汉时，建除注历所重复的日子，是历法月份每月月末之日即晦日，①而不像唐以后重复节气所在之日即星命月的首日。虽然有此不同，但并不改变建除与纪日地支间的固定对应关系，如正月（星命月）"寅"日注"建"，"卯"日注"除"，二月（星命月）"卯"日注"建"，"辰"日注"除"，等等。这种对应关系可以归纳为下表：

建除　　星命月	建	除	盈（满）	平	定	挚（执）	破	危	成	收	开	闭
正	寅	卯	辰	巳	午	未	申	酉	戌	亥	子	丑

---

① 金良年：《建除研究——以云梦秦简日书为中心》，载《中国天文学史文集》第六集，北京：科学出版社，1994年版，第261—281页。

（续表）

星命月 ＼ 建除	建	除	盈（满）	平	定	挚（执）	破	危	成	收	开	闭
二	卯	辰	巳	午	未	申	酉	戌	亥	子	丑	寅
三	辰	巳	午	未	申	酉	戌	亥	子	丑	寅	卯
四	巳	午	未	申	酉	戌	亥	子	丑	寅	卯	辰
五	午	未	申	酉	戌	亥	子	丑	寅	卯	辰	巳
六	未	申	酉	戌	亥	子	丑	寅	卯	辰	巳	午
七	申	酉	戌	亥	子	丑	寅	卯	辰	巳	午	未
八	酉	戌	亥	子	丑	寅	卯	辰	巳	午	未	申
九	戌	亥	子	丑	寅	卯	辰	巳	午	未	申	酉
一〇	亥	子	丑	寅	卯	辰	巳	午	未	申	酉	戌
一一	子	丑	寅	卯	辰	巳	午	未	申	酉	戌	亥
一二	丑	寅	卯	辰	巳	午	未	申	酉	戌	亥	子

由该表可以看出，纪日地支"申"与建除"执"相对应，只能发生在星命月的二月，其余各月全无可能。这样，在前述已经筛选出的七个年份中，仅熹平三年（174）正月和光和二年（179）二月才有可能，其余五个年份当予排除。

先说光和二年（179）二月。查《三千五百年历日天象》，该年闰正月乙巳朔，致使二月节气提前，故闰正月十五日己未已入惊蛰二月节。二月乙亥朔，但二月十六日庚寅已入清明三月节，知历日二月二十二日已在星命月三月内。而星命月三月"执"与纪日地支"酉"相对应，而不是与"申"对应。故该年亦应予以排除。

再看熹平三年（174）正月。该年的立春正月节在上年十二月十九日癸亥，惊蛰二月节在当年正月十九日癸巳。也就是说，正月十九日后当以星命月二月核查纪日地支与建除之对应关系。正月朔日乙亥，二十二日丙申，恰在惊蛰后四日，符合星命月二月纪日地支"申"与建除"执"的对应关系。所以，东汉熹平三年（174）是刘伯平镇墓券年代的唯一选择，其月份则是正月。

为了使我们的论证方法建立在可靠的基础上，下面再用另外两件东汉出土资料进行验证。

1957年，考古工作者在西安和平门外四号汉墓获得了东汉初平四年（193）王氏陶瓶，上有朱书文字，其开端云："初平四年十二月己卯朔十八日丙申，直危。"①查《三千五百年历日天象》，该年小寒十二月节在十一月二十八日丁丑，亦即自该日起，纪日地支"申"与建除之"危"相对应，历日十二月十八日正在星命月十二月内，与上面的对照表毫厘不爽。

20世纪下半叶，考古工作者在江苏句容县行乡镇一号墓出土了西晋惠帝永康元年（300）李达买地券，其开端云："永康元年十一月戊午朔廿七日乙酉，收。"②此条资料干支无误，而纪日日期有误，戊午为朔日，则二十七日为甲申，二十八日才是乙酉。知文中"七"乃"八"字之误。而查《三千五百年历日天象》，该年十一月十一日是大雪十一月节，入星命月之十一月，故当以十一月相核。二十八日乙酉，恰在该星命月中，"酉"正与"收"相对应，也正确无误。

根据以上考辨，我们可将该《刘伯平镇墓券》定在东汉熹平三年，即公元174年，进而将原券前缺文字补足为："［熹平三年正］月乙亥

---

① 见唐金裕：《汉初平四年王氏朱书陶瓶》，载《文物》1980年第1期，第95页。
② 见张传玺主编：《中国历代契约会编考释》，北京：北京大学出版社，1995年版，上册第112页。

朔，廿二日丙申，执。"

（原载中国文化遗产研究院编《出土文献研究》第十六辑，上海中西书局，2017年版，第337—340页）

《无垢经》题记研究拾补

　　1966年韩国庆州释迦塔发现的《无垢净光大陀罗尼经》（以下简称《无垢经》），是研究中国古代雕版印刷术产生与印品传播的重要文物，引起学界的关注与重视自不待言。然而，该经卷末之尾题向未引起重视，实为憾事。《中国历史文物》2005年第1期刊登了牛达生先生的《〈无垢经〉"辛未除月索林"考》，[①]首次将研究触角瞄准卷末的六字题记，慧眼独具，提出了全新的见解，令人为之击节。为了推进此经题记研究的进一步深入，这里也献出一点浅见，供牛先生与学界同仁参考。

　　牛先生认为："根据我国古代纪年、纪时法则，'辛未'不是月款，更不是日款，只能是年款。"理由是："我国古代纪月，一般不用干支，而用数码，如一月、二月、三月等……古人还有'月建'观念，即把子丑寅卯等十二地支，与12个月相配，以夏历十一月配子，为'建子之月'，十二月配丑，为'建丑之月'，以此类推，周而复始，年年如此。"[②]这里所谈中国古代纪月方法是不太全面的。其实，除了用序数

---

①牛达生：《〈无垢经〉"辛未除月索林"考——兼论此经为唐代开元印本》，载《中国历史文物》2005年第1期，第53—63页。

②牛达生：《〈无垢经〉》"辛未除月索林"考——兼论此经为唐代开元印本》，载《中国历史文物》2005年第1期，第58页。

和十二地支纪月外，中国古代也曾用干支纪月。已故天文学史专家陈遵妫先生曾指出："干支纪月相传从唐李虚中推人祸福生死时才开始使用。"①李氏为公元761—813年间人。②此法若果为李虚中所创，则其前不应有用干支纪月者。然而，就我所见，在李虚中之前，便已有用干支纪月的实例了。1983年12月，在洛阳发现的禅宗七祖《神会和尚身塔铭》，其尾题为："永泰元年（765）岁次乙巳十一月戊子十五日壬申入塔，门人比丘法璘书。"③题记中的"戊子"，便是十一月的纪月干支，而非十一月的朔日。因为十五日干支壬申，则朔日是戊午，而非戊子。再者，此年纪年干支为乙巳，据"五子元例正建法"之"乙、庚之岁戊为头"，正月纪月干支为戊寅，十一月纪月干支恰是戊子。这些，与张培瑜教授《三千五百年历日天象》④一书所推完全吻合。而永泰元年时，李虚中年仅5岁，尚属孩童，干支纪月不为李氏新创，在其之前即已存在，可以肯定。至于在敦煌历日中所见用干支纪月的实例，则可以举出许多。如，S.1439背《唐大中十二年戊寅岁（858）具注历日》，"正月大，建甲寅""二月大，建乙卯"⑤，等等。这些都说明，干支纪月也是纪月方式的一种，而且大体在《无垢经》被雕印的时代已被运用。从而可以说明，《无垢经》题记中的"辛未"并非只存在用于纪年的一种可能。

牛先生还指出："先秦时代，每个月都有异称……《无垢经》的'除日'，便是月名异称。""但古文献中绝无'除日'之说。"这个看法也有再讨论的余地。其实，"除日"在古文献中也是存在的。1986年4

---

① 陈遵妫：《中国天文学史》第三册，上海：上海人民出版社，1984年版，第1366页。
② 见陈永正主编：《中国方术大辞典》，广州：中山大学出版社，1991年版，第623页左栏。
③ 洛阳市文物工作队：《洛阳唐神会和尚身塔塔基清理》，载《文物》1992年第3期，引文见第67页。
④ 张培瑜：《三千五百年历日天象》，郑州：河南教育出版社，1990年版，第223页下左栏。
⑤ 邓文宽：《敦煌天文历法文献辑校》，南京：江苏古籍出版社，1996年版，第160、165页。

月，甘肃天水放马滩秦简所出《日书》甲种记有："除日，逃亡，不
得。瘅疾，死。可以治啬夫，可以瘝言，君子除罪。"①这里的"除日"
即"建除十二直"之"除日"。"建除十二直"又名"建除十二辰""建
除十二客"，是中国古代历注中十分古老的一项，汉简历日中已在广泛
使用。②至于从敦煌吐鲁番出土的大量中古实用历本中，更是广泛存在
着，不必赘引。

通过上面的讨论，可以看出，《无垢经》尾题目前可以有三种理
解：一是如牛达生先生所理解的，是"辛未年除月"。又因"除月"是
十二月的异称，故它就是"辛未年十二月"。但将"辛未年"换成公元
纪年时，要注意到，根据陈垣先生《廿史朔闰表》，开元十九年（辛
未）十二月朔日丙子，相当于公元732年的元月3日。可知，整个开元
十九年农历十二月的29天，均已纳入公元732年的元月份。这就是说，
即使牛先生的看法成立，此经年代也在公元732年，而非731年。第二
种理解则是：辛未是纪月干支，"除日"是该月注"除"的那日。由于
正月建寅，则"辛未"当是六月的纪月干支。由六月为辛未，推知正
月为丙寅。依据"五子元例正建法"的规律，正月干支为丙寅者，其
年天干为甲、己。这就是说，如果《无垢经》尾题中的"辛未"为纪
月干支的话，其所在年份的天干是甲或己。至于"除日"，仍有可议。
为什么呢？因为一个农历月是29天（小月）或30天（大月）。建除十
二客基本是十二天一轮回。换言之，一月之中至少有两天为"除日"。
这个"除日"便不具唯一性了。这是其问题之所在。第三种理解则是，
"辛未"是纪日干支，而"除日"是该日所注的"十二客"。依据在各
星命月（从一个节气到下一个节气前一日，不考虑中气）中纪日地支

---

① 见李零主编：《中国方术概观·选择卷》（上），北京：人民中国出版社，1993年版，第7页。
② 详参陈久金：《敦煌、居延汉简中的历谱》，载中国社会科学院考古研究所编：《中国古代
天文文物论集》，北京：文物出版社，1989年版，第111—136页。

与建除十二客的对应关系，"未"日注"除"者，其月份当为星命月之五月，[①]亦即该辛未日在某年芒种五月节至小暑六月节的前一日之间。概括上面的三种理解便是：第一种是年月，第二种是月日，第三种是日。

既然上述三种读法均可说通，那么，问题的关键便在于："除"下一字是"月"还是"日"？若是"月"字，则"辛未"必是纪年干支，牛先生的理解就可成立；若是"日"字，"辛未"既可以是纪月干支，又可以是纪日干支了。笔者反复审视，尚难确定。首先，因无法见到原件，故不能确定此六字题记是印上去的，还是手写的。其次，若是手写的，根据笔者20多年阅读出土写本文献的经验，"月""日"二字写法极为近似。同一个字，有人释作"月"，另外的人便释作"日"，或者相反，只能根据传世文献去加厘定。而此经题记，作"月"作"日"均可通解，到底该作何字，便成为一个难点了。

写出上面的拾补文字，只是想说，此经题记的研究目前尚难定论，还需大家做进一步的努力。笔者愿与牛先生暨学界同仁共勉。

（原载《中国历史文物》2005年第5期，第80—81页）

---

①邓文宽:《天水放马滩秦简"月建"应名〈建除〉》，载《文物》1990年第3期，第83—84页。

敦煌具注历日与《四时纂要》的比较研究

在现已考定绝对年代的四十余份敦煌具注历日中，除《北魏太平真君十一年（450）、十二年（451）历日》是公元5世纪的作品外，其余年代均在公元806年至993年之间，亦即在唐代中期至宋初的一段时间之内。其所以被称作"具注历日"，是因为在各日之下注上了诸如二十四节气、七十二物候以及本日神煞和吉凶宜忌等供选择的内容。

过去我在整理敦煌历日时，由于需要掌握各种神煞的编排规则，所以必须求助于乾隆时由庄亲王允禄奉旨编的《协纪辨方书》，以便判断具注历日中选择事项的正误。由于敦煌历日的绝大多数是敦煌当地人自编并行用的，为了弄清楚它与同时代中原历日的选择事项有何异同，以及其文化关联又是何等面目，我们又必须对这些选择内容从横向角度作一比较。

但是，目前我们能够确认属于同时代中原王朝出土的历日，仅有敦煌历日中的两份和吐鲁番文书中的三份，[1]其中除《唐乾符四年丁酉岁（877）具注历日》大致完好外，别的都是一些残片。这样，就限制了我们做直接的比较工作。幸运的是，唐人韩鄂《四时纂要》中却保

---

[1] S-P.6《唐乾符四年丁酉岁（877）具注历日》、S.0612《宋太平兴国三年戊寅岁（978）应天具注历日》和《唐显庆三年（658）具注历日》、《唐仪凤四年（679）具注历日》、《唐开元八年（720）具注历日》。

存了许多同时代的数术文化内容，因此，我们可以取之与敦煌具注历日加以比较。或者，也可将这种比较视为用历日进行直接比较的一种补充。

韩鄂其人，仕历和年寿均不详，其所撰《四时纂要》（以下简称《纂要》）不见于《旧唐书·经籍志》，但《新唐书·艺文志》、元人马端临的《文献通考》、宋人陈振孙的《直斋书录解题》却都有著录。①《纂要》一书在我国早佚。1960年，在日本发现了明万历十八年（1590）朝鲜重刻的《四时纂要》，1961年由日本山本书店影印出版。我国则有缪启愉先生的《四时纂要校释》一书，由农业出版社于1981年出版。本文使用的就是这个校释本。

《纂要》是按月列举应做事项的月令式农家杂录。全书共698条，其中占候、选择、禳镇等348条，近一半。②至于这348条数术的来源，据韩鄂自序，系"撮诸家之术数"，③可知是从当时流行的数术书中抄撮而来的。我们认为这些其时盛行的数术书籍，较好地反映了当时中原地区的一些数术文化，更何况韩鄂活动的地区"当在渭河及黄河下游一带"④。

另一方面，由于敦煌具注历日的时间跨度较大，且有几十份，我们在比较时也必须选择其最有代表性的作品。这里，我决定使用P.3403《宋雍熙三年丙戌岁（986）具注历日一卷并序》⑤为代表，与

---

① 标点本《新唐书》，北京：中华书局，1975年版，第1539页；影印本《文献通考》，北京：中华书局，1986年版，第1773页中栏；〔宋〕陈振孙：《直斋书录解题》，济南：山东画报出版社，2004年版，第183页。
② 缪启愉：《四时纂要校释》，北京：农业出版社，1981年版，第5页。
③ 缪启愉：《四时纂要校释》，北京：农业出版社，1981年版，第1页。
④ 缪启愉：《四时纂要校释》，北京：农业出版社，1981年版，第3页。
⑤ 释文见邓文宽：《敦煌天文历法文献辑校》，南京：江苏古籍出版社，1996年版，第588—649页。

《四时纂要》作比较。尽管该历日的年代已属宋初，但经过研究，证明其中多数数术文化的排列规则与唐代的敦煌同类具注历日都是一致而不矛盾的，因此并不妨碍我们与唐代的《四时纂要》作比较。如果敦煌历日自身已不一致，我们在比较时将随时予以说明。

一、星命月（太阳月）

"星命月"是古历安排数术选择事项的一个重要前提。无论是敦煌历日，还是《纂要》，虽然其历日是按农历月份编排的，但数术安排并不以这个月份为准，而是按"星命月"进行的。

"星命月"以二十四节气中的十二节气（非中气）所在日为各月之始，而不以每月初一为始。如所谓正月，是指"立春正月节"所在之日至惊蛰二月节之前一日。所以《纂要》每月都有一句说明，如正月云："自立春即得正月节，凡阴阳避忌，宜依正月法。"十二月云："自小寒即得十二月节，阴阳使用，宜依十二月法。"敦煌986年历日亦云："自去年十二月十八日立春，已得正月之节""自十一月廿九日小寒，已得十二月之节"，都是提示，由此日始已进入所谓的"正月""十二月"等。这种星命月（太阳月）的使用，大概始自东汉，[1]今天在东亚民用通书中仍十分流行。[2]

二、天道行向

所谓"天道"，据清《协纪辨方书》卷五义例三引《乾坤宝典》：

---

①刘乐贤：《简帛数术文献探论》，武汉：湖北教育出版社，2003年版，第335页。
②邓文宽：《敦煌吐鲁番天文历法研究》，兰州：甘肃教育出版社，2002年版，第80—81页。

"天道者，天之元阳顺理之方也。其地宜兴举众务，向之上吉。"①可知，这是所谓"兴之者昌"的方向。敦煌历日正月月序云："天道南行，宜向南行，宜修南方。"②而《纂要》正月则云："是月天道南行，修造、出行，宜南方吉。"③二者相同。此下，三月北方、四月西方、六月东方、七月北方、九月南方、十月东方、十二月西方，全同；而二、五、八、十一共四个月方向有异：二月西南（敦）——西（纂要）、五月西北——北，八月东北——东、十一月东南——南。与《协纪辨方书》所引《广圣历》④比较，敦煌历日与《广圣历》全同，而《纂要》有四个月相异。相异之处在于，敦煌986年历日中四个月（二、五、八、十一月）天道方向为四维，《纂要》则只用四向而不用四维。不过，敦煌历日也有只用四向而不用四维的，⑤说明《纂要》与敦煌历日的一部分天道行向是一致的，也说明敦煌历日在将近200年时间中所采数术书籍并非一贯，其间应有出自不同数术家及其著作的差别。

三、天赦

清《协纪辨方书》引《天宝历》曰："天赦者，赦过宥罪之辰也。天之生育……其日可以缓刑狱、雪冤枉、施恩惠，若与德神会合，尤宜兴造。"⑥因此，天赦是上吉的大好日子。其规定为，每季一个干支

①李零主编：《中国方术概观·选择卷》（上），北京：人民中国出版社，1993年版，第198页

②邓文宽：《敦煌天文历法文献辑校》，南京：江苏古籍出版社，1996年版，第593页。

③缪启愉：《四时纂要校释》，北京：农业出版社，1981年版，第5页。

④李零主编：《中国方术概观·选择卷》（上），北京：人民中国出版社，1993年版，第198页。

⑤邓文宽：《敦煌天文历法文献辑校》，南京：江苏古籍出版社，1996年版，第118、145、165、172、182、189页。

⑥李零主编：《中国方术概观·选择卷》（上），北京：人民中国出版社，1993年版，第204页。

日期为天赦日，全年共四个干支日期：春三月的戊寅日，夏三月的甲午日，秋三月的戊申日，冬三月的甲子日。比较结果，敦煌历日与《纂要》天赦日的安排完全一致。[①]说明来源于同一数术文化。

四、往亡

这是一个十分古老的神煞名称，顾名思义，"往亡"即往而亡之，是出行的忌日。《纂要》正月条云："立春后七日为往亡（原注：并立春日数之）。"此后惊蛰后十四日、清明后二十一日、立夏后八日、芒种后十六日、小暑后二十四日、立秋后九日、白露后十八日、寒露后二十七日、立冬后十日、大雪后二十日、小寒后三十日，均为往亡日。

但除此之外，每月还有另一套"往亡"日，即正月寅日、二月巳日、三月申日、四月亥日、五月卯日、六月午日、七月酉日、八月子日、九月辰日、十月未日、十一月戌日、十二月丑日。这后一套所谓"往亡"日，据刘乐贤先生研究，实则为"土忌日"，即动土兴工的忌日，[②]与"往亡"无关。

敦煌历日中的"往亡"日，据晏昌贵先生研究，共有两套排列规则，一套与《纂要》中的"往亡"排列完全相同，另一套则按历法月进行，如正月初七、二月十四、三月廿一、四月初八、五月十六、六月廿四、七月初九、八月十八、九月廿七、十月初十、十一月廿日、十二月卅日为往亡日。换言之，第一套所依据的是"星命月"，第二套

---

① 关于"天赦日"，亦请参陈遵妫：《中国天文学史》第3册，上海：上海人民出版社，1984年版，第1654页注①。

② 刘乐贤：《简帛数术文献探论》，武汉：湖北教育出版社，2003年版，第297—314页。

所据为"历法月"。①而据刘乐贤先生研究，第二套"往亡"在睡虎地秦简中已经出现，改为以星命月为据，则是东汉后的事情。②这样，虽然敦煌历日中仍旧同时保留了早期的"往亡"排列规则，但就其主流来说，与《纂要》中往亡排列规则仍相一致，当无疑义。

五、归忌

与往亡相似，归忌则是归家的忌日。《后汉书·郭镇传》载："桓帝时，汝南有陈伯敬者，行必矩步……还触归忌，则寄宿乡亭。"唐人章怀注引《阴阳书·历法》曰："归忌日，四孟在丑，四仲在寅，四季在子，其日不可远行、归家及徙也。"③章怀所引《阴阳书》恰是唐人吕才的作品，今仍有少量佚文存世。④比较结果，敦煌历日、《纂要》归忌日的安排与《阴阳书·历日》全同。需要说明的是，《纂要》九月记"丑为归忌"，"丑"系"子"字误书。

六、月神方位

敦煌历日中每月共有八个月神及其方位，⑤即天德、月德、合德、月空、月厌、月煞、月刑、月破。《纂要》除无"月破"外，其余名目全同。其排列规则，除七月"天德癸"，《纂要》作"天德坎"外，其

---

① 晏昌贵：《敦煌具注历日中的"往亡"》，载武汉大学三至九世纪研究所编：《魏晋南北朝隋唐史资料》第19辑，2002年版，第226—231页。

② 刘乐贤：《简帛数术文献探论》，武汉：湖北教育出版社，2003年版，第307页。

③ 标点本《后汉书》，北京：中华书局，1965年版，第1546—1547页。

④ 李零主编：《中国方术概观·选择卷》（上），北京：人民中国出版社，1993年版，第79—84页。

⑤ 邓文宽：《敦煌天文历法文献辑校》，南京：江苏古籍出版社，1996年版，第738页。

余全同。但在古代方位系统中，癸、坎均在北方，故而二者实际无别。至于其使用，则均同动土有关。如986年敦煌历日正月月序云："天德在丁，月德在丙，合德在辛（原注：丙、辛上取土及宜修造吉）。"《纂要》正月条则云："月内吉凶地：天德在丁，月德在丙，月空在壬，月合在辛，月厌在戌，月杀在丑。凡修造宜于天德、月德、月合上取土吉；厌、杀凶。"而"月刑"亦系于各月"起土"一目中。一致表明，就月神方位而言，敦煌历日与《纂要》有着共同的文化来源。

七、天罡（刚）、河魁（附建除）

此二日为月内凶日。清《协纪辨方书》引唐桑道茂曰："天罡、河魁者，月内凶神也。所值之日百事宜避。"元人曹震圭为之解曰："魁罡者，乃月建四煞之辰，平、收之日也。"[1]与敦煌历日相比较，完全一致。其安排规则可概括为：一、三、五、七、九、十一月之平日为天罡，收日为河魁；二、四、六、八、十、十二月之平日为河魁，收日为天罡。但是，《纂要》的天罡、河魁日却是以纪日地支为根据的，如正月"巳为天刚，亥为河魁"；二月"子为天刚，午为河魁"。表面上看，这二者不同，实际上却完全相同，因为在"星命月"中，正月"建"日与"寅"日相对应，则"平"日必在"巳"日，"收"日必在"亥"日，二月"平"日必在"午"日，"收"日必在"子"日。其余各月与此相仿。为便于读者对照省览，今将"各星命月中建除十二客与纪日地支对应关系表"附在这里：

---

①李零主编：《中国方术概观·选择卷》（上），北京：人民中国出版社，1993年版，第174页。

各星命月中建除十二客与纪日地支对应关系表

星命月 ＼ 建除	建	除	满	平	定	执	破	危	成	收	开	闭
正月	寅	卯	辰	巳	午	未	申	酉	戌	亥	子	丑
二月	卯	辰	巳	午	未	申	酉	戌	亥	子	丑	寅
三月	辰	巳	午	未	申	酉	戌	亥	子	丑	寅	卯
四月	巳	午	未	申	酉	戌	亥	子	丑	寅	卯	辰
五月	午	未	申	酉	戌	亥	子	丑	寅	卯	辰	巳
六月	未	申	酉	戌	亥	子	丑	寅	卯	辰	巳	午
七月	申	酉	戌	亥	子	丑	寅	卯	辰	巳	午	未
八月	酉	戌	亥	子	丑	寅	卯	辰	巳	午	未	申
九月	戌	亥	子	丑	寅	卯	辰	巳	午	未	申	酉
十月	亥	子	丑	寅	卯	辰	巳	午	未	申	酉	戌
十一月	子	丑	寅	卯	辰	巳	午	未	申	酉	戌	亥
十二月	丑	寅	卯	辰	巳	午	未	申	酉	戌	亥	子

由以上比较可知，就天罡、河魁二凶神而言，敦煌历日与《纂要》亦有共同的文化来源。

同时还要指出，天罡、河魁的安排均同建除安排有关，且以建除及与之对应的纪日地支为据。既然敦煌历日与《纂要》天罡、河魁相一致，则二者建除安排也当一致。

八、九焦（九坎）

清《协纪辨方书》引《广圣历》曰："九坎者，月中杀神也。其日忌乘船渡水、修堤防、筑垣墙、苫盖屋舍。"其排列规则，则又引《历例》曰："正月在辰，逆行四季；五月在卯，逆行四仲；九月在寅，逆行四孟。"①这里所谓的季、仲、孟，是对十二地支的划分。曹震圭解释曰："坎者陷也，险也、不平也，义与九焦同。"②因此，敦煌历日"九焦九坎"连称，而《纂要》则单称"九焦"。它们在历日中的安排规则，用通俗语言表达，即：正月辰日，二月丑日，三月戌日，四月未日，五月卯日，六月子日，七月酉日，八月午日，九月寅日，十月亥日，十一月申日，十二月巳日。经对比，证明敦煌历日、《纂要》与此完全相同，毫无差别。

九、血忌

血忌日亦一大忌日，忌针灸出血也。敦煌986年历日云："血忌日不杀生、祭神及针灸出血"；③《纂要》正月"丑为血忌，不可针灸、出血"，立义完全相同。至其安排规则乃是：正月丑日，二月未日，三月寅日，四月申日，五月卯日，六月酉日，七月辰日，八月戌日，九月巳日，十月亥日，十一月午日，十二月子日。敦煌历日与《纂要》亦毫无差别。

十、阴阳不将

阴阳不将乃堪舆家言，其立义较为烦琐，④这里不赘。至其应用，

---

① 李零主编:《中国方术概观·选择卷》(上)，北京:人民中国出版社，1993年版，第213—214页。
② 李零主编:《中国方术概观·选择卷》(上)，北京:人民中国出版社，1993年版，第214页。
③ 邓文宽:《敦煌天文历法文献辑校》，南京:江苏古籍出版社，1996年版，第592页。
④ 李零主编:《中国方术概观·选择卷》(上)，北京:人民中国出版社，1993年版，第189页。

则是规定每月之内有12—14个干支日属于阴阳不将日，为结婚嫁娶大吉之日。《纂要》正月列出十三个日子为阴阳不将日，其下注曰："已上十三日不将日，嫁娶吉。"亦见其义。清《协纪辨方书》所定各月之干支日，与《纂要》各月阴阳不将日全同，无一日有差别。但在敦煌历日中，其表达形式则有三种：一是在历注中，直接注明"阴阳不将"四字，如986年历日之二月十二日庚戌；一是简写成"不将"，如同历之三月十七日乙酉，十九日丁亥；一为"嫁娶、符吉"，如986年历日正月十日己卯，廿日己丑。至于其安排的干支日，亦与《协纪辨方书》所引《历例》相合不悖。

十一、行狼、了戾

行狼、了戾二煞亦出于《堪舆经》，[①]规定三、四、九、十月各有一个干支日期为行狼，一个干支日期为了戾。具体而言，则三月甲申行狼，丙申了戾；四月乙未行狼，丁未了戾；九月庚寅行狼，壬寅了戾；十月辛丑行狼，癸丑了戾。比较986年敦煌历日，与此完全一致。但与《纂要》相较，则有一些问题。《纂要》记为：三月"甲申、丙申为行狼"，四月"乙未、丁未为行狼"，此二月是将各自的了戾混入行狼而未单列；九月则"庚寅为行狼、了戾"，显然在"狼"下脱"壬寅为"三字；十月则云"此月辛丑、癸丑为行狼、了戾"，干支不误，但表述方式亦欠准确。不过，行狼、了戾在《纂要》中亦仅见于三、四、九、十月，其余各月全无。这说明，《纂要》仅是具体文字有误，当作校勘，但其立义、规则与敦煌历日则是一致的。

----

① 李零主编：《中国方术概观·选择卷》（上），北京：人民中国出版社，1993年版，第192页。

十二、日出入方位

《纂要》卷一之末，绘有一幅"日出没图"。就人们的直觉来说，住在北半球的人们看到每天太阳东升西落，而且由于季节的不同，其出没位置在呈周期性的变化：夏至时约升于东北，没入西北，春秋二分升于东而没于西，冬至时升于东南而没入西南。至于其位置，古人是在一个方位图上进行表示的，此图共二十四个方位，正北为子，正南为午，正东为卯，正西为酉……《纂要》正月、九月日出乙入庚，敦煌历日载于正月月序中的日出入方位与此亦同，全年十二个月毫无差别。①

十三、四大吉时（四煞没时）

四大吉时，即每个月中，有四个时辰属于大吉大利之时，亦即无四恶煞之时，"以四煞既没，故又曰四大吉时"。至其具体分布，《协纪辨方书》"四大吉时"条引《星历考原》曰："正、四、七、十，四孟月用甲、丙、庚、壬时；二、五、八、十一，四仲月用艮、巽、坤、乾时；三、六、九、十二，四季月用癸、乙、丁、辛时。"②敦煌986年历日与此完全相同。《纂要》在表述上更为详细，如正月有云："四孟之月，用甲时寅后卯前，丙时巳后午前，庚时申后酉前，壬时亥后子前。已上四时，鬼神不见，可为百事，架屋、埋葬、上官并宜用之。"由此可知，敦煌历日所用四大吉时，属于简化了的文字，而《纂要》

---

① 邓文宽：《敦煌吐鲁番天文历法研究》，兰州：甘肃教育出版社，2002年版，第174—175页。
② 李零主编：《中国方术概观·选择卷》（上），北京：人民中国出版社，1993年版，第261页。

则详引全文，区别仅此而已，其核心内容则相同。

十四、地囊

地囊同纳甲有关，立义比较复杂，①这里不赘。但就其所规定的日子来说，则每月有两个干支日，全年共有二十四个干支日属于地囊。《纂要》将其编入"起土"一目中，并云："已上地不可起土修造，凶。"②可知它是同动土兴造有关的选择日期。这二十四个干支日期，清《协纪辨方书》引《历例》详述其干支，但清人认为有误，故又有一套校正意见。③《纂要》所列二十四个干支日，与《历例》有九个不合；敦煌986年历日中共有十个干支日属于地囊，与《历例》相较，有一例不合；与《纂要》则有四例不合。尽管如此，就整体来说，我认为《纂要》和986年敦煌历日都靠近《历例》，而与清人的校正意见相差更远。不过，986年敦煌历日的地囊恐难代表敦煌历日的全部，在 P.3284 背《唐咸通五年甲申岁（864）具注历日》中，似乎有另一种体系的地囊被使用。至于它的全貌，现在还不清楚，有待做进一步研究。

小结

以上我们就敦煌历日与唐人韩鄂《四时纂要》所引唐代流行的数术文献中的选择事项，就其相同者进行了比较，结果是历日中最常见

---

① 李零主编：《中国方术概观·选择卷》（上），北京：人民中国出版社，1993 年版，第 243—244 页。

② 缪启愉：《四时纂要校释》，北京：农业出版社，1981 年版，第 17 页。

③ 李零主编：《中国方术概观·选择卷》（上），北京：人民中国出版社，1993 年版，第 244 页。

的十五个项目（包括建除）的选择立义与排列规则基本一致，出入甚小。当然，这种比较的范围还是有限的，因为有些项目见于敦煌历日却不见于《四时纂要》，有些项目则相反，尚不能逐个进行直接比较。不过，就可以直接比较者来说，我们大致可以得出这样一个结论：敦煌历日中的数术文化内容，基本属于中原文化系统，当无疑义。

（原载《敦煌研究》2004年第1期，第62—66页）

北大图书馆藏两件敦煌文献补说

　　由上海古籍出版社策划并组织编辑、出版的《敦煌吐鲁番文献集成》（*The Corpus of Dunhuang-Turfan Manuscripts*）正在将各地藏品陆续印行刊出，嘉惠学林，功莫大焉，为盖世学者有目共睹。同时，由于敦煌吐鲁番文献内容庞杂，门类众多，以及编辑工作方面的一些原因，也还有一些不周乃至错失，需要进行补正，以便修改得更好。

　　该《集成》以两巨册全部影印刊布了北京大学图书馆所藏的敦煌文献。[1]这批藏品绝大多数是首次面世，刊布本身就具有十分重要的学术意义。我在这里对其中两件给予补说，以便符合其内容实际，并增加了解。

　　一件是"北大D198"，题名"具注历"。前些年，张玉范先生在其所撰《北京大学图书馆藏敦煌遗书目》（以下简称《遗书目》）中，对此件曾作如下注记："历书残片。存不规则一片，粗麻纸，高约廿二厘米，广约六厘米，凡六行。"[2]应该说，确定此件性质为"具注历日"是完全正确的。

---

[1]《北京大学藏敦煌文献》，上海：上海古籍出版社，1995年版。

[2] 张玉范：《北京大学图书馆藏敦煌遗书目》，载北京大学中国中古史研究中心编：《敦煌吐鲁番文献研究论集》（五），北京：北京大学出版社，1990年版，详见第559页。

问题在于，此件早被公布过，其准确年代也已被考知，而《遗书目》和《集成》均未吸收前人研究成果并加以反映。最早公布此件的是上虞罗振玉。1939年，罗振玉在其晚年，以珂罗版影印刊布了一批敦煌文献，书名"贞松堂藏西陲秘籍丛残"，此件具注历日即被收录其中，后被研究者编为"罗3号"。但罗氏原题此历为"后晋天福十一年（946）"却是错误的。罗振玉刊布不久，董作宾便提出不同意见。董氏撰有《敦煌写本唐大顺元年残历考》①一文，定为大顺元年（890），比罗氏所定早56年。至1973年，日本学者藤枝晃先生发表《敦煌历日谱》，②1983年，施萍婷先生发表《敦煌历日研究》，③均定为大顺元年（890）而无异议。应该说，根据残历所能提供的条件，定在唐大顺元年（890）是完全正确的，也是此残历唯一正确的年代。

从以上介绍可知，此件题名应作"唐大顺元年（890）具注历日"。若如此，读者便会对其准确年代获得认知。同时，应在书末的"叙录"注明，此件已被罗振玉刊布在《贞松堂藏西陲秘籍丛残》中。

另一件是"北大D195V"，亦题名"具注历"。此件是北大图书馆藏品195号背面的内容。张玉范先生曾注记云："纸背书干支禁忌诀数行。"④如果说这个注记尚未能准确反映此件内容的话，那么，《集成》名之曰"具注历"就失之更远了。

细审此件内容，虽同具注历日有关，但绝非具注历日本身。此件

①董作宾：《敦煌写本唐大顺元年残历考》，载《中央图书馆月刊》1943年3卷1期，第7—10页。

②[日]藤枝晃：《敦煌历日谱》，载《东方学报》(京都版)45册，1973年版，第377—441页，详见第399页。

③施萍婷：《敦煌历日研究》，载《1983年全国敦煌学术讨论会文集·文史·遗书编》(上)，兰州：甘肃人民出版社，1987年版，第305—366页。详见第325、352页。

④张玉范：《北京大学图书馆藏敦煌遗书目》，载北京大学中国中古史研究中心编：《敦煌吐鲁番文献研究论集》(五)，北京：北京大学出版社，1990年版，第558页。

前残，现存由两部分构成。第一部分残存二行：

    1.甲辰乙巳火，丙午丁未水 ▢▢▢▢▢▢

    2.甲寅乙卯木（旁注：天地合），丙辰丁巳土，戊午 ▢▢▢▢▢

从其内容可知，其基本内容是"六甲纳音歌诀"。这个歌诀以六十甲子为基础，编成30句文字，即"甲子乙丑金，丙寅丁卯火，戊辰己巳木，庚午辛未土……"[①]现存四句半约当此歌诀的七分之一。又经查对，此件与P.3984V本为一件，分裂后，其前部现存巴黎，后部存北大图书馆，从书法、内容、裂痕看，完全可以拼合。换言之，此件《六甲纳音歌诀》前部约七分之六的内容在P.3984V上。另需注意，文中旁注有"天地合""天地离""日月合""日月离"等内容，仍需我们在今后的研究工作中加以认识。

第二部分共四行半多一些文字，下部稍残。其内容是十个天干字（甲、乙、丙、丁、戊、己、庚、辛、壬、癸）与十二个地支字（子、丑、寅、卯、辰、巳、午、未、申、酉、戌、亥）各自所主的吉凶宜忌。每个干支字下用双行小字加以注释，如"丁"字下注："不剃头，头多生疮，又不洗头"；"卯"字下注："不凿井，百泉不通"；"戌"字下注："不买狗，狗必登（?）床，又不度（?），必有凶亡"，如此等等。现存二十二个干支字中，"戊"有二处，而无"己"。其二十二个干支字的排列次序是：甲、子、乙、丑、丙、寅、丁、卯、戊、辰、巳、庚、午、辛、未、壬、申、癸、酉、戊、戌、亥。一望便知，它虽解释天干、地支字各自所主吉凶宜忌，但其次序仍以六十甲子表为基础。

[①]详参邓文宽：《敦煌古历丛识》，载《敦煌学辑刊》1989年第1期，第107—118页。

　　我所以说上面这些内容同具注历日有关，是因为它们是历日中一部分数术文化内容的编排依据。"六甲纳音"这部分内容，一般出现在历日序言和全年各日。如 S.1473+11427b.v《宋太平兴国七年壬午岁（982）具注历日并序》，历日题名之下就有双行小注："干水支火纳音木"。①此年干支壬午，而壬午纳音木也，故有此注。又，进入历日正文之后，正月"一日癸巳水定"，癸巳纳音为水也。

　　至于天干、地支字所主吉凶宜忌，就目前所知，仅是一些历日序言的一部分内容。如 S.2404《后唐同光二年（924）具注历日》序中有云："子日不卜问，丑日不买牛，寅日不祭祀，卯日不穿井，辰日不哭泣，巳日不迎女，午日不盖屋，未日不服药，申日不裁衣，酉日不会客，戌日不养犬，亥日不育猪。"②十二地支各自所主吉凶宜忌，同"北大 D195V"第二部分内容完全契合，从而使我们知道了历日序中这部分内容的由来。

　　从以上讨论可知，"北大 D195V"的两项内容，均属于数术文化，是唐五代宋初制历者必须参考的一些依据。历日中数术文化内容很多，这只是很小的一部分。即使是长期担负撰历任务的人，单靠脑子也记不住，必须抄在纸上，便利翻检，此件的作用大抵如此。

　　简言之，这些数术文化是编制历日的部分依据，但还不是历日本身，就像砖瓦和木料是盖房子的构件，但它们不能被称作房子。要之，历日的基本特征是有年月日，具注历日还要加上吉凶注和用事宜忌的选择。只有吉凶注，而无年月日的，不能称其为历日，遑论"具注历"。

　　以上补说，期望有益于对这两件敦煌文献的认识，若有错误，还

①邓文宽:《敦煌天文历法文献辑校》,南京:江苏古籍出版社,1996年版,第560页。
②邓文宽:《敦煌天文历法文献辑校》,南京:江苏古籍出版社,1996年版,第380页。

望是正。

（原载《北京图书馆馆刊》1996 年第 4 期，第 90—91 页）

跋两篇敦煌佛教天文学文献

迄今为止，分藏于世界各地的敦煌文献已被编为6万余号，其中宗教文献占了90%以上，个中又以佛教文献为主。这里我们介绍两篇印度佛教天文学文献，对研究印度天文学史、中印文化交流史和佛教文化，恐不无裨益。

这两篇文献是：藏在英国图书馆东方写本部的斯坦因"收集"品S.3374、S.6024、S.1648和藏在俄罗斯科学院东方学研究所圣彼得堡分所的Дx00519号。

经查对，S.3374为《摩登伽经》，传世本见日本《大正藏经》第21卷第399至410页。写本首尾均残，现存文字系原经中间部位的一部分，约占全经的28%。S.6024、S.1648和Дx00519为《舍头谏太子二十八宿经》（以下简称《舍头谏经》），传世本见《大正藏经》第21卷第410至419页。前两件前后残失，均系断片。但字迹相同，而且S.6024的末端与S.1648的卅端之间仅缺84字。以写本每行16—18字计，两件间约残去5行文字。第三件为一小断片，但笔迹与前两件相同。因此，严格说来，此三号是同一写本的三个断片，我们理应将它们当作一篇文献来看待。此篇现有文字占原经的30%左右。

《摩登伽经》和《舍头谏经》是早期传入中国的印度佛经，也是同一经典的不同译本，故一经而二名。《摩登伽经》的译者为支谦和竺律炎。据《出三藏记集》卷十三《支谦传》记载，支谦系大月氏人，祖父名法度，东汉灵帝时率族人归化。支谦少年聪敏，"十三学胡书，备通六国语"；"博览经籍，莫不究练，世间艺术，多所综习"。汉献帝时，黄巾起事，中原板荡，支谦与数十乡人南向奔吴，见重于吴主孙权，拜为博士，"使辅导东宫，甚加宠秩"。支谦语言兼通华戎，有感于不少印度佛经虽传至中土，但尚未汉译，于是发奋译经。"自黄武元年（222）至建兴中（252—253），所出《维摩诘》《大般泥洹》《法句》《瑞应本起》等二十七经，曲得圣意，辞旨文雅。"①据研究，《摩登伽经》是支谦和竺律炎在孙吴黄龙二年（230）共译于建康（今南京）的。②

竺律炎，又称竺将炎、竺持炎，印度人，生卒年月与世寿不详。据记载，竺律炎于东吴黄武三年（224）与维祇难来到武昌，应吴人之请，二僧共同译出所携之《法句经》二卷。③由于他们不大通晓汉语，故所译经典虽很质朴，但义多未尽。维祇难圆寂后，竺律炎才与支谦合译出《摩登伽经》。

《舍头谏经》的译者竺法护，更是西晋时期的译经名僧。其先祖也是月氏人，世居敦煌。八岁出家后师事印度僧人竺高座，从俗改姓为竺。法护"天性纯懿，操行精苦，笃志好学，万里寻师，是以博览六经，涉猎百家之言，虽世务毁誉，未尝介于视听也"④。晋武帝之世，

---

① 〔梁〕释僧祐撰，苏晋仁、萧炼子点校：《出三藏记集》，北京：中华书局，1995年版，第516—517页。

② 参书目文献出版社影印台湾佛光山出版社1989年版《佛光大辞典》第4册，第3489页上栏"竺律炎"条；任继愈总主编，薄树人主编：《中国科学技术典籍通汇·天文卷》第八册，钮卫星撰：《摩登伽经附：舍头谏太子二十八宿经提要》，郑州：河南教育出版社，1997年版，第1—2页。

③ 〔梁〕僧祐撰，苏晋仁、萧炼子点校：《出三藏记集》，北京：中华书局，1995年版，第512页。

④ 〔梁〕僧祐撰，苏晋仁、萧炼子点校：《出三藏记集》卷十三《竺法护传》，北京：中华书局，1995年版，第518—519页。

京邑各处虽尊崇寺庙图像，而佛经要典仍藏在西域。于是，他随师到西域游历诸国，"外国异言，三十有六种，书亦如之，护皆遍学，贯综诂训。音义字体，无不备晓"①，为他从事译经工作打下丰厚坚实的基础。他还从西域带了很多梵文经典，归国后，"自敦煌至长安，沿路传译，写为晋文"②。从晋武帝泰始年间（265—274）至愍帝建兴元年（313），译出佛典154部，③309卷。《舍头谏经》就是在这期间译出的。

支谦语通华戎，竺律炎虽不长于华语，但他来自天竺，又是学问僧，对梵语十分精解。所以，他们二人合译的《摩登伽经》，文字晓畅，语义准确，至今诵读仍备觉畅朗。竺法护所译《舍头谏经》，比《摩登伽经》后出约半个世纪。由于译者风格不同，因此法护所译虽称忠实原典，文字质直，但读起来却佶屈聱牙。

这部经典的主要内容是通过叙说一个婚姻故事来宣讲众生平等、无有高下的佛教思想，以及宣传印度天文星占和知识的。故事的梗概如下：

很久很久以前，印度恒河边上有一个果园，园中有王名曰"帝胜伽"。帝胜伽本人很有智慧，学富五车，才高八斗。其子名曰"师子"，相貌堂堂，学问亦佳。帝胜伽觉得师子已长大成人，该为其婚娶了，于是考虑向何处求婚。那时，印度实行严格的种姓制度：婆罗门最尊贵，其次为刹帝利，第三等为吠舍，第四等为首陀罗，即贱民。而贱民中，男性贱民被称作"摩登伽"，女性贱民被称作"摩登祇"。帝胜伽及其家族即属于贱民阶级，故在此经中被称为"摩登伽"。其时，名

---

① 〔梁〕僧祐撰，苏晋仁、萧炼子点校：《出三藏记集》卷十三《竺法护传》，北京：中华书局，1995年版，第518—519页。

② 〔梁〕僧祐撰，苏晋仁、萧炼子点校：《出三藏记集》卷十三《竺法护传》，北京：中华书局，1995年版，第518—519页。

③ 竺法护译出的佛典部数说法不一，又谓165部。

为"大兴"的国王统辖下的一个聚落，受封者为"莲花实"，属于婆罗门种姓。莲花实有女名曰"本性"，"德貌殊胜，犹师子耳"①。帝胜伽闻其名，遂由车马扈从陪同，往莲花实聚落为其子求婚。莲花实虽以礼相迎，却看不上他们的低下等级。他问帝胜伽："你是很卑下的等级，来此何干？"帝胜伽以实相告，说明自己是来为儿子求婚的，希望允准。莲花实听言大怒，认为这是对自己的侮辱，问道："汝栴陀罗自有种类，何故欲染清胜之人？"②帝胜伽表示，他认为婆罗门与栴陀罗无别，种姓也不是生而就有的。他历数了婆罗门种姓所做的诸多坏事。莲花实听后更怒，向帝胜伽说明婆罗门种姓所以尊贵的原因，并要求他"可宜速还，莫得复语"③！帝胜伽对莲花实的话给予反驳，并阐明："一切众生，随业善恶而受果报，所谓端正丑陋，贫贱高贵，寿命终夭，愚痴智慧，如此等事，从业而有"④，并非由出身种姓所决定。他又举了许多例子，说明诸种姓是平等的，自己有权利为儿子求婚，至于财宝，任莲花实索取。帝胜伽接着又讲了许多许多道理，终于说服了莲花实，使其"生大欢喜"⑤。莲花实要求知道帝胜伽的既往历史和知识的来源。帝胜伽说明自己的远祖也曾是婆罗门，只是后来才降低种姓的。莲花实又问帝胜伽："仁者岂知占星事不？"帝胜伽言："大婆罗门，过此秘要，吾尚通达，况斯小事，而不知耶？汝当善听，吾

①《摩登伽经·明往缘品第二》，见《中国科学技术典籍通汇·天文卷》第八册，郑州：河南教育出版社，1997年版，第5页。

②《摩登伽经·明往缘品第二》，见《中国科学技术典籍通汇·天文卷》第八册，郑州：河南教育出版社，1997年版，第6页。

③《摩登伽经·明往缘品第二》，见《中国科学技术典籍通汇·天文卷》第八册，郑州：河南教育出版社，1997年版，第6页。

④《摩登伽经·明往缘品第二》，见《中国科学技术典籍通汇·天文卷》第八册，郑州：河南教育出版社，1997年版，第6页。

⑤《摩登伽经·众相问品第四》，见《中国科学技术典籍通汇·天文卷》第八册，郑州：河南教育出版社，1997年版，第8页。

今宣说。"①此下内容，主要是印度的天文和星占知识。帝胜伽依次解说的内容是：（1）二十八宿的星名、星数、形状、各宿祭祀用品等；（2）月离位置（月亮运行所在二十八宿间的具体位置）与此时出生人的命运如何；（3）月离位置与所修城邑的吉凶善恶关系；（4）月离位置与下雨之关系；（5）月离位置与日月食所主之吉凶；（6）月离位置与所应举作之事；（7）各月地动所主灾异；（8）各月昼夜长短时节；（9）里数由旬之法，即长短等计量单位；（10）月离位置所主疾病及如何禳祭；（11）月离位置与系囚解脱迟速；（12）人体黑子（黑痣）所主吉凶；（13）月会诸宿及其昼夜时分；（14）历日置闰法，十九年七闰，五年再闰；（15）七曜周期；（16）二十八宿所主社会各种人等。帝胜伽终于以其辩才和丰富的知识说服了莲花实。"莲花实闻是语已，赞摩登伽：'善哉！仁者所言诚谛。今以吾女用妻卿子。不须财物，可为婚姻。'"②故事到此也就结束了。

很显然，此经是用一个美丽的婚姻故事作轴线，通过帝胜伽之口，将印度天文、星占知识全盘托出。在前述所列16项内容中，除第12项讲人体黑子所主吉凶，在中国人看来属于相术，其余全为天文与星占内容。尤其需加特别注意的是关于二十八宿的内容。

古代中国与印度均有二十八宿（或为二十七宿）。二十八宿是如何产生的？究竟是各自独立产生的，抑或谁影响了谁？一直是学者们关心的问题。竺可桢先生曾认为中国二十八宿起源于公元前二三千年；③近年学者们的研究又有新进展：沈建华女士从甲骨文中找出了二十八

---

① 《摩登伽经·说星图品第五》，见《中国科学技术典籍通汇·天文卷》第八册，郑州：河南教育出版社，1997年版，第8页。

② 《摩登伽经·明时分别品第七》，见《中国科学技术典籍通汇·天文卷》第八册，郑州：河南教育出版社，1997年版，第14页。

③ 竺可桢：《二十八宿起源之时代与地点》，载《思想与时代》1944年第34期，第1—25页。

宿的一些星名，①冯时先生揭出了河南濮阳西水坡45号仰韶文化时代墓中有用贝壳堆积而成的苍龙、白虎像。②这些均说明，中国的二十八宿应该是独立产生的，而非受到外来影响的结果。但是，在四川大凉山彝族中流行的一种二十八宿体系，究竟来自何方，则是需要考究的。我们知道，从《史记·天官书》起，中国的二十八宿便是从东方苍龙七宿的"角"宿开始的，但凉山彝族除有此种二十八宿外，还有另外一种体系。1977年秋，笔者在中国科学院北京天文台古天文组工作时，曾与陈宗祥、王胜利二先生对四川大小凉山地区的天文历法做过考察，③发现凉山地区存在一种二十八宿系统，是以西方白虎七宿中的"昴"宿开头的，④这与《摩登伽经》所载印度古代二十八宿以"昴"宿开头完全相同。二者到底是什么关系，尚难确定。这里仅作为一个问题提出，以期引起研究者的关注。

现在再回到本文介绍的两篇敦煌所出佛教天文文献上来。《大正藏经》所收《摩登伽经》共分七品、上下二卷，一至五品为上卷，六、七两品为下卷。但S.3374《摩登伽经》分卷与此有别：在《观灾祥品第六》的中段，即讲完月离位置与日月食所主吉凶之后，月离与所应举作各事之前，标出"摩登伽经卷中"。既有"卷中"，则应有卷上和卷下。也就是说，写本是一个分为上、中、下三卷的三卷本，而非二卷本。《开元释教录》卷二载："《摩登伽经》三卷，或二卷。"⑤可知，

---

①沈建华：《甲骨文中所见二十八宿星名初探》，载《中国文化》1994年总第10集，第77—87页。

②冯时：《河南濮阳西水坡45号墓的天文学研究》，载《文物》1990年第3期，第52—60转69页。

③考察报告载《中国天文学史文集》第二集，北京：科学出版社，1981年版，第101—148页。

④邓文宽、陈宗祥：《凉山彝族二十八宿初探》，载《中国天文学史文集》第二集，北京：科学出版社，1981年版，第86—100页，详参第90—92页。

⑤〔唐〕智昇撰，富世平点校：《开元释教录》卷二十，北京：中华书局，2018年版，第1401页。

唐时二卷本与三卷本并存。《大正藏经》所收为二卷本，写本则是唐代流行的三卷本。

笔者将写本与《大正藏经》本对勘，发现文字小有区别，但多不害意。不过，有些字仍很有益于校勘工作，整理《摩登伽经》时应予参考。这里从略。

竺法护所译的《舍头谏经》不分卷、品，写本与《大正藏经》本相同，亦无卷、品分别。从内容方面来考察，S.6024开始的位置，相当于《大正藏经》卷21第414页中栏中间"我言至诚，当与仁家共结婚姻"一句；止于415页上栏倒10行"答曰宿止"之"答"字；S.1648起于415页上栏倒5行"二曰长育"之"曰"字，止于同卷第417页上栏中间"又问何谓？则颂偈曰"一句。Дх00519残存文字相当于同卷第419页中栏左侧的一部分文字。因下部残断，故不能连读成文，读偈颂单句则无问题。写本文字与《大正藏经》本也有少许区别，整理时亦应注意。

最后，由这两篇文献还引发了我们对一些问题的思考。《出三藏记集》卷十三有连续的《支谦传》和《竺法护传》，记述了他们的译经事业，但并未提及《摩登伽经》和《舍头谏经》，说明此经在魏晋南北朝时并未十分受到重视。其所以如此，则是由于此经的主体内容是宣讲印度天文和星占知识的，相对正统佛经而言就处于次要位置了。但用今人的眼光看，它却是极端宝贵的。同时，它也说明，中世纪的科学确实是神学的婢女。此其一。其二，英国研究中国科学与文明史的著名学者李约瑟（Joseph Needham）博士曾经指出："科学与方术在早期是不分的"；[①] "在16世纪，科学一般被称为'自然魔术'。开普勒就是

---

① 中译本《中国科学技术史》第二卷《科学思想史》，科学出版社与上海古籍出版社联合出版，1990年版，第35页。

作为一个星占家而活动的，甚至牛顿也不无道理地被称作'最后的一位魔法师'。的确，科学和魔术的分化，是17世纪早期现代科学技术诞生以后的事。"①《摩登伽经》(《舍头谏经》) 不仅将天文学与占星术合在一起，而且也与佛教内容相混合。我们在对它的科学内容进行研究的同时，还应关注与之并存的其余内容。否则，人为地割裂开来，既无法将科学内容认识清楚，也不符合历史主义的基本要求。

（原载《文物》2000年第1期，第83—88页）

---

① 中译本《中国科学技术史》第二卷《科学思想史》，科学出版社与上海古籍出版社联合出版，1990年版，第35页。

跋敦煌写本《百行章》

杜正伦的《百行章》，是研究唐初地主阶级进行思想统治和伦理学史的重要材料。可惜的是，自宋以后，即已失传。敦煌石室文献的发现，使这卷湮没千余年之久的古籍得以重见天日，这是很可庆幸的。

隋末唐初，杜正伦颇负盛名，新旧《唐书》均有专传。史载隋朝秀才总共才十余人，正伦兄弟即据其三，"甚为当时称"。[1]正伦又"善属文，深明释典"，因此入唐后很受唐太宗的赏识："武德中，历迁齐州总管府录事参军。太宗闻其名，令直秦府文学馆。"[2]贞观元年（627），由于魏徵的举荐，破格授予兵部员外郎；二年（628）又拜给事中，兼知起居注；四年（630），升为中书侍郎。不久又加散骑常侍，兼崇贤馆学士，行太子右庶子。贞观十年（636）又授中书侍郎，赐爵南阳县侯，兼太子左庶子。后因辅导太子承乾时，泄露了太宗的话，获罪被贬为谷州刺史，再降为交州都督。贞观十七年（643），太子承乾被废，事连正伦，于是又被长流驩州；高宗显庆年间，被起复为黄门侍郎，同中书门下三品；不久又升为中书令，位居宰相。依据《旧唐书·经籍志》和《新唐书·艺文志》的记载，他一生著有：《杜正伦

---

① 《旧唐书·杜正伦传》，见标点本《旧唐书》，北京：中华书局，1975年版，第2541页。
② 标点本《旧唐书》，北京：中华书局，1975年版，第2541—2542页。

集》十卷、《春坊要录》四卷、《百行章》一卷。《百行章》被重新发现之前，这三种书都已失传。人们通常所能看到的，只有收入《文苑英华》卷六四九的两篇弹文，卷一六九和二一四的两首侍宴诗。[①]正由于此，《百行章》的发现，对研究杜正伦这个历史人物也具有一定价值。

《百行章》的产生，并非偶然，而是有其特定的历史背景。隋末唐初席卷全国的农民战争和军阀割据，使人口流散，经济萧条，社会秩序一片混乱。武德末贞观初，百姓余悸在心，草创的李唐王朝也时感脚跟未稳。如何使百姓尽快安定下来，建立稳定的统治秩序，不能不是统治者们念念于怀的大课题。贞观元年（627）唐太宗说："今欲专以仁义诚信为治，望革近代之浅薄也。"[②]魏徵也劝他"偃革兴文，布德施惠，中国既安，远人自服"。[③]用"仁义诚信"制服民心，太宗君臣的认识大体一致。为此，李世民一登帝位就设置了弘文馆，精选天下文儒，让他们以本官兼任学士，给以五品珍膳，轮流宿直。听朝之余，引入内殿，讨论坟典，商略政事，"或至夜分乃罢"[④]。贞观二年（628），决定以孔子为先圣、颜渊为先师，建孔庙于国学，[⑤]正式确立了孔子的"先圣"地位。四年（630），又诏颜师古、孔颖达等名儒考定《五经》，修成《五经正义》，"付国学施行"[⑥]。为了真正达到稳定秩序、移风易俗的目的，唐太宗甚至要自己的女儿南平公主出嫁给王

---

① 两篇弹文是：《弹张瑾将军等文一首》《弹李子和将军文一首》；又见影印本《全唐文》，北京：中华书局，1983年版，第1517页下栏、1518页上栏。两首诗是《侍宴北门》和《赋得节》；另名《宣武门侍宴》和《冬日宴于庶子宅各赋一字得节》，见《全唐诗》卷三三，北京：中华书局，1960年版，第450—451页。

② 〔唐〕吴兢：《贞观政要》卷五《仁义》，上海：上海古籍出版社，1978年版，第149页。

③ 〔唐〕吴兢：《贞观政要》卷五《诚信》，上海：上海古籍出版社，1978年版，第183页。

④ 〔唐〕吴兢：《贞观政要》卷七《崇儒学》，上海：上海古籍出版社，1978年版，第215页。

⑤ 〔唐〕吴兢：《贞观政要》卷七《崇儒学》，上海：上海古籍出版社，1978年版，第215页。

⑥ 〔唐〕吴兢：《贞观政要》卷七《崇儒学》，上海：上海古籍出版社，1978年版，第220页。

珪的儿子王敬直时，行拜公婆之礼，此后成为定制。①正是在这种情况下，杜正伦适逢际会，为改变社会风气，也为报答皇恩，欣然提笔，写出了《百行章》一卷。

这卷书的写成时间，虽然史无明文，绝对年月难以确定，但成书在武德末年至贞观初年则是可以肯定的。这除了前面提到的历史背景外，《百行章》直接提到的唐代人物和史实则是非常重要的线索。书中提到刘世龙、裴寂、杜伏威和高丽的有关事迹，而所涉及的史实全发生在武德年间。其中刘世龙任太府卿、裴寂任仆射、杜伏威降唐都较高丽称臣为早。而高丽请颁历、受正朔、建武被封为高丽王（即书中所说的"送降称臣"），是在武德七年（624）二月，②则此书的写成，上限不得早于武德七年二月。刘、裴、杜三人中，杜伏威"暴卒"于武德七年，③可置不论。刘世龙在贞观初年因罪配流岭南，年月不详。④裴寂在贞观三年（629）正月先被免官，遣还乡里；接着又被长流静州。⑤其时杜正伦正任给事中，兼知起居注，贴近宸极，对此事十分清楚。他不敢，也没有必要在此时间之后，又于《百行章》中再为裴寂歌功颂德，以至冒犯"龙颜"，自讨没趣。因此，这卷书的写成，下限又不得晚于贞观三年正月。我们虽然不能定出《百行章》成书的绝对年月，但根据以上情况，划定一个相对的时间范围还是可能的。

《百行章》的写作目的也非常明确。在它的开头，杜正伦写了一个百余字的《序》，认为《三坟》《五典》距今都太遥远，无从"览悉"。

---

① 〔唐〕吴兢：《贞观政要》卷七《礼乐》，上海：上海古籍出版社，1978年版，第227—228页。
② 标点本《资治通鉴》卷一九〇武德七年二月条，北京：中华书局，1956年版，第5976页。
③ 标点本《资治通鉴》，北京：中华书局，1956年版，第5978页。又见《新唐书》卷九十二《杜伏威传》，北京：中华书局，1975年版，第3799—3803页。
④ 标点本《旧唐书》，北京：中华书局，1975年版，第2295页。
⑤ 标点本《旧唐书》，北京：中华书局，1975年版，第2289页；标点本《资治通鉴》，北京：中华书局，1956年版，第6062页。

而普遍为人们看重的，则是《孝经》和《论语》，"立身之道，莫过忠孝"。所以，人们只要熟悉这两部经典的主旨，并照着去做，也就"足可成人"，忠孝俱全，名扬身显。对于此事，他常常"寻思"，以至"废寐休餐"。出于这种认识，他才把儒家经典中的"要真之言"，即警句，摘录重编，"合为《百行章》一卷"。在卷末第八十四章的结句中，作者又说："教人为善，莫听长恶，劝念修身，勿行非法。"无疑，这些都是写作目的的自我道白。

《百行章》全卷共八十四章，每章一字为题。就多数章目来看，内容与题目都很一致。但也有少量章目，题目仅和内容的前半部分相一致，而同另外一些内容联系不上。第二十八、三十七、四十四、四十九、五十二、六十八、七十七等章都属这类情况。如第六十八章，题为"毁行章"，前半部分讲父母有病时当如何孝敬护养，与题一致；后面却讲到"小者见老，速而避之；轻人值重，便须让路；贱者见贵，驰骤而去"，这些内容与题目毫无联系，却也编在了一起。这或许是作者在编写时，感到这些内容不好再另立专章，而又必须说出，于是附于一些章目之内。如果说编排有所不当的话，这便是主要的一点。

从内容来看，这卷书虽然章目繁多，但可以用"忠孝节义"四个字概其全篇，其他章目都是在此基础上派生出来的，其中所引的警句，多数出自《孝经》和《论语》；典故则出自人们熟悉的史传以及专收历史小故事的《说苑》等书。而这些典故的运用，也都是为了进一步说明封建伦理道德的。与儒家经书不同的地方，在于它文字通俗易懂，说理性强，把抽象的伦理观念具体化，贯穿到君臣、父子、夫妇、兄弟、朋友、邻里的日常生活之中，看得见、摸得着。其社会作用，比直接号召人们去熟读儒家经典更为显著。它的妙用正在于此。

在肯定《百行章》是维护和宣传"君君、臣臣、父父、子子"这些封建道德的同时，我们也注意到，它还吸收了一些佛教的内容。如第二十四、四十七、五十七、六十五等章，多多少少都有一些佛教说理。由此可见，很难讲唐初统治者只崇信儒、佛中的哪一种，而是凡有利于我者，兼收并蓄。正像唐高祖在诏令中说过的那样："三教虽异，善归一揆。"①

毫无疑义，对《百行章》宣扬的那些封建伦理是应当批判的。但是，剔除这些糟粕，《百行章》里面仍有不少积极的成分是可以也应该吸取的。如第十章"农业以时，勿令失度"，劝告不违农时；第十一章"俭者恒足，丰者不盈"，提倡节俭；第三十七章"衣服巾带恒须整，门户屋舍净洁""人前莫听涕唾"，号召讲究卫生，不随地吐痰；第五十九章"摊蒲博戏，二亲之忧"，告诫赌徒；第六十八章"轻人值重，便须让路"，主张轻者让重；第七十七章"山泽不可非时焚烧，树木不可非理斫伐"，教育人们要爱护草木；"比邻借取，有则与之；回前作后，谁无短缺？"倡导互相帮助，以及一些其他内容，即使在1300多年后的今天去看，也不过时，甚至是有直接现实意义的。

根据《百行章》的材料来源和主要内容，它应该属于儒家类著作。可是历代著录却极不一致。《旧唐书·经籍志》未曾著录，不知原因何在。《新唐书·艺文三》入子部儒家类；《宋史·艺文四》入子部杂家类；宋代《崇文总目》入子部儒家类，《秘书省续编到四库缺书目》又入类书类。笔者认为，入杂家类或类书类都欠妥当，而入子部儒家类是比较正确的，这已由《百行章》的写作目的和内容作了决定。另外，《新唐书·艺文四》集部又著录《杜正伦文集》十卷，说明直到宋代，《百行章》虽然可能已收入文集，但同时仍有单行本流传。

20世纪初，伯希和从敦煌窃走大量珍贵写本之后，又以伪善的面

① 《唐大诏令集》卷一百五《武德七年二月"兴学敕"》。见影印本《唐大诏令集》，北京：中华书局，2008年版，第537页。

孔"施舍"给中国士大夫们少量残卷，其中之一就是《百行章》。伯希和将一件《百行章》残卷以及其他一些残写本寄给罗振玉，罗氏如获至宝，收入《贞松堂藏西陲秘籍丛残》，影印刊布。后来《中国丛书总录》著录的《百行章》，便是罗振玉这个影印本。罗氏收藏的这个残卷，仅存第六至四十七章，首尾俱缺，字迹拙劣，谬误极多，同我们今天看到的巴黎所藏七件《百行章》残写本相比较，字迹最糟。伯希和的伪善面目是掩盖不住的。

20世纪30年代，王重民先生在巴黎摄取了大量四部书写本，其中就有《百行章》三件，即P.3306、P.3176、P.3053。1937年，王先生又为《百行章》残卷写了一个简短的介绍，认为："《新唐书·艺文志》儒家，有杜正伦《百行章》一卷，当即是书。宋代唯《秘书省续编到四库缺书目》类书类，有《百行章》一卷，此外不见著录，或即亡于宋代。然巴黎所藏，有是书三残卷，则在唐末五代时，流传尚广。"①这是很有见地的。其实，《崇文总目》子部儒家类也曾作了著录，只是到了南宋晁公武的《郡斋读书志》和陈振孙的《直斋书录解题》才不见著录。王先生还就他所见到的这几个本子，对序言部分作了校勘。由于条件限制，他看到的《百行章》残卷数量不多，因此校勘稍有疏误，今指出如下，以求其真。王先生谓："P.3306，存第一章至四十章"，实际是"存序言至第三十三章"；校勘后序言中的"徒尔虚谈"，"尔"当作"示"；"须尽节立孝"，"须"前脱一"则"字；"情愚之浅"，"之"当作"智"；"探略不周"，"探"当作"采"。

为了复原《百行章》，笔者对巴黎、伦敦和北京图书馆所藏敦煌文献缩微胶卷中的此书写本，做了尽量的收集，共得完本及残卷十三件。各本情况如下：

---

① 王重民编：《敦煌古籍叙录》，北京：中华书局，1979年版，第190—191页。

甲、S.1920首尾俱全，前后都有装轴痕迹，为一完整写本；

乙、S.3491存序言至第七十五章；

丙、S.1815存第七章残文至第十三章题目；

丁、S.5540仅存序言大部；

戊、《贞松堂藏西陲秘籍丛残》，存第六至第四十七章；

己、P.3796仅存题目和序言共十行；

庚、P.3176存序言至第六章；

辛、P.3306存序言至第四十三章之一部分；

壬、P.4937背面存第六十八章一部分至第七十七章；

癸、P.3053存第七十六至第八十四章；

子、P.3077《敦煌遗书总目索引》说明："背有汉文数行，内有《百行章》及……残状。"胶卷上今已看不出来；

丑、P.2808仅存《百行章》跋尾："时惟大梁贞明九年癸未岁四月廿四日净土寺学士郎清河阴义进书记之"；

寅、北图位字六十八号（胶卷编号8442），存第六十八章一部分至第八十四章。

以上十三件写本，除甲卷自身即为一完本外，乙卷和癸卷字迹相同，内容衔接，实为一完本断裂为二，被斯坦因和伯希和各窃去一块。这样，就可得到两件《百行章》的完整写本。其余十件中，除子卷胶卷模糊不清，丑卷仅有跋尾，另外八件都可资校勘。

在阅读中，我们发现，甲卷抄写完毕之后，曾用与乙卷相同的本子作过对校，这正是甲卷多次出现在某字之旁另注一字的原因。而旁注的这些字，在乙卷上基本全能找到。从所有出现的衍讹脱倒、大字作小字、小字作大字等种种迹象观察，虽然诸本各有千秋，但大体可以分为两个系统：甲、乙二卷为一系统；丙、戊、己、庚、辛等卷为另一系统。多数情况下，各系统都是凡对都对，凡误皆误。这说明，《百行章》流传了二三百年之后，敦煌地区至少已有两种不同的本子存在。这一点，对于我们了解《百行章》的流传情况是很有意义的。

关于这些写本的年代问题，除丑卷仅存跋尾，已见前述外，其余只寅卷有一跋尾："庚辰年正月廿一日净土寺学使（士）郎王海润书写，邓保住、薛安俊札（？）用。庚辰年正月十六日净土寺学使（士）郎邓保住写记述也，薛安俊（？）用。写书不饮酒，恒日笔头干。且作随宜过，即与后人看。"根据这个跋尾，邓保住比王海润抄写《百行章》早五天，那么寅卷就是王海润根据邓保住的抄本书写的。依理，王海润自己写一个跋尾也就够了，可是他又将邓保住的跋尾抄了过来，这是没有必要的。至于末后的几句话，大概是学生调皮而作的歪诗。跋尾提到的庚辰年，公元740、800、860、920、980年都是庚辰。考虑到丑卷跋尾是"大梁贞明九年"即公元923年；阴义进、王海润、邓保住又都是净土寺的学士郎，那么寅卷跋尾的庚辰年，很可能是公元920年，即后梁贞明六年。然而贞明实仅七年，丑卷却书为"贞明九年"，则是由于唐末五代中原战乱，敦煌僻居西北，不知中原改元所致。这两件残卷的跋尾，说明《百行章》在唐末五代仍是相当流行的，其社会影响于此可见一斑。除去丑、寅二卷外，其余各卷均无跋尾，好在对我们复原这卷佚书无关宏旨，也就不必深究了。

［原载《1983年全国敦煌学术讨论会文集·文史·遗书编》（下），甘肃人民出版社，1987年版，第99—107页］

说"稷"

——以敦煌文献"黄米"即"稷"为中心

学界巨擘、担任中国敦煌吐鲁番学会会长达26年之久的季羡林教授，以98岁高龄辞别人世，不免让后学感伤。谬忝敦煌吐鲁番学界的我，不仅在北京大学读研究生时恰逢季先生出任北大副校长，而且后来先生还曾为我和荣新江合作的《敦博本禅籍录校》命笔作序，勖勉有加，令我铭记难忘。谨以此篇小文表达对先贤的怀念之情。

众所周知，"后稷"是中华民族的农业始祖，被后人尊作"稷神"而受到世代供奉和祭祀，北京中山公园的社稷坛便是明清时代祭祀稷神和土地神的场所；在我的故乡山西省稷山县，有专设的"稷王庙"，也是用作祭祀这位神祇的。后稷之所以受到尊崇，是因为他发现了最古老的农作物"稷"，教民稼穑，人民赖以为生，由此产生了原始农业，故而他才被视作"农神"。

但是，作为农作物的"稷"，究竟是什么呢？

遍查当今流行的各种汉文工具书，真是五花八门，其说各异。概而言之，有如下三种意见：1）黍；2）粟；3）高粱。虽然各家所言侧重点有别，有力主一说的，有诸说并存的，但主体内容无出以上三种意见。

令人兴奋的是，我在敦煌写本《书仪》中发现了一条以"黄米"为"稷"的资料，尚未受到相关研究者的关注。现将这条资料移录如下，并加疏释，再结合传世典籍，阐明我对这个问题的认识。

敦煌文献 S.1725 号《书仪》有云：

> 问曰：何名六礼？答曰：雁第一，羊第二，酒第三，黄白米第四，玄纁（纁）第五，束帛第六。……用黄白米者何？答曰：黄米者，稷也；白米者，稻米也。黄米拟作黄团琮（粽），祭仙（先）人之灵。是以［用黄白米］。去（其）法女（如）何？黄米取帛作袋子，三角缝之；白米取帛练作袋子，三角缝之。二米升数多少任意。连二袋子相着，三寸板子系着袋口，题云"礼米"，安在礜中。①

原卷字迹清晰，不存在模糊不清问题。所可注意者大致有三：一是以"黄米"为"稷"（"黄米者，稷也"），二是用之作"黄团粽"，三是用于祭祀先人之灵。卷中"琮"字乃"粽"字之误。因为无论如何也不可能用黄米做出玉质的礼器"琮"来，其错误显而易见，无须赘辩。

据赵和平教授研究，这是唐前期的一种"吉凶书仪"。②中古时代，书仪的用途十分广泛，如写信、庆悼等各种仪式，都需要一定的规范和形式，书仪就是供人们进行相关活动时参照使用的，因此它具有十分的普遍性。前引那段《书仪》文字，是举行婚礼仪式时行用的。可

---

① 图版见《英藏敦煌文献（汉文佛经以外部分）》第三卷，成都：四川人民出版社，1990年版，第129页；释文见赵和平：《敦煌写本书仪研究》，台北：新文丰出版公司，1993年版，第408—410页。

② 赵和平：《敦煌写本书仪研究》，台北：新文丰出版公司，1993年版，第420—422页。

以说，以"黄米"为"稷"至少是唐朝人的一种普遍认识，否则不会写入《书仪》，供人们参照使用。

但是，"稷"在汉代却有不同于唐人的解释。最有代表性的，莫过于文字学家、东汉人许慎在《说文解字》中的认识。他说：

> 稷：齎也。五谷之长。从禾，畟声。①
> 秫：稷之黏者。从禾；术，象形。②
> 黍：禾属而黏者也。以大暑而种，故谓之黍。从禾，雨省声。
> 孔子曰："黍可为酒，禾入水也。"
> 凡黍之属皆从黍。舒吕切。③

为了讨论方便，我将许慎关于"秫"和"黍"的解释一并抄录如上。

我们注意到，许慎说"稷"是"五谷之长"，可见其地位之崇高。同时他认为"秫"是"稷"之黏者。那么，循许氏此义，"稷"可分为"黏"与"不黏"两种，其中"黏"者被称为"秫"。至于"黍"，他认为是另一种农作物。这样理解现存《说文解字》文本的许氏本意，我想大致不会有太大的错误。

我们又注意到，许氏在解释"黍"字字义时，很重视孔子的话并加以引用。虽然我尚未查出孔子此语的出处，但我却找到了孔子关于"黍"为"五谷之长"的高论。《韩非子·外储说左下》有如下记载：

> 孔子侍坐于鲁哀公。哀公赐之桃与黍。哀公曰："请用。"仲尼

---

①影印本《说文解字》，北京：中华书局，1963年版，第144页下栏。
②影印本《说文解字》，北京：中华书局，1963年版，第144页下栏。
③影印本《说文解字》，北京：中华书局，1963年版，第146页下栏。

先饭黍而后啖桃，左右皆掩口而笑。哀公曰："黍者，非饭之也，以雪（即洗——引者）桃也。"仲尼对曰："丘知之矣。夫黍者，五谷之长也，祭先王为上盛。果蓏有六，而桃为下，祭先王不得入庙。丘之闻也，君子以贱雪贵，不闻以贵雪贱。今以五谷之长雪果蓏之下，是从上雪下也。丘以为妨义，故不敢以先于宗庙之盛也。"①

这段话中，孔子认为"黍"为"五谷之长"，而且是祭祀先王的上品，是在祭祀宗庙时使用的。可见，"黍"的地位十分崇重，其义与前引《书仪》中"黄米"（即"稷"）用于"祭仙（先）人之灵"完全一致。

我们还注意到，在先秦及后世典籍中，多是"黍稷"并称，而非"稷黍"并称。如《诗经·王风·黍离》："彼黍离离，彼稷之苗"；《山海经·海内经》："都广之野，后稷葬焉，爰有膏菽、膏稻、膏黍、膏稷，百谷自生，冬夏播琴"；《诗经·小雅·甫田》："自古有年，今适南亩，或耘或耔，黍稷薿薿"；又如：《尚书·君陈》："黍稷非馨，明德惟馨"；晋人葛洪《抱扑子·明本》亦云："珍黍稷之收，而不觉秀之者丰壤也"；宋人韩琦《寄题广信君四望亭诗》："古道入秋漫黍稷，远坡乘晚下牛羊"；清人方文《喜龚孝升都宪至诗之二》："每涉江淮路，偏多黍稷情。"由上可知，"黍稷"并称是一直以来的传统，这与孔子认为"黍"乃"五谷之长"的认识一脉相承。

可是，为什么到了东汉时，许慎却认为"稷"乃"五谷之长"呢？我推测这同汉代的国家政策和文化氛围大有关联。西汉时，中央王朝实行了"崇本抑末"和"罢黜百家，独尊儒术"两项政策。前者是一

---

① 见影印本《诸子集成》，北京：中华书局，1954年版，第五册，《韩非子集解》第223页。

项经济政策，发展农业，抑制工商。既然要大力发展农业，那么农神 "稷" 的地位也就空前崇高。相应的，农神 "稷" 所发现并教民种植的农作物 "稷"，地位也就提高了。《汉书·郊祀志》云："稷者，百谷之主，所以奉宗庙，供粢盛，人所食以生活也。"① "稷" 为 "百谷之主"，取代了孔子所说的 "黍者，五谷之长"，有其必然性。许慎说 "稷" 是 "五谷之长"，所秉承的恰恰是汉王朝的国家意志，正所谓 "一切历史都是现代史" 的具体体现。至于 "独尊儒术" 的文化政策，则是 "崇本抑末" 的理论根据。因为儒家对工商业及其从业人士一直采取边缘态度，这是自孔子以来就有其传统的。

以上我们说明了 "稷" 如何取代 "黍" 的地位，成为 "五谷之长" 或 "百谷之主"。但 "黍" 与 "稷" 二者是什么关系？尚需作进一步的讨论。

前引敦煌本唐初《吉凶书仪》云 "黄米者，稷也"；《说文解字》关于 "黍" 则说 "禾属而黏者也"。《书仪》中的 "黄米" 是制作 "祭先灵" 所用 "黄团粽" 的原料，既为 "粽"，其性必黏，而且其色亦 "黄"，难道这不就是 "黍之黏者" 吗？今天，全球华人每年端午节做粽子，祭祀先贤屈原，虽然粽子品种很多，但黄米粽子不也还是其中的大宗吗？

为了加深对这个问题的理解和认识，请允许我再抄写两条当代流行辞书对 "黄米" 和 "黍" 的释义：

外语教学与研究出版社 "汉英双语"《现代汉语词典》：

> 黄米：黍子去了壳的子实，比小米稍大，颜色很黄，煮熟后很

---

① 标点本《汉书》，北京：中华书局，1962 年版，第 1269 页。

黏。①

台湾出版的《中文大字典》：

> 黍：稷之黏者，其形态与稷无异。今北人称黍为黄米，性黏，
> 多磨粉作糕或酿酒（如山东黄米酒），其不黏者则称为穄（即稷），
> 但作糕而不酿酒。②

简言之，黄米由黍而出，黄米是稷，那么黍就是稷，至少其中性黏的那一种是稷。

考虑到先秦典籍中"黍稷"连称，我认为在其时人们的认识中，"黍"分黏与不黏两种，其中黏者便是"稷"。换言之，其时人们是用"黍"来概称"黍"和"稷"的，这与其时黍为"五谷之长"的地位相一致。到了汉代，由于稷神与稷的地位被拔高，于是又用"稷"来概称"稷"与"黍"。许慎既说"稷之黏者"，自然就有不黏者。说明在汉代人的认识中，"稷"有黏与不黏之分，就像先秦人认为"黍"有黏与不黏之分一样。

如前所述，根据敦煌本《书仪》"黄米者，稷也"的表述，我们已经说明，这里的"稷"实际上就是"黍"，其性黏，其色黄，那么，黍和稷还有区别吗？难道它们的关系不是一而二、二而一吗？其区别仅仅在于用什么作涵盖。再往前推进一步，我们便会得出如下的认识：

---

① "汉英双语"《现代汉语词典》（增订本），北京：外语教学与研究出版社，2002年版，第853页。

② 《中文大字典》第38册，台湾省"中国文化学院和中国文化研究所"出版发行，1982年版，第485页。

> 先秦时,"黍"乃五谷之长,其黏者称稷,不黏者称黍;
>
> 两汉时,"稷"乃百谷之主,其黏者称黍,不黏者称稷。

本质上说,黍之黏者就是稷。这是中国人的早期认识。但用这个认识去比较许慎在《说文解字》中的解释,便难以吻合。因为他说"稷之黏者"乃"秫",而把"黍"作为另一种作物去认识。而所谓"秫"者,后人认为就是"赤粟",从而引出了"稷"是"粟"的认识。我虽然没有确凿的证据,但非常怀疑许氏这里文字有误植。实在说,他如果把"稷之黏者"四字放在"黍"字之下,便不存在这种种困难了。

至于"稷"是高粱的说法,乃汉代以后的认识,离题太远,这里不再驳正。

在形成上述"黍"之黏者为"稷"的认识中,无疑,敦煌本《书仪》"黄米者稷也"起了十分重要的作用。但这是否是一条孤证呢?似乎不是。《康熙字典》午集下禾部"稷"字条云:

> 《说文》:齌也,五谷之长。徐曰:"案本草,稷即穄,一名粢。楚人谓之稷,关中谓之糜,其米为黄米……"

概而言之,黄米即稷。所谓"徐曰"即宋初人"徐铉说"。他曾受诏为《说文解字》作注。徐铉的这个认识据云是来自《本草》,与敦煌本《书仪》相一致,说明唐初《书仪》的表述没有错误,是可以信从的。

在翻检大量的古今文献与辞书后,我感觉,虽然也存在某些不足,但总体而言,表达比较准确的有两种书:一是明朝李时珍的《本草纲目》。《本草纲目·谷二·稷》云:"稷与黍,一类二种也。黏者为黍,不黏者为稷。稷可作饭，黍可酿酒。犹稻之有粳与糯也——今俗通呼为黍子，不复呼稷矣。"这与我们前述以"稷"为涵盖辞时所得结论一致，反映的是汉代的认识。如果想表达先秦人的认识，只要改为以"黍"为涵盖词，便成为"黏者为稷，不黏者为黍"了。二是当代人编的《辞源》，该书"稷"字释义云："谷物名，别称粢、穄、糜。古今著录，所述形态不同，汉以后误以粟为稷，唐以后又以黍为稷。以为最早的谷物，古称百谷之长，谷神、农官皆名稷……"[1]它不仅正确地指出以"稷"为"粟"是汉代以后才发生的错误，而且告知"唐以后又以黍为稷"，这一认识为敦煌本《书仪》所证实。我要补充的是，"以黍为稷"并非唐人的新认识，而是"稷"在先秦时的本来面目，唐人仅是将其本义加以恢复而已。

最后我想再多说一句。既然我原籍是山西省稷山县，那里县南有稷王山，县城有稷王庙，民间迄今是否还有对农作物"稷"的称谓呢？23岁之前，我一直在稷山县和运城地区生活，家在农村，再未听到群众说有哪种农作物叫"稷"的。民间将"黍"仍分为两种：不黏的称作"硬黍子"，黏的称作"软黍子"，仅此而已。

（原载中国文化遗产研究院编《出土文献研究》第11辑，上海中西书局，2012年版，第295—300页）

---

[1]《辞源》，北京：商务印书馆，1982年版，第2315页。

吐鲁番出土《高昌立课诵经兄弟社社约》初探

在新疆维吾尔自治区博物馆最新征集到的汉文文书中，有7个号码字迹相同，内容相通，撕裂的茬口亦相衔接，故而将其拼合成一件。其原始编号为：46（b）、47（b）、62（b）、68（b）、69（b）、80（b）和81（b）。为行文方便，所有编号均使用简称，如09ZJ0046（b）简称为46（b），其中（a）、（b）分别代表正背面。本件7个编号中47（b）和62（b）两片稍大，其余5片均很小。现将拼合后的文书释文如下：

[前缺]

1._____兴代木 _____贵 _____

2._____请师立课诵经。逢（？）_____

3._____七世先灵，下列一切生死_____

4._____课人中，其有公（父）母、自身_____

5._____掘冢（塚）尽竟。若一日不去，_____

6.人出叠二丈、素（索）一张，严车。若课人中有病_____

7.知；若维那不语众人守夜，谪维那杖廿；_____

8.人中私（缌）麻相连死者，仰众弟兄送丧至_____

9.不去者，谪酒二斗。限课人中，其有诣城_____

10.丧。东诣白苟，南诣南山，西诣始昌，北诣_____

11. 不去者，人谪五纵叠两匹。课人中其▢▢▢▢▢

12. 限课人中，其有见大不起▢▢▢▢▢

13. 课人中，其有赤面▢▢▢▢▢

14. 五十。限一月诣▢▢▢▢▢ 言若▢▢▢▢▢谪杖

15. 言谪杖一下。从冬▢▢▢▢▢月竟，人尽受济（记）十善，

16. 若不受济（记）十善，谪饼六张。若饼不好，谪麦二斗；若

17. 麦不好，谪床一斗。从三月至八月出落一斗半；从九月

18. ▢▢▢▢▢月出麻子一斗半。已课之日，要盐酱使具。

19. ▢▢▢▢▢课人中，有（？）自成者，人出美酒一斗。

若弟兄出美▢▢▢▢▢

20. ▢▢▢▢▢课人▢▢▢▢有随（？）烧香后谪腹（？）

五十除水▢▢▢▢▢

21. ▢▢▢▢▢種得听仰佛饼以课人要▢▢▢▢▢

［后缺］

现在，对上述释文的相关问题，再作一些补充说明。

原件前、后均有缺失，这是显而易见的。但上、下是否也全有缺失呢？恐怕未必。拼合后，原件上部由 46（b）、68（b）、69（b）、80（b）、81（b）五个号码组成。各号上部边沿已被裁成了鞋帮。由于均被废物利用过，经过裁剪，似乎上部各行均有缺失。但我们注意到，第 15 行末句为"人尽受济（记）十善"，第 16 行上部为"若不受济（记）十善"云云，文字衔接，仅上部"若"字被剪掉半截；第 16 行下部为"若饼不好，谪麦二斗；若"，而第 17 行上部为"麦不好，谪床一斗"，文字也相衔接，仅 17 行首字"麦"被剪掉了上半截。上述事实表明，原件的下部仅到 15 行的"善"字和 16 行的"若"字，上部仅到 16 行的"若"字和 17 行的"麦"字，这便是它的基本高度。而且 15、16

两行下部纸沿十分齐平，似乎此处未被剪过。以15、16两行上、下为参照，我们便可以判断各行上、下残失的大致情况。结果发现，除1—5行上下均残外，6—15行上部缺字很少，而下部残失较多；15行上部无残失，"言"字乃其顶端。再者，现存第17行较完整，共21字，从而估计原件每行字数在20个上下，残文共21行，如果残存各行完整的话，当有字400个上下；现存文字260来个，约占62%，即约五分之三。

原件第4行下部有"公母自身"，"公"字明显有误。第3行有"七世先灵"云云，即父母和此前的六代祖宗，此后所言，当即父母和自身，才符合情理，故而校"公"为"父"。

第6行"素一张"。"素一张"不辞，"素"系"索"字形误，径改。"张"字右半残破。阿斯塔那一五五号墓所出高昌国文书有《高昌诸臣条列得破被氈、破褐囊、绝便索、绝胡麻索头数二》，内有"胡麻索六十一张""绝便索十张"①，可知，高昌时代"索"可以用"张"来计量。据此，将本件这一残字厘定为"张"。

第8行原有"私麻相连死者"一句，"私"乃"缌"字之误。"缌麻"是古代丧服名，指五服中最轻的一等，孝服用细麻布制成，服孝期为三个月。本宗族指高祖父母、曾伯叔祖父母、族叔伯父母、族兄弟及未嫁宗族姊妹；外姓中为表兄弟、岳父母等，均为缌麻亲。故结合上下文义，校"私"为"缌"。

第11行有"谪五纵氎两匹"一句，"氎"字已残。然此批文书中编号为59者有"六纵氎"之谓，据此，可知残字为"氎"；叠的品种又有"五纵""六纵"之别。此外，在吐鲁番地区还有过"中行氎"②"漂

---

①国家文物局古文献研究室、新疆维吾尔自治区博物馆、武汉大学历史系编：《吐鲁番出土文书》（释文本）第三册,北京：文物出版社,1981年版,第289页。

②《吐鲁番出土文书》（释文本）第二册,北京：文物出版社,1981年版,第197页。

叠" ①等名目，可知"叠"的种类很多，"五纵"仅其名目之一。

第15、16行有"受济十善"云云，"济"当作"记"。这是一个佛教术语，指佛祖记识弟子来生因果及将来能否成佛之事，接受记别，叫作"受记"。《老残游记续集遗稿》第六回："佛经上常说'受记成佛'。你能受记，就能成佛；你不受记，就不能成佛。" ②故而校"济"为"记"。

在上述文字释读的基础上，我们对其内容和时代做一些初步探索。

从前述释文即可看出，由于原件前后上下均有缺失，几乎没有几行文字可以连读。因此，要想全面、完整地把握其内涵，难度确实不小。但是，残存部分还是留下了一些有价值的信息，可以据之对原件进行部分解读。

我们注意到，第10行有"东诣白芳，南诣南山，西诣始昌，北诣"，下接第11行，但第11行上部残缺，因而"北诣"下文不明。而白芳、南山、始昌，尤其是白芳和始昌，更是吐鲁番地区特定时代的特有地名。吐鲁番地区的历史，自东晋至隋唐，大致可分为三个主要阶段：高昌郡时期（327—460）、高昌国时期（460—640）、唐西州时期（640—791）。唐朝从贞观十四年（640）平高昌，立即在那里全面推行唐朝的政治、经济、军事制度，地名也多有改变。因此，白芳、始昌这两个地名不在唐西州范围，我们仅在高昌郡和高昌国的范围内加以考虑。

先说白芳。王素先生认为："白芳、东镇城：沮渠氏北凉时期已经置县。此后，其名屡见于史籍，或作白力、白刀、白刃、白棘，均为白芳之讹。麴氏王朝后期，因在国境东线，作为横截'镇东府'的前

①《吐鲁番出土文书》（释文本）第二册，北京：文物出版社，1981年版，第347页。
②〔清〕刘鹗：《老残游记》，北京：中国文史出版社，2002年版，第213页。

沿，获得东镇城之名。唐灭高昌，置蒲昌县。"①"白芳、东镇无疑为今鄯善县治。"②至于其距高昌城的里程，唐人李吉甫《元和郡县图志》卷四〇陇右道下西州蒲昌县条云："西南至州一百八十里。"③这就是说，在唐人看来，白芳在高昌城东偏北方向，相距一百八十唐里。

次说始昌。王素先生认为："始昌：麹氏王国前期已经置县。唐灭高昌，置天山县。"④其今地则在托克逊县东边10公里左右的大墩子北古城。⑤至于其距高昌城的里程，《元和郡县图志》卷四〇陇右道下西州天山县条云："东至州一百五十里。"⑥就是说，始昌在高昌城之西，相距一百五十唐里。

就白芳、始昌二地而言，《梁书·诸夷·高昌传》亦曾指出："其国盖车师之故地也。南接河南，东连敦煌，西次龟兹，北邻敕勒。置四十六镇，交河、田地……始昌、笃进、白力等，皆其镇名。"⑦

再说南山。南山不像白芳和始昌那样显豁，情况要复杂一些。《后汉书·西域传》云："自鄯善逾葱领（岭之本字，古用'领'。编者注）出西诸国，有两道。傍南山北，陂河西行至莎车，为南道。南道西逾葱领，则出大月氏、安息之国也。自车师前王庭随北山，陂河西行至疏勒，为北道。北道西逾葱领，出大宛、康居、奄蔡焉。"⑧我认为，引文中的"南山"与本文书所涉及的"南山"当是同一座山。揆度高昌时代的南部边界，此"南山"或相当于吐鲁番之南、罗布泊之北的

①王素：《高昌史稿·交通篇》，北京：文物出版社，2000年版，第66页。
②王素：《高昌史稿·交通篇》，北京：文物出版社，2000年版，第67页。
③〔唐〕李吉甫撰，贺次君点校：《元和郡县图志》，北京：中华书局，1983年版，第1032页。
④王素：《高昌史稿·交通篇》，北京：文物出版社，2000年版，第82页。
⑤王素：《高昌史稿·交通篇》，北京：文物出版社，2000年版，第83页。
⑥〔唐〕李吉甫撰，贺次君点校：《元和郡县图志》，北京：中华书局，1983年版，第1032页。
⑦标点本《梁书》，北京：中华书局，1973年版，第811页。
⑧标点本《后汉书》，北京：中华书局，1965年版，第2914页。

库鲁克塔格山脉。①

我们还注意到，在表述四至时，用东、西、南、北"诣"（即"到"）这样的方式，同见于著名的《宁朔将军麴斌造寺碑》，其碑阴铭文曰："西诣□，北诣孙寺，东诣城壁，南诣辛众佑舍。"②这也可以作为我们研究本件文书的一个参考。

从以上考察可知，白芳即后来唐代的蒲昌县，在高昌城东偏北一百八十唐里；始昌即后来唐代的天山县，位于今之托克逊附近，在高昌城西一百五十唐里；南山即今之库鲁克塔格山脉。而本件文书说"东诣白芳，南诣南山，西诣始昌"，只有以高昌城为中心，才能分别用"东""南""西"指称这三个地名，此外无从解释。虽然由于上下文有残缺，不能完全连读，尚难把握原文的确切含义，但它是站在高昌城的地位指称四至，则是可以确定的。从而有理由认为，该文书是在高昌城形成的，当无疑义。

在此基础上，进一步的探索表明，此件文书产生于高昌的某个民间社团。原件第2行有"请师立课诵经"一句，与传播佛教知识有关。所谓"师"，渊自梵语upādhyāya，即以道教人者之总称，律中又分得戒师和受业师两种。《释氏要览》上曰："师有二种：一亲教师，即是依之出家；二依止师，即是依之秉受三学。"③所谓"立课"，《摩诃阿弥陀经衷论》："凡出家者，悉登上果，意深悦之。及已出家，屡求修持之法。无知者，久之。始闻净土之学于焦山僧，辄自立课程，专志持名不辍。"④《净土随学》又云："心猿意马莫能停，念佛应须立课

---

① 此点蒙宋晓梅教授见告，谨致谢忱。

② 转引自宋晓梅：《高昌国——公元五至七世纪丝绸之路上的一个移民小社会》，北京：中国社会科学出版社，2003年版，第262页。

③ 丁福保编纂：《佛学大辞典》，北京：文物出版社，1984年版，第924页上栏。

④ 《卍新纂续藏经》第22册，经号0401。

程。"①《宗范》更云："自百丈建丛林来，倡设禅堂，定香立课，积代相承，功程加密。"②由是可知，"立课"即设立课程，讲授佛教知识，后世又叫功课。元代宗宝本《六祖坛经·机缘品》云："汝若但劳劳执念以为功课者，何异牦牛爱尾！"③简言之，"立课诵经"就是设立功课，每日按时进行诵经、念佛等佛事活动，佛教又称"课诵"。

与本件内容关系密切的另一语词是"课人"，出现的频率极高。但手边几种工具书均未设这个词条。查《大方广菩萨藏文殊师利根本仪规经》，有如下语句："彼持课人迅当远离彼树""彼持课人当依仪轨专注受持""彼持课人若欲所作成就者，当须持诵，勿令间断"④等等。看来，"课人"可能就是"持课人"的简称，亦即参加"立课诵经"，坚持做功课的人。本件文书中这一词语当用指所有参加"立课诵经"的信徒。

与本件关系更为密切的是"维那"这一名称。原件第7行有云："若维那不语众人守夜，谪维那杖廿。"一般来说，"维那"是中古时代寺院的"三纲"（寺主、上座、都维那）之一，其名称亦来自梵语kar-madāna，管理寺内事务之人。《僧史略》（上）说："西域知事僧，总曰羯磨陀那，译为知事，亦谓悦众，谓知其事，悦其众也。"但在本件中，"维那"却非寺院的"三纲"之一，而是中古时代民间社团的负责人之一。

清人王昶在《金石萃编》卷二十七至卷三十九中，收录了数十件北朝的佛教造像石刻题记，几乎每件造像题记后均列有参加本次造像的人员名单。其中一些冠有"维那"的人名是僧人，但也有一些人名

---

①《卍新纂续藏经》第62册，经号1187。
②《卍新纂续藏经》第65册，经号1283。
③敦煌本《六祖坛经》无此一句。
④《大正藏经》第20册，经号1191。

是世俗之人。如北魏太和七年（483）《孙秋生等造像记》后所列的十五组人名，每组前均冠有"维那"二字，第一组为"维那程道起、孙龙保"等，第十五组为"维那朱祖香、解廷俊、董伯初"。①显然，这些"维那"均为世俗之人，而非寺院的"维那"。更有甚者，一些维那还是当时在任的官员，如北周天和六年（571）《费氏造像记》，所列参与其事者有"维那横野将军费远"②，就更不可能是寺院"三纲"之一的"维那"了。

据郝春文教授研究，魏晋南北朝时期，佛教在我国得到空前发展，作为寺院外围组织的"邑""邑义"或"义邑"，从事了大量与佛教有关的活动，如造像、诵经、设斋、建塔、造寺、造石室，以及修建义井、植树造林等活动。而民间社团首领的名称，不少也由寺院首领的名称移植过来，仅"维那"便有维那、都维那、维那主、大维那、行维那、直维那、大都维那、大维那主、副维那、南面维那、左厢维那、右厢维那、都邑维那、邑维那、营副都维那、长兼都维那、都维那大像碑主、都维那像主、都维那斋主等不同称号。③就其职掌而言，"维那一称，在多数情况下是作为邑主或像主的助手，是邑义的副首领"。④就本文研究的这件文书中的"维那"而言，其地位大概也是副职或管事一类，否则，不能被规定"若维那不语众人守夜，谪维那杖廿"。

除了上面这些与文书内容密切相关的重要语词外，我们再仔细阅读文书的内容，便不难发现，其多数语句的表达方式都是"若……谪……"亦即"如果……罚……"这样的语言形式，在敦煌出土的社

---

①影印本《金石萃编》，北京：北京市中国书店，1985年版，卷二十七6叶下栏。
②影印本《金石萃编》，北京：北京市中国书店，1985年版，卷三十七7叶下栏。
③郝春文：《中古时期社邑研究》，台北：新文丰出版公司，2006年版，第136页。
④郝春文：《中古时期社邑研究》，台北：新文丰出版公司，2006年版，第135页。

邑文书中十分多见。比如：《大中九年（855）九月廿九日社长王武等再立条件》（P.3544）有："其物违时，罚酒一角"；"其斋社违月，罚麦壹硕，决杖卅……"①《大中年间（847—860）儒风坊西巷社社条》（S.2041）有："若右赠孝家，各助麻壹两，如有故违者，罚油壹胜。"②例子极多，不备举。由此可见，本件的主体内容是对有关违失行为的罚则。

综合以上讨论，可以看出，此件文书的产生，是由于高昌某个民间社邑拟"请师立课诵经"，为保障其顺利进行，才制定了相关的规定和罚则（这是残存内容的主体部分），包括对管理者之一维那的处罚，当然更多的是对"课人"违失行为的处罚。我们还注意到，文书第8行有"仰众弟兄送丧至"，第19行有"若弟兄出美"云云。而在龙门石窟造像题记中，亦多见"法义兄弟"和"法义兄弟姊妹"的用语，其实均是指参加社邑的成员。所以，我们为之拟题曰"高昌立课诵经兄弟社社约"。

前已述及，"高昌"作为一个历史概念，包括高昌郡（327—460）和高昌国（460—640）两个阶段，共有313年的时间。那么，本件文书形成于什么年代呢？

本件文书两面书写。正面内容作废后，背面被用来书写租葡萄园券。该券第1行原文为"庚辰岁□月四日"。据陈国灿先生研究，此"庚辰岁"乃高昌麴宝茂建昌六年（560）。③毫无疑义，这应该是其正面内容的年代下限。至于其形成年代的上限，既然是作废后又被利用，则距离建昌六年（560）不应太远，这从下面的考察亦可得到证实。

---

① 宁可、郝春文：《敦煌社邑文书辑校》，南京：江苏古籍出版社，1997年版，第1—2页。
② 宁可、郝春文：《敦煌社邑文书辑校》，南京：江苏古籍出版社，1997年版，第5页。
③ 陈国灿：《对新出一批高昌券契的认识》，载中国文化遗产研究院、新疆维吾尔自治区博物馆编：《新疆博物馆新获文书研究》，北京：中华书局，2013年版，第311—317页。

　　文书第15—16行有："人尽受济（记）十善；若不受济（记）十善，谪饼六张。"说明进行"请师立课诵经"的这个社，结合信众听讲佛法，大力推行着佛教的"十善"，即不杀生、不偷盗、不邪淫、不妄语、不两舌（说离间语、破语）、不恶口（恶语、恶骂）、不绮语（杂秽语、非应语、散语、无义语）、不贪欲（贪爱、贪取、悭贪）、不瞋恚、不邪见（愚痴）。这样的教化活动，势必在社会生活的其他方面有所体现。我们注意到，推行"十善"在吐鲁番出土的"随葬衣物疏"这一特殊种类的文书中，曾经有过充分的表达。阿斯塔那一七〇号墓出有《高昌章和十三年（543）孝姿随葬衣物疏》，在详列随葬衣物后，接着说："章和十三年水（癸）亥岁正月任（壬）戌朔，十三日甲戌，比丘果愿敬移五道大神。佛弟子孝姿持佛五戒，专修十善，以此月六日物故"①云云。"十善"已如前文所述；而"五戒"者，即不杀生、不偷盗、不邪淫、不妄语、不饮酒，为在家人所持守，男子即优婆塞，女子即优婆夷。这样，"佛弟子孝姿"恐怕应是在家的佛法信徒了。更为重要的是，基本上以此件为分界，在已经出土的吐鲁番文书中，公元543年后的随葬衣物疏，其表述的基本格式都是"佛弟子某某持佛五戒，专修十善，以某月某日物故"云云。②直到阿斯塔那一一六号墓所出《高昌重光二年（621）张头子随葬衣物疏》，③其表达所用套语如出一辙。而公元543年之前已出土的随葬衣物疏，却没有这样的表达形式，如阿斯塔那三〇五号墓《缺名随葬衣物疏》（一）（二）④内有前秦建元二十年（384）文书，阿斯塔那一号墓所出《西凉建初十四年

---

① 《吐鲁番出土文书》（释文本）第二册，北京：文物出版社，1981年版，第61页。
② 参见姚崇新：《试论高昌国的佛教与佛教教团》，载《敦煌吐鲁番研究》第四卷，北京：北京大学出版社，1999年版，第39—80页。
③ 《吐鲁番出土文书》（释文本）第三册，北京：文物出版社，1981年版，第151页。
④ 《吐鲁番出土文书》（释文本）第一册，北京：文物出版社，1981年版，第9—10页。

（418）韩渠妻随葬衣物疏》，①哈拉和卓九六号墓所出《北凉真兴七年（425）宋泮妻隗仪容随葬衣物疏》，②阿斯塔那六二号墓所出《北凉缘禾五年（436）随葬衣物疏》，③阿斯塔那二号墓所出《北凉缘禾六年（437）翟万随葬衣物疏》④，阿斯塔那四〇八号墓所出高昌郡时期《令狐阿婢随葬衣物疏》⑤等等，都未见"佛弟子某某持佛五戒，专修十善"的表达方式。这表明，衣物疏中这种格式化的表达方式，是佛法在高昌地区大力推广后的产物。⑥而本文研究的这件文书，恰恰是民间社团积极参与在高昌地区推广佛法的记录，其中"受记十善"便是推广的内容之一。因此，本件文书产生年代的上限，或者与"佛弟子某某持佛五戒，专修十善"的出现为同时，或者比之略早或略晚，但都不会与建昌六年（560）相差太远。

有学者认为，"6世纪中叶，佛教在高昌广为流传"，与麴氏高昌国第三代国王麴坚（531—548在位）的大力提倡相关联，⑦这与我们推测本件文书产生于6世纪中叶大致相当。

下面，对本件文书的学术价值再作一些说明。

由于原件本身残缺过甚，所以，真正能够连读并明确其准确含义

---

① 《吐鲁番出土文书》（释文本）第一册，北京：文物出版社，1981年版，第14—15页。

② 《吐鲁番出土文书》（释文本）第一册，北京：文物出版社，1981年版，第59—60页。

③ 《吐鲁番出土文书》（释文本）第一册，北京：文物出版社，1981年版，第98页。

④ 《吐鲁番出土文书》（释文本）第一册，北京：文物出版社，1981年版，第176—177页。

⑤ 《新获吐鲁番出土文献》（上），北京：中华书局，2008年版，第21页。

⑥ 本文认为在既出吐鲁番文书中，公元543年后的随葬衣物疏多用"佛弟子某某持佛五戒，专修十善"这一格式化的表达方式，是就其总体趋势而言的，不排除此后个别衣物疏中也不用这种格式化的语言，如《吐鲁番出土文书》（释文本）第二册314—315页所载阿斯塔那三三五号墓出土的《高昌延昌三十二年（592）缺名随葬衣物疏》，《新获吐鲁番出土文献》（上）第101页所载巴达木二四五号墓出土的《麴氏高昌延寿九年（632）六月十日康在德随葬衣物疏》，以及其他。也就是说，不可将这个问题过分简单化。

⑦ 宋晓梅：《高昌国——公元五至七世纪丝绸之路上的一个移民小社会》，北京：中国社会科学出版社，2003年版，第256、262页。

的句子不多。尽管如此，我们还是能够从中获得一些有价值的认识。

我们注意到，原件第3—10行虽然残缺较多，但其大致意思还能明白。这里是讲，在家里长辈去世时，课人中凡有缌麻以上亲戚关系者，都要去参加掘墓和送葬等丧事活动；如果有人患病，也要给予关照并及时报知管事者维那；如果维那不安排人员守夜，进行照顾，则将受二十杖的处罚。这些内容所体现的正是中国古代传统民间组织"社"的互助性质。敦煌文献中有一件《社条（文样）》（S.5520），内云："结义之后，但有社内人身迁故，赠送营办葬义（仪）车辇，[一] 仰社人助成，不德（得）临事疏遗，勿合怪叹，仍须社众该□送至墓所。"①可以说，虽然上引文样与本件文书相距数百年之久，但其互助性质却是一脉相承的。

不过，本件文书的内容毕竟是以传播佛教为主的。如同在中原地区一样，佛教在高昌的传播过程中，民间社团同样起过十分重要的作用。如果说过去我们仅仅知道外来佛教在中土内地的传播曾经借助于民间组织，那么，本件文书即告知我们，同样的情况在时称"西域"的高昌地区也出现过。至于它们之间是否存在互相影响的问题，还需做进一步的研究。

在既往出土的吐鲁番文书中，社邑文书非常少见。迄今仅见二件：一件出自阿斯塔那第74号墓葬，题为"众阿婆等社条"，其形成时间大约在唐显庆三年或以前；②一件是《丁丑年九月七日石作卫芬倍社再立条章》，因出土过程不明，其确切年代尚无法确定。③但这两件的内容仍以社众互助为主，因此还不能与本件文书进行直接比较。本件是迄今为止吐鲁番文书中唯一以传播佛教为主要内容的社邑文书，其珍贵

---

① 宁可、郝春文：《敦煌社邑文书辑校》，南京：江苏古籍出版社，1997年版，第47页。
② 宁可、郝春文：《敦煌社邑文书辑校》，南京：江苏古籍出版社，1997年版，第60—62页。
③ 宁可、郝春文：《敦煌社邑文书辑校》，南京：江苏古籍出版社，1997年版，第63—65页。

价值不言而喻。

最后，我们从本件文书还看到，高昌民间社团为了配合统治者普及佛法，曾经采取过一些严厉的处罚措施：不仅对于"课人"（即信徒）是如此，而且对于负责具体组织工作的"维那"也有严厉的处罚——只要他不安排课人在夜间守护病人，就要被打二十杖，相当残酷。如果说既往的研究使我们看到了高昌佛教、佛寺十分兴盛，那么，本件文书则部分地告知了其兴盛原因之所在。就此而论，它的价值也是别的文书所无法替代的。

（原载中国文化遗产研究院、新疆维吾尔自治区博物馆编《新疆博物馆新获文书研究》，中华书局，2013年版，第318—326页）

归义军时代《戊戌年洪润乡百姓令狐安定请地状》释文订补

　　敦煌文献的整理录校工作，迄今已有百年以上的历史。在中国大陆地区，近几十年先后有几个大项目进行，有的早已结束，有的仍在进行之中。释文质量的高低，固然与录校者的学养、知识积累暨整理经验相关联，但许多时候也同原写本的性质和清晰度有关。一般来说，典籍类写本大多书写工整，字迹清晰，释读难度相对较小；而社会生活文书，尤其是来自民间、书手文化水平很低的实用文书，释读难度就会加大。如果书写者再来一笔大草，加上墨迹浅淡，今人录校时就是"遇到活神仙"了。我这里将要订补的这件《请地状》，就堪称"活神仙"，难度实在是太大了。

　　这里将要涉及两位敦煌学界的前辈学者：一位是日本著名"敦煌学"和隋唐史专家池田温先生，另一位是出自北大的老学长唐耕耦先生。就我所见，这件《请地状》最早的录校工作是由池田温先生完成的，后来唐先生和其他学者也都是在池田温先生先期工作的基础上再进行的。池田温先生的工作完成于20世纪70年代，距今已近四十年。我可以毫不含糊地说，如果没有他的早期工作，就不会有我们今天认识上的再提高——后来者总是踩着前人的肩膀继续登高的。我们对前辈学者怀着深深的敬意，继续前行，正是后来人的本分，不存在对前辈的丝毫不敬，笔者此意，读者应予明鉴。

这件《请地状》原编号为S.3877背，释文收录在池田温先生1979年于日本出版的《中国古代籍帐研究》一书中。1982年，中华书局出版了龚泽铣先生的汉译本。但这个汉译本仅是其论述部分，释文部分当时未同时刊出。2007年，中华书局又将二者合在一起正式出版，现在《请地状》的图影和释文即可从该书观看。①

唐耕耦先生的释文，见于他和陆宏基先生合编的《敦煌社会经济文献真迹释录》第二辑。②此后，在研究工作中，引用池田先生和唐先生释文者不计其数。而我所见到的最新一份释文，是由赵大旺先生完成的。③目前所能见到的该件文书清晰度最好的照片，则载于《英藏敦煌文献（汉文佛经以外部分）》第五册第191页。④

下面我们先将池田温先生的释文（原为竖行）抄出，再与唐、赵二位先生的释文对照，对存在的问题逐条讨论，以期最终获得一份接近文书真实面貌的录文。池田温先生原释文如下：

1. 洪闰乡（a）百姓令狐安定

2. 右安定一户兄弟（b）二人、惣受田拾伍畞、非常地（c）少

3. 窄窘（d）。今又（e）同乡女户阴（?）（f）什伍地壹拾伍畞

4. 先共安定同渠合宅（g）、连伴（?）（h）耕种。其

---

① [日]池田温著，龚泽铣译：《中国古代籍帐研究》，北京：中华书局，2007年版。《请地状》见释文部分第439页第284号文书。

② 唐耕耦、陆宏基：《敦煌社会经济文献真迹释录》（第二辑），全国图书馆文献缩微复制中心，1990年版，第469页。

③ 赵大旺：《"不锌承料"与"不办承料"》，载刘进宝主编：《丝路文明》第一辑，上海：上海古籍出版社，2016年版，第210页。

④ 中国社会科学院历史研究所等编：《英藏敦煌文献（汉文佛经以外部分）》第五册，成都：四川人民出版社，1992年版，第191页。

5. 地主、今缘年（?）（i）来不辩（?）（j）承料（k）乏（之）（l）后、别

6. 人懻扰（m）。安定今欲请射此地、伏望

7. 司空（n）照察贫下、乞公凭、伏请　　处分。

8. 戊戌年正月、　日、令狐安定。

下面与唐、赵释文对照并加以讨论。

（a）洪闰乡：池田从原卷，唐、赵径改"闰"字作"润"。敦煌文献中"洪闰乡"和"洪润乡"并存通用，后者如 P.3451《甲午年洪润乡百姓氾庆子请理枉屈状》、P.4040《洪润乡百姓辛章午牒》等。虽然"闰""润"二字通用，但从字义来说，则当作"润"。"洪"义为大，如"洪水""洪福"；"润"即恩泽。而"洪闰"则不辞无义。故唐、赵校改是。

（b）兄弟：唐释作"弟兄"，误，原件照片清楚。

（c）地：唐、赵释作"田"，误，原件照片清楚。

（d）窄窘：第二个字原形作"穴"下安"夹"，池田释作"窘"，误，唐从池田作"窘"亦误。赵识出其字形，径释作"狭"，是。"狭"字之所以变形若此，当属类化换旁字，是由上一字"窄"所引起。此二字，与其形同者，又见于 P.3277 背《乙丑年二月廿四日祝骨子合种契》。[①]该件照片较为清晰，恰可与本件《请地状》此二字相比照。兄弟二人共受田十五亩，认为"非常地少窄狭"，自在情理之中。否则，他将没有理由请射土地。

（e）又：池田、唐从原卷作"又"。赵先录出"又"，其后用括弧注出"有"，是。敦煌文献中"又""有"二字互相代用十分普遍，不

[①]唐耕耦、陆宏基：《敦煌社会经济文献真迹释录》（第二辑），全国图书馆文献缩微复制中心，1990年版，第32页上栏。

胜枚举。赵校改为"有"，正是原写者的本意。

（f）阴：池田在其右加一"？"号，表示不确定，足见十分谨慎。唐、赵均释作"阴"，是。

（g）宅：池田、唐、赵均释作"宅"，误。"合宅"何义？实在难以讲通。我将《英藏敦煌文献》放在太阳底下，用放大镜仔细辨识，才看出是一个"管"字的草体。"管"字上面的"竹"字头草书很像"宀"，下面的"昌"字草书很窄，致使误释为"宅"。令狐安定认为自己与阴什伍合用一条水渠，共同管理，又是"连畔耕种"（详下文），自然十分方便。这也是他请射阴什伍这十五亩土地的理由之一。

（h）伴：池田释作"伴"，右加"？"，表示不确定。唐、赵径释作"畔"。按，原卷是"伴"字，但当校作"畔"，释文当写作"伴（畔）"。"畔"即田界，亦即田地四至。《左传·襄二十五年》："行无越思，如农之有畔，其过鲜矣。"[1]"连畔耕种"说明这两户地块相连。

（i）年：池田在右侧加问号，表示不确定。唐、赵释作"年"，是。"年来"是个口语词，即近年以来。

（j）辤：池田加问号，表示不确定。唐从池田释作"辤"，赵释作"辝"。就字形来说，赵释文符合原卷。但此二字均为"辞"字的俗体，故可连同上一字将该词认作"不辞"。赵释"不辞"为"不能"，并作如下论述："'不辞'在敦煌写本中并非仅见，如P.3904《注观世音经并序》有：'不辞修善，自落三途之中。'S.2073号《庐山远公话》有：'佛法难思，非君所会，不辞与汝解脱（说）。'后又言：'不与你下愚之人解说。'显然，这两个'不辤（辝）'意即'不能'。S.133号《秋胡变文》有：'吾与汝母子恩情义重，吾不辞放汝游学。'（中略）刘瑞明撰文指出，'不辞'有不能、不会、不应之意（《'不道'及'不

---

[1] 影印本《十三经注疏》，北京：中华书局，1980年版，第1986页中栏。

辞'释义辨误》,《贵州文史丛刊》1994年第4期,第83页),所引语例甚详。"论述有力,可从。

(k)承料:三家释文均同,误。"料"是"科"的误释。此处应当释作"承科"方是。发生错误的原因是"料""科"二字草书极为相似。由于该字的误释,对于该《请地状》及相关文书的研究已产生很大影响。为了将问题弄清楚,我们先引同时代另一件性质相同的文书,即P.2222b背《唐咸通年间前后(c.865)沙州僧张智灯状稿》(池田温先生释文):

1.僧张智灯 状
2.右智灯叔任等、先蒙 尚书恩赐造、令
3.将鲍壁渠地、回入玉关乡赵黑子绝户地、永为口
4.分、承料役次。先请之时、亦令乡司寻□(问)实虚、两重判命。其
5.赵黑子地、在于涧渠、下尾咸卤□荒渐(文宽按,"渐"当校作"碱")、惣佃种
6.不堪。自智灯承后、经今四年、总无言语。车牛人力、不离田畔。沙粪除练、似将
7.堪种。(下略) [1]

张智灯将土地与赵黑子绝户地回换,"永为口分"之后,便"承料役次"(3—4行)。第6行有"自智灯承后",这个"承"字当然是指上文的"承料役次"。"承"指"承担""承当"。那么,所"承"之"料役"是什么呢?显然无从索解。其实,应当释作"科役"才是。这里

---

①[日]池田温著,龚泽铣译:《中国古代籍帐研究》,北京:中华书局,2007年版,第428页。

"料"字也是"科"的误释。

《汉语大词典》释"科役"曰:"征发徭役。《新唐书·狄仁杰传》:'官吏侵渔,州县科役,督趣鞭笞,情危事迫。'宋司马光《温公续诗话》:'〔魏野〕卒赠著作郎,仍诏子孙租税外,其余科役皆无所预。'宋王钦臣《王氏谈录·唐三宗像》:'其画亦当时之迹,每持以见县官,免科役。'"①《汉语大词典》将"科役"理解为"征发徭役",显然是认为"科"即"征发","役"即"徭役"。但这仅是其意义的一种。如果只此一义,理解则未免偏窄。所引《新唐书·狄仁杰传》的那四句话,出自狄仁杰的上疏文字,显指州县摊派赋税和徭役。但所引宋人王钦臣《王氏谈录》中的"免科役",其"科役"就是指赋税和徭役了。可见,"科役"一词在传世典籍和敦煌文献里的意义相同,既可以是动词,也可以是名词。

"科役"又作"课役"。《汉语大词典》释"课役"曰:"赋税及徭役。北齐颜之推《颜氏家训·归心》:'其四,以靡费金宝减耗课役为损国也。'《隋书·高祖纪下》:'秋七月壬申,诏以河南八州水,免其课役。'《旧唐书·食货志上》:'凡水旱虫霜为灾,十分损四以上免租,损六以上免调,损七以上课役具免。'"②"课役"一词在敦煌文献里也屡屡出现。除了户籍里有"课户"和"不课户"外,P.2507《水部式》残卷也多次出现"课役"一词,如"仍折免将役年及正役年课役"(59行)、"应免课役及资助"(65行)、"并免课役"(71行)等;③大谷文书2835号《周长安三年(703)三月敦煌县典阴永牒》中有"逃人若归,苗稼见在,课役具免,复得田苗"(12—13行)④的文句。由此可

①罗竹风主编:《汉语大词典》第8册,上海:汉语大词典出版社,1991年版,第51页。
②罗竹风主编:《汉语大词典》第11册,上海:汉语大词典出版社,1993年版,第278页。
③唐耕耦·陆宏基:《敦煌社会经济文献真迹释录》(第二辑),全国图书馆文献缩微复制中心,1990年版,第580—581页。
④[日]池田温著,龚泽铣译:《中国古代籍帐研究》,北京:中华书局,2007年版,第198页。

见，在同一时代，"课役"一词在传世典籍和出土文献中也是同时并存的。再进一步，我们也看到，在敦煌地区，县司所称的"课役"，在民间有时也被称作"科役"，二者意义无别，都是指赋税和徭役。

不少论者已经指出，中古时代，有土地就必须承担赋役（科役）。这是正确的认识。僧人张智灯既将土地回换，则必须承担所换得土地的"科役"。至于那个"次"字，似应理解为"依次"。因为到此之时张智灯已经营这块土地四年之久。所以"次"字不能与上文连词，它只是表明前面发生的事。而"承"与"科役"则应连读。

再回到本文讨论的这件令狐安定请地状文上来。本来他的土地就与阴什伍相连，"同渠合管，连畔耕种"，现在，该地主人却说他"不辞承科"，也就是不能承担或没有能力承担"科役（课役）"了，那土地总不能撂荒吧？于是，安定才向官府提出他想"请射此地"。毫无疑义，如果"请射"成功，这十五亩地的"科役"自然也就转移到令狐安定身上了，由安定来承担。这由国家制度所规定，也是完全顺理成章的事。

由上可知，释文中的"料役"当作"科役"。

(1) 乏（之）：唐释作"乏"，赵释作"乏（恐）"。如果单独作"乏"，则文义无从索解。于是池田先生校作"之"，赵氏又根据此类公文的程式性用语校作"恐"。其实，该字原本就是"恐"字。我注意到，状文第2行有"惣受田拾伍畞"。其中"惣"字为俗体，由上"物"下"心"组成。我们知道，"恐"字是由上"巩"下"心"组成。此二字的共同特征是下面为"心"字。这件状文里此二字下面的"心"均为草书，状若一捺，完全相同。由同一人草书而成的这两个字，"惣"下一捺既然能识作"心"，那么此"恐"下的一捺也当识作"心"字。虽然上面的"巩"字因草书而不很清楚，但当我们确认其下为"心"字后，便可据公文类程式性用语将此字释作"恐"，不必先释作"乏"，再校作"恐"。简言之，此字为"恐"可以确认。

（m）懪扰：此词意思清楚，主要是字形问题。唐、赵释作"搅扰"，是据文义直接释文的。此"搅"字原作"木"旁，而非"忄"旁。敦煌写本偏旁"扌""木"不分，直接释作"搅扰"可以成立。

（n）司空："司"字原卷基本与2—6行第一字平齐，池田上提两格，与第一行平齐，唐、赵均从之（赵释文未分行，但在"司"字前空一格），均是。依照《平缺式》，①此"司空"二字应当平出，第7行"处分"二字前空出即缺字，均表尊敬之意。

根据以上考辨，现对该《请地状》重新释文如下：

1. 洪闰（润）乡百姓令狐安定
2. 右安定一户兄弟二人，惣受田拾伍畞，非常地少
3. 窄狭。今又（有）同乡女户阴什伍地壹拾伍畞，
4. 先共安定同渠合管，连伴（畔）耕种。其
5. 地主今缘年来不辤承科，恐后别
6. 人搅扰，安定今欲请射此地。伏望
7. 司空照察贫下，乞公凭。伏请　　处分。
8. 　　　　戊戌年正月　　日　令狐安定。

本文重点是期望正确地释录文字。至于该文书的年代及相关问题，前人论述已多，这里从略。

（原载《敦煌研究》2018年第5期，第63—66页）

①〔唐〕李林甫等撰，陈仲夫点校：《唐六典》，北京：中华书局，1992年版，第113页。

敦煌三件《相书一部（卷）》
"集"成年代之我见

敦煌文献中有200余号数术文献，实在是我国传统文化中的一笔宝贵财富。虽然它早就引起中外有识之士的重视，①但在我国大陆，研究工作却起步迟缓。十余年前，我曾呼吁学界重视这一领域的研究。②令人欣喜的是，迄今这个领域的研究已经取得了长足的进展。先是有黄正建先生的《敦煌占卜文书与唐五代占卜研究》③出版，其后便是进入新世纪以来，兰州大学郑炳林先生和他的学生们一批数术专著的先后

---

① 聊举数种如下：王重民编：《敦煌古籍叙录》，北京：中华书局，1979年版，第178—180页；[法]侯锦郎：《敦煌写本中的唐代相书》，汉译文载耿昇译：《法国学者敦煌学论文选萃》，北京：中华书局，1993年版，第350—366页；[法]茅甘：《敦煌写本中的"五姓堪舆"法》，同上书第249—256页；[法]戴仁：《敦煌写本中的解梦书》，同上书第312—349页；[法]马克·卡琳诺斯基：《敦煌数占小考》，载《法国汉学》第五辑，北京：中华书局，2000年版，第187—214页。

② 邓文宽：《敦煌吐鲁番历日的整理研究与展望》，见《敦煌吐鲁番天文历法研究》，兰州：甘肃教育出版社，2002年版，第123—128页。

③ 黄正建：《敦煌占卜文书与唐五代占卜研究》，北京：学苑出版社，2001年版。

问世，有涉及宅经和葬书的，①有涉及占梦的，②还有涉及相术的，③以及其他，琳琅满目，不一而足。我为这些成就的取得由衷地高兴。

当然，已有的研究成果也并非尽善尽美，不少问题还需要我们在继续努力的基础上加深认识。本篇即是在前贤研究的基础上，对敦煌三件许负系统《相书一部（卷）》的"集"成年代提出一得之见，以便引起学界的关注和更深入的讨论。

这三件相书的编号分别是Ch.87④、P.3589背⑤和S.5969⑥。

Ch.87原题《相书一部》，"汉朝许负等一十三人撰"。据原卷所示，这一十三人即：许负、李陵、东方朔、管公明、陶侃、耿恭、朱云、黔娄先生、张良、鹿先生、神农、李固和张禹。十三人中，神农为传说中人，黔娄先生为春秋齐之高士，鹿先生事迹不详，管公明即管辂，三国魏人，陶侃为东晋浔阳人，其余八位为两汉人。就相术而言，许负声望最高，与先秦唐举、隋之袁天纲并称，后世有称相术为"袁许之术"者。由是可知，本件《相书一部》并非一人一时所"撰"成，而是后世有人将许负等十三人的相术著作混合重编而成的。正由于此，P.3589背便题名为"相书一卷"，"汉朝许负等一十三人集"。这个"集"字用得很好，但把"集"字用在"汉朝许负等一十三人"头上却不妥当。Ch.87说这十三人"撰"，是对的，因为原作者确实是这十三

---

① 金身佳：《敦煌写本宅经葬书校注》，北京：民族出版社，2007年版；陈于柱：《敦煌写本宅经校录研究》，北京·民族出版社，2007年版。

② 郑炳林：《敦煌写本解梦书校录研究》，北京：民族出版社，2005年版。

③ 郑炳林、王晶波：《敦煌写本相书校录研究》，北京：民族出版社，2004年版。

④ 释文见郑炳林、王晶波：《敦煌写本相书校录研究》，北京：民族出版社，2004年版，第27—31页。

⑤ 释文见郑炳林、王晶波：《敦煌写本相书校录研究》，北京：民族出版社，2004年版，第63—67页。

⑥ 释文见郑炳林、王晶波：《敦煌写本相书校录研究》，北京：民族出版社，2004年版，第73—74页。

人，混合重编（即"集"）者却不是这十三人，而是后代的某位术士或文化人。

此外，据此种相书序言所记，全文共有36篇。现存者，Ch.87首全尾缺，存卷首至"［额］第二十八"，共28篇；P.3589背存卷首至"手掌文第二十九"，但中间篇目次序有颠倒，且有一些篇目缺失，实存21篇；S.5969首尾、上下均有残失，存卷首至"耳颊第十一"共十一篇残文。

又经比对，这三件相书篇目及文字内容大同小异，有些仅是表述习惯的差异，内容则基本相同。其中，S.5969残文又与P.3589背最为靠近。因此，有理由将这三件相书抄本归于同一母本。至于是否有比这一母本更早的母本（即母本之母本），我们在下面的讨论中将会论及。

前贤在论及这三种相书写本的"集"成年代时，曾有过不同的表达。黄正建先生根据十三人中陶侃为东晋人，认为"此卷相书最早也是东晋的作品"。①郑炳林、王晶波二先生在谈到Ch.87抄本时说："从内容上看，此书的成书时代在唐以前是没有问题的。抄录的时代，从与藏文历史传说同抄一卷的情况来看，当在唐中期吐蕃统治敦煌以后。"②在论及P.3589背写卷时，郑、王二氏则云："关于此卷相书的抄写年代，邓文宽在研究正面所抄的玄象诗时，将玄象诗的年代推定为唐初或唐前，而抄写时代，则估计'可能在隋唐时代'。由于相书抄写在P.3589的背面，所以不会早于玄象诗的年代。另外从相图（本文按：P.3589背原有几幅配图）所表现的相学观念来看，它的抄写时代也不应早于唐初。"③至于S.5969，因残破过甚，二氏在"题解"中未论及其形成与抄写年代。

---

①黄正建：《敦煌占卜文书与唐五代占卜研究》，北京：学苑出版社，2001年版，第58页。
②郑炳林、王晶波：《敦煌写本相书校录研究》，北京：民族出版社，2004年版，第26页。
③郑炳林、王晶波：《敦煌写本相书校录研究》，北京：民族出版社，2004年版，第62页。

可以看出，无论是我当年论及 P.3589 正面《玄象诗》的年代，还是黄、郑、王诸氏讨论相关相书写本的年代，所定年限均较为宽泛。或者说，由于种种原因，都尚未作更为深入的研究。

近年来，笔者偶尔也思索一些中国文化史中的大问题。我曾经戏谑地对朋友说，我们祖先除了对人类文明进步做出过四大贡献，即造纸、印刷术、火药和指南针，同时作为中华文化的负面内容，也有四项堪称"国粹"的东西，即太监（对男人肉体与精神的摧残）、小脚（对女人肉体与精神的摧残）、文字狱（对文化人的迫害）、凌迟（对受刑者的残酷虐待）。没想到，这个玩笑居然同本文要讨论的问题发生了联系。

下面为了讨论的方便，我先将 Ch.87 第十篇的内容抄录如下：

鼻第十

凡人鼻长，长命。鼻如截筒，三公。鼻曲不直，大贱，陵迟。鼻左曲妨父，右曲妨母。鼻头晃晃如老蚕，富。鼻孔中毛出，好说人。鼻薄孔大毛出，贫。鼻骞露孔，贫死。孔方，富。鼻上横理文，害夫失子。鼻孔小，主乐。鼻孔鹰嘴，好说人，不可近。鼻孔垂孔，富。[①]

P.3589 背、S.5969 残文与上引文字小有出入，但均不害义。我们注意到，上述引文中有"鼻曲不直，大贱，陵迟"一句。作为一个语词，"陵迟"的产生与使用是比较早的，而且有几种不同的含义。《荀子·宥坐》："三尺之岸，而虚车不能登也。百仞之山，任负车登焉。何则？

①郑炳林、王晶波：《敦煌写本相书校录研究》，北京：民族出版社，2004 年版，第 28 页。

陵迟故也。"章诗同注:"陵迟,坡度斜缓,由低渐高。"①概言之,其义指斜坡缓延。《诗·王风·大车序》:"《大车》,刺周大夫也。礼仪陵迟,男女淫奔,故陈古以刺今。"唐·孔颖达疏云:"陵迟,犹陂陁,言礼义废坏之意也。"②此即衰败、败坏之义。此外,陵迟还有折磨义。宋人洪迈《夷坚丁志·叶德孚》:"告婆婆,当以钱奉还,愿乞命归乡,勿陵迟我。"③"勿陵迟我"即别折磨我也。敦煌写本《汉将王陵变》:"苦见陵母不招儿,遂交(教)转队苦陵迟。扑枊卧于枪下倒,失声不觉唤娇儿。"项楚先生注曰:"陵迟:折磨,亦作'凌迟'……"④就陵迟具有的三种含义,即斜坡缓延、败坏和衰败、折磨言,与上引 Ch.87《鼻第十》中的"陵迟"对照,第一种全无可能,第二、第三种似乎能沾点边,但也并非十分贴切。原卷"相鼻"中属于负面或不吉利的鼻相占辞计有:妨父、妨母、好说人、贫、贫死、害夫失子和"陵迟"。如果我们把这里的"陵迟"也理解成"衰败"或"折磨",似乎与其整体语意很不协调。同时我们注意到"陵迟"前有"大贱"二字,为其他鼻相占辞所无。经过对 Ch.87 现存文字的统计,占辞中用"贱"字者凡二十三见,"贱人"一见,"贱恶"一见,"下贱"一见,"大贱"仅在此"鼻第十"中出现一次。说明"集"成者对"鼻曲不直"这一面相极度厌恶与贬斥,从而才有"陵迟"紧随其后。

　　既然"陵迟"一词在我国早期文献中的含义与此《相书一部》的占辞用义不能相侔,那么,就不能不使我们想到:"凌迟"在中国历史上还以极端酷峻之刑而出名。郑炳林、王晶波二先生在为 Ch.87《相书

---

①章诗同:《荀子简注》,上海:上海人民出版社,1974 年版,第 320 页。

②影印本《十三经注疏》,北京:中华书局,1980 年版,第 333 页中栏。

③〔宋〕洪迈撰,何卓点校:《夷坚丁志》卷第六"叶德孚",北京:中华书局,2006 年版,第 587—588 页。

④项楚:《敦煌变文选注》,成都:巴蜀书社,1989 年版,第 128、131 页。

一部》中的"陵迟"作注时说："古代最残酷的一种死刑，又称剐刑，即用分割肉体的方法置人于死地。此谓鼻梁弯曲不直主贫贱恶死。后世相书主贫贱孤厄……"①经过对"陵迟"一词含义的比对与思考，我认为郑、王二氏将其理解为"剐刑"是可以接受的。

然而，作为一种刑罚，"陵迟"或曰"凌迟"在中国历史上的出现，却是有比较明确的时代性的。

我国现存最早的成文法典当推《唐律疏议》，其极刑仅有绞、斩二刑，凌迟尚未出现。就是宋初建隆四年（963）颁布的《宋刑统》也没有关于"凌迟"的死刑规定。后世学者多认为这一酷刑最早出现于五代时期。《旧五代史·刑法志》载：

［开运］三年（946）十一月丁未，左拾遗窦俨上疏曰："（前略）又刑部式，决重杖一顿处死，以代极法。斯皆人君哀矜不舍之道也。窃以蚩尤为五虐之科，尚行鞭扑；汉祖约三章之法，止有死刑。绞者筋骨相连，斩者头颈异处，大辟之目，不出两端，淫刑所兴，近闻数等。盖缘外地，不守通规，肆率情性，或以长钉贯篸人手足，或以短刀脔割人肌肤，乃至累朝半生半死，俾冤声而上达，致和气以有伤。将宏守位之仁，在峻惟行之令，欲乞特下明敕，严加禁断者。"敕曰："文物方兴，刑罚须当，有罪宜从于正法，去邪渐契于古风。窦俨所贡奏章，实裨理道，宜依所奏，准律令施行。"②

文中"以短刀脔割人肌肤"，便是后世所说的"凌迟"。窦俨在疏

---

①郑炳林、王晶波：《敦煌写本相书校录研究》，北京：民族出版社，2004年版，第42页。
②《旧五代史·刑法志》，见标点本《旧五代史》，北京：中华书局，1976年版，第1971页。

中说"淫刑所兴，近闻数等"，说明此种酷虐之刑此前闻所未闻。晋出帝石重贵也不糊涂，批准了窦俨的奏文，反对滥用"淫刑"（包括"凌迟"），要求"准律令施行"。

这或许是文献中有关"凌迟"作为"淫刑"的最早记载？即便还可能有比这更早的记录，但"凌迟"之刑的出现大概不早于五代之末，且为法律所不认可。

不唯五代后晋出帝石重贵不认同这种酷虐之刑，就是入宋（960）40余年后，宋真宗赵恒也不加认可。《宋史·刑法志》曰：

> ［景德］四年（1007）……御史台尝鞠杀人贼，狱具，知杂王随请脔剐之，帝曰："五刑自有常制，何为惨毒也。"入内供奉官杨守珍使陕西，督捕盗贼，因请"擒获强盗至死者，望以付臣凌迟，用戒凶恶。"诏："捕贼送所属，依法论决，毋用凌迟。"凌迟者，先断其支体，乃抉其吭，当时之极法也。盖真宗仁恕，而惨酷之刑，祖宗亦未尝用。①

如果说后晋开运三年（946）时，"凌迟"酷刑虽已有其实，但尚无其名，那么60年之后，"凌迟"已成为宋代君臣谈话中的普通用语了。可以想见，它在社会生活中已经约定俗成，虽然在国家方面尚未认同，但在现实生活中已经确确实实地存在着了。

凌迟一刑何时正式进入法典，不是我们这里要讨论的问题。我们关心的是它最初出现的年代。除了上述正史记载，元人马端临在《文献通考》中也说过："以此二则（按：即上引《宋史·刑法志》的内

---

① 见标点本《宋史》，北京：中华书局，1977年版，第4973页。

容）观之，则知法外凌迟之刑，祖宗时未尝用也。"①清儒钱大昕也对历史上这一酷虐之刑的出现给予了特别的关注。他指出："陆游谓五季多故，以常法为不足，于是始于法外特置凌迟一条（原注：见《渭南文集》）……马端临谓凌迟之法，昭陵以前，虽凶强杀人之盗，亦未尝轻用。自诏狱兴，而以口语狂悖者，皆丽此刑矣，诏狱盛于熙丰之间，盖柄国之权臣，藉此以威缙绅……"②所谓"熙丰之间"，即熙宁、元丰之间，亦即宋神宗在位之时（1068—1085）。

上面我们用了较多的文字讨论"凌迟"之刑出现的始末。之所以这样做，是由于我们讨论的三件许负系统《相书一部（卷）》占辞中出现了这个刑罚。五代末年，此刑罚虽已事实上存在了，但尚未有一个正式的名称；入宋40多年后，宋朝君臣已经在十分熟练地使用这个词语了，说明时人都已懂得了"凌迟"作为酷刑的含义。同理，那位"集"成许负等一十三人的著作而成《相书一部》或《相书一卷》者，在使用"凌迟"一词时，显然这个刑罚用语也已经在社会上流行开来。如果仅仅是他自己懂得，或极少数人懂得，社会上多数人尚不理解其义，他在《相书一部》"鼻第十"中使用"陵迟"一词，还有何意义呢？

在上面的讨论中，我是将这三件许负系统《相书一部（卷）》的"集"成当作一个长过程来考虑的；也许其早期的"集"成在东晋南朝时就已完成，但五代末至宋初仍有人在加工修改。其最早的"集"成时间（如果并非一次完成的话）我们虽不可知，但今本的最后"集"成则当在五代末至宋初的数十年间，这由其文本中熟练地使用刑罚用语"凌迟"一词可获证实。

在本文之初，我们曾指出，Ch.87、P.3589背、S.5969三件《相书

---

① 〔元〕马端临：《文献通考·刑五》，北京：中华书局，1986年影印本，第1446页上栏。
② 〔清〕钱大昕：《十斋驾养新录》，上海：上海书店出版社，1983年版，第156页。

一部（卷）》文字略有差异，但不排除他们源自同一个母本。那么，这个"母本"自己是否也有一个"母本"呢？这似乎是存在的。

我们注意到，敦煌本许负系统《相书一部（卷）》不限于本文专门讨论的那三件，P.2572（A）也是同一系统的相书，但与前三件却有所不同。郑炳林、王晶波二氏指出："在敦煌许负系统相书中，P.2572（A）是较为特别的一种……虽然篇首的序已残去，但它保存了从《相躯貌部第二》至《相人面气色第卅五》的内容，保存的篇目足有34篇！……它的篇目名称、排列次序大部与其他四种许负系统相书相同，但自第二十八篇开始，篇目名称及内容都有了不同。……随着篇目的不同，所记载的内容也出现了其他四种相书中所未见的内容。如'人面郭三亭''男子六恶''女人九恶'以及'面部气色'等等。"①那么，就本文要讨论的问题来说，它与那三件《许负相书》有何差异呢？

差别十分明显。Ch.87等"鼻曲不直，大贱，陵迟"，在P.2572（A）却作"鼻曲不直，失职"。②一作"大贱，陵迟"，一作"失职"，相去甚远。首先，P.2572（A）未用"大贱"一词，说明它还是将"鼻曲不直"当作一般的不吉利面相看待的，而不像Ch.87等三件那样，由"大贱"而致"陵迟"；其次，"失职"虽也是负面占辞的用语，但比起"陵迟"这一极端负面的占辞却相去甚远。诚然，"失职"一词在古代文献中同样历史悠久，且含义有别，我们有必要理解其本义。

《周礼·地官·大司徒》云："十日以世事教能，则民不失职。"清人孙诒让"正义"曰："职谓四民之常职。"③故而"失职"即失业、流离失所。《诗·召南·采蘩序》："夫人可以奉祭祀，则不失职矣。"毛

---

① 郑炳林、王晶波：《敦煌写本相书校录研究》，北京：民族出版社，2004年版，第76—77页。
② 郑炳林、王晶波：《敦煌写本相书校录研究》，北京：民族出版社，2004年版，第80页。
③ 影印本《十三经注疏》，北京：中华书局，1980年版，第703页上栏。

传："不失职者，夙夜在公也。"①显然，这是针对官员而言的，义同今日的"失职行为"，不具有普遍性，而《相书》则不分贵贱贤愚，具有极大的普遍性。从而我认为 P.2572（A）《相书一部》中所说的"失职"，乃失业、流离失所之义。

在前引 Ch.87《相书一部》"鼻第十"中，最负面的莫过于"陵迟"，而在 P.2572（A）《相书一部》"鼻第十"中，最负面的则莫过于"失职"了。所以，我们很自然地会认为"鼻第十"中写作"失职"的文本应该早于写作"大贱，陵迟"的文本，或者说，P.2572（A）中与本文讨论的 Ch.87 等三件相书内容相同的部分，可能存在"母子关系"。因为"陵迟"是具有明显时代特征的刑罚概念，否则，我们难以解释它们之间有那么多的相同之处却又有用"失职"与用"大贱，陵迟"的不同。这里，我们再提供一条佐证。我们注意到，Ch.87 等三件相书与 P.2572（A）"面第五"中均有"面如（似）黄瓜色，贵"。②而"黄瓜"作为植物名称也是有时代特色的。据唐人吴兢《贞观政要》卷六"慎所好第二十一"记载："贞观四年，太宗曰：'隋炀帝性好猜防，专信邪道，大忌胡人，乃至谓胡床为交床，胡瓜为黄瓜，筑长城以避胡。'"③如果它们之间毫无关联，却同时使用"黄瓜"而不称"胡瓜"，也是难以解释的。

以上我对 Ch.87、P.3589 背和 S.5969 的"集"成年代提出了自己的看法，即这三种《相书一部（卷）》最后"集"成时间当在五代末年至宋初的数十年间。在敦煌文献中，存在一些以"略出""新集""集记""要集"为名的文献，多是依据前人的著作整理重编而成的。其成书之经过，可能比我们既往的认识复杂得多。探寻它们的源流，从而

①影印本《十三经注疏》，北京：中华书局，1980年版，第284页上-中栏。
②郑炳林、王晶波：《敦煌写本相书校录研究》，北京：民族出版社，2004年版，第28、64、79页。
③〔唐〕吴兢：《贞观政要》，上海：上海古籍出版社，1978年版，第196页。

加深對它們的認識，恐怕仍是我們今後需要繼續關注的課題。

　　（原載中國文化遺産研究院編《出土文獻研究》第十輯，中華書局，2011年版，第305—311頁）

《张淮深变文》"骢马政"考实

项楚先生在《〈敦煌变文集〉校记散录》一文中，曾对《张淮深变文》中的"骢马政"一词作过解释。项先生说：去岁官崇骢马政，今秋宠遇拜貂蝉。（第 124 页）"骢"当作"总"，"骢马政"与"拜貂蝉"为对，谓总领天下之马政，即官拜太仆卿之意。《旧唐书·职官三·太仆寺》："卿之职，掌邦国厩牧、车舆之政令，总乘黄、典厩、典牧、车府四署及诸监牧之官属。"即所谓"总马政"也。至于《张淮深变文》的"总马政"，只是说官拜太仆之衔，并不是实际执掌马政之事。①

实在说，将"骢马政"改为"总马政"，并解释为"太仆卿"之职，并不是一个新观点。1937 年，孙楷第先生在其名作《敦煌写本〈张淮深变文〉跋》中就说到："颂赞云：'去岁官崇总马政。'则谓加授太仆。"②1962 年，唐长孺先生在《关于归义军节度的几种资料跋》一文中也以"骢马政"作"总马政"；但对"总马政"的具体所指，唐

---

①项楚：《〈敦煌变文集〉校记散录》，载《敦煌语言文学论文集》，杭州：浙江古籍出版社，1988 年版，第 77 页。又见项楚：《敦煌文学丛考》，上海：上海古籍出版社，1991 年版，第 404 页。

②周绍良、白化文编：《敦煌变文论录》，上海：上海古籍出版社，1982 年版，第 724 页。

先生则不轻下断语，①足见十分审慎。

　　然而，《张淮深变文》原写"骢马政"不误，不烦改"骢"为"总"。

　　"骢马政"是一个历史典故，出自《后汉书》卷三十七《恒荣附桓典传》，现引录如下：

　　　　[桓]典字公雅，复传其家业，以《尚书》教授颍川，门徒数百人。举孝廉为郎。居无几，会国相王吉以罪被诛，故人亲戚莫敢至者。典独弃官收敛归葬，服丧三年，负土成坟，为立祠堂，尽礼而去。辟司徒袁隗府，举高第，拜侍御史。是时宦官秉权，典执政无所回避。常乘骢马（引者按：即清白色马），京师畏惮，为之语曰："行行且止，避骢马御史。"②

　　由上引文字可知，桓典是一个刚正不阿之士。他可以为王吉弃官治丧；任侍御史时又不畏宦官恶党，"无所回避"。因其平日爱乘青白色马，故被时人誉为"骢马御史"，以致成为一个历史典故。

　　这个典故在以下几种书中均有引例：《初学记》卷十二《侍御史第八殿中、监察御史附》之"避马"一目，③《艺文类聚》卷九十二《兽部上·马》，④《通典》卷二十四《职官六·侍御史》，⑤《太平御览》

①收入沙知、孔祥星编：《敦煌吐鲁番文书研究》，兰州：甘肃人民出版社，1983年版，第163页。

②标点本《后汉书》，北京：中华书局，1965年版，第1258页。

③〔唐〕徐坚等：《初学记》，北京：中华书局，1962年影印本，第293页。

④〔唐〕欧阳询：《艺文类聚》，上海：上海古籍出版社，1983年版，第1616页。

⑤〔唐〕杜佑著，王文锦等点校：《通典》，北京：中华书局，1988年版，第669页"侍御史"条杜佑原注。

卷二二七《职官部二五·侍御史》。①

其实，这个典故早在唐以前就已多次被文人墨客引入诗作之中了。

南朝梁·刘孝威《和王竟陵爱妾换马诗》曰："骢马出楼兰，一步九盘桓。小史赎金络，良工送玉鞍。龙骖来甚易，乌孙去实难。麟胶妾犹有，请为急弦弹。"②

南朝陈·刘删《赋得马诗》曰："独饮临寒窟，离群思北风。陈王欲观舞，御史自随骢。边声陨客泪，果下益桃红，恒持沛艾影，解向平陵东。"③

南朝陈·王由礼《赋得骢马诗》曰："善马金羁饰，蹑影复凌空。影入长城水，声随胡地风。佺敛青门外，珂喧紫陌中。行行若不倦，唯当御史骢。"④

南朝人在诗作中将御史官职同"骢马"相连，正是由于汉人桓典的历史典故，殆无疑义。

由此我们可以认为，《张淮深变文》中的"骢马政"应是一个同御史台官员有关的官职，而不是所谓管马政的太仆卿。1986年，我在《张淮深平定甘州迴鹘史事钩沉》一文中，就已引过桓典的历史典故，并指出："后世多用为御史或执法严峻之典。"⑤唐朝骆宾王《幽絷书情通简知己》诗中也用过这个典故："骢马刑章峻，苍鹰狱吏猜。"⑥惜未引起研究者的注意。对于张淮深此官究系何职，现在再论列如下：

《张淮深变文》云："去岁官崇骢马政，今秋宠遇拜貂蝉。"由"去

①〔宋〕李昉等：《太平御览》，北京：中华书局，1960年影印本，第1076页下栏"侍御史"条。

②〔唐〕欧阳询：《艺文类聚》，上海：上海古籍出版社，1983年版，第1621页。

③〔唐〕欧阳询：《艺文类聚》，上海：上海古籍出版社，1983年版，第1621页。

④〔唐〕欧阳询：《艺文类聚》，上海：上海古籍出版社，1983年版，第1621页。

⑤邓文宽：《张淮深平定甘州迴鹘史事钩沉》，载《北京大学学报》(哲学社会科学版)1986年第5期，第86—98转76页。

⑥见《全唐诗》卷七十九，北京：中华书局，1960年版，第862页。

岁"和"今秋"可知，张淮深被授予"骢马政"官职是在被授"貂蝉"官的前一年。这个"貂蝉"官，经唐长孺先生考证，系指散骑常侍。①那么，"骢马政"究系何官呢？

我们已经明确"骢马政"典出御史台官员，则张淮深的这个官职必是御史台官职，在唐代，则应是御史大夫、御史中丞、侍御史三者中的一个。

在现存敦煌所出有关张淮深升迁仕历的资料中，以《敕河西兵部尚书张公德政之碑》为最详，内云：

> 公（按：即指张淮深）则故太保之贵侄也。芝兰异馥，美彻窗（聪？）闻。诏令承父之任，充沙州刺史、左骁卫大将军。初日桃蹊，三端继政，琴台旧曲，一调新声。嫡嗣延英，承光累及，筌修贵秩，忠恳益彰，加授御史中丞。河西创复，犹杂蕃浑，言音不同，羌龙喁末，雷威慑伏，训以华风，咸会驯良，轨俗一变。加授左散骑常侍，兼御史大夫……②

我们看到，张淮深的沙州刺史和左骁骑卫大将军二职，系承袭其父张议谭之职，不属进加之官，可置不论。而在张淮深被加授左散骑常侍兼御史大夫之前，他只加过一次官，即"加授御史中丞"。就《变

---

① 唐长孺：《关于归义军节度的几种资料跋》，原载《中华文史论丛》第一辑，今又见沙知、孔祥星编：《敦煌吐鲁番文书研究》，兰州：甘肃人民出版社，1983年版，第161—182页。史料见《通典》卷二一《职官三·散骑常侍》；又见《唐六典》卷八"门下省·左散骑常侍条"："冠武冠，皆银铛附蝉为文，谓之貂蝉。"（陈仲夫点校《唐六典》，北京：中华书局，1992年版，第245—246页）

② 荣新江：《敦煌写本〈敕河西节度兵部尚书张公德政之碑〉校考》，载《周一良先生八十生日纪念论文集》，北京：中国社会科学出版社，1993年版，第206—216页，引文见第210页。

文》言，在加授"貂蝉"官（左散骑常侍）之前一年，他被加授过"骢马政"，即御史台官职，难道同碑文所载不是十分一致的吗？因此，张淮深的"骢马政"一职当即碑文所载的"御史中丞"官。这同"骢马御史"的出典及张淮深的加官仕历都是完全吻合的。

这里还有两点需加说明：

一是张淮深头一年被加授的御史中丞官，在次年加授左散骑常侍时，同时升为御史大夫了。《变文》由于文体制约，不能全面反映这些历史内容；而作为散文的碑文，却记录得更为全面、准确，正是其珍贵之处。

二是《变文》记叙张淮深这两种官职，用的是文学语言和历史典故，而碑文用的是职衔名称。寻找这两者之间的内在联系，正是我这篇小文的目的，也是我们正确阐释"骢马政"一词所必需的。

［原载《1994年敦煌学国际研讨会文集——纪念敦煌研究院成立50周年·宗教文史卷》（上），甘肃民族出版社，2000年版，第357—361页］

敦煌写本《燕子赋》(甲种)"将军"释词

　　项楚先生在敦煌文学研究方面取得了令人瞩目的成绩，无论海内海外，都备受赞扬。不过，任何一位学者的知识都有一定限度，只要超出其所熟悉的范围，就难免要出差错，项先生恐怕也不例外。其对敦煌写本《燕子赋》(甲种)中"将军"一词的解释就难以成立，有必要加以讨论。

　　项先生在《敦煌本〈燕子赋〉札记》①一文中曾对"将军"一词列专目解释。他先引了《燕子赋》(甲种)一段原文："仲春二月，双燕翱翔，欲造宅舍，夫妻平章。东西步度，南北占详，但避将军太岁，自然得福无殃。"然后就江蓝生先生《敦煌写本〈燕子赋〉二种校注(之一)》②对"将军"一词的解释提出了批评。诚然，江先生把"将军"解释为"五道将军"确实欠妥，但项先生的解释同样也是错误的。项先生说："实则'将军太岁'之'将军'，即是对'太岁'的称谓，二者实为一事，无须别觅解释。"他在引过《抱朴子·内篇·地真》中的一段文字后说："'太阴'自东汉以后，即是'太岁'的别称，而

----

①载北京大学中国中古史研究中心编：《敦煌吐鲁番文献研究论集》第五辑，北京：北京大学出版社，1990年版，第111—112页。

②江蓝生：《敦煌写本〈燕子赋〉二种校注(之一)》，载甘肃省社会科学院文学研究室编：《关陇文学论丛》(敦煌文学专集)，兰州：甘肃人民出版社，1983年版，第80—126页。

'将军'则是对'太阴太岁'的称谓。"之后，又引了清人赵翼《陔馀丛考》卷三十四"太岁大将军"条中的文字加以论证，最终得出结论说："《燕子赋》'将军太岁'并称，与赵翼所谓'今术家'者正同。"

按照项先生的解释，太阴等于太岁，太岁又等于将军，于是太阴、太岁、将军三者便毫无差别，因此也就"无须别觅解释"了。然而就我所知，太岁、太阴、大将军这三个词，均是术士所用的年神名称，互不相同，在敦煌历日中极为常见。我们有根据说明项楚先生在解释"将军"时，将太阴、太岁和将军混三为一。理由如下：

P.3403《宋雍熙三年丙戌岁（986）具注历日一卷并序》云："凡人年内造作，举动百事，先须看太岁及已下诸神将并魁罡，犯之凶，避之吉。今年太岁在丙戌，大将军在午，太阴在申……"①

S.0095《后周显德三年丙辰岁（956）具注历日并序》云："凡人年内造作，举动百事，先须看太岁及已下诸神将并魁罡，犯之凶，避之吉。今年太岁在丙辰，大将军在子，太阴在寅……"②

其他例证尚多，不烦赘引。由上引二件历日已可证明，太岁、太阴、大将军三个年神皎然有别，不可混淆。此外，《燕子赋》中的"将军"就是"大将军"，《燕子赋》的作者为求文字对仗，省去了"大"字，这也是需要说明的，惜项楚先生未予说明。

见于敦煌历日的年神名称很多，并与历日纪年地支间有着固定对应关系。以往前辈学者、天文学史专家陈遵妫先生在《中国天文学史》第三册曾列出一个对照表。③但该表有一个明显的失误，即自1645页的"飞廉"以上的年神方位与年地支对应（应当说明的是，太岁也与年天

---

① 释文见邓文宽：《敦煌天文历法文献辑校》，南京：江苏古籍出版社，1996年版，第588页。
② 释文见邓文宽：《敦煌天文历法文献辑校》，南京：江苏古籍出版社，1996年版，第469—470页。
③ 陈遵妫：《中国天文学史》第三册，上海：上海人民出版社，1984年版，第1644—1645页。

干对应），而以下的一部分项目，则只与年天干对应，陈表列在一起，极易产生混乱。我在《敦煌古历丛识》一文中，也曾给出一个"年神方位表"，共有三十九项内容。现摘出其中太岁、大将军、太阴在不同年份中的方位列表如下：

方位　　　　年神 纪年地支	太阴	大将军	太岁
子	戌	酉	子
丑	亥	酉	丑
寅	子	子	寅
卯	丑	子	卯
辰	寅	子	辰
巳	卯	卯	巳
午	辰	卯	午
未	巳	卯	未
申	午	午	申
酉	未	午	酉
戌	申	午	戌
亥	酉	酉	亥

由此表亦可看出，在不同年份中，术士所说的太岁、太阴、大将军各在不同方位，它们也是不一样的。

为了说明各种年神所在方位不同，下面再给出一个方位图：

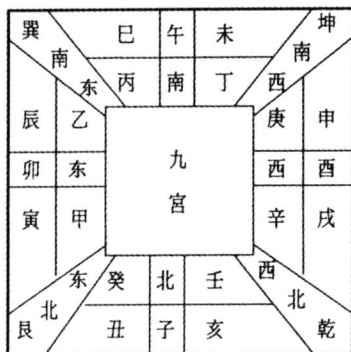

这个图就是燕子夫妻在营造宅舍之前，"东西步度，南北占详"，要避开"太岁""将军"之凶位，以便趋吉营造的根据图。古时这类图形的方位共有二十四个，即十二地支十二个，天干中的甲、乙、丙、丁、庚、辛、壬、癸共八个（戊、己位在中央），以及八卦中的乾、坤、巽、艮四个，各自的位置即如上图。

朱雷先生曾对敦煌写本《燕子赋》中反映的逃户问题进行过深入研究，最终认为：《燕子赋》"甲种写本应作于武周圣历元年'括客'之后，乙种写本应作于唐玄宗开元年间'括客'之后"。而且所使用的均是"拟人化"的写作方法。①正由于此，其中所使用的"占详"方法也应当从其时的现实生活中去寻找。历日中包含许多这一时代人们趋吉避凶的选择事项。因此，我们只有结合当时的实际生活，才能对《燕子赋》中"将军"一词做出切当的解释。

（原载《中国敦煌吐鲁番学会研究通讯》总第 23 期，第 29—31 页）

---

① 朱雷：《敦煌两种写本〈燕子赋〉中所见唐代浮逃户处置的变化及其他——读〈敦煌变文集〉札记（六）》，载唐长孺主编：《敦煌吐鲁番文书初探》（二编），武汉：武汉大学出版社，1990 年版，第 503—532 页，引文见第 528 页。

后 记

　　我忝列学林，踏足于学术界尤其是敦煌吐鲁番学界，已40余载。如今两鬓染灰，行步踮脚，自觉体力、脑力明显走衰，不必多言，垂垂老矣。我有意将数十年来的学术文字，择其自认为价值较高者，裒为一帙，供后来者镜鉴和批判。这个念头，得到了妻子孙雅荣的积极支持和女儿邓映霞的鼎力相助。谢谢她们母女二人。

　　之所以将书名题为"猬庐文丛"，是由于我生性迂执，为人猬介，"猬庐"便有了自嘲和自赏的双重意味。把文章汇编在一起，自然也就成了"文丛"。简言之，它就是我的自选文章汇编。

　　就像我在散文集《猬庐散笔》中所表达的那样，我也愿将此书献给先父邓水成先生，以表达我对他永远的怀念和深深的歉疚。这是由于，父亲虽是一个目不识丁的农民，极端平凡，但他却有意成就儿子，让儿子成为有用之人。为此，他忍受了太多痛苦乃至屈辱，但到死都未得到儿子的任何回报，这使我愧悔终生。如今，这些学术文字就要出版了，面对那个言词木讷，却又心存高远的父亲，作为儿子，夫复何言？我只能十分恭敬地将它们摆放在父亲的坟前，再叩三个响头，仅此而已！

　　由于敦煌文献以手写本为主，所以，原写本中有不少俗体字和异体字，引录时需要造字；一些稀见资料则需上网搜寻。这些都不是我

自己能力所及的。这方面的工作，是由我的年轻朋友邵明杰、赵玉平二位帮助完成的。他们的付出已经包含在这三本书里，我要向他们深深地致谢。

还要特别感谢我那位相交半个多世纪的挚友、书法家彭东旭先生。这部文集和此前出版的散文集《猬庐散笔》，都是东旭题写的书名，为两部书增色不少，同时也是我们此生友谊的见证。感谢我的好友彭东旭：此生有你为友，使我深感不负来此世间一遭！

更要感谢责任编辑魏美荣、侯雪怡女士。她们的认真态度和高度责任心让我感动，帮我减少了许多不该有的错误。我们之间交流也非常顺畅，互相尊重，以至建立了友谊。这是我终生都不会忘怀的。

秋实（邓文宽字）

2023 年 4 月 19 日晨

邓文宽 著

猬庐文丛

彭东旭题

禅籍与语言

山西出版传媒集团
山西人民出版社

图书在版编目 （ＣＩＰ）数据

禅籍与语言 / 邓文宽著 . -- 太原 : 山西人民出版社，
2024.4
　（狷庐文丛）
　ISBN 978-7-203-13317-9

　Ⅰ.①禅… Ⅱ.①邓… Ⅲ.①《六祖坛经》– 研究 –
文集②敦煌学 – 文献 – 俗语 – 研究 – 文集 Ⅳ.
①B946.5-53②K870.64-53

中国国家版本馆CIP数据核字（2024）第061382号

禅籍与语言

著　　者：邓文宽
责任编辑：魏美荣
复　　审：崔人杰
终　　审：梁晋华
装帧设计：陈　婷

出　版　者：山西出版传媒集团·山西人民出版社
地　　　址：太原市建设南路21号
邮　　　编：030012
发行营销：0351-4922220　4955996　4956039　4922127（传真）
天猫官网：https://sxrmcbs.tmall.com　电话：0351-4922159
E－mail：sxskcb@163.com　发行部
　　　　　sxskcb@126.com　总编室
网　　　址：www.sxskcb.com

经　销　者：山西出版传媒集团·山西人民出版社
承　印　厂：山西新浪印业有限公司

开　　本：787mm×1092mm　1/16
印　　张：87.75
字　　数：1190千字
版　　次：2024年4月　第1版
印　　次：2024年4月　第1次印刷
书　　号：ISBN 978-7-203-13317-9
定　　价：430.00元（全三册）

邓文宽先生

著者在工作

凡　例

为方便阅读，对本书编辑体例特作如下说明：

一、错字后用（　）注出正确的字；

二、脱字补在〔　〕内；

三、释文不能确定者，其后加（？）；

四、因内容表达所需，或无相应的简化字，仍用繁体字；

五、缺字用□表示，缺几字用几□；

六、字外加□者，表示笔画有残缺；

七、缺字数量无法确定者，用▱表示行首缺字，▱表示行中缺字，▱表示行末缺字；

八、简牍释文所用符号☑表示残断，放在句首表示上断，放在句末表示下断；

九、封面照片均选自本书研究过的敦煌文献。

目　录

我与"敦煌学"四十年（代前言）

不敢想象，转眼间，我在"敦煌学"这块学术园地已经耕耘了44年的时间 。

按照中国官方对本国国民的寿命预期，80岁是目前的标准。那么，40岁就是一个个体生命的一半。更何况，人在25岁之前要受教育，多数人在70岁之后也基本停止了工作，40年就只能是用于工作的时间了 。也就是说，在我迄今74岁的生命旅程中，我的全部工作都是围绕着"敦煌学"这个属于我的"一亩三分地"进行的。

但我进入"敦煌学"这个学术园地并非是自觉的。1975年，我第一次从北京大学历史系毕业后，去向完全由组织安排，去中国科学院北京天文台报到。报到后，我才知道，让我到这里来是从事天文学史研究的。我不但没有任何心理准备，而且与我的中国史专业也完全不对口，曾经十分苦恼，也曾暗中落泪。但我是一个不会屈服的人。既然命运把我放在了这里，我就要做出个样子来！由于得到南京大学天文系原主任卢央老师的帮助，1976年上半年我到南京大学天文系进修；同时自己进行"恶补"，很快就进入了这个学术领域。

我在北京天文台古天文组工作了4年时间，主要是从事边疆少数民族天文历法的调查。先后去过鄂伦春族、鄂温克族、赫哲族、凉山彝族和海南岛黎族地区，与几位同事合作撰写了这几个民族旧时天文历

法状况的调查报告，也尝试着撰写学术论文。自认为有学术价值的是与西南民族大学陈宗祥先生合写的《凉山彝族二十八宿初探》一文（收在本文丛"天文与历法"分册）。但随着研究工作的深入，我发现自己是文科出身，数理知识不够，怀疑长此下去，做不出像样的成就来，心里便没底了。

经过一番痛苦的思想震荡和听取老学者的建言，我决定考回北京大学历史系，学习隋唐五代史，回归史学领域。那时正是"文化大革命"结束后恢复高考的初期。做出决定后，我像疯子般地发奋备考。好在我在科研院所工作，不需要坐班。62天的艰苦奋斗后，我考入北大历史系读研究生了。

1979年，北大历史系隋唐史研究生是由张广达和王永兴两位老师联合招收的，共录取了三个学生：刘俊文、赵和平和我。三人中，我岁数最小，所以刘、赵二位都是我的师兄。但是，虽说我最小，可入学时我已30周岁又有半了。换言之，我进入"敦煌学"领域已经很晚，年龄偏大了，说得更直白一些，此前应有的知识储备是不够的。这实在是一个悲剧，可它却是一个具有时代性的问题，个人能有什么办法？

我们隋唐史的课程主要是王永兴老师开设的，他是国学大师陈寅恪先生的弟子。原本是想跟老师学习隋唐历史，但没想到，王先生的课却是以敦煌文献为主轴，我们也只能跟着老师走。第二年，也即1980年夏天，王先生便命题让我和赵和平学兄做敦煌写本王梵志诗歌的校注工作。学术根底尚浅的我们，花了一个夏天的时间写出了初稿，也不懂得应该沉一沉，就在当年年末发表了。发表后，受到研究王梵志诗歌行家里手的批评。我们自己吃了一次苦头，导师心里肯定也不好受。事后细想，我们两个是学习历史的学生，或许起始就不应该接受这项属于文学研究的选题。但是，可以肯定地说，我走进"敦煌学"这块学术园地的引路人是王永兴先生，我得终生感谢他。

　　我的另一位导师张广达先生家学渊源，学养丰沛。他始终以严谨坚韧的治学态度，率身垂范，润泽后学，赢得了学林的爱戴与敬重。虽然在校时我听张先生的课比较少，但私交却很密切。我受张师的影响主要是私下交谈。先生将他的人生感悟、治学心得随时告诉我，使我受益良多。从1989年先生去国在国际上游学迄今，我们一直联系密切，亦师亦友，感情真挚，这不能不是我人生之大幸。

　　1982年研究生毕业后，我到国家文物局古文献研究室工作，在这个单位（曾改名中国文物研究所，今名中国文化遗产研究院）工作了27年，直到60岁退休。虽然说名义上我退休了，但直到2023年，我都一直在工作中度日，否则，我怎敢说自己在"敦煌学"这块学术园地里已经耕耘了44年？

　　那么，在这接近半个世纪的岁月里，我都做了哪些工作呢？大体说来，有如下五个方面：

　　（一）研究敦煌和吐鲁番以及秦汉简牍里的天文历法文献。

　　1979年回北大历史系读研究生的原因，是由于打算放弃搞天文学史，回归史学队伍。然而，三年下来，老师把我领入一个此前完全陌生的领域——"敦煌学"，自然我的工作也就必然与敦煌文献相关联。可是，敦煌文献门类众多，内容广泛，涉及许多学科，我必须找一块适合自己的学术园地。进入敦煌文献后，才知道这里有一批天文历法资料，国内外研究成果很少；而且，我在天文台工作过四年，对于天文学史方面的知识有一些基础；我的性格又不喜扎堆。综合这些因素，权衡再三，又决定以天文历法为主攻方向。原本不想再搞天文学史，转了一圈，又回到天文历法研究领域，这或许就是命运之神给我的安排吧。我没法抗命，只有咬牙前行！自1982年至2023年，41年来，天文历法始终是我的主要工作领域。从天文书到星图，再到历日和具注历日；从敦煌文献到吐鲁番文书，再从秦汉简牍到黑城元代历日，我

都曾涉猎。这些成果都收在本文丛"天文与历法"分册中。自我感觉，比较突出的学术成果有五项：1.揭出《北魏太平真君十二年（451）历日》有两次准确月食预报，它是我国迄今见诸文字的最早月食预报记录。2.从俄藏敦煌文献里考出印本《唐大和八年甲寅岁（834）具注历日》残片，从而将在我国发现的雕版印刷实物提前了34年。3.探明S.3326号星图的年代和作者。英人李约瑟博士认为此星图作成于公元940年，马世长学兄认为作成于705—710年间。我经过严密考证，认为此星图原为唐代天文星占家李淳风所作，成于唐初贞观年间。这个认识已被越来越多的天文史学者所认可。4.明确指出罗振玉和王国维将汉简中的实用历本定名为"历谱"是错误的，应该称为"历日"。这个问题学术界有不同意见，大家还在继续讨论。但我认为，有不同意见是好事，至少大家都不同意再用"历谱"这个概念了，至于称作什么更准确，尽管讨论，而且新材料还在不断问世，最终要由出土资料来做结论。5.路易·巴赞是欧洲突厥学的泰斗，其名作《古突厥社会的历史纪年》是法国国家级博士论文。我发现作者与黄伯禄一起误读了《六十甲子纳音表》，从而其所使用的考订年代方法难于成立，必须重新研究古突厥文献纪年的年代。

（二）《六祖坛经》的整理和研究。在佛教文献中，由中国人撰写的文本、被称作"经"的文字，只有《六祖坛经》一种，足见其在中国文化史上的特殊地位。在我进行敦煌本《六祖坛经》的整理研究时，能见到的写本有三种：英藏S.5475、北图冈字四十八以及敦煌市博物馆藏077；后来才有旅顺市博物馆藏本和北图另一小残片（仅5行）的面世。然而，英藏本与另外两种写本文字差异却很大，很多句子无法读通，以致被有的学者称为"恶本"。单就"起""去"二字论，英藏本与另两种写本间就有八九处不同。这是为什么呢？我想起我家乡（山西稷山县）说"你去不去哪里"时，说成："你气不气？""起"与

"气""去"音近，很可能"起"和"去"因为方音而混用了。这实在是一个不小的启发。沿着这个思路，我广泛阅读前辈学者的音韵学成果，最终确认，英藏本《六祖坛经》有100多个唐五代西北方音通假字在"搅扰"。有了这个认识基础，我就可以有根有据地解决这些"文字障"。我虽然是个不肯张扬的人，但我也可以毫不含糊地说，我是最早读出英藏敦煌本《六祖坛经》方音替代字的人。现在我的这本小书的校注本有三种大陆版、一种台湾版，也是北京大学的通识教材之一。我的努力是有效果的。此外，关于《六祖坛经》里口语词、书写符号、内容结构等，我都有自己的见解，这些论说都见诸本文丛"禅籍与语言"分册。

（三）敦煌文献中的方言俚语研究。65岁后，在校勘敦煌文献时，我发现一些文献所使用的语词，其读音也好，释义也罢，如果用其一般的读音和意义去处理，是没有办法通文的。比如"卧酒"这个词，"卧"字何义？"卧酒"该作何解？有的著名"敦煌学"家都弄错了。但对于我来说，却很简单。由于幼年时母亲每年都要用柿子做醋，民间说成是"卧醋"，"卧"即"酿造"义。同理，"卧酒"也就是酿酒。又由于此前在唐五代西北方音上下过功夫，于是我把着眼点转移到方言俚语的研究上。敦煌小说、变文、王梵志诗歌、契约文书等等文献，我都努力去搜索，解决那些一向认为困难的问题。最终，我把着眼点放在了敦煌写本《字宝》上。这是一部方言俚语小词典。前辈学者仅指出它是"晋陕方言"，未再进行更深入的探索。由于我是晋南人，熟悉那里的方言俚语，而且许多语词就是我少年时代天天使用的语言。于是，在《字宝》研究上拼命发力，连续发表4篇文章，给语言学家们以助力。这方面的成果也都收在本文丛"禅籍与语言"分册里。自己觉得，俚语和音韵有很大不同：音韵有理论，俚语无道理可讲，懂就是懂，不懂就是不懂，因为民间就是那么说的，不需要任何理由。我

虽然在这方面有所收获，但我清楚，对于"语言学"来说，我这辈子只能是一个门外汉，不敢也没有理由妄自尊大。

（四）历史学方面的研究。我原本就是学习中国历史出身的，研究历史本是我生命史上的应有之义。遗憾的是，我将此生的主要精力都用在了敦煌文献的整理和研究上了。但这并不等于说，我就没做任何历史研究。在历史研究方面，我曾做过三个侧面的工作：1.北朝和隋唐历史。1997年，我在参加"隋唐历史高级研讨班"时，提交了《关于唐代为胡汉混合型社会的思考》，由于种种原因，此文一直未正式发表。但后来我从网上看到，不少学者都引这篇文章，有的甚至文句都是我原来的话。我也曾撰写过有关唐前期官修谱牒的文章。关于那个广受中外学者关注的"均田制"研究，我也有两篇文章发表。其中《北魏末年修改地、赋、户令内容的复原与研究》，是我花费巨大心力撰成的。我的老师吴宗国教授曾说，这些认识也只有你这个山西人能想到。但令人悲哀的是，我的研究成果被剽窃了。1986年，西南某大学一位隋唐史学者，要到天津参加学术会议，往返经过北京，吃住都在我家。聊天中，我谈了我的见解，几年后，他竟以我的观点为核心出了一本书，这让我欲哭无泪！一个人如果靠这种手段"做学问"，欺世盗名，实在让人鄙视。

史学研究的另一块是有关归义军史的研究。这也是"敦煌学"研究的热点之一，我有几篇文章发表，这里不再细述。

第三块是关于我家乡山西稷山县和运城地区历史的。稷山是华夏民族农耕历史和上古天文学史的发祥地，历史地位极其特殊，备受学界关注，自然也会引起我的关注。"稷王"是华夏民族的农神，但他最初教民稼穑的农作物"稷"是什么？为什么上古天文官"羲和"二氏只能出在稷山？我都有论列。"后土"是否就是"女娲"？讨论虽多，但无人注意过汉代的重要资料，而我的论证可以一锤定音。"宁翟"这

个村名所蕴涵的民族融合历史内容，也是第一次被揭出。如此等等，这些地方我也用去了不少心血。

历史学方面的论文均见诸本文丛"历史与文献"分册。

（五）其他敦煌文献的研究。我在以天文历法为主攻方向的同时，也很关心其他敦煌文献的研究，涉及的领域也较多。大体说来，有这样几个方面：1.童蒙读物《百行章》的整理和研究；2.根据"邈真赞"文献和官文书对敦煌僧政史的研究；3.对敦煌数术文献的研究，如《敦煌数术文献中的"建除"》一文，概括出的内容在传世文献里均是见所未见，闻所未闻。至于我从敦煌吐鲁番文献中归纳出的中古时代手写文字重文符号的使用"义例"，也已被一些学者用作解读王羲之法帖里未读通文句的锁钥。另有几篇文章虽与"敦煌学"无直接关系，但所提出的认识都是新知新见：以天文学为依据，考证史道德民族归属为西域胡人；传世书法名作《伯远帖》从来无人对其内容进行解读，我抓住《伯远帖》和正史传文中共同出现的"出"字，考究帖文内容和年代，首次提出了对该法帖的解读意见；元人周达观《真腊风土记》所涉及的天文学内容，不仅伯希和和他的弟子完全读错，而且考古学家夏鼐教授也受其误导而不能释读。我运用自己掌握的天文历法知识，考出《真腊风土记》里天文学内容来自古代中国，从而对古代中国与柬埔寨的文化交流增添了新内容。至于像《鼠居生肖之首与"启源祭"》这样带有普及性的小文章，是在无人能回答为何将老鼠排在十二生肖首位这个国民普遍关切的问题时，我利用敦煌天文历法资料给出的回答，自然，这个见解也是独一无二的。

这些文章也都收在本文丛"历史与文献"分册中。

上面这些内容便是我这44年来在"敦煌学"这块园圃地里所做的主要工作。

在学术圈子里混了这么多年，有经验，也有教训。无论正面和反

面，对后来者都会有一些借鉴意义。所以，我不惮其烦，把它们写在下面。

1.要进入文本，才能把研究工作搞深入。我看到，有些"敦煌学"界之外的学者，写文章时，引用几条敦煌资料，以便使文章增色，这是可以理解的。因为他（她）本身就不是"敦煌学"者。但作为"敦煌学"者，以整理研究出土文献为职责，就必须进入文本：研究艺术者要走进石窟，看壁画，看雕塑；研究文献者要钻进文本，一个字一个字地去认读，否则，写下的东西用不了几年就被人们遗忘了。

2.研究敦煌文献要具备三项基本功：（1）认得俗体字。敦煌文献以写本为主，书写者文化水平和书写习惯差别很大，而且那个时代有许多不规范但又约定俗成的文字，必须在深入文本的过程中，积累认字能力。（2）懂得一些古人常用的书写符号。书写者用的一些符号，其含义他本人是清楚的，我们只有弄懂这些符号，才能了解其准确意义，不至于误读。（3）掌握一些唐五代河西方音知识。敦煌文献中的一些文字材料带有地域特征，甚至一些外来文献也被西北人读成了方音并被书写了下来，如英藏本《六祖坛经》。这些内容带有普遍性。只有具备了相关知识，才有资格做更具体的课题研究。

3.读书和研究问题时记住三句话：（1）"Read between the lines."(西谚"读书得间"）。读书要仔细，善于捕捉重要信息。（2）"尽信书则不如无书"，这是孟子的一句话。对前人的成果要尊重，但不能迷信，要敢于突破旧认识，提出新见解。（3）"大胆假设，小心求证"，这是胡适之先生的话，人们耳熟能详。解决问题时思路要开阔，但又必须做到能够自洽。

4.对学术事业要怀敬畏之心，留出空间，不能"独守高地"。要坚持真理，但更要敢于纠正错误。这就要留下空间：随时准备自我纠正错失，也允许他人提出不同意见乃至批评。不知从何时起，我们这个

社会产生了一种不良习性：只许赞扬，不许批评。这显得太没气度，十分小家子气，而且完全属于小农意识。我们应该学得大气一些，海纳百川，才能成为真正的学者和现代文明人。

44个岁月年轮如白驹过隙，匆匆往矣，唯有笔墨留痕，用遗后来。我虽然对自己不太满意，但确已尽力，无愧于心，亦无悔既往。

2023年5月15日于京东半亩园居

敦煌本《六祖坛经》书写形式和符号发微

自从 20 世纪 20 年代日本学者矢吹庆辉从敦煌文献中发现了一种《六祖坛经》写本后，敦煌本《六祖坛经》便成了中外学人刻意寻找并加以整理研究的重要禅宗文献资料。中外学者的整理研究工作经久不衰，成果迭出。①由于某种机缘，自 1992 年起，我和荣新江先生也跻入这一行列，我们的研究成果《敦博本禅籍录校》②1998 由江苏古籍出版社出版。

在对四种《六祖坛经》抄本作过系统的整理研究之后，我们感到，尽管中外学人既往的整理取得了不少成就，但仍有很多问题尚未解决，其中对于书写形式和符号的认识就是问题之一。这可能是由于以往参

①据粗略统计，中外学者的主要研究论著有：a.［日］铃木贞太郎（铃木大拙）、公田连太郎：《敦煌出土六祖坛经》，东京：森江书店，1934 年版；b.［美］扬波斯基（Philip B.Yampolsky）：《敦煌写本〈六祖坛经〉译注》，纽约：哥伦比亚大学出版社，1967 年版；c.［日］石井修道：《惠昕本〈六祖坛经〉之研究》，其中也有对英藏本的校录，载日本《驹泽大学佛教学部论集》1980 年第 11 号、1981 年第 12 号；d. 郭朋：《坛经校释》，北京：中华书局，1983 年版；e.［韩］金知见：《校注敦煌六祖坛经》，载金知见编：《六祖坛经的世界》，汉城：民族社，1989 年版；f.［法］凯瑟琳·杜莎莉（Catherine Toulsaly）：《六祖坛经》，巴黎：友丰出版社，1992 年版；g.［日］田中良昭：《敦煌本〈六祖坛经〉诸本之研究——特别介绍新出之北京本》，载《松冈文库研究年报》，1991 年号；h. 杨曾文：《敦煌新本六祖坛经》，上海：上海古籍出版社，1993 年版；i. 潘重规：《敦煌坛经新书》，台北：佛陀教育基金会，1994 年版。
②邓文宽、荣新江：《敦博本禅籍录校》，南京：江苏古籍出版社，1998 年版。

与整理研究工作的多是禅学史研究者，尚未有专职"敦煌学"研究者参与其事。而我们二人均是多年从事"敦煌学"研究工作的，一定程度上或可补前贤之不足。正是从这一视角出发，本篇专就敦煌写本《六祖坛经》的书写形式和符号略作讨论。

一、省代符号

敦煌本《六祖坛经》有如下文字："世人尽传，南宗（按：'宗'字衍）能北秀，未知根本事由。且秀禅师于南荆府堂杨悬（当阳县）玉泉寺住持修行，惠能大师于韶州城东三十五里漕（曹）溪山住。法即一宗，人有南北，因此便立南北。"

上引文字，英藏本S.5475号和敦煌市博物馆藏077号大体一致。如果不加细究，似乎也可通读。但从敦煌写本书写特征考虑，却有脱文，即"惠能大师于……曹溪山住"一句的"住"后脱去"持修行"三字。

我们知道，《六祖坛经》是惠能在韶州大梵寺讲法时弟子们的听讲记录，后由弟子法海"集记"而成。这就有如现代人的速记，对于重复出现的字句可以采用省代符号。这类省代敦煌文献中有不少实例。如S.4571《维摩诘经讲经文》："当日世尊欲说法，因更有甚人来也唱~。"据研究，"唱"后的符号省代的是"将来"二字。《金刚般若波罗蜜经讲经文》："指示恒河沙数问，经中便请唱将罗。"同卷下文有："又请敛心合掌着，能加字数唱将~。"据研究，所省代的即上文出现过的"唱将罗"的"罗"字。①类似例子尚多，不备举。

这些说明，敦煌写本中确有将重复出现的字句用"~"加以省代的

---

① 参见郭在贻、张涌泉、黄征：《敦煌写本书写特例发微》，载《敦煌吐鲁番学研究论文集》，上海：汉语大辞典出版社，1990年版，第310—346页。

习惯。由此我们也就有理由认为，前引《坛经》中的相关文字应作："且秀禅师于南荆府当阳县玉泉寺住持修行，惠能大师于韶州城东三十五里曹溪山住~。""住"字及其后的省代符号是用来代替"住持修行"的，但在流传中却将省代符号丢失了。我们应根据敦煌写本的书写特征校补为"住持修行"。

二、空字省书

为了节省书写时间，古人除用省代符号代替某些字句之外，另一种方法是用空格，即不写字而省略。所空位置原应有字，但在流传中比省代符号还易忽略，以至给今天的研究工作带来困难。但只要认识到敦煌写本的书写特征，我们仍可以将所省文字加以复原，进而研究几种不同写本形成的先后次序。

敦博本《六祖坛经》："《菩萨经》云：'我（按：衍）本源自性清净。'识心见性，自成佛道。　　　　'即时豁然，还得本心。'"所空四字格，北图本仅空一字格，英藏本则连书不空格。

前引《坛经》文字中的四个空格及其下文，在《坛经》别一处作："《维摩经》云：'即时豁然，还得本心。'"语出《维摩诘所说经》卷上，见《大正藏经》第十四册第54页上栏。显然，敦博本所空四字格应是"维摩经云"四字，抄写者为节省时间略而不书，但空出了相应的位置。在已经出版整理过的敦煌本《六祖坛经》中，仅铃木大拙正确地补入了"维摩经云"四个字。不过，铃木校本所据是英藏本，而此本是连书不空格的，与我们这里要讨论的问题无直接关系。

敦博本之所以将"维摩经云"四字空格不书，是由于《维摩经》所云"即时豁然，还得本心"是禅家极为熟悉的文句；更重要的是，这个抄本是抄写者本人使用的，只要他自己明白即可。不过，再被转抄时却容易发生问题。我们看到，北图本仅空一字格，至英藏本则干脆连书不空格了。说明转抄者并不了解原空格的意思。同时这种变化也透露出，虽然这三种《坛经》抄本同出一系，但敦博本的产生应比其他两种为早，且更接近早期抄本的面貌。同时也为铃木大拙所补四字提供了强有力的佐证，尽管他当时仅能见到连书不空格的英藏本。

三、重文符号

中古时代的手写文字中，同样是为了节省时间，重文符号使用极多，类型复杂，我在《敦煌吐鲁番文献重文符号释读举隅》①一文中，已作了归纳并举例说明。就敦煌本《六祖坛经》来说，重文符号使用得也很多，其中漏、衍均有。这里我们重点讨论一种重文符号的特殊用法。

《坛经》云："何名千百亿化身佛？不思量，性即空寂；思量，即是自化。思量恶法，化为地狱；思量善法，化为天堂；毒害化为畜生，慈悲化为菩萨，智惠化为上界，愚痴化为下方。自性变化甚多，迷人自不知见……"

上引文字，敦博本、北图本、英藏本基本相同，中外学者的整理本均遵从原卷而不改。但这并非没有问题。问题在于这段文字在转抄中失去了四个"思量"的重文符号。我们可举《日本国见在书目录》的重文符号使用规则来加说明。这部书是日本藤原佐世（？—897）奉敕撰写的，全书一卷，现存者是12或13世纪的略抄孤本。书中大量著录唐代各种书籍，其中一些明确标明是著名学者吉备真备从唐朝带回

---

① 邓文宽:《敦煌吐鲁番文献重文符号释读举隅》,《文献》1994年第1期,第160—173页。

日本的。因此，这部书中的重文符号使用规则一定程度上能够反映唐代手写文字中重文符号的书写习惯。现将一部分法律书名引录如下。为便于理解，将重文符号所代替的文字放在其后的括弧中，原书错误不加校改：

> 唐永徽律十二卷，々々々々（唐永徽律）疏卅卷伏无忌等撰，……垂拱格二卷，々々（垂拱）留司格二卷，开元格十卷，々々々（开元格）私记一卷，々々（开元）新格五卷……开元皇口敕一卷，々々（开元）后格九卷。

很显然，在这些书名中，"唐永徽律""垂拱""开元格""开元"都是用重文符号来替代的。其共同特征是，重文符号并不紧随已经出现过的文字，二者间有别的文字间隔，但意思却明白无误。

以上表明，唐人在书写文字时，对邻近出现或连续出现的某一词语不再写出，而仅用重文符号替代。这一书写特征，同样适用于前面所引的《六祖坛经》文字。

前引《坛经》文字中，"思量恶法，化为地狱；思量善法，化为天堂"意义十分明确。但"毒害化为畜生，慈悲化为菩萨，智惠化为上界，愚痴化为下方"四句，意思却不十分明确。从前引《日本国见在书目录》的重文符号用法，我们有理由怀疑，这四句前面均脱掉了"思量"二字。又因"思量"二字在前二句已出现过，故这四句的"思量"用重文符号替代即可。我推测，其原始面貌应作："思量恶法，化为地狱；思量善法，化为天堂；々々毒害，化为畜生；々々慈悲，化为菩萨；々々智惠，化为上界；々々愚痴，化为下方。"阅读时，只需将重文符号还原为"思量"二字即可。若如此，则整段文字的意思也就明白无误了。可惜的是，这四处重文符号在传抄中全然脱漏了，造成今日整理工作的困难。

四、删除符号

敦煌文献中有些字，抄者写好后又觉得需要删去，于是在其右侧加一删除符号。这种符号一般用［⋮］、［卜］、［卡］、［荜］等表示。在《六祖坛经》中也有出现。

惠能讲其身世时说："惠能慈父，本官（贯）范阳，左降迁流岭南，［作］新州百姓。"敦博本先有"岭"字，又在其右侧加一删除符号［卜］，英藏本则无"岭"字。应该说，有"岭"字是正确的，表明敦博本以前的本子有此字，但不知敦博本为何要删去？英藏本则直接删去了。它透露了这些本子的形成次序，即敦煌祖本→敦博本→英藏本。这与前述讨论"空字省书"时所得认识是一致的。

五、界隔号

界隔号是为了隔断上下文义，避免混读而使用的符号，其形状作［⌐］，加在被隔断之文首字的右上角。这一符号对研究《六祖坛经》的准确题目关系至巨。

由于北图本首缺，无法得知其题目书写形式。现将其他三种敦煌本《六祖坛经》的题目移录如下：

敦博本：
1. 南宗顿教最上大乘摩诃波（般）若波罗蜜经六祖惠能大师于韶
2. 州大梵寺施法坛经一卷兼受（授）无相　　戒弘法弟子法海集记（"戒"及其以下文字为小字）

英藏本：

1.南宗顿教最上大乘摩诃般若波罗蜜经

2.六祖惠能大师于韶州大梵寺施法坛经一卷

3.兼受（授）无相（此四字为小字）　　　　戒弘法弟子法海

集记

旅博本：

1.南宗顿教最上大乘摩诃般若波罗蜜经

2.　　六祖惠能大师于韶州大梵寺施法坛经一卷兼受（授）无相

3.　　　戒弘法弟子法海集记

上述《坛经》的三种标题，英藏本同旅博本比较接近，而敦博本却是另一番面貌。值得注意的是，旅博本第二行首字"六"比第一行低二字格，第三行首字"戒"又比第二行低二字格，且"六""戒"二字上均加有界隔号，用于避免混读。这说明《坛经》原标题分三层含义：（一）其正题是"南宗顿教最上大乘摩诃般若波罗蜜经"；（二）副题是"六祖惠能大师于韶州大梵寺施法坛经一卷兼授无相戒"；（三）"弘法弟子法海集记"是整理者署名。唯一的错误是，"戒"字该属上文，三种写本均误属在下文。

对《坛经》标题的这种认识，还可由其内容本身获得证实。《坛经》中有如下文句：

惠能大师于大梵寺讲堂中升高座，说摩诃般若波罗蜜法，受（授）无相戒。

今即忏悔已，与善知识授无相三归依戒。

善知识，总须自听，与受（授）无相戒。

以上表明，惠能此次在大梵寺的活动包括两项内容，即"说摩诃般若波罗蜜法"和"授无相戒"，与《坛经》副题的说明完全一致。

在以往的研究著作中，只有印顺法师充分认识到惠能此次活动的内容。他说："慧能在大梵寺，'说摩诃般若波罗蜜法，授无相戒'。"①应该说是极有见地的。至于将这一认识转化为对《坛经》原题目基本正确的理解，则是潘重规先生的功绩。潘先生在《敦煌六祖坛经读后管见》②一文中，曾根据印顺法师的认识，将英藏本《坛经》的题目标列为：

南宗顿教最上大乘摩诃般若波罗蜜经

六祖惠能大师于韶州大梵寺施法坛经一卷

兼受无相戒　　　　弘法弟子法海集记

这种表述的缺陷在于，仍未能完全摆脱《坛经》抄本原格式的窠臼。我认为，只要把握了原题目的三层含义，应用现代标点符号作如下处理：

南宗顿教最上大乘摩诃般若波罗蜜经

——六祖惠能大师于韶州大梵寺施法坛经一卷兼受（授）无相戒

弘法弟子法海集记

---

①印顺：《中国禅宗史》（重印本），上海：上海书店，1992年版，第246页。
②潘重规：《敦煌六祖坛经读后管见》，《中国文化》1992年总第2期，第48—55页。

这样，就将《坛经》的正题、副题和作者署名区分得明明白白，而不再为写本原格式所束缚。

敦煌本《六祖坛经》的标题始终是一个问题。现在能够获得这样的整理结果，除了对其内容的正确理解，旅博本的两个界隔号无疑起了重要作用。顺便指出，虽然敦博本是现存四种抄本中最好的本子，但其标题方式不及英藏本和旅博本接近原貌，因而是不可取的。

以上，我们对敦煌本《六祖坛经》的五种书写符号逐一进行了讨论，并阐明其意义，这些均是前贤所未曾措意的。毫不夸张地说，正确理解写本中的各种符号，对校理敦煌本《六祖坛经》极其重要。要知道，我们面对的是古人的手写本。如同今人有许多书写习惯，古人在印刷术尚不发达的时代，更有许多书写习惯，其中一些习惯是约定俗成的。只有明了这些书写习惯及其意义，才能对写本原貌产生真切的认识，进而加以正确校理。诚如荣新江先生在《敦博本禅籍录校》前言中所指出的："从'敦煌学'的角度，以'敦煌学'的方法来整理这部禅籍，是我们的目的与手法。"这篇小文所反映的也仅是我们这种工作方法的一个侧面。

（原载中国文物研究所编：《出土文献研究》第三辑，中华书局，1998年版，第228—233页）

敦煌本《六祖坛经》口语词释

众所周知，《六祖坛经》是禅宗六祖惠能（亦作慧能）在大梵寺的讲法和授戒记录；敦煌本《六祖坛经》又是现知最早的《坛经》传抄本，由惠能弟子法海"集记"而成，因此，是最贴近《坛经》原貌的。而惠能又"不识文字"，完全口授，必然要使用一些那个时代（即唐代）的口语词。本篇即对这些口语词给予解释，以便对《坛经》的相关文句获得准确认识。需要说明的是，虽然有些词语早在唐代之前即已出现，但唐人仍在使用，因此我们仍将其视作唐代口语。

一、故（故故）

惠能答曰："弟子是岭南人，新州百姓。今故远来礼拜和尚，不求余物，唯求作佛！"

"故"又可说成"故故"，均是特地、特意的意思。《北史》卷七十二《牛弘传》："〔杨〕素将击突厥，诣太常与弘言别。弘送素至中门而止，素谓曰：'大将出征，故来叙别，何相送之近也？'弘遂揖而退。"①白居易《过郑处士》诗:"故来不是求他事,暂借南亭一望山。"②薛能《春日使府寓怀》其一:"青春背我堂堂去,白发欺人故故生。"③惠能说他"今故远来",就是说"现在特意远道而来"。千余年后,"故故"一词在口语中仍在使用。如在我的故乡山西稷山县可以听到人们说"我故故来看你",意义未变。

二、火急

五祖忽于一日唤门人尽来。门人集讫,五祖曰:"……有智惠(慧)者自取本性般若之知,各作一偈呈吾。吾看汝偈,若悟大意者,付汝衣法,禀为六代。火急作!"

"火急"即赶快、抓紧时间的意思。《北史》卷八《齐本纪下》:"[后主]特爱非时之物,取求火急,皆须朝征夕办,当势者因之,贷一而责十焉。"④王梵志诗:"普劝诸贵等,火急造桥梁。运度身得过,福至生西方。"⑤"不见念佛声,满街闻哭响。生时同毡被,死则嫌尸妨。臭秽不中停,火急须埋葬。"⑥《目连缘起》:"目连见母作狗,自知救济无方,火急却来白佛。"⑦《庐山远公话》:"远公曰:'只如汝未知时,吾早先知此事。若夫《涅槃经》之义,本无恐怖,若有恐怖,

①标点本《北史》,北京:中华书局,1974年版,第2502页。
②《全唐诗》,北京:中华书局,1960年版,第4883页。
③《全唐诗》,北京:中华书局,1960年版,第6482页。
④标点本《北史》,北京:中华书局,1974年版,第301页。
⑤项楚:《王梵志诗校注》,上海:上海古籍出版社,1991年版,第73页。
⑥项楚:《王梵志诗校注》,上海:上海古籍出版社,1991年版,第583页。
⑦王重民等:《敦煌变文集》,北京:人民文学出版社,1957年版,第710页。

何名为涅槃？汝与众僧，火急各自回避……"[1]弘忍要弟子们"火急作"偈，就是要他们抓紧时间作偈。

三、下手

大师堂前有三间房廊，于此廊下供养，欲画楞伽变，并画五祖大师传授衣法，流行后代为记。画人卢珍看壁了，明日下手。

"下手"就是动手干的意思。《汉武故事》："今继母无状，手杀其父，则下手之日，母恩绝矣。"[2]《北史》卷九十《马嗣明传》："武平末，从驾往晋阳，至辽阳山中，数处见榜，云有人家女病，若能差之者，购钱十万。又诸名医多寻榜至是人家，问疾状，俱不下手。唯嗣明为之疗。"[3]曹唐《小游仙诗》之五十一："玉皇欲著红龙衮，亲唤金妃下手裁。"[4]"下手"一词现代依旧在用，仍是动手、着手干的意思。

四、颠

善知识，又见有人教人坐［禅］，看心看净，不动不起，从此致功。迷人不悟，便执成颠。

"颠"是"癫"的本字，指神经错乱、精神失常。《北史》卷四十五《柳玄达传》："卒，改封夏阳县，子绛袭。绛弟远，字季云，性粗

①王重民等：《敦煌变文集》，北京：人民文学出版，1957年版社，第171页。
②［汉］班固撰：《汉武故事》，见"丛书集成初编"本，北京：中华书局，1991年版，第2页。
③标点本《北史》，北京：中华书局，1974年版，第2976页。
④《全唐诗》，北京：中华书局，1960年版，第7349页。

放无拘检，时人或谓之'柳癫'。"①《新唐书》卷二百零二《李白传附张旭传》："嗜酒，每大醉，呼叫狂走，乃下笔，或以头濡墨而书，既醒自视，以为神，不可复得也。世呼'张颠'。"②所谓"柳癫""张颠"，用今天的话说，就是柳疯子、张疯子。六祖说"迷人不悟，便执成颠"，是指因不能自悟而过分执着，以至于成了疯子。

五、一时

　　善知识，总须自听，与授无相戒。一时逐惠能口道，令善知识见自三身佛……

　　"一时"即一起、一齐。《北史》卷三十五《郑羲传》："连山性严暴，捶挞僮仆，酷过人理。父子一时为奴所害，断首投马槽下，乘马北逃。"③《持世菩萨》："天女……一时皆下于云中，尽入修禅之室内。"④《丑女缘起》："于是王郎既被唬倒，左右宫人，一时扶接，以水洒面，良久乃苏。"⑤惠能对听众说"一时逐惠能口道"，即"一起随我来说"。在所说内容之下标注"已上三唱"，即惠能领大家口念了三遍。"一时"这个词今天仍在用。我家乡人们说"我同张三一时来的"，就是"我同张三一起来的"，其意义未变。

---

①标点本《北史》，北京：中华书局，1974年版，第1652页。
②标点本《新唐书》，北京：中华书局，1975年版，第5764页。
③标点本《北史》，北京：中华书局，1974年版，第1316页。
④项楚：《敦煌变文选注》，成都：巴蜀书社，1989年版，第581页。
⑤项楚：《敦煌变文选注》，成都：巴蜀书社，1989年版，第739页。

六、下心

> "无上佛道誓愿成"，常下心行，恭敬一切，远离迷执……

"下心"即虔诚之意。天台宗智凯《菩萨戒义疏》卷下有四十八轻戒，其第二十二为"骄慢不请法戒"，又称"下心受法戒"。"下心受法"即虔恭受法。六祖说"常下心行"，就是要经常以虔敬之心身体力行。"下心"这个词现在仍用，但其意义如"屈意从人""俯首下心""低首下心"，与古义不同。

七、在在处处

> 若不同见解，无有志愿，在在处处，勿妄宣传，损彼前人，究竟无益。

"在在"义同"处处"，连在一起多作"在处"，仍是到处之义。张籍《赠别王侍御赴任陕州司马》诗："京城在处闲人少，唯共君行并马蹄。"[1]薛逢《六街尘》诗："六街尘起鼓冬冬，马足车轮在处通。"[2]王梵志诗："立身存笃信，景行胜将金。在处人携接，谙知无负心。"[3]"在在处处，勿妄宣传"，就是"不要到处乱加宣传"。

---

[1]《全唐诗》，北京：中华书局，1960年版，第4341页。
[2]《全唐诗》，北京：中华书局，1960年版，第6327页。
[3]项楚：《王梵志诗校注》，上海：上海古籍出版社，1991年版，第528页。

八、可不

　　使君问："法可不如是西国第一祖达摩大师宗旨?"

　　"可不"意即"岂不"。《太平广记》卷二百四十九"长孙玄同"条引隋朝侯白《启颜录》："玄同在幕内坐，有犬来，遗粪秽于墙上，玄同乃取支床砖，自击之。旁人怪其率，问曰：'何为自撤支床砖打狗?'玄同曰：'可不闻：苟利社稷，专之亦可?'"①《伍子胥变文》："与子娶妇，自纳为妃，共子争妻，可不惭于天地!"②王梵志诗："亲还同席坐，知卑莫上头。忽然人怪责，可不众中羞!"③元代李寿卿《伍员吹箫》第一折："报与伍员知道，可不好也!"④"可不"这个词现代仍用，意义未变，如说："干这件事的可不就是他么?"

九、自家

　　在家若修行，如东方人修善。但愿自家修清净，即是西方。

　　"自家"犹自己。《魏书》卷三《太宗纪》："［神瑞元年］冬十一月壬午，诏使者巡行诸州，校阅守宰资财，非自家所赍，悉簿为

---

①《太平广记》，北京：中华书局，1961年版，第1928—1929页。
②项楚：《敦煌变文选注》，成都：巴蜀书社，1989年版，第2页。
③项楚：《王梵志诗校注》，上海：上海古籍出版社，1991年版，第474页。
④徐征、张月中、张圣洁、奚海主编：《全元曲》(第4卷)，石家庄：河北教育出版社，1998年版，第2336页。

赃。"①施肩吾《望夫词》:"自家夫婿无消息,却恨桥头卖卜人。"②《庐山远公话》:"云庆见和尚再三不肯回避,雨泪悲啼,自家走出寺门,随众波逃。"③《天竺国菩提达摩禅师论》:"此是自家真如心、本性清净心,不可以言说分别显示。"④"自家"一词在现代民间用语中仍有活力,如"我自家"就是"我自己","你自家"就是"你自己"。

一〇、底

善知识,汝等尽诵取,依此偈修行。去惠能千里,常在能边;依此不修(不依此修?),对面底千里远。

"底"通"抵",意即相当。杜甫《春望》诗:"烽火连三月,家书抵万金。"⑤"对面底千里远",意谓虽在面前,却相当于千里之遥。

一一、生佛

合座官僚道俗,礼拜和尚,无不嗟叹:"善哉大悟,昔所未闻。岭南有福,生佛在此,谁能得知!"

"生佛"即"活佛","生人"即"活人"。《北史》卷八十九《许遵

---

① 标点本《魏书》,北京:中华书局,1974年版,第54页。
②《全唐诗》,北京:中华书局,1960年版,第5591页。
③ 王重民等:《敦煌变文集》,北京:人民文学出版社,1957年版,第171—172页。
④ 载方广锠主编:《藏外佛教文献》(第一辑),北京:宗教文化出版社,1995年版,第39页。
⑤《全唐诗》,北京:中华书局,1960年版,第2404页。

传》："遵曰：'遵好与生人相随，不欲与死人同路。'"①王梵志诗："同时小出家，有悟亦有错。憨痴求身肥，每日服石药。生佛不拜礼，财色偏染著。白日趁身名，兼能夜逐乐……"②《释门正统》卷三："时优填王不堪恋慕，铸金为像。闻佛当下，以像载之，仰候世尊，犹如生佛。"《坛经》这里所言"生佛"，即指六祖惠能。

一二、弄

　　大师言："神会，向前见不见是两边，痛不痛是生灭。汝自性且不见，敢来弄人！"

　　这是神会初见六祖时，问"和尚坐禅见不见"而引发的六祖同他的对话，以至于批评他是"弄人"。"弄"即欺骗，戏弄。《汉书》卷六十五《东方朔传》："自公卿在位，朔皆敖弄，无所为屈。"③《北史》卷八十七《酷吏·燕荣传》："贪暴放纵日甚。时元弘嗣除幽州长史，惧辱，固辞。上知之，敕荣曰：'弘嗣杖十已上罪，皆奏闻。'荣忿曰：'竖子何敢弄我！'……每笞不满十，然一日中或至三数。"④杨凝《春怨》诗："绿窗孤寝难成寐，紫燕双飞似弄人。"⑤"弄"字现代仍用，意义未变。

---

①标点本《北史》，北京：中华书局，1974年版，第2935页。
②项楚：《王梵志诗校注》，上海：上海古籍出版社，1991年版，第672页。
③标点本《汉书》，北京：中华书局，1962年版，第2860页。
④标点本《北史》，北京：中华书局，1974年版，第2902页。
⑤《全唐诗》，北京：中华书局，1960年版，第3301页。

一三、头

　　大师言："汝等十弟子近前。汝等不同余人。吾灭度后，汝各为一方头。吾教汝说法，不失本宗……"

　　"头"字出现在 S.5475 号写本，敦博 077 号作"师"。"头"即为首之人。《旧唐书》卷一百八十三《外戚·薛怀义传》："凡役数万人，曳一大木千人，置号头，头一喊，千人齐和。"①"头"即是为首者，自然有他人"师"之意。敦博本作"师"，是较文的说法。此字意义至今未变，如"头儿""头领"者是。

一四、阿谁

　　六祖言："神会小僧，却得善业，毁誉不动，余者不得。数年山中更修何道！汝今悲泣，更忧阿谁？忧吾不知去处在？若不知去处，终不别汝……"

　　"阿谁"就是"谁"。《隋唐嘉话》卷下："李昭德为内史，娄师德为纳言，相随入朝。娄体肥行缓，李屡顾待不即至，乃发怒曰：'叵耐杀人田舍汉！'娄闻之，反徐笑曰：'师德不是田舍汉，更阿谁是？'"②"更阿谁是"即"还有谁是"。《舜子变》："舜子问云：'冀郡姚家人口，平善好否？'商人答云：'姚家千万，阿谁识你亲

---

①标点本《旧唐书》，北京：中华书局，1975 年版，第 4742 页。
②标点本《隋唐嘉话》，北京：中华书局，1979 年版，第 36 页。

情？……'"①《茶酒论一卷》："暂问茶之与酒，两个谁有功勋？阿谁即合卑小？阿谁即合称尊？"②这个词现在仅说"谁"，语助词"阿"多数情况下已消失。

一五、前头

> 前头人相应，即共论佛义，若实不相应，合掌礼劝善。

"前头"即"前面"，实即后来、未来、以后。《庐山远公话》："远公曰：'阿郎但不用来，前头好恶，有贱奴身在，若也相公欢喜之时，所得钱物，一一阿郎领取。'白庄曰：'前头事，须好好祗对，远公勿令厥错。'"③"前头好恶"即"未来（的事情）好与不好"，"前头事"即"后面之事"。P.2633、S.4129《崔氏夫人训女文》，是女儿临出嫁时母亲的嘱咐之言，内云："教汝前头行妇礼，但依吾语莫相违。"也是要女儿以后在夫家行妇道，同样指未来之事。《坛经》说"前头人相应"，即"后来人与此相应"。此词现在仍用，在方向上是指前面，如"往前头走"；在时间上仍指未来，如说"前头的事谁料得准"。

一六、好住

> 大师言："汝等门人好住，吾留一颂，名《自性见真佛解脱颂》。后代迷人识此颂意，即见自心自性真佛。与汝此颂，吾共汝别。"

①项楚：《敦煌变文选注》，成都：巴蜀书社，1989年版，第262页。
②王重民等：《敦煌变文集》，北京：人民文学出版社，1957年版，第267页。
③王重民等：《敦煌变文集》，北京：人民文学出版社，1957年版，第176页。

由引文最末一句可知，这是告别时说的话。唐人告别时，留下不走的人对出发者说"好去"，出发者对留下的人说"好住"，均是安慰之辞。敦煌出有一首释子辞曲《辞娘赞》："好住娘，好住娘，娘娘努力守空房，好住娘。儿欲入山修道去，好住娘……"①通篇所写，都是一位出家人临行时对母亲依依不舍的深情，共用了29个"好住娘"，意即"再见吧，妈妈"。元稹《酬乐天醉别》诗："前回一去五年别，此别又知何日回？好住乐天休怅望，匹如元不到京来。"②《伍子胥变文》："子胥别姊称'好住！不须啼哭泪千行。……'"③《坛经》此处"好住"，用指六祖将与诸弟子门人诀别，是其本义的延伸。

一七、过

真如净性是真佛，邪见三毒是真魔。邪见之人魔在舍，正见之人佛则过。

"过"即给予。《后汉书》卷四十一《第五伦传》："［光武］帝戏谓伦曰：'闻卿为吏箠妇公，不过从兄饭，宁有之邪？'伦对曰：'臣三娶妻皆无父，少遭饥乱，实不敢妄过人食。'帝大笑。"④《北史》卷三十三《李孝伯传附李士谦传》："有牛犯其田者，士谦牵置凉处，饲之过与本主。"⑤《阿育王传》卷二："僧集坐定，王自行水，手自过食与

---

①北图乃字74、S.1497、P.2713等。
②《全唐诗》，北京：中华书局，1960年版，第4590页。
③项楚：《敦煌变文选注》，成都：巴蜀书社，1989年版，第24页。
④标点本《后汉书》，北京：中华书局，1965年版，第1396—1397页。
⑤标点本《北史》，北京：中华书局，1974年版，第1233页。

尊者。"《韩擒书一卷》："欺我，打我，弄我，骂我，只是使我，取此（柴）烧火，独春（春）独磨，一赏不过，由（犹）嗔懒惰。"[1]"正见之人佛即过"意即：持正见者佛即给予真如净性也。

一八、大痴人

若能身（心）中自有真，有真即是成佛因。自不求真外觅佛，去觅总是大痴人。

"大痴人"一词意义较为显白，即"大傻瓜"之意。《北史》卷二十八《刘尼传》："宗爱既杀南安王余于东庙，秘之，唯尼知状。尼劝爱立文成。爱自以负罪于景穆，闻而惊曰：'君大痴人！皇孙若立，岂忘正平时事乎？'"[2]同书卷三十四《游道传》："后除司州中从事。时将还邺，会霖雨，行旅拥于河桥。游道于幕下朝夕宴歌。行者曰：'何时节作此声也？固大痴！'游道应曰：'何时节而不作此声也？亦大痴！'"[3]王梵志诗："天下大痴人，皆悉争名利……"[4]《坛经》上引文字是说，如能从自心建立真实，即是成佛之因；不从自心去找，而求诸外界，便是大傻瓜了。

（原载季羡林、饶宗颐、周一良主编：《敦煌吐鲁番研究》第三卷，北京大学出版社，1998年版，第97—103页）

---

[1] 王重民等：《敦煌变文集》，北京：人民文学出版社，1957年版，第861页。
[2] 标点本《北史》，北京：中华书局，1974年版，第1034页。
[3] 标点本《北史》，北京：中华书局，1974年版，第1272页。
[4] 项楚：《王梵志诗校注》，上海：上海古籍出版社，1991年版，第771页。

有关敦博本禅籍的几个问题

　　敦博本禅籍是指敦煌市博物馆藏 077 号禅籍（简称"敦博本"）。
这部敦煌所出册子本禅籍共包含五种文献，即：

　　（1）《菩提达摩南宗定是非论》；

　　（2）《南阳和上顿教解脱禅门直了性坛语》；

　　（3）《南宗定邪正五更转》；

　　（4）《南宗顿教最上大乘坛经》一卷；

　　（5）《注般若波罗蜜多心经》。

　　20 世纪 90 年代前期，我们一直在做这部禅籍的校理工作，本文就
有关的几个问题谈谈我们的看法。

　　虽然敦博本禅籍的全貌在很长一段时间内没有刊布，但禅学界早
就知道这个本子的价值，因为其所抄录的五种禅宗文献，几乎均较敦
煌所出其他抄本要好，被视为所谓"善本"。前人对这五种禅籍的其他
写本已经有过详尽的整理和研究，这为我们今天校录敦博本的工作提
供了极大的方便。同时也应当指出，由于前人主要是从禅学的角度来
整理这些敦煌文献，对于它们作为敦煌写本的一些特性往往不太措意，
这反而成为我们今天校理这部禅籍的重要着眼点。从"敦煌学"的角
度，以"敦煌学"的方法来整理这部禅籍，是我们的目的与手法。正
如我们在这里不去讨论从曹溪到敦煌本《坛经》的传承，而重点分析

敦煌各本的关系，就是在贯彻把这部禅籍作为敦煌文献加以研究的主导思想。

一、敦煌禅籍的发现与研究

在讨论敦博本之前，有必要对20世纪敦煌禅籍的研究作一简要回顾。限于篇幅，这里着重介绍上面五种文献的先行研究成果。

1900年敦煌藏经洞宝藏发现以后不久，一些比较精美的写本就开始在西北一带流散开来。1907、1908年，斯坦因和伯希和闻风而至，将写本的大宗攫取到手，带回伦敦和巴黎。1910年，清政府令当地官员将所余运回北京，由京师图书馆（今中国国家图书馆）收藏。但执事者既未将所余尽数运京，又不负责任，监守自盗，结果是又让此后几年内来寻宝的日本大谷探险队、俄国的奥登堡及再访敦煌的斯坦因获取到不少写卷；而从敦煌到北京，流散亦不在少数，使得以后公私藏品仍颇为可观。

这些在藏经洞内封存了800多年的古代写本中，包括一些十分珍贵的古佚禅籍。伯希和在藏经洞中拣选材料时，就注意到禅宗史籍。在他写给法国远东学院的报告中，曾提到所得佛典重要者，有《历代法宝纪》二本和《传法宝记》残本。[①]1916年，日本学者矢吹庆辉前往伦敦，调查收集古逸未传佛典，其中包括几种禅籍。1922至1923年，矢吹氏第二次往伦敦调查资料，获得照片6000余枚，构成后来《大正新修大藏经》古逸经典的素材。其中1928年出版的《大正藏》第48卷，刊布了矢吹氏找到的《六祖坛经》（原编号S.0377，现编号S.5475）的

---

① P. Pelliot, *Une bibliothèque médiévale retrouvée au Kan-sou*, Bulletin de l'École française d'Extrême-Orient, no.8（1908）；此据陆翔译：《敦煌石室访书记》，《国立北平图书馆馆刊》，1935年第9卷第5号，第11页。

录文。1930年，矢吹氏又将图版发表于《鸣沙余韵》。由于《大正藏》的录文欠佳，因此，《鸣沙余韵》的图版对于学者来讲就更加重要。

1934年，铃木大拙与公田连太郎合作出版《敦煌出土六祖坛经》，用宋元时代的各种刊本，校订《大正藏》刊布的敦煌本，而且为了与兴圣寺本加以对比，将全书分为57节。铃木与公田二氏的这个校本影响极大，成为以后一些校本的底本。此后，宇井伯寿于1941年发表《坛经考》，①也校录了敦煌本《坛经》，并用大小字区分其所考订出的慧能（敦煌本皆作惠能）说法部分和神会等附加部分，而且编制了敦煌本和大乘寺本、兴圣寺本、德异本、宗宝本的增减对照表。

到了20世纪60年代，出现了两个敦煌本《坛经》的英译本。一个是1963年出版的陈荣捷译本，②另一个是扬波斯基的翻译，③后者包括作者在日本时所作的汉文录文，录校中得到入矢义高、柳田圣山等禅学家的帮助，因此其校本颇有水平。柳田圣山本人则将《六祖坛经》译成日文。④

1976年，柳田圣山编辑出版了《六祖坛经诸本集成》，将敦煌本、兴圣寺本、天宁寺本、大乘寺本、高丽传本、明版南藏本、明版正统本等十一种《六祖坛经》全部影印出来，⑤极便学人参考。1978年，驹泽大学禅宗史研究会编著的《慧能研究》出版，在资料篇中对照校录了敦煌本、大乘寺本、兴圣寺本、德异本、宗宝本《六祖坛经》，使读

①载《禅宗史研究第二》，东京：岩波书店，1942年版。

②Wing-tsit Chan, *The Platform Scripture*, New York: St. John's University Press, 1963.

③Philip B.Yampolsky, *The Platform Sutra of the Sixth Patriarch*, NewYork: Columbia University Press, 1967.

④[日]柳田圣山：《禅语录》（《世界名著》续三），东京：中央公论社，1974年版，第93—179页。

⑤此后发现的较为重要的《六祖坛经》抄本，除敦博本之外，还有真福寺本，见[日]石井修道：《伊藤隆寿氏发现的真福寺文库所藏〈六祖坛经〉的介绍》，《驹泽大学佛教学部论集》，1979年第10号，第74—111页。

者可以对各种本子之间的增减关系一目了然。此后不久，由于找到了最接近惠昕本的真福寺本，石井修道撰写长篇论文《惠昕本〈六祖坛经〉之研究——定本的试作及其与敦煌本的对照》，①全文校录了敦煌本，作为其复原惠昕本的参考。

此外，1981年和1983年，郭朋先生先后出版了《坛经对勘》和《坛经校释》；②1983年出版的《中国佛教思想资料选编》第2卷第4册，1990年出版的《近代汉语语法资料汇编·唐五代卷》中，分别收有佛教学者和汉语研究者的《坛经》校录本。近年来，有关此本的校录成果，还有韩国金知见的《校注敦煌六祖坛经》，③校记以双行小注形式夹在文中，文字不多，其详细的校勘记尚未见到；法国学者凯瑟琳·杜莎莉所作的译注和汉文录文，虽十分简略，但许多地方较前人有所进步。④

长期以来，S.5475《六祖坛经》一直被认为是敦煌的"孤本"，同时又是一个错误极多的"恶本"，因此，虽经学者们反复校正，仍不圆满。事实上，属于敦煌本系统的抄本并不仅此一件。早在1926年，叶恭绰所撰《旅顺关东厅博物馆所存敦煌出土之佛教经典》中就著录了一件大谷探险队所获《南宗顶（顿）教最上大乘摩诃般若波罗密（蜜）多（衍文）经》，⑤就是另一件敦煌本《六祖坛经》。此本选经《昭和法宝总目录》第1卷所收《大连图书馆旅顺博物馆藏大谷光瑞氏将来敦煌

①载《驹泽大学佛教学部论集》，1980年第11号，第96—138页；同刊1981年第12号，第68—132页。

②郭朋：《坛经对勘》，济南：齐鲁书社，1981年版；《坛经校释》，北京：中华书局，1983年版。

③载［韩］金知见编：《六祖坛经的世界》，汉城：民族社，1989年版，第1—34页。据这部论集中的有关文章得知，韩国还有李能和：《坛经：敦煌唐写本·坛经读诀》，京城：佛教时报社，1939年版；性彻编译：《敦煌本坛经》，海印寺藏经阁，1987年刊。均未得寓目。

④Catherine Toulsaly, *Sixième Patriarche: Sūtra de la Plate-forme*, Paris: Librairie You Feng, 1992.

⑤载《图书馆学季刊》，1926年第1卷第4期；改编本见《敦煌遗书总目索引》第四，《敦煌遗书散录》，散0179号，北京：商务印书馆，1962年版，第317页。

出土经典目录》、《新西域记》卷下附录《关东厅博物馆大谷家出品目录》著录，知为册子装，共四十五叶，首尾完整，且有"显德伍（六）年己未岁"题记。遗憾的是现已不知所在，[①]只有首尾两帧照片最近才在京都龙谷大学图书馆被发现，由井之口泰淳等发表。[②]我们期望将来能够找到这个完本。

《六祖坛经》的另一个敦煌抄本，是收藏在北京图书馆（今中国国家图书馆）的冈字48号。此卷正面书《无量寿宗要经》，背有《坛经》残本。虽然早在1931年出版的陈垣编《敦煌劫余录》中，就著录此卷"背写《六祖坛经》数段"（第498叶正面），但没有引起人们的注意。1934年来北平图书馆查访敦煌禅籍的铃木大拙失之交臂，[③]1962年出版的《敦煌遗书总目索引》略而不书，直到1986年9月台北出版了黄永武编《敦煌遗书最新目录》，在北京图书馆新编号8024（即冈字48号）下，抄录了该卷背面的尾题"南宗顿教最上大乘坛经一卷"，才又引起日本禅学家的注意。田中良昭撰《敦煌本〈六祖坛经〉诸本之研究——特别介绍新出之北京本》，校录此本残存的约占《坛经》三分之一的文字，并介绍了它作为卷子本的价值。[④]在以上三本《坛经》中，北图藏本文字最为整洁，可惜半数以上文字未抄，与英藏本无法作全

---

① 详见尚林、方广锠、荣新江：《中国所藏〈大谷收集品〉概况》，京都：龙谷大学佛教文化研究所，1991年版。

② 井之口泰淳、白田淳三、中田笃郎编：《旅顺博物馆旧藏大谷探险队将来敦煌古写经目录》，京都：龙谷大学佛教文化研究所，1989年版，图版第113—114页。据同时找到的旅顺博物馆编于20世纪二三十年代的《大谷光瑞氏寄托经卷目录》稿本，《坛经》目下，记有"首尾写"，知当年只拍了首尾的照片，见小田义久、中田笃郎编：《大谷光瑞氏寄托经卷目录》（第壹分册），京都：龙谷大学佛教文化研究所刊，1989年，第37页。

③ 此行调查的结果，铃木大拙编为《敦煌出土少室逸书》和《校刊少室逸书及解说》，1935—1936年出版。

④ [日]田中良昭：《敦煌本〈六祖坛经〉诸本之研究——特别介绍新出之北京本》，《松冈文库研究年报》，1991年第5号，第9—38页。

面校正。

此外，在甘肃、内蒙古发现的西夏文佛典中，也有《六祖坛经》的译本。1932年，罗福成在《国立北平图书馆馆刊》第4卷第3号西夏文专号中，发表《六祖大师法宝坛经残本译文》。1938年，川上天山考证此六叶残本是1070年在敦煌翻译的，文字与敦煌本（英藏本）完全一致。①此后，西田龙雄发现大谷探险队所获的一叶，可以和上述北京图书馆藏卷相缀合。②据史金波先生的调查，同一抄本的其他散叶保存在中国历史博物馆、北京大学图书馆、圣彼得堡东方学研究所、日本天理图书馆等处，他认为西夏文本与敦煌本相近但不相同，其所据汉文底本是现已失传的另一本子。1993年，史金波先生将已见到的十二叶西夏文本译成汉文发表。③

在矢吹庆辉发现《六祖坛经》四年后的1926年，胡适趁去英国参加庚子赔款委员会会议之便，到伦敦和巴黎查访禅宗史料，在巴黎国立图书馆发现《神会语录》和《菩提达摩南宗定是非论》（P.3047、P.3488），在伦敦英国博物馆发现神会的《顿悟无生般若颂》（即《显宗记》），1930年据此校订出版了《神会和尚遗集》，并撰《荷泽大师神会传》，置于卷首。胡适的发现，引发了铃木大拙对敦煌禅籍的重视。1934年，铃木大拙来北平调查禅籍，找到了寒字81号《南阳和上顿教解脱禅门直了性坛语》，影印校录在1935—1936年所编印的《敦煌出土少室逸书》和《校刊少室逸书及解说》两书中，弥补了胡适收集的神

---

① [日]川上天山：《关于西夏语译六祖坛经》，《支那佛教史学》1938年第2卷第3号，收入柳田圣山编《六祖坛经诸本集成》一书。

② 见《西域文化研究》第4卷《中亚古代语文献》别册，京都：法藏馆，1961年版，图版41；参看[日]西田龙雄：《西夏译华严经》第1册，京都：京都大学文学部，1975年版。

③ 史金波：《西夏佛教史略》，银川：宁夏人民出版社，1988年版，第161—162页。参看史金波等编：《西夏文物》，北京：文物出版社，1988年版，图版372并330页解说；史金波：《西夏文〈六祖坛经〉残页译释》，《世界宗教研究》，1993年第3期，第90—100页。

会著作之不足。其录文又载于《禅思想史研究第三》一书中。

胡适的《神会和尚遗集》对禅学研究贡献至巨，①法国汉学家谢和耐曾将四卷《遗集》译成法文，并据 P.3047、P.3488 原件校正了胡适录文的错误。②同时，谢氏还用他找到的 P.2045 号写本校定了《遗集》的《定是非论》部分，③并把同一写本上所抄的《坛语》和《五更转》部分提供给李华德，李华德则把这两种文献译成英文发表。④1958 年，胡适在此基础上，发表《新校定的敦煌写本神会和尚遗著两种》，用 P.2045 和寒字 81 号校录出《坛语》，附录 P.2045 的《五更转》，又据 P.2045、P.3047、P.3488，校录出完本《定是非论》。⑤收入 1968 年新版《神会和尚遗集》的胡适校录本，几乎成为此后人们研究神会时依据的定本。后来，筱原寿雄、中村信幸、田中良昭均以此文为底本，把

---

① 参看[日]柳田圣山：《胡适博士与中国初期禅宗史之研究》，载柳田圣山编：《胡适禅学案》，京都：中文出版社，1975 年版；楼宇烈：《胡适禅宗史研究平议》，《北京大学学报》（哲学社会科学版），1987 年第 3 期，第 59—67 页；[韩]金知见编：《六祖坛经的世界》，汉城：民族社，1989 年版，第 81—96 页。

② Jacques Gernet, *Entretiens du maître de Dhyâna Chen-houei du Ho-tsö (668—760)*, Paris:Hanoi, 1949; 2nd ed., Paris: École française d´Extrême-Orient,1977. 胡适曾把谢和耐的校订成果用朱笔过录到自存本《神会和尚遗集》上，此本已由台北胡适纪念馆于 1968 年影印为新版《神会和尚遗集》。

③ Jacques Gernet, *Complément aux Entretiens du maître de Dhyâna Chen-houei (668—760)*, Bulletin de l´École française d´Extrême-Orient, 44:2 (1951), pp.453—466.

④ W. Liebenthal, *The Sermon of Shen-hui*, Asia Major, New Series, Ⅲ (1952), part Ⅱ, pp.132—155.

⑤《中央研究院历史语言研究所集刊》第 29 本，1958 年版，第 828—857 页；又收入新版《神会和尚遗集》和《胡适禅学案》。

《坛语》和《定是非论》译成日文。①

前举《中国佛教思想资料选编》第2卷第4册中收录有《坛语》和《定是非论》的录校本，因为是以胡适初校本为底本，所以不全。相对而言，晚出的《近代汉语语法资料汇编·唐五代卷》所收这两种文献，分别是以P.2045、P.3047与P.2045拼合的敦煌写本照片为底本，以《神会和尚遗集》为校本，较有可取之处。

《南宗定邪正五更转》是宣扬禅宗的一首歌辞，由于其形式属于曲子词中定格联章一路，因此，除禅学家之外，它也是曲词家们整理研究的对象。1937年，许国霖《敦煌杂录》发表了露字6号《五更转》和咸字18号《南宗定邪正五更转》，名称不同，内容却是一样的。1954年，任二北《敦煌曲校录》又校录了S.2679、S.4634、S.4654、S.6923（二首）。如上所述，此曲抄在P.2045《坛语》之后，1958年胡适校录《坛语》时，曾附录此文。两年以后，胡适更在《神会和尚语录的第三个敦煌写本》一文中，立《神会和尚的五更转曲子》一节，分别校录了S.2679、S.6083、S.6923、S.4634以及P.2045、咸字18号、露字6号。此后，幻生《敦煌佛经卷子巡礼》，川崎ミチコ等也有校本。②而任二北（半塘）又将其《校录》一书发展为《敦煌歌辞总编》，其下编1443页

---

① [日]筱原寿雄：《荷泽神会的语录——译注〈南阳和上顿教解脱禅门直了性坛语〉》，《驹泽大学文学部研究纪要》，1973年第31号，第1—33页；《荷泽神会的语录第二——译注〈菩提达摩南宗定是非论〉》，驹泽大学《文化》，1974年创刊号，第101—170页；《文化》，1976年第2号，第79—124页。中村信幸：《〈南阳和上顿教解脱禅门直了性坛语〉翻译》，《驹泽大学大学院佛教学研究会年报》，1974年第8号，第137—146页；《南阳和上顿教解脱禅门直了性坛语（译注）》，《大乘佛典·中国日本篇》第11卷《敦煌》第Ⅱ册，东京：中央公论社，1989年版，第87—114页。田中良昭：《菩提达摩南宗定是非论（译注）》，《敦煌》第Ⅱ册，第203—250页。

② 幻生：《敦煌佛经卷子巡礼》，台北：1981年版，第225—241页。[日]川崎ミチコ：《修道偈Ⅱ——定格联章》，《敦煌佛典与禅》（《讲座敦煌》第8卷），东京：大东出版社，1980年版，第263—280页。

以下录有此辞，参校本增加了 S.6083、P.2045、P.2270。

除敦博本之外，净觉《注心经》的写本目前只找到一件，即 S.4556。这是竺沙雅章在 1954 年发现而于 1958 年刊布的。①此后不久，吕澂先生据向达先生的手抄本（即敦博本）校录发表。②柳田圣山在《初期禅宗史书之研究》附录中，合两本校出目前来说最好的本子。

以上前人所取得的成绩为我们校录未刊的敦博本禅籍打下了良好的基础，他们陆续找到的有关写卷，都是我们用作校勘的材料。我们所能补充的新资料，只有 S.7907《菩提达摩南宗定是非论》残卷，这是本文作者之一荣新江 1991 年在英国图书馆编 S.6981 以下文书时发现的。

二、敦博本的传存与研究

现藏敦煌市博物馆的 077 号禅籍，在《坛语》之前的空行中，有原藏者的简短题记一行，文曰："民国廿四年（1935）四月八日，获此经于敦煌千佛山之上寺，任子宜敬志。"按上寺在莫高窟南端，与题为"雷音禅林"的中寺邻接，知任子宜先生是 1935 年在莫高窟当地获得这部文献的。由伯希和拣取藏经洞宝藏，将珍本携之而去的情形推测，这件比较完整的重要禅籍，应当是早已流传出来的藏经洞出品，原本可能藏在住持上寺的喇嘛手里，这里的喇嘛曾将一卷藏经洞写本出示给 1907 年 3 月初访敦煌莫高窟的斯坦因，此时斯坦因尚未从王道士处获取到大批藏经洞宝藏。③

---

① [日]竺沙雅章：《净觉夹注〈般若波罗蜜多心经〉》，《佛教史学》，1958 年第 7 卷第 8 号。
② 吕澂：《敦煌写本唐释净觉（注）般若波罗蜜多心经（附说明）》，《现代佛学》，1961 年第 4 期，第 32—38 页。
③ A. Stein, *Ruins of Desert Cathay*, Vol. II, London: Macmillan, 1912, pp.29—30.

1943年，向达先生奉北京大学之命，参加中央研究院西北史地考察团到敦煌考查，在任子宜先生家获见此本，首先发现了这部禅籍的学术价值。在翌年9月完稿的《西征小记》一文中，向达先生对此本作了简单的描述和考证：

> 又梵夹式蝶装本一册，凡九十三叶，计收《菩提达摩南宗定是非论》《南阳和上顿教解脱禅门直了性坛语》《南宗顿教最上大乘坛经》及神秀门人净觉注《金刚般若波罗蜜多心经》，凡四种，只《定是非论》首缺一叶十二行，余俱完整。末有比丘光范跋云：
>
> 遗法比丘光范幸于末代获偶真诠。伏睹经意明明，兼认注文了了。授之滑汭，藏保筐箱，或一披寻，即喜顶荷。旋妄二执，潜晓三空，寔众法之源，乃诸佛之母。无价大宝，今喜遇之；苟自利而不济他，即滞理而成咎法。今即命工彫印，永冀流通。凡（小字：下缺约一叶）
>
> 光范《跋》缺一叶，不知仅刻《心经》一种，抑兼指前三者而言。任君所藏，当是五代或宋初传抄本，每半叶六行，尚是《宋藏》格式也。《南宗定是非论》，英、法藏本残阙之处可以此本补之。《南阳和上语录》首尾完整，北平图书馆藏一残卷。《六祖坛经》，可与英法藏本互校。净觉注《心经》，首有行荆（"荆"原作"全"，误）州长史李知非序，从［而］知此注作于开元十五年。净觉乃神秀门人，书为《大藏》久佚之籍，北宗渐教法门由此可窥一二。四者皆禅宗之重要史料也。[1]

---

[1] 原载《国学季刊》1950年第7卷第1期，第22页；后收入《唐代长安与西域文明》，北京：三联书店，1957年版，第368—369页。

这里的介绍和考证虽然有些差错，如称《注般若波罗蜜多心经》为《金刚般若波罗蜜多心经》，称《六祖坛经》有法国藏本等，但考虑到当时向先生是在敦煌当地无书可覆的情况下写这些文字的，小小的失误可以原谅，而向先生首发之功实不可没。

事实上，向达先生的上述描写是取自他当年所作录文本中的题跋。有幸的是，向先生的录文本经过50年的岁月，今天仍完好无损地保存下来，并已出版。[①]从向先生抄本中的题跋得知，他在1943年和1944年两次到敦煌，先后将这部禅籍抄过两遍，现在整理出版的是第二次的抄本，其原委具见该抄本最后两页的总跋文中，现具引如下：

> 右敦煌任君子宜藏石室本禅宗史料，计《菩提达摩南宗定是非论》《南阳和上顿教解脱禅门直了性坛语》《六祖坛经》及神秀门人净觉注《金刚般若波罗蜜多心经》，凡四种。原为梵夹本，作蝴蝶装，高32.2厘米，广11.7厘米，存九十三叶，每半叶六行，行字数不等，格式与宋藏略同，首尾大约各缺一叶。末有比丘光范跋，谓命工雕印，永冀流传云云。不知为雕印四种，抑仅指净觉《心经》而言，惜有缺叶，不知原本雕于何时，唯据写本字体及书写格式推之，最早当不能过于五代也。《南宗定是非论》胡适之据英法藏本校印于《神会和尚遗集》中，而俱有残缺，不及此本。《坛经》胡氏亦有校本。南阳和上即神会，《坛语》北平图书馆藏一残卷。净觉《注心经》则为久佚之籍，北宗渐教法门，由此可以略窥一二，治禅宗史者之要典也。
>
> 去岁居此，曾从任君假录副本，今春至江津内学院，吕秋逸先

---

① 向达校录：《敦煌余录》，收入荣新江主编：《向达先生敦煌遗墨》，北京：中华书局，2010年版。

生见而悦之，因以奉贻。五月重来敦煌，即谋更写一本，卒卒未暇。七月杪，移居莫高窟，日长昼永，因从任君复假原书，重事移录，今日写毕，略记数语，以识因缘，并以志任君之高谊云尔。

　　卅三年（1944）八月十三日，觉明居士谨记于敦煌莫高窟。

　　这显然是同年九月完稿的《西征小记》之所本。所记胡适校《坛经》《定是非论》有英藏本等亦有误，但向先生对这部禅籍价值的判断，对当时所能公布的有关敦煌禅宗史料的掌握，以及视手中秘籍为学术公器，将自己辛苦所抄慷慨赠人，这些都令我们景仰。他的初录本现不知所在，仅以我们整理的第二次所录文本来看，向先生一笔一画地抄录了全部五种文献，蝇头小楷，极为工整。每篇后有短跋，记抄写时间。其中《坛经》后有跋云：

　　《大正藏》第四十八卷亦收此经，所据为伦敦大英博物馆藏敦煌石室本。兹取《大正藏》本与此对勘一过，其有异同，朱书于旁，日本人校语，间采一二，记于书眉。今日勘一遍。卅四年（1945）二月一日，觉明居士谨记于四川李庄寓庐。

　　可见，向先生一回到四川，就着手校订。另外，向先生还据《神会和尚遗集》校订了《定是非论》。应当说，对敦博本禅籍第一个进行全面研究的人是向达先生。只是由于此后不久即有抗战胜利，复员搬家，中华人民共和国成立初期向先生又重点研究中西交通史，1957年被错划成右派，使向先生始终未得以有时间把他的校订工作做完，而抄本也就一直没有面世。如上所述，《现代佛学》1961年第4期刊出的吕澂先生《敦煌写本唐释净觉（注）般若波罗蜜多心经（附说明）》一文，就是据向先生的抄本，而柳田圣山的合校本也得益于向先生的抄本。

至于原本，自向达先生著录后学界一直不知所在。柳田圣山曾经根据向先生的记录四处查访，也没有结果。事实上，此本后来入藏于敦煌县（今改为市）博物馆。敦煌县博物馆编（荣恩奇整理）《敦煌县博物馆藏敦煌遗书目录》著录：

> 77（10—77）《南宗顿教最上大乘般若波罗蜜经》
>
> 蝴蝶装，首尾残。麻纸，纸质较厚。纸高32.2厘米，宽23.4厘米，每四至六张纸叠在一起，中间对折，穿绳为一叠。残册现存九叠，九十三页，用绳穿连，成为一个高32.2厘米，宽11.7厘米，厚1.8厘米的小册子。每页均双面书写，每面六行，行22—26字。乌丝栏高29.5—30厘米，栏宽1.6—1.9厘米。
>
> 此册内容包括：
>
> 1.菩提达摩南宗定是非论一卷；
>
> 2.南阳和上顿教解脱禅门直了性坛语；
>
> 3.南宗定邪正五更转；
>
> 4.南宗顿教最上大乘摩诃般若波罗蜜经；
>
> 5.注般若波罗蜜多心经。
>
> 时代：宋。①

这里虽然未提向达先生的著录，但一眼就可以看出此即向先生所记任子宜旧藏本，使我们得知这个珍贵的写本完整地保存了下来。

1985年，中国敦煌吐鲁番学会下设的敦煌文献编辑委员会派本文

---

① 北京大学中国中古史研究中心编：《敦煌吐鲁番文献研究论集》（第3辑），北京：北京大学出版社，1986年版，第541—584页，引文见第583—584页。

作者之一邓文宽前往敦煌，与国家文物局古文献研究室摄影师杨术森一起，在荣恩奇先生的大力支持下，将包括这部禅籍在内的敦煌市博物馆藏卷摄回。之后，我们开始对这五种禅籍加以整理，但由于参考文献不足，工作进展较慢。直到近年，海外研究文献的收集有了长足的进步，才将整理工作全面铺开。

与此同时，中国社会科学院世界宗教研究所杨曾文先生也获得此册禅籍照片一份，先是在1987年中日佛教学术讨论会上，简要报告了《中日的敦煌禅籍研究和敦博本〈坛经〉、〈南宗定是非论〉等文献的学术价值》，①后来又在1989年韩国出版的《六祖坛经的世界》一书中，专门讨论了《敦博本〈坛经〉的学术价值》，与英藏本对比，稍微详细地说明了敦博本在校勘和研究《坛经》流传范围及流行时间上的价值。文末附有敦博本《坛经》首尾照片，应当是敦博本原貌首次公之于众，使人们得以见到此千载秘籍的真面目。此外，杨先生在《〈六祖坛经〉诸本的演变和慧能的禅法思想》一文中，也充分利用了他对敦博本的研究成果。②还应提到的是，上节介绍的田中良昭日译本《菩提达摩南宗定是非论》，也利用了杨曾文先生提供的敦博本照片，因此较早期日文译本相对完备。1993年10月，上海古籍出版社出版了杨曾文先生的《敦煌新本〈六祖坛经〉》，即敦博本《坛经》部分的校录与研究。

①杨曾文：《中日的敦煌禅籍研究和敦博本〈坛经〉、〈南宗定是非论〉等文献的学术价值》，《世界宗教研究》1988年第1期，第43—47页；后收入中国社会科学院世界宗教研究所佛教研究室编：《中日佛教研究》，北京：中国社会科学出版社，1989年版，第108—116页。

②杨曾文：《〈六祖坛经〉诸本的演变和慧能的禅法思想》，《中国文化》1992年第1期，第24—37页。

三、敦博本的年代及其构成形式

根据我们对原件的观察，结合上述前人的描述，我们可以对敦博本的外观得到更为详细的认识。而对写本外观的正确认识，对于判定写本的年代以及推断写本的缺叶，都有重要意义。

敦博本是册子本形式，大约每5叶（folio）叠在一起对折，使一叶变成两页（page），现存9叠，计93叶，用绳系在一起，成为一个册子。每页6行，有界栏。每行22至26字，字体工整。从书法判断，前四种文献，即《定是非论》《坛语》《五更转》《坛经》，是出自一个书手；《注心经》一种，字体不如前者舒展，颇为紧凑，有魏碑之风。双行小注细密紧严，字体工整，一笔不苟，是另一人所书。虽然通过字体有所不同知道出自两人手笔，但五种文献是原本就装订成册的，构成一个整体。

首页文字始于《定是非论》之"辩邪正，定是非，此间有卌余个大德法师为禅师作证义在"，前有残缺。根据P.3047保存完整的《定是非论》首部，所缺约1200字，以每页6行，行24字计，前面所缺约有9页，而不是向达先生所推测的一页12行。9页也就是5叶，正好构成对折的一叠，所以说，敦博本前面应当是缺了一叠5叶，而不是一页。尾页有比丘光范的跋，未完而残。既然已写到了跋语，向先生推测以下仅失一页，当距事实不远。

根据研究敦煌写本形制的专家考查大批册子本而得出的结论，这种书籍形式是介于经折装和包背装之间的一种形态，流行于九、十世纪之间，①在敦煌来说，即吐蕃统治中后期和归义军时期。在九、十世纪的范围内，对比其他同类资料，参考敦煌的历史发展阶段，可以推测出敦博本的大致年代。

在敦博本所收的五种禅籍中，以《坛经》最能说明问题。如上所述，除敦博本外，已知的敦煌抄本《坛经》还有三件。

一是 S.5475，为蝴蝶式册子装，与敦博本相同。此本的发现者矢吹庆辉在《鸣沙余韵解说》中称全部有46叶，系据其所拍照片统计，与原件略有不同。据翟林奈（L.Giles）《英国博物馆藏敦煌汉文写本注记目录》的记载，总共有52叶，每叶长宽27厘米×11厘米，中间对折，第1、2、44背、45正、49、50叶空白无字。②

二是北京图书馆冈字48号，为卷子本，写于张良友抄《佛说无量寿宗要经》卷子背面，首尾俱残，始从敦博本《坛经》第119行"为妄念故，盖覆真如"之"念"字，终于敦博本第288行"尘劳即是鱼鳖"句，下衍出"即是海水"，后又写"烦恼"二字，涂去，再下接书尾题"南宗顿教最上大乘坛经一卷"。此本首尾文字前后有余白，但起讫均破句，知抄者并不明文义，也说明此本虽书于卷子背面，但折自散乱后的册子本或无疑义。

三是旅顺博物馆旧藏本，也是蝴蝶装册子本。现存首尾照片，首页为《坛经》开头，尾题"蜜藏经一卷。显德伍年己未岁三月十五日（以下模糊不识）"。据《关东厅博物馆大谷家出品目录》记载，此册

---

① Fujieda Akira, *The Tunhuang Manuscripts—A General Description (Part I)*, Zinbun, no.9 (1966), pp.25—26；[日] 藤枝晃：《文字的文化史》，东京：岩波书店，1971年版，第187—191页；1991年版，第197—199页；翟德芳、孙晓林译《汉字的文化史》，北京：知识出版社，1991年版，第96页；J.P. Drege, *Les cahiers des manuscrits de Touen-houang*, in M.Soymie ed., *Contributions aux études sur Touen-houang*, Genève-Paris:Librairie Droz，1979，pp.17—28，pls.I—IX.

② L.Giles, *Descriptive Catalogue of the Chinese Manuscripts from Tunhuang in the British Museum*, London: Trustees of British Museum，1957，p.152.

子本总共有"四十五枚",即45叶,对折成90页,每页8行,行22字左右,共约15840字。可见《坛经》之后抄录的是《蜜藏经》,并非《蜜藏经》是《坛经》的一部分。对照首尾叶照片的文字,当出一人之手,因此"显德伍年己未岁三月十五日",也是这件《坛经》的抄写时间,唯显德五年是戊午,己未是显德六年(959)。

单从形制来讲,北图本虽是卷子,但源于册子本,因此现存四件《坛经》抄本都可以视为册子本。其中北图本写于《无量寿宗要经》背,这部经典在吐蕃时期极为流行,张良友其人还抄有多本,均属吐蕃时期无疑。[①]照常理讲,写在背面的《坛经》应当距吐蕃时期不远,或可推测是成于归义军张氏时期。旅博本有年代,在10世纪中叶。相较而言,敦博本最为整洁,旅博本与英藏本较乱,文字、书法皆不佳,大概出于10世纪曹氏归义军时期。这样的印象,也是我们从写本中的方音差异上看出来的。

早年,罗常培先生曾据敦煌写本汉藏对音《千字文》(P.3419=P.t.1046)、《大乘中宗见解》(Ch.9.ii.17=C.93)、《阿弥陀经》(Ch.77.ii.3=C.130)、《金刚经》(Vol.72b+Vol.73+C.129)以及保存在拉萨大昭寺门前的《唐蕃会盟碑》,撰成《唐五代西北方音》一书,总结出一些吐蕃占据陇西时期(763—857)的西北方音特征,并且和兰州、平凉、西安、三水、文水、兴县的现代西北方音作了比较。[②]由于材料的限制,今天看来,罗先生对于敦煌文献的年代及其所代表的西北方音区域的认识,都难免受到局限。此后有不少学者利用敦煌出土的俗文学材料,

---

① 参看[日]上山大峻:《敦煌佛教之研究》,京都:法藏馆,1990年版,第437—456页;[日]池田温:《中国古代写本识语集录》,东京:东京大学东洋文化研究所,1990年版,第389页。
② 罗常培:《唐五代西北方音》,上海:中央研究院历史语言研究所,1933年版。

来补充或订正罗先生的结论。①近年，利用更多的汉藏对音资料研究相同问题的高田时雄先生，出版了《基于敦煌资料的汉语史研究——九、十世纪的河西方言》一书，补充了汉藏对音资料《天地八阳神咒经》（P.T.1258）、《法华经普门品（观音经）》（P.T.1239）、《南天竺菩提达摩禅师观门》（P.T.1228）、《道安法师念佛赞》（P.T.1253）、《般若波罗蜜多心经》（P.T.448）、《法华经普门品》（注音本，P.T.1262）、《寒食篇》（P.T.1230）、《杂抄》（P.T.1238）、《九九表》（P.T.1256）以及于阗文、粟特文转写汉字资料，他依据敦煌的历史和各本的方言特征，认为这些资料应分为两类，第一类是《金刚经》《阿弥陀经》《八阳经》《观音经》《寒食篇》《杂抄》近之；第二类是《菩提达摩禅师观门》《道安法师念佛赞》《般若心经》《普门品》近之；而《千字文》《大乘中宗见解》则具有独自的特征。从方音上讲，第一类代表了唐朝的标准语，即以长安话为基础的方言，第二类是包括敦煌在内的河西方言。作者进一步指出，在吐蕃统治敦煌以前，由于对唐朝完善的行政制度的贯彻，敦煌地区的文献是以标准语为规范的。自786年吐蕃占领敦煌以后，一方面由于异族的统治使唐朝的规范意识淡薄；一方面受藏语的影响，本地方言渐渐抬头。《新五代史》卷七十四《四夷附录·吐蕃传》记："文宗时（827—840），尝遣使者至西域，见甘、凉、瓜、沙等州城邑如故……其人皆天宝时陷虏者子孙，其语言稍变，而衣服犹不改。"②就反映了这种情形。到848年张议潮起义，851年建立归义军

---

① 邵荣芬：《敦煌俗文学作品中的别字异文和唐五代西北方音》，《中国语文》1963年第3期，第193—217页；[日]松尾良树：《作为音韵资料的〈太公家教〉——异文和押韵》，《亚非语言文化研究》1979年第17号，第213—225页；《敦煌写本中的别字——以S.2144〈韩擒虎话本〉为中心》，《亚非语言文化研究》1979年第18号，第246—258页。张金泉：《唐民间诗韵——论变文诗韵》，《1983年全国敦煌学术讨论会文集·文史·遗书编》（下），兰州：甘肃人民出版社，1987年版，第251—297页。

② 标点本《新五代史》，北京：中华书局，1974年版，第914页。

政权后，作为极具独立性的河西小王朝首府，敦煌地区的河西方言得到充分的发展。除了汉藏对音材料外，敦煌俗文学作品以及与敦煌交往的于阗人、迴鹘人在敦煌所写的于阗文、迴鹘文、粟特文文书，均有明显的河西方言特征。①

高田氏不用泛泛的"西北方音"概念，而用"河西方言"；此外，他对这些方音材料的年代考订，均较前人精细。因此，我们可以根据他的研究结论，排除前人所总结的西北方音特征中不符合河西方言的部分。具体而言，总结我们统计的四种敦煌《坛经》抄本中的方音现象，方音混同在敦博本和北图本中比较少见。相反，在英藏本中却大量出现。如止、遇二摄的混同普遍存在，"於"作"衣""依"，"起"作"去"，"与"作"汝"，"如"作"於"，"以"作"与"，"如"作"而"，"之""知"作"诸"，"虽"作"须"，等等。根据高田氏书中所列第一类的《金刚经》《阿弥陀经》《八阳经》和第二类的《道安法师念佛赞》《般若心经》中的"诸"字，藏文注音均为"ci"，可知这是当时整个西北地区的方音特征。②作为河西方言最显著的特征，是在敦博本和北图本中的宕、梗二摄字的鼻音韵尾"-ng"，在英藏本中均脱落，如"迷"作"名"，是梗摄清韵词尾脱落的结果；又如"听"作"体"，"定"作"第"，"星"作"西"，"令"作"礼"等，都是梗摄清韵音变的结果。此外，如声母"端""定"互注和以"审"注"心"，韵母"侵""庚"互通，这些唐五代河西方音特有的语音现象，我们都在《坛经》抄本中找到了实例，从而对这些写本的文字差别获得了语言学

---

① [日]高田时雄：《基于敦煌资料的汉语史》，东京：创文社，1988年版。参看 Takata Tokio, *Note sur le dialecte chinois de la région du Hexi aux IXe–Xe siècles*, Cahiers d'Extrême-Asie, no.3（1987），pp.93—102；梁海星译：《九—十世纪河西地区汉语方言考》，《中国敦煌吐鲁番学会研究通讯》1990年第1期，第45—50页。

② [日]高田时雄：《基于敦煌资料的汉语史》，东京：创文社，1988年版，第312页。

的认识，也为我们正确地校理它们奠定了可靠的基础。

在《坛经》四本中，旅博本仅存一页，可比材料太少。若论其他三本的关系，大体而言，敦博本与北图本接近，极少有明显的河西方言特征；英藏本的河西方言特征却极为明显。结合敦煌的历史，英藏本应当产生于10世纪，即河西方言占主导地位的曹氏归义军时期。而敦博本和北图本应产生于9世纪后半。这种考订是和前面所说北图本正面的年代、册子本形制的大体一致等因素相吻合的。另外，写本本身也透露出它们的先后关系，如敦博本第227行，有四字距的空格，应是书手略而不抄的四字，到了北图本，就只有一字格了，说明这个不懂《坛经》文义的书手，也不明此处含义，故此只留一字格；英藏本此处没有空格，说明更晚时期的抄手见到的本子已完全略而不空了。还有敦博本第8行"本官范阳，左降迁流岭（卜）南"一句中的"岭"字，写好后又加删除符号，表明其所据原本有此字，但英藏本因此处没有此字，也说明它的抄写晚于敦博本。①虽然敦煌所出《坛经》均属于一个抄本系统，但它们之间却看不出直接的转抄关系。由于不是短期内抄成的，说明其时敦煌已有不少《坛经》抄本流行。从册子本的形制来说，它们均属于私人图书，但似乎并不那么神秘。

以上，利用四种《坛经》写本之间的对比，可以推测敦博本禅籍抄成于张氏归义军时期。其他几种文献中，除残片和没有年代特征的抄本外，P.2045卷子本抄有《定是非论》《坛语》《五更转》，次序和敦博本一致，据上山大峻先生考证，大致抄写于吐蕃时期。②P.3047也是卷子本，抄有《定是非论》，背面是吐蕃统治时期的杂文书，其中包括

①参看邓文宽：《敦煌本〈六祖坛经〉书写形式和符号发微》，《出土文献研究》第3辑，北京：中华书局，1998年版，第228—233页。
②［日］上山大峻：《敦煌佛教之研究》，京都：法藏馆，1990年版，第411页。

《吐蕃辰年七月寺户张昌晟取面等历》，①其正面所写当距此不远。S.4556《注心经》，卷子装，纸质甚佳。这些写本应当早于敦博本，而以 P.2045 与之最为接近。

从敦博本的册子装来看，它是私人所用的个人图书，而不属于某个寺院的图书馆。至于它的来历，也不是没有迹象可寻。最后一页有光范跋文，称：

> 遗法比丘光范，幸于末代，获偶（遇）真诠。伏睹经意明明，兼认注文了了。授（受）之滑沔，藏保筐箧，或一披寻，即喜顶荷，旋忘二执，潜晓三空，寔众法之源，乃诸佛之母。无价大宝，今喜遇之。苟自利而不济他，即滞理而成吝法。今即命工雕印，永冀流通。凡（下缺）

杨曾文先生正确地指出，这篇跋文只是《注心经》的跋，而不包括其他四种抄本。光范得到《注心经》的地点"滑沔"，据杨先生考证是在洛阳东北的滑州治所白马（滑台），②可以推知光范是洛阳一带的和尚，他命工雕印《注心经》的地点，也应在洛阳附近。敦博本《注心经》并非光范原印本，也是抄自光范印本，也就是说抄自来源于洛阳一带的印本，抄书手工作认真，把正文之外的跋也一字不丢地抄了下来，这在敦煌文献中还有其他例证。③

如上所述，虽然《注心经》及其跋文的字体与前四种文献的笔迹

---

①唐耕耦、陆宏基编：《敦煌社会经济文献真迹释录》（第2辑），北京：全国图书馆缩微文献复制中心，1990年版，第402页。

②［韩］金知见编：《六祖坛经的世界》，汉城：民族社，1989年版，第36页。

③参看舒学（白化文）：《敦煌汉文遗书中雕版印刷资料综叙》，中国敦煌吐鲁番学会语言文学分会编：《敦煌语言文学研究》，北京：北京大学出版社，1988年版，第294—299页。

不同，但它们被订成一册，是一个不可分离的整体；光范的跋文虽然不包含前四种文献，但也透露出同样来自洛阳一带的可能性。洛阳是神会"广开法眼"的地方，人称荷泽大师就是因为他在洛阳荷泽寺创立了荷泽宗。①敦博本所含的文献，第一种《定是非论》是开元二十年（732）神会在滑台大云寺无遮大会上攻击北宗的记录，第二种《坛语》是神会在南阳时期（720—745）的著作，第三种《南宗定邪正五更转》一般认为也是神会所作。②关于敦煌本《坛经》的来历说法不一，但大多数学者都同意是神会或神会一系的僧人增补而成，因此才有神会在其中的突出地位。因此可以说，敦博本《坛经》前四种文献，无一不与神会有关，而且大多与洛阳牵连。《注心经》的作者净觉是北宗神秀、玄赜的弟子，《注心经》是属于北宗禅的文献，何以出现在这部神会系禅籍的后面？对此，可以作出两种解释。

第一种可能是，正如柳田圣山教授所考证的那样，神会宣传的般若主义思想，以菩提达摩为南宗的主张，甚至传衣付法的原型，实际多来自净觉的《注心经》。③特别是《注心经》李知非序所称"古禅训曰：宋太祖之时，求那跋陀罗三藏禅师以《楞伽》传灯，起自南天竺国，名曰南宗"，这可能是敦博本禅籍编者将《注心经》与神会系著作合编的原因。事实上，净觉所谓"南宗"，不是神会所说的"南宗"，而是指从求那跋陀罗、菩提达摩以来的北宗禅。

第二种可能是，正如饶宗颐教授指出的那样，8世纪末曾在沙州滞留的神会弟子摩诃衍所讲的"大乘顿悟"说，本质上是融合南北宗而

---

① 见洛阳出土的《神会和尚身塔铭》，铭文录于洛阳市文物工作队：《洛阳唐神会和尚身塔塔基清理》，《文物》1992年第3期，第67页。

② 胡适：《神会和尚遗集》，台北：胡适纪念馆，1968年版，第452—480页。

③ [日]柳田圣山：《初期禅宗史书之研究》，京都：法藏馆，1968年版，第112—113页。

成的。①姜伯勤先生据敦煌邈真赞写本所记，一些敦煌高僧"南能入室，北秀升堂"或"灯传北秀，导引南宗"，论证了归义军初期敦煌地区南北宗调合的景象。②这和上山大峻先生指出的此后敦煌禅籍兼具南北宗内容的一点相符。③因此可以说，敦博本禅籍的构成也是南北二宗调合的产物，这种可能性与敦煌的历史更相符合。

四、敦博本的价值

通过以上论述，我们可以总结出几点敦博本的价值。

从文献学上来讲，敦博本的《坛经》《菩提达摩南宗定是非论》和《坛语》三种重要的禅籍，都是现存敦煌写本中的精抄本，是我们今天整理和利用这三种禅籍最重要的依据。

敦博本禅籍使我们可以甄别出其他敦煌写本中河西方音的特征，从而大体理清敦煌本《坛经》等文献的抄写地域和年代。

敦博本的册子本形态，使我们可以了解到晚唐五代时敦煌禅籍在禅僧或民众中流传的情形，它们似乎主要是由私人使用的书籍。

敦博本五种禅籍抄在一起的构成形式，还反映了当时敦煌或北方一些地区的禅法思想很可能是南北二宗调合的产物。

（与荣新江先生合撰，原载《敦煌学辑刊》1994 年第 2 期，第5—16 页）

---

① 饶宗颐：《神会门下摩诃衍之入藏兼论禅门南北宗之调合问题》，《选堂集林·史林》，香港：中华书局香港分局，1982 年版，第 705 页。
② 姜伯勤：《论禅宗在敦煌僧俗中的流传》，香港《九州学刊》1992 年第 4 卷第 4 期，第 5—17 页。
③ ［日］上山大峻：《敦煌佛教之研究》，京都：法藏馆，1990 年版，第 427 页。

评《敦煌新本六祖坛经》

上海古籍出版社出版的杨曾文先生校写的《敦煌新本六祖坛经》，①首次将敦煌市博物馆藏077号《六祖坛经》抄本录校发表，实是禅学史研究的一件幸事。这个抄本学术界企盼已久，现在终于面世，势将推进《六祖坛经》研究的深入并有益学林。

20世纪以来，从敦煌莫高窟第17窟共发现四种《六祖坛经》抄本，它们是：S.5475、北图冈字48号（胶卷号8024）、旅顺关东厅博物馆旧藏本、敦博077号。其中敦博本最为完整，字迹清楚，错讹亦少，因此更受青睐。但由于种种原因，这个抄本迟迟未能公布。以往人们主要依据英藏本进行录校研究，但那个抄本错误很多，而且带有明显的唐五代西北方音特征，②因此不少地方难于通读。敦博本的价值在英藏本之上，自不待言；杨曾文先生又是研究佛学有素的行家里手，取二本之长，校写出现在的新本，势在必然。不过，诚如杨先生所认为，至今我们还难说已经完全读通敦煌所出《六祖坛经》。一方面，《六祖坛经》在流传中确实产生了诸多错讹；另一方面，我们也还没有完全

---

① 杨曾文：《敦煌新本六祖坛经》，上海：上海古籍出版社，1993年版。
② 参邓文宽：《英藏敦煌本〈六祖坛经〉通借字刍议》，《敦煌研究》1994年第1期，第79—87页。

把握六祖惠能的禅法思想；再者，以往研究敦煌所出《六祖坛经》者，多是佛学界的饱学之士，但对敦煌写本的诸多特征缺乏了解，因此也就难于使用"敦煌学"方法进行整理。看来，对敦煌写本《六祖坛经》的校理，仍需各方面学者的共同努力，相互切磋，从不同学科提出见解，以期有更加成熟的校本产生。

正是从这一认识出发，笔者不揣浅陋，对《敦煌新本六祖坛经》（以下简称《新本》）的某些可商之处献出管见，热盼杨曾文先生和海内外博学鸿儒有以教之。

以下凡引《新本》原书均具出页码；本文所称之"英藏本"即《新本》所称之"敦煌本"。

（1）自序5页："慧能的南宗禅法经其弟子神会（670—762）的大力宣传……"关于神会的生卒年代，同书251页、284页均作"684—758"，前后龃龉，自是一失。神会卒于唐肃宗乾元元年（758），享年75岁，有新出《神会和尚身塔铭》为据，[①]251页、284页的生卒年才是正确的。

（2）正文（以下"正文"二字不另标出）4页的《坛经》题目。为便于讨论，先将《新本》释文移录如下（原为竖行，行次为笔者所加。下同）：

1. 南宗顿教最上大乘摩诃般若波罗蜜经六祖

2. 慧能大师于韶州大梵寺施法坛经一卷（"一卷"为小字）

3. 　　　　　兼受无相戒弘法弟子法海集记（此行均作小字）

---

① 洛阳市文物工作队:《洛阳唐神会和尚身塔塔基清理》,《文物》1992年第3期,第64—67转75页。

首先，经检敦博本、英藏本、旅博本照片，"一卷"二字均作大字，不知《新本》改为小字根据何在？其次，敦博本虽然抄写整齐，字迹清楚，但其题目标列方式并非完全正确。为便于比较，先将敦煌所出几种《坛经》的标题移录于下，然后再加讨论。

敦博本：

　　1.南宗顿教最上大乘摩诃波（般）若波罗蜜经六祖惠能大师于韶

　　2.州大梵寺施法坛经一卷兼受（授）无相　　　戒弘法弟子法海集记（"戒"字以下为小字，余均大字）

英藏本：

　　1.南宗顿教最上大乘摩诃般若波罗蜜经

　　2.　六祖惠能大师于韶州大梵寺施法坛经一卷

　　3.　兼受（授）无相（此四字为小字）　　　戒弘法弟子法海集记

旅博本：

　　1.南宗顿教最上大乘摩诃般若波罗蜜经

　　2.　　　六祖惠能大师于韶州大梵寺施法坛经一卷兼受（授）无相

　　3.　　　戒弘法弟子法海集记（均作大字，无小字）

北图本因首残而不知其题目书写和标列方式。

我们注意到，英藏本第2行首字"六"比第1行首字"南"低了一字格，而敦博本却是连书不低格的。这个差别虽很细微，但也并非如《新本》作者所言："经对比研究，此敦博本与旧有的敦煌本《坛经》的题目、编排形式……几乎是完全一样的。"（207页）再次，将这三种《坛经》题目综合对比，不难发现，英藏本同旅博本比较接近，而敦博本却是另一番面貌。更值得注意的是，旅博本第2行首字"六"比第1行首字"南"低二字格，第3行首字"戒"又比第2行首字"六"低二字格，且"六""戒"二字上均有界隔号"⌐"，①用于避免混读。这说明，《坛经》原标题共分三层含义：（1）正题是"南宗顿教最上大乘摩诃般若波罗蜜经"，与尾题"南宗顿教最上大乘坛经一卷"（敦博本）相照应；（2）副题是"六祖惠能大师于韶州大梵寺施法坛经一卷兼授无相戒"；（3）"弘法弟子法海集记"则是整理者的署名。旅博本唯一的错误是，"戒"字本该属上读，却同另二种写本一样误属在下文。

对写本《坛经》标题的这一认识，还可由其内容本身获得证实。《坛经》云："惠能大师于大梵寺讲堂中升高座，说摩诃般若波罗蜜法，受（授）无相戒"；"今既自归依三宝，总各各至心，与善知识授无相三归依戒"；"善知识，总须自听，与授无相戒"。以上表明，惠能此次在大梵寺的活动，共包括两项内容，即"说摩诃般若波罗蜜法"和"授无相戒"，与《坛经》副题完全一致。以往的研究著作中，仅印顺法师充分认识到这一点。他说："惠能在大梵寺'说摩诃般若波罗蜜法，授无相戒。'"②应该说极有见地，而其余学者多有未谛。

根据以上考察，我认为，尽管敦博本被称作现知《坛经》抄本中的"善本"，但其标题方式却不可取。最可取的是旅博本（当然也需加校正）。至于《新本》将"兼受（授）无相戒"五字冠在作者法海头

---

① 参见李正宇：《敦煌遗书中的标点符号》，《文史知识》1988年第8期（敦煌学专号），第98—101页。
② 印顺：《中国禅宗史》（重印本），上海：上海书店，1992年版，第246页。

上，就未免属于误读了。

（3）5页："慧能慈父，本贯范阳，左降迁流岭南，作新州百姓。"句中"岭"字右侧原本有一删除符号［卜］，表示废读，而英藏本恰无"岭"字。现在录出"岭"字，必须据惠昕本加以确认，直接录出是不符合写本原貌的。

（4）6页："大师遂责慧能曰：'汝是岭南人，又是獦獠，若为堪作佛！'"校记谓："原作'若未为堪作佛法'，据敦煌本改。"按，此句释文有误。原卷"为"字右上角有二点，亦表示废读，旁添一"未"字，故释文当作"若未"方妥。但"若未"误，"若为"方是，英藏本正作"若为"。

（5）8页："大师堂前有三间房廊，于此廊下供养，欲画楞伽变相。"校记谓："原本无'相'字，参铃木校本加。"按，可不加。唐·张彦远《历代名画记》："维摩诘本行变（荐福寺）；金刚变二铺及西方变（兴唐寺）……"《唐朝名画录》载景云寺有"地狱变相"，《宣和画谱》载为"地狱变"。可知，讲到变相，唐代有无"相"字均可，含义无误，不必加字。

（6）9页："五祖平旦，遂唤卢供奉来南廊下画楞伽变。五祖忽见此偈，请记。乃谓供奉曰……""请记"英藏本同，失校。此二字在这段话中无论如何不能通读。郭朋先生谓："疑为'读讫'之误。"①法人凯瑟琳·杜莎莉（Catherine Toulsaly）、②美人扬波斯基

---

① 郭朋：《坛经校释》，北京：中华书局，1983年版，第14页。
② Catherine Toulsaly, *Sixième Patriarche: Sūtra de la Plate-forme*, Paris: Librairie You Feng, 1992.

（Philip B.Yampolsky）、①日本人石井修道、②韩国金知见，③均校作"读讫"，当从之。"读"与"请"、"记"与"讫"形近致误。

（7）11页："童子答：'你不知……'"敦博本、英藏本均作"童子答能曰"云云，《新本》录文脱"能曰"二字。

（8）11页："慧能亦作一偈，又请得一解书人于西间壁上题著，呈自本心。不识本心，学法无益，识心见性，即悟大意。"此段标点可商。愚意以为"呈自本心"至"即悟大意"，也是惠能请人题在壁上的内容，因此应在"题著"下施以冒号，以下二十字放入引号中。

（9）13页："惟有一僧，姓陈名惠顺，先是三品将军，性行粗恶，直至岭上，来趁把着。慧能即还法衣。又不肯取，言……""趁"即"追赶"义，"把着"即"扭住""抓住"义，详见蒋礼鸿先生《敦煌变文字义通释》。④可知《新本》断、校均有误。愚意以为原本此数句当作："……直至岭上来趁把着惠能々々即还法衣……"断句并读作："……直至岭上来趁，把着惠能，惠能即还法衣……"结合上下文，其义为：多数追赶者中途而归，唯惠顺一直追上大庚岭，抓住惠能，于是惠能将法衣还给他，他又不肯要。如此，意义方通畅无碍。传抄中脱掉了"惠能"二字的重文符号，⑤故使今人读起来不甚通顺。

（10）15页："学道之人作意，莫言先定发慧，先慧发定，定慧各

①Philip B.Yampolsky, *The Platform Sutra of the Sixth Patriarch*, NewYork: Columbia University Press, 1967.

②［日］石井修道：《惠昕本〈六祖坛经〉之研究——定本的试作及其与敦煌本的对照》，《驹泽大学佛教学部论集》1980年第11号，第96—138页；同刊1981年第12号，第68—132页。

③［韩］金知见：《校注〈敦煌六祖坛经〉》，载金知见编：《六祖坛经的世界——第九次国际佛教学术会议纪要》，汉城：民族社，1989年版。

④蒋礼鸿：《敦煌变文字义通释》（第4次增订本），上海：上海古籍出版社，1981年版，第133、153页。

⑤参邓文宽：《敦煌吐鲁番文献重文符号释读举隅》，《文献》1994年第1期，第160—173页。

别。"按，二"发"字均当校作"后"。此段讲定慧关系的文字，前文云"即慧之时定在慧，即定之时慧在定"，后文云"若诤先后，即是迷人……"所讲均是定慧的时间"先后"问题，意义至明。再检原件，敦博本确作二"发"字；但英藏本第一字作"后"，第二字才作"发"。盖因"发""后"二字俗体繁写形近而致误。《景德传灯录》卷二十八："第五问：先定后惠，先惠后定？定惠后初，何生为正？"①吕澂先生亦曾论道："定慧一体，是照与光的关系，从定来看是光，从慧来看是照，所以并不是先有定而后有慧。这就是《坛经》中所说的'定慧等学'。"②亦可参证。

（11）15页："莫行心谄曲，口说法直。""行心"二字，英藏本、惠昕本、契嵩本、宗宝本均作"心行"，是，当据乙正。从文字上说，"心行"与"口说"正相对应。《坛经》前文又有"心口俱善"句（15页），后文有"迷人口念，智者心行"句（27页），均可参证。

（12）15页："道须通流，何以却滞？心不住法，道即通流。住即被缚。"校记谓：中间二句"原本作'心在住即通流'，据惠昕本校改。"此二句原文英藏本同。愚意以为，仅校"在"为"不"已够矣。"心不住即通流，住即被缚"，意思明白，不烦再增"法""道"二字。

（13）15页："若坐不动，是维摩诘不合呵舍利弗宴坐林中"。断句误，"是"字当属上读。唐代口语材料中虽有将"是"加在人名或代词前而无实义者，但这里"是"字是表示肯定语气的，不宜加在"维摩诘"之前。敦煌本神会《定是非论》："今言坐者，念不起为坐。今言禅者，见本性为禅。所以不教人坐身住心入定。若指彼教门为是者，

---

① 见《大正藏经》卷五十一，第439页下栏。
② 吕澂：《中国佛学源流略讲》，北京：中华书局，1979年版，第223页。

维摩诘不合诃（呵）舍利弗宴坐。"①可比证。

（14）15页："善知识，又见有人教人坐看心净，不动不起，从此致功。迷人不悟，便执成颠倒。""又见有人教人坐"当断句，施以逗号。"看心净"，英藏本作"看心看净"，是，当据补"心"下"看"字。《坛经》后文云："此法门中，坐禅元不著（看）心，亦不著（看）净"（18页），"看心看净，却是障道因缘"（19页），均可证。"便执成颠倒"之"倒"字，英藏本无，是，当据删。"颠"即"癫"之本字，指神经错乱，胡言乱语，正是"看心看净"的恶果。《新唐书》卷二百零二《李白传附张旭传》："嗜酒，每大醉，呼叫狂走，乃下笔……世呼张颠。"

（15）17页："然此教门立无念为宗，世人离境，不起于念。若无有念，无念亦不立。""离境"二字英藏本作"杂见"，是。"起"当校作"去"，盖因唐五代西北方音二字音同易致讹，在敦煌写本中多见。②因此，这段文字当校点为："然此教门立无念为宗，世人杂见不去，于念若无有念，无念亦不立。"意谓世人如不去掉杂见，就是一切念头都没有，无念也不能成立。《坛经》中惠能的无念法是去掉邪见、邪念，而存正见、正念，并非不要一切念头，与此正相契合。

（16）18页："此法门中坐禅原不著心，亦不著净，亦不言不动。若言看心，心元是妄，妄如幻故，无所看也。若言看净，人性本净，为妄念故，盖覆真如，离妄念，本性净。"这段文字中的"著心""著净"二词中"著"字均当校作"看"，上下文义一目了然。惠能这里批评了北宗神秀系的"看心看净"。从文字结构看，后文的"若言看心""若言看净"，正是对"坐禅原不看心，亦不看净"命题的进一步阐释；

---

① 刘坚、蒋绍愚主编：《近代汉语语法资料汇编·唐五代卷》，北京：商务印书馆，1990年版，第55页。
② 参邓文宽：《敦煌文献中的"去"字》，《中国文化》1993年总第9期，第166—168页。

本段结尾又有"看心看净，却是障道因缘"（19页），均可证前文二"著"字应校作"看"。

（17）21页："善知识，总须自体，与授无相戒。""体"字原作"听"，系据英藏本改，当出校记。其实，唐五代西北方音中"听""体"同音可互代。敦煌本《五更转·南宗赞》有如下文句："了五蕴，体皆亡""无为法会体皆亡""法身体性本来禅"。P.2963、北图周字70号二写本"体""听"混用不分，①明乎此，此二本实皆"听"字，指出其方音音变现象即可。

（18）22页："万象森罗，一时皆现。"校记谓："'森'原本作'叁'。"按，此"叁"字既是"三"之大写，亦是"参"之俗体，当释作"参"，不可不察。

（19）22页："何名为千百亿化身佛？不思量性即空寂，思量即是自化。思量恶法化为地狱，思量善法化为天堂，毒害化为畜生，慈悲化为菩萨，智慧化为上界，愚痴化为下方。自性变化甚多，迷人自不知见。"这段文字需再校。我曾在《敦煌本〈六祖坛经〉书写形式和符号发微》一文中指出，末四句均承前省书"思量"二字，当予补足。②然后再将中间六句校点为："思量恶法，化为地狱；思量善法，化为天堂；〔思量〕毒害，化为畜生；〔思量〕慈悲，化为菩萨；〔思量〕智慧，化为上界；〔思量〕愚痴，化为下方。"

（20）22页："莫思向前，常思于后。常后念善，名为报身。一念恶，报却千年善亡；一念善，报却千年恶灭。"校记谓："'善亡'，原本作'善心'，于前后意不合，参铃木校本改。"按，原本"善心"不

①任半塘：《敦煌歌辞总编》，上海：上海古籍出版社，1987年版，第1429页；又参邵荣芬：《敦煌俗文学中的别字异文和唐五代西北方音》，《中国语文》1963年第3期，第193—217页。
②载中国文物研究所编：《出土文献研究》第3辑，北京：中华书局，1998年版，第228—233页。

误，不必改。二"报"字在此均作"酬"义，引申为"抵销"，"报却"即抵销掉。原文或错在最后的"灭"字。愚意以为"恶灭"或当作"恶业"。《坛经》中有"悔者，知于前非恶业"句（25页），可比证。

（21）22页："无常已来后念善，名为报身。""无常已来"当校作"无始已来"方妥。凯瑟琳·杜莎莉、扬波斯基、石井修道、金知见、田中良昭均作如是校，[①]可参。

（22）24页："邪来正度。"校记谓："原本缺'邪来正度'四字，据敦煌本加。"经检英藏本照片，原作"邪见正度"，改"见"为"来"应出校记。

（23）24页："大师言：善知识，前念后念及今念，念念不被愚迷染，从前恶行，一时自性若除，即是忏悔。前念后念及今念，念念不被愚痴染，除却从前矫诳，杂心永断，名为自性忏。前念后念及今念，念念不被疽疫染，除却从前嫉妒心，自性若除，即是忏。（原文小注：以上三唱）"这是惠能讲无相忏悔的一段话。原文有误，未能校出，由是标点断句亦误。"诳"字原无，系《新本》据惠昕本补。愚意以为这是几句韵语，当校点如下："大师言：善知识，前念后念及今念，念念不被愚迷染，从前恶行一时□，自性若除即是忏（原本'忏'后衍一'悔'字，当删）。前念后念及今念，念念不被愚痴染，除却从前矫诳心，永断名为自性忏。前念后念及今念，念念不被疽疫染，除却从前嫉妒心，自性若除即是忏（小注：以上三唱）。"所缺一字或当补作"除"。其实，由"以上三唱"的小注我们即能猜到其韵语特征，进而加以校理。

（24）27页："若口空说，不修此行，非我弟子。"校记谓：

---

① [日]田中良昭：《敦煌本〈六祖坛经〉诸本之研究——特别介绍新出之北京本》，《松冈文库研究年报》1991年第5号。

"'若'，原作'莫'字。"按，敦博本、英藏本均作"莫"，不误。"莫"即"不""不要"义，"若"是"假使"义，是其区别。

（25）27页："何名波罗蜜？此是西国梵音，唐言到彼岸，解义离生灭。著境生灭起，如水有波浪，即是为此岸；离境无生灭，如水承长流……""为此岸"校记谓："原本'为'作'于'，参铃木校本改。"按，改误。原本"于此岸"即"在此岸"，同"到彼岸"正相对应，不烦改。引文末句"如水承长流"，校记又谓："'承'，原本作'水'。"按，原本是"永"而非"水"。虽然字形与"水"相近，但字迹十分清楚，系《新本》误释。北图本亦作"永"，可证原本不误。

（26）31页："若无世人，一切万法本亦不有。"校记于首句下云："原本作'我若无智人'，敦煌本同。此据惠昕本改。"按，此句北图本亦同。"我若"当校作"或若"，"我"乃"或"字手书致误。"或若"是中古时代常用的文言虚词，义为"假使""倘若"，不当删。又，原文"智"字亦不当删，此"智人"承上文"因智慧性故"而来。简言之，此句当校作"或若无智人"方妥。

（27）31页："故知一切万法尽在自身心中。何不从于自心，顿见真如本性。"按，首句"身"字当删。下句"何不从于自心"已可证"自身心"当作"自心"，契嵩本、宗宝本亦作"自心"。考其致衍原因，盖因唐五代西北方音"身""深""心"三字音近或同音，敦煌写本中屡见互代。P.2943《十二时》："正南午，身中有净土。""身"当校作"心"。同篇："日入西，色心应非久。"[1]"心"当校作"身"。"心中有净土"和"色身"均是佛学中习见句、词，因西北方音混用不分而致衍，应予辨别。

（28）32页："《净名经》云：即时豁然，还得本心。"校记谓：

---

[1] 任半塘：《敦煌歌辞总编》，上海：上海古籍出版社，1987年版，第1406页。

"原本无此四字（指'净名经云'），据惠昕本补。"按，这是由于不了解敦煌写本书写特征而发生的误解。原本确未写出"净名经云"四字，但却于此空出四字格。敦煌写本书写特征之一是，对众人极为熟悉或前已出现的文句采取空字省书，但不等于这些地方就没有文字。"《维摩经》云：即时豁然，还得本心"一语，在《坛经》前文已出现过（20页第2至3行），由是这里只空出四字格而不书。因为这些抄本最初只是为抄写者本人使用的，只要他自己明白即可，但传抄中却易发生错误。我们注意到，北图本于此仅空一字格，而英藏本却连书不空格。这说明《坛经》抄本历史极为复杂，我们不可于细微处掉以轻心。其实，这里当据铃木校本补写"维摩经云"四字，而不必据惠昕本补。尽管《净名经》就是《维摩经》，但从恢复古本原貌而言，据其自身证据当更具说服力。

（29）32页："善知识，我于忍和尚处一闻，言下大悟，顿见真如本性。是故将此教法流行后代。""将此"二字原作"以"，《新本》据惠昕本校改。按，补"此"是，但改"以"为"将"误。此"以"字北图本同，英藏本作"汝"，二字唐五代西北方音同音通用。敦煌写本中"汝"通"与"、"与"通"以"，英藏本《坛经》用例极夥，[1]则"以""汝"亦可互通。《太子成道经一卷》："发愿已讫，武士推新妇及以孩儿，便令入火堆。"[2]句中"以"字，S.2682、北图潜字80同，但P.2999却作"汝"，是其证。概而言之，敦博本、英藏本、北图本均是"以"字，不烦改作"将"。

（30）34页："善知识，将此顿教法门于同见同行，发愿受持，如事佛教……"原本无"于"字，《新本》据惠昕本加。按，英藏本、敦

①邓文宽：《英藏敦煌本〈六祖坛经〉通借字刍议》，《敦煌研究》1994年第1期，第79—86页。
②王重民等：《敦煌变文集》，北京：人民文学出版社，1957年版，第295页。

博本、北图本均无"于"字，语句通畅，意义明确，不烦加字。

（31）34页："从上已来，默然而付于法，发大誓愿，不退菩提，即须分付。"校记谓："'于'，原本作'衣'。从文意来看，作'于'较妥当。"按，此字敦博本、北图本作"衣"，英藏本作"於"，《新本》改"衣"为"於"，所据显为英藏本。然而如前所述，英藏本具有明显的唐五代西北方音特征，其中"衣""於"互通即其一例。①愚意以为原本"衣法"不误。"衣"即传法之衣，"法"即顿教法门，改成"于法"反而于意难安。"即须分付"之"须"或当校作"取"，意谓"听从"②"允许"。"取""须"二字互代是否属于方音通假，我尚未确认，但在敦煌文献中的确见到了二字通用的例证。《太子成道经一卷》："此子口云天上天下，为（惟）我独尊者，何已斯事。［心中不决］，必须召取相师，则知委由"。③"必须"，S.2682、北图潜字80同，而P.2999却作"必取"。结合上下文义，知《坛经》这里是说，只有"发大誓愿，不退菩提"者，才听允传付衣法给他。

（32）35页："愚人修福不修道，谓言修福便是道。"校记谓："'便'原本作'如'，敦煌本同，据惠昕本'只言修福便是道'改。"首先，校记有误。此字敦博本作"如"，北图本亦作"如"，但英藏本作"而"，并非"敦煌本同"。其次，"如""而"互通为研习"敦煌学"者的常识。现代口语"现如今"在陕西一带说成"现而今"亦可证。"如"当据英藏本校作"而"，意谓"就""才"。《易·系辞下》："君子见几而作，不俟终日。""谓言修福而是道"，即"认为修福才是道"，

---

① 参见李正宇：《敦煌方音止遇二摄混同及其校勘学意义》，《敦煌研究》1986年第4期，第47—55页。

② 蒋礼鸿：《敦煌变文字义通释》（第4次增订本），上海：上海古籍出版社，1981年版，第210—212页。

③ 王重民等：《敦煌变文集》，北京：人民文学出版社，1957年版，第289页。

意思通畅明白，不烦改字。

（33）35页："布施供养福无边，心中三恶元来造。"校记谓："原本'恶'作'业'，据惠昕本改。"按，此"业"字敦博本、北图本、英藏本同，不烦改。"三业"为身业、口业、意业，虽有多种解释，但其一义为"秽"，于此并无不通。

（34）36页："学道之人能自观，即与悟人同一类。"校记谓："原本'类'作'例'，据惠昕本改。"按，敦博本、英藏本、北图本同作"一例"，不误，不烦改。敦煌文献中"一例"犹"一种"，均为"一样"义。《父母恩重经讲经文》："慈母意，总恩怜，护惜都来一例看：是女缠盘求为聘，是男婚娶致歌欢。"①《八相变》："太子又问：'生者只是一人，人间总有？'其人道：'一例如状。'"②P.2418《失调名》歌辞："佛惜众生，母怜男女，一例承情，从头爱护。"③杂曲《十二时》："死又生，生又死，出没憧憧何日已？或前或后即差殊，一例无常归大地。"④以上"一例"均为"一样"义。显然，《新本》是在未弄清"一例"本义的情况下，觉得惠昕本"一类"意义更明白而据改，其实大可不必。

（35）36页："大师今传此顿教，愿学之人同一体。"如所周知，整卷《坛经》中惠能自称是"惠能"或"吾"，而被弟子们称作"大师""能大师"或"六祖"。然而，这个《无相颂》是惠能说给弟子和在场听众的，无由自称"大师"。应出校记辨别。

（36）37页："［和尚所说］法，可不是西国第一祖达摩祖师宗旨？"原本"是"上有一"如"字，北图本同，英藏本误作"不"，不

---

① 王重民等：《敦煌变文集》，北京：人民文学出版社，1957年版，第687页。
② 王重民等：《敦煌变文集》，北京：人民文学出版社，1957年版，第334页。
③ 任半塘：《敦煌歌辞总编》，上海：上海古籍出版社，1987年版，第544页。
④ 任半塘：《敦煌歌辞总编》，上海：上海古籍出版社，1987年版，第1659页。

当删"如"字，删字亦未出校。按，"如"意为"应当"。《左传·昭公二一年》："君若爱司马，则如亡。""可不"为口语词，意思是"岂不"。①"可不如是"即"岂不应是"。因这里韦据向惠能提问，所以口气很缓和。

（37）42页："大师言：'善知识，若欲修行，在家亦得，不由在寺。在寺不修，如西方心恶之人。在家若修行，如东方人修善……'""不由"失校。"不由在寺"一句历来整理《坛经》者均觉费解。愚意以为，"不由"当校作"不独"。敦煌写本中"由""犹"通用，例多不烦举证；"犹""独"二字繁体形近，手书易致误。"不独"即"不单""不只"义。《礼记·礼运》："人不独亲其亲，不独子其子。"可参。结合上下文义可以看出，惠能这里认为在家、在寺均可修行，正是突破了传统认为只有出家才能修行的观念。

（38）42—43页："大师言：'善知识，慧能与道俗作《无相颂》，尽诵取，依此修行，常与慧能一处无别。'"校记谓："原本'慧能'（按，指末句中）下有'说'字。"按，删"说"字误。末句敦博本连书不空格，但英藏本在"说"与"一"间空三字位置。敦煌写本中对极为熟悉的字、词乃至短句常采用空格省书形式，此处即其一。推究上下文义，英藏本所空三字似当为"顿教法"。敦博本抄写者不明其义，连书不空格，已失其原义，当参英藏本考求其义并补之。

（39）46页："大师言：'善知识，汝等尽诵取此偈，依此偈修行，去慧能千里，常在能边。依此不修，对面千里远。'"校记谓："原本'千里'上有'底'字。"按，"底"字英藏本无，但不应删。"底"通"抵"。黄庭坚《山谷外集·送苏太祝归石城》："仆夫结束底死催，马翻玉勒嘶归鞍。"杜甫《春望》诗："烽火连三月，家书抵万金。""对

①见蒋礼鸿主编：《敦煌文献语言词典》，杭州：杭州大学出版社，1994年版，第184页。

面底（抵）千里远"，意谓虽在面前，却相当于千里之遥。

（40）46页："众人且散，慧能归漕溪山。""漕"字失校。此字传世各种禅宗文献均作"曹"，是。敦煌本《坛经》作"漕"，是因"溪"字有水字旁而类化的增旁字。《太子成道经》一卷："大王问（闻）知，遂遣车匿被（备）騤騋白马，遣太子观看。"①原应作"朱騋白马"，因"騋"字有"马"旁而将"朱"字类化作"騤"。②敦煌写本医药文献亦有将"涌泉"写作"涌湶"者，③"教授"写作"撋授"者，④均可参证。以下各"漕溪"均当作"曹溪"，不另出。

（41）46页："若论宗旨，传授《坛经》，以此为依约。"校记谓："原本'依'作'幼'，缺'约'字，参敦煌本、铃木校本改。"按，原本误"约"为"幼"，盖因二字形近致误。所缺当是"依"，而非"约"字。

（42）46页："若不得《坛经》，即无禀受。须知去处、年月日、姓名，递相付嘱。"校记谓："'去处'，原本作'法处'，敦煌本同。此据惠昕本改。"愚意以为写本"法"字不误，可能是"法"前脱一"受"字。因惠能弟子们以《坛经》传法，只有禀受《坛经》，才算南宗弟子，故而必须要知其何处受法及年月日、姓名。若然，这几句话便可通读了。

（43）47页："世人尽传南能北秀，未知根本事由。且秀禅师于南荆府当阳县玉泉寺住持修行，慧能大师于韶州城东三十五里漕溪山住。法即一宗，人有南北，因此便立南北。"校记于首句下云："原本作

---

① 王重民等：《敦煌变文集》，北京：人民文学出版社，1957年版，第291页。
② 参见张涌泉：《敦煌写卷俗字的类型及其考辨方法》，香港《九州学刊》1992年第4卷第4期。
③ 见 P.2637《辟谷方》。
④ 见 S.5475《六祖坛经》。

'南宗能比宗'，敦煌本同。"按，原二本末一字是"秀"而非"宗"，《新本》可能是笔误或排误所致。"慧能大师于韶州城东三十五里曹溪山住"之"住"，其下当补"持修行"三字。此亦是敦煌写本书写特征之一。因前面已出现"住持修行"，则再次出现时仅写一"住"字即可。如 S.4571《维摩诘经讲经文》："信心若解修持得，必定行藏没疏失……是故经中广赞扬，万般一切由心识。"从第二个重句"万般一切由心识"起，原卷只写出"万般一切"四字，"由心识"便用拉长了的"了"形符号代替。也有的干脆不用省代的拉长符号，但不等于这些字均不该有。今天校理时，当补足古人在抄写中省去的文字。

（44）50 页："又有一僧名法达，常诵《妙法莲华经》七年……"校记谓："'常'字原本作'当'字。"按，此"当"字英藏本作"常"，然作"当"是。"当"即"从前""以往"义，不烦改。蒋礼鸿先生《敦煌变文字义通释》曾引《太平广记》卷四百二十八所引《广异记》："漳浦人勤自励者，以天宝末充健儿，随军安南，及击吐蕃，十年不还。自励妻林氏为父母夺志，将改嫁同县陈氏。其婚夕，而自励还，父母具言其妇重嫁始末。自励闻之，不胜忿怒。妇宅去家十余里。当破吐蕃，得利剑。是晚，因仗剑而行，以诣林氏。"蒋先生认为"当破吐蕃"的"当"字即"从前"义。《坛经》此处的"当"字义同，表示法达在见六祖之前，已诵读《法华经》七年之久。

（45）52 页："已后转《法华》，念念修行佛行。"此下敦博本、英藏本同有："大师言：'即佛行是佛。'其时听人，无不悟者。"《新本》脱录十六字。

（46）54 页："最上乘是最上行义。"校记谓原本缺"是"下"最上"二字，非是。原本所缺是"是"上"最上"二字。

（47）58 页："此三十六对法，解用通一切经，出入即离两边。"校记谓："'解'字原作'能'字，据敦煌本改。"按，"解""能"同义互训，不烦改。《金刚般若波罗蜜经讲经文》："金刚般若真常法，解具三明证六通。"①《维摩诘经讲经文》："千般罗绮能签眼，万种笙歌解割肠。"②同篇名："解歌音，能律吕。"③以上"解"字均为"能"义。《坛经》此处是同义异文，出校记指出即可。改"能"为"解"，不免蛇足。

（48）60页："法海等众僧闻已，涕泪悲泣，惟有神会不动，亦不悲泣。六祖言：'神会小僧，却得善不善等，毁誉不动……'"校记谓："原本无'不善'二字，敦煌本同，此据惠昕本校补。"按，原本"善等"确难理解。愚意以为"等"乃"业"字繁体之讹。敦煌写本中常用"叶"字代"业"，而"叶"字俗体作"䒷"，"等"字俗体作"苇"，二俗字手书极为近似，易致讹，改"等"为"业"即可，不烦加"不善"二字。

（49）63页："第二祖慧可和尚颂曰：本来缘有地，从地种花生，当来元无地，花从何处生。""当来"失校。英藏本作"当本"，是，当据改。"当来"即"将来"义，"当本"为"当初""原来"义，与第一句之"本来"同义。《汉将王陵变》："灌婴答曰：'婴且不解斫营。当本奏上汉高皇帝之时，大夫奏，婴且不奏，一切取大夫指扨，婴［不］解斫营。'"④项楚先生释"当本"为"当初""本来"。⑤《五更转》："当本只言今载归，谁知一别音信稀。"⑥均证"当本"为"当初""本来"义。

（50）68页："大师言：'汝等门人好住，吾留一颂，名《自性见真

①王重民等：《敦煌变文集》，北京：人民文学出版社，1957年版，第441页。
②王重民等：《敦煌变文集》，北京：人民文学出版社，1957年版，第556页。
③王重民等：《敦煌变文集》，北京：人民文学出版社，1957年版，第629页。
④项楚：《敦煌变文选注》，成都：巴蜀书社，1989年版，第112页。
⑤项楚：《敦煌变文选注》，成都：巴蜀书社，1989年版，第116页。
⑥任半塘：《敦煌歌辞总编》，上海：上海古籍出版社，1987年版，第1248页。

佛解脱颂》。后代迷人识此颂意，即见自心自性真佛。""后代迷人"句校记谓："原本此句作'后代迷门此颂意'，敦煌本其中的'代'作'伐'字。今据惠昕本校改。"按，"门"字当校作"闻"。写本《坛经》中"门""问""闻"三字多混用不分，英藏本尤为突出，细心体味，即可判断。换言之，原本脱"人"字，《新本》补是，但不必改"门"为"识"，而应校"门"为"闻"，成"后代迷［人］闻此颂意"方妥。

（51）69页："化身、报身及法身，三身元本是一身。若向身中觅自见，即是成佛菩提因。"第三句之"身"当校作"心"。禅宗南宗讲"明心见性"，断无"向身中觅自见"之理。"身""心"互代，盖唐五代西北方音音近所致。参见前文第27条。不可被前二句讲"三身佛"之"身"所迷惑。

（52）70页："若能身中自有真，有真即是成佛因。"句中"身"字当校作"心"。惠昕本正作"心"，铃木校本据改，是。参见前文第27、51两条。

（53）70—71页："顿教法者是西流，救度世人须自修。今报世间学道者，不於此见大悠悠。"第二句之"救"，英藏本作"求"，是。"求度世人"意谓寻求超度、解脱之人。"求""救"相混，本《坛经》前文已有一例："五祖曰：'吾向汝说，世人生死事大……汝等自性迷，福门何可求？'"（7页）"求"字英藏本作"救"。第四句二本原作"不於此是大悠悠"，《新本》据铃木校本改为今文。按，原本"於"通"依"，见前文第（31）条，当校"於"为"依"。"是"字不烦改为"见"。"大"字当读为"太"，古语"大""太"不分，敦煌写本亦习见。这四句话是说：顿教法源自西土佛学，并非惠能自创。凡寻求解脱之人当自悟自修。今明确告诉大家，不依此去做，离顿教法主旨也就太遥远了。

（54）214页："敦博本的错别字有如下三种情况"，其中"字形相

近而误写者”一类举出有“解”与“能”、“少”与“小”、“见”与
“现”、“彼”与“破”四组。按，“解”与“能”同义互训，不属于错
别字，见上举第47条。“现”是“见”的后起分化字，亦不属于错别
字。“少”与“小”古语通用乃常识，不烦辨；“彼”“破”二字古亦互
通，[①]当随文释义。概而言之，这四组字均不属于“字形相近而误写
者”。

（55）217页：“（四）敦煌本：‘五祖自送能于九江驿，登时便悟
祖处分，汝去努力……’铃木校本同。敦博本：‘五祖自送能至（原作
“生”）九江驿，登时便别。五祖处分：“汝去努力……”’”《新本》
认为“别”在英藏本误作“悟”，实属误解。斯本《坛经》中“悟”
“吾”“五”多混用不分，“悟”乃“五”之音近借字，而非“别”字误
写。概言之，英藏本以“悟”代“五”，又脱“别”字。

以上就笔者学识所及，对《敦煌新本六祖坛经》一书提出了一些
匡补意见。这些管见能否成立，还望杨曾文先生和各位博学通人不吝
赐教。

近年来，笔者与学友荣新江先生共同致力于敦博本077号禅籍的整
理和研究。我们的著作《敦博本禅籍录校》已列入周绍良先生主编的
《敦煌文献分类录校丛刊》。[②]在《坛经》校勘方面，我们虽然投入了巨
大精力，力图运用佛学、“敦煌学”、文字学、音韵学等多种手段加以
整理，但至今仍不能说已经完全读通了这12400余字。不可讳言，尽管
有了敦博本这个“善本”，但至今仍有一些问题未得确解，说明校理敦
煌本《六祖坛经》的确是一件繁难艰巨的工作。同时我也相信，通过
学者们的共同努力，对《坛经》的认识将逐步加深，也可期待将来会

---

① 参邓文宽：《天水放马滩秦简〈月建〉应名〈建除〉》，《文物》1990年第9期，第83—84页。
② 邓文宽：荣新江：《敦博本禅籍录校》，南京：江苏古籍出版社，1998年版。

有更加成熟的校本产生。对此，我们愿与学术界同仁共尽绵薄之力。

（原载季羡林、饶宗颐、周一良主编：《敦煌吐鲁番研究》第一卷，北京大学出版社，1996年版，第395—409页）

《坛经校释》订补

　　《六祖坛经》是禅宗佛教的基本典籍，禅学研究也一向是国际学术界的热门课题。尤其自20世纪初敦煌文献问世以来，由于从中发现了几种《坛经》抄本，更是有力地推动了禅学研究的深入。自那时起，国际上许多学者都致力于《坛经》的整理，以期恢复其原貌。在我国，郭朋先生用功甚力，先后有《〈坛经〉对勘》《〈坛经〉导读》《坛经校释》等书问世，对《坛经》和禅学研究起了推动作用，厥功难泯。其中《坛经校释》由中华书局于1983年9月初版，至1991年9月第四次印刷，印数达21000册，影响巨大。同时，无论是对敦煌本《坛经》文字的释读，还是对其原义的理解，抑或在标点断句、校订文字、释义方面，此书都有不少可商之处。笔者近年亦和学友荣新江先生共同致力于敦煌本《六祖坛经》的整理，《坛经校释》常置案头，阅读既久，亦有所得。今将一己之见献出，以就正于郭朋先生及各位博学鸿儒。为便于讨论，分节概照原书，保留原括号形式；引《校释》原文一并具注页码，放在引文后的括号中；所讨论的问题，编为1、2、3等。

　　首先需要说明，《坛经校释》以日本铃木大拙和公田连太郎的校本为底本，而此校本则以敦煌本 S.5475 为依据。因此下述讨论主要与原本进行对照，旁及其他。

1.（题目）："南宗顿教最上大乘摩诃般若波罗蜜经六祖惠能大师于韶州大梵寺施法坛经

兼受无相戒弘法弟子（此九字为小字）法海集记"（页一）

注云："法海本（一卷）的这一名称，文字冗长，含义混杂。"（页一校释一）

今检原卷，"施法坛经"下有"一卷"二字，《校释》既未录文，也未作说明。写本"兼受无相"同下文"戒弘法弟子法海集记"间有三、四字空位。这已提示，"兼受（授）无相戒"（"戒"字当属上读）应与上文相连，而不能冠于法海头上。《坛经》正文开头即说："惠能大师于大梵寺讲堂中升高座，说摩诃般若波蜜法，授无相戒。"（页一）第（二三）节又云："今既忏悔已，與（按，当作给与之'与'）善知识授无相三归依戒。"（页四六）可证惠能此次在大梵寺的活动包括说法、授戒两项内容，"兼授无相戒"五字当属上文。

《坛经》题目一直是个大问题。但前人对此已发表过一些意见，应予重视。印顺法师说："慧（惠）能在大梵寺，'说摩诃般若波罗蜜法，授无相戒'。"[1]扬波斯基（Philip B.Yampolsky）1967年在美国哥伦比亚大学出版社出版的《敦煌本六祖坛经译注》中，将《坛经》题目标列为：

南宗顿教最上大乘摩诃般若波罗蜜经

六祖惠能大师于韶州大梵寺施法坛经一卷

兼受无相戒、弘法弟子法海集记

扬波斯基将"兼受无相戒"冠于法海头上固无可取，但他将"戒"

---

① 印顺：《中国禅宗史》（重印本），上海：上海书店，1992年版，第246页。

字属上读无疑是正确的。

近来潘重规先生在其新作《敦煌六祖坛经读后管见》一文中将S.5475的题目标列为：

南宗顿教最上（按，脱"大"字）乘摩诃般若波罗蜜经

六祖惠能大师于韶州大梵寺施法坛经一卷

兼受无相戒　　　　弘法弟子法海集记①

从对写本格式的处理上，扬波斯基、潘重规先生的意见同原卷最为接近；从对原题含义的理解上，我认为印顺法师最得其要旨，这主要是由于《坛经》正文内容可为内证，已详前述。而《校释》认为原卷名称"文字冗长，含义混杂"则未达一间。

2.（一）节。"刺史遂令门人法海集记，流行后代（原本代作伐）。"（页一）按，原本"门人"下有"僧"字，《校释》失录。原本"代"字作"伐"，是"代"字之俗体，在敦煌写本中极为常见，不烦误读作"伐"，再改作"代"。《校释》多次误读"代"字俗体，下不备举。参见秦公先生《碑别字新编》。②

3.（二）节。"善知识，净心唸摩诃般若波罗蜜法。"（页四）"唸"字系《校释》所改，原作"念"。按，"念"有"唸"义，《校释》有"迷人口念，智者心行"（页五〇），是其原字。敦煌本《无常经讲经文》有"高声念佛且须归"；③《大目乾连冥间救母变文并图一卷并序》有"专心念佛几千回"，④均是其证，不烦改字。

---

①潘重规:《敦煌六祖坛经读后管见》,《中国文化》1992年总第2期,第49页。

②秦公:《碑别字新编》,北京:文物出版社,1985年版,第10页。

③王重民等:《敦煌变文集》,北京:人民文学出版社,1957年版,第659页。

④王重民等:《敦煌变文集》,北京:人民文学出版社,1957年版,第732页。

4. "大师不语，自身净心。"（页四）校释云："惠昕本作'自净其心'，较通。"（页五校释二）按，原本先写作"自心净神"，后于"心净"二字间右侧加一倒勾符号，当读作"自净心神"。前引扬波斯基《敦煌本六祖坛经译注》即作"自净心神"，可参。"心神"一词在敦煌写本中亦有用例可考。悟真《百岁篇》："丰衣足食苦辞贫，得千望万费心神。"① 《捉季布传文一卷》："大夫请不下心神。"② 《降魔变文一卷》："足可消愁释闷，悦畅心神。"③ 《校释》改原文"自净心神"为"自身净心"，则失之远矣。

5. "惠能慈父，本官范阳，左降迁流岭南，作新州百姓。"（页四）校云："本官范阳：意谓慧能的父亲原是在范阳作官的。……这里仍依原本。"（页五校释四）按，王维《六祖能禅师碑铭》及惠昕本都说"本贯范阳"，铃木大拙据以改"官"为"贯"，是可取的。从文字通借看，敦煌写本中凡音同或音近者（包括方音）常互通借用，例多不烦举。从《坛经》此处原文看，"本贯范阳"是与"作新州百姓"对应的，不能只看"左降迁流岭南"一句。范阳卢氏自魏晋到隋唐都是有名的望族。唐人重郡望，不独世间，僧界亦然。④惠能俗姓卢，这里说出自己的家世，正是要告诉听众，自己虽生活寒苦，但祖上却是有声望的，这个因素不能不考虑进去。

6. "遂令惠能送至于官店。（原本令作领，无送字）。"（页四）原本上下文作：惠能"于市卖（原讹作'买'）柴。忽有一客买柴，遂领惠能至于官店，客将柴去，惠能得钱……"意义至为明白，不烦改

---

① 任半塘：《敦煌歌辞总编》，上海：上海古籍出版社，1987年版，第1338页。

② 项楚：《敦煌变文选注》，成都：巴蜀书社，1989年版，第151页。

③ 项楚：《敦煌变文选注》，成都：巴蜀书社，1989年版，第513页。

④ 参邓文宽：《敦煌文书位字七九号——〈唐贞观八年高士廉等条举氏族奏抄〉辨证》，《中国史研究》1986年第1期，第73—86页。

"领"作"令"，再补"送"字。

7.（三）节。"弘忍和尚问惠能曰：'汝何方人？来此山礼拜吾，汝今向吾边复求何物？'惠能答曰：'弟子是岭南人，新州百姓，今故远来礼拜和尚。不求余物，唯求作佛。'"（页八）这段文字所用标点符号可商。鄙意以为当作如下标点："弘忍和尚问惠能曰：'汝何方人，来此山礼拜吾？汝今向吾边复求何物？'惠能答曰：'弟子是岭南人，新州百姓。今故远来礼拜和尚，不求余物，唯求作佛。'"

8."时有一行者，遂遣惠能于碓房，踏碓八个余月。"（页八）"遣"字原本作"差"。"差"即"遣"义，不烦改字。

9.（四）节。"汝等自性若迷（原本……无若字）"。（页九）按，此句上文是："汝等门人，终日供养，只求福田，不求出离生死苦海。"这是五祖弘忍批评弟子们的话，何"若"之有？原义是肯定语气，不烦加"若"。

10."福门何可救汝。"（页九）校云："'门'，疑为'田'字之误。"（页一〇校释七）。按，"福门"不误，即佛教所称的福报之门。敦煌写本王梵志诗："福门不肯修，福失竞奔驰。"①

11.（五）节。"欲画《楞伽》变相（原本无相字）。"（页一一）"遂唤卢供奉来南廊下，画《楞伽》变相（原本无相字）。"（页一三，属第七节）按，二"相"字不烦加。唐张彦远《历代名画记》："维摩诘本行变（荐福寺）；金刚变二铺及西方变（兴唐寺）。"《唐朝名画录》载景云寺有"地狱变相"，《宣和画谱》载为"地狱变"，无"相"字。可知唐人讲变相时有无"相"字均可。

12.（六）节。"我若不呈心偈，五祖如何见得我心中见解深浅。"（页一二）"见得"原作"得见"。"得"即"能"，"见"即"知"，意义

---

① 项楚：《王梵志诗校注》，上海：上海古籍出版社，1991年版，第781页。

至为明白，不烦乙字。乙后又无任何说明，有失原貌。

13. "良久思惟，甚难，甚难（原本作甚甚难难，甚甚难难）。"（页一二）"甚难，甚难"原作"甚々甚々难々难々"，使用了四个重文符号。《校释》读法不误，但原卷有误，当作"甚々难々甚々难々"，读作"甚难甚难，甚难甚难"。[1]前揭扬波斯基《敦煌本六祖坛经译注》即作如是读，可参。

14. "夜至三更，不令人见，遂向南廊下中间壁上题作呈心偈，欲於法。"（页一二）按，末句"欲求於法"之"於"当校作"衣"。此敦煌写本《坛经》中，"於""依""衣"三字通借例极夥。如第一节"递相传授，有所依约"（页一），"依"原作"於"，《校释》已作校正，但此处却失校。第（四）节五祖曾说："若悟大意，付汝衣法。"（页九）神秀题偈"欲求衣法"正是承此而来。

15. "人尽不知。"（页一二）"知"原作"和"，改字是，但应出校。

16. （七）节。"神秀上座，题此偈毕，归卧房。"（页一三）"归卧房"原作"归房卧"，不误。"房卧"即卧室。《后汉书·宦者列传》序："出入卧内，受宣诏命。"唐·李贤注引汉·仲长统《昌言》："宦竖傅近房卧之内，交错妇人之间。"[2]敦煌本《欢喜国王缘》："每相（想）夫人辞家出，夜夜寻看房卧路。"[3]可知，《校释》误乙"房卧"为"卧房"了。

17. "弘忍與供奉钱三十千"。（页一三）按，"與"字原作"与"，即给予，不同于当连词用的"與"，不可随意改。参见郭在贻、张涌泉、黄征《敦煌变文集校议》。[4]

---

①参邓文宽：《敦煌吐鲁番文献重文符号释读举隅》，《文献》1994年第1期，第160—173页。
②标点本《后汉书》，北京：中华书局，1965年版，第2508、2509页。
③王重民等：《敦煌变文集》，北京：人民文学出版社，1957年版，第779页。
④郭在贻、张涌泉、黄征：《敦煌变文集校议》，长沙：岳麓书社，1990年版，第189页。

18."不画变相了。"（页一四）"了"字原作"也"，放在句尾表肯定语气，改为"了"不知何所依据？

19."不坠三恶道（原本无道字）。"（页一四）按，"三恶"即"三恶道"之略，不必加字。参见丁福保《佛学大辞典》。①

20."实是秀作。"（页一四）原本"秀"上有"神"字，录文脱。

21.（八）节。"有一童，于碓房边过。"（页一五）原本"童"下有"子"字，录文脱。

22."欲传於法。"（页一五）按，此"於"字当校作"衣"。本节下文有"悟大意，即付衣法"，是其比。又参本文前述第14条。

23."惠能亦作一偈，又请得一解书人，于西间壁上题着，呈自本心，不识本心，学法无益，识心见性，即悟大意（原本悟作吾）。"（页一五）愚意以为，"于西间壁上题着"之后的文字，是惠能请人写在墙壁上批评神秀偈并表明自己见解的话。其中"呈自本心，不识本心，学法无益"是批评神秀偈的，后两句是表明惠能己意的。故当在"题着"后施以冒号，以下文字放入引号中，且应在"学法无益"后施以句号，将两层意思分开。

24."明镜亦非台。"（页一六）"非"字原本作"无"。上句"菩提本无树"，此句"明镜亦无台"，意义对应一致，不必改字。

25."五祖忽见惠能偈，即善知识大意。"（页一六）校云："'识'字，疑衍。"（页一九校释一三）按，第（四）节有"若悟大意，付汝衣法。"（页九）第（八）节有"悟大意，即付衣法。"（页一五）"识大意"犹"悟大意"；可知"识"字不衍，当衍"善"字。盖因《坛经》中"善知识"一词用得极多而致衍。"五祖忽见惠能偈，即知识大意"，意谓五祖猛然间看到惠能偈，就知道他识大意了，因而才有后文决心

---

① 丁福保:《佛学大辞典》,北京:文物出版社,1984年版,第167页。

传法给惠能的举措。这层意思应该说是很清楚的。

26（九）节。"其夜受法，人尽不知，便传顿法及衣：'汝为六代祖。衣将为信禀，代代相传，法以心传心，当令自悟。'"（页一九）这段文字校勘、断句均有误。（1）"汝为六代祖"之"汝"当校作"以"。敦煌写本中"汝""以""与"三字通用互借。《庐山远公话》："道安答曰：'贫道天以人为师（以人天为师？），义若涌泉，法如流水。汝若要问，但请问之，今对与前疑速说。'"[1]"对与前疑"即"对汝前疑"，可知"与"通"汝"。《舜子变》："瞽叟便即与（以）大石填塞。"[2]"舜子拭其父泪，与（以）舌舐之，两目即明。"[3]"与"通"以"。"与"既通"汝"又通"以"，则"汝""以"亦可通。（2）第（四）节有"若悟大意，付汝衣法，禀为六代。"（页九）知"禀代"二字间脱"为六"二字，当补。（3）这段文字是记叙惠能受法的经过，而不是五祖说的话，不宜放入引号。现试校正如下："其夜受法，人尽不知，便传顿法及衣，以为六代祖。衣将为信，禀［为六］代，代相传法，以心传心。"

27.（一〇）节。"祖处分……"（页二〇）原本"祖"前无"五"字，录文无误。但此句前即有"五祖自送能于九江驿"（页一〇），可知此句"祖"前脱"五"字，应予补正。

28."难去，在后弘化，善诱迷人。"（页二〇）注云："难去意谓：你南行之后，不要急于出来弘法；等到灾难过去之后，再出来弘法，方才平安无事。"（页二一校释四）释义正确，但断句可商。问题怕是对"在后"二字的准确含义未能吃透。按，"在后"即"以后"。《宣和遗事》后集："宵蔡京儋州编置，及其子孙三十三人，并编管远恶州

①王重民等：《敦煌变文集》，北京：人民文学出版社，1957年版，第188页。
②项楚：《敦煌变文选注》，成都：巴蜀书社，1989年版，第260页。
③项楚：《敦煌变文选注》，成都：巴蜀书社，1989年版，第262页。

军。在后，蔡京量移至潭州。"《水浒传》第十七回："府尹将我脸上刺下迭配州字样，只不曾填甚去处。在后知我性命如何！"可知，《坛经》此处"在后"当属上读并断句为："难去在后弘化，善诱迷人。"

29."若得心开，汝悟无别。"（页二〇）注云："这是弘忍对惠能说：你在弘法时，如果能够善于诱导愚迷的人们，使他们也都能够'心开'悟解，那末，他们的悟境同你的悟境，就没有什么差别了！铃木校本改'汝悟'为'与吾'，作'与吾无别'，并加校注谓：'原本与悟（案，当作"吾"，可能是排字误）作汝悟'。'与吾无别'，是说与弘忍无别，这是欠妥的。"（页二二校释五）按，铃木所校是正确的。"汝"字可通"与"，见本文前述第26条。"悟""吾""伍"三字在《坛经》中多通借，例多不备举。《校释》此处实在是比铃木本倒退了。

30.（一一）节。"不知向后有数百人来，欲拟头（文宽按，头字有误）惠能夺於法。"（页二二）"於"字当校作"衣"。敦煌写本中"依""衣""於"三字通借，见本文前述第14条。郭在贻云："唐五代西北方音止摄与遇摄不分，故'於''依'二字在敦煌写本中屡见讹混。"①可参。

31.接上引文，"来至半路，尽总却回，唯有一僧，姓陈名惠顺……"（页二二）前面谈数百人追赶惠能的情况，后面单述惠顺如何，故应在"却回"下施以句号。

32."直至岭上，来趁犯著。惠能即还衣法，又不肯取。"（页二二）"犯"字原作"扡"，即"把"字俗体，②误释为"犯"。又"把著"下当有"惠能"两字。因有两个"惠能"相连，故原当作"惠々能々"或"惠能々々"，抄写失重文。"衣法"原作"法衣"，即传法之衣。

①郭在贻、张涌泉、黄征：《敦煌变文集校议》，长沙：岳麓书社，1990年版，第410页。
②秦公：《碑别字新编》，北京：文物出版社，1985年版，第39页。

"趁"即"赶"义，"把"即"捉"义，"著"通"着"。故当作如下校理："直至岭上来趁，把着惠能，［惠能］即还法衣，又不肯取。"

33.（一二）节。"惠能来依此地（原本依作衣）。"（页二三）前文第14条、30条已说明"依""衣""於"三字可互借，故此"衣"字应校作"於"而非"依"。"来於此地"即来到这里。

34."闻了愿自除迷，于先代悟。"（页二四）"于"当校作"如"。敦煌写本中二字常通用。《庐山远公话》："相公闻语，由于甘露入心，夫人闻之，也似醍醐灌顶。"[1]王庆菽先生校"由于"作"犹如"，甚是。上用"犹如"，下用"也似"，互文见义。同篇："五者，喻于天地覆载众生，若也天地全无，万像凭何如（而）立。"[2]"喻于"就是"喻如"。《太子成道经一卷》："大王闻知，遂唤太子：'吾从养汝，只是怀忧。昨日游行观看，见于何物？'"[3]"于何物"即"如何物"，犹什么东西。以上均可证"于""如"互通。故，"于先代悟"当校作"如先代悟"。

35.（一三）节。"学道之人作意，莫言先定发惠，先惠发定，定惠各别。"（页二六）二"发"字当校作"后"。本节下文云："内外一种，定惠即等。自悟修行，不在口诤。若诤先后，即是迷人。"（页二六）这里讨论的是定惠体一不二，"即惠之时定在惠，即定之时惠在定"，二者无先后区别，故言"若诤先后，即是迷人"。《景德传灯录》卷二十八："第五问：先定后惠，先惠后定？定惠后初，何生为正？"[4]亦其一证。

36.（一四）节。"于一切法，无有执著（原本无下有上字），名一

---

①王重民等：《敦煌变文集》，北京：人民文学出版社，1957年版，第184页。
②王重民等：《敦煌变文集》，北京：人民文学出版社，1957年版，第188页。
③王重民等：《敦煌变文集》，北京：人民文学出版社，1957年版，第292页。
④见《大正藏经》卷五一，第439页下栏。

行三昧。"（页二八）按，"上"字不当删，应将"无上"二字互乙，且当连读作"于一切法上无有执著"。《校释》页三二"于一切法上无住"，"于一切〔法〕上念念不住"，"于一切境上不染"，"迷人于境上有念"，均是其比。

37. "即是一行三昧（原本一行作一切）。"（页二八）"一行"二字原本不误，误读为"一切"，再改"一行"，未免失察。

38. "道须通流，何以却滞？心不住法即通流（原本不住法作住在），住即被缚。"（页二八）按，原本先写作"心住在即通流"，后于"住在"间右侧加一倒勾符号，故当读作"心在住即通流"，仅"不"字误作"在"。"法"字不必加。

39. "即有数百般以如此教道者。"（页二八）原无"以"字，句义清楚，不必加。

40. （一五）节。"灯是光之体（原本无灯字）。"（页三〇）原本确有"灯"字，注文误。

41. （一六）节。"法无顿渐，人有利顿。"（页三〇）末一"顿"字原本作"钝"。"利"与"钝"互为反义词，作"钝"正是其义，不可改作"顿"。

42. "迷即渐契（原本……契作劝），悟人顿修。"（页三〇）"劝"即劝导。第（二三）节："惠能劝善知识归依三宝"（页四六），第（三一）节："若不能自悟者，须觅大善知识示道见性"（页五九），这些都是要对不悟者（即迷人）进行劝导的意思，不宜改"劝"作"契"。

43. （一七）节。"此是以无住为本（原本无此是二字）……此是以无相为体（原本此作是）。"（页三二）按，"是以"是一个联绵虚词，义即"所以"，不能拆开释义。而《校释》增二"此"字，"此是以"即可理解为"这就是以……"了。故二"此"字不能也不必加。后一句原作"是是以无相为体"，显然是衍一"是"字，删掉可也。前一句脱一"是"字，补上可也。

44."世人离见，不起于念，若无有念，无念亦不立。"（页三二）"离"字原作"杂"，释文误。"起"字当校作"去"，二字可互借，盖因唐五代河西方音二字同音所致。详参拙作《敦煌文献中的"去"字》。[1]详读惠能的"无念法"，其要旨在于无邪见、邪念，存正见、正念，而非去掉一切念。这几句话应当校作："世人杂见不去，于念若无有念，无念亦不立"，正是"无念法"的本来含义。

45."无者无何事？念者念何物？无者，离二相诸尘劳。"（页三二）校释云："此句下铃木校本根据契嵩本、宗宝本补入'念者念真如本性'一句……按，不加此句亦可通。"（页三四校释一三）今按，从上引文字可知，"无者，离二相诸尘劳"只是回答了第一个问题。"念者念何物"一问则无回答，可知必有脱文。如果不补"念者，念真如本性"一句，则下文"真如是念之体，念是真如之用"二句中的"真如"亦不知其从何而来。故铃木所加一句既正确且根据充分，当从之。胡适亦曾补此一句，[2]均可参阅。

46."自性起念，虽即见闻觉知，不染万境，而常自在。"（页三二）按，"起"字当校作"去"，二字可通借，见本文前述第44条。"去念"义即"无念"，正是惠能这里反复谈论的"无念法"，而"起念"却说不通。"虽"字当校作"须"。二字通用，详见蒋礼鸿先生《敦煌变文字义通释》，[3]例多不备举。本《坛经》中二字亦多通用（详下）。前引文字当校作："自性去念，须即见闻觉知不染万境，而常自在。"

47.（一八）节。"善知识。"（页三六）原本"知"作"诸"，改"知"是，但应出校，且说明理据。敦煌写本中"诸""知""之"三字

---

①邓文宽：《敦煌文献中的"去"字》，《中国文化》1994年总第9期，第166—168页。
②见胡适：《神会和尚遗集》，台北：胡适纪念馆，1982年11月第三版，第87页。
③蒋礼鸿：《敦煌变文字义通释》，上海：上海古籍出版社，1988年版，第424页。

同音互借，用例甚多。参本文后述第157条。

48．"此法门中，坐禅原不著心，亦不著净。"（页三六）按，二"著"字当校作"看"。此段文字是惠能批评北宗坐禅"看心看净"的。下文"若言看心""若言看净""看心看净，却是障道因缘"，均是其明证，《校释》失校。

49．"若修不动者（原本无修字）。"（页三六）按，本节前文有"亦不言不动"，可知"若"下当补"言"而非"修"。另有"若言看心""若言看净"二句可作旁证。

50．（二〇）节。"色身者是舍宅。"（页三九）"者"字原本无，不烦加。本节末尾有"皮肉是色身，色身是舍宅"（页四〇），可比证。

51．"善知识！听汝善知识说。"（页三九）注云："这里的'善知识'（按，引文中的后一个），系指慧能自己。"（页四二校释四）校、释均误。"汝"字通"与"，说见前述第26条，故此"汝"字当校作"与"（"给与"之"与"，非"與"）。"与善知识说"即给你们（听众）说。《校释》认为这里的"善知识"是指惠能自己，显然是将"汝善知识"理解成"你们的善知识"，失矣。

52．"今善知识於自色身（原本於作依）见自法性有三身佛。"（页三九）按，"今"字原本作"令"，不误，本节开头有"令善知识见自三身佛"亦可参证。"於"字原本作"衣"而非"依"。

53．接上引文，"此三身佛，从性上生。"（页三九）本节前文有"见自三身佛"，知"此"字系"自"音同而别，当校作"自"。

54．"万向森罗（原本森作参）。"（页三九）按，"参"字不烦改。《酉阳杂俎》续集卷六《寺塔记下》："众像参器，暾暾（一作福原）田田。"[①]唐释净觉《楞伽师资记序》引《法句经》："参罗及万像，一法

[①]〔唐〕段成式撰，许逸民校笺：《酉阳杂俎校笺》，北京：中华书局，2015年版，第1888页。

之所印。"①敦煌写本王梵志诗："万像俱悉包，参罗亦不出。"②均是其证。

55. "世人性净，犹如青天，惠如日，智如月，知惠常明。"（页三九至四〇）"知惠"原本作"智惠"。"智惠"即"智慧"，作"知惠"非是。

56. "一切法自在性，名为清净法身。"（页四〇）本节前文有"万法在自性""一切法尽在自性"（页三九），可知前句应乙作"一切法在自性"。

57. "何名千百亿化身？"（页四〇）原本作"何名为千百亿化身佛"。《校释》失录"为""佛"二字。

58. "不思量，性即空寂；思量即是自化。思量恶法，化为地狱；思量善法，化为天堂。毒害化为畜生，慈悲化为菩萨，知惠化为上界，愚痴化为下方。"（页四〇）首先，"知惠"原本作"智惠"，不能误改，说见前文第55条。其次，这段文字中脱掉四个"思量"，原应作重文符号，抄写中或省或漏。《日本国见在书目录》在著录书名时大量使用重文符号以行替代，如："垂拱格二卷、々々（垂拱）后常行格十五卷、々々（垂拱）留司格二卷。"参照唐时重文符号的用法，可将上引文字复原并断句如下："不思量，性即空寂；思量即是自化。思量恶法，化为地狱；思量善法，化为天堂；々々毒害，化为畜生；々々慈悲，化为菩萨；々々智惠，化为上界；々々愚痴，化为下方。"意思连贯，文义亦晓畅明白。《校释》因不熟悉唐代重文符号用法的这一特点，故既无法究明其本义，亦无从进行正确校理。

59. "莫思向前，常思于后。"（页四〇）注云："'向前'，实为

---

① 李淼编著：《中国禅宗大全》，长春：长春出版社，1991年版，第74页右。
② 项楚：《王梵志诗校注》，上海：上海古籍出版社，1991年版，第786页。

'向后'——向已往，向过去。'思后'，实为'思前'——思将来。它的含义，颇类似现在所谓不要向后看，要向前看。"（页四三至四四校释一七）《校释》部分地猜着了这两句话的意义，而不是严格地把握了其含义，"向前"之"向"字，义犹"在"。"向前"即以前。"向"字在这里不能作"朝向"之"向"解，它不是介词，[1]理解成"向前看"有失原义。"于后"即以后。敦煌本《搜神记一卷》："［赵］广于后更问刘安曰：'是何灾异也？'"[2]这里"于后"即后来、以后。同卷"于后刘泉拜元皓为京（荆）州刺史。"[3]义同上，均可证。

60.（二一）节。"今既归依三身佛已。"（页四四）原本"既"下有"自"字，《校释》失录。

61."自色身中，邪见烦恼，愚痴迷妄，自有本觉性。"（页四四）按，邪见、烦恼、愚痴、迷妄在这里是并列关系，故应标点作："自色身中，邪见、烦恼、愚痴、迷妄自有本觉性。"

62."既悟正见，般若之智，除却愚痴迷妄众生，各各自度。"（页四四）鄙意以为当断句作："既悟正见般若之智，除却愚痴迷妄，众生各各自度。""既"字在这里限定"悟"和"除"两层含义，即两个前提条件。有了这两个前提条件，"众生"也才能"各各自度"，也就引出了下面的一些"度"法。

63.（二二）节。"今既发四弘誓原，與善知识说无相忏悔。"（页四五）校释云："原本作'说与善知识无相忏悔'，今依义改。"（页四六校释一）今按，原作"今既发四弘誓原讫，与善知识无相忏悔。"原本只脱一"说"字。《校释》误释"讫"为"说"，又移至下句，失矣。"与"字即给与义，不能改作"與"。

---

[1]此点蒙杭州大学黄征先生见告，谨致谢忱。
[2]王重民等：《敦煌变文集》，北京：人民文学出版社，1957年版，第869页。
[3]王重民等：《敦煌变文集》，北京：人民文学出版社，1957年版，第874页。

64."前念、后念及今念，念念不被愚迷染，从前恶行，一时自性若除，即是忏悔。"（页四五）按，本节下文有"自性若除即是忏"，知末一"悔"字衍，当删。又，此四句断句有误。应作："前念、后念及今念，念念不被愚迷染。从前恶行一时□，自性若除即是忏。"此四句下面的文字是："前念、后念及今念，念念不被疽疾染，除却从前诳诳心，永断名为自性忏。"（说详见下条）可比证。所缺一字或当作"除"。此条校理可参前揭扬波斯基《敦煌本六祖坛经译注》。

65."前念、后念及今念，念念不被愚痴染，除却从前诳诳心永断，名为自性忏。"（页四五）按，"诳诳"二字原作"矫谁（诳）"。"矫"即矫饰，"诳"亦不实，二字同义连文，不烦改作"诳诳"。此四句断句亦误。后二句当断作："除却从前矫诳心，永断名为自性忏。"

66."何名忏悔？忏者终身不为……"（页四五）"为"字原本作"作"，不烦改字。

67.（二三）节。"从今已后，称佛为师，更不归依邪迷外道。"（页四六）原本"依"下有"余"字，《校释》失录。

68."无所依处（原本无衣字）。"（页四七）应作"原本无依字"，因为所补是"依"而非"衣"。

69.（二四）节。"摩诃般若波罗蜜者。"（页四九）"者"下原有"西国梵语"四字，《校释》失录。

70.接上引文："唐言大智慧彼岸到。"（页四九）按，"彼岸到"三字当乙作"到彼岸"。第（二六）节有："何名波罗蜜？此是西国梵音，唐言彼岸到。……故即名到彼岸。"（页五一）可知两个"彼岸到"均当乙作"到彼岸"。《全唐文》卷九一四有惠能撰《金刚般若波罗蜜经序》，云："何名波罗蜜？唐言到彼岸。"[1]亦是一证。

①影印本《全唐文》，北京：中华书局，1983年版，第9519页。

71."此法须行，不在口念（原本重口字）。口念不行……"（页四九）。按，原本作："此法须行，不在口口念不行。"因原有两个"口念"，故其原形用重文符号作"不在口々念々"。抄写者不识此处重文原义，只简单将重文符号回改为本字，故两个"口"字相连，又将"念"字的重文符号失掉了。故而原本只是失脱一个"念"字，而非重一"口"字。我们必须搞清写本现存面貌是如何形成的，方能判断其正误。

72.（二五）节。"此是摩诃（原本诃下有行字）。"（页五〇）按，"行"字不当删。第（二四）节已解释过"摩诃"义，这里再讲"摩诃行"。第（二六）节亦先解释"般若"义，次讲"般若行"，有"即名般若行"（页五一）句，是其比。

73."心量大，不行是少。"（页五〇）按，第二四节有"'摩诃'者，是'大'，心量广大，犹如虚空"（页四九），可知"量"下当补"广"字。前揭扬波斯基《敦煌本六祖坛经译注》已补"广"字，可参。又，末句"少"字当校作"小"。古文献中"少""小"二字通用，此两句文中"大""小"相对，正是其义。

74.（二六）节。"即是为此岸。"（页五一）校云："原本'是为'作'是于'，欠通。"（页五二校释三）按，"于"义犹"在"，"于此岸"即"在此岸"，与下文"到彼岸"正相对应，故不应改作"为"。

75."如水承长流，故即名到彼岸。"（页五一）校云："'承'，《中国禅宗史》（页二〇七）作'永'。惠昕等三本此句均作'如水常流通'，意思更较清楚。"（页五二校释四）按，原本即作"永"字，此处当从印顺法师所释。

76.（二八）节。"此是最上乘法，为大智上根人说；少根智人，若闻此法……"（页五四）"少根智人"当校作"小根之人"，盖因"少""小"通用，"智""之"音近。详见下条。

77.（二九）节。"少根之人……未悟本性，即是小根人。"（页五六）校释云："少根之人：惠昕等三本均作'小根之人'，近是。……佛教称'悟解'高深者为'上根''利根'；与之对称的为'下根''钝根'。但却从无'多根'之说，因而'少根'自也不通。同时，在佛典中，一般有'大根器'之说，却也很少有只称'大根'的；所以，只称'小根'也不确切。"（页五七校释一）按，前引文中自身已有"小根人"，故"少根之人"当校作"小根之人"。《校释》因不知"少""小"通用，故而引出"多根"之说，失之远矣。在《坛经》中，与"小根之人"相对的是"大智之人"（页五六）、"大智上根人"（页五四）。"根"谓"根器""根性"，"大""小"相对，意思十分清楚。

78."闻此顿教。"（页五六）原本"闻"下有"说"字，《校释》失录。"闻说"即"听说"。

79."因何闻法师不误。"（页五六）"师"字原本作"即"，甚是，《校释》误录。

80."未悟本性，即是小根人。"（页五六）"本"字原本作"自"。"自性"一词在《坛经》中多见。如第（二七）节"若无尘劳，般若常在，不离自性"（页五三），第（三〇）节引《菩萨戒经》文"我本元自性清净"（页五八）。《坛经》中亦有"本性""自本性"（页五四、五六）之说，与"自性"义同，不烦改字。

81.（三〇）节。"一切经书，及诸文字（原本无诸字）。"（页五七）按，原本"一切经书及文字"语义清楚，不烦加"诸"字。句子也不能点断。

82."迷人问于智者（原本迷人问作问迷人），智人與愚人说法。"（页五八）按，乙"问迷人"作"迷人问"是，但"迷人"应校作"愚人"，下句是其证。又，"與"原本作"给与"之"与"，不当改。

83.接上引文："令彼愚者悟解心解（原本彼作使，心作染）。"（页五八）末一"解"字原本作"开"。"悟解心开"或"心开悟解"乃佛学常用语，《校释》误录。"心"字原本作"深"而非"染"也。校"深"为"心"甚是，盖因敦煌写本中二字多互借，但首先需对原字有准确的认读。

84."故知不悟，即是佛是众生。"（页五八）校云："'即'下'是'字，疑衍。"（页五九校释五）按，此"是"字并不衍。黄征云："'是'字是名词词头，放在人名、人称代词之前。"又举证如《李陵变文》："公孙遨（敖）怕急，问：'蕃中行兵将是阿谁？'是李叙（绪）不能自道：'蕃中行兵马，不是余人，是我李陵。'"①《庐山远公话》："相公曰：'是他道安是国内高僧，汝须子细思量。'"②可知"是佛"中的"是"字亦是名词词头，无实义，但非衍文。

85."故知一切万法，尽在自身中。"（页五八）校云："契嵩本、宗宝本作：'故知万法，尽在自心。''自心'较'自身'为确。"（页五九校释六）按，原本"身"下有"心"字。"自身"犹自己。在现代汉语中仍有活力，如"自身行为不检"。"尽在自身心中"即"尽在自己心中"，不可删"心"字。契嵩本、宗宝本的"尽在自心"义同。但敦煌本末有"中"字，"尽在自身中"便不通了。

86.（三一）节。"令学道者顿悟菩提。……（按：《大正藏》本，此处尚有'各自观心'一句）"（页五九）今按，原本"提"下即有"各自观心"四字，不需复求于《大正藏经》。

87."若自悟者，不假外善知识。"（页六〇）按，"外"下脱"求"

①王重民等：《敦煌变文集》，北京：人民文学出版社，1957年版，第93页。
②王重民等：《敦煌变文集》，北京：人民文学出版社，1957年版，第185页。1992年9月，在北京房山云居寺召开国际敦煌吐鲁番学术讨论会期间，我曾就《六祖坛经》中的一些语词向黄征先生请教。黄先生后将其《〈坛经校释〉商补》一文手稿复印寄我参考。今特为注出，以致谢忱，并不敢掠美。

字，当补。下文紧接有"若取（按，当校作'假'，详下条）外求善知识"句是其证。

88."若取外求善知识，望得解脱，无有是处。"（页六〇）按，"取"字当校作"假"。"假"即必，"不假"即不必。《伍子胥变文》："贫贱不相顾盼，富贵何假提携？"项楚注云："何假：何须、不必。"①《降魔变文一卷》："君子诚合而斗德，智者不假语声喧。"②同篇："有德不假年高，无智徒劳百岁。"③同篇："不假淹留，唯须急速。"④"不假"与"唯须"对举，可知"假"即"须"义。《持世菩萨》："况又修行之路，不假人多；出世之门，宜须寂静。"⑤王梵志诗："知足即是富，不假多钱财。"项楚注："不假：不靠，不须。"⑥"若假外求善知识"即"若靠外求善知识"，故此才有下文"望得解脱，无有是处"之说。

89."汝若不得自悟，当起般若观照，刹那间，妄念俱灭。"（页六〇）按，"刹那间"是时间副词，同末句不能断开，当连读为一句。

90.（三二）节。"善知识！将此顿教法门，于同见同行（原本无于字），发愿受持。"（页六一）按，原本无"于"字意义清楚，文字晓畅，加后反而坏掉原义，亦不清楚此处"于"是何义。

91."终身受持而不退者，欲入圣位。"（页六一）校云："欲入圣位：惠昕本同。契嵩本、宗宝本作'定入圣位'。'定'字较确。"（页六一校释一）按，原本"欲入圣位"正确无误。"欲"犹"将"也。

---

①项楚：《敦煌变文选注》，成都：巴蜀书社，1989年版，第83—84页。

②项楚：《敦煌变文选注》，成都：巴蜀书社，1989年版，第517页。

③项楚：《敦煌变文选注》，成都：巴蜀书社，1989年版，第545页。

④项楚：《敦煌变文选注》，成都：巴蜀书社，1989年版，第548页。

⑤项楚：《敦煌变文选注》，成都：巴蜀书社，1989年版，第611页。

⑥项楚：《王梵志诗校注》，上海：上海古籍出版社，1991年版，第773页。

唐·许浑《咸阳城东楼》诗:"溪云初起日沉阁,山雨欲来风满楼。"①
"山雨欲来"就是山雨将要来到。《伍子胥变文》:"昔周国欲末。"项楚
注云:"'欲末'即将尽。"②王梵志诗:"临死命欲终,悭财不忏
悔。"③本《坛经》第(四八)节有惠能所说"吾至八月,欲离世间"。
(页一〇〇)以上"欲"字均是"将要"义。"欲入圣位"亦即"将入
圣位"。

92."若遇人不解,谤此法门……"(页六一)按,"遇人"当校作
"愚人"。"愚人"一词在《坛经》中使用极多,指尚不开悟的人。"愚
人"讹作"遇人",盖因"愚""遇"二字音近多混。如《维摩诘经讲
经文》:"恰愚(遇)维摩诘,谈空甚喜欢。"④"谤"字原作"謗",即
"谩"字俗体,意即轻视,《校释》误释。

93.(三三)节。"若解向中除罪缘。"(页六二)按,"中"字原本
作"心",不误。"解"即"能"义。如《妙法莲华经讲经文》:"言善
女人者,能持净戒,解念真经,不贪声色。"⑤《维摩诘经讲经文》:
"能将机橹身边揉,解把篙撑来往搣。"⑥"解""能"二字互文见义。
"向"即"于""在",说见前文第59条。"若解向心除罪缘",义即如果
能在自己心中除掉罪缘,意义完整明白,不烦改字。

94."学道之人能自观,即与悟人同一类(原本类作例)。"(页六
二)校云:"惠昕等三本均作'……即与诸佛同一类。'"(页六三校释
五)改"例"为"类"显然是据惠昕等三本。按,《唐韵》《集韵》《韵
会》:"例,力制切,音厉,比也,类也,概也。"《父母恩重经讲经

---

①《全唐诗》,北京:中华书局,1960年版,第6085页。
②项楚:《敦煌变文选注》,成都:巴蜀书社,1989年版,第1、3页。
③项楚:《王梵志诗校注》,上海:上海古籍出版社,1991年版,第138页。
④王重民等:《敦煌变文集》,北京:人民文学出版社,1957年版,第577页。
⑤王重民等:《敦煌变文集》,北京:人民文学出版社,1957年版,第508页。
⑥王重民等:《敦煌变文集》,北京:人民文学出版社,1957年版,第520页。

文》：“慈母意，总恩怜，护惜都来一例看。”①是其用例。可知"一例"即一类义，不烦改字。

95."大师令传此顿教，愿学之人同一体。"（页六二）按，《坛经》中惠能自称均作"吾""能""惠能"，未见惠能自称为"大师"的，"大师"是其弟子对惠能的尊称。而上引文字却出现在惠能作的《灭罪颂》中，当有错误。惠昕等三本作"吾祖"，或是。

96.（三四）节。"弟子今有少疑（原本今作当），欲问和尚。"（页六四）按，原本"当"字不误，义即"从前"。《伍子胥变文》："吾当不用弟语，远来就父同诛，奈何！奈何！"②《秋胡变文》："我儿当去，元期三年，何因六载不皈？"③"当"均"从前"义。"少"当校作"小"，二字通用。"弟子当有小疑"，意谓"我过去有这么个小问题"。这说明韦据所提的问题已蓄积心中很久，现在既然惠能允许听众提问，他便把自己心中的老问题拿出来请教。改"当"为"今"则失去原义矣。

97."自修身是功，自修心是德。"（页六五）二"是"字原本作"即"，与"是"同义，不烦改。

98.（三五）节。"使君礼拜，又问……愿和尚说。"（页六五）"愿"字原本作"请"，不烦改字。

99."大师曰：大众作意听……"（页六六）按，原本"大众"二字后均有重文符号，故应读作"大众，大众作意听。"因是口语材料，故称呼上有重复。本《坛经》第（四九）节有"上座法海向前言：'大师，大师去后，衣法当付何人？'"（页一〇三）《维摩诘经讲经文》：

---

①王重民等：《敦煌变文集》，北京：人民文学出版社，1957年版，第687页。
②王重民等：《敦煌变文集》，北京：人民文学出版社，1957年版，第3页。
③王重民等：《敦煌变文集》，北京：人民文学出版社，1957年版，第156页。

"乃白佛言：'世尊，世尊，我等五百长者子发无上正等道心……'"①
这一用法在《破魔变文》中亦多见。②我们应该注意唐代口语材料的这
一用法。

100．"自心地上觉性如来，放大智惠光明（原本放作施）。"（页六
六至六七）按，原本"施"字不误。"施"即散发、散布之义。《易·
乾》："云行雨施，品物流形。""施大智惠光明"就是放出、散发出大
的智慧光明，不烦改字。

101．（三六）节。"若欲修行，在家亦得，不由在寺。"（页七一）
末句费解。范文澜在《唐代佛教》一书中曾改为"不必在寺"，③未必
确当。愚意以为当作"不独在寺"。盖因敦煌写本中"由""犹"二字
通用，"犹""独"形近而致讹。惠能的意思是：如想修行，在家里也
可，不只是在寺里。若作"不必在寺"，那就是无必要在寺中修行。但
其时惠能正住在曹溪宝林寺修行，这不是自己否定自己吗？正因他认
为不只是在寺里可以修行，下文韦据进而问他"在家如何修"，虽是一
字之差，但事关惠能的一个重要思想，我们应当小心为是。

102．"若学顿教法，愚人不可悉（原本悉作迷）。"（页七一）按，
"悉"即"知"也。改"迷"为"悉"显然是认为学顿教法是愚人所不
能知的。这符合惠能认为人人具有佛性的思想吗？原义是说，如果学
了顿教法，即便是愚人也不可迷惑，愚人也会变为智者，这正是顿教
法的功效之所在。不烦改字。

103．"说即须万般，合离还归一。"（页七一）校释云："惠昕等三
本'离'均作'理'。"（页七二校释四）按，"须"字当校作"虽"。

①王重民等：《敦煌变文集》，北京：人民文学出版社，1957年版，第563页。
②王重民等：《敦煌变文集》，北京：人民文学出版社，1957年版，第351—352页。
③转引自李淼编著：《中国禅宗大全》，长春：长春出版社，1991年版，第817页左。

"虽""须"通用，见蒋礼鸿《敦煌变文字义通释》，①又参本文前述第46条。"离"字当从惠昕等三本校作"理"。《燕子赋（乙）》："雀儿共（语）燕子：'别后不须论。室是君家室，合理不虚然。'"②"合理"即事理、道理。"合理不虚然"即"道理确实如此不假"。"说即虽万般，合理还归一"，义即说的时候虽各种各样，但道理却只有一个，故下文便是"烦恼暗宅中，常须生惠日"。

104."净性在妄中（原本在作于），但正除三障。"（页七一）按，"于"义犹"在"，不烦改字。

105."常见自己过（原本见自作现在），与道即相当。"（页七一）按，改"现"为"见"，是，盖因二字通用。但改"在己"为"自己"就没必要了。《汉将王陵变》："楚王曰：'在夜甚人斫营？……'钟离末唱嘀呼出门……言道：'二十万人总著刀箭，五万人当夜身死。'"③"在夜"即"当夜"。《降魔变文一卷》："佛是谁家种族？先代有没家门？学道咨禀何人？在身有何道德？不须隐匿，具实说看。"④"在身"同"在己"，均是自己之义，不烦改。另，王梵志诗："在县用纸（钱）多，从吾相便贷。"⑤"在县"亦"当县""本县"之义，亦其一证。

106."若欲见真道（原本见真作贪觅）。"（页七二）按，此句上文是"色类自有道，离道别觅道，觅道不见道，到头还自恼（懊）"。从上下文义看，原本"贪觅"应校作"觅真"，全句作"若欲觅真道"，与下文"行正即是道"正相衔接。

107."若欲化愚人，是须有方便。"（页七二）按，"是"当校作

①蒋礼鸿：《敦煌变文字义通释》，上海：上海古籍出版社，1988年版，第424页。
②项楚：《敦煌变文选注》，成都：巴蜀书社，1989年版，第427页。
③项楚：《敦煌变文选注》，成都：巴蜀书社，1989年版，第122页。
④项楚：《敦煌变文选注》，成都：巴蜀书社，1989年版，第539页。
⑤项楚：《王梵志诗校注》，上海：上海古籍出版社，1991年版，第134页。

"事",敦煌写本中二字多互借。《金刚般若波罗蜜经讲经文》:"若早是醉迷,又望坑而行,必见颠坠。此是(事)亦然。"①"事须"即必须。《降魔变文一卷》:"事须广造殿塔,多建堂房。"②同篇:"事须录表奏王,我(裁)断取其敕旨。"③《丑女缘起》:"万计事须相就取,陪些房卧莫争论。"④详参蒋礼鸿《敦煌变文字义通释》。⑤

108. "勿令彼有疑(原本彼有作破彼),即是菩提现。"(页七二)按,原本"破彼"不误,或误在"勿"字。"勿"字或当校作"务","务令"即"务使"。"务令破彼疑",义即一定要破其疑惑。盖因二字同音致讹。

109. (三七)节。"众生若有大疑,来彼山问,为汝破疑。"(页七四)"问"字原本作"间",上下文义清楚,不烦改字。

110. "生佛在此,谁能得智。"(页七四)校释云:"谁能得智:'能'疑当作'不'。'谁不得智',犹言'无不开悟'。"(页七五校释五)按,校、释均误。"智"字当校作"值",盖因二字音近致讹。"值"即"遇"也。神会《坛语》:"诸佛菩萨,真正善知识,极甚难值遇。昔未曾闻,今日得闻。昔未得遇,今日得遇。"⑥敦煌本 S.4474《押座文》:"佛世难遇,似尤(优)昙钵花,我辈得逢,似盲龟值木。"⑦上引《坛经》中的"生佛"即"活佛"。"生佛在此,谁能得值?"正是听众感慨而又十分欣慰才说的话。

111. (三八)节。"大师住漕溪山(原本住作佳),韶、广二州行化

---

① 王重民等:《敦煌变文集》,北京:人民文学出版社,1957 年版,第 428 页。
② 项楚:《敦煌变文选注》,成都:巴蜀书社,1989 年版,第 506 页。
③ 项楚:《敦煌变文选注》,成都:巴蜀书社,1989 年版,第 531 页。
④ 项楚:《敦煌变文选注》,成都:巴蜀书社,1989 年版,第 735 页。
⑤ 蒋礼鸿:《敦煌变文字义通释》,上海:上海古籍出版社,1988 年版,第 463—465 页。
⑥ 胡适:《神会和尚遗集》,台北:胡适纪念馆,1982 年 11 月第三版,第 225 页。
⑦ 王重民等:《敦煌变文集》,北京:人民文学出版社,1957 年版,第 843 页。

四十余年。"（页七五）"住"字原本作"徃"，即"往"字俗体，释作"住"误。"漕"字传世诸本《六祖坛经》均作"曹"，是。所以变成"漕"，是因涉下"溪"字而增水字旁。敦煌写本 P.2999《太子成道经》："大王问（闻）知，遂遣车匿被（备）駼骦白马，遣太子观看。……处分车匿，来晨被（备）与朱骦白马，亦往观看。"①"駼骦"与"朱骦"并用，可知"駼"字是"朱"字的类化增旁字。②同理，"漕"字也是因同"溪"字连用类化增加了水字旁。全句当校作："大师往曹溪山、韶广二州行化四十余年。"

112.（四〇）节。"秀师唤门人志诚曰。"（页七七）按，原本"师"下有"遂"字，"人"下有"僧"字，《校释》均失录。

113."起立，即礼拜，自言。"（页七七）校云："自言：'自'疑当作'白'。"（页七八校释四）按，作"白"是，不必疑。第（三四）节开头："使君礼拜，白言（原本白作自）"（页六四），第（四二）节："法达一闻，言下大悟，涕泪悲泣，白言（原本白作自）"（页八二），均是其证。"白言"是一个口语词，有下对上陈说义，敦煌文学作品中用例极多，不备举。

114."秀师处，不得契悟。"（页七七）按，"契"字当校作"启"。"启悟"即开悟，心开悟解之义。此系音同而别。《降魔变文一卷》："须达□佛心开悟，眼中泪落数千行。"③王梵志诗："我今得开悟，先身已受持。"④"启悟"亦即"开悟"。

115."和尚慈悲，愿当教示。"（页七七）注云："愿当教示：既然

---

① 王重民等：《敦煌变文集》，北京：人民文学出版社，1957年版，第291页。
② 参见张涌泉：《敦煌写卷俗字的类型及其考辨方法》，香港《九州学刊》1992年总第4卷第4期，第74页。
③ 项楚：《敦煌变文选注》，成都：巴蜀书社，1989年版，第503页。
④ 项楚：《王梵志诗校注》，上海：上海古籍出版社，1991年版，第808页。

已'契本心'，又要教示什么？"（页七八校释六）按，"当"字应校作"常"，二字在敦煌写本中易讹。《佛说阿弥陀经讲经文》："佛即常（当）时集众僧，与拽将来入寺中。"[①]"当时"讹作"常时"。《欢喜国王缘》："夫人曰：'人间矩烛（短促），弟子常当知。'"其中甲卷将"常"字用朱笔删去，[②]亦说明二字易混。"愿常教示"即"希望经常给予教导"。难道已"契（'投合'之义）本心"，就不能再说"希望经常给予教导"了吗？

116.（四一）节。"诸恶莫作名为戒。"（页七八）"莫"字原本作"不"，不烦改。

117."彼作是说。"（页七八）原本"作"下有"如"字，《校释》失录。

118."惠能答曰：'此说不可思议……'"（页七八）原本"能"下有"和尚"二字，《校释》失录。

119."心地无非自性戒（原本无下有疑字，性作姓），心地无乱自性定（原本乱下有是字，性作姓），心地无痴自性惠（原本性惠作性是）。惠能大师言：……"（页七八至七九）前三句是惠能解释他所认识的戒定惠，故每句均应有"是"字。第一句删"疑"字是，可从本节下文"自性无非、无乱、无痴"（页七九）得证，但"非"下当补"是"字，第二句原作"心地无乱是自性定"可证。第二句的"是"字原有，不当删。第三、四句原文有误倒。原作"心地无痴自性是惠能大师言。"应先断作"心地无痴自性是惠"和"能大师言"两句。第（五〇）节开头有"能大师言"（页一〇六）可证。又比照前二句可知"心地无痴自性是惠"，应乙作"心地无痴是自性惠"。这样，四句的意

①王重民等：《敦煌变文集》，北京：人民文学出版社，1987年版，第470页。
②王重民等：《敦煌变文集》，北京：人民文学出版社，1987年版，第776、784页校记［四五］。

思就都十分清楚了，应作"心地无非［是］自性戒，心地无乱是自性定，心地无痴是自性惠。能大师言"。

120."汝师戒定惠，劝小根智人（原本智作诸）。"（页七九）蒋礼鸿先生云："变文'之'字常常和'诸'字通用。"①故"小根诸人"就是"小根之人"。本《坛经》第（二九）节即有"少（按，通小）根之人"（页五六）的用法，可比证。

121.（四二）节。"又有一僧名法达，常诵《法华经》七年。"（页八一）"常"应校作"当"。敦煌写本中二字易混，参前述第115条。"当"即"过去"。敦煌本《搜神记一卷》："帝问曰：'君是何人，能济寡人之难？'仕曰：'臣是昔有（者）断缨之人也。当见王赦罪，每思报君恩也！'"②"当"即"那时候"，指过去的事。《王昭君变文》："昭君一度登山，千回下泪。慈母只今何在？君王不见追来。当嫁单于，谁望喜乐。"③这个"当"也是指以前。故"当诵《法华经》七年"就是过去诵《法华经》七年。

122."六祖言：'《法华经》无多语……'"（页八一）原本"言"下有"法达"二字，《校释》失录。

123."吾常愿一切世人（原本吾作语），心地常自开佛知见……"（页八二）"吾"字原本作"悟"而非"语"。

124.（四三）节。"汝自身心见，莫著外法相。"（页八七至八八）校释云："汝自身心见：……这句话的意思是说：你应该向自己内心中去观察、求悟（身，乃赘文）。铃木校本据惠昕本把这句话改为'汝向自身见'。……有'身'无'心'，殊失原意。"（页八九校释三）按，铃木和《校释》均误。"自身"犹"自己"，"自身心"就是自己心中。

①蒋礼鸿：《敦煌变文字义通释》，上海：上海古籍出版社，1988年版，第505页。
②王重民等：《敦煌变文集》，北京：人民文学出版社，1957年版，第888页。
③项楚：《敦煌变文选注》，成都：巴蜀书社，1989年版，第207页。

第（三〇）节有"故知一切万法，尽在自身心中"（页五八），亦其证。王梵志诗："重重被剥削，独苦自身知。"[1]详参《郭在贻语言文学论稿》[2]、本文前述第85条。

125.（四四）节。"大师起把，打神会三下。"（页九〇）按，断句误。"把"即"拿""捉住"之义，见蒋礼鸿《敦煌变文字义通释》页一三三。[3]"把打"就是捉住打。故应断作："大师起，把打神惠三下。"

126.（四五）节。"自性含万法，名为藏识。"（页九二）原本"为"下有"含"字，《校释》失录。

127."生六识，出六门，六尘，是三六、十八。"（页九二）断句误。因前面有三个"六"，故归为"是三六十八"，"三六"和"十八"非并列关系，故不能点断。

128.（四六）节。"如何自性起用、三十六对？"（页九六）按，"三十六对"是"起用"的宾语，不应点断。

129.（四七）节。"不禀授《坛经》，非我宗旨。"（页九八）按，"授""受"二字在敦煌写本中通用，《坛经》亦然，但这里"授"当校作"受"，文义至明。

130.（四八）节。"法海等闻已，涕泪悲泣。"（页一〇〇）。按，"等"下原有"众僧"二字，《校释》失录。

131."神会小僧，却得善不善等（原本无不善二字）。"（页一〇〇）"不善"二字是《校释》据惠昕等三本所补。愚意认为，原卷无"不善"二字是，但"等"字有误。"等"字应作"业"。敦煌写本中"业"字多写作"叶"之俗体"菜"，而"等"字俗体作"苇"，二字形近易

---

①项楚：《王梵志诗校注》，上海：上海古籍出版社，1991年版，第575页。
②郭在贻：《郭在贻语言文学论稿》，杭州：浙江古籍出版社，1992年版，第91页。
③蒋礼鸿：《敦煌变文字义通释》，上海：上海古籍出版社，1988年版，第133页。

讹。《双恩记》卷第七："太子比意出游，翻招苦恼。为睹前耕织等，不免泪流盈目，尘坌满身。嗟众业之极多，悯二苦之太甚。……耕者出虫而鸟啄，织妇纺缕以子劳。"①关于"二苦"，《长兴四年中兴殿应圣节讲经文》："蚕家辛苦尚难裁，终日何曾近镜台。……农人辛苦官家见，输纳交伊手自量。"②可知"二苦"即"耕""织"两种辛苦，亦知前引《双恩记》中的"耕织等"应作"耕织业"，即耕织二业。同理，《坛经》中的这句话亦应作"神会小僧却得善业"。善业正是佛门要做要修行的。如此，这句话便可以明白了。

132."依此修行（原本依作與），不失宗旨。"（页一〇〇）"依"字原本作"於"而非"與"。"依""於"方音互通。

133."僧众礼拜，请大师留偈。"（页一〇〇）"僧众"当乙作"众僧"。本节前文有"法海等众僧（《校释》失录，见第130条）"，第（四九）节开头有"众僧既闻"（页一〇三），均是其证。

134."若实不相应，合掌令欢喜（原本喜作善）。"（页一〇一）按，后一句原本作"合掌令劝善"，释文误。

135.（四九）节。"一花开五叶，结果自然成。"（页一〇三）校云："'花'又怎能'开'出'叶'来？也实在不通！"（页一〇五校释三）按，原句"一花开五叶"正确无误。"五叶"即"五瓣"之义。《太子成道经一卷》："上从兜率降人间，讬荫王宫为生相。九龙齐温香和水，净（争）浴莲花叶上身。"③后一句亦见《敦煌变文集》它处。④历代佛教塑像，佛祖都是坐在莲花瓣上，而非"叶"上，可知"莲花叶上身"就是"莲花瓣上身"。宋·王观《扬州芍药谱·赛群芳》："凡品中言大

①项楚：《敦煌变文选注》，成都：巴蜀书社，1989年版，第797页。
②王重民等：《敦煌变文集》，北京：人民文学出版社，1957年版，第419页。
③王重民等：《敦煌变文集》，北京：人民文学出版社，1957年版，第286页。
④王重民等：《敦煌变文集》，北京：人民文学出版社，1957年版，第288、823页。

叶、小叶、堆叶者，皆花叶也。言绿叶者，谓枝叶也。"古人又将花瓣重叠的花称作"千叶"，不可凭己意将"花叶"之"叶"同"枝叶"之"叶"相混淆。

136. "花种虽因地，地上种花生，花种无生性，於地亦无生。"（页一〇四）按，首句"虽"当校作"须"。敦煌写本中二字通用，详参本文前述第46条、103条。"因"即凭借、依靠义。末句"於"当校作"依"，二字通用，亦凭借义；"无"当校作"不"。《降魔变文一卷》："朕处深宫总不知，卿须具说无烦讳。"①"无烦"即"不烦"。《唐太宗入冥记》："子玉……奏曰：'陛下答不得，臣为陛下代答得无？'"②末字"无"亦"不"义。谦词"小子不才"中的"不"即"无"。总括这四句话的意思是：花种须凭借土地而生，故地上种上花，花也就长了出来。（如果）花种本无生性，（就是）凭借土地也长不出来。

137. 又上条引"花种无生性（原本生性作性生）。"（页一〇四）按，原卷先写作"花种无性生"，后在"性生"二字右侧加一倒勾符号，故应直接读作"花种无生性"，不烦乙正。

138. "第五祖忍和尚颂曰。"（页一〇四）原卷"忍"上有"弘"字，弘忍乃五祖法名，《校释》失录。

139.（五〇）节。"第一颂曰：心地邪花放，五叶逐根随，共造无明业，见被业风吹。第二颂曰：心地正花放，五叶逐根随，共修般若惠，当来佛菩提。"（页一〇六）这两个颂文中的"共"字，颇疑当作"若"，盖因"若""共"形近，手书易讹。

140. "六祖说偈已了，放众人散。"（页一〇六）校云："'人'原本作'生'，今改。"（页一〇六校释二）按，原本"众生"应校作"众

---

① 项楚：《敦煌变文选注》，成都：巴蜀书社，1989年版，第538页。
② 王重民等：《敦煌变文集》，北京：人民文学出版社，1957年版，第213页。

僧"。第（四八）节有"法海等众僧"，第（四九）节开头有"众僧既闻"，均是其证。盖因"僧""生"音近致讹。参本文前述第130、133条。

141.（五一）节。"六祖后至八月三日，食后，大师言……"（页一〇六）"六祖"和"大师"当衍其一，因为句中只能有一个主语。或作"六祖后至八月三日食后言"，或作"后至八月三日食后，大师言"。无论作哪一句，"八月三日"和"食后"间均不应断句。

142."南天竺国王子第三子菩提达摩。"（页一〇七）校云："南天竺国王子：'子'字，疑衍。"（页一〇七校释三）按，原本"子"字并不衍。因这是惠能讲话时的口语材料，所以"第三子"实际是对"南天竺国王子"的补充说明。可以有两种处理方法：一是标为"南天竺国王子（第三子）菩提达摩"，一是"南天竺国王子，第三子，菩提达摩"，无论采取哪种方法，都应先搞清"第三子"在这句话中的含义。采用上述两种处理方法中的任何一种，都同惠能弟子神会在《菩提达摩南宗定是非论》中所云"菩提达摩是南天竺国国王第三子"[1]含义一致。

143.（五二）节。"法海又曰。"（页一〇八）校释云："'曰'字原本作'白'，今改。"（页一〇九校释一）按，原本"白"字是，不烦改。《目连缘起》："目连见母作狗，自知救济无方，火急却来白佛。"[2]本《坛经》中多次使用"白言"一语。白、白言都是下对上陈说之义，用法平常，不烦改字。

144."六祖言：……吾今教汝识众生见佛，更留《见真佛解脱颂》，迷即不见佛，悟者即见法。"（页一〇八）按，原本无最末一"法"字。

---

① 胡适：《神会和尚遗集》，台北：胡适纪念馆，1982年11月第三版，第261页。
② 王重民等：《敦煌变文集》，北京：人民文学出版社，1957年版，第710页。

"迷即不见佛，悟者即见"，都是讨论能否见佛的问题，不烦加"法"字。

145.（五三节）。"真如净性是真佛，邪见三毒是真魔，邪见之人魔在舍，正见之人佛则过。"（页一〇九）校释云："正见之人佛则过……惠昕等三本均作'正见之时佛在堂'，较通，'佛则过'，很不通。"（页一一一校释三）按，原卷正确无误。"过"即给予。《齖䶗书一卷》："只是使我，取此（柴）烧火，独春（舂）独磨，一赏不过，由（犹）嗔懒惰。"[1]《通雅》卷四九谚原："辰州人谓以物予人曰过。""过"字这一用法详参蒋礼鸿《敦煌变文字义通释》。[2]"正见之人佛则过"，即持正见的人佛即给予真如净性也。

146."正见忽除三毒心，魔变成佛真无假。"（页一〇九至一一〇）校释云："正见忽除三毒心：惠昕等三本均作'正见自除三毒心'，较通。"（页一一一校释四）按，原本正确无误。"忽"即"倘若"义。《捉季布传文一卷》："忽期南面称尊日，活捉粉骨细飏尘。"[3]周一良先生云："忽犹言倘。下文忽然买仆身将去，忽然犹谓倘然。"[4]"忽"字作"倘"义，用例极多。[5]可知"正见忽除三毒心"即"正见若除三毒心"，与下句"魔变成佛真无假"句正相连贯。又末句的"无"字当校作"不"，"真无假"即"真不假"，参本文前述第136条。

147."顿教法者是西流，救度世人须自修（原本救作求），今报世间学道者，不於此见大悠悠。（原本见作是）。"（页一一〇）按，改"求"为"救"，改"是"为"见"，均误。度者，渡也，即渡至彼岸，求

---

[1] 王重民等：《敦煌变文集》，北京：人民文学出版社，1957年版，第861页。
[2] 蒋礼鸿：《敦煌变文字义通释》，上海：上海古籍出版社，1988年版，第195页。
[3] 王重民等：《敦煌变文集》，北京：人民文学出版社，1957年版，第54页。
[4] 王重民等：《敦煌变文集》，北京：人民文学出版社，1957年版，第73页校记[二三]。
[5] 蒋礼鸿：《敦煌变文字义通释》，上海：上海古籍出版社，1988年版，第397—403页。

得解脱之义。《伍子胥变文》："纵使求船觅度，在此寂绝舟船。"①"求船觅度"正是"求度"之义。"求度世人"即寻求解脱的世人。"求度世人须自修"即寻求解脱的人必须自己修行。末句"於"当校作"依"，二字方音通用，例多不备举。"悠悠"即遥远义，《楚辞》宋玉《九辩》："玄白日之昭昭兮，袭长夜之悠悠。""大悠悠"即很遥远，"不依此是大悠悠"，义即不依上面所说的话去做，就离"顿教法"思想太遥远了。

148."但然寂静，即是大道。"（页一一〇至一一一）"但"字当校作"坦"，二字可通。《唐马光亮墓志》："地平但但，松竹青青。"②二"但"字亦是"坦"之借字，是其比。

149."吾去已后，但依修行，共吾在日一种。"（页一一一）"依"下原本有"法"字，《校释》失录。

150.（五四）节。"大师灭度，诸日寺内异香氲氲。"（页一一二）按，"诸"通"之"，参前述第120条。故应校改并断作："大师灭度之日，寺内……"

151."至十一月，迎和尚神座于漕溪山葬。在龙龛之内……"（页一一二）按，"葬"字当属下读，即"葬在龙龛之内"。《王昭君变文》：昭君死后，"只今葬在黄河北，西南望见受降城"。③是其比。

152.（五七）节。"如来入涅槃，法教流东土，共传无住，即我心无住。"（页一一四）按，"共传无住"之"住"下当补"心"字，下句"即我心无住"已见其义。"无住心"是佛学术语，即心无住处，亦即不停住于任何一处也。

153."直示（原本直作真），行实喻（喻字可疑）。"（页一一四）原

---

①项楚：《敦煌变文选注》，成都：巴蜀书社，1989年版，第41页。

②中国文物研究所、河南文物研究所编：《新中国出土墓志·河南卷》（一）下册，北京：文物出版社，1994年版，第165页。

③项楚：《敦煌变文选注》，成都：巴蜀书社，1989年版，第217页。

本"实"字右侧有一倒勾符号,"实"字应与"真"连读。"真实示行喻"义仍难解。愚意以为,"示"可能是"亦","行"可能是"辟"草书致误。敦煌文献中"辟""譬"二字多互借。果如此,此句或当作"真实亦譬喻"。

154."此真菩萨,说直示,行实喻,唯教大智人,是旨依(原本依作衣)。"这几句除文字校定外,断句亦误。愚意以为,自上引"如来入涅槃"至此,共是八句俪偶文字。应断作:"如来入涅槃,法教流东土,共传无住[心],即我心无住。此真菩萨说,真实示(亦?)行(辟?)喻。唯教大智人,□□是旨衣(意?)"末句所缺二字或当作"顿教",亦未可知。

155."凡度誓、修修行行,遭难不退,遇苦能忍,福德深厚,方授此法。"(页一一四)按,"度誓"应乙作"誓度",即誓愿超度之义。《太子成道变文》:太子"具奏父王,'惟愿大王放儿出家修道,我求无上菩提,誓度一切众生。'"[1]"修修行行"当是"修々行々"的还原形态,但不正确,应衍一"修行"。敦煌文献中衍、漏重文符号的例子很多。故首句应当校作"凡誓度修行",义即"凡是誓愿超度众生而修行",如此,与下文便连为一气了。

156.接上引文:"如根性不堪材量,不得须求此法;达立不得者,不得妄付《坛经》。"(页一一四)按,"材"通"裁"。《国语·郑语》:"计意事,材兆物。"《荀子·富国》:"治万变,材万物,养万民。"敦煌写本中多用"裁"字,与"量"对举。"材量不得"即不能裁,不能量。故开首九字当断作"如根性不堪,材(裁)量不得"。"须"字当校作"虽",二字通用,参本文前述第46、103、136条。"达"字原本作"违",释文误。但"违"字仍错,似当是"建"字形误。"建立"

---

①王重民等:《敦煌变文集》,北京:人民文学出版社,1957年版,第317页。

义即成立。总括以上，这几句当校作："如根性不堪，材（裁）量不得，虽求此法，违（建）立不得者，不得妄付《坛经》。"

157. 接上引文："告诸同道者，令识蜜意（原本令识作今诸）。"（页一一四）按，改"今"为"令"是，但改"诸"为"识"则误。敦煌写本中"诸""之""知"三字同音互借用例极多。第（一八）节开头的"善知识"（页三六），原本"知"作"诸"（《校释》改了但未出校），本身即具有启发意义，故这个"诸"字应当校作"知"方妥。参前述第47条。"蜜意"当校作"密意"。契嵩本《六祖坛经》："慧明言下大悟，复问云：'上来密语密意外，还复有密意否？'"①

158. 原本正文后有尾题一行："南宗顿教最上大乘坛经法一卷"共十三个字，《校释》一字未录。这个尾题对研究《坛经》题目意义极大，不可小视。因为至今人们对《坛经》的题目认识不一，我们必须予以重视。

159. 附录《曹溪大师别传》："至神龙元年，正月十五日，敕迎大师入内，表辞不去。高宗大帝敕曰……"（页一二七）"神龙"是唐中宗李显年号，时间在公元705—707年。而唐高宗李治早于公元683年死去，可知"高宗"乃"中宗"之误。

以上就笔者学识所及，对《坛经校释》一书中存在的问题试作订补。能否成立，还望郭朋先生及诸方家是正。

《六祖坛经》的校订，的确是一件繁杂而艰苦的工作。就敦煌本来说，虽然只有一万二千四百余字，但文字通借、错讹、衍倒俯拾即是，需要运用多种知识进行综合分析。尽管我为校勘此书付出了许多劳动，但迄今仍不敢说已完全读懂。就版本来说，敦煌共出有四种《坛经》抄本。除S.5475，另三种分别是：（1）敦博077号，是最完整的一个抄

---

①［日］柳田圣山：《六祖坛经诸本集成》，京都：中文出版社，1976年版，第283页。

本；（2）北图冈字48号（胶卷编号8024）；（3）旅博本，此本原有45叶，但现在只能见到首尾各一帧照片。其中，敦博本系近年公布，北图本也是近年由日本学者重新注意到的，所以我们不能苛求《校释》作者。故此，我们虽知除本文已提出的问题外，《校释》还有一些问题，本文均略去不论，以免失之偏颇。

（原载《文史》第42辑，中华书局，1997年版，第83—104页）

敦煌本《六祖坛经》"獦獠"刍议

迄今为止，"獦獠"一词以见于《六祖坛经》者为最早，英藏本、敦博本以及经后世修改补充而流传下来的惠昕本、契嵩本、宗宝本文字均同。但对其含义，人们措意不多，即便有所论列，也颇多分歧。现将个人所见略述如次，以便促进对这个问题的深入讨论。

一、研究史概述

近人对"獦獠"一词提出解释者，以丁福保先生为早。他在《六祖坛经笺注》一书中说：

> 獦音"葛"，兽名。獠音"聊"，称西南夷之谓也。《一统志》八十一："肇庆府，秦为南海郡，地属岭南道，风俗夷獠相杂。"山谷《过洞庭青草湖》诗："行矣勿迟留，蕉林追獦獠。"注曰："山谷赴宜州贬所，岭南多蕉林，其地与夷獠相接。"《韵会》："獦者，短喙犬。獠，西南夷。"①

---

① 丁福保：《六祖坛经笺注》，转引自潘重规：《敦煌写本〈六祖坛经〉中的"獦獠"》，原载台湾《中国唐代学会会刊》1992年第3期；今载《中国文化》1994年总第9期，第162—165页。

其后，郭朋先生在《坛经校释》一书中也对"獦獠"作了解释：

> "獦"，亦作"猲"，音葛，兽名。《说文》："猲，短喙犬也。"
> "獠"，音聊。《说文》："獠，猎也。"则"獦獠"者，当是对以携犬
> 行猎为生的南方少数民族的侮称。黄山谷《过洞庭青草湖》诗：
> "行矣勿迟留，蕉林追獦獠。"这里的"獦獠"，既指野兽，又指猎
> 人。惠能见弘忍时，当是穿着南方少数民族服装，所以也被弘忍侮
> 称之为"獦獠"。①

如果我理解不误，则郭朋先生的意思是说，"獦"是一种短嘴巴
狗，"獦獠"则是对携犬行猎之南方少数民族的侮称。

不久前，李淼先生在其编著的《中国禅宗大全》一书中，对"獦
獠"也作了解释："当为仡僚［见《元和郡县志》卷二（三）十］，现
称仡佬，我国少数民族之一，分布在广西、贵州一带。獦獠，是古代
对西南少数民族的贬称，即仡佬或仡僚。"②《中国大百科全书·民族
卷》在"仡佬族"一目中说："唐代以后，史书中出现了'葛僚''仡
僚''佶僚'等族称，'仡佬'一名则最早见于南宋朱辅写的《溪蛮丛
书》。明嘉靖《贵州图经》说：'仡佬，古称僚。'田汝成《行边纪闻》
也说：'仡僚'，一曰'僚'。"③以上两种意见认为，"獦（葛）獠"就
是现在中国少数民族之一的仡佬族。

1992年9月，在北京房山召开国际敦煌吐鲁番学术讨论会期间，
我曾就《六祖坛经》中的一些语词请教杭州大学黄征先生。10月中旬，
黄先生将其《〈坛经校释〉商补》一文手稿复印寄我。黄先生不同意

---

① 郭朋：《坛经校释》，北京：中华书局，1983年版，第9页。
② 李淼编著：《中国禅宗大全》，长春：长春出版社，1991年版，第776页。
③ 见《中国大百科全书·民族卷》，北京：中国大百科全书出版社，1986年版，第132页。

郭朋先生的解释，认为"獦獠"是"西南少数民族的泛称"。他引证
《广韵·叶韵》"良涉切"："獦，戎姓，俗作田猎字，非"，认为"獦"
与"獠"不可能二义双关，"獦獠"本身也没有明显的贬义。至于
"獦"字，黄先生认为"是'猎'字俗写，魏晋以来习见，敦煌写本则
几无例外。"这是我首次见到识"獦"为"猎"的见解。

后来得读潘重规先生《敦煌写本〈六祖坛经〉中的"獦獠"》[①]一
文。潘先生也认为"獦"是"猎"字俗体，故应识作"猎獠"。"猎獠"
应是以渔猎为生的岭南"獠"民。

在以上几种意见中，尤以潘先生用力最多，论述最详。潘文引用
材料极为宏富，尤其是两《唐书》中的相关资料，几于穷尽。为证实
"獦"为"猎"之俗写，潘先生查阅了台北"中央图书馆"所藏百余件
敦煌写本，文末附有五件写本照片，给人以极大方便。尽管如此，潘
先生还是说："管窥所得，不敢自信，草成此文，敬祈海内外大雅宏
博，加以指正！"其求索用力之勤勉，治学态度之严谨，确令后学钦敬
不已。

总括以上诸家意见，可以概括为如下几种：（一）对西南少数民族
的侮称说（丁、郭）；（二）仡佬族说（李、大百科）；（三）西南少数
民族泛称说（黄）；（四）以渔猎为生的南方"獠"民说（潘）。这些意
见都有一定道理，但均不能令人十分满意。

二、"獦獠"是古代汉人对崇狗重狗的西南"獠"民的贬称

我认为，解决这个问题的关键在于：首先必须搞清"獦""獠"二

---

① 潘重规：《敦煌写本〈六祖坛经〉中的"獦獠"》，原载台湾《中国唐代学会会刊》1992年第3
期；今载《中国文化》1994年总第9期，第162—165页。

字的各自含义，然后再看它们是如何结合在一起并用以指称西南"獠"民的。

先说"獠"字。《说文》："獠，猎也。从犬尞声，力昭切。"可知"獠"字的原始含义是"狩猎"。而狩猎一般都要带犬，似可引申出携犬行猎的意义，至少可以肯定，"獠"字同犬密不可分。至于自汉迄唐，单用"獠"字或"蛮"字称西南少数民族，已为人所周知。《新唐书》卷二百二十二下《南蛮传》载有"南平獠""乌武獠""钩州獠""巴州山獠""益州獠""巴、洋、集、壁四州山獠""琰州獠""桂州山獠""明州山獠"等，潘文引述很多，这里不赘。这些"獠"民的分布地区多在今云、贵、川、桂四省区以及湖南西部地区。由于獠民分布区域极广，又多以渔猎为生，故被统称为"獠"。

次说"獦"字。《说文》："獦，短喙犬也。从犬曷声。《诗》曰：'载猃獦獢。'《尔雅》曰：'短喙犬谓之獦獢。'许谒切。"《初学记》卷二十九《狗第十》："獦，虚竭反，短喙犬也。"此字的读音，《宋景文笔记》《少仪外传》《示儿编》引注均作"音葛"。如果说"獠"字与犬密切相关，则"獦（獦）"字就是直接用指"短喙犬"的，足见这两个字本身已有密切联系。

再讨论"獦""獠"二字是如何结合在一起的。

《魏书》卷一百一《獠传》记载：

> 獠者，盖南蛮之别种，自汉中达于邛笮川洞之间，所在皆有。……性同禽兽，至于愤怒，父子不相避，惟手有兵刃者先杀之。若杀其父，走避，求得一狗，以谢其母，母得狗谢，不复嫌

恨。……大狗一头，买一生口。①

由此可知，古代"獠"民十分看重狗。"大狗一头，买一生口（奴婢）"，或当可信。至于儿杀其父以一狗偿之，"母得狗谢，不复嫌恨"，不免有夸大之嫌。但"獠"民重狗则是其重要习俗。而"獦"就是一种短喙犬，它能明确地表达"獠"民重狗的特点，因此，同"獠"字结合在一起应该是很自然的。不过，北魏时，"獦獠"一词是否产生，我们还不得而知。

"獠"民重狗，犹如世界上一些民族重狼等，多源自神话传说。唐人李吉甫在《元和郡县图志》卷三十中说："《后汉书》高辛氏有畜犬曰槃瓠，帝妻以女，有子十二人，皆赐名山广泽，其后滋蔓，今长沙武陵（按，疑脱'蛮'字）是也。"②为了对古代"獠"民重狗习俗的来源有一个清晰的认识，现将《后汉书》卷八十六《南蛮西南夷列传》的有关文字移录如下：

> 昔高辛氏有犬戎之寇，帝患其侵暴，而征伐不剋。乃访募天下，有能得犬戎之将吴将军头者，购黄金千镒，邑万家，又妻以少女。时帝有畜狗，其毛五采，名曰槃瓠。下令之后，槃瓠遂衔人头造阙下，群臣怪而诊之，乃吴将军首也。帝大喜，而计槃瓠不可妻之以女，又无封爵之道，议欲有报而未知所宜。女闻之，以为帝皇下令，不可违信，因请行。帝不得已，乃以女配槃瓠。槃瓠得女，负而走入南山，止石室中。所处险绝，人迹不至。于是女解去衣裳，为仆鉴之结，著独力之衣。……经三年，生子一十二人，六男

---

① 标点本《魏书》，北京：中华书局，1974年版，第2248—2249页。同一记载，又见《太平御览》卷796"四夷部"十七、《通典》卷187"边防三"。
② 〔唐〕李吉甫撰，贺次君点校：《元和郡县图志》，北京：中华书局，1983年版，第746页。

六女。槃瓠死后，因自相夫妻。……其后滋蔓，号曰蛮夷。……名渠帅曰精夫，相呼为姎徒，今长沙武陵蛮是也。[①]

李吉甫在《元和郡县图志》中又说："《武陵记》云：'溪山高可万仞。山中有槃瓠石室，可容数万人。窟中有石似狗形，蛮俗相传即槃瓠也。'"[②]北魏郦道元《水经注》沅水条："〔沅〕水又经沅陵县西，有武溪，源出武山，与酉阳分山，水源石上有盘（槃）瓠，迹犹存矣。"[③]以下所记与前引《后汉书》略同，今不俱引。虽然所记槃瓠石一在窟中，一在水源石上，稍有不同，但所反映的神话传说内容则相一致。将形状似狗的石头称作是先祖槃瓠，并加以崇拜，说明"獠"民（"蛮"民）这种原始崇拜的悠久历史和巨大影响。明乎此，就可确认《魏书》记载"獠"民重狗为不诬。

那么，唐代南方"獠"民是否仍以槃瓠为始祖而继续加以崇拜呢？晚唐人樊绰在《蛮书》卷十说："黔、泾、巴、夏四夷苗众，咸通三年（862）春三月八日，因入贼朱道古营栅竟日，与蛮贼将大羌杨阿触、杨酋盛、拓东判官杨忠义话得姓名，立边城自为一国之由。祖乃盘（槃）瓠之后，其蛮贼杨羌等云绽盘古之后。"[④]由此可知，唐时南方"獠"民仍有视槃瓠为始祖者。

看来，"獦""獠"二字结合成"獦獠"其来有自。它源于古代"獠"民的狗崇拜以及当时生活中的重狗习俗。它被用来指称西南"獠"民，虽不乏贬义在，但却有充分根据。同时也可明确，《广韵》

---

① 标点本《后汉书》，北京：中华书局，1965年版，第2829—2830页。
② 〔唐〕李吉甫撰，贺次君点校：《元和郡县图志》，北京：中华书局，1983年版，第748页。
③ 〔北魏〕郦道元撰，王国维校：《水经注校》，上海：上海人民出版社，1984年版，第1170—1171页。
④ 〔唐〕樊绰撰、向达校注：《蛮书校注》，北京：中华书局，1962年版，第254页。

认为"獦"是"戎"姓亦源于此。

"獦獠"一词，除《六祖坛经》外，唐代文献中现在见到两处。《新唐书》卷二百二十二下《南蛮传》："戎、泸间有葛獠，居依山谷林菁，踰数百里。……大中末，昌、泸二州刺史贪沓，以弱缯及羊彊獠市……獠相视大笑，遂叛。立酋长始艾为王，踰梓、潼……"戎、泸、昌、梓、潼均在今云、贵、川地区。《元和郡县图志》卷三十载锦州洛浦县："先天二年分大乡县置，以县西洛浦山为名。县东西各有石城一，甚险固，犵獠反叛，居人皆保其土。"① "獦獠""葛獠""犵獠"均是同音异写而已，殆无疑义。从敦煌写本字形演化来看，"獦獠"亦可看作"葛獠"的类化增旁字。如英藏本《六祖坛经》中将"曹溪"写作"漕溪"，将"教授"写作"撽授"，上一字均因下一字类化而增偏旁。

现在，再看一下敦煌本《六祖坛经》的原文记载：

> 弘忍和尚问惠能曰："汝何方人，来此山礼拜吾？汝今向吾边复求何物？"惠能答曰："弟子是岭南人，新州百姓。今故远来礼拜和尚，不求余物，唯求作佛。"大师遂责惠能曰："汝是岭南人，又是獦獠，若为堪作佛？"惠能答曰："人即有南北，佛性即（却？）无南北，獦獠身与和尚不同，佛性有何差别？"大师欲更共语，见左右在旁边，大师便不言。

"獦獠"词在《六祖坛经》中的出现仅见于此。我们注意到，五祖弘忍认为惠能不能作佛共有两个原因：（一）他是岭南人；（二）"又

---

① 〔唐〕李吉甫撰，贺次君点校：《元和郡县图志》，北京：中华书局，1983年版，第749—750页。

是獦獠"。可否这样理解：如果惠能仅是岭南人，而非"獦獠"，五祖会不会认为他可以作佛呢？这种可能性是存在的。而五祖强调的是他是"獦獠"，这不能不使我们产生疑问：惠能是否有"獦獠"血统呢？因为他在答话中直言不讳地承认他自己"身"（身体）是"獦獠"，"与和尚（弘忍）不同"！此前惠能在讲述他的身世时，只说他父亲是范阳卢氏，遭贬而到岭南；父早亡后，卖柴侍母。但其母是什么族人，他没有说。从惠能自己承认是"獦獠"，不能排除其母是"獠"人的可能。这里仅作为一个问题提出，容再深究。

我们已知，"獦獠"是因"獠"民以狗为始祖崇拜并在现实生活中重狗而得名。那么，五祖说惠能是"獦獠"而不能"作佛"时，就无异于是说：把狗看得比父亲、丈夫还重的蛮人，或者说不知礼义廉耻的"未开化人"，怎么可以"作佛"呢？其贬义显而易见。惠能的争辩则是说，我的身体虽是"獠"人，但我的佛性同你有什么区别？这个回答出语惊人，非常有力，超乎常人。由此我们也可以体味出，惠能"人人具有佛性"的思想于此已露端倪。

总之，"獦獠"是古代汉人对崇狗重狗的西南"獠"民的贬称。至于它是否就是现代民族学意义上的"仡佬族"，已超出我的任务和能力，应由现代民族学研究者去回答。

三、兴圣寺本、高丽传本《六祖坛经》中的"獦獠"及相关问题

潘重规、黄征二先生认为"獦"是"猎"字俗书，单就文字识读来说，这是正确意见的一种。《颜氏家训·书证》云："自有讹谬，过

成鄙俗，'乱'傍为'舌'……'猎'化为'獦'……"①颜之推乃北齐人，说明北朝已有将"猎"写作"獦"的。敦煌写本中不独"猎"，还有"腊"字俗写作"臈"，②可作"猎"字俗写作"獦"的参证。

但是，将"獦"字识作"猎"，并与"獠"字连在一起构成"猎獠"时，便有些说不通了。如前引《说文》，"獠"字本身具有"猎"义，"猎獠"合在一起不免困难。

潘重规先生证认"獦"为"猎"字俗写后说："獠是蛮夷之人，居山傍水，多以渔猎为生。田猎渔捕是极大恶行，身为猎师更是触犯经律重罪。岭南华人与獠民杂处，颇多从事渔猎，自然与学佛之路是背道而驰。六祖来自华夷杂居的岭南，五祖称为'猎獠'，无异是说'一个身犯重罪的野蛮人还能作佛吗?'"为了加深对"猎獠"的认识，潘先生引了兴圣寺本《六祖坛经》之《悟法传衣门》的如下一段文字：

> 辞违已了，便发向南……惠能后至曹溪，又被恶人寻逐，乃于四会县避难。经五年，常在猎人中，虽在猎中，每与猎人说法。③

次引了高丽传本《六祖坛经》的近似文字：

> 能后至曹溪，又被恶人寻逐，乃于四会县避难猎人队中，凡经一十五载，时与猎人随宜说法。猎人常令守网，每见生命尽放之。每至饭时，入菜寄煮肉锅。或问，则对曰："但吃肉边菜。"④

---

① 〔北齐〕颜之推撰，王利器集解：《颜氏家训集解》，上海：上海古籍出版社，1980年版，第463页。

② 参见刘操南：《北魏太平真君十一年、十二年残历读记》，《敦煌研究》1992年第1期，第45页。

③ 〔日〕柳田圣山辑：《六祖坛经诸本集成》，京都：中文出版社，1976年版，第52页下栏。

④ 〔日〕柳田圣山辑：《六祖坛经诸本集成》，京都：中文出版社，1976年版，第123页上栏。

不可否认，兴圣寺本和高丽传本《六祖坛经》中的这两段文字，是将"獦獠"之"獦"理解为"猎"字后才演绎出来的。因为就这两种本子自身而论，五祖指责惠能是"獦獠"从而不能"作佛"以及惠能的争辩，均在这些文字形成之前，但宋人作的《广韵》就已指出："俗作田猎字，非。"《广韵》的看法是正确的，因为"獦"字在《说文》中就已有了，更早的《诗经》《山海经》中也有记载，他如《尔雅·释兽》、唐代的《初学记》等书均有记载，不是民间将"猎"俗写作"獦"后才出现的。更重要的是，现知最早的《六祖坛经》写本——敦煌本，根本就没有这两段文字。诚然，据后人增添的一些文字内容反推"獦獠"本义，也是一种研究方法。不过，我觉得在使用这种方法时，还应考虑到这些文字形成的先后顺序，要考虑到敦煌本《六祖坛经》没有这些文字的事实。当我们认识到只有崇狗重狗的"獠"民被称为"獦獠"时，兴圣寺本、高丽传本这两段文字的演绎性质就不辨自明了——它们恐怕不能作为研究六祖事迹和思想的依据。

最后，我十分乐意，并怀着钦敬之情引用潘重规先生的话作为本文的结束："管窥所得，不敢自信，草成此文，敬祈海内外大雅宏博，加以指正！"

（原载邓文宽：《敦煌吐鲁番学耕耘录》，台北：新文丰出版公司，1996年版，第219—231页）

陈寅恪《禅宗六祖传法偈之分析》证补

90余年前，国学大师陈寅恪先生曾撰《禅宗六祖传法偈之分析》，[①]独具只眼，指出禅宗六祖惠（慧）能传法第二偈之不足：一是"此偈之譬喻不适当"，二是"此偈之意义未完备"。对于陈先生的这两条结论，作为后学，笔者才疏学浅，置词末由。陈先生文中又指出："至慧能第二偈中'心''身'二字应须互易，当是传写之误。"但对其致误原因，陈先生未加说明。这里，我对"心""身"二字互易原因加以探讨，以证陈说之确凿不移。

为便于讨论，现再将敦煌本《六祖坛经》中神秀、惠能偈抄录如下：

神秀偈曰：身是菩提树，心如明镜台。时时勤拂拭，莫使有尘埃。

惠能偈曰：菩提本无树，明镜亦无台。佛性常清净，何处有尘埃？

又偈曰：心是菩提树，身为明镜台。明镜本清净，何处染尘

---

① 原载《清华学报》1932年第7卷2期；今见陈寅恪：《金明馆丛稿二编》，上海：上海古籍出版社，1980年版，第166—170页。

埃？①

我在《英藏敦煌本〈六祖坛经〉的河西特色——以方音通假为依据的探索》②一文中，讨论此本所具之河西特色时，已说明敦煌文献中"身""深""心"三字同音通用，属于河西方音"声母以审注心"一类，并举出了一些旁证材料。为了对惠能传法第二偈获得更为准确的认识，下面再举一些材料并进行讨论。

（一）P.2942《杂曲十二时》："正南午。身中有净土。澄心离断常。佛性自然睹。……日入酉，色心应非久。内外若不安。觉道中为首。"③按，"心中有净土"和"色身"分别是佛学中常用的短语和语词，可是文中却以"身"代"心"，以"心"代"身"。

（二）王梵志诗："法性本来常存，茫茫无有边畔。安身取舍之中，被他二境回换。敛念定想坐禅，摄意安心觉观……"④第三句"安身"当校作"安心"，第六句"摄意安心觉观"可比证。"安心取舍之中"即处心于不取不舍之间，亦即禅宗佛学的"中道观"。《六祖坛经》有云："见一切人及非人，恶之与善，恶法善法，尽皆不舍，不可染著，犹如虚空，名之为大。"⑤"不舍"又不"染著"，正是"安心取舍之中"的意思。禅宗佛学是"心性"之学，上引王梵志诗显然不可作"安身"。

---

①在现知敦煌所出四种《六祖坛经》抄本中，完整而载有这三个偈文者，为S.5475和敦煌市博物馆077号。陈寅恪先生当年仅见前者，今亦得见后者，"心""身"二字位置两本无别。
②邓文宽：《英藏敦煌本〈六祖坛经〉的河西特色——以方音通假为依据的探索》，收入敦煌研究院：《1994年敦煌学国际研讨会文集——纪念敦煌研究院成立50周年·宗教文史卷》（上），兰州：甘肃民族出版社，2000年版，第105—119页。
③任半塘：《敦煌歌辞总编》，上海：上海古籍出版社，1987年版，第1406页。
④项楚：《王梵志诗校注》，上海：上海古籍出版社，1991年版，第833页。
⑤杨曾文：《敦煌新本六祖坛经》，上海：上海古籍出版社，1993年版，第27页。

（三）王梵志诗："他见见我见，我见见他见。二见亦自见，不见喜中面。手把车钏镜，终日向外看。唯见他长短，不肯自洮拣。竞竞口合合，犹如冶排扇。逢人即作动，心舌常交战。不肯自看身，看身善不善？如此痴冥（迷）人，只是可恶贱。劝君学修道，含食但自咽。且拔己饥渴，五邪邪毒箭。获得身中病，应时乃一现。……"①这首劝世诗的含义，又见于《六祖坛经》："若真修道人，不见世间过。若见世间非，自非却是左。"②盖言要反躬自省，多看自己的错误，不要一味抓住别人的错误不放。上句"心舌常交战"，是说心口不一，内外矛盾。因此诗人才批评道："不肯自看心，看心善不善。"原写本三个"身"字均当校作"心"。自省内心善与不善，文义顺畅。

（四）敦煌文献中还有"新""身"互代的用例。敦煌写本《五台山赞一本》S.5487有云："佛子滔滔海水无边满，身罗王子泛州（舟）来。"而P.3563却作"佛子滔滔海水无边畔，新罗王子泛舟来。"③可知"身罗"即"新罗"，"身"即"新"字之代。

以上四条均是《六祖坛经》以外的敦煌文献资料，现再讨论一条《坛经》本身的材料：

"故知一切万法，尽在自身心中，何不从于自心，顿见真如本性？"句中"自身心"三字，敦博本、英藏本同，但北图本却作"自身"，失"心"字。"自身"犹"自己"，下句是"何不从于自心"，知"自身心"同"自心"。契嵩本、宗宝本《坛经》亦作"自心"，可比证。概而言之，北图本以"自身"代"自心"，正是"身""心"相混的表现之一。

综合以上举证，可以明确，敦煌文献中"深""身"二字确同"心"字存在互代现象。这种语言现象不仅出现在诗词和俗文书中，而

---

①项楚：《王梵志诗校注》，上海：上海古籍出版社，1991年版，第861页。
②杨曾文：《敦煌新本六祖坛经》，上海：上海古籍出版社，1993年版，第44页。
③杜斗城：《敦煌五台山文献校录研究》，太原：山西人民出版社，1991年版，第25、27页。

且也表现在写本《六祖坛经》上。从音韵学理论上也能给予切当的说明。由此可以看出，陈寅恪先生认为六祖传法第二偈中"身""心"二字当易位，是十分正确的认识。

（原载邓文宽：《敦煌吐鲁番学耕耘录》，台北：新文丰出版公司，1996年版，第203—206页）

英藏敦煌本《六祖坛经》通借字刍议

《六祖坛经》一向被称为难读之书。自敦煌本《六祖坛经》[①]问世以来，国际上许多学者，如日本学者铃木大拙和公田连太郎、柳田圣山、田中良昭、石井修道；韩国学者金知见；法国学者凯瑟琳·杜莎莉（Catherine Toulsaly）；美国学者扬波斯基（Philip B.Yampolsky）；我国学者郭朋、杨曾文先生等，都曾用力整理和研究。迄今为止，英藏敦煌本《六祖坛经》已被译成英、法、日等多种文字，足见国际学术界的重视程度。我和学友荣新江先生亦跻身这一行列。我们之间做了必要分工，其中《六祖坛经》主要由我负责，荣先生负责另外一些禅宗文献。当我反复苦读英藏敦煌本《六祖坛经》之后，深感要读懂此书，必须采用"敦煌学"的方法。而在运用"敦煌学"方法时，确认通借字从而进行校理又是解决问题的关键。这里将个人一得之见献出，以就正于海内外博学鸿儒。

[①] 敦煌共出四种《六祖坛经》抄本：(1)S.5475。首尾完整，中间缺 3 行 68 字。(2)敦博 077。首尾完整，但未公布。(3)北图冈字 48(胶卷 8024 号)，约存完本的三分之一。(4)旅博本。曾存于旅顺关东厅博物馆，原有 45 叶，今仅见首尾照片各一帧，原件去向不明。本文主要讨论 S.5475 号写本。

一、起、去通借

"起""去"通借在《坛经》中较为多见，但也是以往人们甚感困惑的问题之一。这两个字之所以通借，是因唐五代西北方音中，"去"字读作"出气"之"气"，与"起"音近，故得通借。①这个读音现在仍有活力。如电影《秋菊打官司》中，秋菊说过："你去（音气）不去（音气）？"下面讨论《坛经》中的相关问题。

（1）"世人杂见不起，于念若无有念，无念亦不立。"详读《坛经》中惠能的"无念法"，是指无邪见、邪念，存正见、正念，并非不要一切念头。故这个"起"字应当校作"去"。这句话意谓：世人如不去掉杂见（邪念），就是没有任何念头，"无念"也无从成立。

（2）"此法门中，何名座（坐）禅？此法门中，一切无碍，外于一切境界上念不去为坐，[内]见本姓（性）不乱为禅。""去"字当校作"起"。"外于一切境界上念不起"即离境离相，正符合惠能"无相为体"的思想。

（3）"何名波罗蜜？此是西国梵音，[唐]言彼岸到（到彼岸）。解义离生灭，著竟（境）生灭去。"末"去"字当校作"起"。"著境生灭起"，是指若执著于境，就会"起"生灭等妄念。因为惠能的禅法思想是无生无死、不执着的。故而，一旦著境，也就会生出（起）妄念来。

（4）"悟此法者，即是无念、无亿（忆）、无著，莫去杂妄，即是真如姓（性）。"此中"去"字当校作"起"。"莫起杂妄"即不要生出（起）杂见和妄念。北图本正作"起"字。

（5）"名（迷）人于镜（境）上有念，念上便去邪见，一切尘劳妄

---

①参见邓文宽：《敦煌文献中的"去"字》，《中国文化》1994 年总第 9 期，第 166—168 页。

念从此而生。"这是惠能分析迷人（不开悟的人）所以产生邪见的原因。"去"字当校作"起"，由文义可知。

"起""去"二字通借，不独见于《六祖坛经》，在敦煌文学作品中亦有例证。《韩擒虎话本》："擒虎闻语，便知萧磨呵（摩诃）不是作家战将。自古有言：'军慢即将妖（妖），主慢即国倾。'道由言讫，处分儿郎，改换旗号，夜至黄昏，登途便起。"①韩擒虎做好出兵准备时，既非坐着，亦非卧着，何以说"夜至黄昏，登途便起"？这个"起"字应当校作"去"。《文殊问疾》："往毗耶，辞化主，逡巡即是登途去。"②是其证。《太子成道经一卷》："少年莫笑老人频（贫），老人不夺少年春。此老老人不将去，此老还留与后人。"③P.2299"去"作"起"④。《大目乾连冥间救母变文并图一卷并序》："汝若不去〔慈〕悲，岂名孝顺之子？"⑤北图丽字85号"去"作"起"⑥，是。其他例证还有，不烦赘举。

二、虽、须通借

"虽""须"通借，蒋礼鸿先生曾举出许多例证，⑦但多出自文学作品。此外如《唐景福三年（894）敦煌义族社约》："敦煌义族，后代儿郎，虽择良贤。人以类聚……便虽营办，色物临事商量。立条后，各

①项楚：《敦煌变文选注》，成都：巴蜀书社，1989年版，第312页。
②项楚：《敦煌变文选注》，成都：巴蜀书社，1989年版，第630页。
③王重民等：《敦煌变文集》，北京：人民文学出版社，1957年版，第292页。
④王重民等：《敦煌变文集》，北京：人民文学出版社，1957年版，第309页校记〔一一二〕。
⑤王重民等：《敦煌变文集》，北京：人民文学出版社，1957年版，第739页。
⑥王重民等：《敦煌变文集》，北京：人民文学出版社，1957年版，第752页校记〔一〇二〕。
⑦蒋礼鸿：《敦煌变文字义通释》，上海：上海古籍出版社，1988年版，第424页。

自识大敬小，切虽存（尊）礼，不得缓慢。"①此三个"虽"字均当校作"须"。S.5655《太公家教一卷》："比干须惠，不免祸及……刀剑须利，不斩无罪之人……罗网须细，不能杀清洁之士。"②此三个"须"字均当校作"虽"，P.2564《太公家教》抄本正作"虽"，是。其实，"虽""须"通借对读《坛经》同样适用。

（1）"自心归依净，一切尘劳妄念，虽在自姓（性）自姓（性）（按，衍一'自姓'）不杂著，名众中尊。"这是惠能授无相三归依戒时说的话，"虽"字当校作"须"。"须在自性不杂著"，即必须在于自身佛性不杂著"一切尘劳妄念"。如此，"自心"才能"归依净"，意思通畅明白。

（2）"说即须万般，合离（理）还归一。烦恼暗宅中，常须生惠日。"第一个"须"字当校作"虽"。"说即虽万般，合理还归一"，意谓说起来虽有许许多多，但究其根本道理，却只有一个。正与下文"烦恼暗宅中，常须生惠日"贯为一气。

（3）"第三祖僧璨和尚颂曰：花种虽因地，地上种化（花）生。花种无生性，於（依）地亦无（不）生。"首句"虽"字当校作"须"。"因""依"均凭借、依靠义。"花种须因地，地上种花生"，意谓（有生性）的花种必须凭借土地才能生长。

（4）"如根性不堪，材（裁）量不得，须求此法，违（建）立不德（得）者，不得妄付《坛经》。"此中"须"字当校作"虽"。意谓"如果根器太小，无法栽培，虽求取顿教法……也不能把《坛经》传付给他"。

①唐耕耦、陆宏基：《敦煌社会经济文献真迹释录》（第1辑），北京：书目文献出版社，1986年版，第273页。

②中国社会科学院历史研究所等：《英藏敦煌文献（汉文佛经以外部分）》第九卷，成都：四川人民出版社，1994年版，第38页。

三、诸、之、知通借

这三个字同音互借在敦煌文献中多见。其中"知""之"通借容易看出,但"诸"与"知""之"同音互借却易被忽略。蒋礼鸿先生指出:"变文'之'字常常和'诸'字通用。"[①]

(1)第18节(依铃木校本分段)开头"善诸识"。"诸"字被学者们校作"知",是。盖因《坛经》中"善知识"用例极多,易于校理。

(2)"大师灭度诸日,寺内异香氲氲,经数日不散。"很显然,首句"诸"字当校作"之"。

(3)"迷人不悟,便执成颠。即有数百盘(般)如此教道者,故之大错。"末句"之"字当校作"知",文义显豁。

(4)"报诸学道者,努力须用意,莫于大乘门,却执生死智(知)。"首句"诸"字当校作"知","报知"即告知。

(5)"汝〔师〕戒定惠,劝小根诸人。""诸"当校作"之"。《坛经》此句之前已有"小根之人"的用法,可为证。

(6)"告诸学道者,今(令)诸蜜(密)意。"此二"诸"字均当校作"知"。"告知"犹"报知"。"令知密意"即让同道者知其深意。

四、依、衣、於通借

"依""衣"相混易于识别。"依""衣"分别与"於"通借,敦煌文献中用例亦多。《叶净能诗》:"岳神自趋走下殿,长跪设拜,哀祈使

---

①蒋礼鸿:《敦煌变文字义通释》,上海:上海古籍出版社,1988年版,第505页。

者。劣（当）时却领张令妻归衣（於）店内。"①这是"衣""於"通借例。《庐山远公话》："《涅槃经》文，既有众生，於（依）此修行。若也经法全无，凭行何如（而）出世?"②这是"依""於"互借例。

（1）"刺史遂令门人僧法海集记，流行后代，与学道者承此宗旨，递相传授，有所於约，以为禀承。"此"於"字当校作"依"，惠昕本《六祖坛经》正作"依"，是。

（2）"两月中间，至大庚（庾）岭。不知向后有数百人来，欲拟头（捉）惠能，夺於法。"末句"於"字当校作"衣"，且"衣法"二字当乙作"法衣"。此前五祖弘忍曾对弟子们说："各作一偈呈吾，吾看汝偈，若吾（悟）大意，付汝衣法，禀为六代。"所谓"衣法"包括顿教法和传法之衣即"法衣"。此时惠能已得五祖衣法，往南行化，追赶他的数百人正是要夺法衣以争正统，而"法"却是无法夺的。

（3）"惠能来衣此地，与诸官僚、道俗亦有累劫之因。"此"衣"字当校作"於"。"来於此地"即来到这里。

（4）"思量一切［恶］事，即行衣恶；思量一切善事，便修于善行。""衣"字当校作"於"，末句"便修于善行"可比证。

（5）"譬如大龙，若下大雨，雨衣阎浮提，如漂草叶。""衣"亦当校作"於"。惠昕本、契嵩本、宗宝本《六祖坛经》正作"於"。

（6）"第三祖僧璨和尚颂曰：花种虽（须）因地，地上种化（花）生。花种无生性，於地亦无（不）生。"末句"於"字当校作"依"。引文中的"因""依"二字均是凭借、依靠义。"因地""依地"均是凭借土地之义。

（7）"顿教法者是西流，求度世人须自修。今保（报）世间学道

---

①项楚:《敦煌变文选注》,成都:巴蜀书社,1989年版,第337页。
②王重民等:《敦煌变文集》,北京:人民文学出版社,1957年版,第188页。

者，不於此是大悠悠。"末句"於"字当校作"依"。"悠悠"即遥远义。《楚辞》宋玉《九辩》："去白日之昭昭兮，袭长夜之悠悠。""不依此是大悠悠"，意谓不依上面所说的"求度世人须自修"去做，离顿教法的要求也就太遥远了。

五、但、坦通借

惠能圆寂前，曾对他的弟子们嘱咐道："……但无动无净（静），无生无灭，无去无来，无是无非，无住，但然寂净（静），即是大道。""但"乃"坦"之借字。《唐马光亮墓志》："地平但但，松竹青青。"①二"但"字亦"坦"之借字，可为佐证。故"但然寂静"应校作"坦然寂静"。

六、汝、以、与通借

"汝"与"以"、"以"与"与"通借已见于敦煌文学作品中。《舜子变》："瞽叟便即与（以）大石填塞。"②同篇："舜子拭其父泪，与（以）舌舐之，两目即明。"③可知"以""与"可通借。《庐山远公话》："道安答曰：'贫道天以人（以人天？）为师，义若涌泉，法如流水，汝若要问，但请问之，今对与前疑速说。'"④"对与前疑速说"就是"对汝前疑速说"，可知"与"可通"汝"。"与"既然分别与"以"

---

① 中国文物研究所、河南文物研究所编：《新中国出土墓志·河南卷》（一）下册，北京：文物出版社，1994年版，第165页。
② 项楚：《敦煌变文选注》，成都：巴蜀书社，1989年版，第260页。
③ 项楚：《敦煌变文选注》，成都：巴蜀书社，1989年版，第262页。
④ 王重民等：《敦煌变文集》，北京：人民文学出版社，1957年版，第188页。

"汝"通借，则"以""汝"二字亦可通借。①

（1）"其夜受法，人尽不知，便传顿法及衣，汝为六代祖。"这是记叙五祖传法给惠能的经过，末句"汝"当校作"以"。此前五祖弘忍曾对弟子们说："各作一偈呈吾，吾看汝偈，若吾（悟）大意，付汝衣法，禀为六代。""禀"即"承"义。现在惠能已得衣法，"以"他为六代祖，便是顺理成章之事。

（2）"〔五〕祖处分：……若得心开，汝悟无别。""汝悟"二字，日本学者铃木大拙曾校作"与吾"。"吾""悟"不分，《坛经》中多见，不烦举证。"汝"通"与"见前引《庐山远公话》文。故铃木所校甚是。"与吾无别"即同我没有差别。

（3）"善知识，听汝善知识说，今（令）善知识依（於）自色身见自法性有三世（身）佛。""汝"当校作"与"。《坛经》有："今既归依三身佛已，与善知识发四弘大愿"；"今既发四弘誓愿讫，与善知识说无相忏悔。"可知"与善知识"如何是惠能的口头语。"与"即给也。

（4）"经云：'诸佛世尊，唯汝一大事因缘故，出现于世。'"此"汝"字当校作"以"。惠昕本、契嵩本、宗宝本《六祖坛经》正作"以"。

（5）"大师言：'汝心名（迷）不见，问善知识觅路；以心悟自见，依法修行。汝自名（迷）不见自心，却来问惠能见否，吾不自知！'"这是惠能最初批评神会的话。"以心悟自见"与上文"汝心迷不见"相对应，可知此"以"字当校作"汝"。

（6）"六祖问（闻）已，即识佛意，便汝法达说《法华经》。"此"汝"字当校作"与"，义犹"给"。惠昕本《六祖坛经》正作"与"。

（7）"大师言：'汝众近前，五（吾）至八月欲离世间。汝等有疑

---

① 此点蒙黄征先生见告，谨致谢忱。

早问，为外（汝）破疑……吾若去后，无人教与。'"很显然，末句"与"字当校作"汝"，由上下文义可知。

（8）"吾与如（汝）一偈——《真假动净（静）偈》，与等尽诵取，见此偈意，汝吾同。与（依）此修行，不失宗旨。""汝等"一词是惠能讲法授戒时指称弟子们的用词，《坛经》中习见，可知"与等"当校作"汝等"。"汝吾同"之"汝"当校作"与"。"与吾同"犹"与吾无别"，见本节第（2）条引五祖弘忍语。

七、是、事、示、时通借

"是""事"通借亦见于敦煌文学作品中。《金刚般若波罗蜜经讲经文》："须菩提言：'……若早是醉迷，又望坑而行，必见颠坠，此是（事）亦然。'"①《庐山远公话》："须臾之间，敢（感）得帝释化身下来，作一个崔相公使下，直至口马行头，高声便唤口马牙人：'此个量口，并不得诸处货卖。当朝宰相崔相公宅内，只消得此人。若是别人家，买他此人不得。'牙人闻语，尽言实有此是（事）。"②《秋吟一本》："伏惟某官，清同秋水，行比春兰，□□子建之能，武播田文之略。东堂贵客，无非朱紫之流；□□□宾，并事（是）绮罗之艳拽。"③至于"是"与"示""时"通借，亦是因同音或音近之故。

（1）"童子答能曰：'你不知大师言，生死是大，欲传於（衣）法……'""是"当校作"事"。惠昕本、契嵩本、宗宝本《六祖坛经》正作"事"。

（2）"《维摩经》云：'即是豁然，还得本心。'"所引经文出自

①王重民 等:《敦煌变文集》,北京:人民文学出版社,1957年版,第428页。
②王重民 等:《敦煌变文集》,北京:人民文学出版社,1957年版,第176页。
③王重民 等:《敦煌变文集》,北京:人民文学出版社,1957年版,第810页。

《维摩诘所说经》卷上，《大正藏经》本"是"作"时"，①是；同本《坛经》另一处引此句经文亦作"时"。

（3）"何名大善知〔识〕？解最上乘法，直是正路，是大善知识，是大因缘。"第一个"是"乃"示"之借字。惠昕本、契嵩本、宗宝本《六祖坛经》正作"示"。

（4）"善知识，将此顿教法门，同见同行，发愿受持，如是佛故（教）。"末句"是"字当校作"事"。《降魔变文一卷》："王遂敕下百司：'速须备拟，来月八日，城南建立道场。佛家若强，朕与合国之人，总归事佛；分毫差失，二人总须受诛。'"②是其证。

（5）"若欲化愚人，是须有方便。勿（务）令破彼疑，即是菩提现。""是"当校作"事"。"事须"即必须义。《韩擒虎话本》："某等弟兄八人别无报答，有一合（盒）龙膏，度与和尚。若到随（隋）州使君面前，以膏便涂，必得痊差。若也得教，事须委嘱，限百日之内，有使臣诏来，进一日亡，退一日则伤。若以后为君，事复（须）再兴佛法，即是某等愿足。"③《降魔变文一卷》："佛……唤言长者：'吾为三界之主，最胜最尊。……事须广造佛塔，多建堂房。'"④"事须"一词在敦煌文学作品中用例很多，不备举。

（6）"汝听吾说：人心不思本源空寂，离却邪见，即一大是因缘。"末句"是"当校作"事"。此前《坛经》引经文云："诸佛世尊，唯汝（以）一大事因缘故，出现于世。"是其证。

---

①见《大正藏经》第14册，第541页第一栏。
②项楚：《敦煌变文选注》，成都：巴蜀书社，1989年版，第546页。
③项楚：《敦煌变文选注》，成都：巴蜀书社，1989年版，第297页。
④项楚：《敦煌变文选注》，成都：巴蜀书社，1989年版，第506页。

八、第、定通借

此二字通借，见于《叶净能诗》："岳神启使人曰：'皆奉天曹匹配，与之作第三夫［人］'……岳神曰：'伏惟太使，善为分疏，终不敢相负。'使人回至店中见净能，具传岳神言语，云皆奉天曹匹配，为定三夫人，非敢专擅。"①可知"定""第"二字可通借。

（1）"吾灭后二十余年，邪法缭乱，惑我宗旨。有人出来，不惜身命，第佛教是非……""第"当校作"定"。惠昕本《六祖坛经》正作"定"。

（2）"无《坛经》禀承，非南宗定子也。""定"当校作"弟"。

九、为、谓通借

此二字通借，亦见于变文。《大目乾连冥间救母变文并图一卷并序》："为言千载不为人，铁把（杷）楼（搂）聚还交活。"②郭在贻先生云："'为言'，同'谓言'。"③《搜神记一卷》："时人云：'齐人空车，鲁人负父，此之为（谓）也。'"④

《六祖坛经》："所为化道（导），令得见性……""所为"应当校作"所谓"。"为"亦"谓"之借字。

---

①王重民等：《敦煌变文集》，北京：人民文学出版社，1957年版，第217页、218页。
②王重民等：《敦煌变文集》，北京：人民文学出版社，1957年版，第727页。
③郭在贻、黄征、张涌泉：《敦煌变文集校议》，长沙：岳麓书社，1990年版，第384页
④王重民等：《敦煌变文集》，北京：人民文学出版社，1957年版，第888页。

一〇、於、如通借

此二字通借亦见于文学作品。《搜神记一卷》："有一鬼变作生人，复如此树下止息。"[1]郭在贻先生云："'如'，当读作'於'。敦煌写本中'如''於'通用者甚多。"[2]《庐山远公话》："相公闻语，由於（犹如）甘露入心；夫人闻之，也似醍醐灌顶。"[3]王庆菽先生校"由於"为"犹如"，甚是。"犹如"与"也似"对举，互文见义。同篇，"五者，喻於天地覆载众生，若也天地全无，万象凭何如（而）立？"[4]"喻於"就是"喻如"。

《六祖坛经》："教是先性（圣）所传，不是惠能自知，愿闻先性（圣）教者，各须净心，闻了愿白（自）除迷，於先代悟。"这是惠能正式讲法前的开场白语。末句"於"当校作"如"。"如先代（世）悟"，意谓如同先世修行者那样心开悟解。惠昕本、契嵩本、宗宝本《六祖坛经》正作"如"。

一一、智、值通借

"智""值"音近，故得通借。

惠能讲法、授戒完后，"合座官僚、道俗礼拜和尚，无不嗟叹：'善哉大悟！昔所未问（闻）。岭南有福，生佛在此，谁能得智！'一时尽散"。"智"当校作"值"。敦煌本神会《南阳和尚顿教解脱禅门直了

---

①王重民等：《敦煌变文集》，北京：人民文学出版社，1957年版，第880页。
②郭在贻、黄征、张涌泉：《敦煌变文集校议》，长沙：岳麓书社，1990年版，第462页。
③王重民等：《敦煌变文集》，北京：人民文学出版社，1957年版，第184页。
④王重民等：《敦煌变文集》，北京：人民文学出版社，1957年版，第188页。

性坛语》云：“诸佛菩萨、真正善知识，极甚难值遇。昔未曾闻，今日得闻；昔未曾遇，今日得遇。”① “值”“遇”同义互文。S.4474《押座文》：“佛世难遇，似忧（优）昙钵花；我辈得逢，似盲龟值木。”② “逢”与“遇”互文见义。前引《六祖坛经》文义是说，岭南有福，活佛就在这里，我们之外谁还能遇到？正是听众感慨的表示。

一二、无、不通借

此二字通借亦见于敦煌文学作品。《唐太宗入冥记》：“子玉见□□（太宗？）有忧，遂收问头，执而奏曰：‘陛下答不得，臣□（为）陛下代答得无？”③ “代答得无”即“代答得不”。王梵志诗：“凡夫累劫中，不解思量事。见善不肯为，见恶喜无睡。”④ “无睡”就是“不睡”。现在常用的谦词“小子不才”也就是“小子无才”。

《六祖坛经》：“第三祖僧璨和尚颂曰：花种虽（须）因地，地上种化（花）生。花种无生性，於（依）地亦无生。”末句“无”当校作“不”。末二句意谓：无生性的花种，就是凭借土地也不能生长。接上引文：“第四祖道信和尚颂曰：花种有生性，因地种花生。先缘不和合，一切尽无生。第五祖弘忍和尚颂曰：有情来下种，无情花即（不？）生。无情又无种，心地亦无生。”二“无生”均当校作或解作“不生”。

---

① 引自胡适：《神会和尚遗集》，台北：胡适纪念馆，1982年版，第225页。
② 王重民等：《敦煌变文集》，北京：人民文学出版社，1957年版，第843页。
③ 王重民等：《敦煌变文集》，北京：人民文学出版社，1957年版，第213页。
④ 项楚：《王梵志诗校注》，上海：上海古籍出版社，1991年版，第860页。

一三、迷、名通借

（1）"学道者用心，莫不息（识）法意。自错尚可，更劝他人迷，不白（自）见迷，又谤经法。是以立无念为宗。即缘名人于镜（境）上有念，念上便去（起）邪见，一切尘劳妄念从此而生。""迷人"是《坛经》中用得很多的词语，指未开悟的人。从上下文义也可看出"名人"当校作"迷人"。契嵩本、宗宝本《六祖坛经》正作"迷人"。

（2）"向者三身［佛］在自法性，世人尽有，为名不见，外觅三［身］如来。"此中"名"亦"迷"之借字。惠昕本、契嵩本、宗宝本《六祖坛经》正作"迷"。

（3）"故遇善知识开真［正］法，吹却名妄，内外名（明）彻，于自姓（性）中万法皆见。""名"亦"迷"之借字。

（4）"何名自姓（性）自度？自色身中，邪见、烦恼、愚痴、名妄自有本觉性。""名妄"亦当校作"迷妄"。

其余"迷人"作"名人"，"迷妄"作"名妄"者从略。

敦煌本《六祖坛经》通借字大量存在，俯拾即是。本文拈出的一些例证，主要是不易校理和能典型地反映唐五代西北方音者。其他如河与何、智与知、少与小、愚与遇、时与释、领与岭、性与姓、问与闻、吾与悟/五/伍、惠与慧、至与知、至与志、圣与性、座与坐、被与彼、境与镜、障与章、受与授、忆与亿、名与明、记与既、到与倒、勿与务、保与报、帝与谛、得与德、诚与城、净与静、情与清、坛与檀、颂与诵、花与化/华等，都存在通借现象。因这些字较易校理，本文不再赘论。

从本文所举的通借字例证可以看出，英藏敦煌本《六祖坛经》中的一些通借字，具有明显的唐五代西北方音特征。尤其是去与起、以与汝/与、虽与须、於与衣／依、诸与知/之通借，更是敦煌地区特有的语音现象。张金泉先生曾把这种现象概括为"方音通假，字随音转"。①从音韵学角度去考察，这几组字之所以通借，都是因为止摄与遇摄不分的缘故。而这正是敦煌方音的重要特点。②

由上述讨论，我们可得如下结论：所谓英藏敦煌本《六祖坛经》应包括两层含义：（1）这些抄本出自敦煌石室；（2）它们是唐五代敦煌人使用的。这是校理敦煌本《六祖坛经》时应予重视的问题。

（原载《敦煌研究》1994年第1期，第79—87页）

---

① 张金泉:《校勘变文当明方音》,载敦煌文物研究所:《1983年全国敦煌学术讨论会文集·文史·遗书编》(下),兰州:甘肃人民出版社,1987年版,第298—319页。引文见第317页。

② 郭在贻、黄征、张涌泉:《敦煌变文集校议》,长沙:岳麓书社,1990年版,第410页;李正宇:《敦煌方音止遇二摄混同及其校勘学意义》,《敦煌研究》1986年第4期,第47—55页。

英藏敦煌本《六祖坛经》的河西特色

——以方音通假为依据的探索

在现知敦煌所出四种《六祖坛经》抄本中，藏在英国图书馆的 S.5475 号，是被人们最早发现、研究得最多的一个抄本。迄今为止，这个抄本已被译成英、法、日、韩等几种文字在国际上流行。不过，人们对这个抄本是否获得了真切、透彻的认识，或许还有问题。我在《英藏敦煌本〈六祖坛经〉通借字刍议》[①]一文中，曾就其中的文字通借尤其是方音通假现象做了胪列和辨析。虽然结论之一是"这个抄本是唐五代敦煌人使用的"，但是缺少理论的分析，因此也难称真切、透彻。本文即在前文的基础上，充分利用前贤的音韵学研究成果，进一步阐释其中的方音通假现象，从而揭示它所具有的河西特色。

一、止摄和虞（鱼）摄混同互通

止摄和虞（鱼）摄有条件地混同互通，是唐五代敦煌乃至河西方音的重要特征之一。对此，邵荣芬、李正宇二先生已做过精到的研究

---

①邓文宽:《英藏敦煌本〈六祖坛经〉通借字刍议》，载《敦煌研究》1994 年第 1 期，第 79—87 页。

和详细论述，①这里不赘。这种混同现象在 S.5475 号《坛经》抄本中同样大量存在。但中外整理研究《坛经》抄本者多不谙音韵，尤其是唐五代河西方音，因此既未措意，更未能揭示出来，故而在整理时常常以意改删或失校。其实，只要将这项成果引入《坛经》研究，原来许多滞碍难通的文句便可获得通读。兹分述如下：

（1）"起""去"混同互通

"起""去"混同互通，在敦煌变文、诗词中都曾出现过，②在英藏本《六祖坛经》中同样存在。其中云："即缘名（迷）人于镜（境）上有念，念上便去耶（邪）见，一切尘劳妄念从此而生……世人杂见不起，于念若无有念，无念亦不立。"文中"去"字当校作"起"，敦煌市博物馆藏 077 号（以下简称敦博本）正作"起"；文中的"起"字敦博本同，但当校作"去"。因为惠能的"无念法"要求去掉邪见，以便明心见性，而非要求"起"杂见。

试比较以下材料：S.5591 释愿清《十恩德赞》："去坐大（待）人扶"，③北图周字 87 号、S.5601 等俱作"起坐"，是。S.2614《大目乾连冥间救母变文》："汝若不去［慈］悲，岂名孝顺之子？"④北图丽字 85号 "去"作"起"，是。

"起""去"二字混同互通，在英藏本《坛经》中出现了十次左右，对校理写本至为重要。虽是一字之差，但如果不能给予正确校理，则很难把握惠能的禅法思想，以至南辕北辙。

---

① 邶荣芬：《敦煌俗文学中的别字异文和唐五代西北方音》，《中国语文》1963 年第 3 期，第 193—217 页；李正宇：《敦煌方音止遇二摄混同及其校勘学意义》，《敦煌研究》1986 年第 4 期，第 47—55 页。
② 参李正宇：《敦煌方音止遇二摄混同及其校勘学意义》，《敦煌研究》1986 年第 4 期，第 47—55 页；邓文宽：《敦煌文献中的"去"字》，《中国文化》1994 年总第 9 期，第 166—168 页。
③ 任半塘：《敦煌歌辞总编》，上海：上海古籍出版社，1987 年版，第 748、755 页。
④ 王重民等：《敦煌变文集》，北京：人民文学出版社，1957 年版，第 739 页。

（2）"汝（音你）""以""与"混同互通

《坛经》云："五祖曰：'吾向与说，世人生死事大……'""与"字敦博本作"汝"，是。"大师谓志诚曰：'吾闻与禅师教人，唯传戒定惠。与和尚教人戒定惠如何？当为吾说。'"二"与"字敦博本并作"汝"，是。

《坛经》又云："其夜受法，人尽不知。便传顿法及衣，汝为六代祖。""汝"字敦博本作"以"，是。"善知识，我于忍和尚处一闻，言下大伍（悟），顿见真如本性。是故汝［顿］教法流行后代。""汝"字敦博本、北图冈字48号（以下简称北图本）均作"以"，是。

《坛经》又云："心修此行，即与般若波罗蜜经本无差别。""与"字敦博本同，但北图本却作"以"，应作"与"。这个字虽非出现在英藏本上，但也说明"以""与"二字可通用。

试比较以下材料：《敕河西节度兵部尚书张公德政之碑》："浐水在长安东南，以渭河相连"；"周人曰：'此山乃周之分野，所生草木皆我武王所有，以食粟何别？'"①二"以"字均当校作"与"。《庐山远公话》："道安答曰：'贫道天以人（以人天？）为师，义若涌泉，法如流水，汝若要问，但请问之，今对与前疑速说。'"②末句"与"字当校作"汝"。《明马文升墓志》："孝皇嗣辟，□臣是赖，曰兹本兵，虚席汝待。"③"汝"亦"以"之借字。

在英藏本《坛经》中，"汝""与"混同凡七见，"汝""以"混同凡四见，"以""与"混同凡一见，三字混同凡十二见。

---

①荣新江：《敦煌写本〈敕河西兵部尚书张公德政之碑〉校考》，载《周一良先生八十生日纪念论文集》，北京：中国社会科学出版社，1993年版，第209页。

②王重民等：《敦煌变文集》，北京：人民文学出版社，1957年版，第188页。

③中国文物研究所、河南文物研究所编：《新中国出土墓志·河南卷》（一）下册，北京：文物出版社，1994年版，第390页。

（3）"虽""须"混同互通

"虽""须"二字混同互通，蒋礼鸿先生曾利用敦煌文学资料作过详细论证，①诚为不刊之论。《坛经》中同样存在二字混同互通现象："说即须万般，合离（理）还归一。""须"字敦博本作"虽"，是。"第三祖僧璨和尚颂曰：'花种虽因地，地上种化（花）生……'""虽"字敦博本作"须"，是。

试比较以下材料：S.1477《祭驴文》："汝若来生作人，还来近我；若更为驴，莫驮醋（措）大……猛雪里虽行，深泥里虽过……"末尾二"虽"字据上下文义均当校作"须"。②P.2718《王梵志诗》："偷盗须无命，侵欺罪更多。"③P.3656、P.3716"须"字作"虽"，是。

"虽""须"混同互通在英藏本《坛经》中共出现三次。

（4）"知""之""诸"混同互通

"诸""之""知"同音不分，蒋礼鸿、邵荣芬二先生曾加论证并举例说明。④英藏本《坛经》中用例亦多。

《坛经》云："迷人不悟，便执成颠。即有数百盘（般）如此教道者，故之大错。善知识，定惠犹如何等？如灯光。有灯即有光，无灯即无光。灯是光知体，光是灯之用。"敦博本"故知大错"中"之"作"知"；"灯是光知体"中"知"作"之"，是。此句"知"当作"之"，由下句"光是灯之用"亦可鉴别。

---

① 蒋礼鸿：《敦煌变文字义通释》（第4次增订本），上海：上海古籍出版社，1981年版，第424—425页。

② 参见李正宇：《敦煌方音止遇二摄混同及其校勘学意义》，《敦煌研究》1986年第4期，第47—55页。

③ 项楚：《王梵志诗校注》，上海：上海古籍出版社，1991年版，第541页。

④ 蒋礼鸿：《敦煌变文字义通释》（第4次增订本），上海：上海古籍出版社，1981年版，第504—506页；邵荣芬：《敦煌俗文学中的别字异文和唐五代西北方音》，《中国语文》1963年第3期，第193—217页。

《坛经》又云："善诸识，此法门中，座（坐）禅元不著（看）心，亦不著（看）净，亦不言［不］动。""诸"字敦博本作"知"，是。

《坛经》还云："大师灭度诸日，寺内异香氲氲，经数日不散。""诸"字敦博本作"之"，是。

英藏本《坛经》中"知""之"混同凡七见，"知""诸"混同凡三见，"诸""之"混同凡二见，三字混同互通共出现十二次。

因此类混同互通为研习敦煌文献者所熟知，旁证材料从略。

（5）"依""衣""於"混同互通

这三个字混同互通在英藏本《坛经》中出现频率极高。请看：

"刺史遂令门人僧法海集记，流行后代与学道者，承此宗旨，递相传授，有所於约，以为秉承，说此《坛经》。""於"字敦博本、旅顺关东厅博物馆旧藏本均作"依"，[①]是。

"两月中间，至大庚（虞）岭。不知向后有数百人来，欲拟头（捉）惠能，夺於法。"末句"於"字敦博本作"衣"，是。

试比较以下材料：S.4504《乙未年就弘子贷生绢契》："其绢限一个月［内还］。若得一个月不还绢者，逐日於乡原生里（利）。"[②]"於"字当校作"依"。P.2598背抄诗《锦於篇》，S.2049（2）、P.2544皆题为《锦衣篇》，是。

英藏本《坛经》中"依""於"混同凡七见，"衣""於"混同凡五见，共计出现十二次。

（6）"如""於"混同互通

"愿闻先性（圣）教者，各须净心闻了。愿自余（除）迷，於先代

---

① 旧藏旅顺关东厅博物馆，原件下落今不明。今日所见，仅首尾照片各一帧，系荣新江先生在日本访学时所获。

② 唐耕耦、陆宏基编：《敦煌社会经济文献真迹释录》（第2辑），北京：全国图书馆文献缩微复制中心，1990年版，第110页。

悟。"於"字敦博本作"如",是。

试比较:《庐山远公话》:"相公闻语,由於甘露入心,夫人闻之,也似醍醐灌顶。"[1]王庆菽先生校"由于"为"犹如",甚是。同篇又有:"五者,喻於天地覆载众生,若也天地全无,万象凭何如(而)立?"[2]"於"字亦是"如"之同音借字。

英藏本《坛经》中"如""於"混同互通凡一见,已备如上。

以上我们就英藏本《坛经》中止、虞(鱼)二摄混同互通,选取了"去—起""汝(你)—以—与""虽—须""知—之—诸""依—衣—於""如—於"共6组15个字进行讨论。这6组字具有典型的唐五代河西方音同音互通特征。若按更严格的音韵学理论标准加以核定,则还有"如—而""是—事—示—时""致—置""此—次"等组。由于这些混同互通字在校勘时较易识别,这里不再讨论,以免辞费。

二、声母端、定互注

由于敦煌本《开蒙要训》采用直注音法,能够较好地反映唐五代河西方言的读音特征,故罗常培先生在其名著《唐五代西北方音》[3]一书中用较多的篇幅作了研究。其中声母"端定互注例"罗先生举出:

"锻《切韵》音丁贯切 tuan;段《切韵》音徒玩切 d'uan。"

"蹬《切韵》音徒瓦切 d'ən;等《切韵》音多肯切 tən。"[4]这表明唐五代河西方音的确存在声母"d""t"混同现象。这种现象在英藏本《坛经》中也有出现。

---

①王重民等:《敦煌变文集》,北京:人民文学出版社,1957年版,第184页。
②王重民等:《敦煌变文集》,北京:人民文学出版社,1957年版,第188页。
③罗常培:《唐五代西北方音》,上海:中央研究院历史语言研究所,1933年版。
④罗常培:《唐五代西北方音》,上海:中央研究院历史语言研究所,1933年版,第79页。

"一时端坐，但无动无净（静），无生无灭，无去无来，无是无非，无住，但然寂净（静），即是大道。吾去已后，但衣（依）法修行，共吾在日一种。"第二个"但"字，敦博本作"坦"，是；末一"但"字，敦博本作"坦"，以"但"为是。

"但""坦"二字混同互通，亦见于唐代墓志。《唐马光亮墓志》："地平但但，松竹青青。"①二"但"字均是"坦"之同音借字。

声母"d""t"不分，在现代方音中也还存在。笔者原籍山西省稷山县（晋南地区），所姓"邓"，现代汉语标准读音"deng"，但老年人均读为"teng"；那里也有不少"段"姓，标准音应读如"duan"，但民间至今仍读作"tuan"。此亦可作写本《坛经》"但""坦"同音互通的旁证。

"但""坦"混同互通在英藏本《坛经》中仅一见，已备如上。

三、声母以审注心

对于《开蒙要训》声母以审注心，罗常培先生举出"绣—守"二字作了研究。②其实，这种现象在英藏本《坛经》中表现得更为充分，下面举四组字加以讨论。

（1）"少""小"混同互通

"少""小"混同互通，应是治文史者的常识。但因历来整理《坛经》者多是佛学家，古汉语修养欠足，难以甄别，以至于有认为是形近而误者，③因此仍有讨论的必要。

① 中国文物研究所、河南文物研究所编：《新中国出土墓志·河南卷》（一）下册，北京：文物出版社，1994 年版，第 165 页。
② 罗常培：《唐五代西北方音》，上海：中央研究院历史语言研究所，1933 年版，第 84 页。
③ 杨曾文：《敦煌新本六祖坛经》，上海：上海古籍出版社，1993 年版，第 214 页。

《坛经》云："惠能慈父，本官（贯）范阳，左降迁流［岭］南，［作］新州百姓。惠能幼小，父小（亦）早亡。"前一"小"字敦博本作"少"，然作"小"是。

"秀上座言：'罪过，实是神秀作，不敢求祖。愿和尚慈悲，看弟子有小智惠（慧），识大意否？'""小"字敦博本作"少"，是。

由于"少""小"混同互通在敦煌文献中极为习见，旁证材料从略。

"少""小"混同在英藏本《坛经》中凡五见。

（2）"识""息"混同互通

"学道者用心，莫不息法意。""息"字敦博本作"识"，是。

"门人得处分，却来各至白（自）房，递相谓言：'……神秀上座是教授师，秀上座得法后，自可於（依）止，请（偈）不用作。'诸人息心，尽不敢呈偈。""息"字敦博本作"识"，然作"息"是。此字虽非出现于英藏本，但亦可证明二字通用。

"识""息"混同互通，敦煌写本《坛经》中凡二见，已备如上。

（3）"圣""性"混同互通

《坛经》云："法达，汝听一佛乘，莫求二佛乘，迷［即］［离？］却汝圣。""圣"字敦博本作"性"，是。

"教是先性所传，不是惠能自知。愿闻先性教者……"二"性"字敦博本俱作"圣"，是。

英藏本《坛经》中"圣""性"混同互通凡四见。

（4）"身""深""心"混同互通

以往整理《坛经》写本者为这三个字的混同互通所迷惑，多未能正确校理，有详加讨论的必要。

《坛经》云："智人与愚人说法，令使（？）愚者悟解深开。迷人若悟［解］心开，与大智人无别。""深"字敦博本、北图本均作"心"，是。下句"迷人若悟〔解〕心开"亦可证。

《坛经》云："如付山（此）法，须德（得）上恨（根）知（智），心信佛法，立〔于〕大悲，持此经以为衣（秉）承，于今不绝。""心"字敦博本作"深"，是。

《坛经》还云："若欲修行云（求）觅佛，不知何处欲求真。若能身中自有真，有真即是成佛因。"第三句"身"字敦博本同，但当校作"心"。因为惠能禅法是"心性"之学，要求"明心见性"。惠昕本、契嵩本、宗宝本《坛经》正作"心"字。

试比较以下材料：P.2637、P.2703《辟谷方》："阿难如来，偈足五方如来。若暂闻者，当得升天，何况受持，依法忆念？凡作此法，若在家，若出家，先于佛前发愿，休歇攀缘，净其身意；令无散乱；观其心意，亦莫昏沉……"①这是佛家药方之一种，亦是一种修持法。文中"身意"当作"心意"，下文"观其心意"可证。《五更转·南宗定邪正》："三更侵。如来智慧本幽深。唯佛与法乃能见。声闻缘觉不知音……""幽深"一词北图露字6号、S.2679号均作"幽心"，他本均作"幽深"。②作"幽深"为是。

英藏本《坛经》中"深""心"混同互通凡二见，"身""心"互通凡五见，共计出现七次。

以上属于声母以审注心者，我们共举出"少—小""识—息""圣—性""身—深—心"四组九字。这四组互通字也具有明显的唐五代河西方音特征。它不仅可以帮助我们正确校理写本《坛经》，也可补前贤研究唐五代河西方音时所举例证之未备。

---

① 马继兴主编：《敦煌古医籍考释》，南昌：江西科学技术出版社，1988年版，第463页。
② 任半塘：《敦煌歌辞总编》，上海：上海古籍出版社，1987年版，第1443页。

四、韵母青、齐互注

韵母青、齐互注，实际是-ŋ尾消失或增加的问题。对此，罗常培、邵荣芬二先生均持十分审慎的态度。龙晦先生则认为："唐代西北方音里是有东韵失去-ŋ尾现象的。"[1]龙先生的主要依据是敦煌歌辞中的韵脚。如："行"读"he"，从而与"纷"（失去-ŋ尾）、"归"为韵。"康"读如"柯"，从而叶"波"韵；"功"读如"歌"，叶"歌"韵；"性""并""骋""令""定"均失去-ŋ尾，从而与"比""帝"叶韵。其论证颇具说服力。我在英藏本《坛经》中共找出六例失去或增加-ŋ尾的文字，详论如次：

（1）"定""第"（弟）混同互通

《坛经》云："若不得《坛经》，即无禀受。须知〔受?〕法处、年月日、性（姓）名，遍（递）相付嘱。无《坛经》禀承，非南宗定子也。"

末句"定"字敦博本作"弟"，是。

《坛经》又云："吾灭后二十余年，邪法辽（撩）乱，惑我宗旨。有人出来，不惜身命，弟佛教是非，竖立宗旨……""弟"字敦博本作"定"，是。

试比较敦煌本《叶净能诗（书）》："皆奉天曹疋（匹）配，与之作第三夫〔人〕……使人回至店中见净能，俱传岳神言语，云皆奉天曹疋（匹）配，为定三大人，非敢专擅。"[2]前文已云"第三夫人"，知

---

①龙晦：《唐五代西北方音与敦煌文献研究》，《西南师范学院学报》（哲学社会科学版）1983年第3期，第114—121页；今又见龙晦：《龙晦文集》，成都：巴蜀书社，2009年版，第293—304页。

②王重民等：《敦煌变文集》，北京：人民文学出版社，1957年版，第217—218页。

此"定"字当作"第"。

英藏本《坛经》中"定""第"混同互通凡二见，已备如上。

（2）"令""礼"混同互通

"前头人相应，即共论佛语（义），若实不相应，合掌令劝善。"末句"令"字敦博本作"礼"，是。惠昕本、契嵩本、宗宝本《坛经》均作"令"，但作"礼"为是。①

试比较敦煌本《茶酒论一卷》："酒乃出来：'……酒食向人，终无恶意。有酒有令，人（仁）义礼智，自合称尊，何劳比类？'"②但P.3910"令"字却作"礼"。

英藏本《坛经》中"令""礼"混同互通凡一见，已备如上。

（3）"国""广"混同互通

《坛经》云："何名摩诃？摩诃者是'大'，心量广大，犹如虚空……又有名（迷）人，空心不思，名之为'大'，此亦不是。心量大，不行是少（小）。"引文中的"心量大"北图本同，但敦博本先写作"心量国大"，后在"国"字旁加一删除符，表示废读，因此释文应与英藏本、北图本相同。但是，抄写者为何先写出一个"国"字呢？应是"广"字失-ŋ尾后同音所致。前文已出现过"心量广大"句，可知"心量大"当在"大"前补"广"字。这里恐怕不能排除《坛经》传抄中将"心量广大"写成"心量国大"的可能。这个问题虽出在敦博本上，但我们恰可据初写的"心量国大"校补"心量大"为"心量广大"。

"国""广"混同互通在写本《坛经》中仅此一见，已备如上。

（4）"迷""名""明"混同互通

"迷""名"混同互通已见上条材料所举一例，下面再举三例：

---

① 我在《敦煌文献中的"去"字》一文中，曾对"令""礼"二字的不同提出疑问，盼有识者赐教。现在可以明确，"令""礼"混同互通亦属于唐五代河西方音通假现象。

② 王重民等：《敦煌变文集》，北京：人民文学出版社，1957年版，第267页。

"向者三身［佛］在自法性，世人尽有，为名不见，外觅三［身］如来，不见自色身中三性（身）佛。""为名不见"之"名"敦博本、北图本均作"迷"，是。

"故遇善知识开真（正）法，吹却名妄，内外名（明）彻，于自姓（性）中万法皆见（现）。""吹却名妄"之"名"敦博本、北图本均作"迷"，是。

"善知识，法无顿渐，人有利钝。明即渐劝，悟人顿修。""明"字敦博本作"迷"，是。

英藏本《坛经》中"迷""名"混同互通凡十三见，"迷""明"混同互通凡一见，共计出现十四次。

（5）"西""星"混同互通

《坛经》云："一切法尽在自姓（性），自姓（性）常清净，日月常名（明），只为云覆盖，上名（明）下暗，不能了见日月西辰……"末句"西"字敦博本、北图本均作"星"，是。

英藏本《坛经》中"西""星"混同互通仅此一见，已备如上。

（6）"听""体"混同互通

"善知识，总须自体，与受（授）无相戒。""体"字敦博本、北图本俱作"听"，是。此字虽非出现于英藏本，但亦说明二字同音通用。

"六祖言：'……汝等悲泣，即不知吾［去］处；若知去处，即不悲泣。性听无生无灭，无去无来。'""性听"之"听"字敦博本脱，但当校作"体"。佛教"圆通"一词的含义是："妙智所证之理曰圆通，性体周遍为圆，妙用无碍为通。"①

试比较敦煌本《五更转·南宗赞》如下文句："了五蕴，体皆亡""无为法会体皆亡""法身体性本来禅"。P.2963、北图周字70号二写本

①丁福保编：《佛学大辞典》，北京：文物出版社，1984年版，第1169页。

"听""体"混用不分。①P.2641敦煌名僧道真有一首告诫游人勿在洞窟壁画上乱题名字的诗，以"青""名""瓶""生""题"通押。"题"字于此读音"停"，故可谐韵。②

英藏本《坛经》中"听""体"混同互通凡二见，已备如前。

以上属于韵母青、齐互注例，我们共举出"定—弟（第）""令—礼""国—广""迷—名—明""西—星""听—体"六组十三字。它们亦属于唐五代河西方音所具有的特征，不仅有助于校理敦煌本《坛经》，而且同样可补前贤研究音韵时所举例证之未备。

五、韵母侵、庚互通

罗常培先生说："在《开蒙要训》的注音里却有一个跟《千字文》不同的特异现象，就是侵庚互通的例：禁《切韵》音居荫切kjǐəm，敬《切韵》音居庆切kjǐɐŋ。"③由于例证太少，罗先生对这种语音现象未下断语。邵荣芬先生在讨论-n和-ŋ尾互相代用时，从变文中举出下列几组字："胜—身""陵—邻""臣—承""邻—陵""孕—胤""生—申""隐—影"。但邵先生十分谨慎，不加妄断。④不过，罗、邵二先生的论述对我们读《坛经》也颇有启发。我所关注的是《坛经》中出现的"亲""情"二字互代。

惠能在讲"对法"时，"自性居起用对"的最末一对是"有清（情）［与］无亲对"。此"亲"字敦博本同，但当校作"情"。佛学中

---

①任半塘：《敦煌歌辞总编》，上海：上海古籍出版社，1987年版，第1429、1432页。
②参见颜延亮主编：《敦煌文学概论》，兰州：甘肃人民出版社，1993年版，第157页。
③罗常培：《唐五代西北方音》，上海：中央研究院历史语言研究所，1933年版，第110页。
④邵荣芬：《敦煌俗文学中的别字异文和唐五代西北方音》，《中国语文》1963年第3期，第193—217页。

"有情"与"无情"是一对对立概念，"亲"字当是"情"字之借，正可与邵荣芬先生举出的几组字相比证。

试比较以下材料：敦煌本《汉将王陵变》有如下文字："但愿汉存朝帝阙，老身甘奉入黄泉。"[1]项楚先生谓："'甘奉'应作'甘分'，甘愿之义……'分'所以写作'奉'，是由于唐五代西北方音中，两字读音相似。"[2]亦可作为"情""亲"互通的旁证。

韵母"禁""敬"不分，在现代方言中同样具有生命力。我的家乡说"刮风"为"刮分"，"风""分"同音；"十层楼"说成"十陈楼"；"疯子"说成"分子"，都与"情""亲"同音相类似，亦可参证。

以上对英藏敦煌本《六祖坛经》的方音通假现象进行了探索，最后需说明如下几点：

（1）在现存敦煌所出四种《坛经》抄本中，S.5475和敦博077是完本；旅顺关东厅博物馆旧藏本今仅见首尾照片各一帧，无从全面比较；北图冈字48号（胶卷号8024）首残尾未抄完，约存完本的1/3。之所以选用英藏本进行讨论，是由于这个抄本的唐五代河西方音通假现象最为突出，并不是说敦博本和北图本就不存在方音通假现象，只是少些罢了。这两个抄本的个别方音问题在举证时已经予以说明，读者自可看出。

（2）要特别说明的是，对音韵学我甚少涉足。之所以紧紧抓住这个问题不放，是由于在整理《坛经》抄本时无法回避。职是之故，我在引用前贤的音韵学成果时，理解上可能有歧误，还望博学通人谅鉴并不吝赐教。

（3）在反复阅读S.5475《坛经》抄本时，家乡方音曾给我不少启

---

①王重民等：《敦煌变文集》，北京：人民文学出版社，1957年版，第43页。
②项楚：《敦煌文学丛考》，上海：上海古籍出版社，1991年版，第176页。

示和帮助。文中所举几个现代晋南方音例证均是我亲历并能口说的，任何时候我都不敢杜撰材料以自圆其说。

（4）本文共检出唐五代河西方音混同互通字十八组四十一字。据不精确统计，其总出现次数达九十一次之多；加上本文尚未论列的一些通假字，其总量达百数以上。我们知道，敦煌本《六祖坛经》总字数仅 12400 余字，方音通假字几乎占了 1%！这表明，读通敦煌本《六祖坛经》的关键即在于此。

（5）我在《英藏敦煌本〈六祖坛经〉通借字刍议》一文中曾指出："这个本子是唐五代敦煌人使用的。"由本文的讨论亦可证明前文结论大致不误。现在要补充的是，唐五代敦煌人在使用《六祖坛经》抄本时，由于使用者的方音作用，将其河西化了，从而使之具有了典型的河西特色。至于其河西化的具体过程，容另文探讨。

附 S.5475《六祖坛经》方音通假字表

音韵类别	互通字	出现次数	旁证材料
止摄、虞（鱼）摄混同	起—去	约 10	S.5591、北图周字 87、S.5601、S.2614、北图丽字 85
	汝—以—与	12	《张淮深德政碑》《庐山远公话》《明马文升墓志》
	虽—须	3	S.1477、P.2718、P.3656、P.3716
	知—之—诸	12	（从略）
	依—衣—於	12	S.4504、S.2049（2）、P.2544
	如—於	1	《庐山远公话》
声母端、定互注	但—坦	1	《唐马光亮墓志》

续表

音韵类别	互通字	出现次数	旁证材料
声母以审注心	少—小	5	（从略）
	识—息	2	
	圣—性	4	
	身—深—心	7	《辟谷方》《五更转·南宗定邪正》
韵母青、齐互注	定—第（弟）	2	《叶净能诗（书）》
	令—礼	1	《茶酒论一卷》
	国—广	1	
	迷—名—明	14	
	西—星	1	
	听—体	2	《五更转·南宗赞》、P.2641
韵母侵、庚互通	情—亲	1	《汉将王陵变》

　　[原载敦煌研究院编：《1994年敦煌学国际研讨会文集——纪念敦煌研究院成立50周年·宗教文史卷》（上），甘肃民族出版社，2000年版，第105—119页]

敦煌本《六祖坛经》的整理与研究
——在中国国家图书馆的演讲

　　我将要讲的内容是敦煌本《六祖坛经》的整理与研究。刚才主持人介绍过，我侧重研究中国古代的天文历法，但是曾经有四五年的时间涉足敦煌本《六祖坛经》的整理校注工作。在座的很多人都知道，中国的文化典籍里，对人们的思想和行为产生过巨大影响的书，概括起来也就那么几种。有人曾经评选出对中国人影响最大的十本书，其中包括《周易》《论语》《史记》，当然也少不了《六祖坛经》。可是这个《六祖坛经》，就是元代以后得到最广泛传播的版本，也仅仅两万来字。今天我们在敦煌看到了五种《六祖坛经》抄本，完本的总字数也只有12400来字。12400字，就可以对人的思想产生那么广泛的影响，而且就佛教界来讲，中国人自己写的文字材料被称作"经"的就这么一种，中国人做的佛教典籍或写的佛经，除《坛经》外没有第二种，这说明它非常重要。正因为它对中国人的思想产生了非常大的影响，所以，不仅中国人研究它，外国人也研究，现在已翻译成英文、法文、日文、韩文等多种外国文字。我们大家考虑一下，为什么这样一个体量很小的文字材料，却在思想和文化界受到那样大的关注呢？一个原因就是从印度传来的佛教，如唐代的净土宗、华严宗、唯识宗等宗教派别，到宋代以后多已消沉灭绝。宋以后，中国的重要思想之一就是禅宗，而且它的思想和"宋明理学"越来越靠近。元、明、清三代，对中国人思想影响最大的，一个是"宋明理学"，另一个就是"禅宗"，人们给予那么多的关注也就在情理之中了。今天，我们不可能对《六祖坛经》的整个流传史作出全面介绍，因为我们这是丝路和敦煌文化的讲座，所以侧重点就放在敦煌本《六祖坛经》。下面讲第一个问题。

一、敦煌所出五种《六祖坛经》抄本和今人的整理本

（一）敦煌所出五种《六祖坛经》

到 1997 年为止，中外学者从敦煌文献中一共发现了五种《六祖坛经》的抄本。其中有的是完整的，有的已残缺不全。现在原件有的有明确下落，有的下落已经不清楚，几个本子的情况不太一样，所以我们分别作个介绍。

1.图片（S.5475《坛经》首页和末页）。这是藏在英国的斯坦因编号 5475 号《六祖坛经》的开头，《南宗顿教最上大乘摩诃般若波罗蜜经——六祖惠能大师于韶州大梵寺施法坛经一卷兼授无相戒弘法弟子法海集记》，这是开头的文字。这个本子藏在英国图书馆，它的编号是"S.5475"。另一页是这个本子的尾题，叫《南宗顿教最上大乘施法坛经一卷》。前面的是完整的题目，后面是简写的题目，这种情况在敦煌文献里经常看到。它是一个册子本。

2.图片（敦博 077《坛经》首页）。这是甘肃省敦煌市博物馆藏的"077"号《坛经》，也是一个册子本。关于这件东西，我想把有关的背景给大家作点介绍。1930 年，敦煌有一位名士叫任子宜，他在敦煌当地得到了这么一个册子本的《六祖坛经》。一直到 20 世纪 40 年代，都在他本人手里保存着。当时敦煌文献大部分都已经流散到国外，剩下的运到北平图书馆，当然，敦煌当地人的手里也有少量收藏，一般是

秘不示人的。1943 年，北京大学著名的中外交通史专家向达（字觉明）先生到敦煌访问，任子宜先生让他看了这个本子，向达先生坐在那里从头到尾抄了一遍，于是他就带回来一个《六祖坛经》的重抄本。后来，他把自己抄来的这个本子借给另外一位先生。那位先生说是从他手里借读，然而借读以后就没还给他，搞得向先生很不高兴。1944 年，向先生有机会再到敦煌，他又从头到尾抄了第二遍。向先生第一次重抄本和第二次重抄本的底稿现存于他儿子向燕生教授的手里。刚才让大家看的台湾潘重规先生整理的那个蓝皮本子后面的影印件，用的就是向先生的抄本。从 1944 年以后，原件到底去了哪里，谁也不知道。1983 年 8 月，中国敦煌吐鲁番学会在兰州开成立大会，会后组织专家到敦煌参观。我们"敦煌学"界的老前辈、中国佛教协会原副会长周绍良先生也去参观了。中间有个节目，就是到敦煌县（当时还不是敦煌市）博物馆去参观。他发现一个展柜里有个本子。因为是佛学专家，他很敏感，觉得那就是当年向达先生抄过的那本《六祖坛经》的原本。于是问博物馆的人"是不是《六祖坛经》"，人家说"就是"。从 1944 年到 1983 年，间隔了 40 年，周绍良先生从敦煌县博物馆的展品里重新发现了那件东西。当时我是敦煌文献编辑委员会的秘书。1985 年 1 月，也是最冷的时候，我带着我们单位的一位摄影师杨术森先生去了敦煌。我们的任务是把敦煌县博物馆和敦煌文物研究所的藏品全部拍照，带回北京。我就是那时候首次接触到敦博本《六祖坛经》的。当时的拍照条件不像现在（2002 年），虽然间隔只有 17 年。第一，敦煌县博物馆是晚上供电，白天没电，而我们需要照明，所以白天根本无法进行拍照，必须等到晚上九点以后才能工作。每天晚饭后，我们拉着小车和照相器材出去，整整工作一夜，天还没亮又拉着小车回到旅馆睡觉。第二，敦煌和北京的经度差较大，当时我们还是早晨八点钟上班，不考虑地方时差的影响。而冬天早晨八点钟的时候，敦煌满大街都是黑乎乎的，我印象特别深刻。这些片子就是我们最早从那里拍回来的，从那以后把它们陆陆续续公布出来，现在就成了大家都能看得到的片子。我手里这本是文物出版社1997年出版的由周绍良先生整理的敦煌本《六祖坛经》，照片全部聚集在这里。敦博本抄得非常漂亮，文字很工整，是一个很有功底的人抄的。英国藏的那本就显得比较粗糙，它是1920年代日本学者矢吹庆辉从斯坦因拿走的敦煌文献里发现的。

3.图片（国图冈字48《坛经》首页和末页）。这是收藏在国家图书馆的本子，用千字文编号，叫"冈字48号"，胶卷编号是"8024"。它是我们国家图书馆每次举行敦煌学术会议或大的学术活动时都会拿出来展出的藏品，很多人可能都看过。它是一个卷轴装的卷子本，不是册页，是卷起来的。但是它从中间开始，前面断掉了，我们不知道前面那些文字到哪里去了。它的末尾很有意思。这件东西末尾根本就没抄完，抄写的人仅仅抄了几个字后就把尾题《南宗顿教最上大乘坛经一卷》抄上了。也不知道什么原因，他没有把它抄完，抄了半截就开始抄尾题。

4.图片（国图有字79《坛经》残页）。这件东西写得更工整，只有四行半。它是1997年方广锠博士从国家图书馆所存的没有编目的敦煌文献中鉴定出的一件。只有四行半的资料，但字写得非常漂亮。它为什么就剩下这么一小块呢？经过与完整的本子对照，发现它中间落了一大段，约150字。当时人手抄文字，抄着抄着就把一段跳过去了，他自己发现以后，把已经抄的东西剪下来，用糨糊粘上其他余白的纸，接着抄。这块东西就是抄写人发现抄错后剪下来的那段文字。它所使用的纸是典型的写经纸，说明抄写的规格比较高，很可能是专职的写经手抄写的。1997年以前我们只能看到四种，1997年方广锠博士从国家图书馆没有编号的敦煌文献碎片中又发现了这一件，这是方博士的贡献。

5.图片（旅博本《坛经》首页和末页）。这件也是个册子本，是个方册式的东西。中国书籍的形式有个发展变化过程，比如秦汉时代是简牍式的，主要写在竹简和木牍上，到两晋以后主要以纸作为书写材料。早期写的东西都是把纸张粘在一起后，用个小木棍做轴把它卷起来，叫"卷轴"。北京大学的老校长马寅初先生写书的时候还有这个习惯，他不用我们今天的格子纸，他用毛笔写了以后，用胶水将纸张粘在一起，把它卷上后变成一卷一卷的本子，他习惯这样做。大约到唐末五代时，出现了便于装在口袋里的方册式书籍。这件东西最重要的是有尾题"显德伍年己未岁"，"显德伍年"是错的，己未年是"显德六年"，公元959年。我们所看到的五种敦煌本《六祖坛经》里，唯独这件有明确纪年，可是现在唯独这件东西我们不知其下落，其他四个都知道下落：一个在英国，一个在敦煌市博物馆，两个在中国国家图书馆，就是这件东西我们找不到它的下落（后来知道今存旅顺博物馆。2017年5月17日附记）。20世纪30年代，叶恭绰先生接触到敦煌文献编目的时候，曾经提到这件东西。罗振玉先生在世的时候，也接触过这件东西。他们所作的记录，都说这一件东西在辽宁的旅顺，是当时旅顺博物馆里的一件藏品。日本占领旅顺的时候，这些东西都转到日本人手里了，再往后就不清楚了，只有在日本龙谷大学图书馆里留下了这两帧照片。按照记录，一共有45叶，推测应该有90帧照片（如果全部拍成照片的话），但是现在只能看到第一帧和最后一帧（第四十五叶），那么第2帧到第89帧这88帧照片到哪儿去了呢？原件又到什么地方去了呢？都不清楚。我们知道，抗战结束后，日本人因失败匆匆忙忙撤走，把大谷探险队得到的一批东西留在了旅顺博物馆。为了统一保管，1954年文化部曾经把旅顺博物馆藏的绝大部分敦煌文献调到国家图书馆来，只留下二十来件作为展品使用，现在还在旅顺。后来，方广锠、荣新江、尚林三位先生对从旅顺调来的敦煌文献作了彻底的调查，还出了专著，但目录里没有这件东西。我曾经问过罗振玉先生的后人罗继祖先生和罗遂祖先生，罗继祖先生住在大连，罗遂祖先生在故宫博物院工作。我问他们手里所藏的先辈罗振玉先生的东西里有没有这件东西，他们说没有印象。后来我们也知道，罗振玉先生经手过的敦煌文献现在分藏在北京大学图书馆、中国国家图书馆和中国历史博物馆（今中国国家博物馆）。中国历史博物馆前些年编《书法大观》的时候，曾把罗振玉先生过去收藏的敦煌文献收进去。我还打电话请教文物专家史树青先生，问他接触罗振玉藏品的时候是否发现过《六祖坛经》的本子，史先生说"没有"。所以，直到现在，我们也不知道这件东西的下落。但作为文物来讲，我们很清楚地知道它的原始存放地是敦煌藏经洞。对研究工作者来讲，即使见不到原物，我们能看到另外88帧照片也可以，但另88帧也没有了，见不着了。所以，这不能不说是我们整理研究敦煌本《六祖坛经》的一个巨大遗憾！但是我有个模模糊糊的感觉，这件东西没有丢，我觉得它还在。一个可能是它在私人手里，传给后人后，后人不作研究，不懂它的价值；另外一种可能是，存放在哪一家图书馆的库房里，在那些没有整理的资料里。平时虽然说图书馆的馆藏非常丰富，但很多时候所保存的档案资料并没有全都整理出来。比如说，斯坦因第四次探险的时候所得的很多原始资料，一沓一沓地放在新疆维吾尔自治区博物馆里，根本没人去管，荣新江先生从里边翻出来不少东西。可能某一天这个《坛经》也会在某个地方出现，引起大家的注意，这是我们期待的事情。敦煌本五种《六祖坛经》各自的大致情况就是这样。

（二）今人的整理情况

下面我说一说当代人对敦煌本《六祖坛经》做了哪些整理工作。就我现在所看到的，当代人对敦煌本《六祖坛经》做的整理工作，至少不下十三种，我带来八种。大家互相传着看一看，增加一点感性认识，以后有兴趣的时候再去寻找一些阅读。下面以它们的出版时间为顺序来讲一下今人到底做了一些什么样的工作。

1.第一种《六祖坛经》，是日本学者矢吹庆辉先生在20世纪20年代从英国博物馆敦煌藏品里找出来的。英国图书馆的敦煌藏品原来在大英博物馆（British Museum）里，1973年才把这些文献资料从博物馆分离出来，交给大英图书馆（British Library）。当时矢吹庆辉在大英博物馆找到了这本《六祖坛经》，所以他是第一个对敦煌本《六祖坛经》进行整理的人。他只看到了这本S.5475，把它整理后收在《大正新修大藏经》里，就是八十五卷本的《大正藏经》。今天我们看到它收在《大正藏经》第四十八卷上。当然，因为这是第一份敦煌本《六祖坛经》的整理工作，过了80多年，今天去读的时候会发现它很粗糙。但是矢吹庆辉先生的功劳是不可磨灭的，正因为他的发现才引动我们的文化巨匠胡适之先生坚决要到英国去，觉得矢吹庆辉先生能从那里找到东西，他也能找到东西。胡适先生真的找出东西来了，就是七祖神会的那些资料，神会的《定是非论》《坛语》等。胡适先生学术成就里很重要的一块就是对禅宗七祖神会的研究。他之所以能迈开这一步，就是因为受到了矢吹庆辉的影响。

2.第二本是日本学者铃木大拙的整理本。他原名铃木贞太郎，是个大人物，20世纪研究中国禅宗史的一位大家。他和另一位学者公田连太郎合作，在矢吹庆辉整理的基础上重新整理了S.5475《六祖坛经》，1934年由日本东京的森江书店出版。到现在为止，铃木先生为中日学术界留下了很多关于中国禅宗研究的学术著作。我记得1993年刚踏入敦煌《坛经》研究领域的时候，读过铃木贞太郎和胡适先生的一段关于中国禅宗的论战，很受启发。很多东西能给人启发，不是说读很多书总能受到启发，必须读到好书，话说到点子上，才能给人启发。胡适先生批评铃木贞太郎，说像他这种搞法是把中国禅学搞成了"不可知论"，一会这样说，一会那样说，最后到底是什么？这是胡适先生在一篇文章里批评铃木贞太郎的话。铃木先生给胡适先生的答辩文章里说了这么句话，对我启发很大：胡适先生是善于搞考据学的；胡适先生提出大胆假设，小心求证，在历史学的范畴里没有错，但用历史考据学的方法对待一种思想，实际上是行不通的。铃木先生接着说，逻辑数学范畴里一加一等于二，这是绝对没有问题的，但是禅宗作为一种思想，一加一可以等于二，也可以等于三，还可以等于零。他这话的意思是，禅宗哲学是心性之学，是个人的一种体悟，一种认知，不能完全按照逻辑思维方法来对待。这就是说，我们在感知禅宗思想的时候，如果完全用逻辑思维的方法，很多东西很难理解，所以它是一个心性之学。如果用哲学概念去看，显然要把它划到主观唯心主义那里去，但是它确确实实是自成一体的。

3.第三种是美国人扬波斯基（Philip B.Yampolsky）做的整理本《敦煌写本六祖坛经译注》（*The Plaform Sutra of the Sixth Patriarch: the text of the Tun-Huang Manuscript, translated,with notes*）。他也是用S.5475《六祖坛经》作底本，做了译注本，由美国哥伦比亚大学出版社在1967年出版。他的工作水平确实非常高，当然也有错误，但是作为一个外国人能做到那样的程度，确实令人赞叹。

4.这是一位日本学者石井修道在20世纪70年代做的工作，《惠昕本〈六祖坛经〉之研究——定本的试作及其与敦煌本的对照》。

早期工作都是东洋人和西洋人做的，那么我们中国人做的工作到底是什么呢？

5.在中国，最早开始相关工作的就是社科院宗教所的郭朋先生。他原来是出家人，后来还俗成了专门研究佛教的学者。（我那本郭朋先生的《坛经校释》已经传到谁手上了？一本脏兮兮的很破的书——对，就这一本）当年我读郭朋先生书的时候，为了把有关问题搞清楚，在里面做了很多批注，像画画似的，有的连我自己都看不明白了。20世纪70年代末出现了书荒，社会各界很需要看《六祖坛经》的时候，郭朋先生把它整理出来，并在1983年由中华书局出版，一定程度上解决了书荒问题，满足了人们的急需。但我不得不很遗憾地指出，这本书的错误非常之多。1997年，在中华书局的《文史》杂志第42辑上，我发表了一篇将近三万字的文章，叫作《〈坛经校释〉订补》，对这本书里的错误提出了学术上的切磋。但是到了现在，1983年中华书局出版的《坛经校释》，大概已经是第五次印刷了，还在印，说明社会各界的需求量很大，然而没有看到有关人士，郭朋先生也好（郭朋先生年事已高，将近80岁），或者责任编辑也好，对郭朋先生书里明显的错误作一些修正。退一步讲，他们可以不同意我的一些意见，可以写出反驳文章，但他们却不理睬，书照出不误。我觉得这有点不太负责任。书里的错误那么多，有人已经指出来了，无论如何应该对明显的错误进行修正。举个例子，惠能讲法的时候，里面有句颂文云"一花开五叶"，郭朋先生在校注中讲："花怎么能开出叶来呢？"他把这"叶"理解成"树叶"。然而在古汉语里"叶"恰恰有"花瓣"的意思，因为六祖以前禅宗已经传了五代，"一花开五叶"就是说禅宗已经传了五代祖师了。我们这样理解的时候，大概没有什么问题，一朵花开成五瓣，就是从菩提达摩一直到弘忍传了五代。如果知道古汉语里的"叶"有"花瓣"的意思，那么就不会发问："花怎么会开出叶来呢？"当然，我不是在讥笑老前辈，我自己也有错误，如果我发现我的书里的错误也会告诉大家的。发现这种错误就应该进行纠正。这么个印法，我觉得有点对读者不负责任了，这是我个人的看法。

6.郭朋先生之后，有一位韩国学者金知见，做了一本《校注敦煌六祖坛经》。他的整理工作很简略，但很有见解。

7.在2002年8月，北京理工大学举办"敦煌学"学术史会议的时候，一位日本禅学专家田中良昭先生来到了北京。他做过《敦煌本〈六祖坛经〉诸本之研究——特别介绍新出之北京本》这项工作，很有意思。他对刚才所介绍的国家图书馆藏的卷子本"冈字48号"进行了研究。1931年陈垣（字援庵）先生给国家图书馆藏的敦煌文献编目的时候，在冈字48号下注了一句"背写《六祖坛经》数段"。从1931年到1989年这么长的时间里，没有一个中国人过问过这件事情；刚才提到的几个日本学者，整理敦煌本《六祖坛经》的时候，也没有人关注这件东西。到了1986年，台湾新文丰出版公司出版黄永武博士编《敦煌遗书最新目录》的时候，把陈援庵先生当年所做的著录提了一句。而1962年，商务印书馆出王重民先生编的《敦煌遗书总目索引》的时候，删除了陈援庵先生的那句话，所以不再有人关心和知道了。黄永武博士把陈援庵先生的原话转引过来的时候，日本人发现，原来这里还有一个《六祖坛经》的本子！于是田中良昭先生单独就国图本冈字48号做了整理，1991年发表。我对日本人很多方面有意见，尤其直到现在我也没有原谅二战时期他们对中国人和（更广泛的）亚洲人造成的危害，但是日本学者做学问、做事情的认真态度值得我们学习。两年前（2000年）我去加拿大蒙特利尔出席"第36届亚洲北非研究国际会议"的时候，我的导师张广达先生也从美国普林斯顿大学赶去出席会议。后来我问起张师"对本次会议的学术水平有什么评价"时，张先生说："日本人非常认真，一个是一个。"这是他的原话。日本人做事情确实是一丝不苟，这一点我们真应该向他们学习。

8. 在田中之后，巴黎友丰出版公司出版了一位法国女学者凯瑟琳·杜莎莉（Catherine Toulsaly）整理的《六祖坛经》，这本《坛经》前面由旅居法国的华裔学者吴其昱先生作了个序。我看到以后，当时就有点怀疑，这个学生所做的工作应该得到了吴先生的帮助，因为如果没有吴先生的帮助，她达不到很多学术要求和这样的水平。1998年，我在巴黎向吴其昱先生谈到我的想法，他说："她就是我的研究生。"这是吴先生的一个研究生在吴先生的指导下做的工作。可惜的是，这位女士拿了博士学位以后跟着老公到美国过日子去了，不再做学问了。

9. 这是中国社科院世界宗教研究所杨曾文先生的校本，1993年由上海古籍出版社出版，最近有新印的。杨先生的书出来以后，我也写过文章，对里面的错误提出了切磋意见。因为杨先生1964年毕业于北大历史系，应该和我的老师是一代人，所以在很长的时间里对我不太满意。直到今年（2002年）3月份宗教所开会的时候我们谈了一次，才把这事情化解。当然，这里主要是我想得不周到，应该事先请杨先生把文章看一遍，那样可能稳妥一点，因为我们当年不认识，没有那样做，是不妥当的。

10. 这是潘重规先生的校本。他今年已是95岁的老人，是我们"敦煌学"界绝对的老前辈，是位大家。（那本书现在在谁手里？是个蓝皮的，大16开的）潘重规先生以日本矢吹庆辉的校本为底本，用英国S.5475、北图冈字48号、旅博本、向达抄录的敦博本为校本，利用敦博本的时候没有能够用上它的照片。潘先生为了做敦煌本《六祖坛经》的整理工作，专门派他的姑爷到北京来，询问能不能解决敦博本的照片，希望能看到，又通过柴剑虹先生找到我。我跟敦煌学会的秘书长柴剑虹说："我很为难，我在1985年初到敦煌县博物馆拍这些东西的时候，和敦煌县博物馆签了约。"我向他出示了签约文件，里面有一条："所拍摄的照片只能交给敦煌文献编辑委员会完成国家资助项目《敦煌文献分类录校丛刊》，不得作其他使用。"我做人到今天，不能不遵守自己亲自签的协议，否则不好做人，以后怎么在"敦煌学"界与人共事？如果违反协议，很快就会传出去一个坏名声，说我不讲信用，我不能这么做。所以，潘先生的姑爷在北京待了几天，最终很遗憾地回去了。后来他通过荣新江先生找到向达先生的公子向燕生，看到了向达先生1943、1944年的那两个抄本。其实，潘先生的书出来后两三年，我们把照片也公布了。因为年岁大了，老人已有九十多岁了，希望在有生之年能看到那些东西。我也愿意给他看，但我事先和别人有约，不能那样做，做了以后就把我自己毁掉了。所以，很遗憾，老先生的书没用上敦博本照片。

11. 我和荣新江先生共同做的校本（分工主要由我负责）。后经荣新江先生同意我自己单独出了个校注本，是台湾如闻出版社出的。当我做这项工作的时候，已经有了敦博本、S.5475、北图冈字48号本、旅博本的两张照片，唯一没能看到的是方广锠先生后来发现的那个"四行半"，材料是越来越丰富了。

12. 1997年文物出版社出版了周绍良先生的校本，这个本子很大的好处是，把到现在为止已经发现的五种敦煌《六祖坛经》的照片全部收了进去。老先生今年（2002年）已有86岁了。我和周老先生很熟，1996年做这项工作的时候，他说："照片的事情我已经做不了了，但我很想放进去。"我就答应他负责照片的事情，所以我协助老先生做了照片的工作，把它全部放进去了。现在我们研究敦煌本《六祖坛经》，最重要的原始材料都在周先生的这本书里，这是最完整的材料。

这是我今天讲的第一部分，敦煌本《六祖坛经》的原始面貌和今人的整理情况。

二、两种不同的整理视角和是否"原本"的问题

前面我们介绍了12种今人对敦煌本《六祖坛经》所做的整理工作。今人所做的工作可以概括为两种方法。

一种方法是从禅宗史和禅宗教义的角度做的整理工作，或者更进一步地说，他们是在传统校勘学的基础上做的工作，包括矢吹庆辉、

铃木贞太郎、郭朋、杨曾文诸先生的工作，都应该属于这一类。这个类型的学者多数都是研究禅宗思想史和禅学史的，在禅学教义的研究方面也都是行家里手。

第二种工作方法是用"敦煌学"的方法。当年我和荣新江先生开始工作的时候，我说过一句话："我们是用'敦煌学'的方法来整理研究敦煌的禅宗文献。"我们两个不单是整理了《六祖坛经》，还做过神会文献的整理工作。为什么要使用"敦煌学"的方法来整理敦煌出的禅宗文献呢？

这和敦煌本自身的特征有关系。我们知道，中国流传下来的文化典籍，就是今天图书馆所收藏的包括木刻本在内的书，都是宋代以后的。当然雕版印刷是从唐代开始的，但宋代以后才开始广泛使用雕版印刷书籍。这些版本的文字做得都相当规范。但是，敦煌藏经洞出土的文献，是公元5世纪到11世纪的资料，这个时段里的书籍绝大部分还是手抄本。手抄本时代的文献和雕版印刷以后规范化的文献，在外貌特征上往往有很大的区别。我个人参与敦煌文献的整理研究工作已经二十多年，我认为无论研究哪一个分支学科的敦煌文献，都必须具有三方面的基本功。第一，认识俗体字。我举个例子，大家看看这个"南宗顿教最上"的"最"字，是"宀"下面一个"取东西"的"取"字；今天我们规范的"最"字是"曰"字下面一个"取"字，而敦煌本的写法是"宀"下面一个"取东西"的"取"，而且"取"字右侧是两点，不是"又"字。俗体字在敦煌文献里大量存在，甚至如"所以"的"所"，我就找到了五种变体。这要靠长期的工作积累，当然，也要使用前人和今人做的工具书，但更重要的是靠自己日常的积累，这是第一个基本功。第二，要懂得古人手写体里的书写符号。书写材质从简牍一直到纸张，在手写时代，古人有好多种符号。比如一个字写错了，他们怎么表示这个字错了；又如一个人给皇帝上奏折，最后写

"顿首顿首，死罪死罪，谨言"。怎么写这个重复性的话，它用什么符号？等一会儿以具体的例子去讲它。我们看敦博本《六祖坛经》，它开头有这么一个"火炬"形的符号，这是篇名代号，告诉读者下面是篇题。我们要知道，在手写本时代，人们为了标明他所表达的意思而使用了一些特殊的符号，不然大家搞不清楚抄写者在这儿要说什么。第三，我们知道，敦煌文献所产生的地域主要是中国的西北，古代叫"河西地区"。中国这么大，走到什么地方都有当地的口音和方言（你们听我说话有口音，我是山西人，在北京待了三十多年，"醋味"还是去不了，努力改也改不了），有口音就造成一些相应的替代字，用普通话去读的话，那音是不一样的；但如果用当地的方音或土话去读，音却是一样的。所以必须明确它的方音才能找出被它代替的本字，才能作校勘。这三个基本功是我读写本、校勘的时候所遇到的问题。可见，整理敦煌文献必须要有受过训练的特殊功夫。我们看到，在1990年以前，中外整理敦煌文献尤其是整理《六祖坛经》的学者，基本都是一些宗教学术界人士。只是在20世纪90年代以后，"敦煌学"界才有一些学者涉足。我认为，这只脚插进来以后，对《六祖坛经》的整理工作，应该说是带来一些活力。比如，台湾的潘重规先生和北京的周绍良先生都是文化大家，尤其是在对敦煌文献研究上，他们几乎耗去了一生的精力。早期研究敦煌本《六祖坛经》的日本学者矢吹庆辉先生，曾说英国这件藏品是个"恶本"，就是很糟糕的本子。潘重规先生经过长久的研究，觉得矢吹的说法不对。因为今天我们认为很多字的写法不规范，但在当时都是约定俗成的。潘先生为什么会有这样的看法呢？因为他本人在"敦煌学"的研究领域里主要研究中国文学和敦煌俗体字，他专门研究了字形及其写法的变化。如，他发现在敦煌文献里，"单人旁"和"双人旁"没有区别，"提手旁"和"木字旁"没有区别，"日月"的"日"和"眼目"的"目"，中间多画了一横，这也没有区别。我在无锡看到一个墓碑,"明朝"的"明"应该是"日月"合成,但它左侧是个"眼目"的"目",多了一横,讲解员大发议论,说是多么多么重要。于是我告诉他这很简单,古人"日""目"不分,就是做偏旁的时候"日""目"不分。所以它不存在那么广泛的意义,是个很简单的事情。

从工作方法来讲,产生了上面两种不同的工作方法。

除了工作方法不同之外,我们还要作出判断:敦煌五种《坛经》,在《坛经》流传史上到底占有什么样的位置?其实,这个问题是周绍良和潘重规二位先生提出来的。潘先生说:"我经过长期涉猎敦煌写本之后,启发了我一个客观深入的看法……许多敦煌写本中我们认为是讹误的文字,实在是当时约定俗成的文字。"这话绝对是正确的。然后下边接着说:"仔细观察这个伦敦所藏的《坛经》写本,便应该承认它是一个很质朴、很接近原本的早期抄本。"它表达的意思是"很接近原本"。"由敦煌写本的题目对照看来,敦煌本是很接近原本的抄本";"宋以后的刻本《坛经》,则是问世流通的出版著作。早期的讲义是听讲的笔录,随听随记,不分章节,文字亦较质朴,接近口语"。这个看法也是对的。"从最早的刻本来观察增改的情况,更可证明敦煌本确是现存行世的最早写本,亦是最接近原本的写本",最后老先生说:"英伦藏卷,乃真曹溪原本。"老先生一直想说敦煌本《六祖坛经》是最早的《坛经》,但又拿不准,最后还是来了一句英国藏的敦煌本《六祖坛经》就是真正的曹溪原本。为什么老前辈要这样表达呢?我们知道,《六祖坛经》无论是敦煌本的12400余字,还是元代宗宝改编以后广为流传的两万多字,它的大致内容包括三个方面,由三块构成。第一块是惠能在讲法前介绍自己的经历,说他姓"卢"。"卢"是魏晋南北朝至隋唐时期的一个大家族,一个大姓,其祖籍是范阳,就是北京一带。他父亲在朝廷做官,后来不知道什么原因被贬官,一下子被贬到新州,就是现在的广东新兴县，此后他就在那里做新州百姓了。惠能怎样去卖柴，后怎样辞别老母到湖北黄梅山拜见五祖弘忍，等等。第一块讲了他的生平故事，第二块是惠能在大梵寺讲法、授戒。讲完他的生平的时候，下边有三个小字注明"下是法"，意思是"下边是六祖讲的法"。"讲法""授戒"是惠能这一次在大梵寺宗教活动的核心内容。大梵寺的活动完了以后是第三块。我们看到后边有很多"附编"的内容。如，惠能平时接引弟子以及跟他们的谈话，也有他圆寂时的情况，还有《坛经》流传的情况，等等。《坛经》内容由这样三块构成。人们一直在考虑，敦煌本《坛经》是我们现在所看到的年代最早的《六祖坛经》，但它是不是当年六祖的弟子法海（整理者是法海）整理的那个原本呢？我最近查了一下，"原本"的提出者是矢吹庆辉，就是第一个整理敦煌本《六祖坛经》的矢吹庆辉的一个说法。后来，胡适先生研究神会文献的时候，便做了一个大胆的推论。他说这个敦煌本《六祖坛经》是神会做的，神会是作者。他不管写本开头写得清清楚楚"弘法弟子法海集记"。胡适先生说这是神会写的，他的根据是什么呢？敦煌本《六祖坛经》第三部分有一段话，"吾灭后二十余年"，就是"我死后二十年左右"，"有人想把禅法灭掉"。这时候有人出来，不惜身命，为了护法而进行斗争。大概就是这样的意思。其实，六祖惠能是开元元年（713）圆寂的，神会在开元二十年（732），即六祖圆寂后的二十年，在滑台举行了一次大型的辩论会，与崇远法师辩论，"定是非"。这就使大家很自然地想到，这段话应该是神会或他的弟子们加进去的。惠能怎么能预见到他死后二十年有那么 个人出来，不惜身命地保护禅法？真实的情况和时间恰恰是应该倒过来的。在六祖惠能去世后二十年，神会有这样的一个活动，为了宣扬自己、抬高地位的目的，神会或他的弟子们把这件事写了进去。胡适先生就是根据这段文字材料，说敦煌本《六祖坛经》就是神会写的，不是别人。胡适先生提出这样的看法后，遭到两个人的批评，一个是钱穆（字宾四）先生。1960年，钱宾四先生写了一篇文章批评胡适之先生说："你的话是靠不住的。正常的思维方法应该是考虑六祖去世后，神会有那么一个滑台辩论，之后有人为宣扬他的功德，想抬高他，才加了这么一段文字。你怎么能根据这一段话就说成整个《六祖坛经》是由神会一个人去编的呢？"第二个提出批评的是印顺法师。这是我们今天禅宗界里年事已高的一位法师，住在台湾。1971年他出版了《中国禅宗史》。这之前他也写文章对胡适先生的看法提出过批评。我认为这两位先生对胡适的批评都是很中肯、很符合实际的。因为我们现在看到的、有标题的敦煌本《六祖坛经》，清清楚楚写的是"弘法弟子法海集记"，没有什么差别，三个本子都是这么写的。这种情况下，仅仅根据"附编"部分的那一段文字，就说是"神会编的《六祖坛经》"，这靠不住。还有一种情况是，如果把现存的《坛经》全部看成是由惠能的弘法弟子"法海"整理的，也会有问题。因为我们看到，敦煌本《六祖坛经》的后边有这样一段话：此《坛经》，上座法海集。法海灭度，同学道际来传，道际死了以后传给他的弟子悟真，悟真现在南海。是这样传的。如果说全部《六祖坛经》都是法海整编的，那么法海怎能写出传经的过程？即，他死了后把经传给同学道际，道际死了以后又传给自己的弟子之类传经的过程？显然不可能。所以，现存敦煌本《六祖坛经》的第三部分，也就是"附编"部分的有些东西，确确实实是流传过程中不同的人加进去的。但是，在"附编"部分，难道就没有法海当时写的东西吗？也不是。法海把六祖讲法的内容汇编在一起，做了整理汇编的工作，"集记"就是整理汇编的意思。然而，后面的"附编"部分，由于后人在里面加进了一些东西，使我们现在分不清哪些是法海原来写的，哪些是后人陆续加进去的。但其中刚才我说的两段话，第一段是神会的弟子们说惠能去世二十年后有人不惜身命出来护法，这显然是神会的弟子们加进去的一段；第二段，此《坛经》法海上座集，法海灭度以后传给他的同学道际，道际灭度后传给他的弟子悟真，这段也是其他人加进去的，不可能是法海原来的话。如果我们要说这个本子就是惠能当年在大梵寺讲法后由他的弟子法海做的整理本的原本——周绍良先生用了"敦煌写本《坛经》原本"这样的题目，我觉得还难说它就是法海做的整理本的原本。刚才我讲的是存在的问题，有的东西是别人加进去的，不是法海原来的话。但是，我们也不能以有人在法海之后，流传的过程中，加了一些东西，就说《六祖坛经》的大部分不是法海整理的原本。恰恰相反，我认为大部分，即第一部分和第二部分，应该是法海原来整理的东西，第三部分的某些段落也可能是法海整理的东西。令我们产生怀疑的主要是第三部分即"附编"这一块，第一和第二部分应该没问题，它们是法海整理的原本。这是要解决的一个问题。另一个问题是刚才讲到的，敦煌五种《六祖坛经》里，不同程度地存在一些唐五代河西方音替代字，尤其是英国藏本 S.5475 号，方音替代字非常之多，有一百多处。这是什么原因？惠能是广东人，他当初在讲法的时候，也应该有口音。我们今天听广东人有口音，但唐代时候广东的口音是什么样子？现在没有有力的证据能够证明《六祖坛经》里的方音替代字就是惠能原有口音的结果，但是从敦煌文献里能找到这些方音替代字的旁证，从《唐五代西北方音》里也能把所有这些方音替代字各自归位，即找到它们属于哪一种类型。参照《唐五代西北方音》，可以把这些方音替代字全部加以解释，详细情况后面再讲。下面讲今天的第三部分，也是最后一部分。

三、我是如何运用"敦煌学"方法整理校注敦煌本《六祖坛经》的

这一部分主要是介绍我自己的工作。

（一）厘定字形

惠能被称作"曹溪大师"，但是我们看到，敦煌本《六祖坛经》的"曹"字是加了"水"字旁的；《坛经》里有很多次说"请予教授如何"等，就是今天我们讲的"教导"的意思，但我们发现有一处"教"字加了"扌"旁。这些本来没有偏旁的字为什么都增加了偏旁？"曹"字之所以加上"水"字旁，就因为"溪"字有"水"字旁，所以给"曹"字也加了"水"字旁；在辞书里根本不存在"教授"的"教"有"扌"旁的字，它之所以有"扌"旁，也是因为"授"字有"扌"旁，所以给它加了"扌"旁。这种现象在文字学上叫作"类化增旁字"。很典型的例子是，北京土话将自己的妻子叫"媳妇"，今天的"媳"字是"休息"的"息"加"女"字旁，而在古汉语里，"媳"字本来没有"女"旁，就是"生息"的"息"。"息"就是儿子、"子息"的意思。"媳妇"的本来写法应该是"生息"的"息"加上"妇女"的"妇"。可是，今天我们看到"媳"字有"女"字旁，本来没有"女"字旁的字到今天有了"女"字旁，反而变成规范和正确的了，就是"类化增旁"的结果。因为"妇"字有"女"字旁，所以"息"字也加了"女"字旁。今天整个倒过来了，如果学生写成"息妇"，老师判作业的时候肯定看作错别字，其实它是有道理的。我们读敦煌文献的时候注意到，"敦煌"两个字，在今天"敦"字没有"火"字旁，但在敦煌文献里，"敦煌"两个字连用时"敦"字很多时候有"火"字旁，因为"煌"字有"火"字旁，所以给"敦"字加上了"火"字旁。前几年，我在《北京晚报》上看到说有些学生考学时不能正确辨别老师给他们写的字，其中有个"敦"字，给它加了个"火"字旁。老师认为这样一个错误的字居然很多人认为它是正确的。我觉得老师认为它错误，那太冤枉学生了。它就是因为"煌"字有了"火"字旁才引起"敦"字加了"火"字旁。所以，用"敦煌学"的方法整理敦煌本《六祖坛经》，首先要对字形进行厘定。只有明白它是"类化增旁字",是文字演化过程中的一种现象,才可以大胆地回改那种文字。"曹溪"的"曹"是三国曹孟德的"曹","曹溪"本意是"曹侯之溪",一个姓"曹"的人封侯以后,那地方才成为"曹侯之溪";加了"水"字旁后,变成"漕运"的"漕",和"曹"姓的"曹"差远了。我们知道它的变化规则后,就可以大胆地、没有商量地改回去。这是对写本时代的字形进行厘定。宋以后雕版印刷的《六祖坛经》,没有"曹"字有"水"字旁的,只有写本时代才有这个东西。

(二)书写符号

这里我要特别讲讲书写符号。比如,我们讲一个人给皇帝上奏折,最后的客气话这样写:"顿首顿首,死罪死罪,谨言。""顿首"和"死罪"这两个词都有重复。在写本时代,古人为了节省时间,就使用重文符号。那写的是什么呢?它是这样的规则,先写个"顿"字加个重复号,再写"首"字加个重复号,或者写完"顿首"后加两个重复号,概括起来,它是"AABB"型,或者是"ABAB"型。在敦煌文献里我们看到,古人家里死了人以后发"讣告",就是给亲朋好友写个通知性的东西,里面有这种重复了两遍的话"痛当奈何,痛当奈何",表示自己非常之悲痛。有时它的写法是在"痛当奈何"四个字的每个字下边加个重复号,读的时候绝对不能读成"痛痛当当奈奈何何",那可成了大笑话。必须读成"痛当奈何,痛当奈何",它得读两遍。我们必须搞清楚类似这样符号的准确含义。那么,这里我们就遇到一个老问题,就是关于敦煌本《六祖坛经》的题目问题。你们扫 眼,这是英国藏本的题目,这个题目上面没有符号,现在看到的是有四个小字"兼授无相",把"戒"字写成大字后和下边"弘法弟子法海集记"连在一起了,这是英国藏本的情况。敦煌市博物馆藏品这个本子也没有任何符号,但是"戒弘法弟子法海集记"这几个字变成小字了,其他的全部都是大字，只是有个像火炬样的篇名号。再看旅博本照片。这上面有两个非常重要的符号，第一行字"南宗顿教最上大乘摩诃般若波罗蜜经"，第二行的第一个字比第一行低了两个字，上面加了一个"┐"。"六"字上面有个"┐"；第三行"戒"上面还有一个"┐"，不仅低两个字，而且加了个"拐钩"。这个"拐钩"在"敦煌学"上叫"界隔号"，界开或隔开的意思。"界隔号"是为了避免混读而用的符号，就是应该断开的地方，免得混在一起。直到今天，关于敦煌本《六祖坛经》的题目应该是什么样的情况，我和方广锠先生认识仍不一致，还要继续研究。我个人认为，虽然敦煌市博物馆077号抄得最漂亮，但它的标题方式不符合原义。靠近敦煌本《六祖坛经》原义的是英国藏本，它的正题是"南宗顿教最上大乘摩诃般若波罗蜜经"，尾题是"南宗顿教最上大乘施法坛经一卷"，和它正题是互相照应的；正题第二行就比第一行低了一个字，"六祖惠能大师于韶州大梵寺施法坛经一卷"。我认为，第一行是它的标题，第二行是副标题，对他在大梵寺的活动做了解释，同时做了"授无相戒"的工作，我认为这个"戒"字应和上边连起来读，然后是"弘法弟子法海集记"，这是整理人的署名，像今天的版权一样，版权应该属法海。只有这个"戒"字在"弘法弟子法海集记"上。但是最早看到这个本子的日本人矢吹庆辉认为，"兼授无相戒"都应该放在"法海"头上，"兼授无相戒弘法弟子法海集记"是作者的署名。这是他的看法。而且这个看法影响非常大，到了今天，国内的杨曾文、周绍良等先生都持这种看法。在这一方面，我的看法和他们不一样，还是那句老话，"我爱我师，我更爱真理"，该争的地方还是要争的，这并不伤害感情，纯粹是学术观点问题。我怎么看待这个问题呢？我特别关注旅博本的两个"界隔号"。第二行的"六祖惠能"的"六"上已经有了一个"拐钩"，告诉大家和上面要分开，到第三行"戒"字上又有了一个"拐钩"，而且旅博本标题很大的一个特征是全部字大小都一样，没有哪几个字写成小字。这个本子唯一的错误是"六祖惠能大师于韶州大梵寺施法坛经一卷兼授无相戒"的"戒"字放在第三行了，应该放在第二行。我正是根据旅博本的这两个"界隔号"，判断敦煌本《六祖坛经》的题目应该有三层意思：第一层意思是它的正题"南宗顿教最上大乘摩诃般若波罗蜜经"；第二层意思是副标题"六祖惠能大师于韶州大梵寺施法坛经一卷兼授无相戒"；第三层意思是作者署名"弘法弟子法海集记"。这是我的看法。如果说我们没有看到旅博本的照片，到今天仍仅仅是看到了英国藏本，那么，像矢吹庆辉那样作出判断，把"兼授无相戒"放在"法海"头上也还可以理解。但是，今天我们看到了旅博本照片，而且有两个很明确的"界隔号"，还非要把"兼授无相戒"这五个字放在"法海"头上，就没有道理了。我们还是要服从真理。我在最近出版的一本书的后记里写了一句："学术乃天下之公器，人人得以发言，不得而私。"这不在于谁的名气大。还有一句可能得罪人的话，"学术所求乃客观真理，不必以权势为俯仰"，不要认为是谁的地位高、谁的名气大就必须服从谁。我现在这个年龄也遇到一个问题，一些年轻人向我挑战，我写的一百多篇文章里向前人挑战的地方不少，我怎样面对年轻人对我的挑战呢？应该用一颗平常心来对待。前人的错误允许我们后人去更正，我的错误也应该允许别人去更正。我不是一直研究中国古代的历法吗？最近武汉大学历史系晏昌贵先生写了一篇文章，他就发现我的书里关于"往亡"安排规则讲得不准确。他与出土秦汉简牍里的《日书》对照以后，发现我只说对了一部分，还有一部分没说对。中华书局把这个稿子转到我手里，希望我来审稿，我写了很好的审稿意见。我说当年我的疏忽被这位年轻人发现了，应该是一件大好事，我欢迎他的批评，而且推荐他的文章发表。学者应该有这个胸怀，我不喜欢以真理化身自居。胡适也并不永远是正确的，这不可能，谁都不可能。胡适那么自信的人，到今天我们对他也提出很多意见来。我们自己在学术上不成熟的看法，既要允许自己去更正，也要允许别人来更正。因为学术是我们大家的事情，不能说自己做了就不许别人做，这未免有点霸道，自己说错了的东西也不许别人说，那不行。所以，我现在已经做好了充分的思想准备，包括在座的各位，对我出版的书和发表的文章提出批评意见，只要是正确的，我就宣布放弃我的观点；当然，若不能说服我，我还是要坚持。过去我们说过，美国哈佛大学校训引用了"我爱我师，我更爱真理"。古希腊哲学家苏格拉底的学生柏拉图，因为有的学术见解和他老师的观点不一样，很多人说柏拉图的看法和他老师不一样，柏拉图说了这一句话。哈佛大学的校训就是这句话，我觉得它不仅仅对哈佛大学，而且对全球从事文化事业的人、从事科学事业的人都是一个公平的尺度，没有什么区别。大家都应该向这里看齐，服从学术真理，勇敢地承认并改正错误，坚持学术真理，这是我们每个人都应采取的态度。除了这个符号之外，前面我讲过，很重要的是关于河西方音的问题。

（三）河西方音的问题

我是怎样提出敦煌本《六祖坛经》存在河西方音问题的呢？说来很有意思。我从1992年开始参与敦煌本《六祖坛经》的整理工作，有半年多的时间一直翻来覆去地读敦煌本《六祖坛经》，但怎么读也感觉很困难。几个本子里"来去"的"去"和"站起来"的"起"好几处都不一样，有的地方是应该用"去"的却写成"起"，有的地方是反过来的，这种混用的情况共有九处。我觉得很奇怪，怎么回事呢？有次我突然想起，我们山西人说话时，"去哪""去不去"说成"气不气"。看过《秋菊打官司》的人都知道，秋菊拉着一小车辣椒，准备卖了以后打官司。临走前去小姑子屋里，问："你气不气呀？"在我们的口语里，把"去"读成"气"，和"起"只是个声调的差别。敦煌本《坛经》二字的混用是不是和这个有关系？我突然间受到一种启发，这可能是一个问题。于是，我给一位朋友写信说："我发现敦煌本《六祖坛经》里有河西方音问题。"他给我的回信里说："你不要用你的山西话去读《六祖坛经》。"恰恰相反，我这个山西话和河西方音都在一个方言带上，所以真正说标准普通话的人能听出我的发音不标准，有河西口音。从此，我就开始读东西方学者关于河西方音的一些著作，不仅仅找到他们的著作读，而且大量地寻找敦煌文献的旁证材料。比如，"去"和"起"在敦煌本《六祖坛经》里混用，在其他文献里有没有存在这种现象？结果我发现"出气"的"气"，"来去"的"去"，"站起来"的"起"，"放弃"的"弃"，"岂但如何"的"岂"，等等，全都在混用。于是，我在《中国文化》第9期上发表了一篇文章《敦煌文献中的"去"字》，专门讲了"去"字在敦煌文献里混用的情况。按照前人所研究的唐五代河西方音，我把在敦煌文献里发现的方音替代字分成五个大类，这样完全符合前人对河西音韵的研究，而且我找了大量的旁证材料，做了两本笔记。敦煌《坛经》那些方音替代字，在医药、变文、诗词等文献里存不存在？我必须找到大量的旁证，不能只凭自己的感觉，不能因为我是山西人，读音和河西靠近，就说它是河西方音，必须要有足够的资料来证明自己的观点。到目前为止，我把敦煌《坛经》里发现的方音替代字大概分为五类：第一个类型是"止摄"和"鱼摄"混同互通。这是音韵学上的问题，比如"起"和"去"的混用，其他同一类型的还有"汝"（在敦煌文献里读"你"）和"所以"的"以""与"混同，"虽"和"须"混同，"知"和"之""诸"同音，"依""衣"和"於"三个字同音，"如"和"於"也是同音；第二种类型是声母"端"和"定"互注。我们今天读的"端"在河西方音里读"tuan"，段某人、文章分段，我们老家都说"tuan"；我姓邓，我们老家有人不说姓邓，他们叫"teng"。"端"和"定"，声母就是"d"和

"t"的区别。"deng""teng"、"duan""tuan"声母相混；"但"写成
"坦"，这是同样的混用法；第三种类型是声母"sh"和"x"不分，叫
"以审注心"，把认识的"识"写成"息"，敦煌文献里"shi"和"xi"
不分，这种情况发现好几种，还有"身""深""心"不分，"少"和
"小"不分，"圣"和"性"不分，都属这个类型；第四个类型是韵母
失掉或增加"-ng"尾，叫"青""齐"互注。"非南宗弟子也"，在英
国藏本里写成"非南宗定子也"，"di"变成"ding"，后边加上"-ng"
尾了。同样的现象还有"令"和"礼"，"国"和"广"。本来是"心量
广大"，却写成"心量国大"，则是因为"-ng"尾脱落的缘故。有时加
了"-ng"尾，有时丢了"-ng"尾。这样，我们在整理敦煌本《六祖
坛经》的过程中，第一次用音韵学的方法解决了这些互通字。它本身
只有12400余字，这种互通却找出24对，共一百零几处，其比例就占
1%了。在音韵学和旁证材料上取得支持后，我们就可以大胆地把这些
应该改回的字各自恢复到原来的位置上。它原来是什么字，为何会变
成另外一个用普通话读就完全不沾边的字？就是方音在里面起作用。
我整理敦煌本《六祖坛经》，一是抓住了方音混同，一是抓住了口语。
今天我们说话的时候，还有很多口语词，和写在纸上的书面字不一样。
惠能是那个时代的人，在韶州大梵寺说法的时候，他肯定有很多口语。
比如，"忽然如何如何"，今天汉语里"忽然"是个时间概念，或者是
一个突然间的时间变化。但是在唐五代，"忽然"除了有时间变化之
外，还表示假设。"忽然如何如何"也可以讲"假设如何如何"。于是，
我在敦煌本《六祖坛经》里找到18个口语词，其含义都可以从魏晋南
北朝到唐代的文献里寻找旁证，加以解决。比如，惠能讲"故来求
法"，就是"我特意到这里来求法"，"故"在唐代又叫"故故"，可以
是单个的"故"，也可以写成重复的"故故"。"今天我故故来看你"，
就是"我今天特意来看你"的意思。这是口语，我山西老家人今天还

这么说。我有时问从山西老家来北京的孩子："你怎么来的?"他说:
"我和某某一时来的。""一时"就是"一起""一块",英文"together"
的意思。如果我们不能把握惠能讲的口语词的准确含义,那么上下文
的意思就很难读通,很难理解他到底说了什么。我为敦煌本《六祖坛
经》的整理工作前后耗费了四年多的时间。不过里面还有不少错误,
需要人们不断去改正,提高认识。但对我自己来讲,应该说是无怨无
悔。我已经尽了我的努力了,我的学识和能力就这么多了,我希望别
人做得更好。但是我并没有敷衍,没有随便应付一下就出一本书。我
觉得对学者来讲,不是说要出一本书,应该是出一本好书,至少出一
本负责任的书,不要把胡编乱造的、自己都不太满意的东西拿给学术
界,那样对学术界对本人都不是很负责的。比如说,方广锠先生就指
出我书中的一处错误,五祖弘忍看到惠能写的"偈"以后,说"此亦
未得了"。"了"我读错了,"了"应该是"了悟"的意思,但我却把
"未得了"读成"不得了",方先生帮我改正了。可能还有别的错误,
我希望未来的整理者会比我做得更好。

问:刚才说敦煌本《六祖坛经》有12400字,现在流传的是两万多
字,那中间加的是什么内容?

答:其实,你的问题已经超出了敦煌本《坛经》的整理工作。你
问的是《坛经》的流传历史。有人认为,惠能在广东讲法后,大概他
去世不到二十年,弟子法海把当时他讲的、大家做的记录整理汇编在
一起,就是最早的《六祖坛经》本子。今天,敦煌本《六祖坛经》是
我们现在所能看到的最早的《六祖坛经》,更早的所谓《坛经》祖本是
个什么样子,我们却不知道。大家只能去猜,尤其是对第三部分
("附编"部分),我们现在不清楚哪些是后加的,哪些是原来法海整

理时就有的内容。到了公元967年，北宋初年，《坛经》本子流传得比较多，相互之间也有了差别。有感于此，和尚惠昕把《坛经》分作上下两卷和十一个门类后，整理出一个本子，已经比敦煌本多了一卷。再之后，到公元1059年，北宋的另外一个和尚契嵩，对敦煌本又作过一次加工。但这两次加工差别不是太大。最大的一次加工，就是元代的和尚宗宝，他对《六祖坛经》作了一次比较大的补充和扩充。我们今天看敦煌本《六祖坛经》的时候，觉得它的内容比较质朴，但有的地方不太衔接，可能是法海和尚做的东西不衔接，给人一种断断续续的感觉。称为佛经，总觉得这东西不太好，后来的和尚就往里面增加东西。他们先是在《坛经》讲法的这一部分增加了一些段落，又在后面的"附编"部分增加得更多。如果有兴趣的话，可以看看郭朋先生在出版《坛经校释》前，于1981年出版的一本《坛经对勘》。他把敦煌本、惠昕本、契嵩本、明清流传的宗宝本《坛经》一段一段作了对照，明确指出到底哪些是敦煌的，到惠昕、契嵩时候变成什么样子，宗宝本又是什么样子，等等。当然，宗宝本有些段落在前面的敦煌本和契嵩本里根本就不存在。可以找齐鲁书社出的这本《坛经对勘》，一段一段看一遍。另外，我想借机跟大家说一下，除了《坛经》这么多的整理本外，最近还要出版一本书——20世纪研究《六祖坛经》的论文集，是由北京佛教文物图书馆的吕铁钢先生编的，他跟我通过电话，但我一直没见过他。这本书收集了一百零几篇研究《六祖坛经》的论文，可能会给大家增加这方面的知识提供一些帮助。

问：我最近到很多寺庙去，和一些法师包括著名的静慧法师，就敦煌本《六祖坛经》交谈，他们很多人好像不信它，觉得它是虚伪的，他们认为有的东西是没有公开讲的、捏造出来的东西。您怎么看这个问题？

答：我觉得真正对宗教哲学内涵能理解的有两种人：一种是实实在在做学问的学者，另外一种就是学问僧，真正的学问僧，比如印顺法师。印顺法师是位年过百岁的高僧，就没有听到他有像你说的那种寺院里的议论。他对敦煌本《六祖坛经》也做过很仔细的研究和琢磨，虽然写出的东西不是很多。大家知道，明清以后在社会上和宗教界广为流传的就是元代宗宝本《坛经》，加了很多内容，增加了将近一万字。修行的佛教徒对这个东西很熟悉，然而对敦煌本这类早期的本子，说实在的，他们没有做过多少研究，他们也不愿意从学术史的角度对这个本子探本溯源。而我们所做的工作是学术工作，我们在寻找早期哪一个版本最能贴近六祖惠能的思想。因为看问题的角度不一样，所以对他们的想法我也不过多地苛责。我个人的看法是，拘泥于做虔诚的教徒是很难理解宗教教义的。

我再补充几句。为什么禅宗佛教比早期佛教影响大？——这完全是我个人的理解。从现有文字材料来看，佛教传入中国是在东汉明帝的时候。魏晋南北朝时期，中国人翻译佛经，就是把用梵文写的印度佛教原典翻译成中文的东西，从而使佛教在中土得到广泛流传，人们做的主要是这个工作。那时修道的人大多数是出家人，离开了自己原来的家庭，不结婚，或者说当和尚。但是在早期，人们按照印度佛教来修行的时候，总是追求彼岸世界，或者信奉轮回转生。这一生的苦难就是为了下一生转生所承受的，不想到饿鬼道、畜生道、地狱道里去，而要去西方极乐世界。怎样才能到达西方极乐世界呢？他们追求的是这个。所以我们在《六祖坛经》里就看到惠能讲法完了以后说的话："大家有什么问题赶快来问，我很快就回曹溪山去了，如果不问我，以后有了疑问没有人给你们解答。"于是，当时听法的刺史，就是一位地方官僚韦据，问了一个问题："那么多人都在念佛，都想到西方极乐净土世界，这西方到底能不能到达？"韦据所提的这个问题，其实是很多人的想法。那么多人离开自己的家，到寺庙里去修行，都想到西方极乐世界。谁看见有人到过西方极乐世界呢？谁都没有看见过。实际上，到了唐代，佛教在中国发生了危机，如果不改造它，按照原来的教义去修行，那就坚持不下去了。这说明印度的佛教亟须中国化和世俗化，需要改造成中国人自己的东西。而在这个变化过程中，六祖惠能起了极大的作用。他的思想里有这样几种东西，当然我说的不能完全概括他的思想。第一种思想是他认为人人都有佛性。在这之前，人们认为佛性是靠修行、打坐、坐禅、念经得来的。惠能讲了人人（不管是什么人）本来就有佛性。惠能刚到黄梅山见五祖弘忍的时候，弘忍就说"你是獦獠"，这是北方人骂南方少数民族的话，骂他是个有狗崇拜情结的"獠民"，"你怎么能修成佛呢？"惠能答道："我身是獦獠，但我佛性和你没有差别。"这句话很了不起。他阐述了一个新的看法，人人都有佛性，就看你自己用不用功，有没有悟。今天，在座的每一个人都有佛性，每一个人也都能成佛。"一悟众生是佛，不悟佛是众生。"这是惠能的原话，佛和众生的差别在于"悟"和"不悟"。这是佛学上的一个很大的变化，一个很大的异动。第二，"若要成佛，在家亦得"。在家里也能达到佛的境界，并不一定在寺庙。在这之前，人们要想成佛必须到寺庙里去修行，按照寺庙的清规戒律严格地修行，总能追求到"果报"。惠能说想成佛在家里也能成，没有必要一定到寺庙去。这样就把原来寺庙和世俗间的界限给打破了，我要想成佛，我有老婆孩子，在家里照样能成佛。郝春文教授研究唐五代敦煌寺院的时候，就发现那时候有很多和尚都有老婆孩子，也不出家。今天日本很多和尚有老婆和孩子，照样不出家，照样是大学教授，他说"我是和尚"，你相信他是和尚吗？信不信由你。这应该是六祖惠能的功劳。六祖惠能在《坛经》里还提到，以前人们为了积德行善在寺庙里布施，把钱财的一部分交给寺庙来支配，支持佛教的发展，惠能觉得这是没有必要的，给寺院布施的东西是修福，是修来生的富贵，而不是修佛，修佛不需要这些东西。他对原来的佛教戒定慧作了新的解释。在这之前，人们修行的时候都是"渐悟"，慢慢地一点一点累积的结果。惠能认为这都没必要，"悟"一下就可以悟出来，若不"悟"，长劫轮回，永远悟不了。他把佛性从佛祖那里移植到在座的每一个人身上的时候，这佛教就世俗化了，大众化了。于是，到五代和宋时，和尚们认为行住坐卧、担柴挑水都是在修行，并不是只有在大雄宝殿里盘腿打坐才是修行，其实行住坐卧、吃喝拉撒都在修行。佛教到了这个程度，事实上已经走到原始佛教的反面了，对原始佛教来说是一种反动，但以我们的眼光看，这种反动恰恰是一种进步，经过改造把一种外来文化变成中国的、世俗的、在中国社会生了根的思想。

中国历史上，外来文化和中国人思想发生冲突的、发生大的影响的一共有三次：第一次是东汉时传来的佛教，这次经过惠能的改造以后，就变成了中国思想文化的一部分；第二次是元代时的伊斯兰教，一些文化包括它的科技传到中国来，但对中国产生的影响不是很大；第三次是明清以后西方传教士带来的基督教文化。基督教作为一种宗教，在中国没有生根，但是伴随基督教的西方近代工业经济遍地开花，在这里不用说了。此时中国的统治思想是道学。道学就是"明心见性"，也是主观内省的修行，一种内省的功夫。惠能的原话是"识心见性"，也就是把内在的佛性观照到，把它挖掘出来，挖掘出来后就悟了，悟了后就不是众生了，也就是佛了。众生和佛之间，佛就在众生中间，觉性就在烦恼里。过去的修行总是想"断除烦恼"，惠能认为断是断不了的，这个觉性只有在烦恼里才能感觉到，人们对"悟"和"不悟"的差别就在这里。比如我们经常讲到禅宗里的一个典型故事：有个老太太，她有两个女儿，一个卖鞋，一个卖雨伞。一到下雨，老太太就着急，怕卖鞋的女儿鞋卖不出去了；一到天晴的时候，她又为卖伞的女儿着急，怕伞卖不出去了。她一天到晚老是愁眉苦脸。另外一个人劝她："你为什么不想，下雨的时候你卖伞的女儿伞就卖得快了，因为需要伞的人多了；不下雨的时候，穿鞋的人多了，卖鞋的女儿鞋就卖得快了。你这样改变一下想法，不就总是快乐了吗？"于是，"哭婆婆"变成了"笑婆婆"，原来她一天到晚总是愁眉苦脸的，现在变得很开心、很高兴了。这里面有"知足常乐"的道理，就是自我安慰或劝慰别人的话，问题是怎么看它。改革开放以后，我们每一个人都想自己尽快地富起来。政策上是让一部分人先富起来。但话又说回来，财富这个东西有底线没有顶点。底线是吃不上穿不上，生活不了就借债，人这样活得很痛苦。但是就顶点来说，吃穿住用够了，那么存折上的上千万等于是零，其实没有必要追求那样多的财富。遗憾的是，很多人无法从这旋涡里出来。在座的很多读书人比较注重名誉，物质财富可以省，却陷入名誉迷途里。我们经常说，那个人红得不得了了，红得发紫，这是好现象还是坏现象呢？想想一个苹果到秋天红得发紫了，其结果是该烂了，该掉下来了。如果是个明白人，悟了这个道理，"苹果常留三分青"，我看没有什么坏处。很多大家低调处理自我，从正面去看，这是把名誉看得很透；从另外一个角度讲，这是"韬光养晦"。我相信在座的不一定都要做个佛教徒，但是如果能吸收一些禅学思想，来处理自己和别人的关系，处理自己同社会的关系，那样我们的心境会平和得多。大作家王蒙要在人民文学出版社出版一本新书，为了防盗版，连书名都不敢说。但他自己写了推介文字，我读一段话，来看看里面有没有禅学的味道："作为一个年近七旬的、写过点文字、见过点世面的、正在老去的人，我能给你们一点忠告、一点经验、一点建议吗？"然后下面："我无意提倡乃至教授廉价的近于白痴式的奉命快乐。我所说的快乐、健康、坦然、轻松与功名，不是简单地做到如老子所说的'复归于婴儿'（就是返老还童），而是另一种超越，另一种飞跃，另一种人生境界。是承担一切忧患与痛苦之后的清明，是历尽至少是遭遇一切坎坷和艰险的踏实（这个踏实建立在遭遇过坎坷的基础上，清明是建立在承担一切忧患和痛苦之后），是不仅仅能够咀嚼，而且能够消化的对一切人生苦难的承受，与面对一切人生困厄的自信。是把一切责任、一切使命、一切批判视为日常生活的平常、平淡、平凡。是九死而未悔、百折而不挠的视死如归、赴难如归，水里火里如履平地。是背得起十字架，也放得下自怨自艾自恋自怜的怪圈的大气。是不单单拥有智慧的煎熬和困惑的痛苦，而且拥有智慧的清澈与分明的欢喜，从而是更包容更深了一层的智慧，是大雅若俗、大洋若土、大不凡如常人。从而与一切浮躁，与一切大言哄哄，乃至欺世盗名，与一切神经兮兮的自私、小气的装腔作势脱离开来。"我不知道我们这个大作家本人是否做到了如他所说的这一切，但是他这样认识问题，我认为里面有很多禅学的味道。不是脱离现实的困厄和苦难去追求另外一个彼岸世界，而是在现实的、具体的生活里，我们经常都遇到很多不如意事，老辈人早就说过"人生在世，不如意事十之八九""岂能尽如人意，但求无愧我心"。可在这里面寻求对人生的理解、对生命本身意义的注释，寻求彻悟，寻求精神的解脱。

　　谢谢大家！

（2002 年 12 月 22 日于中国国家图书馆）

敦煌邈真赞中的唐五代河西方音通假字例释

　　在为数众多的敦煌文献中，迄今能够确认其性质属于邈真赞的，共有95篇。由于这些材料对于研究归义军历史、唐五代时期的敦煌僧官制度和寺院历史关系巨大，所以一直深受历史学家和"敦煌学"家们的关注。自20世纪70年代以来，学者们不断推出录校或校释文字，并不断有所创新，推进着对邈真赞文献的整理与研究。迄于20世纪90年代中期，敦煌邈真赞文献主要辑存于如下作品：（1）陈祚龙《敦煌真赞研究》（以下简称《真赞研究》）；① （2）陈祚龙《敦煌文物随笔》（简称《随笔》）；② （3）陈祚龙《中华佛教文华史散策三集》（简称《散策三》）；③ （4）陈祚龙《中华佛教文化史散策四集》（简称《散策四》）；④ （5）唐耕耦、陆宏基《敦煌社会经济文献真迹释录》第四、五辑（简称《释录》）；⑤ （6）郑炳林《敦煌碑铭赞辑释》（简称《辑

---

①Chen Tsu-lung, *Éloges de personnages éminents de Touen-houang sous les T'ang et les cinq dynasties*, Paris: École française d'Extrême-Orient, 1970.

②陈祚龙：《敦煌文物随笔》，台北：台湾商务印书馆，1979年版。

③陈祚龙：《中华佛教文化史散策三集》，台北：新文丰出版公司，1981年版。

④陈祚龙：《中华佛教文化史散策四集》，台北：新文丰出版公司，1986年版。

⑤唐耕耦、陆宏基：《敦煌社会经济文献真迹释录》（第4辑）、（第5辑），北京：全国图书馆文献缩微复制中心，1990年版。

释》）；①（7）姜伯勤、项楚、荣新江合著《敦煌邈真赞校录并研究》（简称《研究》）。②其他一些书籍和论文中也有零星的收存，这里不具，在下面相关文字中将随时说明。

坦率地说，以上这些作品凝结了作者们的许多辛劳，各自也都取得了不少成绩。不过，释录敦煌文献并且进行校勘是一件十分繁难的工作，很难毕其功于某一役或几役，前人的工作中也还有不少可继续努力的余地。职是之故，2000年，本人向国家文物局社会科学基金申报了"敦煌邈真赞文献新校与研究"课题，并获批准。其后，我有机会两次赴巴黎，从法国国家图书馆东方珍本部将敦煌邈真赞文献调出，逐字与原卷进行核对。其他收在英国图书馆的几件邈真赞文献，则有《英藏敦煌文献（汉文佛经以外部分）》的精美图版可资利用。自2004年8月，至2005年3月底，前后耗时8个月，集中力量对敦煌邈真赞文献既校且注，完成了32万字的写作。

经过这一道工作，本人对邈真赞文献本身和前人的工作都获得了更为具体的认识。单从校勘的角度讲，需要重校的地方确实不在少数。其中问题之一，便是唐五代河西方音通假字。我认为属于这一类的通假字从而需要校改的共55例，而前人则只认出其中的14例，多数尚未校出。本文后面要做的工作，便是将每个案例逐一勾出，表明自己的看法，以与学界同仁切磋云尔。

这里将涉及唐五代河西方音的类别。根据前辈音韵学家们的研究，大致可区分为如下五类：一、止摄与鱼摄混同互通；二、声母端、定互注；三、声母以审注心；四、韵母青、齐互注；五、韵母侵、庚互通。本文将按照上面的分类进行例释。

---

① 郑炳林：《敦煌碑铭赞辑释》，兰州：甘肃教育出版社，1992年版。
② 姜伯勤、项楚、荣新江：《敦煌邈真赞校录并研究》，台北：新文丰出版公司，1994年版。

还要特别声明的是，本人对于音韵学实在是门外汉，只是将学者们的成果引入自己的整理研究工作。正由于此，在理解上可能出现这样那样的偏差。因此，本人诚恳地欢迎各界有识之士给予批评指正。当然，如果本文的认识还有可取之处，那本人将会十分欣慰。

一、止摄与鱼摄混同互通（28例）

（1）P.3718-4《阎子悦写真赞》第30—31行："遇（偶）因凋瘵，以（预）写生前，遗影家庭，丹青仿佛。"句中"以"字，《研究》校作"预"，是；余从原卷，失校。"预写生前"一语在其他邈真赞文字中多次出现，容易看出。再者，本文下面将有多例"以""与"二字混同互通之例，可资比证。

（2）P.3718-9《张清通写真赞并序》第12—13行："黄沙室内，经岁皆空；图圄圆扉，常然寂静。公之审意（狱）思赵壁（璧），每虑神羊，事听再三……"句中"意"字当校作"狱"，诸家皆失校。这段话是讲赞主治狱有方，故而监狱内经常寂然无声。他在审理狱案时总是想到要完璧归赵，该是谁的就归谁。"神羊"乃獬豸之别称，传说是一种能以其独角辨别邪恶的神兽。作者想说的是，赞主不仅想完璧归赵，而且坚决秉公执法，不避邪恶。由于"意"字失校，诸家无法理解原文含义，断句便五花八门，十分混乱了。

（3）P.3718-9《张清通写真赞并序》第15—16行："公之雅则，府主每叹，英明克己，奉国无私，衔举敦煌县令。光荣墨绶，莅职以（与）王奂（文宽按，'奂'当作'涣'）同年。"句中"以"字，《研究》校作"与"，是；余从原卷，失校。赞主受到信任，故而受职任敦煌县令。不过，这是一个七品芝麻官，所以是"墨绶"而非"紫授"。

王涣是东汉人，事见《后汉书》本传。①敦煌本 P.2537《略出嬴金》"县令篇"云："王奂（涣）为洛阳令，颇有政化，百姓重之，死后立祠，每以弦歌而祭之。"作者说，赞主担任敦煌县令的时间与东汉王奂（涣）任洛阳令时间一样长，其意也是借王奂（涣）来表彰赞主的。

（4）P.3718-11《程政信邈真赞并序》第9—10行："道迈宝山，法船降临紫塞。谈经海决，德（得）俹（亚）生、睿之（诸）公……"句中"之"字当校作"诸"。《真赞研究》校"之"为"诸"，是；余从原卷，失校。"生、睿诸公"，指竺道生、释慧睿。二人均是南朝宋时名僧，善于讲论，事见《高僧传》卷七本传。②作者于此是说，赞主亦善讲论，如同海水决口，能与竺道生、释慧睿诸人相匹敌。

（5）P.3718-12《梁幸德邈真赞并序》第11行："皇王畅悦，每诏内燕而传杯，宜依（於）复还，捧授（受）奇琛而至府。"句中"依"字当校作"於"。诸家均从原卷，失校。作者是说，赞主很受曹议金（"皇王"）的赏识，故常常被召入宫内同宴；等到该回去时，手中捧着赏给他的奇珍异宝而回家。这里是说赞主受赏识的程度。"於"字义"到""至"。"宜于复还"即该到回去的时候。

（6）（7）P.3718-13《索律公邈真赞并序》第3—5行："一从御众，恩以（与）春露俱柔；勤恪忘疲，威以（与）秋霜比丽（俪）。"句中二"以"字，《真赞研究》和《研究》均校作"与"，是；《释录》《辑释》从原卷，失校。这里讲赞主恩威并施：施恩时，像春天之露水那样温柔；施威时，可与秋天之严霜相比。两句意义均较显豁。

（8）P.3718-15《阎胜全写真赞并序》第15—17行："军州叹美，僚佐吹扬。别举崇班，荣迁上品。而又出言依（於）理，执定而山岳

---

① 标点本《后汉书》，北京：中华书局，1965年版，第2468—2470页。
② 〔梁〕释慧皎撰，汤用彤校注，汤一玄整理：《高僧传》，北京：中华书局，1992年版，第255—257、259—260页。

无移；发语当途，忠贞而始终不易。"句中"依"字当校作"於"，义即"在"。诸家均从原卷，失校。"出言於理"亦即说话在理。本件第29行云"发言当理，山岳无移"，与序文所言含义相同。

（9）P.4660-13《张僧政邈真赞》第6—7行："随机设教，圆融真伪。舟航筏喻，亡（忘）筌得意（鱼）。"末句"意"字，《研究》校作"鱼"，是；余从原卷，失校。"筌"是捕鱼用的竹器。"得鱼忘筌"，语出《庄子·外物》："筌者所以在鱼，得鱼而忘筌；蹄者所以在兔，得兔而忘蹄；言者所以在意，得意而忘言。"①比喻得道者而忘其形骸。

（10）P.4660-16《张禄邈真赞》第6行："闺门孝感，朋友言孚。家塾文议（语），子孙侚□。"句中"议"字，《真赞研究》作"仪"；余从原卷，均失校。按，"议"当校作"语"。"文语"即精辟的话语。东汉王充《论衡·自纪》："盖贤圣之材鸿，故其文语与俗不通。"②

（11）P.4660-17《索公邈真赞》第8—9行："虚才敢述，游笔多惭。辄申狂赞，欽（以）讼（颂）美焉。"其中"欽"字当校作"以"。《散策四》《辑释》作"与"；《释录》《研究》从原卷，均失校。"虚才"犹不才，是作者自谦之词。"辄申狂赞，以颂美焉"，意即写出这篇志大才疏的赞文，用以歌颂赞主的懿德美行。

（12）P.4660-20《翟和尚（法荣）邈真赞》第15行："翼俣谋孙，保期永昌。成基竖业，富与（以）千箱（霜）。"这是撰者对赞主家人的美好祝愿之辞。"成基竖业"，意即在赞主已建立的现成基础上再去立业。"千箱"当校作"千霜"，意即千年之久。李白《古风》之十四："白骨横千霜，嵯峨蔽榛莽。"③故而"富以千霜"即永葆富贵之义也。而此句中"与""箱"二字诸家均失校，于是，其意也就难以读出了。

----

①刘建国、顾宝田注译：《庄子译注》，长春：吉林文史出版社，1993年版，第546页。
②〔东汉〕王充：《论衡》，上海：上海人民出版社，1974年版，第450页。
③《全唐诗》，北京：中华书局，1960年版，第1672页。

（13）P.4660-28《翟神庆邈真赞》第4—5行："礼乐儒雅，洞彻典坟。昔贤糟粕，蕴匮而存。该通博古，谈谕（义）讨论。"末句"谕"字当校作"义"。诸家均从原卷，失校。这里是说赞主不仅知识渊博，而且经常与他人谈论义理。"谈义"即讨论义理。《南齐书·柳世隆传》："世隆少立功名，晚专以谈义自业。"①

（14）P.4660-32《张金炫邈真赞并序》第2—3行："阇梨童年落发，学就三冬。先住居金光明伽蓝，依（於）法秀律师受业，门弟数广，独得升堂。"句中"依"字当校作"於"，义即跟从。而诸家均从原卷，失校。表面上看，"依法秀律师受业"句义也通。但揣度作者本意，当是指刚出家不久的张金炫是跟随法秀律师受业学习。虽然法秀弟子很多，但只张金炫能登堂入室，独高于众多弟子。

（15）P.4640-11《吴洪晉赞》第4行："禅枝恤（恒）莐（茂），性海澄淤（漪）。"句中"淤"字当校作"漪"。《释录》《辑释》从原卷，失校；《研究》从原卷并云："伯4660作漪，较胜。"其实，这个字就该作"漪"，"澄漪"谓清波，当据P.4660加以校正。可以说，P.4660作"漪"，是其本该如此；而本件作"淤"，是由于在唐五代河西方音中二字同音，故得成为音借字。前文已有三例"依""於"互通例，亦可比证。

（16）P.3556-1《康贤照邈真赞并序》第4行："遂得鹅珠进戒，皎皎以（与）秋月齐圆。"句中"以"字当校作"与"。此处文字较难识读。由于不能读顺文字，故《辑释》与《研究》（仅此二家释校）均从原卷，从而失校。"鹅珠进戒"者，是因佛教有"鹅死珠出"之典，形容持戒严正，故而清白洁亮如同秋夜之明月。

（17）P.3556-2《氾福高邈真赞并序》第23—24行："泊金山白帝，

①标点本《南齐书》，北京：中华书局，1972年版，第452页。

国举贤良，念和尚以（与）众不群，宠锡恩荣之袟（秩）。"句中"以"字当校作"与"。《散策四》《研究》校作"与"，是；《释录》《辑释》从原卷，失校。"不群"即不平凡，超出同辈。杜甫《春日忆李白》诗："白也诗无敌，飘然思不群。"①"与众不群"即在众人中显得不平凡。

（18）S.0289《李存惠邈真赞并序》第4行："凡居朋寮，起（去）就独彰于群彦。"本篇录校者，除见于《散策四》《辑释》与《研究》外，郝春文主编的《英藏敦煌社会历史文献释录》第一卷②也有录文。诸家均从原卷，失校。句中"起"字当校作"去"。"去就"犹取舍。董仲舒《春秋繁露·保位权》："黑白分明，然后民知所去就；民知所去就，然后可以致治。""去就独彰于群彦"，是说在众多英贤时彦之中，赞主的取舍独显高调，与众不同。

（19）S.0390《氾嗣宗邈真赞并序》第6行："空持一钵，馀资弃舍於（如）尘泥；只具三衣，割己振贫而守道。"句中"於"字当校作"如"，意即像、似。《英藏敦煌社会历史文献释录》第二卷释"於"为"如"，③是；《辑释》《研究》从原卷，失校。在唐五代河西方音中，"於""如"同音通用。"三衣"即和尚的三种袈裟。第一句是说，赞主（和尚）只空持一个行脚用的饭钵，别的资财像尘埃泥土一样抛弃了。说明和尚已绝尘缘，了无牵挂。

（20）P.2991-1《张灵俊写真赞并序》第3—4行："和尚早岁出家，童祯（真）教业，心灵以（与）皎月□明，利性（生）而宿因自得。"句中"以"字当校作"与"。《研究》校"以"作"与"，是；《辑释》改

---

①《全唐诗》，北京：中华书局，1960年版，第2395页。

②郝春文主编：《英藏敦煌社会历史文献释录》（第一卷），北京：社会科学文献出版社，2001年版，第446—447页。

③郝春文主编：《英藏敦煌社会历史文献释录》（第二卷），北京：社会科学文献出版社，2003年版，第257页。

"以"为"似"，误；《散策四》从原卷，失校。"皎月"即皎洁的月亮。"月"下一字原脱，当是"齐"或"同"。意思是说，作为小沙弥（童真）的赞主张灵俊，认真刻苦地学习，心灵像皎洁的月亮那样明亮。

（21）P.3541《张善才邈真赞并序》第3—4行："师俗姓张氏，香号善才。诞迹⬜⬜⬜⬜居禠褛，以（与）众不群。"末句"以"字当校作"与"。《释录》《辑释》从原卷，失校；《散策四》《研究》校"以"为"与"，是。"与众不群"一语，在P.3556-2《氾福高邈真赞并序》第23—24行中已出现过，其写卷原文也作"以众不群"（见本文前第17条），义即在众人中显得不平凡。

（22）P.3541《张善才邈真赞并序》第12—13行："芳声远播，元戎擢法律之班；秉仪五坛，重锡奖三窟之务。"句中"仪"字颇疑当作"御"；若是，"秉御"即治理、管理之义。"仪"与"御"之关系，可否借助"以""与"关系来理解？不敢肯定。此处作为问题提出，请方家示正。

（23）、（24）P.2970《阴善雄邈真赞并序》第11—13行："扶倾济弱，遣富留贫。行五美以恤黎民，避四知而存清洁。城邑创饰，寺观重修。一县敬仰於（如）神明，万类遵承於（如）父母。"句中二"於"字均当校作"如"，意即像、似。诸家均从原卷，失校。

（25）P.3390-3《张安信邈真赞并序》第10—11行："而又谦恭守道，清慎每播于人伦；恪节（敬）居怀，忠贞以传于众类。能存信语（义），行烈冰霜。"句中"语"字当校作"义"，意义显豁。《辑释》校作"义"，是；《真赞研究》与《研究》均从原卷，失校。二字在唐五代河西方音中同音互通，可用前述诸例"以""与"互通作比证。

（26）、（27）P.3633背《张安左邈真赞并序》第5—6行："以（与）朋友交，言而守信。后生可畏，以（与）松柏而无差；心镜高悬，将蟾蜍而并照。"句中二"以"字均当校作"与"，意义十分明白，无须赘言。前一"以"字,《散策四》《研究》校作"与",是;《释录》《辑释》从原卷,失校。后一"以"字,《散策四》《研究》校作"与",是;《释录》《辑释》改作"如",误。

（28）MG.17662《张氏绘佛邈真赞并序》第5行:"笄年而节俭柔和,惟（帷）幄之风匪失。标英名于后世,播令仪（誉）于前文。"迄今对此篇邈真赞的录校,一是见于雅克·吉耶斯（Jacques Giès）编《西域美术:吉美博物馆藏伯希和收集品》,[①]一是见于荣新江《敦煌本邈真赞拾遗》[②]一文。二家释文均作"仪（?）",表示不很确定。按,此字释作"仪",但需再校作"誉"。"令誉"即美誉、美名。《旧五代史·晋书·范延光等传论》:"延光昔为唐臣,绰有令誉,洎逢晋祚,显恣狂谋。"[③]

以上属于"止摄与鱼摄混同互通"者共28例,其中一例尚难确定（第22例）。

二、声母端、定互注（10例）

所谓"声母端、定互注",用现在的话说,就是d、t不分。比如,本人姓邓（deng）,但先父总是说"teng家"如何如何。其他大体可以由此去比证。

（1）P.3718-4《阎子悦写真赞》第41行:"殊功已就,馨名盛传。都衙之列,当（堂）便对宣。一从受位,无傥（党）无偏。"句中

---

① ［法］雅克·吉耶斯编:《西域美术:吉美博物馆藏伯希和收集品》,东京:讲谈社,1994年版。
② 荣新江:《敦煌本邈真赞拾遗》,载台湾敦煌学会编:《敦煌学》第二十五辑,台北:乐学书局,2004年版,第459—464页。
③ 标点本《旧五代史》,北京:中华书局,1976年版,第1298页。

"当"字当校作"堂"，朝堂之义；"傥"字当校作"党"，宗派之义。《释录》校"当"为"堂"，是；《辑释》《真赞研究》《研究》从原卷，失校。"傥"字诸家均从原卷，皆失校。"当""堂"互通的实例，亦见于敦煌本《六祖坛经》。敦博077号《坛经》云："世人尽传南能北秀，未知根本事由。且秀禅师于南荆府堂阳县玉泉寺住持修行。"神秀住持的玉泉寺在当阳县，史书明文有载。"当"变成"堂"亦是方音作用的结果。此外，P.2615《八宅经一卷》有"五姓安佛当地法"，显然，"佛当"应作"佛堂"。以上诸例，均可证明"当""堂"互通。

（2）P.3718-14《张明德邈真赞并序》第12—13行："门承地（悌）义，一爨五代而无殊。"句中"地"字当校作"悌"。诸家均从原卷，失校。"悌义"即兄爱弟恭，以义为重。正由于此，全家五代人才在一锅就餐，说明不分家。古人有"兄弟义居"之说，说的也是同爨用餐而不分居。若是"地义"，便无法说明其含义了。

（3）P.4660-11《康使君邈真赞并序》第14—15行："图形新障（幛），粉绘真同。恬（掂）笔记事，丕业无穷。"也是赞文末尾的几句话。句中"恬"字当校作"掂"，义即拿、提。《研究》校"恬"作"舔"，余从原卷，均非是。P.4660-10《辞弁邈生赞》中有"援笔记事"，而本件作"掂笔记事"，义同，"掂笔"与"援笔"均是拿起笔来的意思。

（4）P.3556-4《曹法律尼邈真赞并序》第2行："法律阇梨昔（者），即河西一十［一］州节度使曹大王之侄女也。间生英德（特），神授柔和。"句中"德"字当校作"特"。诸家均失校。赞主是一位女性，所以，撰者不仅说她姿貌出色，而且也很柔和。"间生"即秉天地间间气（一种特殊之气）而出生，谓不常有；"英特"谓容貌、仪表英俊、奇特。《宋书·武帝纪中》："龙颜英特，天授殊姿，君人之表，焕如日月。"①可比证。

（5）P.3556-8《张清净戒邈真赞并序》第14—15行："秉义（彝）临坛，教迷徒而透（逗）众。"句中"透"字当校作"逗"，引导、疏导之义。诸家均从原卷，失校。杜甫《怀锦水居止》诗之一："朝朝巫峡水，远逗锦江波。"②"逗"亦导义。

（6）P.2991-1《张灵俊写真赞并序》第10—11行："芳兰妙义，恒播布于人伦；异类程（澄）凝，逗（投）机缘而辩（辨）化。"句中"逗"字当校作"投"。《散策四》《辑释》释作"追"，误；《研究》释作"逗"，是，然失校。"投机缘"意义显豁，不必辞费。"辨"通"遍"，故"辨化"即普遍受化之义。

（7）P.4638-9《曹良才邈真赞并序》第19—21行："遂使八方赞美，声传于凤阙之中；四道扬名，德播于丹墀之内。因兹荣高麟阁，位透（逗）齐（斋）坛。"句中"透"字当校作"逗"，义即留。诸家均从原卷，失校。因赞主名显麒麟之阁，又是曹义金之兄，故而祭坛上有其牌位而受祭享。关于"逗"义为"留"，今有"逗留"一词，乃同义复词也。

（8）P.3556-5《贾清僧正邈影赞并序》第14—15行："而乃写瓶在念，传火留心。攻七关（观）八并（病）而穷源，击三分二序（季）而尽体（底）。"末句"体"字当校作"底"，诸家均从原卷，失校。"七观"指儒家称《尚书》可供借鉴的七个方面，"八病"指作词在声律上应当避忌的八种弊病，"三分"指三国时天下一分为三，"二季"指夏、商二代之末世。"穷源""尽底"，是说赞主能溯其本源和根底，形容造诣深厚。

---

①标点本《宋书》，北京：中华书局，1974年版，第48页。
②《全唐诗》，北京：中华书局，1960年版，第2493页。

以上属于"声母端、定互注"者共8例。

三、声母以审注心（3例）

（1）P.2482-6+P.3268《氾□□图真赞并序》第24行："比望遐寿，为兵师长。何兮逝逼，不容时饷（晌）。"句中"饷"字当校作"晌"。《辑释》校作"晌"，是；《研究》从原卷，失校。"时晌"乃民间用语，即片刻。"不容时晌"，即连片刻也不容，此处形容死得很快。

（2）P.2991-1《张灵俊写真赞并序》第3—4行："和尚早岁出家，童祯（真）教业，心灵以（与）皎月□明，利性（生）而宿因自得。"末句"性"字当校作"生"。《散策四》《辑释》《研究》均从原卷，失校。"利生"即利益众生之义。佛教理念是自利、利他。因此，撰者以为，就利他而言，则"宿因自得"，即赞主本就建立了利他的理念。

（3）P.3556-1《康贤照邈真赞并序》第11行："图圣（形）绵帐，同从来仪。"原卷先写一"真"字，右又书一"圣"字。《辑释》作"圣真"二字，《研究》作"真"，并非是。按，原卷"真"字已废，当以"圣"字为准。然"圣"字又当校作"形"。"绵帐"是描画赞主像所用的整幅布帛，而"图形绵帐"一语在邈真赞文字中多次出现，并非稀见。只有从方音通假的角度，才能将"圣"字校改为"形"。

以上属于"声母以审注心"者共3例。

四、韵母青、齐互注（6例）

所谓"韵母青、齐互注"，实际上就是脱落或增加-ng尾的问题。在敦煌本《六祖坛经》中，我们曾经看到：定与第、令与礼、国与广、迷与明及名、西与星、听与体都存在通假现象。

（1）P.4660-21《索义辩和尚邈真赞》第5行："应法从师，披缁离俗。虽有丰饶，情（迄）无记录。"句中"情"字当校作"迄"，义即终、竟。诸家均从原卷，失校。《后汉书·孔融传》："融负其高气，志在靖难，而才疏意广，迄无成功。"唐·李贤注："迄，竟也。"①赞文此处是说，赞主是富家出身，虽有丰厚资财，但竟无记录，说明他不恋世间荣华富贵，所以下文便说他"克询无为，匪耽荣禄"。

（2）P.4660-35《李惠因写真赞》第7行："举朝金议，迁为道师。河湟畏记（敬），相无不知。"句中"记"字当校作"敬"。诸家均从原卷，失校。"畏记"不辞。"畏敬"意即尊敬、敬重。《礼记·大学》："人之其所畏敬而辟焉。"《旧唐书·辅公祏传》："初，伏威与公祏少相爱狎，公祏年长，伏威每兄事之，军中咸呼为伯，畏敬与伏威等。"②"河湟畏敬"是说整个河西地区都十分敬重赞主。

（3）、（4）P.3556-8《张清净戒邈真赞并序》第8—10行："三千细行，恪节（敬）不犯于教门；八万律仪，谦和每遵而奉式（事）。"第21行："立性恪节（敬），不犯烦喧。"句中二"节"字均当校作"敬"。诸家均从原卷，失校。"恪敬"即谨慎恭敬。唐·李翱《祭杨仆射文》："公自登朝，及于谢政，善接交友，居官恪敬。"③

（5）P.4638-9《曹良才邈真赞并序》第17—19行："更乃恪节（敬）当官，不犯清阃之道；差科赋役，无称偏傥（党）之音。"句中"节"当作"敬"。诸家均失校。详参本节上条。

（6）P.3390-3《张安信邈真赞并序》第10—11行："而又谦恭守道，清慎每播于人伦；恪节（敬）居怀，忠贞以传于众类。"句中"节"字亦当校作"敬"，诸家均失校。详参本节第3、4、5条。

①标点本《后汉书》，北京：中华书局，1965年版，第2264页。
②标点本《旧唐书》，北京：中华书局，1975年版，第2269页。
③影印本《全唐文》，北京：中华书局，1983年版，第6467页。

以上属于"韵母青、齐互注"者共6例。

五、韵母侵、庚互通（8例）

（1）P.3718-4《阎子悦写真赞》第25—26行："人伦谈善，内外无告怨之声；君臣赞羡于一时，恪清（勤）预彰于古昔。"句中"清"字当校作"勤"，诸家均失校。"恪勤"谓恭谨、勤恳。《国语·周语上》："不敢怠业，时序其德，纂修其绪，修其训典，朝夕恪勤。"

（2）P.3718-11《程政信邈真赞并序》第10—11行："谈经海决，德（得）俹（亚）生、睿之（诸）公；解释论端，辩答世亲（情）之美（迷）。"句中"亲"当校作"情"，诸家均失校。"世情"犹世人、时人。《文选·陆机〈文赋〉》："练世情之常尤，识前修之所淑。"①唐·李周翰注："练简时人之常过，乃识前贤之所美也。"

（3）P.3718-14《张明德邈真赞并序》第21行："恪清（勤）为性，守节存忠。"句中"清"字当校作"勤"，诸家均失校。请参本节第1条，以免辞费。

（4）P.2482-5《张怀庆邈真赞并序》第14—15行："而又翘情（勤）向主，倾心共治而分忧；严诚自身，信义乃留于终始。"句中"情"字当校作"勤"，诸家均从原卷，失校。"翘勤"义即殷切盼望。晋人潘岳有《西征赋》："徘徊丰镐，如渴如饥。心翘勤以仰止，不加敬而自祇。"②司空图《寿星集述》："今上喆御临，元勋振服，英衮赞翘勤之旨，幽人荷旌贲之恩。"③均可参证。

---

①《文选》，上海：上海古籍出版社，1986年版，第771页。
②《文选》，上海：上海古籍出版社，1986年版，第474页。
③影印本《全唐文》，北京：中华书局，1983年版，第8503页。

（5）P.3718-3《张良真写真赞》第34行："从心之岁，翘情（勤）善缘。"句中"情"字亦当校作"勤"，诸家均失校。作者于此意思是说，赞主张良真活到70岁时，殷切盼望结善缘，也就是下文所说的"投师就业，顿捐盖缠"。此处"翘勤"意即殷切企盼，较为显豁。

（6）P.4660-9《张兴信邈真赞》第5行："三惑居贞（正），四知兼避。"句中"贞"字当校作"正"。"贞"字《辑释》误作"怀"，余从原卷，均失校。"三惑"即酒、色、财也。因其能惑乱人之心性，故称。"四知"即天知、神知、子知、我知，指不受不义之财，持身清正，典出《后汉书·杨震传》。"居正"谓遵守正道，不迷失。唐·李德裕《授狄兼谟兼益王傅郑束之兼益王府长史制》："皆行不苟合，诚无暗欺，历职有声，居正无挠，举其素行，擢在首僚。"①

（7）P.3556-4《曹法律尼邈真赞并序》第6—7行："登坛秉义（意），词辩与海口争驰；不对来人，端贞（正）乃冰清月皎。"句中"贞"字亦当校作"正"。诸家均从原卷，失校。"端正"今天仍在用，指正直无邪。

（8）P.3726《杜和尚写真赞》第11—12行："不求朱紫贵，高谢帝王庭（廷）。削发清尘境，披缁蹑海精（津）。"末句"精"字当校作"津"。诸家均从原卷，失校。"海津"即海路，"缁"即黑色僧服，"披缁"即穿僧衣，指出家为僧。"蹑"义即踩、踏、登上。"披缁蹑海津"，义即出家踏上寻求彼岸世界的道路。

以上属于"韵母侵、庚互通"者共8例。

上面我对敦煌邈真赞文献中的唐五代河西方音通假字进行了一次初步梳理。由于本人才疏学浅，容有不当或失误之处。如果说"抛砖引玉"是人们通常用的一句谦语，那么，本人用这篇小文"抛砖引

---

① 影印本《全唐文》，北京：中华书局，1983年版，第7169页。

玉"，则是完全发自内心。热盼音韵学家与其他方家参与讨论，以获得真知灼见，实乃吾愿。

（原载中国文物研究所编：《出土文献研究》第七辑，上海古籍出版社，2005 年版，第 309—318 页）

敦煌文献词语零拾

敦煌文献门类众多，内容庞杂，既有传世典籍，如经史子集四部书和宗教文献，又有许多当时当地的实用文本和文书，如变文、诗歌、契约、社邑文书、书信、官府档案，等等，涉及社会生活的各个方面。就文字载体而言，又涉及手写俗体、唐五代河西方音、方言、俚语等许多方面的具体问题，致使迄今为止，我们没有完全读通读懂的地方仍不在少数。近些年来，经过语言文字学界学者们尤其是一批新锐的努力，不少问题已获解决，令人欣慰。但由于每个人的知识和生活经验都受到一定限制，自然也会出现一些不很准确的解读。这是完全自然的事情，不足为怪。现实的状态是，在已有成绩的基础上，仍需更多学者参与其中，从不同侧面贡献力量，相互切磋，积极探索，庶几方可对一些疑难词语给予确解。正是出于这样的认识，笔者越界发言，写出这篇小文，与学林朋友共同探讨。是者吸收，否者指谬，是笔者对语言文字学界学人们的企盼。

（1）标。《庐山远公话》有云："是时远公来至市内，执标而自卖身。"[1]黄征、张涌泉二教授注曰："标：插在身上的表记，用以说明所

---

①见黄征、张涌泉：《敦煌变文校注》，北京：中华书局，1997年版，第257页。

卖人畜货物的价格、特点等情况。"①杨小平博士解读说:"'标'字反映了当时人口买卖的情形,'标'是旧时出卖人或物品所用的标志。"杨氏在引《汉语大词典》对"标"的解释"特指旧时出卖妇女、儿童或物品所插的草芥或竹篾标志"后,提出三项质疑:"一是出卖者只限于妇女、儿童,解释范围过窄,因为敦煌变文中的'标'就不是妇女,也不是儿童,而是成年男性;二是标是插在身上吗? 还是放在什么部位? 我们根据敦煌变文中'标'字前出现的'执'字推测,'标'是并非插在身上的,而是'拿'的;三是标用什么东西呢? 是用草芥或竹篾吗? 标并不一定是草芥或竹篾,也可能是一个标牌,上面可能会写明出卖对象的情况和售价,便于吸引买家。"②

上述黄、张、杨三位学者暨《汉语大词典》对"标"的解释都有正确的成分,也都有不足和失当之处。从出卖人口的角度说,《汉语大词典》只列了妇女和儿童,自是不当,已为杨氏指出,是正确的认识。但对"标"的形制和内容,三位学者均存在过度解释的嫌疑。"标"是什么?《汉语大词典》说是草芥或竹篾,这是正确的认识。由于我国地域广袤,北方人用草芥,南方人用竹篾当作"标",均是行地利之便,很是自然。这样的"标"上能写出所卖人口或货物的特点和价码吗? 当然不能,也不符合事实。如果到乡村的集贸市场出卖牲口、衣柜、自行车等大件物品的地方,就会看见,准备出卖的牲口或货物上,在北方是会插上一根"草芥"的(南方集贸市场我未亲身经历过)。它可以插在牲口的笼头上,也可以插在自行车的车把上,仅仅表示该物出售而已。至于变文里说远公"执标而自卖",那是因为他既是出卖品,又是出卖者,"标"不执在他手里,又能放在何处? 这样一种"执标自

---

①黄征、张涌泉:《敦煌变文校注》,北京:中华书局,1997年版,第279页。
②杨小平:《敦煌文献词语考察》,北京:中国社会科学出版社,2013年版,第90页。

卖"的行为，并不具有普遍性。如果将其普遍化，就不免以偏概全了。真实的情况如上文所言，"标"是物主插上去的，仅标示它要被出售而已。至于说"标"上有说明所卖人、畜、货物的价格、特点等，就未免有些想当然了。旧时在集贸市场，一宗买卖只是卖主和买主之间的行为，具有很强的私密性，是不让第三者知道的。那么，他们是如何讨论价格的呢？是用"手语"。冬天人们穿棉衣，衣袖长，两人袖口对袖口，用手去"捏"，告知卖主的要价和买主的还价。夏天穿单衣，则由买卖双方的一方撩起衣襟，两人将手放在下面"谈"价，也是为了不让第三方知道。至于牲畜等大的活物，买主牵回去后允许有三到五天的观察期，如有问题，可以退回。20世纪50年代末，我在七八岁时，多次跟随父亲去赶集，要卖的货物插"标"，以及买主和卖主之间用手"谈"价，我见过多次。明码标价是今天超市的销售方式，源自西方，与我国古代集市上的买卖行为相差甚远，不可以今例古也。

（2）特肚。王梵志诗有云："道人头兀雷，例头肥特肚。"①项楚教授解释说："例头：照例，一概，'头'是语助词，不为义……肥特肚：形容大腹便便。《说文》：'特，特牛也。'《法句譬喻经》卷三《广衍品》：'人之无闻，老如特牛，但长肥肌，无有智慧。'即以'特牛'比喻肥胖无知。"②不知何故，所引《说文》有误。《说文》原作："特，朴特，牛父也。从牛寺声（徒得切）。"至于对其意义的索解，大致切当，但仍有可商之处。愚意以为，"肥"字当单独作解，即肥胖义。"特肚"即大肚子。此处依照方言，"大"字音"特"，故借音将"大肚"写作"特肚"。如将"特肚"还原其本字，便应是"大肚"。若此说不谬，这个"肥特肚"就是"身体肥胖、大肚子"，是说和尚们一概

---

① 项楚：《王梵志诗校注》（增订本），上海：上海古籍出版社，2010年版，第87页。
② 项楚：《王梵志诗校注》（增订本），上海：上海古籍出版社，2010年版，第90页。

身体肥胖，大腹便便。

（3）帝。《解座文汇抄》有句云："为人却要心明了，莫学掠虚多帝了。"①黄征、张涌泉注曰："'帝'字有误，袁宾校作'事'，疑未确。"②杨小平博士说："愚怀疑'帝'为'谛'字省旁字，意思是'确凿''确实'。"③几位先生的解说均未获真谛。究其实，这里"帝"是"得"的同音替代字，如在我的家乡（山西稷山县），"得""德"二字都音"帝"。敦煌本 P.2761V《七言诗》有句曰："今时武艺难求得，往日人间见者希。""得""希"为韵，说明"得"字音"帝"。再回到《解座文汇抄》原句看，"掠虚"意为掠取虚名，不务其实。显然，诗人此处是劝人不要浪取虚名，"多得"不该获取之物。宋人释道元《景德传灯录》卷十九之"韶州云门山文偃禅师"："虽然如此，汝亦须实到此处始得；若未，切不得掠虚。"④其意与"莫学掠虚多得（音帝）了"完全相同。

（4）和尚。杨小平博士云："'和尚'是梵语 Upādhyāya 在古西域语中的不确切的音译，由'和社'变化而产生，'和社'由'乌社'变化而来，'乌社'则是'乌泼底夜耶'Upādhyāya 的转讹，意思是老师或得道高僧。慧琳《一切经音义》卷二二：'和上，案五天雅言，和上谓之坞波地耶。然其彼土流俗谓和上殟社，于阗、疏勒乃云鹘社，今此方讹音谓之和上。虽诸方舛异，今依正释，言坞波者，此云近也，地耶者，读也，言此尊师，为弟子亲近习读之者，旧云亲教是也。'"⑤概括慧琳和杨博士的意见，"和社"是其正音，"和尚（或和

----

① 黄征、张涌泉：《敦煌变文校注》，北京：中华书局，1997年版，第1176页。
② 黄征、张涌泉：《敦煌变文校注》，北京：中华书局，1997年版，第1189页。
③ 杨小平：《敦煌文献词语考察》，北京：中国社会科学出版社，2013年版，第127页。
④ 影印本《景德传灯录》，成都：成都古籍书店，2000年版，第378页。
⑤ 杨小平：《敦煌文献词语考察》，北京：中国社会科学出版社，2013年版，第159—160页。

上）"乃是古西域地区不准确的音译。我们知道，唐五代西北方音有
"韵母青、齐互注"现象，"社"和"尚"二字的读音正是这一语音现
象的表现之一，"社"字加–ng尾即音"尚"，"尚"失–ng尾乃读
"社"。由是可知，二字在方音里为同音字，这应该就是其发生音变的
原因。在我的家乡山西稷山县，这种语音现象极为突出（我已收集到
190余例），迄今"和尚"仍说成"和社"。过去我一直认为"和尚"是
正音，"和社"乃方音讹变，如今方知，"和社"才是正音也。记得
1992年9月在北京房山云居寺召开中国敦煌吐鲁番学国际学术讨论会，
会长季羡林教授与林梅邨先生等人在饭桌上曾讨论这两个词的关系，
我在一旁聆听，而那次议论终未获解。今日终于明白其正误两读，以
及发生变化的原因，实为快事。

（5）胜。《四兽因缘》有句曰："鸟问象云：'汝先到此树边之时，
其树大小？'白象答云：'我到树边之时，倚树揩痒，树才胜我
也。'"①末句的"胜"字，项楚先生解云："胜我，能承受我的重量。
'胜'即能承受、禁得住。《说文》：'胜，任也。'段注：'凡能举之，
能克之，皆曰胜。'"②这个解释非常正确。杨小平不仅完全赞同项先
生的看法，又作了如下补充解释："现代汉语方言仍然使用，四川方言
说'胜得倒''胜得起''胜得住'等，意思是能承受；'胜不住'则是
不能承受。《汉语方言大词典》指出：西南官话、吴语说。"③杨氏的看
法是正确的。但所引《汉语方言大词典》认为这一说法仅限于西南官
话和吴语，有些欠妥。我家乡的山西稷山方言属于北方官话，也有同
样的说法。比如，两个人要用一根棍子撬起一块大石头，但木棍不够
粗，有人便说："太细了，怕是胜（音神）不住。"在那里的农村，旧

---

① 项楚：《敦煌变文选注》（增订本），北京：中华书局，2006年版，第2005页。
② 项楚：《敦煌变文选注》（增订本），北京：中华书局，2006年版，第2007页。
③ 杨小平：《敦煌文献词语考察》，北京：中国社会科学出版社，2013年版，第221页。

时盖房，要在门框上方安一块横木，再在木头上砌砖或垒土坯。这块木头叫"胜承（音'神陈'）木"。"胜承"二字连用，亦见"胜"义为"承"，属同义复词。然而，此二字读音为何讹变为"神陈"呢？当是由于唐五代河西方音的另一种现象，即"韵母侵、庚互通"。补此一证，庶几可证补项、杨二氏的论断。

（6）天生。《齖䶗新妇文》有句云："夫齖䶗新妇者，本自天生。斗唇阁（格）舌，务在喧争。欺儿踏婿，骂詈高声……轰盆打瓵，雹（抛）釜打铛。"①文中描述新妇性格方面存在的诸多毛病，原文归于"本自天生"，亦即"天生如此"。项楚、黄征、张涌泉三氏均未作注，显然是认为原文可通。杨小平氏则认为："'天生'疑是'天性'的形误……'生''性'音同。"②其实不必改动。"天生"是个口语词，在描述人的性格或行为特征时均可使用。如某人说话咬舌或吞音，别人说起时可说"那是天生的"；在谈起某人生性多疑或好吃时，别人也可说"那是天生的"。"天生"这里指天然禀赋或秉性，包括一些生理特征，均非后天习得，意思十分明确。若改为"天性"，就有校过头之嫌了。

（7）一盖。《解座文汇抄》有句云："且人生一世，喻若飘蓬。贵贱虽殊，无常一盖。上至帝主，下及庶民，富贵即有高低，无常且还一种。"③文中"一盖"，黄征、张涌泉二氏作校注曰："徐校'一盖'当作'一概'。按，佛教常以'盖'用于覆盖之义，如'五盖''无盖'之'盖'皆是。隋智者《法界次第初门》卷上之上云：'盖以覆盖为义。'是也。'一盖'即一般覆盖，亦即下文'无常且还一种'也。

---

①黄征、张涌泉：《敦煌变文校注》，北京：中华书局，1997年版，第1216页。
②杨小平：《敦煌文献词语考察》，北京：中国社会科学出版社，2013年版，第232页。
③黄征、张涌泉：《敦煌变文校注》，北京：中华书局，1997年版，第1171页。

……徐校疑未谛。"①项楚先生校云:"原文'盖'当作'概',一概即一律,无区别。"②项氏又引了如下两条书证。唐人义净《南海寄归内法传》卷一"餐分净触"文:"持律者颇识分疆,流漫者类同一概。"③《新唐书·选举志下》:"开元十八年,侍中裴光庭兼吏部尚书,始作循资格,而贤愚一概,必与格合,乃得铨授。"④杨小平完全赞同项氏的观点,并补充说:"'一种'即'一盖(概)'……'概'表示'一概''都'的意思。"⑤我同意项、杨二位的意见,认为这里的'盖'乃'概'之同音借字。从项先生所引两条书证可知,"一概"在唐代是一个普通用语,以致宋人在编《新唐书》时继续用之。有趣的是,"一概"在我老家民间口语中仍在广泛使用,下面提供几句对话,以见其义。甲:"富人、穷汉都得死。"乙:"那是一概的。"甲:"人都得吃饭,不吃就会饿死。"乙:"那也是一概的。"如此等等。敦煌文献中同音借字现象实在不少,本文前面所举"特"与"大"、"帝"与"得",以及此处的"盖"和"概"都是。而许多时候,借音字的发音又与今日汉语普通话有别。我们只有明了其方言读音,才能看出二字的同音现象。

(8)薄。S.6981v.《壬戌年十月十七日兄弟社转帖》:"右缘南街都头荣(营)亲,人各床、薄、毡、褥、盘、碗、酒等,准于旧例。帖至,限今月十八日卯时于主人家并身取齐。"⑥内中的"薄",张小艳博

---

①黄征、张涌泉:《敦煌变文校注》,北京:中华书局,1997年版,第1178页。

②项楚:《敦煌变文选注》(增订本),北京:中华书局,2006年版,第1534—1535页。

③〔唐〕义净著,王邦维校注:《南海寄归内法传校注》,北京:中华书局,1995年版,正文第33页。

④标点本《新唐书》,北京:中华书局,1975年版,第1177页。

⑤杨小平:《敦煌文献词语考察》,北京:中国社会科学出版社,2013年版,第264页。

⑥释文见宁可、郝春文:《敦煌社邑文书辑校》,南京:江苏古籍出版社,1997年版,第101页。

士认为："通'箔',指竹、苇子等编成的席垫。"①将"薄"识作"箔"的同音借字是成立的。将"箔"解作"竹、苇子等编成的席垫",原则上说也是正确的。不过,这是一件实用文书,不同于传世典籍,所以我们还要关照一下其地域特征。就敦煌来说,那里出产芦苇,可以用芦苇(苇子)编成"箔",毫无问题。但那里是否也用竹子编成箔呢?怕是没有。敦煌处于我国西北超干旱地区的戈壁绿洲,很难如雨水充沛的南方地区那样生长竹子。就我所知,黄土高原和大西北,除用芦苇编箔子外,也用高粱秆编织箔子,而高粱秆箔子比苇箔承重力还要强一些。元人王祯《农书》卷七"蜀黍"(按,即高粱)条云:"茎高丈余,穗大如帚……熟时收刈成束,攒而立之。其子作米可食,余及牛马,又可济荒。其梢可作洗帚,秸秆可以织箔,夹篱供爨,无可弃者。"②具体到这件转帖来说,为何要用芦苇或高粱秆编成的箔子呢?发帖的时间是壬戌年十月十七日,"营亲"当在其后数日,时间大致是在农历十月的中下旬。这个时间的敦煌地区应该已经很冷了。我国北方农村多在冬季农闲时举办婚礼。在办婚宴时,人们要用苇箔搭建一个临时的棚子,外面再加上苫布,以便挡风御寒。那些承重力稍强的高粱秆箔子,则用板凳支起,放一些吃饭用的杯盘碗盏或食材,当然也可用作围挡抵御风寒。我想,这或许正是这篇转帖中"箔子"的真实内容及其用途,亦未可知。

(9)就。敦煌写本王梵志诗:"心恒更愿取"有句云:"腰似就弦弓,引气急喘嗽。"③我已指出,句中"就"字乃"缩"义。④但从文字

①张小艳:《敦煌社会经济文献词语考论》,上海:上海人民出版社,2013年版,第271页。
②〔元〕王祯:《农书》(第一册),"丛书集成初编"本,北京:中华书局,1991年版,第62页。
③项楚:《王梵志诗校注》(增订本),上海:上海古籍出版社,2010年版,第548页。
④见邓文宽:《王梵志诗中的活俚语》,载中国敦煌吐鲁番学会等编:《敦煌吐鲁番研究》第十六卷,上海:上海古籍出版社,2016年版,第13—19页。

校订的角度而言，仍旧未能到位。事实上，这个"就"字是"癄"的方言同音借字。此字标准音读作"zhòu"，但方言读音却同"就"。已故朱正义教授在其遗著《关中方言古词论稿》一书中，对"jiu"字列专目进行了讨论，现转录如下：

> 《淮南子·天文》："月虚而鱼脑减，月死而螺蚌癄。"许慎注："癄，减蹴也。"（《淮南子》原文及许注，并据《太平御览》卷九四一，麟介部一三所引）《广雅·释诂》："癄，缩也。"《广韵·去声》四十九宥："癄，缩小，侧就切。"
>
> 关中谓：（1）收缩为"癄"，如"癄头癄脑"。（2）人随年龄渐老而生理退化。如："那老汉早先是高个子，现在长癄了。"（3）学习、工作等退步为"癄"。如：孩子学习成绩下降，家长批评说："你咋弄的，越学越倒癄了？""癄"音"就"。[1]

我们注意到，这个"癄"字，唐人段成式也使用过。《酉阳杂俎》卷十七"广动植之二·鳞介篇"云："蚌当雷声则癄。"[2]与前引《淮南子·天文》取义相似，同样也是"缩"的意思。

简言之，据朱正义教授所论，"癄"字的意思之一，是说人到老年时身高收缩、弯腰驼背的样子。现在我们再回到这首王梵志诗的语境："□□□□□，心恒更愿取。身体骨崖崖，面皮千道皴。行时头即低，策杖共人语。眼中双泪流，鼻涕垂入口。腰似就（癄）弦弓，引气急喘嗽。口里无牙齿，强嫌寡妇丑……"[3]由此可知，"癄"字在这里用作"缩"义，十分妥帖。换言之，原写本的"就"乃"癄"之同音借

---

① 朱正义：《关中方言古词论稿》，上海：上海古籍出版社，2004年版，第196页。
② 〔唐〕段成式撰，许逸民校笺：《酉阳杂俎校笺》，北京：中华书局，2015年版，第1229页。
③ 项楚：《王梵志诗校注》（增订本），上海：上海古籍出版社，2010年版，第548页。

字也。

（10）项印。在两件敦煌契约文书中出现了"项印"一词。张小艳博士释作"指系挂在脖颈上的印信"。①窃以为难安。为了讨论问题的方便，今不惮其烦，再移录这两件契文如下：

S.1530《大中五年（851）僧光镜负偢布买钏契》：

　　[大]中五年二月十三日当寺僧光镜缘阙车小头钏一交（枚）停事，遂于僧神捷边买钏一救（枚），断作价值布一百尺。其布限十月已后（前）于偢司填纳。如过十月已后至十二月勾填，更加二十尺。立契后，不许休悔。如先诲（悔），罚布一匹，入不诲（悔）人。恐后无凭，荅项印为验。②

P.3744《月光日兴兄弟析产契》节文：

　　（前略）一一分析，兄弟无违。文历已讫，如有违者，一口（则）犯其重罪，入狱无有出期，二乃于官受鞭一阡（千）。若是师兄违逆，世世坠于六趣。恐后无凭，故立斯验。仰兄弟姻亲邻人，为作证明。各各以将项印押署（署）为记。③

不难看出，"项印"一词均出现于契文的末尾，以盖印"押署"表明其庄重与严肃。而两件契文末尾也确实都有相关人员的圆形印章。第一件契文的"荅"，张博士认为同"拓"，即按捺印章，可以信从。但"项印"是什么呢？窃以为"项引"即是"玺印"，理据如下：

---

① 张小艳：《敦煌社会经济文献词语考论》，上海：上海古籍出版社，2013年版，第28页。
② 释文参沙知：《敦煌契约文书辑校》，南京：江苏古籍出版社，1998年版，第62页。
③ 沙知：《敦煌契约文书辑校》，南京：江苏古籍出版社，1998年版，第436—437页。

①这个"项"字读音为"xi"，与"玺"同音。我们前面已经说过，唐五代西北方音有大量"韵母青、齐互注"现象，"项"字失去-ng尾也就变成了"玺"音。这种现象，在英藏敦煌本《六祖坛经》里也出现过。《坛经》有句云："一切法尽在自姓（性）。自姓（性）清净，日月常名（明）。只为云覆盖，上名（明）下暗，不能了见日月西辰。"末句"日月西辰"的"西"字，在敦博本和北图本均作"星"。①"项"读作"玺"，与"星"读作"西"，正好可以互相比证。由此可知，"项印"中的"项"是"玺"的同音替代字。

②唐代后期，民间也可以用"玺"字。秦之前，君臣无别，都可用"玺"字和"印"字，君主还没有"玺"字的专属权。但自秦起，皇帝称"玺"，臣民称"印"，二者间便有了严格的藩篱。"玺"字如同"朕"字一样，都归入帝王的特权范围，百姓不能将自己的印随便叫作"玺"，否则是要被杀头的。但到唐代，情况却发生了变化。《大唐六典》卷八"门下省·符宝郎"载："皇朝因隋，置符玺郎四人。天后（按，即武则天）更名符宝郎，受命及神玺等八玺文并璙为'宝'字。神龙初复为符玺郎。开元初又为符宝郎，从玺文也。"②《旧唐书·玄宗上》载：开元六年十一月"乙巳，传国八玺依旧改称宝，符玺郎为符宝郎"。③由此可知，唐改"玺"为"宝"虽有过反复，但最终在开元六年（718）成为定制，此后未见改回为"玺"者。这就是说，皇帝对"玺"字的专用权至此已不复存在，自然，平民百姓也可以使用了。更何况，"玺""印"在秦之前原本就无分别，现在它失去了皇权的专

---

① 参邓文宽：《英藏敦煌本〈六祖坛经〉的河西特色——以方音通假为依据的探索》，载敦煌研究院编：《1994年敦煌学国际研讨会文集——纪念敦煌研究院成立50周年·宗教文史卷》（上），兰州：甘肃民族出版社，2000年版，第105—119页。

② 〔唐〕李林甫等撰，陈仲夫点校：《唐六典》，北京：中华书局，1992年版，第251页。

③ 标点本《旧唐书》，北京：中华书局，1975年版，第179页。

利性，百姓用之也就不再有违法之虞，"项（玺）印"连用也就变得十分自然。

（11）竖。S.6537v.《社条》中云："凡论邑义，济苦救贫。社众值难逢灾，赤（亦）要众竖。"①张小艳博士认为末尾的"竖"字乃"成立"或"成就"义。②很显然，这几句话是说明民间立社宗旨的。其要点是，一家有难，众人要给予帮助或扶助。为了对这个"竖"字的含义做出正确按断，我们再引两条同类文字如下：

S.0527《显德六年（959）正月三日女人社社条》有云："至城（诚）立社，有条有格。夫邑仪（义）者，父母生其身，朋友长其值（志），遇危则相扶，难则相救。"③

ДX11038《投社状》："六亲痛热，骎骑检（？）爱而奔星；澄（撜—拯）难扶顷（倾），寻声救危［而］扶岭（怜？）。"④

上述两件社条和投社文字，与S.6537v.《社条》的语境完全相同，都是说明立社宗旨的。但后两条都说社内成员有难，则须大家（或众人）"相扶""扶倾""扶岭（怜？）"，这应该就是其本义。S.6537v.《社条》说"亦要众竖"，同样也是其本义，只是"扶"字换成了"竖"字。这是为何呢？仔细琢磨方知，在西北方言里，"竖"音读作"富"，"竖立"在民间说成"富立"；"心术"说成"心傅"；"念书"也说成"念甫"。可见，这是由于"竖""扶"二字音近，便以"竖"代"扶"了。因此，如果我们将S.6537v.《社条》里的"竖"字校作"扶"，上下也就文从字顺了。至于其意义，当然仍是指大家要相扶相帮，除此

---

①宁可、郝春文：《敦煌社邑文书辑校》，南京：江苏古籍出版社，1997年版，第51页。

②张小艳：《敦煌社会经济文献词语考论》，上海：上海人民出版社，2013年版，第94页。

③宁可、郝春文：《敦煌社邑文书辑校》，南京：江苏古籍出版社，1997年版，第23—24页。

④俄罗斯科学院东方研究所编：《俄藏敦煌文献》第15册，上海：上海古籍出版社，2000年版，第147页下栏。

之外，便很难再作其他解释。

（12）车。P.3909《论〈障车词〉法第八》有句云："障车之法：'小（少）年三五，中（忠）赤荣华。闻君成礼，故来障车。'"又有句云："障车之法：'吾是九州豪族，百郡名家。今之（知）成礼，故来障车。不是要君羊酒，徒（图）君且作荣华。'"①很明显，这两段文字是以"华""车""家"三字合韵的。但若依今日普通话的读音，"车"字音"che"，不在韵脚，无法成韵。事实上，"车"字在这里当依方音读为"cha"，就与"华""家"二字合韵了。"车"字音"cha"，今日在我家乡山西稷山县还是极为普遍的事情（a、e不分），不足为奇。比如"小车（xiao cha）""大车（te cha）""车车（cha cha）子"一类说法，到处都能听到。进而言之，这篇文字的篇名也当读作《障车（cha）词》。

（原载《敦煌研究》2017年第4期，第63—68页）

---

① 释文见黄征、吴伟校注：《敦煌愿文集》，长沙：岳麓书社，1995年版，第973页。

敦煌变文词语零拾

敦煌变文是敦煌文学的大宗，其研究价值极为广泛，诸如俗讲、文字、语言、佛经和历史故事的传播形式等多个层面，都有取之不尽的宝藏。也因此，它就特别吸引"敦煌学"大家们的眼球，并成为一批后起之秀深挖探宝的渊薮。现如今，可以说是作品层出，成果丰硕。诚然，学术研究没有止境，需要深入下去的地方依然不少。我在阅读中，发现了一些学者们尚未校订或理解存在偏差的案例，故不揣外行和谫陋，继续贡献绵薄之力。

这里需加说明的是，我在校理和解释一些词语时，较多地依靠了华北尤其是西北地区的方言和方音。这是因为，如果不了解某一字的方音读法，就无法找到与之对应的方音替代字，从而给予正确校理和释义。事实证明，在校释敦煌文献时，仅仅依靠传统校勘学的方法是不够的，必须引入方音、方言作为工具，才有可能将一些疑难问题予以破解。而在所据方言和方音之中，我又较多地依靠了山西方言，这在学理上也是成立的。那位因杀猪而成为名人的北大毕业生陆步轩先生，曾经就读于北大中文系，他在《北大"屠夫"》一书中说："由于大山阻隔，沟壑纵横，延缓了语言的交融与发展，因而山西方言被认为是最古朴，保存古音、古义最完整的北方语言。1987年夏，我们汉85级与汉84级一道，组成浩浩荡荡的队伍，赴山西吕梁地区进行实地考察调研。"①这说明对山西方言和方音价值的认识，并非出自陆步轩先生的个人见解，而是北大中文系语言学家们的共识。而我这个来自山西稷山县的土包子（或者叫农民也可），祖祖辈辈就住在吕梁山前沿的黄华峪口，那里也是我出生和度过少年时代的地方，因而对当地方音和方言俚语比较熟悉，使用起来相对自如。我相信，随着对这些方音和方言俚语认识的逐步提高，对于相关文本的产生和流传，我们也将获得更加深刻的认识。

（1）趁趏。《张议潮变文》："仆射闻吐浑王反乱，即乃点兵，鏧凶门而出，取西南上把疾路进军……行经一千里已来，直到退浑国内，方始趁趏。仆射即令整理队伍，排比兵戈，展旗帜，动鸣鼍，纵八阵，骋英雄，兵分两道，裹合四边。"这段文字，黄征、张涌泉二位教授的《敦煌变文校注》（下称《校注》）②、项楚教授的《敦煌变文选注》（下称《选注》）③全同，仅个别标点断句有异。文中的"趁趏"一词，《校注》云："义为追赶。蒋礼鸿云：'这是说方才追上……趁趏就是趁迭的俗写。'按：《玉篇·走部》：'趏，徒结切。大走也。又夷质切。'故'趏'字非俗。"④《选注》则云："同'趁迭'，赶上，追及。"⑤陈秀兰博士《敦煌变文词汇研究》（下称《研究》）云："（1）追赶。……（2）声音相应和……"⑥第二义与本文无关，这里不予讨论。而第一义"追赶"显然是接受了《校注》的见解。可以说，对这个词的理解学者们存在着分歧：《选注》和蒋礼鸿先生主"追上"说，《校注》和《研究》主"追赶"说。很明显，"追上"和"追赶"意义有别：

①陆步轩：《北大"屠夫"》，北京：世界图书出版公司，2016年版，第36页。

②黄征、张涌泉：《敦煌变文校注》，北京：中华书局，1997年版，第180页。

③项楚：《敦煌变文选注》（增订本），北京：中华书局，2006年版，第310页。

④黄征、张涌泉：《敦煌变文校注》，北京：中华书局，1997年版，第183页。

⑤项楚：《敦煌变文选注》（增订本），北京：中华书局，2006年版，第313页。

⑥陈秀兰：《敦煌变文词汇研究》，成都：四川民族出版社，2002年版，第28页。

"追赶"是指追的过程，"追上"则指追的终止。我们结合上下文字进行对照：原文说"直到退浑国内，方始趁趃"。若解作"追赶"，则是说张议潮和他的兵马追了一千多里，"直到退浑国内，方始追赶"。这说得通吗？显然作"方始追上"才是。由于追上了，以下才是仆射如何排兵布阵。正在追赶的过程中，怕也不能排兵布阵吧？从文字上说，这里"趃"字当校作"迭"。《朱子语类》卷七十二："到这时节去不迭了，所以危厉。""迭"即"及""够"义。①若此，上下文义就不再扞格了。

（2）恶绍。《父母恩重经讲经文》（一）："有一类门徒弟子，为人去就乖疏。不修仁义五常，不管温良恭俭。抄手有时忘却，万福故是隔生。斋场上谢座早从，吊孝有时失笑。……产业庄园折损尽，慵懒恶绍岂成人。"②末句"恶绍"一词，《校注》云："蒋礼鸿疑'恶绍'是说不能好好承继父祖的家业，近是。"在同书第791页，又有一次解释云："没出息，学坏。"《选注》是这样解释的："品行恶劣。敦煌本《维摩诘经讲经文》：'没尊卑，少尊敬，我慢贡高今古映。仿习凶粗恶绍名，不归礼乐谦恭令。'友生刘长东见告：现今四川三台县方言，仍将行为不端称为'恶绍'。即唐五代俗语遗存至今者。"③《研究》则解作"脾气坏"④。

依据写本上下文义，"恶绍"是个贬义词，这是没有问题的。但具体如何贬，诸家认识却很有差异。其中认为是"脾气坏"者，不知依据为何？至于认为"是说不能好好承继父祖的家业"，怕是依据上下文义进行概括而成的认识。这两种说法，均距其本来意义相去较远。《校

---

①参见罗竹风主编：《汉语大词典》第10册，上海：汉语大词典出版社，1992年版，第757页。
②黄征、张涌泉：《敦煌变文校注》，北京：中华书局，1997年版，第975页。
③项楚：《敦煌变文选注》（增订本），北京：中华书局，2006年版，第1488—1449页。
④陈秀兰：《敦煌变文词汇研究》，成都：四川民族出版社，2002年版，第39页。

注》认为是"没出息，学坏"，《选注》认为是"品行恶劣"，都是极近似的解释。这个词，迄今仍存在于晋、陕及关中一带的方言里。朱正义教授《关中方言古词论稿》列有"恶躁"一词，当是"恶绍"的异写。其释义云："元杂剧《黄粱梦》第三折，［白］'天嚛！这雪住一住可也好，越下的恶躁了！'（'嚛'，即'哟'）'恶躁'，厉害、凶猛的意思。关中至今还有这种说法，其中'躁'音'验'……'恶躁'一词含有畏惧而厌恶的意味。"①这个词在我家乡山西稷山县民间也存在。如有几个年轻人结帮去干了一件接近违法的事情，他人闲议时便会说："外（那）几个娃真恶绍。"又比如，连续许多天不下雨，老百姓也会说："天旱得恶绍的。"这些话都有厉害、过分的意思。补充这些，供语言学者们进一步研究参考。

（3）承领。《伍子胥变文》："子胥得食吃足，心自思维：'凡人"得他一食，惭人一色；得人两食，为他着力"。'怀中璧玉以赠。船人畏暮贪钱，与物不相承领。"②末句之"承领"，《研究》解作"答理"，同时引《汉语大词典》（下称《汉大》）所举元无名氏《气英布》第二折作证："哎！随何也！你怎么不言语，不承领？从今后将军不下马，各自奔前程。"③如果"承领"是"答理"义，那么，所引《气英布》末句便是："你怎么不言语，不答理？"难道"言语"不就是"答理"么？所以这无法通文。其实，在上面所引变文之后几句便有："子胥见人不受，情中渐觉不安。"可知，这个"承领"是接受之意。《气英布》中的"承领"与此义同。《故圆鉴大师二十四孝押座文》有句"祇对语言宜款曲，领承教示要参详"，《研究》即释"领承"为"接受"。④我

---

①朱正义：《关中方言古词论稿》，上海：上海古籍出版社，2004年版，第229页。
②黄征、张涌泉：《敦煌变文校注》，北京：中华书局，1997年版，第8页。
③陈秀兰：《敦煌变文词汇研究》，成都：四川民族出版社，2002年版，第29页。
④陈秀兰：《敦煌变文词汇研究》，成都：四川民族出版社，2002年版，第72页。

觉得，"领承"就是"承领"的倒文，但意思相同，不宜作不同理解。

（4）冒懆。《降魔变文》："是日六师渐冒懆，忿恨罔知无［□］（计）校。虽然打强且祇敌，终竟悬知自须倒。"①首句之"冒懆"，《选注》释曰："就是毷氉，烦闷。《唐国史补》卷下：'不捷而醉饱，谓之打毷氉。'"②"冒懆"这个词，在今日晋、陕方言里依旧存在。景尔强《关中方言词语汇释》曰："烦恼，关中方言词中'氉'读'cɑo'，系叠韵音转。如说'久雨不晴，人心里毷氉得很。'还可以重叠。如说'他毷毷氉氉的，心中像有什么事'等。"③在我家乡山西稷山县，此词读音、意义与关中方言全同。如一个生意人因买卖不顺而烦躁不安，别人问起时，家里人便说："生意不顺，他心里冒懆的。"再回到前引《降魔变文》"六师渐冒懆"一句，亦即军队情绪逐渐变得烦乱不安，气不忿，才有下句"忿恨罔知无计校"，即憋着气但又不知如何去做，出这口恶气。

（5）穴白。《燕子赋》（一）："乃有黄雀，头脑竣削。倚街傍巷，为强凌弱。睹燕不在，入来皎（挍）掠。见他宅舍鲜净，即便穴白占着。妇儿男女，共为欢乐。"④句中"穴白"，《选注》释作"兀自"。⑤《校注》在注释"穴白"时云："甲卷（伯二四九一）字作'穴白'，乙卷（伯三六六六）同，丙卷（伯三七五七）作'穴自'。'穴'即'穴'之常见俗字，'自'为'白'之形讹。唐五代时未见'兀自'一词之用例……故'穴白'作'钻空子'，引申为'乘机'。"⑥《研究》同样释

---

①黄征、张涌泉：《敦煌变文校注》，北京：中华书局，1997年版，第566页。
②项楚：《敦煌变文选注》（增订本），北京：中华书局，2006年版，第750页。
③景尔强：《关中方言词语汇释》，西安：陕西人民出版社，2000年版，第209页。
④黄征、张涌泉：《敦煌变文校注》，北京：中华书局，1997年版，第376页。
⑤项楚：《敦煌变文选注》（增订本），北京：中华书局，2006年版，第488页。
⑥黄征、张涌泉：《敦煌变文校注》，北京：中华书局，1997年版，第383页之校记［二一］。

作"乘机"①,知其亦本自《校注》。我们知道,敦煌文献中"白""自"二字常因形变而混用。愚意以为,此处当以"自"字为是。但"自"亦非其本字,而是"恣"之同音借字。关键是那个"穴"字,无论组成"穴白"或"穴自",都难通文义。《校注》引用了伯三六三三《沙州百姓一万人上回鹘天可汗状》中的一段文字:"且太保(按,指张议潮)弃蕃归化,当尔之时,见有吐蕃节儿镇守沙州。太保见南蕃离乱,乘势共沙州百姓同心同意,穴白趁却节儿,却着汉家衣冠,永抛蕃丑。"在"穴白趁却节儿"一句之前,已有"乘势共沙州百姓同心同意"一句。若"穴白"乃"乘机"之意,那么与上句"乘势"云云有何区别?这显然是说不通的,我们需要寻求新解。在我的家乡山西稷山县,"横"字可读作"穴"。比如一个人长得人高马大,民间在议论他(她)时会说:"外(那)人横(音穴)有顺(指上下)有的。"若此,这个"穴自"就当读作"横恣",指态度坚决,带几分横霸之气,不容商量。对于黄雀来说,它强占燕巢,态度蛮横,不讲道理,所以这篇《燕子赋》下文才有"凤凰云:'燕子下牒,辞理恳切,雀儿豪横,不可称说。'"②这个"豪横"与"横恣"义近,都有蛮横、不讲道理的意味。用在太保张议潮身上,他当年赶走吐蕃节儿时,态度也是十分坚决,强行弃蕃归汉,"横恣"在这里就是对他的褒奖之词了。至于说该卷中为何有"穴"字又有"横"字,同存并用,这就牵扯到文本的形成与流传了。是否存在着对写本的回改而又改之不尽呢?恐怕一时还难以说清。

(6)功课。《秋胡变文》:"其母闻儿此语,唤言秋胡:'(前略)汝今得贵,不是汝学问勤劳,是我孝顺新妇功课。'使人往诣桑林中,

---

①陈秀兰:《敦煌变文词汇研究》,成都:四川民族出版社,2002年版,第122页。
②黄征、张涌泉:《敦煌变文校注》,北京:中华书局,1997年版,第376页。

唤其新妇。"①《选注》文字亦同。②句中"功课"一词两书皆失校，当校作"功果"。方言里"课""果"二字皆读作"kuo"。在我家乡山西稷山县，上课、课本、课堂、课桌、办事果利（果断利索义）等，均读这个音，故写本以"课"代"果"，当进行校改。至于其意义，《研究》释作"功劳"，③当是。"功果"除了指功劳和功德外，也可以是一个中性词，指功效或结果，可以是正面的，如功劳；也可以是反面的，如罪错。如某位邻居出了一件倒霉事，隔壁人可能会幸灾乐祸地说："那是他平时不好好做人的功果。"这在民间口语里是常常能够听到的。回到《秋胡变文》，此处的"功果"显然指"功劳"，是婆婆对媳妇的肯定之词。

（7）交期。《庐山远公话》："死苦者，四大欲将归灭，魂魄逐风摧［摧］，兄弟长辞，爷孃永隔，妻儿男女，无由再会。交期朋友往还，一别无由再见。"④句中"交期"一词，《选注》同，⑤均失校，当作"交契"，写本"期"乃"契"之同音借字。《汉大》给"交契"列出两个义项："（1）交情，情谊。唐王勃《与契苾将军书》：'仆与此公，早投交契，夷险之际，始终如一。'（2）朋友。元马致远《荐福碑》第四折：'倒招了女娇娃结眷姻，和你这老禅师为交契。'"⑥至于其意义，《研究》释"交期"为朋友，⑦当本《校注》和《选注》而来。再看写本原文是"交期朋友往还"。愚意以为，既已言及朋友，则此处拟作"交契"为胜，指有交情的人。虽然有交情之人不一定就是朋友，

①黄征、张涌泉：《敦煌变文校注》，北京：中华书局，1997年版，第235页。
②项楚：《敦煌变文选注》（增订本），北京：中华书局，2006年版，第384页。
③陈秀兰：《敦煌变文词汇研究》，成都：四川民族出版社，2002年版，第149页。
④黄征、张涌泉：《敦煌变文校注》，北京：中华书局，1997年版，第260页。
⑤项楚：《敦煌变文选注》（增订本），北京：中华书局，2006年版，第1869页。
⑥罗竹风主编：《汉语大词典》第2册，上海：汉语大词典出版社，1992年版，第333页。
⑦陈秀兰：《敦煌变文词汇研究》，成都：四川民族出版社，2002年版，第153页。

但却与陌生人不同，故死后也就"无由再见"了。

（8）连臂。《张议潮变文》附录二："孤猿被禁岁年深，放出城南百尺林。渌水任君连臂饮，青山休作断长（肠）吟。"①此件《选注》未收。第三句"连臂"一词，《校注》从原文，未改。《研究》释作"多次"。②按，《校注》失校，当作"连杯"，"臂"乃"杯"之同音借字。《汉大》释"连杯"曰："一杯接一杯。北周·虞信《见游春人》诗：'连杯劝上马，乱菓掷行车。'"③至于"连臂"，却是另一个意思。《汉大》释义云："手挽手，臂挽臂。旧题汉伶玄《赵飞燕外传》：'时十月五日，宫中故事，上灵安庙。是日吹埙击鼓，连臂踏地歌《赤凤来曲》。'北周虞信《北园射堂新成》诗：'惊心一雁落，连臂两猿腾。'"④均可参。

（9）曾寒。《叶净能诗》："皇帝便诏净能，奉诏至殿前。皇帝赐上殿，便言大内有妖［鼓］之声。净能奉进止，除妖鼓之声。索水一碗，对皇帝前便噀之作法，水亦（一）离口，云雾斗暗，化作大蛇，便入地道。眼如悬镜，口若血盆，毒气成云，五百人悉皆作曾寒灾声，不敢打鼓。"⑤《选注》释文亦同。⑥"五百人悉皆作曾寒灾声"的"曾寒"一词，《研究》云"义待考"，⑦持审慎态度。《校注》则云："曾，张鸿勋校作'噤'。按，'曾'未见通'噤'之例，恐未确，疑通'憎'。灾声，唱祸声。"⑧《选注》云："曾寒灾声：疑'曾'当作

①黄征、张涌泉：《敦煌变文校注》，北京：中华书局，1997年版，第182页。

②陈秀兰：《敦煌变文词汇研究》，成都：四川民族出版社，2002年版，第156页。

③罗竹风主编：《汉语大词典》第10册，上海：汉语大词典出版社，1992年版，第856页。

④罗竹风主编：《汉语大词典》第10册，上海：汉语大词典出版社，1992年版，第873页。

⑤黄征、张涌泉：《敦煌变文校注》，北京：中华书局，1997年版，第336页。

⑥项楚：《敦煌变文选注》（增订本），北京：中华书局，2006年版，第447页。

⑦陈秀兰：《敦煌变文词汇研究》，成都：四川民族出版社，2002年版，第133页。

⑧黄征、张涌泉：《敦煌变文校注》，北京：中华书局，1997年版，第349页。

'增','增寒灾声'指寒战之声,《翻译名义集》卷二《地狱篇》:'颃唽吒嚯嚯婆虎虎婆'条:'义府'云:以寒增甚,口不得开,但得动舌,作唽吒之声,此三约受苦以立名。以其为地狱受苦之声,故称'灾声'。"①无论是校"曽"为"憎",还是校"曽"为"增",都尚未将变文此处的真实用意讲出来。我们知道,唐五代河西方音有"韵母青、齐互注"现象。故"曽"(ceng)字失去-ng尾,就读作"ce",恰与"着"字的方音相同。进而可知,"曽寒"就是"着寒"也,也就是受寒之意。人们在受寒(或患感冒症)时,就会浑身哆嗦,以致牙关打颤,言难成语。正由于此,那五百个鼓手受了大蛇的惊吓后,才"不敢打鼓",只怕是想打也打不成了。我想,这样校理或许才能触及写本此处的真实用意。

(10)油疮。《捉季布传文》:"皇帝闻言情大悦:'劳卿忠谏奏来频!朕缘争位遭伤中,遍体油疮是箭痕。梦见楚家犹战酌,况忧季布动乾坤。'"②《选注》释"油疮"云:"伤疤。按'疮'通'创',谓创伤。《正法念处经》卷六:'如是利刀,先割其肉,次断其筋,次割其骨,次割其脉,次割其髓,遍体作疮。'"③《研究》释作"伤痕"。④而对其中的"油"字,诸家均失校。按,"油"当校作"疣","油"乃"疣"之同音借字。《汉大》释"疣疮"云:"疣子。唐·白居易《和〈李势女〉》:'忍将先人体,与主为疣疮?妾死主意快,从此两无妨。'"⑤而"疣"原本就是指皮肤上的肉瘤。变文此处是说,由于身上多处中箭,肉瘤也就成了箭伤的痕迹。

①项楚:《敦煌变文选注》(增订本),北京:中华书局,2006年版,第449页。

②黄征、张涌泉:《敦煌变文校注》,北京:中华书局,1997年版,第98页。

③项楚:《敦煌变文选注》(增订本),北京:中华书局,2006年版,第245页。

④陈秀兰:《敦煌变文词汇研究》,成都:四川民族出版社,2002年版,第129页。

⑤罗竹风主编:《汉语大词典》第8册,上海:汉语大词典出版社,1992年版,第286页。

（11）了事。《降魔变文》："（须达多）当日处分家中，遂使开其库藏，取黄金千两，白玉数环，软锦轻罗，千张万匹，百头壮象，当日登途：'君须了事，向前星夜不宜迟滞。以得为限，莫惜资财。但称吾子之心，回日重加赏赐！'"①除将"向前"上属外，《选注》文字相同。②至于"了事"，《校注》未释，而《选注》则云："能干，这里是努力的意思。"③在《选注》的另一处，作者又释"了事"曰："能干。《太平广记》卷二七五《上清》（出《异闻集》）：'上清果隶名掖庭且久。后数年，以善应对，能煎茶，数得在帝左右。德宗谓曰："宫内人数不少，汝大了事。"'"④今按，"了"字义即明白、清晰。今有"明了"一词，当是同义复词。"事"指事情、事理。故，"了事"原意是指头脑清楚，明白事理。《汉大》释义曰："明白事理，精明能干。《南史·蔡樽传》：'卿殊不了事。'《资治通鉴·梁武帝太清二年》：'［侯］景又请遣了事舍人出相领解。'胡三省注：'了事，犹言晓事也。'"⑤至于《选注》所引《太平广记》的故事，上清之所以被唐德宗李适称赞"大了事"，是由于他"善应对，能煎茶"。从这六个字实在看不出他的能干来。"能煎茶"意思明显，姑且不论；"善应对"恐怕是指他善于回答唐德宗的问话，说出的道理令其信服，可皇上的心意。所以，将"大了事"理解为"很明事理"或许更妥当一些。《研究》释"了事"为"努力"，⑥亦当本自《选注》。回到《降魔变文》，"君须了事"意即"你要明白"，当是叮嘱之词，这样理解或许更切情理。

（12）遭遭傸傸。《汉将王陵变》："项羽帐中盛寝之次，不觉精神

---

① 黄征、张涌泉：《敦煌变文校注》，北京：中华书局，1997年版，第553页。
② 项楚：《敦煌变文选注》（增订本），北京：中华书局，2006年版，第653页。
③ 项楚：《敦煌变文选注》（增订本），北京：中华书局，2006年版，第656页。
④ 项楚：《敦煌变文选注》（增订本），北京：中华书局，2006年版，第441页。
⑤ 罗竹风主编：《汉语大词典》第1册，上海：汉语大词典出版社，1992年版，第723页。
⑥ 陈秀兰：《敦煌变文词汇研究》，成都：四川民族出版社，2002年版，第157页。

恍惚，神思不安，攫然惊觉，遍体汗流。人是六十万之人，营是五花之营，遭遭傸傸，惴惴惶惶，令（冷）人肝胆，夺人眼光。项羽遂乃高喝……"①句中的"遭遭傸傸"，《校注》曰："（前略）项楚校'傸'为'簇'，释曰'遭遭傸傸，形容密集的样子'，亦恐未确。据上、下文，此句当用以形容项羽神思不安貌。"②查《选注》原校注曰："原文'傸'当作'簇'，遭遭傸傸，形容密集众多。"③细味变文上下文义，将"遭遭傸傸，惴惴惶惶"理解成"用以形容项羽神思不安貌"怕是不确。这八个字是紧随"人是六十万之人，营是五花之营"出现的。《选注》理解为"形容密集众多"是成立的。六十万人还不是密集众多吗？这样庞大的队伍，加之排为"五花之营"，足以"冷人肝胆，夺人眼光"。愚意以为，《选注》校"傸"为"簇"是正确的，但"遭"字当校作"曹"。"簇"字义即"群"，"曹"字义亦"群"，曹曹即群集、成群也。《左传·昭公十二年》："周原伯绞虐其舆臣，使曹逃。"晋人杜预注："曹，群也。"④有趣的是，"曹"字这一古义在我家乡民间依旧在用。如说"这一曹（群）人""那家人过不好，是因为懒干属成曹（群）了"。

（13）叉梦、一圣。《太子成道经》："大王共夫人发愿已讫，回鸾（銮）驾却入宫中。或于一日，便上彩云楼上，谋（迷）闷之次，便乃睡着，作一叉梦。忽然惊觉，遍体汗流。遂奏大王，具说上事：'贱妾彩云楼上作一圣梦，梦见从天降下日轮……'"⑤《校注》释云："'叉梦'下文云'圣梦'，皆即奇异之梦。"⑥《研究》释"圣梦"为

①黄征、张涌泉：《敦煌变文校注》，北京：中华书局，1997年版，第67页。
②黄征、张涌泉：《敦煌变文校注》，北京：中华书局，1997年版，第77页。
③项楚：《敦煌变文选注》（增订本），北京：中华书局，2006年版，第152页。
④〔晋〕杜预注：《春秋左传集解》，上海：上海人民出版社，1977年版，第1350页。
⑤黄征、张涌泉：《敦煌变文校注》，北京：中华书局，1997年版，第436页。
⑥黄征、张涌泉：《敦煌变文校注》，北京：中华书局，1997年版，第449页。

"吉祥之梦"。^①先说"叉梦"。此"叉"当是"诧"之同音借字，即稀奇、罕见之意。《汉大》释"诧"字曰："惊讶；诧异。《新唐书·戴至德传》：'阅十数年，父子继为宰相，世诧其荣。'"^②我家乡民间常常说"稀诧"，"诧"亦"稀"义，均指少见、奇特，故而"诧梦"便是奇梦、少见之梦。再说"圣梦"。此处当读作"一圣梦"，不宜将"圣梦"当作一个词作解。"一圣"即"一晌"，"圣"乃"晌"之音近借字。"一晌"就是一会儿、片刻，指不太长的时间。南唐李煜《浪淘沙令》："梦里不知身是客，一晌贪欢。"元王实甫《西厢记》："樱桃红绽，玉粳白露，半晌恰方言。""一晌""半晌"今日仍是方言常用语。由此可知，"作一圣（晌）梦"就是做了一会儿梦之意。

（14）依官叶势。《佛说阿弥陀经讲经文》（二）："次请十方佛为作证明。弟子某甲等合道场人，无始以来，造诸恶业：……毁骂僧尼，用三宝物，依官叶势，驱逼僧尼，劫夺田水……"^③文中"依官叶势"之"叶"，《校注》释云："徐校：'叶'同'挟'。按'叶''挟'音近通用。"^④《选注》则曰："依官叶势：倚仗官势……'叶'通作'挟'，亦仗恃之义，《孟子·万章下》：'不挟长，不挟贵，不挟兄弟而友。友也者，友其德也，不可以有挟也。'"^⑤笔者与诸位大家理解稍异。愚意以为，这里的"叶"字是一个口语词，是"仰"字的方言读音。在我家乡山西稷山县，民间常说："你自家的事情自家做，你仰（音 nie）人家谁呢！"父母责怪几个子女不孝时也会说："谁都仰不着。""仰"即依赖、依靠义。《管子·君臣上》："夫为人君者，荫德于人者也；为

---

①陈秀兰：《敦煌变文词汇研究》，成都：四川民族出版社，2002年版，第100页。

②罗竹风主编：《汉语大词典》第11册，上海：汉语大词典出版社，1992年版，第210页。

③黄征、张涌泉：《敦煌变文校注》，北京：中华书局，1997年版，第680页。

④黄征、张涌泉：《敦煌变文校注》，北京：中华书局，1997年版，第692页。

⑤项楚：《敦煌变文选注》（增订本），北京：中华书局，2006年版，第1229—1230页。

人臣者，仰生于上者也。"故此，"依官仰势"就是依官仗势，似不必寻求别解。这样，就当将"依官叶势"校作"依官仰势"。

（15）商宜。《频婆娑罗王后宫彩女功德意供养塔生天因缘变》："于是大王……正念思维，非分忧惶，忸怩反侧。今若休罢礼拜，伏恐先愿有违；若乃顶谒参承，力劣不能来往。即朝大臣眷属，稳便商宜，中内有一智臣，出来白王一计。"①《校注》释"商宜"曰："吕叔湘读作'商议'，是。"②这个解释甚为允当。今再补充如下：在山西稷山县，"主义"说成"主宜"，"主意"也是"主宜"，"商议"说成"商宜"也就顺理成章。可知，这里的"宜"字乃"议"的方音替代字，吕校甚是。《汉大》不仅未作校理，且以"商宜"设词条进行解释，并用上引敦煌变文的文字作为书证，③这就不免未达一间了。

（16）一向。《大目乾连冥间救母变文》："母子相见处：……口里千回拔出舌，凶（胸）前百过铁犁耕。骨节筋皮随处断，不劳刀剑自彫（凋）零。一向须臾千过死，于诗唱道却回生。入此狱中同受苦，不论贵贱与公卿。"④文中"一向"一词，《校注》和《选注》均未作解释，《研究》释作"暂时"，⑤恐未确。原文是"一向须臾千过死"，须臾即片刻、短时间。如果此处的"一向"是"暂时"义，那么全句就是"暂时片刻千过死"，能这么讲吗？看来此处将"一向"解作"一直"为宜。《汉大》解作"一直"，并引《朱子语类》卷一二〇："今人读书，多是从头一向看到尾。"⑥今日口语有"一向都是"如何，也是"一直"之义，或曰"一直以来"，表示一种常情或常态，与本文此处

---

①黄征、张涌泉：《敦煌变文校注》，北京：中华书局，1997年版，第1082页。
②黄征、张涌泉：《敦煌变文校注》，北京：中华书局，1997年版，第1087页。
③罗竹风主编：《汉语大词典》第2册，上海：汉语大词典出版社，1992年版，第372页。
④黄征、张涌泉：《敦煌变文校注》，北京：中华书局，1997年版，第1033页。
⑤陈秀兰：《敦煌变文词汇研究》，成都：四川民族出版社，2002年版，第171页。
⑥罗竹风主编：《汉语大词典》第1册，上海：汉语大词典出版社，1992年版，第30页。

用法相似。

（17）结绾。《捉季布传文》："朱解问其周氏曰：'有何能德值千金？'周氏便夸身上艺：'……若说乘骑能结绾，曾向庄头牧马群。'"①《研究》列出"结绾"一词，并云"义待考"。②《选注》释曰："结绾：编织打结。按乘骑之事，常与绳缰等索具打交道，故此云'能结绾'，以见其精通多能也。"③所言堪称的论。儿时在乡下，父亲曾当生产队饲养员，饲养场院乃我常去玩耍之地，对牲口索具之类比较熟悉，故可为《选注》所释为一助力也。

（18）辜佷。《父母恩重经讲经文》（一）："弃德背恩行不孝，贪心逐色纵心怀。三年浮（乳）哺诚堪叹，十月怀耽足可哀。不念二亲恩养力，辜佷弃背也唱将来。"④末句"辜佷"一词，《校注》释曰："蒋礼鸿云：'这个词与不孝同意，大概就是辜负的意思。''辜佷'应即'辜娆'，'辜'指辜负，'娆'指恼乱，与文意相合。"⑤《研究》释作"辜负"⑥，当是采信蒋礼鸿先生的见解。《选注》作了一条很长的注解，几近全面论证，今移录如下：

> 辜佷：即"辜较"，斤斤计较，分毫必争。《无量寿经》卷下："父母教诲，瞋目怒应，言令不和，违戾反逆，譬如怨家，不如无子。取与无节，众共患厌，负恩违义，无有报偿之心。贫穷困乏，不能复得，辜较纵夺，放恣游散，串数唐得，用自赈给。"同本异译的《无量清净平等觉经》卷四："辜较谐声，放纵游散，串数唐

---

①黄征、张涌泉：《敦煌变文校注》，北京：中华书局，1997年版，第95页。
②陈秀兰：《敦煌变文词汇研究》，成都：四川民族出版社，2002年版，第61页。
③项楚：《敦煌变文选注》（增订本），北京：中华书局，2006年版，第222页。
④黄征、张涌泉：《敦煌变文校注》，北京：中华书局，1997年版，第970页。
⑤黄征、张涌泉：《敦煌变文校注》，北京：中华书局，1997年版，第982页。
⑥陈秀兰：《敦煌变文词汇研究》，成都：四川民族出版社，2002年版，第46页。

得，自用赈给。"按慧琳《一切经音义》卷十六《辜榷》："上古胡反，《说文》：辠也，从辛，古声。经从羊，作辜，不成字。案辜亦固也。下音角，或作较，《考声》：权专略其理也。从手从崔。经文作较，亦同，通用也。"故知"辜较"亦作"辜榷"。《后汉书·灵帝纪》："（光和）四年春正月，初置骤骥厩丞，领受郡国调马。豪右辜榷，马一匹至二百万。"李贤注："《前书音义》曰：辜，障也；榷，专也。调障余人卖买而自取其利。"《汉书·王莽传下》："如令豪吏滑民辜而榷之，小民弗蒙，非予意也。"颜师古注："辜榷谓独专其利，而令他人犯者得罪辜也。"清黄生《义府》卷下《辜较》："《孝经》'盖天子之孝''盖诸侯之孝'，注：'盖，犹略也。'疏云：'辜较之辞。'因悟前、后《汉书》诸所谓辜较、估较、辜榷、酤榷（辜、酤皆读为估，较读为榷），皆即此义，盖估计较量之谓（注、疏释盖字，犹云大略、大较如此耳）商贾殖货，必估计较量而后卖买。诸书辜榷，皆谓势家贵戚渔猎百姓，夺商贾之利耳。"友生刘长东见告：宋释文莹《玉壶清话》卷一："戚同文，宋都之真儒，虽古之纯德者，殆亦罕得。……不善沽矫，乡里之饥寒及婚葬失其所者，皆力赈之。""沽矫"亦即"辜倨""辜较"也。①

　　《选注》为解释"辜较"一词，搜罗资料极为宏富，令人叹佩。这一批资料，最早为汉代，中间又经唐宋，下逮明清，跨度达两千年。其实，这个词在我家乡民间现今仍在使用，说明它是一个极有生命力的古词。

　　至于其意义，上引文献多同买卖及经济生活有关。不过，我特别

①项楚：《敦煌变文选注》（增订本），北京：中华书局，2006年版，第1447—1448页。

注意到，在古今人物的解释中，多用"专"字，如"权专略其理也"（《考声》）；"推，专也"（《后汉书》李贤注）；"独专其利"（《汉书》颜师古注）。可知，"专"是"辜佬"一词的重要内涵。我理解，这个"专"乃谓"专横、霸道、蛮不讲理"，而它与"斤斤计较，分毫必争"是有区别的。单就买卖来说，"斤斤计较"是在讨论价格时，锱铢必较、寸步不让；而专横就是强买强卖了，无道理可讲。变文原说"不念二亲恩养力，辜佬弃背也唱将来"，恐怕就不限于仅仅同父母在经济生活中斤斤计较、分毫必争了，而是不知孝敬与回报，反之态度蛮横，极为粗暴，以至背弃二亲，猪狗不如了。或许这才是作者此处用"辜佬"一词的本义。至于这个词的当代语义，据一生都在山西稷山县工作和生活的挚友彭东旭先生见告，讲一个人"辜佬"，是说他不省事，好是非，不太讲道理，又喜欢背地里说人坏话。但这种人又不是特别坏，只是品行差而已。聊记于此，供语言学者们参考。

（19）桢据。《维摩诘经讲经文》（一）："今日经中道我闻，总教各各无疑虑。……长时事事发精勤，不向头头生桢据。"[1]末句的"桢据"，《校注》谓"俟校"，[2]《研究》云"义待考"，[3]说明此处尚未读通。愚意以为，此"桢"同"争"，盖因唐五代西北方音有"韵母侵、更互通"现象，韵母-en与-eng可以互代也，此处便是"zhen"等同于"zheng"。而"据"字与"取"字音近致讹，故"桢据"当校作"争取"。《汉大》释"争取"词义之一云："争夺；力求获得。《韩非子·外储说右下》：'令发五苑之蓏蔬枣栗足以活民，是用民有功与无功争取也。'《法苑珠林》卷十七：'剃已，入河洗浴。时诸梵释龙王等

---

①黄征、张涌泉：《敦煌变文校注》，北京：中华书局，1997年版，第755页。
②黄征、张涌泉：《敦煌变文校注》，北京：中华书局，1997年版，第779页。
③陈秀兰：《敦煌变文词汇研究》，成都：四川民族出版社，2002年版，第135页。

竞来争取我发。'"①变文中之"争取"即是争夺义。句中的"头头"，指每桩、每件事。唐代方干《献王大夫》诗："直缘材力头头赡，专被文星步步随。"②由此可知，"长（常）时事事发精勤，不向头头生争取"，意思是说，平常在每件事上都要努力勤劳，而不是遇事（每件事）就极力争夺。这正是佛门倡导的价值观。若如此，上下文义也就贯通了。

（20）皂大。《燕子赋》（二）："雀儿语燕子：'何用苦分疏？因（本文作者疑"因"字衍）何得永年福？言词总是虚。精神目验在，活时解自如。功夫何处得，野语诳乡闾。头似独春鸟，身如七（漆）櫝形。缘身豆汁染，脚手似针钉。恒常事皂大，径欲漫胡瓶。抚国知何道，闻我永年名。'"③倒数第四句的"皂大"一词，《校注》谓："'皂'状燕子色黑，'大'则疑为'袋'之借音字。'皂袋'喻燕身。""'事皂袋'盖谓逞腹贪食，故下句言'漫胡瓶'也。"④《选注》理解与《校注》相似，⑤文繁不具引。《研究》持谨慎态度，注明"义待考"。⑥愚意以为，关于雀儿的身体形色，雀儿在"头似独春鸟"至"脚手似针钉"四句二十字中，已描述殆尽，似不必再说平常侍奉自己的"黑袋"。这个"皂"字，《正字通》云："俗读若灶，义同。""恒常"即平常义。"事"则侍奉、供奉义。《易·蛊》："不事王侯，志则可也。"《汉书·外戚传·丁姬》："孝子事亡如事存。"那么下文的"灶大"是什么呢？颇疑是指灶王爷。山西稷山县民间称灶王爷为"灶爷（音'ya'）"，而陕西人称爹为"大"。但迄今为止，我尚未找到"灶

---

①罗竹风主编：《汉语大词典》第2册，上海：汉语大词典出版社，1992年版，第597页。

②《全唐诗》，北京：中华书局，1960年版，第7500页。

③黄征、张涌泉：《敦煌变文校注》，北京：中华书局，1997年版，第413—414页。

④黄征、张涌泉：《敦煌变文校注》，北京：中华书局，1997年版，第418页。

⑤项楚：《敦煌变文选注》（增订本），北京：中华书局，2006年版，第548页。

⑥陈秀兰：《敦煌变文词汇研究》，成都：四川民族出版社，2002年版，第132页。

大"是指灶王爷的确证。如果"灶大"是指灶王爷，那么此句的意思便是：平常我侍奉（供奉）灶王爷，下句才说"径欲漫胡瓶"。"漫"字《汉大》有一义释云："放纵；散漫；不受约束。《新唐书·元结传》：'公漫久矣，可以漫为叟。'"①"胡瓶"为酒器，《汉大》释云："胡地产制的瓶。唐·王昌龄《从军行》之六：'胡瓶落膊紫薄汗，碎叶城西秋月团。'"②可知"漫胡瓶"即放纵贪饮。"径欲"乃"直想"义。这样，此二句的意思便是：平常侍奉灶王爷（管吃喝），只为的是能胡吃海喝。末句的"闻"字当校作"关"，形近而误。因上文燕子的话里有"纵使无籍贯，终是不关君。我得永年福，到处即安身"，雀儿是接燕子的话说的，所以下文它才说："抚国知何道，闻（关）我永年名？"意思是说，治理国家，追求功名利禄那些事，我才不管呢。这些能关系到我名垂千古吗？我才不稀罕这些呢。关于"皂大"一词，我有如上想法，但不敢自信，写出来供研究者参考而已。

（21）不辞。《秋胡变文》："秋胡重启阿孃曰：'儿闻曾参至孝，离背父母侍仲尼。……今将身求学，勤心皆（偕）于古人，三二年间，定当归舍！'其母闻儿此语，泣泪重报儿曰：'吾与汝母子，恩□义重，吾不辞放汝游学，今在家习学，何愁伎艺不成？……'"③文中的"不辞"《选注》释曰："不辞：不推辞，意即愿意，多用在表示转折语气复句的上句，如《大唐新语·持法》：'故人或遗以数两黄连，固辞不受，曰："不辞受此归，恐母妻诘问从何而得，不知所以对也。"'唐·郑棨《开天传信记》：'宽子谞复为河南尹，素好谈谐，多异笔。尝有投牒，误书纸背，谞判云："者畔似那畔，那畔似者畔，我不辞与

①罗竹风主编：《汉语大词典》第6册，上海：汉语大词典出版社，1992年版，第84页。
②罗竹风主编：《汉语大词典》第6册，上海：汉语大词典出版社，1992年版，第1213页。
③项楚：《敦煌变文选注》(增订本)，北京：中华书局，2006年版，第363—364页。

你判，笑杀门前着靴汉。"'"①《校注》在注释"不辞"时，仅是转述他人包括《选注》的认识，并未提出自己的见解。②《选注》释"不辞"为"不推辞"，意即"愿意"是错误的，与原卷意思完全相反。其实，"不辞"是"不能"义，在《秋胡变文》中恰恰表示其母不同意秋胡出外求学。如果表示同意，支持儿子出外求学，为何下面还要说："今在家习学，何愁伎艺不成？"

"不辞"一词，除了上述《选注》所引唐代文献外，敦煌民间也有使用，意思也是"不能"。S.3877背归义军时代《洪润乡百姓令狐安定请地状》原文如下：

1.洪闰（润）乡百姓令狐安定

2.　右安定一户兄弟二人，总受田拾伍亩，非常地少

3.　窄狭。今又（有）同乡女户阴什伍地壹拾伍亩，

4.　先共安定同渠合管，连伴（畔）耕种。其

5.　地主今缘年来不辞承科，恐后别

6.　人搅扰，安定今欲请射此地。伏望

7.司空照察贫下，乞公凭。　　伏请处分。

8.　　戊戌年正月　　　日令狐安定。③

令狐安定与同乡女户阴什伍土地相连，"同渠合管，连畔耕种"，有许多方便之处。但近年阴什伍"不辞承科"，意即不能承担科役了，所以令狐安定才提出要"请射此地"。如果阴什伍仍能继续承担"科

---

① 项楚：《敦煌变文选注》（增订本），北京：中华书局，2006年版，第368页。

② 黄征、张涌泉：《敦煌变文校注》，北京：中华书局，1997年版，第236页。

③ 既往的释文错误不少，这是我自己的释文。我有《归义军时代〈戊戌年洪润乡百姓令狐安定请地状〉释文订补》一文，亦见本文丛"历史与文献"分册。

役"（也叫"课役"），一切都能照常进行，令狐安定为何想由自己来耕种阴什伍这十五亩地呢？"不辞"即是"不能"，其义显而易见。

关于"不辞"即"不能"义，刘瑞明、江蓝生二人已有解释，①均可参阅。上面仅是再提供一条例证而已。

以上所说，如有错失，欢迎批评指正。

（原载《敦煌研究》2019 年第 2 期，第 94—101 页）

---

① 刘瑞明:《"不道"及"不辞"释义辨误》,《贵州文史丛刊》1994 年第 4 期,第 83 页;江蓝生、曹广顺编著:《唐五代语言词典》,上海:上海教育出版社,1997 年版,第 30 页。

敦煌本《开蒙要训》三农具解析

《开蒙要训》是我国中古时代的童蒙读物，与《千字文》当属一类。但历代均无著录，原著亦久失传，唯赖敦煌石室之庋藏，方得重见天日。经学者们搜寻整理，现共存67号，缀合后得43件，其中首尾完整者5件。①对于该童蒙读物的文字含义，经学者们的不懈努力，也已多获正解；但个别文字仍有待进一步诠释，以便加深认识。这篇小文将要索解的"权杷挑拨，攲策聚散"便是一例。

由于写本俗字流行，加之偏旁"手""木"不分，这八个字在写本中的字形或有差异。但经过张涌泉、张新朋二先生的考辨，已将这八个字校为"权杷挑拨，攲策聚散"。②其中除"攲"字仍需再校外，其余均可认同。

至于其意义，二张云："'权杷'是两种农具名，'挑拨'则是使用这两种农具所做的动作。"③这无疑是正确的认识。但"权"如何

---

① 张涌泉、张新朋整理：《开蒙要训》，张涌泉主编、审订：《敦煌经部文献合集》第8册，北京：中华书局，2008年版，第4019页。

② 张涌泉、张新朋整理：《开蒙要训》，张涌泉主编、审订：《敦煌经部文献合集》第8册，北京：中华书局，2008年版，第4042页。

③ 张涌泉、张新朋整理：《开蒙要训》，张涌泉主编、审订：《敦煌经部文献合集》第8册，北京：中华书局，2008年版，第4084页。

"挑"，"杷"又如何"拨"？对于现代人，尤其是生活在都市里的年轻人，就又如坠五里云雾中了。由于我少年时代在农村生活，有些农事活动或亲自参加过，或亲眼见过，故而对相关农具的形状及功用有所了解，现在即结合文献试作解析。

先说"杈"。我所见过的"杈"是一种场院用农具。此农具全为木制，头部向前并列五齿，也就是说它类似于人的手，只是头部相对平齐，另有一个三四尺长的木把，主要在碾场时使用。农家将刚从田里收回但尚未脱粒的谷物（北方主要是小麦、谷子、高粱、大豆、黍子等）摊在场院里晾晒，然后进行碾打。在未有农机具前，主要是使用牲口（牛、马、驴、骡）拉着碌碡（圆柱形石头磙子）进行碾轧。由一个人站在场中间，一手拉一条拴牲口的绳子，另一手提一条鞭子，指挥牲口在谷物上进行碾轧。但这样的活动只是将上面的一层颗粒轧下来了，下面的却轧不着。于是，需要众人用"杈"把已轧过的秸秆"挑"起来，上下翻一下，再接着碾轧。如此几遍下来，脱粒工作就基本完成了。"杈"偶尔也用于其他场合，但在碾场时使用却是其主要功能。

次说"杷"。"杷"字的含义，《说文》曰："收麦器，从木，巴声。"我所见者，也是一种场院用农具，通体木制。它的头部用一块长条形木板制成，再将八九根制作好的小木条并排嵌在木板上，与木板成垂直状。再给木板安一个木把，"杷"便做成了。它是晒粮食时用的。粮食碾下并经过扬场（详下）弄干净后，在收储之前，要选晴天晾晒，使之干燥，方可保存，否则会发生霉变。粮食晒在场院地上，也需不时地翻一翻。这就用上"杷"了。晒上个把小时，便需"拨"一下，即用"杷"挨个推一遍，以便使粮食都能被阳光照射。这个工作小孩子都能干，只要按序推一遍即可。"拨"字的意思虽有多种，但这里的意思即"开"。《释名·释言语》："拨，使开也。"今有"拨开"

一词，当是同义复词，亦可洞见其义。"拨"过的粮食摊在场院地上很好看，痕迹是一排排的，颇有诗意。

以上是"杈""挑""杷""拨"之含义，下面再解释"扰策聚散"之意义，并对文字进行校订。

首先说"扰"字。二张在校记中说："'扰'，伯三一〇二号同，乙、丙、丁等九卷作'枚'，疑当以'枚'字为是。《广韵·严韵》虚严切：'枚'，锹属。"①既"疑"之，说明尚未敢定，亦见其态度之谨慎。其实，这个字就当作"枚"，因其是木制农具也。它也是一件场院用农具。头部虽说也是长方形，但长、宽差别极小。我印象中，头部宽一尺二寸左右，长一尺五寸左右，顺着长边的方向，中间安一个三四尺长的木把。②因其为木制品，故在我的家乡（山西省稷山县）称作"木枚"，以别于铁制农具"铁锹"（即"锹"）。

至于"策"字，其后起增旁字就是"摣"，"策"则是该字的原型。这个"摣"字，有两种含义。一为搀扶（用力较大，不是一般的扶）。《集韵·麦韵》："摣，测革切，音策，扶也。"比如扶一个老人或重病人走路，便可以说成是"摣着他（她）走"。另一种意思是指用木枚干活的动作。前面说"杈"时已知，经过碾打，谷物颗粒脱落下来了。但即便将秸秆挑去，剩下的粮食也还不干净，需经过"扬场"，使粮食变得干净。这就用得上"木枚"了。由于必须保持场院地面坚硬光滑，避免破坏，因此不能用铁制农具，只能用木枚来"摣"，即将碾下的颗粒及渣滓"聚拢"，也就是"攒"在一堆，其动作被叫作"摣"。接着要进行"扬场"：人们站在已经"聚"在一起的粮食堆旁边，看准风

---

① 张涌泉、张新朋整理：《开蒙要训》，张涌泉主编、审订：《敦煌经部文献合集》第 8 册，北京：中华书局，2008 年版，第 4084 页。

② 关于木枚的形状，可参〔元〕王祯：《农书》卷十三（第二册），"丛书集成初编"本，北京：中华书局据聚珍版丛书排印，1991 年版，第 184 页。

向，又将粮食一杴一杴地扬起来（也有的使用手摇风车，我们那里叫"扇车"），这个动作也叫"摵"。粮食自然便"散"开了，借助风力，将颗粒和皮壳等加以分离。所以，无论是"聚"还是"散"，都是要用"木杴"来"摵"的。当然，晒粮食时，无论是晒前摊开（散），还是晒后再攒成堆（聚），也都离不开木杴。

上言"摵"字的这两种含义，至今在我家乡仍旧保留并使用着，而且使用范围还较大。比如，用铁锹将泥土或煤炭装进筐里或车上，可说成是"摵土"或"摵炭"；若地上有一堆动物粪便，用铁锹把它弄走，其动作也叫"摵"。《汉语大字典》在解释"摵"字的意义时，给了两个义项，一曰："扶持。《集韵·麦韵》：'摵，扶也，或省。'"二曰："取。《农政全书·农器·图谱一》：'剡木为首，谓之木杴，可摵谷物。'石声汉校注：'摵，王祯原书有旁注初则反，从手，策音。意为以杴取物，如摵土、摵谷等。'"[1]这无疑是对"摵"字含义的精确概括。

在既往的研究中，有学者认为，"杴"下一字当释作"筴"，再校作"箕"，是指场院"用于簸扬的工具"。从文字上说，此句"杴箕聚散"与上句"杈杷挑拨""正好形成工对"。[2]这不能不是有积极意义的思考。但多种写本如 S.507、S.1308、S.5464 等，原字形均是"策"字俗体。[3]因此，我这里仍以《敦煌经部文献合集》的释文为依据进行研究。

上述三种农具，元人王祯在《农书》中均有论及，并画有图谱。

①徐中舒主编：《汉语大字典》，成都：四川辞书出版社、武汉：湖北辞书出版社，1993年版，第823页。

②高天霞：《敦煌本〈开蒙要训〉字词笺释一则》，《汉语史学报》2012年总第12辑，第314—315页。

③秦公：《碑别字新编》，北京：文物出版社，1985年版，第218页。

他在其书卷十四"杷朳门"说:"自田家筑场纳禾之间,所用非一器,今特列次。虽有巨细之分,然其趋功便事,各有所效,无得而间焉。"①由"筑场纳禾之间",知其用于场院内外。在讲到"谷杷"时则云:"或谓透齿杷,用摊晒谷。"②此即《开蒙要训》中用于"拨"谷的"杷"。当然,杷有多种,《农书》所列便有大杷、小杷、耘杷、竹杷,但均与本文所讨论的"谷杷"略别,这里从略,以免辞费。讲到"权"时,王祯说:"钳禾具也。揉木为之。通长五尺,上作三股,长可二尺。上一股微短,皆形如弯角,以钳取禾桶也。"③末句的"禾桶"就是禾捆。他所说的"钳禾"之"权",也是木制,但同我前面所说者有别。他说的这种权有三齿者,也有二齿者。庄稼最初割下来,为搬运方便,要先捆成单捆(即禾捆),装车时要用"权"去"挑";进场之后,若非立即碾打,也需用权挑起,加以堆积。这样的权,在我家乡多为二齿铁钗,安上木把来使用。我所说的翻场用五齿木权,《农书》未加述说。由于我国土地广袤,各地农作物有一定差别,做农具的物质条件也有不同,故而各地所用农具存在差异,亦在情理之中,我们不必过分拘泥于一地之用也。至于说到木杴,王祯虽未将其归入场院用农具,而是归在卷十三的"钁臿门",但其所述为我们理解《开蒙要训》中的木杴及其功用帮助实巨。他说:"杴(虚严切),臿属。但其首方阔,柄无短拐,此与锹臿异也。锻铁为首,谓之铁杴,惟宜土功;剡木为首,谓之木杴,可操(初责切)谷物……《木杴诗》云:'柄头掌木尽宽平,谷实抄来忌满盈。苗夏耰锄方用事,几回高阁待秋

①〔元〕王祯:《农书》卷十四(第二册),"丛书集成初编"本,北京:中华书局,1991年版,第220页。
②〔元〕王祯:《农书》卷十四(第二册),"丛书集成初编"本,北京:中华书局,1991年版,第222页。
③〔元〕王祯:《农书》卷十四(第二册),"丛书集成初编"本,北京:中华书局,1991年版,第225页。

成。'"①由最末一句诗，亦知木杴平时被束之高阁，到收获（秋成）时才派上用场，作为场院用农具来使用。自然，其所用木杴"㩵"谷物之动作，更为我们理解写本"策"字之准确含义，提供了坚实依据。

　　根据以上解析，我们可将敦煌本《开蒙要训》中的这八个字校订为"权杷挑拨，杴策聚散"。

　　（原载饶宗颐主编：《敦煌吐鲁番研究》第十七卷，上海古籍出版社，2017年版，第1—4页）

---

①〔元〕王祯：《农书》卷十四（第二册），"丛书集成初编"本，北京：中华书局，1991年版，第185页。

敦煌文献中的"去"字

敦煌文献中保存了一大批唐五代西北地区的口语材料，为研究中古时代这一地区的方言和语音提供了极大方便。其中同音互借用例极多。有些字，如"新"和"辛"、"徒"和"图"、"何"和"河"、"之"和"知"、"序"和"绪"，等等，即使在现代汉语里读音也相同或相近。因此，从上下文义和用韵（如果是韵文的话），也可猜出其借字同本字的关系。但有些字，如"去"，在某些敦煌文献中的读音，与现代汉语完全不同，只有明了其方音，才能给予正确的读音和校理。本文即着眼于此字。需要说明的是，笔者于音韵学甚少学养，仅从方音角度谈一点粗浅认识，以为抛砖引玉之作。不妥之处，还望方家是正。

下面逐一辨别敦煌文献中"去"字同"起""气""岂"三字的互借关系，最后说明互借的原因。

一、"去"字与"起"字互借

这两个字互借在敦煌文献中用例极多。

（1）《韩擒虎话本》："擒虎闻语，便知萧磨呵（摩诃）不是作家战将。自古有言：'军慢即将妖（妖），主慢即国倾。'道由言讫，处分儿耶，改换旗号，夜至黄昏，登途便起。去萧磨呵（摩诃）寨廿余里，偷路而过，迅速不停。"①韩擒虎做好出兵准备时并非坐着或卧在那里，怎么能说"夜至黄昏，登途便起"？这个"起"字当校作"去"。《文殊问疾》："往毗耶，辞化主，逡巡即是登途去。"②是《韩擒虎话本》"登途便起"当作"登途便去"的明证。《韩擒虎话本》又有如下一段文字："蕃将闻语，惊怕非常，当时便辞，登途进发。隋文帝一见，遂差韩擒虎为使和番。擒虎受宣，拜舞谢恩，面辞圣人，与蕃将登途进发。"③"登途进发"与"当途便去"文义相同。

（2）《庐山远公话》："远公既蒙再三邀请，遂乃进步而行，百般伎艺仙乐前迎，群宰喜贺当今万岁。远公出得寺门，约行百步已来，忽然腾空而去，莫知所在。相公忧惧，作礼天空，虔诚启告……"④既然相公是"作礼天空"，那么远公必然是由地上升入空中。故"腾空而去"当作"腾空而起"。此"去"字当校作"起"。

（3）《祇园因由记》："有一外道，号曰劳度差，此云赤眼，解其咒述（术）。七日已满，就于城南广场之地，遂建道场。舍利弗独居一座，赤眼灸（亦）登其座。其时胜光王及国人皆集于此。两家推让。舍利弗自忖外道，无劳神力，未可先为。遂言我是客，汝是主，言汝合先。劳度差起至道场心，不现（见）。"⑤这段文字是描述舍利弗与劳度差（叉）斗法事。劳度叉走至道场中心，施其法力，身影不见。很显然，末句"起"字当校作"去"。

（4）《八相变》："大王明日，广排天仗，远出城南，将百万之精兵，并太子亦随驾幸。行至神庙五里以来，泥神被北方天王唱（喝）

---

①项楚：《敦煌变文选注》，成都：巴蜀书社，1989年版，第312页。
②项楚：《敦煌变文选注》，成都：巴蜀书社，1989年版，第630页。
③项楚：《敦煌变文选注》，成都：巴蜀书社，1989年版，第323页。
④王重民等：《敦煌变文集》，北京：人民文学出版社，1957年版，第192页。
⑤王重民等：《敦煌变文集》，北京：人民文学出版社，1957年版，第408页。

一声，虽是泥神，一步一倒，直至大王马前，礼拜乞罪。……又道：因何不起出门迎，礼拜求哀乞罪轻。舍却多生邪见行，从兹免作鬼神形。"①"因何不起出门迎"以下共四句，是北方天王责难泥神的话。既然大王携太子驾幸神庙，且太子是"牟尼大世尊"，泥神理应出门迎谒。可知"因何不起出门迎"当校作"因何不去出门迎"，"起"是"去"的借字。

（5）王梵志诗："坐见人来起，尊亲尽远迎。无论贫与富，一概总须平。"项楚校云："人来起，'起'，丁七作'去'，乃音讹字……"②项校是，亦说明"起""去"二字可互借。

（6）《太子成道经一卷》："少年莫笑老人频（贫），老人不夺少年春。此老老人不将去，此老还留与后人。"③P.2999"去"字作"起"，二字亦可互借。

（7）S.5475《六祖坛经》："五祖处分：汝去，努力将法向南，三年勿弘此法。难去在后，弘化、善诱迷人。若得心开，汝（与）悟（吾）无别。"这是五祖弘忍在送别惠能时的叮嘱语。"难去在后"，敦博本《坛经》作"难起在后"。"在后"犹"以后"。"难去在后"即法难过去之后，知 S.5475 为是。《坛经》附记部分云："吾灭后二十余年，邪法缭乱，惑我宗旨。有人出来，不惜身命，第（定）佛教是非。"正是"难去在后"的含义。可证英藏本为是。"去""起"二字亦得通借。

（8）《六祖坛经》："世人杂见不起，于念若无有念，无念亦不立。"此"起"字敦博本同，然于义难通。详读《坛经》六祖惠能的无念法，是无邪念、邪见，而存自性正念、正见，并非一切念头均无才是无念。故此"世人杂见不起"，应校作"世人杂见不去"。如此，文义方通畅

---

①王重民等：《敦煌变文集》，北京：人民文学出版社，1957年版，第333—334页。
②项楚：《王梵志诗校注》，上海：上海古籍出版社，1991年版，第482页。
③王重民等：《敦煌变文集》，北京：人民文学出版社，1957年版，第292页。

无碍。

（9）《六祖坛经》："此法门中，何名坐禅？此法门中，一切无碍，外于一切境界上念不起为坐，［内］见本性不乱为禅。"英藏本"起"字作"去"。外于一切境界上不起念即离境离相，符合惠能思想。英藏本"去"乃"起"之借字。

（10）《六祖坛经》："何名波罗蜜？此是西国梵音，唐言彼岸到（到彼岸）。解义离生灭，著境生灭起。""起"字敦博本、北图本同，但英藏本作"去"。按，作"起"是，英藏本"去"亦"起"之借字。

（11）《六祖坛经》："悟此法者，即是无念、无忆、无著，莫起杂妄，即是真如性。""起"字敦博本、北图本同，英藏本作"去"。按，作"起"是，"去"亦"起"之借字。

（12）《法性论》："夫法性无言，假言诠而显理。法身无像，起方便而出兴。随类现形，广开利益。但众生起妄念生法。若识妄心，便成解脱。"[1]"妄念"是佛教所反对的，"众生起妄念"怎么可以"生法"性？此"起"字必当作"去"，去掉妄念，法性自生，方才文从字顺。

（13）《师资七祖方便五门》："一切罪障由心起作。公使心看，看无所处。无处无所，心本自如，更有何心能作罪业？"[2]由末句"更有何心能作罪业？"知首句是"一切罪障由心去作"。"起"字当校作"去"。

（14）传世佛经《顿悟入道要门论上》："汝若欲了了识无所住心时，正坐之时但知心，莫思量一切物，一切善恶都莫思量。……心若

---

[1]［日］铃木大拙：《禅思想史研究第二》，东京：岩波书店，1987年版，第444页。
[2]［日］铃木大拙：《禅思想史研究第二》，东京：岩波书店，1987年版，第454页。

起去时，即莫随去，去心自绝；若住时，亦莫随住，住心自绝。"①显然，引文中的"起"字是衍文。其所致衍，也是由于"起""去"二字在古写本中有时可互借的缘故。

二、"去"字与"气"字互借

在敦煌写本中，"去"字与"气"亦可互借。

《孔子项讬相问书》："项讬残去（气）犹未尽，回头遥望启嬢嬢。"②项楚校云："《新书》（即潘重规《敦煌变文集新书》）校记：辛卷、壬卷'去'作'气'。"可知"去""气"二字可互借，项校"残去"为"残气"是。

三、"去"字与"岂"字互借

王梵志诗："欲得于身吉，无过莫作非。但知牢闭口，祸去阿你来。"③项楚校云："去，丁五作'岂'，音讹字。"诚如项楚先生所言："此首大旨在于慎言。"但他却未解释"去""来"二字在末句中的含义。若作"去"是，则"来"字意义无属矣。鄙意以为当从丁五校"去"作"岂"。"但知牢闭口，祸岂阿你来？"意谓只要知道闭口不言，祸害还能阿（讹）向你来？虽用疑问语气，但含义却是肯定的。

以上就笔者所见，将敦煌文献中"去"字与"起""气""岂"三

---

①转引自丁福保编纂：《佛学大辞典》，北京：文物出版社，1984年版，第354页，"心无所住"条。

②项楚：《敦煌变文选注》，成都：巴蜀书社，1989年版，第371页。

③张锡厚：《王梵志诗校辑》，北京：中华书局，1983年版，第119页。项楚：《王梵志诗校注》，上海：上海古籍出版社，1991年版，第491页。

字互借现象作了胪列和辨证。我相信，实际情况远不限于上引资料。

"去"字与上述三字互通借用，潘重规先生早予重视。[①]就其形成互借的原因，除项楚先生解释为"音讹字"外，笔者尚未见到更详尽的说明。"去"字在现代汉语中读"qu"，但在唐五代西北方音中读作"出气"之"气"（qi)，与"起""气""岂"三字同音或音近，故得以互借。"去"读如"气"，在现代方言里仍有很强的生命力。在笔者故乡山西省稷山县（晋南地区）民间至今仍作如是说。如一个人准备看电影，想约人一起去看，便会向对方邀请说："你去（音气）不去（音气)？"就是在电影《秋菊打官司》中，我也听到了同一句话，可知陕西地区也有这种说法。这说明，"去"字与"起""气""岂"三字相混，应同方音有关。

礼失求诸野。古写本中一些字的读音今日难以由文献考知，但不妨利用现存方言去求索。当然，这只是解决问题的方法之一，并非所有问题都可由此解决。基于这一认识，笔者于此提出一个问题：

敦煌本《茶酒论一卷》："酒乃出来……酒食向人，终无恶意。有酒有令，人（仁）义礼智。"[②]P.3910"令"作"礼"。

敦煌本 S.5475《六祖坛经》，惠能《真假动静偈》："前头人相应，即共论佛义。若实不相应，合掌令劝善。"敦博本"令"作"礼"。

由上述二例，"令""礼"二字在敦煌写本中似可互借。若如是，其原因何在？《六祖坛经》此处当作"令"，还是当作"礼"？望有识者赐教。

（原载《中国文化》1994年总第9期，第166—168页）

---

① 潘重规：《敦煌卷子俗写文字与俗文学之研究》，台湾《孔孟月刊》1980年第18卷第11期，第38—46页。
② 王重民等：《敦煌变文集》，北京：人民文学出版社，1957年版，第267页。

"寒盗"或即"詼盗"说

在敦煌、吐鲁番出土文献和石刻资料中,有一类买卖契约文书颇受关注。其中,在谈及买卖双方的责任时,"寒盗"和"诃盗"是两个格式化的习惯用语。"诃盗"一词已被给予了正确解释,但学界对"寒盗"一词迄未获得一致认识。这里我将自己的一得之见披露出来,供大家参考,或许对于该词的解释能有所裨益。

由于此类资料数量不少,这里就不作胪列,仅从敦煌、吐鲁番文献和砖刻资料中各抄一件,以便了解原文的语境,然后再进行讨论。

敦煌石室出 S.1475v/5《寅年(822?)令狐宠宠卖牛契》:

> 寅年正月廿日,令狐宠宠为无年粮种子,今将前件牛出买(卖)与同部落武光晖,断作麦汉斗壹拾玖硕。其牛及麦当日交相付了,并无悬欠。如后牛若有人识认,称是寒盗,一仰主、保知当,不忏卖(买)人之事……①

吐鲁番阿斯塔那古墓出土《唐开元二十一年(733)石染典买骡契》:

---

① 沙知:《敦煌契约文书辑校》,南京:江苏古籍出版社,1998年版,第59页。

开元廿一年二月廿日，石染典交用大练壹拾柒匹，于西州市买从西归人杨荆琬青草五岁，近人颊膊有番印并私印，远人膊损。其騠及练，即日交相付了。如后寒盗，有人识认，一仰主、保知，［当］（按，"当"字原脱，今补）不关买人之□□□□□故立私契为记。①

20世纪70年代末，在陕西省长武县出土了一块《北魏太和元年（477）砖质买地券》，原存咸阳地区文管会。现将释文转录如下：

太和元年二月十日，鹑觚民郭孟绍从从兄徕宗□（买）地卅五亩，要永为家业，与谷卅斛。要无寒盗□。若有人庶忍（识认），仰倍还本物……②

从以上所举三例不难看出，"寒盗"一词是在契约的保证内容部分使用的，而且与之并存的是"识认"一词。其所表达的意思是说，由于买主对标的物的真实情况并不了解，担心所买之物不是卖主自己的，而是他偷来的。为了避免发生这类欺诈之事，造成买主经济利益的损失和其他不必要的麻烦，所以买主要求卖主承诺，买卖成交之后，如果有人站出来，指认标的物不是卖主本人的，斥责是卖主偷了自己的，那么卖主要承担全部责任，与买主无关。这便是"寒盗"一词使用的语境。

"寒盗"一词，在某些吐鲁番出土文书中，同一语境下用作"诃

---

① 图文并见唐长孺主编：《吐鲁番出土文书》（图文本）第四册，北京：文物出版社，1996年版，第280页。
② 图文并见《文博简讯》，《文物》1983年第8期，第94页。

盗"。比如《唐贞观二十三年（649）□欢买马契》：

1. □观廿三年正月廿 _____
2. _____ 欢买留（骝）马壹 _____
3. _____ 文，即日钱毕 _____
4. _____ 人诃盗悠（认）佲（名）_____

（后缺）①

本件契文"诃盗"的"诃"字，在另外一些契文中或作"河"，或作"何"，显然是音借字，其本字均当作"诃"。这个字的意思，东汉许慎《说文·言部》云："大言而怒也。从言，可声，虎何切。""大言"就是大声地说话或叫喊。唐·韩愈《虢州司户韩府君墓志铭》："后大衙会日，司录君趋以前，大言曰：'请举公过。公与小民狎至。至其家，害于政。'"②《广韵·歌韵》曰："诃，责也。"其义同"呵"，故《玉篇·口部》说："呵，责也。与诃同。"将这些字书解释的意思综合起来便是：愤怒地大声斥责。试想，一个人发现原本属于自己的东西（房屋、土地、牲畜等），被别人冒称己物出售，他（她）能不愤怒吗？能不对这么干的"卖主"大声斥责吗？能不声明这些财物的本主是我本人而不是你吗？"诃盗认名"四个字的全部意义即在于此。此类事不仅在古代存在，就是在当下也偶有发生。所以，作为一份买卖契约，买方要求卖方承诺不存在"诃盗认名"的事情，既是完全必要的，也是符合情理的。

那么，同一语境下的"诃盗"一词，为什么在另外一些书契中却

---

① 图文并见唐长孺主编：《吐鲁番出土文书》（图文本）第二册，北京：文物出版社，1994年版，第222页。

② 影印本《全唐文》，北京：中华书局，1983年版，第5710页下栏。

作"寒盗"呢？可以说，学者们为解释"寒盗"一词已经投入了很多精力。就对其意思的理解来说，我认为朱雷教授和张小艳博士大致已得其义。朱先生说："大意是被别人呵斥为盗窃所得，并被人认为己物。"①张博士则云："同呵盗，呵斥对方（拥有之物）乃偷盗所得。"②

可是，为什么不全用"呵盗认名"，而在许多契约中却写作"寒盗认名"呢？这一点学界尚未有令人信服的解说。

由于"寒盗"一词使用频率较高，所以，学者们也就不再怀疑"寒"字可能是某个同音或者音近字的替代字了。我从契文将"呵"写作"河"或"何"受到启发，怀疑"寒"字亦非其本字，而是某个同音或音近字的替代字。经过研究，我认为，"寒盗"一词的正写似应作"譀盗"（"譀"字音"酣"）。

"譀"字在敦煌文献中使用过，如 S.2056《捉季布传文一卷》："高声直譀呼刘季，公是徐州丰县人。"③句中的"譀"字在另外的写本中作"嗷"，二字此处均用同"喊叫"之"喊"。可是，"譀"字的本义绝非仅限于此。南朝梁人顾野王《玉篇》曰："譀，叫喊，怒也。"因此，它不是一般地叫喊，而是因愤怒而大喊，亦即怒吼。这与《说文解字》解释"呵"字的意思是"大言而怒也"，不是完全一样的吗？在同一语境下，"呵盗认名"和"譀盗认名"，所要表达的意思还有什么区别呢？质言之，其不同仅属于同义异文而已。

非常有趣的是，"譀"字虽非常用字，但在当今方言中依旧存在。在我的家乡山西省稷山县，如果有一个人在那里气愤地跺脚大骂，别人就会说："你看外（那）人骂得吼譀哩！""吼"当然是"大叫"，

---

① 朱雷：《麹氏高昌时代的"作人"》，引文见《朱雷敦煌吐鲁番文书论丛》，上海：上海古籍出版社，2012年版，第55页。

② 张小艳：《敦煌社会经济文献词语论考》，上海：上海人民出版社，2013年版，第394页。

③ 项楚：《敦煌变文选注》（增订本），北京：中华书局，2006年版，第184页。

"諴"字的意思是叫喊并且愤怒。所以,"吼諴"的意思就是怒吼。我注意到,在陕西省中北部的延安一带,口语中也有这个词。杜鹏程在《延安人》中有这样几句话:"父亲不耐烦地吼喊:我看你中了邪啦!"①父亲既是不耐烦,也就带有生气的性质,但"吼"与"喊"意义近似,不能完全表达这一时刻父亲的情绪和气愤状态,而"吼諴"一词却是既大喊又愤怒,包含了它的全部意义。因此,我认为以作"吼諴"为长。

那么,中古时代契约文书中,"諴盗"是如何变成"寒盗"的呢?我推测,"諴"字在口语中虽然用得不少,但书面文字中却用得不多,在形成文字时,人们就常常不知该如何落笔了。而"寒"字却是一个常用字,笔画也比"諴"字少很多,二字又读音相近,于是便用"寒"字取代了"諴"字。

就像"寒盗"迄今尚未从文献中获得书证一样,我认为它原本应是"諴盗",也未获得书证。因此,这仅是一种推测性意见,能否成立,仍有待未来出土资料证明。

(原载《敦煌研究》2014 年第 3 期,第 149—151 页)

---

① 转引自罗竹风主编:《汉语大词典》第 3 册,上海:汉语大词典出版社,1989 年版,第 251 页。

释敦煌本《启颜录》中的"落喹"

传说《启颜录》是隋人侯白所编的故事集，不仅散见于《太平广记》等传世典籍，也有见于敦煌文献的早期写本（S.0610）。敦煌本《启颜录》共收故事四十则，近年由窦怀永、张涌泉二位教授汇辑校注于《敦煌小说合集》[①]一书。其第二十四则故事存有如下内容：

> 河东下里风俗，至七月七日，皆令新妇拜贺阿家，似拜岁之礼，必须咒愿。有一新妇咒阿家云："七月七日新节，瓜儿咆子落喹。愿阿家宜儿，新妇宜薛（原注：河东人呼婿为薛）。"[②]

《合集》释"阿家"为"同'阿姑'，夫之母"，[③]意即婆婆，是正确的，可以信从。但其下的两条注释恐怕就有需要商讨之处了。第二五一条有云：

> "瓜儿""咆子"皆指小瓜。"喹"，《龙龛手镜·口部》以为

------

① 窦怀永、张涌泉汇辑校注：《敦煌小说合集》，杭州：浙江文艺出版社，2010年版。
② 窦怀永、张涌泉汇辑校注：《敦煌小说合集》，杭州：浙江文艺出版社，2010年版，第11页。
③ 窦怀永、张涌泉汇辑校注：《敦煌小说合集》，杭州：浙江文艺出版社，2010年版，第33页校注第［二五○］。

"喭"的俗字，文中则当校读作"瓞"，小瓜；黄校云"落喭"与"落落""落索"的连绵不断义相同，又双关"落瓞"，指落下小瓜，喻生小孩，其说可从。"瓜儿㼌子落喭"句盖取义自《诗·大雅·绵》"绵绵瓜瓞，民之初生"句，寓意子孙绵延不绝。①

第二五二条有云：

> 宜儿，双关语。既指与儿子相处融洽，又指宜于生儿育子。②

这里有几个问题可商。第一，说"'瓜儿''㼌子'皆指小瓜"，恐不确。《诗·大雅·绵》"绵绵瓜瓞，民之初生"句，唐人孔颖达疏云："瓜之族类本有二种，大者曰瓜，小者曰瓞。"③而"瓞"就是"㼌"。《尔雅·释草》："瓞㼌，其绍瓞。"郭璞注："俗呼为瓞。一名㼌，小瓜也。"④由此可知，写卷中的"瓜"指大瓜，"㼌"指小瓜。第二，说"喭"字"在文中当校读作'瓞'，小瓜"，亦非是。"落喭"是一个联绵词，指年轻妇女的一种状态（说详下），不可拆开作解。第三，说"宜儿"是"双关语"，"既指与儿子相处融洽，又指宜于生儿育子"，这就未免过度诠释了。

所引"黄校云"，是指黄征教授对这则故事的校释，今移录如下：

> 㼌（bō）——小瓜。落喭——当时俗人的口语，与后来的

---

① 窦怀永、张涌泉汇辑校注：《敦煌小说合集》，杭州：浙江文艺出版社，2010年版，第33—34页。
② 窦怀永、张涌泉汇辑校注：《敦煌小说合集》，杭州：浙江文艺出版社，2010年版，第34页。
③ 影印本《十三经注疏》，北京：中华书局，1980年版，第509页中栏。
④ 影印本《十三经注疏》，北京：中华书局，1980年版，第2626页下栏—2627页上栏。

"啰唪""啰苏"有一定语源关系。指大瓜小瓜多而纠缠貌。

征按，"瓟"字《广韵》音"蒲角切"，亦写作"瓝""颮"，今音拟为 bó（阳平）。"喹"为"喹"之俗字，见于《龙龛手镜》。"落喹"一词别处未见（《汉语大词典》即未收），但据《广韵》注音"丁结切"（dié），则"落喹"应是叠韵联绵词，与"落落""落索"的联绵不断义相同。但此字又可与"瓞"同音，故"落喹"乃双关"落瓞"（落下小瓜，喻生下小孩）。不管如何，这则故事肯定由《诗·大雅·绵》生发出来："绵绵瓜瓞，民之初生。"[1]

可以说，黄征教授为解读"落喹"一词下了很大的功夫，但对该词词义的理解依然恐有未谛。因"喹"与"瓞"同音，故怀疑"落喹"意即"落瓞"，喻指"生下小孩"，失之矣。这则故事出自"河东下里"，也就是今日的晋南民间，而我本人恰是晋南人。虽然我离开家乡（山西稷山县）已经近半个世纪了，但对这句土话记忆犹新。那里的人在谈及一位有几个小孩的女人时，可能会有如下情景对话：女人甲有几个小孩，女人乙想带女人甲一起出门揽活，挣钱补贴家用。女人丙就会劝女人乙说："你别带她，她娃娃落喹的。"那么，"落喹"是什么意思呢？是说女人甲孩子尚小，拖儿带女的，不方便。所以，这是说年轻女人的一种状态。为避免自己记忆出错，我又电话请教了仍在稷山生活的中学同班同学赵万才老友，他的说法以及对该词意义的理解与我完全相同。由此可知，"落喹"是一个方言词语，指年轻妇女处在孩子小、拖儿带女的状态。

再回到《启颜录》的这则故事上来。新妇对婆婆祝愿的话是："七

---

[1]黄征：《辑注本〈启颜录〉匡补》，引文见黄征：《敦煌语文丛说》，台北：新文丰出版公司，1997年版，第496页。

月七日新节，瓜儿㼝子落喳。愿阿家宜儿，新妇宜薛（婿）。"总共是21个字。前已究明，"瓜"指大瓜，"㼝"指小瓜。农历七月初，各种瓜果都已陆续成熟并不断收获，故这个时候讲"瓜"与"㼝"，与节令相合。但句中嵌进了"儿""子"两字，则大瓜、小瓜便是喻指"孩子"了。这样，"瓜儿㼝子落喳"，难道不就是今日晋南人仍在说的"娃娃落喳"吗？再则，这四句话以"节""喳""薛"押韵，第三句出韵，与唐人四言诗韵脚无别，又是其高妙之处。至于三、四句的两个"宜"字，也有出典。《诗·周南·桃夭》："桃之夭夭，灼灼其华，之子于归，宜其室家。"①朱熹传曰："宜者，和顺之意。"《礼记·内则》："子甚宜其妻，父母不悦，出。"郑玄注："宜，犹善也。"②可知，"宜"字有和顺、善待之义。再结合上引《诗经》"緜緜瓜瓞"的出典，可以看出，这位新妇并非目不识丁的村姑，而是有良好的教育基础，对《诗经》尤其在行。若我理解不误，全部四句祝词的意思当是："今天是七夕新节啊，我娃娃落喳的。愿婆婆与你儿相处融洽，我也夫妻和睦。"如果再扩而大之，引申出更丰富的意义，恐怕就超出那位新妇的本意了。

（原载郝春文主编：《敦煌吐鲁番研究》第十八卷，上海古籍出版社，2019年版，第261—263页）

---

① 影印本《十三经注疏》，北京：中华书局，1980年版，第279页下栏。
② 影印本《十三经注疏》，北京：中华书局，1980年版，第1463页上栏。

释敦煌文献中的"利头"和"撼揣"

近年来，我先后发表过几篇解释敦煌文献中一些词语的文章。迄今为止，听到的是学术界两种完全不同的回声：一种是不予认可，另一种是给予肯定。对待这些完全相反的意见，我都能认真并且耐心听取，但是有一种现实我不得不指出：一些语言学界的朋友，虽然都是饱学之士，但与我相同，他们除了自己熟悉的学术领域，在另外的一些知识领域也都存在着短板。就敦煌文献的词语来说，这些语言学家对其中的一些方言俚语未免陌生。而我由于有过特殊的人生经历，对某些方言俚语却有一定认知，从而也就获得某种发言权。因此，我既不揣谫陋，也不避迂执，继续发表一些意见，以与诸位学人互相切磋。如果认为我的见解有误，对于批评意见我随时洗耳恭听。

本篇将要解释的是"利头"和"撼揣"。

"利头"这个词，文史工作者最常用的工具书《辞源》和《汉语大词典》均未设立词条。就是张小艳博士的大作《敦煌社会经济文献词语论考》，[①]也未见这个词目。这说明，我们确实有必要对其意义进行解释。

"利头"一词主要出现在敦煌契约文书中。迄今为止，我见到这一

---

①张小艳:《敦煌社会经济文献词语论考》,上海:上海人民出版社,2013年版。

词语在契约文书中出现过十余次，说明其使用频率确实不低。为了准确把握其含义，我们先移录两件契约文书中的相关文句，以便了解其使用语境。

（一）《辛巳年（921）敦煌乡百姓郝猎丹贷生绢契（习字）》（P.2817背）：

    1.辛巳年四月廿日，敦煌乡百姓郝猎丹家中欠少匹帛，

    2.遂于张丑奴面上太（贷）生绢一匹，长三仗（丈）八尺，福（幅）阔二尺。

    3.其绢利头须还麦粟四硕。次（此）绢限至来年

    4.田（填）还。若于（逾）限不还者，便著乡原生利。①

郝猎丹向同乡人张丑奴借了一匹生绢，约定"其绢利头须还麦粟四硕"；如果一年后不能按期归还本绢一匹和"利头"麦粟四硕，"便著乡原生利"，就是依据本地惯例继续产生利息，意即利滚利也。

（二）《癸卯年（943？）慈惠乡百姓吴庆顺典身契》（P.3150）：

    1.癸卯年十月廿八日，慈惠乡百姓吴庆顺兄弟三人商拟（议），为缘

    2.家中贫乏，欠负广深，今将庆顺已身典在龙兴寺索

    3.僧政家。见取麦一十硕，黄麻一硕六斗，准麦三硕

    4.二斗。又取粟九硕，更无交加。自取物后，人无雇价，物无

①沙知：《敦煌契约文书辑校》，南京：江苏古籍出版社，1998年版，第180页。

5.利头，便任索家驱驰……①

百姓吴庆顺因家贫而典身于索僧政家，约定典价有麦、粟、黄麻各若干，说得清清楚楚。为防止吴氏另提要求，特别写明"自取物后，人无雇价，物无利头"，就是说，你应得的就是上面这些，不能再要雇价（就人而言），或再要利头（就物而言）。同样的用语又见于《壬午年（982）慈惠乡郭定成典身契（习字）》（S.1398）。②

可是，"利头"一词在同类文字中又被称作"利润"。请看：

《辛酉年（961）陈报山贷绢契》（S.5632）：

1.辛酉年九月一日立契

2.便于弟师僧报坚面［上］［贷］［生］绢一疋，长三仗（丈）

3.九尺，福（幅）阔一尺九寸。其绢利闰（润）见还麦四

4.硕。其绢限至来年九月一日填还本绢……③

再请看：《乙未年（935？）塑匠赵僧子典男契》（P.3964）：

1.乙未年十一月三日立契。塑匠都料赵僧子，伏缘家中户内有地

2.水出来，缺少手上工物，无地方觅。今有腹生男苟子，只（质）典与

3.亲家翁贤者李千定。断作典直价数，麦二十硕，粟二

---

① 沙知：《敦煌契约文书辑校》，南京：江苏古籍出版社，1998年版，第351页。
② 沙知：《敦煌契约文书辑校》，南京：江苏古籍出版社，1998年版，第353页。
③ 沙知：《敦煌契约文书辑校》，南京：江苏古籍出版社，1998年版，第221页。

4.十硕。自典以后，人无雇价，物无利润……①

毫无疑义，此件契约文书所说的"利润"，也正是前面文书中的"利头"。同样，前引第一件即郝猎丹向张丑奴贷了一匹生绢，"其绢利头还麦粟四硕"，也就是说，一匹生绢贷出去所产生的"利润"是四硕麦粟。简言之，"利头"就是"利润"，是由"本"钱或"本"物放贷出去衍生获取的。

上面这些出现"利头"一词的不同性质契约，都是千余年前远在河西走廊西端敦煌地区民间借贷的实用文书。那么，"利头"一词是否仅限于敦煌一地使用呢？非也。我是晋南人，家乡距离敦煌千里以上。20世纪50年代，我尚在孩提时代，就经常听到大人们在谈论有关借钱、借粮时使用"利头"一词，意思也是"利润"，足见"利头"一词使用范围十分广泛。

再说"撼擂"。如果说"利头"一词虽然未见于辞书，但在契约文书中多次出现过的话，那么，"撼擂"一词不仅不见于各类辞书，就连汗牛充栋的敦煌文献里也极少见到。但十分巧合的是，我对这个词却耳熟能详。因此，必须对它进行解释。

敦煌写本 S.3663 正背两面均有文字。正面内容有三项：1.《文选》卷第九；2.杂写（郑家为景点讫）；3.五言诗（可可随宜纸）。②而在其背面，有一长方形纸条用于裱褙，上面有竖写文字如下："撼擂（下子感反，手动；上胡感反，动）。"括弧里的反切注音原为双行小字，连

①沙知:《敦煌契约文书辑校》,南京:江苏古籍出版社,1998年版,第349页。
②中国社会科学院历史研究所等编:《英藏敦煌文献(汉文佛经以外部分)》第五卷,成都:四川人民出版社,1992年版,第135—136页。

本字总共是十三个字。①从其书写形态来看，我怀疑这个纸条最初不是单独存在的，而是抄书人发现写错后废掉的。就这两个字的顺序来说，应该先解释"撼"字，但却先抄了关于"撍"字的解释内容，无奈，只好把它裁掉。但现在它却单独存在，这势必会对学者们的认识和解读带来困难。

虽然说辞书中未见对"撼撍"一词的解释，但对"撼"和"撍"二字分别作解，在辞书上却是存在的。《汉语大字典》的解释可供参考：

> 撼hàn《广韵》胡感切，上感匣。
>
> 1.动，摇动。《广雅·释诂一》："撼，动也。"王念孙疏证："《说文》，'摵，摇也。'摵与撼同。"《文选·司马相如〈长门赋〉》："挤玉户以撼金铺兮，声噌吰而似钟音。"李善注引《说文》曰："撼，摇也。"唐·韩愈《调张籍》："蚍蜉撼大树，可笑不自量。"《宋史·岳飞传》："撼山易，撼岳家军难。"……②

简言之，"撼"字的意思就是"动"，无须辞费。

至于"撍"字，它则是"撼撍"一词的主要语素，故我不惮其烦地全文引录如下：

> 撍（一）zǎn《广韵》子感切，上感精。又作绀切。（1）手撼，手动。《广韵·堪韵》："撍，手撼。"《集韵·感韵》："撍，手动也。"（2）执持。《字汇·手部》："撍，执持。"（3）用同"簪"。

---

① 中国社会科学院历史研究所等编：《英藏敦煌文献（汉文佛经以外部分）》第五册，成都：四川人民出版社，1992年版，第137页。

② 徐中舒主编：《汉语大字典》，成都：四川辞书出版社、武汉：湖北辞书出版社，1993年版，第826页。

插。《晋书·张昌传》:"旬月之间,众至三万,皆以绛科头,撍之以毛。"

（二）zān《广韵》作含切,平覃精。(1) 尽。《广韵·覃韵》:"撍,尽也。"(2) 同"篸"。缀。《集韵·侵韵》:"篸,缀也。或作撍。"(3) 同"鐕"。《集韵·覃韵》:"鐕,《说文》:'可以缀物者。'一曰钉也,一曰缀衣。通作撍。"

（三）zēn《广韵》侧吟切,平侵庄。急速。《广韵·侵韵》:"撍,速也。"《集韵·覃韵》:"撍,疾也。"

（四）qián《集韵》慈鉴切,平鉴从。摘。《集韵·鉴韵》:"撍,摘也。"①

上面全文引录了《汉语大字典》对"撍"字的注音以及对其意义的解释。这个字居然有四种读音!就字义而言,该字典认为在读"zǎn"音时,有"手撼""手动"义。这与敦煌写本所注"子感反手动"相一致。如与"撼"字进行比较,则二字均有"动"义,是其相同之处;但"撍"字更突出"手动",而非别的肢体动,又是其不同之处。

前文说到,虽然文字材料里很难见到"撼撍"一词的使用痕迹,但我自己却耳熟能详。这是怎么回事呢?这个词在方言里有着广泛应用。儿时,我在山西稷山县吕梁山下的农村生活,这个词我听过成百上千遍。我举几个例子,看看"撼撍"一词是如何使用的。如:农民甲种了一畦西红柿,长势不错,可总被小孩们偷吃。农民乙夸赞说:"你那柿子长得不错呀。"农民甲叹了口气说:"是不错,可有啥用,还不够娃列(娃们)撼撍呢!"农民丙刚从集上给儿子买了两只小兔子,

---

①徐中舒主编:《汉语大字典》,成都:四川辞书出版社、武汉:湖北辞书出版社,1993年版,第821页。

准备让他当作宠物来养。可孩子觉得新鲜，老用手去摸。农民丙便责怪说："你撼撍啥呢，就不能停会吗？"农民丁带几个孩子去走亲戚。孩子们不安分，在亲戚家总是动这摸那。农民丁便批评说："你们那几只穷手就非撼撍不行吗？"在这几种语境中，"撼撍"一词均指"手动"，且用在对负面动作的批评之中。

让我困惑不解的，是家乡方言对"撍"字的读音。它在上述语境里全读作《汉语大字典》释义为"摘"时的"qián"，而不读作释义为"手动"时的"zǎn"，故"撼"字和"撍"字组成词语"撼撍"时，方言读音为"hànqián"。这既不同于《汉语大字典》的注音，也异于敦煌写本的反切音。为何会这样？我没有能力给予解释，恳望识者赐教。

（此文系首次发表）

释吐鲁番文书中的"影名"

迄今为止，我们在吐鲁番古墓出土的唐代官文书中，两次遇见了"影名"一词。然而，颇具权威性质的《辞源》和《汉语大词典》均未以"影名"设立词条。这就有必要对该词的确切含义进行探索和诠释，以便准确把握其意义。

下面，先对"影名"一词出现的官文书进行节录，了解其在文书中使用的语境，进而讨论其意义。

《文物》2016年第6期刊发了张荣强、张慧芬的《新疆吐鲁番新出唐代貌阅文书》，文中原文书释文有云：

> 右奉处分：令今月十七日的入乡巡貌。前件色帖至，仰城主张璟、索言等火急点检排比，不得一人前却，中间有在外城逐作等色，仍仰立即差人往追，使及应过。若将小替代，影名假代，察获一人以上，所由各先决重杖册，然后依法推科。[1]

阿斯塔纳五〇九号墓出土《唐开元二十一年（733）西州都督府案

---

[1] 张荣强、张慧芬：《新疆吐鲁番新出唐代貌阅文书》，《文物》2016年第6期，第80—89页，引文见第80页右，文书图版见该期封二。

卷为勘给过所事》有云：

> 又问王仙得款：去年十一月十日，经都督批得过所，十四日至
> 赤亭镇官勘过，为卒患不能前进，承有债主张思忠过向州来，即随
> 张忠驴驼到州，趁张忠不及，至酸枣戍，即被捉来。所有①不陈却
> 来行文，兵夫不解，伏听处分。亦不是诸军镇逃走及影名假代等
> 色。如后推问，称不是徐忠作人，求受重罪者。②

据研究，以上两件均为唐开元年间的官府文书。不难看出，"影
名"一词出现于文书的罚则和保证部分。前云"若将小替代，影名假
代"，将被"依法推科"；后曰："亦不是诸军镇逃走及影名假代等色。
如后推问，称不是徐忠作人，求受重罪者。"体现出要求或保证相关事
宜的绝对真实性，不得"影名假代"。"影名"既与"假代"连用，则
其含义当与造假相关。

王启涛先生在《吐鲁番出土文书词语考释》一书中列有"影名"
一词并予解释，同时也提供相关的书证。王氏曰："影名，隐藏名字。
'影'有'隐藏'义。S.3227《韩朋赋》：'皎皎明月，浮云影之。'《韩
擒虎话本》：'五道将军唱诺，影灭身形。'"③王氏释"影"为"隐藏"
并引用这两条变文书证，是相对正确的认识。因为上述两个"影"字
确有遮蔽或隐藏义。不仅如此，就是在当代民间方言里，"影"字仍有
"遮住""挡住"的意思。如在我家乡山西稷山县，你可以听到这样的

---

①"所有"当校作"所由"，意为"基层官吏。特别是指县府等具体负责某项事物的基层官
　员。"见王启涛：《吐鲁番出土文书词语考释》，成都：巴蜀书社，2005年版，第505页。
②唐长孺主编：《吐鲁番出土文书》(图文对照本)第四册，北京：文物出版社，1996年版，第
　293页。
③王启涛：《吐鲁番出土文书词语考释》，成都：巴蜀书社，2005年版，第698—699页。

话："日头（太阳）被黑云影住了。""你往边上站一点，别影住我。"但"影"字并非仅有"隐藏"或"遮蔽"一义。阿斯塔纳五〇九号墓同出《唐西州天山县申西州户曹状为张无场请往北庭请兄禄事》有云："欲将前件人畜往北庭请禄，恐所在不练行由，请处分者。责问上者，得里正张仁彦、保头高义感等状称：前件人所将奴畜，并是当家家生奴畜，亦不是詃诱影他等色。如后有人纠告，称是詃诱等色，义感等连保各求受重罪者。"①"詃诱"即欺骗诱惑，但"影他"却不能释作"隐藏他人"或"遮蔽他人"，只有理解为"冒充他人"，方与上下文义契合。

至于将"影名"释作"隐藏名字"，恐怕也有再思考的余地。《汉语大词典》立有"影占"词条，给出三个义项：1.谓虚占人户或田产，使逃避赋役、税收；2.冒认占有；3.遮掩，隐蔽。②由此可见，"影"字与"占"字构成一个词时，"影"字有"虚""冒"的意义。同理，"影"字与"名"字构成"影名"这个词时，其义也就是"冒名"；"影名假代"也就是现代汉语里常说的"冒名顶替"。在稷山方言里，"影名"一词今日仍频频出现。如说："他影名来看我，其实是想向我借钱。""他影名走亲戚，背地里却去告状。"据老友葛承雍教授见告，西安地区也有同样的说法。如果将这一说法归纳为句式，便是："以什么为名义，实际上却干别的事情。"当然，这个"名义"自属伪托，未曾改变其假冒性质。"影名"一词在当代汉语里的这一用法，至多也只是对其原始含义的延伸和扩大而已。

（原载《吐鲁番学研究》2017年第2期，第43—44页）

---

①唐长孺主编：《吐鲁番出土文书》（图文对照本）第四册，北京：文物出版社，1996年版，第334页。

②罗竹风主编：《汉语大词典》第3册，上海：汉语大词典出版社，1989年版，第1133页。

敦煌小说中的活俚语

　　近年来，我用较多的精力关注敦煌吐鲁番文献中的方言、方音和俚语，探究一些词语在相关文献中的确切含义，先后发表过几篇文章。迄今为止，我所听到的语言学界的反应有两种：一种是不予认同，认为这条路子不对；另一种则认为这是积极的探索，而且用方言俚语解决疑难问题，路子是对的，所得结论也是正确的。至于我本人，则依然坚定地走在自己的路上。我相信时间会给出符合实际的结论。

　　这篇小文力图解释敦煌小说中的几个活俚语，至于哪些敦煌文献属于小说，我是外行，仅以窦怀永、张涌泉二位教授的《敦煌小说合集》①为标准。本文研究范围限定在此书内，确定其中包含的、今天仍在现实生活中使用的方言俚语的含义。

　　（1）板齿。《搜神记》（一）田昆仑条："王又游猎野田之中，复得一板齿，长三寸二分，赍将归回，捣之不碎。又问诸群臣百官，皆言不识。遂即官家出敕，颁宣天下：'谁能识此二事，赐金千斤，封邑万户，官职任选。'尽无能识者。时诸群臣百官，遂共商议，唯有田章一人识之，余者并皆不辩（辨）。官家遂发驿马走使，急追田章到来。问曰：'比来闻君聪明广识，其事皆知。今问卿天下〔有〕大人不？'田

_____

①窦怀永、张涌泉汇辑校注：《敦煌小说合集》，杭州：浙江文艺出版社，2010年版。

章答曰：'有。''有者谁也？''昔有秦故彦（胡亥）是皇帝之子，当为昔鲁家鬪（鬪）战，被损落一板齿，不知所在，有人得者验之。'官家自知身得。"①这段文字中，共出现两次"板齿"。《敦煌小说合集》未加注释，显然认为这是容易理解之词。《汉语大词典》设"板齿"词条，释云："指门牙。唐·杜甫《戏赠友》诗之一：'一朝被马踏，唇裂板齿无。'章炳麟《驳康有为论革命书》：'野蛮人有自去其板齿而反讥有齿者为犬类，长素之说，得无近于是邪？'"②诗圣杜甫原籍湖北襄阳，后移居河南巩县，足迹又遍于唐代的长安与剑南，他使用"板齿"一词，说明唐时此词是一个普通口语词。章太炎先生是浙江余杭人，他用"板齿"一词，说明当代江浙一带仍在使用。《现代汉语词典》从现代科学角度设立"门齿"一条云："上下颌前方中央部位的牙齿。人的上下颌各有四枚，齿冠呈凿形，便于切断食物。统称门牙，有的地区叫板牙。"③而在我的家乡山西稷山县恰称"板牙"。"板齿""板牙"其实一也，均指门牙。

（2）绊。《搜神记》（一）："昔孔子游行，见一老人在路，吟歌而行。孔子问曰：'验（脸）有饥色，有何乐哉？'老人答曰：'吾众事已毕，何不乐乎？'孔子曰：'何名众事毕也？'老人报曰：'黄金已藏，五马与（已）绊，滞货已尽，是以毕也。'孔子曰：'请解其语。'老人报曰：'父母生时得供养，死得葬埋，此名黄金已藏；男已娶妇，此名五马与（已）绊；女并嫁尽，此名滞货已尽。'孔子叹曰：'善哉，善哉，此皆是也。'"④其中的"绊"字，《汉语大词典》释义曰："拴缚

① 窦怀永、张涌泉汇辑校注：《敦煌小说合集》，杭州：浙江文艺出版社，2010年版，第127—128页。
② 罗竹风主编：《汉语大词典》第4册，上海：汉语大词典出版社，1989年版，第866页。
③ 中国社会科学院语言研究所词典编辑室编：《现代汉语词典》（2002年增补本），北京：外语教学与研究出版社，2002年版，第1321页。
④ 窦怀永、张涌泉汇辑校注：《敦煌小说合集》，杭州：浙江文艺出版社，2010年版，第131页。

马足的绳索；拴缚。《诗·周颂·有客》：'言授之絷，以絷其马。'汉·郑玄笺：'絷，绊也。'《左传·襄公二十八年》：'庆氏之马善惊，士皆释甲束马。'晋·杜预注：'束，绊之也。'"①由此可知，"绊"是拴住、束缚之义。文中与孔子对话的老人，说他儿子"五马已绊"，即是说儿子已婚，被家庭拴住，不再是光棍汉，自然也就没有光棍汉的自由了。有趣的是，在我的家乡（山西稷山县），把儿子已娶或女儿已嫁，统称作"儿了女绊"。因当地方言 b、p 不分，如"办法"说成"pàn fǎ"，这个"绊"字也说成"pàn"。岁数稍长的中年人在一起闲聊，一个人在说另一个人时可能会说："你可轻省了，儿了女绊的。"自然是说后者儿已婚、女已嫁，不再为儿女操心了。但从"绊"字的原始用意看，最初是用在儿子身上的（"五马已绊"），经过千余年的语言演化，在我老家却用在女儿身上了（"儿了女绊"）。不过，从字义上来讲，均是指已经完婚成家，对儿对女没有区别。于此不仅可以看出语言的延续性，也能看出其变异性，这是很有趣的事。

（3）不娄。《韩擒虎话本》："［任］蛮奴心口思微（惟）：'若逢五虎拟山之阵，须排三十六万人伦（抡）枪之阵，击十日十夜，胜败由（犹）未知。我把些子兵士，似一片之肉入在虎齘，不娄咬嚼，博嗟之间，并乃倾尽。我闻公（功）成者去，未来者休，不如捣弋（倒戈），卸甲来降。'思量言讫，莫不草绳自缚，黄麻半（绊）肘，直到将军马前。"②文中"不娄咬嚼"之"不娄"，《合集》校曰："娄，当为'夥'之同音借字，'多''够'之义。说详《通释》'娄'字条。"③而前辈蒋礼鸿先生在《敦煌变文字义通释》中，释"娄""喽""嵝"三字曰：

---

① 罗竹风主编：《汉语大词典》第9册，上海：汉语大词典出版社，1992年版，第797页。
② 窦怀永、张涌泉汇辑校注：《敦煌小说合集》，杭州：浙江文艺出版社，2010年版，第470页。
③ 窦怀永、张涌泉汇辑校注：《敦煌小说合集》，杭州：浙江文艺出版社，2010年版，第480页校注［八二］。

多；够。大目乾连冥间救母变文："前路不娄行即到。"（页728）《龙龛手鉴》："夥，力口反，多也。""娄"与"夥"同，"不娄"就是不多。多义引申则为够，所以《龙龛手鉴》解"夠"为"多也"，"夠"就是"够"字。燕子赋："伊且单身独手，喽我阿荠蘖斫！"（页249）意谓燕子孤单，够不上要我如何蘖斫，是很容易对付的（参看释虚字篇，"阿荠"条）。韩擒虎话本："我把些子兵士，似一斤（片）之肉，入在虎齘，不蝼咬嚼，博（嘓）嗤之间，并乃倾尽。"（页202）"不蝼咬嚼"即不够咬嚼。"喽""蝼"也都和"夥"意义相同。[1]

蒋先生释"不蝼"为不够义，无疑是正确的见解，不过，却绕了一点弯子。"不夥"迄今仍是一个在民间使用的口语词。如在我家乡山西稷山县，一位妇女做好了饭，要管几个人吃。她丈夫一看嫌少，说："这点饭怎能行，还不夥老张那家伙一个人吃！"又如，有一堆土要铲掉，主家雇了两个人。先到的那位看了一眼说："这点活还不夥我一个人干的！"这两种语境中，"不夥"均是"不够"义。又据北京顺义区长大的老伴见告，北京地区也有同样的说法，意思完全相同。由是亦可知，"不夥"本身就是一个口语词，应当作为一个词来解释，不宜分开作解。

（4）飡啜。《叶静能小说》："静能曰了，即策杖寻途，不经旬日，便至长安，且见玄都观内安置。徒经一月，不出院内，只是弹琴长啸，以畅其情。观家奴婢，往往潜看，不见庖厨，亦无飡啜之处。"[2]句中

---

[1] 蒋礼鸿：《敦煌变文字义通释》（第四次增订本），上海：上海古籍出版社，1988年版，第390页。
[2] 窦怀永、张涌泉汇辑校注：《敦煌小说合集》，杭州：浙江文艺出版社，2010年版，第444页。

"湌"为"餐"之异体字，当然指吃饭。"啜"字今音为"chuò"，指饮水、饮茶之类。但"啜"字古义亦指吃饭。《说文·口部》："啜，尝也。"《尔雅·释言》："啜，茹也。"《广韵·释诂》："啜，食也。"总之，"无餐啜之处"就是没有吃饭的地方。"餐啜"这个词，如今在我家乡民间仍在使用，但多用指小孩子在餐桌上没规矩，吃得狼藉一片。比如，一位妻子做好了晚饭，等候丈夫下地回来，全家人一起用餐。可是，她稍一疏忽，几个孩子却先吃喝起来。这位母亲生气地指责道："你爹还没吃饭，你们几个就餐啜成这个样子了，太不懂事！"自然，餐啜仍然指吃饭。中国北方民间常说"美美地啜（chuò）一顿"，"啜"字也是指吃饭。但在山西稷山县，这个"啜"字读音却是"duò"。我不知道，这是方音所造成，还是古音就该读"duò"？《叶静能小说》的作者写这篇作品时，是按照什么音来用"餐啜"一词的呢？希望有关学者亦作思考。

（5）落喧。《启颜录》第24则："河东下里风俗，至七月七日，皆令拜贺阿家，似拜岁之礼，必须咒愿。有一新妇咒阿家云：'七月七日新节，瓜儿匏子落喧。愿阿家宜儿，新妇宜薛'（河东人呼婿为薛）。"①句中"落喧"一词，我已有专文讨论，②说明这是指年轻妇女孩子尚小、拖儿带女的一种状态，此处不再赘述。

（原载郝春文主编：《敦煌吐鲁番研究》第十九卷，上海古籍出版社，2020年版，第169—172页）

---

① 窦怀永、张涌泉汇辑校注：《敦煌小说合集》，杭州：浙江文艺出版社，2010年版，第11页。
② 邓文宽：《释敦煌本〈启颜录〉中的"落喧"》，载郝春文主编：《敦煌吐鲁番研究》第十八卷，
　上海：上海古籍出版社，2019年版，第261—263页。

王梵志诗中的活俚语

敦煌写本王梵志诗充满浓郁的生活气息，至少其中的一部分显然是来自民间的作品。作者不仅熟稔社会底层百姓的衣食住行、人情理道，而且使用了许多俗词俚语，就更增强了其中蕴含的泥土味道。或者可以说，如果这部分诗的作者是同一个人的话，那么他本身就是草根阶层的一员。

我在阅读王梵志诗的时候，发现其中一些俚语在当代民间依旧存在并使用。从这些俚语的当代意义，可以帮助我们进一步理解王梵志诗中同一语言的确切含义。这里要特别说明的是，我所依据的是山西稷山方言。那里是我的故乡，23岁之前我一直在晋南生活，加之家在农村，出自草根，对一些民间俚语比较熟悉。虽然我已离开那块土地45年，但一些俚语我不仅仍旧懂得其意义，还照样会说。现在我把这些活俚语的意义和用法写出来，供治王梵志诗的学者们参考。如果有误，还望项楚教授和博学通人不吝赐教。

以下所引王梵志诗的文字和诗歌序号，均据项楚先生《王梵志诗校注》（增订本）[①]一书。

（1）第〇〇七首《大有愚痴君》内云："死得四片板，一条黄衾

---

①项楚：《王梵志诗校注》（增订本），上海：上海古籍出版社，2010年版。

被。"①

　　项楚先生注曰："四片板：棺材。"甚是。在没有实行火葬的地方，死者一般要装入棺材后再下葬。棺材在稷山民间被叫作"板"，做棺材叫作"做板"，预备下棺材叫作"备下了板"。然而，一副棺材有上、下、左、右、前、后六个面，为何叫作"四片板"，而不称作"六片板"呢？这是由于棺材的上下左右属于长条形木板，而前后两个小块木板基本是方形，被叫作"回头"，其余四块长条形木板被说成是"四片板"。故此，棺材被简称作"板"，或叫"四片板"。

　　（2）第○一○首《夫妇相对坐》有句云："死入土角觿，丧车相勾牵。"②

　　项楚先生注曰："土角觿：此处指坟墓。（中略）'角觿'即今语'角落'。"义有可商。《康熙字典》在给"觿"作注时，曰："又《广韵》：'屋角也。'或作'觽'。"说明二字的字形可以互代；又引《集韵》曰："乙角切，丛音，渥。"又说明"觿"一定条件下也可以读作"渥"。在稷山话里，"角觿"连读作"给渥"，意思是"坑"。土坑叫"土角觿"，水坑叫"水角觿"。又比如，一个人腿肿了，医生用手压一下，就会出现一个小坑，这个坑也叫作"角觿"。由此可知，王梵志诗中的"土角觿"乃土坑之意。在作"角落"意义的情况下，稷山话"觿"字音"落"，但那却是另一种含义了。

　　（3）第○三五首《朹朹贪生业》："朹朹贪生业，憨人合脑痴。漫作千年调，活得没多时。"第一○六首《兀兀身死后》："兀兀身死后，冥冥不自知。为人何必乐，为鬼何［必］悲。"第一五一首《愚夫痴朹朹》："愚夫痴朹朹，常守无明窟。沉沦苦海中，出头还复没。"第二八

---

①项楚：《王梵志诗校注》（增订本），上海：上海古籍出版社，2010年版，第28页。
②项楚：《王梵志诗校注》（增订本），上海：上海古籍出版社，2010年版，第42页。

五首《兀兀自绕身》："兀兀自绕身，拟觅妻儿好。切迎打脊使，穷汉每年枏。"第三一三首《众生头兀兀》："众生头兀兀，常住无明窟。心里唯欺谩，口中佯念佛。"①依据本文的写作次序，第〇三五首在前，其余四首在下面几例将要讨论的问题之后，但为着方便，现将这五首放在一起讨论。

不难看出，这五首王梵志诗中都用了"兀兀"这个词（"杌杌"同"兀兀"）。由于这个词依序在第〇三五首首次出现，故项楚先生于此优先做出详解："杌杌：同'兀兀'，昏昧貌。《史记·魏其武安侯列传》：'且帝宁能为石人邪？'张守节正义：'颜师古云："言徒有人形耳，不知好恶。"按：今俗云人不辨事，骂云杌杌若木人也。'"又引白居易《对酒》诗："所以刘阮辈，终年昏兀兀。"再引寒山诗："大海水无边，鱼龙万万千。递互相食啖，冗冗痴肉团。"注曰："'冗冗'亦应作'兀兀'。"在其后四首王梵志诗"兀兀"出现时，项先生或云"昏昧"，或云"昏愚"，或云"头脑昏愚"，并均以第〇三五首的解释为参考。换言之，项先生认为，这五首王梵志诗中的"兀兀"均是一个意思，即"昏昧"。这个理解恐有可商之处。

在稷山话里，"兀兀"有两个意思，现举例如下：一是如项先生所理解的"糊涂、昏昧"。比如，民间在议论某个人时说："那人滞滞兀兀的。""滞滞"是指不通畅，"兀兀"是糊里糊涂、不明白。但"兀兀"还有另一种用法。比如有人描述一个女人跳着脚骂大街时会说："那女人兀兀地蹦着高高骂哩。"即她使出全身力气，可着劲地大骂。显然，这时"兀兀"就不能做"昏昧"解了，只能是使大力气，用最大的劲了。就是在唐代，"兀兀"也并非只有一个意思，有时也作勤

---

①项楚：《王梵志诗校注》（增订本），上海：上海古籍出版社，2010年版，分别见第122、273、376、602、643页。

奋、努力、勤勉解。韩愈在《进学解》中有云："记事者必提其要，纂言者必钩其玄。贪多务得，细大不捐。焚膏油以继晷，恒兀兀以穷年。先生之业，可谓勤矣。"[1]品味上下文义，这个"兀兀"除勤奋、勤勉义，恐难有别解。此外，我们注意到，同样是韩愈，又在《答张彻》诗中，将"兀兀"用作"昏沉"义："觥秋纵兀兀，猎旦驰駧駧。"[2]"昏沉"与"昏昧"义有相通之处。所以，即便是在唐代，"兀兀"也并非只有"昏昧""昏愚"一义。由此反观王梵志诗中"兀兀"一词，亦恐非只有"昏昧"一义。就拿〇三五首"杌杌（兀兀）贪生业"一句来看，将"兀兀"理解成"昏昧"则很难解通。若"昏昧"，则不会"贪"求生业。上引韩愈《进学解》有"贪多务得，细大不捐。焚膏油以继晷，恒兀兀以穷年"，"贪"与"兀兀"亦是并用。故王梵志诗中此处恐当理解成"努力、勤苦、使劲"，方可与"贪生业"连义。由于诗人反对这么生活，下句才判断这是傻瓜干的蠢事（"憨人合脑痴"）。再看第二八五首"兀兀自绕身"句。"绕身"一词项先生未解，古代是指将装金银或钱币用的袋子缠在腰上。唐·王建《远将归》诗有句云："但令在舍相对贫，不向天涯金绕身。"[3]王梵志诗此句的意思是，努力赚钱使自己腰缠万贯，也就是成为富人。显然，此处"兀兀"并非昏昧义，同样是"努力、勤苦、使劲"的意思。如此，方与下句"拟觅妻儿好"相接，亦即让妻儿过上好光景。至于第一〇六、一五一、三一三这三首诗中的"兀兀"，仍依项先生所解为"昏昧"，则通畅无碍。总之，王梵志诗中的"兀兀"一词，恐不止"昏昧"一种意义，应再加思考。

（4）第〇七七首《兄弟义居活》："兄弟义居活，一种有男女。儿

①影印本《全唐文》，北京：中华书局，1983年版，第5646页下栏。
②《全唐诗》，北京：中华书局，1960年版，第3780页。
③《全唐诗》，北京：中华书局，1960年版，第3387页。

小教读书，女小教针补。儿大与娶妻，女大须嫁去。当房作私产，共语觅嗔处。好贪竞盛吃，无心奉父母。"①

项楚先生注"竞盛"之"盛"云："音成，舀饭入碗叫'盛饭'。""竞"字当然是"争"的意思。依此，上下文义便是争着盛饭吃了。在稷山话里，"竞盛"是一个词，指争、抢。比如，有几个人为一件利益相关的事情争执不下，劝他们的人就会说："都是熟人，竞盛啥哩，互相让一下不就了了吗？"所以，王梵志诗中的"好贪竞盛吃"，是说人贪婪，争着抢着吃，只顾自己，才有下句的"无心奉父母"。这里的"盛"字音"胜"，当与"竞"字连解，与具体的盛饭动作恐无关系。

（5）第一八六首《欲得于身吉》："欲得于身吉，无过莫作非。但知牢闭口，祸去阿你来。"②

末句"阿你"项楚先生注云："即'你'。'阿'为用在人称代词前之语助词。"恐非是。我们熟知敦煌写本中"阿谁"用例极夥。但王梵志诗此句中的"阿"当读作"讹"。此二字在稷山俚语里同音，故用"阿"代"讹"。"讹"字此处意为"赖"，即主动缠上，赖住不放。《水浒传》里的泼皮牛二，今日都市里以"碰瓷"讹人的家伙，都是赖鬼。末二句是说，祸从口出，只要你牢记闭口不言，自然就不会有祸害找上门来。由此而言，末句也当以问号断句。虽是设问，但实际却是肯定语气。

（6）第二〇七首《有钱莫掣撅》："有钱莫掣撅，不得事奢华。乡里人儜恶，差科必破家。"③

项楚先生注云："掣撅：应同'挥霍'，即下句奢华之意。"恐有可商。由于稷山话ɑ、e不分，所以民间将"掣撅"说成"赛撅"（我仅

①项楚：《王梵志诗校注》（增订本），上海：上海古籍出版社，2010年版，第215页。
②项楚：《王梵志诗校注》（增订本），上海：上海古籍出版社，2010年版，第418页。
③项楚：《王梵志诗校注》（增订本），上海：上海古籍出版社，2010年版，第443页。

记其音），意思是自满、自大、炫耀、自我膨胀，类似今人常说的东北话"得瑟"。所以"有钱莫掣摧"，就是有钱了，日子过富了，别自满自大，自我炫耀，是劝人要低调做人之意。如果其意是"挥霍"或"奢华"，那么上下二句意义便重复了，这也不符合诗文的一般写法。

（7）第二〇八首《他贫不得笑》："他贫不得笑，他弱不得欺。但看人头数，即须受逢迎。"[①]

项楚先生注"人头数"云："潘重规《王梵志诗校辑读后记》曰：人头数，犹言'只算是人''任何一个人'。"项先生则认为"'人头数'即人数……'头数'即数目"，并举了许多书证。恐有未谛。潘重规先生的意思是说，只要看在他是个人的份上，就该受到逢迎；项先生认为只要看在人的数目上，就该受到逢迎。这两种解释，与上下文义都难贯通。稷山话"头数"是"以前""过去"之义。所以，第二〇八首四句诗的意思是说，不要笑话别人贫苦，更别欺负弱者；他现在穷，但过去不一定就穷。你只要看看人家过去的光景，就该以礼相待。此首诗是劝人不要嫌贫爱富，看人眼光不可势利。

（8）第二一一首《贫人莫简弃》有句云："贫人莫简弃，有食最须呼。"[②]

项楚先生注云："简：选择、区别。"此处似当以"简弃"为词作注。《汉语大词典》"简弃"一词释义曰："捡除；抛弃。"[③]又引了三条书证：晋·葛洪《抱朴子·交际》："或有矜其先达，步高视远，或遗忽陵迟之旧好，或简弃后门之类味。"唐·韩愈《上贾滑州书》："简弃诡说，保任皇极。"宋·沈作喆《寓简》卷六："望之（人名）世所简弃。"应该说解释得很清楚，所举书证亦称允当。在稷山话中，"简弃"

---

①项楚：《王梵志诗校注》（增订本），上海：上海古籍出版社，2010年版，第444页。

②项楚：《王梵志诗校注》（增订本），上海：上海古籍出版社，2010年版，第447页。

③罗竹风主编：《汉语大词典》第8册，上海：汉语大词典出版社，1991年版，第1255页。

即嫌弃之义。因此，此处"贫人莫简弃"亦即不要嫌弃穷人，于是下句才说"有食最须呼"，即有了食物最须叫来共享的便是穷人。

（9）第二三三首《经纪须平直》："经纪须平直，心中莫侧斜。些些微取利，可可苦他家。"[1]

项楚先生注云："些些：少许。"第一六四首诗有句"纵有些些理，无须说短长"，项注亦解作"少许"，均是。这里我要补充供参考的是，稷山话里有"些微"一词，也是少许、一丁点儿的意思。比如有兄弟二人，老大日子过得差，老二富裕，却不关心哥哥。于是有相熟的人劝老二说："你腰那么粗（指光景好过），些微给你哥一点，他就不那么苦了。"这个"些微"就是少许的意思，应该与王梵志诗中的"些些微"意义相通。至于引文末句的"可可"二字，项先生注云："稍稍。"恐有可商。愚意以为此处"可可"当作"恰恰"或"恰就"讲。元人武汉臣《生金阁》第一折："今日买卖十分苦，可可撞见大官府。"这个例证虽晚，但亦可见其义。此首王梵志诗的意思是说，买卖人提秤要平直，心里别起邪念，往有利于自己的一边倾斜。你虽然仅是多取了一丁点儿利，恰恰就苦了"他家"（指与你做买卖的人）。做"稍稍"解就不易通读了。

（10）第二四二首《家贫从力贷》："家贫从力贷，不得嬾乖慵。但知勤作福，衣食自然丰。"[2]

项楚先生注云："乖慵：懒惰。"按，"乖慵"稷山话只说"乖"，即乏力、没精神。比如说："我乖的。"意思就是我感觉累，没精神。"嬾"字同"懒"，指不勤劳吃苦。如果"乖慵"也仅是一般所言懒惰，那与其前面的"懒"字便毫无差别，叠床架屋了。所以，乏力、没精

①项楚：《王梵志诗校注》（增订本），上海：上海古籍出版社，2010年版，第472页。
②项楚：《王梵志诗校注》（增订本），上海：上海古籍出版社，2010年版，第486页。

神可能更合其义。由此可知，上下二句的意思是说：日子不好要自己出力去做，不能发懒，说什么自己身体不济、乏力、没精神、没力气。这或许更贴近王梵志诗的原义。

（11）第二六八首《心恒更愿取》有句云："（前略）腰似就弦弓，引气急喘嗽。口里无牙齿，强嫌寡妇丑。"①

项楚先生注云："就弦弓：上弦之弓，比喻弯曲。"句义是说出来了，但"就"字含义却未了。"就"是"瘇"的方音替代字。稷山话中，"瘇"乃"缩"义。一件新衣服洗过几遍就收缩了，那里的人们便说衣服"瘇了"，也就是缩了。同理，用在形容人体，年老后身躯收缩，脊柱弯曲，形似拉开了的弓，自然也就是"瘇"了。所以，"瘇弦弓"就是收缩起弦的弓。这个"瘇"字用得甚妙，将人的老态活生生地刻画了出来。

（12）第二六九首《富饶田舍儿》有句云："追车即与车，须马即与马。须钱便与钱，和市亦不避。索面驴驮送，续后更有雉。官人应须物，当家皆具备。"②

项楚先生注云："雉：山鸡，按古代士以雉为见面礼，见《周礼·春官·大宗伯》：'士执雉。'"以下列举了大量古代士人以"雉"为见面礼的书证，最后又说："后世以雉为礼，不必限于'士'也。"可是，王梵志诗此处所言并非"士"或普通人以"雉"（即山鸡）作为互相往来的见面礼，而是遭受官府胥吏的强迫索求，要啥便须给啥，车、马、钱、面、雉，"官人应须物，当家皆具备"。依此，愚意以为，此处"雉"并非专指山鸡，而是泛指鸡。我家住在吕梁山脚下，山上有山鸡（雉），其羽毛可做戏装冠上装饰用的翎子，我自小就见过。在稷山县，

---

①项楚：《王梵志诗校注》（增订本），上海：上海古籍出版社，2010年版，第548页。
②项楚：《王梵志诗校注》（增订本），上海：上海古籍出版社，2010年版，第553页。

家鸡就叫作鸡，但在西边紧邻的河津县（今河津市），民间叫普通家鸡为雉（zhì）。儿时开春缺菜，便有河津人推着刚刚割下的韭菜到村里换鸡蛋，"一斤韭菜换三个雉蛋"的叫卖声至今在耳。自然，人们用来换韭菜的也只是普通家鸡蛋，而非山鸡特产的蛋。再从这首诗的上下用韵看，"避""雉""备"叶韵，故此处"雉"也当读作"鸡"，而非其本音"zhì"。

（13）第三二七首《凡夫真可念》："凡夫真可念，未达宿因缘。漫将愁自缚，浪捉寸心悬。任生不得生，求眠不得眠。情中常切切，燋燋度百年。"①

项先生注云："燋燋：同'焦焦'，形容思虑烦苦，如火灼心。"甚是。稷山话只说一个"燋"字。比如说："王五日子过得燋的。"那意思是，王五日子不好过，光景很差，整日愁烦，没好心情。也可说成是："王五光景燋的。"都是同一个意思。

（14）第三五〇首《俗人道我痴》有句云："俗人道我痴，我道俗人〔骏〕。两两相排拨，喽啰不可解。"②

项先生注云："骏：痴、愚。《汉书·息夫躬传》：'左将军公孙禄、司隶鲍宣皆外有直项之名，内实骏不晓政事。'"在稷山话里，"骏"不完全指愚、痴，而是指固执、不灵活、一根筋。比如，一个人去商店购物，他差几毛钱，老板大气地说："没关系，算了。"可是购物者过了几天又去送这几毛钱。知道此事的人便说："那是个骏人。"或者说："这人做事太骏板。""骏板"也就是死板、不灵活的意思。这种人很多时候坚持一是一、二是二，不好通融，于是被视作"骏人"，也就是呆板的人。显然，这个"骏"字既有愚痴之义，也有死板、不灵活

---

① 项楚：《王梵志诗校注》（增订本），上海：上海古籍出版社，2010年版，第664页。
② 项楚：《王梵志诗校注》（增订本），上海：上海古籍出版社，2010年版，第698页。

义。至于项注所引《汉书·息夫躬传》中的"直项"一词,"项"音"gēng",至今仍存在于稷山俚语中,指人说话过实,不会拐弯,处世耿介。当然,这已超出本文的讨论范围了。

王梵志诗中还有一些俗词俚语,我也不懂得其意义和用法,只好俟诸来者了。

（原载饶宗颐主编:《敦煌吐鲁番研究》第十六卷,上海古籍出版社,2016年版,第13—19页）

敦煌本《字宝》中的活俚语（平声）

敦煌写本《字宝》（又名《碎金》）是一部极为难得的方言辞书，迄今共获得九个编号的写本。[①]该书一卷，分平、上、去、入四部分，收词420余个，均是"不在经典史籍之内，闻于万人理论之言，字多僻远，口则言之，皆不之识"；生活中人们也常感觉"言常在口，字难得知"。[②]编者有感于此，于是广事搜求，又参考众多字书，编辑较量，裒成一卷，供天下人使用。正因其有此特殊价值，当代语言学家们就格外重视，姜亮夫、周祖谟、潘重规诸前辈，朱凤玉、张金泉、许建平、张涌泉、关长龙等当代学者，均注目于此，用力甚勤，成果斐然。另一方面，我也觉察到，学者们尚未措意这些语词与现代方言的关联。由于我少时在晋南农村生活，故对晋南乃至关中地区的一些方言俚语有所认知。而从这些语词的现代方言意义反观《字宝》，不仅对相关语词的确切含义，而且对这些方言词的产生地域获得更加深入和真切的认识。职是之故，我将自己的一得之见写出来，供语言学者们参考，或许对各位的研究能起些许补充作用。需要说明的是，我仅能读懂其

[①] 详见张涌泉主编、审定：《敦煌经部文献合集》第 7 册，北京：中华书局，2008 年版，第 3712 页。该册由张涌泉、关长龙合撰，《字宝》即其中一部分。

[②]《郑氏字宝·序》，录文见张涌泉、关长龙撰：《敦煌经部文献合集》第 7 册，北京：中华书局，2008 年版，第 3723 页。

中的小部分，绝大多数仍不在我的认知范围内。本着"知之为知之，不知为不知，是知也"的原则，我不作强解，仅就自己有把握的俚语词进行解读。凡此用心，敬请读者见谅。

因原卷依声调分作平、上、去、入四部分，本文循此结构，亦分别为文，以飨同好。以下是属于该辞书"平声"中的一部分。

1. "肥腜体（原注：笔苗反）。又僄。"诸家将"腜"字正作"臕"，甚是。此字即今简体"膘"字。"肥"指肥硕，"膘"指肥肉，"肥膘"指身上肥肉多。人们去买肉时，如果想多带点脂肪，可以说："多给我割点肥膘。"如果说一个人身体肥胖，也可以说："看他（她）那一身肥膘。"至于这个"体"字，它在这里不是与"肥膘"二字连用的，而是说明这二字用指肌体。写卷此类用例极夥，不赘。

2. "目胝眵（原注：上兜，下所支反）。"胝眵即眼屎，也叫"眵目糊"，眼中分泌物也。《玉篇·目部》："胝眵，目汁凝。"但"胝眵"又可作"眵胝"。《说文》："眵，目伤眦也，从目多声，一曰眵兜（叱支反）。"写本作"胝眵"，是否具有地域特征，疑不敢断。但在我的家乡稷山县说成是"眵胝"，则可肯定。此外，由于我家乡声母 d、t 不分，故读音为"chītōu"，而非"chīdōu"。

3. "人瞠眼（原注：丑更反）。""瞠"字《汉语大字典》音 chēng 或 zhèng；[1]但写本 P.2058 作"瞠"，学者认为此即"瞪"字别体，是也。"瞠眼"即怒视，很气愤的样子。比如，在稷山，有两人吵架，一人怒视对方，被怒视者说："你眼窝瞪得跟子蛋子（睾丸）似的，要怎哩?"可见其义。

4. "拑挼（原注：丁兼反）。又战量。""拑"字《汉语大字典》音

---

[1] 徐中舒主编：《汉语大字典》，成都：四川辞书出版社、武汉：湖北辞书出版社，1993年版，第 1049 页。

qián。①诸家认为此字是"掂"字之讹，是。"揣"字音 duǒ，《广雅·释诂三》："揣，量也。"故"掂揣"就是"掂量"。可以用在两个方面：如地上有一袋米，但不知有多重，有人建议说："你掂揣一下就知道得差不多。"另一种场合是，一个人要做一件事，但不知是否能成功或有利可图。这时有人劝他："你好好掂揣掂揣再下手。"这个词，现代汉语是"掂掇"，意即斟酌、估计，②与"掂揣"义同。

5."人眼蒢（原注：音花）。又灯炢。"这个"眼蒢"，并非今日老人需要戴花镜方能看物或看字的"眼花"，而是一种眼病，即眼球上长的黄斑，民间又叫"萝卜蒢"。下句"又灯炢"与此可以比证。20世纪50年代初，我的家乡尚未用上煤油灯，而是使用国人古来就用的铁灯台：有底座，顶部是一圆形小盘，盘里放上植物油，油中放一根用棉花搓成的捻子，捻子头稍稍翘起，点着捻子头就可取亮。但烧得时间一长，捻子头便被烧焦，仅有微亮，这烧焦的部分就是"灯炢"，需要剪掉，才能继续燃油取亮。"灯炢"在捻子中只是小部分，正如"眼蒢"在眼球里也只是小部分，故将这两条放在一起，因其相似也。

6."人嗽唼（原注：即焰反，即愈反）。"《汉语大字典》收了这个词，云："不廉。《广韵》：'嗽，嗽唼，不廉。'"③所言极是。民间说到某人时会说："咿（那）人嗽唼的，不好共事。"意思是那个人比较贪婪，只知为自己着想，不顾及他人利益。

7."䁖眼（原注：古侯反）。"这是指人的眼窝凹陷，现代汉语作"眍"。比如说："咿（那）娃眼窝䁖的。"就是说他眼窝比平常人深陷。

---

①徐中舒主编：《汉语大字典》，成都：四川辞书出版社、武汉：湖北辞书出版社，1993年版，第776页。

②中国社会科学院语言研究所词典编辑室编：《汉英双语现代汉语词典》（2002年增订本），北京：外语教学与研究出版社，2002年版，第432页。

③徐中舒主编：《汉语大字典》，成都：四川辞书出版社、武汉：湖北辞书出版社，1993年版，第296页。

8.“相嫽妭（原注：音寮；下钵）。”《敦煌音义汇考》云：“今作‘撩拨’。”①甚是。此词为挑逗、招惹义，古今义同。如两个孩子耍闹，其中小的那个哭了，大人就批评大孩子：“你撩拨他做啥哩！”又如，一个人招猫逗狗，弄得猫跑狗跳，也会被批评说：“没正事干，胡撩拨啥！”

9.“人娋掠（原注：捎音）。”《汉语大字典》释“娋”曰：“偷。《广韵·肴韵》：‘娋，小娋，偷也。’《字汇·女部》：‘娋，偷也。’”②所释甚当。这是指小偷小摸行为。比如说：“他（她）娋了人家几棵葱，主家才骂得那么难听。”民间是将“娋”字单用的，我未曾听过二字连用。

10.“手搓捻（原注：以哥反）。”“搓”和“捻”是用手干活的两个动作。“搓”是两个手掌相压并转动，使棉线或麻绳之类的松软绳线拧紧；“捻”是用一只手的拇指和食指相压并转动，使细线之类变紧，如：捻毛线。

11.“颗刲（原注：音科落）。”《敦煌经部文献合集》校注六十一云：“疑‘颗’即‘科’的记音字，‘科’字宋代前后有砍、剪之义，与‘刲’义近。”③“颗”正是“科”的方言同音替代字。在稷山方言里，“科举”“科学”之“科”和“颗”，读音均是kuō。“科”字迄今仍有砍、剪之义，如上山挑柴，道路被新长起来的灌木挡住了，就要用镰刀去“科”，也就是砍。又如一棵正在成长的树，枝杈太多，也要用刀具去“科一科”。但“刲”字在方言里存否，我没有印象，不便妄论。

---

①张金泉、许建平：《敦煌音义汇考》，杭州：杭州大学出版社，1996年版，第618页。
②徐中舒主编：《汉语大字典》，成都：四川辞书出版社、武汉：湖北辞书出版社，1993年版，第442页。
③张涌泉、关长龙撰：《敦煌经部文献合集》第7册，北京：中华书局，2008年版，第3738页。

12. "声訒訒（原注：女惊反）。"《敦煌经部文献合集》校注六十二云："《玉篇·言部》：'訒，如陵切，厚也，就也，重也。''訒訒'盖唠叨多言状。"①首先，此条要解释的是"声"即"声音"，并非指人爱唠叨、多言；其次，原注"女惊反"是正确的，即今之"齈"字，指说话鼻音厚重，不清亮干净。比如，一个人要给女孩子介绍对象，那男孩鼻音重，旁人边说："咻（那）娃是个齈齈子。"这在稷山话里是不难听到的。

13. "手挏拽（原注：楚愁反；以结反，又以计反）。"《汉语大字典》释"挏"字云："chōu，其一义为方言，搀扶。"②如一个人想登高，自觉力气不够使，便对身边人说："你挏我一下。"就是希望扶一下。坐在地上起不来，也可请求别人把自己"挏起"。至于"拽"字，原注了两个音：一为 yè，民间也在用，如"用头口（即牲口）拽碨（石磨）"。另一个常用的读音是 zhuài，意即"用力拉"③。比如说："你使劲拽一下就出来了。"至于原卷的读音"以计反"，我未曾听过。

14. "物坳宎（原注：上于交反，乌话反）。"这两个字各自的意思都是指低洼或低洼的地方，④但二字常常连用，如说："那个地方坳宎的，就是种上庄稼也不长。"这个词也可以写作"洼坳"，如白居易《湖亭晚望残水》诗："流注随地势，洼坳无定质。"⑤

15. "人趋趖（原注：七将反）。""趖"字《汉语大字典》标音为

---

①张涌泉、关长龙撰：《敦煌经部文献合集》第7册，北京：中华书局，2008年版，第3738页。

②徐中舒主编：《汉语大字典》，成都：四川辞书出版社、武汉：湖北辞书出版社，1993年版，第813页。

③徐中舒主编：《汉语大字典》，成都：四川辞书出版社、武汉：湖北辞书出版社，1993年版，第785页。

④徐中舒主编：《汉语大字典》，成都：四川辞书出版社、武汉：湖北辞书出版社，1993年版，第183、1139页。

⑤《全唐诗》，北京：中华书局，1960年版，第4753页。

qiāng，义为"行，行貌"。①稷山方言义同。但在民间，我未听到过二字连用，而是"前趌"二字连用。比如，一个人看到有势力的人家盖房子，主家未要他帮忙，他便主动去干活。旁人看不惯便说："你看咻（那）人前趌的，舔哩么（意即像狗一样舔屁股）！"这时，趌字读音近乎qie，因—ng尾脱落又发生音讹所致。

16."獚猳（原注：音麻遐）。"《敦煌经部文献合集》校注第七十五云："'獚猳'的'獚'字其他字书不载，古书与此二字同音的有'顝颜'，又作'廗恳'，义为'难语'或'难制'（《集韵·麻韵》），或即同一联绵词的不同记录形式。"②《汉语大字典》"顝"字条云："顝颜：难语，拗口词。《广韵·麻韵》：'顝，顝颜，难语，出陆善经《字林》。'清胡文英《吴下方言考·佳韵》：'案，难语者，其声不易也。吴中小儿作戏影云：羊顝颜。'"③将"獚猳"释为"难语"与"难制"，显然是参考了吴下方言。不过，《字宝》所记为北方尤其是晋陕方言，同为"獚猳"，意思却别。在稷山，是指事情有麻烦、不顺利、难办。比如，一个青年需要找工作，托了人，但许久也没准信。关心他的人去问他父母，父母会说："不容易，獚猳大的。"这个词在关中地区叫"獚达"，小品演员经常作如是说，与"獚猳"义同。

17."人嚵唆（原注：七官反，索戈反）。"《敦煌经部文献合集》校正为"攛唆"，④是。此即挑唆、怂恿义。如在民间有这样的情景对话：张三犯法进了牢房，邻居中有人说："原本张三干这事决心还不大，都

---

①徐中舒主编：《汉语大字典》，成都：四川辞书出版社、武汉：湖北辞书出版社，1993年版，第1555页。

②张涌泉、关长龙撰：《敦煌经部文献合集》第7册，北京：中华书局，2008年版，第3740页。

③徐中舒主编：《汉语大字典》，成都：四川辞书出版社、武汉：湖北辞书出版社，1993年版，第1826页。

④张涌泉、关长龙撰：《敦煌经部文献合集》第7册，北京：中华书局，2008年版，第3724、3741页。

是李四攃唆的。"

18."手攃搢（原注：七官反）。"《敦煌经部文献合集》认为"搢"是"掇"的形声俗字，[1]即"攃掇"二字，可从。《汉语大词典》给出怂恿、催促、张罗、帮助等几个词义。[2]鄙意以为，《字宝》此处既限定于用"手"，其含义便是指帮助。在稷山方言里，邻居家有大事，如盖房、婚丧嫁娶等非一己之力能够完成的事情，邻人都要积极去"攃掇"，即出力相助。正因有此含义，民间有时也将"攃掇"说成"攃忙"，即帮忙也。

19."人蹅泥（原注：丑加反，足踏泥是也）。"中间一字写本原形下部并非"多"字而是"夕"字，当是形变。《敦煌经部文献合集》校注八十三云："《广韵·麻韵》敕加切：'蹅，缓口，又厚唇也。'此释'足踏泥'，未详所本，'蹅'或为记音字。"[3]《汉语大字典》"蹅"字音 zhā，释义为"厚嘴唇"和"缓口"。[4]此字方言读音恰为 zhā，义为"踏"或"踩"。黄土高原土质黏稠，旧时只要一下雨，满地泥泞，可是又不能绝对不出门，只要一出去，回来鞋上便粘了很多泥水，民间说是"蹅了一脚泥"。或者在雨后，有的地方路面已干，但还有一些小水洼。孩子们淘气，不走干道，偏偏蹚水洼。大人便会批评说："这娃怎不走干道，偏往水里（泥里）蹅哩。"从现代方言可知，此条原字读音和自注"足踏泥是也"，均正确无误，无须旁求索解。

20."膪脄（原注：浦江反）。"此词就是"膪胀"。《龙龛手镜·肉部》："膪胀，腹满也。"人们吃多了不消化，积食腹内，或受寒着凉，

---

①张涌泉、关长龙撰：《敦煌经部文献合集》第7册,北京:中华书局,2008年版,第3741页。
②罗竹风主编：《汉语大词典》第6册,上海:汉语大词典出版社,1990年版,第979页。
③张涌泉、关长龙撰：《敦煌经部文献合集》第7册,北京:中华书局,2008年版,第3742页。
④徐中舒主编：《汉语大字典》,成都:四川辞书出版社、武汉:湖北辞书出版社,1993年版,第238页。

腹部感觉满胀，即云"膪胀"，这在口语里是经常听到的。但这个词在用法上却有三种情况："膪胀"连用，或"膪"与"胀"各自单用，意义无别。

21."相婹婴（原注：菴，乌哥反）。"《敦煌经部文献合集》校注第九十一云："《广韵·覃韵》……：'婹，婹婴，不决。'"[1]《汉语大词典》释"婹婴"作"依违阿曲，无主见"。[2]这两种解释都与该词的方言本义无关。我注意到，《字宝》平声部有"相捱倚""相撩拨""相谩蓦"等条目。凡冠以"相"字者，均指人与人、物与物或人与物的相互关系。因此，"相婹婴"这个词并非指女子"依违阿曲，无主见"。就我所知，它是指物与物的关系。两物相掩，密合无缝隙，就是"婹婴"。比如，冬天下雪了，母亲怕红薯窖窖口没盖好，要儿子去检查一下。儿子看过后，确认没问题，便对母亲说："没事，婹婴着呢。"这个词在乡间用得不少，都是同一个意思。

22."趑趄（原注：鹪蛆）。"《汉语大字典》释"趑"字云：1.音 zì，义为"行走困难"；2.音 cì，义为"行不正"。[3]同书释"趄"云：1.jū，行不进貌；2.qiè，义为偏斜、身斜、斜靠。[4]但在晋南方言里，此二字读作 cījiē，意思是腿脚或手不利索，走路摇晃，歪歪扭扭，或者手抖发颤，不听使唤。唐人韩愈在《送李愿归盘谷序》诗里有句云："足将进而趑趄，口将言而嗫嚅。"所用"趑趄"一词与今日晋南俚语意义无别。同时，我也注意到，这个词在台湾地区现在也有使用。如台湾女作家张晓风在《晓风小传》里说："我唯一知道的是，我会跨步而行，

---

① 张涌泉、关长龙撰：《敦煌经部文献合集》第7册，北京：中华书局，2008年版，第3743页。
② 罗竹风主编：《汉语大词典》第4册，上海：汉语大词典出版社，1990年版，第390页。
③ 徐中舒主编：《汉语大字典》，成都：四川辞书出版社、武汉：湖北辞书出版社，1993年版，第1453页。
④ 徐中舒主编：《汉语大字典》，成都：四川辞书出版社、武汉：湖北辞书出版社，1993年版，第1451页。

或直奔，或趑趄，或彳亍，或一步一蹶，或小步观望，但至终，我还是会一步一个脚印地往前走去。”①

23.“靴鞕鞓（原注：素勾反）。”“靴”指皮靴，“鞓”指皮带。今日“靴”字与古义同，但我没听到过把皮带说成“鞓”的。原注是为中间那个字注的音，方言与此音同。含义是将生皮子加工弄软，方可作为皮料使用。这个变软的过程就是“鞕”。《汉语大字典》释此字云：“《改并四声篇海·革部》：引《川篇》：‘鞕，软皮也。’”②所释允当。这个字当今在方言里仍在使用，意思也未改变。

24.“趖利（原注：音莎）。”《汉语大字典》释“趖”字曰：“suō，《说文》：‘趖，走意，从走，坐声。’”从而给出走义、走貌、太阳星辰偏西下移和走疾四种解释。③就“趖”字读音来说，稷山方言不读suō，恰如写本读作“莎”。但今日口语不说“趖利”，而是说成“利趖”，意即手脚利索，行动敏捷。“趖利”这种说法是否具有地域或时代特征，疑不能定。

25.“人檀駮（原注：上檀，下补角反）。”学者们将后二字校作“弹驳”，甚是。《汉语大词典》将“弹驳”解释为“弹劾驳斥”“犹指摘”。④方言与第二义相合，指一个人爱找茬口，好指责别人。民间议论人时常会说：“咻（那）人弹驳大的。”正是说那人不太省事，爱挑刺、好指责。

26.“心不嘽展（原注：音摊）。”《汉语大字典》释“嘽”字云：

①张晓风著：《你欠我一个故事》，北京：中国致公出版社，2019年版，第259页。

②徐中舒主编：《汉语大字典》，成都：四川辞书出版社、武汉：湖北辞书出版社，1993年版，第1808页。

③徐中舒主编：《汉语大字典》，成都：四川辞书出版社、武汉：湖北辞书出版社，1993年版，第1454页。

④罗竹风主编：《汉语大词典》第4册，上海：汉语大词典出版社，1990年版，第155页。

"tān，《说文》：'啴，喘息也。一曰喜也，从口，单声。'"①"心不啴展"是方言里常说的一句话，指心情不好，不愉快，不舒畅。"展"有"平"义，如平平展展，与"啴"的"喜"义放在一起是允当的。

27."獗头（原注：居靴反）。"这是个贬义词，指人凶猛放肆。民间在形容某人身上有几分恶气、不好惹时会说："哟（那）人是个獗头，少招惹他。"意即此人啥都敢干，别碰他。

28."箸捲物（原注：音饥。又剞，同上）。""箸"即今之筷子，是中国人用木棍或竹棍做成的取菜和取饭工具。"捲"字方言确实音"饥"，指取饭菜的动作，今日普通话称作"夹"。稷山民间劝人吃饭时会说："你捲上。""你多捲点菜嘛！"此语在餐桌上司空见惯。

（原载《敦煌学辑刊》2020年第3期，第18—23页）

①徐中舒主编：《汉语大字典》，成都：四川辞书出版社、武汉：湖北辞书出版社，1993年版，第287页。

敦煌本《字宝》中的活俚语（上声）

本篇所论是《字宝》的上声部分。

1. "物餄塞（原注：口雅反）。""物"字说明此条所言为物品或东西；"口雅反"是为"餄"字所注的反切音。《汉语大字典》标音为qià，意思有二：一是"同'髂'，髂骨"；二是"骨鲠在喉"。[1]但在稷山方言里，读音则为ká，与写本反切音相同，意思仍是"骨鲠在喉"。如吃饭时，有人觉得喉咙有异物感，别人便说："他（她）咕咙（喉咙）餄住了。""餄住"也就是堵住，所以《字宝》编者便将"餄"与"塞"字放在一起。但在稷山方言里，"塞"读作sī而非sāi。

2. "垢圿（原注：音苟，下戛）。""垢"即泥垢。"圿"字在《汉语大字典》中音jiá，释义为"污垢"。[2]两字所指虽然均为污垢，却有特定用法：专指身体上的泥污。如民间说："我好久没洗澡了，身上垢圿大的，得赶快洗一下。""圿"字读音正为jiá。我在看当代小说时，常见作家写成"垢甲"，当是对"圿"字陌生所致。

3. "乱氅氅（原注：尺两反）。"这完全是个俚语，未见辞书有载。

---

[1]徐中舒主编：《汉语大字典》，成都：四川辞书出版社、武汉：湖北辞书出版社，1993年版，第1833页。

[2]徐中舒主编：《汉语大字典》，成都：四川辞书出版社、武汉：湖北辞书出版社，1993年版，第178页。

稷山方言里有“乱氅（音彻，失-ng尾导致）”一词，意即乱纷纷。但我只听见过“乱氅”之说，未曾听见过“乱氅氅”的说法。比如有甲乙二人对话，甲说：“老李，刚才三四队人在老街门口吵架，你见了么?”乙说：“我刚打那儿过，见了，乱氅着呢!”

4. “人鼾睡（原注：音汗）。”显然，“汗”是“鼾”的直注音。《汉语大字典》中音hān，释义为“熟睡时粗重的呼吸声，俗称打呼噜”。[①]但在稷山方言里，“鼾睡（音fū）”合在一起是一个词，指呼噜声。如说：“我昨夜没睡好。同屋鼾睡大的，弄得我睡不着。”

5. “宽奢奢（原注：尺者反）。又奲。”P.2717写本无“奢”字的重文符号，是与别本的差别。《汉语大字典》中音chě，释义为“大”“宽”。又引《玉篇·奢部》：“奲，大宽也。”[②]所言甚是。稷山方言读音、释义均同。差别在于，稷山方言只说“宽奢”，没有后面那个“奢”字。如说：“我到他家眊了一眼，人家住得宽奢着呢。”“院子可宽奢了。”

6. “面麽攞（原注：莫我反，力我反）。”此二字在《汉语大字典》上作“靡”和“䯁”。“靡”字又可作“醿”。[③]《敦煌经部文献合集》引《广韵·果韵》亡果切：“懡，懡㦬，人惭。”[④]甚是。在稷山方言里，“靡”字音mū，一音之转。这个词是指人犯了错误，受到批评或斥责，面部表情十分羞惭。如说：“娃做错事了。他爹大吼大叫，娃脸

①徐中舒主编：《汉语大字典》，成都：四川辞书出版社、武汉：湖北辞书出版社，1993年版，第1983页。

②徐中舒主编：《汉语大字典》，成都：四川辞书出版社、武汉：湖北辞书出版社，1993年版，第232页。

③徐中舒主编：《汉语大字典》，成都：四川辞书出版社、武汉：湖北辞书出版社，1993年版，第1831页。

④张涌泉主编、审定：《敦煌经部文献合集》第7册，北京：中华书局，2008年版，第3752—3753页。该册由张涌泉、关长龙合撰。

上懈懈懈的。"所可注意者，口语里多了一个"懈"，是与写本的不同。

7."刳割（原注：逢果反）。"写本除 S.0619 背小注"逢果反"，它卷无注。《敦煌经部文献合集》校"逢"为"途"，①恐失矣。究其实，原卷反切音为"逢果反"，因模糊不清而误释"逢"为"逢"，又误校作"途"。"刳"字音 pō，即割也。如"刳麦""刳草""刳谷子"等等。在自给自足的农耕生活里，这个字一天之内不知要听到多少次，也正是编者将二字放在一起的原因："刳"即"割"，二字同义。

8."人鼾鼻（原注：音喜）。"小注"音'喜'"是给"鼾"字的直注音。在现代汉语里，去掉鼻腔之涕叫"擤鼻涕"。但在稷山方言里，此字读音却是 xī，与写本反切音一致。它也是"擤"字失去-ng 尾的结果，正符合唐五代西北方音"韵母青、齐互注"的特征，用例甚夥，不胜枚举。

9."諂习（原注：音充）。"《汉语大词典》中音 yǎn，并引《玉篇·言部》："諂，笑貌。"又"諂，善言"。②若单就解释"諂"字而论，这是没有问题的。但它为何要与"习"字放在一起，组合起来又是何意思？则无法说明。只有校"諂"为"沿"，构成词语"沿习"，意思才是完整的，也才易于理解。《汉语大词典》设"沿习"一条，释义云"向来因循的习惯"，并举宋代叶梦得《避暑录话》卷上："士大夫家祭多不同，盖五方风俗沿习，与其家法所从来各异，不能尽出于礼。"③"沿习"一词，在稷山方言里也能听到。如甲说："他怎就那么能吃麻椒（辣椒）？"乙说："从小就那样，沿习的。"

10."手抿抹（原注：弥引反，下末）。""抿""抹"二字是用手的

---

①张涌泉、关长龙撰：《敦煌经部文献合集》第 7 册，北京：中华书局，2008 年版，第 3753 页校注 158。

②罗竹风主编：《汉语大词典》第 11 册，上海：汉语大词典出版社，1993 年版，第 111 页。

③罗竹风主编：《汉语大词典》第 5 册，上海：汉语大词典出版社，1990 年版，第 1090 页。

动作，义同，故被编在一起。《汉语大字典》释义之一为："同'揗'，抚，摹。"①所释允当。它是指用手轻压或抚的动作。比如，要将两张纸粘在一起，就得先抹好胶水或糨糊，纸沿叠放在一起后，再用手"抿"一下就完成了。又比如，墙上砖缝有一个小口子，补上水泥或白灰后，用手"抿"一下也就平了。

11."人顜害（原注：其朕反）。"《汉语大字典》注"顜"字音jìn，其义一为"闭口切齿"，二为"切齿怒貌"。②释义允当。但稷山方言中"顜"字音hěn。"害"字，愚意以为当校作"嗐"，如"嗐（咳）声叹气"。民间形容一人盛怒又不咆哮发威，仅是在那里咬牙切齿，又不断发出很重的鼻音，便说他"顜（音hěn）儿嗐儿的"。

12."口噤（原注：其朕反）。"《汉语大字典》中音jìn，引《说文》："噤，口闭也。从口，禁声。"③如一位母亲教训她儿子便会说："让你说你就说，嘴噤住做啥呢！"古今音义俱同。

13."人体伻（原注：匹问反）。""匹问反"是给"伻"字注的反切音。"人体"二字是说"伻"字是形容人体的。《汉语大字典》给出两个音和义。一个音chē，"船上动力机器的简称"；另一个音jū，"我国象棋棋子名称，红方的'车'写作'伻'"。④这两条所释音义，与人体都没有关系。然而，在稷山方言里，原注"匹问反"即pén完全正确，意指身体外形粗笨，动作迟缓，不灵活。《切韵·混韵》谓："盆

---

① 徐中舒主编：《汉语大字典》，成都：四川辞书出版社、武汉：湖北辞书出版社，1993年版，第781页。
② 徐中舒主编：《汉语大字典》，成都：四川辞书出版社、武汉：湖北辞书出版社，1993年版，第1827页。
③ 徐中舒主编：《汉语大字典》，成都：四川辞书出版社、武汉：湖北辞书出版社，1993年版，第290页。
④ 徐中舒主编：《汉语大字典》，成都：四川辞书出版社、武汉：湖北辞书出版社，1993年版，第66页。

本反，体，粗夫。"不仅完全正确，而且也是有生活依据的。口语里可听到："咿（那）人佅的，啥也做不成。"

14."面诮（原注：所马反）。"此条所注反切音有误。其前有"人誜诮（原注：所马反，七笑反）"一条，可知"所马反"是注"誜"的，"诮"字的反切音是"七笑反"。"诮"字在《汉语大词典》中音qiào，义为"责备"。①释义为责备是不错的。但读音与稷山方言异。《玉篇·言部》："诮，才妙切，责也。"《龙龛手镜》卷一言部："诮，才笑反，责也，呵也，娆也，戏笑也。"这两种辞书的读音与稷山方言相同，不读qiào。稷山方言中其义便是责备、呵斥。比如，父母严责孩子就说："我狠狠地诮（音'吵'）了他一顿。"

15."草靬笈（原注：公罕反，下钵）。""草"字说明此条是用指草的。稷山方言音义俱同。"靬笈"是说草干燥而少水分，读音与"公罕反"的反切音及直注音"钵"全同。《汉语大字典》"笈"字音pō，释义为"鱼罩"。②这个释义与写本及稷山方言无关，但读音却需注意。稷山方言d、t不分，b、p也不分，所以，po读成bo或相反，也就不足为奇了。

16."又踔脚（原注：点脚）。""踔"字早期字书未见，当同于后来的"踮"字。《汉语大字典》中音diǎn，释义之一谓："方言。跛足人走路用脚尖点地。"③所言极是。这在稷山方言里是能听到的。当年一位北京女知青在我二姨那个村插队，脚有毛病。二姨和二姨父叫不出她的名字，便称她为"踮脚"。这是用她的走路姿态作为代称，并无

---

①罗竹风主编：《汉语大词典》第11册，上海：汉语大词典出版社，1993年版，第227页。

②徐中舒主编：《汉语大字典》，成都：四川辞书出版社、武汉：湖北辞书出版社，1993年版，第1231页。

③徐中舒主编：《汉语大字典》，成都：四川辞书出版社、武汉：湖北辞书出版社，1993年版，第1547页。

恶意。

17.“手臼物（原注：之六反）。”这也是一个用手的动作。《汉语大字典》标音为 jú，释义有“叉手”“敛手”，“同匊。《玉篇·臼部》：‘臼，两手捧物曰臼。’”① “臼”字在稷山方言里音 cōu，即用手端东西，如“臼碗”“臼盘子”“臼盔子”等动作。《玉篇》所释意思与此正合，写本的反切音与方音也相近。

18.“手舀物（原注：一小反）。”《汉语大字典》中音 yǎo，释义为“用瓢、勺等挹取东西”。②所言极是。民间常用语有“舀水”“舀面”“舀粮食”“舀醋”等，均见其义。

19.“人柱杖枴子（原注：古怀反）。”敦煌写本偏旁“扌”“木”不分，所以，“柱”字先当校作“挂”，手持也。“杖枴子”中“杖”字形近而误，当校作“枴”。民间称“拐杖”不叫“杖枴子”，而是叫“枴枴子”。写本反切音无误。我不知听到过多少遍“枴枴子”，但“杖枴子”一次也不曾听到过。

20.“酥柿（原注：力敢反）。”《汉语大字典》中注音 lǎn，释义之一谓“浸藏柿子（即使柿子熟）。《玉篇·酉部》：‘酥，藏柿也。’”③明代李时珍《本草纲目·果二·柿》：“生柿置器中自红者谓之烘柿……水浸藏者，谓之酥柿。”就其读音而言，稷山方言读作 luǎn，但其意义则无差别。一般而言，柿子是霜降时采摘的，民间叫“下柿子”。但每年到中秋节时，柿子仅有七八成熟，过节时人们就想吃了，于是摘下柿子去“酥”。记得是放在做饭的大锅里，放入清水将其淹没，下

①徐中舒主编：《汉语大字典》，成都：四川辞书出版社、武汉：湖北辞书出版社，1993 年版，第 1266 页。

②徐中舒主编：《汉语大字典》，成都：四川辞书出版社、武汉：湖北辞书出版社，1993 年版，第 1267 页。

③徐中舒主编：《汉语大字典》，成都：四川辞书出版社、武汉：湖北辞书出版社，1993 年版，第 1493 页。

面用微火加温，一夜过后就能食用了。这项工作的关键是控制火候：火小柿子熟不了，火大就煮成青的了，都不能食用。

21."身黡志（原注：一奄反）。"古书除作"黡志"，亦作"黡子"。《汉语大词典》音 yǎn，释义为"黑痣"。① 《史记·高祖本纪》："左股有七十二黑子。"唐人张守节正义云："许北人呼为黡子，吴楚谓之志。志，记也。"② 张守节注文也是仅就其所知而言的。唐代属于河东道绛州的稷山县也称"黡子"，不独许北也。

22."眼睒着（原注：士锦反）。"P.2717、S.0619 背无"着"字，是，别本"着"为衍文，当据删。从其反切音作 shèn，知"睒"是"瘆"的音借字。《汉语大字典》中音 shèn，其一义为"惊恐貌"，并引《集韵·寝韵》："瘆，骇恐貌。"③ 标音与方音相同，但释义当加一"使"字，即"使惊恐貌"。在稷山方言里，最常听到的是说："狼眼窝让人瘆的。"或者说："咿（那）人眼窝长得瘆的，叫人不敢看他。"

（原载《敦煌学辑刊》2021年第1期，第1—5页）

①罗竹风主编：《汉语大词典》第12册，上海：汉语大词典出版社，1993年版，第1376页。
②标点本《史记》，北京：中华书局，1959年版，第343页。
③徐中舒主编：《汉语大字典》，成都：四川辞书出版社、武汉：湖北辞书出版社，1993年版，第1126页。

敦煌本《字宝》中的活俚语（去声）

本篇所论是《字宝》的去声部分。

1. "刃蒯钝（原注：枯怪反）。"这是说刀刃的。蒋礼鸿先生认为"蒯"就是"快"字，[1]是。"快"与"钝"是反义词，但都是言说刀刃的，故编者将它们放在了一起。这两个字在民间经常能听到。

2. "俵散（原注：悲庙反）。""俵"字《汉语大字典》中音 biào，释义为"分给；散发"，并引《玉篇·人部》："俵，俵散也。"[2]"俵"字义"散"，在稷山方言里是存在的。记得儿时邻居有人借用我家一件白色孝衣办丧事，事情过后，他便将孝衣还了回来，里面还夹着一小片白馍。我不懂其义，便问母亲。母亲说："这是俵哩。"也就是散发一点东西表示感谢。

3. "疮胨肿（原注：希近反）。"原卷"希近反"是给"胨"字注的反切音。《汉语大字典》中音 xìn，释义有二：一是"伤口愈合时，新

---

[1] 蒋礼鸿：《中国俗文字学研究导言》，见《蒋礼鸿集》第 3 卷，杭州：浙江教育出版社，2001 年版，第 142 页。

[2] 徐中舒主编：《汉语大字典》，成都：四川辞书出版社、武汉：湖北辞书出版社，1993 年版，第 72 页。

肉略微突出"；二是"红肿发炎"。①《切韵·焌韵》："胏：疮肉出，又兴近反。"在我的记忆里，稷山方言读音相同，但意思却是指疮口化脓。比如，母亲用手托着孩子小手边看边说："都胏了，得赶快把脓挤出来。"换言之，"胏肿"就是"脓肿"。

4. "低圮（原注：音备）。""圮"字在《汉语大字典》中音 pǐ，释义则有"毁，断绝""坍塌""破败，倾覆""伤害，摧伤"诸义。②在稷山方言里，"圮"字音 bí（b、p 不分所致），与写本直注音相近。这个词有"低下""自毁"之义。当年，我为了帮助兄长，带他的一个孩子在北京帮人做家务，但她不愿意做，闹了很多不快。我与本家一位叔叔谈起此事，他说："娃觉得低圮的。"但我认为，不偷不抢不骗，靠劳动谋生，就是高尚的，绝不低圮。

5. "人诖误（原注：卦悟）。"《汉语大字典》中"诖"字音 guà，释义为"误，搞坏"或"欺骗"。③方言里其义主要是"误"。如某甲犯了法，某乙也被牵扯进去。某乙便可能气愤地说："本来没我啥事，全是被那杂分子（杂种）给诖了。"

6. "觜啄噪（原注：知孝反，素告反）。""觜"当是指鸟嘴。"啄"字《汉语大字典》中音 zhuó，释义为"众口貌""同'啄'"。④"噪"字《汉语大字典》中音 zào，释义为"虫鸟喧叫""喧哗，吵闹"或

---

①徐中舒主编：《汉语大字典》，成都：四川辞书出版社、武汉：湖北辞书出版社，1993年版，第871页。

②徐中舒主编：《汉语大字典》，成都：四川辞书出版社、武汉：湖北辞书出版社，1993年版，第177页。

③徐中舒主编：《汉语大字典》，成都：四川辞书出版社、武汉：湖北辞书出版社，1993年版，第1648页。

④徐中舒主编：《汉语大字典》，成都：四川辞书出版社、武汉：湖北辞书出版社，1993年版，第269页。

"嘈杂"。①合起来当指众鸟乱鸣。稷山方言中"噪"字音cáo。"啅"字单用我没听说过，但"噪"字单用我不知听到过多少遍。意思是"众人都说"或"乱说"，与《汉语大字典》"众口貌"意思相同。比如："人噪的，说是他偷的，实际上不是他。"

7. "觜啗啄（原注：知减反）。"此处"觜"是专指鸟嘴的。"啗"字《汉语大字典》中音dàn，释义为"同'啖'，吃；咬"。②《玉篇·口部》："啗，徒滥切，食也。"又，"啄，丁角切，鸟食，又丁木切。"稷山方言"啗"字音tán（d、t不分所致），恰与《玉篇》同音，义亦食也；"啄"字音zhuó，义亦为食。如说："葡萄熟了，鸟鸟子啗啄的，地上掉得哪儿都是。"

8. "鐕钉（原注：同前，与定反）。"小注"同前"之"前"即前文"缵"之反切音"则暗反"；"与定反"，《敦煌经部文献合集》校作"丁定反"，③是。"鐕"字《汉语大字典》中音zān，释义为"缀器物的钉子""缀物"。④然而，《玉篇·口部》云："鐕，子南切，无盖钉。"《切韵·覃韵》："鐕，无盖钉。"愚意以为，这两部古字书更切近其本义。"鐕"即今言之"錾子"，铁器，外形似钉子却无钉盖。这是干什么用呢？制造、修理石磨或碾碌子用。在农村，使用机器磨面和碾米之前，主要用石磨粉碎粮食，或用碾子进行碾轧。石磨由两块圆石组成，各凿有沟槽，上下相合转动磨面。但使用久了，沟槽就会变浅，需由石

---

① 徐中舒主编：《汉语大字典》，成都：四川辞书出版社、武汉：湖北辞书出版社，1993年版，第290页。

② 徐中舒主编：《汉语大字典》，成都：四川辞书出版社、武汉：湖北辞书出版社，1993年版，第271页。

③ 张涌泉主编、审定：《敦煌经部文献合集》第7册，北京：中华书局，2008年版，第3770页校记［二五六］。本册由张涌泉、关长龙合撰。

④ 徐中舒主编：《汉语大字典》，成都：四川辞书出版社、武汉：湖北辞书出版社，1993年版，第1771页。

匠用"鐕"去加工。这件铁器类似于铁钉却无钉盖，三四寸长，比大拇指粗。当然，它也属于钉子一类，故编者将二物放在一起，但作用却别。稷山方言中"鐕"字音 cān 而非 zān。

9. "插擩（原注：之甲反，而喻反）。""擩"字《汉语大字典》中音 rǔ，释义之一为："方言，插；塞。如：一只脚擩到泥里去了；把棍子擩到草堆里；那本小说不知擩到哪里去了。"①音义与稷山方言全同。民间最常见到的，则是给牲口铡草时的情景：一人上下抬压铡刀，另一人半跪在铡镦边"擩草"——把将要切断的饲草插往铡刀下方。

10. "物窖窨（原注：音教荫）。""窖"和"窨"本是指地窖和地窨子的。这里用作动词，指把物品放进地窖或地窨子里。我国北方农村，冬季往往要窖藏一些蔬菜或薯类食品，以备过冬之用。意思显豁，不赘。

11. "潎渧（原注：疑帝）。""潎"字《汉语大字典》中音 lì，组词"渧潎"，释义为"洒"。②"渧"字《汉语大字典》中音 dì，相关释义有"水慢慢渗下""滴水"及"同'滴'"。③稷山方言"潎"字读音同作 lì，亦指滴水。如刚刚洗好的菜，上面还带有不少水，就要放在筛子或笊篱上潎一潎或渧一渧，也就是把水控掉。

12. "俺覆（原注：一剑反）。"《玉篇·人部》："俺，于剑反，大也。"其义与"覆"毫不相干，《敦煌经部文献合集》校"俺"作"奄"，④甚为允当。《说文·大部》："奄，覆也。"由此可见编者将此二

①徐中舒主编:《汉语大字典》,成都:四川辞书出版社、武汉:湖北辞书出版社,1993年版,第829页。

②徐中舒主编:《汉语大字典》,成都:四川辞书出版社、武汉:湖北辞书出版社,1993年版,第748页。

③徐中舒主编:《汉语大字典》,成都:四川辞书出版社、武汉:湖北辞书出版社,1993年版,第707页。

④张涌泉、关长龙撰:《敦煌经部文献合集》第7册,第3774页校记[二八一]。

字放在一起的用心。"奄"字《汉语大字典》中音 yǎn，释义为"覆盖"。①稷山方言义同，但读音为 án。如两个人在一起干活，其中一位手上划了一道大口子，出了血，旁边又正烧着一堆火。另一位便说："你先抓一把热灰把口子奄住，我去找布给你包一下。""奄住"就是盖住、捂住。

13. "齿齭（原注：使策反）。"此条反切音从 S.0619 背。"齭"字《汉语大字典》未注音，仅云"同齼"，②而同书注"齼"字音 chǔ，释义为"牙齿酸软"。③《玉篇·齿部》："齼，齿伤醋也。""齭，同上，又音所。"知此二字意思相同但读音有别。写本《字宝》"使策反"正合稷山方言，指牙齿被醋液过分刺激后的不适感。如说："这醋真厉害，我喝了一小点，牙就齭（音 sé）得不行。"

14. "人愚戅（原注：知项反）。""戅"字《汉语大字典》中音 zhuàng，释义为"迂愚而刚直"。④释义相当准确。但就读音而论，稷山方言读作 zhēng，与写本反切音相同（"项"字方音读 hēng）。民间常说的是"戅坯子"。如说："那家伙是个戅坯子，谁不晓得！"其义正是指那人迂愚而刚直。

15. "捼叠（原注：乃卧反）。"《敦煌写本碎金研究》校"乃"为"丁"，⑤当是。"捼"字《汉语大字典》音 duǒ，释义有"量度""同

---

①徐中舒主编：《汉语大字典》，成都：四川辞书出版社、武汉：湖北辞书出版社，1993年版，第225页。

②徐中舒主编：《汉语大字典》，成都：四川辞书出版社、武汉：湖北辞书出版社，1993年版，第1990页。

③徐中舒主编：《汉语大字典》，成都：四川辞书出版社、武汉：湖北辞书出版社，1993年版，第1992页。

④徐中舒主编：《汉语大字典》，成都：四川辞书出版社、武汉：湖北辞书出版社，1993年版，第993页。

⑤朱凤玉：《敦煌写本碎金研究》，台北：文津出版社，1997年版，第278页。

'搋'，摇动"；"用同'朵'""落帆""用同'剁'"诸义，①但与"叠"字义不搭。故《敦煌经部文献合集》认为当校作"垛"，②甚是。在稷山方言里，"垛"字亦音 duó，义即堆放。如，刚收割的麦捆因为来不及碾打，便要先撂起来，叫"垛麦捆"；把零乱的柴火堆起来叫"垛柴火"。由于"垛"有叠压堆放义，故编者将此二字放在一起。

16."头赤顁顁（原注：五困反，讬头贾阇梨）。""贾阇梨"一本作"程僧政"。脑袋"赤顁顁"我未曾听说过，诸家整理者认为是头部全秃貌。问题是"讬头贾阇梨"或"讬头程僧政"，我以为应该是使用这部方言词典者的旁注。毫无疑问，贾、程二位都是指人。但"讬头"是何意却无人能解。稷山方言的重要特征是 a、e 不分，b、p 不分和 d、t 不分。最典型的是把"大爷"说成 tēyā，"大"（dā）字读成 tē，既是 d、t 不分，也是 a、e 不分。"讬"字稷山方言也读 tē。由此可知，"讬"是"大"的同音替代字，"讬头"就是大头。贾阇梨或者程僧政不仅头是"赤顁顁"的（和尚当然是光头），而且脑袋也大，使用者才添加了这么一句。

17."筥侍（原注：七夜反）。"既往论者都将"筥侍"当作一个词来解读，我却有另外的思考。通观这部词典，内含两种相似但又有别的组合形式：一是其本身就是一个词，如"唅啄""低圯""垢坽"等；另一类是将字义相同或相近的两个单字放在一起，如"插擩""奄覆""剡割""愚戆"等。我颇怀疑"筥侍"属于后一类情况，也就是因为意思相近才放在一起的，只是"侍"字有讹而已。与"侍"字字形相近且同"筥"字意思靠近的字无过于"倚"（写本字形为"倚"）。写

---

①徐中舒主编：《汉语大字典》，成都：四川辞书出版社、武汉：湖北辞书出版社，1993年版，第788页。
②张涌泉、关长龙撰：《敦煌经部文献合集》第7册，北京：中华书局，2008年版，第3776页校记［二九七］。

本今作"侍"或是手民误书的结果。先说"筐"字。《汉语大字典》中音qiè，释义有"掌；掌子"和"方言，歪斜"。①在稷山方言里，"筐"字音qī，义为"斜靠"。如说："你把那几根椽筐到墙根底下。""地上太潮，还是筐起放好。"所以，它不但只是"歪斜"，而是"斜靠着放东西"。"倚"字稷山方言音ní，其义也是"靠"。如说："你要是乖（累）了，就在被子摞上倚一会。""倚"就是"靠"。当然，它也有"斜"义。《汉语大字典》释义虽多，但其一义为"侧，偏斜"；②《汉语大词典》也说："凭靠。（中略）引申为把东西斜靠在物体上。"③由此看来，《字宝》编者把"筐倚"二字放在一起是允当的，只是传抄中出了差错。

18. "赚殴（原注：直陷反）。""直"字此处方音不是zhī而是cī。"赚"就是挣着钱了，反义则是赔了。但赚着钱，也可说成是"cuan"。比如说："人家光景好过的，做石灰生意cuan了。"稷山方言这个字其音同"撺"，但又不是普通话的读音，我写不出来。

19. "饭馏馓（原注：音溜壮）。""馏"字《汉语大字典》中音liù，释义之一为"方言，熟食蒸热"。④稷山方言中"馏馓"是一个词，读音与写本直注音相同，含义也是对熟食加热，口语里经常这样说。

20. "厏厊（原注：乍迓）。"此二字在《汉语大字典》中读音为zhǎyǎ，释义为"不相合"；"厏"字又读作zhài，义为"狭窄"。⑤稷山

①徐中舒主编：《汉语大字典》，成都：四川辞书出版社、武汉：湖北辞书出版社，1993年版，第1232页。

②徐中舒主编：《汉语大字典》，成都：四川辞书出版社、武汉：湖北辞书出版社，1993年版，第73页。

③罗竹风主编：《汉语大词典》第1册，上海：汉语大词典出版社，1986年版，第1456页。

④徐中舒主编：《汉语大字典》，成都：四川辞书出版社、武汉：湖北辞书出版社，1993年版，第1858页。

⑤徐中舒主编：《汉语大字典》，成都：四川辞书出版社、武汉：湖北辞书出版社，1993年版，第30、29页。

方言里这两个字是一个词，音 zēwā，意即狭窄。如有人初进大城市，见城里人的住房像"鸽子笼"一样，便说："城里人住得厍厊的，连院子都没有。"

21."旧黗黗（原注：都钝［反］）。""黗"字《汉语大字典》中音 tūn，释义为"黄黑色"和"黑状"。①稷山方言此字音 tún，但其义却是指物件糟了、朽了，尤其是铁木器之类。如有人找了一根木棍，想用它撬石头，不料还没使劲木棍就断了，便说："不能用，早就黗了。"写本第二个"黗"字疑衍。由于此字有旧、朽之义，故编者将它同"旧"字放在了一起。

22."马走趈（原注：尺焰反）。""趈"字《汉语大字典》中音 zhǎn，释义为"前趋貌"。②稷山方言中音 chàn，指因脚踩空造成前趋或趔趄，不独用在马走路上，对人也可以用。民间常说"走趈了"或"趈脚了"云云。我的校友、《北大屠夫》一书作者陆步轩先生也喜欢用这个词，书中多次说"我一脚走趈了"。他是陕西关中人，说明"趈"字在晋陕方言里用法相同。

23."诟骂（原注：呼勾反）。""诟"字《汉语大字典》有二音和二义：一音 gòu，义为"耻辱""怒骂""花言巧语"；一音 hòu，义即"愤怒"。③有意思的是，稷山方言音 hòu，与写本反切音相同，但意思却是"怒骂"。如有人丢了东西，案子还没破，失主就去骂大街，别人批评他说："事情还没弄清楚，案也没破，你诟谁（音 fū）哩？"这正是编者将"诟"和"骂"放在一起的原因。

①徐中舒主编:《汉语大字典》,成都:四川辞书出版社、武汉:湖北辞书出版社,1993年版,第1969页。

②徐中舒主编:《汉语大字典》,成都:四川辞书出版社、武汉:湖北辞书出版社,1993年版,第1459页。

③徐中舒主编:《汉语大字典》,成都:四川辞书出版社、武汉:湖北辞书出版社,1993年版,第1651页。

24."人齆（原注：甕音）。""甕"字是给"齆"的直注音。此字在《汉语大字典》中音 wèng，释义为"鼻道阻塞"。①《十六国春秋·后赵录》："王谟齆鼻，言不清畅。"稷山方言音义俱同。如说："咻（那）人鼻子齆的，老也听不清他（她）说的是啥。"

25."騗马（原注：片也）。"此字原本作"骗"，写本字形是将偏旁移位所致。《汉语大字典》中音 piàn，释义为"跃上马"。又转引唐人玄应《一切经音义》卷七所引《字略》："骗，跃上马者也。"②其音义与稷山方言均合。如说："咻（那）人利索得很，腿一骗就骑到马上了。"敦煌文献 P.2568《南阳张延绶别传》亦有："身长六尺有余，临阵摆甲，骗马挥枪，独出人表。"

26."躁性（原注：灶也）。"显然，"灶"是"躁"的直注音。唐·慧琳《一切经音义》卷七引《字书》："躁，急性也。"今人言"急躁"，当是同义复词。但在稷山话里，不说"躁性"，而是说"性躁"。如说："咻（那）人性躁的。"

27."人慥暴（原注：七造反）。又懆。"最后二字"又懆"是说"慥"字也可作"懆"。"慥"字在《汉语大字典》中音 zào，释义之一云："仓猝，急忙。《广韵·号韵》：'慥，言行急。'"③"懆"字在《汉语大字典》中音 cǎo，释义则为"忧虑不安"，"用同'躁'"。④稷山方言读音恰为 cǎo。"懆暴"是说心绪不好，十分烦乱。如一个女人

---

①徐中舒主编：《汉语大字典》，成都：四川辞书出版社、武汉：湖北辞书出版社，1993年版，第1984页。

②徐中舒主编：《汉语大字典》，成都：四川辞书出版社、武汉：湖北辞书出版社，1993年版，第1898页。

③徐中舒主编：《汉语大字典》，成都：四川辞书出版社、武汉：湖北辞书出版社，1993年版，第978页。

④徐中舒主编：《汉语大字典》，成都：四川辞书出版社、武汉：湖北辞书出版社，1993年版，第988页。

对别人说："娃他爹生意没做成，赔了不少钱，心里懆暴的。"

28."諴譀（原注：呼陷反，呼介反）。""諴"字《汉语大字典》中音 hàn，其一义为"怒吼"。①《玉篇·言部》："諴，叫諴，怒也。""譀"字《汉语大字典》一音作 hài，与"諴"字组词"諴譀"，义为"争骂怒貌"。②稷山方言此二字音义俱同。如一位妇女说："娃他爹不好好和娃说话，把娃諴譀的。"一个人与邻居理论："娃列（孩子们）不就吃了你几颗杏嘛，有多大事，你就諴譀得那个样子！"

29."人胅臊（原注：冒燥）。"《敦煌经部文献合集》校作"眛臊"，并云"亦作'冐臊''冒懆'，指失意、烦闷"，③所言甚是。稷山方言与写本音义俱同。如说："他近来好几件事都不顺，冐臊大的。"

30."眛眼（原注：卖也）。""卖也"，P.2717 作"音卖"，可知"卖"是"眛"字的直注音。"眛"字《汉语大字典》有三音和三义：一音 mèi，释义为"眯眼远视""久视""黎明"和"不正视"；一音 wù，释义为"暝；昏"；一音 mà，释义为"恶视"。④愚意以为，写本的读音应是 wù，指眼睛看不清楚，相当于《汉语大字典》的第二个音义。但为何直注音却作"卖"，我无力给予合理解释，有俟明白人教之。稷山土话说："我这两天可能上火了，眼窝（眼睛）眛的。"可参。

（原载《敦煌学辑刊》2021 年第 3 期，第 1—6 页）

①徐中舒主编：《汉语大字典》，成都：四川辞书出版社、武汉：湖北辞书出版社，1993 年版，第 1671 页。

②徐中舒主编：《汉语大字典》，成都：四川辞书出版社、武汉：湖北辞书出版社，1993 年版，第 1674 页。

③张涌泉主编、审定：《敦煌经部文献合集》第 7 册，北京：中华书局，2008 年版，第 3782 页校记[三三七]。

④徐中舒主编：《汉语大字典》，成都：四川辞书出版社、武汉：湖北辞书出版社，1993 年版，第 1035 页。

敦煌本《字宝》中的活俚语（入声）

本篇所论是《字宝》的入声部分。

1. "搳鞭（原注：所麦反）。" P.2717作"鞭挥搳（所麦反）"。《敦煌经部文献合集》释"搳"为"摔"，①是。此外，从原卷反切音"所麦反"也可知是"摔"字形变。"摔鞭"是一项民间体育锻炼活动，也是武术项目之一。先伯祖父邓家礼生前除行医外，亦善于玩摔鞭子。

2. "又濕渨（原注：殗邑）。" 这是P.3906写本原文。而P.2717写本作"又濕渨（原注：一劫反）"。一般来说，写本"又"字是紧随上文而言的。而其前读音作"一劫反"的条目在P.2717是"腌肉（原注：一劫反）"。论者释"腌"下一字为"肉"。愚意以为，据其两条同为"一劫反"，知此"肉"字应为"邑"字之讹，当读作"腌邑一劫反"。如此一来，此条位置在前，"又濕渨一劫反"紧随其后，使用"又"字就非常合理了。不过文字仍有讹误。本条"殗邑"二字均有错误。"殗"字《汉语大字典》有三音和三义：一音 yè，"微病貌"；一音 yàn，义为"污浊"；一音 yān，义指"死亡"，②与本条均无关系。而

---

① 张涌泉主编、审定：《敦煌经部文献合集》第7册，北京：中华书局，2008年版，第3785页校注［三五七］。本册由张涌泉、关长龙合撰。

② 徐中舒主编：《汉语大字典》，成都：四川辞书出版社、武汉：湖北辞书出版社，1993年版，第584页。

"腌"字《汉语大字典》中音yān，释义为"用盐浸渍肉。《说文·肉部》：'腌，渍肉也。'"①写本此处正是其义。故当校"殗"为"腌"。换言之，P.2717作"腌"是。"邑"当是"浥"的同音借字。合起来说，本条原注"殗邑"是"腌浥"之误。综合两条，上条当作"腌浥一劫反"，此条当作"濕浥一劫反"，反切音是用来注"浥"字的。这个"浥"字，《汉语大字典》中音yì，释义有"湿润""浸；沾"。②再看"濕"字，《汉语大字典》一音tà，指古水名；一音shī，"同'溼'"。③而"溼"字指"沾水；含水多"。④有趣的是，稷山方言"濕"字音tà，意思却指"沾水""含水多"。比如，一个人干活出汗多了，衣服被汗水浸湿，便被说成是"衣裳都濕濕了"（现代汉语中此"濕"作"溻"）。"腌"字用在什么地方呢？最常见的是，婴儿尿湿了双腿内侧，大人不知道，发现后便说："没有及时换屎（尿）布，娃腿都腌了。"由于"浥"有湿润和浸、沾之意，作者将它放在"濕""腌"二字之后也是允当的。

3. "驴趯趀（原注：笛歧）。""趯"字《汉语大字典》中有二音和二义：一音tì，释义为"跳貌"；一音yào，释义为"走。《集韵·笑韵》：'趯，走也'"。⑤但在稷山方言里，读音恰如写本直注音"笛"（音dí）。稷山方言d、t不分，故读作dí。其义则是"走"。"趀"字

---

①徐中舒主编：《汉语大字典》，成都：四川辞书出版社、武汉：湖北辞书出版社，1993年版，第874—875页。

②徐中舒主编：《汉语大字典》，成都：四川辞书出版社、武汉：湖北辞书出版社，1993年版，第682页。

③徐中舒主编：《汉语大字典》，成都：四川辞书出版社、武汉：湖北辞书出版社，1993年版，第743页。

④徐中舒主编：《汉语大字典》，成都：四川辞书出版社、武汉：湖北辞书出版社，1993年版，第713页。

⑤徐中舒主编：《汉语大字典》，成都：四川辞书出版社、武汉：湖北辞书出版社，1993年版，第1460页。

《汉语大字典》中音 qí，释义为 "麋鹿行貌。《说文·走部》：'趎，行貌'"。①稷山方言读音也是 qí，义亦为 "走"。"趨""趎" 二字均是役使驴（或牛马等牲口）时，使役人向牲口发出的指令声，可以单用，也可以合在一起当作一个词用。经过训练的牲口是能够听懂的，听到后便会起步行走，使劲拉拽农具。今日在电视剧上，偶尔还能听到陕北农民吆喝牲口时，使用这个指令的声音。

4. "沸灄（原注：七合反）。" 由 "沸" 字可知，"灄" 是形容沸水声音的。"灄" 字《汉语大字典》有二音和二义：一音 cā，义为 "沸貌"；一音 zá，义为 "绝貌"。②这二音和二义在稷山方言中都存在。如批评别人说："水（音 fū）都滚得灄灄的，你也不管一下！" 另如，我一个外甥九岁时曾来北京一次，算是见了大世面，回去后高兴得不得了，一副十分得意的样子。我哥对我说："他可是美灄了。""美灄" 就是高兴到了极致，属于 "绝貌"。当然，写本此条只有关于水烧开后发出声响的部分，不含 "绝貌" 义，这里说的是题外话。

5. "抛物㨹人（原注：侧也）"。"㨹" 字《汉语大字典》音 zè，释义为 "打。《玉篇·手部》：'㨹，打也'"。③稷山方言恰如写本反切音 cè（更像是在 a、e 之间），其义仍是 "打"。但这个 "打"，却有 "横扫" 的意味。如说："我用镰把狠狠地㨹了咻（那）家伙一下。" 又如，民间常说 "狼怕㨹，狗怕摸"。可知 "抛物㨹人"，也就是把东西扔出去打人了。

6. "动扤扤（原注：五骨反）。""扤" 字《汉语大字典》中音 wù，

① 徐中舒主编：《汉语大字典》，成都：四川辞书出版社、武汉：湖北辞书出版社，1993 年版，第 1449 页。

② 徐中舒主编：《汉语大字典》，成都：四川辞书出版社、武汉：湖北辞书出版社，1993 年版，第 753 页。

③ 徐中舒主编：《汉语大字典》，成都：四川辞书出版社、武汉：湖北辞书出版社，1993 年版，第 804 页。

释义为"动；摇动""骚动""姓"。① "扤扤"是一个形容动作的词汇，写本"扤扤"前原写一"动"字正是说明。它是形容跳着脚蹦高的样子。稷山话说："咿（那）人太不讲理。根本不听我说话，扤扤地蹦着高高骂哩！"其读音与写本反切音正相同。

7. "揎捋（原注：宣，勒末反）。""揎"字《汉语大字典》中音 xuān，释义为"捋起袖子露出手臂"。② "捋"字《汉语大字典》中有二音和二义：一音 luō，其义之一是"用手握住向一边滑动"；一音 lǚ，释义为"用手指顺着抹过去"。③稷山方言音 lǚ，但其义却是"用手握住向一边滑动"。如说："把柳条上的叶子捋下来。""他揎起袖子要打人的样子。"由此可知，方言里"揎""捋"二字意思相近，这也正是编者将它们放在一起的原因。

8. "白醭出（原注：莫卜反）。""醭"字《汉语大字典》中音 bú，释义为"酒、醋或他物因腐败或受潮后表面所生的白霉"，《玉篇·酉部》："醭，醋生白。"④稷山方言音 pú，是由于 b、p 不分所导致。民间最常见者，是夏天麦面馍上长出的白醭。20世纪中叶，农村没有冰箱，农家一次蒸出的馍馍较多，又无法冷藏，暑天天气闷热，表面就会生出一层白醭。此刻要赶快加热（馏馇）一次，否则就无法食用了。

9. "煮煤（原注：士甲反）。""煤"字《汉语大字典》中音 zhá，

---

① 徐中舒主编：《汉语大字典》，成都：四川辞书出版社、武汉：湖北辞书出版社，1993年版，第768页。

② 徐中舒主编：《汉语大字典》，成都：四川辞书出版社、武汉：湖北辞书出版社，1993年版，第808页。

③ 徐中舒主编：《汉语大字典》，成都：四川辞书出版社、武汉：湖北辞书出版社，1993年版，第792页。

④ 徐中舒主编：《汉语大字典》，成都：四川辞书出版社、武汉：湖北辞书出版社，1993年版，第1498页。

释义为："食物放入油或汤中，一沸而出称煠。"①"煠"字稷山方言音 chā，义亦为"煮"，水煮或油炸均可。水煮者，最常见的是"煠猪食"，即水煮猪饲料；油炸者，称黄米面炸糕为"油煠糕"者是。

10. "手搕握（原注：［音］厄）。""搕"字《汉语大字典》中音è，释义为"同'扼'。《说文·手部》：搕，捉也"。②《新撰字镜》："搕（小字注：正，与革反，持也，握也，提也。谓握其颈也）。"稷山方言音义俱同。最常见者是杀猪宰羊时，有人提示说："你得先用手使劲搕（音在ɑ、e之间，扼）住它的脖子，才能动刀子。"《新撰字镜》注文"握其颈也"所言正是这一情景。

11. "心憋起（原注：必列反）。"诸家均未将"起"字校正。由于唐五代西北方音有"止摄和虞（鱼）摄混同互通"的特征，"起"与"去"混用在英藏敦煌本《六祖坛经》中多次出现，已被我校正。而"去"与"屈"同音，"起"与"屈"自然也就同音，故本条应当校正作"心憋屈"方是。"憋屈"一词不仅在稷山，今日在全国许多地方都能够经常听到。《汉语大词典》释义为"气闷难受"。③从写本首字"心"亦可知它是讲心情的，"气闷难受"正是不愉快的心绪。

12. "手捩物（原注：怜羯反）。"此从 P.2717 释文。P.3906 作"手捩物（倰音）"。这两个写本分别用反切音和直注音标音，虽然有别，但都是正确的。"捩"字《汉语大字典》有二音和二义：一音 liè，释义有"扭转""回旋；转动"；一音 lì，释义为"琵琶的拨子""栓；关

---

① 徐中舒主编：《汉语大字典》，成都：四川辞书出版社、武汉：湖北辞书出版社，1993年版，第927页。

② 徐中舒主编：《汉语大字典》，成都：四川辞书出版社、武汉：湖北辞书出版社，1993年版，第813页。

③ 罗竹风主编：《汉语大词典》第7册，上海：汉语大词典出版社，1991年版，第698页。

键"。①而"俍"字《汉语大字典》中音lì。②稷山方言这两种读音都存在。说liè时，意思也是"扭转""回旋"。比如，农家刚刚割下的麦子，需要打成捆再运往场院。要打捆，就需用"约"（音yāo，即绳子）。于是就地取材，用青麦秆"捩（音liè）约"，再用来捆麦子。"捩约"时自然要使劲"扭转"青麦秆。上山打柴也一样，拾到或砍下的柴是分散的，只有成捆才能用担子去挑，于是也要用灌木丛的枝条"捩约"。"捩"字的另一音读作lì，方言里也存在，但不是《汉语大字典》所说的那些意思。它是捆绑东西时"使劲拉紧绳子"的意思。旧时农家用马车或牛车拉东西，先要装车，东西放好后又要用绳子捆扎。要捆结实，就要"使劲捩（音lì）"，或提示别人："你再捩一下！多使点劲！"由于"捩物"必须用手，因此原写本前加了"手"字进行提示。

13."脚踤蹴（原注：俍瞥）。""踤"字《汉语大字典》中音lì，义为"跛足"。③但稷山方言此字读音作liè（同捩第一音，参上条），其义亦为"跛足"。"蹴"字《汉语大字典》认为"同'蹩'"，写本字形应是此字偏旁移位形成的变体；而"蹩"字音bié，义有"行不正；跛行"。④稷山方言其义仍为"跛行"，但读音却是pié，与写本直注音相同，应是当地方言b、p不分所导致。如说："咿（那）人走起路时脚踤蹴的，怎能走得快！"

14."儿头芺芺（原注：音［木］）。""芺"字音木；《方言》卷十

---

①徐中舒主编：《汉语大字典》，成都：四川辞书出版社、武汉：湖北辞书出版社，1993年版，第801页。

②徐中舒主编：《汉语大字典》，成都：四川辞书出版社、武汉：湖北辞书出版社，1993年版，第78页。

③徐中舒主编：《汉语大字典》，成都：四川辞书出版社、武汉：湖北辞书出版社，1993年版，第1548页。

④徐中舒主编：《汉语大字典》，成都：四川辞书出版社、武汉：湖北辞书出版社，1993年版，第1554页。

三："翆,好也。"郭璞注:"翆翆,小好貌也,音木。"稷山方言音義俱同。乡间最常见的是,妇女一边用手抚摸别家小孩的头,一边说:"这娃头发多好呀,翆翆的。"

15."手捿掐(原注:即悦反,口甲反)"。"捿"字《汉语大字典》音jié,义即"断绝。《玉篇·手部》'捿,断绝也。'"[①]稷山方言虽也指断绝,但读音却是juē,与写本反切音相一致。这个字的意思相当于现代汉语的"撅",指用双手或单手将绳子或树枝之类折断,或做其他需要用手折断的活计,民间常用。如到苜蓿地里去"捿苜蓿",到山上去"捿野韭菜",等等。至于"掐"字,《汉语大字典》音qiā,释义有"用指甲切断,摘""割断;截去"。[②]稷山方言同样音qiā,释义也与《汉语大字典》相同。民间最常见的是,农家种下那些长蔓的蔬菜,如倭瓜或葫芦之类,当瓜蔓长到一定长度时,便要"掐顶",逼它坐果。再就是在棉花地里干活,棉株快结棉桃时,要用手去摘掉多余的枝杈,逼它把自身力量用在结棉桃上,这件农活叫"打掐棉花"。由于这两个字都有用手弄断的意思,故编者把它们放在了一起。

16."皮皴皺(原注:七合反)"。这是说皮肤的两种褶皱情况。"皴"字《汉语大字典》中音cūn,释义为"皮肤皴裂","物体表面粗糙、有皱褶",或"方言,指皮肤上积存的泥垢或脱落的表皮"。[③]民间较多用指冬季洗手或洗脸后没及时擦干,受冻而起的裂纹,以及皮肤上积存的泥垢等。"皺"字《汉语大字典》未见,稷山方音在jiè和jiào之间,亦指皮肤上因积存泥垢等不洁物,从而出现褶皱,不光溜,有

---

① 徐中舒主编:《汉语大字典》,成都:四川辞书出版社、武汉:湖北辞书出版社,1993年版,第806页。

② 徐中舒主编:《汉语大字典》,成都:四川辞书出版社、武汉:湖北辞书出版社,1993年版,第799页。

③ 徐中舒主编:《汉语大字典》,成都:四川辞书出版社、武汉:湖北辞书出版社,1993年版,第1151页。

干燥感。这也正是编者将二字放在一起的原因，但它们并不连用。

17."食饙饱（原注：必列反）。""饙"字未见于字书，但稷山方言确有此语。该字音 biē，指吃得太饱，肚子发胀。如说："我吃多了，肚子饙得难受。""饙"字是指因用食"过饱"而产生的难受感，所以同"饱"字放在了一起，但二字并不连用。

18."爩烙（原注：熨洛）。""爩"字《汉语大字典》认为同"爩"，音 yù，义指"烟出；烟气"。①但写本直注音却是"熨"，显然是指"熨衣服"而言的。之所以读音会有这样的差别，或许与唐五代西北方音特征之一的"韵母青、齐互注"有关。"烙"字《汉语大字典》中音 luò，义即"灼；烧"；或音 lào，义指"用烧热的铁器烫、熨，使衣服平整或在物体上留下标志"。②稷山方言"烙"字读 luò，铁制熨斗称作"烙（音 luò）铁"，恰与写本直注音相一致；以之熨衣裳说成是"烙衣裳"。这样，"爩（音熨）衣裳"和"烙衣裳"事实上就是一回事。

19."人齘齿（原注：戛）。""齘"字《汉语大字典》中音 xiè，义指"牙齿相摩切"，或"牙齿摩切发出声响"。③写本直注音当读作 gā，与稷山方言正相一致。如说："咊（那）人睡着觉牙摩得厉害，响得齘齘的。"

20."齀眼（原注：豁）。""齀"字《汉语大字典》音 huò，释义为"孔窍大"。④"齀"既与"眼"相搭，则知它是说"眼孔大"。稷山话

---

① 徐中舒主编:《汉语大字典》,成都:四川辞书出版社、武汉:湖北辞书出版社,1993年版,第943页。

② 徐中舒主编:《汉语大字典》,成都:四川辞书出版社、武汉:湖北辞书出版社,1993年版,第921页。

③ 徐中舒主编:《汉语大字典》,成都:四川辞书出版社、武汉:湖北辞书出版社,1993年版,第1987页。

④ 徐中舒主编:《汉语大字典》,成都:四川辞书出版社、武汉:湖北辞书出版社,1993年版,第231页。

说："某某眼窝齉的，跟牛眼似的。"可见其义。

21."走趌趌（原注：音结，能行貌）。"此从 P.2717 释文。"趌"字《汉语大字典》中音 jié，释义为"走意""走貌"。①稷山方言音义俱同。但"趌趌"不是对所有人都能使用的，而是有其特别的用法。一般来说，婴儿长到十个月左右，就要挣扎着学步走路。为了训练孩子学步，大人要弯下腰面对孩子，一边用两手抓住孩子的小手，帮其站起，一边半拖着让他（她）往前迈步，大人自己则顺势后退。这时大人嘴里就会不停地说："趌趌！趌趌！"是向婴儿发出的走路指令和鼓励之语，在别的场合是不能使用的。

22."剅掆（原注：乃雕反，乌末反）。""剅"字不见于字书。蒋礼鸿先生《敦煌变文字义通释》采纳徐复先生意见，定为"掐"字，②当是。"掐"字《汉语大字典》中音 tāo，其义为"掏，挖取"。③稷山方言音义俱同。如甲问乙："你见某某了吗？"答曰："见了。他在东边涧里掐石头哩。"又如："我打算在这面墙上掐一个窟窿。"至于"掆"字，《汉语大字典》音 wò（与写本反切音相同），义为"掏取；挖取"。④稷山方言义同，但读音却是 wān。如说："我打算种一棵树，得先掆一个角觿（坑）。""院墙根栽的那根柱子没用了，我得把它掆了。"显然，"剅"和"掆"这两个字都有"掏"和"挖取"的意思，故编者将它们放在了一起。

23."人喍咄（原注：丁列〔反〕，卢聿反）。""喍"字《汉语大字

---

① 徐中舒主编：《汉语大字典》，成都：四川辞书出版社、武汉：湖北辞书出版社，1993年版，第1460页。

② 蒋礼鸿：《敦煌变文字义通释》，上海：上海古籍出版社，1988年版，第239页。

③ 徐中舒主编：《汉语大字典》，成都：四川辞书出版社、武汉：湖北辞书出版社，1993年版，第812页。

④ 徐中舒主编：《汉语大字典》，成都：四川辞书出版社、武汉：湖北辞书出版社，1993年版，第800页。

典》有二音和二义：一音 zhì，释曰："呵吒。《广雅·释言》：'嚏，咄也。'王念孙疏证：'嚏之言吒也。'"一音 dié，"〔嚏咄〕，说话无节制"。①有趣的是，稷山方言读音 dié，但意思却不是"说话无节制"，而是"呵吒"。"咄"字《汉语大字典》中音 duō，释义亦为"呵吒"。②在稷山方言里，"嚏咄"是一个词，基本意思是呵斥、斥责。如一个女人抱怨她丈夫说："你跟我说话从来就没好声，总是嚏儿咄儿的。"中间所加的"儿"字，或许是一种儿化现象。

24."僰面（原注：仆）。""僰"字《汉语大字典》中音 bó，主要是指古代西南少数民族之一的僰人，另义是"丁壮貌""丑""姓"。③但写本此字下接一个"面"字，应当另有所指。就我所知，"僰面"是一个方言语词。晋陕之人以面食为主，无论是擀面条或是做蒸馍，揉面时为了防止面团与案板粘在一起，先要在案板上撒一些干面粉，此即"僰面"。稷山方言此字音 pū，与写本直注音正相一致。而我北京顺义长大的老妻擀饺子皮时总是称此干面粉为"僰僰面"，读音却是 bó。这也说明，稷山的"僰（pū）面"和北京的"僰（bó）僰面"读音虽别，却是指同一种东西，即上面所说为防粘连而在案板上撒的干面粉。

25."齐蠢蠢（原注：所六反）。""蠢"字《汉语大字典》中义即"齐；齐平"。④稷山方言有此语，如说："人家五个儿子站在那里齐蠢蠢，跟枪杆似的。"

---

① 徐中舒主编：《汉语大字典》，成都：四川辞书出版社、武汉：湖北辞书出版社，1993年版，第285页。
② 徐中舒主编：《汉语大字典》，成都：四川辞书出版社、武汉：湖北辞书出版社，1993年版，第256页。
③ 徐中舒主编：《汉语大字典》，成都：四川辞书出版社、武汉：湖北辞书出版社，1993年版，第91页。
④ 徐中舒主编：《汉语大字典》，成都：四川辞书出版社、武汉：湖北辞书出版社，1993年版，第28页。

26. "口嗫嚅（原注：而叶反，下儒）。""嗫"字《汉语大字典》中音niè，释作："［嗫嚅］，多言；窃窃私语。"[1]"嚅"字《汉语大字典》中音rú，义为"［嗫嚅］，窃窃私语貌"。[2]稷山方言此二字亦作一个词连用，音义俱同。如说："你俩避着我，嗫嚅啥哩？"

27. "手搚拉（原注：之叶反，下腊）。""搚"字《汉语大字典》有四音：dá，lā，xī，xié。基本意思有"打""摧折""同'拉'"等。[3]稷山方言二字并用，是一个词，读音为dálā，指双手下垂，什么都不做，闲待着。如家长批评孩子说："我忙得四脚朝天，你却搚拉着手，也不说帮我一下！"北京方言亦有同样的说法。

28. "镬作（原注：侯郭反）。""镬"字《汉语大字典》中音huò，与写本反切音相同；释义则为"［爦镬］，火盛时火苗闪烁的样子"，或"热"。[4]但就我所知，它却是一个方言词，带有贬义，是批评某人正在做的事情不该做，或做得不好才说的话。稷山话说："你镬作啥（音shē，ɑ、e不分）呢？"意思是说："你胡弄（或曰胡整）啥呢？"可知，"镬作"就是在做事情，但被认为本不该做或做得不好。

29. "面酢皱。"此条既无反切音，也无直注音，论者认为"当是上文脱漏而补抄于书末或后来填补者"。[5]"酢"字《汉语大字典》中音

---

① 徐中舒主编：《汉语大字典》，成都：四川辞书出版社、武汉：湖北辞书出版社，1993年版，第297页。

② 徐中舒主编：《汉语大字典》，成都：四川辞书出版社、武汉：湖北辞书出版社，1993年版，第293页。

③ 徐中舒主编：《汉语大字典》，成都：四川辞书出版社、武汉：湖北辞书出版社，1993年版，第823页。

④ 徐中舒主编：《汉语大字典》，成都：四川辞书出版社、武汉：湖北辞书出版社，1993年版，第939页。

⑤ 张涌泉、关长龙撰：《敦煌经部文献合集》第7册，北京：中华书局，2008年版，第3798页校注［四三九］。

zhǎn，组词"酢醦"，释义为"老""面皱""面色惭愧"。①但稷山方言"酢"字却读作gǔ。此字口语里并不单用，而是与"皱"字组成"酢皱（方音 chōu）"，意思是褶皱多，老了、旧了。如一个桃子，摘下后放得时间长了，表皮松弛发皱，可以说："这都放了多少天，皮都酢皱了"。当然，它更可以用来描述人脸褶皱多，如本条所示，脸上的皱纹也就被称作"酢皱（音 gǔ chōu）纹"。

（原载《敦煌学辑刊》2022年第1期，第1—7页）

---

①徐中舒主编:《汉语大字典》,成都:四川辞书出版社、武汉:湖北辞书出版社,1993年版,第1830页。

天文文物研究的鸿篇佳作

——《席泽宗院士自选集》读后

　　一代天文学史宗师、著名科技史家席泽宗院士的自选集，由陕西师范大学出版社隆重推出。这实在是一件值得科技史界和学术界欣慰的盛事。作为一个与席院士交往已近30年的后学，我在拜读之后，委实感触良多。先生的论文涉及领域之广、之深，对于谫陋如我者，全面评价实难胜任。这里，我拟从天文文物研究的角度谈一点读后感。

　　天文学史是我国众多科技史分支学科里成果最为辉煌的领域，堪称王冠上的宝石。还在1948年读大学一年级时，席先生就开始涉足这一学科。此后焚膏继晷，勤勉不倦，到本文写作时已耕耘了55个寒暑，成果斐然，为国际学术界所瞩目。现在收入这本选集中的126篇文章，直接研究天文文物的仅6篇，却是席先生学术研究的一项重要内容。

　　席先生的天文文物研究主要从两处着手，一是马王堆汉墓帛书，二是敦煌藏经洞文献。1973年底，湖南长沙马王堆三号汉墓出土文物中有一件帛书，其中8000余字与天文学相关。政府及时组织了"马王堆汉墓帛书整理小组"，席先生荣膺其选，研究天文内容的重任自然也就落在了他的肩上。他全力以赴，夜以继日地投入工作，既充分发挥自己的学术优势，又与整理小组的同仁切磋探索，先后完成了三篇重要学术论文。一是《〈五星占〉附表释文》。众所周知，释文是研究出土文献的前提，如果文字释读不准确乃至错误，研究工作还有可靠的凭据吗？经过辛勤努力，不到一年，这篇释文便在《文物》1974年第11期刊发。在进行释文的同时，席先生又为之进行注释。但他担心不准确，故慎之又慎。注释文字在箱箧中放置了29年，其间数易其稿，才于本次出选集时与释文同时发表。收在选集中的该文如今已易名为《〈五星占〉释文和注释》了。以29年时间去读解一篇出土天文文献，在学术史上虽不能说空前绝后，至少也可以说十分罕见吧。

同是在《文物》1974年第11期，配合《五星占》释文的发表，席先生发表了他的研究论文《中国天文学史上的一个重要发现——马王堆汉墓帛书中的〈五星占〉》（署名：刘云友）。释文是研究的第一步，但光有释文是远远不够的。正是通过这篇论文，《五星占》的学术价值才得到充分彰显。他在文章中告诉人们：远在公元前170年乃至更早，我们的祖先仅凭肉眼观测就已获知，金星的会合周期为584.4日，比今测值大0.48日；土星的会合周期为377日，比今测值小1.09日；恒星周期为30年，比今测值只大0.54年。帛书中不但记载了近于精密的金星会合周期，而且认识到金星的五个会合周期恰为8年。这同样是一项了不起的发现。诚如法国天文学家弗拉马利翁在其《大众天文学》中说过的那样："8年的周期已经算是相当准确的了，事实上金星的五个会合周期是8年（每年365.25日）减去2天10小时。"弗氏由此给出了1956年至2012年金星下合时可以看见光亮细环的时间。殊不知，远在2000多年前，中国人就列出了70年的金星动态表。研究至此，席先生自豪地说："中国是天文学发达最早的国家之一……马王堆帛书的出土再一次得到了证明。"堪称掷地有声！

除了对《五星占》进行释文和研究，席先生还研究了帛书中的彗星图，有《马王堆汉墓帛书中的彗星图》一文发表于《文物》1978年第2期。此图共29幅，画着各种形状的彗星。他利用深厚的现代天文知识和古天文学素养，对这些彗星图做了深入细致的研究，从而指出，苏联天文学家奥尔洛夫所划分的N.C.E三类彗头，在马王堆彗星图中均有其表现形式。诚然，这批图也有缺点，如没有发现的时间、地点和绘图日期，缺少在天空出现的方位和经过路线，大小比例也不一定合适。但是，有比较才有鉴别，"只要考虑到国外在公元66年才有一个出现在耶路撒冷上空的彗星图，而欧洲人帕雷于1528年还在彗星的尾部画着一只屈曲的臂，手里持着一柄长剑刺向彗核，在彗尾两旁还绘着带鲜血的刀、斧、剑、矛，其中还夹杂着许多可憎的、须毛悚悚的人头，就更可以显出这份彗星图的珍贵了"。

其实，在席先生对马王堆汉墓帛书天文文物的研究之前，他已对敦煌藏经洞所出天文文物进行了深入研究。敦煌藏经洞开启于1900年，此后不久，精品便被斯坦因、伯希和等携卷而去，很长时间内中国学者都难睹真颜。1959年，英国研究中国科技史的巨匠李约瑟博士在其《中国科学技术史》第三卷《天学》中，披露了藏在英国博物馆（今藏英国图书馆）的S.3326星图，诱发了席先生的研究热情。原图以彩色绘制，当时限于条件，席先生只能看到黑白照片，但也未能阻止他进行研究。他于《文物》1966年第3期刊发了《敦煌星图》一文，将图上的星点与文献记载逐一对证，共证认出恒星1359颗，几乎涵盖了甘德、石申、巫咸三家古星的全部。而且，他还指出，此图绘法颇为先进：此前天图全是绘在"横图"上的，北极圈内的星离得很远，而事实是越近极点它们的距离越近。而此图将赤道带附近的星仍然画在横图上，又将北极和紫微垣星画在一幅圆圈上，类似欧洲人麦卡特所用的圆筒投影法，但比麦卡特发明此法早了600多年；此外，这件星图可能是亚洲乃至全世界迄今保存最早的星图，连李约瑟也兴叹不已。

进入20世纪80年代，由于笔者受命担负敦煌文献中天文历法文献的整理研究工作，从而与席先生的交往增多。席先生耳提面命，我则亲聆教诲，获益匪浅。1989年，我们于《中国历史博物馆馆刊》第12期联名发表了《敦煌残历定年》一文，受到学术界关注。黄一农教授认为，文末所附"敦煌历日表"可能是一份最完整的表格。此后，席先生又单独发表了《敦煌卷子中的星经和玄象诗》一文，从天文学发展史的角度对敦煌这两篇文献的学术价值作了全面深入的阐发。

通过上面的介绍，我们已可看出，席先生在学术界享有盛誉是实至名归的，更遑论他的《古新星新表》，以及与薄树人先生（已故）合作的《中、朝、日三国古代的新星纪录及其在射电天文学中的意义》被国际科技史界同仁引用过上千次！

读罢《古新星新表与科学史探索——席泽宗院士自选集》，觉得心潮澎湃。然而静心细思，这些成绩的取得又绝非偶然，我觉得大致可以归结为如下三个原因：

一是内心深处具有挚厚的爱国情怀。作为一个年逾古稀的老知识分子，席先生经历了诸多风雨，但他对祖国的热爱时时跃然纸上。我不赞成狭隘民族主义，更反对夜郎自大。但是如果仅仅因为近代以来中国处于落后态势，就连祖国曾有的辉煌也不敢讲，那不免可悲！承认今天的落后是实事求是，尊重历史上的辉煌又何尝不是实事求是的态度！

二是"勤、谨、和、缓"的治学态度。这本是宋朝一位参政者的官箴，席先生借助胡适之先生的话为之作解："勤"就是勤勤恳恳下苦功夫；"谨"就是严谨，不苟且，不潦草；"和"就是虚心，不固执，不武断，不动火气；"缓"就是不急于求成，不轻易下结论，不轻易发表意见。而这四个字中，"缓"又是关键，如果不能"缓"，也就不肯"勤"，不肯"谨"，不肯"和"了。席先生曾对我讲，这四个字是他的座右铭。而他为马王堆帛书《五星占》所作释文和注解，前后历时29载，难道不也是实践这一座右铭的典型事例吗？席先生在选集的"自序"中说，他一直记着先师叶企逊先生的教诲："写文章要经得起时间考验，一篇文章30年后还站得住，才算过得硬。"诚所谓夫子自道也。它与时下流行的浮躁与急功近利之风，相距简直不可以道里计！

三是坚持真理的科学精神。学者必须具有良知和尊严，而它是需要通过科学精神来体现的。科技史界曾存在一种看法，认为中国古代没有科学。对此，席先生不予苟同。他在为已故科学史家严敦杰先生的遗作《祖冲之科学著作校释》所作的序中指出："祖冲之定出圆周率密值为355/113，已被日本数学史家三上义夫称为'祖率'，领先世界1000多年。为此，莫斯科大学为祖冲之塑了铜像，美国科学史家吉利斯皮主编的《科学大辞典》为他立了传，国际天文学联合会将第1888号小行星和月面上的一个环形山用祖冲之命了名，全世界公认祖冲之是一位科学家。可是我们国内竟然有人说：中国古代没有科学！没有科学，当然也就没有科学家，祖冲之的名字应该从全世界人民的心目中抹掉。"读过这些铿锵有力的文字，数典忘祖者岂不汗颜？

一部《古新星新表与科学史探索——席泽宗院士自选集》，既包含着席院士研究古代天文文物的鸿篇佳作，更是他半个多世纪学术成就的结晶，同时也承载着一个中国知识分子的道德情操和人生追求。诚愿他和他的著作名垂千古，惠泽学林。

（原载《中国文物报》2003年10月8日第4版）

马王堆天文文物研究的新葩

——刘乐贤《马王堆天文书考释》评介

　　学术研究如同江河之水，总是后浪推前浪，一浪更比一浪新。一些似乎没有多少前进余地的领域，经过有心人的努力爬梳和刻苦钻研，常常是面目为之焕然一新。刘乐贤博士的新作《马王堆天文书考释》就是一朵令人欣慰的新葩。

　　该书的成就主要体现在如下几个方面：

　　一、首次对马王堆天文书作了系统全面的整理和考释，为研究者提供了一件完整而准确的读本。虽然以往也有不少研究马王堆天文书的论著，但多为零散之作，只涉及其中的个别问题。尤其是大多都尚未关注《日月风雨云气占》，而《考释》首次将《五星占》《天文气象杂占》和《日月风雨云气占》三书一并研究，逐一校注与疏证，为读者阅读和了解马王堆天文书提供了可靠的基础。

　　二、对马王堆天文书残片作了新的缀合与调整。马王堆帛书整理小组的前贤们，曾将所出4片《五星占》文字分别标以A、B、C、D，并以此为序进行释文和整理。刘乐贤早就对这一排序产生怀疑。后仔细分析刊登在《马王堆帛书艺术》上的原件彩照，发现排序与缀合有误。他发现，B片末行（总第38行）是"□而角客胜大"6字的右半笔画,而D片首行(总第61行)的开端正是上述6字中后5字的左半笔画,从而可将B、D两片联缀。原来的拼合顺序从而改正为A、C、B、D。这个修正的意义是巨大的。绢帛本身是天文书内容的承载物,由于岁月沧桑,《五星占》原件已裂为数片。因此,整理的第一道工序便是确定其顺序并拼合。如果残片前后次序有误,那么,人们还能完整准确地理解其内容吗?由此可见,拼缀次序的改进实在是厥功甚巨!

三、基本实现了天文书内容与传世典籍的互证。20世纪初年,面对地下文献不断涌现,学术研究蓬勃发展的新局面,国学大师王国维提出了著名的"二重证据法",这已是研究出土文献的不二法门。令人稍觉遗憾的是,马王堆天文书问世30余年,而在刘乐贤之前,尚无人去做这种"笨拙"的对证功夫。刘乐贤不惮其苦与繁难,从《开元占经》《乙巳占》《晋书·天文志》《天文要录》等各类传世文献中,寻找与马王堆天文书相同或相近的内容与文句,80%以上实现了二者的互证。我们知道,马王堆天文书是我国早期的天文星占著作,其内容对后世同类著作影响很大。因此,从晚于西汉的天文星占典籍中找到它的对证内容,这不仅对认识马王堆天文书本身,而且对了解这些后世典籍的形成,也有十分积极的意义。可以想见作者在做这项工作时所付出的巨大辛苦。

四、对文书作了全面的注释与疏证。以往对《五星占》和《天文气象杂占》虽有注释,但均显简略。《考释》在前贤工作的基础上,增加了许多新注,并纠正了一些错误。在占文数术内涵的疏证方面,此前日本学者曾做过一些有益的工作。《考释》吸收了中外学者的积极成果,又查阅了更多的传世文献,从而新获迭出。自然,《日月风雨云气占》的注释和疏证亦属"第一个吃螃蟹"的行为。

五、在相关问题的讨论方面,该书也取得了一些重要的"副产品"。比如,第六章考证出"天维"为岁星异名,既解决了《五星占》

的释读问题，又解决了《淮南子·天文训》中的一个疑难问题。又比如，第九章对太阴纪年的讨论，与此前任何一家都不相同，或许能为这一争论已久的老问题提供一条新思路。

由上不难看出，《考释》是一部具有创新性的著作，其学术贡献是显而易见的。在当前人心浮躁，许多作品属于"著书不立说"，或者是"著名"很多而"名著"少见的不良氛围中，能够读到《马王堆天文书考释》这样的潜心之作，是值得为之击节的。

这里我想特别指出的是，刘乐贤是一位严谨而又十分谦虚的青年学者。我们曾经共同参与过法国学者马克·卡林诺斯基教授主编的《中国中古时代的科学与宗教》一书的编写工作。刘乐贤不仅为我们合写的该书一章的整体内容，而且常常为一句话如何表述，乃至一个词语的使用，与我反复磋商。他对自己以往出版的《睡虎地秦简日书研究》和《简帛数术文献探论》两书常常表示不满意，这种不满足使我感到他又有了新的创获。一位学者曾在电视上说："做事要知足，做人要知不足，做学问要不知足。"刘乐贤就是一位"永不知足"的学人。了解了作者的为人为学，他在《考释》一书中取得的成就也就绝非偶然了。并且我还相信，只要他保持这种"不知足"的学风，用不了太久，他还会有新创获，大家可以拭目以待。

同时我也想说，一个人的认识很难穷尽真理。《考释》虽然取得了很多成绩，但放诸更大的学术时空，也不免会见仁见智。不过我深信，即便有批评意见，作者也能用平常心对待，就像他一向以平常心对待自己那样。

（原载《中国文物报》2004年8月4日第4版）

一部敦煌学者的必读之作

——张涌泉《敦煌写本文献学》读后

一般来说，"敦煌学"中的文献研究包含两个部分：一是文献学内容，二是分门别类的专科内容。就专科内容来说，由于其十分庞杂，几乎囊括了近代以来的所有学科分类，诸如历史、经济、社会、民族、宗教、语言、文学、天文、地理，等等，无所不包。因此，没有人也不可能有人能对其做到样样精通。百余年来，学者们多就其所熟悉的领域用力研究，偶尔旁及其他。但是，就文献学的内容而言，对全体"敦煌学"者来说，却有着共同的研究任务和学术内容。那是因为，除极少量的刻本外，6万余号的敦煌文献多是手写而成。

众所周知，我国的文字记录和传播，唐代之前以手写为主。只是从唐后期开始，印本才逐渐多了起来。宋以后，雕版印刷乃至其后的活字印刷成为文献传播的主流形式，手写本逐渐退出历史舞台，昔日的风光也消退了。敦煌文献恰恰产生于手写本的辉煌时代，涵盖着其由盛至衰的全过程，而这样的写本文献又恰恰是我们进行专科研究的资料渊薮。由于写本和刻本（以及排字本）有着多方面的不同，也就越来越受到人们的重视。近几十年来，不断有学者呼吁建立"写本文献学"。①张涌泉教授的《敦煌写本文献学》②便是这样一部应运而生的新作。

《敦煌写本文献学》（以下简称《写本学》）属于"敦煌讲座书系"作品之一。出版三个月后，我即收到涌泉兄惠赠的该书一部。全书744页，66万字，堪称皇皇巨著。收到书后，即为涌泉教授的学术新成就而欢欣，但因故耽误数月，未能即刻拜读。2014年夏间，冒着酷暑，前后费时近半个月，将该书细读一遍，收获良多。这里，我想将自己的收获写出来，供各位参考，而且也十分愿意向学术界同仁推荐此书，因为我认为它是"敦煌学"者的必读之作；若不读此书，则不足言自己是敦煌文献研究者也。

我这里所说的"敦煌学"者，主要是指从事敦煌文献整理和研究的专业工作者。当然，尚未包含敦煌艺术研究者，但他们也是当之无愧的"敦煌学"者，自不待言。我所要划出界限的是，那些不直接从事敦煌文献的整理研究工作，而仅仅是利用敦煌文献研究专业问题的学者，不应在我所指称的"敦煌学"者之列。

我想用八个字概括我对这部著作的评价：独树一帜，博大精深。具体有如下四端：

一、对汉字的演化史了然于心

这对于以研究语言文字以及敦煌文学为主职的涌泉教授来说，是

① ［日］藤枝晃:《敦煌学导论》，天津:南开大学历史系油印本，1981年版，第80页;荣新江:《敦煌学十八讲》，北京:北京大学出版社，2001年版，第340—352页;郑阿财:《论敦煌俗字与写本学之关系》，载《敦煌研究》2006年第6期，第162—167页;方广锠:《遐思敦煌遗书》，见方广锠:《随缘做去，直道行之——方广锠序跋杂文集》，北京:国家图书馆出版社，2011年版，第145—146页。

② 张涌泉:《敦煌写本文献学》，兰州:甘肃教育出版社，2013年版。

不言而喻的。我们虽然重点研究纸质写本文献，但仍需把它放在整个汉字演化史以及其载体变化的大架构下进行观察，建立宏观视域。我国的汉字，其字形与载体经历了漫长的演化过程，迄今至少有3500年的历史。无论是甲骨文的锲刻，还是钟鼎铭文的铸造；无论是从大篆到隶书，还是由楷书到行草，汉字一直是既在传承着，也在变化着。而从公元4世纪到11世纪的纸质写本文献仅仅是这个长序列中的一段，亦即有自己的时代性。《写本学》在多处强调"汉字是有时代性的"。如第622页云："敦煌写本跨越4世纪末至11世纪初600余年，是汉字字体由隶变楷完成的阶段，篆、隶、楷、行、草诸体皆备，形式各异，风格多样。"第626页又云："汉字具有时代性，往往因时而异。时代的发展，政权的更替，物质文化生活的改变和提高，往往会在语言文字上留下深深的痕迹。"第632页在讲到俗字时又说："俗字有时代性。每一个汉字都有它自己产生、演变或消亡的历史踪迹，俗字亦不例外。"在第655页又说："不同的时代既有不同的书体，也有不同的字体，汉字具有时代性。"作者之所以不厌其烦地强调汉字的时代性，就在于不能轻忽它的时代特色，或者说，必须按照它的具体时代对它进行认知和厘定，而不可以以今律古或者以古格今。在许多不从事敦煌文献整理的学者看来，敦煌写本的文字似乎并不难认读。但是，它是写本，而不是印本，这一点却被许多人忽略了。50多年前，《敦煌变文集》的整理者是六位大家，却产生了许多在今天看来本不该发生的错误；就是当下正在整理并出版的敦煌文献著作，虽说比前人有了很大的提高，但由于忽略了汉字的时代性，错误仍在继续产生（这也包括我自己的工作在内）。想到这些，我颇觉有几分汗颜！如果我们还想减少错误，那么就静下心来，深入进去，对写本文献的时代特征花一番大力气去理解，然后再进行敦煌文献的整理，庶几可以最大限度地减少错误。在这个意义上，我呼应涌泉教授的拳拳心意，强调"汉字是有时代性的”，切勿大意！

二、对敦煌写本的特征十分熟悉

　　这也是《写本学》一书的主体内容，也可以说是它的重头戏。如果没有这些具体的书写特征，写本的“时代性”也就成了空中楼阁。诚然，写本文献的特征是多方面的，很难一言以蔽之曰如何如何。概而言之，该书的“字词编”（第二编）和“抄例编”（第三编）都属于对敦煌写本的认知和归纳。这里，请允许我借用作者在“后记”中的话对其内容进行表述：“第二编为字词编，对敦煌文献的字体、俗语词、俗字、异文等语言文字现象作了全面的介绍，指出敦煌写本篆隶楷行草并存，异体俗字盈纸满目，异本异文丰富多彩，通俗文学作品、社会经济文书、疑伪经等写本有大量‘字面普通而意别’的方俗语词，它们既为语言研究提供了大量鲜活的第一手资料，也为敦煌文献的整理设立了一道道障碍，扫除这些障碍是敦煌写本整理研究的最基础的工作；第三编为抄例编，对敦煌写本的正误方法、补脱方法、卜煞符、钩乙符、重文符、省代符、标识符等符号系统及抄写体例作了全面的归纳，并通过列举大量实例，指出了解这些殊异于刻本的书写特例，是敦煌写本整理研究的重要一环。”①大而言之，敦煌写本的特征主要表现在俗异体字、方言词义、书写符号等几个方面。而这些问题则会随时呈现在整理者面前。我敢说，并非所有敦煌文献整理者对这些特征都比较了解，许多人是仓促上阵的。而如果不在这些方面花大力气扩充自己的知识，整理出的东西就很难成为上乘之作。恰好，《写本学》在这方面已经花过大力气，其所取得的成功，也足以供我们学习

---

①张涌泉：《敦煌写本文献学》，兰州：甘肃教育出版社，2013年版，第743页。

和参考。为了加深对该书水平的认识，我这里仅举一例以见一斑。第199页有如下一段辨证：上海图书馆藏敦煌写本第125号《金刚般若经义疏》卷二有："故阿耨菩提是如来事，付嘱菩萨，菩萨即荷如来重担，荷负如来十佛事故。"原卷"菩提"二字合文作"草字头"下安一个"提"字；两个"菩萨"合文作上下两个"草字头"为一个"菩萨"，其下再加一个重文符号。这种情形，在印本书籍中能见到多少？总之，不花一番苦功夫去研读敦煌写本的特征，恐难言有资格整理敦煌文献也。而《写本学》归纳精当，例证丰富，是我们认读敦煌文献的便捷门径，相信任何读过的人都会收获多多。

三、实现了与写手的沟通

宋以后的印本文献多是经过整理加工的。从历史学的角度说，二十四史也好，《资治通鉴》等编年史也罢，都是经过作者加工改写的，多数已非第一手资料。出土文献之所以受重视，就是因为它基本上都是第一手资料，没有经过史学家的笔削，反映的是其本真面貌。换一个角度说，当时人抄写这些东西是供自己或者某些公共部门如官府或佛寺使用的，而不是供后人做研究的。既如此，写手自己明白并满足其用途也就够了，没有义务为我们这些后来的现代研究者着想。今天，我们要使用这些资料，首先必须明白写手的意图，与写手间达成沟通，才有可能吃透其原义。在这方面，《写本学》也做出了表率和示范。这里举书中两例。S.0388是《时要字样》《正名要录》的抄本。原卷凡抄写有误者，抄者往往把正字或误字的构件在天头或地脚中标出，数量多达20余处。如门阙之"阙"字，原字"门"内左半似在"幸"与"羊"之间，很难把握。但该行天头有一个很小的"羊"字。这是抄手做的标识，确认"阙"字门内部分左半为"羊"。它当然是一个俗体字，类似于"逆"字由"羊"加"走之"旁合成。而今人校者不察，将"羊"作"幸"，忽略了原抄手的提示。①又比如 P.3279 号《春秋左氏经传集解·昭公五年》："时晋侯亦失政，叔齐以此讽谦谏也。"原卷"谏"字略小，但"谦"字右侧有一个小点，是废除标识。可是今人不察，愣认为"谦"是正字，又作衍文处理，枉费周折。②同类例证还可举出很多，不必一一列举。这些被《写本学》指出的错误使我想到，凡事该有敬畏之心，对古写本亦应如此。如果我们谦卑一些，虚心一些，小心一些，犯错误的概率必会降低，切不可大大咧咧地对待这些弥足珍贵的古代文献。

四、对相关文献非常熟悉

我们以学术为职业的人，一般都具备两种能力：一是脑子里储存着一定数量的专业知识，二是大概知道从哪里能够查到自己所需的知识。但就敦煌文献的整理研究来说，光是具备这两方面的知识依然不够。面对写本文献的诸多特征，除了从经验中归纳出规律性的认识，还要对时人的说法有全面的了解。而这些当时人的说法，对于不搞文字学之人如我者，多不熟悉。于是，《写本学》提供的当时人的认识便有了极大的说服力。比如关于错字如何删除，宋人赵彦卫《云麓漫抄》卷三云："古人书字有误，即墨涂之。今人多不涂，旁注云'卜'。谚语谓之'卜煞'，莫晓其义……"③《写本学》从敦煌文献中归纳出的"卜煞"方法，有右侧加一点、二点、三点、四点甚至七点，又有在废字右肩加拐钩的，有用类似加"非"字右半的，有加类似今人所用中

①张涌泉：《敦煌写本文献学》，兰州：甘肃教育出版社，2013年版，第286页。
②张涌泉：《敦煌写本文献学》，兰州：甘肃教育出版社，2013年版，第340—341页。
③张涌泉：《敦煌写本文献学》，兰州：甘肃教育出版社，2013年版，第328页。

括号右半的，有加圆圈的，等等，十分丰富。如果我们不了解抄手的意图，怎能正确理解和使用这些文献呢？又比如，关于双行小注如何齐整的问题，清人杨守敬《日本访书志补》说："唐以前古书皆抄写本，此因抄书者以注文双行排写，有时先未核算字数，至次行余空太多，遂增虚字以整齐之，别无意义。故注文多虚字，而经文无有也。至宋代刊本盛行，此等皆刊落，然亦有未铲除净尽者。"①这种补虚字以求齐整的实例，《写本学》从敦煌文献中成批量地抉发了出来。除了补虚字的用例，作者又从敦煌文献中找出不少"增添实词"的例子，如加"大""小""下"等一些笔画简单的字，但也有笔画多的，如"病"字。抄者有时怕这些字混入正文，偶尔又把它们倒着写。今天的整理者不少人未究明写手的原意，在这些地方屡犯错误，实在是未达一间也。此外，关于重文符号的使用历史等，古人都曾有过解释。对这些知识的运用，使《写本学》归纳出的规则获得了历史认识的支持，更显得言之凿凿，令人信服。

　　总之，我认为《写本学》是一部成功之作，否则我不会认为它是"敦煌学"者的必读之书。诚然，由于该书涉及的知识领域十分广泛，也有一些小的瑕疵，用民间的话说，便是属于"老虎打盹"的事情。我在这里将其指出，供涌泉教授参考。如果认为我说的还有点道理，再版时就可加以修改了。

　　第627页在谈到"避讳字"时说："改避帝王名讳是古书中的常见现象。敦煌文献上起魏晋，下迄宋初，前后跨越六百多年，其中隋唐之前抄写的文献数量不多，总体上表现出不避讳的特点；唐五代抄写的文献是敦煌文献的主体，其中唐代前期敦煌写本避讳的现象比较普遍……"这里认为隋唐之前的文献有"不避讳"的特点，说法不确。

---

① 转引自张涌泉：《敦煌写本文献学》，兰州：甘肃教育出版社，2013年版，第510页。

敦煌文献中隋唐之前的写本数量较少，但也出现过因避讳而改字的现象，如 S.0613 号是著名的《西魏大统十三年（547）计账文书》，内有刘文成户："息女黄口，水亥生，年仵，小女"；其天婆罗门户："息男归安，水丑生，年拾仵，中男。"其中的"水亥""水丑"，原本均为干支癸亥、癸丑，因避北魏道武帝拓跋珪名讳，改"癸"为"水"也。这种改"癸"为"水"的例子，又见于今藏敦煌研究院的《北魏太平真君十二年（451）历日》："七月大一日水未闭""八月小一日水丑定"，均可参阅。

第 701 页在讲"取同时之书以校"时，举 P.4017 号《渠人转帖》为例："今缘水次逼斤（近），切要通底河口，人各枝两束，（亭）白刺壹不（不字衍）束，橛两笙，锹鏕（镢）一事，两日粮食。是酒壮夫，不用厮儿女。帖至，限今月廿九日卯时于□头取齐。"其中"是酒"二字费解。《写本学》参考 P.3412 号《壬午年（982）五月十五日渠人转帖》中有句"须得壮夫"，校前件"是酒"之"酒"为"须"，甚是，形近而误也。然"是须"仍未校尽。愚意以为"是须"当校作"事须"，必须也。"事须"一词是敦煌文献中的习惯用语。[1]在帖文中是强调，凡是参加这次用水活动的，必须是"壮夫"亦即壮劳力，而不能是小娃子。用水在西北地区的农业活动中是大事，身强力壮者方能承担此类农事活动。

除了上述两条很小的补充意见外，在对敦煌文献的总体把握上，我觉得除了要充分认识"汉字的时代性"，同时也要关注一部分敦煌文献的地域性特征。敦煌文献的产生地，一部分源自敦煌以外的中原和其他地区，一部分则产生于敦煌本地及其周边地区，尤其是社会经济

---

[1] 参见蒋礼鸿主编:《敦煌文献语言词典》,杭州:杭州大学出版社,1994 年版,第 294—295 页。

类文书。那些原产于敦煌本地的文献，在整理和诠释时，就不可避免地既会遇到唐五代西北方音互代字的问题，也会遇到一些方言词语的准确含义问题。我觉得《写本学》在这方面还有再延伸和扩充的余地。

在阅读《写本学》一书时，我注意到一些字词在今天的现实生活中仍然具有生命力，或者说它们今天依然活着。由于我出生在山西省稷山县农村，语言与西北地区方言靠近，我又自小就在那里生活，23岁才到北京求学，因此，迄今还会讲不少稷山话，也知道它的意思。在这里，我写出几个来，供同仁们在做研究时参考。

1. "提"和"携"是两个不同的负重动作。《写本学》第293至294页讨论了 S.1441 号《励忠节抄·政教部》一条材料的校勘问题。写本原文如下："孔子为鲁司寇，摄政行政（相）事，七日而诛少正卿（卯），使男女行各别途，斑白不提。道不捨（拾）遗，而后行兴。"又《诗·大雅·绵》毛传："入其邑，男女异路，斑白不提携。"《礼记·王制》则云："轻任并，重任分，班（斑）白不提携。""提携"一词司马迁也用过，见《史记·循吏列传》："（子产）为相一年，竖子不戏狎，斑白不提携，僮子不犁畔。"①至宋，《册府元龟》卷七〇三"令长部·教化"则云："至于道不拾遗，耕者让畔，斑白不携，弦诵相闻者，盖有之矣。"②在比勘过上述众多文献后，《写本学》认为"提携为提东西、负重，系同义复词"；"'不提''不携'即'不提携'"。也就是说，"斑白不提携"是指老年人不负重。但是，为何古人有的地方作"提"，有的地方又作"携"，有的地方又是"提携"并用呢？毫无疑义，"提"和"携"都是负重动作。但这两个动作是否毫无差别呢？恐未必然。在今日稷山方言中，这是两个有区别的负重动作。"提"好

---

① 标点本《史记》，北京：中华书局，2013年修订版，第3743页。
② 〔宋〕王钦若：《册府元龟》，北京：中华书局影印本，1960年版，第8733页上栏。

理解，把东西用手拎起离开地面就是"提"。"携"却不是这样，它是指曲臂以臂弯将东西拎起，并靠在躯干上带着走，等同于今日北京话"挎篮子"的"挎"这个动作。比如，用这个动作带一个荆条筐，稷山话叫作"携筐（音 cuo）"，抱小孩则叫作"携娃"。由此可知，在民间，"提"与"携"是有区别的，在负重的意义上可以将这两个字放在一起使用，但若强调其具体动作，则提、携有别，不宜混淆。我查东汉许慎《说文·言部》是："携，提也，从手巂声，户圭切"；"提，携也，从手是声，杜兮切"。此后 2000 年间人们便一直说了下来，从不起疑。而我颇怀疑当年《说文解字》作者许慎就未完全搞清这两个字的区别所在。

2. "色妇"就是讨老婆。《写本学》第 231 页在解说"敦煌文献中的异文"时说："就敦煌写本而言，所谓音同音近应立足于中古音，同时还要注意语音的地域变异，即敦煌所处西北方音的特点。"以下作者以"色""索"通用为例。P.3883 号《孔子项讬相问书》有句："夫子当时即索草，爷娘面色转无光。"句中"索"字 P.3833 作"色"。P.2564《齖䶗新妇文》有句："已后与儿色妇，大须隐审趁逐，莫取媒人之配。"句中"色"字 P.2633、S.4129 作"索"。可知，"色妇"就是"索妇"。作者又从方音角度解释说："唐五代西北方音曾摄与梗摄趋同，职韵、麦韵每多相押借用，所以'色''索'二字经常通用也就没有什么可以奇怪的了。"如果说一般人仅是从经验上认为"色""索"二字可以互相借用的话，涌泉教授则从音韵学上通解了二字互相借用的根由，从而建立在完全可靠的基础之上。我要补充的是，在稷山方言中，"色妇"这个词迄今还在使用，叫作"色媳妇"。这主要是汾河南边的人这样说（汾河从县城南边通过，将县域分成汾南、汾北两部分）。汾河北边的人给儿子讨老婆叫"说媳妇"。这个"色"和"说"是小方言差异呢，还是从方音上也能讲通，我就不晓得了。

3. "坐"字有聚餐的意思。我们在敦煌社邑文书中看到，一些转帖的内容是"春座局席"或"秋座局席"，这是古代民间社邑活动的通知书，内容是通知社人在春秋两个社日聚餐。而在敦煌写本中，座、坐二字很少严格区分，尤其是在民间活动形成的文字中。除了称作"春座局席"和"秋座局席"，又有叫"坐社"活动的转帖，如S.5813"社司转帖"："二月坐社氾子昇，右件人坐社，人各助麦一斗五升、粟二斗（下略）。"①又如S.6104《座社局席转帖抄》："社司右缘年支座社局席，次至庆果家。人各粟一斗，面斤米（半），油米（半）胜（下略）。"②显然，前件的"坐社"和后件的"座社局席"所言是同样的事情，均是社日聚餐。关于"坐社"一词的含义，张小艳博士论述得非常详赡，大致认为"坐社"是"社日饮宴"；"坐社"一词在现代汉语中仍在使用，如山西平陆、霍州等地。③我这里关注的是"坐"字单用的问题。S.1733背《某寺诸色斛斗入破历》："苁蓉二升，草豉一升，椒四合，以上味口帖（贴）招提冬至坐用。"S.1053背《丁卯年至戊辰年某寺诸色斛斗破历》："苏二胜，付心净，寒食座（坐）用。"张小艳认为其中的"坐"皆谓"聚坐饮宴"，所见甚是。但尚未像论证"坐社"那样举出现代汉语的实证。我想补充此证，为张博士一助。在稷山方言里，某些时候"坐"就是聚餐的意思。1992年，我返回故里过春节，儿时好友田国发兄邀我到他家"坐一下"，我以为仅是说说话、聊聊天而已。哪知去后才看到，他已备好酒饭，且有另外几位他的朋友已先我而到。毫无疑义，这个"坐"便成了聚餐饮宴。遗憾的是，田哥已辞世20年，否则，我还会邀请他到我这里再"坐一下"的。

---

① 宁可、郝春文:《敦煌社邑文书辑校》，南京:江苏古籍出版社,1997年版,第204页。
② 宁可、郝春文:《敦煌社邑文书辑校》，南京:江苏古籍出版社,1997年版,第216—217页。
③ 张小艳:《敦煌社会经济文献词语论考》，上海:上海人民出版社,2013年版,第566—580页。

4."智量"就是智慧。《写本学》第294至295页在讲述写本"有旁记直音"的现象时，引用P.3268《氾府君图真赞》："广负奇能，深怀智量。"P.3716《晏子赋》有："晏子对王曰：'齐国大臣七十二相，并是聪明智慧，故使向智量之国去；臣最无志（智），遣使无智国来也。'"作者认为"'智量'谓智慧"，所见甚是。"智量"一词在今天的稷山话中仍在使用。如在赞扬某人时可说："咿（那）人智量大（音特）的。"

5."卧"即酿造。《写本学》第139至140页在讨论"不明俗语词而误释"一目时，举出"卧酒"一词。P.2049《后唐同光三年（925）正月沙州净土寺直岁保护手下诸色入破历算会牒》云："粟七斗，马家卧酒看侍佛人用；粟一斗，秋转物日沽酒用。"为了正确阐释句中"卧"字的含义，作者举北魏贾思勰《齐民要术·养羊》之"作酪法"："屈木为棬，以张生绢袋子，滤熟乳，著瓦瓶子中卧之……其卧酪待冷暖之节，温温小暖于人体为合宜适（'宜'字疑衍——引者）。热卧则酪醋，伤冷则难成。"最终认为："所谓'卧酒'，其时就是酿酒。"所言极是。除了上面的卧酒、卧酪之外，我要补充一个"卧醋"。我住的张开西村在吕梁山前沿山脚下，盛产柿子，乡民们有酿造柿子醋的传统。儿时母亲每年都要做这件事，叫作"卧醋"。这样，卧酒、卧酪、卧醋之"卧"，均是酿造之意，堪为的论，不必再疑也。

6."唱"是竞卖之义。P.6005是一件寺院唱布历，内列几十位僧众名字，名下为数量不等的布的尺寸。其中有十来位僧人的名字上有一"唱"字，被今人定名为"唱布历"。①按，"唱衣"是中古寺院活动之一，《释氏要览》"唱衣条"有解释。大体意思是说，和尚身亡之后，

---

①唐耕耦、陆宏基：《敦煌社会经济文献真迹释录》（第3辑），北京：全国图书馆文献缩微复制中心，1990年版，第154—157页。

其重要物资归寺院所有，但日常所用轻便之物，除生前已留遗嘱送人者外，余物由众僧共有。在无法分割时，便集合僧众竞卖，将所得之钱进行均分，卖衣称"唱衣"，卖布称"唱布"，等等。这个"唱"的活动类同于今天的竞拍。2007年，中国敦煌吐鲁番学会在福建南平开会，刘进宝教授发言对"唱"字进行阐释，①认为是竞拍，这无疑是正确的认识。我要补充的是，这样的"唱"我不仅见证过，而且也参与过。1969年，我在家乡教书时，年末生产队宰羊后，羊皮让大家"唱"，我出价最高，用二元六角钱将两张羊皮"唱"到了手。但稷山人发音很不准确，将"唱"读作"撑"。这大概类似于将"黄"说成"活"，以便区分与"红"（稷山话音"混"）的读音属于同一性质，将竞拍时的"唱"说成"撑"，恐怕也是为了方便与"唱歌"的"唱"加以区分吧。

　　以上诸条管见，或许对读懂某些敦煌文献会有些许助益。如有不妥，还望是正。

（原载《敦煌研究》2015年第2期，第130—135页）

---

① 刘进宝：《从敦煌文书看唐五代佛教寺院的"唱衣"》，载《南京师范大学学报》2007年第4期，第53—59页。

一部里程碑式的"敦煌学"著作

——郑炳林、郑怡楠《敦煌碑铭赞辑释》（增订本）读后

　　如同社会上各行各业的优秀人物都有自己的代表性成果一样，作为当代"敦煌学"界翘楚之一的郑炳林教授，虽也曾涉足"敦煌学"的诸多领域，如地理文献《敦煌地理文书汇辑校注》①、梦书《敦煌本梦书》②等，可在我看来，最能体现其个人学术成就的，莫过于《敦煌碑铭赞辑释》（增订本）一书。

　　郑炳林、郑怡楠辑释的《敦煌碑铭赞辑释》（增订本），由上海古籍出版社于2019年11月出版，105个印张，1655页，127万字，分上、中、下三册，堪称皇皇巨著。老眼昏花如我，勉力阅读之后，突出感觉有如下四端，今略述如后。

一、资料拣选，独具只眼

　　站在历史研究的角度看，如果说手实、户籍、计帐、差科簿等第

---

① 郑炳林:《敦煌地理文书汇辑校注》,兰州:甘肃教育出版社,1989年版。
② 郑炳林、羊萍:《敦煌本梦书》,兰州:甘肃文化出版社,1995年版。郑氏又有《敦煌写本解梦书校录研究》,北京:民族出版社,2005年版。

一手实用文书，极大地丰富并提高了中古时期，尤其是唐代经济史研究的水平，那么，碑刻、墓志铭（含功德记）、邈真赞这几类文献，虽然不少内容已然经历了史笔的剪裁和刊删，很难算作严格意义上的第一手资料，但对政治史、区域史和人物历史的研究，仍旧具有不可替代的价值。这几类文献的研究价值是多方面的。首先是河西历史和归义军历史的研究。传世典籍仅仅留下来几十个字，而8世纪末至11世纪初200余年的吐蕃占领史、张曹二氏归义军史，它们与中原朝廷的关系，包括短暂的西汉金山国历史，其主要史料均在于此。其次是莫高窟营造史。举世闻名的佛教圣地莫高窟及其周边石窟，其营造历史多包含在碑铭赞中，如果没有它们，我们眼前将会是一团昏雾。第三，敦煌僧政史。几代敦煌僧界领袖人物与他们从事过的佛事活动，也均由此获知。第四，归义军政权与周边各民族关系史。这包括吐蕃、迥鹘、于阗、吐谷浑和其他一些人口较少的民族，他们在河西及西域的活动轨迹，也多散见于这些资料。第五，丝绸之路史。敦煌是丝绸之路的咽喉和冲要之地，东来西往的客商，其行迹在这些文献里也有所透露。由此可见，《敦煌碑铭赞辑释》（增订本）所衰辑资料的珍贵学术价值。诚然，这些文献的珍贵价值，并非只有郑炳林教授一个人有认识，许多"敦煌学"研究者都有不同程度的感知。我之所以说郑炳林教授独具只眼，是因为多数学者是根据自己的研究需要从中选用资料的，而本书作者则是从宏观上把握这批文献的。从20世纪80年代起，他就从《敦煌宝藏》里反复观览和拣选，并于1992年由甘肃教育出版社出版了《敦煌碑铭赞辑释》初版。今天虽然有了该书的增订本，但其基本架构却是在30多年前确立的。这不能不是撰者作为史学工作者的慧眼所在。

二、广事搜集，几无遗缺

根据作者在自序中的介绍，《敦煌碑铭赞辑释》初版"辑录碑铭赞文书47卷，135篇。其中碑文32篇（重出5篇）、墓志铭8篇、别传1篇、邈真赞94篇（重出3篇）"。增订本"比初版增加了80多篇内容"。增订后篇幅成了原来的三倍，我认为主要原因在于：一是增加了篇目（80多篇）；二是除两篇外，其余全都配上了原件的图版，极大地方便了使用者；三是有许多注释内容极为丰富，因而所占篇幅很大。20世纪90年代初，《敦煌碑铭赞辑释》出版时，人们能够看到的敦煌文献或绢画有限，很多尚未公开发表。此后30余年里，由于国内外学人、图书馆博物馆等收藏机构和出版机构的共同努力，很多原来未曾公开的文字和画品资料重光面世，客观上为搜集资料提供了方便。但仅仅有此还不够，因为事情总是要人去做的。在这近30年的时间里，本书作者利用一切可能的条件和机会，继续搜集扩充内容，才有了今天这样的皇皇巨制。今天人们看到的《敦煌碑铭赞辑释》（增订本），其材料来源不仅有英、法、中、俄等国的世界著名敦煌文献藏品单位，也有日本白鹤美术馆、法国吉美博物馆、美国华盛顿弗利尔美术馆、美国波士顿美术馆，以及不知藏处的无名氏藏品。这说明，作者不仅是有心人，而且十分勤勉。诚如作者所言，增订本"还将以前研究中认为是修功德记而文体稍有不同的很多篇吐蕃到曹氏归义军时期的造窟（造寺）功德记也辑录进来。另外将抄写在敦煌藏经洞艺术品上的功德记、邈真赞也辑录进来"。增订本比初版增录80余篇，主要原因即在于此。

这里我们会遇到一个问题：如何区分"发愿文"和"功德记"？因为很多时候这两种文体里均有发愿内容。第593页收有《节度押衙张厶乙敬图观世音菩萨并侍从壹铺》，除在注释 1 中因袭《敦煌遗书总目索引新编》所拟题目称作"发愿文"外，标题并未为之定性，显示出作者判断上的犹豫。丁福保先生在《佛学大辞典》里设"愿文"条并释义曰："（术语）为法事时述施主愿意之表白文也。"[1]郝春文教授在《敦煌学大辞典》"发愿文"条解释说："佛事应用文。主要内容是依次表达发愿者的愿心……有时有的发愿文被抄写在诸杂斋文中。"[2]已故贺世哲先生也写过"功德记（造像发愿文）"的词条："亦名造像记、造像铭。中晚唐以后多名功德记。表述施主造像誓愿文体……"[3]这些均可作为区分这两种文体的参考。这里我还想提供一点建议。我发现那些十分明确地称为"功德记"的文本，行文中常有"内外毕功"（1324 页）、"功德斯毕"（1370 页）、"能事已毕"（1596 页）、"丹彩已就"（1610 页），这些是表示所做功德已经圆满完成的用语，而发愿文里则少见这些用语。这是为什么呢？我们知道，我国古人在神佛面前的行为举措，多有"祈福报功"的意涵。所以，在做某件事情之前表达心愿时，他们希望皇家或直接管理者、家人、先灵、己躬能得到福佑或免灾；行为结束后，则要向神佛汇报即"报功"。正由于此，我们在那些典型的"功德记"里看到了"功德斯毕""内外毕功"之类的用语。那么，可否这样认为：发愿文是在做功德之前的愿望表达，功德记则是在其所作完成之后的"报功"记录（有时也含有愿望表达）？我把这个问题提出来，一是供郑教授参考，二是期望同仁们给予关注并进行讨论。

---

① 丁福保编纂：《佛学大辞典》，北京：文物出版社，1984 年版，第 1435 页下栏。
② 季羡林主编：《敦煌学大辞典》，上海：上海辞书出版社，1998 年版，第 459 页。
③ 季羡林主编：《敦煌学大辞典》，上海：上海辞书出版社，1998 年版，第 182 页。

三、录校精审，释义允惬

《敦煌碑铭赞辑释》（增订本）所做的具体工作，包括录文、校勘、释义三个方面。广义上说，这些都属于文献学范畴。现就这三方面谈点个人的感觉。

录文。这是一件十分辛苦和繁难的工作。要之，我们面对的基本不是宋代以后的椠版文字，而是手写文本。古人写这些东西是有其具体用途的，并不为千余年后的我们做研究而留存。既是手写文本，纸墨不同，字迹个别，千奇百怪，在在处处，无所不有。这就增加了释读的难度。有的字既像这个字，又像别的字，判断极难。由于我本人也已有40余年从事敦煌文献整理研究的经历，炳林教授为此书所付出的无尽辛劳，即便不言，我也心有戚戚焉。第149页有一帧照片，不仅字迹潦草，而且模糊不清，而第148页便是它的释文。我旁注道："此件释读难度极大。能有今天这样的释录，不知耗费了多少人的心血。"自然也包含着本书作者郑炳林教授的艰苦劳动和付出。

尽管作者为释文已经殚精竭虑，但还是有不尽如人意之处。一是原文本里因尊敬而使用的平缺式，一概未加保留。中古时代，平缺式是一个时代的书写规范（国家有明文规定），也是其特征之一，应予保留。二是个别地方释文仍有错误。第63页"如汲井轮，牙为高下"，"牙"乃"互"字误释。第64页有"蘑卜少花"，"蘑"乃"蒼"字误释。"蒼卜"为梵语音译，指郁金花。第258页"泛涟涊而流演"，"涊"是"淀"字误释。第1425页"劓割己珍财"，"劓"乃"翦"字误释，义即"减损"；亦知"割"为衍文，当删。第293页有"郅郭恹恹"，"恹恹"乃"愿愿"之误释，"恹恹"义为困倦、微弱，"愿愿"乃安详貌，此处正合其义。第1587页"宫人连镰而赴会"，"镰"乃"镶"字误释。

校勘。"校书如秋风扫落叶"是一句行话，只有长期从事这项工作的人，才会感同身受。书所以要校，是因为它里面有错。只有校勘成好的本子，才会提高书籍质量，方便读者使用。本书作者在校勘方面所花的力气，绝不比释文小。书中校出原写本诸多错误，数量很大，此处不具。同时校勘方面容易出现的两种倾向同样存在。一是当校而未校。第217页"愿二尺之檄书"，"二尺"应据 P.4638 校作"尺二"。《文心雕龙·檄移》："张仪檄楚，书以尺二。"第1496页"运属龙非，时当凤举"，"非"当校作"飞"。第380页"承九天之雨露，蒙百譬之保绥"，"譬"当校作"辟"，"百辟"即百官也。第665页"禳灾启福"，"启"当校作"祈"。二是不该校而校，亦即校过了头。第157页"玉豪（毫）扬采"，第444页"亡（忘）怀彼此"，第672页"修四禅而疑（凝）寂"，第1232页"官寮（僚）皆恸哭"，第1324页"似月路（露）而辉鲜"，第1463页"永作西陲之主"（陲系校改，原作垂），这些校改之处，在早期文本里，写本原用字与改字间均有互通关系，保持原样即可，不必校改。我们这些非古典文献专业出身的人，对文字通假不很熟悉，就只好猛翻字典了。

释义。这本书的释义是很有特色的，表现有二。一是每篇文字的注释1，实际起的是说明和题解作用。包括各种目录书籍的著录情况，研究参考文献，各家观点，该文献被收录的书籍（释文或图影），本书作者对该文献性质的认识、写成年代的判断，等等，因每件自身情况有别而长短各异。这是非常有用的，收藏史、著录史、研究史一目了然，给读者和研究者以极大方便。二是其注释虽有语词和典故，但重点不在于此，而在于人物、史事、地理、佛寺等历史内容。比如，第384页注释2释悟真和尚，至408页，达25页之多；第1310页注释5释"司空"曹元德，至1319页共10页；第1344页注释2释曹元忠，至

1366页共23页；第955页注释8释张议潮，至964页共10页；第795页注释2，考西汉金山国历史，至798页；第881页注释9考"金山白帝"，至891页共11页；第106页注释16，释"圣神赞普"，至117页共12页。这样长的注释有近百条，几乎每条都可成为单篇论文，而内容之丰富也为它书所少见。里面包含大量互相关联的资料，涉及牒、状、入破历、借契、帖、结社、发愿文等各种类别的敦煌文献。这既是资料编年，也带有笺证性质，其基础便在于作者对敦煌文献和相关史地资料的熟稔，非此，则不足以为之也。

单就语词来说，诚如作者所言，如果都加注释，则注不胜注，于是很有选择地注释了一些典故和语词，大多取自敦煌本类书。应该说，多数注释都相当可取，但也有个别地方需加完善。如第691页注释6释"去兽"，取自P.2524《类书语对·县令篇》。故事讲汉代县官刘昆行善政而虎暴止，老虎母子渡河北去。既是"去虎"，为何又变成"去兽"了呢？若在"去兽"后立即指出"唐人避先祖李虎名讳称虎为兽"，释义就会更加完整，也会方便读者许多。

四、不称定谳，冀上层楼

这里，我还想对该书的编排形式谈一点看法。作者在"自序"里说："这次增订，基本上遵循原来确定的按卷号排列的原则，首先照顾卷号，尽可能将同一卷号的碑铭赞排列在一起，然后才考虑碑铭赞的撰写时间。其次按照文书之间联系优先的原则，将可以拼接缀合的文书尽可能排列在一起……所以看起来似乎有些凌乱。"这样看来，按卷号和按年代先后排列是同时遵循的原则，虽然也有先后之别。一般来说，文献编排无论使用哪种单一原则，都会有所局限：按年代先后就势必不能完整地兼顾编号，按编号也不能完整地兼顾年代先后。于是，多数情况下，人们只遵循一个原则，同时用"说明"之类的文字补其不足。如果要同时遵循两个或两个以上的原则，客观效果便是每个原则的不足之处都会展现出来，就不免给人以"凌乱"之感。鄙意以为，此书共包含碑、铭、赞三大块，不妨即以此为断限标准，每块再按年次排列，年次未详者放在后面。若此，功德记放在哪里呢？从纯文字的角度言，"铭"即"记"也，今有"铭记"一词，亦是同义复词。实践中，写本也有将"功德记"写作"功德铭"的。如第1419页所收张崇敬《本居宅西壁上建龛功德铭》，"功德铭"是写本原有题名，说明在时人眼中，"功德铭"和"功德记"是一回事。由此可见，将"功德记"归入"铭"类是顺理成章的。这只是我个人的一孔之见，记在这里，聊备一说而已。

最后，我要说到作者对这部皇皇巨著的自我评价。作者说："文献的整理是一个没有止境的工作，也是一项永远都看不到终点的工作，我们的目的也只是为从事学术研究的专家提供更加完备的资料而已。增订只是将这近三十年学术界的部分成果吸收到书中，就这一点我们也很难做到完备。"（后记，第1651页）我在旁边批了三个字："内行话。"只有长期从事出土文献整理研究的人，才会产生这样入情入理的见解。张涌泉教授也曾说："敦煌文献的整理永远在路上。"同样堪为的论。不久前，我将自己的旧作《敦煌坛经读本》第三版①赠送给一位青年学子，请他指正。他说："折煞我也。"我告诉他："学术研究没有止境，总是要不断提高的。谁都不能说自己已经做到最好。"换言之，在我看来，"更好"是可能的，"最好"却是不存在的！在这点上，我与炳林兄真是心有灵犀一点通，所以，我才十分欣赏他那几句自我定位的话。我们没有理由动辄就认为自己的见解是"定谳"，自己整理过

---

① 邓文宽：《敦煌坛经读本》，北京：民主与建设出版社，2019年版。

的文字就是"定本"。若有这样的想法，一定会变得很可怕。历史学家章开沅先生曾说："历史是已经画上句号的过去，史学是永无止境的远航。"给自己留出一些空间（自我修正错误），也给同仁们留出一些空间（允许提出不同意见或批评），就等于是给学术的未来发展留出空间。如果我们能够秉持这样的认识和态度，则学术研究幸甚！民族文化幸甚！

虽然我也指出了《敦煌碑铭赞辑释》（增订本）的一些不足之处，但掩卷自问：如果让我来做这项工作，会有今天这样的水准吗？恐怕未必。我认为这是一部里程碑式的"敦煌学"著作，是应该予以充分肯定的。之所以说是"里程碑"式的，是因为它已经达到了相当的高度，自然也还存在继续升华的空间。一座珠穆朗玛峰，已经爬到8800米，还有48米多需要加劲。此刻让我想起一句老话："世上无难事，只要肯登攀。"相信作者预期中的第二次增订版会更加精彩。

（原载郝春文主编：《敦煌吐鲁番研究》第二十卷，上海古籍出版社，2021年版，第381—386页）

整理敦煌数术文献的集大成之作

——关长龙《敦煌本数术文献辑校》绍介

　　如果说在中国历史文化典籍的庋藏中，儒、释、道三藏是其荦荦大者，那么，紧随其后的就该是阴阳数术文献了。我曾经多次自问：为何中国古代哲学思维不很发达，而阴阳数术文化却如此丰富呢？可否这样解释：如果说儒家思想关注的是人的精神设定、价值判断、人格养成以及相应的制度建设，那么阴阳数术文化就更关乎人们的衣食起居和日用行藏。缺少遐思与空灵，过度实用，恐怕是其共同特征之所在。

　　在6万余个编号的敦煌藏经洞出土文献里，虽然数术类文献仅有几百个编号，但门类众多，内容庞杂，具有极大的研究价值。最早关注并研究这类文献者，当数法国的一批汉学家们。1959年，苏远鸣教授发表了《中国的梦及其解》；①1974年，谢和耐教授发表了《大差异和小差别》；②1981、1984和1987年，茅甘女士分别发表了《敦煌写本中

---

① [法]苏远鸣:《中国的梦及其解》,《东方史料》第2卷《梦与解梦》,巴黎:赛伊出版社,1959年版,第275—305页。
② [法]谢和耐:《大差异和小差别》,韦尔南等编:《占卜和唯理论》,巴黎:赛伊出版社,1974年版,第52—69页。

的"九宫图"》①《敦煌写本中的"五姓堪舆法"》②和《敦煌写本中的乌鸣占吉凶书》；③1979年，侯锦郎先生发表过《敦煌写本中的唐代相书》；④1981年，戴仁教授发表过《敦煌写本中的解梦书》；⑤1991年，马克教授发表了《敦煌数占小考》⑥一文。由上可知，20世纪50年代末至90年代初，在敦煌数术类文献研究方面，法国学者曾经独领风骚，走在时代的前列。而这些成果，尤其是马克教授和茅甘女士的论文，为后来的中国学者，尤其是本文后面将要介绍的一部集大成之作多所参考和借鉴。

然而，自20世纪80年代末起，敦煌数术文献的整理研究格局却发生了巨大变化。如果说早先研究的重镇是在法国，那么此后中国就成为主阵地了。中国人研究自己祖宗的文化遗产具有不言而喻的优势，加之几代学者的刻苦努力，成果迭出，异彩纷呈，最终整理敦煌数术文献的集大成之作便应运而生，这就是本文将要介绍的《敦煌本数术文献辑校》一书。

《敦煌本数术文献辑校》由浙江大学古籍研究所关长龙教授辑校，分为上、中、下三册，共1452页，由中华书局于2019年出版，以下简称《辑校》。

---

① ② ③［法］茅甘：《敦煌写本中的"九宫图"》，《敦煌学论文集》第2卷，日内瓦，1981年；《敦煌写本中的"五姓堪舆法"》，《敦煌学论文集》第3卷，巴黎，1984年；《敦煌写本中的乌鸣占吉凶书》，《远东丛刊》1987年第3期。以上三文均由耿昇汉译，分别载《法国学者敦煌学论文选萃》，北京：中华书局，1993年版，第301—311页、249—256页、367—390页。

④［法］侯锦郎：《敦煌写本中的唐代相书》，《敦煌学论文集》第1卷，日内瓦，1979年。耿昇汉译文，载《法国学者敦煌学论文选萃》，北京：中华书局，1993年版，第350—366页。

⑤［法］戴仁：《敦煌写本中的解梦书》，《敦煌学论文集》第2卷，日内瓦，1981年。耿昇汉译文，载《法国学者敦煌学论文选萃》，北京：中华书局，1993年版，第312—349页。

⑥［法］马克：《敦煌数占小考》。此文最初用中文写成，刊布于《中国古代科学史论·续篇》，京都：京都大学人文科学研究所，1991年版，第131—156页。今又见《法国汉学》第5辑（敦煌学专号），北京：中华书局，2000年版，第187—214页。

一、《辑校》建立的学术基础

罗马城不是一天建成的。作为一部皇皇巨著，《辑校》亦非一人之力、一日之功，它是吸收了众多学者的前期成果，再加上作者本人的努力钻研、刻苦用功才形成的。这里我们先简略介绍一下学者们的前期成果，亦即《辑校》的学术基础。

黄正建：《敦煌占卜文书与唐五代占卜研究》，北京：学苑出版社，2001 年版。本书并不是对原写本的释文，而是对写本数术类文献的全面考论，涉及性质辨别、题名、年代判定等，《辑校》多所参考。

刘文英：《中国古代的梦书》，北京：中华书局，1990 年版。郑炳林、羊萍：《敦煌本梦书》，兰州：甘肃文化出版社，1995 年版。郑炳林：《敦煌写本解梦书校录研究》，北京：民族出版社，2005 年版。以上三书均涉及敦煌梦书类文献的释录、考辨与研究，《辑校》梦书部分多所参考。

郑炳林、王晶波：《敦煌写本相书校录研究》，北京：民族出版社，2004 年版。该书涉及敦煌本相书类文献的释录、考辨和研究，《辑校》相书部分多所参考。

王晶波：《敦煌本相书研究》，北京：民族出版社，2010 年版。该书涉及敦煌相书类文献的性质辨别、缀合等，《辑校》亦多所参考。

陈于柱：《敦煌写本宅经校录研究》，北京：民族出版社，2007 年版。该书涉及敦煌宅经类文献释录、考辨与研究，《辑校》多所参考。

金身佳：《敦煌写本宅经葬书校注》，北京：民族出版社，2007 年版。除宅经类文献外，该书还包含葬书类文献的释录、考辨与研究，《辑校》多所参考。

陈于柱：《敦煌吐鲁番出土发病书整理研究》，北京：科学出版社，

2016年版。该书涉及发病类文献的释录、考辨与研究，《辑校》亦有参考。

陈于柱：《区域社会史视野下的敦煌禄命书研究》，北京：民族出版社，2012年版。该书涉及禄命类文献的释录、考辨与研究，《辑校》多所参考。

郑炳林、陈于柱：《敦煌占卜文献叙录》，兰州：兰州大学出版社，2014年版。该书对占卜类文献性质、缀合等多有考论，《辑校》多所参考。

王爱和：《敦煌占卜文书研究》，兰州：兰州大学博士学位论文，2003年。王晶波：《敦煌占卜文献与社会生活》，兰州：甘肃教育出版社，2013年版。以上二书对占卜类文献的性质、名称、年代多有考辨，《辑校》亦均参考。

邓文宽：《敦煌天文历法文献辑校》，南京：江苏古籍出版社，1996年版。《辑校》主要参考了该书历日文献中包含的数术内容。

韩红：《敦煌逆刺占文献校录研究》，兰州：兰州大学硕士学位论文，2014年。《辑校》亦有参考。

朱俊鹏：《敦煌风水类文书初探》，北京：首都师范大学硕士学位论文，2002年。

关长龙：《敦煌本堪舆文书研究》，北京：中华书局，2013年版。这是《辑校》作者自己对堪舆类文献进行的专门研究。

以上我们胪列了此前17种敦煌数术类文献的整理研究著作，恐怕仍有遗漏。这些作品共同构成了《敦煌本数术文献辑校》一书的学术基础。若是没有这些作品奠基，《辑校》这座大厦是难以矗立在学术园地之上的。我这样说，丝毫没有贬低《辑校》一书价值的意思，因为"成功者总是站在巨人们的肩膀上继续前行的"，相信关长龙教授也会秉持同样的认识。

二、《辑校》作者的贡献

在前期众多学术成果的基础上，《辑校》作者积极擘画，刻苦钻研，终于形成了该书"集大成"的品格，这是十分艰难和不易的。个人所见，作者的主要贡献表现在三方面。

第一件工作是写题解。围绕每篇的具体内容，该书作者共撰著了222篇题解性质的文字，内容十分丰富。一般来说，大体包含如下内容：对写本（少数为印本）外观的描述，如有多少行，每行大约多少字；对正反面的辨别；本件由哪几个编号组成或拼缀而成；以《敦煌遗书总目索引》《敦煌遗书总目索引新编》《敦煌遗书最新目录》为主的目录书对该文献的著录情况；学者们对该文献性质、名称、年代的相同或不同见解，以及作者本人的认识；从宏观历史上认识本类文献的发展史；本书录校文字的参考作品，等等。题解内容丰富，严肃认真，为继续深入研究提供了坚实基础。下面摘取几段文字以见一斑。

第125页《七曜历日》（一）S.8362—S.1396："底一《荣目》拟名作《占卜书》，黄正建《敦煌占卜文书与唐五代占卜研究》入之于时日宜忌类；底二《索引》拟名作《占命书》，《索引新编》同，黄正建入之于禄命类，拟作《推命书》。至王爱和《敦煌占卜文书研究》（简称'王文'）虽未加缀合，然已并拟作《七曜历日》，且指出其内容较《七曜历日》（二）更为原始，'可能是该卜法的早期版本'。王晶波缀合后亦从拟作《七曜历日》，郑炳林、陈于柱《敦煌占卜文献叙录》则改拟底二《七曜日占法抄》，且疑此为《七曜历日》（二）的改编本（页296）。今参酌诸说，仍从王文拟作《七曜历日》（一）。"这段文字，实际上是对学者们认识该写本过程的记录。虽然仍没有最终结果，但由此可以看出，要真正认清敦煌数术类每篇文献的性质并确定其名称，是多么艰难！

第1330页"推人行年命算法（一）P.3896P"："按'行年'禄命虽未见于《唐六典》禄命六法之中，然《新唐书·艺文志》已载有王叔政《推太岁行年吉凶厄》一卷，《宋史·艺文志》除载王叔政书外，另有五种行年之作，至郑樵《通志·艺文略》更载有二十四部行年书目，其类型亦涉及禄命行年、太岁行年、九宫行年等。按隋·萧吉《五行大义》卷五'论诸人'有云：'游年凡有三〔名〕，而为二别。三〔名〕者，一游年，二行年，三年立。游年之名，皆以运动不住为义，以其随岁行游，不定一所也。年立即是行年，立者，是住立为义，以其今年住立于北（此）辰也。……二别者，游年从八卦而数，年立从六甲而行。'知行年命术之推法盖以吉凶命禄系于'行年'（可以干支、年龄、八卦、九宫属相等为展开架构），以便于查验省览，其广为流行似在中唐以后。由于敦煌文献所存禄命书皆无卷题，故其拟名只能参考章节所及，今故从陈书拟底卷作《推人行年命算法》（一）。"这样的文字，是站在更宏观的数术文化史背景上，对敦煌这种禄命书提供认识，是一种研究，必须花大力气才能进行。

如果平均每篇题解文字以千字计，这222篇题解总字数当在23万字上下，它是耗费了辑校者大量心血的。

第二件工作是碎片的拼图。数术文献里有一些碎片，学者们是在长期工作中逐步认识到它们之间缀合关系的。为了使读者能够清楚地看到其缀合关系，《辑校》里保存了一些拼图，见于第44页、148页、323页、380页、440页、855页、1235页、1303页、1331页、1355页等。虽然这只是从一个角度提供部分原件的图影，但也使读者方便不少。

第三件工作是释文和校勘记。虽然说多数原件释文都有学者们的前期工作成果可供参考，但几乎每件释文都有继续提高的余地。辑校者既要著录前期工作的认识，更需要提供自己的按断。凡是从事过出土文献整理研究工作的人都知道，这是十分耗费心力的。据我所做并非十分精确的统计，该书共有校勘记9378条（其中上册3121条，中册3401条，下册2856条），其总字数当在25万字上下或更多。与题解文字合在一起，则辑校者在释文之外撰著了五六十万字，其勤奋和努力，于此历历在目。

三、《辑校》的特色

作为一部集大成之作，《辑校》是自有其特色的。我认为可以用两个字来概括：一曰"全"，二曰"细"。

据作者在前言里介绍，"敦煌数术文献汉文写卷计有二百七十七个卷号，经断裂缀合、同卷离析、异抄汇校后，本书辑拟写本十一类四十五目二百二十种，凡此皆当时民间所抄行传用者。"①从该书目录可知，其所包含的类目为：（1）阴阳类：含干支历、星历、选择三目；（2）易占类：含易占、易三备二目；（3）拟易类：含五兆卜法、灵棋卜法、管公明卜法、九天玄女卜法、孔子马头卜法、李老君十二钱卜法、摩醯首罗卜、圣绳子卜八目；（4）栻占类：含六壬、奇门遁甲二目；（5）占候类：含占星、占云气二目；（6）堪舆类：含阴阳宅经类、五姓宅经类、阴阳·五姓宅经合编类、三元宅经类、玄女宅经类、八宅经类、葬书类、山冈地脉类、卜葬书九目；（7）相术类：总作一目；（8）杂占类：含梦占、占怪、逆刺占、婚嫁、走失、发病、生产、汇纂八目；（9）禄命类：含三命、纳音、年命、支命、禽命、九宫命、星命七类；（10）巫祝类：总作一目；（11）其他类：含数术书目登记簿、占日杂写、堪舆杂写三目。由此可知，今日世界各地博物馆、图

---

① 关长龙:《敦煌本数术文献辑校》,北京:中华书局,2019年版,前言第6页。

书馆庋藏的敦煌文献中，凡已公布者，其中的数术类文献已被《辑校》一网打尽。如果说，作为本书建立的基础，过去学者们多从一个或两个专题进入，那么，本书则志在汇集众家之成果，裒成一帙，一览无余，此乃成其"全"者也。

第二个特点是"细"。这里主要介绍作者在释文和校勘方面的工作。对古人手写文字进行释文，是一件十分困扰乃至痛苦的工作。误书、借字自不待说，很多时候，由于纸张和墨汁的质量差异、手民书写习惯的千差万别，很难对一个字直接进行判断。针对这个问题，作者利用现代印刷技术，在正文尤其是校勘记里，保存了一些原件截图，留给后人继续讨论，如第303页有4个，682页5个，691页有2个，692页有3个，727页有3个，731页有5个，832页有3个，872页有3个，如此等等。这不仅映现了作者的严谨学风，其用心之细由此亦可见一斑。

更难能者，作者对校记文字花了巨大工夫，略举数例如下：

第149页校记1："残字底二存下部似'布'字下部形笔画。又行首至残字间底二残泐约半行，据行款例，约可抄十四字左右。"这是对残字笔形和残泐情况的记录。

第974页校记4："（某字截图）字郑校以为'缐'字俗作，郝书从之，拙文《敦煌本梦书杂识》（载《姜亮夫 蒋礼鸿 郭在贻先生纪念文集》）考证当是'绳'字俗作。"这是对某字的辨识，记录但不随意苟同前人的意见。

第1033页校记1："'来'字郑书、郝书皆录作'黍'，可参。"在自己认识的基础上，记录了前人释文的不同意见，留有余地。

由上可见，《辑校》一书是花费了极大心力才产生的。可以推测，作者为此书的形成，曾经焚膏继晷，孜孜矻矻，熬过几多寒冬与酷暑，才有此"集大成"之作。为此，我向作者表示深深的敬意。

四、继续提高的可能

不久前，我在一篇书评文章中曾经说到，我们没有理由动辄认为自己的见解就是"定谳"，自己整理过的文字就是"定本"。要给自己留出空间，预备自我纠错；也要给学术界同仁留出空间，即允许不同意见和批评。简言之，应该对学术研究持开放态度，而不是独守"高地"。这对任何一部作品都适用。

在阅读过程中，我也发现了该书作者"智者千虑偶有一失"之处，记在下面，仅供参考。

第45页4行，"种黍稻、瓜瓠，吉，种蒜、稷稗，吉"。句末"稗"字似当作"穄"。第31页7行、33页10行同类文句均有"稷穄"，可参。再者说，"稗"是野草，与"种"不搭。

第66页校记1，有"兴国三年历"一语，当是"太平兴国三年历"。"太平兴国"是宋初年号。

第150页校记11，"依文例此处当有'大暑'条，底卷盖脱，姑为拟补一个多字脱字符"。然所补脱字符下又是"小暑者"云云。"大暑"当在"小暑"之后，可知此一脱字符错位，当移在"小暑"条后。

第134页正文倒8行，"直辰北方壬丑水"。"丑"当作"癸"。

第265页《五兆要诀略》（一）P.2859a、P.3646，"（前缺）□□□□□□□卅六枚，先以两手亭（停）擘，然［□］五五除之，各觅本位"。本条释文无误，然颇疑原卷自身有误，当出校说明。按，"停"即"平均"义；"擘"即是"掰"，"分开"之义。三十六枚算子，若将其均分，便各得十八。再以五除之，余数均是三，毫无变化，占卜便无法进行。愚意疑"停擘"二字有误。第435页题解引《南村辍耕录》卷二十"九天玄女课"有"两手随意分之"云云，可参。本件共用算子三十六枚，"两手随意分之"，但均不少于五，再以五除之，余数不断变化，占卜方可进行。

第399页第3段4行，有"文帝太和十六年（492）"，当是"孝文帝"，指北魏孝文帝元宏。

第546页，"若山林中迷或（惑）"。"或"通"惑"，不必改。

第714页，"东西为阡，南北为陌，或於（依）山水（下略）"。校记曰："'於'字《阴阳宅图经》作'依'，义长，底卷形讹，兹据校改。"按，"依"字作"於"原因非在形讹，而是唐五代西北方音"止摄与虞（鱼）摄混同互通"所致，当据此校"於"作"依"。

第902页正文4—5行，"玉门上有厌（魇）子，起夫"。"起"字失校。第940页《新集相图》（二）之第3图有三处"尅夫"，当是"起夫"之本义。为何"尅"字写成"起"呢？原因在于，一些方言有将此二字读音同作"kei"，故写卷出现以"起"代"尅"的现象。

第979页正文2行："梦见将火照人，奸事路（露）。"按，"路"通"露"，不烦改。

此外，从释文的角度言，《辑校》还有一些截图文字，仍需本书作者和学林的共同努力，假以时日，方可逐一破解。从更长远的方面思考，拟名、定性、定年等，随着研究的继续深入，都还会有或这样或那样的变化，不过这恐怕就不再是本书应该单独承担的任务了。我相信，勤奋的学者不负时光，岁月老人也会青睐勤奋者的付出，并给予优厚的回报。敦煌数术类文献的整理和研究，还将会得到进一步升华，达到更高的水准。

（原载 Marianne Bujard（吕敏），Donald Harper（夏德安）et Li Guoqiang（李国强）ed., *Temps, espace et destin: Mélanges offerts à Marc Kalinowski*,（《时、空与命运：庆祝马克教授荣休论文集》）Paris: Collegè de France, Institut des Hautes Études Chinoises, 2023, pp. 387—393.）

彭向前《俄藏西夏历日文献整理研究》序

　　在世界四大文明古国中，中国当之无愧地占有一席之地。而在中华文明的悠久历史长河中，农耕文明则书写了主要篇章。伴随着农耕文明的产生与传承，历日和历日文化又成为其不可或缺的伴奏音。随着王权的建立和强化，官府又将颁历权垄断于王朝手中，历日颁行便成为朝廷统治权的标志之一。于是乎，具有鲜明政治色彩的历日和历日文化，一代代地传承了下来，所谓"颁正朔，易服色"是也。笼统地说，这种传承已有几千年的历史。

　　然而，实用历本自身又具有一种不可移易的特征，即"时效性"。一般来说，皇家要在头年岁末颁布次年全年历日。换言之，历本用于指导农业生产和民众生活的有效性只有一年。除夕爆竹一响，当年的历本就变成"老黄历"了，第二天就要用上新的历本，与一元肇始、万象更新相一致。如此一来，手头那本过了时的老黄历自然就不再被重视，随着岁月的迁转流移，日渐成为多余之物，人们也就弃之如敝屣。就是在这样的集体无意识中，那些曾经在中华历史上承载过皇家权力、农事指导、生活指南，每年一份的古代历本，绝大多数都被扔进垃圾堆里去了，人们也并不觉得这有什么可惜。直至清末，人们所能见到的传世历本中，最早的居然是《南宋宝祐四年丙辰岁（1256）会天万年具注历日》！这样的欠缺，对史学工作者来说应该是多么大的遗憾。

　　不过，百余年来，情况已获改观。随着考古学的发展，地不爱宝，那些由于千奇百怪的原因而沉睡于古墓葬、废井窖、佛教石窟、废物堆等地的古代实用历本，一部分又得以重新面世，尽管多数已是断烂朝报，面目完整者很少。大致说来，有这样几批重要发现：在西北秦汉简牍中发现了六七十份，多为汉代之物；在敦煌石窟中发现了六十余份，既有北魏之历，又多唐中叶至宋初历本；在吐鲁番古墓中发现了几份古历，为高昌国至唐前期之物；在内蒙古额济纳旗黑城遗址发现了三十余份宋及西夏和元代之历；近几十年又从南方一些古墓中发现了几份秦末历本。这些在学者眼里堪称崭新的旧材料，为历史学和天文历法史研究提供了新的资料渊薮，极具吸引力。经过几代学人的努力，确也取得了十分可观的成绩。

　　但是，在既往的研究中，却出现了一项巨大的遗漏——藏在俄罗斯科学院东方文献研究所圣彼得堡分所的ИнвN○.8085号历日，未曾引起相关学者的足够重视，成为漏网之鱼，而且是一条大鱼。我只能自嘲地说："老虎们都睡着了。"这是一份出土于黑城，连续书写达八十八年（1120—1207年）之久的历日汇编，在出土历日里首屈一指，而且是西夏文和汉文合璧历日，具有极大的研究价值。尽管早在1963年苏联学者就作了披露，也尽管早在1978年相关文章就已被译为汉文刊布过，但就是未能引起重视。当然，也不是所有的"老虎"都睡着了。有一只后长起来的"新虎"——彭向前，就没有睡着，而是睁大眼睛，死死盯住这份弥足珍贵、极富研究价值的西夏历日不放。单就这一点而言，他是独具只眼的。

　　选到了重要的研究课题，并不等于它就可以自化为学术成果。为掌握研究的主动权，彭向前作了巨大投入。为了这个项目，他在人到中年之后，参加了两期俄文强化班，为去俄罗斯圣彼得堡做研究铺路。

为了这个项目，他参透并熟练掌握了中国古代的书籍装帧方法之一——缝缋装，进而将原已散乱，又由不明就里的整理者搞错编次的文本重新作了正确编排，为研究工作扫清了路障。还是为了这个项目，他在做过博士后之后，又自补了大量古代天文历法知识，几乎是重新学习了一门学问……他的这些付出，是常人难以企及的，也是让人望而生畏的。但是，他却做到了，这也正是其过人之处。

人无痴情固然很难从事学术研究，但光有痴情却依然不够。因为若缺少"执着"精神，则不易取得突破性的学术成就。这种"执着"，用一句大白话来说，就是要有像牛一样的犟劲，或曰锲而不舍的精神，不把问题彻底究明决不罢休。彭向前就是这样一位既有痴情，又具"执着"精神的学术从业者，同眼前这份沉甸甸的收获成正比，也让我由衷地为之首肯并喝彩。胡适之先生曾说："要怎么收获，先那么栽。"信哉，斯言！至于该书在学术方面的独见与创获，胜义迭出，有兴趣的读者可以通过阅读去逐一领略，恕我不再饶舌。

任重道远。不过我相信，凭着向前对学术事业的挚爱和他在正确道路上的勇猛精进，他还会有重要成果面世。这是可以期待的。

是为序。

（原载彭向前：《俄藏西夏历日文献整理研究》，社会科学文献出版社，2018年版，序二）

《敦煌吐鲁番研究》弁言

当时代的步伐迈入公元1996年的时刻，敦煌吐鲁番学的一块新园地——《敦煌吐鲁番研究》诞生了。

《敦煌吐鲁番研究》是应运而生的。经过几代学人的不懈探索，人们越来越明确地意识到，发现于敦煌、吐鲁番及其周边地区的众多文物和文献，有其相通之处和内在联系性，只有将它们作为整体去考察，才能拓展视野，促进中国传统文化和中亚文明的研究向纵深发展。

《敦煌吐鲁番研究》是一座桥梁。研究成果是沟通学术交流之公器，读者评论则是促使成果更加成熟的砺石。有鉴于此，我们将以较多的篇幅刊登书评，约请有关专家撰写评论文章，开展正常的学术批评，借以沟通作者与读者的联系，切磋琢磨，以利于良好学术风气的推进。

《敦煌吐鲁番研究》是面向全世界的。近一个世纪以来，海内外学者焚膏继晷，为敦煌吐鲁番学的发展壮大付出了艰苦的努力。现在它已成为世界公认的国际显学之一。为学者们提供一块展示成果的园地，正是我们义不容辞的职责。

《敦煌吐鲁番研究》也是面向新世纪的。到公元2000年，当新世纪的钟声敲响之时，我们也将迎来敦煌石室"石破天惊"那一刻的百周年。继往开来，是我们的责任；培植新苗，是我们的心愿。壮大我们

的队伍，创造出更丰硕的研究成果，才是我们对先民和西北大地慷慨
赐予的应有回报。

我们热切期盼海内外学者，以您高水平的研究成果，为这块学苑
新圃挥洒汗水，植树、栽花，辛勤耕耘，和我们一起迎接春色满园的
明天。

我们期待着。

（原载季羡林、饶宗颐、周一良主编：《敦煌吐鲁番研究》第一
卷，北京大学出版社，1996年版）

《法国汉学》第五辑（敦煌学专号）
编后记

公元2000年是举世闻名的敦煌莫高窟"藏经洞"发现和开启一百周年，也是"敦煌学"这门国际显学建立的第一个世纪的结束和第二个世纪的开始，国际学术界的同仁们正以多种形式纪念这一盛事。为此，《法国汉学》特别编辑了本期"敦煌学"专号，以为献礼和庆祝。

由于历史的原因，无论是在敦煌文物与文献的收藏方面，还是在"敦煌学"研究方面，法国近百年来都占有一席之地。法国吉美博物馆（又称集美博物馆）收藏的敦煌文物多为上乘之作，法国国家图书馆所藏敦煌文献精品同样居多，这已是人所共知的事实。此外，在敦煌文献及艺术品的保护方面，法国有关机构也不惜花费巨资，不断提高保护的科学技术，做了许多卓有成效的工作，受到国际学术界的关注和认可。

法国学者的研究工作也具有自己的特色。在众多分支学科中，几代法国学者传承接力，取得了辉煌成绩。他们所关注的一些领域，比如语言学、敦煌写本的纸张等物质形态、阴阳数术文化等，是其他国家研究工作相对薄弱或着力尚少的领域，从而与别国学者的研究工作形成互补。同时由于东、西方文化底蕴有别，对同一个问题的研究会出自不同的认识视角并产生结论上的差异。因此，就像法国学者要从东方学者那里受到启发一样，法国学者的看法对东方学者的研究或许也会产生启发，正所谓"它山之石，可以攻玉"。这些情况在本集《法国汉学》专号中均有不同程度的体现。

尽管法国的"敦煌学"研究取得了不少成绩，但是由于语言障隔，中国"敦煌学"学者能够直接读懂法文原著的为数寥寥，自然就成了一件憾事。为了弥补这一缺憾，翻译工作就显得格外重要。近十多年来，已有不少法国学者的"敦煌学"专著或单篇论文被译介到中国，但也还有一些鲜为人知。因此，我们在本期专栏之末附编了一份"法国学者敦煌学论著目录"，或许能够给中国同行进一步了解和借鉴法国学者的研究成果提供些许方便。借此机会，我们向那些为《法国汉学》的翻译工作付出辛勤劳动的朋友们，表示诚挚的谢意。

最后，我们怀着一份学术热情，与大家共同迎接"敦煌学"新世纪的到来。回首既往，我们为了一份共同的事业曾经进行了合作，并建立了友谊；面向未来，我们坚信这种合作将得到进一步加强，友谊也将会得到巩固和加深。《法国汉学》作为沟通东西方学者的一架桥梁，愿意为此继续殚精竭虑，贡献绵薄之力。

（原载《法国汉学》第五辑（敦煌学专号），北京：中华书局，2000年版，第336—337页）

后　记

　　我忝列学林，踏足于学术界尤其是敦煌吐鲁番学界，已40余载。如今两鬓染灰，行步蹒跚，自觉体力、脑力明显走衰，不必多言，垂垂老矣。我有意将数十年来的学术文字，择其自认为价值较高者，裒为一帙，供后来者镜鉴和批判。这个念头，得到了妻子孙雅荣的积极支持和女儿邓映霞的鼎力相助。谢谢她们母女二人。

　　之所以将书名题为"狷庐文丛"，是由于我生性迂执，为人狷介，"狷庐"便有了自嘲和自赏的双重意味。把文章汇编在一起，自然也就成了"文丛"。简言之，它就是我的自选文章汇编。

　　就像我在散文集《狷庐散笔》中所表达的那样，我也愿将此书献给先父邓水成先生，以表达我对他永远的怀念和深深的歉疚。这是由于，父亲虽是一个目不识丁的农民，极端平凡，但他却有意成就儿子，让儿子成为有用之人。为此，他忍受了太多痛苦乃至屈辱，但到死都未得到儿子的任何回报，这使我愧悔终生。如今，这些学术文字就要出版了，面对那个言词木讷，却又心存高远的父亲，作为儿子，夫复何言？我只能十分恭敬地将它们摆放在父亲的坟前，再叩三个响头，仅此而已！

　　由于敦煌文献以手写本为主，所以，原写本中有不少俗体字和异体字，引录时需要造字；一些稀见资料则需上网搜寻。这些都不是我

自己能力所及的。这方面的工作，是由我的年轻朋友邵明杰、赵玉平二位帮助完成的。他们的付出已经包含在这三本书里，我要向他们深深地致谢。

还要特别感谢我那位相交半个多世纪的挚友、书法家彭东旭先生。这部文集和此前出版的散文集《狷庐散笔》，都是东旭题写的书名，为两部书增色不少，同时也是我们此生友谊的见证。感谢我的好友彭东旭：此生有你为友，使我深感不负来此世间一遭！

更要感谢责任编辑魏美荣、侯雪怡女士。她们的认真态度和高度责任心让我感动，帮我减少了许多不该有的错误。我们之间交流也非常顺畅，互相尊重，以至建立了友谊。这是我终生都不会忘怀的。

秋实（邓文宽字）

2023 年 4 月 19 日晨